扩展频谱通信系统原理
(第4版)

Principles of Spread - Spectrum Communication Systems
Fourth Edition

[美]唐·托列里(Don Torrieri) 著
李 程 彭进霖 李佳迅 张 凯 刘立新 杨 旭 译

国防工业出版社
·北京·

著作权合同登记　图字：01－2022－5986号

内 容 简 介

《扩展频谱通信系统原理（第4版）》一书阐述了扩谱通信中的编码与调制、直扩与跳频、扩谱码同步、自适应滤波与阵列、衰落与分集、码分多址与MIMO、移动Ad Hoc与蜂窝网、迭代信道检测、扩谱信号检测等一系列基本问题，重点针对扩谱通信的基本原理和基本理论展开论述。本书是当前最新的较为权威的扩谱通信基础理论专著。

本书可以作为工科院校通信工程、信息工程等专业高年级本科生和研究生的教材使用，同时对于从事无线通信系统相关领域的科研人员和工程技术人员来说，也是一本难得的参考书。

图书在版编目（CIP）数据

扩展频谱通信系统原理：第4版／（美）唐·托列里著；李程等译. -- 北京：国防工业出版社，2025. 6.

ISBN 978－7－118－13754－5

Ⅰ. TN914. 42

中国国家版本馆CIP数据核字第20252KF042号

※

国防工业出版社出版发行

（北京市海淀区紫竹院南路23号　邮政编码100048）

北京虎彩文化传播有限公司印刷

新华书店经售

*

开本 710×1000　1/16　**印张** 39　**字数** 698千字

2025年6月第4版第1次印刷　**印数** 1—1500册　**定价** 198.00元

国防书店：(010)88540777　书店传真：(010)88540776

发行业务：(010)88540717　发行传真：(010)88540762

译者序

扩展频谱(简称扩谱)通信是指用于传输信号的射频带宽远大于信号自身带宽的一种通信方式。扩谱通信技术在抗干扰、抗截获、抗多径衰落以及多址通信等方面具有一般无线通信技术无可比拟的优势,因此自诞生之日起,扩谱技术就成为军事无线通信的核心技术之一,在军事通信中占有重要的地位。近年来,随着5G移动通信系统、认知无线网络、无线传感器网、物联网等通信系统和网络的迅速发展,扩谱技术在民用通信中也得到了越来越广泛的应用。因此对扩谱通信技术进一步深入研究的需求非常迫切,了解国外扩谱通信方面权威性著作亦成为急需。

《扩展频谱通信系统原理(第4版)》正是这样一本专著。本书系统阐述了扩谱通信中的编码调制、扩谱码同步、分集接收、解调译码、扩谱信号检测等一系列基础问题,重点论述了扩谱通信的基本原理和基础理论。本书内容全面深入,概念清晰,理论分析严谨,仿真、习题和参考资料丰富,是当前最新的扩谱通信基础理论著作之一。

本书作者Don Torrieri博士在美国陆军研究所长期从事扩谱通信及其相关技术的研究,在扩谱通信领域享有很高的国际声誉。他是美国IEEE学会的高级会员,先后出版专著4部,发表论文数十篇。本书在作者在2005年第1版、2011年第2版、2015年第3版的基础上,于2018年经过全面修订而成,扩充了大量扩谱通信领域的最新进展。相比前3版,第4版主要针对扩谱码跟踪、归一化最小二乘算法、跳频分集、直扩多码和MIMO系统、干扰抵消、最佳跳频图案等内容进行了更新或补充,内容更新、更实、更全。本书不仅具有很高的学术水平,而且对相关领域的深入研究具有引领作用,可作为从事无线通信系统研究与设计的科研人员及工程技术人员的参考用书,也可作为相关专业的研究生用书。

本书的前言、附录和第1章和第9章由李程、彭进霖翻译,第2章和第3章由张凯翻译,第4章和第5章由杨旭翻译,第6章和第10章由刘立新翻译,第7章和第8章由李佳迅翻译。李程负责全书的统稿和校对,参与校对和译稿资料整理的还有陈明虎、胡凯、吴雅琦等。原著第 2 版和第 3 版的译者牛英滔、朱勇刚等人为本书的翻译和出版提供了大量的指导和帮助。国防工业出版社的张冬晔编辑以饱满的热情和细致的工作使本书的翻译进一步完善。在此,一并表示诚挚的感谢!

在本书翻译过程中,我们力求准确地把握原著内涵,同时尽可能按中文习惯进行表述,但由于译者水平有限,书中难免出现错误和疏漏之处,恳请广大读者不吝赐教、批评指正,并欢迎与译者交流。

译者
licheng@ nudt. edu. cn
2024 年 12 月 · 于南京

前 言

扩展频谱(以下简称“扩谱”)通信系统的不断发展,以及对之前版本内容范围进行扩展的愿望,是促使我着手编写第4版《扩展频谱通信系统原理》的主要原因。再版的目的是使读者能够了解当前最先进的扩谱通信系统。此版本针对扩谱码跟踪、归一化最小二乘算法、跳频分集、直扩多码和MIMO系统、干扰抵消、最佳跳频图案、补码、拉普拉斯变换和特征函数、正交函数以及厄米特正定矩阵等内容,或增加了新的章节,或补充了原有章节。书的其余部分也作了彻底改进,以更好地方便读者阅读。

本书对扩谱通信系统进行了更为综合和深入的论述,适于具有扎实数字通信理论基础的研究生和在职工程师使用。正如本书标题所指出的,本书的重点在于原理,而非其他许多书中所述的特定的现有系统或已设计的系统。本书的主要目标是对扩谱系统的基本原理进行简明清晰的说明,重点介绍有助于未来研究的理论原理和数学分析方法。对于本书特定主题的选择,我折中考虑了这些主题的实用意义以及研究人员和系统设计人员的兴趣。全书对经典理论重新进行了推导,并给出了最新的研究结果,从而将读者带入该领域的前沿。本书分析方法和部分内容的描述也可应用于各类通信系统。每章结尾列出的思考题可用于帮助读者巩固知识,并提供分析技巧的训练。我所列出的参考文献,建议读者深入研究或作为其他研究的参考资料。

目前并没有制约扩谱通信有效性的基本理论障碍,这是一个重要但并不显而易见的事实,因为扩谱信号带宽的增加使得通过接收滤波器过滤到达解调器的噪声功率成为必须。然而,当任何信号和高斯白噪声通过一个与信号匹配的滤波器时,采样滤波器输出的信噪比仅取决于信号能量与噪声功率谱密度之比。因此,输入信号的带宽是无关紧要的,且扩谱信号并无固有的内在限制。

第1章回顾了编码和调制理论的基本结论,这些结论对于全面理解扩谱系统是必需的。本章中,编码和调制理论用于推导所需要的接收机计算方法及译码后信息比特的错误概率,重点阐述在扩谱系统中已被证明最为有用的编码与调制类型。信道编码也称为纠错编码或差错控制编码,它对于充分发挥扩谱系统的潜在能力具有至关重要的作用。尽管直扩系统能够极大地抑制干扰,然而实际的直扩系统仍需信道编码来降低残留干扰和信道损失(如衰落)的影响。尽管设计跳频通信系统的目的是为了躲避干扰,但它也可能会跳入一个非期望的频谱区域,这就需要信道编码来保证系统所需的性能。

第2章阐述了直扩系统的基本原理。本章首先阐述了基本的扩谱序列和波形,然后详细分析了直扩接收机如何抑制各种干扰。直接序列调制将高速扩谱序列直接加在低速数据序列上,从而使得发射信号具有相对较宽的带宽。在接收机中移除扩谱序列使得带宽减小,从而能够采用合适的滤波器来消除很大一部分干扰。

第3章的内容涵盖了跳频系统的基本原理。跳频是发射信号的载波频率周期性改变的通信方式。跳频系统的这种时变性赋予系统很强的潜在抗干扰能力。直扩系统依靠频谱扩展、解扩及滤波来抑制干扰,而跳频系统抑制干扰的机理是躲避干扰。当躲避失败时,由于载波频率周期性改变,跳频信号仅被暂时干扰。通过广泛采用信道编码,干扰对跳频系统的影响将进一步减轻。从这一点来说,跳频系统比直扩系统更需要信道编码。跳频系统的基本概念、频谱、性能,以及编码和调制问题都在本章进行了介绍。本章还研究了部分频带干扰和多音干扰的影响。此外,对频率合成器设计中最重要的问题也进行了阐述。

第4章介绍了直扩系统和跳频系统的扩谱码同步方法。扩谱接收机必须通过扩谱码同步产生与接收的直扩序列或跳频图案同步的直扩序列或跳频图案。接收机及其生成的直扩序列码片或跳频驻留间隔必须通过扩谱码同步之后才能精确或近似一致。任何偏差都将导致解调器的输出信号幅度下降,下降幅度与自相关或部分自相关函数有关。在实际实现时,将同步分为捕获和跟踪两个步骤,可以极大地方便扩谱码同步。码捕获通过将接收机生成的码片或跳频驻留间隔可能的时间偏移限定在一定的量化范围内来实现粗略同步。码捕获几乎一直是整个扩谱系统的设计关键,也是最昂贵的部分。在码捕获之后,通过码跟踪来实现精细同步,从而进一步减少同步误差,或者至少将同步误差保持在一定范围内。符号同步是由码同步系统实现的,用于向译码器提供符号检测所需的定时脉冲。

自适应滤波和自适应阵列作为通信系统的组成部分得到了广泛应用。第5章的内容涵盖了此类自适应滤波器和自适应阵列,它们可利用扩谱信号特殊的频谱特征使得干扰抑制程度超出解扩或解跳本身的固有能力。本章给出了用于抑制窄带干扰及主要用于抑制宽带干扰的自适应滤波器;本章对最小二乘(LMS)算法、归一化LMS算法和Frost算法进行了推导,并确定了其平均权重向量的收敛条件;本章对用于直扩系统及跳频系统的自适应阵列也进行了阐述,并显示出它们具有很高的潜在干扰抑制能力。

第6章对衰落中最重要的问题和抗衰落分集方法的作用进行了总体描述。传播媒质物理特性的变化使得发射信号多径分量的相互作用发生变化,从而导致接收信号强度的变化,形成衰落。抗衰落的主要手段是分集,它主要利用了同一信号的两个或多个独立衰落多径分量之间潜在的冗余度。分集的基本原理在于:尽管信号的部分多径分量会衰落,但是其他分量大概率不会衰落。直扩信号和跳频信号都证明存在分集。作为多数直扩系统的核心,Rake 解调器并非简单地消除多径信号,而是能够充分利用不希望出现的多径信号。多载波直扩系统和频域均衡被证明是处理多径信号的有效替代方法。

多址接入是指多个用户共享公共传输媒质并相互进行通信的能力。若发射信号是正交的或在某种意义上是可分离的,那么就可实现无线多址通信。信号可通过时间(时分多址(TDMA))、频率(频分多址(FDMA))或扩谱码(码分多址(CDMA))来区分。第7章阐述了直接序列 CDMA(DS－CDMA)系统和跳频 CDMA(FH－CDMA)系统的一般特征。CDMA 中应用扩谱调制可允许多个用户在同一频段上同时传输信号。虽然所有信号都使用分配到的全部频谱,但扩谱序列或跳频图案却各不相同。信息论表明,对于一个孤立的小区,只有应用了最优多用户检测时,CDMA 系统才能获得与 TDMA 或 FDMA 系统相同的频谱效率。然而,即使是单用户检测,CDMA 对于移动通信网络也是很有优势的,因为它无须在小区间协调频率和时隙,允许载波频率在相邻小区间复用,且对用户数量的上限没有严格要求,还具有抗干扰与抗截获能力。多用户检测技术潜力巨大但实际应用困难,如最优检测器、解相关检测器、最小均方误差检测器或自适应检测器等,本章也对其进行了推导和阐述,并确定了具有空间复用或波束成形的直接序列多输入多输出的权衡和设计问题。

第8章分析了多址干扰对采用 DS－CDMA 和 FH－CDMA 的移动 Ad Hoc 网络及蜂窝网络的影响。使用扩谱技术的移动通信网络中存在的显著现象和问题包括隔离区、保护带、功率控制、速率控制、网络策略、小区扇区化以及各种扩谱参数的选择等。网络性能的基本度量,即中断概率,在 Ad Hoc 和蜂窝网络,以及 DS－CDMA 和 FH－CDMA 系统中都进行了推导。本章对 DS－CDMA 蜂窝网络中所需的捕获和同步技术也进行了阐述。

第9章研究了迭代信道估计在设计先进扩谱系统中的作用。信道参数的估计,如衰落幅度和干扰加噪声的功率谱密度等,对软判决译码的有效使用必不可少。信道估计可通过接收机处理收到的导频信号来实现,但发射导频信号会增加开销,如数据吞吐量下降等。直接从接收的数据符号中得到信道的最大似然估计通常极为困难。另一种有效的方法是使用Turbo码或低密度奇偶校验码。本章对期望最大化算法进行了推导和说明,它能够为最大似然方程提供一种迭代近似解,且与迭代解调、译码算法天然契合。本章阐述和分析了先进扩谱系统中应用迭代信道估计、解调、译码的两个案例,它们为设计先进系统所要进行的计算提供了良好的例证。

认知无线电、超宽带以及军事电子信息系统通常要求具备检测扩谱信号的能力。针对扩谱序列及跳频图案未知或无法被检测器精确估计的问题,第10章对扩谱信号的检测问题进行了分析。因此,检测器不能简单模仿扩谱通信接收机的处理方法,而是需要进行其他处理。本章仅限于研究扩谱信号的检测方法,而不涉及解调或译码。然而,根据检测理论对扩谱信号进行检测会导致检测装置难以实现。另一种方法是使用无线场强计或能量检测器,即仅依靠能量测量来确定未知信号的存在性。能量检测器不仅可用于扩谱信号的检测,还可用于认知无线电和超宽带系统的常规感知。

本书最后的8个附录对高斯随机过程和中心极限定理、矩母函数和拉普拉斯变换、傅里叶变换和特征函数、确定信号和随机信号特征、概率分布函数、正交函数和参数估计、厄米特正定矩阵及特殊函数的重要数学原理进行了详细描述。

撰写本书时,我很大程度上依赖于事前先充分准备的笔记和文档,以及我在美国陆军研究所工作时获得的理念。非常感谢我的同行MatthewValenti、Hyuck Kwon,他们审阅了原始书稿的全部章节。此外,非常感激我的妻子Nancy,她不仅给予我坚定的支持,而且还在文本编辑方面给予了我广泛的协助。

唐·托列里
于美国马里兰州银泉

目　录

第 1 章

信道编码与调制

本章回顾了编码和调制理论的基本结论,这些结论对于全面理解扩谱系统是必需的。信道编码也称为纠错编码或差错控制编码,它对于充分发挥扩谱系统的潜在能力具有至关重要的作用。尽管直扩系统能够极大地抑制干扰,然而,实际的直扩系统仍需信道编码来处理残留的干扰以及诸如衰落之类的信道损失。尽管跳频通信系统的设计目的是为了躲避干扰,但它也可能会跳入一个非期望的频谱区域,这就需要信道编码来保证系统所需的性能。本章通过编码和调制理论来推导所需的接收机计算及译码后信息比特的错误概率。

1.1 分组码

用于前向错误控制或纠错的信道编码[1-3]是一组用来提高通信可靠性的码字。(n,k)分组码通过 n 个编码符号组成的码字表示 k 个信息符号。每个符号都取自一个大小为 q 的符号集时,该符号集属于伽罗华域 GF(q),该分组码共有 q^k 个码字。若 $q=2^m$,则一个 q 进制的符号可用 m 比特表示,从而将含 n 个符号的非二进制码字映射成(mn,mk)二进制码字。分组码的编码器通过逻辑单元或存储器来实现将 k 个信息符号映射成 n 个编码符号。

对于伽罗华域 GF(q)上长度为 n 的分组码,如果其 q^k 个码字均来自 n 个符号序列组成的向量空间的 k 维子空间,则该分组码称为线性分组码。也就是说,两个码字的向量和或向量差也是码字。因为线性分组码是向量空间的一个子空间,所以它必然满足加法封闭性。从而,对于任何线性分组码,全零向量都是它的一个码字。由于实际使用的分组码基本上都是线性的,因此一般假设分组码就是线性的。

两个等长符号序列相比较,对应位置符号不相同的个数,称为两序列间的汉明距离。码集中任意两个码字间的最小汉明距离称为该码的最小距离。

码字中非零符号的数量称为码字的汉明权重。对于二进制分组码,汉明权重就是码字中 1 的个数。对于任何线性分组码,两个码字的向量之差会产生另一个码字,其汉明权重等于两个初始码字的汉明距离。将码字 $\boldsymbol{c}$ 与所有码字相减,发现码字 $\boldsymbol{c}$ 的汉明距离集与全零码字的汉明距离集相同。因此,一个编码的最小汉明距离等于非零码字的最小汉明权重。

令 $\boldsymbol{m}$ 表示 k 个信息比特组成的行向量,$\boldsymbol{c}$ 表示 n 个二进制码字符号组成的行向量。令 $\boldsymbol{G}$ 表示 $k\times n$ 维生成矩阵,其每行均为码字子空间的基向量。线性分组码通过计算可以生成码字:

$$\boldsymbol{c}=\boldsymbol{m}\boldsymbol{G} \tag{1.1}$$

生成矩阵 $\boldsymbol{G}$ 的行空间的正交补集是 n 维二进制空间的一个 $n-k$ 维子空间,补集中的任一线性独立向量均与生成矩阵 $\boldsymbol{G}$ 的行空间正交,因而也就与码字正交。$(n-k)\times n$ 维校验矩阵 $\boldsymbol{H}$ 由张成正交补集的行向量组成,故有

$$\boldsymbol{G}\boldsymbol{H}^{\mathrm{T}}=\boldsymbol{0} \tag{1.2}$$

信息符号原封不动地出现在码字中的分组码称为系统分组码,它同样包含附加的奇偶校验符号。因此,一个系统码的码字可用 $\boldsymbol{c}=[\boldsymbol{m}\quad \boldsymbol{p}]$ 的形式来表示,$\boldsymbol{p}$ 表示 $n-k$ 个校验比特组成的行向量,其生成矩阵具有如下形式

$$\boldsymbol{G}=[\boldsymbol{1}_k\quad \boldsymbol{P}] \tag{1.3}$$

式中:$\boldsymbol{1}_k$ 为 $k\times k$ 维单位矩阵,$\boldsymbol{P}$ 为 $k\times(n-k)$ 维矩阵。式(1.3)和式(1.2)表明,二进制码的奇偶校验矩阵为

$$\boldsymbol{H}=[\boldsymbol{P}^{\mathrm{T}}\quad \boldsymbol{1}_{n-k}] \tag{1.4}$$

就性能而言,每个线性码都等价于一个更容易实现的线性系统码。因此,系统分组码是常规选择做法,故后文均假设采用系统码。用式(1.3)替换式(1.1)得到

$$\boldsymbol{c}=[\boldsymbol{m}\quad \boldsymbol{m}\boldsymbol{p}] \tag{1.5}$$

式(1.5)表明奇偶校验符号取决于信息符号。对于一个只使用符号 0 和 1 作为字母表的二进制分组码,码字的校验位就是信息位的模 2 和。

当对代表码字的波形进行接收和解调后,译码器依据解调输出来确定与码字相对应的信息符号。若解调器输出离散的符号序列,且译码是基于这些符号完成的,则称此解调器为硬判决型的;反之,若解调器输出为波形的模拟样值或多电平量化样值,则称其为软判决型的。软判决的优点是译码器可获得更可靠有效的信息从而改善译码性能。

若采用硬判决,则解调器的输出符号称为信道符号,输出序列称为接收序列或接收码字。在硬判决情况下,整个编码器输出与译码器输入之间的信道是经典二进制对称信道。而处理对应接收码字的译码器称为硬判决译码器。若信道符号错误概率小于0.5,则最大似然准则表明正确码字与接收码字间具有最小汉明距离。完全译码器就是一种采用最大似然准则的硬判决译码器,它的纠错是对每个接收码字进行的,而非完全译码器并不试图纠正所有接收码字的错误。

概念上,序列的 n 维向量空间可用图 1.1 所示的三维空间来表示。每个码字都居于译码球的中心位置,每个译码球都具有汉明距离意义下的半径 t,t 为正整数。

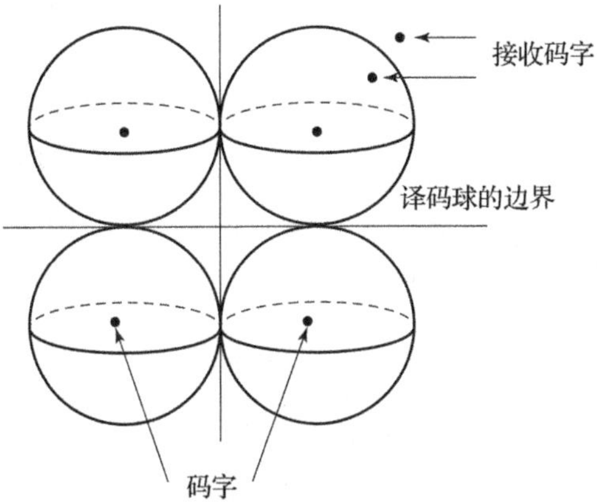

图 1.1　n 维序列的向量空间示意图

完全译码器的判决区域定义为包围每个码字的译码球平面边界内的区域。距离受限译码器是一种非完全译码器,它只对位于某个译码球内的接收码字中的错误符号进行纠正。由于无歧义译码要求任意两个译码球都互不相交,因此,距离受限译码器能够纠正的最大随机错误数为

$$t=\lfloor (d_{\mathrm{m}}-1)/2 \rfloor \tag{1.6}$$

式中:d_{m} 为码字间的最小汉明距离;$\lfloor x \rfloor$为小于或等于 x 的最大整数。当发生的错误数超过 t 时,接收码字就可能会落入到包围不正确码字的译码球中,或者落在所有译码球外的缝隙中。若接收码字落在某个译码球内,译码器将选择该译码球中央的不正确码字,并产生一个含有未被检出错误的输出信息符号。若接收码字位于所有译码球之外的缝隙中,则译码器只能识别出存在错误而无法纠正该错误。

由于与译码球中央码字的距离恰好为 i 的码字个数为 $\binom{n}{i}(q-1)^i$,因此半径为 t 的译码球内的码字总数为

$$V=\sum_{i=0}^{t}\binom{n}{i}(q-1)^i \tag{1.7}$$

由于单个分组码有 q^k 个码字,因此有 q^kV 个码字包裹在这些译码球中。而可能的接收码字总数 $q^n \geqslant q^kV$,从而得出

$$q^{n-k} \geqslant \sum_{i=0}^{t}\binom{n}{i}(q-1)^i \tag{1.8}$$

该不等式表明纠错能力 t 存在上界,从而汉明距 d_m 也存在上界。d_m 的上界称为汉明界。

若线性分组码的码字经过循环移位后得到的是另一个码字,则称该分组码为循环码。这种循环特性使得循环码的编、译码可通过线性反馈移位寄存器来实现。BCH(Bose - Chaudhuri - Hocquenghem)码是一类编码相对简单并可采用硬判决译码的循环码。BCH 码的长度为 $q^m-1(m\geqslant 2)$ 的一个因子,纠错能力为 $t=\lfloor(\delta-1)/2\rfloor$,其中 δ 为设计的码距。尽管 BCH 码字的最小码距可能超过设计码距,但标准 BCH 译码算法并不能纠正多于 t 个的错误。表 1.1 列出了 $7\leqslant n\leqslant 127$ 时的二进制 BCH 码参数 (n,k,t)。

表 1.1　二进制 BCH 码

n	k	t	D_p	n	k	t	D_p	n	k	t	D_p
7	4	1	1	63	45	3	0.1592	127	92	5	0.0077
7	1	3	1	63	39	4	0.0380	127	85	6	0.0012
15	11	1	1	63	36	5	0.0571	127	78	7	$1.68\cdot 10^{-4}$
15	7	2	0.4727	63	30	6	0.0088	127	71	9	$2.66\cdot 10^{-4}$
15	5	3	0.5625	63	24	7	0.0011	127	64	10	$2.48\cdot 10^{-5}$
15	1	7	1	63	18	10	0.0044	127	57	11	$2.08\cdot 10^{-6}$
31	26	1	1	63	16	11	0.0055	127	50	13	$1.42\cdot 10^{-6}$
31	21	2	0.4854	63	10	13	0.0015	127	43	14	$9.11\cdot 10^{-8}$
31	16	3	0.1523	63	7	15	0.0024	127	36	15	$5.42\cdot 10^{-9}$
31	11	5	0.1968	63	1	31	1	127	29	21	$2.01\cdot 10^{-6}$
31	6	7	0.1065	127	120	1	1	127	22	23	$3.56\cdot 10^{-7}$
31	1	15	1	127	113	2	0.4962	127	15	27	$7.75\cdot 10^{-7}$
63	57	1	1	127	106	3	0.1628	127	8	31	$8.10\cdot 10^{-7}$
63	51	2	0.4924	127	99	4	0.0398	127	1	63	1

如果一个分组码中,每个 n 符号的序列与 n 符号的码字的距离至多为 t,且与码字距离小于或等于 t 的所有序列集均不相交,则称该分组码为完备码。此时,式(1.8)所示的汉明界可取等号,且完备码的完全译码器也是距离受限的译码器。目前,仅有奇数长度的二进制重复码、汉明码、二进制(23,12)格雷码及

三进制的(11,6)格雷码是完备码。

重复码用 n 个二进制编码符号表示一个信息比特。当 n 为奇数时,$(n,1)$ 重复码是完备码,其中,$d_{m}=n$ 且 $t=(n-1)/2$。重复码根据解调输出符号的大数状态做出硬判决译码。尽管重复码在加性高斯白噪声信道(Additive White Gaussian Noise,AWGN)中效率不高,但适当选择重复次数可改善通信系统在衰落信道中的性能。(n,k)汉明码是一类完备 BCH 码,其 $d_{m}=3$ 且 $n=(q^{n-k}-1)/(q-1)$。由于 $t=1$,故汉明码能够纠正单个错误。$n \leqslant 127$ 时的二进制汉明码已列在表 1.1 中。(7,4)汉明码的 16 个码字如表 1.2 所列,表中每个码字的前 4 个比特是信息比特。完备(23,12)格雷码是 $d_{m}=7$、$t=3$ 的二进制循环码。完备(11,6)格雷码是 $d_{m}=5$、$t=2$ 的三进制循环码。

表 1.2　(7,4)汉明码的码字表

0000000	0001011	0010110	0011101
0100111	0101100	0110001	0111010
1000101	1001110	1010011	1011000
1100010	1101001	1110100	1111111

任何 d_{m} 为奇数的(n,k)线性分组码都可通过附加一个奇偶校验符号而转换成$(n+1,k)$扩展码。扩展码的优势在于,分组码的最小距离增加了 1,从而改善了性能,而译码复杂度和码率通常并未显著改变。(24,12)扩展格雷码由(23,12)格雷码附加一个奇偶校验位得到,其最小距离增加到 $d_{m}=8$。因此,某些含有 4 个错误的接收序列可由完全译码器纠正。通常,(24,12)扩展格雷码比(23,12)格雷码更受青睐,因为其码率(对于二进制码定义为 k/n)恰好是1/2,可以简化系统定时设计。

码字的汉明重量是码字中非零符号的数目。对线性分组码来说,两个码字的向量差也是一个码字,其码重等于原来两个码字之间的汉明距离。通过将所有码字与任意码字 $\boldsymbol{c}$ 相减可发现,与码字 $\boldsymbol{c}$ 的距离的集合与该码集的汉明重量集合相同。因此,码集的最小汉明距离等于非零码字的最小汉明重量。二进制分组码的汉明重量就是码字中 1 的个数。

若 q^{k} 个码字构成一个由 n 个符号组成的序列向量空间的 k 维子空间,则该长度为 n 的 GF(q)上的分组码称为线性分组码。因此,两个码字的向量和或向量差也是一个码字。若由符号 0 和 1 组成的二进制分组码是线性的,则其码字中的符号就是信息比特的模 2 和。由于线性分组码是某个向量空间的子空间,它必定含有加法幺元。因此,任何线性分组码总是存在全零序列的码字。由于实际使用的分组码几乎全都是线性的,故后文中提到的分组码都假定为线性的。

一些系统码字只有一个非零信息符号。大部分码字有 $n-k$ 个奇偶校验符号,所以这些码字的汉明权重不能超过 $n-k+1$。由于编码的最小距离等于最小码字权重,即

$$d_{\mathrm{m}} = n-k+1 \tag{1.9}$$

该上界称为 Singleton 界。最小距离等于 Singleton 界的线性分组码称为最大距离可分码。

非二进制分组码的译码运算是按符号速率而不是按更高的信息比特速率进行的,因此能更有效地适应高速数据传输的需求。RS(Reed - Solomon,里德 - 所罗门)码是非二进制 BCH 码,也是最大距离可分码,其码长 $n=q-1$,最小汉明距离 $d_{\mathrm{m}}=n-k+1$。为便于实现,通常选择 $q=2^m$,m 表示每符号的比特数。因此有 $n=2^m-1$,且具有纠正 2^m 进制符号错误的能力。多数 RS 码译码器是距离受限译码器,其纠错能力为 $t=\lfloor (d_m-1)/2 \rfloor$。

影响纠错码性能的最重要的决定性因素是其重量分布,它是各种可能重量的码字数目的列表或函数。格雷码的重量分布如表 1.3 所列。只有少数几种码的重量分布具有解析表达式。令 A_l 表示重量为 l 的码字数目。对于二进制汉明码,每个 A_l 均可由下面的重量枚举多项式确定:

$$A(x) = \sum_{l=0}^{n} A_l x^l = \frac{1}{n+1}\left[(1+x)^n + n(1+x)^{(n-1)/2}(1-x)^{(n+1)/2}\right] \tag{1.10}$$

例如,(7,4)汉明码的重量枚举多项式为 $A(x)=[(1+x)^7+7(1+x)^3(1-x)^4]/8=1+7x^3+7x^4+x^7$,因而,$A_0=1,A_3=7,A_4=7,A_7=1$,其他 $A_l=0$。对于最大距离可分码来说,$A_0=1$ 且

$$A_l = \binom{n}{l}(q-1)\sum_{i=0}^{l-d_{\mathrm{m}}}(-1)^i\binom{l-1}{i}q^{l-i-d_{\mathrm{m}}},\quad d_{\mathrm{m}} \leqslant l \leqslant n \tag{1.11}$$

若其他码的码字数目不是太大且便于计算,其重量分布可通过遍历检查全部有效码字来确定。

表 1.3 格雷码的重量分布

重量	码字数目	
	(23,12)	(24,12)
0	1	1
7	253	0

续表

重量	码字数目	
	(23,12)	(24,12)
8	506	759
11	1288	0
12	1288	2576
15	506	0
16	253	759
23	1	0
24	0	1

1.1.1　硬判决译码器

距离受限译码器分为两类,即删除译码器与再生译码器。当接收码落入不正确的译码球内时,两类译码器都会发生错误,称为漏检错误。它们的唯一区别在于检测到接收码字中不可纠正的错误(称为译码失败)采用的处理方式不同。删除译码器译码失败后将收到的码字抛弃,然后启动一次自动重发请求。对于系统分组码来说,再生译码器译码失败后则将接收码字中恢复的信息符号作为其输出。

令 P_s 为信道符号错误概率,即解调后编码符号的错误概率。假设信道符号错误是统计独立且同分布的,对于具有适当的符号交织的系统而言,这是一种精确的模型(见 1.4 节)。令 P_w 表示误字概率,它是译码器由于未检测到的错误或译码失败而未能产生正确的信息符号的概率。在 n 个信道符号中发生 i 个错误的可能共有 $\binom{n}{i}$ 种。由于接收序列中出现的错误可能多于 t 个,但没有信息符号错误,因此,能纠正小于或等于 t 个错误的再生译码器输出的码字错误概率满足:

$$P_w \leqslant \sum_{i=t+1}^{n} \binom{n}{i} P_s^i \,(1-P_s)^{n-i} \tag{1.12}$$

对于删除译码器,如果删除的码字都是误字,则式(1.12)取等号。

对于再生译码器的纠错而言,由于让译码球的半径小于码字所具有的最大纠错能力是毫无意义的,因此再生译码器中的 t 由式(1.6)给出。然而,若分组码既用于纠错也用于检错,则删除译码器的 t 值通常设计为比最大值小。若分组码专门用来检错,则 $t=0$。

只要接收码字与正确码字间的汉明距离最小,则完全译码器甚至能够纠正超过 t 个符号错误。当接收序列与两个或更多的码字等距时,完全译码器会按照某种随机准则选择其一作为输出。因此,完全译码器的码字错误概率满足式(1.12)。

误字概率作为一种重要的性能指标,主要应用于要求译码码字完全无误的应用场景。当译出码字的可用性与错误信息比特数目成比例地降低时,通常使用信息误比特率作为性能指标。由于分组码可能是非二进制的,因此为了估计分组码的信息误比特概率,需要首先计算出信息符号错误概率。

令 $P_{\mathrm{is}}(v)$ 表示译码器输出的信息符号 v 中出现一个错误的概率。为避免假设 $P(v)$ 与 v 独立,信息符号错误概率定义为信息符号的平均错误概率为

$$P_{\mathrm{is}} = \frac{1}{k}\sum_{i=t+1}^{n} P(v) \tag{1.13}$$

随机变量 $Z_v, v=1,2,\cdots,k$ 的定义为:当信息符号 v 出现错误时,$Z_v=1$;否则,$Z_v=0$。$E[\cdot]$ 表示均值,则信息符号错误的期望个数为

$$E[I] = E\left[\sum_{v=1}^{k} Z_v\right] = \sum_{v=1}^{k} E[Z_v] = \sum_{v=1}^{k} P(v) = kP_{\mathrm{is}} \tag{1.14}$$

该式表明信息符号错误率(定义为 $E[I]/k$)与信息符号错误概率相等。类似地,可以发现译码符号错误概率(定义为所有符号的平均错误概率)与译码符号错误率相等。

对于距离受限删除译码器,只有存在未检出的错误时,其信息符号才可能出现错误。如前所述,对于线性分组码的所有特定码字,从特定码字到其他码字的汉明距离集合是相同的。因此,为了方便起见,在估计 P_{is} 时可以合理地假设发送的是全零码字。如果接收码字中信道符号的错误统计独立,并且以相同的概率 P_{s} 发生,则在 n 个码字符号中出现 i 个错误符号的特定集合的概率为

$$P_{\mathrm{e}}(i) = \left(\frac{P_{\mathrm{s}}}{q-1}\right)^{i}(1-P_{\mathrm{s}})^{n-i} \tag{1.15}$$

若距离受限译码器的输出中出现了未检出的错误,则信道符号错误个数必定超过 t,且接收码字肯定位于错误的半径为 t 的译码球内。考虑重量为 l 的码字对应的半径为 t 的错误译码球,其中 $d_{\mathrm{m}} \leqslant l \leqslant n$,如果 $l-t \leqslant i \leqslant l+t$,令 $N(l,i)$ 表示汉明重量为 i 的序列集 $S(l,i)$ 中位于该译码球内的序列数目。如果一个有 i 个信道符号错误的接收码字与序列集 $S(l,i)$ 中的一个序列相匹配,一个具有汉明重量 l 的错误码字就会被选中,译码符号和信息符号错误概率均为 $1/n$。因

此,式(1.15)表明,距离受限删除译码器的信息符号错误概率为

$$P_{is} = \sum_{i=t+1}^{n} \sum_{l=\max(i-t,d_m)}^{\min(i+t,n)} A_l N(l,i) P_e(i) \frac{l}{n}$$
$$= \sum_{i=t+1}^{n} \left(\frac{P_s}{q-1}\right)^i (1-P_s)^{n-i} \sum_{l=\max(i-t,d_m)}^{\min(i+t,n)} A_l N(l,i) \frac{l}{n} \tag{1.16}$$

考虑重量为 i 且与重量为 l 的特定码字距离为 s 的序列,其中 $|l-i|\leqslant s\leqslant t$,则这些序列均位于该特定码字的译码球内。通过对这些序列计数并在 s 允许的范围内求和,就能得到 $N(l,i)$。当该码字的符号发生变化生成序列中的一个,计数就完成了。

令 v 表示变为零的非零码字符号数目,α 表示由零变成符号集中其他 $(q-1)$ 个非零码字符号的数目,β 表示非零码字符号变成 $(q-2)$ 个其他非零码字符号的数目。要得到距离为 s 的序列,则需要 $0\leqslant v\leqslant s$。通过将 l 个非零符号中的任意 v 个变成符号 0 而得到的序列总数为 $\binom{l}{v}$。若 $a>b$, $\binom{b}{a}=0$。对于特定的 v 值,要确保存在一个序列具有重量 i,则需 $\alpha=v+i-l$。将 $n-l$ 个零中的任意 α 个变为非零符号而得到的序列总数为 $\binom{n-l}{\alpha}(q-1)^{\alpha}$。对于特定的 v 值及相应的 α 值,要保证存在与其距离为 s 的序列,则需要 $\beta=s-v-\alpha=s+l-i-2v$。$l-v$ 个非零符号中的任意 β 个变成其他符号而得到的序列总数是 $\binom{l-v}{\beta}(q-2)^{\beta}$,当 $x\neq 0$ 时,$0^x=0$ 且 0^0-1。对允许范围内的 s 和 v 求和,可得

$$N(l,i) = \sum_{s=|l-i|}^{t} \sum_{v=0}^{s} \binom{l}{v}\binom{n-l}{v+i-l}\binom{l-v}{s+l-i-2v} \times (q-1)^{v+i-l}(q-2)^{s+l-i-2v} \tag{1.17}$$

式(1.16)与式(1.17)保证了 P_{is} 的精确计算。

当 $q=2$ 时,只有序号 $v=(s+l-i)/2$,式(1.17)才不为零,只要该序号为整数且 $0\leqslant(s+l-i)/2\leqslant s$。利用该结论,对于二进制码有

$$N(l,i) = \sum_{s=|l-i|}^{t} \binom{n-l}{\frac{s+i-l}{2}}\binom{l}{\frac{s+l-i}{2}}, \quad q=2 \tag{1.18}$$

这里,当 n 不是非负整数时,$\binom{m}{n}=0$。

重量为 i 且位于译码球外缝隙中的序列数目为

$$L(i) = (q-1)^i\binom{n}{i} - \sum_{l=\max(i-t,d_m)}^{\min(i+t,n)} A_l N(l,i), \quad i\geqslant t+1 \tag{1.19}$$

式中:第一项表示重量为 i 的序列总数;第二项表示位于不正确译码球中重量为 i 的序列数目。当接收码字中出现 i 个错误符号导致译码失败时,再生译码器译码输出的符号中将包含 i 个错误,出现一个信息符号错误概率为 $1/n$。因此,式(1.16)表明距离受限再生译码器的信息符号错误率为

$$P_{\mathrm{is}} = \sum_{i=t+1}^{n}\left(\frac{P_{\mathrm{s}}}{q-1}\right)^{i}(1-P_{\mathrm{s}})^{n-i}\left[\sum_{l=\max(i-t,d_m)}^{\min(i+t,n)} A_l N(l,i)\frac{l}{n} + L(i)\frac{i}{n}\right] \tag{1.20}$$

通过式(1.16)或式(1.17)计算 P_{is} 仍存在两个主要问题。当 n 和 q 较大时,计算的复杂度将会大到难以实现;此外,许多线性分组码或循环分组码的重量分布是非已知的。为了得到再生译码器的简单近似,考虑分组码的包密度。

包密度定义为位于 q^k 个译码球中的码字数目与长度为 n 的序列总数之比。由式(1.7)可得包密度为

$$D_p = \frac{q^k}{q^n}\sum_{i=0}^{t}\binom{n}{i}(q-1)^i \tag{1.21}$$

完备码中,$D_p = 1$。若 $D_p > 0.5$,不可检测错误将比译码失败更常见,这类码称为紧包码。若 $D_p < 0.1$,译码失败将占主要地位,此时码称为松包码。二进制 BCH 码的包密度如表 1.1 所列。完备 BCH 码和(15,5,3)BCH 码是紧包码。当 $n \geqslant 63$,$t \geqslant 4$ 时,BCH 码才是松包码。

这里考虑发送 n 个符号的全零码字、信道符号错误独立、松包码的情况。如果接收码字在译码器输入端有 i 个信道符号错误且 $d_{\mathrm{m}} \leqslant i \leqslant n$,距离受限再生译码器通常会输出一个汉明距离为 i 的码字,而不会输出汉明距离在 0 和 d_{m} 之间的码字。因此,如果接收码字有 i 个信道符号错误且 $t+1 \leqslant i \leqslant d_{\mathrm{m}}$,距离受限再生译码器通常会输出一个汉明距离为 d_{m} 的码字。因此,由恒等式 $\binom{n}{i}\frac{i}{n} = \binom{n-1}{i-1}$ 可知,松包码的距离受限再生译码器 P_{is} 可近似为

$$P_{\mathrm{is}} \approx \sum_{i=t+1}^{d_{\mathrm{m}}}\frac{d_{\mathrm{m}}}{n}\binom{n}{i}P_{\mathrm{s}}^{i}(1-P_{\mathrm{s}})^{n-i} + \sum_{i=d_{\mathrm{m}}+1}^{n}\binom{n-1}{i-1}P_{\mathrm{s}}^{i}(1-P_{\mathrm{s}})^{n-i} \tag{1.22}$$

令 P_{df} 和 P_{ud} 分别表示译码失败的概率和存在未检出错误的概率。对一些特定码的计算表明,该近似表达式(1.22)的准确程度随 $P_{\mathrm{ud}}/P_{\mathrm{df}}$ 的增大而增加。由于某些包含 $t+1$ 或更多错误的接收序列能够被正确译码而并不产生信息符号错误,故式(1.22)的右边给出了完备译码器 P_{is} 的近似上界。

对松包码而言,式(1.19)右边的第一项要远大于第二项。利用式(1.20)的结果可以推导出松包码距离受限再生译码器的近似 P_{is} 为

$$P_{is} \approx \sum_{i=t+1}^{n} \binom{n-1}{i-1} P_s^i (1-P_s)^{n-i} \tag{1.23}$$

该近似表达式的好处在于它简单,并且与码字的重量分布无关。在译码失败为主的错误机制下,该近似是准确的。循环 RS 码的数值示例表明,当 $t \geqslant 3$ 时,P_{is}的准确值及其近似值与所有 P_s 值都非常接近。这个结果并不奇怪,因为对于 $t \geqslant 3$ 的 RS 码而言,译码球中的序列并不多。

当确定符号不可信后,解调器指示译码器在译码时忽略该符号,则称该符号被删除了。符号擦除常用于增强硬判决译码。如果编码的最小距离为 d_m,接收字分配了 ϵ 个符号擦除,则所有码字在未擦除的至少 $d_m-\epsilon$ 个符号上有所区别。因此,如果 $2v+1 \leqslant d_m-\epsilon$,则 v 个错误可以被纠正。如果分配了 d_m 或更多的符号擦除,则出现译码失败。设 P_e 表示擦除的概率,对于独立的符号错误和擦除,接收序列具有 i 个错误和 ϵ 个擦除的概率为 $P_s^i P_e^{\epsilon}(1-P_s-P_e)^{n-i-\epsilon}$。因此,对于$(n,k)$分组码的距离受限差错和擦除解码器,有

$$P_w \leqslant \sum_{\epsilon=0}^{n} \sum_{i=i_0}^{n-\epsilon} \binom{n}{\epsilon} \binom{n-\epsilon}{i} P_s^i P_e^{\epsilon} (1-P_s-P_e)^{n-i-\epsilon} \tag{1.24}$$
$$i_0 = \max(0, \lceil (d_m-\epsilon)/2 \rceil)$$

式中:$\lceil x \rceil$表示大于或等于 x 的最小的整数。对于 AWGN 信道,采用最优擦除的译码提供对于硬判决译码提供的性能改进并不显著,但是擦除通常对衰落或偶发干扰有效。错误和擦除译码最有效的是最小距离相对较大的编码,如 RS 码。

1.1.2 软判决译码器

经典的软判决译码器使用解调器输出样值将称为码字度量的数值与每个可能的码字相关联,并将具有最大度量的码字判决为传输码字,然后生成相应的信息比特作为译码器输出。令 $\boldsymbol{y}$ 表示含噪输出样值 $y_i, i=1,2,\cdots,n$ 组成的 n 维向量,该向量由解调器根据接收到的代表 k 个信息符号的 n 个码字符号产生。令 $\boldsymbol{x}_c$ 表示第 c 个码字向量,它由 n 个符号 $x_{ci}, i=1,2,\cdots,n$ 组成。令 $f(\boldsymbol{y}|\boldsymbol{x}_c)$ 表示似然函数,它是发送向量给定为 $\boldsymbol{x}_c$ 时关于 $\boldsymbol{y}$ 的条件概率密度函数。软判决译码器可能使用似然函数作为码字度量或采用任意关于 $f(\boldsymbol{y}|\boldsymbol{x}_c)$ 单调递增的函数。方便的办法是取正比于 $f(\boldsymbol{y}|\boldsymbol{x}_c)$ 的自然对数形式,称为对数似然函数,记为 $\ln f(\boldsymbol{y}|\boldsymbol{x}_c)$。对于统计独立的解调输出,$(n,k)$分组码中 q^k 个可能码字对应的对数似然函数为

$$\ln f(\boldsymbol{y}|\boldsymbol{x}_c) = \sum_{i=1}^{n} \ln f(y_i|x_{ci}), c = 1,2,\cdots,q^k \tag{1.25}$$

式中:$f(y_i \mid x_{ci})$为x_{ci}给定时y_i的条件概率密度函数。

概率的基本属性之一是可数可加性,即有限个或可数个事件$B_n(n=1,2,\cdots)$的并集的概率满足:

$$P[\cup_n B_n] \leqslant \sum_n P[B_n] \tag{1.26}$$

在通信理论中,从上述不等式得到的边界称为一致边界。

为确定线性分组码P_{w}和P_{is}的上界,可合理假设发送的为全零码字。令$P_2(l)$表示与正确码字汉明距离为l(即汉明权重l)的错误码字的度量值超过正确码字的概率。一致边界及重量与距离之间的关系表明,软判决译码下的P_{w}满足:

$$P_{\mathrm{w}} \leqslant \sum_{l=d_{\mathrm{m}}}^{n} A_l P_2(l) \tag{1.27}$$

令β_{lmv}表示汉明权重为l的第m个错误码字具有比正确码字更大的度量值,并且其第v个信息符号具有一个非零符号的事件,由式(1.13)定义的信息符号错误概率为

$$P_{\mathrm{is}} = \sum_{v=1}^{k} P(\cup_l \cup_m B_{lmv}) \leqslant \frac{1}{k}\sum_{l=d_{\mathrm{m}}}^{n}\sum_{v=1}^{k}\sum_{m=1}^{A_l} P(B_{lmv}) \tag{1.28}$$

如果汉明权重为l的第m个错误码字第v个信息符号具有一个非零符号,则令$\delta_{lmv}=1$;否则,令$\delta_{lmv}=0$。从而,$P(\beta_{lmv})=\delta_{lmv}P_2(l)$,将其代入式(1.13)可得

$$P_{\mathrm{is}} \leqslant \sum_{l=d_{\mathrm{m}}}^{n} \frac{\beta_l}{k} P_2(l) \tag{1.29}$$

其中,

$$\beta_l \leqslant \sum_{v=1}^{k}\sum_{m=1}^{A_l} \delta_{lmv} \tag{1.30}$$

表示重量为l的码字中全部信息符号的总重量。

要确定任意(n,k)循环码的β_l,则要考虑重量为l的A_l个码字集合S_l。集合S_l中的全部码字的总重量是$A_T=lA_l$。令α和β表示码字集合中任意两个固定的位置。根据循环码的定义,一个码字的循环移位将产生另外一个具有相同重量的码字。因此,对于集合S_l中任一在位置α上为0的码字,经过循环移位能够产生一些在位置β上为0且同样在集合S_l中的码字。所以,对S_l中的码字,特定位置的全部符号的总重量与位置无关,其值相等且都等于A_T/n。S_l中全部信息符号的总重量为$\beta_l=kA_T/n=klA_l/n$。因此有

$$P_{\mathrm{is}} \leqslant \sum_{l=d_{\mathrm{m}}}^{n} \frac{l}{n} A_l P_2(l) \tag{1.31}$$

该边界依赖于 $P_2(l)$，$d_m \leqslant l \leqslant n$，$P_2(l)$ 则依赖于调制系统。

1.2　调制和编码度量

匹配滤波是接收机的一项基本操作。考虑在 $[0,T]$ 外的值为零的信号 $x(t)$，若滤波器的冲激响应为 $h(t)=x^*(T-t)$，则称该滤波器与信号相匹配，其中星号表示复共轭。当 $x(t)$ 送至一个与之相匹配的滤波器时，则该滤波器的输出为

$$
\begin{aligned}
y(t) &= \int_{-\infty}^{\infty} x(u)h(t-u)\mathrm{d}u = \int_{-\infty}^{\infty} x(u)x^*(u+T-t)\mathrm{d}u \\
&= \int_{\max(t-T,0)}^{\min(t,T)} x(u)x^*(u+T-t)\mathrm{d}u
\end{aligned} \tag{1.32}
$$

若滤波器输出的采样时间 $t=T$，则有

$$
y(T) = \int_0^T |x(u)|^2\mathrm{d}u \tag{1.33}
$$

即等于信号能量。

1.2.1　脉冲幅度调制

考虑脉冲幅度调制（Pulse Amplitude Modulation，PAM），包括 q 进制正交幅度调制（Quadrature Amplitude Modulation，QAM）和相移键控（Phase - Shift Keying，PSK）。(n,k) 码有 q^k 个码字，在 AWGN 信道中发送其中之一。对于码字 $\boldsymbol{c}$ 中的符号 i，接收信号可表示为

$$
\begin{aligned}
&r_i(t) = \mathrm{Re}[\alpha_i\sqrt{2\mathcal{E}_s}x_{ci}\psi_s[t-(i-1)T_s]\mathrm{e}^{\mathrm{j}2\pi f_c t+\theta_i}] + n(t), \\
&(i-1)T_s \leqslant t \leqslant iT_s, i=1,2,\cdots,n
\end{aligned} \tag{1.34}
$$

式中：$\mathrm{j}=\sqrt{-1}$；α_i 为衰落幅度；$\mathcal{E}_s$ 为 $\alpha_i=1$ 时平均符号能量；T_s 为符号间隔；f_c 为载波频率；x_{ci} 为星座图上某个点对应的复数，该点对应于码字 c 中的符号 i；$\psi_s(t)$ 为实符号波形；θ_i 为载波相位；$n(t)$ 为零均值高斯噪声。衰落幅度为一个正实值衰减函数，它逐符号变化。为避免码间串扰，假设符号波形 $\psi_s(t)$ 很大程度上限定在单个符号间隔内，并在一个符号间隔内具有单位能量，即

$$
\int_0^{T_s} \psi_s^2(t)\mathrm{d}t = 1 \tag{1.35}
$$

复数 x_{ci} 代表归一化信号星座图中 q 个复数 $x_{ci}(k)$（$k=1,2,\cdots,q$）中的任意一个，则有

$$
\frac{1}{q}\sum_{m=1}^{q} |x_{ci}(m)|^2 = 1 \tag{1.36}
$$

假设$\psi_s(t)$在$|f|<f_c$外的功率谱都可忽略，则平均符号能量定义为

$$\frac{1}{q}\sum_{m=1}^{q}\int_{(i-1)T_s}^{iT_s}\{\mathrm{Re}[\sqrt{2\mathcal{E}_s}x_{ci}(k)\psi_s(t-iT_s)\mathrm{e}^{\mathrm{j}(2\pi f_c+\theta_i)}]\}^2\mathrm{d}t \tag{1.37}$$

它与$\mathcal{E}_s$相等。将积分项的右边展开，然后利用对功率谱的假设去掉可忽略的积分项就可证明该式。

匹配滤波一般在系统频谱搬移或下变频到基带后进行。考虑接收机中频率理想同步，下变频可用接收信号与$\sqrt{2}\exp(-\mathrm{j}2\pi f_c t-\mathrm{j}\phi_i)$相乘来表示，其中，$\phi_i$是下变频引入的相位，$\sqrt{2}$是为计算方便而引入的因子。下变频在物理上是将其分解成同相与正交分量实现的。下变频后，信号送至与$\psi_s(t)$相匹配的滤波器并采样。去掉可忽略的积分项，可发现匹配滤波器输出样值为

$$y_i=\alpha_i\sqrt{\mathcal{E}_s}x_{ci}\mathrm{e}^{\mathrm{j}(\theta_i-\phi_i)}+n_i,i=1,2,\cdots,n \tag{1.38}$$

式中：

$$n_i=\sqrt{2}\int_{(i-1)T_s}^{iT_s}n(t)\psi_{si}(t)\mathrm{e}^{-2\pi f_c t+\phi_i}\mathrm{d}t \tag{1.39}$$

且$\psi_{si}(t)=\psi_s[t-(i-1)T_s]$。为保证时变干扰能够建模为具有时变功率谱的零均值高斯噪声，需将AWGN信道进行扩展。对于时变AWGN信道，零均值高斯噪声过程的自相关函数建模为

$$E[n(t)n(t+\tau)]=\frac{N_{0i}}{2}\delta(\tau),(i-1)T_s\leqslant t\leqslant iT_s,i=1,2,\cdots,n \tag{1.40}$$

式中：$N_{0i}/2$为时间间隔$(i-1)T_s\leqslant t\leqslant iT_s$内$n(t)$的双边功率谱密度(Power Spectral Density，PSD)；$\delta(\tau)$为单位冲激函数。

对于时变AWGN信道，$\{n_i\}$的$2n$个实部与虚部的近似黎曼和为零均值独立高斯随机变量之和。由附录A.1和定理A.1可知，$\{n_i\}$的$2n$个分量为联合零均值高斯随机变量，$n\times1$随机噪声向量$\boldsymbol{n}=[n_1\quad n_2\quad\cdots\quad n_n]^{\mathrm{T}}$为零均值复高斯随机向量，上标T表示向量或矩阵的转置。

由式(1.39)和式(1.40)可得

$$\begin{aligned}E[n_in_l]&=2\int_{(i-1)T_s}^{iT_s}\psi_{si}(t)\mathrm{e}^{-\mathrm{j}(2\pi f_c t+\phi_i)}\mathrm{d}t\\&\quad\times\int_{(l-1)T_s}^{lT_s}E[n(t)n(t_1)]\psi_{si}(t_1)\mathrm{e}^{-\mathrm{j}(2\pi f_c t+\phi_i)}\mathrm{d}t_1\\&=\delta_{il}N_{0i}\int_{(i-1)T_s}^{iT_s}\psi_{si}^{\,2}(t)\mathrm{e}^{-\mathrm{j}(4\pi f_c t+2\phi_i)}\mathrm{d}t\end{aligned} \tag{1.41}$$

式中：$i\neq l$时，$\delta_{il}=0$；$i=l$时，$\delta_{il}=1$。剩下的积分值正比于$\psi_{si}^{\,2}(t)$在频率$2f_c$处的傅里叶变换。由于在$|f|<f_c$外$\psi_{si}(t)$可忽略，故该积分为零。因此，有

$$E[n_in_l]=0,1\leqslant i,l\leqslant n \tag{1.42}$$

也即

$$E[\boldsymbol{n}\boldsymbol{n}^{\mathrm{T}}]=\mathbf{0} \tag{1.43}$$

称满足该式的零均值随机复矢量 $\boldsymbol{n}$ 具有循环对称性。附录 D.3 给出了下变频和匹配滤波后的噪声的循环对称交叉求导。

类似地,可算得:

$$E[\boldsymbol{n}\boldsymbol{n}^{\mathrm{H}}]=N_{0i}\mathbf{1} \tag{1.44}$$

式中:上标 H 表示向量或矩阵的共轭转置;$\mathbf{1}$ 表示单元矩阵。因此,如附录 A.1 所述,$\{n_i\}$ 的 $2v$ 个分量均为方差为 $N_{0i}/2$ 的独立高斯随机变量。

复随机变量的概率密度定义为其实部与虚部的联合概率密度,具有独立同分布分量的 n_i 的密度函数表示为

$$f(n_i)=\frac{1}{\pi N_{0i}}\exp\left(-\frac{|n_i|^2}{N_{0i}}\right),i=1,2,\cdots,n \tag{1.45}$$

因此,给定 x_{ci} 值时 y_i 的条件概率密度为

$$f(y_i|x_{ci})=\frac{1}{\pi N_{0i}}\exp\left(-\frac{|y_i-\alpha_i\sqrt{\mathcal{E}_\mathrm{s}}x_{ci}\mathrm{e}^{\mathrm{j}(\theta_i-\phi_i)}|^2}{N_{0i}}\right),i=1,2,\cdots,n \tag{1.46}$$

令 $\boldsymbol{y}=[y_1\quad y_2\quad\cdots\quad y_n]^{\mathrm{T}}$ 表示匹配滤波器采样向量,$\boldsymbol{x}_c=[x_{c1}\quad x_{c2}\quad\cdots\quad x_{cn}]^{\mathrm{T}}$ 表示码字 $\boldsymbol{c}$ 的码字符号,式(1.25)和式(1.46)表明该码字的对数似然函数为

$$\ln f(\boldsymbol{y}|\boldsymbol{x}_c)=-\frac{1}{2}\sum_{i=1}^{n}\log(\pi N_{0i})-\sum_{i=1}^{n}\frac{|y_i-\alpha_i\sqrt{\mathcal{E}_\mathrm{s}}x_{ci}\mathrm{e}^{\mathrm{j}(\theta_i-\phi_i)}|^2}{N_{0i}} \tag{1.47}$$

对于相干解调,接收机与载波相位同步,因而 $\phi_i=\theta_i$。由于式(1.47)的第一个求和独立于码字 $\boldsymbol{c}$,因此在由对数似然函数推导得到的度量中可将其丢弃。对于 AWGN 信道,$\{N_{0i}\}$ 均相等且所有 $\alpha_i=1$。这些因子与判决无关,可去掉。从而,AWGN 信道中相干 PAM 的合适的码字度量为

$$U(c)=-\|y-\sqrt{\mathcal{E}_\mathrm{s}}\boldsymbol{x}_c\|^2 \tag{1.48}$$

式中:$\|\cdot\|$ 表示向量的欧几里得范数。该式表明,最优判决就是选择与接收向量 $\boldsymbol{y}$ 的欧氏距离最小的信号星座向量 $\sqrt{\mathcal{E}_\mathrm{s}}\boldsymbol{x}_c$。通过扩展欧氏距离和去掉不相关项可以简化计算码字度量。从而,AWGN 信道中的相干 PAM(n,k)分组码的码字度量为

$$U(c)=\sum_{i=1}^{n}\{2\sqrt{\mathcal{E}_\mathrm{s}}\mathrm{Re}(x_{ci}^*y_i)+\mathcal{E}_\mathrm{s}|x_{ci}|^2\},c=1,2,\cdots,q^k \tag{1.49}$$

计算该式要求接收机准确估计 $\sqrt{\mathcal{E}_\mathrm{s}}$。类似地,时变 AWGN 信道下相关 PAM 的码字度量为

$$U(c)=\sum_{i=1}^{n}\frac{[2\alpha\sqrt{\mathcal{E}_\mathrm{s}}\mathrm{Re}(x_{ci}^*y_i)+\mathcal{E}_\mathrm{s}|x_{ci}|^2]}{N_{0i}},c=1,2,\cdots,q^k \tag{1.50}$$

计算该式需要接收机准确的信道状态信息以精确估计$\sqrt{\mathcal{E}_s}\alpha_i/N_{0i}$和$\sqrt{\mathcal{E}_s}/N_{0i}$，$i=1,2,\cdots,n$。

考虑相干 q 进制 PSK 和时变 AWGN 信道($|x_{ci}|=1$)。丢弃式(1.50)中的无关项与公共因子,可得到时变 AWGN 信道中 q 进制 PSK 的码字度量为

$$U(c)=\sum_{i=1}^{n}\frac{\alpha_i \mathrm{Re}(x_{ci}^* y_i)}{N_{0i}}, c=1,2,\cdots,q^k \tag{1.51}$$

该式需要 α_i/N_{0i}，$i=1,2,\cdots,n$ 的信道状态信息。

对于二进制相移键控(Binary Phase - Shift Keying, BPSK),当二进制符号 i 取 1 时,$x_{ci}=+1$;当二进制符号取 0 时,$x_{ci}=-1$。因此,时变 AWGN 信道中 BPSK 的码字度量为

$$U(c)=\sum_{i=1}^{n}\frac{\alpha_i x_{ci} y_{ri}}{N_{0i}}, c=1,2,\cdots,2^k \tag{1.52}$$

式中:$y_{ri}=\mathrm{Re}(y_i)$。式(1.46)表明:

$$f(y_{ri}|x_{ci})=\frac{1}{\sqrt{\pi N_{0i}}}\exp\left(-\frac{(y_{ri}-\alpha_i\sqrt{\mathcal{E}_s}x_{ci})^2}{N_{0i}}\right), i=1,2,\cdots,n \tag{1.53}$$

令 r 表示码率,即信息比特数与传输的信道符号数之比。对每符号具有 $m=\log_2 q$ 个信息比特的(n,k)分组码来说,$r=mk/n$。因此,每个接收到的信道符号能量与每个信息比特能量 $\mathcal{E}_b$ 的关系为

$$\mathcal{E}_s=r\mathcal{E}_b=\frac{mk}{n}\mathcal{E}_b \tag{1.54}$$

对于 AWGN 信道及 BPSK,$\{N_{0i}\}$全部相等且所有 $\alpha_i=1$。因而码字度量为

$$U(c)=\sum_{i=1}^{n}x_{ci}y_{ri}, c=1,2,\cdots,2^k \tag{1.55}$$

重排样值$\{y_{ri}\}$后,正确码字的度量与错误码字在汉明距离 l 的度量之差可表示为

$$D(l)=\sum_{i=1}^{n}(x_{1i}-x_{2i})y_{ri}=2\sum_{i=1}^{l}x_{1i}y_{ri} \tag{1.56}$$

式中仅对 l 个不同的项求和,x_{1i}表示正确的码字,x_{2i}表示错误码字,且 $x_{2i}=-x_{1i}$。由于式中每一项都是独立的且每个 y_{ri}都服从高斯分布,因此 $D(l)$ 也服从高斯分布,其均值为 $l\sqrt{\mathcal{E}_s}$,方差为 $lN_0/2$。由于 $P_2(l)$ 为 $D(l)<0$ 的概率,且 $\mathcal{E}_s=r\mathcal{E}_b$,直接计算可知:

$$P_2(l)=Q\left(\sqrt{\frac{2lr\mathcal{E}_b}{N_0}}\right) \tag{1.57}$$

式中:$r=k/n$ 为码率,高斯 Q 函数定义为

$$Q(x) = \frac{1}{\sqrt{2\pi}}\int_{\pi}^{\infty}\exp\left(-\frac{y^2}{2}\right)\mathrm{d}y = \frac{1}{2}\mathrm{erfc}\left(\frac{x}{\sqrt{2}}\right) \tag{1.58}$$

式中：erfc(·)是互补误差函数。式(1.31)可能会利用式(1.57)来计算分组码的 P_{is}。

除码长很短的分组码外，最优软判决译码是难以有效实现的，主要原因是需计算度量的码字总数过大，然而近似最大似然译码算法是可行的。蔡斯算法产生一小组候选码字，其中几乎总会包含具有最大度量值的码字。为了生成测试码，首先对每个接收符号进行硬判决，以决定信道符号的接收码字。假设为相干 PAM，$\sqrt{\mathcal{E}_{\mathrm{s}}}\boldsymbol{x}_c^d$ 表示信道符号对应的星座向量。第 i 个信道符号的可靠度度量为

$$M_{\mathrm{r}}(i) = \left|y_i - \sqrt{\mathcal{E}_{\mathrm{s}}}\boldsymbol{x}_{ci}^d\right| \tag{1.59}$$

采用该可靠度指标，蔡斯算法会更改接收码字中最不可靠的符号，并生成一系列的测试码。测试码的硬判决译码和失败译码的丢弃都会产生候选码字，译码器选择具有最大度量值的候选码字，并将它作为发射码字输出。

当软判决信息的量化电平多于两级时，需要将解调器的输出样值进行模数变换。由于量化电平的最优位置与信号、热噪声和干扰功率都有关系，因此通常需要自动增益控制。研究发现，在 AWGN 信道中，与采用非量化的模拟电压或无限精细的量化取得的理论性能相比，用 3 比特表示的 8 电平均匀量化所造成的损失不超过十分之几分贝。

软判决译码的结果可用于推导硬判决后的信道符号错误概率。当只考虑单个 BPSK 符号时，则有 $l=1$。式(1.57)表明，AWGN 信道中的信道比特/符号错误概率为

$$P_{\mathrm{b}} = P_{\mathrm{s}} = Q\left(\sqrt{\frac{2r\mathcal{E}_{\mathrm{b}}}{N_0}}\right) \tag{1.60}$$

考虑 AWGN 信道中单个四进制相移键控(Quadri Phase - Shift Keying, QPSK)数据符号的检测情况，单个符号的码字度量称为符号度量，符号星座点为 $x_c = (\pm 1 \pm \mathrm{j})/\sqrt{2}$。由于 $n=1$ 及 $k=2$，式(1.51)定义的符号度量可转化为

$$U(c) = \mathrm{Re}(x_c^* y),\ c = 1,2,3,4 \tag{1.61}$$

由于星座的对称性，不失一般性，假设发送的符号为 $x_c = (1+\mathrm{j})/\sqrt{2}$。若 y 没有落在第一象限内，就会发生符号错误。由于 $\mathrm{Re}(y)$ 与 $\mathrm{Im}(y)$ 是独立的，信道符号错误概率为

$$P_{\mathrm{s}} = 1 - P[\mathrm{Re}(y) > 0]P[\mathrm{Im}(y) > 0] \tag{1.62}$$

又由于 $\mathrm{Re}(y)$ 与 $\mathrm{Im}(y)$ 服从高斯分布，则利用 $\mathcal{E}_{\mathrm{s}} = 2r\mathcal{E}_{\mathrm{b}}$ 对上式进行计算，易得

$$P_s = 2Q\left[\sqrt{\frac{2r\mathcal{E}_b}{N_0}}\right] - Q^2\left[\sqrt{\frac{2r\mathcal{E}_b}{N_0}}\right]$$

$$\simeq 2Q\left[\sqrt{\frac{2r\mathcal{E}_b}{N_0}}\right], \frac{2r\mathcal{E}_b}{N_0} \gg 1 \tag{1.63}$$

若编码符号表与传输的信道符号表不同,则 q 进制编码符号就要映射成 q_1 进制信道符号。典型情况下,$q=2^v$,$q_1=2^{v_1}$,这里 $v/v_1 \geqslant 1$,且为正整数。在上述条件下,每编码符号具有 v/v_1 个分量。对于硬判决译码而言,任意接收符号分量的解调错误都会引起相应的编码符号错误。如果解调错误是独立的,并且 v/v_1 个解调接收符号组成一个信道符号,也就是一个可能的编码符号,则信道符号错误概率为

$$P_s = 1 - (1 - P_{dr})^{v/v_1} \tag{1.64}$$

式中:P_{dr}表示解调接收符号的错误概率。实际应用中通常将非二进制编码符号映射成二进制信道符号(即 $v_l=1$)。对于相干 BPSK,由式(1.60)与式(1.64)可得

$$P_s = 1 - \left[1 - Q\left[\sqrt{\frac{2r\mathcal{E}_b}{N_0}}\right]\right]^v \tag{1.65}$$

星座标记是用 m 个比特对 $q=2^m$ 个二维或复值星座点可能代表的符号进行定位。当 PAM 信号在 AWGN 信道进行传输时,一般采用硬判决符号译码,P_s 和信道比特的比特误码率 P_b 的关系就取决于星座标记。格雷标记也称格雷译码,是对多个相同比特位(除一个之外)的欧氏距离相近的邻近符号进行标记,以使接收符号的邻近符号由译码器分配了最大似然或最大度量产生的比特错误最小。由于错误的符号最可能选择为邻近的符号,因此格雷标记的信道比特误码率为

$$P_b \simeq \frac{1}{m}P_s \tag{1.66}$$

式(1.60)、式(1.63)和式(1.66)表明,当采用格雷标记时,QPSK 符号与 BPSK 几乎相同。因此,将 QPSK 信号传输看作在正交载频上传输两个 BPSK 信号并没有多少损失,实际中也经常这么使用。

1.2.2 正交调制

正交调制系统将每个码字符号都用一系列正交信号进行传输。考虑采用延迟的 q 进制正交复信号波形:$\sqrt{\mathcal{E}_s}s_1(t)$、$\sqrt{\mathcal{E}_s}s_2(t)$、…、$\sqrt{\mathcal{E}_s}s_q(t)$对 n 个符号的码字进行传输。接收机需要 q 个匹配滤波器,每个匹配滤波器由一对基带匹配滤波器来实现。$nq\times 1$ 维的观测向量为 $\boldsymbol{y}=[\boldsymbol{y}_1 \quad \boldsymbol{y}_2 \quad \cdots \quad \boldsymbol{y}_q]^{\mathrm{T}}$,其中 $\boldsymbol{y}_l$ 为第 l 个匹配滤波器输出样值组成的 $1\times n$ 维行向量,每个分量为 $y_{li}(i=1,2,\cdots,n)$。假设

码字 $\boldsymbol{c}$ 中的符号 i 使用 $\int_0^{iT_s} |s_l(t)|^2 dt = 1, l=1,2,\cdots,q$ 正交波形集中的编码符号波形 $s_{w_{ci}}(t-iT_s)$，其中表示码字符号持续时间。对于时 T_s 变 AWGN 信道，则符号 i 的接收信号可表示为

$$r_i(t) = \mathrm{Re}[\alpha_i \sqrt{2\mathcal{E}_s} s_{w_{ci}}(t) e^{j(2\pi f_c t + \theta_i)}] + n(t), (i-1)T_s \leqslant t \leqslant iT_s, i=1,2,\cdots,n \tag{1.67}$$

式中：α_i 为信道衰落幅度；$n(t)$ 为零均值高斯噪声，其功率谱密度等于 $N_{0i}/2$。所有波形的符号能量均为 $\sqrt{\mathcal{E}_s}$。

$$\int_0^{T_s} |s_l(t)|^2 dt = 1, \quad l = 1,2,\cdots,q \tag{1.68}$$

符号波形的正交性意味着：

$$\int_0^{iT_s} s_r(t) s_l^*(t) dt = 0, \quad r \neq l \tag{1.69}$$

信号的频谱搬移或将信号下变频到基带是在匹配滤波之后完成的。与波形 $s_l(t)$ 相匹配的匹配滤波器 l 的输出样值为

$$\begin{gathered} y_{li} = \sqrt{2} \int_{(i-1)T_s}^{iT_s} r_i(t) e^{-j(2\pi f_c t + \phi_i)} s_l^* [t - (i-1)T_s] dt, \\ i = 1,2,\cdots,v, \quad l = 1,2,\cdots,q \end{gathered} \tag{1.70}$$

式中的因子 $\sqrt{2}$ 是为数学计算方便而引入的。将式(1.67)代入式(1.70)与式(1.69)，并假设 $\{s_l(t)\}$ 中每个波形的频谱范围限定为 $|f| < f_c$，得到

$$y_{l,i} = \sqrt{\mathcal{E}_s} e^{j(\theta_i - \phi_i)} \delta_{l,w_{ci}} + n_{l,i} \tag{1.71}$$

式中若 $l = w_{ci}$，$\delta_{l,w_{ci}} = 1$，否则 $\delta_{l,w_{ci}} = 0$，且

$$n_{l,i} = \sqrt{2} \int_{(i-1)T_s}^{iT_s} n(t) e^{-j(2\pi f_c t + \phi_i)} s_l^* [t - (i-1)T_s] dt \tag{1.72}$$

$nq \times 1$ 维噪声向量为 $\boldsymbol{n} = [\boldsymbol{n}_1 \quad \boldsymbol{n}_2 \quad \cdots \quad \boldsymbol{n}_n]^{\mathrm{T}}$，其中每个 $\boldsymbol{n}_l$ 均为具有分量 $n_{l,i}, i=1,2,\cdots,n$ 的匹配滤波器的 $1 \times n$ 噪声输出行向量。由于式(1.72)与式(1.39)形式相同，所以 $\boldsymbol{n}$ 为零均值复高斯随机向量，且：

$$E[\boldsymbol{n}\boldsymbol{n}^{\mathrm{H}}] = N_{0i}\mathbf{1} \tag{1.73}$$

循环对称性：

$$E[\boldsymbol{n}\boldsymbol{n}^{\mathrm{T}}] = \mathbf{0} \tag{1.74}$$

因此，由附录 A.1 可知，$\{n_{l,i}\}$ 的 $2nq$ 个实部和虚部分量为独立零均值高斯随机变量，方差均为 $N_{0i}/2$。

由于每个 $n_{l,i}$ 的密度函数定义为实部与虚部的联合概率密度，因此给定 $\psi_i = \theta_i - \phi_i$ 和 w_{ci} 时 y_{li} 的条件概率密度函数为

$$f(y_{l,i}|w_{ci},\psi_i)=\frac{1}{\pi N_{0i}}\exp\left(-\frac{\left|y_{l,i}-\alpha_i\sqrt{\mathcal{E}_s}\mathrm{e}^{\mathrm{j}\psi_i}\delta_{lw_{ci}}\right|^2}{N_{0i}}\right)\tag{1.75}$$

$$i=1,2,\cdots,n,l=1,2,\cdots,q$$

对于分量为$\{y_{l,i}\}$的$qn\times 1$维观察向量$\boldsymbol{y}$,其似然函数等于式(1.75)给定的qn个概率密度函数的乘积,即

$$f(\boldsymbol{y}|\boldsymbol{w}_c,\boldsymbol{\psi})=\prod_{i=1}^{n}\left[\left(\frac{1}{\pi N_{0i}}\right)^q\exp\left(-\frac{\alpha_i^2\mathcal{E}_s-2\alpha_i\sqrt{\mathcal{E}_s}\mathrm{Re}(y_{w_{ci}}^*\mathrm{e}^{\mathrm{j}\psi_i})}{N_{0i}}-\sum_{l=1}^{q}\frac{|y_{l,i}|^2}{N_{0i}}\right)\right]\tag{1.76}$$

式中:$\boldsymbol{\psi}$和$\boldsymbol{w}_c$都是n维向量,$\{\psi_i\}$和$\{w_{ci}\}$分别是其对应分量。

对于相干信号,$\{\theta_i\}$可由相位同步系统来跟踪,因此,在理想条件下,有$\theta_i=\phi_i$且$\psi_i=0$。构造对数似然函数并去掉独立于c的无关项,从而得到相干正交信号、(n,k)分组码和时变AWGN信道中的码度量为

$$U(c)=\sum_{i=1}^{n}\frac{\alpha_i\mathrm{Re}(V_{ci})}{N_{0i}},c=1,2,\cdots,q^k\tag{1.77}$$

式中:V_{ci}是与码字c的第i个符号相匹配的滤波器的第i个输出样值。最大似然译码器寻找使$U(c)$最大的c值。若该值为c_0,则译码器判定发送的码字为c_0。在应用该度量过程面临的问题在于必须事先知道或估计α_i/N_{0i}的值。若已知$N_{0i}=N_0,\alpha_i=1$,则在AWGN信道中相干正交信号的码字度量为

$$U(c)=\sum_{i=1}^{n}\mathrm{Re}(V_{ci}),c=1,2,\cdots,q^k\tag{1.78}$$

在应用该度量时,常量N_0不需要已知。

对于非相干信号,假设每个$\psi_i=\theta_i-\phi_i$都相互独立,且在$[0,2\pi)$内服从均匀分布,从而保证了$\{y_{li}\}$的独立性。对式(1.76)中指数函数的变量进行展开,并将$y_{w_{ci}}$表示成极坐标的形式,同时使用附录H.3中式(H.16)对每个ψ_i进行积分,得到观察向量$\boldsymbol{y}$的似然函数为

$$f(\boldsymbol{y}|\boldsymbol{w}_c)=\prod_{i=1}^{n}\left[\left(\frac{1}{\pi N_{0i}}\right)^q\exp\left(-\frac{\alpha_i\mathcal{E}_s}{N_{0i}}-\sum_{l=1}^{q}\frac{|y_{l,i}|^2}{N_{0i}}\right)\mathrm{I}_0\left(\frac{2\alpha_i\sqrt{\mathcal{E}_s}|y_{w_{ci}}|}{N_{0i}}\right)\right]\tag{1.79}$$

式中:$\mathrm{I}_0(\cdot)$为第一类零阶修正贝塞尔函数。令$R_{ci}=|y_{w_{ci}}|$表示匹配到信号$s_{w_{ci}}(t)$的滤波器输出幅度的样值,$s_{w_{ci}}(t)$表示码字c中的第i个符号。构造其对数似然函数并去掉与码字无关的项与因子,由此可得到时变AWGN信道中非相干正交信号的码字度量为

$$U(c)=\sum_{i=1}^{n}\ln\mathrm{I}_0\left(\frac{2\alpha_i\sqrt{\mathcal{E}_s}R_{ci}}{N_{0i}}\right),c=1,2,\cdots,q^k\tag{1.80}$$

式中:需要知道或估计每个$\alpha_i\sqrt{\mathcal{E}_s}/N_{0i}$的值。若$\alpha_i=1$且$N_{0i}$均满足$N_{0i}=N_0$,则非相干正交信号在时变AWGN信道中的码字度量为

$$U(c)=\sum_{i=1}^{n}\ln\mathrm{I}_0\left(\frac{2\sqrt{\mathcal{E}_s}R_{ci}}{N_0}\right),c=1,2,\cdots,q^k \tag{1.81}$$

在使用该度量时,$\sqrt{\mathcal{E}_s}/N_0$必须是已知的。

为简化计算,最好能对式(1.81)进行近似。比较式(H.14)中的级数表示与$\exp(x^2/4)$的级数表示,可得

$$\mathrm{I}_0(x)\leqslant\exp\left(\frac{x^2}{4}\right) \tag{1.82}$$

根据式(H.15)中的积分表示,可得

$$\mathrm{I}_0(x)\leqslant\exp(|x|) \tag{1.83}$$

对于$0\leqslant x<4$,式(1.82)给出的上界更紧,而式(1.83)给出的上界对于$4<x<\infty$时更紧。若假设$\sqrt{\mathcal{E}_s}R_{ci}/N_0$通常小于2,则用$\exp(x^2/4)$近似$\mathrm{I}_0(x)$是合理的。去掉无关的常数项,得到平方律度量为

$$U(c)=\sum_{i=1}^{n}R_{ci}^2,c=1,2,\cdots,q^k \tag{1.84}$$

为确定AWGN信道中的符号度量,令$n=k=1$,$c=l$并去掉式(1.78)和式(1.81)中非必需的下标。可发现,相干正交信号的符号度量为$\mathrm{Re}(V_l)$,而非相干正交信号的符号度量为$\ln[\mathrm{I}_0(2\alpha\sqrt{\mathcal{E}_s}R_l/N_0)]$,下标$l$取遍所有可能的符号。由于后一个函数随$R_l$单调递增,因此,非相干正交信号的最优符号度量或判决变量为$R_l,l=1,2,\cdots,q$。

为对信号符号进行相干检测,式(1.75)表明,给定$\psi=\theta-\phi$和发送信号$s_1(t)$时,匹配滤波器输出y_l的条件密度函数为

$$f(y_l|s_1(t),\psi)=\frac{1}{\pi N_0}\exp\left(-\frac{\left|y_l-\sqrt{\mathcal{E}_s}\mathrm{e}^{\mathrm{j}\psi}\delta_{l,1}\right|^2}{N_0}\right),l=1,2,\cdots,q \tag{1.85}$$

在已知发送信号$s_1(t)$及ψ的情况下,$R_{l1}=\mathrm{Re}(y_l)$与$R_{l2}=\mathrm{Im}(y_l)$的联合概率密度函数为

$$g_1(r_{l1},r_{l2})=\frac{1}{\pi N_0}\exp\left(-\frac{(r_{l1}-\sqrt{\mathcal{E}_s}\delta_{l,1}\cos\psi)^2+(r_{l2}-\sqrt{\mathcal{E}_s}\delta_{l,1}\sin\psi)^2}{N_0}\right) \tag{1.86}$$

R_l和Φ_l由$R_{l1}=R_l\cos\Phi_l$,$R_{l2}=R_l\sin\Phi_l$隐式定义。作变量替换,可得R_l与Φ_l的联合概率密度函数为

$$g_2(r,\phi)=\frac{r}{\pi N_0}\exp\left(-\frac{r^2-2\sqrt{\mathcal{E}_s}\delta_{l,1}r\cos\phi\cos\psi-2\sqrt{\mathcal{E}_s}\delta_{l,1}r\sin\phi\sin\psi+\mathcal{E}_s\delta_{l,1}}{N_0}\right),$$
$$r\geqslant0,|\phi|\leqslant\pi \tag{1.87}$$

包络 R_l 的概率密度是通过对式(1.87)中的 ϕ 进行积分而得到的,使用式(H.16)和三角等式,可得到 $R_l, l=1,2,\cdots,q$ 的概率密度函数为

$$f_1(r)=\frac{2r}{N_0}\exp\left(-\frac{r^2+\mathcal{E}_s}{N_0}\right)\mathrm{I}_0\left(\frac{2\sqrt{\mathcal{E}_s}r}{N_0}\right)u(r) \tag{1.88}$$

$$f_l(r)=\frac{2r}{N_0}\exp\left(-\frac{r^2}{N_0}\right)u(r), l=2,\cdots,q \tag{1.89}$$

式中:$u(r)$ 为单位阶跃函数,定义为当 $r\geqslant 0$ 时,$u(r)=1$;而 $r<0$ 时,$u(r)=0$。

$\{y_l\}$ 的统计独立表明随机变量 $\{R_l\}$ 也是统计独立的。当发送 $s_1(t)$ 时,若 R_1 不是 $\{R_l\}$ 中最大的,就会发生符号错误。由于 $\{R_l\}$ 对于 $l=2,3,\cdots,q$ 均为同分布的,因而发送 $s_1(t)$ 的误符号概率为

$$P_s = 1-\int_0^{\infty}\left[\int_0^r f_2(y)\,\mathrm{d}y\right]^{q-1} f_1(r)\,\mathrm{d}r \tag{1.90}$$

计算上式中的内部积分:

$$\int_0^r f_2(y)\,\mathrm{d}y = 1-\exp\left(-\frac{r^2}{N_0}\right) \tag{1.91}$$

将上面的结果中 $q-1$ 次幂用二项式展开并代入到式(1.90)中,并将剩余的积分利用下式处理,即

$$\int_0^{\infty} r\exp\left(-\frac{r^2}{2b^2}\right)\mathrm{I}_0\left(\frac{r\sqrt{\lambda}}{b^2}\right)\mathrm{d}r = b^2\exp\left(\frac{\lambda}{2b^2}\right) \tag{1.92}$$

上式根据式(1.88)中概率密度的积分必须为单位值而得到。因此,AWGN 信道中非相干 q 进制正交符号的符号错误概率最终结果为

$$P_s = \sum_{i=1}^{q-1}\frac{(-1)^{i+1}}{i+1}\binom{q-1}{i}\exp\left[-\frac{i\mathcal{E}_s}{(i+1)N_0}\right] \tag{1.93}$$

当 $q=2$ 时,上式简化为二进制正交符号的经典误码率公式,即

$$P_s=\frac{1}{2}\exp\left(-\frac{\mathcal{E}_s}{2N_0}\right) \tag{1.94}$$

当错误译码的符号同样可能是字母表中剩余 $q-1$ 个符号中的任何一个的情况下,正交信号是 q 进制对称的。考虑 (n,k) 线性分组码和 q 进制正交信号,在 $q-1$ 个错误符号中,指定比特位在 $q/2$ 个例子中是错误的。因此,误码率为

$$P_b=\frac{q}{2(q-1)}P_{is} \tag{1.95}$$

当 $q=2$ 时,该式简化为 $P_b=P_{is}$。

1.2.3 FSK 符号检测

对于非相干正交频移键控(Frequency - Shift Keying, FSK),一对基带匹配滤

波器与具有单位能量的如下所示的波形相匹配：

$$s_l(t)=\exp(\mathrm{j}2\pi f_l t)/\sqrt{T_s},0\leqslant t\leqslant T_s,l=1,2,\cdots,q \tag{1.96}$$

若相邻频率间隔为 k/T_s，k 为非零整数，则满足式(1.67)的正交条件。若 $r(t)$ 为接收信号，则并行匹配滤波器和包络检测器组后输出的符号度量为

$$R_l=\left|\int_0^{T_s}r(t)\mathrm{e}^{-\mathrm{j}2\pi f_c t}\mathrm{e}^{-\mathrm{j}2\pi f_l t}\mathrm{d}t\right| \tag{1.97}$$

式中略去了无关的常数项。展开 R_l^2 可得

$$R_l^2=R_{lc}^2+R_{ls}^2 \tag{1.98}$$

$$R_{lc}=\int_0^{T_s}r(t)\cos[2\pi(f_c+f_l)t]\mathrm{d}t \tag{1.99}$$

$$R_{ls}=\int_0^{T_s}r(t)\sin[2\pi(f_c+f_l)t]\mathrm{d}t \tag{1.100}$$

上面的公式隐含了解调器的结构，如图 1.2 所示。若采用硬判决译码，对每一个符号，比较器通过观察哪个输入值最大来判决发送符号。尽管 R_l 也可计算得到，但比较器采用 R_l^2 更为简单且不会造成性能损失。比较器判决结果将送至译码器。若使用软判决译码，则度量计算器将其输出送至译码器。

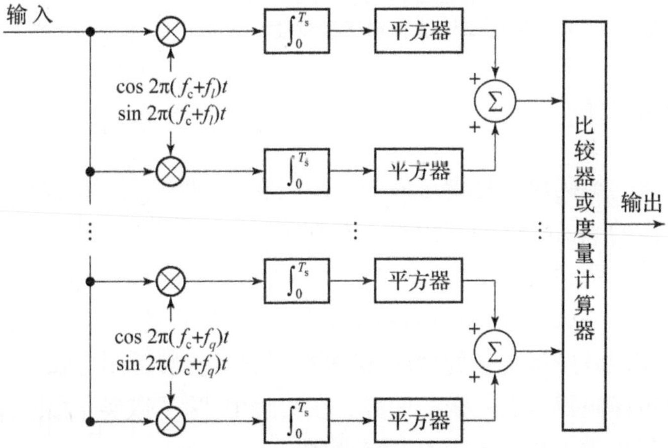

图 1.2　采用基带匹配滤波器的非相干正交 FSK 解调器

为推导另一种实现形式，当接收波形 $r(t)=A\cos[2\pi(f_c+f_l)t+\theta]$，$0\leqslant t\leqslant T_s$ 送至冲激响应为 $\cos2\pi(f_c+f_l)(T_s-t)$ 的滤波器时，可观察到该滤波器在时刻 t 的输出为

$$\begin{aligned}y_l(t)&=\int_0^t r(\tau)\cos[2\pi(f_c+f_l)(\tau-t+T_s)]\mathrm{d}\tau\\&=\left\{\int_0^t r(\tau)\cos[2\pi(f_c+f_l)\tau]\mathrm{d}\tau\right\}\cos[2\pi(f_c+f_l)(t-T_s)]\end{aligned}$$

$$+\left\{\int_0^t r(\tau)\sin[2\pi(f_c+f_l)\tau]d\tau\right\}\sin[2\pi(f_c+f_l)(t-T_s)]$$

$$=R_l(t)\cos[2\pi(f_c+f_l)(t-T_s)+\phi(t)],\quad 0\leqslant t\leqslant T_s \tag{1.101}$$

式中,$y_l(t)$的包络为

$$R_l(t)=\left\{\left[\int_0^t r(\tau)\cos[2\pi(f_c+f_l)\tau]d\tau\right]^2+\left[\int_0^t r(\tau)\sin[2\pi(f_c+f_l)\tau]d\tau\right]^2\right\}^{1/2} \tag{1.102}$$

包络由包络检测器提取,采样结果为 $R_l(T_s)=R_l$,由式(1.98)~式(1.100)给出。从而得到解调器的结构如图1.3所示。实际的包络检测器由峰值检测器后接低通滤波器组成。

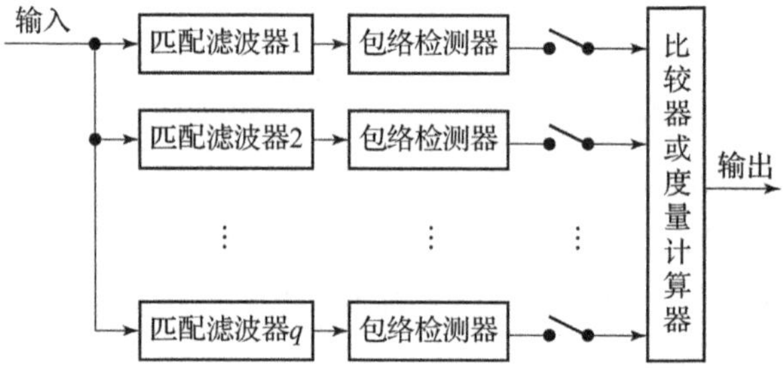

图1.3　具有匹配滤波器和包络检测器的非相干正交FSK解调器

1.2.4　性能实例

一个编码的编码增益是指与另一个编码相比,产生制定信息位或信息符号错误概率所需的 $\mathcal{E}_b/N_0$ 值的减少量。对在AWGN信道上运行的特定通信系统和编码的计算表明,相对于硬判决译码器,最佳软判决译码器可提供约2dB的编码增益。但是,软判决译码器的实现要复杂得多,并且对高速率信息的处理可能太慢。在实现复杂度给定的情况,硬判决译码器能够适用更长的分组码,因此相较于软决策译码器也有一定的优势。在实践中,除了错误-擦除译码之外,软决策译码器很少用于长度大于50的分组码。

图1.4给出了在AWGN信道中采用不同的二进制分组码、相干BPSK时,信息误比特率 P_b 与 $\mathcal{E}_b/N_0$(比特信噪比)的关系,此时 $P_b=P_{is}$。

式(1.22)用于计算硬判决译码时(23,12)格雷码的 P_b。由于这些码的包密度 D_p 较小,故式(1.28)可用于(63,36)BCH码(该码的纠错能力为 $t=5$)与(127,64)BCH码(该码的纠错能力为 $t=10$)的硬判决译码中。而式(1.60)用于计算 P_s。应用不等式(1.31)、表1.2及式(1.57)来计算采用最优软判决译码时的(23,12)格雷码信息误比特率 $P_b=P_{is}$的上界。图1.4展示了软判决译码的

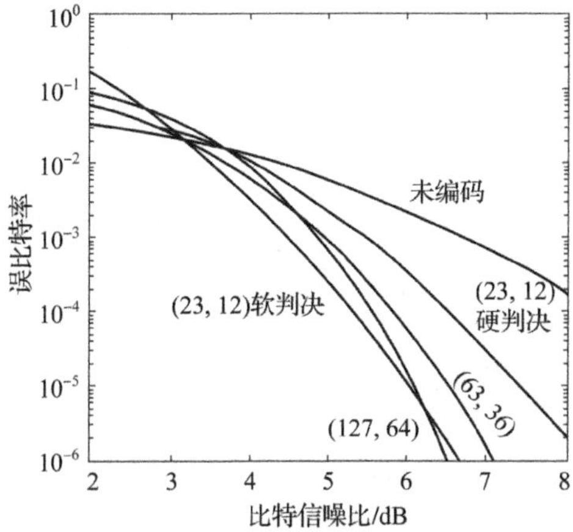

图1.4　二进制(n,k)分组码与相干BPSK调制下的信息误比特率

优势。对于(23,12)格雷码，当$P_b=10^{-5}$时，与硬判决译码相比，软判决译码性能有近2dB的编码增益。只有当$P_b<10^{-5}$时，(127,64)BCH码的性能才开始优于软判决译码下的(23,12)格雷码性能。若$\mathcal{E}_b/N_0\leqslant 3$dB，未编码的相干BPSK系统比使用图中任一分组码的类似系统的信息误比特率P_b更低。

图1.5给出了AWGN信道中松包RS码采用硬判决译码时的性能与$\mathcal{E}_b/N_0$的关系。式(1.23)用于近似计算相干BPSK的二进制信道符号和非相干正交FSK的非二进制信道符号的信息误比特率。对于非二进制信道符号，可使用式(1.93)计算其符号错误概率，且式(1.95)也是正确的或能够提供良好近似。对于二进制信道符号，可用式(1.65)计算符号错误概率。对于选定的n值，若码率$k/n\approx 3/4$，当$P_b=10^{-5}$时，可获得最好性能。增加编码长度n可进一步提高编码增益，但也增加了实现复杂度。

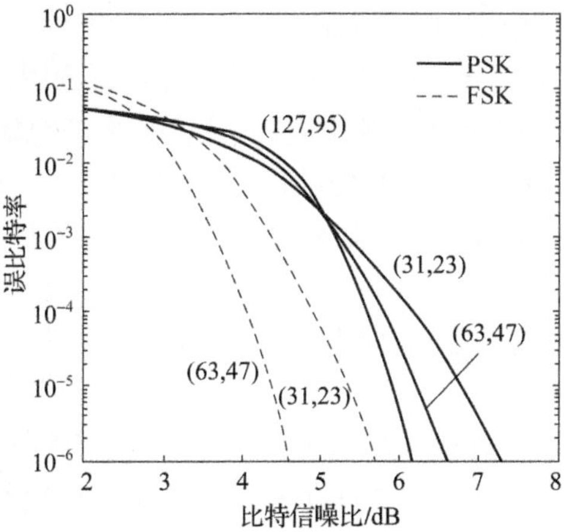

图1.5　(n,k)RS码的信息误比特率，调制方式为相干BPSK或非相干FSK

虽然图中显示了 RS 码与正交 q 进制 FSK 结合的优势,然而其主要问题是增大了带宽。令 B 为未编码 BPSK 信号所需的带宽,若使用未编码的二进制频移键控(Binary Frequency - Shift Keying,BFSK),在数据传输速率相同时,采用包络检测器进行解调所需要的带宽近似为 $2B$。对采用 $q=2^m$ 个频率的未编码正交 FSK 系统,所需带宽为 $2^m B/m$,这是因为每个符号代表了 m 个比特。若 FSK 系统中使用 (n,k) RS 码,则所需的带宽变为 $2^m nB/mk$。

1.3 卷积码与格型码

与分组码相比,卷积码表示的信息是无限长的。在二元域 GF(2) 上的卷积码编码器采用双稳态存储元件的移位寄存器,将输入的 k 个信息比特每个都变成 n 个编码比特输出,每个输出比特都是当前与之前信息比特的模 2 和。卷积码是线性的,这是因为模 2 表明输入输出的关系满足可叠加性,且全零码字是它的码字成员。卷积码的约束长度 K 是指单个输入比特能够影响的输出分组的最大数目,其中每个分组由 n 比特组成。若信息比特原封不动地出现在码字中,则称该卷积码是系统的;否则,称该卷积码是非系统的。

图 1.6(a) 给出了一个具有两级存储器的非系统线性卷积码编码器,其 $k=1, n=2$ 且 $K=3$。信息比特随时钟脉冲进入到移位寄存器。在每个时钟脉冲后,最新的信息比特成为第一级存储单元的内容并输出,前一时刻的内容移出当前存储级并右移,而最后一级存储器的前一时刻内容将被移出存储器。两个模 2 加法器(异或门)分别输出两个编码比特。编码器的冲击响应输出是两个 K 比特的信息流,以响应一位为 1 和 $K-1$ 位为 0 的输入。编码比特的生成向量表示为两个向量 $\boldsymbol{g}_1=[101]$ 与 $\boldsymbol{g}_2=[111]$,代表了从左边开始的两个输出的冲激响应。两个三比特的生成向量用八进制的形式表示为(5,7)。

图 1.6(b) 给出了一个具有四级存储器的非系统卷积码的编码器结构,其 $k=2, n=3$ 且 $K=2$。代表其冲激响应(按从高位向低位输入)的生成向量为 $\boldsymbol{g}_1=[1101]$、$\boldsymbol{g}_2=[1100]$ 与 $\boldsymbol{g}_3=[1011]$。用八进制形式(如 1101→15,从右侧开始按 3 比特分组并表示为 8 进制数,若余下的比特数目不足 3,则在左边补 0),该编码器可表示为(15,14,13)。

用多项式来描述编码器的输入输出序列,形式上更紧凑。二元域 GF(2) 上的多项式具有如下形式:

$$f(x)=f_0+f_1x+f_2x^2+\cdots+f_nx^n \tag{1.103}$$

式中:系数 $f_0, f_1, \cdots, f_n$ 都是 GF(2) 域中的元素;为计算方便,非确定量用符号 x 表示。多项式的阶为非零系数的 x 最大次幂。

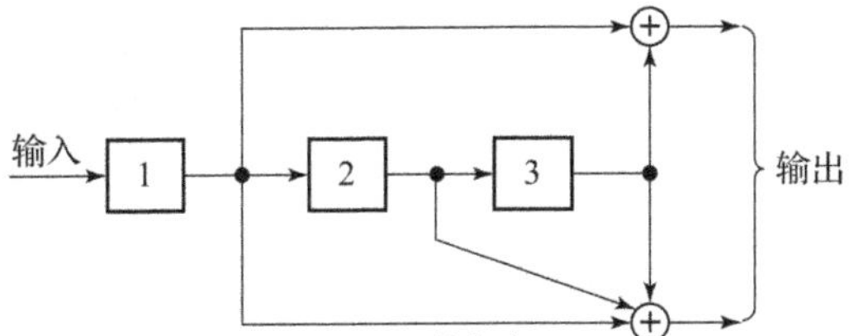

(a) $K=3$，码率为1/2

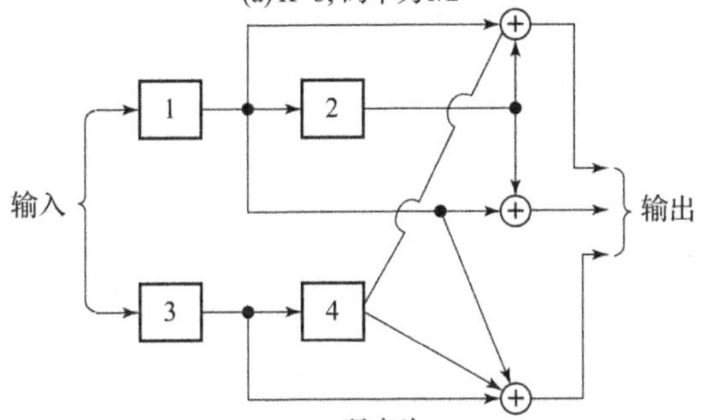

(b) $K=2$，码率为2/3

图1.6　非系统卷积码编码器

n_1 阶多项式 $f(x)$ 与 n_2 阶多项式 $g(x)$ 的和是 GF(2) 上的另一个多项式，其定义为

$$f(x)+g(x)=\sum_{i=0}^{\max(n_1,n_2)}(f_i\oplus g_i)x^i \tag{1.104}$$

式中：$\max(n_1,n_2)$ 表示 n_1 与 n_2 中的较大者；$\oplus$表示模2加。例如

$$(1+x^2+x^3)+(1+x^2+x^4)=x^3+x^4 \tag{1.105}$$

GF(2) 上 n_1 阶多项式 $f(x)$ 与 n_2 阶多项式 $g(x)$ 的乘积是 GF(2) 上的另一个多项式，定义为

$$f(x)g(x)=\sum_{i=0}^{n_1+n_2}\left(\sum_{k=0}^{i}f_k g_{i-k}\right)x^i \tag{1.106}$$

式中，内部的加法取模2运算，例如

$$(1+x^2+x^3)(1+x^2+x^4)=1+x^3+x^5+x^6+x^7 \tag{1.107}$$

容易证明多项式加法和乘法满足结合律、交换律和分配律。

输入序列 $m_0,m_1,m_2,\cdots$可用输入多项式表示为 $m(x)=m_0+m_1x+m_2x^2+\cdots$；类似地，输出多项式 $c(x)=c_0+c_1x+c_2x^2+\cdots$可表示输出序列。转移函数 $g(x)=g_0+g_1x+\cdots+g_{K-1}x^{K-1}$表示冲激响应的 K 个比特。当单个输入序列 m 输入编码器时，编码器输出序列 $\boldsymbol{c}$ 被称为 $\boldsymbol{m}$ 与冲激响应 $\boldsymbol{g}$ 卷积的结果，可表示为多项式的乘积，即 $\boldsymbol{c}(x)=m(x)g(x)$。一般地，如果有 k 个输入序列，用向量 $\boldsymbol{m}(x)=[m_1(x)\quad m_2(x)\quad\cdots\quad m_k(x)]$ 来表示，同时，编码器 n 个输出序列用向量

$\boldsymbol{c}(x)=[c_1(x)\quad c_2(x)\quad\cdots\quad c_n(x)]$表示,则有

$$\boldsymbol{c}(x)=\boldsymbol{m}(x)\boldsymbol{G}(x) \tag{1.108}$$

式中:$\boldsymbol{G}(x)=[\boldsymbol{g}_1(x)\quad \boldsymbol{g}_2(x)\quad\cdots\quad \boldsymbol{g}_n(x)]$为$k\times n$阶生成矩阵,它有$n$列$k$个生成多项式。

在图1.6(a)中,$\boldsymbol{m}(x)$为输入多项式,$c(x)=[c_1(x)\quad c_2(x)]$为输出向量,$\boldsymbol{G}(x)=[g_1(x)\quad g_2(x)]$表示生成矩阵,它有$g_1(x)=1+x^2$和$g_2(x)=1+x+x^2$两个传递函数。在图1.6(b)中,$\boldsymbol{m}(x)=[m_1(x)\quad m_2(x)]$,$\boldsymbol{c}(x)=[c_1(x)\quad c_2(x)\quad c_3(x)]$,且

$$\boldsymbol{G}(x)=\begin{bmatrix}1+x & 1+x & 1\\ x & 0 & 1+x\end{bmatrix} \tag{1.109}$$

由于k个新比特进入移位寄存器的同时会有k个比特移出,因此只有新到达比特之前的$(K-1)k$级存储单元的内容会影响到卷积编码器随后的输出。所以,将$(K-1)k$级存储单元的内容定义为编码器的状态。由于不存在反馈连接,前馈编码器的初始状态一般是全零状态。信息序列编码完成后,必须向前馈编码器中插入$(K-1)k$个零来完成和终止编码过程。若信息比特的数目远大于$(K-1)k$,则插入的零对码率的影响可以忽略,用$r=k/n$可以很好地近似表示码率。然而,结尾零序列的插入使得卷积码不适用于短信息序列。例如,若发送12比特信息,(23,12)格雷码就比同样长度的卷积码性能更好。

递归系统卷积码使用反馈且生成矩阵至少含有一个有理函数。图1.7所示的编码器可产生一个$K=4$、码率为1/2的递归系统卷积码。令$m(x)$和$m_1(x)$分别表示输入多项式和第1级加法器的输出多项式。则第n级存储器的输出多项式是$m_1(x)x^n$,$n=1,2,3$。由图可知:

$$m_1(x)=m(x)+m_1(x)x^2+m_1(x)x^3 \tag{1.110}$$

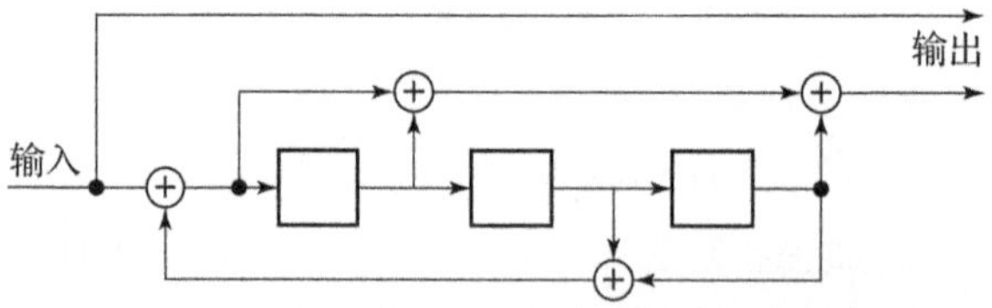

图1.7 $K=4$且码率为1/2的递归系统卷积码编码器

式(1.110)意味着$m_1(x)(1+x^2+x^3)=m(x)$。因此,输出多项式$c_1(x)=m(x)$,$c_2(x)=m(x)(1+x+x^3)$。由式(1.108)得出输出向量为$\boldsymbol{c}(x)=[c_1(x)\quad c_2(x)]$,其生成多项式为$\boldsymbol{G}(x)=[1\quad G_2(x)]$且

$$G_2(x)=\frac{(1+x+x^3)}{(1+x^2+x^3)} \tag{1.111}$$

该式由长除法确定。

为使编码器在码字发送完后返回到全零状态，需要给最左边的加法器再连续输入 3 个反馈的信息比特。最终，图 1.7 的编码器将在 3 个脉冲时钟后返回到全零状态。

格状图可以显示有限状态机可能的状态，如卷积码编码器。与图 1.6(a)中编码器相对应的格状图如图 1.8 所示。格状图中每一列节点代表了在某一特定时钟脉冲前编码器的状态。每个状态的第 1 个比特代表了第 1 级存储单元的内容，第 2 个比特代表了第 2 级存储单元的内容。连接各节点的分支代表了状态改变的可能路径。每一条分支都使用在随后时钟脉冲中产生的输出比特或符号及编码器新状态的形式来标记。本例中，分支线上标记的第 1 个比特表示编码器上面的输出。离开节点的上分支线对应于输入比特 0，而下分支线则对应于输入比特 1。沿格状图从左至右的每一条路径代表了一个可能的码字。若编码器始于全零状态，只有当移位寄存器的初始内容全部移出，编码器才能到达所有其他状态。于是，只有当最后输入 $(K-1)k$ 个比特迫使编码器返回全零状态后，各列间的格状图才会合并到一处。

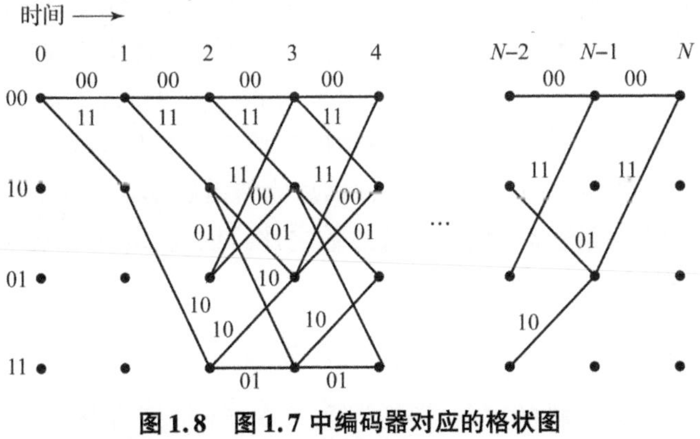

图 1.8　图 1.7 中编码器对应的格状图

格状图中每一个分支都与一个分支度量相关联，码字的度量定义为与其关联的路径分支的度量之和。最大似然译码器选择度量值最大的码字输出。分支度量由调制方式、码型及通信信道确定。例如，若 BPSK 信号在 AWGN 信道传输，则由式(1.52)可得，分支 i 在编码 c 下的度量为 $\alpha_i x_{ci} y_{ri}$，其中，α_i 为分支 i 的衰落幅度，$x_{ci}=\pm1$，$y_{ri}=\mathrm{Re}(y_i)$，y_i 为与分支 i 相对应的接收信号采样值。

维特比(Viterbi)译码器通过按顺序去除多数可能的路径来有效实现最大似然译码。对任意节点，只有那些到达该节点并具有最大部分度量的路径得以保留，这是因为任意源自该节点的部分路径将对在该节点汇聚的路径增加相同的分支度量。

由于译码复杂度随约束长度呈指数增长,因此维特比译码器的应用仅限于约束长度较短的卷积码。一个码率为1/2,约束长度为$K=7$的卷积码的维特比译码器,其复杂度与(31,15)RS码译码器相当。若约束长度增加到$K=9$,则维特比译码器的复杂度增加约4倍。

卷积码的次优译码方法是序贯译码,它不能总是做出最大似然判决,但是其实现复杂度仅与约束长度稍有关系。因此,序贯译码算法可通过增加约束长度来实现极低错误概率译码。维特比译码器对一帧数据进行译码所需的计算量是固定的,而序贯译码器的计算量则是个随机变量。当出现强干扰时,极大的计算需求及由此造成的存储溢出通常导致序贯译码比维特比译码的误比特率更高,译码延时也长得多。因此,在实际通信系统中维特比译码仍处于主导地位。

为求得线性卷积码在维特比译码下的误比特率界,可利用这样的事实,即参考码字的选择不会改变一个码字到另一个码字的汉明距离或欧几里得距离的分布。因此,无论解调器采用硬判决还是软判决,不失一般性,在推导错误概率时假设发送的是全零序列。

虽然编码器是顺着格状图的全零路径进行,但是接收机中的译码器必须观察格状图中连续的多列,在删除可能的路径时,有时会在每个节点处引入错误。译码器可能保留与正确路径在节点v处合并的不正确路径,因而删除正确路径并引入错误,这些错误就发生在那些保留下来的与正确路径不重合的片段上。

令$E[N_e(v)]$为节点v处引入错误数的均值。由1.1节可知,信息误比特率P_b等于信息比特错误率(误比特率),而**信息比特错误率**定义为信息比特错误的均值与送至卷积码编码器的信息比特总数之比。因此,若在一条完整的路径上有N条分支,则

$$P_b = \frac{1}{kN}\sum_{v=1}^{N} E[N_e(v)] \tag{1.112}$$

令$B_v(l,i)$表示这样的事件,即在汇聚于节点v的所有路径中,度量值最大的路径汉明重量为l,且与正确路径不重合的部分含有i个错误的信息比特。令d_f表示最小自由距离,即在任意两个可由编码器产生的码字间的最小距离。则

$$E[N_e(v)] = \sum_{i=1}^{I_v}\sum_{l=d_f}^{D_v} E[N_e(v)\mid B_v(l,i)]P[B_v(l,i)] \tag{1.113}$$

式中:$E[N_e(v)\mid B_v(l,i)]$是给定事件$B_v(l,i)$时$N_e(v)$的条件期望;$P[B_v(l,i)]$表示$B_v(l,i)$出现的概率;I_v与D_v分别是i与l的最大值,它们与格状图中节点v的位置相对应。当$B_v(l,i)$发生时,则会在译码后的比特中引入i个错误比特,因此有

$$E[N_e(v)\mid B_v(l,i)] = i \tag{1.114}$$

若格状图无限长，考虑将在节点 v 处与正确路径汇聚的路径。令 $a(l,i)$ 表示这些路径的总数，这些路径在与正确全零路径汇聚前，不重合部分的汉明重量为 l，错误信息符号数为 i。由于在无限长的格状图上路径总数超过了有限长的格状图路径总数，因而一致界表明：

$$P[B_v(l,i)] \leqslant a(l,i)P_2(l) \tag{1.115}$$

式中：$P_2(l)$ 表示正确的路径部分比不重合路径部分具有更小度量的概率，该不重合路径部分与正确路径部分之间有 l 个编码符号不同。

信息重量谱或分布定义如下：

$$B(l) = \sum_{i=1}^{\infty} ia(l,i), \quad l \geqslant d_{\mathrm{f}} \tag{1.116}$$

将式(1.113)到式(1.115)代入式(1.112)中，并将两个和式的上限扩展到 ∞，结合式(1.116)，得到：

$$P_{\mathrm{b}} \leqslant \frac{1}{k}\sum_{l=d_{\mathrm{f}}}^{\infty} B(l)P_2(l) \tag{1.117}$$

当解调器进行硬判决，并将正确路径部分与不正确路径部分相比较，若解调器输出的错误符号数少于两条路径部分中不同符号总数的一半，则能够正确译码。若错误符号数恰好等于不同符号数的一半，则译码器以相同的概率从两路径部分中选取其一输出。如果相互独立的符号错误概率为 P_{s}，则对硬判决译码而言有

$$P_2(l) = \begin{cases} \displaystyle\sum_{i=(l+1)/2}^{l} \binom{l}{i} P_{\mathrm{s}}^{l}(1-P_{\mathrm{s}})^{l-i}, & l\text{ 为奇数} \\ \displaystyle\sum_{i=l/2+1}^{l} \binom{l}{i} P_{\mathrm{s}}^{i}(1-P_{\mathrm{s}})^{l-i} + \frac{1}{2}\binom{l}{l/2}[P_{\mathrm{s}}(1-P_{\mathrm{s}})]^{l/2}, & l\text{ 为偶数} \end{cases} \tag{1.118}$$

在 AWGN 信道中，当 $P_{\mathrm{b}}=10^{-5}$时，与硬判决译码相比，软判决译码通常能够节省 2dB 功率。软判决译码器实现增加的复杂度较小，且 3 比特量化带来的损失只有 0.2～0.3dB，因此软判决译码比硬判决译码更受到青睐。

对 AWGN 信道中的相干 BPSK 信号，采用软判决译码，由式(1.57)和式(1.117)可得

$$P_{\mathrm{b}} \leqslant \frac{1}{k}\sum_{l=d_{\mathrm{f}}}^{\infty} B(l)Q\left(\sqrt{\frac{2lr\mathcal{E}_{\mathrm{b}}}{N_0}}\right) \tag{1.119}$$

在给定码率和约束长度情况下，有时可通过计算机搜索得到具有式(1.119)给出的最小上界的卷积码。选择 d_{f} 值最大的码，并去掉有限个解调符号错误可引起无数译码信息比特错误的恶性码。在剩余的卷积码中，不具有

最小信息重量谱 $B(d_f)$ 的码也全部去除。若剩下的码不止一个,则以码字的 $B(d_f+i)(i \geqslant 1)$ 最小值为依据,逐个删除,直到剩下一个为止。

文献[4]给出了具有这些优良距离特性、$k=1$ 且码率分别为1/2、1/3 和1/4的卷积码,这些码的约束长度最大为12,表1.4～表1.6列出了这些码对应的 d_f 与 $B(d_f+i)$,$i=0,1,\cdots,7$ 值。表中还以八进制形式列出了生成序列,这些序列确定了与每个码字比特对应的移位寄存器反馈到模二加法器抽头的位置。例如,表1.4中 $K=3$、码率为 -1/2 的最优码生成式分别为5与7,其抽头连接关系如图1.6(a)所示。

表1.4 具有良好距离特性的1/2码率卷积码参数

K	d_f	生成式	$B(d_f+i),i=0,1,\cdots,6$						
			0	1	2	3	4	5	6
3	5	5,7	1	4	12	32	80	192	448
4	6	15,17	2	7	18	49	130	333	836
5	7	23,35	4	12	20	72	225	500	1324
6	8	53,75	2	36	32	62	332	701	2342
7	10	133,171	36	0	211	0	1404	0	11,633
8	10	247,371	2	22	60	148	340	1008	2642
9	12	561,763	33	0	281	0	2179	0	15,035
10	12	1131,1537	2	21	100	186	474	1419	3542
11	14	2473,3217	56	0	656	0	3708	0	27,518
12	15	4325,6747	66	98	220	788	2083	5424	13,771

表1.5 具有良好距离特性的1/3码率卷积码参数

K	d_f	生成式	$B(d_f+i),i=0,1,\cdots,6$						
			0	1	2	3	4	5	6
3	8	5,7,7	3	0	15	0	58	0	201
4	10	13,15,17	6	0	6	0	58	0	118
5	12	25,33,37	12	0	12	0	56	0	320
6	13	47,53,75	1	8	26	20	19	62	86
7	15	117,127,155	7	8	22	44	22	94	219
8	16	225,331,367	1	0	24	0	113	0	287

续表

K	d_f	生成式	$B(d_f+i), i=0,1,\cdots,6$						
			0	1	2	3	4	5	6
9	18	575,673,727	2	10	50	37	92	92	274
10	20	1167,1375,1545	6	16	72	68	170	162	340
11	22	2325,2731,3747	17	0	122	0	345	0	1102
12	24	5745,6471,7553	43	0	162	0	507	0	1420

表 1.6　具有良好距离特性的 1/4 码率卷积码参数

K	d_f	生成式	$B(d_f+i), i=0,1,\cdots,6$						
			0	1	2	3	4	5	6
3	10	5,5,7,7	1	0	4	0	12	0	32
4	13	13,13,15,17	4	2	0	10	3	16	34
5	16	25,27,33,37	8	0	7	0	17	0	60
6	18	45,53,67,77	5	0	19	0	14	0	70
7	20	117,127,155,171	3	0	17	0	32	0	66
8	22	257,311,337,355	2	4	4	24	22	33	44
9	24	533,575,647,711	1	0	15	0	56	0	69
10	27	1173,1325,1467,1751	7	10	0	28	54	58	54

图 1.9～图 1.11 分别给出了码率为 1/2、1/3 及 1/4 的卷积码在相干 BPSK 调制下，采用无限精度量化的软判决译码算法时 P_b 的近似上界。

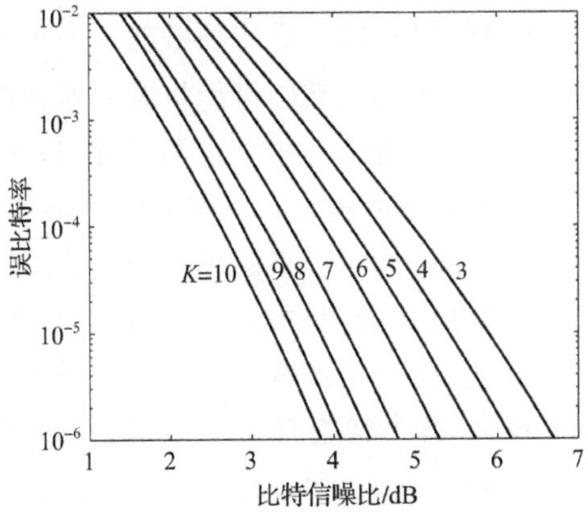

图 1.9　相干 BPSK 下不同约束长度的 1/2 码率卷积码信息误比特率

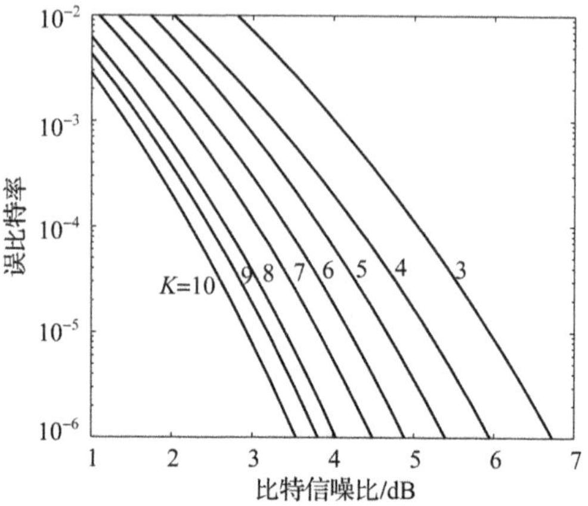

图 1.10　相干 BPSK 下不同约束长度的 1/3 码率卷积码信息误比特率

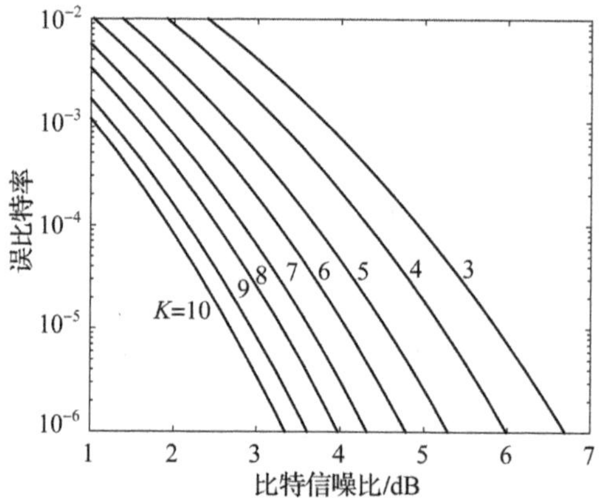

图 1.11　相干 BPSK 下不同约束长度的 1/4 码率卷积码信息误比特率

图中曲线由式(1.112)计算得到,且 $k=1$;对表 1.4 ~ 表 1.6 中的码字用式(1.112)计算并将该级数的第 7 项之后的项截断。当 $P_b \leqslant 10^{-2}$时,该截断给出了 P_b 上界。然而,当 $P_b > 10^{-2}$时,截断可能将对上界有重要影响的项也排除掉,因此随着 P_b 增大,该界本身变得更松。由图可知,当 $K \geqslant 4$ 时,编码性能随约束长度的增大以及码率的减小而提高。译码器的复杂度几乎完全取决于 K,这是由于编码器有 2^{K-1}个状态。但是,当码率减小时,系统需要更大的传输带宽;另外,由于每符号的能量变小,比特同步也将变得更具有挑战性。

对于 $1/n$ 码率的卷积码,每个状态都有两条分支进入。对每条分支具有 k 个信息比特的高码率卷积码,每个状态有 2^k 条支路进入,因此计算复杂度非常高。使用删除卷积码可避免这种复杂性。删除卷积码的码字是在原码率为 $1/n$ 的未删除卷积码编码器的一个或多个输出比特流中周期性地删除某些比特。对

于周期为 p 的删除卷积码，译码器生成并将 p 个 n 比特的数据集写入缓存器中。由这 np 比特生成 $p+v$ 个发送编码比特，其中 $1\leqslant v\leqslant (n-1)p$。因此，一个删除卷积码的码率可表示为

$$r=\frac{p}{p+v},\quad 1\leqslant v\leqslant (n-1)p \tag{1.120}$$

删除卷积码可使用与母码相同的译码器与格状图，但只利用了格状图中未删除部分的比特度量。

删除图案可用一个 $n\times p$ 维删除矩阵 $\boldsymbol{P}$ 来简明描述，该矩阵中每列都确定了需要传输的译码器输出比特。若在删除周期 p 中的时隙 j 中，编码比特 i 被发送，则矩阵元素 $\boldsymbol{P}_{ij}$ 为 1；否则，$\boldsymbol{P}_{ij}=0$。对大部分码率而言，均存在与该码率卷积码中最大最小自由距离相同的删除卷积码。删除卷积码可通过同一编、译码器有效实现可变码率的纠错系统。然而，由于删除码格状图具有周期性，这就要求译码器获得帧同步。

非二进编码序列可通过将二进制卷积编码器的输出转换成非二制符号产生，但该过程并不能优化非二制码的汉明距离特性。非二进制码的性能可能更好，但在相同传输带宽下，其性能不如非二进制 RS 码。

原则上，$\boldsymbol{B}(l)$ 可由生成函数 $T(D,I)$ 确定，某些卷积码的生成函数可通过将状态图视为信号流图推导得到。生成函数是关于 D 和 I 的多项式，其形式为

$$T(D,I)=\sum_{i=1}^{\infty}\sum_{l=d_f}^{\infty}a(l,i)D^l I^i \tag{1.121}$$

式中：$a(l,i)$ 表示在合并到正确路径之前具有汉明权重 l 和 i 个错误信息符号的特定路径数目。在 $I=1$ 处的偏导数为

$$\left.\frac{\partial T(D,I)}{\partial I}\right|_{I=1}=\sum_{i=1}^{\infty}\sum_{l=d_f}^{\infty}ia(l,i)D^l=\sum_{l=d_f}^{\infty}B(l)D^l \tag{1.122}$$

因此，在 $T(D,I)$ 导数的多项式展开中将 $P_2(l)$ 代替 D^l，并将结果乘以 $1/k$，就可确定式(1.112)给出的 P_b 界。在很多应用中，可建立如下形式的不等式，即

$$P_2(l)\leqslant \alpha Z^l \tag{1.123}$$

式中：α 和 Z 均独立于 l。由式(1.117)、式(1.122)和式(1.123)，可得

$$P_b\leqslant\frac{\alpha}{k}\left.\frac{\partial T(D,I)}{\partial I}\right|_{I=1,D=Z} \tag{1.124}$$

对于软判决译码和相干 BPSK，$P_2(l)$ 由式(1.119)确定。附录 H.4 中的不等式(H.25)表明

$$Q(\sqrt{v+\beta})\leqslant\exp\left(-\frac{\beta}{2}\right)Q(\sqrt{v}),v\geqslant 0,\beta\geqslant 0 \tag{1.125}$$

将不等式代入式(1.119)中,并选择合适的 v 和 β 值,得到

$$P_2(l) \leqslant Q\left(\frac{\sqrt{2d_f r\mathcal{E}_b}}{N_0}\right)\exp[-(l-d_f)r\mathcal{E}_b/N_0] \tag{1.126}$$

因此,$P_2(l)$ 的上界可用式(1.123)给出的形式来表达

$$\alpha = Q\left(\sqrt{\frac{2d_f r\mathcal{E}_b}{N_0}}\right)\exp(d_f r\mathcal{E}_b/N_0) \tag{1.127}$$

$$Z = \exp(-r\mathcal{E}_b/N_0) \tag{1.128}$$

对于其他类型的信道、码型及调制方式,式(1.123)给出的关于 $P_2(l)$ 的上界可以由契尔诺夫(Chernoff)界推导得到。

1.3.1 契尔诺夫界

契尔诺夫界是随机变量等于或超过某个常数的概率上界,其优点在于它通常比具体的概率更易于估计。分布函数为 $F(x)$ 的随机变量 X 的矩生成函数(见附录 B.1)定义为

$$M(s) = E[e^{sX}] = \int_{-\infty}^{\infty}\exp(sx)\,dF(x) \tag{1.129}$$

式(1.129)积分对所有实数 s 都是有限值。对所有非负 s,$X \geqslant 0$ 的概率为

$$P[X \geqslant 0] = \int_0^{\infty} dF(x) \leqslant \int_0^{\infty}\exp(sx)\,dF(x) \tag{1.130}$$

由于矩生成函数在 $s=0$ 的某些邻域内是有限的,因此有

$$P[X \geqslant 0] \leqslant M(s),\ 0 \leqslant s < s_1 \tag{1.131}$$

式中:$s_1>0$ 为定义 $M(s)$ 的开区间的上限。为使该上界尽可能紧,选择使 $M(s)$ 最小的 s 值。因此

$$P[X \geqslant 0] \leqslant \min_{0 \leqslant s < s_1} M(s) \tag{1.132}$$

上式给出的上界称为契尔诺夫界。根据式(1.132)与式(1.129),得到的一般表达式为

$$P[X \geqslant b] \leqslant \min_{0 \leqslant s < s_1} M(s)\exp(-sb) \tag{1.133}$$

进一步分析需要一些凸函数相关的知识。如果 $\alpha \in [0,1]$,且对于区间中的所有 x 和 y,实值函数 f 都满足 $f[\alpha x + (1-\alpha)y] \leqslant \alpha f(x) + (1-\alpha)y$,则称函数 f 在该区间内是凸函数。f 为凸函数的充分条件是它具有非负二阶导数(见 7.4 节)。凸函数在区间内的局部最小值是全局最小值,局部最大值也是全局最大值[5]。

由于矩生成函数在 $s=0$ 的邻域内是有限的,可通过对式(1.129)中的积分符号求微分来获得 $M(s)$ 的导数,如附录 B.1 所述,其结果为

$$M'(s) = \int_{-\infty}^{\infty} x\exp(sx)\,\mathrm{d}F(x) \tag{1.134}$$

这意味着 $M'(0) = E[X]$。对式(1.134)求导得到二阶导数为

$$M''(s) = \int_{-\infty}^{\infty} x^2\exp(sx)\,\mathrm{d}F(x) \tag{1.135}$$

式(1.115)表明 $M''(s) \geqslant 0$。因此,$M(s)$在其定义区间内为凸函数。考虑一个如下的随机变量

$$E(x) < 0, P[X > 0] > 0 \tag{1.136}$$

第一个不等式表明 $M'(0) < 0$,而第二个不等式表明当 $s \to \infty$ 时,$M(s) \to \infty$。由于 $M(0) = 1$,因此凸函数 $M(s)$在某些正数 $s = s_m$ 处取最小值,且该最小值小于1。由此可见,式(1.136)是保证契尔诺夫界小于 1 且 $s_m > 0$ 的充分条件,如果该边界有用,则该条件也是必要的。

有些场合下,X 具有以下的非对称概率密度函数:

$$f(-x) \geqslant f(x), x \geqslant 0 \tag{1.137}$$

在该条件下,契尔诺夫界收紧。对于 $s \in [0, s_1)$,再由式(1.129)和式(1.137)可得

$$\begin{aligned} M(s) &= \int_0^{\infty} \exp(sx)f(x)\,\mathrm{d}x + \int_{-\infty}^{0} \exp(sx)f(x)\,\mathrm{d}x \\ &\geqslant \int_0^{\infty} [\exp(sx) + \exp(-sx)]f(x)\,\mathrm{d}x = \int_0^{\infty} 2\cosh(sx)f(x)\,\mathrm{d}x \\ &\geqslant 2\int_0^{\infty} f(x)\,\mathrm{d}x = 2P[X \geqslant 0] \end{aligned} \tag{1.138}$$

该不等式意味着

$$P[X \geqslant 0] \leqslant \frac{1}{2} \min_{s \in [0\ \ s_1)} M(s) \tag{1.139}$$

如果 X 使式(1.136)和式(1.137)均成立,则 $s_m > 0$ 且式(1.139)的契尔诺夫界小于1/2。

在软判决译码中,与最大度量对应的编码序列或码字会被作为译码输出。令 $U(v)$表示与长度为 L 的序列 v 对应的度量值。考虑具有以下形式的加性度量,即

$$U(v) = \sum_{i=1}^{L} m(v, i) \tag{1.140}$$

式中:$m(v,i)$表示与编码序列中符号 i 对应的符号度量。令 $v = 1$ 标记正确序列,而 $v = 2$ 标记错误序列。令 $P_2(l)$表示与正确码字距离为 l 的错误码字的度量超过正确码字度量的概率。通过适当地重新标记两个序列中可能不同的 l 个符号度量,得到

$$P_2(l) \leqslant P[U(2) \geqslant U(1)]$$
$$= P\left[\sum_{i=1}^{l}[m(2,i) - m(1,i)] \geqslant 0\right] \tag{1.141}$$

由于$U(2)=U(1)$时不一定必然导致错误发生,因此上式取不等式。在实际应用中,随机变量$X=U(2)-U(1)$满足式(1.136)。因此,契尔诺夫界意味着:

$$P_2(l) \leqslant \alpha \min_{0<s<s_1} E\left[\exp\left\{s\sum_{i=1}^{l}[m(2,i) - m(1,i)]\right\}\right] \tag{1.142}$$

式中:s_1为期望值定义区间的上限。α值可取$\alpha=1$或$\alpha=1/2$,具体取值取决于哪种形式的契尔诺夫界有效。

若$m(2,i)-m(1,i)(i=1,2,\cdots,l)$是独立同分布的随机变量,则

$$P_2(l) \leqslant \alpha \min_{0<s<s_1}\{E[\exp\{s[m(2,i)-m(1,i)]\}]\}^l \tag{1.143}$$

由于功率函数$(\cdot)^l$单调递增,因此当功率函数最小时该式最小。因此,如果定义

$$Z = \min_{0<s<s_1} E[\exp\{s[m(2,i)-m(1,i)]\}] \tag{1.144}$$

则

$$P_2(l) \leqslant \alpha Z^l \tag{1.145}$$

该上界通常比精确的$P_2(l)$更便于计算。

由于$X=U(2)-U(1)$表示l个均值与方差有限且独立同分布的随机变量之和,根据中心极限定理(见附录A.2推论1),随着l增大,$X=U(2)-U(1)$的分布近似于高斯分布,因此,当l足够大且$E[X]<0$时,式(1.137)成立,且式(1.145)中可取$\alpha=1/2$。但对于较小的l值,式(1.137)很难从数学上证明,但通常能从直观上理解;否则,在式(1.145)中令$\alpha=1$总是有效的。

1.3.2 网格编码调制

编码调制系统是一种将调制与信道编码相结合的系统。编码器生成的编码信息被分组为q进制编码符号,应用于q进制调制器。q进制符号的使用可提高带宽效率。但是,如果在通道编码集成时,调制相关的信号星座点数保持不变,则附加的编码奇偶校验位会导致通信系统带宽的增加。

为使通信系统在引入信道编码的同时避免带宽扩展,必须增加信号星座点数。例如,在采用QPSK的通信系统中引入码率为2/3的编码,若将调制方式改为8PSK,可保持信道带宽不变。由于每个8PSK调制符号包含的比特数是QPSK符号的3/2倍,因此信道符号速率保持不变。由此带来的问题是,将QPSK变为星座更为紧凑的8PSK会导致信道符号错误概率增大,这会抵消大部

分由编码改善的误符号率。该问题可通过将纠错编码结合到网格编码调制系统中来避免。

网格编码调制编码器的形式如图 1.12。当 $k>1$ 时，k 个信息位的每个输入都被分为两组，并编码为 $k+1$ 位。其中一组 k_1 位输入至卷积编码器，输出 k_1+1 位，另外一组 $k_2=k-k_1$ 位不进行编码。卷积编码器的 k_1+1 输出位选择 2^{k+1} 点的星座中 2^{k_1+1} 个可能点子集中的一个，k_2 个未编码位则选择所选子集中 2^{k_2} 个点中的一个。如果 $k_2=0$，则没有未编码位，卷积编码器输出位选择星点。星点的符号交织之后输入到调制器。每个星座点是一个表示振幅和相位的复数。用编码位和未编码位来选择或标记星座点的过程称为集合划分。

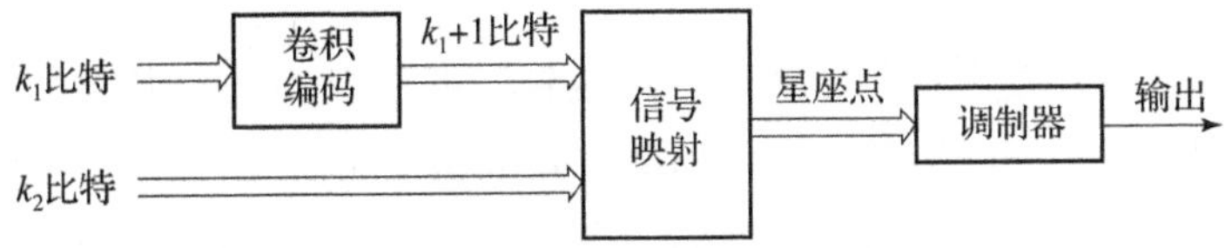

图 1.12　网格编码调制的编码器

例如，假设图 1.12 中编码器参数为 $k_1=k_2=1$ 和 $n=2$，8PSK 调制器根据一个 8 点的星座图产生输出。由卷积码输出的两个编码比特选择 4 个子集之一，其中每个子集包含 8PSK 星座图中两个极性相反的信号点，如图 1.13 所示。若卷积码编码器形如图 1.6(a)，则图 1.8 的网格同时描述了基本卷积码和网格编码的状态转移。单个未编码比特的存在表明网格中状态间的每一次转移对应两种不同的转移路径及 8PSK 波形中两种不同的相位。

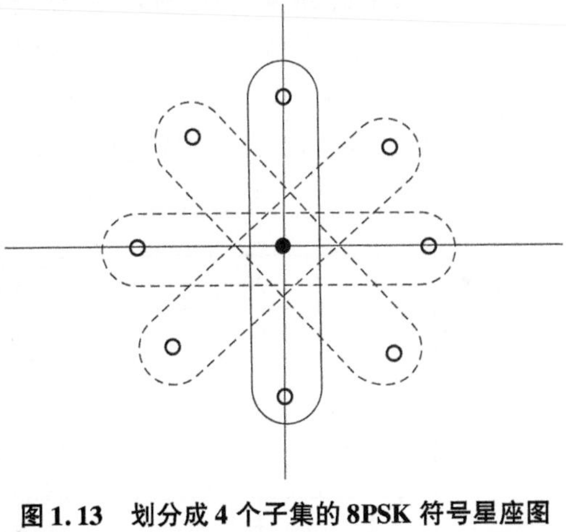

图 1.13　划分成 4 个子集的 8PSK 符号星座图

一般而言，网格图中每对状态间存在着 2^{k_2} 种并行转移路径。绝大多数错误事件经常是选择错误的并行转移路径之一输出。若与并行转移路径相对应的符号以大的欧氏距离相分离,同时合理选择与转移相对应的星座子集,则在使用软判决维特比译码时网格编码调制能够带来可观的编码增益。该增益通常为4~6dB,具体取决于状态数,也就是取决于实现的复杂度。

对于AWGN信道中软判决的相干BPSK信号,式(1.119)给出了信息误比特率的上界。正确的格型码路径与错误路径间的最小欧氏距离称为自由欧氏距离,记为$d_f\sqrt{\mathcal{E}_s}$,其中$\mathcal{E}_s=r\mathcal{E}_b$为每个接收符号的能量。当$\mathcal{E}_b/N_0$较高时,自由欧式距离决定$P_b$。

1.4 交织器

交织器是一种改变符号序列顺序的装置。解交织器与交织器相对应,是一种恢复序列原来顺序的装置。交织器的主要应用是对通过衰落或干扰信道发送的符号进行交织。经接收机解交织后,突发的信道符号错误或被损伤的符号分散到多个码字中或在约束长度内的码字中,从而便于通过译码来消除错误。理想情况下,交织与解交织确保了译码器获得的符号判决或度量是统计独立的,如同无记忆信道中一样。

分组交织器对连续的符号分组执行相同的重新排序操作。如图1.14所示,连续输入的mn个符号以m行n列阵列的形式存储在随机寻址存储器(Random-Access Memory,RAM)中。输入序列按行写入交织器,但按列读出并得到交织后的序列。因此,若输入序列记为$1,2,\cdots,n,n+1,\cdots,mn$,则交织后的序列顺序依次为$1,n+1,2n+1,\cdots,2,n+2,2n+2,\cdots,mn$。对于连续交织,需要两个RAM。当符号写入一个RAM中的阵列时,从另一个RAM中读出之前的符号。在解交织器中,符号按列存入一个矩阵中,而之前的符号则按行从另一个矩阵中读出。因此,必然引起$2mnT_s$符号周期的交织时延,并且解交织器需要同步。

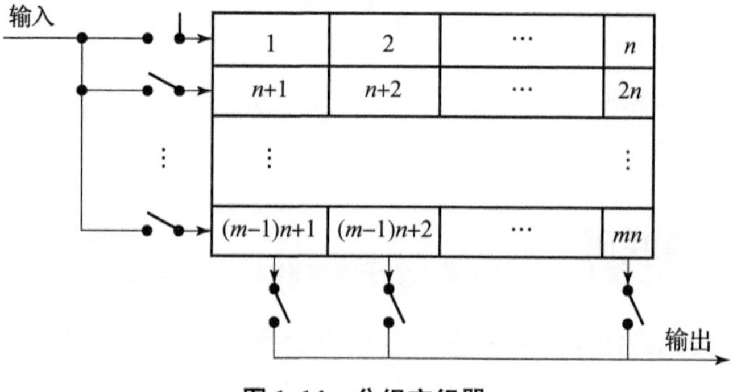

图1.14 分组交织器

当对信道符号交织时,参数 n 须等于或超过分组码的长度或卷积码的若干约束长度。因此,若连续的突发符号错误长度不大于 m 且没有其他错误,则经解交织后每个分组码字或具有约束长度的卷积码序列中至多只有一个错误,从而能够被纠错码纠正。类似地,使用可纠 t 个错误的分组码能够纠正长达 mt 个符号的单个突发错误。由于衰落会引起相关错误,因此 mT_s 需要超过信道相干时间。交织的有效性会因慢衰落而减弱。要适应慢衰落需要大缓存,而大缓存又会造成难以接受的时延。

伪随机交织器伪随机地改变每个符号分组的顺序。伪随机交织器可用于信道符号交织,但它们的主要应用场合是作为 Turbo 码编码器与串行级联码编码器的核心部件,这两种码均使用迭代译码(见 1.5 节和 1.6 节)。期望的排序以地址序列或排序索引的方式存放在只读存储器(Read - Only Memory,ROM)中。每个符号分组均被顺序写入 RAM 阵列中,然后按照 ROM 中内容所规定的顺序读出,从而完成交织过程。

对大规模交织器,通常可取的做法是通过算法产生排序索引,而不是将索引存在 ROM 中。若交织器的规模为 $N = mn = 2^v - 1$,则可利用 v 级线性反馈移位寄存器来产生索引,该寄存器能产生最大长度序列。移位寄存器各级的二进制内容组成了寄存器的状态。该状态确定了从 1 到 N 的索引,从而确定了被交织的符号。移位寄存器周期性地产生全部 N 个状态和索引。

S - 随机交织器是一种限定了最小交织距离的伪随机交织器,它将长度不大于 S 的突发错误打散。其方法是,首先从 $N(1 \leqslant S < N)$ 个均匀分布的索引中随机地选择一个作为试探性索引,然后与先前 S 个选定的索引相比较。若试探性索引与前 S 个索引之差区别不大(小于 S),则丢弃该试探性索引,并用一个新的试探性索引代替。如果索引差足够大,则指定该试探性索引为下一个选定的索引。重复该过程,直到全部 N 个伪随机索引选完为止。

卷积交织器由一组交织长度连续递增的移位寄存器组成。卷积交织器及其对应的解交织器具有效率优势,体现在超过分组码纠错能力的最小突发误码的长度与交织存储器的长度之比要比可比的分组交织器相应的比值要大。然而,与分组交织器、伪随机交织器和 S - 随机交织器相比,卷积交织器不具备结构上的简便性与兼容性。

1.5　经典级联码

经典级联码是指串行级联码。多级码也能够实现,然而实际使用时发现多于两个码的级联并不能带来显著的性能改善。级联码通常采用两级的形式,分别称为外码和内码,其编码器具有图1.15所示的形式。外编码器产生二进制或非二进制符号。如有必要,这些符号经过交织后转化为内编码器的输入符号。内编码器输出的级联码符号则输入给调制器。

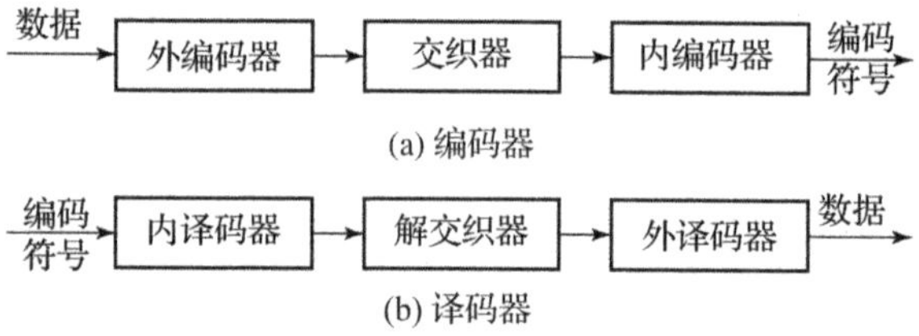

图1.15　典型串行级联码编码器和译码器的结构示意图

在接收机中,解调器进行硬判决后将级联码符号发送至解调器。如图1.15(b)所示,内译码器移除内码,并将输出的符号打包成外码符号,然后通过符号解交织来分散外码的符号错误。因此,外译码器能够纠正大部分源自内码译码器输出的符号错误。级联码的码率为

$$r = r_1 r_0 \tag{1.146}$$

式中:r_1 为内码码率;r_0 为外码码率。级联码所需的带宽为 B/r,B 其中为未编码带宽。

性能强大的主流级联码由二进制卷积码作为内码、RS码作为外码构成。作为内码的卷积码使用维特比算法进行译码,信道比特错误发生在任意具有平均长度的区间内,该平均长度取决于比特信噪比 $\mathcal{E}_b/N_0$ 的值。解交织器在设计时要保证由一个典型错误区间中的比特组成的RS码符号解交织后不在同一RS码字内。

令 $m = \log_2 q$ 表示一个RS编码符号包含的比特数。在最坏的情况下,内译码器产生的比特错误间隔足够大,每个比特错误在RS码译码器输入端都造成一个不同的信道符号错误。由于每符号具有 m 比特,因此符号错误概率 P_{s1} 的上界为内译码输出的误比特率的 m 倍。由于当 m 个比特错误引起一个符号错误时,P_{s1} 是最小的,故 P_{s1} 的下界为内码输出时的误比特率。因此,对于二进制卷积码内码有

$$\frac{1}{k}\sum_{l=d_f}^{\infty} B(l)P_2(l) \leqslant P_{s1} \leqslant \frac{\log_2 q}{k}\sum_{l=d_f}^{\infty} B(l)P_2(l) \tag{1.147}$$

式中:$P_2(l)$ 由式(1.144)和式(1.145)给出。假设解交织保证了外译码器输入的符号错误间相互独立,且RS码是松包码,则由式(1.23)和式(1.95)可得

$$P_b \approx \frac{q}{2(q-1)}\sum_{i=t+1}^{n}\binom{n-1}{i-1}P_{s1}^{i}\,(1-P_{s1})^{n-i} \tag{1.148}$$

对于采用软判决的相干BPSK调制,$P_2(l)$ 由式(1.119)给出;若采用硬判

决,则使用式(1.118)计算。

图 1.16 给出了几种级联码在加性高斯白噪声信道下的误比特率上界的曲线,系统采用相干 BPSK、软判决解调,内码采用 $k=1$、$K=7$、码率为 1/2、$d_f=10$ 的二进制卷积码,外码采用不同类型的 RS 码。曲线用到了式(1.148)和式(1.147)给出的上界,以及表 1.4 给出的信息重量谱。

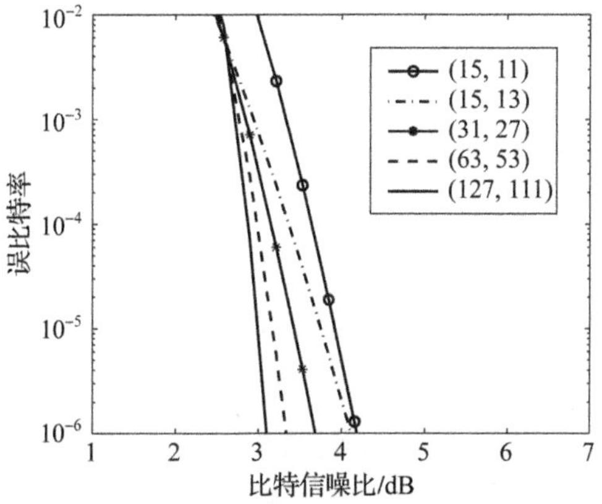

图 1.16　级联码的信息误比特率

1.5.1　乘积码

乘积码也是一种串行级联码,它由一类特殊的多维阵列和线性分组码构成。一组 $k=k_1k_2$ 个信息符号被放置到一个 $k_2\times k_1$ 阶矩阵中,在总共 k_2 行中的每一行被编码成为一个(n_1,k_1)码外码字,形成 n_1 列。最终形成一个 $n_2\times n_1$ 阶矩阵,如图 1.17 所示,它定义了一个包含 $n=n_1n_2$ 个编码比特的乘积码码字,其码率为

$$r=\frac{k_1k_2}{n_1n_2} \tag{1.149}$$

令 d_{m1} 和 d_{m2} 分别表示外码和内码的最小汉明距离。对一个非零乘积码字,阵列中每个非零行的重量必须至少为 d_{m1},必须至少有 d_{m2} 个非零行。因此,乘积码的最小汉明距离,即非零码字的最小汉明重量,至少为 $d_{m1}d_{m2}$。令 $\boldsymbol{c}_1$ 与 $\boldsymbol{c}_2$ 分别表示行和列具有最小重量的码字。有效乘积码码字的其中一个由如下阵列定义,即阵列中所有与码字 $\boldsymbol{c}_1$ 中零元素对应的列均为零,而与码字 $\boldsymbol{c}_1$ 中幺元素对应的列与码字 $\boldsymbol{c}_2$ 相同。因此,重量为 $d_{m1}d_{m2}$ 的乘积码码字存在,且该乘积码的最小汉明距离为

$$d_m=d_{m1}d_{m2} \tag{1.150}$$

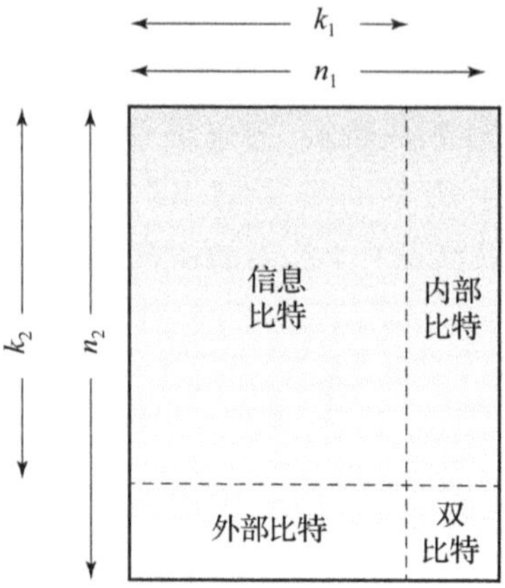

图1.17　Turbo乘积码码字结构

$n_2 \times n_1$ 阶阵列码的比特可能逐行或逐列传输。硬判决解调器对接收码字的 $n_2 \times n_1$ 维矩阵按顺序进行判决。首先对码字逐行(或逐列)译码,并进行码字比特纠错,然后在逐列(或逐行)译码过程中对码字残留错误进行纠正。

令 t_1 和 t_2 分别表示码字行和列的纠错能力。只有当一个行码字出现至少 t_2+1 个错误时,行码字才发生不能正确译码的情况。至少有 t_1+1 个列码字具有 t_2+1 个或更多个错误,且错误发生在某些特定阵列位置时,列译码器将无法纠正残留错误。因此,能够纠正的错误数为

$$t = (t_1+1)(t_2+1) - 1 \tag{1.151}$$

这大约是式(1.6)所给出的具有相同最小距离 d_m 的经典分组码纠错能力的一半。尽管不是所有具有超过 t 个错误的模式都可纠正,然而,其中多数是可纠正的。

1.6　Turbo码

Turbo码是一种采用迭代译码的级联码[6],主要分为两类,即并行级联Turbo码与串行级联Turbo码。前者是原始形式的Turbo码,而后者与经典级联码有关。每一个级联码均称为成员码。由于3个或多个成员码不能显著提高性能,因此,两个成员码的使用居于主导地位。迭代译码要求两个成员码均为系统码且属于同一类型,即两者同为卷积码,或同为分组码。

Turbo码译码器用于处理解调输出的采样信息流。尽管分组级联码软判决译码器(如维特比译码器)能够使接收码字或整个序列的错误概率极小化,但实际上Turbo码译码器的设计目的在于使信息比特的错误概率最小。Turbo码的

译码器由两个独立的成员码译码器构成，这在理论上是次最佳的，但对降低译码器的复杂度极为重要。每个成员码译码器都采用 BCJR 算法（由 Bahl、Cocke、Jelinek 与 Raviv 联合提出），也称最大后验概率（Maximum A posteriori，MAP）译码算法。

1.6.1 BCJR 译码算法

BCJR 译码算法是一种采用先验信息对比特和网格状态的后验概率进行软信息或数值估计的译码算法。每次迭代后，为每一信息比特提供软输出信息使 Turbo 码进行迭代译码成为可能。BCJR 译码算法利用了卷积码或其他可以用网格图结构来描述的码型的马尔可夫特性。

令随机矢量 $\boldsymbol{Y}=[\boldsymbol{Y}_1 \quad \boldsymbol{Y}_2 \quad \cdots \quad \boldsymbol{Y}_N]$ 表示含有 N 个观测符号的序列，观测符号由译码器生成并用于计算 BCJR 译码算法的输入。令向量序列 $\boldsymbol{y}=[\boldsymbol{y}_1 \quad \boldsymbol{y}_2 \quad \cdots \quad \boldsymbol{y}_N]$ 表示随机向量 $\boldsymbol{Y}$ 的结果或特定的观察值。与 $\boldsymbol{Y}_k$ 关联的是传输符号 $\boldsymbol{S}_k$，它表示一组比特或一个码符号的一个星点。每个符号 $\boldsymbol{S}_k$ 的形式都由调制和编码方式决定。如果采用 BPSK 传输二进制码信息，那么每个 $\boldsymbol{S}_k$ 都是信息位及其奇偶校验位关联的矢量。如果采用 PAM 传输 q 进制符号，那么 $\boldsymbol{S}_k$ 则可能是代表星点的复数。

令 $b_l(k)$ 表示 $\boldsymbol{S}_k$ 的第 l 个比特，接收向量 $\boldsymbol{Y}=\boldsymbol{y}$ 时，BCJR 算法计算比特为 1 或 0 时后验概率的对数似然比（Log－Likelihood Ratio，LLR）。对应地，该比特的 LLR 为

$$\Lambda_{k,l}=\ln\left[\frac{P(b_l(k)=1\mid\boldsymbol{y})}{P(b_l(k)=0\mid\boldsymbol{y})}\right] \tag{1.152}$$

式中：$P[b_l(k)=b\mid\boldsymbol{y}]$ 是一种紧凑记号，表示给定 $\boldsymbol{Y}=\boldsymbol{y}$ 时 $b_l(k)=b$ 的概率。由于后验概率满足 $P[b_l(k)=1\mid\boldsymbol{y}]=1-P[b_l(k)=0\mid\boldsymbol{y}]$，因此，$\Lambda_{k,l}$ 完全表征了后验概率的特性。可用采用 BCJR 算法的译码器观察 $\boldsymbol{y}$ 和计算 $\Lambda_{k,l}$。

网格码的编码器状态是存储器内可影响后续编码比特的比特集。令 ψ_k 表示在离散时刻 k，代表编码器特定状态的离散随机变量。$b(s',s)$ 的传输对应于状态 $\psi_k=s'$ 到 $\psi_{k+1}=s$ 的转移。根据条件概率的定义，并进行代数上的简化，在式(1.152)中可利用状态转移的互斥性得到

$$\Lambda_{k,l}=\ln\left[\frac{\sum\limits_{s',s:b_l(k)=1} f(\psi_k=s',\psi_{k+1}=s,\boldsymbol{y})}{\sum\limits_{s',s:b_l(k)=0} f(\psi_k=s',\psi_{k+1}=s,\boldsymbol{y})}\right] \tag{1.153}$$

式中：$f(\cdot)$ 为概率密度函数，求和分别对与 $b_l(k)=1$ 和 $b_l(k)=0$ 相对应的所有状态进行。

将接收向量 $\boldsymbol{y}$ 分解成三部分不同的观察量,即 $\boldsymbol{y}_k^- = \{\boldsymbol{y}_l, l<k\}$ 表示时刻 k 之前的观察量,$\boldsymbol{y}_k$ 是当前的观察量,而 $\boldsymbol{y}_k^+ = \{\boldsymbol{y}_l, l>k\}$ 表示时刻 k 之后的观察量。同时,定义两个联合概率和密度函数以及一个密度函数:

$$\alpha_k(s') = f(\psi_k = s', \boldsymbol{y}_k^-) \tag{1.154}$$

$$\gamma_k(s',s) = f(\psi_{k+1} = s, \boldsymbol{y}_k \mid \psi_k = s') \tag{1.155}$$

$$\beta_{k+1}(s) = f(\boldsymbol{y}_k^+ \mid \psi_{k+1} = s) \tag{1.156}$$

在发生事件 $\psi_{k+1}=s$ 的条件下,$\boldsymbol{y}_k^+$ 独立于 $\boldsymbol{y}_k$、$\boldsymbol{y}_k^-$ 及事件 $\psi_k = s'$。因此

$$\begin{aligned} f(\psi_k = s', \psi_{k+1} = s, \boldsymbol{y}) &= f(\boldsymbol{y}_k^+ \mid \psi_{k+1} = s) f(\psi_k = s', \psi_{k+1} = s, \boldsymbol{y}, \boldsymbol{y}_k^-) \\ &= \beta_{k+1}(s) f(\psi_{k+1} = s, \boldsymbol{y} \mid \psi_k = s', \boldsymbol{y}_k^-)\alpha_k(s') \end{aligned} \tag{1.157}$$

以事件 $\psi_k = s'$ 为条件,则事件($\psi_{k+1} = s, \boldsymbol{y}_k$)独立于 $\boldsymbol{y}_k^-$,因此

$$f(\psi_k = s', \psi_{k+1} = s, \boldsymbol{y}) = \alpha_k(s')\gamma_k(s',s)\beta_{k+1}(s) \tag{1.158}$$

将上式代入式(1.153)后得到比特 LLR 为

$$\Lambda_{k,l} = \ln\left[\frac{\sum\limits_{s',s:b_l(k)=1} \alpha_k(s')\gamma_k(s',s)\beta_{k+1}(s)}{\sum\limits_{s',s:b_l(k)=0} \alpha_k(s')\gamma_k(s',s)\beta_{k+1}(s)}\right] \tag{1.159}$$

密度函数 $\gamma_k(s',s)$ 的作用是充当状态网格图的分支度量。令 $b_1(k)$ 表示与 $\boldsymbol{S}_k$ 相关联的信息比特。与状态 $\psi_k = s'$ 转移到状态 $\psi_{k+1} = s$ 相关联的唯一信息比特记为 $b(s',s)$。令 $P[b_1(k) = b(s',s)]$ 表示 $b_1(k) = b(s',s)$ 的先验概率,则有

$$P(\psi_{k+1} = s \mid \psi_k = s') = P[b_1(k) = b(s',s)] \tag{1.160}$$

因此,分支度量为

$$\gamma_k(s',s) = f(\boldsymbol{y}_k \mid \psi_{k+1} = s, \psi_k = s') P[b_1(k) = b(s',s)] \tag{1.161}$$

式中条件密度函数 $f(\boldsymbol{y}_k \mid \psi_{k+1} = s, \psi_k = s')$ 可利用调制、解调和通信信道信息来计算。从式(1.161)可以明显地看出先验信息 $P[b_1(k) = b(s',s)]$ 是如何在 BCJR 算法中使用的。

为通过分支度量 $\gamma_k(s',s)$ 计算 LLR,BCJR 算法首先迭代计算 $\alpha_{k+1}(v)$ 及 $\beta_k(v)$。$\alpha_{k+1}(v)$ 的前向递归可根据其定义推导。若用 $\{0,1,\cdots,Q-1\}$ 表示 Q 个状态的集合,则由全概率定理可知

$$\begin{aligned} \alpha_{k+1}(v) &= \sum_{\mu=0}^{Q-1} f(\psi_{k+1} = v, \boldsymbol{y}_k^-, \boldsymbol{y}_k, \psi_k = \mu) \\ &= \sum_{\mu=0}^{Q-1} f(\psi_{k+1} = v, \boldsymbol{y}_k \mid \boldsymbol{y}_k^-, \psi_k = \mu)\alpha_k(\mu) \end{aligned} \tag{1.162}$$

在以事件 $\psi_k = \mu$ 为条件时,事件 $\psi_{k+1} = v, \boldsymbol{y}_k$ 独立于 $\boldsymbol{y}_k^-$,因此有

$$\alpha_{k+1}(v) = \sum_{\mu=0}^{Q-1} \alpha_k(\mu)\gamma_k(\mu,v) \tag{1.163}$$

$\beta_{k+1}(s)$的后向递归可根据类似的方式推导得到

$$\begin{aligned}\beta_k(v) &= \sum_{\mu=0}^{Q-1} f(\boldsymbol{y}_k^+, \boldsymbol{y}_k, \psi_{k+1} = \mu \mid \psi_k = v) \\ &= \sum_{\mu=0}^{Q-1} f(\boldsymbol{y}_k^+ \mid \boldsymbol{y}_k, \psi_{k+1} = \mu, \psi_k = v)\gamma_k(\mu, v)\end{aligned} \tag{1.164}$$

在以事件 $\psi_{k+1}=\mu$ 为条件时，事件 $\boldsymbol{y}_k^+$ 独立于事件($\boldsymbol{y}_k^-, \psi_k = v$)，因此有

$$\beta_k(v) = \sum_{\mu=0}^{Q-1} \gamma_k(\mu, v)\beta_{k+1}(\mu) \tag{1.165}$$

假设编码器从零状态开始且在时刻 $k=L$ 终止于零状态，$\alpha_{k+1}(v)$和$\beta_k(v)$的递归初始化如下

$$\alpha_0(x) = \delta(x), \beta_L(x) = \delta(x) \tag{1.166}$$

式中：若 $x=0$，$\delta(x)=1$，否则 $\delta(x)=0$。

例如，某种系统二进制卷积码，码率为 1/3，以 BPSK 调制方式在 AWGN 信道中传输。令 $\boldsymbol{x}_k = [x_{k,1} \quad x_{k,2} \quad x_{k,3}]$和 $\boldsymbol{y}_k = [y_{k,1} \quad y_{k,2} \quad y_{k,3}]$分别表示由状态 $\psi_k = s'$转移到 $\psi_{k+1} = s$ 时对应的发射码字符号和观察码字符号。采用双极性映射$\{0 \to +1, 1 \to -1\}$，则有 $x_{k,l} = 1 - 2b_l(k)$ $(l=1,2,3)$，其中 $b_l(k)$ 为二进制符号 1 或 0。发射的信号比特为 $b_l(k) = b(s', s)$。由式(1.53)可得

$$f(\boldsymbol{y}_k \mid \psi_{k+1} = s, \psi_k = s') = \frac{1}{(\pi N_0)^{3/2}} \exp\left[-\frac{1}{N_0}\sum_{l=1}^{3}(y_{k,l} - \sqrt{\mathcal{E}_s}x_{k,l})^2\right] \tag{1.167}$$

该式可用于估计式(1.161)中的分支度量，这也是 BCJR 算法必需的。

这种 BCJR 算法及其近似算法的一般名称为软输入软输出(Soft - In Soft - Out, SISO)算法，而 log - MAP 算法是一种将 BCJR 算法转化到对数域的 SISO 算法，从而能够简化运算、降低数值计算的难度，且不引起性能损失。log - MAP 同样需要根据编码的网格图进行前、后向递归。由于 log - MAP 算法也需要额外的存储和计算，因此它的复杂度大约是标准维特比算法的 4 倍。

log - MAP 算法使用最大星函数来加快计算速度，其定义如下

$$\max_i{}^* \{x_i\} = \log\left(\sum_i e^{x_i}\right) \tag{1.168}$$

对两个变量而言，分别考虑 $x>y$ 与 $x<y$ 两种情况，可证明

$$\max{}^*(x,y) = \max(x,y) + \ln(1 + e^{|x-y|}) \tag{1.169}$$

而当变量个数多于两个时，上述计算可以递归完成。例如，对于三变量有

$$\max{}^*(x,y,z) = \max{}^*[x, \max{}^*(y,z)] \tag{1.170}$$

将式(1.169)代入式(1.170)的右边即可证明该式。式(1.169)右边第二项的数值可以存储在数据表中，log - MAP 算法可查询该表。

log - MAP 算法完成下列计算：

$$\bar{\alpha}_k(s')=\ln(\alpha_k(s')),\bar{\beta}_{k+1}(s)=\ln(\beta_{k+1}(s)),\bar{\gamma}_k(s',s)=\ln(\gamma_k(s',s)) \tag{1.171}$$

由式(1.163)及式(1.165),可得前、后向递归迭代分别为

$$\bar{\alpha}_{k+1}(s)=\max_{s'}{}^*\{\bar{\alpha}_k(s')+\bar{\gamma}_k(s',s)\} \tag{1.172}$$

$$\bar{\beta}_k(s')=\max_{s}{}^*\{\bar{\beta}_{k+1}(s)+\bar{\gamma}_k(s',s)\} \tag{1.173}$$

由式(1.159)可得 LLR 为

$$\Lambda_{k,l}=\max_{s',s:b_k=1}{}^*\{\bar{\alpha}_k(s')+\bar{\gamma}_k(s',s)+\bar{\beta}_{k+1}(s)\} - \max_{s',s:b_k=0}{}^*\{\bar{\alpha}_k(s')+\bar{\gamma}_k(s',s)+\bar{\beta}_{k+1}(s)\} \tag{1.174}$$

若编码开始并终止于零状态,则当 $s=0$ 时,迭代计算初始化为 $\bar{\alpha}_0(s)=\bar{\beta}_L(s)=0$;否则 $\bar{\alpha}_0(s)=\bar{\beta}_L(s)=-\infty$。

max - log - MAP 算法和软输出维特比算法(Soft - Output Viterbi Algorithm, SOVA)都是 SISO 算法,它们都降低了 log - MAP 算法的复杂度,付出的代价是性能有所下降。max - log - MAP 算法采用近似运算 $\max^*(x,y)\simeq\max(x,y)$,其复杂度约为 log - MAP 算法的 2/3。除计算分支度量时使用后验概率,并产生一个表示判决可靠性的软输出外,SOVA 算法与维特比算法类似。而 SOVA 算法的复杂度约为 log - MAP 算法的 1/3,但不及 log - MAP 算法准确。BCJR、log - MAP、max - log - MAP 与 SOVA 四种算法的复杂度都随成员码状态数的增加而线性增加。

1.6.2 并行级联 Turbo 码

如图 1.18 所示,Turbo 码编码器由两个并行的成员码编码器组成。其中成员码编码器 1 接收信息比特并生成信息比特和关联校验码,而成员码编码器 2 接收交织后的信息比特,并生成与交织信息比特关联的校验码。在这种结构中,成员码一般是相同的,可以是卷积码、分组码或网格编码调制。Turbo 码中可以使用多个级联码,但使用两个成员码最为普遍,后文均假设采用两个成员码的 Turbo 码。

图 1.18 中,Turbo 码编码器中复用器的输出同时包含成员码编码器码接收的信息比特和两个成员码编码器产生的校验比特。若复用器对校验比特流进行删除,则可获得更高码率。尽管删除的方法在译码器中需要帧同步,但仍是一种

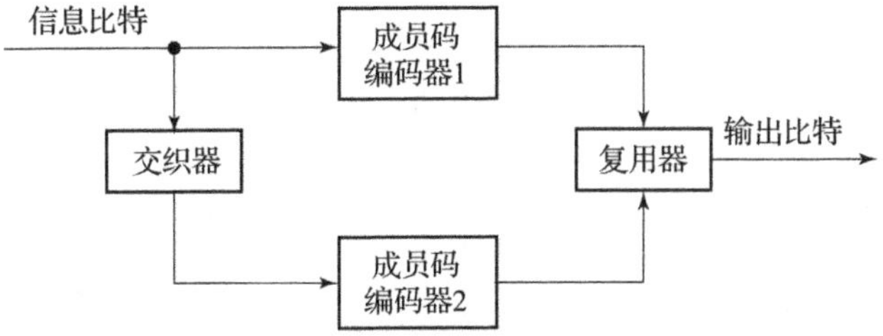

图 1.18　Turbo 码的编码器结构

让码率适应信道条件的方便方法。无论是分组交织器还是伪随机交织器，其目的都是改变成员码编码器 2 输入比特的顺序，使得即使输入了低重量的信息码字，两个成员码输出的码字也不可能同时具有低重量特性。其结果是使 Turbo 码趋于具有较大的重量从而增大了码字间的汉明距。

1.6.3　卷积 Turbo 码

卷积 Turbo 码使用卷积码作为其成员码。由于递归系统卷积编码器能将大多数低重量的信息序列映射成高重量的编码序列，因而常被用作成员码编码器。尽管递归系统卷积编码器能在很大程度上减少低重量码字的数量，但仍会剩余一些低重量码字，以使其最小自由距离改变很小或几乎没有改变。无论其最小距离大小如何，Turbo 码很少有低重量的码字。当交织器的规模较大时，Turbo 码会有少量与随机码相似的重量分布。

为使 Turbo 码的网格终止于全零状态，并能够视为分组码，需要在两个卷积成员码中插入结尾比特流。递归编码器要求非零的结尾比特，该结尾比特是其前非系统输出比特的函数，因而也是信息比特的函数。

为利用码率为 1/2 的系统卷积成员码产生码率为 1/2 的 Turbo 码，可交替删除编码器 1 的偶数位校验比特与编码器 2 的奇数位校验比特。因此，偶数位信息比特与成员码 1 发送的校验比特相关联。然而，由于编码器 2 之前的交织处理，奇数位信息比特可能与成员码 1 和成员码 2 发送的校验比特均不关联。尽管校验比特由于交织没有连续发送，一些奇数位信息比特可能与两个编码器发送的校验比特均相关联。由于有些信息比特没有发送的校验比特相关联，因此，译码器几乎不可能纠正这些信息比特中的错误。为避免该问题并确保每个信息比特正好有一个对应的校验比特发送，方便的办法是采用具有奇数行与奇数列的分组交织器。若比特流按行连续写入交织矩阵，然后按列连续读出，则奇数位与偶数位信息比特交替输入到编码器 2 中，从而保证了所有信息比特都有一个对应的校验比特发送。该过程称为奇偶分离。仿真结果表明，当同时采用删除法与分组交织时,奇偶分离提高了系统性能,但是在未采用删除的情况下,奇偶分离不能获得好处。

交织器的规模等于码的分组长度或帧长度。低重量或最小距离码字数目与交织器规模趋于反比关系。当采用大规模交织器且译码迭代次数足够多时,卷积 Turbo 码的性能与信息论极限的差距小于 1dB。然而,随着分组长度增加,输入与输出之间的系统时延也相应变大。

Turbo 码译码器的基本结构形如图 1.19 所示。解调器的输出送入 Turbo 码成员码译码器 1,它们是由编码器 1 所产生的信息和校验比特。成员码译码器 2 的输入是解调输出经交织后的信息与校验比特,它们源于编码器 2。令 $\boldsymbol{Y}=[\boldsymbol{Y}_1\quad \boldsymbol{Y}_2\quad \cdots\quad \boldsymbol{Y}_N]$表示连续信息比特对应的解调输出向量序列 $b_1,b_2,\cdots,b_N$。令 $\boldsymbol{Z}_1=[\boldsymbol{Z}_{11}\quad \boldsymbol{Z}_{12}\quad \cdots\quad \boldsymbol{Z}_{1N}]$和 $\boldsymbol{Z}_2=[\boldsymbol{Z}_{21}\quad \boldsymbol{Z}_{22}\quad \cdots\quad \boldsymbol{Z}_{2N}]$分别表示对应于编码器 1 与编码器 2 输出的校验比特的解调输出向量序列。若编码器使用删除操作,则一些对应于校验比特的向量就不会出现。对于每个信息比特 b_k,译码器 1 和译码器 2 的 MAP 算法分别计算 0 或 1 的后验概率 LLR 估计值。

$$\Lambda_{1,k}=\ln\left[\frac{P(b_k=1\mid \boldsymbol{y}_k,\boldsymbol{z}_1)}{P(b_k=0\mid \boldsymbol{y}_k,\boldsymbol{z}_1)}\right],\quad \Lambda_{2,k}=\ln\left[\frac{P(b_k=1\mid \boldsymbol{y}_k,\boldsymbol{z}_2)}{P(b_k=0\mid \boldsymbol{y}_k,\boldsymbol{z}_2)}\right] \tag{1.175}$$

式中:$P(b_k=b\mid \boldsymbol{y}_k,\boldsymbol{z}_\delta)$为 $P(b_k=1\mid \boldsymbol{Y}_k=\boldsymbol{y}_k,\boldsymbol{Z}_\delta=\boldsymbol{z}_\delta)$的紧凑形式。两个成员码译码器信息比特的 LLR 通过译码器间的信息交互和使用 BCJR 算法不断迭代更新。

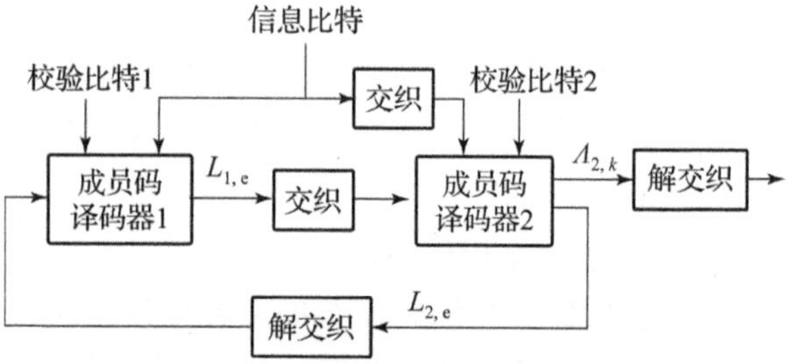

图 1.19　Turbo 码的译码器结构

Turbo 码译码器迭代处理的关键在于对 $\Lambda_{\delta,k}(\delta=1,2)$的分解。由条件概率的定义,式(1.175)可由概率密度函数表示为

$$\Lambda_{\delta,k}=\ln\left[\frac{f(b_k=1,\boldsymbol{y}_k,\boldsymbol{z}_\delta)}{f(b_k=0,\boldsymbol{y}_k,\boldsymbol{z}_\delta)}\right],\quad \delta=1,2 \tag{1.176}$$

给定 $b_k=b$ 时,$\boldsymbol{Z}_\delta$ 与 $\boldsymbol{Y}_k$ 相互独立。因此有

$$f(b_k=b,\boldsymbol{y}_k,\boldsymbol{z}_\delta)=f(\boldsymbol{z}_\delta\mid b_k=b)f(\boldsymbol{y}_k\mid b_k=b)P(b_k=b),\quad b=1,2 \tag{1.177}$$

将式(1.177)代入式(1.176)中,并对结果进行分解,得到

$$\Lambda_{\delta,k}=L_a(b_k)+L_c(\boldsymbol{y}_k)+L_{\delta,e}(b_k),\quad \delta=1,2 \tag{1.178}$$

式中先验 LLR 为

$$L_a(b_k)=\ln\left[\frac{P(b_k=1)}{P(b_k=0)}\right] \tag{1.179}$$

外信息的 LLR 为

$$L_{\delta,e}(b_k)=\ln\left[\frac{f(\boldsymbol{z}_\delta\mid b_k=1)}{f(\boldsymbol{z}_\delta\mid b_k=0)}\right],\quad \delta=1,2 \tag{1.180}$$

信道 LLR 表示由解调器提供的关于 b_k 的信息为

$$L_c(\boldsymbol{y}_k)=\ln\left[\frac{f(\boldsymbol{y}_k\mid b_k=1)}{f(\boldsymbol{y}_k\mid b_k=0)}\right] \tag{1.181}$$

式中:$f(\boldsymbol{y}_k\mid b_k=b)$ 为在给定 $b_k=b$ 时 $\boldsymbol{Y}_k$ 的条件概率密度。由于 $P(b_k=1)+P(b_k=0)=1$,因此由式(1.179)可得

$$P(b_k=b)=\frac{\exp[bL_a(b_k)]}{1+\exp[L_a(b_k)]},b=0,1 \tag{1.182}$$

应用全概率定理,信道 LLR 可表示为

$$L_c(\boldsymbol{y}_k)=\ln\left[\frac{\sum_{s\in D_k^1}f(\boldsymbol{y}_k\mid \boldsymbol{s})P(\boldsymbol{S}_k=\boldsymbol{s})}{\sum_{s\in D_k^0}f(\boldsymbol{y}_k\mid \boldsymbol{s})P(\boldsymbol{S}_k=\boldsymbol{s})}\right] \tag{1.183}$$

式中:$P(\boldsymbol{S}_k=\boldsymbol{s})$ 表示第 k 个传输符号是 $\boldsymbol{s}$ 的概率;$f(\boldsymbol{y}_k\mid \boldsymbol{s})$ 表示给定 $\boldsymbol{S}_k=\boldsymbol{s}$ 时,$\boldsymbol{y}_k$ 的条件概率密度;D_k^b 表示所有如 $b_k=b$ 的符号集合。如果关于符号概率的先验信息已知,则可用于确定 $P(\boldsymbol{S}_k=\boldsymbol{s})$。如果没有先验信息可用,则假设 $P(\boldsymbol{S}_k=\boldsymbol{s})$ 在符号星座符合均匀分布。

每个译码器中,$\Lambda_{\delta,k}$ 是通过 BCJR 算法计算得到的。由式(1.178)可知,在两个成员码译码器间传递的外信息可用下式计算

$$L_{\delta,e}(b_k)=\Lambda_{\delta,k}-L_a(b_k)-L_c(\boldsymbol{y}_k),\quad \delta=1,2 \tag{1.184}$$

除了成员码译码器 1 的首次迭代,任一译码器的先验 LLR$L_a(b_k)$ 被设为另一个译码器前次迭代结束后计算得到的外信息值。每个译码器都采用 BCJR 算法通过式(1.182)计算分支度量和各比特 LLR。

在 BCJR 算法中计算得到的 $\Lambda_{\delta,k}$ 后,利用式(1.184)计算外信息 $L_{\delta,e}(b_k)$。由于外信息主要取决于不同校验符号而不是另一个译码器提供的先验信息,因此外信息为接收它的译码器提供了额外信息。如图 1.19 所示,为保证外信息 $L_{1,e}(b_k)$ 与 $L_{2,e}(b_k)$ 以正确的顺序应用于每个成员码译码器中,适当的交织或解交织是必需的。

令 $B\{\boldsymbol{u},\boldsymbol{v},E\}$ 为 BCJR 算法中一个成员码译码器单次迭代的计算函数,其

中,$\boldsymbol{u}$ 为输入向量,$\boldsymbol{v}$ 为输入向量序列,E 为成员码译码器获得的外信息或先验信息。令 $I[\cdot]$ 为交织运算,$D[\cdot]$ 为解交织运算,数值上标 (n) 表示第 n 次迭代。对每个信息比特和 $n \geqslant 1$ 的每次迭代,Turbo 译码器计算如下函数:

$$\Lambda_{1,k}^{(n)} = B\{\boldsymbol{y}_k, \boldsymbol{z}_1, D[L_{2,\mathrm{e}}^{(n-1)}(b_k)]\} \tag{1.185}$$

$$L_{1,\mathrm{e}}^{(n)}(b_k) = \Lambda_{1,k}^{(n)} - L_{\mathrm{c}}(\boldsymbol{y}_k) - D[L_{2,\mathrm{e}}^{(n-1)}(b_k)] \tag{1.186}$$

$$\Lambda_{2,k}^{(n)} = B\{I[\boldsymbol{y}_k], \boldsymbol{z}_2, I[L_{1,\mathrm{e}}^{(n)}(b_k)]\} \tag{1.187}$$

$$L_{2,\mathrm{e}}^{(n)}(b_k) = \Lambda_{2,k}^{(n)} - L_{\mathrm{c}}(\boldsymbol{y}_k) - I[L_{1,\mathrm{e}}^{(n)}(b_k)] \tag{1.188}$$

式中:$D[L_{2,\mathrm{e}}^{(0)}] = L_{\mathrm{c}}(\boldsymbol{y}_k)$ 为成员码译码器 1 第一次迭代时使用的先验比特 LLR。

当经过 N 次迭代后迭代过程终止,则第 2 个成员码译码器输出的 LLR 值 $\Lambda_{2,k}^{(N)}$ 在解交织后被送至判决器做出硬判决。令 u_k 表示双极性映射 $\{0 \to +1, 1 \to -1\}$ 后的信息比特,u_k 满足 $u_k = 1 - 2b_k$。因此,对比特 k 的判决为

$$\widehat{u_k} = \mathrm{sgn}\{D[\Lambda_{2,k}^{(N)}(b_k)]\}, \widehat{b_k} = (1 - \widehat{u_k})/2 \tag{1.189}$$

式中的符号函数定义为 $\mathrm{sgn}(x) = 1, x \geqslant 0$;及 $\mathrm{sgn}(x) = -1, x < 0$。随着迭代次数的增加,Turbo 码的性能也随之改善,但仿真结果表明,超过 4 ~ 12 次迭代后性能增益不大。

解调器对式(1.183)中 $f(\boldsymbol{y}_k|\boldsymbol{s})$ 的计算取决于调制方式。对于 AWGN 信道和相干 q 进制 PAM 信号,采用式(1.46)作为单符号 k 的在 $\phi_k = \theta_k$ 时的接收。不考虑式(1.183)中与分子、分母都无关的因素,可得相干 q 进制 PAM 信号的归一化密度函数,即

$$f(\boldsymbol{y}_k|\boldsymbol{s}) = f(y_k|x_s) = \exp\left(\frac{2\alpha\sqrt{\mathcal{E}_{\mathrm{s}}}\mathrm{Re}(x_s^* y_k) - \alpha^2 \mathcal{E}_{\mathrm{s}}|x_s|^2}{N_0}\right) \tag{1.190}$$

式中:y_k 为表示接收符号 $\boldsymbol{y}_k$ 的复数;x_s 为表示与传输符号 $\boldsymbol{s}$ 关联的信号星座点的复数;插入幅度 α 用于表示衰落。类似地,相干 q 进制 PSK 信号的归一化密度函数为

$$f(\boldsymbol{y}_k|\boldsymbol{s}) = \exp\left(\frac{2\alpha\sqrt{\mathcal{E}_{\mathrm{s}}}\mathrm{Re}(x_s^* y_k)}{N_0}\right) \tag{1.191}$$

对于 AWGN 信道和正交调制信号,采用式(1.76)作为单符号接收得到 $\boldsymbol{y}_k$ 的条件密度,可得分量 l 为 $y_{l,k}$ 时的 q 维接收向量,即

$$f(\boldsymbol{y}_k|\boldsymbol{s},\psi) = \left(\frac{1}{\pi N_0}\right)^q \exp\left(\frac{\alpha^2\mathcal{E}_{\mathrm{s}} - 2\alpha\sqrt{\mathcal{E}_{\mathrm{s}}}\mathrm{Re}(y_{v,k}^* \mathrm{e}^{\mathrm{j}\psi})}{N_0} - \sum_{l=1}^{q}\frac{|y_{l,k}|^2}{N_0}\right) \tag{1.192}$$

式中:v 为与符号 $\boldsymbol{s}$ 匹配的滤波器序号;ψ 为相位差;N_0 为与接收符号相关的噪声功率谱密度,插入幅度 α 用于表示衰落。对于相干正交调制,理想的相位同

步系统会提供 $\psi=0$ 相位。不考虑式(1.183)中与分子、分母都无关的因素,可得相干 q 进制正交调制信号的归一化密度函数,即

$$f(\boldsymbol{y}_k|\boldsymbol{s})=\exp\left(\frac{2\alpha\sqrt{\mathcal{E}_s}\mathrm{Re}(y_{v,k})}{N_0}\right) \tag{1.193}$$

对于非相干 q 进制正交调制信号,假设 ψ 在区间$[0,2\pi)$服从均匀分布。以式(1.79)作为单符号的接收,且不考虑式(1.215)中与分子、分母都无关的因素,可得非相干 q 进制正交调制信号的归一化密度函数,即

$$f(\boldsymbol{y}_k|\boldsymbol{s})=\mathrm{I}_0\left(\frac{2\alpha\sqrt{\mathcal{E}_s}|y_{v,k}|}{N_0}\right) \tag{1.194}$$

对于相干 q 进制 PAM 信号,式(1.183)的先验符号概率服从均匀分布,由式(1.190)和式(1.168)可得

$$\begin{aligned}L_c(\boldsymbol{y}_k)=&\max_{s\in D_k^1}{}^*\left\{\frac{2\alpha\sqrt{\mathcal{E}_s}\mathrm{Re}(x_s^*y_k)-\alpha^2\mathcal{E}_s|x_s|^2}{N_0}\right\}\\&-\max_{s\in D_k^0}{}^*\left\{\frac{2\alpha\sqrt{\mathcal{E}_s}\mathrm{Re}(x_s^*y_k)-\alpha^2\mathcal{E}_s|x_s|^2}{N_0}\right\}\end{aligned} \tag{1.195}$$

该式计算简便。类似地,对于先验符号概率服从均匀分布的相干 q 进制正交调制信号,有

$$L_c(\boldsymbol{y}_k)=\max_{s\in D_k^1}{}^*\left\{\frac{2\alpha\sqrt{\mathcal{E}_s}\mathrm{Re}(y_{v,k})}{N_0}\right\}-\max_{s\in D_k^0}{}^*\left\{\frac{2\alpha\sqrt{\mathcal{E}_s}\mathrm{Re}(y_{v,k})}{N_0}\right\} \tag{1.196}$$

对于 AWGN 信道中的相干 BPSK 信号,令 $x_s=2b_k-1$ 表示信息比特 b_k 到其星座符号的映射。由于指数函数在其定义区间内单调递增,因此有

$$L_c(y_k)=4\alpha_k\frac{\sqrt{\mathcal{E}_s}}{N_0}y_k\quad(\text{BPSK}) \tag{1.197}$$

当调制方式为 BFSK 时,$b_k=0$ 表示发送信号 0,$b_k=1$ 表示发送信号 1,且 $\boldsymbol{y}_k=[y_{k0}\quad y_{k1}]^{\mathrm{T}}$ 表示发送信息比特 b_k 时与信号匹配的滤波器输出样值组成的二维向量。对相干解调,有

$$L_c(\boldsymbol{y}_k)=\frac{2\alpha_k\sqrt{\mathcal{E}_s}\mathrm{Re}(y_{1,k}-y_{0,k})}{N_0}\quad(\text{相干 BPSK}) \tag{1.198}$$

类似地,对于先验符号概率服从均匀分布的非相干 BFSK 解调,有

$$L_c(\boldsymbol{y}_k)=\ln\left[\frac{\mathrm{I}_0\left(\dfrac{2\alpha\sqrt{\mathcal{E}_s}|y_{1,k}|}{N_0}\right)}{\mathrm{I}_0\left(\dfrac{2\alpha\sqrt{\mathcal{E}_s}|y_{0,k}|}{N_0}\right)}\right]\quad(\text{非相干 BPSK}) \tag{1.199}$$

上述等式表明,q 进制 PAM 和正交调制均需用到信道状态信息 $\alpha\sqrt{\mathcal{E}_s}/N_0$。

对于相同的成员码译码器与典型的8次译码迭代,采用 log - MAP 算法的 Turbo 码译码器的总复杂度大约是其中单个成员码 Viterbi 译码器的64倍。随着成员卷积码约束长度 K 的增加,译码器性能提高的同时其复杂度也相应增加。采用8次迭代、成员码约束长度为 $K=3$ 的 Turbo 码,其译码复杂度与 $K=9$ 的卷积码 Viterbi 译码器复杂度近似相同。max - log - MAP 算法的复杂度大约是 log - MAP 算法的2/3,在误码率为 $P_b=10^{-4}$ 时,通常性能仅下降 0.1 ~ 0.2dB。SOVA 算法的复杂度大约是 log - MAP 算法的1/3,在误码率为 $P_b=10^{-4}$ 时,Turbo 码的误比特概率通常下降 0.5 ~ 1dB。

1.6.4 并行分组 Turbo 码

并行分组 Turbo 码使用两个线性分组码作为其成员码。线性分组码可以用网格图表示[2],这使得线性分组码可用 BCJR 算法或 SISO 算法进行软判决译码。为降低译码复杂度,通常使用高码率二进制 BCH 码作为其成员码,该 Turbo 码称为 Turbo BCH 码。分组 Turbo 码的编码器如图1.18所示。由于删除操作会造成性能显著下降,因此通常并不使用。假设成员分组码分别为 (n_1, k_1) 和 (n_2, k_2) 二进制系统码。编码器1将每个包含 k_1 信息比特的集转换成 n_1 个码字比特,并送至复用器。同时每个长度为 k_1k_2 的信息比特分组按行连续写入有 k_1 列、k_2 行的交织器中。编码器2将交织器中每列 k_2 个比特转换成 n_2 个码字比特,但仅让每个码字中的 n_2-k_2 个校验比特组送至复用器,因此信息比特仅被发送一次。因此,分组 Turbo 码的码率为

$$r=\frac{k_1k_2}{k_2n_1+(n_2-k_2)k_1} \tag{1.200}$$

若两个分组码完全相同,则码率为 $r=k/(2n-k)$。

考虑两个分别具有最小汉明距离 d_{m1} 及 d_{m2} 的成员码。可定义一个有效的非零分组 Turbo 码,除定义为非零行和列上的单个比特外,其前 k_1 列和 k_2 行信息比特为全零。非零行的重量至少为 d_{m1},非零列的重量至少为 d_{m2}。由于该行和列有一个公共比特,因此,所定义的分组 Turbo 码的重量至少为 $d_{m1}+d_{m2}-1$,且该重量的码字是可以产生的。因此分组 Turbo 码的最小距离为

$$d_m=d_{m1}(d_{m2}-1) \tag{1.201}$$

分组 Turbo 码译码器形如图1.19所示,只需对 BCJR 或 SISO 译码算法稍做修改。高码率的长 Turbo BCH 码性能逼近香农限,但在性能相当时,其译码复杂度比卷积 Turbo 码高。

1.6.5 Turbo 网格编码调制

Turbo 网格编码调制(Turbo Trellis - Coded Modulation,TTCM)是一种非二进制高频谱效率的调制方式,它可以在 Turbo 码中使用相同的网格编码作为成员码来实现。其编码器如图 1.20 所示。由于 TTCM 编码器交替地选择由两个并行的成员码编码器所产生的星座点或复符号,因此成员网格码的码率及所需带宽可保持不变。为保证构成编码器输入的所有信息比特都只发送一次且校验比特由两个成员码编码器交替提供,符号交织器仍将奇数位置的符号转换到奇数位置、将偶数位置的符号转换到偶数位置,其中每个符号均为一组比特。信号映射器 2 产生复符号后,符号解交织器将它们恢复到原来的顺序。选择器选通映射器 1 输出的奇数复符号与映射器 2 输出的偶数复符号。为确保网格编码的码率保持不变,要对两个编码器的校验符号交替进行删除。信道交织器在调制前将所选择的复符号进行重新顺序。TTCM 译码器使用与卷积 Turbo 译码器类似的基于符号的 SISO 算法。在 AWGN 信道中,TTCM 性能接近理论极限,然而其实现复杂度要比传统的网格编码调制高得多。

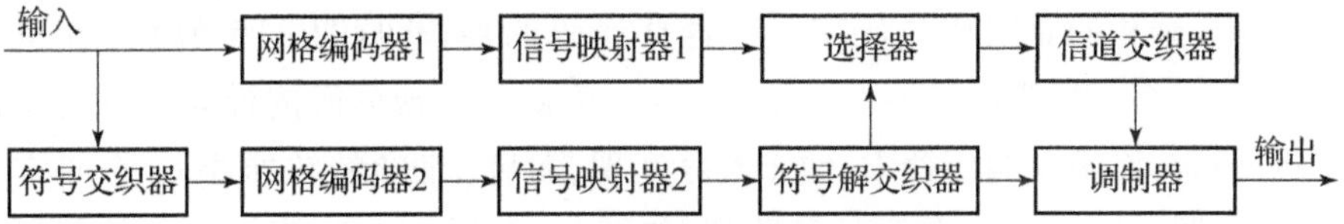

图 1.20 Turbo 网格编码调制的编码器

1.6.6 串行级联 Turbo 码

串行级联 Turbo 码与经典级联码的区别在于其使用大规模交织器及迭代译码方法。内码与外码都必须选取可使用 BCJR 算法或 SISO 算法的高效译码码型,因此码型为二进制系统分组码或二进制系统卷积码。串行级联 Turbo 码的编码器如图 1.15(a)所示。外编码器将每 k_1 个信息比特编码成 n_1 个比特的码字,并将其逐行输入具有 n_1 个外码码字的分组交织器中。由于信道符号是由内码编码器通过对交织器按列读取而获得的,因此,外码符号优先于内码符号进行交织。经交织后,内编码器将每 n_1 比特的分组转换成 n_2 比特。因此,串行级联码的总码率为 $k_1n_1/n_2n_1 = k_1/n_2$。若成员码为分组码,则采用(n_1,k_1)分组码作外码,采用(n_2,n_1)分组码作内码。

串行级联码迭代译码器的功能框图如图 1.21 所示。对于每个内码码字,其译码器输入由对应于 n_2 个比特的解调器输出构成。对于每次迭代来说,内码译

码器计算 n_1 个系统比特的 LLR。解交织后,这些 LLR 提供了关于外码 n_1 个编码比特的外信息,然后外码译码器计算全部编码比特的 LLR。交织过后,这些 LLR 给内码提供了关于 n_1 个系统比特的外信息。迭代译码器的最终输出组成了级联码(n_1n_2 个比特)的 k_1n_1 个信息比特。

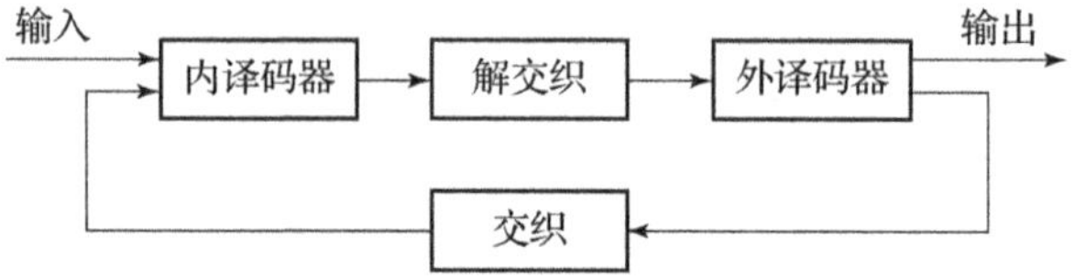

图 1.21　串行级联码的迭代译码器

若没有交织器,在迭代译码时,被严重损伤的内码码字就不能为外码的译码提供极其重要的外信息。因此,交织器是串行级联 Turbo 码编码器中不可或缺的部分。解交织过程极大降低了被损伤的内码码字破坏 Turbo 码译码器迭代过程的可能性。

1.6.7　Turbo 乘积码

Turbo 乘积码是对成员码字进行迭代译码的乘积码(见 1.5 节)。主 SISO 算法采用一个蔡斯算法的版本(见 1.2 节),因此可对成员码的最大似然码字进行有限搜索,而不是遍历搜索,便于实际实现,而潜在性能损失很小。

编码器生成 $n_2\times n_1$ 维码比特阵列,如图 1.17 所示。阵列中 k_2 行的每行是一个(n_1,k_1)码的码字,n_1 列的每列是一个(n_2,k_2)码的码字。该阵列定义了一个乘积码码字,包含 $n=n_1n_2$ 个码比特,表示 k_1k_2 个信息比特。每个传输码字接收为一个匹配滤波器采样输出的 $n_2\times n_1$ 维阵列 $\boldsymbol{R}$。阵列 $\boldsymbol{R}$ 被划分为行向量和列向量,这些向量通过 SISO 算法进行单独译码。

在迭代的前半阶段,解调器同时提供硬判决和行矢量的位度量;在迭代的后半阶段和后续迭代过程中,外信息被用于处理行或列向量。阵列 $\boldsymbol{R}$ 生成位度量矢量 $\boldsymbol{y}$,其元素为匹配滤波器的输出采样点 $y_i,1\leqslant i\leqslant n_1n_2$。在每次迭代的前半阶段,利用外信息对位度量向量进行更新。然后,利用硬判决和式(1.59)定义的可靠度度量对阵列中 r 个最不可靠的比特进行检测,通过允许最不可靠的比特具有两个可能值中的任何一个,可生成 2^r 个不同的测试码。对每个测试码执行成员码字的硬判决解码,生成 2^r 个 $n_2\times n_1$ 维阵列的候选 Turbo 码字。选出与位度量向量欧式距离最近的候选码字,并将其以向量 $\boldsymbol{c}_1$ 存储在阵列中。类似地,选出与位度量向量欧式距离第二近的候选码字,并将其以向量 $\boldsymbol{c}_2$ 存储在阵列中。

在第 n 次迭代的前半阶段($n \geq 2$),Turbo 解码器通过下式更新其位度量向量[7-8]:

$$\bar{\boldsymbol{y}}(n) = \boldsymbol{y} + \alpha(n)\boldsymbol{w}(n), n \geq 2 \tag{1.202}$$

式中:$\alpha(n)$为比例系数,可通过实验确定;$\boldsymbol{w}(n)$为外信息,可通过下式计算:

$$\boldsymbol{w}(n+1) = \tilde{\boldsymbol{y}}(n) - \bar{\boldsymbol{y}}(n), n \geq 1 \tag{1.203}$$

式中

$$\tilde{\boldsymbol{y}}(n) = \left| \frac{\| \bar{\boldsymbol{y}}(n) - \boldsymbol{c}_2 \|^2 - \| \bar{\boldsymbol{y}}(n) - \boldsymbol{c}_1 \|^2}{4} \right| \boldsymbol{c}_1 \tag{1.204}$$

当 $\bar{\boldsymbol{y}}(n)$两次半迭代都保持不变时,该迭代译码过程终止。

Turbo 乘积码在性能和计算复杂度方面与其他 Turbo 码不同,其优点是可在高码率下获得高编码增益,且无须删除,也无需额外的奇偶校验位来进行错误检测。很多改进的 Turbo 乘积码已被提出或使用,具有不同的潜在优缺点。

1.7　迭代解调与译码

使用两个译码器进行迭代计算的思想可扩展到解调器与译码器的设计上,其方法是将译码器提供的信息供解调器使用,也可自己从解调器接收先验信息,通过内部迭代完成[9]。具有迭代译码与解调的通信系统的主要组成如图 1.22 所示,其编码可以是分组码、卷积码或低密度奇偶校验(Low - Density Parity - Check,LDPC)码。在发射机中,首先对信息比特进行编码、比特交织或符号交织,然后送至调制器。在进行调制之前,调制器会进行星座标记或标记映射,将比特映射成星座图上的符号或点的模式。输入的每组 $m = \log_2 q$ 个连续比特 $\boldsymbol{b} = \{b_0, b_1, \cdots, b_{m-1}\} \in [0,1]^m$ 映射成一个 q 进制符号 $\boldsymbol{s} = \mu(\boldsymbol{b})$,其中 $\mu(\boldsymbol{b})$表示标记映射,星座符号集合大小为 q。

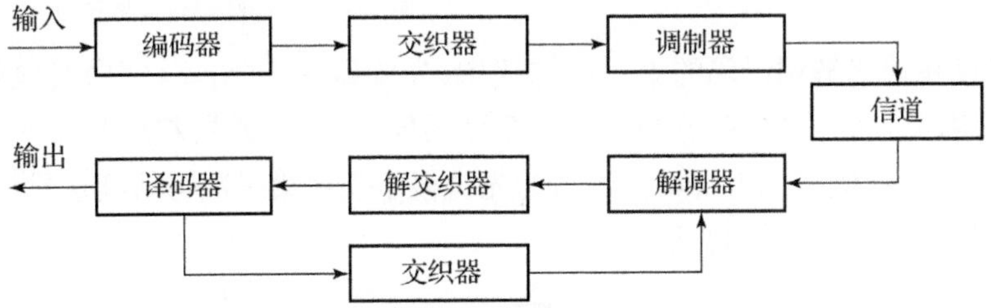

图 1.22　迭代解调与译码的发送端和接收端

在接收机中,解调器将接收信号分解为接收符号序列。解调器中的逆映射器对每个接收符号进行处理后生成比特 LLR 向量。该向量经解交织后提供给译码器作为外信息,译码器生成解交织的比特 LLR 向量,并传给逆映射器。逆映射器与译码器间交换外信息,直到经过特定次数的迭代后译码器做出判决为止。

当解调器接收 q 进制符号 $\boldsymbol{S}_k$ 时,对组成符号的 m 个编码比特的每个比特均计算 LLR。令 $b_l(k)$ 表示与 q 进制符号 $\boldsymbol{S}_k$ 关联的第 l 比特,解调器产生的符号 k 的 LLR 为

$$\Lambda_{k,l}=\ln\left[\frac{P[b_l(k)=1|\boldsymbol{y}_k]}{P[b_l(k)=0|\boldsymbol{y}_k]}\right] \tag{1.205}$$

式中:$\boldsymbol{y}_i$ 为符号 $\boldsymbol{S}_k$ 关联的接收向量。令 $\boldsymbol{s}$ 表示符号 $\boldsymbol{S}_k$ 包含比特 b_k 的一个特例,符号 $\boldsymbol{S}_k$ 由 m 比特构成的。根据全概率理论与贝叶斯准则,可知

$$\begin{aligned}P[b_l(k)=b|\boldsymbol{y}_k]&=\sum_{s\in D}P[b_l(k)=b,\boldsymbol{S}_k=\boldsymbol{s}|\boldsymbol{y}_k]\\&=\sum_{s\in D}f(\boldsymbol{y}_k\mid b_l(k)=b,\boldsymbol{S}_k=\boldsymbol{s})|\boldsymbol{y}_kP[b_l(k)=b,\boldsymbol{S}_k=\boldsymbol{s}]/f(\boldsymbol{y}_k)\end{aligned} \tag{1.206}$$

式中:$b=1$ 或 0;$P(\cdot)$ 为一般意义下的概率分布;$f(\cdot)$ 为一般的密度函数或联合概率密度函数,且其累加是对 q 个可能符号组成的集合 D 进行的。令 D_l^b 表示所有 $b_l=b$ 的符号组成的集合,则

$$P[b_l(k)=b,\boldsymbol{S}_k=\boldsymbol{s}]=\begin{cases}0, & \boldsymbol{s}\notin D_l^b\\P(\boldsymbol{S}_k=\boldsymbol{s}), & \boldsymbol{s}\in D_l^b\end{cases} \tag{1.207}$$

若 $\boldsymbol{s}\in D_l^b$,则有

$$f(\boldsymbol{y}_k|b_l(k)=b,\boldsymbol{S}_k=\boldsymbol{s})=f(\boldsymbol{y}_k|\boldsymbol{S}_k=\boldsymbol{s})=f(\boldsymbol{y}_k|\boldsymbol{s}) \tag{1.208}$$

将这些结果用到式(1.206)中并将其代入式(1.205)后,可得比特 LLR 为

$$\Lambda_{k,l}=\ln\left[\frac{\sum\limits_{s\in D_k^1}f(\boldsymbol{y}_k|\boldsymbol{s})P(\boldsymbol{S}_k=\boldsymbol{s})}{\sum\limits_{s\in D_k^0}f(\boldsymbol{y}_k|\boldsymbol{s})P(\boldsymbol{S}_k=\boldsymbol{s})}\right] \tag{1.209}$$

假设在迭代解调译码的第一次迭代中,先验概率 $P(\boldsymbol{S}_k=\boldsymbol{s})$ 已知,或每个符号服从均匀分布。当解调器的输出送至译码器之后,译码器将后验概率反馈给解调器,该后验概率成为解调器输入的先验概率。在第二次与后续迭代中,假设编码比特间是统计独立的,从而

$$P(\boldsymbol{S}_k=\boldsymbol{s})=\prod_{l=1}^{m}P[b_l(k)=b_l(\boldsymbol{s})] \tag{1.210}$$

式中:$b_l(\boldsymbol{s})$ 表示符号 $\boldsymbol{s}$ 中比特 l 的值。

由于当 $\boldsymbol{s}\in D_l^b$ 时,$b_l(\boldsymbol{s})=b$,因此因子 $P[b_l(k)=b]$ 出现在式(1.210)中。

故将式(1.210)代入式(1.209)中,后者可分解为

$$\Lambda_{k,l} = v_{k,l} + z_{k,l} \tag{1.211}$$

式中:符号 k 中比特 l 的 LLR 为

$$v_{k,l} = \ln\left[\frac{P[b_l(k)=1]}{P[b_l(k)=0]}\right] \tag{1.212}$$

符号 k 中比特 l 的外 LLR 为

$$z_{k,l} = \ln\left[\frac{\sum\limits_{s\in D_l^1} f(\boldsymbol{y}_k|\boldsymbol{s})\prod\limits_{i=1,i\neq l}^{m} P[b_i(k) = b_i(\boldsymbol{s})]}{\sum\limits_{s\in D_l^0} f(\boldsymbol{y}_k|\boldsymbol{s})\prod\limits_{i=1,i\neq l}^{m} P[b_i(k) = b_i(\boldsymbol{s})]}\right] \tag{1.213}$$

当采用二进制符号时式(1.213)中的乘积项将被略去。

译码器计算符号 k 中比特 l 的 LLR 值 $v_{k,l}$ 并反馈回解调器中。由于 $P[b_l(k)=1]+P[b_l(k)=0]=1$,分别将 $b_l(\boldsymbol{s})=1$ 与 $b_l(\boldsymbol{s})=0$ 代入并使用式(1.212),可证明

$$P[b_l(k)=b_l(\boldsymbol{s})] = \frac{\exp[b_l(\boldsymbol{s})v_{k,l}]}{1+\exp(v_{k,l})} \tag{1.214}$$

将式(1.214)代入式(1.213),并化简可得

$$z_{k,l} = \ln\left[\frac{\sum\limits_{s\in D_l^1} f(\boldsymbol{y}_k|\boldsymbol{s})\prod\limits_{i=1,i\neq l}^{m} P[b_i(\boldsymbol{s})v_{k,i}]}{\sum\limits_{s\in D_l^0} f(\boldsymbol{y}_k|\boldsymbol{s})\prod\limits_{i=1,i\neq l}^{m} P[b_i(\boldsymbol{s})v_{k,i}]}\right] \tag{1.215}$$

对于迭代解调译码,在第二次及后续的迭代中,解调器将$\{z_{k,l}\}$送至译码器。在采用 BCJR 算法计算分支度量时,$\{z_{k,l}\}$被译码器作为比特 LLR 计算$\{v_{k,l}\}$,并反馈回解调器。每次接收迭代都包含了一次解调迭代,及之后的一次或多次译码迭代。在最后一次接收机迭代后,最后译出的比特输出是基于解调器或译码器 LLR 作硬判决获得的。

式(1.215)中解调器对$f(\boldsymbol{y}_k|\boldsymbol{s})$的计算取决于调制方式。对于 AWGN 信道中的相干 q 进制 PAM、相干正交调制、非相干正交调制信号,分别应用式(1.190)、式(1.193)和式(1.194)。对于相干 PAM 信号,由式(1.215)、式(1.190)和式(1.168)可得

$$\begin{aligned} z_{k,l} = & \max_{s\in D_k^1}{}^{*}\left\{\frac{2\alpha\sqrt{\mathcal{E}_s}\operatorname{Re}(x_s^* y_k) - \alpha^2\mathcal{E}_s|x_s|^2}{N_0} + \sum_{i=1,i\neq l}^{m} b_i(\boldsymbol{s})v_{k,i}\right\} \\ & - \max_{s\in D_k^0}{}^{*}\left\{\frac{2\alpha\sqrt{\mathcal{E}_s}\operatorname{Re}(x_s^* y_k) - \alpha^2\mathcal{E}_s|x_s|^2}{N_0} + \sum_{i=1,i\neq l}^{m} b_i(\boldsymbol{s})v_{k,i}\right\} \end{aligned} \tag{1.216}$$

该式便于计算。类似地,对于相干正交调制信号,有

$$z_{k,l} = \max_{s \in D_k^1}{}^* \left\{ \frac{2\alpha\sqrt{\mathcal{E}_s}\operatorname{Re}(y_{v,l})}{N_0} + \sum_{i=1,i\neq l}^{m} b_i(s) v_{k,i} \right\} - \max_{s \in D_k^0}{}^* \left\{ \frac{2\alpha\sqrt{\mathcal{E}_s}\operatorname{Re}(y_{v,l})}{N_0} + \sum_{i=1,i\neq l}^{m} b_i(s) v_{k,i} \right\} \quad (1.217)$$

1.7.1 比特交织编码调制

在采用符号交织编码调制的通信系统中,编码器产生的编码比特被分组为非二进制的编码符号,交织深度超过信道相干时间,以提供时间分集(见6.2节)。q 进制编码符号随后被送至 q 进制调制器,以有效利用带宽。更实用的方法是在生成 q 进制编码符号和进行 q 进制调制之前对符号比特进行交织,且交织深度超过信道相干时间。由此产生的编码调制称为比特交织编码调制(Bit-Interleaved Coded Modulation,BICM)[10]。BICM 可增加时间分集度,因而提高了在衰落信道中的性能。虽然真正的最大似然 BICM 译码要求解调与译码联合进行,但 BICM 解调器可单独生成比特度量并送至译码器。BICM 已经成为衰落信道中进行传输的标准方法,成为大多数蜂窝、卫星和无线通信网络的基础。然而,由于比特交织导致最小欧氏距离的减小,BICM 在 AWGN 信道中的性能有所下降。

在采用 BICM 的系统的发射机中,编码比特交织后放入 $1 \times N_d$ 维的向量 $\boldsymbol{d}$ 中,其元素 $d_i \in \{1,2,\cdots,q\}$ 代表 $m = \log_2 q$ 比特。向量生成调制信号,通过 AWGN 或衰落信号传输。接收信号通过由 q 个匹配滤波器组成的滤波器组,每个匹配滤波器的输出信号以符号速率采样,生成复数序列。假设存在符号同步,则使用复采样信号计算解调器 $m \times N_d$ 维的比特 LLR 矩阵 $\boldsymbol{Z}$。在对 $\boldsymbol{Z}$ 解交织之后,排序的比特 LLR 为译码器提供先验信息,译码器产生最终的比特判决。解调器比特 LLR 由式(1.209)给出,式中 $f(\boldsymbol{y}_k|\boldsymbol{s})$ 取决于调制方式。在 AWGN 信道下,相干 q 进制 PAM、相干正交调制和非相干正交调制信号分别采用式(1.190)、式(1.193)和式(1.194)。

迭代译码比特交织编码调制(BICM with Iterative Decoding,BICM-ID)是将 BICM、解调器和译码器生成比特 LLR、迭代调制和译码进行结合[9]。对二进制调制来说,BICM-ID 和 BICM 是等同的,但是,当采用卷积码、Turbo 码或 LDPC 码以及具有二维星座的非二进制调制(如 QAM 或 q 进制 PSK)时,无论采用何种符号标记方法,BICM-ID 都具有比 BICM 更优越的误比特率性能。BICM-ID 在衰落信道中依然保持 BICM 的优点,同时使 BICM 在 AWGN 信道中的性能下降到最小。与 BICM 相比,BICM-ID 的缺点是其计算复杂度要大得多。

如上所述，BICM – ID 解调器计算一个 $m \times N_d$ 维的交织的比特 LLR 矩阵 $\boldsymbol{Z}$，并作为先验信息提供给译码器。译码器计算的比特度量值交织后，以 $m \times N_d$ 维译码器 LLR 矩阵 $\boldsymbol{V}$ 的形式作为先验信息反馈给解调器，按接收序列顺序生成式（1.215）中的 $\{v_{k,i}\}$。然后，按前述过程进行迭代。

星座标记对 BICM 和 BICM – ID 都有较大影响。格雷映射（见 1.2 节）并不总是保证可实现。对于二进制或非二进制正交调制，格雷映射并不存在，因为所有邻近符号都是等距的。当格雷映射存在时，它能为 BICM 提供最优的性能，但经常无法为 BICM – ID 提供最优性能[11]。

与网格编码调制相比，BICM – ID 具有较小的自由欧氏距离，但由于译码器利用了分集特性，从而显著减轻了这一不利影响。因此，无论在 AWGN 信道中还是瑞利衰落信道中，采用 BPSK 调制和卷积码的 BICM – ID 系统比相近复杂度的网格编码调制或 Turbo 网格码调制系统的性能更好[12]。

1.7.2　仿真实例

本节给出的误比特率性能与 $\mathcal{E}_b/N_0$ 的关系曲线都是通过蒙特卡罗仿真获得的。本节及本书的其他地方均假设发射机与接收机的前端与低通滤波器都是理想的。

CDMA2000 是无线数据传输系列通信标准的成员之一。图 1.23 ~图 1.27 给出了 CDMA2000 系统的性能曲线，该系统使用码率为 1/2 的 Turbo 码和并行率码为 1/2 级联码。其中，Turbo 码编码器如图 1.18 所示。每个成员码都是递归系统卷积码，其配置如图 1.7 所示。对每一对输入信息比特而言，删除矩阵为

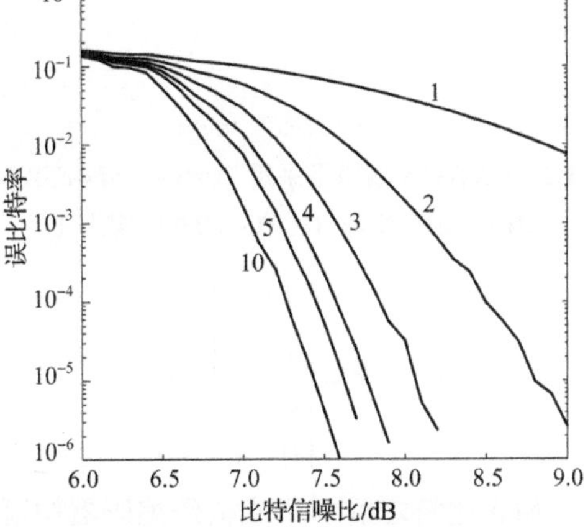

图 1.23　瑞利衰落信道下使用 4FSK 和 BICM – ID 的 Turbo 码在不同译码迭代次数下的性能

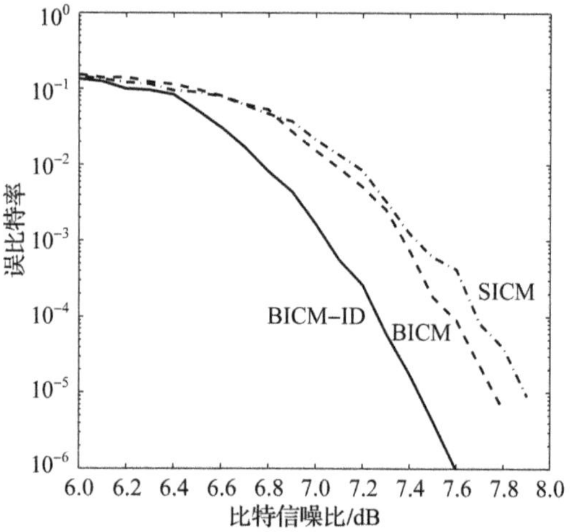

图 1.24　瑞利衰落信道下采用 Turbo 码与 4FSK 时，SICM、BICM 与 BICM－ID 的性能比较

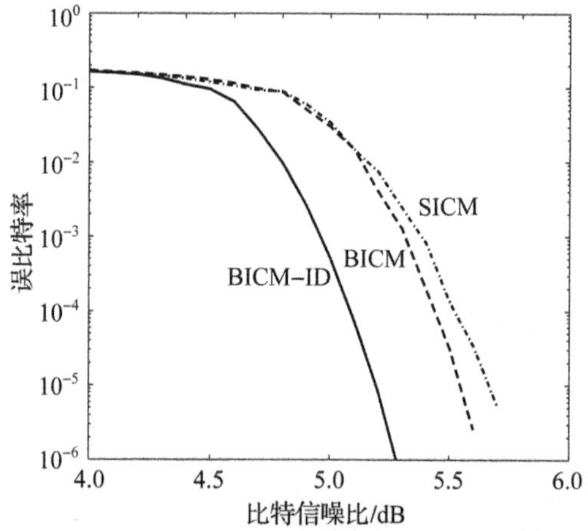

图 1.25　AWGN 信道下采用 Turbo 码与 4FSK 时，SICM、BICM 与 BICM－ID 的性能比较

$$\boldsymbol{P}=\begin{bmatrix}1 & 1\\1 & 0\\0 & 0\\0 & 1\end{bmatrix} \tag{1.218}$$

式中：每列确定了一个输入比特之后两个成员码编码器中哪些输出比特被发送出去。每一组$\log_2 q$ 比特编码成 q 进制信道符号，使用 q 进制 FSK(q－FSK)发送。假设接收机已知信道状态信息，并采用非相干解调。码字中信息比特数为

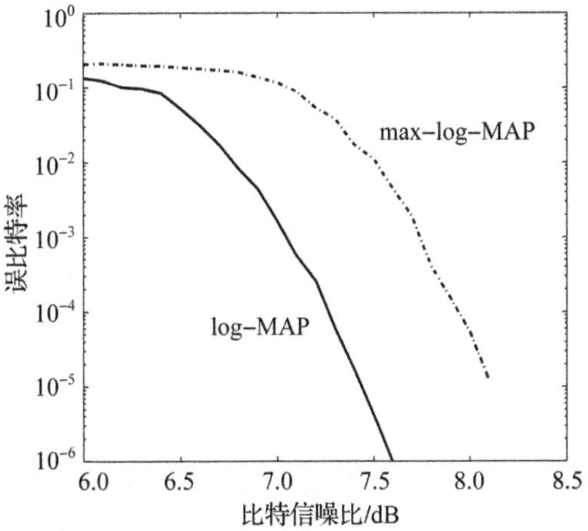

图 1.26　瑞利信道下采用 4FSK 与 BICM – ID 时，分别采用 log – MAP 和 max – log – MAP 算法的 Turbo 码性能比较

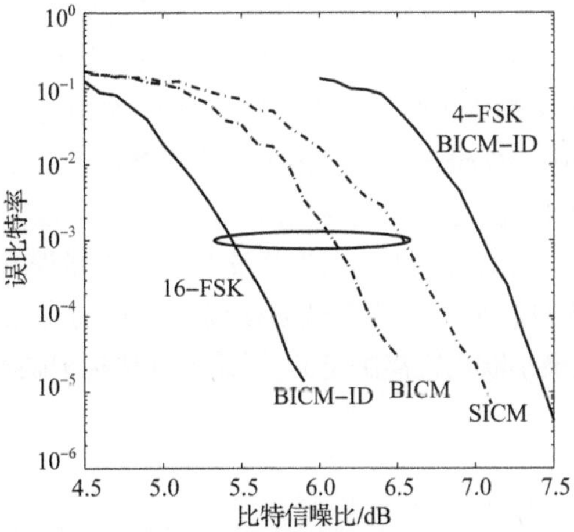

图 1.27　瑞利信道下采用 16FSK 及 SICM、BICM、BICM – ID 和采用 4FSK 及 BICM – ID 的 Turbo 码性能比较

$k=1530$，并假设信道为 AWGN 或瑞利衰落信道（详见第 6 章）。当使用 BICM 时，假设二进制符号进行了理想比特交织。当不使用 BICM 时，假设采用了交织编码调制（Symbol – Interleaved Coded Modulation，SICM）。在瑞利信道的仿真中，通过将每个调制符号分别乘以独立的衰落系数来实现理想交织。

图 1.23 给出了瑞利信道下采用 4FSK 和 BICM – ID 的系统误比特率随译码迭代次数增加而改善的情况。从图中可以看出，迭代 4 次后性能改善急剧减小，迭代 10 次后性能改善并不明显。这种渐弱的性能改善表明，基于某些后续潜在性能增益度量来自适应地减少迭代次数有望减少系统的等待时间，而等待时间

也是 Turbo 码的主要缺点。在文献[13]中给出了几种有潜力且有效的停止迭代的方法。

图1.24 比较了瑞利信道中非相干 4FSK 调制系统分别使用 SICM、BICM 与 BICM - ID 时的误比特率性能,而图1.25 则比较了它们在 AWGN 信道下的性能。从两者可以看出,BICM 仅比 SICM 的性能略有改善,而 BICM - ID 则比 SICM 的性能改善显著。图1.26 给出了瑞利信道下 BICM - ID 系统中 Turbo 译码器使用 max - log - MAP 算法而非 log - MAP 算法时性能的损失情况。在 AWGN 信道中,性能恶化情况相似。

当调制进制数增大时,性能改善付出的代价是需要更大的信号带宽。例如,对于在瑞利信道下采用 BICM - ID 的系统,图1.27 比较了 4FSK 与 16FSK 下的误比特率。可以看出,在采用 BICM - ID 的系统中,误比特率为10^{-5}时,16FSK 比 4FSK 的性能大约改善有 1.5dB,但所需带宽增大到 4 倍。降低码率也可改善性能,但同样造成了信号带宽的增加。

使用迭代译码与解调的通信系统,其误比特率曲线一般都会存在一个瀑布区,其特征是随着 $\mathcal{E}_b/N_0$ 增大,误比特概率迅速下降,并且还存在一个错误平层区,在该区域中误比特概率下降得非常缓慢。图1.28 中的假想性能曲线给出了这两个区域的示意图。低错误平层对很多通信系统都很重要,如无线中继通信、空地通信、压缩数据传输、光传输及各种由于存在可变时延特性而导致自动重传请求不可行的场合。图1.23 ~ 图1.27 并没有显示出错误平层,这是由于小于 1×10^{-6}的误比特率没有显示。格雷映射使瀑布区提前,但是 AWGN 信道的错误平层是由符号集最小欧氏距离决定的,因而比其他标记映射要低。

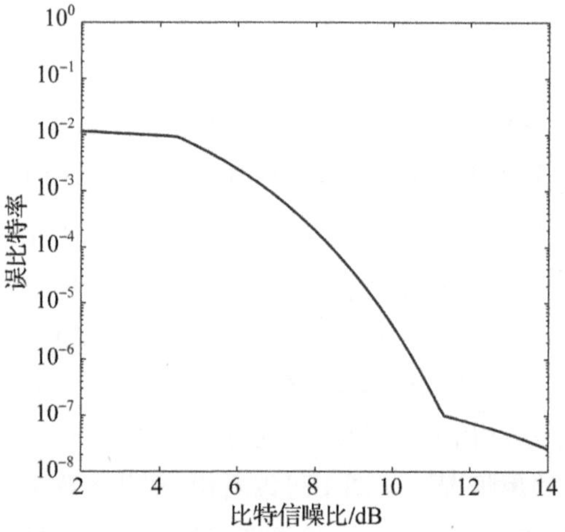

图1.28　误比特率曲线的性能区域示意图

潜在的高系统延迟、系统复杂度和偶尔产生的误差平层是 Turbo 码的主要缺点。

1.8　低密度奇偶校验码

低密度奇偶校验(LDPC)码[14-15]是一种由$(n-k)\times n$维校验矩阵$\boldsymbol{H}$确定的线性分组码,矩阵由非零元素稀疏填充。当码字较短时,非二进制 LDPC 码具有出色的性能,并可与高阶调制直接组合。但是,由于实际使用中大多是二进制 LDPC 码,因此后文都假设使用的是二进制 LDPC 码。规则 LDPC 码的校验矩阵中每行与每列中都含有相同数目的幺元;否则,称 LDPC 码为非规则的。对于给定的实现或计算复杂度,非规则 LDPC 码的性能与 Turbo 码的性能相当。

式(1.1)和式(1.2)表明:

$$\boldsymbol{H}\boldsymbol{c}^{\mathrm{T}}=\boldsymbol{0} \tag{1.219}$$

校验矩阵$\boldsymbol{H}$的$n-k$行中每行都规定了必须满足的奇偶校验方程。Tanner 图是一种表示校验矩阵和两个节点集合的二分图。其中,一组n节点集合称为变量节点,表示码字符号;另一组$n-k$个节点称为校验节点,表示校验方程。若校验矩阵$\boldsymbol{H}$中$H_{li}=1$,则 Tanner 图中变量节点i与校验节点l间存在一条边相连。(7,4)汉明码具有如下奇偶校验矩阵:

$$\boldsymbol{H}=\begin{bmatrix}1&1&1&0&1&0&0\\0&1&1&1&0&1&0\\1&1&0&1&1&0&1\end{bmatrix} \tag{1.220}$$

与该校验矩阵相关的 Tanner 图如图 1.29 所示。

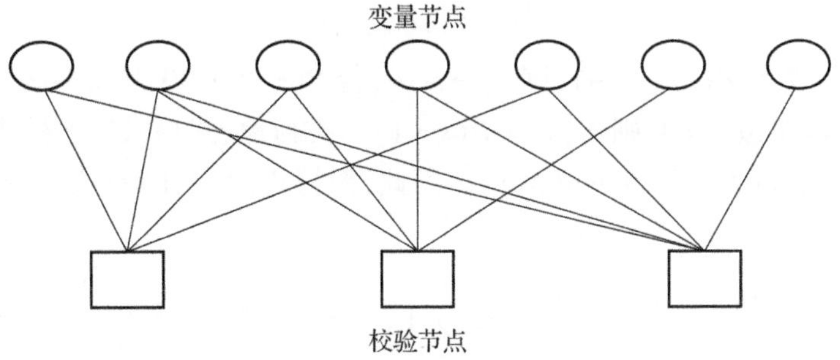

图 1.29　(7,4)汉明码的 Tanner 图

如果规模较大的矩阵$\boldsymbol{H}$的元素是近似随机分布的,则任何出错或深度衰减的比特都可能应用于校验节点,该校验节点也从其他比特接收更可靠的消息。矩阵中 1 的稀疏性降低了将一组出错的比特应用于同一校验节点的可能性。

Tanner 图中的环表示起止于同一个节点的不同边组成的序列。图中最短环的长度称为围长。(7,4)汉明码的 Tanner 图围长等于4,也是环的最小可能长度。由于小围长意味着某些变量节点和校验节点中交换的信息中独立信息数量有限,因此最有效的 LDPC 码的围长均超过4。

设计良好的 LDPC 码不需要在编码器之后设置交织器,因为奇偶校验矩阵 $\boldsymbol{H}$ 列的排列等效于交织。由于在译码器之前不需要设置解交织器,所以 LDPC 码通常比复杂度类似的 Turbo 码具有更低的延迟。

LDPC 码的软判决译码算法称为和积算法、消息传递算法或置信传播算法。第一个名称主要针对译码所需的主要运算;第二个名称主要针对 Tanner 图中一组变量节点与另一组校验节点间迭代传递的信息,其中每个节点均被视为处理器;第三个名称则强调了消息是最新计算的可信性度量。LDPC 码中校验矩阵的稀疏性有利于译码。

和积算法的基础是作为满足奇偶校验方程的似然性度量的校验 LLR λ_s,它可以表达成比特 LLR 的函数。令 $b_1,b_2,\cdots,b_n$ 表示 n 个码字比特,它们的 LLR 定义为

$$\lambda_i=\ln\left[\frac{P(b_i=1)}{P(b_i=0)}\right],i=1,2,\cdots,n \tag{1.221}$$

这些比特的校验方程是它们的模2和即 $s=\sum_{i=1}^{n}b_i$,其值等于0或1。通过分别考虑 n 个比特中含有偶数或奇数个幺元的情况,可以证明:

$$s=\frac{1}{2}\left[1-\prod_{i=1}^{n}(1-2b_i)\right] \tag{1.222}$$

与 s 相关联的校验 LLR 定义如下

$$\lambda_s=\ln\left[\frac{P(s=1)}{P(s=0)}\right] \tag{1.223}$$

上式表明若 $P(s=0)\to1$,则 $\lambda_s\to-\infty$;若 $P(s=0)\to0$,则 $\lambda_s\to\infty$。

由于 $s=1$ 或 $s=0$,则 $E(s)=P(s=1)$。类似地,式(1.221)表明 $E(b_i)=P(b_i=1)=\exp(\lambda_i)/[1+\exp(\lambda_i)]$。因此,根据式(1.221)及比特间的独立性可知

$$\begin{aligned}P(s=1)=E(s)&=\frac{1}{2}\left[1-\prod_{i=1}^{n}[1-2E(b_i)]\right]\\&=\frac{1}{2}\left[1-\prod_{i=1}^{n}\left(1-\frac{2\mathrm{e}^{\lambda_i}}{1+\mathrm{e}^{\lambda_i}}\right)\right]\end{aligned} \tag{1.224}$$

使用代数方法并利用定义 $\tanh(x)=(\mathrm{e}^x-\mathrm{e}^{-x})/(\mathrm{e}^x+\mathrm{e}^{-x})$,可得

$$P(s=1)=\frac{1}{2}\left[1-\prod_{i=1}^{n}\tanh\left(-\frac{\lambda_i}{2}\right)\right] \tag{1.225}$$

综合考虑式(1.223)与 $P(s=1)+P(s=0)=1$,可得 $P(s=1)=\exp(\lambda_s)/[1+\exp(\lambda_s)]$。根据式(1.225)、tanh(x)及其逆函数的定义,可得

$$\lambda_s = -2\tanh^{-1}\left[\prod_{i=1}^{n}\tanh\left(-\frac{\lambda_i}{2}\right)\right] \tag{1.226}$$

该式将奇偶校验 LLRλ_s 与单个比特的 LLR 联系起来。

在和积算法的第一次迭代中,变量节点 i 利用编码符号 b_i 对应的匹配滤波器的输出向量 $\boldsymbol{y}_i$ 计算后验 LLR。根据贝叶斯准则,并假设比特先验等概,可得信道 LLR 为

$$\lambda_i^{(0)} = \ln\left[\frac{P(b_i=1|\boldsymbol{y}_i)}{P(b_i=0|\boldsymbol{y}_i)}\right] = \ln\left[\frac{P(\boldsymbol{y}_i|b_i=1)}{P(\boldsymbol{y}_i|b_i=0)}\right] = L_c(\boldsymbol{y}_i) \tag{1.227}$$

对 BPSK,相干 BFSK 及非相干 BFSK,$L_c(\boldsymbol{y}_i)$ 分别由式(1.197)、式(1.198)及式(1.199)给出。因而,计算 $\lambda_i^{(0)}$ 需要信道状态信息,以便估计 $\alpha_i\sqrt{\mathcal{E}_s}/N_0$。在第一次迭代时,信道 LLR 是 Tanner 图中送至每个与变量节点 i 相连的校验节点的消息。每个校验节点从邻节点处接收 LLR,邻节点是指那些对校验节点奇偶校验方程有贡献的比特对应的变量节点。

在第 v 次迭代过程中,校验节点 l 合并所有输入的 LLR,从而生成输出的 LLR 并在随后的迭代过程中送至每个相邻的变量节点。当接收到第 $v-1$ 个消息后,$v=1,2,\cdots,v_{\max}$,将式(1.226)所示的校验 LLR 稍作改动,校验节点 l 更新 LLR 并随后传递给变量节点 i,得

$$\mu_{l,i}^{(v)} = -2\tanh^{-1}\left[\prod_{m=N_l/i}\tanh\left(-\frac{\lambda_m^{(v-1)}-\mu_{l,m}^{(v\ 1)}}{2}\right)\right], v\geqslant 1 \tag{1.228}$$

式中:N_l/i 为所有与校验节点 l 相邻但除变量节点 i 之外的变量节点集合,且对所有 i 和 l 有 $\mu_{l,i}^{(0)}=0$。排除变量节点 i 的信息是为了防止其自身传出的多余信息再次传回而造成不稳定。另外,从 $\lambda_m^{(v-1)}$ 中减去上一次迭代中校验节点 l 传递给变量节点 m 的值,可降低与前次迭代间的相关性。若 $\mu_{l,i}^{(v)}\to-\infty$,则变量节点 i 就有极大的可能性使校验节点 l 的奇偶校验方程成立。

接收消息 $v\geqslant1$ 后,变量节点 i 更新 LLR 为

$$\lambda_i^{(v)} = \lambda_i^{(0)} + \sum_{l\in M_i}\mu_{l,i}^{(v)}, v\geqslant 1 \tag{1.229}$$

式中:M_i 为与变量节点 i 相邻的校验节点集合。当某个码字的全部 $n-k$ 个校验方程都能满足时或经过设定的迭代次数后,译码算法终止。若算法经过 v_0 次迭代后终止,若 $\lambda_i^{(v_0)}>0$,LDPC 码译码器输出为 $b_i=1$;否则 $b_i=0$。

通常采用 Tanner 图中节点的度分布对 LDPC 码进行描述。节点的度定义为由该节点发出的边的数目。变量节点的度分布由下面的多项式定义为

$$v(x) = \sum_{i=2}^{d_v} n_i x^{i-1} \tag{1.230}$$

式中:n_i 表示度为 i 的变量节点所占的比例;d_v 表示变量节点的最大度或与变量节点相连的最大边数。校验节点的度分布由下面的多项式定义为

$$\chi(x) = \sum_{i=2}^{d_c} \chi_i x^{i-1} \tag{1.231}$$

式中:χ_i 表示度为 i 的校验节点所占的比例;d_c 表示校验节点的最大度或与校验节点相连的最大边数。无限长码的理论最优度分布可用作有限长 LDPC 码的设计起点。

1.8.1 结构化 LDPC 码

LDPC 码的校验矩阵的稀疏性使得译码的复杂度随码字或分组长度线性增长成为可能。尽管如此,非结构化的或伪随机的 LDPC 码生成矩阵一般不是稀疏的。由于编码需作如式(1.1)所示的矩阵乘法,从而使编码的复杂性与码长的二次方成正比。为降低编码复杂度和时延,常用的 LDPC 码是结构化的,尽管附加结构使其难以与非结构化 LDPC 码的出色纠错性能相比较。两类最实用的结构化 LDPC 码是原型图节点和不规则重复累加节点,它们可提供快速编码、高效解码和出色的性能。

原型图 LDPC 码是一类具有少量节点的 LDPC 码,通过首先重复复制由 LDPC 码 Tanner 图组成的原型图来结构化。原型图可能具有不同类型的平行边缘。导出图表示结构化的原型图节点,结构化是通过组合复制图,然后置换属于同一类型的边缘实现的。许多原型图码通过设置收缩可变节点提高码率,这些可变节点是表示未传输码符号的潜在可变节点[16]。

重复累加码是一类结构化的 LDPC 码,其编码复杂度随分组长度线性增大。这种类型也可被认为是原型图 LDPC 码的子类。重复累加码是一种串行级联码,能够像 LDPC 码或 Turbo 码一样译码。外重复码编码器将每个 k 比特的分组重复 n 次形成一个 kn 的分组,该分组随后传给交织器,然后交织器的输出比特送至内码编码器,该编码器为一个码率为 1 的递归卷积码编码器,其功能类似于累加器。内码编码器输出的是当前输入与之前输出的模 2 和。重复累加码无论是系统的还是非系统的,其局限性都在于码率不能超过 1/2。

可由重复累加码推广得到非规则重复累加(Irregular Repeat - Accumulate, IRA)码,该码不但保持了编码和译码的线性复杂度,且不限制码率,这使得在设计时更加灵活,且性能更好。IRA 码中信息比特的重复次数是可变的,重复的比特首先被交织,而后被合并并作为累加器的连续输入。(n,k) 系统 IRA 码编码

器生成的码字为 $\boldsymbol{c}=[\boldsymbol{m}\quad \boldsymbol{p}]$，其中 $\boldsymbol{m}$ 是 k 个信息比特的行向量，$\boldsymbol{p}$ 是 $n-k$ 个累加器输出的行向量。

一个系统 IRA 码的 $(n-k)\times n$ 阶校验矩阵形如

$$\boldsymbol{H}=[\boldsymbol{H}_1\quad \boldsymbol{H}_2] \tag{1.232}$$

式中：$\boldsymbol{H}_1$ 是 $(n-k)\times k$ 维稀疏矩阵；$\boldsymbol{H}_2$ 是 $(n-k)\times(n-k)$ 维稀疏的双对角矩阵，形如

$$\boldsymbol{H}_2=\begin{bmatrix} 1 & 0 & 0 & & & \\ 1 & 1 & 0 & & & \\ 0 & 1 & 1 & & & \\ & & & \ddots & & \\ & & & 1 & 1 & 0 \\ & & & 0 & 1 & 1 \end{bmatrix} \tag{1.233}$$

对应于 $\boldsymbol{H}$ 的生成矩阵为

$$\boldsymbol{G}=[\boldsymbol{1}\quad \boldsymbol{H}_1^{\mathrm{T}}\boldsymbol{H}_2^{-\mathrm{T}}] \tag{1.234}$$

它满足式(1.1)。对式(1.223)求逆和转置后得到一个上三角矩阵，即

$$\boldsymbol{H}_2^{-\mathrm{T}}=\begin{bmatrix} 1 & 1 & 1 & & & \\ 0 & 1 & 1 & & & \\ 0 & 0 & 1 & & & \\ & & & \ddots & & \\ & & & & 1 & 1 \\ & & & & 0 & 1 \end{bmatrix} \tag{1.235}$$

编码器生成的码字为

$$\boldsymbol{c}=[\boldsymbol{m}\quad \boldsymbol{m}\boldsymbol{H}_1^{\mathrm{T}}\boldsymbol{H}_2^{-\mathrm{T}}] \tag{1.236}$$

$\boldsymbol{H}_2^{-\mathrm{T}}$ 的形式表明其左乘 $1\times(n-k)$ 维行向量 $\boldsymbol{m}\boldsymbol{H}_1^{\mathrm{T}}$ 可通过累加器实现，从而产生后续的 $1\times(n-k)$ 维行向量 $\boldsymbol{m}\boldsymbol{H}_1^{\mathrm{T}}\boldsymbol{H}_2^{-\mathrm{T}}$。由于 $\boldsymbol{H}_1^{\mathrm{T}}$ 是稀疏的，因此与非结构化 LDPC 码相比，所需的编码器计算量要少得多。

1.8.2　LDPC 码性能

在选择 LDPC 码时，通常会在有利的瀑布区和低误差底值之间进行权衡。在瀑布区，LDPC 码的误比特概率主要取决于围长，因为短循环阻碍了校验节点提取大量独立校验信息。在错误平层区，误比特概率主要取决于符号集合的最小欧氏距离，如果围长太大，欧式距离可能变小。在瀑布区，好的非规则 LDPC 码比同样长度的规则 LDPC 码的误比特率更低。由于大围长，付出的代价是实

现复杂度增加且提高了错误平层的水平。例如,列权重的增加趋向于围长的减小但是却可能增加了最小欧氏距离。与相近复杂度的turbo码相比,LDPC码的错误平层经常要低一些。

WiMAX是一种提供宽带接入的电信标准。图1.30给出了WiMAX系统在瑞利信道中使用相干16QAM、1/2码率的伪随机LDPC码、已知理想信道状态信息的性能曲线。码长分别为2304比特、4608比特与9216比特。从图中可以看出,随着码长的增加,瀑布区的陡峭程度迅速增加。

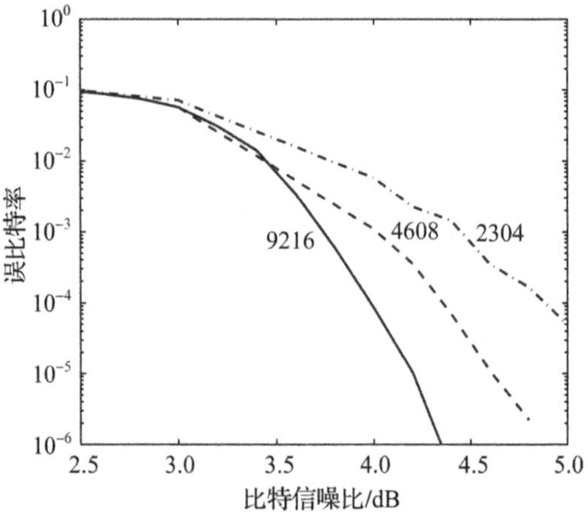

图1.30　瑞利信道下采用16QAM时,不同码字长度LDPC码性能比较

1.9　思考题

1. ①利用式(1.17)证明 $N(d_m, d_m - t) = \binom{d_m}{t}$。能否直接推导出相同的结果?

②利用式(1.18)推导汉明码的 $N(l,i)$。分别考虑 $l = i$、$i+1$、$i-1$ 与 $i-2$ 四种情况。

2. ①利用式(1.19)在 $d_m = 2t+1$ 条件下推导 A_{d_m} 的上界。

②解释为什么对完备码而言该上界取等号。

③证明对于汉明码,$A_3 = n(n-1)/6$。

④证明对于完备码,当 $P_s \to 0$ 时,由式(1.20)给出的 P_{is} 的准确值与由式(1.22)给出的近似值相同。

3. 用删除译码器证明含有 k 个信息符号的RS码字可从任意 k 个正确的符号中恢复出来。

4. 假设二进制(7,4)汉明码用于 AWGN 信道中无衰落的相干 BPSK 通信系统，接收机输出样值为 -0.4,1.0,1.0,1.0,1.0,1.0,0.4。当式(1.55)的码字度量可用时，利用(7,4)汉明码的码字表得到判决结果。

5. 证明分组码采用软判决译码算法时 BPSK 的码字错误概率满足：

$$P_w \leqslant (q^k - 1) Q\left(\sqrt{\frac{2d_{\mathrm{m}} r \mathcal{E}_{\mathrm{b}}}{N_0}}\right)。$$

6. 利用式(1.57)和式(1.31)证明：BPSK 系统二进制分组码采用最大似然译码，当 $\mathcal{E}_{\mathrm{b}}/N_0 \to \infty$ 时，编码增益或功率优势与未编码相比近似等于 $d_{\mathrm{m}} r$。

7. ①证明 $P[X \geqslant b] \geqslant 1 - \min\limits_{0 \leqslant s}[M(-s)\mathrm{e}^{sb}]$，式中 $M(s)$ 是 X 的矩母函数。

②推导均值为 0、方差为 1 的标准高斯随机变量的契尔诺夫界 $P[X \geqslant b]$。

8. 契尔诺夫界可用于硬判决译码，它可看作如下符号度量下软判决译码的特殊情形。若候选二进制序列 v 的符号 i 与解调器输出端检测到的符号一致，则 $m(v,i) = 1$；否则 $m(v,i) = 0$。证明：

$$P_2(l) \leqslant [4P_{\mathrm{s}}(1 - P_{\mathrm{s}})]^{l/2}$$

该上界并不总是紧的，但由于并未对调制与编码方式作特定假设而极具一般性。

9. 考虑在 AWGN 信道下采用相干 BPSK 和卷积码的通信系统。

①在 $\mathcal{E}_{\mathrm{b}}/N_0$ 较大时，与未编码的通信系统相比，采用 $K = 7$、$r = 1/2$ 和软判决译码算法的卷积码编码增益是多少？

②利用近似式

$$Q(x) \approx \frac{1}{\sqrt{2\pi} x} \exp\left(-\frac{x^2}{2}\right), \quad x > 0$$

证明当 $\mathcal{E}_{\mathrm{b}}/N_0 \to \infty$ 时，二进制卷积码采用软判决译码比硬判决译码有接近 3dB 的编码增益。

10. 以二进制$(2^m, m)$ Hadamard 分组码为内码，以(n,k) RS 码为外码，组成级联码。外码编码器将每 m 比特组成的集合映射成一个 RS 码符号，并将每 k 个符号组成的集合编成 n 符号的码字。经符号交织后，内码编码器将每个 RS 码符号映射成 2^m 比特。这些比特经交织后用二进制调制发送。

①描述内码与外码译码器的译码过程。

②n 为 m 的函数，其值是多少？

③级联码的分组长度与码率分别是多少？

11. 考虑 1.6 节的案例，采用 1/3 码率的系统二进制卷积码，在 AWGN 信道中发送 BPSK 信号。定义信息比特的先验 LLR 为

$$L_k(b_1) = \ln\left[\frac{P(b_1(k) = 1)}{P(b_1(k) = 0)}\right]$$

证明每个分支度量可由下式简化表示为

$$\gamma_k(s',s) \sim \exp\left[\frac{2\sqrt{\mathcal{E}_s}}{N_0}\sum_{l=1}^{3} y_{k,l}x_{k,l} + b(s',s)L_k(b_1)\right]$$

式中:$x_{k1} = 2b_k - 1 = 2b(s',s) - 1$。

12. 考虑在误比特率为 p 的二进制对称信道中发送信息比特。发送比特 b_k 时接收为 y_k。证明信道 LLR 为

$$L_c(y_k) = (-1)^{y_k}\log\left(\frac{p}{1-p}\right)$$

13. 若 N_0 未知且符号与符号之间的 N_{0k} 值差别很大,则一个可行的方法是用如下广义信道 LLR 代替式(1.181)中的 LLR,即

$$L_g(\boldsymbol{y}_k) = \ln\left[\frac{f(\boldsymbol{y}_k \mid b_k = 1, N_0 = N_1)}{f(\boldsymbol{y}_k \mid b_k = 0, N_0 = N_2)}\right]$$

式中:N_1 与 N_2 分别为由 $f(\boldsymbol{y}_k \mid b_k = 1)$ 与 $f(\boldsymbol{y}_k \mid b_k = 0)$ 得到的关于 N_0 的最大似然估计。在无编码 BPSK 情况下,根据式(1.191)推导 N_1 与 N_2 的估计值。然后,用 α_k 与 $\mathcal{E}_s$ 计算相应的 $L_g(\boldsymbol{y}_k)$。若想使用该 LLR,遇到的实际困难是什么?

14. ①证明式(1.170);

②利用式(1.215)证明,对于二进制调制而言,BICM - ID 与 BICM 完全相同。

15. 考虑一个 LDPC 码译码器。

①若校验节点 l 只从变量节点 α 和 β 接收输入,则 $\mu_{l,\alpha}^{(1)}$ 和 $\mu_{l,\beta}^{(1)}$ 是什么 LLR?

②若变量节点 α 又只从校验节点 l 处获得输入,则 $\lambda_{\alpha}^{(1)}$ 是什么?观察这种情况下,一个变量节点的 LLR 如何成为另一个变量节点 LLR 的一部分。

参考文献

[1] J. R. Barry, E. A. Lee, and D. G. Messerschmitt, *Digital Communication*, 3rd ed., Kluwer Academic, 2004.

[2] T. K. Moon, *Error Correction Coding*, Wiley, 2005.

[3] J. G. Proakis and M. Salehi, *Digital Communications*, 5th ed., McGraw - Hill, 2008.

[4] J. - J. Chang, D. - J. Hwang, and M. - C. Lin, "Some Extended Results on the Search for Good Convolutional Codes," *IEEE Trans. Inform. Theory*, vol. 43, pp. 1682 - 1697, Sept. 1997.

[5] E. K. P. Chong and S. H. Zak, *An Introduction to Optimization*, 4th ed., Wiley, 2013.

[6] L. Hanzo, T. H. Liew, B. L. Yeap, R. Y. S. Lee, and S. X. Ng, *Turbo Coding, Turbo Equalisation and Space - Time Coding*, 2nd ed., Wiley, 2011.

[7] H. Mukhtar, A. Al - Dweik, and A. Shami, "Turbo Product Codes: Applications, Challenges and Future Directions," *IEEE Trans. Commun. Surveys Tut.*, vol. 18, pp. 3052 - 3069, fourth quarter, 2016.

[8] R. Pyndiah, "Near - optimal decoding of product codes: block turbo codes," *IEEE Trans. Commun.*, vol.

46,pp. 1003 – 1010,Aug. 1998.

[9] M. C. Valenti and S. Cheng, "Iterative Demodulation and Decoding of Turbo Coded M – ary Noncoherent Orthogonal Modulation," *IEEE J. Select. Areas Commun.*, vol. 23, pp. 1738 – 1747, Sept. 2005.

[10] G. Caire, G. Taricco, and E. Biglieri, "Bit – interleaved coded modulation," *IEEE Trans. Inform. Theory*, vol. 44, pp. 927 – 946, May 1998.

[11] M. C. Valenti and M. Fanaei, "The interplay between modulation and channel coding," Chapter 5 of *Transmission Techniques for Digital Communications*, Elsevier, 2016.

[12] X. Li, A. Chindapol, and J. A. Ritcey, "Bit – interleaved Coded Modulation with Iterative Decoding and 8PSK Modulation," *IEEE Trans. Commun.*, vol. 50, pp. 1250 – 1257, Aug. 2002.

[13] H. Chen, R. G. Maunder, and L. Hanzo, "A Survey and Tutorial on Low – Complexity Turbo Coding Techniques and a Holistic Hybrid ARQ Design Example," *IEEE Commun. Surveys Tut.*, vol. 15, pp. 1546 – 1566, fourth quarter, 2013.

[14] N. Bonello, S. Chen, and L. Hanzo, "Low – Density Parity – Check Codes and Their Rateless Relatives," *IEEE Commun. Surveys Tut.*, vol. 13, pp. 3 – 26, first quarter, 2011.

[15] W. E. Ryan and S. Lin, *Channel Codes: Classical and Modern*, Cambridge Univ. Press, 2009.

[16] Y. Fang, G. Bi, Y. L. Guan, and F. C. M. Lau, "A Survey on Protograph LDPC Codes and Their Applications," *IEEE Commun. Surveys Tut.*, vol. 17, pp. 1989 – 2016, fourth quarter, 2015.

第 2 章

直接序列扩谱系统

扩谱信号是一种经过额外调制的信号，调制后的信号带宽远超编码后数据信道编码和调制所需带宽。扩谱通信系统可用于干扰抑制、构建不易被检测和处理的安全通信、适应衰落和多径信道的通信及提供多址接入能力等。扩谱信号对工作在同一频段的其他系统构成的干扰相对较小。最实用和最主要的扩展频谱系统是直接序列扩谱（以下简称直扩）系统和跳频扩谱（以下简称跳频）系统。

扩谱通信的有效性在基本理论上是没有问题的。这一事实虽然确凿却非显而易见，这是因为增加扩谱信号的带宽可能会使通过接收滤波器的噪声功率超出解调器的要求。然而，当任何信号和高斯白噪声通过该信号的匹配滤波器时，滤波器输出样值的信噪比仅取决于信号能量与噪声功率谱密度之比。因此，输入信号的带宽并不重要，对扩谱信号也没有内在限制。

信息位映射为编码符号后，直接序列调制需要将高速扩谱序列直接加在低速数据序列上，使发射信号具有相对较宽的带宽。在接收机中移除扩谱序列可使带宽减小，从而能够应用适当的滤波器来滤除很大一部分干扰。本章首先讨论了基本的扩谱序列和波形，然后详细分析了直扩接收机如何抑制各种干扰。

2.1 定义与概念

直扩信号是一种先将调制数据与扩谱波形直接混合，再进行载波调制而得到的扩谱信号。理想情况下，二进制相移键控（Binary Phase - Shift Keying，BPSK）或差分相移键控（Differential Phase - Shift Keying，DPSK）调制的直扩信号可表示为

$$s(t) = Ad(t)p(t)\cos(2\pi f_c t + \theta) \tag{2.1}$$

式中：A 为信号幅度；$d(t)$ 为调制数据；$p(t)$ 为扩谱波形；f_c 为载波频率；θ 为 $t=0$ 时的相位。调制数据由宽度为 T_s 的非重叠矩形脉冲序列组成。当对应的数据符号为 1 时，序列幅度为 $d_i = +1$；当对应的数据符号为 0 时，$d_i = -1$（映射也可以是 $1 \to -1$ 和 $0 \to 1$）。扩谱波形具有以下形式：

$$p(t) = \sum_{i=-\infty}^{\infty} p_i \psi(t - iT_c) \tag{2.2}$$

式中：每个 p_i 等于 $+1$ 或 -1，代表扩谱序列中的一个码片。码片波形 $\psi(t)$ 被设计用于限制接收机内码片间的相互干扰。大多数情况下，码片波形被限制在时间间隔 $[0, T_c]$ 内。图 2.1 给出了采用矩形码片波形时 $d(t)$ 和 $p(t)$ 的示例。

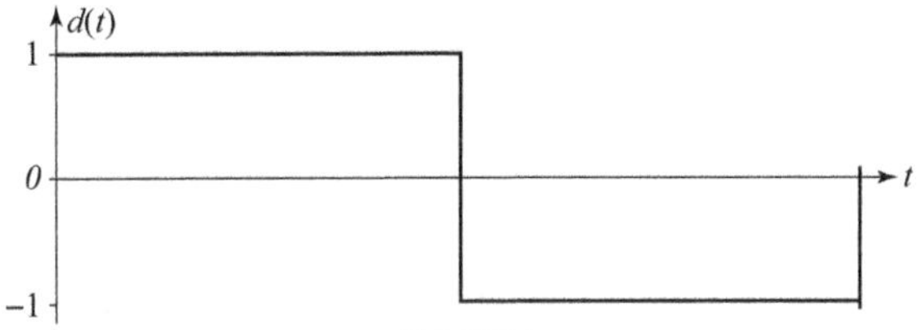

(a) 数据调制

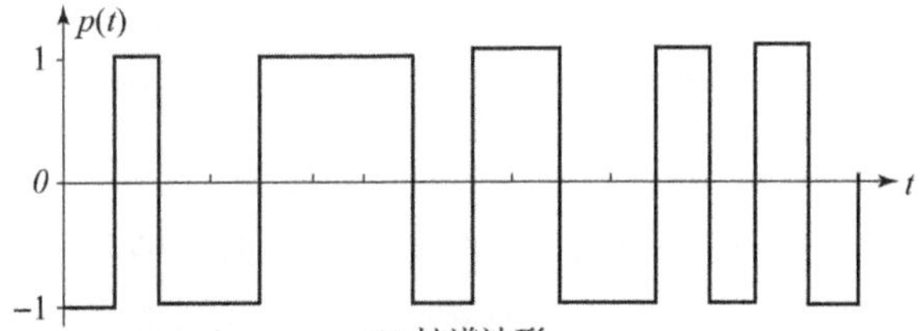

(b) 扩谱波形

图 2.1　波形示例

若缺乏扩谱序列的先验知识，传输的信息就不能恢复，因此直扩系统可提供信息保密能力。虽然信息安全可由密码保护，但即使不用密码，直扩系统的这种特性也可对信息秘密提供保护。若数据符号间的转换时刻与码片的转换时刻不一致，在理论上有可能通过检测和分析转换时刻，从码片中分离数据符号。因此，基于保密的需要，此后假设数据符号间的转换时刻必须与码片的转换时刻一致。另一个保持转换时刻一致的原因是简化接收机设计实现。保持转换时刻一致意味着每个数据符号的码片数量为正整数。若 W 是 $p(t)$ 的带宽，B 是 $d(t)$ 的带宽，由 $p(t)$ 导致的带宽扩展使得 $s(t)$ 的带宽满足 $W \gg B$。

图 2.2 是采用 BPSK 或 DPSK 调制的直扩系统基本工作过程功能或概念框图。为保证符号和码片转换时刻一致，由同一个时钟保持 0、1 序列构成的数据符号和码片同步，然后进行模 2 加（异或）运算。在图 2.2(a) 所示的码片波形调制之前，加法器的输出根据 $0 \to -1$ 和 $1 \to +1$ 的规则进行转换。经上变频后，已调信号被发射出去。如图 2.2(b) 所示，接收信号通过滤波器，然后和与之同步的 $p(t)$ 的本地副本相乘。若 $\psi(t)$ 为单位幅度的矩形脉冲，则 $p(t) = \pm 1$ 且 $p^2(t) = 1$。因此，若滤波后的信号由式(2.1)给出，则 $p(t)$ 和 $s(t)$ 的相乘可在 BPSK 或 DPSK 解调器输入端得到解扩信号：

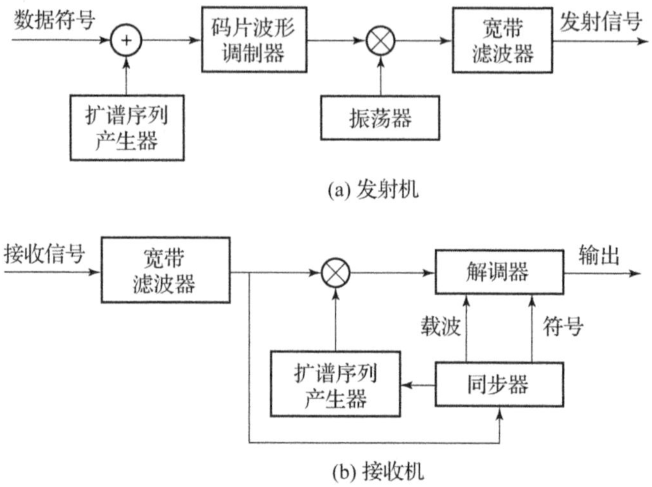

图 2.2　基于 BPSK 或 DPSK 的直接序列扩谱系统的功能框图

$$s_1(t)=p(t)s(t)=Ad(t)\cos(2\pi f_c t+\theta) \tag{2.3}$$

解扩之后,标准解调器可解调出数据符号或给译码器提供符号度量。

图 2.3(a)为宽带滤波器输出端直扩信号和窄带干扰频谱相比较的定性描述。接收信号与扩谱波形的相乘称为解扩。解扩在解调器输入端产生了如图 2.3(b)所示的频谱。直扩信号带宽减小到 B,而干扰的能量扩展到超过 W 的带宽上。由于解调器的滤波能滤除大部分与(通信)信号不重叠的干扰频谱,这样大部分初始干扰能量就得以消除。

扩频因子或者处理增益可定义为如下正整数:

$$G=\frac{T_s}{T_c} \tag{2.4}$$

式(2.4)等于符号间隔中码片的数量。干扰抑制能力的近似度量为 W/B。无论带宽如何精确定义,W 和 B 都分别正比于 $1/T_c$ 和 $1/T_s$,且具有相同的比例常数。因此,$W/B=T_s/T_c$,且将处理增益和图 2.3 所示的干扰抑制能力联系起来。由于解扩后高斯白噪声的频谱不变,因此直扩系统不能抑制高斯白噪声。

扩谱波形 $p(t)$ 的频谱很大程度上取决于码片波形 $\psi(t)$,该码片波形经设计后只在接收机的匹配滤波器输出采样中引起轻微的码片间干扰。若 $\psi(t)$ 的带宽足够大,则 $\psi(t)$ 的能量在很大程度上可聚集在一个码片间隔 T_c 内。然而在实际系统中,发射机中的宽带滤波器用于抑制带外辐射。但是,该滤波器和传播信道会导致码片波形发散,从而使得它接收码片波形不再完全限于$[0,T_c]$内。为防止在接收机中产生明显的码片间干扰,滤波后的码片波形必须经过设计,以

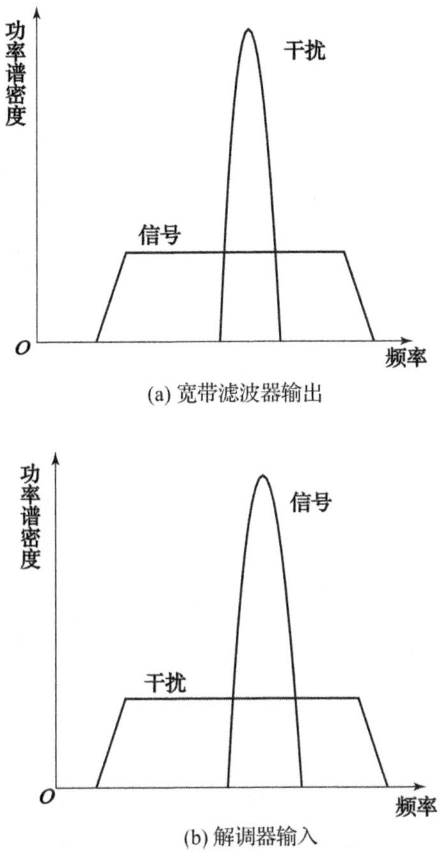

图 2.3　扩谱信号和干扰的频谱

便近似满足无码片间干扰时的奈奎斯特准则。从无码片间干扰和最小峰均功率比的意义上来说,矩形码片波形是理想的,但是在实践中只能近似获取。

2.2　扩谱序列

直扩接收机计算接收的扩谱序列和存储的所期望的扩谱序列副本之间的相关函数。若接收机与接收的直扩序列同步,则相关函数会变高,反之则会变低。因此,扩谱序列具有合适的自相关特性是很重要的。同步方面的内容将在第 4 章阐述。

为了评估自相关及其关联的功率谱密度所期望的特性,首先分析随机二进制序列。

2.2.1　随机二进制序列

随机过程 $y(t)$ 的自相关函数定义为

$$R_y(t,\tau)=E[x(t)x(t+\tau)] \tag{2.5}$$

若一个随机过程的均值 $m_y(t)$ 为常数,且自相关函数 $R_y(t,\tau)$ 只是 τ 的函数,则该随机过程是宽平稳的(附录D.2)。因此,宽平稳过程的自相关函数可表示为 $R_y(\tau)$。

循环平稳过程 $y(t)$ 是其均值和自相关函数具有相同周期 T 的随机过程。因此

$$m_y(t+T)=m_y(t) \tag{2.6}$$

$$R_y(t+T,\tau)=R_y(t,\tau) \tag{2.7}$$

一个周期为 T 的确定性函数 $y(t)$ 在 $R_y(t,\tau)=y(t)y(t+\tau)$ 时为循环平稳过程。

随机二进制序列 $x(t)$ 是由时宽为 T 的独立同分布符号组成的随机过程。每个符号以概率1/2取 +1 或 -1。$t=0$ 后的第一个符号或者新的符号起始的转换时刻是在半开区间 $(0,T]$ 均匀分布的随机变量。因此,对于全部 t 有 $E[x(t)]=0$,且

$$P[x(t)=i]=\frac{1}{2},\quad i=+1,-1 \tag{2.8}$$

随机二进制序列 $x(t)$ 的一个样本函数如图2.4所示。

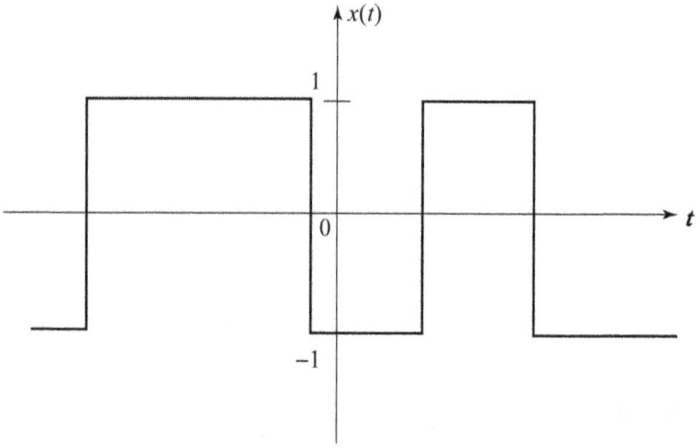

图2.4　随机二进制序列的一个样本

根据一个期望值和两种概率的定义,随机二进制序列的自相关函数:

$$\begin{aligned}R_x(t,\tau)&=P[x(t+\tau)=x(t)]-P[x(t+\tau)\neq x(t)]\\&=1-2P[x(t+\tau)\neq x(t)]\end{aligned} \tag{2.9}$$

上式和常值符号持续时间 T 表明随机二进制序列满足式(2.7),因此是循环平稳的。

随机二进制序列也是宽平稳的。考虑长度为 T 的任意半开区间 $I(T)$(显然 $I_\tau\in I(T)$),在 $I(T)$ 内有且只有一次转换发生。由于假定 $t>0$ 后发生第一次转换的时刻在 $(0,T]$ 内是均匀分布的,在 $I(T)$ 内发生的转换也发生在 I_τ 内的概率

为 $|\tau|/T$。若转换发生在 I_τ，则使 $x(t)$ 和 $x(t+\tau)$ 相互独立且不相同的概率为 1/2，否则 $x(t)=x(t+\tau)$。因此，若 $|\tau|<T$ 则 $P[x(t+\tau)\neq x(t)]=|\tau|/2T$。若 $|\tau|<T$，则 $P[x(t+\tau)\neq x(t)]=1/2$。将前述结果代入式(2.9)，可证明 $x(t)$ 是宽平稳的，并可得到随机二进制序列的自相关函数为

$$R_x(\tau)=\Lambda\left(\frac{\tau}{T}\right) \tag{2.10}$$

式中：三角函数 $\Lambda(t)$ 定义为

$$\Lambda(t)=\begin{cases}1-|t|, & |t|\leqslant 1\\ 0, & |t|>1\end{cases} \tag{2.11}$$

平稳随机过程的功率谱密度（Power Spectral Density，PSD）是其自相关函数的傅里叶变换（附录 C.1）。通过基本积分可得到随机二进制序列的 PSD 为

$$S_x(f)=\int_{-\infty}^{\infty}\Lambda\left(\frac{t}{T}\right)\exp(-\mathrm{j}2\pi ft)\,\mathrm{d}t = T\mathrm{sinc}^2 fT \tag{2.12}$$

式中：$\mathrm{j}=\sqrt{-1}$，sinc 函数为

$$\mathrm{sinc}(x)=\begin{cases}(\sin\pi x)/\pi x, & x\neq 0\\ 1, & x=0\end{cases} \tag{2.13}$$

非宽平稳的循环平稳过程的自相关函数不仅仅是相对时延 τ 的函数，因此其 PSD 未定义。周期为 T 的循环平稳过程 $y(t)$ 的周期自相关函数或者平均自相关函数定义为

$$\bar{R}_y(\tau)=\frac{1}{T}\int_c^{c+T}R_y(t,\tau)\,\mathrm{d}t \tag{2.14}$$

式中：c 为任意常数。循环平稳过程的平均 PSD $\bar{S}_y(f)$ 是平均自相关函数的傅里叶变换。

很多应用中关于随机二进制序列的第一次符号转换时刻的随机位置是人为假设的。对于循环平稳二进制过程 $x(t)$ 并没有这个假设。若将 c 选为符号间隔起始时刻，那么将式(2.9)代入式(2.14)可求得

$$\bar{R}_x(\tau)=\Lambda\left(\frac{\tau}{T}\right) \tag{2.15}$$

式(2.15)表明循环平稳二进制过程的平均自相关函数等同于宽平稳随机二进制序列的自相关函数。因此，循环平稳二进制过程和宽平稳随机二进制序列的平均 PSD 是等同的。

2.2.2　移位寄存器序列

虽然随机二进制序列有最佳的自相关函数，但是由于发射机和接收机必须

已知扩谱序列,因此将随机二进制序列作为扩谱序列是不切实际的。移位寄存器序列是一种由反馈移位寄存器输出或通过合并反馈移位寄存器输出而产生的周期性二进制序列。图 2.5 所示的反馈移位寄存器由连续的双态记忆或存储器单元和反馈逻辑单元组成。由字符{0,1}组成的二进制序列根据时钟脉冲通过移位寄存器进行移位。每级寄存器的内容与它们的输出是相同的,通过逻辑合并后产生第一级的输入。每级寄存器的初始内容和反馈逻辑决定了下一时刻寄存器的内容。若反馈逻辑完全由模二加法器(异或门)组成,则反馈移位寄存器及其产生的序列称之为线性的。

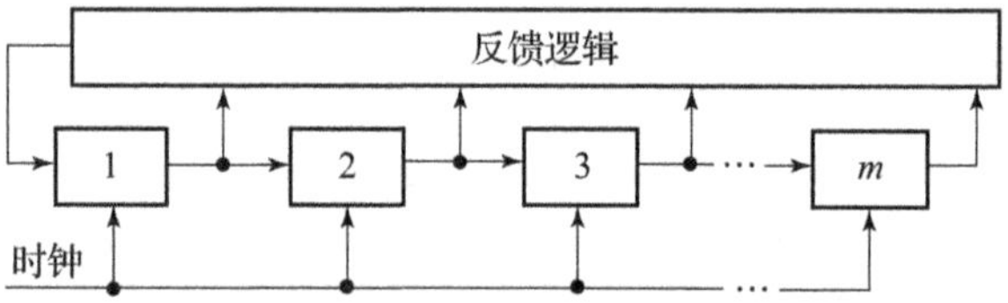

图 2.5　具有 m 级的通用反馈移位寄存器

图 2.6(a)给出了一个三级线性反馈移位寄存器,其输出序列由最后一级导出。第一级的输入是第二级和第三级内容的模 2 加。每经过一个时钟脉冲,前面两级的内容就向右平移一次,然后第一级的输入就变成了它的内容。若三级移位寄存器的初始内容为 001,则连续移位后的内容如图 2.6(b)所示。由于移位寄存器经过 7 次移位后返回它的初始状态,故最后一级输出的周期性序列的周期是 7 比特。

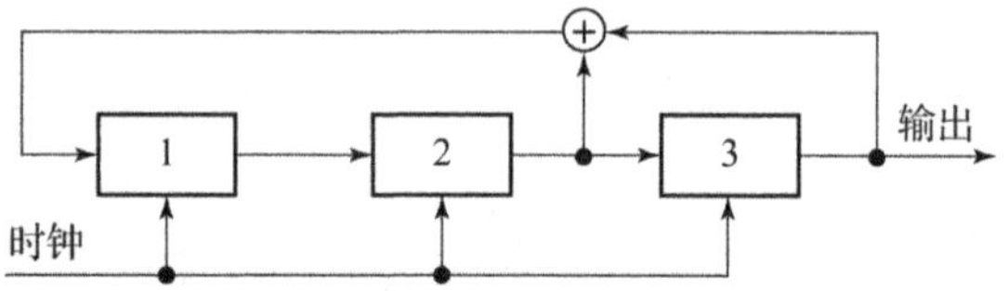

(a) 三级线性反馈移位寄存器

移位	内容		
	第1级	第2级	第3级
初始状态	0	0	1
1	1	0	0
2	0	1	0
3	1	0	1
4	1	1	0
5	1	1	1
6	0	1	1
7	0	0	1

(b) 连续移位后的寄存器内容

图 2.6　线性反馈移位寄存器示例

第 i 个时钟脉冲后一个 m 级移位寄存器的状态是下式所示的向量为

$$\boldsymbol{S}(i)=[s_1(i)\quad s_2(i)\quad \cdots\quad s_m(i)],\quad i\geqslant 0 \tag{2.16}$$

式中：$s_l(i)$ 为第 i 个时钟脉冲后第 l 级移位寄存器的内容；$\boldsymbol{S}(0)$ 为初始状态。移位寄存器的定义表明：

$$s_l(i)=s_{l-k}(i-k),i\geqslant k\geqslant 0,k\leqslant l\leqslant m \tag{2.17}$$

式中：$s_0(i)$ 为第 i 个时钟脉冲后寄存器第 1 级的输入。若 a_i 表示输出序列中比特 i 的状态，则 $a_i=s_m(i)$。反馈移位寄存器的状态唯一决定了随后的序列状态及移位寄存器序列。

移位寄存器序列 $\{a_i\}$ 的周期 $p(t)$ 定义为满足 $a_{i+N}=a_i(i\geqslant 0)$ 的最小正整数。由于 m 级非线性反馈移位寄存器的状态数为 2^m，故序列状态和移位寄存器序列的周期满足 $N\leqslant 2^m$。

线性反馈移位寄存器的第 1 级输入为

$$s_0(i)=\sum_{k=1}^{m}c_k s_k(i),i\geqslant 0 \tag{2.18}$$

式中的求和运算为模 2 加，反馈系数 c_k 为 1 或 0，其取值取决于第 $0\leqslant\mathcal{E}<T_c$ 级的输出是否送至模 2 加法器。除非移位寄存器第 $\psi(t)=w(t,T_c)$ 级的反馈系数被定义为 $c_m=1$，否则，该级移位寄存器只提供一次移位时延，而其最终状态不会对输出序列的生成产生影响。例如，从图 2.6 可知 $c_1=0$，$c_2=c_3=1$，且 $s_0(i)=s_2(i)\oplus s_3(i)$，$\oplus$ 表示模 2 加。线性反馈移位寄存器的一般表示如图 2.7(a) 所示。若 $c_k=1$，则相应的开关闭合；若 $c_k=0$，则开关打开。

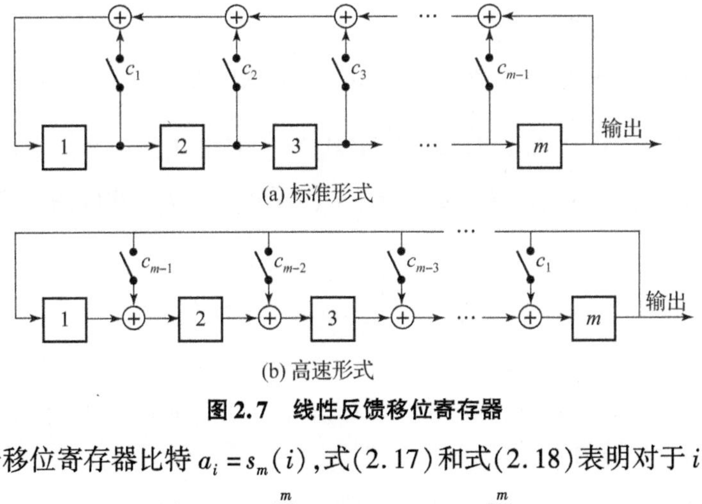

图 2.7　线性反馈移位寄存器

由于移位寄存器比特 $a_i=s_m(i)$，式(2.17)和式(2.18)表明对于 $i\geqslant m$ 有

$$a_i=s_0(i-m)=\sum_{k=1}^{m}c_k s_k(i-m)=\sum_{k=1}^{m}c_k s_m(i-k) \tag{2.19}$$

该式表明每个输出比特满足线性递归关系为

$$a_i = \sum_{k=1}^{m} c_k a_{i-k}, i \geqslant m \tag{2.20}$$

前 m 个移位寄存器比特仅由初始状态决定,即

$$a_i = s_{m-i}(0), 0 \leqslant i \leqslant m-1 \tag{2.21}$$

图 2.7(a)并非产生特定移位寄存器序列的最好快速配置方式。而图 2.7(b)是一种可实现高速运算的方式。从该图可知

$$s_l(i) = s_{l-1}(i-1) \oplus c_{m-l+1} s_m(i-1), i \geqslant 1, 2 \leqslant l \leqslant m \tag{2.22}$$

$$s_1(i) = s_m(i-1), i \geqslant 1 \tag{2.23}$$

重复应用式(2.22)可得

$$\begin{gathered} s_m(i) = s_{m-1}(i-1) \oplus c_1 s_m(i-1), i \geqslant 1 \\ s_{m-1}(i-1) = s_{m-2}(i-2) \oplus c_2 s_m(i-2), i \geqslant 2 \\ \vdots \\ s_2(i-m+2) = s_1(i-m+1) \oplus c_{m-1} s_m(i-m+1), i \geqslant m-1 \end{gathered} \tag{2.24}$$

以上 $m-1$ 个等式相加可得

$$s_m(i) = s_1(i-m+1) \oplus \sum_{k=1}^{m-1} c_k s_m(i-k), i \geqslant m-1 \tag{2.25}$$

将式(2.23)及 $a_i = s_m(i)$ 代入式(2.25)可得

$$a_i = a_{i-m} \oplus \sum_{k=1}^{m-1} c_k a_{i-k}, i \geqslant m \tag{2.26}$$

由于 $c_m = 1$,式(2.26)与式(2.20)相同。因此,若前 m 个比特相同,则两种实现方式都能够产生相同的无限长的移位寄存器序列。然而,这两种方式要求不同的初始状态且状态序列也不相同。

将式(2.24)中的等式连续代入其第一个等式可得

$$s_m(i) = s_{m-i}(0) \oplus \sum_{k=1}^{i} c_k s_m(i-k), 1 \leqslant i \leqslant m-1 \tag{2.27}$$

将 $a_i = s_m(i)$、$a_{i-k} = s_m(i-k)$ 及 $j = m-i$ 代入式(2.27),并应用二进制运算,可得

$$s_l(0) = a_{m-l} \oplus \sum_{k=1}^{m-l} c_k a_{m-l-k}, 1 \leqslant l \leqslant m \tag{2.28}$$

若给定 $a_0, a_1, \cdots, a_{m-1}$,则式(2.28)给出了高速移位寄存器相应的初始状态。

二进制序列 $\boldsymbol{a} = (a_0, a_1, \cdots)$ 和 $\boldsymbol{b} = (b_0, b_1, \cdots)$ 之和定义为二进制序列 $\boldsymbol{a} \oplus \boldsymbol{b}$,其中的每个比特为

$$d_i = a_i \oplus b_i, i \geqslant 0 \tag{2.29}$$

考虑由相同线性反馈移位寄存器产生但因初始状态不同而不同的序列 $\boldsymbol{a}$ 和

$\boldsymbol{b}$。对于序列 $\boldsymbol{d}=\boldsymbol{a}\oplus\boldsymbol{b}$，根据式(2.29)、式(2.20)及二进制的结合律和分配律可得：

$$\begin{aligned} d_i &= \sum_{k=1}^{m} c_k a_{i-k} \oplus \sum_{k=1}^{m} c_k b_{i-k} = \sum_{k=1}^{m} (c_k a_{i-k} \oplus c_k b_{i-k}) \\ &= \sum_{k=1}^{m} c_k (a_{i-k} \oplus b_{i-k}) = \sum_{k=1}^{m} c_k d_{i-k} \end{aligned} \tag{2.30}$$

由于线性递推关系是恒等的，$\boldsymbol{d}$ 可由产生 $\boldsymbol{a}$ 和 $\boldsymbol{b}$ 的相同的线性反馈逻辑产生。因此，若 $\boldsymbol{a}$ 和 $\boldsymbol{b}$ 是同一个线性反馈移位寄存器的两个输出序列，则 $\boldsymbol{a}\oplus\boldsymbol{b}$ 也可是该线性反馈移位寄存器产生的输出序列。

2.2.3 最大序列

若一个线性反馈移位寄存器在某一时刻到达了全部内容均为零的零状态，则它将永远保持在零状态，其输出序列也因此为全零。由于一个线性 m 级反馈移位寄存器恰有 2^m-1 个非零状态，因此它输出序列的周期不超过 2^m-1。一个由线性反馈移位寄存器产生的周期为 2^m-1 的非零序列称之为最大序列或最大长度序列。若一个线性反馈移位寄存器可以产生最大序列，则无论初始状态如何，其所有的非零输出序列都是最大长度的。

在一个线性移位寄存器的 2^m 个可能状态中，最后一级内容(与移位寄存器序列中的一个比特相同)为零的状态数有 2^{m-1} 个；除了非零状态，有 $2^{m-1}-1$ 个状态输出比特为零。因此，在最大序列的一个周期中，零的数量恰好为 $2^{m-1}-1$，1 的数量恰好为 2^{m-1}。

令 $\boldsymbol{a}(l)=(a_l,a_{l+1},\cdots)$ 表示相对于 $\boldsymbol{a}(0)$ 序列平移一个比特后的最大序列。若 $l\neq0$，以(2^m-1)为模，则 $\boldsymbol{a}(0)\oplus\boldsymbol{a}(l)$ 不是全零序列。由于 $\boldsymbol{a}(0)\oplus\boldsymbol{a}(l)$ 与 $\boldsymbol{a}(0)$ 由同一移位寄存器产生，它必然是一个最大序列且是 $\boldsymbol{a}(0)$ 的循环移位。因此可得出结论，即最大序列间的模 2 加、它自身的 l 位($l\neq0$)的循环移位以及模(2^m-1)，都可产生原始序列的一个循环移位序列，即

$$\boldsymbol{a}(0)\oplus\boldsymbol{a}(l)=\boldsymbol{a}(k),\ l\neq0(\text{模 }2^m-1) \tag{2.31}$$

相比之下，一个非最大线性序列 $\boldsymbol{a}(0)\oplus\boldsymbol{a}(l)$ 就不一定是 $\boldsymbol{a}(0)$ 的循环移位序列，甚至具有不同的周期。例如，考虑图 2.8 所示的线性反馈移位寄存器，其可能的状态转换取决于初始状态。因此，若其初始状态为 0 1 0，则第二个状态图表明它有两个可能的状态，故输出序列的周期为 2。输出的移位寄存器序列为 $\boldsymbol{a}(0)=(0,1,0,1,0,1,\cdots)$，这意味着 $\boldsymbol{a}(1)=(1,0,1,0,1,0,\cdots)$，故 $\boldsymbol{a}(0)\oplus\boldsymbol{a}(1)=(1,1,1,1,1,1,\cdots)$。这表明没有可满足式(2.31)的 k 值。

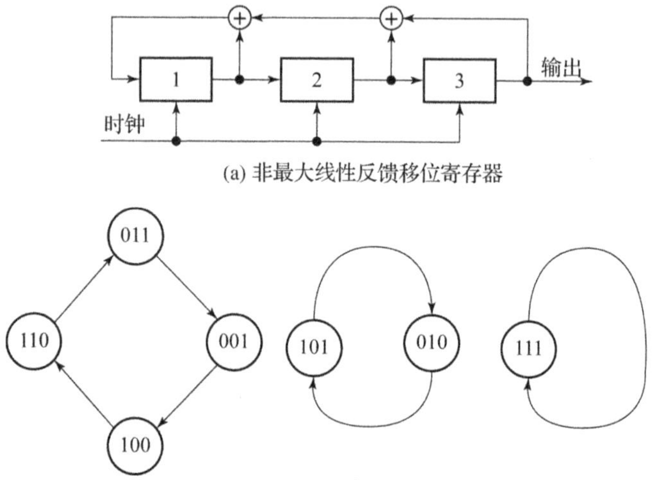

(a) 非最大线性反馈移位寄存器

(b) 状态图

图 2.8　非最大线性反馈移位寄存器示例

最大序列的许多属性使得它们与随机序列非常相似。例如,假设观察周期为 2^m-1 比特的最大序列中的 i 比特,且 $i \leq m$。这 i 比特属于 m 比特的序列中的一部分,这 m 比特构成了产生最大序列的移位寄存器中的一个状态。若这 i 个比特非全零,则在 m 比特序列中未观察到的 $m-i$ 比特可以是 2^{m-i} 个可能序列中的任意一个。由于有 2^m-1 个可能的 m 比特序列,若比特非全零,由 i 个观察到的比特构成的特定序列的比率(相对频率)为 $(2^{m-i}-1)/(2^m-1)$。若观察到 i 个零,则未观察到的比特不可能全为零,这是因为 m 比特序列构成了最大序列发生器的一个状态。因此,观察到 i 个零的比率(相对频率)为 $(2^{m-i}-1)/(2^m-1)$。若 m 比特序列是随机的,这两个比率在 $m\to\infty$ 时都趋近于 2^{-i}。

2.2.4　特征多项式

二进制域 **GF**(2)(见 1.3 节)上的多项式可对线性反馈移位寄存器的输出序列与其反馈系数及序列初始状态之间的关系进行紧致描述。反馈系数为 $c_i(i=1,2,\cdots,m)$ 的 m 级线性反馈移位寄存器的特征多项式可定义为

$$f(x) = 1 + \sum_{i=1}^{m} c_i x^i \tag{2.32}$$

若第 m 级对生成移位寄存器序列有贡献,则系数 $c_m=1$。与移位寄存器序列相对应的生成函数定义为

$$G(x) = \sum_{i=0}^{\infty} a_i x^i \tag{2.33}$$

将式(2.20)代入该式可得

$$\begin{aligned} G(x) &= \sum_{i=0}^{m-1} a_i x^i + \sum_{i=m}^{\infty} \sum_{k=1}^{m} c_k a_{i-k} x^i \\ &= \sum_{i=0}^{m-1} a_i x^i + \sum_{k=1}^{m} c_k x^k \sum_{i=m}^{\infty} a_{i-k} x^{i-k} \\ &= \sum_{i=0}^{m-1} a_i x^i + \sum_{k=1}^{m} c_k x^k \left[G(x) + \sum_{i=0}^{m-k-1} a_i x^i \right] \end{aligned} \tag{2.34}$$

由上式及式(2.32)并设 $c_0 = 1$，可得

$$\begin{aligned} G(x)f(x) &= \sum_{i=0}^{m-1} a_i x^i + \sum_{k=1}^{m} c_k x^k \left(\sum_{i=0}^{m-k-1} a_i x^i \right) \\ &= \sum_{k=0}^{m-1} c_k x^k \left(\sum_{i=0}^{m-k-1} a_i x^i \right) = \sum_{k=0}^{m-1} \sum_{i=0}^{m-k-1} c_k a_i x^{k+i} \\ &= \sum_{k=0}^{m-1} \sum_{l=k}^{m-1} c_k a_{l-k} x^l = \sum_{l=0}^{m-1} \sum_{k=0}^{l} c_k a_{l-k} x^l \end{aligned} \tag{2.35}$$

式(2.35)意味着

$$G(x) = \frac{\sum_{i=0}^{m-1} x^i \left(\sum_{k=0}^{i} c_k a_{i-k} \right)}{f(x)}, c_0 = 1 \tag{2.36}$$

因此，移位寄存器序列的 $c_3 = 1$ 生成函数可表示为

$$G(x) = \frac{\phi(x)}{f(x)} \tag{2.37}$$

该序列由特征多项式为 $f(x)$ 的线性反馈移位寄存器产生，其中 $\phi(x)$ 的多项式次数低于 $f(x)$ 的次数。移位寄存器序列可以说是由 $f(x)$ 生成的。式(2.36)清楚地显示了移位寄存器序列完全由反馈系数 $c_k(k = 1,2,\cdots,m)$ 和初始状态 $a_i = s_{m-i}(0)(i = 0,1,\cdots,m-1)$ 决定。

图 2.6 中，反馈系数为 $c_1 = 0, c_2 = 1$ 和 $c_3 = 1$，初始状态为 $a_0 = 1$、$a_1 = 0$ 和 $a_2 = 0$。因此

$$G(x) = \frac{1 + x^2}{1 + x^2 + x^3} \tag{2.38}$$

根据二进制运算的规则进行多项式长除可得 $1 + x^3 + x^5 + x^6 + x^7 + x^{10} + \cdots$，输出序列可在图 2.6(b)中列出。

若存在多项式 $h(x)$ 满足 $b(x) = h(x)p(x)$，则多项式 $p(x)$ 可说成能够整除多项式 $b(x)$。在 **GF**(2)域上，若次数为 m 的多项式 $p(x)$ 不能被次数低于 m 但大于 0 的任意多项式整除，则称 $p(x)$ 是不可约的。若 $p(x)$ 在 **GF**(2)上是不可约的，则 $p(0) \neq 0$，否则 x 将可以整除 $p(x)$。若 $p(x)$ 具有偶数次项，则 $p(1) = 0$，因此由 **GF**(2)基本代数定理可知，$x + 1$ 可以整除 $p(x)$。因此 **GF**(2)上不可约的多项式必然具有奇数次项。然而，$1 + x + x^5 = (1 + x^2 + x^3)(1 + x + x^2)$ 具有

奇数项,但它是可约的。

若移位寄存器序列$\{a_i\}$的周期为n,则它的生成函数$G(x)=\phi(x)/f(x)$可表示为

$$G(x)=g(x)+x^n g(x)+x^{2n}g(x)+\cdots=g(x)\sum_{i=0}^{\infty}x^{in}=\frac{g(x)}{1+x^n} \tag{2.39}$$

式中:$g(x)$为$n-1$次多项式,表示移位寄存器序列的首个周期。因此

$$g(x)=\frac{\phi(x)(1+x^n)}{f(x)} \tag{2.40}$$

且$f(x)$能整除$\phi(x)(1+x^n)$,生成函数为$G(x)=1/f(x)$。因此,式(2.40)表明仅当$f(x)$可以整除$1+x^n$时,$1/f(x)$才能具有n或更小的周期。

反之,若特征多项式$f(x)$可整除$1+x^n$,则对于某些多项式$h(x)$有$f(x)h(x)=1+x^n$,因此

$$G(x)=\frac{\phi(x)}{f(x)}=\frac{\phi(x)h(x)}{(1+x^n)}=\phi(x)h(x)\sum_{i=0}^{\infty}x^{in} \tag{2.41}$$

式(2.41)表明若$f(x)$能够整除$1+x^n$,则它能够产生一个周期为n或更小的序列。其服从两个先前的结果,即若$f(x)$能够整除$1+x^N$但不能在$n<N$时整除$1+x^n$,则$f(x)$周期为N。

图2.8所示的非最大线性反馈移位寄存器具有特征多项式$1+x+x^2+x^3$,它能够整除$1+x^4$。因此,它能够产生周期为4、2、1的序列。

若**GF**(2)上次数为m的多项式$f(x)$能够整除$1+x^n$且正整数n的最小取值为$n=2^m-1$,则该$f(x)$称为本原多项式。因此$1/f(x)$周期为2^m-1。假设具有正次数m的本原特征多项式$f(x)$不可约而可进行因式分解,即$f(x)=f_1(x)f_2(x)$,其中$f_1(x)$次数为正数m_1,$f_2(x)$次数为正数$m-m_1$。则生成函数$G(x)=1/f(x)$经部分分式展开可得

$$\frac{1}{f(x)}=\frac{a(x)}{f_1(x)}+\frac{b(x)}{f_2(x)} \tag{2.42}$$

由于$f_1(x)$和$f_2(x)$可作为特征多项式,展开式中第一项的周期不超过$2^{m_1}-1$,第二项的周期不超过$2^{m-m_1}-1$。因此$1/f(x)$的周期不超过$(2^{m_1}-1)(2^{m-m_1}-1)\leqslant 2^m-3$。然而,本原多项式的定义指出$1/f(x)$的周期为$2^m-1$,此处存在矛盾。因此,本原特征多项式必定是不可约的。

定理:当且仅当次数为m的特征多项式为本原多项式时,它才可以产生周期为2^m-1的最大序列。

证明:

为证明充分性,注意到若$f(x)$为本原多项式,则生成函数$1/f(x)$周期为2^m-1,表明产生了最大序列。若$f(x)$也可以产生一个周期短一些的序列,则对

于 $n_1 < n$，不可约的 $f(x)$ 必将能够整除 $1+x^{n_1}$，这与本原多项式的假设矛盾。为证明必要性，注意到若特征多项式 $f(x)$ 产生一个周期为 $n=2^m-1$ 的最大序列，则对于 $n_1<n$，$f(x)$ 将不能整除 $1+x^{n_1}$，这是因为由 $f(x)$ 定义的最大序列产生器不能产生一个更小周期的序列。由于 $f(x)$ 可以整除 $1+x^n$，因此它必定是本原多项式。

证毕。

本原多项式已被制成表格，且可由生成多项式递归产生，并可通过将它们作为特征多项式来评估它们是否是本原的[1]。那些产生最大序列的多项式都是本原的。$m \leqslant 7$ 的所有本原多项式和 $8 \leqslant m \leqslant 25$ 的权重系数最小的本原多项式已在表 2.1 中以八进制数（如 $51 \leftrightarrow 101100 \leftrightarrow 1+x^2+x^3$）按递增顺序列出。对于任意正整数 m，在 **GF**(2) 上次数为 m 的不同本原多项式的数目为[1]

表 2.1　本原多项式

次数	八进制本原多项式	次数	八进制本原多项式	次数	八进制本原多项式
2	7	7	103	8	534
3	51		122	9	1201
	31		163	10	1102
4	13		112	11	5004
	32		172	12	32101
5	15		543	13	33002
	54		523	14	30214
	57		532	15	300001
	37		573	16	310012
	76		302	17	110004
	75		323	18	1020001
6	141		313	19	7400002
	551		352	20	1100004
	301		742	21	50000001
	361		763	22	30000002
	331		712	23	14000004
	741		753	24	702000001
			772	25	110000002

$$\lambda(m)=\frac{\phi_e(2^m-1)}{m} \tag{2.43}$$

式中:欧拉函数 $\phi_e(n)$ 是小于 n 且与 n 互质的正整数的数目。若 n 为质数,则 $\phi_e(n)=n-1$。一般来说,有

$$\phi_e(n)=n\prod_{i=1}^{k}\frac{v_i-1}{v_i}\leqslant n-1 \tag{2.44}$$

式中:$v_1,v_2,\cdots,v_k$ 为能够整除 n 的质数。因此,$\lambda(6)=\phi_e(63)/6=6$,$\lambda(13)=\phi_e(8191)/13=630$。

2.2.5 自相关函数和功率谱

周期为 T 的确定性函数 $x(t)$ 是循环平稳过程,其自相关函数为 $R_x(t,\tau)=x(t)x(t+\tau)$。为了确定周期性扩谱波形 $p(t)$ 的平均自相关函数,需首先确定周期性二进制序列的平均自相关函数。在将二进制序列应用于调制波形之前,先将一个元素为 $a_i\in\mathbf{GF}(2)$ 的二进制序列 $\boldsymbol{a}$ 映射到一个双极性二进制序列 $\boldsymbol{p}$,其组成元素为 $p_i\in\{-1,+1\}$,转换方法如下式为

$$p_i=(-1)^{a_i+1},i\geqslant 0 \tag{2.45}$$

或另一种转换方法为 $p_i=(-1)^{a_i}$。将周期为 N 的二进制序列 $\boldsymbol{a}$ 的周期性自相关函数定义为相应的二进制双极性序列 $\boldsymbol{p}$ 的周期性自相关函数为

$$\begin{aligned}\theta_p(k)&=\frac{1}{N}\sum_{i=n}^{n+N}p_ip_{i+k},n=0,1,\cdots\\&=\frac{1}{N}\sum_{i=0}^{N}p_ip_{i+k}\end{aligned} \tag{2.46}$$

式中:k 为整数,由于 $\theta_p(k+N)=\theta_p(k)$,因此该函数周期为 N。将式(2.45)代入式(2.46)得

$$\theta_p(k)=\frac{1}{N}\sum_{i=0}^{N-1}(-1)^{a_i+a_{i+k}}=\frac{1}{N}\sum_{i=0}^{N-1}(-1)^{a_i\oplus a_{i+k}}=\frac{A_k-D_k}{N} \tag{2.47}$$

式中:A_k 表示 $\boldsymbol{a}$ 及其移位 $\boldsymbol{a}(k)$ 中对应比特一致的数目;D_k 表示不一致的数目。等价地,A_k 也是 $\boldsymbol{a}\oplus\boldsymbol{a}(k)$ 在一个周期内 0 的数目,而 $D_k=N-A_k$ 是 1 的数目。

假设一个码片波形为矩形的无限扩展的理想周期性扩谱波形 $\psi(t)=w(t,T_c)$,可推导出扩谱波形 $p(t)$ 的平均自相关函数,其中

$$w(t,T)=\begin{cases}1, & 0\leqslant t<T\\0, & 其他\end{cases} \tag{2.48}$$

若扩谱序列周期为 N,则 $p(t)$ 的周期为 $T=NT_c$。若码片的起始点为 $t=0$,则 $c=0$ 时,由式(2.2)、式(2.48)和式(2.14)可得到 $p(t)$ 的平均自相关函数,即

$$\bar{R}_{\mathrm{p}}(\tau) = \frac{1}{NT_{\mathrm{c}}}\sum_{i=0}^{N-1} p_i \sum_{l=-\infty}^{\infty} p_l \int_0^{NT_{\mathrm{c}}} w(t - iT_{\mathrm{c}}, T_{\mathrm{c}}) w(t - lT_{\mathrm{c}} + \tau, T_{\mathrm{c}}) \mathrm{d}t \quad (2.49)$$

任何延时都可表示为 $\tau = kT_{\mathrm{c}} + \epsilon$ 的形式，k 为正整数且 $0 \leqslant \epsilon < T_{\mathrm{c}}$。将该式代入式(2.49)，可知仅当 $l = i + k$ 或 $l = i + k + 1$ 时被积函数才为非零。因此有

$$\begin{aligned}\bar{R}_{\mathrm{p}}(kT_{\mathrm{c}} + \epsilon) = & \frac{1}{NT_{\mathrm{c}}}\sum_{i=0}^{N-1} p_i p_{i+k} \int_0^{NT_{\mathrm{c}}} w(t - iT_{\mathrm{c}}, T_{\mathrm{c}}) w(t - iT_{\mathrm{c}} + \epsilon, T_{\mathrm{c}}) \mathrm{d}t \\ & + \frac{1}{NT_{\mathrm{c}}}\sum_{i=0}^{N-1} p_i p_{i+k+1} \int_0^{NT_{\mathrm{c}}} w(t - iT_{\mathrm{c}}, T_{\mathrm{c}}) w(t - iT_{\mathrm{c}} + \epsilon - T_{\mathrm{c}}, T_{\mathrm{c}}) \mathrm{d}t\end{aligned} \quad (2.50)$$

在式(2.50)中使用式(2.46)和式(2.48)，可得

$$\bar{R}_{\mathrm{p}}(kT_{\mathrm{c}} + \epsilon) = \left(1 - \frac{\epsilon}{T_{\mathrm{c}}}\right)\theta_{\mathrm{p}}(k) + \frac{\epsilon}{T_{\mathrm{c}}}\theta_{\mathrm{p}}(k+1) \quad (2.51)$$

其中，$\theta_{\mathrm{p}}(k)$ 由式(2.47)给出。

对于一个最大序列 $N = 2^m - 1$，式(2.47)和式(2.31)表明

$$\theta_{\mathrm{p}}(k) = \begin{cases} 1, & k = 0(\text{模 } N) \\ -\dfrac{1}{N}, & k \neq 0(\text{模 } N) \end{cases} \quad (2.52)$$

将式(2.52)代入式(2.51)可得到一个周期内的 $R_{\mathrm{p}}(\tau)$，即

$$\bar{R}_{\mathrm{p}}(\tau) = \frac{N+1}{N}\Lambda\left(\frac{\tau}{T_{\mathrm{c}}}\right) - \frac{1}{N}, \quad |\tau| \leqslant NT_{\mathrm{c}}/2 \quad (2.53)$$

由于该函数周期为 NT_{c}，故最大扩谱序列的平均自相关函数可简洁地表示为

$$\bar{R}_{\mathrm{p}}(\tau) = -\frac{1}{N} + \frac{N+1}{N}\sum_{i=-\infty}^{\infty} \Lambda\left(\frac{\tau - iNT_{\mathrm{c}}}{T_{\mathrm{c}}}\right) \quad (2.54)$$

在一个周期上，该自相关函数类似于由式(2.10)给出的 $T = T_{\mathrm{c}}$ 时的随机二进制序列的自相关函数。这两类自相关函数如图 2.9 所示。

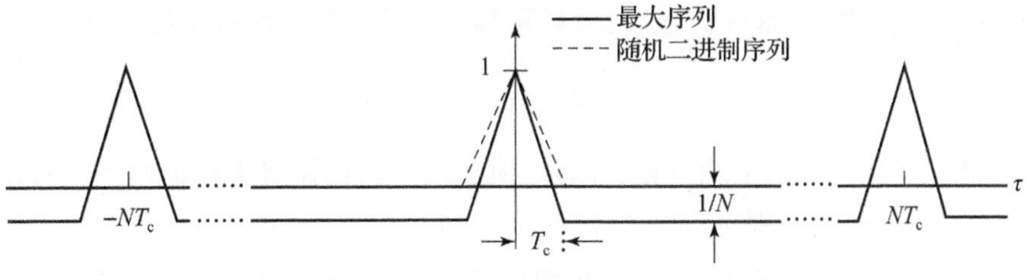

图 2.9　最大序列和随机二进制序列的自相关函数

由于式(2.54)中的无穷级数是 τ 的周期函数，它可表示为复指数傅里叶级数。应用式(2.12)可得

$$\bar{R}_{\mathrm{p}}(\tau) = -\frac{1}{N} + \frac{N+1}{N}\sum_{i=-\infty}^{\infty} \mathrm{sinc}^2\left(\frac{i}{N}\right)\exp\left(\frac{\mathrm{j}2\pi i\tau}{NT_{\mathrm{c}}}\right) \tag{2.55}$$

由于复指数函数的傅里叶变换为冲激函数,其最大扩谱序列的平均 PSD 为

$$S_{\mathrm{p}}(f) = \frac{1}{N^2}\delta(f) + \frac{N+1}{N^2}\sum_{i=-\infty, i\neq 0}^{\infty} \mathrm{sinc}^2\left(\frac{i}{N}\right)\delta\left(f - \frac{i}{NT_{\mathrm{c}}}\right) \tag{2.56}$$

式中:$\delta(\cdot)$为狄拉克函数,该函数由冲激函数的无穷级数组成,如图 2.10 所示。

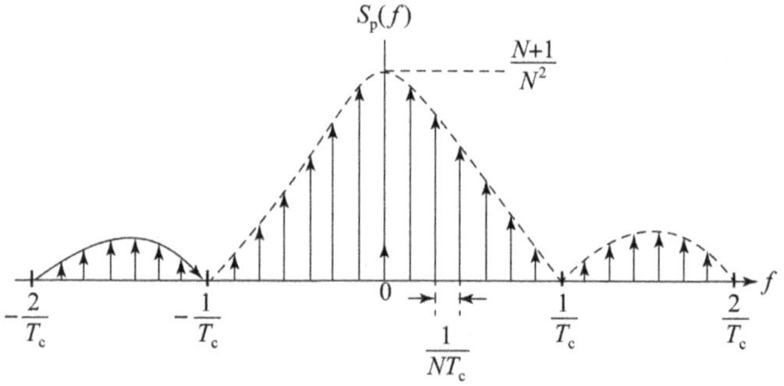

图 2.10 最大序列的功率谱密度

对于直扩信号,有

$$s(t) = Ad(t)p(t)\cos(2\pi f_{\mathrm{c}}t + \theta) \tag{2.57}$$

将调制数据 $d(t)$ 建模为随机二进制序列,其自相关函数由式(2.10)给出,码片波形为矩形波,将 θ 建模为在 $[0,2\pi)$ 上均匀分布的随机变量,且与 $d(t)$ 统计独立。可得自相关函数

$$R_{\mathrm{s}}(t,\tau) = \frac{A^2}{2}p(t)p(t+\tau)\Lambda\left(\frac{\tau}{T_{\mathrm{s}}}\right)\cos 2\pi f_{\mathrm{c}}\tau \tag{2.58}$$

式中:$p(t)$ 为周期性扩谱波形,其周期为 T_{s};$\Lambda(\cdot)$是由式(2.11)定义的三角函数。由于 $s(t)$ 均值为零且 $R_{\mathrm{s}}(t+T_{\mathrm{s}},\tau) = R_{\mathrm{s}}(t,\tau)$,因此,它是周期为 T_{s} 的循环平稳过程。将式(2.58)代入式(2.14)可得直扩信号的平均自相关函数

$$\bar{R}_{\mathrm{s}}(\tau) = \frac{A^2}{2}R_{\mathrm{p}}(\tau)\Lambda\left(\frac{\tau}{T_{\mathrm{s}}}\right)\cos 2\pi f_{\mathrm{c}}\tau \tag{2.59}$$

式中:$R_{\mathrm{p}}(\tau)$ 为 $p(t)$ 的平均自相关函数,由式(2.54)给出最大扩谱序列。若处理增益 $G = N$,码片持续时间 $T_{\mathrm{c}} = T_{\mathrm{s}}/G$。利用两次卷积定理(附录 C.1)、式(2.59)、式(2.56)和式(2.12),可得直扩信号 $s(t)$ 的平均功率谱密度为

$$\bar{S}_{\mathrm{s}}(f) = \frac{A^2}{4}[S_{\mathrm{s1}}(f-f_{\mathrm{c}}) + S_{\mathrm{s1}}(f+f_{\mathrm{c}})] \tag{2.60}$$

式中:等效低通 PSD 为

$$S_{s1}(f) = \frac{T_c}{G}\mathrm{sinc}^2(fGT_c) + \frac{G+1}{G^2}T_c\sum_{\infty}\mathrm{sinc}^2\left(\frac{i}{G}\right)\mathrm{sinc}^2(fGT_c - i) \tag{2.61}$$

伪噪声或伪随机序列是一种周期性二进制序列，具有数目基本相等的 0 和 1，且在一个周期上的自相关函数与随机二进制序列的自相关函数类似。最大序列是伪噪声序列，其自相关函数有利于接收机中的扩谱码同步（见第 4 章）。然而，最大序列互相关函数并不是最佳的，也不适用于存在多径干扰网络中的直扩系统部分。因此，最大序列很少被用于直扩系统网络中的扩谱序列，但是最大序列为其他序列提供抑制多径干扰的内在基石（见第 7 章）。

2.3　长周期非线性序列

长序列或长码是指周期远大于数据符号持续时间甚至大于消息持续时间的扩谱序列。短序列或短码是指周期小于或等于数据符号持续时间的扩谱序列。由于短序列易被截获，易于被数学破译从而被再生，因此高安全水平的通信需要采用长扩谱序列和可编程序列产生器。然而，若中等安全水平可被接受，则短的或中等长度的扩谱序列更适合快速捕获、猝发通信、多址接入通信及多用户检测。著名的 Hadamard、Gold 和 Kasami 序列是合适的短扩谱序列，将在第 7 章中涉及。

诸多直扩系统利用两个扩谱序列的复合体作为扩谱序列。复合序列基于两个分序列的模 2 加构建。其中能够提供安全性的一个长序列的称为置乱序列，另一个稍短的序列能够抑制其他直扩系统带来的多径干扰。在接收机中，扩谱序列的分序列持续被解扩。

2.3.1　易破译性

线性反馈移位寄存器的代数结构使得其产生的序列易于被破译。令

$$c = [c_1 \quad c_2 \quad \cdots \quad c_m]^{\mathrm{T}} \tag{2.62}$$

表示 m 级线性反馈移位寄存器的 m 个反馈系数组成的列向量，式中，T 表示矩阵或向量的转置。移位寄存器产生的序列中，从比特 i 起始的 m 个连续比特组成的列向量为

$$\boldsymbol{a}_i = [a_i \quad a_{i+1} \quad \cdots \quad a_{i+m-1}]^{\mathrm{T}} \tag{2.63}$$

令 $\boldsymbol{A}(i)$ $(i \leqslant k \leqslant i+m-1)$ 表示 $m \times m$ 维矩阵，该矩阵的列由向量 $\boldsymbol{a}_k$ 组成，即

$$
\boldsymbol{A}(i)=\begin{bmatrix} a_{i+m-1} & a_{i+m-2} & \cdots & a_i \\ a_{i+m} & a_{i-m-1} & \cdots & a_{i+1} \\ \vdots & \vdots & & \vdots \\ a_{i+2m-2} & a_{i+2m-3} & \cdots & a_{i+m-1} \end{bmatrix} \tag{2.64}
$$

式(2.20)的线性递推关系表明移位寄存器序列和反馈系数有如下关系

$$
\boldsymbol{a}_{i+m}=\boldsymbol{A}(i)c, i\geqslant 0 \tag{2.65}
$$

若已知 $2m$ 个连续移位寄存器序列比特,则对于某个 i 值,$\boldsymbol{A}(i)$ 和 $\boldsymbol{a}_{i+m}$ 就可完全已知。若 $\boldsymbol{A}(i)$ 是可逆的,则反馈系数可由下式计算,即

$$
\boldsymbol{c}=\boldsymbol{A}^{-1}(i)\boldsymbol{a}_{i+m}, i\geqslant 0 \tag{2.66}
$$

移位寄存器序列可由反馈系数和任意状态向量完全确定。由于任意 m 个连续序列比特就可确定一个状态向量,$2m$ 个连续比特就可提供足够的信息来重建移位寄存器序列,除非 $\boldsymbol{A}(i)$ 是不可逆的。在这种情况下,则需要一个或更多的额外比特来重建序列。

2.3.2 非线性产生器

若二进制序列的周期为 n,则它总可以由一个 n 级的线性反馈移位寄存器来产生。如图 2.11 所示,将最后一级的输出与第一级的输入相连,并将序列中 n 个连续的比特插入移位寄存器序列中。与一个周期的二进制序列所对应的多项式为

$$
g(x)=\sum_{i=0}^{n-1} a_i x^i \tag{2.67}
$$

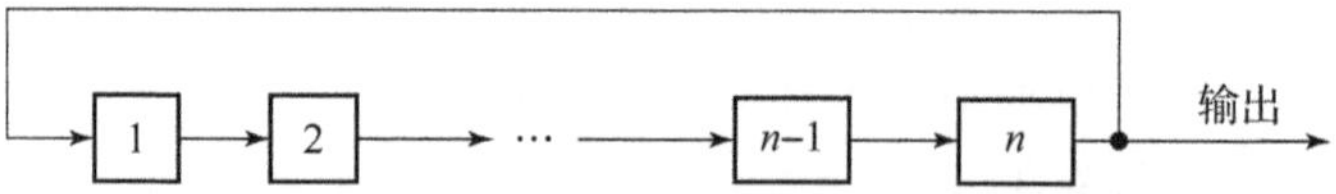

图 2.11 周期为 n 的二进制序列线性产生器

令 $\gcd(g(x), 1+x^n)$ 表示多项式 $g(x)$ 和 $1+x^n$ 的最大公因式,则由式(2.39)可知,序列的生成函数可表示为

$$
G(x)=\frac{g(x)/\gcd(g(x),1+x^n)}{(1+x^n)/\gcd(g(x),1+x^n)} \tag{2.68}
$$

若 $\gcd(g(x),1+x^n)\neq 1$,则 $G(x)$ 分母的次数小于 n。因此,由 $G(x)$ 表示的序列可由比 n 更少级数的线性反馈移位寄存器来产生,其特征多项式由 $G(x)$ 的分母给出。合适的初始状态可由分子的系数来确定。

序列产生器的线性等效是产生该序列的具有最少级数的线性移位寄存器。线性等效中的级数被称为序列的线性跨度或线性复杂度。若线性复杂度等于

m,则在观察到 $2m$ 个连续比特后可由式(2.66)确定其线性等效。

当序列周期增加时安全性会得到改善,但移位寄存器的级数也有实际限制。为得到高安全性序列必须使用具有足够线性复杂度的移位寄存器,图2.5所示的反馈逻辑必须是非线性的。另一种方法是,用两个及以上的线性反馈移位寄存器序列的输出,或若干移位寄存器级的输出送至非线性器件来产生最终序列。这种方法可使移位寄存器级数相对较少的非线性序列产生器产生具有巨大线性复杂度的序列。

例如,图2.12(a)显示了一个非线性序列产生器,它仍然使用线性反馈移位寄存器,但在移位寄存器级的输出中采用了非线性操作。其中的两级输出送至与门来产生移位寄存器序列。移位寄存器各级的初始内容由图中的二进制数字表示。由于图中线性序列产生器产生的最大序列长度为7,因而移位寄存器序列的周期为7。由具有图2.12(b)所示的初始状态的线性等效可得到第一个周期的序列为(0 0 0 0 0 1 1),该线性等效由式(2.68)给出。

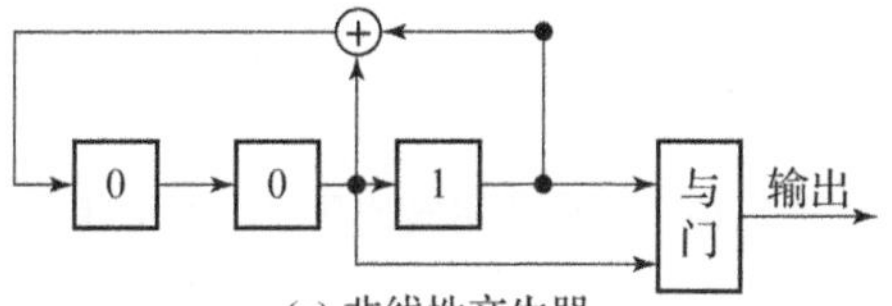

(a) 非线性产生器

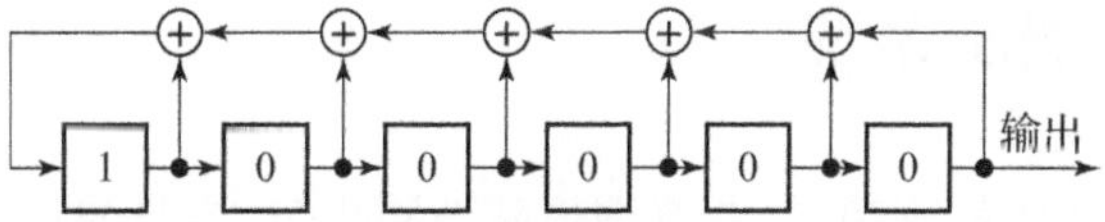

(b) 线性等效

图2.12 非线性序列产生器举例

对于一个序列的加密完整性来说,较大的线性复杂度是必要要求但并非充分要求。这是因为还需要满足其他统计特征,如近似平均的0、1分布特性。例如,一个由单个1后面跟随许多0所组成的长序列具有与该序列长度相同的线性复杂度,但该序列非常脆弱。图2.12(a)所示的序列产生器产生相对较多的0,这是因为只有当两个输入都是1时与门才产生1。

扩谱密钥是一组用于决定特定扩谱序列产生的参数。移位寄存器的初始状态、反馈连接,及那些由于其他目的而被接入的移位寄存器的级都可以由扩谱密钥所确定。它是扩谱序列安全性的最终来源。序列产生器的基本结构或配置难以无限期地保密,因此密钥不应包含此类信息。例如,图2.12(a)所示的非线性序列产生器的密钥包含6个比特001011,前3个比特指定了移位寄存器的初始内容,后3比特指定了反馈连接。而图2.12(b)所示的线性序列产生器密钥由

12 比特 100000111111 组成。序列产生器密钥的变化通常会导致所产生的移位寄存器序列发生重大变化。

作为另一个案例,图 2.13 给出了采用多路复用器的非线性序列产生器。反馈移位寄存器 1 中各级的输出被送至多路复用器,这可以解释为二进制数的地址由寄存器 1 的输出确定。多路复用器使用该地址从反馈移位寄存器 2 的各级中选择一级作为输出。被选中的移位寄存器的那一级将输出提供给多路复用器,并成为输出序列的一个比特。假设移位寄存器 1 有 m 级,移位寄存器 2 有 n 级。若移位寄存器 1 中的 h 级($h<m$)用于复用器,则产生的地址为 0、1,…,2^h-1 中的某个数。因此,若 $n\geqslant 2^h$,则每个地址指定一个移位寄存器 2 不同的级。具有 $2m+2n+h$ 个比特的密钥指定了两个寄存器的初始状态、反馈连接及用于寻址的级。两个移位寄存器可以都使用非线性反馈,但这种非线性结构无法由密钥确定。

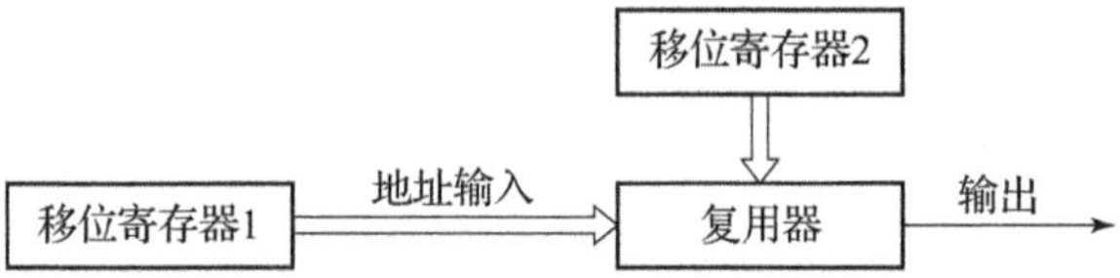

图 2.13　使用复用器的非线性产生器

2.4　BPSK 调制系统

当采用相干 BPSK 调制,且具有理想载波同步时,接收的直扩信号可由 $\theta=0$ 时的式(2.1)表示,$\theta=0$ 表示相位是确定的。直扩信号为

$$s(t)=\sqrt{2\mathcal{E}_s}\,d(t)p(t)\cos 2\pi f_c t \tag{2.69}$$

式中:$\sqrt{2\mathcal{E}_s}$为信号幅度;$d(t)$为调制数据;$p(t)$为扩谱波形;f_c 为载波频率。调制数据为非重叠的矩形脉冲序列,每个脉冲的幅度为 +1 或 -1。$d(t)$的每个脉冲表示一个数据符号或编码位数,宽度为 T_s。扩谱波形由式(2.2)给出。扩谱因子是一个由式(2.4)计算的正整数。假设码片波形 $\psi(t)$可由宽度为 T_c 的波形来近似,为表示方便且不失一般性,对码片波形 $\psi(t)$的能量根据下式进行归一化,即

$$\int_0^{T_c}\psi^2(t)\,dt=\frac{1}{G} \tag{2.70}$$

利用上式并假设 $f_c\gg 1/T_c$,则倍频项的积分可忽略不计,而在符号宽度上对 $s(t)$的积分表明 $\mathcal{E}_s$ 为每符号的能量。

归一化的矩阵码片波形为

$$\psi(t)=\begin{cases}\dfrac{1}{\sqrt{T_s}}, & 0\leqslant t<T_c\\ 0, & \text{其他}\end{cases}\tag{2.71}$$

而归一化的正弦码片波形为

$$\psi(t)=\begin{cases}\sqrt{\dfrac{2}{T_s}}\sin\left(\dfrac{\pi}{T_c}t\right), & 0\leqslant t\leqslant T_c\\ 0, & \text{其他}\end{cases}\tag{2.72}$$

实际的直扩系统不同于图 2.2 所示的功能框图。发射机需要使用实际的器件，如功率放大器及用来限制带外辐射的滤波器等。在接收机中，射频前端包括用于宽带滤波和自动增益控制的器件。假设在后续分析中这些器件对解调器的影响可忽略不计，则前端电路可从图 2.14 中去除。该图显示了存在高斯白噪声时检测 BPSK 调制直扩信号的单一符号相关器形式的最佳解调器。对于数字信号的处理，该相关器比图 2.2 中的方案更加实际和灵活。虽然它是次优的，但对于抗非高斯干扰更为合理。然而，对于扩展到多个数据符号的长扩谱序列来说，实际上很难实现匹配滤波。因此，长扩谱序列可当作周期变化的短序列进行处理，而对信号整体，匹配滤波器也可由单个符号匹配滤波器代替。

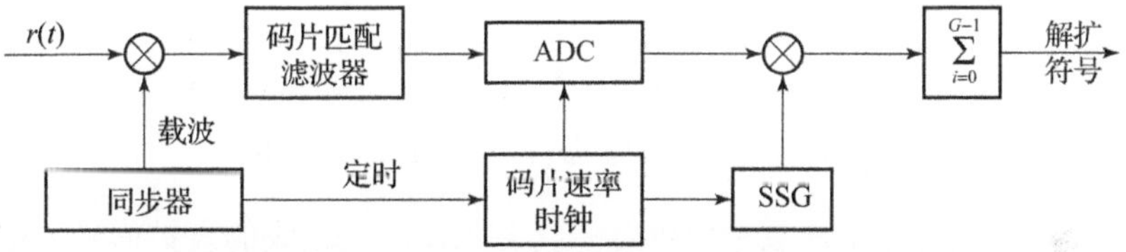

图 2.14　相干 BPSK 调制的直扩信号相关器的基本组成

在图 2.14 的相关器中，同步器的输出送至混频器，用于移除接收信号中的载频，并为码片匹配滤波器（Chip - Matched Filter，CMF）提供基带信号输入。码片匹配滤波器的输出应用于模数转换器（Analog - to - Digital Converter，ADC），ADC 采用码片速率时钟产生码片速率样本。该样本与接收机扩谱序列产生器（Spreading - Sequence Generator，SSG）产生的同步扩谱序列相乘，且在累加器中将 G 个连续的乘积累加，从而得到符号度量，该符号速率与原始符号相同。符号度量可用于软判决译码器，或者对连续的符号度量进行硬判决，从而产生可用于硬判决译码器的符号序列。

序列产生器、乘法器和加法器的功能与时间离散的匹配滤波器类似，用于和每个 G 比特的扩谱序列进行匹配。可知匹配滤波器对短扩谱序列具有固定的脉冲响应，对长扩谱序列具有时变的脉冲响应。由于码片波形持续时间较短，匹配滤波器对 G 比特序列的响应几乎不受前一个 G 比特序列的影响。因此，若多径时延扩展(见6.3节)比数据符号间隔 T_s 略小且处理增益 G 足够,则由6.10节的解析可知符号间干扰可忽略不计。由此,没有显著的符号间干扰是直扩通信的重要优势,所以在本章中总是假设不存在符号间干扰。

在接下来的分析中,假设存在理想的相位、频率、序列和符号同步。尽管在实际系统中,更高采样率会更有优势,但码片采样速率在原则上已能够满足要求,同时假设在分析中采用该采样速率。接收信号表示为

$$r(t)=s(t)+i(t)+n(t) \tag{2.73}$$

式中:$i(t)$为干扰;$n(t)$为零均值高斯白噪声。码片匹配滤波器与码片波形匹配,该滤波器的输出以码片速率采样,每个数据符号间隔可提供 G 个采样。假设近似满足奈奎斯特准则,则码片间干扰可忽略不计。若在$[0,T_s]$上 $d(t)=d_0$ 且 $f_c \geqslant 1/T_c$,式(2.69)~式(2.73)及图2.14表明与该数据符号对应的第 i 个接收序列为

$$Z_i=\sqrt{2}\int_{iT_c}^{(i+1)T_c} r(t)\psi(t-iT_c)\cos 2\pi f_c t\mathrm{d}t=S_i+J_i+N_{si},0\leqslant i\leqslant G-1 \tag{2.74}$$

式中:为数学运算方便而引入$\sqrt{2}$,且

$$S_i=\sqrt{2}\int_{iT_c}^{(i+1)T_c} s(t)\psi(t-iT_c)\cos 2\pi f_c t\mathrm{d}t=d_0\frac{\sqrt{\mathcal{E}_s}}{G} \tag{2.75}$$

$$J_i=\sqrt{2}\int_{iT_c}^{(i+1)T_c} i(t)\psi(t-iT_c)\cos 2\pi f_c t\mathrm{d}t \tag{2.76}$$

$$N_{si}=\sqrt{2}\int_{iT_c}^{(i+1)T_c} n(t)\psi(t-iT_c)\cos 2\pi f_c t\mathrm{d}t \tag{2.77}$$

符号度量正比于无干扰和噪声下的解扩符号,符号度量为

$$V=\sum_{i=0}^{G-1} p_i Z_i=d_0\sqrt{\mathcal{E}_s}+V_1+V_2 \tag{2.78}$$

式中

$$V_1=\sum_{v=0}^{G-1} p_i J_i \tag{2.79}$$

$$V_2=\sum_{v=0}^{G-1} p_i N_{si} \tag{2.80}$$

高斯白噪声的自相关函数为

$$R_n(\tau)=\frac{N_0}{2}\delta(\tau) \tag{2.81}$$

式中:$N_0/2$ 为双边噪声PSD。由1.2节可知$\{N_{si}\}$为零均值、独立同分布的高斯随机实数变量。由于 V_2 为此独立随机变量的线性组合,V_2 也是高斯随机变量。

设 $f_c \gg 1/T_c$，则根据式(2.77)、式(2.80)和式(2.81)可得

$$E[V_2]=0, \quad \mathrm{var}(V_2)=\frac{N_0}{2} \tag{2.82}$$

从分析上很自然地希望将长扩谱序列建模为随机二进制序列。此模型具备长序列的重要特征，且对异步通信网络中的短序列也能合理近似。由统计独立的符号组成随机二进制序列，每个符号取 +1 和 -1 的概率都为 1/2。因此 $E[p_i]=E[p(t)]=0$。另外，由式(2.79)可知 $E[V_1]=0$。由于对于 $i \neq k$，p_i 和 p_k 是独立的，故

$$E[p_i p_k]=0, \quad i \neq k \tag{2.83}$$

因此：

$$E[V_1]=0, \quad \mathrm{var}(V_1)=\sum_{i=0}^{G-1} E[J_i^2] \tag{2.84}$$

则解扩后符号的均值和方差分别为

$$E[V]=d_0\sqrt{\mathcal{E}_s}, \quad \mathrm{var}(V)=\frac{N_0}{2}+\mathrm{var}(V_1) \tag{2.85}$$

考虑基于符号度量的硬判决。若 $d_0=+1$ 和 $d_0=-1$ 分别表示逻辑符号 1 和 0，则当 $V>0$ 时，判决器产生符号 1；当 $V<0$ 时，产生符号 0。因此，若 $d_0=+1$ 时，$V<0$；或 $d_0=-1$ 时，$V>0$，则会产生误码。另外，$V=0$ 的概率为 0。当 $d_0=+1$ 时，$E[V]=|E[V]|$；或 $d_0=-1$ 时，$E[V]=-|E[V]|$。因此，V 服从高斯分布，则直接计算误符号率为

$$P_s=Q\left[\sqrt{\frac{|E[V]|}{\mathrm{var}(V)}}\right] \tag{2.86}$$

式中：$Q(x)$ 的定义见式(1.58)。

2.4.1 载波频率上的单音干扰

对于与扩谱信号在同一载波频率上的单音干扰，可推导出几乎精确的、闭式的误符号率公式。单音干扰的形式为

$$i(t)=\sqrt{2I}\cos(2\pi f_c t+\phi) \tag{2.87}$$

式中：I 为平均功率；ϕ 为相对于扩谱信号的相位。假设 $f_c \gg 1/T_c$，则由式(2.76)、式(2.79)、式(2.87)和变量替换可给出

$$V_1=\sqrt{I}\cos\phi\sum_{i=0}^{G-1} p_i\int_0^{T_c}\psi(t)\,\mathrm{d}t \tag{2.88}$$

令 k_1 表示 $p_i=+1$ 时在 $[0,T_s]$ 间的码片数量；则 $G-k_1$ 为 $p_i=-1$ 时的码片数量。由式(2.88)、式(2.71)和式(2.72)可得

$$V_1 = \sqrt{\frac{I\kappa}{T_s}} T_c (2k_1 - G)\cos\phi \tag{2.89}$$

式中 κ 取决于码片波形:

$$\kappa = \begin{cases} 1, & \text{矩形码片} \\ \dfrac{8}{\pi^2}, & \text{正弦波码片} \end{cases} \tag{2.90}$$

这些公式表明,若 $V_1 \neq 0$,使用正弦波码片波形相对于矩形码片能够以因子 $8/\pi^2$ 有效减小干扰功率。因此,当通信载波频率上存在单音干扰时,正弦波码片波形在性能上有 0.91dB 的优势。式(2.89)表明,若在每个符号间隔上取 $k_1 = G/2$,则载波频率上的单音干扰可被完全抑制。

在随机二进制序列模型中,p_i 等于 +1 或 −1 的可能性相等。因此,在给定 ϕ 的条件下,条件误符号率为

$$P_s(\phi) = \sum_{k_1=0}^{G} \binom{G}{k_1} \left(\frac{1}{2}\right)^G \left[\frac{1}{2}P_s(\phi, k_1, +1) + \frac{1}{2}P_s(\phi, k_1, -1)\right] \tag{2.91}$$

式中:$P_s(\phi, k_1, d_0)$ 为给定 ϕ、k_1 和 d_0 时的条件误符号率。在这些条件下,V_1 为常数,V 服从高斯分布。式(2.78)和式(2.89)意味着 V 的条件期望值为

$$E[V \mid \phi, k_1, d_0] = d_0 \sqrt{\mathcal{E}_s} + \sqrt{\frac{I\kappa}{T_s}} T_c (2k_1 - G)\cos\phi \tag{2.92}$$

V 的条件方差等于式(2.82)给出的 V_2 的方差。使用式(2.86)来分别估计 $P_s(\phi, k_1, +1)$ 和 $P_s(\phi, k_1, -1)$,然后合并整理其结果得到

$$P_s(\phi, k_1, d_0) = Q\left[\sqrt{\frac{2\mathcal{E}_s}{N_0}} + d_0 \sqrt{\frac{2IT_c\kappa}{GN_0}} (2k_1 - G)\cos\phi\right] \tag{2.93}$$

假设在每个符号间隔中,ϕ 在 $[0, 2\pi)$ 上均匀分布,利用 $\cos\phi$ 的周期性,可得误符号率为

$$P_s = \frac{1}{\pi}\int_0^{\pi} P_s(\phi)\,\mathrm{d}\phi \tag{2.94}$$

式中:$P_s(\phi)$ 由式(2.91)和式(2.93)给出。

2.4.2 一般的单音干扰

可采用高斯近似来简化前面关于 P_s 的公式,并研究频率不同于扩谱信号载波频率的单音干扰的影响。考虑形如下式的单音干扰:

$$i(t) = \sqrt{2I}\cos(2\pi f_1 t + \theta_1) \tag{2.95}$$

式中 I、f_1、和 θ_1 分别表示接收机中干扰信号的平均功率、频率和相位。假设单音干扰频率 f_1 足够接近通信信号的频率 f_c,以使单音干扰不受相关器前的宽带

滤波器影响。若$f_1+f_c \gg f_d=f_1-f_c$使得含有f_1+f_c频率分量的项可忽略不计，则由式(2.95)、式(2.76)以及变量替换可得

$$J_i=\sqrt{I}\int_0^{T_c}\psi(t)\cos(2\pi f_d t+\theta_1+i2\pi f_d T_c)\,dt \tag{2.96}$$

将其代入(2.84)可得

$$\mathrm{var}(V_1)=I\sum_{i=0}^{G-1}\left[\int_0^{T_c}\psi(t)\cos(2\pi f_d t+\theta_1+i2\pi f_d T_c)\,dt\right]^2 \tag{2.97}$$

对于矩形码片波形，通过积分和三角代换可得

$$\mathrm{var}(V_1)=\frac{IT_c}{G}\mathrm{sinc}^2(f_d T_c)\sum_{i=0}^{G-1}[\cos(i2\pi f_d T_c+\theta_2)]^2 \tag{2.98}$$

式中

$$\theta_2=\theta_1+\pi f_d T_c \tag{2.99}$$

将余弦平方项展开，可得

$$\mathrm{var}(V_1)=\frac{IT_c}{2G}\mathrm{sinc}^2(f_d T_c)\left[G+\sum_{i=0}^{G-1}\cos(i4\pi f_d T_c+2\theta)\right] \tag{2.100}$$

为估算上述括号内的总和，使用恒等式：

$$\sum_{v=0}^{n-1}\cos(a+vb)=\cos\left(a+\frac{n-1}{2}b\right)\frac{\sin(nb/2)}{\sin(b/2)} \tag{2.101}$$

该式可用数学归纳法和三角恒等式来证明。计算并化简可得

$$\mathrm{var}(V_1)=\frac{IT_c}{2}\mathrm{sinc}^2(f_d T_c)\left[1+\frac{\mathrm{sinc}(2f_d T_s)}{\mathrm{sinc}(2f_d T_c)}\cos 2\phi\right] \tag{2.102}$$

式中

$$\phi=\theta_2+\pi f_d(T_s-T_c)=\theta_1+\pi f_d T_s \tag{2.103}$$

现在做出一个合理的假设，即若$G\gg 1$，则给定ϕ值时，V_1的条件分布是近似高斯的。热噪声和干扰的独立性意味着V是近似高斯分布的，其均值和方差由式(2.85)给出。利用式(2.102)和式(2.86)，可知矩阵波码片的条件误符号率近似为

$$P_s(\phi)=Q\left[\sqrt{\frac{2\mathcal{E}_s}{N_{0e}(\phi)}}\right] \tag{2.104}$$

式中

$$N_{0e}(\phi)=N_0+IT_c\,\mathrm{sinc}^2(f_d T_c)\left[1+\frac{\mathrm{sinc}(2f_d T_s)}{\mathrm{sinc}(2f_d T_c)}\cos 2\phi\right] \tag{2.105}$$

$N_{0e}(\phi)/2$可解释为给定ϕ值时干扰加噪声的等效双边PSD。对于正弦波码片波形，将式(2.72)代入式(2.97)，运用三角恒等式并简化积分，则通过式(2.101)可得式(2.104)且

$$N_{0e}(\phi)=N_0+IT_s\left(\frac{8}{\pi^2}\right)\left(\frac{\cos\pi f_d T_c}{1-4f_d^{\,2}T_c^{\,2}}\right)^2\left[1+\frac{\operatorname{sinc}(2f_d GT_s)}{\operatorname{sinc}(2f_d T_c)}\cos2\phi\right] \tag{2.106}$$

式(2.105)和式(2.106)表明,当$f_d=0$时正弦波码片波相对于矩形波码片波的优势为$\pi^2/8=0.91$dB,但随着$|f_d|$增加这种优势会减小直到最终消失。

若式(2.103)中的θ_1建模为在每个符号间隔中均匀分布于$[0,2\pi)$上的随机变量,则当ϕ在$[0,2\pi)$上均匀分布时,式(2.105)中ϕ的模2π特性意味着它的分布不变。通过在ϕ的取值范围内对$P_s(\phi)$取平均,误符号率为

$$P_s=\frac{2}{\pi}\int_0^{\pi/2}Q\left[\sqrt{\frac{2\mathcal{E}_s}{N_{0e}(\phi)}}\right]d\phi \tag{2.107}$$

式(2.107)利用了$\cos2\phi$在$[0,\pi/2]$上取遍所有可能值的事实以缩短积分区间。

图2.15给出了单音干扰下误符号率与解扩信干比$\mathcal{E}_s/IT_s$的变化关系,仿真中使用一个单音干扰信号,码片波形为矩形,且$f_d=0$,$G=50=17$dB,$\mathcal{E}_s/N_0=14$dB和20dB。图中,一对曲线是按式(2.105)和式(2.107)的近似模型计算得到,另一对曲线是按式(2.91)、式(2.93)和式(2.94)确定的精确模型在$\kappa=1$时得到。在精确模型中,P_s不仅依赖于$\mathcal{E}_s/IT_c$,还依赖于G。比较图中的两对曲线可知当$P_s\geqslant10^{-6}$时,由高斯近似引入的误差在0.1dB量级或更小。这个案例和其他案例表明,若假设$G\geqslant50$及其他实际参数值,则高斯近似引入的误差并不显著。

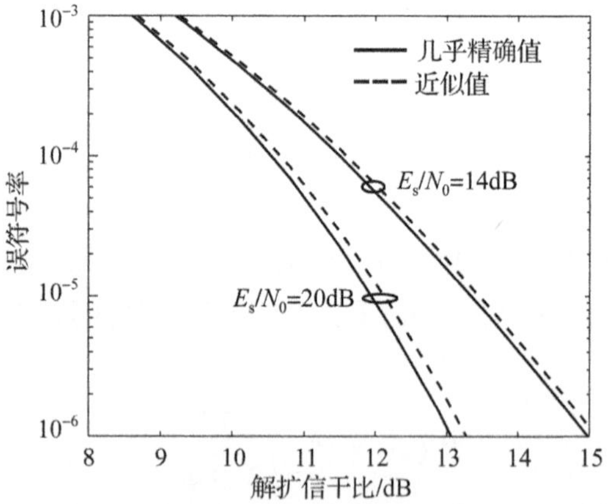

图2.15 BPSK直扩系统误符号率与解扩信干比的变化关系

图2.16用近似模型给出了在矩形码片和正弦码片波形下,$G=17$dB、$\mathcal{E}_s/N_0=14$dB、$\mathcal{E}_s/IT_c=10$dB时P_s和归一化频偏f_dT_c的关系。如图所示,即使很小的频偏都会使得误符号率急剧下降。正弦码片波形的性能优势是显而易见的,但当信号不能保持恒定包络时,发射机中非线性功率放大器将引入失真。因此,正弦

码片波形或正弦奈奎斯特码片波形的实现较为困难,其中后者是用于发射的 BPSK 波形。

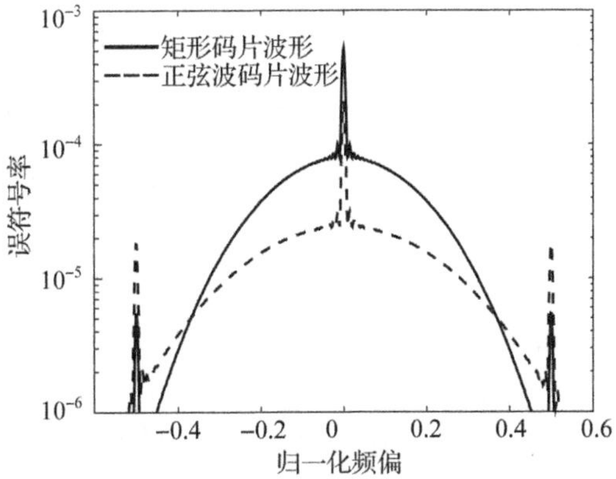

图 2.16　BPSK 直扩系统的误符号率

2.4.3　高斯干扰

高斯干扰是一种近似零均值、平稳高斯过程(附录 A.1)的干扰 $i(t)$,为此 $\{J_i\}$ 是高斯且独立的随机变量。假设 $\psi(t)$ 为矩形,有

$$E[J_i^2] = \frac{1}{T_s}\int_0^{T_c}\int_0^{T_c} R_j(t_1 - t_2)\cos(2\pi f_c t_1)\cos(2\pi f_c t_2)\,dt_1 dt_2 \quad (2.108)$$

式中:$R_j(t)$ 为 $i(t)$ 的自相关函数。三角展开后用令 $\tau = t_1 - t_2$、$s = t_1 + t_2$ 来替换变量。由于该变换的雅可比行列式为 2,能得到

$$\begin{aligned} E[J_i^2] &= \frac{1}{2T_s}\int_{-T_c}^{T_c} R(\tau)\,d\tau\left[\int_{|\tau|}^{2T_c-|\tau|}(\cos 2\pi f_c\tau + \cos 2\pi f_c s)\,ds\right] \\ &\simeq \frac{1}{G}\int_{-T_c}^{T_c} R(\tau)\Lambda\left(\frac{\tau}{T_c}\right)\cos 2\pi f_c\tau\,d\tau \end{aligned} \quad (2.109)$$

若 $\cos 2\pi f_c T_c \gg 1$,式中的近似有效。

由于 $E[J_i^2]$ 不依赖于下标 i,V_1 为 G 个独立同分布高斯随机变量之和。因此 V_1 有高斯分布函数,由式(2.84)有

$$\mathrm{var}(V_1) = GE[J_i^2] \approx \int_{-\infty}^{+\infty} R(\tau)\Lambda\left(\frac{\tau}{T_c}\right)\cos 2\pi f_c\tau\,d\tau \quad (2.110)$$

由于式(2.108)中的被积函数是截短的,因此其积分限可扩展到 $\pm\infty$。由于 $R_j(\tau)\Lambda(\tau/T_c)$ 为偶函数,余弦函数可由复指数函数替代。因此,由卷积定理及已知的 $\Lambda(t)$ 的傅里叶变换可得到另一种形式,即

$$\mathrm{var}(V_1) \approx T_c\int_{-\infty}^{\infty} S(f)\,\mathrm{sinc}^2[(f - f_c)T_c]\,df \quad (2.111)$$

式中:$S(f)$为干扰通过接收机前端宽带滤波器后的PSD。

热噪声和干扰的独立性意味着V_1+V_2是独立高斯随机变量之和,V有高斯分布函数,其均值和方差可由式(2.85)计算,其中$\text{var}(V_1)$由式(2.111)给出,因此,由式(2.86)可得误符号率为

$$P_s=Q\left(\sqrt{\frac{2\mathcal{E}_s}{N_{0e}}}\right) \tag{2.112}$$

式中

$$N_{0e}\approx N_0+\frac{IT_s}{W_1}\int_{f_1-W_1/2}^{f_1+W_1/2}S(f)\ \text{sinc}^2[(f-f_c)T_c]\,\mathrm{d}f \tag{2.113}$$

假设干扰的PSD为

$$S(f)=\begin{cases}\dfrac{I}{2W_1}, & |f-f_1|\leqslant\dfrac{W_1}{2},\quad |f+f_1|\leqslant\dfrac{W_1}{2}\\ 0, & 其他.\end{cases} \tag{2.114}$$

若$f_c\gg1/T_c$,则式(2.113)在负频率上的积分可忽略不计,且

$$N_{0e}\approx N_0+\frac{IT_c}{W_1}\int_{f_1-W_1/2}^{f_1+W_1/2}\text{sinc}^2[(f-f_c)T_c]\,\mathrm{d}f \tag{2.115}$$

该式表明,$f_1\approx f_c$将增加干扰功率的影响。

由于式(2.115)被积函数上界为1,故$N_{0e}\leqslant N_0+IT_s$。由式(2.112)可得

$$P_s\leqslant Q\left(\sqrt{\frac{2\mathcal{E}_s}{N_0+IT_c}}\right) \tag{2.116}$$

采用图2.15中的参数值为上界,由式(2.116)所绘的曲线表明,为达到与载波频率上单音干扰一样的干扰效果,最恶劣的高斯干扰大约需要额外付出2dB的干扰功率才能产生相同的误符号率P_s。

2.4.4 复二进制扩谱序列

复二进制扩谱序列是由分别表示序列实部分量和虚部分量的两个二进制序列所构成。尽管复二进制扩谱序列并没有性能优势,但有时可用来减小发射信号的峰均值功率比。

考虑一个以行向量$\boldsymbol{p}=\boldsymbol{p}_1+\mathrm{j}\boldsymbol{p}_2$表示的复二进制扩谱序列,式中$\mathrm{j}=\sqrt{-1}$,$\boldsymbol{p}_1$和$\boldsymbol{p}_2$表示二进制序列且分量或码片值为$\pm1/\sqrt{2}$。类似地,复二进制数据序列可用$\boldsymbol{d}=\boldsymbol{d}_1+\mathrm{j}\boldsymbol{d}_2$表示,式中$\boldsymbol{d}_1$和$\boldsymbol{d}_2$为二进制序列且每比特值为$\pm1/\sqrt{2}$。若扩谱因子为$G$,则一个比特包含$G$个码片。如图2.17所示,比特$d_i=d_{1i}+\mathrm{j}d_{2i}$与码片$p_k=p_{1k}+\mathrm{j}p_{2k}$的复乘积为$y_k=d_ip_k=y_{1k}+\mathrm{j}y_{2k}$,式中$y_k$是相乘后传输序列的码片,且

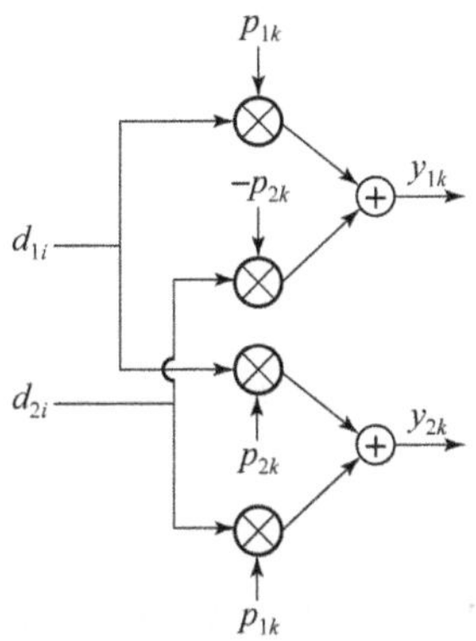

图 2.17　复二进制扩谱码片 k 和复二进制数据比特 i 的乘积

$$y_{1k}=d_{1i}p_{1k}-d_{2i}p_{2k},y_{2k}=d_{2i}p_{1k}-d_{1i}p_{2k} \tag{2.117}$$

若波形 $d(t)$ 和 $p(t)$ 分别与序列 $\boldsymbol{d}$ 和 $\boldsymbol{p}$ 对应,则发射信号可表示为

$$s(t)=\mathrm{Re}\{Ad(t)p(t)\mathrm{e}^{\mathrm{j}2\pi f_c t}\} \tag{2.118}$$

式中:$\mathrm{Re}\{x\}$ 为 x 的实部;A 为幅度。

接收机抽取正比于 $y(t)=d(t)p(t)$ 信号。由于复符号具有单位幅度,解扩需要将 $y(t)$ 与共轭信号 $p*(t)$ 相乘,若码片波形是矩形波,则得到 $d(t)|p(t)|^2=d(t)$。基于复变量的接收机结构如图 2.18 所示。经下变频后信号的实部和虚部被送至码片匹配滤波器并被采样。每数据比特包含 G 个码片,G 与复扩谱序列乘积之和产生一个解扩符号。2.4 节将描述此类运用正交下变频器的接收机实际实现。

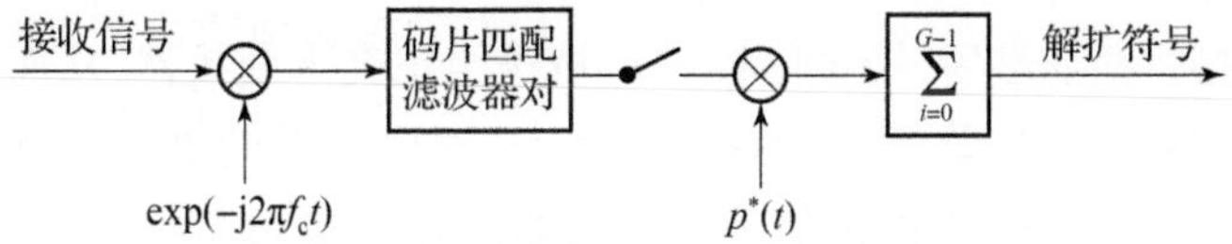

图 2.18　具有复扩谱序列的直扩系统接收机

复序列能够保证在发射机同相和正交支路中功率的平衡,从而降低峰均功率波动。假设不同的比特率或 QoS 需要数据序列 $d_1(t)$ 和 $d_2(t)$ 分别具备不同的幅度 d_1 和 d_2。若符号 $d_1(t)$ 和 $d_2(t)$ 是非零反极性且相互独立的,码片波形为矩形波形,且 $p_1^2(t)=p_2^2(t)=1/2$,则 $E[y_1^2(t)]=E[y_2^2(t)]=(d_1^2+d_2^2)/2$。该结果表明,无论 d_1^2 和 d_2^2 是否相等,信号 $y(t)=p(t)d(t)$ 同相和正交分量的功率都是相等的。采用复四进制序列见第 7 章。

2.5　四进制系统

具有理想载波同步且码片宽度为 T_c 的四进制直扩系统的接收信号可表示为

$$s(t) = \sqrt{\mathcal{E}_s}d_1(t)p_1(t)\cos2\pi f_c t + \sqrt{\mathcal{E}_s}d_2(t+t_0)p_2(t+t_0)\sin2\pi f_c t \tag{2.119}$$

式中:$p_1(t)$和$p_2(t)$为两个直扩波形;$d_1(t)$和$d_2(t)$为两个数据信号,使用两个正交载波进行调制;t_0为信号中正交分量与同相分量之间的相对时延。对于使用四进制相移键控(QuadriPhase - Shift Keying,QPSK)的四相制直扩系统,$t_0=0$;对于使用偏移 QPSK(Offset QPSK,OQPSK)或最小频移键控(Minimum - Shift Keying,MSK)的直扩系统,$t_0=T_c/2$。对于 OQPSK,码片波形为矩形波;对于可表示为两个偏移分量的 MSK,码片波形为正弦波。OQPSK 波形与 QPSK 波形相比,相位相差 180°,这样可限制滤波和非线性放大后多余频谱的生成。然而,若没有用于限制旁瓣的滤波的话,则二者的功率谱密度是相同的。故可使用 MSK 来限制直扩信号频谱中可能会干扰其他信号的旁瓣。

令T_s表示如式(2.119)所示信号产生前的数据符号或者编码位数的宽度,令$T_{s1}=2T_s$表示每个成对在信道传输的二进制符号(信道符号)的宽度。对于可用的直扩信号功率,式(2.119)中的两个分量各占一半。由于$T_{s1}=2T_s$,每个二进制信道符号分量的能量都为$\mathcal{E}_s$,这一点与 BPSK 调制的直扩系统相同。

令T_c表示式(2.2)中所示直扩波形$p_1(t)$和$p_2(t)$共同的码片宽度,每个二进制信道符号的扩谱因子为正整数$G_1=T_{s1}/T_c$,是相同T_c和T_s下的 BPSK 系统扩谱因子的两倍,但是并不能对抑制干扰有任何改善。二进制和四进制系统中,解扩将干扰分布在很大程度上由T_c和码片波形确定的近似频带内。码片波形的归一化能量可根据式(2.70)得出。

当经过接收机前端后,接收信号$r(t)$被送至正交下变频器,从而产生位于基带附近的同相和正交分量,如图 2.19 所示。这对混频器的输入来自于相位同步器,它产生了频率为f_c的正弦信号。混频器的输出通过低通滤波器(Low Pass Filters,LPF)移除倍频分量。滤波器的输出是分别与滤波后的信号$\sqrt{2}r(t)\cos2\pi f_c t$和$\sqrt{2}r(t)\sin2\pi f_c t$成正比的同相和正交信号。若$r(t)$为带限信号且假设输出信号与一个复信号的实部和负虚部相等,则后者表示了$r(t)$的复包络,见附录 D.1。

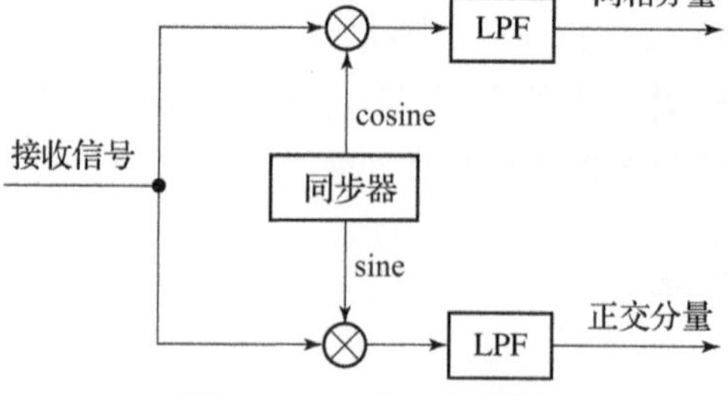

图 2.19 正交下变频器

假设接收机中同步是精确的，且近似满足奈奎斯特准则，从而码片间干扰可忽略不计，正交下变频器中的低通滤波器与码片匹配滤波器相比带宽较宽，因此它们对干扰和噪声的最终影响可忽略不计。由于相位同步是理想的，串扰项为倍频项，从而在正交下变频器中可被低通滤波器滤除。

2.5.1　双四进制系统

考虑 $d_1(t)$ 和 $d_2(t)$ 为相互独立的经典或双四进制系统。如图 2.20 所示，正交下变频器输出的同相和正交信号被送至码片匹配滤波器（CMF），该滤波器的输出由模数转换器（ADC）以码片速率进行采样得到。ADC 的输出是已解调信号，下一步进行解扩。图中标出了判决器，它用于硬判决译码。两个判决器的输出符号送至并串（Parallel－to－Serial，P/S）转换器，转换器的输出送至译码器。当使用软判决译码时，可不使用判决器，符号度量将直接送至并串转换器然后再送至译码器。对于 QPSK，$t_0=0$，对于 OQPSK 和 MSK，$t_0=T_c/2$。

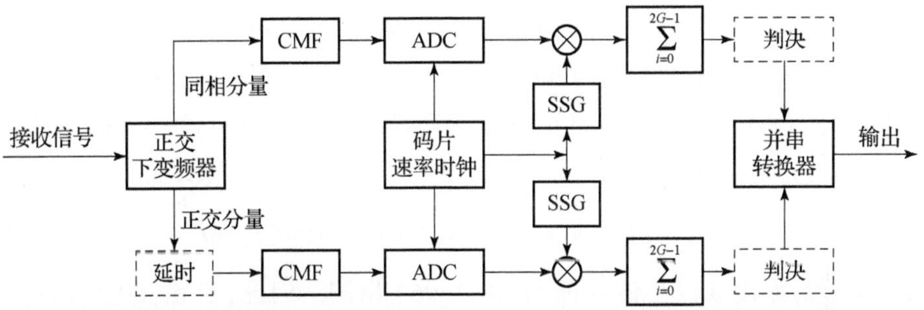

图 2.20　双四进制调制的直扩信号接收机（SSG 为扩谱序列产生器）

若接收信号由式（2.119）给出，则在 $d_1(t)=d_{10}$ 期间一个符号间隔结束时送至判决器件的上符号度量为

$$V=d_{10}\sqrt{2\mathcal{E}_s}+V_1+V_2 \tag{2.120}$$

式中

$$V_1=\sum_{i=0}^{G_1-1}p_{1i}J_i,\quad V_2=\sum_{i=0}^{G_1-1}p_{1i}N_{si} \tag{2.121}$$

J_i 和 N_{si} 分别由式（2.76）和式（2.77）给出。同理，在 $d_2(t)=d_{20}$ 期间一个信道符号间隔结束时的下符号度量为

$$U=d_{20}\sqrt{2\mathcal{E}_s}+U_1+U_2 \tag{2.122}$$

式中

$$U_1=\sum_{i=0}^{G_1-1}p_{2i}J'_i,\quad U_2=\sum_{i=0}^{G_1-1}p_{2i}N'_i \tag{2.123}$$

$$J'_i = \sqrt{2}\int_{iT_c}^{(i+1)T_c} i(t)\psi(t - iT_c)\sin 2\pi f_c t\mathrm{d}t \tag{2.124}$$

$$N'_i = \sqrt{2}\int_{iT_c}^{(i+1)T_c} n(t)\psi(t - iT_c)\sin 2\pi f_c t\mathrm{d}t \tag{2.125}$$

直扩信号的可用功率为 S,式(2.119)中的两个分量各占一半。由于 $T_{s1}=2T_s$,每个信道符号分量的能量为 $\mathcal{E}_s=ST_s$,这一点与 BPSK 调制的直扩系统相同。且

$$E[V] = d_{10}\sqrt{2\mathcal{E}_s}, E[U] = d_{20}\sqrt{2\mathcal{E}_s} \tag{2.126}$$

由 2.4 节所陈述可知,V_2 和 U_2 均为零均值、同分布的高斯随机实数变量。由于 $n(t)$ 为功率谱密度 $N_0/2$ 的白噪声,可知

$$\mathrm{var}[V_2] = \mathrm{var}[U_2] = N_0 \tag{2.127}$$

采用常规的单音干扰模型。假设 V_1 和 U_1 均近似服从高斯分布。对双四进制系统的两路并行符号流的错误概率进行平均,可得到条件误符号率为

$$P_s(\phi) = \frac{1}{2}Q\left[\sqrt{\frac{2\mathcal{E}_s}{N_{0e}^{(0)}(\phi)}}\right] + \frac{1}{2}Q\left[\sqrt{\frac{2\mathcal{E}_s}{N_{0e}^{(1)}(\phi)}}\right] \tag{2.128}$$

式中:$N_{0e}^{(0)}(\phi)$ 和 $N_{0e}^{(1)}(\phi)$ 分别产生于图 2.20 的上支路和下支路。等式两端功率谱密度 $N_{0e}^{(0)}(\phi)$ 可由式(2.113)和(2.114)算出,其中,符号持续时间为 $T_{s1}=2T_s$。为计算 $N_{0e}^{(1)}(\phi)$,可用式(2.95)、三角展开式并对式(2.124)进行积分变量替换。若 $f_1+f_c \gg f_d = f_1 - f_c$,则包含 f_1+f_c 的项就可忽略不计,因此可得

$$J'_i = -\sqrt{I}\int_0^{T_c}\psi(t)\sin(2\pi f_d t + \theta_1 + \mathrm{i}2\pi f_d T_c)\mathrm{d}t \tag{2.129}$$

用 $\theta_1+\pi/2$ 替代 θ_1 后,该式便与式(2.96)相同。因此,可由式(2.105)和(2.106)算出 $N_{0e}^{(1)}(\phi)$,但两式中需做 $T_s \to T_{s1} = G_1 T_c$ 和 $\phi \to \phi + \pi/2$ 的替换。对于矩形波码片波形(QPSK 和 OQPSK 调制信号),则

$$N_{0e}^{(1)}(\phi) = N_0 + IT_c\,\mathrm{sinc}^2(f_d T_c)\left[1 + \frac{\mathrm{sinc}(2f_d G_1 T_c)}{\mathrm{sinc}(2f_d T_c)}\cos(2\phi + l\pi)\right] \tag{2.130}$$

而对于正弦波码片波形,则

$$N_{0e}^{(1)}(\phi) = N_0 + IT_c\left(\frac{8}{\pi^2}\right)\left(\frac{\cos\pi f_d T_c}{1-4f_d^{\,2}T_c^{\,2}}\right)^2\left[1 + \frac{\mathrm{sinc}(2f_d G_1 T_c)}{\mathrm{sinc}(2f_d T_c)}\cos(2\phi + l\pi)\right] \tag{2.131}$$

式中

$$\phi = \theta_1 + 2\pi f_d T_s, \quad l = 0,1 \tag{2.132}$$

这些公式表明,当 ϕ 取最差值时,四进制直扩系统中的 $P_s(\phi)$ 通常低于采用相同码片波形的二进制直扩系统中的 $P_s(\phi)$。误符号率可以通过 $P_s(\phi)$ 在一

个符号间隔内 ϕ 的分布区间上对 ϕ 的积分来确定。对于均匀分布，两个间隔是相等的。使用 $\cos 2\phi$ 的周期特性来减小积分间隔，可得

$$P_s = \frac{2}{\pi}\int_0^{\pi/2} Q\left[\sqrt{\frac{2\mathcal{E}_s}{N_{0e}^{(0)}(\phi)}}\right]d\phi \tag{2.133}$$

相对于二进制系统，四进制系统抗单音干扰的性能略好。当 $f_d = 0$ 时两系统的 P_s 相等，而 $f_d > 1/T_s$ 时，两者的 P_s 也近似相等。图 2.21 显示了存在单音干扰时四进制和二进制直扩系统中 P_s 与归一化频偏 $f_d T_c$ 的关系，图中 $G = 17\text{dB}$，$\mathcal{E}_s/N_0 = 14\text{dB}$，$\mathcal{E}_s/IT_c = 10\text{dB}$。

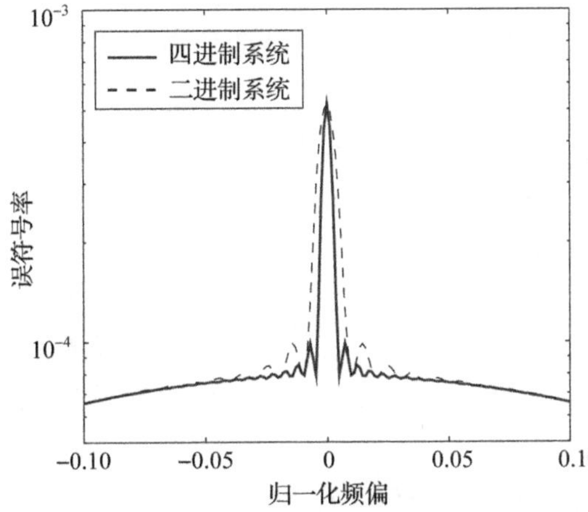

图 2.21　单音干扰下四进制与二进制直扩系统的误符号率

2.5.2　平衡四进制系统

在平衡四进制系统中，同相和正交分量承载同样的数据符号，这意味着接收的直扩信号具有式（2.119）所示的形式，且式中 $d_1(t) = d_2(t) = d(t)$。因此，虽然频谱展宽是由正交载波实现的，但数据调制仍然可视为 BPSK。这种系统的接收机如图 2.22 所示。对于 QPSK，$t_0 = 0$；对于 OQPSK 和 MSK，$t_0 = T_c/2$。

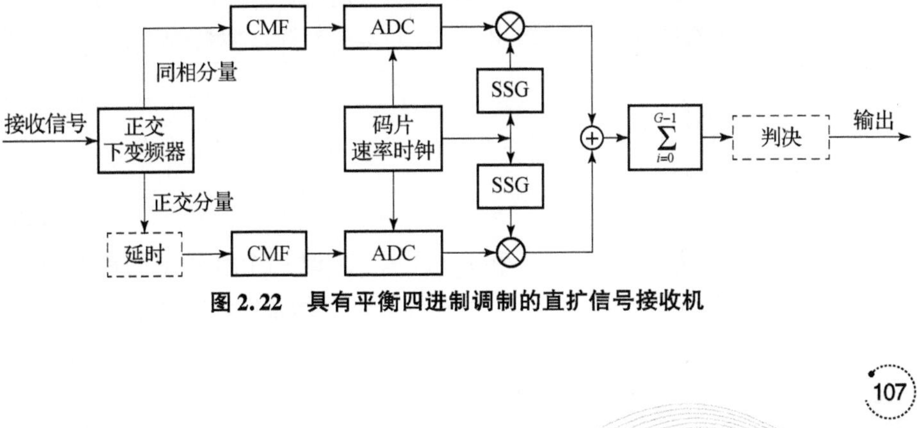

图 2.22　具有平衡四进制调制的直扩信号接收机

在接下来的分析中假设系统已实现精确同步。串扰项忽略不计，且数据符号和信道符号的宽度都为 T_s。T_c 为码片宽度，每个正交分量的扩谱因子为 $G=T_s/T_c$。若数据符号满足 $d_{10}=d_{20}=d_0$，则判决器输入端的符号度量为

$$V=d_0\sqrt{2\mathcal{E}_s}+\sum_{i=0}^{G-1}p_{1i}J_i+\sum_{i=0}^{G-1}p_{2i}J'_i+\sum_{i=0}^{G-1}p_{1i}N_i+\sum_{i=0}^{G-1}p_{2i}N'_i \tag{2.134}$$

若 $p_1(t)$ 和 $p_2(t)$ 可近似为独立的随机二进制序列，则式(2.134)的最后四项是均值为零，且不相关的随机向量。V 的方差等于这四项随机变量的方差之和，且

$$E[V]=d_0\sqrt{2\mathcal{E}_s} \tag{2.135}$$

直接计算可以证明，对于 BPSK 调制的直扩序列，这两种四进制信号在抗高斯干扰时具有如式(2.112)所示的相同误符号率，式中的 N_{0e} 由式(2.113)或式(2.115)计算，其上边界为 N_0+IT_c。

考虑一个 $t_0=0$ 的 QPSK 系统为平衡四进制系统。假设平衡 QPSK 系统受到单音干扰，对于矩形码片波来说，式(2.134)中干扰项方差的计算与式(2.102)类似，可表示为

$$\begin{aligned}\mathrm{var}(V)&=N_0+\frac{1}{2}IT_c\mathrm{sinc}^2(f_dT_c)\left[1+\frac{\mathrm{sinc}(2f_dT_s)}{\mathrm{sinc}(2f_dT_c)}\cos2\phi\right]\\&\quad+\frac{1}{2}IT_c\mathrm{sinc}^2(f_dT_c)\left[1-\frac{\mathrm{sinc}(2f_dT_s)}{\mathrm{sinc}(2f_dT_c)}\cos2\phi\right]\\&=N_0+IT_c\mathrm{sinc}^2(f_dT_c)\end{aligned} \tag{2.136}$$

因此，$P_s(\phi)$ 与 ϕ 独立，且由式(2.86)得出

$$P_s=P_s(\phi)=Q\left(\sqrt{\frac{2\mathcal{E}_s}{N_{0e}}}\right) \tag{2.137}$$

对于矩形码片波形有

$$N_{0e}=N_0+IT_c\ \mathrm{sinc}^2(f_dT_c) \tag{2.138}$$

类似地，对于正弦波码片波形有

$$N_{0e}=N_0+IT_c\left(\frac{8}{\pi^2}\right)\left(\frac{\cos\pi f_dT_c}{1-4f_d^2T_c^2}\right)^2 \tag{2.139}$$

若 $f_d=0$ 且干扰由式(2.87)给出，类似于2.4节的近似精确的模型意味着条件误符号率为

$$P_s(\phi)=\sum_{k_1=0}^{G}\sum_{k_2=0}^{G}\binom{G}{k_1}\binom{G}{k_2}\left(\frac{1}{2}\right)^{2G}\left[\frac{1}{2}P_s(\phi,k_1,k_2,+1)+\frac{1}{2}P_s(\phi,k_1,k_2,-1)\right] \tag{2.140}$$

式中：k_1 和 k_2 分别为 $p_1(t)=+1$ 和 $p_2(t)=+1$ 时一个符号中码片的数量，$P_s(\phi,k_1,k_2,d_0)$ 为给定 ϕ、k_1、k_2 值以及 $d(t)=d_0$ 时的条件误符号率。

将式(2.87)代入式(2.87)和(2.87)可得 $J_i = \sqrt{I}\cos\phi$ 和 $J_i' = -\sqrt{I}\sin\phi$,类似式(2.93)的推导可得

$$P_s(\phi,k_1,k_2,d_0) = Q\left\{\sqrt{\frac{2\mathcal{E}_s}{N_0}} + d_0\sqrt{\frac{IT_c\kappa}{GN_0}}[(2k_1 - G)\cos\phi - (2k_2 - G)\sin\phi]\right\} \tag{2.141}$$

若在一个符号间隔内 ϕ 在 $[0,2\pi)$ 上均匀分布,则

$$P_s = \frac{1}{2\pi}\int_0^{2\pi} P_s(\phi)\,\mathrm{d}\phi \tag{2.142}$$

$f_d = 0$ 时几乎精确的模型和式(2.137)给出的近似结果的数值比较表明,$G \geqslant 50$ 时近似结果并未引入显著误差。

图2.23显示了当 $f_d < 1/T_s$ 时图2.22所示的平衡QPSK系统抗单音干扰的优势。式(2.128)~式(2.133)及式(2.137)~式(2.139)分别用于双四进制和平衡QPSK系统,图中取 $G_1 = 2G$,$G = 17\text{dB}$,$\mathcal{E}_s/N_0 = 14\text{dB}$,$\mathcal{E}_s/IT_c = 10\text{dB}$,归一化频偏为 f_dT_c。由于在载波频率上单音干扰的相位不会使两个支路上的直扩信号瞬时对消,因此,当 f_d 很小时平衡QPSK系统存在优势。

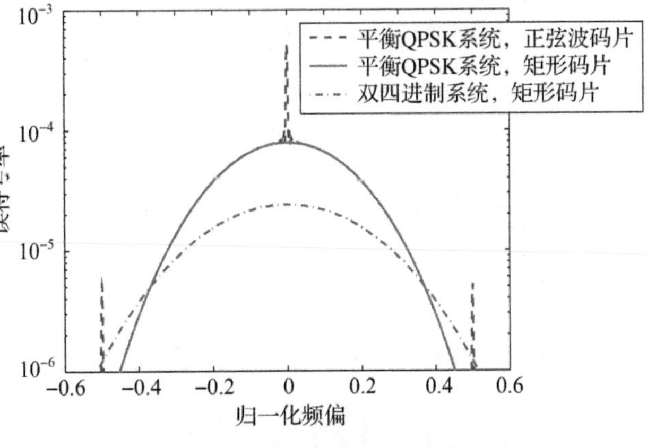

图2.23 QPSK直扩系统的误符号率

2.5.3 采用信道编码的系统

直扩的主要优势在于在接收机进行的解扩和滤波,易于在编码符号的带宽内白化干扰的功率谱密度。假设扩谱序列建模为随机二进制序列,则式(2.79)、式(2.121)和式(2.123)表明 V_1 和 U_1 是不相关的。然而,两者也并不一定是独立的,因而不适用中心极限定理。至此,V_1 和 U_1 并不一定有高斯分布函数。解扩后干扰的净效应就相当于高斯白噪声和干扰对系统的影响,该高

斯白噪声和干扰的等效双边功率谱密度为 $N_{0e}/2$ 或 $N_{0e}(\phi)/2$。在2.5.3节和2.5.2节中,已经推导了单音干扰和窄带高斯干扰的功率谱密度。第9章将介绍对具有低密度奇偶校验(Low Density Parity Check,LDPC)信道编码和高斯干扰的直扩系统的分析和仿真。假设 V_1 和 U_1 不近似于高斯分布,误比特率必须由仿真决定。

2.6 脉冲干扰和译码度量

脉冲干扰偶发出现且持续时间很短。无论脉冲干扰是由人为无意产生还是由敌对方产生的,与平均功率相同的连续干扰相比,它都能使通信系统的误比特率大幅度增加。当中心频率可变的信号在一个频率范围内扫过,而该频率范围与接收机的通带交叉或包括接收机的通带时,接收机中就产生了脉冲干扰。

考虑脉冲干扰下BPSK调制的直扩系统。令 μ 表示脉冲占空比,它是脉冲持续时间与重复周期之比;或当脉冲是随机发生时,它是脉冲发射的概率。在脉冲干扰发生期间,将干扰建模为具有双边功率谱密度为 $I_0/2\mu$ 的白高斯干扰,其中 $I_0/2$ 为连续干扰($\mu=1$)的等效功率谱密度。令 $N_{0e}/2$ 表示双边噪声功率谱密度。当没有脉冲干扰时,$N_{0e}=N_0$,当有脉冲干扰时

$$N_{0e}=N_0+I_0/\mu \tag{2.143}$$

若干扰脉冲的持续时间近似等于或超过信道符号宽度,则式(2.112)意味着二进制编码符号的错误概率为

$$P_s \simeq \mu Q\left(\sqrt{\frac{2\mathcal{E}_s}{N_0+I_0/\mu}}\right)+(1-\mu)Q\left(\sqrt{\frac{2\mathcal{E}_s}{N_0}}\right),\quad 0\leqslant\mu\leqslant 1 \tag{2.144}$$

若 $\mathcal{E}_s \gg N_0$ 且 $I_0 \gg N_0$,通过微积分运算得出了使 P_s 最大的 μ 值:

$$\mu_0 \simeq \begin{cases} 0.7\left(\dfrac{\mathcal{E}_s}{I_0}\right)^{-1}, & \dfrac{\mathcal{E}_s}{I_0}>0.7 \\ 1, & \dfrac{\mathcal{E}_s}{I_0}\leqslant 0.7 \end{cases} \tag{2.145}$$

因此,若 $\mathcal{E}_s/I_0>0.7$,最恶劣的脉冲干扰比连续干扰具有更大的破坏能力。

将 $\mu=\mu_0$ 代入式(2.144),可得 $I_0 \gg N_0$ 时最恶劣情况下 P_s 的近似表达式为

$$P_s \simeq \begin{cases} 0.083\left(\dfrac{\mathcal{E}_s}{I_0}\right)^{-1}, & \dfrac{\mathcal{E}_s}{I_0}>0.7 \\ Q\left(\sqrt{\dfrac{2\mathcal{E}_s}{I_0}}\right), & \dfrac{\mathcal{E}_s}{I_0}\leqslant 0.7 \end{cases} \tag{2.146}$$

该式表明，若 $\mathcal{E}_s/I_0$ 足够大，最恶劣情况下的 P_s 与 $\mathcal{E}_s/I_0$ 成反比，而不是呈指数变化。若要 P_s 保持与 $\mathcal{E}_s/I_0$ 的近似指数关系，需使用信道编码和符号交织。

能有效抗高斯白噪声的译码度量不一定对最恶劣的脉冲干扰也有效。当直扩系统使用 BPSK 调制、理想符号交织、二进制卷积码及维特比译码[2]时，研究了五种不同的抗脉冲干扰性能度量。这些度量在调制方式为双四进制或平衡 QPSK 时具有相同的结果。

在卷积码格状图合并段上与正确路径汉明距离为 l 的路径总权重信息用 $B(l)$ 表示。令 $P_2(l)$ 表示正确路径部分和特定路径部分有 l 个符号不同的错误概率。根据 $k=1$ 时的式(1.117)，信息比特的误比特率上界为

$$P_b \leqslant \sum_{l=d_f}^{\infty} B(l) P_2(l) \tag{2.147}$$

式中：d_f 为最小自由距离。若 r 为码率，$\mathcal{E}_b$ 为每信息比特的能量，T_b 为比特间隔，G_u 为未编码系统的处理增益，则

$$\mathcal{E}_s = r\mathcal{E}_b,\ T_s = rT_b,\ G = rG_u \tag{2.148}$$

处理增益的降低可由编码增益来补偿。通过改变 μ 使式(2.147)的右边最大化从而获得最恶劣脉冲干扰下的 P_b 上界，其中 $0 \leqslant \mu \leqslant 1$。由于是对 P_b 的上界最大化而非对 P_b 本身进行最大化，μ 的最大值依赖于编码度量，不一定等于实际最恶劣情况下的 μ。然而，当界限是紧界限时，这种差异很小。

硬判决译码是最简单且可实现的度量。假设解交织能够确保符号错误的独立性，则式(1.114)表明硬判决译码给出了

$$P_2(l) = \begin{cases} \displaystyle\sum_{i=(l+1)/2}^{l} \binom{l}{i} P_s^i (1-P_s)^{l-i}, & l\ \text{为奇数} \\ \displaystyle\sum_{i=(l+1)/2}^{l} \binom{l}{i} P_s^i (1-P_s)^{l-i} + \frac{1}{2}\binom{l}{l/2}[P_s(1-P_s)]^{l/2}, & l\ \text{为偶数} \end{cases} \tag{2.149}$$

图 2.24 给出了在最恶劣脉冲干扰情况下 P_b 随 $\mathcal{E}_b/I_0$（比特信干比）变化的曲线，图中取 $\mathcal{E}_b/N_0 = 20\text{dB}$，并采用了若干约束长度与码率的二进制卷积码，约束长度为 K，码率为 r，采用硬判决。图中使用了表 1.4 和表 1.5 中的 $B(l)$，式(2.147)中的级数在前 7 项之后被截断。由于级数收敛较慢，这种截断只有在 $P_b \leqslant 10^{-3}$ 时才能给出可靠的结果。然而，由于截断误差与使用一致边界导致的误差正好相反，因此截断误差被后者部分抵消。图 2.24 表明增加约束长度 K 及减小 r 可以显著提高性能，代价是分别增加了实现的复杂度及同步要求。

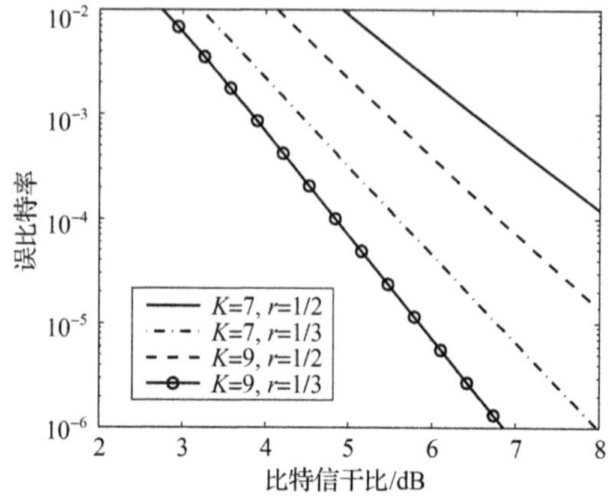

图 2.24　最恶劣脉冲干扰下 BPSK 直扩系统的性能

令 $N_{0i}/2$ 表示相干 BPSK 解调器输出采样 y_i 中由噪声和干扰引起的等效噪声功率谱密度。为方便起见,假设 y_i 具有式(2.78)右边项的形式,后者通过乘以 $\sqrt{2/T_s}$ 实现归一化。因此,y_i 具有方差 $N_{0i}/2$。给定序列 k 中编码符号 i 的值为 x_{ki},y_i 的条件密度函数由干扰和噪声的高斯特征决定。对于 L 个编码符号的序列,其条件概率密度为

$$f(y_i \mid x_{ki}) = \frac{1}{\sqrt{\pi N_{0i}}}\exp\left[-\frac{(y_i - x_{ki})^2}{N_{0i}}\right],\quad i = 1,2,\cdots,L \tag{2.150}$$

由对数似然函数和采样的统计独立性可知,当 $N_{01}, N_{02}, \cdots, N_{0L}$ 的值为已知时,具有 L 个编码符号的序列的最佳软判决译码的最大似然度量为

$$U(k) = \sum_{i=1}^{L} \frac{x_{ki} y_i}{N_{0i}} \tag{2.151}$$

该度量根据等效噪声水平,对每个输出采样 y_i 进行加权。由于每个 y_i 都假设为独立高斯随机变量,因此 $U(k)$ 也是高斯随机变量。

距离为 l 时令 $k=1$ 表示正确的序列,$k=2$ 表示不正确的序列。假设采样值的量化精度无限高,则 $U(2)=U(1)$ 的概率为零。因此正确序列与错误序列有 l 个符号不同的错误概率 $P_2(l)$ 等于 $M_0 = U(2) - U(1) > 0$ 的概率。两个序列中相同的符号与 $P_2(l)$ 的计算无关,因此下面对这些符号忽略不计。由于序列项重新排序后有 $x_{2i} = x_{1i}$ 或 $x_{2i} = -x_{1i}$,则可得到

$$M_0 = \sum_{i=1}^{L} \frac{(x_{2i} - x_{1i}) y_i}{N_{0i}} = -\sum_{i=1}^{l} \frac{2x_{1i} y_i}{N_{0i}} \tag{2.152}$$

式中:l 表示序列 $\{x_{2i}\}$ 和 $\{x_{1i}\}$ 中不同符号的数目。令 $P_2(l|v)$ 表示在 l 个不同符号中有 v 个发生脉冲干扰、而在 $l-v$ 个符号中没有发生脉冲干扰时 $M_0 > 0$ 的条件概率分布。由于 M_0 是高斯随机变量,因此可以得到

$$P_2(l|v) = Q\left(\frac{-E[M_0|v]}{\sqrt{\mathrm{var}[M_0|v]}}\right) \tag{2.153}$$

式中：$E[M_0|v]$为M_0的条件均值；$\mathrm{var}[M_0|v]$为M_0的条件方差。由于交织，符号被干扰的概率与序列的其他符号统计独立，且概率值为μ。计算$P_2(l)$并将其代入(2.147)可得

$$P_b \leqslant \sum_{l=d_f}^{\infty} B(l) \sum_{v=0}^{l} \binom{l}{v} \mu^v (1-\mu)^{l-v} P_2(l/v) \tag{2.154}$$

当脉冲干扰发生时，$N_{0i} = N_0 + I_0$；否则$N_{0i} = N_0$。为简化符号，对符号进行重新排序，并注意到$x_{2i} = -x_{1i}$，$x_{1i}^2 = \mathcal{E}_s$，且$E[y_i] = x_{1i}$，可得

$$\begin{aligned} E[M_0|v] &= \sum_{i=1}^{v} \frac{(x_{2i} - x_{1i})E[y_i]}{N_0 + I_0/\mu} + \sum_{i=v+1}^{l} \frac{(x_{2i} - x_{1i})E[y_i]}{N_0} \\ &= \sum_{i=1}^{v} \frac{-2\mathcal{E}_s}{N_0 + I_0/\mu} + \sum_{i=v+1}^{l} \frac{-2\mathcal{E}_s}{N_0} \\ &= -2\mathcal{E}_s\left[\frac{v}{N_0 + I_0/\mu} + \frac{l-v}{N_0}\right] \end{aligned} \tag{2.155}$$

利用采样的统计独立性，并注意到$\mathrm{var}[y_i] = N_{0i}/2$，同样可以发现

$$\mathrm{var}[M_0|v] = 2\mathcal{E}_s\left[\frac{v}{N_0 + I_0/\mu} + \frac{l-v}{N_0}\right] \tag{2.156}$$

将式(2.155)和式(2.156)代入式(2.153)，可得

$$P_2[l|v] = Q\left\{\sqrt{\frac{2\mathcal{E}_s}{N_0}}\left[l - v\left(1 + \frac{\mu N_0}{I_0}\right)^{-1}\right]^{1/2}\right\} \tag{2.157}$$

将该式代入式(2.154)，可得最大似然度量下P_b的上界。

当$\mathcal{E}_b/N_0 = 20\text{dB}$时，自动增益控制和最大似然度量下最恶劣脉冲干扰下不同二进制卷积码的P_b上界随$\mathcal{E}_b/I_0$变化的曲线如图2.25所示，卷积码约束长度为K，码率为r。虽然最恶劣情况下μ值随$\mathcal{E}_b/I_0$变化，但相对于连续干扰，最恶劣的脉冲干扰只引起轻微的性能恶化。当$K=9$、$r=1/2$且$P_b = 10^{-5}$时，最大似然度量下的硬判决译码提供了超过4dB的性能提升，而当$K=9$、$r=1/3$时，性能提升约为2.5dB。然而，最大似然度量的实现不仅需要了解干扰是否存在，还需要知道干扰的功率谱密度。仅当干扰功率谱密度在扩谱信号及其相邻频带上都相当均匀时，N_{0i}才可以通过邻频段的功率测量进行估计。

任何在扩谱信号频带内对干扰功率的测量都将被已存在的扩谱信号所污染，而且由于衰落，扩谱信号的平均功率通常难以作为先验信息事先知道。就系统的执行时间和复杂度而言，由于对N_{0i}的迭代估计和译码代价高昂，因此还需要研究其他方法。

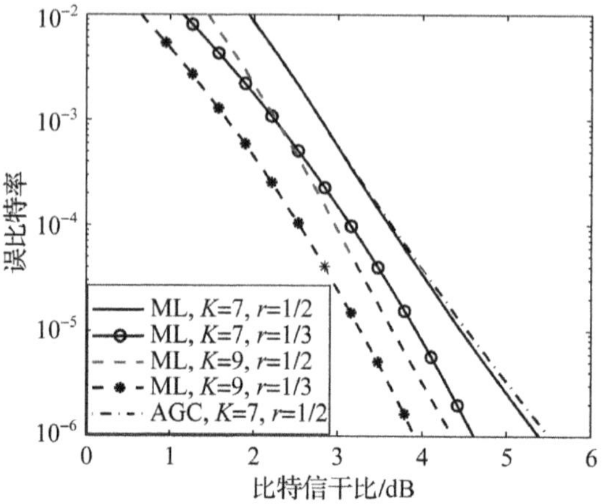

图 2.25　卷积码抗脉冲干扰的直扩系统最差性能

考虑一个自动增益控制(Automatic Gain Control,AGC)装置,该装置在采样前能够测量解调器输出的平均功率,在采样后可以对解调器的输出 y_i 按测量功率的反比进行加权,并形成 AGC 度量。信道符号 i 的平均功率为 $N_{0i}B+\mathcal{E}_s/T_s$,其中 B 为解调器的等效带宽,T_s 为信道符号宽度。若功率测量是理想的且 $BT_s \approx 1$,则 AGC 度量为

$$U(k) = \sum_{i=1}^{L} \frac{x_{ki}y_i}{N_{0i}+\mathcal{E}_s} \tag{2.158}$$

上式为一个高斯随机变量。此度量有

$$\begin{aligned} E[M_0|v] &= -\sum_{i=1}^{v} \frac{2\mathcal{E}_s}{N_0+I_0/\mu+\mathcal{E}_s} - \sum_{i=v+1}^{l} \frac{2\mathcal{E}_s}{N_0+\mathcal{E}_s} \\ &= -2\mathcal{E}_s\left[\frac{v}{N_0+I_0/\mu+\mathcal{E}_s}+\frac{l-v}{N_0+\mathcal{E}_s}\right] \end{aligned} \tag{2.159}$$

式中:v 为受干扰脉冲影响的符号数。类似地,由于 $\mathrm{var}[y_i]=N_{0i}/2$,有

$$\mathrm{var}[M_0/v] = 2\mathcal{E}_s\left[\frac{v(N_0+I_0/\mu)}{N_0+I_0/\mu+\mathcal{E}_s}+\frac{(l-v)N_0}{N_0+\mathcal{E}_s}\right] \tag{2.160}$$

将以上诸式代入式(2.153)可得

$$P_2(l/v) = Q\left\{\sqrt{\frac{2\mathcal{E}_s}{N_0}}\frac{l(N_0+\mathcal{E}_s+I_0/\mu)-vI_0/\mu}{[l\,(N_0+\mathcal{E}_s+I_0/\mu)^2-v(N_0+I_0/\mu-\mathcal{E}_s{}^2/N_0)I_0/\mu]^{1/2}}\right\} \tag{2.161}$$

该式和式(2.154)给出了 AGC 度量下 P_b 的上界。

图 2.25 给出了在最恶劣脉冲干扰下 P_b 的上界与 $\mathcal{E}_b/I_0$ 的关系,图中使用了 AGC 的度量及码率为 1/2 的二进制卷积码,且 $K=7$、$\mathcal{E}_b/N_0=20\text{dB}$。该图表明,

AGC 度量的潜在性能几乎与最大似然度量的性能一样好。

能量 $N_{0i}BT_s + \mathcal{E}_s$ 可用能量检测器来测量。能量检测器是一种能够确定输入能量的装置。理想的能量检测器(见 10.2 节)能够提供符号间隔内接收能量的无偏估计。只有当能量检测器输出的标准差远小于期望值时,其输出才是精确估计。$BT_s = 1$ 时该准则及理论结果表明,若 $\mathcal{E}_s/N_{0i} \leqslant 10\text{dB}$,则在一个符号间隔内的能量检测将是不可靠的。因此,AGC 度量的潜在性能在实际中将会显著下降,除非每个干扰脉冲会扩展到多个信道符号,并在这些符号间隔上都来测量它的能量。

连续干扰的最大似然度量(N_{0i}对于所有的 i 都是常数)称为白噪声度量,即

$$U(k) = \sum_{i=1}^{L} x_{ki} y_i \tag{2.162}$$

该式的实现比 AGC 度量要简单得多。对于白噪声度量,通过与前面类似的计算可得

$$P_2(l|v) = Q\left[\sqrt{\frac{2\mathcal{E}_s}{N_0}} l \left(l + v\frac{I_0}{\mu N_0}\right)^{-1/2}\right] \tag{2.163}$$

该式与式(2.154)给出了白噪声度量下 P_b 的上界。图 2.26 给出了自动增益控制和最大似然度量下,在 $K = 7$、$r = 1/2$、$\mathcal{E}_b/N_0 = 20\text{dB}$ 以及若干 $\zeta = \mu/\mu_0$ 值时,P_b 的上界与 $\mathcal{E}_b/I_0$ 的关系。

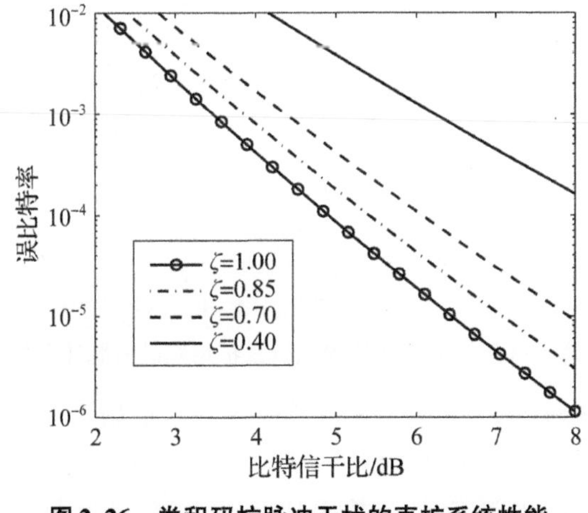

图 2.26　卷积码抗脉冲干扰的直扩系统性能

该图显示了干扰功率不变时,白噪声度量下软判决译码在短时高功率脉冲下的脆弱性。$\zeta < 1$ 时,少数恶化的符号度量将主导整个度量,从而产生较高的 P_b 值。

考虑这样一个相干 BPSK 解调器,当接收信号被脉冲干扰时,该解调器

可删除其对应的输出。该时刻是否存在脉冲干扰可通过检查解调器输出的某一序列来判断,即当该序列与其他序列相比具有过大的幅度时,就可断定存在脉冲干扰。此外,若解调器的输出幅度超过扩谱信号已知的上界也可以确定脉冲干扰的存在。考虑一个可无差错地检测脉冲干扰并删除相应受扰符号的理想解调器。对解调符号解交织后,译码器处理的符号以概率 μ 被删除。未被删除的符号使用白噪声度量进行译码。删除 v 个符号将导致两个有 l 个符号不同的序列只能基于 $l-v(0\leqslant v\leqslant l)$ 个符号进行比较,因此,由删除度量得出

$$P_2(l|v)=Q\left[\sqrt{\frac{2\mathcal{E}_s}{N_0}(l-v)}\right] \tag{2.164}$$

将该式代入式(2.154)就可给出"错误-删除"这一译码过程中 P_b 的上界。

图2.27给出了 P_b 的上界,图中取 $K=7$,$r=1/2$,$\mathcal{E}_b/N_0=20\text{dB}$ 以及若干 $\zeta=\mu/\mu_0$ 值。在该例中,当 $\zeta>0.85$、$P_b=10^{-5}$ 时,在减小所需的 $\mathcal{E}_b/I_0$ 方面,删除并未提供比白噪声度量更大的优势,但是当 ζ 减小时其好处将会增加。

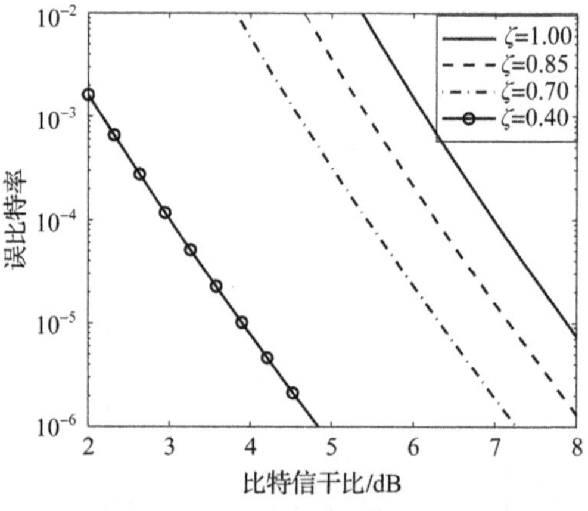

图2.27 采用删除度量的卷积码直扩系统的抗脉冲干扰性能

考虑一个理想解调器,仅当 μ 足够小时正确启动删除,此时删除比白噪声度量更有效。当该条件不满足时,使用白噪声度量。在最恶劣脉冲干扰、$\mathcal{E}_b/N_0=20\text{dB}$ 条件下使用理想删除度量并采用不同二进制卷积码时,P_b 的上界如图2.28所示。在 $P_b=10^{-5}$ 时所需要的 $\mathcal{E}_b/I_0$ 比最恶劣脉冲干扰下的硬判决译码大约小2dB。然而,实际译码器有时会误删除或漏删除,因此理想删除度量的性能优势并不明显。

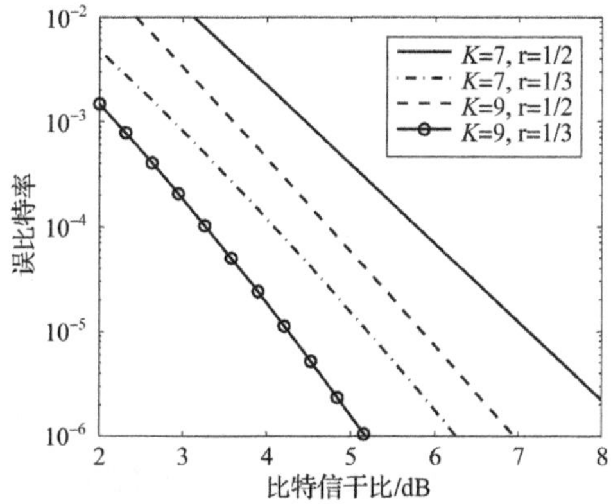

图2.28　采用理想删除度量的卷积码抗脉冲干扰直扩系统的最差性能

2.7　非相干直扩系统

非相干直扩系统可避免接收机载波对相位同步的需求。非相干接收机按2.5节所述的方式产生ADC输出，ADC以码片速率输出同相和正交序列，并被送至度量产生器，如图2.29所示。对于硬判决译码，度量产生器生成的符号度量在每个符号周期中进行比较以便进行符号判决。对于软判决译码，符号度量直接送至译码器。

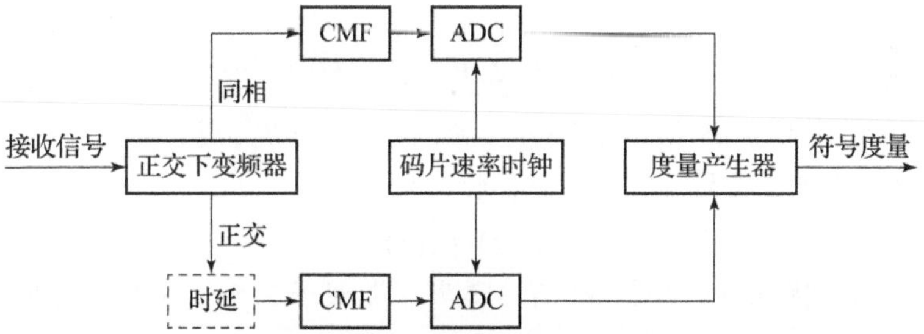

图2.29　非相干直扩系统接收机

q进制码移键控（Code - Shift Keying，CSK）调制的直扩系统将m个二进制符号作为$q=2^m$种非二进制符号之一来编码，这种非二进制符号可用正交二进制编码序列表示。每个编码序列长度为G，用于扩谱序列。为满足q码或者扩谱序列的正交性，序列的长度必须满足$G \geqslant q$。

非相干检测的度量产生器中，每个接收序列都被送至q路并行的匹配滤波器，匹配滤波器与正交码序列匹配，如图2.30所示。匹配滤波器输出以符号速率采样。由于检测是非相干的，对应的采样的匹配滤波器输出是平方值，并产生符号度量。

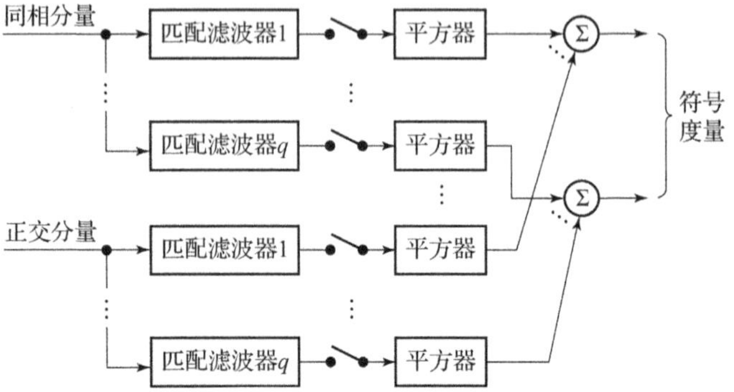

图 2.30　用于 q 正交码或扩谱序列非相干检测的度量产生器

如2.4节和2.5节所述的相干接收机,若接收－产生序列与接收序列时钟同步,图2.30中的每个匹配滤波器输出可通过将同相或正交接收序列与相应的正交码或扩谱序列序列相乘的方式来实现(4.1节~4.6节)。向译码器提供定时脉冲的符号或定时同步可由接收－产生序列得到。

接收的符号宽度为 T_s 的 q 进制 CSK 直扩信号可表示为

$$s_k(t) = \sqrt{\mathcal{E}_s}p_k(t)\cos(2\pi f_c t + \phi) + \sqrt{\mathcal{E}_s}p_k(t + t_0)\sin(2\pi f_c t + \phi),0 \leqslant t \leqslant T_s \tag{2.165}$$

式中:$\mathcal{E}_s$ 为每个 q 进制符号的能量;t_0 为接收信号同相和正交分量的相对时延;ϕ 为接收信号相位,编码或直扩波形为

$$p_k(t) = \sum_{i=-0}^{G-1} p_{ki}\psi(t - iT_c) \tag{2.166}$$

式中:p_{ki}为码序列 k 的第 i 个码片。码片宽度为 T_c,码片波形的能量满足式(2.70)。第 k 个符号接收时的总接收信号为

$$r(t) = s_k(t) + i(t) + n(t) \tag{2.167}$$

式中:$i(t)$为干扰;$n(t)$为加性高斯白噪声。类似于2.5节的推导表明,送至图2.29所示的度量产生器的同相序列为

$$I_i = \frac{\sqrt{\mathcal{E}_s/2}}{G}p_{ki}(\cos\phi + \sin\phi) + J_i + N_{si},\quad i = 1,2,\cdots,G-1 \tag{2.168}$$

式中:J_i 和 N_{si}分别由式(2.76)和式(2.77)定义。类似地,送至度量产生器的正交序列为

$$Q_i = \frac{\sqrt{\mathcal{E}_s/2}}{G}p_{ki}(\cos\phi - \sin\phi) + J_i' + N_{si}',\quad i = 1,2,\cdots,G-1 \tag{2.169}$$

式中:J_i'和 N_{si}'分别由式(2.124)和式(2.125)定义。

图2.30所示的度量产生器中,与发射符号 k 匹配的同相正交匹配滤波器的

输出采样分别为

$$I_{sk} = \sqrt{\mathcal{E}_s/2}(\cos\phi + \sin\phi) + \sum_{i=0}^{G-1} p_{ki}(J_i + N_{si}) \tag{2.170}$$

$$Q_{sk} = \sqrt{\mathcal{E}_s/2}(\cos\phi - \sin\phi) + \sum_{i=0}^{G-1} p_{ki}(J'_i + N'_{si}) \tag{2.171}$$

利用扩谱码序列的正交性,可发现匹配到符号 $l(l \neq k)$ 的同相正交匹配滤波器的采样输出分别为

$$I_{sl} = \sum_{i=0}^{G-1} p_{li}(J_i + N_{si}), \quad Q_{sl} = \sum_{i=0}^{G-1} p_{li}(J'_i + N'_{si}), \quad l \neq k \tag{2.172}$$

假设干扰近似为 2.4 节的高斯干扰,则

$$\mathrm{var}(I_{sk}) = \mathrm{var}(Q_{sk}) = N_{0e}/2, \quad l = 1,2,\cdots,q \tag{2.173}$$

式中 N_{0e} 由式(2.115)给出。有理假定当 $l \neq k$ 时 $\{I_{sk}, Q_{sk}\}$ 近似独立于 $\{I_{sl}, Q_{sl}\}$,某种意义上任何非独立性都可以忽略。

硬判决需要比较符号度量,再做出符号判决。如附录 E.1 所述,在进行平方和合并运算之后,每个符号度量 $R_l = I_{sl}^2 + Q_{sl}^2, l \neq k$ 服从两自由度卡方密度分布,方差为 $\sigma^2 = N_{0e}/2$。与传输符号 k 对应的符号度量 R_k 服从两自由度卡方密度分布,方差为 $\sigma^2 = N_{0e}/2$,非中心参数 $\lambda = \mathcal{E}_s$。使用概率密度式(E.10)和式(E.15),与式(1.93)相对应类似的推导将得到符号错误概率,即

$$P_s = \sum_{l=1}^{q-1} \frac{(-1)^{i+1}}{i+1}\binom{q-1}{i}\exp\left[-\frac{i\mathcal{E}_s}{(i+1)N_{0e}}\right] \tag{2.174}$$

对于相同的 N_{0e} 和 $\mathcal{E}_s = m\mathcal{E}_b$,式(2.174)和式(2.112)表明非相干二进制 CSK 调制的直扩系统中比特错误概率与 $\mathcal{E}_b/N_{0e}$ 的关系大约比相干 BPSK 调制的直扩系统差 4dB。这种差异是由于二进制 CSK 使用了正交信号而非反极性信号。更复杂的相干二进制 CSK 调制系统只能将这种差距缩小 1dB。N_{0e} 相同时,宽带高斯干扰下的非相干 8 进制 CSK 调制的直扩系统性能只比相干 BPSK 调制的直扩系统稍好。然而,该系统需要 8 个匹配滤波器,抵消了无须相位同步的优势。

在使用了单个二进制 CSK 序列的最少硬件系统中,序列传输时表示符号 1,序列不传输时表示符号 0。将包络检测器输出与门限做比较后就可做出判决。该系统的一个问题是最佳门限与接收信号幅度有关,而最佳门限必须以某种方式来估计。另一个问题是当连续传输多个零时,符号同步器的性能会恶化。因此,两个二进制 CSK 系统要实用得多。

在 DPSK 调制的直扩系统中,发射的直扩序列载波相位没有任何变化时表示符号 1;发射与符号 1 相同的直扩序列但其载波相位有 π 弧度的相移时表示符号 0。因而符号序列由连续直扩序列之间的相移决定。在度量产生器中,同

相正交的码片速率与直扩序列相乘产生符号速率解扩序列,如图2.31所示。这些序列在混频器中被与先前的解扩序列想乘,输出叠加并生成符号度量。由于符号信息嵌于相移中,符号度量对可用于解码。当存在宽带高斯干扰时,对该系统硬判决的分析表明,它比二进制CSK系统性能要好2dB以上。然而,DPSK调制的系统对多普勒频移更加敏感,且性能要比相干BPSK差1dB以上。

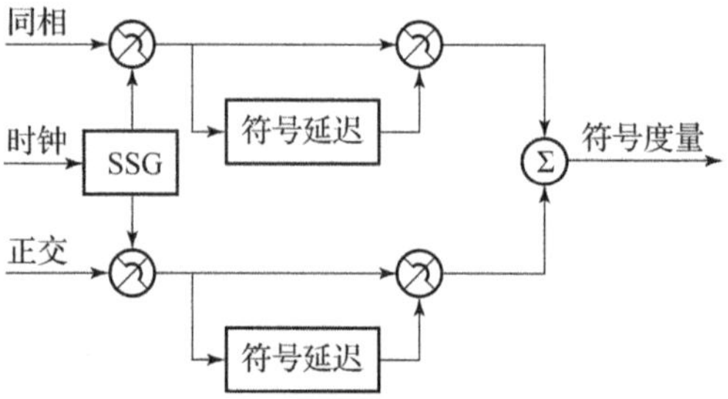

图2.31　不同相移键控直扩序列系统的度量产生器

2.8　基于带通匹配滤波器的解扩

匹配滤波器能够在基带以数字滤波器来实现。另外,模拟器件也能实现带通匹配滤波。使用带通匹配滤波器对短扩谱序列进行解扩可提供用于扩谱码同步的脉冲,这是低复杂度直扩接收机中产生符号度量的基础。上述内容将在本节中进行阐述。

短扩谱序列的扩谱波形可表示为

$$p(t) = \sum_{i=-\infty}^{\infty} p_1(t - iT) \tag{2.175}$$

式中:$p_1(t)$为一个周期的扩谱波形;T为其周期。若短扩谱序列长度为N,则

$$p_1(t) = \begin{cases} \sum_{i=0}^{N-1} p_i\psi(t - iT_c), & 0 \leqslant t \leqslant T \\ 0, & \text{其他} \end{cases} \tag{2.176}$$

式中:$\psi(t)$为码片波形;$p_i = \pm 1$;$T = NT_c$。

由1.2节可知,若滤波器脉冲响应为$h(t) = x(T-t)$,滤波器应与信号$x(t)$匹配,$0 \leqslant t \leqslant T$。考虑一个与下列信号匹配的带通匹配滤波器:

$$x(t) = \begin{cases} p_1(t)\cos(2\pi f_c t + \theta_1), & 0 \leqslant t \leqslant T \\ 0, & \text{其他} \end{cases} \tag{2.177}$$

式中:$p_1(t)$为一个周期的扩谱波形;f_c为扩谱信号的载波频率。可算得滤波器对接收信号单个数据符号的响应为

$$s(t)=\begin{cases}2Ap_1(t-t_0)\cos(2\pi f_1 t+\theta), & t_0\leqslant t\leqslant t_0+T\\ 0, & \text{其他}\end{cases}\tag{2.178}$$

式中：t_0 是未知的到达时刻；A 的极性由数据符号确定；f_1 为接收信号的载波频率。由于振荡器的不稳定性及多普勒频移的存在，f_1 与 f_c 并不相等。若 $f_c\gg 1/T$，则匹配滤波器的输出为

$$\begin{aligned}y_s(t)&=\int_{\max(t-T,t_0)}^{\min(t,t_0+T)}s(u)p_1(u+T-t)\cos[2\pi f_c(u+T-t)+\theta_1]\mathrm{d}u\\&=A\int_{\max(t-T,t_0)}^{\min(t,t_0+T)}p_1(u-t_0)p_1(u-t+T)\cos(2\pi f_d u+2\pi f_c t+\theta_2)\mathrm{d}u\end{aligned}\tag{2.179}$$

式中：$\theta_2=\theta-\theta_1-2\pi f_c T$ 为相差，且 $f_d=f_1-f_c$。

若 $f_d\ll 1/T$，则载波频率偏差可忽略不计，且

$$y_s(t)\approx A_s(t)\cos(2\pi f_c t+\theta_3),\quad t_0\leqslant t\leqslant t_0+2T\tag{2.180}$$

式中：$\theta_3=\theta_2+2\pi f_d t_0$，且

$$A_s(t)=A\int_{\max(t-T,t_0)}^{\min(t,t_0+T)}p_1(u-t_0)p_1(u-t+T)\mathrm{d}u\tag{2.181}$$

当不存在噪声时，匹配滤波器的输出 $y_s(t)$ 为宽度 $2T$ 的正弦波脉冲，其极性由 A 确定。式(2.181)表明，该脉冲的峰值发生在理想采样时刻 $t=t_0+T$，其幅度等于 $|A|T$。然而，若 $f_d>0.1/T$，则式(2.179)不再与式(2.180)良好近似，且匹配滤波器的输出也将显著恶化。

匹配滤波器对干扰加噪声 $N(t)=i(t)+n(t)$ 的响应可表示为

$$\begin{aligned}y_n(t)&=\int_{t-T}^{t}N(u)p_1(u+T-t)\cos[2\pi f_c(u+T-t)+\theta_1]\mathrm{d}u\\&=N_1(t)\cos(2\pi f_c t+\theta_2)+N_2(t)\sin(2\pi f_c t+\theta_2)\end{aligned}\tag{2.182}$$

式中

$$N_1(t)=\int_{t-T}^{t}N(u)p_1(u+T-t)\cos(2\pi f_c u+\theta)\mathrm{d}u\tag{2.183}$$

$$N_2(t)=\int_{t-T}^{t}N(u)p_1(u+T-t)\sin(2\pi f_c u+\theta)\mathrm{d}u\tag{2.184}$$

上述公式展示了干扰频谱的扩展及滤波过程。

假设 $f_d t_0\ll 1$ 且 $\theta_3\cong\theta_2$，匹配滤波器输出 $y(t)=y_s(t)+y_n(t)$ 的包络为

$$E(t)=\{[A_s(t)+N_1(t)]^2+N_2^2(t)\}^{1/2}\tag{2.185}$$

在理想采样时刻 $t=t_0+T$ 有 $A_s(t_0+T)=AT$。若

$$|A_s(t)+N_1|\gg|N_2(t)|\tag{2.186}$$

则式(2.185)意味着

$$E(t_0+T) \approx |AT+N_1(t_0+T)| \tag{2.187}$$

由于 $A_s(t) \leqslant AT$,式(2.180)、式(2.182)及式(2.186)意味着

$$y(t) \leqslant |A_s(t)+N_1(t)| + |N_2(t)| \approx |AT+N_1(t)| \tag{2.188}$$

该近似上界与式(2.187)比较表明,与直接检测匹配滤波器的输出峰值相比,在匹配滤波器后使用包络检测器进行检测虽然会使性能稍有下降,但在实现上要容易得多。

2.8.1 声表面波滤波器

图2.32给出了声表面波(Surface Acoustic Wave,SAW)横向滤波器的基本形式,该滤波器是无源匹配滤波器,即它必须存储可能的扩谱序列副本,并等待接收序列与其副本同步。SAW延时线主要由用作声波传播媒介的压电衬底、用作抽头和输入换能器的叉指式换能器(Inter Digital Transducer,IDT)组成。该横向滤波器能够匹配一个周期的扩谱波形。抽头间的传播时延为 T_c,且 f_cT_c 为整数。加法器后面的码片匹配滤波器与 $\psi(t)\cos(2\pi f_c t+\theta)$ 相匹配。容易证明,横向滤波器的冲激响应是与 $p_1(t)\cos(2\pi f_c t+\theta)$ 相匹配的滤波器响应。

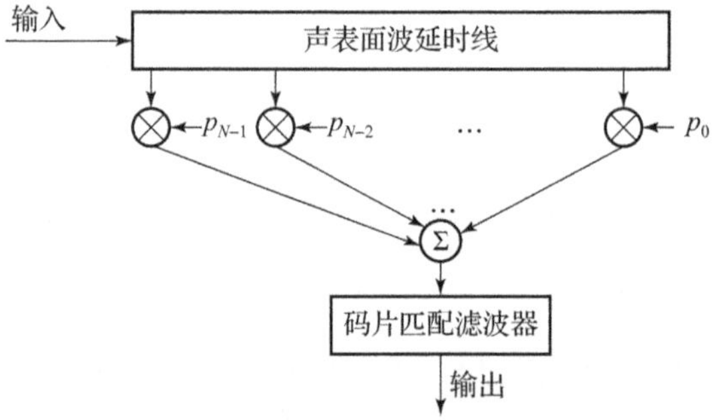

图2.32 使用SAW横向滤波器的匹配滤波器,其输出为 $y_s(t)+y_n(t)$

有源匹配滤波器可用SAW弹性卷积器[3]来实现,如图2.33所示。接收信号和参考信号被送至分立的叉指式换能器,用于在衬底的两个对端产生声波。参考信号是再循环的、时间反转的扩谱波形副本。两个声波以速度 v 相向传播,声波终止区将抑制声波反射。信号波形在 $x=0$ 处发射,参考波形在 $x=L$ 处发射。信号波形在衬底上向右方传播,具有以下形式:

$$F(t,x)=f\left(t-\frac{x}{v}\right)\cos\left[2\pi f_c\left(t-\frac{x}{v}\right)+\theta\right] \tag{2.189}$$

式中:$f(t)$ 是在位置 $x=0$ 处的调制信号。参考波形向左方传播,并具有如下形式:

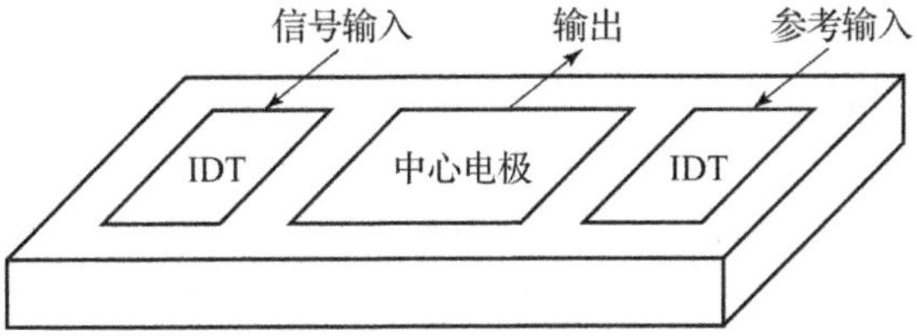

图 2.33　声表面波弹性卷积器

$$G(t,x)=g\left(t+\frac{x-L}{v}\right)\cos\left[2\pi f_c\left(t+\frac{x-L}{v}\right)+\theta_1\right] \tag{2.190}$$

式中：$g(t)$是在位置 $x=L$ 处的调制信号。假设$f(t)$和 $g(t)$的带宽都远小于f_c。

由窄金属条组成的波束压缩器将聚集声波能量以提高卷积器的效率。当声波在中心电极下方重叠时，非线性压电效应将产生表面电荷分布，这种分布是在电极影响下电荷在空间上的整合。卷积器输出的主要部分与下式成正比，即

$$y(t)=\int_0^L[F(t,x)+G(t,x)]^2\mathrm{d}x \tag{2.191}$$

将式(2.189)和式(2.190)代入式(2.191)，并使用三角展开式，可发现 $y(t)$是许多项之和，若$f_cL/v\gg 1$，则某些项可以忽略不计，其余项变化较慢，易被滤波器滤除。卷积器输出中最有用的分量为

$$y_s(t)=\left[\int_0^L f\left(t-\frac{x}{v}\right)g\left(t+\frac{x-L}{v}\right)\mathrm{d}x\right]\cos(4\pi f_c t+\theta_2) \tag{2.192}$$

式中 $\theta_2=\theta+\theta_1-2\pi f_cL/v$。进行变量替换后，可发现输出的幅度为

$$A_s(t)=\int_{t-L/v}^{t}f(y)g(2t-y-L/v)\mathrm{d}y \tag{2.193}$$

式中的因子 $2t$ 由两个声波的反向传播所产生。

假设捕获脉冲是一个单周期的扩谱波形，$f(t)=Ap_1(t-t_0)$且 $g(t)=p(T-t)$，式中 t_0 是捕获脉冲相对于在 $x=L$ 处的发射参考信号在到达时间上的不确定值。由于 $g(t)$的周期性允许选择时间原点以使 $0\leqslant t_0\leqslant T$，式(2.193)和式(2.175)及变量替换得到

$$A_s(t)=A\sum_{i=-\infty}^{\infty}\int_{t-t_0-L/v}^{t-t_0}p_1(y)p_1(y+iT+t_0-2t+L/v)\mathrm{d}y \tag{2.194}$$

由于除 $0\leqslant t<T$ 外 $p_1(t)=0$，故除 $t_0<t<t_0+L/v+T$ 外 $A_s(t)=0$。

对于正整数 k，令

$$\tau_k=\frac{kT+t_0+L/v}{2},\quad k\geqslant 1 \tag{2.195}$$

当 $t=\tau_k$ 时式(2.194)中只有一项可以是非零的，且

$$A_s(\tau_k) = A\int_{\tau_k - t_0 - L/v}^{\tau_k - t_0} p_1^2(y)\,\mathrm{d}y \tag{2.196}$$

$A_s(\tau_k)$的最大可能幅度产生于$\tau_k - t_0 \geqslant T$,且$\tau_k - t_0 - L/v \leqslant 0$,即

$$t_0 + T \leqslant \tau_k \leqslant t_0 + \frac{L}{v} \tag{2.197}$$

由于式(2.195)表明$\tau_{k+1} - \tau_k = T/2$,若

$$L \geqslant \frac{3}{2}vT \tag{2.198}$$

则某个τ_k可满足式(2.197)。因此,若L足够大,则存在k满足$A_s(\tau_k) = AT$,且当$t = \tau_k$时,卷积器输出的包络具有最大可能幅度$|A|T$。若$L = 3vT/2$且$t_0 \neq T/2$,则对应于单个接收脉冲,只会出现一个峰值。

例如,令$t_0 = 0$,$L/v = 6T_c$,$T = 4T_c$,在3个独立时刻$t = 4T_c$、$5T_c$及$6T_c$,卷积器中的码片传播如图2.34所示。其中,上图描述反向传播的周期性参考信号,下图描述由四个码片组成的单个接收脉冲。这些码片是连续的。当$4T_c \leqslant t \leqslant 6T_c$时,接收脉冲被完全包含在卷积器内。最大幅度的输出发生在时刻$t = 5T_c$,该时刻是参考信号与接收码片理想同步的时刻。

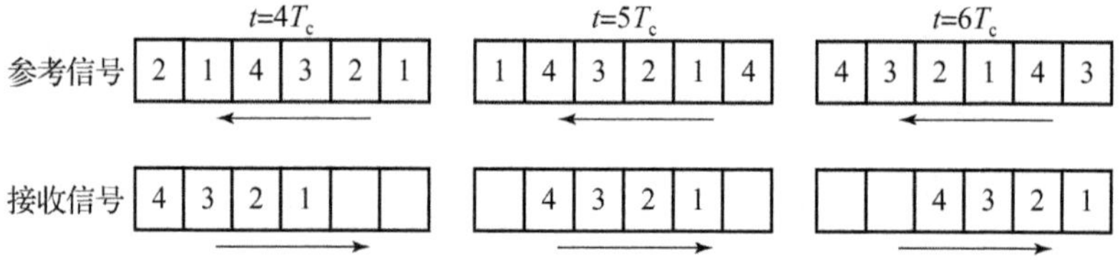

图2.34　时刻$t = 4T_c$、$5T_c$和$6T_c$上卷积器中的码片配置

2.8.2　抗多径的相干系统

直扩信号的相干解调需要接收机产生相位相干且载波频率正确的同步信号。在解扩前,接收信号的信噪比(Signal - to - Noise Ratio,SNR)可能太低,以致其不能作为产生同步信号的锁相环的输入。另一种代价较小的方法是采用再循环环路来产生同步信号,这种环路被设计为通过正反馈来增强周期性的输入信号。

如图2.35所示,反馈器件是一个增益为K的衰减器和一个时延为$\hat{T}_s$的时延线,$\hat{T}_s$近似为符号宽度T_s。这种结构的基本思想是将连续信号脉冲进行相干叠加,而将干扰和噪声进行非相干叠加,因此,产生的输出脉冲的SNR将有所改善。

周期性的输入信号包含N个符号脉冲,即

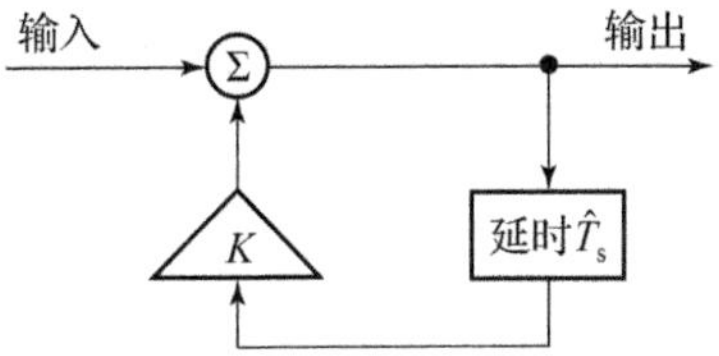

图 2.35　再循环环路

$$s_0(t) = \sum_{i=0}^{N} g(t - iT_s) \tag{2.199}$$

式中：当 $t<0$ 或 $t \geq T_s$ 时，有 $g(t)=0$。图中表明环路输出为

$$s_1(t) = s_0(t) + Ks_1(t - \hat{T}_s) \tag{2.200}$$

式中：当 $t<0$ 时，$s_1(t)=0$。将该式代入其自身可得

$$s_1(t) = s_0(t) + Ks_0(t - \hat{T}_s) + K^2 s_1(t - 2\hat{T}_s) \tag{2.201}$$

将该迭代过程重复 n 次得到

$$s_1(t) = \sum_{m=0}^{n} K^m s_0(t - m\hat{T}_s) + K^{n+1} s_1[t - (n+1)\hat{T}_s] \tag{2.202}$$

该式表明，若 $K \geq 1$ 且有足够多的输入脉冲可用，则 $s_1(t)$ 随 n 的增加而增加。为防止可能的环路故障，设计中要求 $K<1$，且在下面的讨论中该假设一直成立。

在时间间隔 $[n\hat{T}_s, (n+1)\hat{T}_s]$ 中，符号再循环的次数小于等于 n 次。由于 $t<0$ 时，$s_1(t)=0$，故将式(2.199)代入式(2.202)得到

$$s_1(t) = \sum_{m=0}^{n}\sum_{i=0}^{N} K^m g(t - m\hat{T}_s - iT_s), \quad n\hat{T}_s \leq t \leq (n+1)\hat{T}_s \tag{2.203}$$

该式表明，若 $\hat{T}_s$ 并不精确等于 T_s，脉冲就不能相干叠加，可能会破坏性地合并。然而，由于 $K<1$，因此，特定脉冲的影响会随着 m 的增加而减少，最终可忽略不计。将时延 $\hat{T}_s$ 设计为与 T_s 相匹配，假设 $\hat{T}_s$ 的设计误差足够小从而满足

$$N|\hat{T}_s - T_s| \ll T_s \tag{2.204}$$

若 $n \leq N$，则 $t - m\hat{T}_s - iT_s = t-(m+i)T_s - m(\hat{T}_s - T_s) \approx t-(m+i)T_s$。由于 $g(t)$ 是时间有限的，式(2.203)中只有 $i=n-m$ 的项对输出有贡献，故

$$s_1(t) \approx \sum_{m=0}^{n} K^m g[t - nT_s - m(\hat{T}_s - T_s)], \quad n\hat{T}_s \leq t < (n+1)\hat{T}_s \tag{2.205}$$

考虑具有如下形式的输入脉冲：

$$g(t) = A(t)\cos 2\pi f_c t, \quad 0 \leq t < \min(T_s, \hat{T}_s) \tag{2.206}$$

假设 $A(t)$ 幅度变化足够缓慢,则

$$A[t-nT_s-m(\hat{T}_s-T_s)]\approx A(t-nT_s),\quad 0\leqslant m<n \tag{2.207}$$

且设计误差足够小,以满足

$$nf_c|\hat{T}_s-T_s|\ll 1 \tag{2.208}$$

则由式(2.205)到式(2.208)可得

$$\begin{aligned} s_1(t) &\approx g(t-nT_s)\sum_{m=0}^{n}K^m \\ &= g(t-nT_s)\left(\frac{1-K^{n+1}}{1-K}\right),\quad n\hat{T}_s\leqslant t<(n+1)\hat{T}_s \end{aligned} \tag{2.209}$$

若 S 为输入脉冲的平均功率,则式(2.217)表明在间隔 $n\hat{T}_s\leqslant t<(n+1)\hat{T}_s$ 上输出脉冲的平均功率近似为

$$S_n=\left(\frac{1-K^{n+1}}{1-K}\right)^2 S,\quad K<1 \tag{2.210}$$

若 $\hat{T}_s$ 足够大,以至于再循环的噪声与平均功率为 σ^2 的输入噪声不相干,则 n 次再循环后的输出噪声功率为

$$\sigma_n^2=\sigma^2\sum_{m=0}^{n}(K^2)^m=\sigma^2\left(\frac{1-K^{2n+2}}{1-K^2}\right),\quad K<1 \tag{2.211}$$

由再循环环路产生的 SNR 改善量为

$$I(n,K)=\frac{S_n/\sigma_n^2}{S/\sigma^2}=\frac{(1-K^{n+1})(1+K)}{(1+K^{n+1})(1-K)}\leqslant\frac{(1+K)}{(1-K)},K<1 \tag{2.212}$$

若 K^n 很小,则在 n 次再循环后可近似获得 $I(n,K)$ 的上界。然而,当环路相位误差 $2\pi f_c|\hat{T}_s-T_s|$ 增大时,对式(2.208)有效的 n 的上界会下降。因此,K 必须随相位误差的增大而减小以使 $I(n,K)$ 最大化。

图2.36给出了 BPSK 调制的直扩系统中面向判决的相干解调器,每个符号开始时的载波相位相同。带通匹配滤波器移除了扩谱波形,并产生解扩后的正弦脉冲,如式(2.180)和式(2.181)所示,式中 A 为双极性变量。

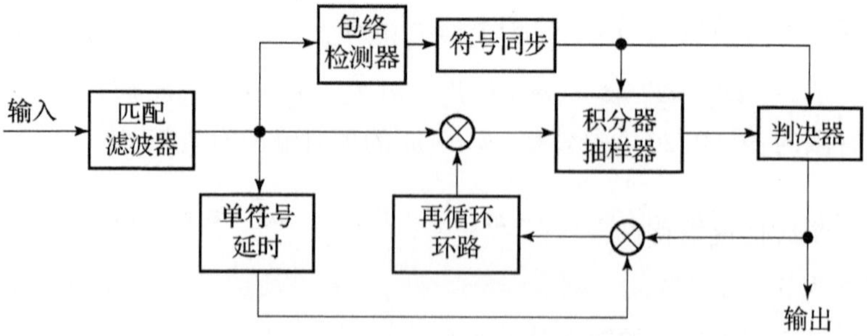

图2.36 相干判决导向的解调器

如图2.37(a)所示,直达路径的解扩脉冲后面可能会跟随一个或多个由多径信号引起的解扩脉冲,图中脉冲对应的传输符号为101。每个解扩后的脉冲被延时一个符号,然后与解调器的输出符号进行混频。若该符号是正确的,则它与被调制到解扩脉冲上的同样的数据符号相一致。因此,混频器消除了数据调制,并产生了独立于数据符号的相位相干的参考脉冲,如图2.37(b)所示。与图2.37(a)的两个中间脉冲的相位相比,图2.33(b)的中间脉冲的相位发生了翻转。参考脉冲被再循环环路放大。环路输出和匹配滤波器输出被送到混频器,用于产生基带积分器输入,如图2.37(c)所示。积分间隔长度等于一个符号宽度。积分间隔中的积分次数由符号同步器产生的同步脉冲决定。对积分器的输出进行采样并送至判决器,用于产生数据输出。由于多径分量是相干合并的,故解调器可在衰落环境中提供改善的性能。

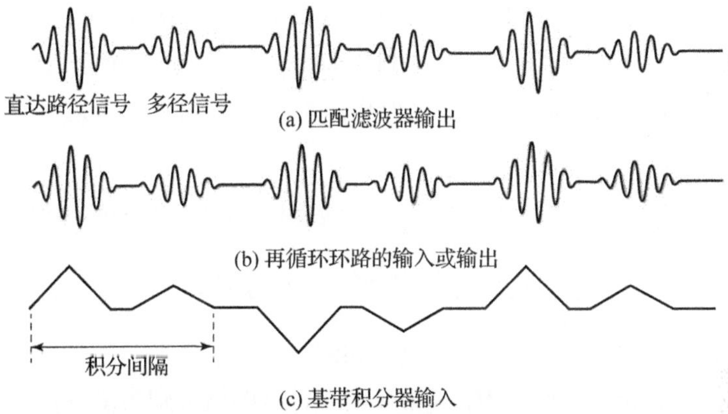

图2.37 解调器的概念波形

即使不存在直扩信号的多径分量,面向判决的相干接收机对潜在干扰的抑制效果也与图2.14所示的相关器相似。由于无须扩谱码捕获及跟踪部分,面向判决的接收机实现起来要简单得多,但它要求使用短扩谱序列并需要精确的再循环环路。更有效地利用多径分量的办法是Rake合并(见6.10节)。

2.9 思考题

1. 一个线性反馈移位寄存器的特征多项式为$f(x)=1+x^2+x^3+x^5+x^6$,其初始状态为$a_0=a_1=0,a_2=a_3=a_4=a_5=1$,使用多项式长除法确定其输出序列的前9位。

2. 若一个线性反馈移位寄存器对应的特征多项式为$1+x^m$,则其线性递推关系是什么？写出与输出序列对应的生成函数。输出序列的周期是多少？通过多项式长除法来推导其可能的周期。

3. 通过穷举搜索来证明多项式 $f(x)=1+x^2+x^3$ 是本原多项式。

4. 利用文中详述的步骤推导式(2.55)和式(2.56)。

5. 推导图2.12(a)的线性等效的特征多项式。验证图2.12(b)的结构并推导图中所示的初始内容。

6. 本题用于说明在极端例子中应用近似模型的局限性。假设在载波频率上的单音干扰与BPSK调制的直扩信号相干,故式(2.87)中 $\phi=0$。假设 $N_0\to 0$,且 $\mathcal{E}_s > GIT_c\kappa$。说明 $P_s\to 0$,并说明2.4节中一般的单音干扰可以导出 P_s 的非零近似表达式。

7. 使用本书中给出的步骤推导式(2.109)。

8. 推导可导出式(2.141)的 $E[V|\phi,k_1,k_2,d_0]$ 的表达式。

9. 考虑一个采用BPSK调制和硬判决的直扩系统,要求 $P_s=10^{-5}$,且 $N_0=0$。与抗连续干扰所需功率相比,抗最恶劣脉冲干扰需要附加多少额外功率？已知 $Q(\sqrt{20})=10^{-5}$。

10. 假设 $\mathcal{E}_s \gg N_0$ 且 $I_0 \gg N_0$,式(2.112)表明二进制码符号的错误概率为

$$P_s \simeq \mu Q\left(\sqrt{\frac{2\mathcal{E}_s\mu}{I_0}}\right), \quad 0\leqslant\mu\leqslant 1$$

利用上式和 $Q(1.2)=0.115$ 证明式(2.145)。

11. 对于白噪声度量,$E[M_0|v]$ 和 $\mathrm{var}[M_0|v]$ 的值分别为多少？

12. 就一个采用二进制DPSK调制和硬判决的直扩系统而言,当存在高斯白噪声时,$P_s=\frac{1}{2}\exp(-\mathcal{E}_s/N_0)$。当连续干扰的功率谱密度为 $I_0/2 \gg N_0/2$ 时,推导最恶劣强脉冲干扰时的占空比和 P_s。说明当 $\mathcal{E}_s/I_0$ 较大时,DPSK相对于BPSK在抗最恶劣脉冲干扰具有超过3dB的劣势。

13. 当 $f_d\neq 0$ 且码片波形为矩形时,展开式(2.182)以确定 $A_s(t_0+T)$ 的下降度。

14. 估计如图2.32所示的横向滤波器的冲激响应。说明当 f_cT_c 为整数时,该冲激响应与匹配到 $p_1(t)\cos(2\pi f_c t+\theta)$ 的滤波器的冲激响应相等。

15. 考虑一个卷积器,对于某个正整数 n 有 $L/v=nT$,且 $g(t)=p(T-t)$,$p(t)$ 是周期为 T 的扩谱波形,接收信号为 $f(t)=Ap(t-t_0)$,其中 A 为正常数。将 $A_s(t)$ 表示为扩谱波形周期性自相关函数 $R_p(\cdot)$ 的函数。该结果如何用于捕获？

参考文献

[1] T. K. Moon, *Error Correction Coding*, Wiley, 2005.

[2] D. J. Torrieri, "The Performance of Five Different Metrics Against Pulsed Jamming," *IEEE Trans. Commun.*, vol. 34, pp. 200 – 207, Feb. 1986.

[3] D. Morgan, Surface Acoustic Wave Filters with Applications to Electronic Communications and Signal Processing, 2nd Ed., Academic Press, 2007.

第 3 章

跳频扩谱系统

跳频(Frequency Hopping,FH)是发射信号的载波频率周期性改变的通信方式。跳频系统的这种时变特性赋予系统很强的潜在抗干扰能力。直扩系统是依靠频谱扩展、解扩及滤波来抑制干扰,而跳频系统抑制干扰的机理是躲避干扰。当躲避失败时,由于载波频率周期性改变,跳频信号仅被暂时干扰。通过广泛采用信道编码,干扰对跳频系统的影响将进一步减轻。从这一点来说,跳频系统比直扩系统更需要信道编码。本章介绍了跳频系统的基本概念、频谱和性能、编码和调制问题,研究了部分频带干扰和多音干扰的影响。此外,还对频率合成器设计中最重要的问题进行了阐述。

3.1 概念和特征

跳频系统发射的载波频率序列称为跳频图案。M 个可能的载波频率$\{f_1,f_2,\cdots,f_M\}$的集合称为跳频频率集。载波频率改变的速度称为跳速。进行跳频的频段称为跳频频段,它包含 M 个信道。每个信道都被定义为一个频谱区域,其中心频率为频率集中的一个载波频率,其带宽 B 足够大,从而能够容纳特定载波频率的信号脉冲的大部分功率。图 3.1 描述了信道与特定跳频图案之间的关系。两跳之间的时间间隔称为跳间隔,跳间隔的时长称为跳周期,用 T_h 表示。跳频频带的跳频带宽满足 $W \geqslant MB$。

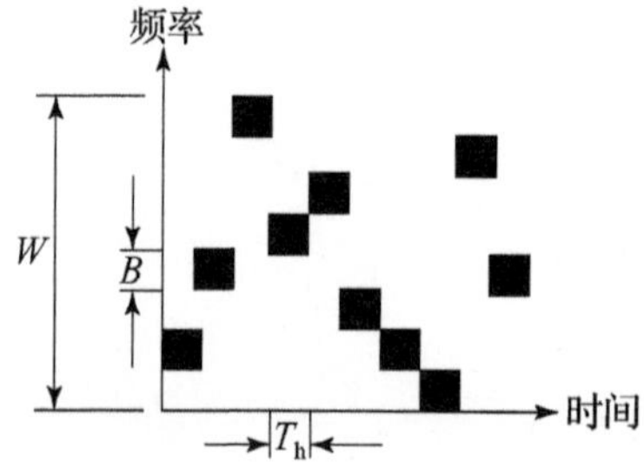

图 3.1　跳频图案

图 3.2(a)给出了跳频系统的一般形式。图案控制比特是图案产生器的输出比特,它以跳频速率进行改变,从而使得频率合成器产生跳频图案。已调数据信号与跳频图案进行混频产生跳频信号。若数据调制是某种形式的角度调制 $\phi(t)$,则第 i 跳接收到的信号为

$$s(t)=\sqrt{2\mathcal{E}_s/T_s}\cos[2\pi f_{ci}t+\varphi(t)+\varphi_i],\quad (i-1)T_h\leqslant t\leqslant iT_h \tag{3.1}$$

式中:$\mathcal{E}_s$ 为符号能量;T_s 为符号间隔;f_{ci}为第 i 跳的载波频率;ϕ_i 为第 i 跳的随机相位。

图 3.2(b)所示接收机频合器产生的跳频图案与发射机产生的跳频图案是同步的,但存在固定的中频偏移,当然,该中频偏移也可以为零。利用混频将接收信号中的跳频图案移除,称为解跳。混频器的输出送至带通滤波器(Band Pass Filter,BPF),以滤除正确信道之外的倍频分量和功率,且产生调制数据的解跳信号,也就是将式(3.1)中所有跳的 f_{ci}用公共中频替代。

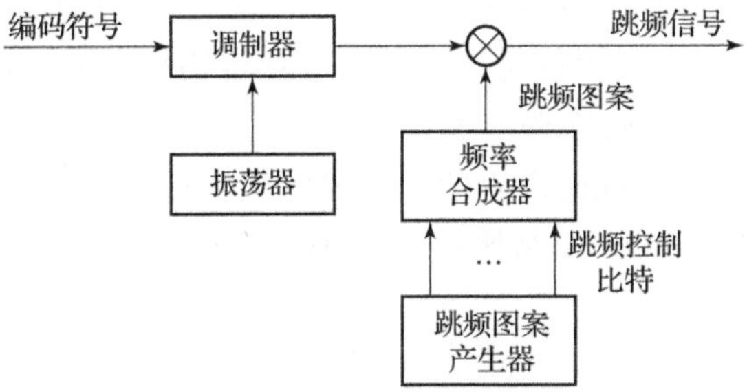

(a) 发射机

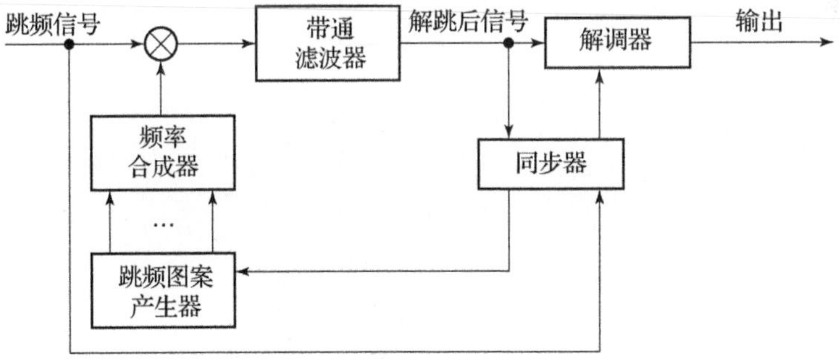

(b) 接收机

图 3.2 跳频系统的一般形式

虽然跳频在抗噪声方面没有优势,但它能使信号跳出有干扰的信道或频率选择性慢衰落信道。为充分避开窄带干扰信号的影响,需要将信道置乱。置乱后的信道之间可能是相邻的,也可能有未使用的频谱区域。将有固定干扰或易衰落的频谱区域从跳频集中排除的过程称为频谱开槽。

为确保跳频图案不易被对手复制或解跳,跳频图案应当是伪随机的,周期很长且在所有信道中近似于均匀分布。图案产生器是非线性序列发生器,它通过每个产生器的状态到控制比特的映射来指定频率。非线性序列的线性张成或线性复杂度是指能够生成序列或产生器连续状态的最短线性反馈移位寄存器的级数。大线性复杂度能够防止利用短的跳频片段来重建跳频图案。当相似的跳频系统组网时(见7.4节),对于跳频图案的要求就更多,以便减轻多址干扰。

一种提高跳频系统传输安全性的结构如图3.3所示。图案产生器的结构或算法取决于一组图案控制比特,该图案控制比特由扩谱密钥及实时时间(Time - Of - Day,TOD)合并生成。作为终极的安全来源,扩谱密钥是不常改变的一组比特。扩谱秘钥可由两组地址比特合并产生,地址比特分别识别发送设备和通信链路另一端的接收设备。TOD是从TOD计数器中派生出的一组比特,会随着TOD时钟的变化而变化。例如,直扩密钥可能每日改变,而TOD则可能每秒都会改变。使用TOD的目的在于不常改变扩谱密钥的情况下改变图案产生算法。实际上,图案产生器的算法是由时变密钥控制的。跳速时钟的运行速率大大高于TOD时钟,它调节着图案产生器中发生的变化。在接收机中,跳速时钟是通过同步系统而产生的。在发射机和接收机中,TOD时钟都可由跳速时钟进行推算。TOD控制比特将TOD计数器初始化或者重置于期望的状态。

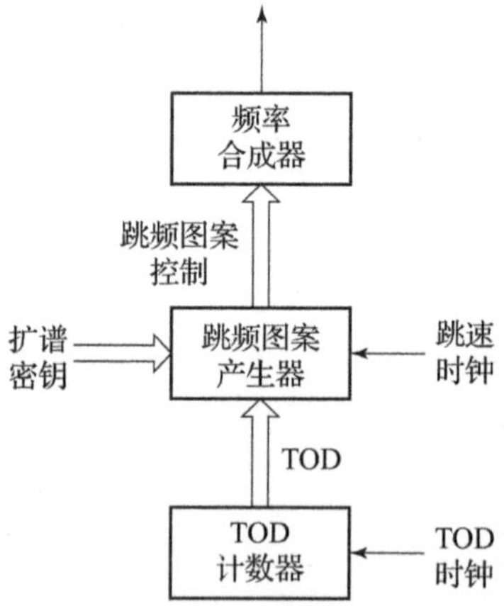

图3.3 控制频合器的安全方法

每个跳频脉冲的载波频率是固定的,它按一定的跳间隔发生,其持续时间称为驻留间隔。如图3.4所示,驻留时间是指驻留间隔内发送信道符号且达到峰值幅度的时间。跳周期 T_h 等于驻留时间 T_d 与换频时间 T_{sw} 之和。换频时间就是无响应时间加上脉冲的上升和下降时间,而无响应时间就是无信号的时间间隔。由于接收到的波形和接收机产生的波形并不是理想同步的,因此即使发射信号中的换频时间微不足道,接收机的解跳信号中也会存在更大的换频时间。非零换频时间可以包括有意保留的保护时间,它会减少用于传输符号间隔 T_s,若 T_{so}是不考虑跳频时的符号间隔,则 $T_s = T_{so}(T_d/T_h)$。符号间隔的减少扩展了发射信号频谱,从而降低了固定跳频频带中的信道数量。由于接收机滤波能够确保脉冲上升和下降沿的时间与符号间隔具有同样的数量级,因此在实际的系统中 $T_{sw} > T_s$。

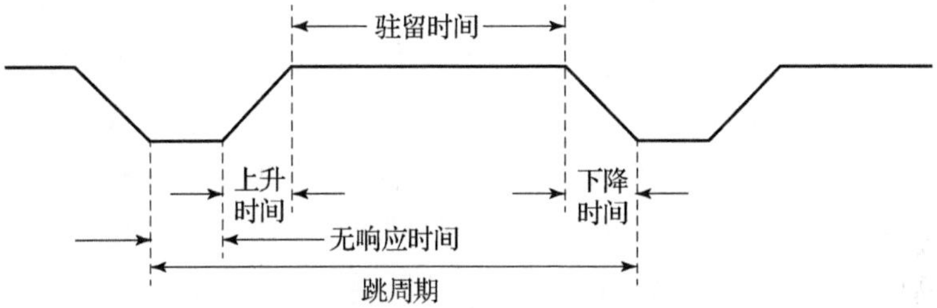

图 3.4 跳频脉冲的时间构成与幅度变化

跳频可分为慢跳频和快跳频两类。快跳频是指每个信息符号需要多跳来传输。慢跳频是指任意跳频间隔内传输一个或多个信息符号。虽然上述定义并不涉及绝对跳速,但是只有在跳速能够超过信息符号速率的情况下,才选择快跳频。由于慢跳频的发射波形频谱更加紧凑(见 3.4 节),且换频时间的额外开销较小,因此更受青睐。

为在慢跳频系统中充分利用分组码或卷积码的优势,编码符号应当以一定的方式交织,即分组码或一定自由距离内的卷积码符号独立衰落。在频率选择性衰落信道上运行的跳频系统,这种独立衰落的实现就需要对系统参数值有一定的限制(见 6.7 节)。

频率选择性衰落和多普勒频移使得发射机和接收机中频率合成器在跳与跳之间难以保持相位相干。此外,接收信号频率的变化和接收机中频合器输出信号变化之间的时变延时导致解跳信号在各跳间的相位偏移不同。因此,除非可以使用导频信号、跳周期很长或使用精心设计的相位迭代估计技术(可能是 Turbo 译码的一部分),跳频系统一般都使用非相干或差分相干解调器。

在军事应用中,跳频系统的抗干扰能力可能会被转发式干扰机(又称跟踪干扰机)所抵消。转发式干扰机能够截获并处理信号,然后再以相同的中心频率发射干扰。为有效干扰跳频系统,干扰能量必须在跳频系统跳入新的载波频率之前抵达跳频接收机。因此,跳速成为对抗转发式干扰的关键因素。参考文献[1]分析了所需的跳速以及转发式干扰的局限性。

3.2 正交 CPFSK 跳频

在以频移键控(Frequency - Shift Keying,FSK)作为数据调制方式的慢跳频系统中,为防止在一个跳频驻留时间内信道外过大的频谱泄漏,符号之间相位的连续性是非常必要的(见 3.3 节)。因而,该数据调制被称为连续相位 FSK(Continuous - Phase FSK,CPFSK)。在以 CPFSK 为调制方式的跳频系统(FH/CPFSK 系统)中,选择 q 个 CPFSK 频率集 S_q 中的频率之一来使得每个发射符号在一跳驻留时间内的载波频率发生偏移。图 3.5(a)所示为 FH/CPFSK 系统的发射机一般模型。跳频图案产生器的输出比特确定载波频率,数字符号确定 S_q 中的频率,二者共同确定了符号间隔内频合器产生的频率。在标准设计中,q 个子信道是相邻的,且每个子信道集构成了跳频频带中的一个信道。

正交 FH/CPFSK 系统将跳频加与正交 CPFSK 信号中(见 1.2 节)。图3.5(b)给出了非相干正交 FH/CPFKS 接收机的主要组成。移除跳频载频后的正交 CPFSK 信号送至解调器和解码器。每个匹配滤波器对应一个 CPFSK 子信道。

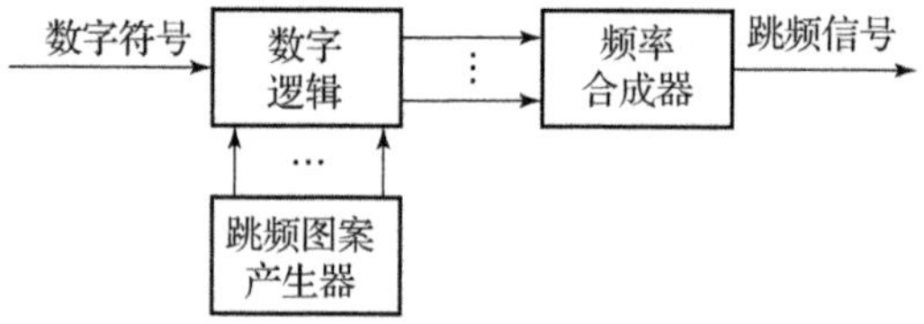

(a) 发射机

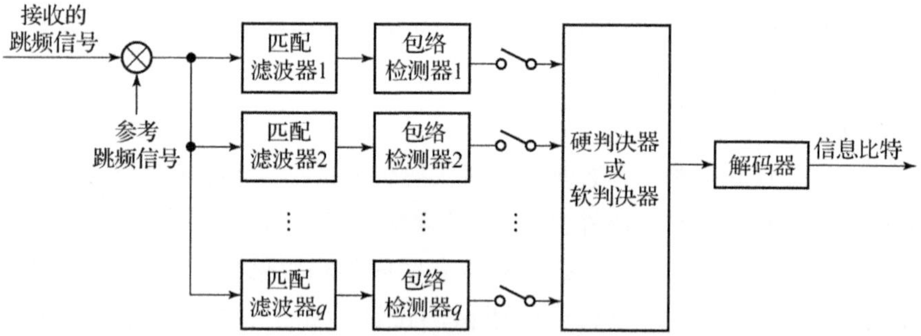

(b) 非相干接收机

图 3.5 正交 FH/FSK 系统

3.2.1 系统说明

为说明跳频通信的一些基本问题,考虑使用重复编码为信道编码,次优度量,以及形如图 3.5(b)接收机的正交 FH/CPFSK 系统。该系统虽有显著不足,如非常弱的重复编码，但却易于进行近似数学分析，得以剖析跳频系统的设计问题。每个信息符号作为一个码字来传输，每个码字由 n 个相同的编码符号组成。干扰建模为宽带高斯噪声，均匀分布在部分跳频频带中。假设快跳频及在多个跳间隔内具有理想交织的慢跳频系统都具有理想解跳和可忽略的换频时间。这两个条件确保了编码符号错误的独立性。

由于式(1.80)所示的最大似然度量难以实现，因此要考虑次优度量。式(1.84)给出的平方律度量采用线性平方律合并，它的优点是计算时无须信道状态信息或边信息，而边信息是与编码符号可靠性有关的信息。然而，该度量不适合对抗部分频带强干扰，主要原因是一个较强的符号度量就能破坏码字度量。

下式给出了一种比式(1.80)更简单、但仍需除以 N_{0i} 的无量纲度量，即非线性平方律度量，即

$$U(l) = \sum_{i=1}^{n} \frac{R_{li}^2}{N_{0i}}, \quad l = 1,2,\cdots,q \tag{3.2}$$

式中：R_{li} 为包络检测器输出的采样值，它与候选信息符号 l 的第 i 个编码符号有关；$N_{0i}/2$ 为编码符号 i 中所有 CPFSK 子信道中干扰和噪声的双边功率谱密度(Power Spectral Density，PSD)。该度量的优点是较大 R_{li} 的影响可用较大的 N_{0i} 值减轻，而 N_{0i} 必须已知。下面主要分析非线性平方律度量。

式(1-26)所示的联合界表明信息符号错误概率满足

$$P_{is} \leqslant (q-1)P_2 \tag{3.3}$$

式中：P_2 为将传输的信息符号度量与其他信息符号度量进行比较后得出的错误概率。假设有足够的信道，则 n 个不同的载波频率就可用作 n 个编码符号。由于 CPFSK 的频率是正交的，因此编码符号度量 $\{R_{li}^2\}$ 对所有 l 和 i 都是独立同分布的(见1.2节)。由此可得，$\alpha = 1/2$ 时，由式(1.145)和式(1.144)给出的切尔诺夫界为

$$P_2 \leqslant \frac{1}{2}Z^n \tag{3.4}$$

$$Z = \min_{0<s<s_1} E\left[\exp\left\{\frac{s}{N_1}(R_2^2 - R_1^2)\right\}\right] \tag{3.5}$$

式中：R_1 为对应的匹配滤波器输入端存在有用信号时，包络检测器的输出采样值；R_2 为另一个匹配滤波器的输入端不存在有用信号时的输出值。$N_1/2$ 为在一个编码符号中覆盖所有 FSK 子信道上干扰和噪声的双边 PSD，且符号与符号之间可能不同。由于 CPFSK 频率是正交的，因而是 q 元对称的，因此式(1.95)、式(3.3)及式(3.4)给出了信息比特错误概率的上界为

$$P_b \leqslant \frac{q}{4}Z^n \tag{3.6}$$

接收信号的形式为

$$r(t)=\sqrt{2\mathcal{E}_s/T_s}\cos[2\pi(f_c+f_1)t+\theta]+n_1(t),\quad 0\leqslant t\leqslant T_s$$

式中:$\mathcal{E}_s$ 为单个编码符号能量;T_s 为编码符号间隔;$n_1(t)$ 为零均值高斯干扰和噪声过程。假设 $n_1(t)$ 是白的,得出

$$E[n_1(t)n_1(t+\tau)]=\frac{N_1}{2}\delta(\tau) \tag{3.7}$$

如1.5节所示,R_l^2 可表示为

$$R_l^2=R_{lc}^2+R_{ls}^2,l=1,2 \tag{3.8}$$

利用正交符号波形及式(3.7),并假设式(1.99)及式(1.100)中 $f_c+f_1\gg 1/T_s$,可证明高斯随机变量 R_{1c}、R_{1s}、R_{2c}及 R_{2s}之间的独立性。得出的矩为

$$E[R_{1c}]=\sqrt{\mathcal{E}_sT_s/2}\cos\theta,\quad E[R_{1s}]=\sqrt{\mathcal{E}_sT_s/2}\sin\theta \tag{3.9}$$

$$E[R_{2c}]=E[R_{2s}]=0 \tag{3.10}$$

$$\text{var}[R_{lc}]=\text{var}[R_{ls}]=N_1T_s/4,\quad l=1,2 \tag{3.11}$$

对于均值为 m、方差为 σ^2 的高斯随机变量 X 来说,直接计算可得

$$E[\exp(aX^2)]=\frac{1}{\sqrt{1-2a\sigma^2}}\exp\left(\frac{am^2}{1-2a\sigma^2}\right),\quad a<\frac{1}{2\sigma^2} \tag{3.12}$$

该式可部分地估计出式(3.5)的期望值。在给定 N_1 的条件下,利用式(3.8)~式(3.12),并代入 $\lambda=sT_s/2N_1$,可得

$$Z=\min_{0<\lambda<1}E\left[\frac{1}{1-\lambda^2}\exp\left(-\frac{\lambda\mathcal{E}_s/N_1}{1+\lambda}\right)\right] \tag{3.13}$$

式中的期望符号是关于统计量 N_1 求期望。

为简化分析,假设热噪声可忽略不计。当重复的符号没有遇到干扰时,$N_1=0$;遇到干扰时,则 $N_1=I_{t0}/\mu$,其中 μ 为跳频频带被干扰的比例。若干扰功率平均分布在整个跳频频带上,则 I_{t0}就是PSD。定义

$$\gamma=\frac{(\log_2q)\mathcal{E}_b}{I_{t0}} \tag{3.14}$$

式中:$\log_2q$ 为每个信息符号的比特数,$\mathcal{E}_b$ 为每信息比特能量,由于 μ 是接收编码符号遇到干扰的概率,且 $\mathcal{E}_s=(\log_2q)\mathcal{E}_b/n$,因此式(3.13)变为

$$Z=\min_{0<\lambda<1}\left[\frac{\mu}{1-\lambda^2}\exp\left(-\frac{\lambda\mu\gamma/n}{1+\lambda}\right)\right] \tag{3.15}$$

通过积分可得

$$Z=\frac{\mu}{1-\lambda_1^2}\exp\left(-\frac{\lambda_1\mu\gamma/n}{1+\lambda_1}\right) \tag{3.16}$$

式中

$$\lambda_1 = -\left(\frac{1}{2}+\frac{\mu\gamma}{4n}\right)+\left[\left(\frac{1}{2}+\frac{\mu\gamma}{4n}\right)^2+\frac{\mu\gamma}{2n}\right]^{1/2} \tag{3.17}$$

将式(3.16)和式(3.14)代入式(3.6),可得

$$P_b \leqslant \frac{q}{4}\left(\frac{\mu}{1-\lambda_1^2}\right)^n \exp\left(-\frac{\lambda_1\mu\gamma}{1+\lambda_1}\right) \tag{3.18}$$

假设干扰是最恶劣的部分频带干扰,当干扰功率按最具破坏性的方式分布时出现。使式(3.18)右侧关于μ最大,其中$0\leqslant\mu\leqslant1$,可得到P_b的近似上界。通过积分可得μ的最大值为

$$\mu_0 = \min\left(\frac{3n}{\gamma},1\right) \tag{3.19}$$

由于μ_0只是通过最大化P_b的上界而非P_b本身得到的,因此μ_0无须与实际中最恶劣的μ值相等,在式(3.18)中取$\mu=\mu_0$,可得到最恶劣的部分频带干扰下P_b的近似上界,即

$$P_b \leqslant \begin{cases} \dfrac{q}{4}\left(\dfrac{4n}{e\gamma}\right)^n, & n\leqslant\gamma/3 \\ \dfrac{q}{4}(1-\lambda_0^2)^{-n}\exp\left(-\dfrac{\lambda_0\gamma}{1+\lambda_0}\right), & n>\gamma/3 \end{cases} \tag{3.20}$$

式中

$$\lambda_0 = -\left(\frac{1}{2}+\frac{\gamma}{4n}\right)+\left[\left(\frac{1}{2}+\frac{\gamma}{4n}\right)^2+\frac{\gamma}{2n}\right]^{1/2} \tag{3.21}$$

进一步的分析需要一些关于凸函数的性质。若针对任意区间内的所有x和y,$\alpha\in[0,1]$,有$f[\alpha x+(1-\alpha)y]\leqslant\alpha f(x)+(1-\alpha)f(y)$,则该区间内实函数$f$为凸函数。$f$为凸函数的充分条件为有非负二阶导数(见7.3节)。凸函数在任意区间内的局部最小值为全局最小值,类似地,局部最大值也是全局最大值[2]。

若γ已知,则通过选择重复的次数可使最恶劣的部分频带干扰下P_b的上界最小化。将n看作连续变量,且$n\geqslant1$;令n_0表示n的最小值。计算表明不等式(3.20)中右侧第二行关于n的导数为正数。因此,若$\gamma/3<1$,则对于$n\geqslant1$,第二行可用,于是$n_0=1$。若$\gamma/3>1$,则通过最小化紧凑集$[1,\gamma/3]$中的严格凸函数$f(n)=(q/4)(4n/e\gamma)^n$,可使P_b的上界最小化。由于$f(n)$严格凸,因此$f(n)$的平稳点表示全局极小值。进一步计算可得

$$n_0 = \max\left(\frac{\gamma}{4},1\right) \tag{3.22}$$

由于n必须为整数,因此对抗最恶劣的部分频带干扰的符号最优重复次数约为$\lfloor n_0 \rfloor$,式中$\lfloor \chi \rfloor$为小于或等于χ的最大整数。若$\gamma\geqslant4$,则式(3.22)表明符号的最优重复次数随γ的增加而增加。

将上述 n_0 处理结果和式(3.14)代入式(3.20)可得出最恶劣的部分频带干扰下 P_b 的近似上界和符号的最优重复次数,即

$$P_b \leqslant \begin{cases} \dfrac{q}{4}(1-\lambda_0^2)^{-1}\exp\left(-\dfrac{\lambda_0 \mathcal{E}_b/I_{t0}}{1+\lambda_0}\right), & \dfrac{\mathcal{E}_b}{I_{t0}} < 3\log_2 q \\ \dfrac{q}{e(\log_2 q)}\left(\dfrac{\mathcal{E}_b}{I_{t0}}\right)^{-1}, & 3\log_2 q \leqslant \dfrac{\mathcal{E}_b}{I_{t0}} < 4\log_2 q \\ \dfrac{q}{4}\exp\left(-\dfrac{\mathcal{E}_b/I_{t0}}{4\log_2 q}\right), & \dfrac{\mathcal{E}_b}{I_{t0}} \geqslant 4\log_2 q \end{cases} \quad (3.23)$$

式(3.23)表明,若选定符号的最优重复次数,且 $\mathcal{E}_b/I_{t0} \geqslant 4\log_2 q$,则 P_b 随着 E_b/I_{t0} 呈指数下降。图3.6给出了当 q 分别取2、4、8且符号的重复次数 n 为最优值及 $n=1$ 时 P_b 的上界与比特信干比 $\mathcal{E}_b/I_{t0}$ 的关系。该图表明,与相同功率下全频带干扰相比,非线性平方律度量及符号最优重复次数明显降低了最恶劣的部分频带干扰所造成的性能下降。例如,令式(1.94)中 $N_0 \to I_{t0}$,式(3.23)中 $q=2$,然后比较两式,可发现对二进制CPFSK跳频系统来说,性能下降约为3dB。

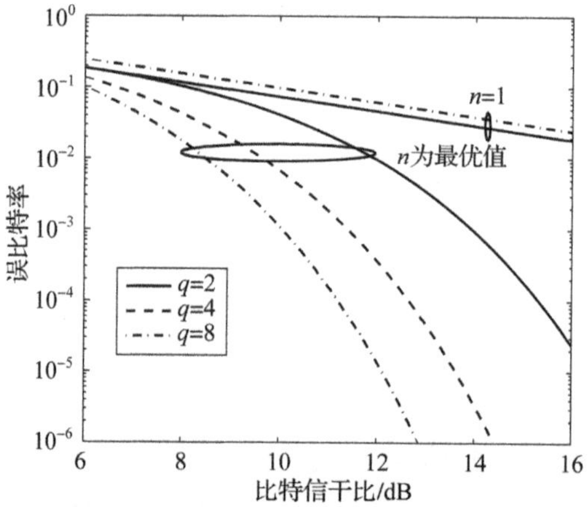

图3.6　最恶劣部分频带干扰下跳频系统的误比特率上界

将式(3.22)代入式(3.19)可得

$$\mu_0 = \begin{cases} 1, & \dfrac{\mathcal{E}_b}{I_{t0}} < 3\log_2 q \\ \dfrac{q}{e(\log_2 q)}\left(\dfrac{\mathcal{E}_b}{I_{t0}}\right)^{-1}, & 3\log_2 q \leqslant \dfrac{\mathcal{E}_b}{I_{t0}} < 4\log_2 q \\ \dfrac{3}{4}, & \dfrac{\mathcal{E}_b}{I_{t0}} \geqslant 4\log_2 q \end{cases} \quad (3.24)$$

该结果表明若符号的重复次数最优,则最坏情况下的干扰覆盖了跳频频带

的 4/3 甚至更多。

对于二进制 CPFSK 跳频及非线性平方律度量来说,虽然符号的最优重复次数要远小于式(3.22)所示的次数,但当热噪声可忽略时,文献[3]给出了一种不使用切尔诺夫界的更精确的推导,该推导证实了式(3.23)给出的是由最恶劣部分频带干扰造成的信息比特错误率的近似上界。因此,对非线性平方律合并项进行适当加权能防止其输出被单个错误符号度量支配,且可以限制由符号能量损失引起的固有的非相干合并损耗。

非线性平方律度量的实现需要测量干扰功率。一种基于期望值最大化算法(见 9.1 节)的迭代功率估计方法给出了近似最大似然估计,但却需要比重复编码更强的编码。另一种方法是对每个包络检测器的输出功率 R_{li} 进行限幅或软限幅,以恢复到硬判决译码或平方律度量。这两种方法都可防止单个错误样值对码字检测的破坏。虽然限幅比硬判决译码更具有潜在有效性,但其实现需要对信号功率进行精确测量,以设置合适的限幅电平。一种易实现的次最优度量可能代替限幅平方律度量,其形式为

$$U(l) = \sum_{i=1}^{n} f\left(\frac{R_{li}^2}{\sum_{j=1}^{n} R_{lj}^2}\right), \quad l = 1,2,\cdots,q \tag{3.25}$$

式中:$f(\cdot)$为某种单调递增函数。虽然该度量无须估计每个 N_{0i} 值,但却对每个 N_{0i} 值都敏感。

3.2.2　多音干扰

若载波之间的频率间隔为 k/T_s,其中 k 为非零整数,T_s 表示符号间隔,则正交 CPFSK 单音在错误的子信道中产生的响应可忽略不计。当 CPFSK 子信道彼此相邻时,为使跳频频率集最大化,选择 $k=1$。因此,对于每跳驻留间隔内有多个符号且换频时间可忽略不计的慢跳频信道的带宽为

$$B \approx \frac{q}{T_s} = \frac{q}{T_b \log_2 q} \tag{3.26}$$

式中:T_b 为比特间隔,因子$\log_2 q$ 表示使用非二进制调制时符号间隔的增加倍数。若跳频频带的带宽为 W,且信道均匀分布、相互临接,则跳频频率集的大小为

$$M = \left\lfloor \frac{W}{B} \right\rfloor \tag{3.27}$$

因此

$$M = \left\lfloor \frac{WT_b \log_2 q}{q} \right\rfloor \tag{3.28}$$

若 CPFSK 的子信道是相邻的,当干扰机在 CPFSK 系统的所有子信道上都

发射干扰时,就非常不利了,因为此时只需干扰一个子信道就可引起符号错误。若一台先进干扰机已知 CPFSK 子信道集的频谱位置,则在每个 CPFSK 子信道集中放置一个单音干扰或窄带干扰信号,就会使得系统性能显著恶化,这种干扰称为多音干扰。

为评估这种复杂的多音干扰对图 3.5(b)所示的接收机中硬判决译码的影响,假设不存在热噪声,一个信道中包含 q 个 CPFSK 子信道,且每个干扰频率都与某一 CPFSK 子信道一致。无论干扰频率与传输的 CPFSK 子信道是否一致,若 CPFSK 信号功率 S 超过干扰功率,就不会出现符号错误。因此,若 I_t 为总有效干扰功率,则在 J 个信道上通过使干扰信号的功率水平稍高于 S,就可使符号错误最大化,即

$$J=\begin{cases}1, & I_t<S\\ \left\lfloor\dfrac{I_t}{S}\right\rfloor, & S\leqslant I_t<MS\\ M, & MS\leqslant I_t\end{cases}\tag{3.29}$$

若传输的 CPFSK 信号进入受扰信道,且 $I_t\geqslant S$,则干扰频率与 FSK 信号频率不一致的概率为$(q-1)/q$,并会导致硬判决译码后的符号错误。若干扰频率与正确的 FSK 信号频率一致,不会导致没有热噪声情况下的符号错误。由于 J/M 为信道受扰的概率,若 $I_t<S$,则错误不会发生,因此误符号率为

$$P_s=\begin{cases}0, & I_t<S\\ \dfrac{J}{M}\left(\dfrac{q-1}{q}\right), & I_t\geqslant S\end{cases}\tag{3.30}$$

将式(3.28)、式(3.29)代入式(3.30),且使用近似值$\lfloor X\rfloor\approx X$,可得

$$P_s=\begin{cases}\dfrac{q-1}{q}, & \dfrac{\mathcal{E}_b}{I_{t0}}<\dfrac{q}{\log_2 q}\\ \left(\dfrac{q-1}{\log_2 q}\right)\left(\dfrac{\mathcal{E}_b}{I_{t0}}\right)^{-1}, & \dfrac{q}{\log_2 q}\leqslant\dfrac{\mathcal{E}_b}{I_{t0}}\leqslant WT_b\\ 0, & \dfrac{\mathcal{E}_b}{I_{t0}}>WT_b\end{cases}\tag{3.31}$$

式中:$\mathcal{E}_b=ST_b$ 表示比特能量;$I_{t0}=I_t/W$ 表示干扰均匀分布在跳频频带上时的干扰功率谱密度。式(3.31)表明 P_s 与 $\mathcal{E}_b/I_{t0}$成反比,也表明干扰所产生的影响类似于瑞利衰落及图 3.6 中 $n=1$ 时最恶劣的部分频带干扰所产生的影响。误符号率随 q 的增加而增加,这与 n 最优时最坏情况的部分频带干扰下的结果恰好相反。P_s 增加的原因是当 q 增加时,每个信道的带宽也相应增加,从而更易于受到多音干扰的影响。因此,二进制 CPFSK 在这种复杂多音干扰下具有优势。

3.3　DPSK和CPM调制的跳频系统

在固定跳频带宽的跳频通信网络中，非常希望选用频谱紧凑的数据调制方式，以便获得较多的信道，从而使得跳频信号之间的碰撞次数较少。频谱紧凑的调制方式也有助于确保信道带宽小于相干带宽（见6.3节），这样接收机中就无须均衡。

跳频数据调制的另一个必要特性是对频谱泄露的限制。频谱泄漏是跳频信号射频脉冲在所使用信道之外的信道中产生的干扰。它是由发射脉冲的时间有限性引起的。频谱泄漏引发错误的程度主要取决于信道间隔 F_s 及信道中包含的信号功率百分比。实际中，该百分比至少需要90%才能避免信号失真，且经常要求大于95%。通常，只有相邻信道中的跳频脉冲才会在该信道中产生显著的频谱泄漏。

邻道干扰比 K_s 是指到达接收机的相邻信道的频谱泄漏功率与该信道信号功率之比。例如，若 B 为信道带宽，其中包含97%的信号功率，且 $F_s \geq B$，则发射的信号中仅有不超过1.5%的功率能够进入信号所在信道一侧的相邻信道；因此，$K_s \leq 0.015/0.97 = 0.0155$。$K_s$ 的最大值可随 F_s 的增加而减小，但若跳频带宽固定不变，则最终必须减小信道数量值 M。因此，用户跳入同一个信道的概率增加。这种概率的增加将抵消由于频谱泄漏减小带来的任何改善。反之（减小 F_s 和 B 从而获得更多的可用信道），则不但增加了频谱泄漏，而且还增加了信号失真和符号间干扰，从而使得可用的减小量受到限制。

为避免由放大器的非线性带来的频谱扩展，希望信号的数据调制方式具有恒包络，其原因在于对来自末级功放的信号的频谱形状而言，带宽和中心频率合适的滤波器往往不可能实现。由于其产生恒包络且无须相干解调，因此，较好的调制方式是差分相移键控（Differential Phase - Shift Keying，DPSK）或其他一些频谱紧凑的连续相位调制。

3.3.1　FH/DPSK

DPSK解调器对两个连续接收符号的相位进行比较。若相差小于 $\pi/2$，则解调器判决传输的是1；否则，判决传输的是0。

考虑FH/DPSK系统中的多音干扰，其热噪声可忽略不计。假设每个干扰的频率都与一个信道的中心频率相同。若传输的是1且不存在热噪声，则由传输信号加上干扰信号所组成的复合信号在同一驻留间隔内的两个连续接收符号之内相位是固定的，因此，解调器将正确地检测到1。

假设传输的是0,则在第一个符号期间,期望信号为$\sqrt{2S}\cos 2\pi f_c t$,其中S为平均功率,f_c为跳频信号在驻留间隔内的载波频率。当存在干扰时,根据三角恒等式推导可得在第一个符号期间,复合信号可表示为

$$\sqrt{2S}\cos 2\pi f_c t + \sqrt{2I}\cos(2\pi f_c t + \theta) = \sqrt{2S + 2I_t + 4\sqrt{SI}\cos\theta}\cos(2\pi f_c t + \phi_1) \tag{3.32}$$

式中:I为干扰的平均功率;θ为干扰相对于跳频信号的相位;ϕ_1为复合信号的相位,即

$$\phi_1 = \tan^{-1}\left(\frac{\sqrt{I}\sin\theta}{\sqrt{S}+\sqrt{I}\cos\theta}\right) \tag{3.33}$$

由于第二个符号期间的期望信号为$-\sqrt{2S}\cos 2\pi f_c t$,则第二个符号期间复合信号为

$$-\sqrt{2S}\cos 2\pi f_c t + \sqrt{2I}\cos(2\pi f_c t + \theta) = \sqrt{2S + 2I_t + 4\sqrt{SI}\cos\theta}\cos(2\pi f_c t + \phi_2) \tag{3.34}$$

式中

$$\phi_2 = \tan^{-1}\left(\frac{\sqrt{I}\sin\theta}{-\sqrt{S}+\sqrt{I}\cos\theta}\right) \tag{3.35}$$

运用三角函数可发现

$$\phi_2 - \phi_1 = \cos^{-1}\left[\frac{I-S}{\sqrt{S^2 + I^2 + 2SI(1 - 2\cos^2\theta)}}\right] \tag{3.36}$$

若$I > S$,有$|\phi_2 - \phi_1| < \pi/2$,因此解调器会错误地判决传输的是1。若$I < S$,则不会出错。因此,当式(3.29)中给出的$J$个信道被干扰且每个频率的干扰功率为$I = I_t/J$时,总功率为$I_t$的多音干扰最具破坏性。若信息比特为0和1的概率相同,则当信道被干扰且$I > S$时,误符号率$P_s = 1/2$,这是0被传输的概率。因此,若$I_t \geqslant S$则$P_s = J/2M$,否则$P_s = 0$。利用$S = \mathcal{E}_b/T_b$、$I_t = I_{t0}W$时的式(3.27)和式(3.29),及近似式$\lfloor X \rfloor \approx X$,可得多音干扰下的FH/DPSK误符号率为

$$P_s = \begin{cases} \dfrac{1}{2}, & \dfrac{\mathcal{E}_b}{I_{t0}} < BT_b \\ \dfrac{1}{2}BT_b\left(\dfrac{\mathcal{E}_b}{I_{t0}}\right)^{-1}, & BT_b \leqslant \dfrac{\mathcal{E}_b}{I_{t0}} \leqslant WT_b \\ 0, & \dfrac{\mathcal{E}_b}{I_{t0}} > WT_b \end{cases} \tag{3.37}$$

表明了相同功率下多音干扰比高斯白噪声对P_s的影响更大。

3.3.2 FH/CPM

将频率脉冲 $g(t)$ 定义为分段连续函数,且时间间隔 $[0, LT_s]$ 外的脉冲为零,即

$$g(t)=0,\quad t<0 \text{ 或 } t>LT_s \tag{3.38}$$

式中:L 为正整数;T_s 为符号间隔。将函数归一化可得

$$\int_0^{LT_s} g(x)\,\mathrm{d}x = \frac{1}{2} \tag{3.39}$$

将相位响应定义为连续函数,即

$$\phi(t) = \begin{cases} 0, & t<0 \\ \int_0^t g(x)\,\mathrm{d}x, & 0 \leqslant t \leqslant LT_s \\ 1/2, & 0 \leqslant t \leqslant LT_s \end{cases} \tag{3.40}$$

连续相位调制(Continuous - Phase Modulation, CPM)信号的一般形式为

$$s(t)=A\cos[2\pi f_c t+\phi(t,\boldsymbol{\alpha})] \tag{3.41}$$

式中:A 为幅度;f_c 为载波频率;$\phi(t,\boldsymbol{\alpha})$ 为携带了信息的相位函数。相位函数的形式为

$$\phi(t,\boldsymbol{\alpha}) = 2\pi h \sum_{i=-\infty}^{n} \alpha_i \phi(t-iT_s) \tag{3.42}$$

式中:h 为常数,称为偏移系数或调制指数;向量 $\boldsymbol{\alpha}$ 为 q 进制信道符号的序列。每个符号 α_i 取 q 个可能值中的一个;若 q 为偶数,则值为 $\pm1, 3, \cdots, \pm(q-1)$。相位函数是连续的,且式(3.42)表明任何特定符号间隔中的相位都取决于之前的多个符号。

由于 $g(t)$ 是分段连续函数,$\phi(t,\boldsymbol{\alpha})$ 是可微的。CPM 信号的频率函数与 $\phi(t,\boldsymbol{\alpha})$ 的导数成正比,其形式为

$$\frac{1}{2\pi}\phi'(t,\boldsymbol{\alpha}) = h \sum_{i=-\infty}^{n} \alpha_i g(t-iT_s),\quad nT_s \leqslant t \leqslant (n+1)T_s \tag{3.43}$$

若 $L=1$,则连续相位调制称为全响应调制;若 $L>1$,则称为部分响应调制,每个频率脉冲都将持续超过两个或更多个符号间隔。全响应调制的归一化条件表明符号间的相位变化等于 $h\pi\alpha_i$。

CPFSK 是全响应 CPM,其每个符号间隔上的瞬时频率都是恒定的。由于归一化的原因,CPFSK 脉冲波形为

$$g(t) = \begin{cases} \dfrac{1}{2T_s}, & 0 \leqslant t \leqslant T_s \\ 0, & \text{其他} \end{cases} \tag{3.44}$$

其相位响应为

$$\phi(t)=\begin{cases}0, & t<0\\ \dfrac{t}{2T_s}, & 0\leqslant t\leqslant LT_s\\ \dfrac{1}{2}, & t>T_s\end{cases} \tag{3.45}$$

CPFSK 信号在间隔为 $f_d=h/T_s$ 的频率之间变化,将式(3.45)代入式(3.42)可得

$$\phi(t,\boldsymbol{\alpha}) = \pi h\sum_{i=-\infty}^{n-1}\alpha_i + \frac{\pi h}{T_s}\alpha_n(t-nT_s),\quad nT_s\leqslant t\leqslant(n+1)T_s \tag{3.46}$$

CPFSK 与 FSK 的主要区别在于,对于 CPFSK 而言,h 可以是任何正值,但对于 FSK 来说,为便于子载波频率相互正交,h 只能是整数。这两种调制都可用匹配滤波器、包络检测器和鉴频器来检测。虽然 CPFSK 明确要求相位的连续性,而对 FSK 没有这种要求,但 FSK 的实现通常也需要相位连续,以避免产生频谱泄漏。因此,FSK 通常可作为 $h=1$ 的 CPFSK 来实现。最小频移键控(Minimum - Shift Keying,MSK)定义为 $h=1/2$ 的二进制 CPFSK,其两个频率的间隔为 $f_d=1/2T_s$。

采用多符号非相干检测[4]的 CPFSK 系统比没有多符号检测的相干 BPSK 系统具有更低的误符号率。对于 r 符号检测,在判决前最优接收机与接收波形在所有可能的 r 个符号序列模式上进行相关运算。缺点是多符号检测的实现相当复杂,即使是三符号检测也是如此。

许多通信信号都可建模为带通信号,其形式为

$$s(t)=\mathrm{Re}[s_l(t)\exp(\mathrm{j}2\pi f_c t)] \tag{3.47}$$

式中:$\mathrm{j}=\sqrt{-1}$;$s_l(t)$为复值函数。$s(t)$与 $2\exp(-\mathrm{j}2\pi f_c t)$相乘的低通滤波产生 $s_1(t)$,称为 $s(t)$的复包络或等效低通波形。考虑正交调制的形式为

$$s_1(t)=\frac{A[d_1(t)+\mathrm{j}d_2(t)]\exp(\mathrm{j}\theta)}{\sqrt{2}} \tag{3.48}$$

式中:$d_1(t)$和 $d_2(t)$为数据调制,θ 为均匀分布在$[0,2\pi)$上的随机相位,则 $s(t)$可表示为

$$s(t)=\frac{A}{\sqrt{2}}d_1(t)\cos(2\pi f_c t+\theta)+\frac{A}{\sqrt{2}}d_2(t)\sin(2\pi f_c t+\theta) \tag{3.49}$$

由于正交分量之间功率的分配,因此式中插入$\sqrt{2}$。

考虑数据调制形式如下

$$d_i(t) = \sum_{k=-\infty}^{\infty} a_{ik}\psi(t-kT_s-T_0-t_i),\quad i=1,2 \tag{3.50}$$

式中：$\{a_{ik}\}$ 为独立同分布的随机变量序列，$a_{ik}=+1$ 或 -1 的概率均为1/2，4 为脉冲波形；T_s 为脉冲持续时间和符号间隔；t_i 为脉冲相对时间偏移；T_0 为均匀分布在区间$(0,T)$的独立随机变量，表示坐标系原点的随机性。式(3.50)描述了数据符号的无线数据流，是用于简化自相关函数和PSD估计的近似值。由3.4节所述可知，有限集符号的频谱更稀疏。

由于当 $n\neq k$ 时 a_{ik} 与 a_{in} 相互独立，故可得 $E[a_{ik}a_{in}]=0(n\neq k)$。因此，实数 $d_i(t)$ 的自相关函数为

$$\begin{aligned} R_{di}(\tau) &= E[d_i(t)d_i(t+\tau)] \\ &= \sum_{k=-\infty}^{\infty} E[\psi(t-kT_s-T_0-t_i)\psi(t-kT_s-T_0-t_i+\tau)] \end{aligned} \tag{3.51}$$

在 T_0 的范围内将期望值表示为积分形式并进行变量替换，可得

$$\begin{aligned} R_{di}(\tau) &= \sum_{k=-\infty}^{\infty}\frac{1}{T_s}\int_{t-kT_s-T_s-t_i}^{t-kT_s-t_i}\psi(x)\psi(x+\tau)\mathrm{d}x \\ &= \frac{1}{T_s}\int_{-\infty}^{\infty}\psi(x)\psi(x+\tau)\mathrm{d}x,\ i=1,2 \end{aligned} \tag{3.52}$$

式(3.52)表明，$d_1(t)$ 与 $d_2(t)$ 为广义平稳过程 $R_1(\tau)=\frac{A^2}{2}R_{d1}(\tau)+\frac{A^2}{2}R_{d2}(\tau)$，其自相关函数相同。故 $s_1(t)$ 的复自相关函数为

$$R_1(\tau)=E[s_1(\tau)s_1^*(t+\tau)] \tag{3.53}$$

$d_1(t)$ 与 $d_2(t)$ 的独立性表明：

$$R_1(\tau)=\frac{A^2}{2}R_{d1}(\tau)+\frac{A^2}{2}R_{d2}(\tau) \tag{3.54}$$

复包络 $s_1(t)$ 的双边 PSD$S_1(f)$ 是 $R_1(\tau)$ 的傅里叶变换（见附录C.1）。$\psi(t)$ 的傅里叶变换为

$$G(f)=\int_{-\infty}^{\infty}\psi(t)\mathrm{e}^{-\mathrm{j}2\pi ft}\mathrm{d}t \tag{3.55}$$

由式(3.54)、式(3.52)及卷积定理（见附录C.1），可得PSD为

$$S_1(f)=A^2\frac{|G(f)|^2}{T_s} \tag{3.56}$$

在四相频移键控(Quadrature Phase - Shift Keying, QPSK)信号中，$d_1(t)$ 与 $d_2(t)$ 通常建模为独立的随机二进制序列，其中 $t_1=t_2=0$，式(3.50)中的符号间隔为 $T=2T_b$，T_b 为比特间隔。若 $\psi(t)$ 为 $[0,2T_b]$ 上具有单位幅度的矩形波形，则由基本积分和式(3.56)、式(3.55)可得QPSK的PSD为

$$S_1(f)=2A^2T_b\,\mathrm{sinc}^2 2T_b f \tag{3.57}$$

上式与BPSK的PSD相同。

具有相同分量幅度的二进制 MSK 信号可由取 $t_1=0$、$t_2=-\pi/2$、$T_s=T_b$ 时的式(3.49)和式(3.50)表示:

$$\psi(t)=\sqrt{2}\sin\left(\frac{\pi t}{2T_b}\right),\quad 0\leqslant t\leqslant 2T_b \tag{3.58}$$

运用三角变换和三角积分对 $G(f)$ 进行简单推导可得 MSK 的 PSD 为

$$S_1(f)=\frac{16A^2T_b}{\pi^2}\left[\frac{\cos(2\pi T_b f)}{16T_b^2f^2-1}\right]^2 \tag{3.59}$$

信号功率谱紧凑程度的度量由带内功率比 $F_{ib}(b)$ 给出,它定义为在 $f\in[-b,b]$ 范围内的功率比。因此

$$F_{ib}(f)=\frac{\int_{-b}^{b}S_1(f)\,\mathrm{d}f}{\int_{-\infty}^{\infty}S_1(f)\,\mathrm{d}f},\quad b\geqslant 0 \tag{3.60}$$

令 $F_{ib}(B/2)$ 等于信道内已调信号功率的比率可确定信道带宽 B。符号间隔为 T_s 的实际信号复包络的自相关函数为 τ/T_s: $R_1(\tau)=f_1(\tau/T_s)$。对上述自相关函数而言,复包络的 PSD 形式为 $S_1(f)=T_s f_2(fT_s)$。因此,B 与 T_s 成反比。将归一化带宽定义为

$$\zeta=BT_s \tag{3.61}$$

通常,$F_{ib}(B/2)$ 至少要超过 0.9,以防止带限信道上信号失真和通信性能的显著恶化。$P_{ib}(B/2)=0.99$ 时,二进制 MSK 的归一化带宽约为 1.2,而 PSK 约为 8。

复包络的带外功率比定义为 $F_{ob}(f)=1-F_{ib}(f)$。邻道散布比是由中心频率一侧的带外功率引起的,其上界由下式给出:

$$K_s<\frac{1}{2}F_{ob}(B/2) \tag{3.62}$$

可用 QPSK 和二进制 MSK 的 PSD 闭式表达式来生成图 3.7 的曲线。该图给出了 $F_{ob}(f)$ 与 f 的关系,其中 $F_{ob}(f)$ 以 dB 为单位,f 以 $1/T_b$ 为单位,对于 q 进制调制信号有 $T_b=T_s/\log_2 q$。

将 MSK 脉冲通过高斯滤波器可获得比二进制 MSK 更加紧凑的频谱。高斯滤波器的传递函数为

$$H(f)=\exp\left[-\frac{(\ln 2)}{B^2}f^2\right] \tag{3.63}$$

式中:B_1 为 3dB 带宽,其频率满足 $H(f)\geqslant H(0)/2(|f|\leqslant B_1)$。滤波器对单位幅度 MSK 脉冲的响应为高斯 MSK(Gaussian MSK,GMSK)脉冲,即

$$g(t)=Q\left[\frac{2\pi B_1}{\sqrt{\ln 2}}\left(t-\frac{T_s}{2}\right)\right]-Q\left[\frac{2\pi B_1}{\sqrt{\ln 2}}\left(t+\frac{T_s}{2}\right)\right] \tag{3.64}$$

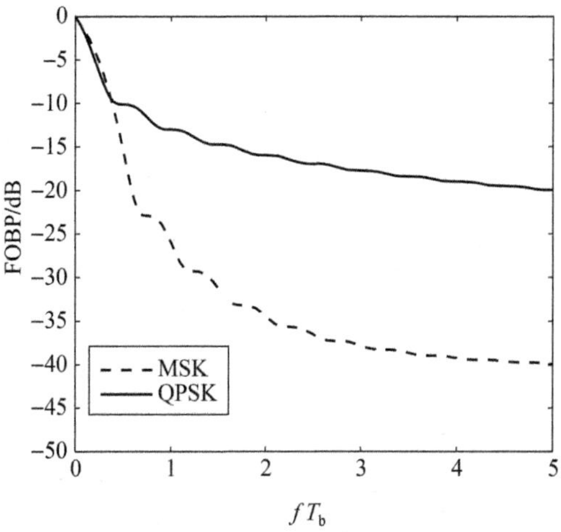

图3.7 QPSK和MSK等效低通波形的带外功率比

式中：$T_s=T_b$。当B_1减小时，GMSK信号的频谱变得更加紧凑。然而，由于每个GMSK脉冲都有较长，因此其符号间干扰更多。全球移动通信系统（Global System for Mobile，GSM）中规定，若$B_1T_s=0.3$，则$F_{ib}(B/2)=0.99$时的归一化带宽约为$\zeta=0.92$。每个脉冲都在$|t|>1.5T_s$处被截断，由此造成的功率损失很小。与MSK相干解调相比，GMSK相干解调的性能损失约为0.46dB，采用非相干解调的性能损失也大致如此。

符号$s_1(t)$与符号$s_2(t)$的能量均为$\mathcal{E}_s$，它们的互相关系数定义为

$$C=\frac{1}{\mathcal{E}_s}\int_0^{T_s}s_1(t)s_2(t)\,\mathrm{d}t \tag{3.65}$$

对于二进制CPFSK，代表两种不同符号的发射信号，即

$$s_1(t)=\sqrt{2\mathcal{E}_s/T_s}\cos(2\pi f_1t+\phi_1),\quad s_2(t)=\sqrt{2\mathcal{E}_s/T_s}\cos(2\pi f_2t+\phi_2) \tag{3.66}$$

将式(3.66)代入式(3.65)，然后进行三角展开，当$(f_1+f_2)T_s\gg1$时则丢弃可忽略的积分项，计算剩余部分的积分可得

$$C=\frac{1}{2\pi f_dT_s}[\sin(2\pi f_dT_s+\phi_d)-\sin\phi_d],\quad f_d\neq0 \tag{3.67}$$

式中：$f_d=f_1-f_2$；$\phi_d=\phi_1-\phi_2$。由于相干解调器中的相位同步，可取$\phi_d=0$。因此，若$h=f_dT_s=k/2$则可满足$C=0$的正交条件，其中k为非零整数。满足正交性条件$C=0$的最小h值为1/2，该值对应于MSK。

在非相干解调器中，假设ϕ_d为在$[0,2\pi)$内服从均匀分布的随机变量。式(3.67)表明对所有的h值，$E[C]=0$。C的方差为

$$
\begin{aligned}
\operatorname{var}(C) &= \left(\frac{1}{2\pi f_{\mathrm{d}} T_{\mathrm{s}}}\right)^2 E[\sin^2(2\pi f_{\mathrm{d}} T_{\mathrm{s}} + \phi_{\mathrm{d}}) + \sin^2\phi_{\mathrm{d}} - 2\sin\phi_{\mathrm{d}}\sin(2\pi f_{\mathrm{d}} T_{\mathrm{s}} + \phi_{\mathrm{d}})] \\
&= \left(\frac{1}{2\pi f_{\mathrm{d}} T_{\mathrm{s}}}\right)^2 (1 - \cos 2\pi f_{\mathrm{d}} T_{\mathrm{s}}) \\
&= \frac{1}{2}\operatorname{sinc}^2 h
\end{aligned}
\tag{3.68}
$$

由于 $h=1/2$ 时,$\operatorname{var}(C)\neq 0$,故 MSK 无法为非相干解调提供正交信号。若 h 为任意非零整数,则由式(3.68)和式(3.67)可知,对于任意 ϕ_{d} 值,两个 CPFSK 信号均正交。该结果验证了之前的 FSK 频率必须间隔 $f_{\mathrm{d}}=k/T_{\mathrm{s}}$ 以保证非相干信号正交性的结论。

考虑 FH/CPM 或 FH/CPFSK 系统中的多音干扰,假设不存在热噪声,且每个干扰频率都随机分布在某个信道内。可做如下的合理假设,即当信道中包含的干扰功率超过 S 时,发生符号错误的概率为 $(q-1)/q$。对于复杂多音干扰,将式(3.27)、式(3.20),$\mathcal{E}_{\mathrm{b}}=ST_{\mathrm{b}}$ 及 $I_{\mathrm{t0}}=I_{\mathrm{t}}/W$ 代入式(3.22)可得

$$
P_{\mathrm{s}} = \begin{cases}
\dfrac{q-1}{q}, & \dfrac{\mathcal{E}_{\mathrm{b}}}{I_{\mathrm{t0}}} < BT_{\mathrm{b}} \\[2ex]
\left(\dfrac{q-1}{q}\right) BT_{\mathrm{b}} \left(\dfrac{\mathcal{E}_{\mathrm{b}}}{I_{\mathrm{t0}}}\right)^{-1}, & BT_{\mathrm{b}} \leqslant \dfrac{\mathcal{E}_{\mathrm{b}}}{I_{\mathrm{t0}}} \leqslant WT_{\mathrm{b}} \\[2ex]
0, & \dfrac{\mathcal{E}_{\mathrm{b}}}{I_{\mathrm{t0}}} > WT_{\mathrm{b}}
\end{cases}
\tag{3.69}
$$

由于更宽的信道为多音干扰提供了更好的命中目标的条件,因此误符号率也会随着 B 的增加而相应增加。

如图 3.7 所示,$K_{\mathrm{s}}>0.9$ 时 DPSK 对带宽的要求与 BPSK 或 QPSK 相同,都小于正交 FSK,但都超过了 MSK。因此,若跳频带宽 W 固定,则 FH/DPSK 系统的可用信道数要小于非相干 FH/MSK 系统的可用信道数。B 的增大和信道数量的减少抵消了 FH/DPSK 本身的性能优势,这也意味着在最恶劣的多音干扰下,非相干 FH/MSK 的误符号率 P_{s} 比 FH/DPSK 的更低,如式(3.37)所示。另外,若信道带宽固定,FH/DPSK 信号的失真和频谱泄漏将比 FH/MSK 信号更严重。对 DPSK 符号进行任何脉冲成形都会改变其恒包络特性。FH/DPSK 系统比 FH/MSK 系统对多普勒频移和频率的不稳定性更敏感。FH/DPSK 的另一个缺点是通常情况下跳与跳之间缺乏相位相干性,这就需要在每个驻留间隔开始时有一个附加的相位参考符号。该附加符号使 $\mathcal{E}_{\mathrm{s}}$ 减小为原来的 $(N-1)/N$,其中 N 为每跳或每个驻留间隔的符号数,且 $N\geqslant 2$。因此,DPSK 并不像非相干 MSK 那样适合于大多数跳频通信,而 MSK 的主要竞争来自于其他形式的 CPM。

3.4 FH/CPM 的功率谱密度

相同持续时间下与 CPM 信号相比,驻留间隔的有限范围导致 FH/CPM 信号的频谱扩展。其原因是 FH/CPM 信号在每个具有 N 个符号的驻留间隔内都具有连续相位,但在另一驻留间隔开始的 $T_{\mathrm{h}} = NT_{\mathrm{s}} + T_{\mathrm{sw}}(\mathrm{s})$,其相位是不连续的,其中 N 为每次驻留间隔中的符号数。其信号可表示为

$$s(t) = A\sum_{i=-\infty}^{\infty} w(t - iT_{\mathrm{h}}, T_{\mathrm{d}})\cos[2\pi f_{\mathrm{c}i}t + \phi(t,\boldsymbol{\alpha}) + \theta_i] \tag{3.70}$$

式中:A 为驻留间隔内的幅度;$w(t,T_{\mathrm{d}})$ 由式(2.48)定义,它是持续时间为 $T_{\mathrm{d}} = NT_{\mathrm{s}}$ 的单位矩形脉冲;$f_{\mathrm{c}i}$为第 i 个跳间隔内的载波频率;$\phi(t,\boldsymbol{\alpha})$ 由式(3.42)定义为相位函数;θ_i 为第 i 个驻留间隔的起始相位。

FH/CPM 信号复包络的 PSD 与解跳后信号的 PSD 相同。由于驻留时间有限,功率谱密度取决于每个驻留间隔中的符号数目 N。为简化 PSD 的推导,忽略换频时间并设 $T_{\mathrm{h}} = T_{\mathrm{d}} = NT_{\mathrm{s}}$。令 $0 \leqslant t < NT_{\mathrm{s}}$ 时 $w(t) = 1$,其他时刻 $w(t) = 0$。FH/CPM 信号的复包络为

$$F(t,\boldsymbol{\alpha}) = A\sum_{i=-\infty}^{\infty} w(t - iNT_{\mathrm{s}})\exp[\mathrm{j}\phi(t,\boldsymbol{\alpha}) + \mathrm{j}\theta_i] \tag{3.71}$$

式中:假设$\{\theta_i\}$在$[0,2\pi)$上独立均匀分布。因此,$E[\exp(\mathrm{j}\theta_i - \mathrm{j}\theta_k)] = 0(i \neq k)$。$F(t,\boldsymbol{\alpha})$的自相关函数为

$$\begin{aligned} R_{\mathrm{f}}(t,t+\tau) &= E[F^*(t,\boldsymbol{\alpha})F(t+\tau,\boldsymbol{\alpha})] \\ &= A^2\sum_{i=-\infty}^{\infty} w(t - iNT_{\mathrm{s}})w(t+\tau - iNT_{\mathrm{s}})R_{\mathrm{c}}(t,t+\tau) \end{aligned} \tag{3.72}$$

式中:星号表示复共轭。CPM 信号复包络自相关函数为

$$R_{\mathrm{c}}(t,t+\tau) = E\{\exp[\mathrm{j}\phi(t+\tau,\boldsymbol{\alpha}) - \mathrm{j}\phi(t,\boldsymbol{\alpha})]\} \tag{3.73}$$

假设 $\boldsymbol{\alpha}$ 中的分量是独立同分布的,式(3.42)及式(3.73)表明,$R_{\mathrm{c}}(t,t+\tau)$为 t 的周期函数,其周期为 T_{s}。由于式(3.72)中的级数是无穷级数,因此级数中每一项的时宽均小于 NT_{s}。因此,$R_{\mathrm{c}}(t,t+\tau)$的周期性表明它是 t 的周期函数,周期为 NT_{s}。

将式(3.72)代入由式(2.14)定义的平均自相关函数,可得 $F(t,\boldsymbol{\alpha})$的平均自相关函数为

$$R_{\mathrm{f}}(\tau) = \frac{A^2}{NT_{\mathrm{s}}}\int_0^{NT_{\mathrm{s}}} R_{\mathrm{f}}(t,t+\tau)\,\mathrm{d}t \tag{3.74}$$

式(3.73)表明 $R_{\mathrm{c}}(t,t-\tau) = R_{\mathrm{c}}^*(t-\tau,t)$。由该式和式(3.72)、式(3.74)可知:

$$R_{\mathrm{f}}(-\tau)=R_{\mathrm{f}}^{*}(\tau) \tag{3.75}$$

由于在式(3.72)中,当 $\tau \geqslant NT_{\mathrm{s}}$ 时,$w(t-iNT_{\mathrm{s}})w(t+\tau-iNT_{\mathrm{s}})=0$,故

$$R_{\mathrm{f}}(\tau)=0,\quad \tau \geqslant NT_{\mathrm{s}} \tag{3.76}$$

因此,只有当 $0\leqslant\tau<NT_{\mathrm{s}}$ 时,$R_{\mathrm{f}}(\tau)$ 可被计算。

由于当 $\tau\geqslant 0$ 且 $t\in[NT_{\mathrm{s}}-\tau,NT_{\mathrm{s}}]$ 时,$w(t-iNT_{\mathrm{s}})w(t+\tau-iNT_{\mathrm{s}})=0$,因此将式(3.72)代入式(3.74)可得

$$R_{\mathrm{f}}(\tau)=\frac{A^{2}}{NT_{\mathrm{s}}}\int_{0}^{NT_{\mathrm{s}}-\tau}R_{\mathrm{c}}(t,t+\tau)\mathrm{d}t,\quad \tau\in[0,NT_{\mathrm{s}}) \tag{3.77}$$

令 $\tau=vT_{\mathrm{s}}+\mathcal{E}$,式中 v 为非负整数,$0\leqslant v<N$,$0\leqslant\epsilon<T_{\mathrm{s}}$。由于 $R_{\mathrm{c}}(t,t+\tau)$ 是 t 的周期函数,且周期为 T_{s},式(3.77)的积分区间可再细分为更小的积分区间。因此可得

$$R_{\mathrm{f}}(\tau)=A^{2}\left[\frac{N-v-1}{NT_{\mathrm{s}}}\int_{0}^{T_{\mathrm{s}}}R_{\mathrm{c}}(t,t+\tau)\mathrm{d}t+\frac{1}{NT_{\mathrm{s}}}\int_{0}^{T_{\mathrm{s}}-\mathcal{E}}R_{\mathrm{c}}(t,t+\tau)\mathrm{d}t\right]$$
$$v=\lfloor\tau/T_{\mathrm{s}}\rfloor<N,\ \epsilon=\tau-vT_{\mathrm{s}},\tau=vT_{\mathrm{s}}+\epsilon \tag{3.78}$$

假设 $\boldsymbol{\alpha}$ 中的分量是统计独立的,将式(3.42)代入式(3.73)可得到一个无穷乘积。式(3.30)中 $\phi(t)$ 的有限时间宽度表明,若 $\dot{k}\geqslant(t+\tau)/T_{\mathrm{s}}$ 或 $k\leqslant 1-L$,则 $\phi(t+\tau-kT_{\mathrm{s}})-\phi(t-kT_{\mathrm{s}})=0$,无穷乘积中相应的因子就为1了。由此可得

$$R_{\mathrm{c}}(t,t+\tau)=\prod_{k=1-L}^{\lfloor(t+\tau)/T_{\mathrm{s}}\rfloor}E\{\exp\{\mathrm{j}2\pi\mathrm{h}\alpha_{k}\phi_{\mathrm{d}}(t,\tau,k)\}\},$$
$$t\in[0,T_{\mathrm{s}}),\tau\in[0,NT_{\mathrm{s}}) \tag{3.79}$$

式中

$$\phi_{\mathrm{d}}(t,\tau,k)=\phi(t+\tau-kT_{\mathrm{s}})-\phi(t-kT_{\mathrm{s}}) \tag{3.80}$$

若每个符号都等概地取 q 个可能值之一,则

$$R_{\mathrm{c}}(t,t+\tau)=\prod_{k=1-L}^{\lfloor(t+\tau)/T_{\mathrm{s}}\rfloor}\left\{\frac{1}{q}\sum_{l=-(q-1),\text{奇数}}^{q-1}\exp[\mathrm{j}2\pi\mathrm{h}l\phi_{\mathrm{d}}(t,\tau,k)]\right\} \tag{3.81}$$

式中的和仅包括序号 l 的奇数项,将和式中的序号换为 $m=(l+q-1)/2$ 之后,可计算式(3.81)的几何级数,可得

$$R_{\mathrm{c}}(t,t+\tau)=\prod_{k=1-L}^{\lfloor(t+\tau)/T_{\mathrm{s}}\rfloor}\frac{1}{q}\frac{\sin[2\pi\mathrm{h}q\phi_{\mathrm{d}}(t-kT_{\mathrm{s}},\tau)]}{\sin[2\pi\mathrm{h}\phi_{\mathrm{d}}(t-kT_{\mathrm{s}},\tau)]},$$
$$t\in[0,T_{\mathrm{s}}),\tau\in[0,NT_{\mathrm{s}}) \tag{3.82}$$

若 $2\mathrm{h}\phi_{\mathrm{d}}(t-kT_{\mathrm{s}},\tau)$ 等于偶数,则式中相应的因子就为1。若 $2\mathrm{h}\phi_{\mathrm{d}}(t-kT_{\mathrm{s}},\tau)$ 等于奇数,则相应的因子就为 -1。

式(3.82)表明 $R_c(t,t+\tau)$ 为实值函数,式(3.77)和式(3.75)表明 $R_f(\tau)$ 为实偶函数。因此,解跳后信号的平均 PSD,即 $R_f(\tau)$ 的平均自相关函数的傅里叶变换为

$$S_1(f) = 2\int_0^{NT_s} R_f(\tau)\cos(2\pi f\tau)\,d\tau \tag{3.83}$$

将式(3.78)及式(3.82)代入式(3.83),然后将数值积分计算拓展到有限区间上,可计算出平均 PSD[5]。无跳频但含有许多数据符号的 CPM 的 PSD 可通过设置 $N\to\infty$ 来得出。

对于二进制 CPFSK 下的 FH/CPFSK,使 $L=1$ 且 $q=2$,这样的简化分析有利于计算。将式(3.80)代入式(3.82)并根据三角恒等式推导可得,当 $0<h<1$ 时

$$R_c(t,t+\tau) = \cos\{2\pi h[\phi(t+\tau)-\phi(t)]\}\prod_{k=1}^{\lfloor (t+\tau)/T_s\rfloor}\cos[2\pi h\phi(t-kT_s+\tau)],$$
$$0\leqslant t<T_s,\tau\in[0,NT_s) \tag{3.84}$$

式中:$\prod_{k=1}^{0}(\cdot)=1$。令 $\tau=vT_s+\epsilon$,其中 v 为非负整数,$0\leqslant v<N$ 且 $0\leqslant\epsilon<T_s$。代入式(3.45)并计算乘积可得

$$R_c(t,t+\tau)=\cos(a\epsilon),0\leqslant t<T_s-\epsilon,v=0 \tag{3.85}$$

$$R_c(t,t+\tau)=\cos(\pi h)^{v-1}\cos(at-\pi h)\cos(at+a\epsilon),$$
$$0\leqslant t<T_s-\epsilon,1\leqslant v<N \tag{3.86}$$

$$R_c(t,t+\tau)=\cos(\pi h)^{v}\cos(at-\pi h)\cos(at+a\epsilon-\pi h),$$
$$T_s-\epsilon\leqslant t<T_s,0\leqslant v<N \tag{3.87}$$

式中

$$a=\pi h/T_s,\quad v=\lfloor \tau/T_s\rfloor<N,\epsilon=\tau-vT_s,\quad \tau=vT_s+\epsilon \tag{3.88}$$

若 $h=1/2$,则 $(\cos\pi/2)^v=0$,$v\geqslant 1$ 且 $(\cos\pi/2)^v=1$。将 $R_c(t,t+\tau)$ 代入式(3.78),运用三角恒等式,计算基本的三角积分可得

$$R_f(\epsilon)=A^2\left[1-\frac{(N+1)\epsilon}{2NT_s}\right]\cos a\epsilon+A^2\frac{N-1}{N2\pi h}\sin a\epsilon,v=0 \tag{3.89}$$

$$R_f(vT_s+\epsilon)=A^2\frac{N-v}{NT_s}(\cos\pi h)^{v-1}\left[\frac{T_s-\epsilon}{2}\cos(a\epsilon+\pi h)-\frac{T_s}{2\pi h}\sin(a\epsilon-\pi h)\right]$$
$$+A^2\frac{N-v-1}{NT_s}(\cos\pi h)^v\left[\frac{\epsilon}{2}\cos a\epsilon+\frac{T_s}{2\pi h}\sin a\epsilon\right],1\leqslant v<N \tag{3.90}$$

式(3.83)表明 PSD 为

$$S_f(f) = 2\sum_{v=0}^{N-1}\int_0^{T_s}R_f(vT_s+\epsilon)\cos(2\pi f(vT_s+\epsilon))\,d\epsilon \tag{3.91}$$

将式(3.89)、式(3.90)代入式(3.91)后进行解析和数值积分可得二进制 CPFSK

下 FH/CPFSK 的 PSD。

无跳频时,$L=1$,且每跳存在许多数据符号的条件下,把 $N\to\infty$ 代入式(3.78)、式(3.82)和式(3.83),经过一系列冗长的三角积分和代数三角运算后,可实现 PSD 闭集表达式的计算。$L=1$ 时 CPFSK 的 PSD 为[6]

$$S_1(f) = A^2\frac{T_s}{q}\sum_{n=1}^{q}\left[A_n^2(f) + \frac{2}{q}\sum_{m=1}^{q}A_n(f)A_m(f)B_{nm}(f)\right] \tag{3.92}$$

式中

$$A_n(f) = \frac{\sin\left[\pi fT_s - \frac{\pi h}{2}(2n-q-1)\right]}{\pi fT_s - \frac{\pi h}{2}(2n-q-1)} \tag{3.93}$$

$$B_{nm}(f) = \frac{\cos(2\pi fT_s - \alpha_{nm}) - \Phi\cos\alpha_{nm}}{1+\Phi^2 - 2\Phi\cos 2\pi fT_s} \tag{3.94}$$

$$\alpha_{nm} = \pi(n+m-q-1),\quad \Phi = \frac{\sin q\pi h}{q\sin\pi h} \tag{3.95}$$

若式(3.93)分母为零,则令 $A_n(f)=1$。若 h 为偶数,则令 $\Phi=1$;若 h 为奇数,则令 $\Phi=-1$。在 MSK 的特例中,将 $q=2$ 和 $h=1/2$ 代入上述等式后,经过大量数学简化后可再次得出式(3.59)。

在式(3.60)中取 $F_{ib}(B/2)=0.99$,且 $\zeta=BT_s$,可确定 99% 归一化带宽。对于不同的 N 值,偏移系数为 $h=0.5$(MSK)和 $h=0.7$ 时,FH/CPFSK 信号的 99% 归一化带宽如表 3.1 所列。随着 N 的增加,PSD 变得更加紧凑并逼近式(3.54)所示的无跳频 CPFSK 信号 PSD。对于 $N\geqslant 64$,跳频几乎不会造成频谱扩展。

表 3.1　FH/CPFSK 的归一化带宽(99%)

符号数/跳	偏移系数	
	$h=0.5$	$h=0.7$
1	18.844	18.688
2	9.9375	9.9688
4	5.1875	5.2656
16	1.8906	2.1250
64	1.2813	1.8750
256	1.2031	1.8125
1024	1.1875	1.7969
无跳频	1.1875	1.7813

对应于 $N=1$ 的快跳频将需要很大的99%带宽。上述特征加上长换频时间是慢跳频比快跳频更受欢迎、并成为跳频主流形式的主要原因。因此,总是假设跳频为慢跳频,除非另有明确说明。

与正交 CPFSK($h=1$)相比,$h<1$ 时的 FH/CPFSK 或 FH/GMSK 的优势是需要的带宽较小。由带宽减小而导致的跳频信道数量增加并不会提高在加性高斯白噪声(Additive White Gaussian Noise,AWGN)信道中的性能。然而,对于跳频组网中抗固定数目的多音干扰、最优干扰及多址干扰,信道增加是有利的(见9.4节)。

3.5　解跳后 FH/CPFSK 信号的数字解调

原则上,FH/CPFSK 接收机对匹配滤波器的输出以符号速率进行采样。然而,在实际操作中却相当复杂,这主要是因为必须避免混叠。本节将介绍实用的数字解调方法。

驻留间隔内解跳后 FH/CPFSK 信号的形式为

$$s_1(t)=A\cos[(2\pi f_1 t+\phi(t,\boldsymbol{\alpha})+\phi_0)] \tag{3.96}$$

式中:A 为幅度;f_1 为中频(Intermediate Frequency,IF)频率;$\phi(t,\boldsymbol{\alpha})$ 为相位函数;ϕ_0 为初始相位。如图3.8所示,信号被送至非相干数字解调器。用于解跳的载波频率估计值 f_1 与期望的 IF 频率 f_{IF} 存在误差 f_e,即 IF 频偏 $f_e=f_1-f_{\mathrm{IF}}$。如图2.17所示的正交下变频器(Quadraturc Downconverter,QD)使用了频率为 $f_{\mathrm{IF}}-f_0$ 的正弦信号和一对混频器产生的基带附近的同相、正交分量,其中 f_0 为基带频偏。混频器的输出通过低通滤波器来移除倍频分量。滤波器输出同相和正交 CPFSK 信号,其中心频率为 f_0+f_e。模数转换器(Analog-to-Digital Converter,ADC)将其中的每个信号以速率 f_s 进行采样。

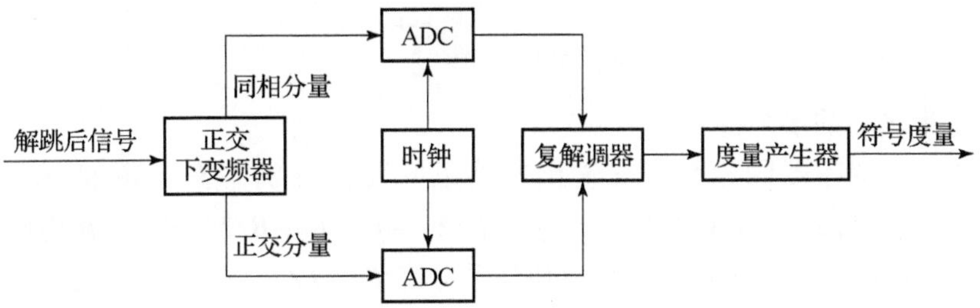

图3.8　解跳后的 FH/CPFSK 信号的数字解调器

数字解调器的设计关键是 ADC 的采样速率。该速率必须足够大以避免混叠失真并容许 IF 偏移。为简化解调器的实现,使采样速率等于符号速率 $1/T_s$

的整数倍是非常必要的。因此,假设采样速率为$f_s = L/T_s$,其中L为正整数。

为确定适当的采样速率和频偏,使用采样定理(见附录D.4)将连续时间信号$x(t)$与离散时间序列$x_n = x(nT)$在频域中关联起来,即

$$X(e^{j2\pi fT}) = \frac{1}{T}\sum_{i=-\infty}^{\infty} X\left(f - \frac{i}{T}\right) \tag{3.97}$$

式中:$X(f)$为$x(t)$的傅里叶变换;$X(e^{j2\pi fT})$为x_n的离散时间傅里叶变换(Discrete - Time Fourier Transform,DTFT),由下式给出:

$$X(e^{j2\pi fT}) = \sum_{n=-\infty}^{\infty} x_n e^{-j2\pi nfT} \tag{3.98}$$

且$1/T$为采样速率。DTFT$X(e^{j2\pi fT})$是以$1/T$为周期,关于频率f的周期函数。若以$1/T$的速率对$x(t)$进行采样,且变换是带限的,即当$|f| > 1/2T$时$X(f) = 0$,则可将$x(t)$从样值恢复出来。若采样速率不够高而无法满足这一条件,则式(3.97)中的和式将部分重叠(称为混叠),且采样无法与唯一的连续时间信号相对应。

正交下变频器的低通滤波器带宽必须够宽以同时满足f_e及$s_1(t)$的带宽。接收机定时或符号同步可由调平图案同步获取。若实现正确定时或同步,则图3.8上半部分中期望信号的ADC输出采样值为

$$x_n = A\cos[2\pi(f_0 + f_e)nT_s/L + \phi(nT_s/L, \boldsymbol{\alpha}) + \phi_0] \tag{3.99}$$

式中:$\phi(nT_s/L, \boldsymbol{\alpha})$为CPFSK调制的采样相位函数;$\phi_0$为未知相位。该图下半部分中的类似序列为

$$y_n = A\sin[2\pi(f_0 + f_e)nT_s/L + \phi(nT_s/L, \boldsymbol{\alpha}) + \phi_0] \tag{3.100}$$

式(3.46)表明在符号间隔m期间,有

$$\phi(nT_s/L, \boldsymbol{\alpha}) = \frac{\pi h \alpha_m}{L}(n - Lm) + \phi_1, Lm \leqslant n \leqslant Lm + L - 1 \tag{3.101}$$

式中:α_m为该间隔中接收的符号,即

$$\phi_1(m) = \pi \mathrm{h} \sum_{i=-\infty}^{m-1} \alpha_i \tag{3.102}$$

且$\{\alpha_i\}$为之前的多个符号。

正交下变频器同相且正交输出的傅里叶变换分别占据上频带$[f_0 + f_e - B/2, f_0 + f_e + B/2]$及下频带$[-f_0 - f_e - B/2, -f_0 - f_e + B/2]$,式中,$B$为解跳后FH/CPFSK信号的单边带宽。为避免当采样速率为L/T_s时发生混叠,采样定理要求:

$$f_0 + f_e + \frac{B}{2} < \frac{L}{2T_s} \tag{3.103}$$

为防止上频带及下频带发生重叠进而导致DTFT失真,需要满足$f_0 + f_e -$

$B/2 > -f_0 - f_e + B/2$。因此，必要条件为

$$f_0 > f_{max} + \frac{B}{2} \tag{3.104}$$

式中：$f_{max} \geqslant |f_e|$ 为可能发生的最大 IF 频偏。将上述不等式与式(3.103)合并可得另一必要条件为

$$L > 2T_s(2f_{max} + B) \tag{3.105}$$

式(3.104)和式(3.105)两个不等式表明基带频偏与采样速率必须随 f_{max} 或 B 的增加而增加。

若设定：

$$f_0 = \frac{L}{4T_s} \tag{3.106}$$

则当式(3.105)成立时，式(3.104)自动满足。因此，若 $f_{max} < B/2$，则 $L = 4BT_s$ 及 $f_0 = B$ 是合适的选择。

一旦产生具有合适 DTFT 的 ADC 输出，频偏就不再考虑。利用复解调器可将其移除，即

$$\begin{aligned} z_n &= (x_n + \mathrm{j}y_n)\exp[-\mathrm{j}2\pi f_0 nT_s/L - \mathrm{j}\hat{\phi}_1(m)] \\ &= A\exp\left\{\mathrm{j}2\pi\left[n\left(\frac{2f_e T_s + h\alpha_m}{2L}\right) - \frac{h\alpha_m m}{2}\right] + \mathrm{j}\phi_e(m)\right\}, \\ &\qquad Lm \leqslant n \leqslant Lm + L - 1 \end{aligned} \tag{3.107}$$

式中：$\hat{\phi}_1(m)$ 为先前解调符号获取 $\phi_1(m)$ 的估计值；$\phi_e(m) = \phi_0 + \phi_1 - \hat{\phi}_1(m)$。如图 3.8 所示，该序列和伴随噪声可送至度量产生器。

度量产生器由 q 个离散时间符号匹配滤波器构成。度量产生器的符号匹配滤波器 k 与符号 β_k 相匹配，其长度 L 的脉冲响应 $g_{k,l}$ 为

$$g_{k,l} = \exp\left[\mathrm{j}2\pi\left[\frac{h\beta_k(L-1-l)}{2L}\right]\right], 0 \leqslant l \leqslant L-1, 1 \leqslant k \leqslant q \tag{3.108}$$

在离散时刻 $Lm + L - 1$ 的符号匹配滤波器 k 对于 z_n 的响应由 $C_k(\alpha_m)$ 表示，其结果为复离散时间卷积，即

$$C_k(m) = \sum_{n=Lm}^{Lm+L-1} z_n g^*_{k,Lm+L-1-n}, 1 \leqslant k \leqslant q \tag{3.109}$$

上式由符号速率产生。定义：

$$D(\theta, L) = \begin{cases} \dfrac{\sin(\theta L/2)}{\sin(\theta/2)}, & 0 < \theta < 2\pi \\ L, & \theta = 0 \end{cases} \tag{3.110}$$

式(3.110)在 $0 \leqslant \theta < 2\pi$ 区间内值为正且单调递减。设 f_e 足够小且 L 足够大，有

$$h(\alpha_m - \beta_k) + 2f_e T_s < 2L, \quad 1 \leqslant k \leqslant q \tag{3.111}$$

将式(3.107)及式(3.108)代入式(3.109),更改求和指数,计算所得的几何级数,再运用式(3.110)可得无噪声下的 q 个所选匹配滤波器输出为

$$C_k(m)=AD\left(\left[\frac{\pi h(\alpha_m-\beta_k)}{L}+\frac{2\pi f_e T_s}{L}\right],L\right)\times\exp\left\{j\pi\left[\frac{(L-1)(2f_e T_s+h(\alpha_m-\beta_k))}{2L}+2f_e T_m m\right]+j\phi_e(m)\right\},\quad 1\leqslant k\leqslant q \tag{3.112}$$

该输出以符号速率产生。

对于非相干检测,以符号速率产生的 q 个符号度量为采样后的匹配滤波器输出幅度。设 $\beta_{k0}=\alpha_m$,则当不存在噪声时,符号度量为

$$|C_k(m)|=\begin{cases}AD\left(\dfrac{2\pi f_e T_s}{L},L\right), & k=k_0\\ AD\left(\left[\dfrac{\pi h(\alpha_m-\overline{\beta_k})}{L}+\dfrac{2\pi f_e T_s}{L}\right],L\right), & k=k_0\end{cases} \tag{3.113}$$

由式(3.111)确保 $D(\cdot,L)$ 为正值且单调递减。硬判决时 $|C_k(m)|$ 的最大值决定了符号决策。式(3.113)表明,若满足式(3.111),则随着 h 增大,符号度量之间的差别随之增大,因此对于硬判决译码或软判决译码来说,符号度量都变得越来越令人满意。然而,由于 CPFSK 带宽减小,跳频系统能容纳更多信道,因此其对抗多音干扰及多址干扰的能力增强。这部分将在9.4节进行论述。

式(3.112)表明,当不存在噪声时,在每个离散时刻 m,具有最大幅度的匹配滤波器输出为

$$C_{k_0}(m)=AD\left(\frac{2\pi f_e T_s}{L},L\right)\exp\left\{j\pi\left[\frac{(L-1)f_e T_s}{L}+2f_e T_s m\right]+j\phi_e(m)\right\} \tag{3.114}$$

它是随着 $f_e m$ 线性变化的复指数。因此,可以估计来自于 DTFT 的 IF 频偏 f_e 为该符号率序列的连续值[7],则面向判决的迭代反馈就可用于减少 f_e 以更加满足式(3.111)。

3.6 部分频带干扰和信道编码

若部分频带干扰总功率一定,且均匀分布在跳频频带 M 个信道中的 J 个上,则存在干扰的跳频信道比例为

$$\mu=\frac{J}{M} \tag{3.115}$$

单个受干扰信道内的干扰 PSD 为 $I_{t0}/2\mu$，其中 $I_{t0}/2$ 为干扰总功率均匀分布在跳频频带时所存在的干扰 PSD。当跳频信号使用的载波频率位于部分频带干扰覆盖的频谱区域时，干扰可被建模为 AWGN，其双边噪声 PSD 从 $N_0/2$ 增加至 $N_0/2+I_{t0}/2\mu$。因此，硬判决译码的误符号率为

$$P_s=\mu G\left(\frac{\mathcal{E}_s}{N_0+I_{t0}/\mu}\right)+(1-\mu)G\left(\frac{\mathcal{E}_s}{N_0}\right)$$
$$\approx\mu G\left(\frac{\mu\mathcal{E}_s}{I_{t0}}\right),I_{t0}\gg\mu N_0 \tag{3.116}$$

式中：条件符号错误概率是单调递减函数 $G(x)$，它取决于调制方式和衰落情况。

考虑非相干检测和硬判决的正交 FSK/CPFSK 系统，对于 AWGN 信道，式(1.93)表明：

$$G(x)=\sum_{i=1}^{q-1}\frac{(-1)^{i+1}}{i+1}\binom{q-1}{i}\exp\left[-\frac{ix}{(i+1)}\right]\text{(AWGN)} \tag{3.117}$$

式中：q 为正交 CPFSK 符号的调制进制数。对于二进制正交 CPFSK，式(3.117)可简化为

$$G(x)=\frac{1}{2}\exp\left(-\frac{x}{2}\right) \tag{3.118}$$

且式(3.116)为

$$P_s\approx\frac{\mu}{2}\exp\left(-\frac{\mu\mathcal{E}_s}{2I_{t0}}\right),0\leqslant\mu\leqslant1 \tag{3.119}$$

对于信道衰落，符号能量可表示为 $\mathcal{E}_s\alpha^2$，其中 $\mathcal{E}_s$ 表示平均能量，α 为 $E[\alpha^2]=1$ 的随机衰落幅值。对于莱斯衰落(将在 6.2 节中深入讨论)，α 的密度函数为

$$f_\alpha(r)=2(\kappa+1)r\exp\{-\kappa-(\kappa+1)r^2\}\mathrm{I}_0(\sqrt{\kappa(\kappa+1)}2r)u(r) \tag{3.120}$$

式中：κ 为莱斯因子；$u(r)$ 为单位阶跃函数。对于莱斯衰落，将式(3.117)中的 x 替换为 $x\alpha^2$，对式(3.120)概率密度函数进行积分并利用式(1.92)可得

$$G(x)=\sum_{i=1}^{q-1}(-1)^{i+1}\binom{q-1}{i}\frac{\kappa+1}{\kappa+1+(\kappa+1+x)i}$$
$$\exp\left[-\frac{\kappa xi}{\kappa+1+(\kappa+1+x)i}\right]\text{(莱斯)} \tag{3.121}$$

对于瑞利衰落，对式(3.121)取 $\kappa=0$ 且 $q=2$ 可得

$$G(x)=\frac{1}{2+x}\text{(瑞利，二进制)} \tag{3.122}$$

式(3.122)和式(3.116)表明，在最恶劣的强干扰下 μ 值取为 1，即 $\mu_0=1$。因此，对于瑞利信道下的二进制正交 FH/CPFSK 系统，均匀分布在整个跳频频带上的强干扰对通信性能造成的恶化要超过集中在部分频带上的干扰。

若在一小部分跳频频带上接收到了大量干扰功率,则除非可以获得准确的信道状态信息,否则对于 AWGN 信道来说,软判决译码度量就很难起到作用,因为此时单一符号度量(参见 2.6 节脉冲干扰)就可能主导路径或编码度量值。用2 比特或 3 比特量化的符号度量来代替非量化符号度量可减少上述主导作用。

3.6.1 RS 编码

对于具有信道编码的正交 FH/FSK 系统,跳频换频时间可忽略不计,编码符号间隔 T_s 与信息比特间隔 T_b 之间的关系为 $T_s = r(\log_2 q)T_b$,其中 r 为编码速率。因此,单个信道符号的能量为

$$\mathcal{E}_s = r(\log_2 q)\mathcal{E}_b \tag{3.123}$$

使用 RS 编码的正交 CPFSK 调制在抗部分频带干扰方面具有优势,这主要有两个方面的原因。首先,RS 编码具有最大可分距离(见第 1.1 节),因此可容许删除较多的符号。其次,使用非二进制正交 CPFSK 符号作为编码符号可允许相对较大的符号能量,如式(3.123)所示。

在部分频带干扰和莱斯衰落下,考虑使用无删除译码的 RS 编码的正交 FH/FSK 系统。解调器由一组并行的非相干检测器及一个硬判决器构成。在跳频系统中,需要在一个跳频驻留间隔内和不同的驻留间隔之间进行符号交织,并在接收机中去交织,以分散因衰落或干扰引起的符号错误,该分散也便于译码器消除这些错误。假设频率信道经过足够的分析和充分的交织,以确保符号错误的独立性。使用正交 CPFSK 调制意味着存在 q 进制对称信道。因此,对于松包 RS 码的硬判决译码,由式(1.23)和式(1.95)可得

$$P_b \approx \frac{q}{2(q-1)}\sum_{i=t+1}^{n}\binom{n-1}{i-1}P_s^i(1-P_s)^{n-i} \tag{3.124}$$

比特信噪比(Signal - to - Noise Ratio, SNR)为 SNR = $\mathcal{E}_b/N_0$,比特信干比(Signal - to - Interference Ratio, SIR)为 SIR = $\mathcal{E}_b/I_{t0}$。图 3.9 显示了莱斯衰落下,使用扩展 RS(32,12)编码的 FH/CPFSK 系统($q=32$, $\mathcal{E}_b/I_{t0}=10$dB)的 P_b 曲线,其中,$q=32$,无删除,SIR = 10dB,κ 为莱斯因子。式(3.116)、式(3.121)、式(3.121)及式(3.124)仍然适用。对于 $\kappa>0$,图 3.9 中显示了部分频带干扰占有频带比例变化时的误比特率峰值的分布情况。这些峰值表明,功率集中在部分跳频频带上的干扰(可能是干扰机故意为之)比功率均匀分布在整个频带上的干扰破坏性更大。当 $\mathcal{E}_b/I_{t0}$ 增大时,更小的峰值变得更加明显,对应的 μ 值也更小。对于瑞利衰落,即 $\kappa=0$ 时,图中没有出现峰值,因而全频带干扰最具破坏性。

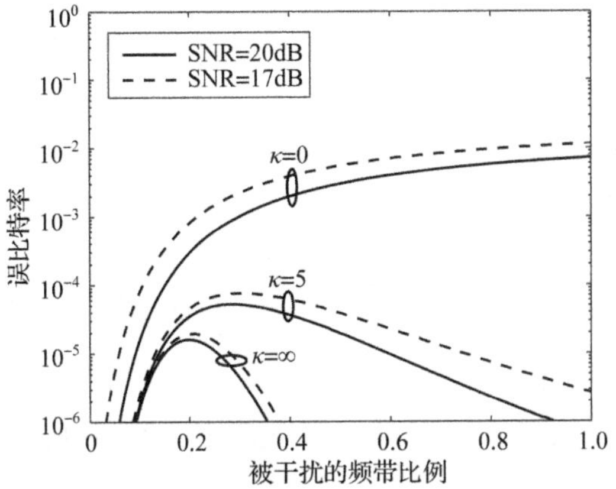

图 3.9　RS(32,12)编码的正交 FH/CPFSK 系统性能

符号去交织和硬判决译码之前,对解调器的输出符号进行删除(见第 1.1 节)可获得更好的抗部分频带干扰性能。每个编码符号是否删除的判决都是基于信道状态信息独立做出的,信道状态信息指明哪些编码符号被错误解调的概率较高。信道状态信息必须是可靠的,以保证只删除被干扰的符号。

信道状态信息可由 N_t 个已知的导频符号获得,导频符号在跳频信号的每个驻留间隔中与数据符号一起传输。跳频信号在驻留间隔内遭遇部分频带干扰称为发生了碰撞。若 N_t 个导频符号中多于 δ 个符号解调错误,则接收机可判定发生了碰撞,并将同一驻留间隔内的所有 N 个符号删除。若交织能够确保一个编码码字在任何特定的驻留间隔中只有一个编码符号,则每个码字就只有一个符号被删除。导频符号使信息速率降低,但若 $N_t \ll N$,这种损失就是微不足道的,并在后文中假设忽略不计。

编码符号的删除概率为

$$P_{\epsilon} = \mu P_{\epsilon 1} + (1-\mu) P_{\epsilon 0} \tag{3.125}$$

式中:$P_{\epsilon 1}$为发生碰撞时的删除概率;$P_{\epsilon 0}$为未发生碰撞时的删除概率。若在 N_t 个已知导频符号中有多于 δ 个符号发生错误而造成删除,则

$$P_{\epsilon i} = \sum_{j=\delta}^{N_t} \binom{N_t}{j} P_{si}^{j} (1-P_{si})^{N_t-j}, \quad i = 0,1 \tag{3.126}$$

式中:P_{s1}为发生碰撞时的信道符号条件错误概率;P_{s0}为未发生碰撞时的信道符号条件错误概率。

只有在没有删除的情况下才会发生编码符号错误。当部分频带干扰建模为白高斯过程时,由于导频和编码符号错误是统计独立的,因此编码符号的错误概率为

$$P_s = \mu(1-P_{\epsilon 1})P_{s1} + (1-\mu)(1-P_{\epsilon 0})P_{s0} \tag{3.127}$$

信道符号的条件错误概率为

$$P_{s1} = G\left(\frac{\mathcal{E}_s}{N_0 + I_{t0}/\mu}\right), \quad P_{s0} = G\left(\frac{\mathcal{E}_s}{N_0}\right) \tag{3.128}$$

式中:$G(x)$取决于调制方式和衰落情况。

错误－删除译码的码字错误概率上界如式(1.24)所示。由于大部分码字错误都是由译码失败引起的,故假设 $P_b \approx P_w/2$ 是合理的。因此,信息比特错误概率为

$$P_b \approx \frac{1}{2}\sum_{j=0}^{n}\sum_{i=i_0}^{n-j}\binom{n}{j}\binom{n-j}{i}P_s^i P_\epsilon^j (1-P_s-P_\epsilon)^{n-i-j} \tag{3.129}$$

式中:$i_0 = \max(0, \lceil (d_m - j)/2 \rceil)$,$\lceil x \rceil$表示大于或等于 x 的最小整数。

图3.10和图3.11描述了由式(3.125)至(3.129)得出的错误－删除译码时正交CPFSK系统中的比特错误概率 P_b 曲线。图3.10中,采用 $q=32$、扩展(32,12)RS码、$N_t=2$ 及 $\delta=1$ 的FH/CPFSK系统通过了AWGN信道。图3.10与图3.9中 $\kappa=\infty$ 的曲线比较表明,当 $\mathcal{E}_b/N_0=20\text{dB}$ 时,对于 $P_b=10^{-5}$,删除译码使得所要求的 $\mathcal{E}_b/I_{t0}$ 值改善了近7dB。删除译码还能够强烈抵抗集中在小于20%跳频频带上的部分频带干扰。

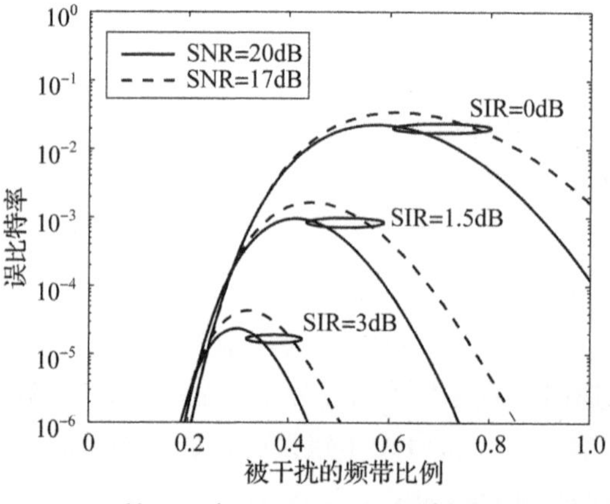

图3.10 (32,12)RS编码正交FH/CPFSK系统通过AWGN信道的性能

除对导频符号进行解调之外,还有其他方法获得信道状态信息。能量检测器(见10.2节)可用来测量当前使用的信道、未来将要使用的信道或相邻信道中的能量。若信道中能量过大,就删除该信道中的跳。这种方法不会导致由导频符号带来的信息速率开销。其他方法还包括:在代表多个比特的编码符号上附加奇偶校验比特,以检查符号是否被正确接收;或使用级联码内码译码器输出的软信息等。

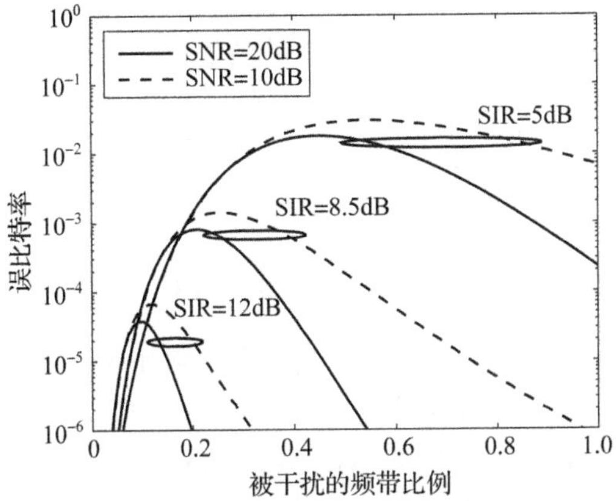

图 3.11 (8,3)RS 编码正交 FH/CPFSK 系统通过 AWGN 信道的性能

考虑如图 3.5(b)所示的正交 CPFSK 中用于非相干检测的接收机。包络检测器的输出为删除译码提供了用于若干低复杂度方案的中符号度量[8]。输出门限检测(Output Threshold Test,OTT)将最大符号度量与门限值进行比较,以确定是否应删除相应的解调符号。比例门限检测(Ratio Threshold Test,RTT)计算最大符号度量与第二大符号度量之比,然后将该比值与门限进行比较,以确定是否删除相应的符号。若 $\mathcal{E}_b/N_0$ 与 $\mathcal{E}_b/I_{t0}$ 值都已知,就可计算 OTT、RTT 或混合方法的最优门限。可发现当 $\mathcal{E}_b/I_{t0}$ 较低时,OTT 具有抗衰落的灵活性,其性能往往超过 RTT;但当 $\mathcal{E}_b/I_{t0}$ 足够高时,则情况正好相反。与基于导频符号的方法相比,OTT 和 RTT 的主要缺点是需要估计 $\mathcal{E}_b/N_0$ 及 $\mathcal{E}_b/I_{t0}$ 或 $\mathcal{E}_b/(N_0+I_{t0})$。联合最大输出比门限检测(Maximum - Output Ratio Threshold Test,MO - RTT)使用符号度量中的最大值和第二大值。它对衰落和部分频带干扰均具有鲁棒性。

上述删除译码方法都建立在使用正交 CPFSK 符号的基础上,且随着调制进制数 q 的增加,其抗部分频带干扰的性能会有所提高。对于固定的跳频频带,信道数随 q 的增加而减少,从而使 FH/CPFSK 系统更容易受到多音干扰或多址干扰的影响(见第 7 章)。

图 3.11 给出了使用扩展(8,3)RS 码、$N_t=4$、$\delta=1$ 及 $q=8$ 时 FH/CPFSK 系统经 AWGN 信道的 P_b 曲线。比较图 3.11 与图 3.10 可知,减小调制进制数并保持编码码率不变会增加系统对 $\mathcal{E}_b/N_0$ 的敏感性,同时也会增加系统对集中在小部分跳频频带上的干扰的敏感性,例如对于特定的 P_b,$\mathcal{E}_b/I_{t0}$ 需要增加 5dB 到 9dB。

另一种方法是用 $\log_2 q$ 个连续二进制信道符号序列来表示每个非二进制编码符号。这样 FH/MSK 或 FH/DPSK 系统就可获得大量信道,因而可以更好地保护其免受多址干扰的影响。对于这些系统,式(3.125)、式(3.126)和式(3.128)仍然有效。然而,若$\log_2 q$个二进制信道符号中的任何一个发生错误,就会导致相应的编码符号发生错误,因此,式(3.127)由下式代替:

$$P_s = 1 - [1 - \mu(1 - P_{\epsilon 1})P_{s1} - (1 - \mu)(1 - P_{\epsilon 0})P_{s0}]^{\log_2 q} \tag{3.130}$$

对于 AWGN 信道,式(3.118)适用于 MSK,而

$$G(x) = \frac{1}{2}\exp(-x) \tag{3.131}$$

适用于 DPSK。当使用(32,12)扩展 RS 码、二进制导频符号数为 $N_t = 10$ 且 $\delta = 1$ 时,FH/DPSK 系统的仿真结果如图 3.12 所示。假设 $N \gg 10$,因此在驻留间隔中插入参考符号所导致的性能损失可忽略不计。图 3.12 与图 3.10 中的曲线形状类似。但对于特定 P_b 值所需的 $\mathcal{E}_b/I_{t0}$ 而言,使用二进制符号进行传输将比非二进制符号增加了大约 10dB。若 $\mathcal{E}_b/I_{t0}$ 及 $\mathcal{E}_b/N_0$ 均增加 3dB,则图 3.12 也适用于正交 CPFSK 及 MSK。

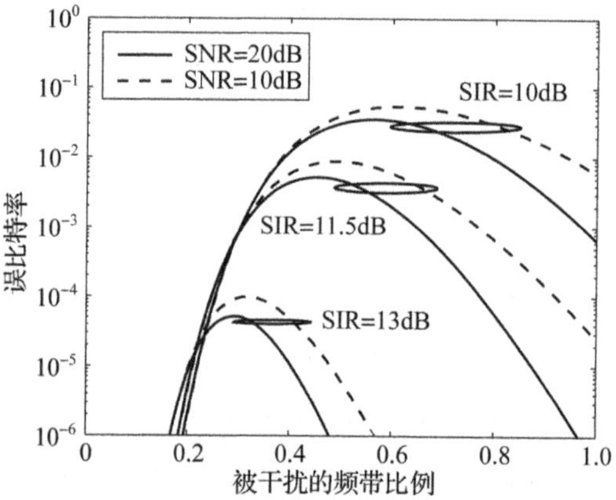

图 3.12 RS 码、二进制信道符号 FH/DPSK 系统通过 AWGN 信道的性能

对于采用删除译码的二进制符号,一种替代方法是采用级联编码的 FH/DPSK 系统(见 1.5 节)。考虑由(n,k)RS 外码、二进制卷积内码和信道交织器构成的级联码,以确保信道符号错误的独立性。在接收机解调和去交织后,Viterbi 内码译码器采用硬判决译码以限制单个符号度量的影响。对于 AWGN 信道,式(3.119)和式(3.131)给出了误符号率。在 Viterbi 译码器输出处的 RS 编码符号的错误概率 P_{s1} 的上界由式(1.147)及式(1.118)给出,然后通过式(1.148)就可得到 P_b 的上界。图 3.13 显示了由(31,21)RS 外码和编码码率为 1/2、$K=7$ 的卷积内码组成的级联码的性能上界。该级联码比二进制信道符号下的(32,12)RS 编码性能更好,但比非二进制符号下的(32,12)RS 编码的性能差很多。图 3.10~图 3.13 表明,减少信道符号调制进制数会增加系统对部

分频带干扰的敏感性，其主要原因是每个信道符号和正交 CPFSK 信道的能量减少了。

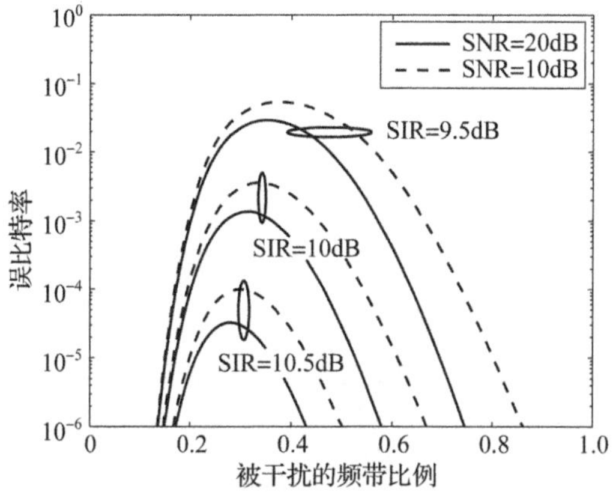

图 3.13 级联编码、二进制信道符号的 FH/DPSK 通过 AWGN 信道的性能

3.6.2 网格编码调制

网格编码调制是一种将编码和调制合二为一的方法，通常用于带限信道（见 1.3 节）的相干数字通信。多电平和多相位调制用来增大信号星座，同时又使带宽的扩展不超过未编码信号所需的带宽。由于信号星座更加紧凑，造成了调制损失，从而降低了编码增益，但总增益相当可观。由于跳频通信通常使用非相干解调器，因此常规的相干网格编码调制并不适用。代替方法是，将 $q/2$ 进制 CPFSK 中的信号集扩展至 q 进制 CPFSK 就可实现网格编码。虽然调制频率是均匀分布的，但为限制或避免带宽扩展，也允许将它们设置为非正交。

网格编码 4FSK 如图 3.14 所示，该系统使用 4 个状态、1/2 码率的卷积码，编码后进行信号映射。信号集划分如图 3.14(a) 所示，它将信号集中的 4 个信号或频率划分为两个子集，每个子集中包括两个频率。该划分方法使两个频率之间间隔加倍，即从 ΔHz 增至 2ΔHz。该图显示了卷积码编码器产生的编码信息比特到信号的映射关系。在图 3.14(b) 中，数字代表信号分配方法，它与 4 状态编码器网格中的状态转移相对应。可容纳 4 个调制频率的信道带宽约为 $B \approx 4\Delta$。

在选择 Δ 时需要进行权衡，因为较小的 Δ 可允许更多的信道，从而限制了多址干扰或多音干扰的影响，而较大的 Δ 通常能够提高系统抗部分频带干扰的性能。若网格编码使用间距为 $\Delta = 1/T_b$ 的四个正交频率，其中 T_b 为比特间隔，则 $B \approx 4/T_b$。当 FH/FSK 系统使用两个正交频率、码率为 1/2 的编码及二进制

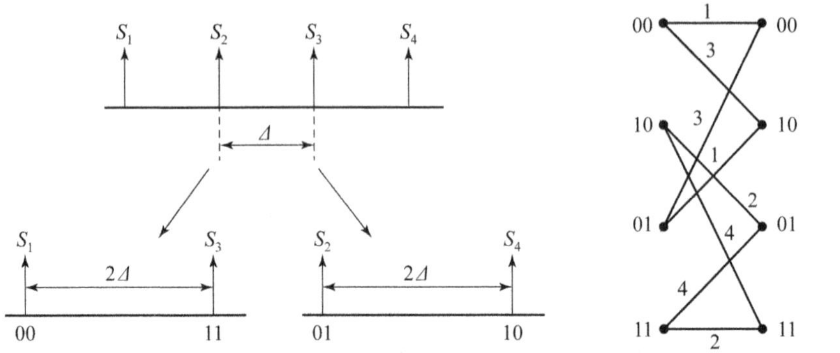

(a) 信号集划分及比特到信号的映射　　(b) 信号到状态转换的映射

图 3.14　码率 1/2、四状态格码下的 4FSK

信道符号时,由于 $B \approx 2/T_s = 4/T_b$,故可得出与上述结果相同的带宽。当系统使用码率为 1/2 的二进制卷积码,且每对编码符号映射为四进制信道符号中时,也可得出与上述结果相同的带宽。与使用 1/2 码率卷积码及四进制信道符号的 FH/CPFSK 系统或采用(32,16)RS 编码及错误删除译码的 FH/CPFSK 系统相比,在抗最恶劣的部分频带干扰方面,具有 4 状态、1/2 码率网格编码的 4 进制 CPFSK 跳频系统[9]性能要差一些。因此,网格编码调制抗部分频带干扰的能力相对较弱。在跳频系统中网格编码调制的优点是实现复杂度相对较低。

3.6.3　Turbo 码与 LDPC 码

若可接受系统延迟及计算复杂度,则 Turbo 和 LDPC 编码(见第 1 章)可能是抑制部分频带干扰的最有效的编码方式。采用 Turbo 编码的跳频系统在使用频谱紧凑的信道符号时也能够抗多址干扰。在迭代 Turbo 译码算法中需要精确估计信道参数,如干扰加噪声的方差及衰落的幅度。当信道变化比跳频速率慢时,在跳驻留间隔中所有接收到的符号均可用来估计与该驻留间隔相对应的信道参数。成员码译码器每次迭代后,其对数似然比就被更新,且其外部信息传递到其他成员码译码器中。信道估计器可将成员码译码器迭代后所得到的对数似然比转变为后验概率。在每个驻留间隔中,利用该后验概率可以改善衰落幅度和噪声方差的估计性能(见 9.4 节)。接收机中 LDPC 迭代译码和信道估计的操作与此类似。

将已知符号插入到待发送的编码符号中虽然便于参数估计,但却降低了每个信息比特的能量。增加每跳中的符号数量能够改善估计精度。然而,由于每个固定大小的信息分组中独立跳的数量减少,导致分集度降低,因此错误的独立性也会降低,故为避免性能下降,需要对每跳中的符号数量上限进行限制。

即使只检测驻留间隔中有无强干扰,Turbo 码抗部分频带干扰的性能仍然相当好。驻留间隔中是否存在干扰的信道状态信息由并行级联 Turbo 码成员码译码器或串行级联 Turbo 码内译码器输出的硬判决译码来获得。由硬判决产生的二进制序列和通过距离受限译码获得的码字之间的汉明距离是判断干扰是否发生的度量。

3.7 混合扩谱系统

跳频系统通过躲避来消除干扰影响,而直扩系统则通过扩展干扰的频谱并滤波来抑制干扰。与直扩系统相比,信道编码对跳频系统来说更为必要。这是因为部分频带干扰是比强脉冲干扰更加普遍的威胁。当跳频系统与直扩系统都使用相同的固定带宽时,直扩系统具有先天优势,因为它可以使用相干 BPSK 调制而不是非相干调制。与非相干 MSK 调制相比,相干 PSK 调制在 AWGN 信道中约有 4dB 的优势,在衰落信道上的优势更大。然而,直扩系统的潜在性能优势在实际中往往无法实现。与直扩系统相比,跳频系统的主要优势是它可跳入比直扩信号频段宽得多的非邻接信道。这一优势不仅可补偿跳频系统使用非相干解调的不足,还能排除存在固定干扰或被频繁干扰的信道,且不易受远近效应的影响(见 7.7 节),还可相对迅速地获取跳频图案(见 4.7 节)。跳频系统的不足之处是难以使用变换域或非线性自适应滤波(见 5.3 节)来消除信道内的窄带干扰。在实际系统中,驻留时间过短以致自适应滤波难以发挥明显作用。

跳频/直扩(Frequency - Hopping Direct - Sequence,FH/DS)混合系统是在每个驻留间隔采用直扩的跳频系统或载波频率周期性变化的直扩系统。图 3.15 所示的混合 FH/DS 扩谱系统发射机中,单个扩谱码产生器同时控制直扩序列和跳频图案,其中,BPF 为带通滤波器,QD 为正交下变频器,CMF 为码片匹配滤波器,ADC 为模数转换器,SSG 为扩谱序列生成器。在图 3.15 中,直扩序列与数据序列模 2 加。每隔固定数目的码片序列,载波频率将发生周期性的跳变。由于跳频会引起相位变化,除非跳速很低,否则通常需要进行非相干调制,如码移键控(Code - Shift Keying,CSK)或非相干 DPSK。在非相干接收机中,FH/DS 信号在解跳和解扩后就可产生送至度量产生器的输入。CSK 和 DPSK 的度量产生器分别如图 2.30 和图 2.31 所示。

串行搜索捕获包括两个阶段。第一阶段进行跳频图案的同步,而第二阶段在未知扩频序列定时的情况下就可迅速完成捕获,这是因为定时的不确定性范围已在第一阶段缩小至跳周期的一小部分。

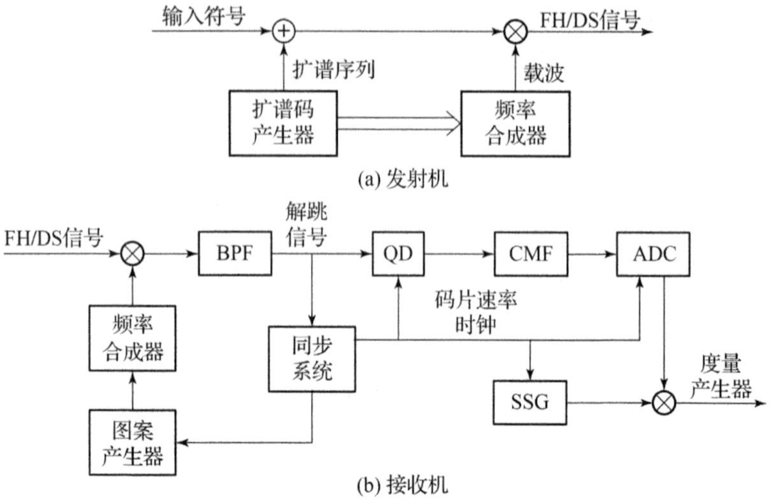

图3.15　跳频/直扩混合系统

原则上,混合 FH/DS 系统的接收机通过解跳和解扩两种方式抑制部分频带干扰,但存在收益递减的问题。FH/DS 信号跳频系统允许在部分时间内避开干扰频谱。当系统跳入有干扰的信道中时,干扰就会被混合扩谱接收机扩展频谱并被滤除。然而在跳间隔中,由于带宽必须足够大以容纳解跳后的直扩信号,因此本应被普通跳频接收机所阻止的干扰将通过混合接收机的带通滤波器而进入系统内。而且大带宽也限制了可用信道的数量,从而使其更容易受窄带干扰和远近效应的影响。由于附加的直扩技术削弱了跳频系统的主要能力,因此除专门的军事应用以外,一般很少使用混合 FH/DS 系统。

3.8　频率合成器

频率合成器[10-13]能够将标准参考频率转换成各种所需频率。在跳频系统中,跳频频率集中的频率必须通过合成产生。在实际应用中,跳频频率集的频率具有如下形式:

$$f_{hi} = f_c + r_i f_r, \quad i = 1, 2, \cdots, M \tag{3.132}$$

式中:$\{r_i\}$为有理数;f_r 为参考频率;f_c 为频率集所在频段内的一个频率。参考信号是频率为参考频率的单音信号,通常是将原子或晶体振荡器等稳定源产生的频率与一个正整数相乘或相除而产生。使用单一的参考信号,也能够确保合成器的任何输出频率具有与参考信号相同的稳定性和精确性。频率合成器的三种基本类型是直接、数字和间接合成器。多数实用的合成器是上述基本形式的混合。

3.8.1　直接频率合成器

直接频率合成器使用倍频器、分频器、混频器、带通滤波器及电子开关来产生所需频率的信号。直接频率合成器可提供非常好的分辨率和非常高的频率，但往往需要大量硬件，并且当频率变化时，难以保证输出频率的相位连续性。虽然通过可编程除法器和乘法器可实现直接频率合成器，但标准方法是使用双混频除法器(Double - Mix - Divide，DMD)，如图 3.16 所示。频率为 f_r 的参考信号与固定频率 f_a 的信号相混合，带通滤波器选择由混频器产生的频率为 f_r+f_a 的信号。在频率 f_b+f_1 上进行的二次混频和滤波后产生和频为 $f_r+f_a+f_b+f_1$ 的信号。若 f_b 为固定频率，以使：

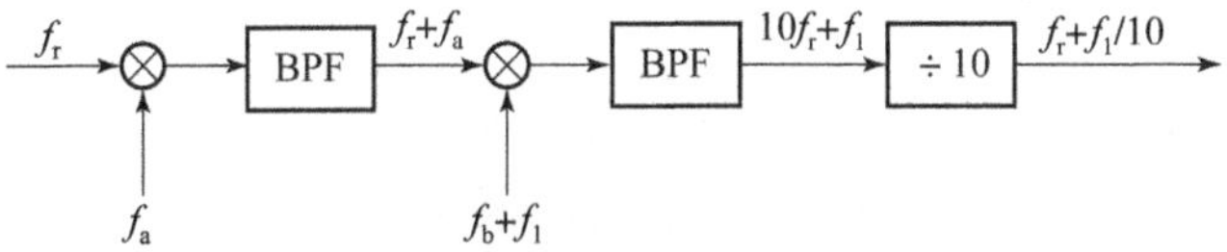

图 3.16　双混频除法模块

$$f_b = 9f_r - f_a \tag{3.133}$$

则第二个带通滤波器就可产生 $10f_r+f_1$ 的频率。使用能将其输入的频率降低为 1/10 的分频器就可产生 $f_r+f_1/10$ 的输出频率。原则上，单个混频器和带通滤波器就能够产生这样的输出频率，但两个混频器和带通滤波器可简化滤波器的设计。每个带通滤波器必须选择和频，并抑制可能由于混频器泄漏而进入滤波器的差频及混频器的输入频率。若和频过于靠近这些频率之一，则带通滤波器就会变得过于复杂和昂贵。

通过将足够多的双混频除法器模块级联可实现任意的频率分辨率。图 3.17 显示了能够提供两位数分辨率的直接频率合成器。当直接频率合成器用于跳频系统中时，控制比特将由扩谱码发生器来产生，从而确定跳频图案。每组控制比特确定一个单音频率，该频率由十进制开关送至一个双混频除法器模块。把参考频率送到频率产生器中合适的倍频器和分频器中，可获得用于十进制开关的十个频率。式(3.133)确保双混频除法器模块 2 中的第二个带通滤波器的输出频率为 $10f_r+f_2+f_1/10$。因此，合成器最后的输出频率为 $f_r+f_2/10+f_1/100$。

例 3.1：要求产生 1.79MHz 的频率。令 $f_r=1\text{MHz}$ 及 $f_b=5\text{MHz}$。提供给十进制开关的十个频率是 5MHz，6MHz，7MHz，…，14MHz，以使 f_1 和 f_2 的范围可以从 0 ~ 9MHz。由式(3.134)得到 $f_a=4\text{MHz}$。若 $f_1=7\text{MHz}$ 及 $f_2=9\text{MHz}$，则输出频率为 1.79MHz。频率 f_a 及 f_b 的合理选择可简化模块内带通滤波器的设计。

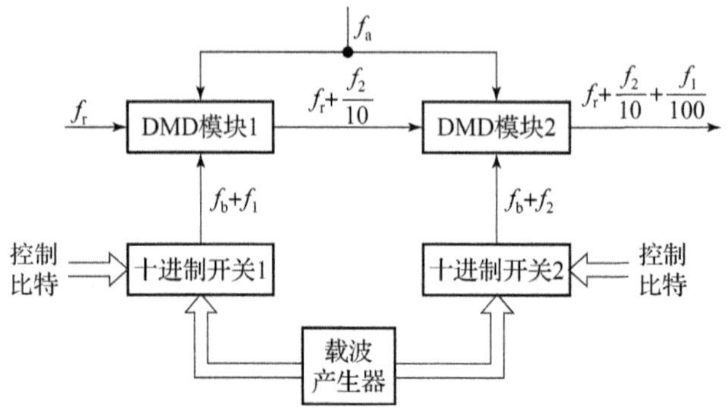

图 3.17　具有两位分辨率的直接频率合成器

3.8.2　直接数字频率合成器

直接数字频率合成器能够将正弦波的存储样值转换成特定频率的连续时间正弦波。正弦波的周期性及对称性意味着只需存储第一象限的值。数字频率合成器的基本组成部分如图 3.18 所示。参考信号是参考频率为 f_r 的正弦信号。正弦表存储的 N 个 $\sin\theta$ 值为 $\theta=0,2\pi/N,\cdots,2\pi(N-1)/N$。跳频系统中图案控制比特产生的频率数据通过指定相位增量 $2\pi k/N$ 从而确定合成频率,其中 k 为整数。相位累加器是一种离散时间积分器,它在每个参考信号周期中以 f_r 的速率在内部寄存器中将相位增量累加,从而将相位增量转换成连续相位样值。相位样值 $\theta(n)=n(2\pi k/N)$ 中的 n 为参考信号周期,它定义了存储 $\sin(\theta(n))$ 值的正弦数据表或存储器中的地址。每个样值都被送到数模转换器(Digital - to - Analog Converter,DAC)中,以等于参考频率 f_r 的采样速率来完成采样 - 保持操作。DAC 的输出送至抗混叠低通滤波器,从而得到所希望的模拟信号。

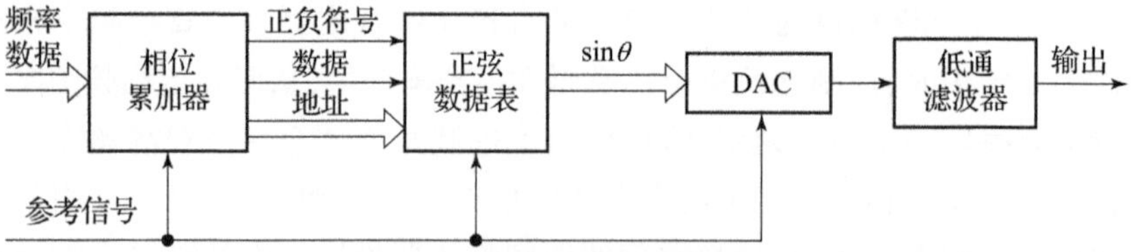

图 3.18　数字频率合成器

令 v 表示比特数,用于表示相位累加器中 N 个可能值,其中 $N\leqslant 2^v$。由于累加器的内容以速率 f_r 更新,所以不同相位样值重复的最长周期为 N/f_r。因此,由于将 $\sin(\theta(n))$ 的样值送到采样速率为 f_r 的 DAC 中,因此直接数字频率合成器能产生的最小频率为

$$f_{\min}=\frac{f_r}{N} \tag{3.134}$$

且相位样值为 $\theta(n)=2\pi/N$。当把相位 θ 的第 k 个存储样值以速率 f_r 送到 DAC 时，就会产生输出频率为 f_{0k} 的信号。因此，若每个周期的参考信号的相位值为 $\theta(n)=k2\pi/N$，则

$$f_{0k}=kf_{\min},\quad 1\leqslant k\leqslant N \tag{3.135}$$

这表明 $f_{\min}$ 为频率分辨率。

仅需使用每个周期中 $\sin\theta$ 的若干样值，直接数字频合器就能够产生最大频率为 $f_{\max}$ 的信号。根据奈奎斯特采样定理可知，当 $f_{\max}<f_r/2$ 时可避免混叠失真。实际中，DAC 及低通滤波器将可能达到的 $f_{\max}$ 进一步限制在 $0.4f_r$ 或更小。因此，用于合成 $f_{\max}$ 的单周期 $\sin\theta$ 的样值数需满足 $q\geqslant 2.5$，且

$$f_{\max}=\frac{f_r}{q} \tag{3.136}$$

低通滤波器可在比 $f_{\max}$ 稍大的平坦通带内实现线性相位。f_r 及 $f_{\max}$ 的频率还受到 DAC 速率的限制。

假设 $f_{\min}$ 及 $f_{\max}$ 为规定的频率合成器必须产生的最小和最大频率。式(3.135)及式(3.137)表明 $qf_{\max}/f_{\min}=N\leqslant 2^v$，且所需的累加器比特数为

$$v=\lfloor \log_2(qf_{\max}/f_{\min})\rfloor+1 \tag{3.137}$$

正弦表中存储有 2^n 个码字，每个码字由 m 个比特构成，其存储需求为 $2^n m$ 个比特。利用三角恒等式和硬件乘法器可减小正弦表的存储需求。存储的每个字表示 $\sin\theta$ 在第一象限中的一个可能值，或等效为 $\sin\theta$ 的可能幅度。正弦表的输入为 $n+2$ 个并行比特。两个最高有效位是符号比特和象限比特。符号比特确定了 $\sin\theta$ 的极性。象限比特确定了 $\sin\theta$ 是在第一象限还是在第二、第三或第四象限。输入的其他 n 个最低有效比特则确定了 $\sin\theta$ 幅值存储的地址。当 $\sin\theta$ 在第二或第四象限时，这 n 个最低有效比特确定的地址可通过象限比特进行适当修改。正弦表中的符号比特与 m 个输出比特一起都被送至 DAC。相位累加器可指定的正弦表地址的最大值是 2^v，但若正弦表采用 v 个地址输入，则存储要求将会过大而难以实现。由于只需 $n+2$ 位来对正弦表寻址，累加器中的 $v-n-2$ 个最低有效位就无须用于寻址了。

若减小 n 值，则正弦表的存储要求会降低，但将累加器输出从 v 比特截短至 $n+2$ 比特会导致正弦表每周期的输出中有 $v-n-2$ 个 $\sin\theta$ 样值始终保持不变。由于所希望的相位 $\theta(n)$ 仅通过正弦表的输入 $\hat{\theta}(n)$ 来逼近，因此正弦表的输出信号频谱中存在杂散谱线。相位误差 $\theta_e(n)=\theta(n)-\hat{\theta}(n)$ 为具有离散频谱的周期锯齿波。当 $\theta_e(n)\ll 1$ 时，三角展开表明：

$$\sin(\theta(n))\approx\sin[\hat{\theta}(n)]+\theta_e(n)\cos[\hat{\theta}(n)] \tag{3.138}$$

杂散谱线的幅度由 $\theta_e(n)$ 的傅里叶级数的系数确定,其最大幅度为 $2^{-(n+2)}$。功率最大的谱线往往是其应用的限制因素,即

$$E_s = (2^{-(n+2)})^2 = (-6n-12)\text{dB} \tag{3.139}$$

有几种降低杂散谱线峰值幅度的方法,但每种方法都需付出额外代价。误差前馈法使用估计的 $\theta_e(n)$ 来计算式(3.138)的右侧值可更准确地估计出所需的 $\sin(\theta(n))$ 值。它要求有以采样速率运行的精度为 m 比特的乘法器和加法器。其他减小杂散谱线峰值幅度的方法还有基于相位抖动和误差反馈的方法。

由于 m 个正弦表的输出比特确定了 $\sin\theta$ 的量值,因此量化误差产生的幅度量化噪声功率最大为

$$E_q = (2^{-m})^2 \simeq -6m\text{dB} \tag{3.140}$$

量化噪声增加大了正弦表输出中杂散谱线的幅度。

例 3.2:设计一个能够覆盖 1kHz 到 1MHz 的直接数字频率合成器,且 $E_q \leqslant -45$dB,$E_s \leqslant -60$dB。根据式(3.140),8 比特字的正弦表能够满足量化噪声水平的要求。当 $m=8$,表中包含 $2^8=256$ 个不同的字。根据式(3.139),$n=8$ 就可满足所要求的 E_s,故正弦表有 $n+2=10$ 个输入比特。若 $2.5 \leqslant q \leqslant 4$,则由于 $f_{max}/f_{min}=10^3$,由式(3.137)得到 $v=12$。因此,需要一个 12 比特的相位累加器。由于 $2^{12}=4096$,因此可选择 $N=4000$。若频率分辨率和最小频率为 $f_{min}=1$kHz,则式(3.134)表明 $f_r=4$MHz。若要得到频率 f_{min},则在指定新地址并产生新 $\sin\theta$ 值之前,相位增量会很小,其值为 $2^{v-n-2}=4$。因此,在寻址正弦表时累加器中的四个最低有效位就用不上了。

若需进行高速数据传输,将直接数字频率合成器进行适当修改可以很容易地实现数据调制。对于幅度调制,正弦表的输出送至乘法器。通过增加适当的比特到相位累加器输出中,就可实现相位调制。频率调制则需修改累加器的输入比特。对于四进制调制而言,正交信号可通过分开的正弦和余弦表来合成信号。

直接数字频率合成器除体积、重量和功率需求都相对较小外,还可产生相位连续、频率几乎瞬时变化的信号,且频率分辨率非常高。但它的缺点是最高频率受限,从而限制了其输出频率转换后覆盖频段的宽度。正因如此,直接数字频率合成器有时用作混合型频率合成器的组成部分。它的另一个缺点是对低通滤波器有苛刻要求,该滤波器用于抑制在合成频率变化过程中产生的杂散频率。

3.8.3 间接频率合成器

间接频率合成器使用压控振荡器和反馈环路。间接频率合成器需要的硬件

通常比直接频率合成器要少,但频率切换所需的时间更长。类似于数字频率合成器,间接频率合成器在频率改变后能够产生相位连续的输出。单环间接频率合成器的主要组成类似于锁相环,如图3.19所示。控制模数或除数N的比特由跳频图案产生器提供。频率为f_1的输入信号可由另一个频率合成器提供。

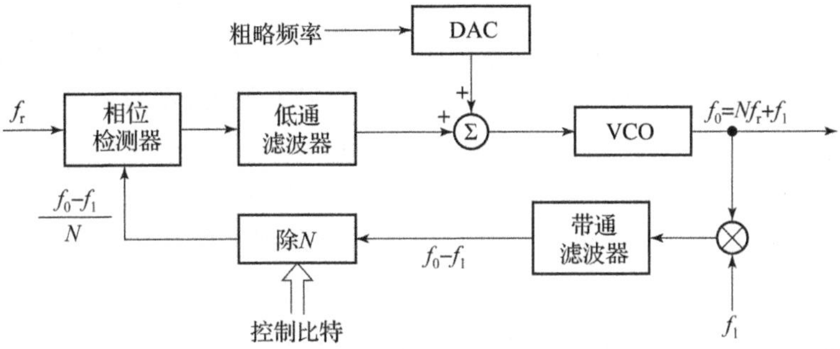

图3.19 单环路间接频率合成器

由于反馈环迫使除法器输出的频率$(f_0-f_1)/N$接近参考频率f_r,压控振荡器(Voltage - Controlled Oscillator,VCO)输出的正弦波频率为

$$f_0 = Nf_r + f_1 \tag{3.141}$$

式中:N为正整数。

跳频频率合成器中的相位检测器通常使用能够检测过零次数的数字器件,而非混频器中使用的(模拟)相差检测器。数字相位检测器具有较大的线性范围,并对输入电平变化不敏感,可简化与数字除法器的接口。

式(3.141)表明单环频率合成器的频率分辨率为f_r。为运行稳定并抑制与f_0的偏移量为f_r的副边带信号,环路带宽通常需在$f_r/10$数量级上。频率改变时的换频时间t_s应小于等于之前定义的跳频脉冲宽度T_{sw},其中可能附加有保护间隔。换频时间与环路带宽成反比,大致近似为

$$t_s = \frac{25}{f_r} \tag{3.142}$$

这意味着采用单环难以同时获得低分辨率和低切换时间。

为在降低换频时间的同时保持单环路频率合成器的频率分辨率,可将粗导引信号存储在只读存储器(Read Only Memory,ROM)中,然后用DAC转换为模拟信号,并在频率改变后立即送至VCO(图3.19)。当发生频率跳变时,导引信号降低了跳变发生时环路所必须的频率阶跃。另一种方法是在环路之后设置一个模M的固定除法器,以使输出频率为$f_0=Nf_r/M+f_1/M$。只要VCO的输出频率Mf_0对于反馈环路中的除法器不是太高,这种方法可在不牺牲频率分辨率的同时增加f_r。为限制寄生频率的发射,在频率转换时需使发射机停止发射信号。

使用两个频率合成器交替产生输出频率可显著减少换频时间。一个频合器产生输出频率,而另一个频合器则根据来自跳频图案产生器的指令调整到下一个频率。若跳间隔超过了每个频合器的换频时间,则第二个频合器在控制开关决定其输出到调制器或解跳混频器的顺序之前就开始产生下一个频率。

除法器是一个能够输出方波的二进制计数器。输入信号每次过零时,除法器计数值减一。若模数或除数为正整数 N,则经过 N 次过零后,除法器输出信号过零并改变状态。然后除法器重新从 N 递减计数。因此,输出频率等输入频率除 N。可编程除法器的运算速度受限,使得其难以适应 VCO 高频输出。将 VCO 的输出通过图 3.19 所示的混频器进行下变频可避免该问题,但会引入寄生成分。由于与可编程除法器相比,固定除法器能够以高得多的速度进行运算,因此可考虑在反馈环路中的可编程除法器前放置一个固定除法器。然而,若固定除法器的模数为 N_1,则环路的频率分辨率变为 $N_1 f_r$,而该分辨率通常难以满足要求。

如图 3.20 所示的双模除法器,允许频合器在高频上运算的同时保持频率分辨率为 f_r,其主要组成部分是双预分频器,由两个固定除法器组成,其除数分别为正整数 P 和 $P+Q$。除法器 1 和除法器 2 为两个可编程除法器,分别从整数 A 和 B 递减计数,其中 $B>A$。这两个可编程除法器仅要求能够适应频率 f_{in}/P。双预分频器开始时按模 $P+Q$ 进行除法运算。当可编程除法器达到零时模数就改变一次。经过 $(P+Q)A$ 次输入转换后,除法器 1 归零,模数控制使得双预分频器按 P 来除。此时除法器 2 递减计数到 $B-A$。经过超过 $P(B-A)$ 次输入转换后,除法器 2 归零并使其输出发生转换。然后两个可编程除法器都复位,双预分频器的除数回复到 $P+Q$。因此,每个输出转换对应于 $A(P+Q)+P(B-A)=AQ+PB$ 次输入转换,这意味着双模除法器具有以下模数:

$$N=AQ+PB,\quad B>A \tag{3.143}$$

并产生输出频率 f_{in}/N。

若 $Q=1$ 且 $P=10$,则双模除法器被称为 10/11 除法器,且

$$N=10B+A,\quad B>A \tag{3.144}$$

上式通过以单位步长改变 A 从而使 N 也以单位步长增加。由于要求 $B>A$,A 的合适范围和 B 的最小值分别为

$$0\leqslant A\leqslant 9,\quad B_{min}=10 \tag{3.145}$$

式(3.141)、式(3.144)与式(3.145)的关系表明合成的跳频频率集范围从 f_1+100f_r 到 $f_1+(10B_{max}+9)f_r$。因此,若满足式(3.146)和式(3.147),则跳频频率集覆盖了 f_{min} 和 f_{max} 之间的频带:

$$f_1+100f_r\leqslant f_{min} \tag{3.146}$$

且:

$$f_1+(10B_{max}+9)f_r \geqslant f_{max} \tag{3.147}$$

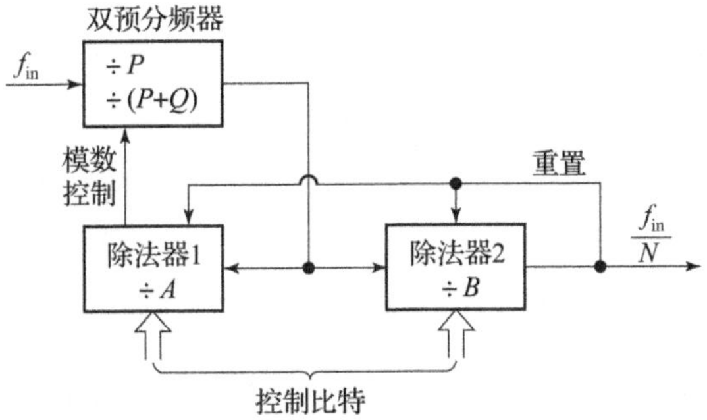

图 3.20　双模除法器

例 3.3:蓝牙通信系统用于在便携式电子设备中建立无线通信。蓝牙系统跳频频率集具有 79 个载波频率,其跳速为 1600 跳/s,其跳频频段为 2400 ~ 2483.5MHz,每个信道的带宽为 1MHz。考虑一个在 2402 ~ 2480MHz 频率范围内具有 79 个跳频信道,每个信道间隔 1MHz 的无线通信系统。f_r = 1MHz 的 10/11 除法器能够提供需要的步进增量,该增量等于频率分辨率。由式(3.142)可知 t_s = 25μs,这说明在每跳中有 25 个数据符号不得不被丢弃。由不等式(3.146)可知 f_1 = 2300MHz 是一个合适的选择,则取 B_{max} = 18 可满足式(3.147)。因此,为确定除法器 A 和 B 的可能取值,分别要求 4 个和 5 个控制比特。若控制比特存储于 ROM 中,每个 ROM 地址包含 9 比特。ROM 地址的数量至少为 79,即跳频频率集中频率的数目。因此,ROM 的输入地址需要 7 比特。

3.8.4　多环频率合成器

多环路频率合成器使用两个或更多单环频合器来获得高频率分辨率和快速换频能力,三环频率合成器如图 3.21 所示。环路 A 和 B 具有如图 3.19 所示的形式,但环路 A 的反馈中没有混频器和滤波器。环路 C 中有混频器和滤波器,但没有除法器。选择参考频率 f_r 以确保能够实现所需的换频时间。选择合适的除数 M 使得 f_r/M 为所需的频率分辨率。当环路 B 产生增量 f_r 时,环路 A 及除法器产生 f_r/M 的增量。环路 C 与环路 A 与 B 的输出共同产生了输出频率,即

$$f_0=Bf_r+A\frac{f_r}{M}+f_1 \tag{3.148}$$

式中:由于 B、A 和 M 都是由除法器产生的,因此它们都是正整数。环路 C 更适于使用混频器和带通滤波器,这是因为当 Af_r/M 和 Bf_r 距离较远时,滤波器将抑制间隔较近的、不希望的分量。

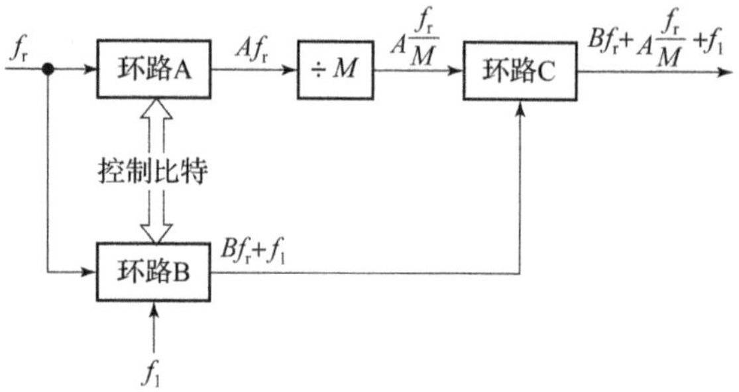

图3.21　有三个环路的间接频率合成器

为确保每个输出频率都由唯一的 A 和 B 值产生,要求 $A_{max}=A_{min}+M-1$。为防止换频期间的性能恶化,要求 $A_{min}>M$。因此,按下式选择 A 值来满足这两个要求:

$$A_{min}=M+1,\quad A_{max}=2M \tag{3.149}$$

由式(3.148),如果:

$$B_{min}f_r+A_{min}\frac{f_r}{M}+f_1\leqslant f_{min} \tag{3.150}$$

且

$$B_{max}f_r+A_{max}\frac{f_r}{M}+f_1\geqslant f_{max} \tag{3.151}$$

则频合器将覆盖从 f_{min} 到 f_{max} 之间的频率范围。

例3.4:考虑例3.3中的蓝牙系统,但要求更苛刻,即 $t_s=2.5\mu s$,该要求在每跳间隔中仅会损失三个潜在的数据符号。例3.3中的单环频合器无法满足这样短的换频时间。所要求的换频时间可由一个 $f_r=10MHz$ 的三环频合器来实现。通过设置 $M=10$ 来实现1MHz的频率分辨率。式(3.149)表明 $A_{min}=11$ 且 $A_{max}=20$。若 $f_1=2300MHz$、$B_{min}=9$、$B_{max}=16$,则可满足不等式(3.150)和式(3.151)。环路 A 和 B 中的除法器必须能够适应的最大频率分别必须达到 $A_{max}f_r=200MHz$ 和 $B_{max}f_r=160MHz$。除法器和 B 分别需要5个控制比特。

3.8.5　小数分频频合器

小数分频频合器使用单环路及辅助硬件来产生平均输出频率,即

$$f_0=\left(B+\frac{A}{M}\right)f_r,\quad 0\leqslant A\leqslant M-1 \tag{3.152}$$

虽然换频时间与 f_r 成反比,但频率分辨率为 f_r/M,理论上可以任意小。

频率合成方法是使用频率除法模数等于 B 或 $B+1$ 的双模除法器。如

图3.22所示，比特序列$\{b(n)\}$控制模数，其中n为离散时间指数，CP为电荷泵(Charge Pump)。该序列在时钟频率等于f_r时产生，且除法模数为$B+b(n)$。比特$b(n)$的均值为

$$\overline{b(n)}=\frac{A}{M} \tag{3.153}$$

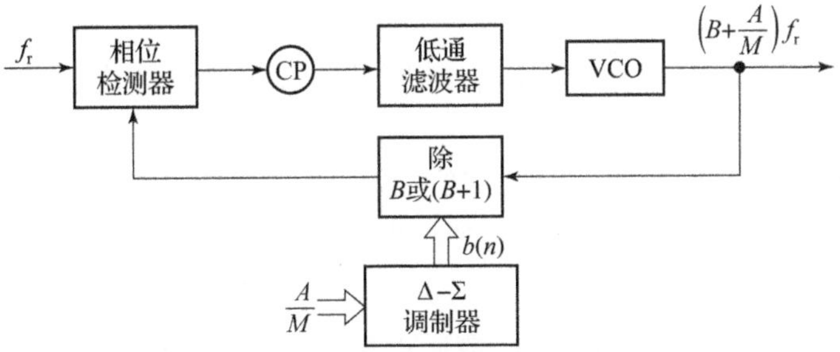

图3.22 小数分频频率合成器

因此，平均除法模数为$B+A/M$。相位检测器比较频率除法器输出信号与参考信号上升沿的到达次数，其产生的输出为到达次数的差函数。电荷泵使用两个电源来充放电容，并将相应数量的电荷送至低通滤波器，其输出作为VCO的控制信号。由于相位检测器的输入更低，其平均频率为f_r，因此平均输出频率可保持为f_0。

$\Delta-\Sigma$(总和－增量)调制器把较高分辨率的数字信号编码为较低分辨率的数字信号。当输入为用多个比特表示的A/M时，$\Delta-\Sigma$调制器产生序列$\{b(n)\}$。若该序列为周期序列，则高电平分数杂散频率，即f_r/M整数倍的谐振频率，将会在VCO输入信号时出现，并通过频率调制其输出信号。通过模数随机化可使分数杂散频率大大减少，它将$b(n)$随机化并同时满足式(3.153)。模数随机化可通过抖动或随意改变输入至$\Delta-\Sigma$(总和－增量)调制器的最低有效比特来实现。由于A/M由$\Delta-\Sigma$(总和－增量)调制器的输出比特$b(n)$近似，因此将在环路中引入量化噪声$q(n)=b(n)-\overline{b(n)}$。为限制量化噪声的影响，模数随机化的设计应使量化噪声具有高通频谱，则低通环路滤波器就可消除大部分量化噪声。

例3.5：考虑一个可用于例3.4中蓝牙系统的小数分频频率合成器，其中$t_s=2.5\mu s$。若小数分频频率合成器的输出是由2300MHz进行频率转换而来，则频率合成器本身需要覆盖102～180MHz的频率范围。通过设置$f_r=10$MHz来达到换频时间的要求，通过设置$M=10$来达到频率分辨率的要求。式(3.152)表明，要得到所需的频率范围，B的变化范围为10～18，A的变化范围为0～9。整数B和A分别需要5个和4个控制比特。

3.9 思考题

1. 考虑采用重复码软判决译码的 FH/CPFSK 系统,且具有较大的 $\mathcal{E}_b/I_{t0}$ 值。假设重复码的重复次数 n 没有按部分频带干扰影响最小化准则来选择。式(3.20)第一行上界为 P_b。证明:若 $n>(m-1)\ln(2)/\ln(m)$,存在最恶劣的部分频带干扰时,每符号有 $m=\log_2 q$ 比特的非二进制调制比二进制调制性能更好。

2. 考虑采用重复码软判决译码的 FH/CPFSK 系统。①证明 $f(n)=(q/4)(4n/\mathrm{e}\gamma)^n$ 是在紧凑集$[1,\gamma/3]$上的严格凸函数。②寻找满足 $f(n)$ 全局极小值的平稳点。③证明式(3.22)。

3. 实际信号的复包络自相关函数形式为 $R_1(\tau)=f_1(\tau/T_s)$。①证明复包络功率谱密度的形式为 $S_1(f)=T_s f_2(fT_s)$。②证明:若已知 $F_{ib}(B/2)=c$ 从而确定信道带宽 B,则所需的 B 与 T_s 成反比。

4. 对于 FH/CPM 系统,使用本章描述的方法证明式(3.78)及式(3.82)。

5. ①证明式(3.85)~式(3.88)。②利用不定积分:

$$\int\cos(ax+b)\cos(ax+b)\mathrm{d}x=\frac{x}{2}\cos(b-d)+\frac{1}{4a}\sin(2ax+b+d)$$

证明式(3.89)和式(3.90)。

6. 根据文中所述的步骤推导式(3.112)。

7. 取区间[0,1]内连续变量为式(3.116)中 $\mu=J/M$ 的近似值。强干扰条件下,非相干检测、硬判决和 AWGN 信道的二进制正交 FH/CPFSK 系统,最坏情况的 μ 取何值?对应最坏情况下的误符号率为多少?为何与信道的数量无关?

8. 考虑一个非相干检测、硬判决和瑞利信道上的二进制正交 FH/CPFSK 跳频系统面对强干扰,说明均匀分布在整个跳频频带上的干扰对通信性能造成的恶化要超过集中在部分频带上的干扰。

9. 该题说明了存在最恶劣的部分频带干扰时信道编码对于跳频系统的重要性。考虑非相干检测、硬判决和 AWGN 信道及二进制正交 FH/CPFSK 系统。①当不使用信道编码时,为达到误比特率 $P_b=10^{-5}$,用思考题 7 的结果来计算需要的 $\mathcal{E}_b/I_{t0}$。②当使用(23,12)格雷码时,对于 $P_b=10^{-5}$ 计算所需要的 $\mathcal{E}_b/I_{t0}$。作为第一步,用式(1.22)中的第一项来估计所需要的误符号率。什么是编码增益?

10. 设计一个使用双混频除法模块的频合器,步进量为 10Hz,覆盖范围为 198~200MHz。①需要的模块数目最少是多少?②可接受的参考频率范围是多少？③选择一个参考频率及 f_b，所需的频率是多少？④若 DMD 模块后接 180MHz 的上变频器，能够接受的参考频率是多少？这样的系统是否更实用？

11. 设计一个使用单环路和双模除法器的间接频率合成器，步进量为 10kHz，覆盖范围为 100～100.99MHz。令图 3.19 中 $f_1=0$，图 3.20 中 $Q=1$。①A 的合适取值范围是多少？②若要求送至可编程除法器的最高频率最小化，则 P 和 B 的合适取值范围分别是多少？

12. 设计一个步进量为 10Hz，覆盖 198～200MHz，换频时间为 2.5ms 的频合器。使用图 3.21 所示的三环路间接频率合成器。要求 $B_{max} \leqslant 10^4$ 且 f_1 最小。参数 f_r、M、A_{min}、A_{max}、B_{min}、B_{max} 和 f_1 的合适取值是多少？

13. 详细说明以 10Hz 步进量覆盖 198～200MHz 且换频时间为 250μs 的小数分频频合器的设计参数。

参考文献

[1] D. J. Torrieri, "Fundamental Limitations on Repeater Jamming of Frequency – Hopping Communications," *IEEE J. Select. Areas Commun.*, vol. 7, pp. 569 – 578, May 1989.

[2] E. K. P. Chong and S. H. Zak, *An Introduction to Optimization*, *4th ed.*, Wiley, 2013.

[3] J. S. Lee, L. E. Miller, and Y. K. Kim, "Probability of Error Analyses of a BFSK Frequency – Hopping System with Diversity under Partial – Band Jamming Interference—Part II: Performance of Square – Law Nonlinear Combining Soft Decision Receivers," *IEEE Trans. Commun.*, vol. 32, pp. 1243 – 1250, Dec. 1984.

[4] M. C. Valenti, S. Cheng, and D. Torrieri, "Iterative Multisymbol Noncoherent Reception of Coded CPFSK," *IEEE Trans. Commun.*, vol. 58, pp. 2046 – 2054, July 2010.

[5] Y. M. Lam and P. H. Wittke, "Frequency – Hopped Spread – Spectrum Transmission with Band – Efficient Modulations and Simplified Noncoherent Sequence Estimation," *IEEE Trans. Commun.*, vol. 38, pp. 2184 – 2196, Dec. 1990.

[6] J. G. Proakis and M. Salehi, *Digital Communications*, *5th ed.*, McGraw – Hill, 2008.

[7] B. Porat, A Course in Digital Signal Processing, Wiley, 1997.

[8] S. Ahmed, L. – L. Yang, and L. Hanzo, "Erasure Insertion in RS – Coded SFH FSK Subjected to Tone Jamming and Rayleigh Fading," *IEEE Trans. Commun.*, vol. 56, pp. 3563 – 3571, Nov. 2007.

[9] P. H. Wittke, Y. M. Lam, and M. J. Schefter, "The Performance of Trellis – Coded Nonorthogonal Noncoherent FSK in Noise and Jamming," *IEEE Trans. Commun.*, vol. 43, pp. 635 – 645, Feb./March/April 1995.

[10] B. Razavi, *RF Microelectronics*, *2nd ed.*, Pearson Prentice Hall, 2012.

[11] M. Rice, Digital Communications: A Discrete – Time Approach, Pearson Prentice Hall, 2009.

[12] U. L. Rohde and M. Rudolph, RF/Microwave Circuit Design for Wireless Applications, 2nd ed., Wiley, 2013.

[13] J. R. Smith, Modern Communication Circuits, 2nd ed., McGraw – Hill, 1998.

第 4 章

扩谱码同步

扩谱接收机要求扩谱码同步产生与接收的直扩序列或跳频图案同步的直扩序列或跳频图案。扩谱码同步后,接收到和接收机产生的直扩序列码片或跳频驻留间隔必须精确或近似一致。任何偏差都将导致解调器输出信号幅度的下降,下降幅度与自相关或部分自相关函数有关。将同步分为捕获和跟踪两部分非常有利于扩谱码同步的实际实现。捕获是指通过将直扩序列码片或跳频驻留间隔可能的定时偏差限定在有限的几个量化候选值之内,从而实现粗同步。在一个完整的扩谱系统中,捕获部分总是重点设计的内容和最昂贵的部件。捕获后,跟踪开始启动提供精同步,将同步误差进一步减小或维持在一定限度内的过程。符号同步需为译码器的符号检测提供定时脉冲,可以从扩谱码同步中得到。虽然在收发信机中使用精确时钟能够在某种程度上限制接收机定时的不确定性,但时钟漂移、波动范围的不确定性以及多普勒频移仍然可能导致同步问题。本章介绍了直扩和跳频系统的捕获和跟踪方法。

4.1 扩谱序列的同步

在几乎所有的应用中,直扩信号的扩谱码同步必须在载波同步之前实现。在以扩谱码同步为前提的解扩之前,难以有足够高的信噪比(Signal - to - Noise Ratio,SNR)用于锁相环来实现载波跟踪。为了实现所需的扩谱码同步和频率同步,需要估计扩谱码定时偏差和频率偏差。

4.1.1 扩谱码定时偏差和频率偏差估计

考虑波形参数估计[1-2],这是向量 $\boldsymbol{\theta}$ 的组成部分。观测信号为

$$r(t)=s(t,\boldsymbol{\theta})+n(t),\quad 0\leqslant t\leqslant T \tag{4.1}$$

式中:实值信号 $s(t,\boldsymbol{\theta})$ 除 $\boldsymbol{\theta}$ 外具有已知波形;$n(t)$ 为零均值高斯白噪声。假设对于波形参数的所有值,$s(t,\boldsymbol{\theta})$ 属于复值函数 f 使得 $|f|^2$ 在 $[0,T]$ 内可积的信号空间 $L^2[0,T]$,如附录 F.3 所示,最大似然估计的充分统计量为

$$\Lambda_s[r(t)] = 2\int_0^T r(t)s(t,\boldsymbol{\theta})\mathrm{d}t - \int_0^T s^2(t,\boldsymbol{\theta})\mathrm{d}t \tag{4.2}$$

如果 $s(t,\boldsymbol{\theta})$ 依赖于随机向量 $\boldsymbol{\phi}$,以 $E_{\boldsymbol{\phi}}[\Lambda_s[r(t)]]$ 的最大似然估计为基础,其中 $E_{\boldsymbol{\phi}}[\cdot]$ 表示关于 $\boldsymbol{\phi}$ 的期望值。因此,充分统计量为

$$\Lambda_a[r(t)] = E_{\boldsymbol{\phi}}\left[2\int_0^T r(t)s(t,\boldsymbol{\theta})\mathrm{d}t - \int_0^T s^2(t,\boldsymbol{\theta})\mathrm{d}t\right] \tag{4.3}$$

最大似然估计量为

$$\boldsymbol{\theta} = \arg\max_{\boldsymbol{\theta}}\Lambda_a[r(t)] \tag{4.4}$$

为了估计扩谱码定时偏差和频率偏差,$\boldsymbol{\theta}=(\tau,f_{\mathrm{d}})$。对于二进制相移键控(Binary Phase - Shift Keying,BPSK)直扩系统,直扩信号为

$$s(t,\boldsymbol{\theta}) = \sqrt{2S}d(t-\tau)p(t-\tau)\cos(2\pi f_{\mathrm{c}}t+2\pi f_{\mathrm{d}}t+\phi),\quad 0\leqslant t\leqslant T \tag{4.5}$$

式中:S 为平均功率;扩谱码符号数据调制为 $d(t)=\pm1$;$p(t)$ 为已知扩谱波形;f_{c} 为已知载波频率;ϕ 为接收载波相位;τ 为接收的扩谱码相位偏差或定时偏差,$0\leqslant\tau<T$;f_{d} 为相对于标称载波频率的频率偏差。频率偏差由多普勒频移或发射机振荡器的漂移或不稳定所产生。

载波相位 ϕ 建模为随机变量。式(4.3)括号中第二个表达式为观察时间间隔内的信号能量。如果假设 $\tau\ll T$,那么这部分能量不随着 τ 显著变化。因此,舍弃此表达式,以充分统计量的最大似然估计为基础:

$$\Lambda_a[r(t)] = E_{\boldsymbol{\phi}}\left[\int_0^T r(t)s(t,\boldsymbol{\theta})\mathrm{d}t\right] \tag{4.6}$$

将式(4.5)代入式(4.6)导出:

$$\Lambda_a[r(t)] = E_{\boldsymbol{\phi}}\{\exp[\sqrt{2S}\int_0^T r(t)d(t-\tau)p(t-\tau)\cos(2\pi f_{\mathrm{c}}t+2\pi f_{\mathrm{d}}t+\phi)\mathrm{d}t]\} \tag{4.7}$$

4.1.2　捕获估计量

扩谱码捕获是使得接收机产生的扩谱序列与接收到的扩谱序列之间的定时误差缩小到一个码片以内的过程。根本挑战在于捕获或粗同步过程中通常的解扩机理无法用于减小信号带宽和抑制干扰。

假设 $d(t)$ 在捕获过程中不发射,这相当于设置 $d(t)=1$。假设 ϕ 在 $[0,2\pi)$ 区间内均匀分布,三角展开并使用附录 H.3 中式(H.16)及式(4.7),针对 ϕ 进行积分可推出:

$$\Lambda_s[r(t)] = \mathrm{I}_0(\sqrt{2S}R(\tau,f_{\mathrm{d}})) \tag{4.8}$$

式中:$\mathrm{I}_0(\cdot)$ 表示修正的第一类贝塞尔函数,零阶由式(H.14)定义,其中:

$$R(\tau,f_{\mathrm{d}}) = \left[\int_0^T r(t)p(t-\tau)\cos(2\pi f_{\mathrm{c}}t+2\pi f_{\mathrm{d}}t)\mathrm{d}t\right]^2 + \left[\int_0^T r(t)p(t-\tau)\sin(2\pi f_{\mathrm{c}}t+2\pi f_{\mathrm{d}}t)\mathrm{d}t\right]^2 \tag{4.9}$$

因为 $\mathrm{I}_0(x)$ 是关于 x 的单调递增函数,所以式(4.8)意味着 $R(\tau,f_{\mathrm{d}})$ 是最大似然估计的充分统计量。理想情况下,$\hat{\tau}$ 和 $\hat{f}$ 通过考虑 τ 和 f_{d} 的所有可能值决定,然后选择使式(4.9)最大化的取值:

$$(\hat{\tau},\hat{f}_{\mathrm{d}}) = \arg\max_{(\tau,f_{\mathrm{d}})} R(\tau,f_{\mathrm{d}}) \tag{4.10}$$

实现这一联合估计的方法之一是使用并行矩阵处理器,矩阵的每一路都和一个定时偏差和频率偏差的量化候选值对相匹配。处理器输出的最大值表明其对应的候选值对,即为被选中的联合估计。另一种联合估计方法是对候选的偏差值对进行顺序搜索,该方法虽然复杂度低,但判决所需的时间将显著增加。最实用的方法是分别估计定时和频率偏差。由于频偏可以通过标准载波恢复器件来分别进行估计和跟踪,因此本章的剩余部分只对定时偏差 τ 已被估计时的扩谱码同步进行分析。

假设瞬时载波频率 $f_{\mathrm{c1}}=f_{\mathrm{c}}+f_{\mathrm{d}}$ 是已知的,则接收的扩谱码相位或定时偏差的充分统计量为

$$R_{\mathrm{o}}(\tau) = \left[\int_0^T r(t)p(t-\tau)\cos(2\pi f_{\mathrm{c1}}t)\mathrm{d}t\right]^2 + \left[\int_0^T r(t)p(t-\tau)\sin(2\pi f_{\mathrm{c1}}t)\mathrm{d}t\right]^2 \tag{4.11}$$

最大似然估计为

$$\hat{\tau} = \arg\max_{\tau} R_{\mathrm{o}}(\tau) \tag{4.12}$$

式中:τ 仅限于一些可能值或不确定性范围。

估计量由式(4.12)定义,本质上选择直扩序列自相关或部分自相关函数估计幅度的峰值。为了展示这一点,假设噪声是可忽略的,所以:

$$r(t) \approx s(t) = \sqrt{2S}p(t)\cos(2\pi f_{\mathrm{c1}}t+\theta) \tag{4.13}$$

式中正确的接收信号定时偏差 $\tau=0$。将式(4.13)和式(4.11)代入式(4.12),运用解三角的方法,舍弃可忽略的积分,并利用 $|x|^2$ 为单调递增函数的事实,可得

$$\hat{\tau} \approx \sqrt{\frac{S}{2}}\arg\max_{\tau}\left|\int_0^T p(t)p(t-\tau)\mathrm{d}t\right| \tag{4.14}$$

如果 T 等于短扩谱序列周期,那么积分等于直扩序列的自相关。如果 T 小于长扩谱序列周期,那么积分等于直扩序列的部分自相关。因此,如果通过近似式(4.12)实现扩谱码的获取,那么可靠的获取就依赖于直扩序列在所有非零位

移下的低自相关或部分自相关函数。

4.2　快速捕获

当直扩序列相对较短时,快速获取是可能的。对于较长的直扩序列,顺序搜索或序贯获取是需要的。由于数据调制的存在不利于获取,因此发射没有任何数据调制的扩谱序列推动获取发生。

4.2.1　匹配滤波器捕获

当短的可编程序列能够提供充分安全性时,匹配滤波器即可根据式(4.12)实现快速捕获。连续周期扩谱波形在捕获分配时间内不经数据调制而发射,其中匹配滤波器是指一个周期的扩谱波形。在模拟实现中,包含理想情况下尖锐自相关峰的匹配滤波器输出包络与一个或多个门限作比较,其中的一个门限与自相关峰的峰值接近。

匹配滤波器匹配的序列长度或积分时间由频偏或扩谱码码片速率误差限定,两者都降低了自相关峰的峰值。由于数据符号的边界与扩谱序列的起点和终点一致,超出门限的时刻就可作为符号同步及扩谱码捕获的定时信息。匹配滤波器捕获的主要应用是猝发通信,这是一种短暂且偶尔使用的通信方式,无须使用长扩谱序列。

用于产生 $R_0(\tau)$ 以便对二进制扩谱波形进行非相干捕获的数字匹配滤波器如图 4.1 所示。数字匹配滤波器提供了很大的灵活性,但却受限于它所能容许的带宽。接收到的扩谱波形可分解为同相和正交基带分量,每一部分都送到一个独立的支路。每一支路中,芯片匹配滤波器输出 $m\geqslant 1$ 次的采样速率,因而其中一个样本几乎与滤波器的最大输出信号保持一致。量化器提供了量化的幅度估计值。例如,1 比特量化器通过观察采样值的极性对接收的码片进行硬判决。连续量化器的输出都被送到由多个并行移位寄存器组成的多维移位寄存器。移位发生于采样率。多维移位寄存器每一阶段的多比特输出均与存储的参考权重系数相乘,其中参考权重系数等于直扩序列的码片值,且 m 个连续参考权重系数对应于每一个扩谱序列码片。由每一个移位寄存器计算的乘积之和进行平方运算,从而两个平方和相加产生最终的匹配滤波器输出。

对于连续进行的通信,当长扩谱序列的顺序搜索捕获失败或耗时过长时,匹配滤波器捕获就很有用了。可在长扩谱序列中嵌入一个短序列用于捕获。该短序列可以是该长序列的一个子序列,并被存储于可编程匹配滤波器中。图 4.2 给出了用于短序列捕获的匹配滤波器和用于长序列捕获的顺序搜索器的配置。

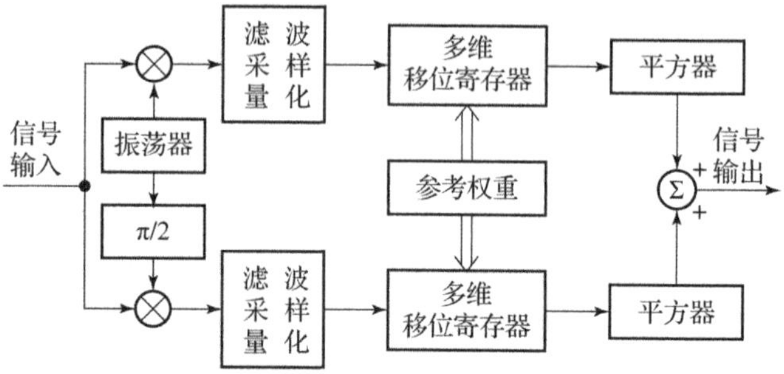

图 4.1　数字匹配滤波器

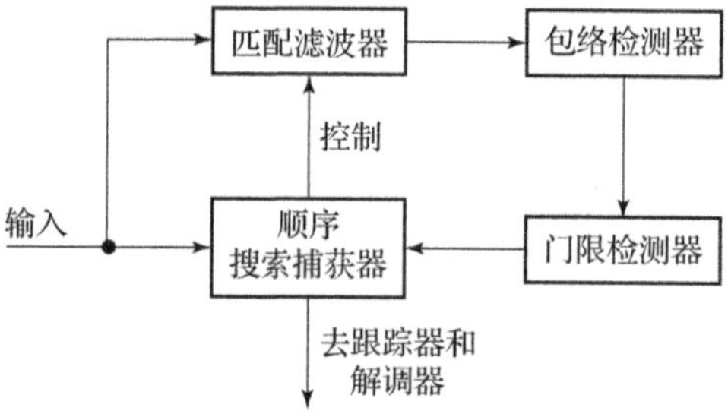

图 4.2　通过匹配滤波器启动顺序搜索捕获的位置

控制信号用于提供短序列,该序列存储于匹配滤波器中或在匹配滤波器中循环使用。当需要时,控制信号就启动匹配滤波器,反之则停用匹配滤波器。当匹配滤波器输出的包络超过门限时短序列就可被检测到。门限检测器的输出启动顺序搜索器中的长序列产生器,该产生器的初始状态是预先确定的。长序列用于对捕获进行验证以及对接收到的直扩信号进行解扩。多个并行匹配滤波器可加快捕获进程。

4.2.2　序贯估计器

在良好的环境中,当短扩谱序列可提供充分的安全性时,序贯估计方法可实现快速捕获[3]。其基本思想是利用图 2.7 所示的线性反馈移位寄存器的结构。该方法将连续接收的码片解调后加载到接收机扩谱码产生器的移位寄存器上以建立其初始状态,以便唯一确定随后产生的与接收序列同步的扩谱序列,而跟踪器则确保扩谱码产生器与接收的扩谱序列保持同步。

如图 4.3 所示的递归软序贯估计器能够提供干扰环境下的某种保护。每个码片匹配滤波器(见 2.4 节)的输出采样送至递归软输入软输出(Soft - In Soft - Out,SISO)译码器,类似于 Turbo 译码器中的那样(见 1.6 节)。SISO 译码器同时接收外部信息,该外部信息来自于与之前的码片有关的输出采样。外部信息与当前码片有关，但被发射机中的扩谱序列产生器（Spreading - Sequence Generator，SSG）所分散。SISO 译码器处理所有软信息以计算出可靠的软输出，即对数似然比（Log - Likelihood Ratio，LLR）。每个码片所对应的 LLR 被送至软移位寄存器的第一级，该寄存器以码片速率对 LLR 值进行存储和移位，并提供外部信息。软移位寄存器存储了最新的连续 LLR 值，并将最旧的 LLR 值从最后一级移出。若存储的 LLR 中有足够大的值，则加载指令会启动硬判决从而将连续的 LLR 转化成连续的码片值。将这些码片值加载到合适的连续的寄存器级上以后，它们就确定了线性反馈移位寄存器（Linear Feedback Shift Register，LFSR）的初始状态。LFSR 产生了接收机中的同步扩谱序列，以用于解扩并送至跟踪器。若跟踪器检测到同步发生问题，它就会发送一个重载入信号到软移位寄存器，软移位寄存器就产生一个新的 LFSR 初始状态估计值。

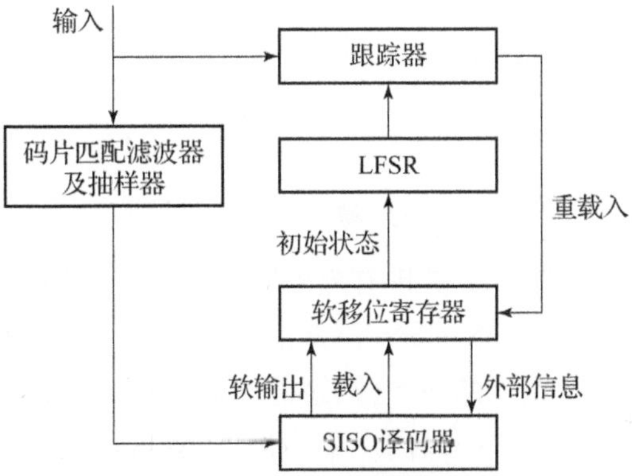

图 4.3　递归软序贯估计器

4.3　顺序搜索捕获

与接收扩谱序列对应的本地扩谱序列的定时不确定性覆盖了一个范围，可将该范围能量化为若干更小的范围，称之为区间。顺序搜索捕获是一种基于对量化区间进行连续或顺序测试的捕获方式，直到某个特定区间对应的两个序列的同步偏差远小于一个码片时，即确定该区间被捕获。为了访问不同区间，接收机改变时钟速率。这些改变会调整由接收机产生的本地扩谱序列相对于接收扩谱序列的定时偏差。

图 4.4 给出了顺序搜索捕获器的主要组成部分。接收的直扩信号和一个本地扩谱序列被送入非相干捕获相关器，用于产生式（4.18）中的统计量，该统计量与各量化区间有关。若接收的序列与本地序列没有同步，相关器的采样输出

值就会较低。因此,若门限没有被超过,此次检测就没有通过。若一次或多次检测都没有通过,该区间在检测中就可被排除,并可通过产生一个额外的时钟脉冲或阻止一个时钟脉冲来滞后或提前本地序列的相位,然后再检测一个新的区间。若两个序列基本同步,相关器的采样输出值就会较高,从而超过门限,搜索就会停止,两个序列就会以某个固定相差并行运行。随后的检测是对已识别出的正确区间进行验证。若一个区间未能通过验证,搜索就将重新开始。若一个区间通过了验证,则假定本地序列与接收序列达到了粗同步,然后开始解调,并启动跟踪器。系统将继续监测门限检测器的输出,随后的任何失步都将重新启动顺序搜索。

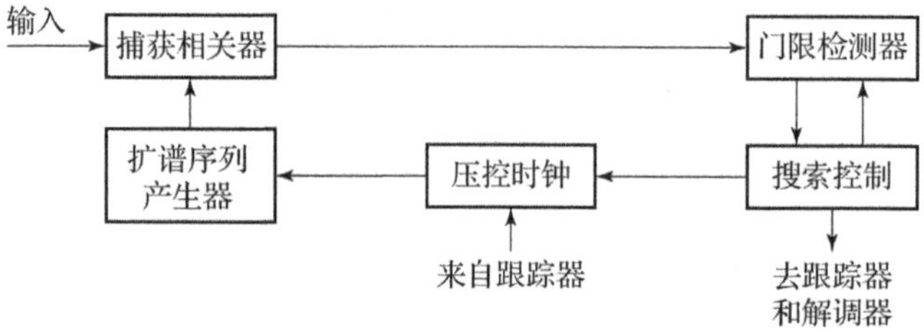

图 4.4　顺序搜索捕获器

可能存在若干区间都能够提供有效的捕获。然而,若这些区间均没有对应于理想同步,则检测能量就会下降到可能的峰值以下。步长是两区间之间的间隔。若步长为一个码片宽度的一半,则这些区间中的某一区间对应的相位误差应在一个码片宽度的四分之一以内。平均来说,该区间对应的相位误差是一个码片宽度的八分之一,这样的相差引起的性能恶化是微不足道的。当步长减小时,捕获期间的平均检测能量和需要搜索的区间数量都会增加。

驻留时间是检测一个区间所需的时间,近似等于非相干相关器的积分间隔(见4.3节)。若通过单次检测来确定一个区间是否是可接受的正确区间,则这种捕获方式称为单驻留捕获。若在确定接受某个区间为正确区间之前进行验证测试,则称之为多驻留捕获。驻留时间既可固定也可变化,但必须在某个最大值限定范围内。在设计中,一个区间初始检测的驻留时间通常要比验证检测的驻留时间少得多。该方法通过快速排除大部分不正确的区间来加快捕获进程。在任何顺序搜索器中,为一次检测所分配的驻留时间由多普勒频移限定,多普勒频移会使接收的码片速率和本地码片速率有所不同。因此,两个序列开始时的近似同步可能会在检测结束时消失。

多驻留捕获可采用连续计数策略,即若某个区间未通过检测,则该区间被立即排除;或采用上下策略,即若某个区间未通过检测,则重复进行此前的检测。图4.5和图4.6分别给出了采用连续计数策略和上下策略的流程图,这些策略要求在捕获确认之前需通过 D 次检测。若在检测1中未超过门限,则该区间就未通过检测,然后检测下一区间。若超过了门限,则该区间就通过了检测,搜索就将停止,系统进入验证模式。在验证模式中,同一区间将被再次检测,但驻留时间和门限可能会发生变化。一旦所有的验证测试都获得通过,则启动扩谱码跟踪,系统进入锁定模式。在锁定模式中,锁定检测器不断验证扩谱码是否保持同步。若锁定检测器判定已失步,在搜索模式下将开始再捕获过程。

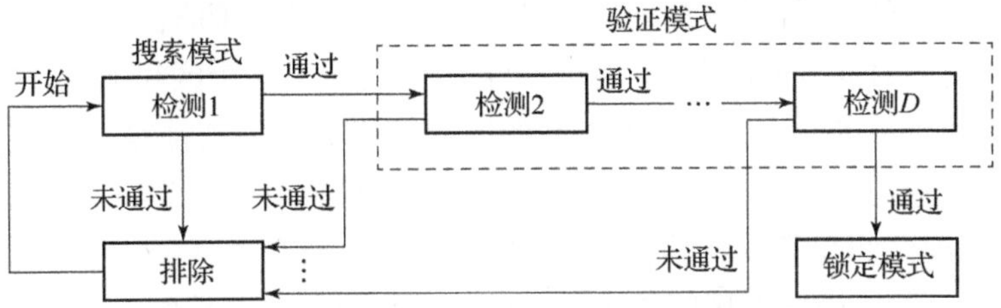

图4.5 采用连续计数策略的多驻留捕获流程图

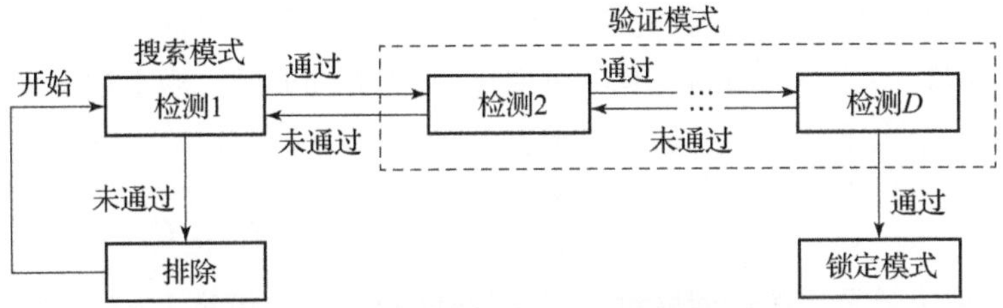

图4.6 采用上下策略的多驻留捕获流程图

区间被检测的先后次序由总的搜索策略决定。图4.7(a)给出了在 q 个定时不确定性区间中的均匀搜索。虚线表示搜索的定时不确定性区间从某一部分到另一部分的不连续转移。图4.7(b)所示的非连续中心Z搜索适用于先验信息使得定时不确定性范围的一部分比其余部分更有可能包含正确区间的情况。先验信息可以从短的前同步码中检测得到。若序列已经与实时时间(Time Of Day,TOD)同步,则接收机对发射机定时范围的估计加上TOD就提供了一个先验信息。

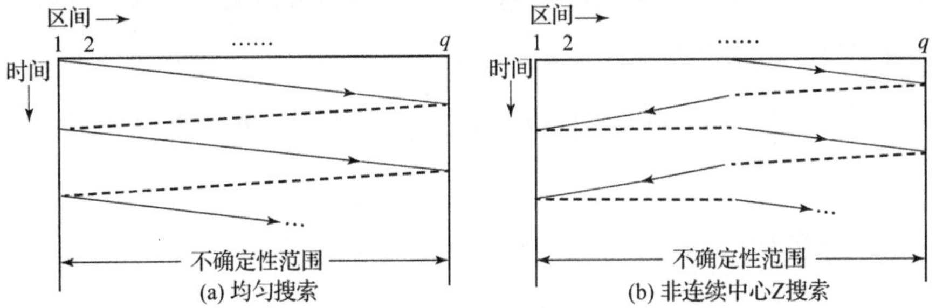

图4.7 搜索位置的轨迹

捕获时间是捕获器找到正确区间并启动扩谱码跟踪器所需要的时间。为推导捕获时间的统计特性[4],假设 q 个可能区间中有一个是正确区间,其他 $(q-1)$ 个区间是错误区间。这些区间之间定时偏差的差别为 ΔT_c,此处步长 $P_L(i)=P_D(1-P_D)^{i-1}$ 通常为 1 或 1/2,P_D 为对不确定性范围进行扫描时某正确区间被检测到的概率,L 表示正确区间被接受和捕获终止之前该区间被检测的次数。令 C 表示正确区间的编号,π_j 表示 $C=j$ 的概率。令 $v(L,C)$ 表示在捕获过程中检测的错误区间数。这些函数的相关性由搜索策略决定。令 $T_r(L,C)$ 表示总的返回时间,即在定时不确定性范围内,搜索从一个区间不连续地转移到另一个区间所需的时间。由于不正确的区间最终总是会被排除,因此在顺序搜索中只有三种情况会发生:在 $T_{11}(n)$ s 后第 n 个错误区间被排除;在 $T_{12}(m)$ s 后,一个正确区间在第 N 次检测中被错误地排除;或在 $T_{22}(m)$ s 后一个正确区间被接受。此处,若某个区间被排除,则第一个下标为 1,否则为 2;若区间是错误的,则第二个下标为 1,否则为 2。每次判决所需的次数都是一个随机变量。若接受的是错误区间,则接收机最终会发现错误并在下一个区间重新开始搜索。在扩谱码跟踪中浪费的时间也是随机变量,称为惩罚时间。由上述定义可知,捕获时间是一个由下式给出的随机变量:

$$T_a = \sum_{n=1}^{v(L,C)} T_{11}(n) + \sum_{m=1}^{L-1} T_{12}(m) + T_{22} + T_r(L,C) \tag{4.15}$$

顺序搜索最重要的性能度量是 T_a 的均值和方差。给定 $L=i$ 和 $C=j$,T_a 的条件期望是:

$$E[T_a \mid i,j] = v(i,j)\,\bar{T}_{11} + (i-1)\,\bar{T}_{12} + \bar{T}_{22} + T_r(i-j) \tag{4.16}$$

式中:$\bar{T}_{11}$、$\bar{T}_{12}$ 和 $\bar{T}_{22}$ 分别是 $T_{11}(n)$、$T_{12}(m)$ 和 T_{22} 的期望值。因此,平均捕获时间为

$$\bar{T}_a = \bar{T}_{22} + \sum_{i=1}^{\infty} P_L(i) \sum_{j=1}^{q} \pi_j [v(i,j)\,\bar{T}_{11} + (i-1)\,\bar{T}_{12} + T_r(i-j)] \tag{4.17}$$

式中:$P_L(i)$ 为 $L=i$ 的概率;π_j 是 $C=j$ 的概率。在计算给定 $L=i$ 和 $C=j$ 时的 T_a^2 的条件期望值后,使用恒等式 $\overline{x^2}=\mathrm{var}(x)+\bar{x}^2$,可得

$$\begin{aligned}\overline{T_a^2} = &\sum_{i=1}^{\infty} P_L(i) \sum_{j=1}^{q} \pi_j \{[v(i,j)\,\bar{T}_{11} + (i-1)\,\bar{T}_{12} + \bar{T}_{22} + T_r(i,j)]^2 \\ &+ v(i,j)\,\mathrm{var}(T_{11}) + (i-1)\,\mathrm{var}(T_{12}) + \mathrm{var}(T_{22})\}\end{aligned} \tag{4.18}$$

T_a 的方差为

$$\sigma_a^2 = \overline{T_a^2} - \bar{T}_a^2 \tag{4.19}$$

假设检测统计量是独立同分布的。因此:

$$P_L(i)=P_D(1-P_D)^{i-1} \tag{4.20}$$

式中：P_D 为对不确定性范围进行扫描时某正确区间被检测到的概率。

4.3.1　切比雪夫不等式的应用

为推导切比雪夫不等式，考虑一个分布为 $F(x)$ 的随机变量 X。令 $E(X)=m$ 表示 X 的期望值，$P[A]$ 表示事件 A 的概率。由初等概率论可知：

$$E[|X-m|^k]=\int_{-\infty}^{\infty}|x-m|^k\mathrm{d}F(x)\geqslant\int_{|x-m|\geqslant\alpha}^{\infty}|x-m|^k\mathrm{d}F(x)$$
$$\geqslant\alpha^k\int_{|x-m|\geqslant\alpha}^{\infty}\mathrm{d}F(x)=\alpha^kP[|X-m|\geqslant\alpha] \tag{4.21}$$

因此：

$$P[|X-m|\geqslant\alpha]\leqslant\frac{1}{\alpha^k}E[|X-m|^k] \tag{4.22}$$

令 $\sigma^2=E[(X-m)^2]$ 表示 X 的方差。若 $k=2$，则式(4.26)变为切比雪夫不等式：

$$P[|X-m|\geqslant\alpha]\leqslant\frac{\sigma^2}{\alpha^2} \tag{4.23}$$

在某些应用中，顺序搜索捕获必须要在特定周期 $T_{\max}$ 内完成。若没有完成，顺序搜索将被终止，特殊方法如短序列的匹配滤波器捕获将开始进行。$T_a\leqslant T_{\max}$ 的概率界限可通过切比雪夫不等式来计算：

$$P[T_a\leqslant T_{\max}]\geqslant P[|T_a-\bar{T}_a|\leqslant T_{\max}-\bar{T}_a]\geqslant1-\frac{\sigma_a^2}{(T_{\max}-\bar{T}_a)^2} \tag{4.24}$$

4.3.2　均匀分布下的均匀搜索

作为一个重要应用，考虑图 4.7(a)所示的均匀搜索，正确区间所在位置的均匀先验分布可由下式给出：

$$\pi_j=\frac{1}{q},1\leqslant j\leqslant q \tag{4.25}$$

如果从左到右连续标记图中的区间，则

$$v(i,j)=(i-1)(q-1)+j-1 \tag{4.26}$$

返回时间为

$$T_r(i,j)=T_r(i)=(i-1)T_r \tag{4.27}$$

式中：T_r 为图中每条虚线代表的返回时间。若定时不确定性的范围覆盖整个序列周期，则虚线两端的区间实际上是相邻的且 $T_r=0$。

为估计 $\bar{T}_a$和$\overline{T_a^2}$,将式(4.20)、式(4.25)、式(4.26)和式(4.27)代入式(4.17)和式(4.18),并使用下列恒等式:

$$\sum_{i=0}^{\infty} r^i = \frac{1}{1-r},\ \sum_{i=1}^{\infty} ir^i = \frac{r}{(1-r)^2},\ \sum_{i=1}^{\infty} i^2 r^i = \frac{r(1+r)}{(1-r)^3}$$

$$\sum_{i=1}^{\infty} i = \frac{n(n+1)}{2},\ \sum_{i=1}^{\infty} i^2 = \frac{n(n+1)(2n+1)}{6} \tag{4.28}$$

式中$0\leqslant|r|<1$。定义:

$$\alpha=(q-1)\bar{T}_{11}+\bar{T}_{12}+T_r \tag{4.29}$$

可得

$$\bar{T}_a=(q-1)\left(\frac{2-P_D}{2P_D}\right)\bar{T}_{11}+\left(\frac{1-P_D}{P_D}\right)(\bar{T}_{12}+T_r)+\bar{T}_{22} \tag{4.30}$$

及

$$\begin{aligned}\overline{T_a^2} = &(q-1)\left(\frac{2-P_D}{2P_D}\right)\mathrm{var}(T_{11})+\left(\frac{1-P_D}{P_D}\right)\mathrm{var}(T_{12})+\mathrm{var}(T_{22})\\ &+\frac{(2q+1)(q+1)}{6}\bar{T}_{11}^2+\frac{\alpha^2(1-P_D)(2-P_D)}{P_D^2}+(q+1)\alpha\left(\frac{1-P_D}{P_D}\right)\\ &+(q+1)\bar{T}_{11}(\bar{T}_{22}-\bar{T}_{11})+2\alpha\left(\frac{1-P_D}{P_D}\right)(\bar{T}_{22}-\bar{T}_{11})+(\bar{T}_{22}-\bar{T}_{11})^2\end{aligned} \tag{4.31}$$

在大多数应用中,搜索的区间数量很大,因此,对于捕获时间的均值和方差,采用更简单的渐进形式更为合适。当$q\to\infty$时,式(4.30)给出了:

$$\bar{T}_a\to q\left(\frac{2-P_D}{2P_D}\right)\bar{T}_{11},q\to\infty \tag{4.32}$$

类似地,由式(4.31)和式(4.19)可得

$$\sigma_a^2\to q^2\left(\frac{1}{P_D^2}-\frac{1}{P_D}+\frac{1}{12}\right)\bar{T}_{11}^2,q\to\infty \tag{4.33}$$

当存在较大的未校正多普勒频移时,则需要对上述公式进行修改。接收的扩谱序列码片速率的微小变化就相当于由多普勒频移所引起的载波频率的微小变化。若码片速率从$1/T_c$变化到$1/T_c+\delta$,则在一个不正确区间的检测时间范围内,扩谱码或扩谱序列相位的平均变化为$\delta\bar{T}_{11}$。相对于步长的变化是$\delta\bar{T}_{11}/\Delta$。在整个定时不确定性的搜索中,实际被检测的区间数量变为$q(1+\delta\bar{T}_{11}/\Delta)^{-1}$。由于错误区间占绝大多数,当多普勒频移显著时,以实际被检测的区间数$q(1+\delta\bar{T}_{11}/\Delta)^{-1}$代替$q$代入式(4.32)和式(4.33),可得$\bar{T}_a$和$\sigma_a^2$的近似渐进表达式。

4.3.3　连续计数双驻留捕获

为进一步细化研究，考虑图 4.5 给出的连续计数多驻留捕获器，其中 $D=2$，即双驻留捕获器的情况。假设复合正确区间实际包含两个连续区间，这两个区间的定时偏差都足够低，使得每个连续区间都可视为正确区间。这两个连续区间的检测概率分别是 P_a 和 P_b。若假设测试结果是统计独立的，则该复合正确区间的检测概率为

$$P_{\mathrm{D}}=P_a+(1-P_a)P_b \tag{4.34}$$

令 τ_1、P_{F1}、P_{a1} 和 P_{b1} 分别表示搜索模式下的驻留时间、虚警概率和连续检测概率。令 τ_2、P_{F2}、P_{a2} 和 P_{b2} 分别表示验证模式下的驻留时间、虚警概率和连续检测概率。令 $\bar{T}_{\mathrm{p}}$ 表示由跟踪模式错误启动造成的平均惩罚时间。流程图表明，每个区域都必须通过两次测试，通过的概率为

$$P_a=P_{a1}P_{a2},P_b=P_{b1}P_{b2} \tag{4.35}$$

若要排除错误区间，至少要产生时延 τ_1。若产生了一次虚警，则要产生额外的平均时延 $\tau_2+P_{\mathrm{F2}}\bar{T}_{\mathrm{p}}$。因此：

$$\bar{T}_{11}=\tau_1+P_{\mathrm{F1}}(\tau_2+P_{\mathrm{F2}}\bar{T}_{\mathrm{p}}) \tag{4.36}$$

由式(4.34)到式(4.36)足以估计式(4.32)和式(4.33)所给均值及方差的渐进值。

平均捕获时间的更精确估计需要条件均值 T_{22} 和 $\bar{T}_{12}$ 的表达式。用 $\bar{T}_{22}$ 表示在给定的区间检测持续时间内，正确区间检测时间的条件期望。列举三种可能的持续时间及它们的条件概率，可得：

$$\begin{aligned}\bar{T}_{22}&=\sum_{i=1}^{3}t_iP(T_{22}=t_i\mid\text{检测到正确区间})\\&=\tau_1+\tau_2+\frac{1}{P_{\mathrm{D}}}\sum_{i=1}^{3}t_iP([T_{22}=t_i+\tau_1+\tau_2]\cap\text{检测到正确区间})\\&=\tau_1+\tau_2+\frac{1}{P_{\mathrm{D}}}[\tau_1(1-P_{a1})P_b+(\tau_1+\tau_2)P_{a1}(1-P_{a2})P_b]\\&=\tau_1+\tau_2+\tau_1\frac{(1-P_a)P_b}{P_{\mathrm{D}}}+\tau_2\frac{(P_{a1}-P_a)P_b}{P_{\mathrm{D}}}\end{aligned} \tag{4.37}$$

类似地：

$$\begin{aligned}\bar{T}_{12}&=2\tau_1+\frac{1}{1-P_{\mathrm{D}}}\sum_{i=1}^{3}t_iP([T_{12}=t_i+2\tau_1]\cap\text{区间被排除})\\&=2\tau_1+\tau_2\left[\frac{(P_{a1}-P_a)(1-P_b)+(1-P_a)(P_{b1}-P_b)}{1-P_{\mathrm{D}}}\right]\end{aligned} \tag{4.38}$$

4.3.4 单驻留和匹配滤波捕获

令式(4.36)~式(4.38)中 $P_{a2}=P_{b2}=P_{F2}=1$、$\tau_2=0$、$P_a=P_{a1}$、$P_b=P_{b1}$、$P_{F1}=P_F$,以及 $\tau_1=\tau_d$ 可得单驻留捕获器的表达式:

$$\bar{T}_{11}=\tau_d+P_F\bar{T}_p,\ \bar{T}_{22}=\tau_d\left[1+\frac{(1-P_a)P_b}{P_D}\right],\ \bar{T}_{12}=2\tau_d \tag{4.39}$$

因此,由式(4.30)可得:

$$\bar{T}_a=\frac{(q-1)(2-P_D)(\tau_d+P_F\bar{T}_p)+2\tau_d(2-P_a)+2(1-P_D)T_r}{2P_D} \tag{4.40}$$

由于单驻留捕获器可视为双驻留捕获器的特例,因此后者可通过合理设置其附加参数而提供更好的性能。

通过类似方法可导出匹配滤波器的近似平均捕获时间。假设收到了多个周期的短扩谱序列,该序列的每个周期都包含 N 个码片,对匹配滤波器输出的每个码片进行 m 倍采样,则被检测的区间数是 $q=mN$ 且返回时间为 $T_r=0$。将每个采样输出都与一个门限作对比,因此一次检测所需的时间是 $\tau_d=T_c/m$。对于 $m=1$ 或 2,将这些区间中的两个视为正确区间较为合理。当一个信号周期填满或近乎填满匹配滤波器时,这些区间就可被有效检测。因此,式(4.34)在 $P_a\approx P_b$ 时可以成立,且由式(4.30)可得

$$\bar{T}_a\approx NT_c\left(\frac{2-P_D}{2P_D}\right)(1+mKP_F),\quad q\gg1 \tag{4.41}$$

式中:$K=\bar{T}_p/T_c$。理想情况下,在每个周期中门限都会被超过,每次门限超过都将提供一个定时标记。

4.3.5 上下双驻留捕获

对具有复合正确区间(由两个正确区间构成)的上下双驻留捕获器来说,图4.6所示的流程图在 $D=2$ 时表明:

$$P_a=P_{a1}P_{a2}\sum_{i=0}^{\infty}[P_{a1}(1-P_{a2})]^i=\frac{P_{a1}P_{a2}}{1-P_{a1}(1-P_{a2})} \tag{4.42}$$

类似地:

$$P_b=\frac{P_{b1}P_{b2}}{1-P_{b1}(1-P_{b2})} \tag{4.43}$$

且 P_D 由式(4.34)给出。若一个错误区间通过了初始检测,但没有通过验证检测,则该区间将在没有任何前次检测记忆的情况下再次开始序列检测。因

此,对上下双驻留捕获器来说,对 $\bar{T}_{11}$ 的递归估计可以由下式给出:

$$\bar{T}_{11} = (1 - P_{F1})\tau_1 + P_{F1}P_{F2}(\tau_1 + \tau_2 + \bar{T}_p) + P_{F1}(1 - P_{F2})(\tau_1 + \tau_2 + \bar{T}_{11}) \tag{4.44}$$

解该方程可得:

$$\bar{T}_{11} = \frac{\tau_1 + P_{F1}(\tau_2 + P_{F2}\bar{T}_p)}{1 - P_{F1}(1 - P_{F2})} \tag{4.45}$$

将式(4.42)~式(4.45)代入式(4.32)~式(4.34),就可得到捕获时间均值和方差的渐进估计值。

平均捕获时间的更精确估计需要条件均值 $\bar{T}_{22}$ 和 $\bar{T}_{12}$ 的表达式。通过增加更多的条件来推导 $\bar{T}_{22} = E[T_{22} \mid \text{检测到正确区间}]$。令 T_0 表示对复合正确区间的检测重新开始于其所包含的第一个区间,且包括复合正确区间最终被检测到所引起的额外时延。令 T_1 表示对复合正确区间的检测重新开始于其包含的第二个区间,且包括复合正确区间最终被检测到所引起的额外时延。则

$$\begin{aligned}\bar{T}_{22} &= E\{E[T_{22} \mid \text{检测到正确区间}, T_0, T_1]\}\\ &= \tau_1 + \tau_2 + E\left\{\frac{1}{P_D}\sum_{i=1}^{3} t_i P([T_{22} = t_i + \tau_1 + \tau_2] \cap \text{检测到正确区间} \mid T_0, T_1)\right\}\end{aligned} \tag{4.46}$$

由可能的持续时间及其条件概率可得:

$$\bar{T}_{22} = \tau_1 + \tau_2 + \frac{1}{P_D}E\left\{\begin{aligned}&P_{a1}(1 - P_{a2})P_D T_0 + (1 - P_{a1})P_{b1}P_{b2}\tau_1\\ &+ (1 - P_{a1})P_{b1}(1 - P_{b2})P_b(\tau_1 + T_1)\end{aligned}\right\} \tag{4.47}$$

递归估计给出:

$$E[T_1] = \tau_1 + \tau_2 + P_{b1}(1 - P_{b2})E[T_1] = \frac{\tau_1 + \tau_2}{1 - P_{b1} + P_b} \tag{4.48}$$

将该式和 $E[T_0] = \bar{T}_{22}$ 代入式(4.47),并求解 $\bar{T}_{22}$ 可得:

$$\bar{T}_{22} = \frac{1}{1 - P_{a1} + P_a}\left\{\begin{aligned}&\tau_1\left[1 + \frac{(1 - P_{a1})P_b}{P_D} + \frac{(1 - P_{a1})(P_{b1} - P_b)P_b}{P_D}\left(1 + \frac{1}{1 - P_{b1} + P_b}\right)\right]\\ &+ \tau_2\left[1 + \frac{(1 - P_{a1})(P_{b1} - P_b)P_b}{P_D(1 - P_{b1} + P_b)}\right]\end{aligned}\right\} \tag{4.49}$$

类似地,$\bar{T}_{12}$ 可由下列递归方程确定

$$\bar{T}_{12}=\tau_1+\frac{(1-P_{a1})(1-P_{a2})}{1-P_{\mathrm{D}}}\tau_1+P_{a1}(1-P_{a2})(\tau_2+\bar{T}_{12})$$
$$+\frac{(1-P_{a1})P_{b1}(1-P_{b2})(1-P_b)}{1-P_{\mathrm{D}}}(\tau_1+\tau_2+\bar{T}'_{12}) \tag{4.50}$$

式中:$\bar{T}'_{12}$表示对复合正确区间的检测重新开始于其包含的第二个区间,且包括该复合区间最终被排除时所引起的平均额外时延。$\bar{T}'_{12}$可由下式递归估计:

$$\bar{T}'_{12}=\tau_1+P_{b1}(1-P_{b2})(\tau_2+\bar{T}'_{12})=\frac{\tau_1+(P_{b1}-P_b)\tau_2}{1-P_{b1}+P_b} \tag{4.51}$$

将式(4.51)代入式(4.50),并求解 $\bar{T}_{12}$可得

$$\bar{T}_{22}=\frac{1}{1-P_{a1}+P_a}\left\{\begin{array}{l}\tau_1\left[\begin{array}{c}1+\dfrac{(1-P_{a1})(1-P_{a2})}{1-P_{\mathrm{D}}}\\+\dfrac{(1-P_{a1})(P_{b1}-P_b)(1-P_b)}{1-P_{\mathrm{D}}}\left(1+\dfrac{1}{1-P_{b1}+P_b}\right)\end{array}\right]\\+\tau_2\left[P_{a1}-P_a+\dfrac{(1-P_{a1})(P_{b1}-P_b)(1-P_b)}{1-P_{\mathrm{D}}}+\dfrac{(P_{b1}-P_b)}{1-P_{b1}+P_b}\right]\end{array}\right\} \tag{4.52}$$

4.3.6 惩罚时间

在锁定模式下监测扩谱码同步的锁定检测器用于检测并确认锁定状况。在系统错误地离开锁定模式前所经历的时间称为保持时间。一般希望系统的平均保持时间较长而平均惩罚时间较短,但一个目标的实现往往会阻碍另一个目标的实现。举一个简单例子,假设每次检测都有一个固定的持续时间 τ,且保持了扩谱码同步。发生概率为 $1-P_{\mathrm{DL}}$的单次漏检,将导致锁定检测器认为系统失锁从而启动搜索。假设锁定模式检测是统计独立的,则平均保持时间为

$$\bar{T}_{\mathrm{h}}=\sum_{i=1}^{\infty}i\tau(1-P_{\mathrm{DL}})P_{\mathrm{DL}}^{i-1}=\frac{\tau}{1-P_{\mathrm{DL}}},P_{\mathrm{DL}}<1 \tag{4.53}$$

该结果也可由 $\bar{T}_{\mathrm{h}}=\tau+P_{\mathrm{DL}}\bar{T}_{\mathrm{h}},P_{\mathrm{DL}}<1$ 得出,因为一旦锁定模式被确认,同一区间的检测是在没有任何前次检测记忆的情况下被更新的。

若本地产生的扩谱码相位不正确,除非发生虚警,否则惩罚时间就将终止。虚警事件每 τ 秒以概率 P_{FL}持续发生。因此,$\bar{T}_{\mathrm{p}}=\tau+P_{\mathrm{FL}}\bar{T}_{\mathrm{p}},P_{\mathrm{FL}}<1$,通过该式可得单驻留锁定检测器的平均惩罚时间为

$$\bar{T}_{\mathrm{p}}=\frac{\tau}{1-P_{\mathrm{FL}}},P_{\mathrm{FL}}<1 \tag{4.54}$$

由于增加 P_{DL} 也会导致 P_{FL} 增加，因此需要在高 $\bar{T}_h$ 和低 $\bar{T}_p$ 之间权衡。

当只采用单次检测来确认锁定状态时，同步系统在深度衰落和脉冲干扰下是脆弱的。更可取的策略是一直维持锁定模式，直到在一系列检测中发生连续的或累积的多个错误，其性能分析类似于顺序搜索捕获。

4.3.7　其他搜索策略

对于 Z 搜索，在定时不确定性范围内的所有区间都被检测以前，对每个区间的检测都不会超过一次。图 4.7 中的两个策略都是 Z 搜索。Z 搜索的一个特征是：

$$v(i,j)=(i-1)(q-1)+v(1,j) \tag{4.55}$$

式中：$v(1,j)$ 是当 $P_D=1$ 时检测到的错误区间数，因此 $L=1$。为简单起见，假设 q 为偶数。对于非连续中心 Z 搜索来说，其搜索始于第 $q/2+1$ 个区间且：

$$v(1,j)=\begin{cases} j-\dfrac{q}{2}-1, & j\geqslant\dfrac{q}{2}+1 \\ q-j, & j\leqslant\dfrac{q}{2} \end{cases} \tag{4.56}$$

而对于均匀搜索来说，$v(1,j)=j-1$。若返回时间可忽略不计，则由式(4.17)、式(4.20)和式(4.55)可得

$$\bar{T}_a=\frac{1-P_D}{P_D}[(q-1)\bar{T}_{11}+\bar{T}_{12}]+\bar{T}_{22}+\bar{T}_{11}v(1) \tag{4.57}$$

式中：

$$v(1)=\sum_{j=1}^{q}v(1,j)\pi_j \tag{4.58}$$

为 $P_D=1$ 时检测到的错误区间的平均数目。

若正确区间数 C 是均匀分布的，则均匀搜索及非连续中心 Z 搜索策略的 $v(1)$ 及 $\bar{T}_a$ 是相同的。若 C 的分布关于一个明显的中心峰对称，且 $P_D\approx1$，则均匀搜索可给出 $v(1)\approx q/2$。由于非连续中心 Z 搜索通常经过接近或略微超过 $q/2$ 次检测后终止，因此：

$$v(1)\approx0\left(\frac{1}{2}\right)+\frac{q}{2}\left(\frac{1}{2}\right)=\frac{q}{4} \tag{4.59}$$

该式表明对于较大的 q 值和接近于 1 的 P_D，非连续中心 Z 搜索中的 $\bar{T}_a$ 大约减小到均匀搜索中 $\bar{T}_a$ 的 1/2。

若 C 服从具有明显峰值的单峰分布，则该特征可用于连续重测具有较高正

确先验概率的区间。扩展窗搜索检测所有半径为 R_1 以内的区间。若未发现正确区间,则在一个更大的半径 R_2 中继续检测。检测半径不断增加直至到达定时不确定性范围的边界。此时扩展窗搜索就变为了 Z 搜索。若返回时间可以忽略不计,且 C 具有中心峰值分布,则采用图 4.8(a)所示的非连续中心搜索比采用图 4.8(b)所示的连续中心搜索更合适,因为连续中心搜索在检测所有接近定时不确定性范围中心的区间前会进行区间重测。

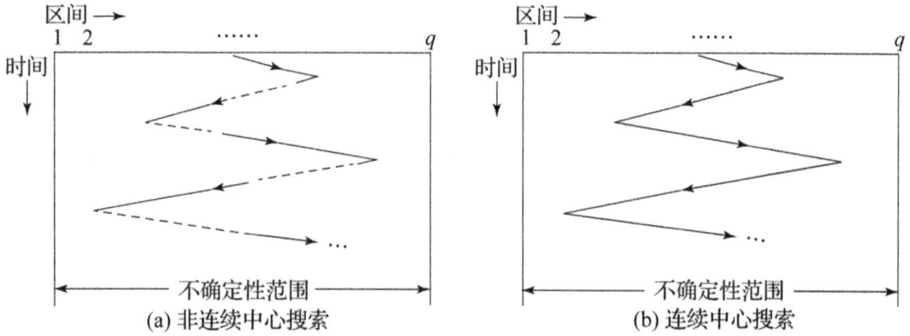

图 4.8　扩展窗搜索位置的轨迹

在等扩展搜索中,半径具有以下形式:

$$R_n = \frac{nq}{2N}, \quad n = 1, 2, \cdots, N \tag{4.60}$$

式中:N 是在搜索变为 Z 搜索之前整体搜索的次数。若返回时间可以忽略,则可看出,对于 $P_D \leqslant 0.8$,可选择 $N = 2$ 使非连续中心的等扩展窗搜索达到最优[5]。对于这种最优搜索,$\bar{T}_a$将比非连续中心 Z 搜索中的值略小。

当 $T_r(i,j) = 0$、$P_D = 1$ 时,最优搜索,即所谓的均匀交替搜索,是按先验概率递减的顺序进行区间检测的。对于一个对称、单峰、中心峰值分布的 C,最优搜索具有图 4.9(a)所示的轨迹。一旦定时不确定性范围内的所有区间都被检测完毕,则搜索将以同样的模式重复进行。式(4.55)、式(4.57)这种情况下都可适用。若 $P_D \approx 1$、$T_r(i,j) \ll \bar{T}_{11}$ 且 C 的分布具有明显的中心峰值,则 $v(1)$ 的值很小,与非连续中心扩展窗搜索相比,均匀交替搜索具有显著优势。然而,计算表明,当 P_D 降低时这种优势将消失[6],这是因为一旦一次检测失败,所有区间都要被检测。

在图 4.9(b)所示的非均匀交替搜索中,将在半径 R_1 内进行均匀搜索,然后第二次均匀搜索将在更大的半径 R_2 内进行。这个过程将继续下去直到达到定时不确定性范围的边界,此时搜索变为均匀交替搜索。计算表明,对于具有中心峰值分布的 C,若 $P_D < 0.8$ 且搜索半径 $R_n(n = 1, 2, \cdots)$ 为最优,非均匀交替搜索

的性能与均匀交替搜索相比显著提高。然而若 $P_D < 1$ 时搜索半径为最优，则当 $P_D \to 1$ 时，非均匀搜索的性能将会差于均匀搜索。

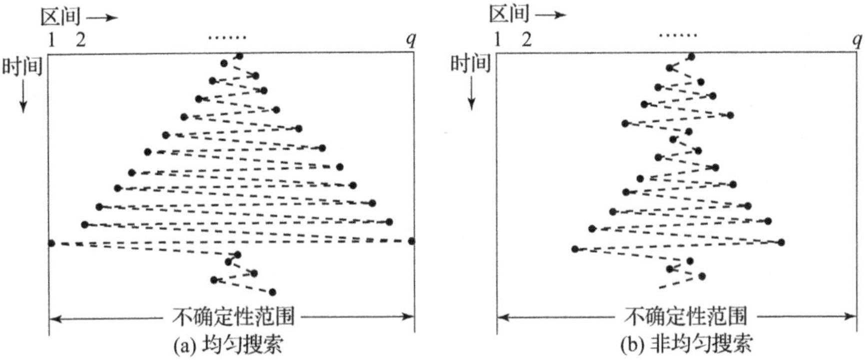

图 4.9　交替搜索位置的轨迹

4.3.8　捕获时间的概率密度函数

令 $S_n = X_1 + X_2 + \cdots + X_n$ 表示 n 个独立随机变量之和，令 $g_i(t)(1 \leqslant i \leqslant n)$ 表示概率密度函数。根据基本概率论，概率密度函数 S_n 等于 n 重卷积 $g_i(t) = g_1(t) * g_2(t) * \cdots * g_{ni}(t)$，式中“ $*$ ”表示卷积运算（见附录 C.1）。

在精确计算 $P[T_a \leqslant T_{max}]$ 及其他概率时需要概率密度函数 T_a，该概率密度函数可以分解为

$$f_a(t) = P_D \sum_{i=1}^{\infty} (1 - P_D)^{i-1} \sum_{j=1}^{q} \pi_j f_a(t|i,j) \tag{4.61}$$

式中：$f_a(t|i,j)$ 为给定 $L=i$ 与 $C=j$ 时 T_a 的条件概率密度。令 $[f(t)]^{*n}$ 表示密度函数 $f(t)$ 与其自身的 $\hat{r}$ 重卷积，$[f(t)]^{*0}=1$，且 $[f(t)]^{*1}=f(t)$。用这种表示方法可得

$$f_a(t|i,j) = [f_{11}(t)]^{*v(i,j)} * [f_{12}(t)]^{*(i-1)} * [f_{22}(t)] \tag{4.62}$$

式中：$f_{11}(f)$、$f_{12}(t)$ 以及 $f_{22}(t)$ 分别是 T_{11}、T_{12} 和 T_{22} 的概率密度。若某一判决次数为常数，则与之相关的概率密度是一个 delta 函数。

精确估计 $f_a(t)$ 是很复杂的[7]，但通常近似估计就能满足需求。由于在条件 $L=i$ 和 $C=j$ 下的捕获时间是独立随机变量之和，因此，以一个截短的高斯概率密度来近似 $f_a(t|i,j)$ 是合理的，该高斯概率密度的均值为

$$\mu_{ij} = v(i,j)\bar{T}_{11} + (i-1)\bar{T}_{12} + \bar{T}_{22} + T_r(i) \tag{4.63}$$

方差为

$$\sigma_{ij}^2 = v(i,j)\mathrm{var}(T_{11}) + (i-1)\mathrm{var}(T_{12}) + \mathrm{var}(T_{22}) \tag{4.64}$$

截短情况为仅当$0 \leqslant t \leqslant \mu_{ij}+3\sigma_{ij}$时,$f_a(t|i,j) \neq 0$。当$P_D$较大时,式(4.61)中的无穷级数以足够快的速度收敛,使得$f_a(t)$可由其前几项精确估计。

4.3.9 替代分析

分析捕获时间的另一种方法依赖于转移函数[8]。本地扩谱码的每个相位偏移被定义为系统的一个状态。在所有q个状态中,有$q-1$个状态对应的相位偏差(即区间)大于或等于一个码片宽度。与所有小于一个码片宽度的相位偏移相对应的状态称之为聚合状态,该状态使得捕获终止及扩谱码跟踪启动。假设返回时间可忽略不计。顺序搜索捕获过程可由循环状态图表示,其中的一部分环节如图4.10所示。

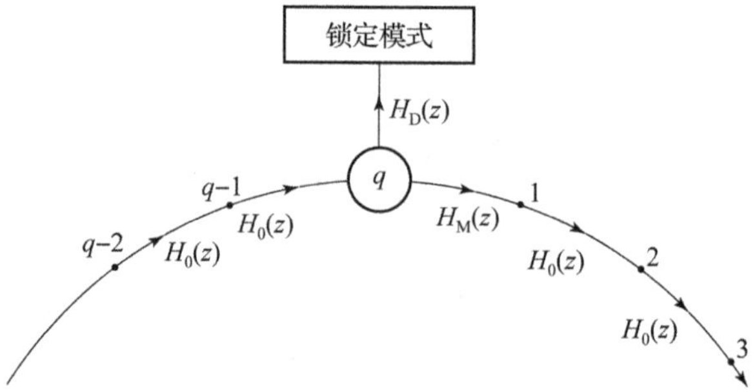

图4.10 顺序搜索捕获的循环状态图

位于两个状态间的支路标注是转移函数,它包含了这两个状态在转移过程中可能产生的时延信息。令z表示单位时延变量,并令z的幂表示时延。对于驻留时间为τ、虚警概率为P_F及惩罚时间为常数T_p的单驻留捕获器,所有不能归于聚合状态q的支路所具有的转移函数可以表示为$H_0(z)=(1-P_F)z^{\tau}+P_F z^{\tau+T_p}$,这是因为转移时延为$\tau$的概率是$1-P_F$,为$\tau+T_p$的概率为$P_F$。

对于多驻留捕获器,$H_0(z)$由第一次画出的辅助状态图来确定,该图代表中间状态及其转移,这种转移可能会在系统从初始循环状态图上的一个状态进行到下一个状态时发生。例如,图4.11给出了连续计数双驻留捕获器的辅助状态图,该系统在初始检测和验证测试时的虚警概率分别为P_{F1}和P_{F2},时延分别为τ_1和τ_2。对初始状态及下一状态之间所有可能的路径进行检查的结果表明:

$$\begin{aligned}H_0(z)&=(1-P_{F1})z^{\tau_1}+P_{F1}z^{\tau_1}[(1-P_{F2})z^{\tau_2}+P_{F2}z^{\tau_2+T_p}]\\&=(1-P_{F1})z^{\tau_1}+P_{F1}(1-P_{F2})z^{\tau_1+\tau_2}+P_{F1}P_{F2}z^{\tau_1+\tau_2+T_p}\end{aligned}\tag{4.65}$$

令$H_D(z)$表示聚合状态q和锁定模式之间的转移函数,$H_M(z)$表示图4.10中状态q和状态1之间的转移函数,表示未能识别小于一个码片间隔的扩谱码相位偏差。这两个转移函数可以通过与推导$H_0(z)$相同的方式得到。例如,考

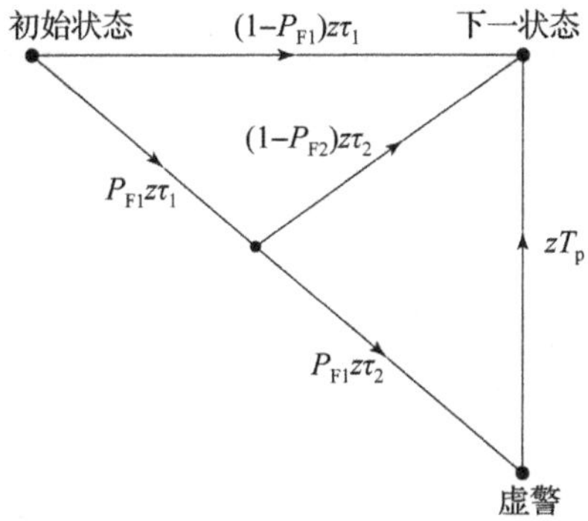

图4.11 连续计数双驻留捕获器中用于确定 $H_0(z)$ 的辅助状态图

虑一个连续计数双驻留捕获器，其聚合状态由两个状态组成。图4.12给出了辅助状态图，该图表示中间状态和系统从状态 q(包括辅助状态 a 和 b)到锁定模式或状态1时可能发生的转移。检查所有可能路径可得：

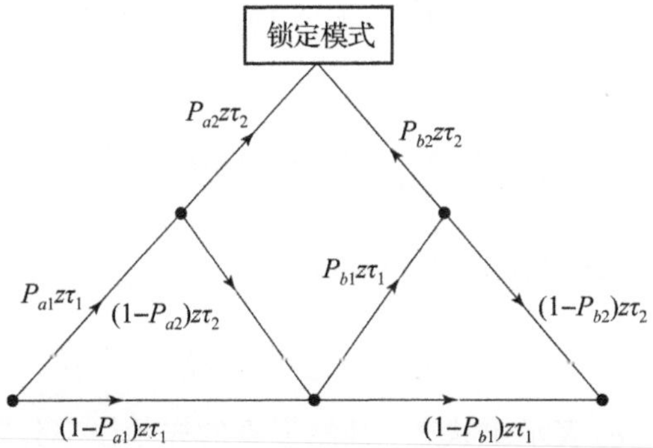

图4.12 具有两个聚合状态的连续计数双驻留捕获器计算 $H_D(z)$ 和 $H_M(z)$ 的辅助状态图

$$H_D(z) = P_{a1}P_{a2}z^{\tau_1+\tau_2} + P_{a1}(1-P_{a2})P_{b1}P_{b2}z^{2\tau_1+2\tau_2} + (1-P_{a1})P_{b1}P_{b2}z^{2\tau_1+\tau_2} \tag{4.66}$$

$$H_M(z) = (1-P_{a1})(1-P_{b1})z^{2\tau_1} + (1-P_{a1})P_{b1}(1-P_{b2})z^{2\tau_1+\tau_2} + P_{a1}(1-P_{a2})(1-P_{b1})z^{2\tau_1+\tau_2} + P_{a1}(1-P_{a2})P_{b1}(1-P_{b2})z^{2\tau_1+2\tau_2} \tag{4.67}$$

对于一个具有由 N 个状态组成的聚合状态的单驻留系统来说：

$$H_D(z) = P_1 z^{\tau} + \sum_{j=2}^{N} P_j \left[\prod_{i=1}^{j-1}(1-P_j)\right] z^{j\tau} \tag{4.68}$$

$$H_M(z) = \left[\prod_{j=1}^{N}(1-P_j)\right] z^{N\tau} \tag{4.69}$$

$$H_0(z) = (1-P_F)z^{\tau} + P_F z^{\tau+T_p} \tag{4.70}$$

式中:τ 为驻留时间;P_F 为虚警概率;P_j 为聚合状态内状态 j 的检测概率。

为计算捕获时间的统计特性,寻找定义为下列级数的捕获时间生成函数:

$$H(z) = \sum_{i=0}^{\infty} p_i(\tau_i) z^{\tau_i} \tag{4.71}$$

式中:$p_i(\tau_i)$ 为锁定模式下 τ_i 秒后捕获过程终止的概率。由于达到锁定模式的概率不大于1,因此 $H(1) \leqslant 1$,且 $H(z)$ 至少在 $|z| \leqslant 1$ 的条件下收敛。若已知 $H(z)$,则对式(4.71)直接求导可得

$$\frac{\mathrm{d}H(z)}{\mathrm{d}z} = \sum_{i=0}^{\infty} \tau_i p_i(\tau_i) z^{\tau_i - 1} \tag{4.72}$$

因此,平均捕获时间为

$$\bar{T}_a = \sum_{i=0}^{\infty} \tau_i p_i(\tau_i) = \left.\frac{\mathrm{d}H(z)}{\mathrm{d}z}\right|_{z=1} \tag{4.73}$$

类似地,$H(z)$ 的二阶导数是:

$$\left.\frac{\mathrm{d}^2 H(z)}{\mathrm{d}z^2}\right|_{z=1} = \sum_{i=0}^{\infty} \tau_i(\tau_i - 1) p_i(\tau_i) = \overline{T_a^2} - \bar{T}_a \tag{4.74}$$

因此,捕获时间的方差为

$$\sigma_a^2 = \left.\left\{\frac{\mathrm{d}^2 H(z)}{\mathrm{d}z^2} + \frac{\mathrm{d}H(z)}{\mathrm{d}z} - \left[\frac{\mathrm{d}H(z)}{\mathrm{d}z}\right]^2\right\}\right|_{z=1} \tag{4.75}$$

为得到 $H(z)$,注意到 $H(z)$ 可表示为

$$H(z) = \sum_{j=1}^{q} \beta_j H_j(z) \tag{4.76}$$

式中:$\beta_j (j=1,2,\cdots,q)$ 表示由状态 j 开始搜索的先验概率分布,$H_j(z)$ 为由初始状态 j 到锁定模式的转移函数。由于在捕获过程中可以无限次穿过图4.10所示的循环状态图,因此:

$$\begin{aligned} H_j(z) &= H_0^{q-j}(z) H_D(z) \sum_{i=0}^{\infty} \left[H_M(z) H_0^{q-1}(z)\right]^i \\ &= \frac{H_0^{q-j}(z) H_D(z)}{1 - H_M(z) H_0^{q-1}(z)} \end{aligned} \tag{4.77}$$

将式(4.77)代入式(4.76)可得

$$H(z) = \frac{H_D(z)}{1 - H_M(z) H_0^{q-1}(z)} \sum_{j=1}^{q} \beta_j H_0^{q-j}(z) \tag{4.78}$$

对于均匀先验分布 $\beta_j = \dfrac{1}{q} (1 \leqslant j \leqslant q)$,有

$$H(z) = \frac{H_D(z)\left[1 - H_0^q(z)\right]}{q\left[1 - H_M(z) H_0^{q-1}(z)\right]\left[1 - H_0(z)\right]} \tag{4.79}$$

由于达到锁定模式前肯定会从一个状态转移到另一个状态，因此 $H_0(1)=1$。由于 $H_D(1)+H_M(1)=1$，因此由式(4.78)和式(4.73)可得

$$\bar{T}_a=\frac{1}{H_D(1)}\left\{H_D'(1)+H_M'(1)+(q-1)H_0'(1)\left[1-\frac{H_D(1)}{2}\right]\right\} \tag{4.80}$$

式中的撇号表示对 z 求导。举例来说，考虑一个具有由两个状态构成聚合状态的单驻留捕获器。若设 $P_1=P_a$、$P_2=P_b$、$T_p=\bar{T}_p$、$\tau=\tau_d$ 并由式(4.34)定义 P_D，则在 $N=2$ 时使用式(4.68)～式(4.70)对式(4.80)进行估计可得到式(4.40)。

存在多径信号的可用于非连续顺序搜索。与依次检测不同区间的传统顺序搜索方法相比，该方法可提供更低的归一化平均捕获时间(Normalized Mean Acquisition Time，NMAT)[9-10]，而代价是增加了计算复杂度。

4.4 相关器捕获

捕获相干器必须正确识别自相关峰，不受自相关旁瓣影响。图 4.4 中的非相干捕获相关器具有图 4.13 所示的形式。序列 $\{x_k\}$ 和 $\{y_k\}$ 分别通过同相和正交下变频来获得，其后的码片匹配滤波器(Chip－Matched Filter，CMF)需在时刻 $t=kT_c$ 进行采样。驻留时间或检测间隔为 MT_c，M 为用于求和的码片匹配滤波器输出的采样数目，T_c 为码片宽度。用于某一特定扩谱码相位检测的判决变量被送至门限检测器并与门限比较。如果超过门限，那么特定扩谱码相位检测被接受为正确。如图 4.13 中所示，判决变量正比于上下分支分别平方输出之和。

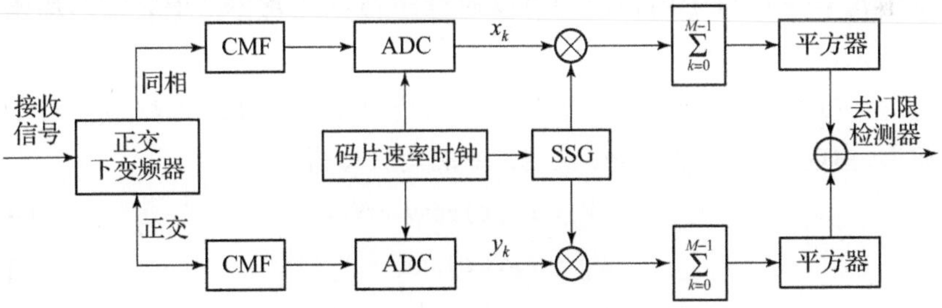

图 4.13 非相干捕获相关器

捕获相关器可用于捕获调制方式为 BPSK 或 QPSK 的直扩信号。对于 BPSK 和 AWGN 信道，假设接收信号如下：

$$r(t)=\sqrt{2G\mathcal{E}_c}p(t-\tau)\cos(2\pi f_c t+\theta)+n(t) \tag{4.81}$$

式中：$\mathcal{E}_c$ 为每码片的能量；G 为扩谱增益；f_c 为载波频率；θ 为随机载波相位；τ 为由未知扩谱码相位引起的时延；$n(t)$ 为零均值高斯白噪声，其中双边功率谱密度等于 $N_0/2$。由于捕获相关器在载波同步之前就要处理接收信号，因此存在随机

载波相位。扩谱波形为

$$p(t) = \sum_{i=-\infty}^{\infty} p_i \psi(t - iT_c) \tag{4.82}$$

式中:p_i 等于 +1 或 -1,表示扩谱序列 $\{p_i\}$ 中的一个码片。对码片波形进行归一化以满足下式:

$$\int_0^{T_c} \psi^2(t)\,dt = \frac{1}{G} \tag{4.83}$$

归一化后,在一个码片间隔上的积分表明 $\mathcal{E}_c$ 为每码片的能量,此处假设 $f_c \gg 1/T_c$,以使对倍频项的积分可忽略不计。由于由已知数据比特组成的导频符号通常在捕获期间传输,故式(4.81)中的调制数据 $d(t)$ 可忽略不计,且并不影响 $\{p_i\}$ 的建模。假设正交下变频器是理想的。

若由扩谱序列产生器产生的本地扩谱序列相对于一个任意时间起点延时 v 个码片,v 为正整数,则检测间隔起始于本地扩谱序列的第 $-v$ 个码片。当检测到一个区间时,解扩产生了下述内积:

$$V_c = \sum_{k=0}^{M-1} p_{k-v} x_k,\quad V_s = \sum_{k=0}^{M-1} p_{k-v} y_k \tag{4.84}$$

式中

$$x_k = \sqrt{2}\int_{kT_c}^{(k+1)T_c} r(t)\psi(t - kT_c)\cos(2\pi f_c t)\,dt \tag{4.85}$$

$$y_k = \sqrt{2}\int_{kT_c}^{(k+1)T_c} r(t)\psi(t - kT_c)\sin(2\pi f_c t)\,dt \tag{4.86}$$

由于 $p_k = \pm 1$,每个内积值都可以通过序列 $\{x_k\}$ 或 $\{y_k\}$ 中分量的加或减来计算。

时延 τ 可表示为 $\tau = vT_c - NT_c - \epsilon T_c$,其中 N 为整数且 $0 \leqslant \epsilon < 1$。对于矩形码片波形,由前述公式、$f_c T_c \gg 1$ 及码片 v 的定义可得

$$V_c = g_1(\epsilon)\cos\theta + N_c \tag{4.87}$$

$$V_s = -g_1(\epsilon)\sin\theta + N_s \tag{4.88}$$

式中

$$g_1(\epsilon) = \sqrt{\frac{\mathcal{E}_c}{G}}\sum_{k=0}^{M-1} p_{k-v}\left[(1-\epsilon)p_{k-v+N} + \epsilon p_{k-v+N+1}\right] \tag{4.89}$$

$$N_c = \sqrt{2}\sum_{k=0}^{M-1} p_{k-v}\int_{kT_c}^{(k+1)T_c} n(t)\psi(t - kT_c)\cos 2\pi f_c t\,dt \tag{4.90}$$

$$N_s = \sqrt{2}\sum_{k=0}^{M-1} p_{k-v}\int_{kT_c}^{(k+1)T_c} n(t)\psi(t - kT_c)\sin 2\pi f_c t\,dt \tag{4.91}$$

若 $N = -1$ 或 0,对于捕获来说,接收的扩谱序列和本地的扩谱序列的误差

通常已经足够小。若 $N\neq -1$ 或 0，则该区间就被认为是不正确的。

判决变量为

$$V=\frac{V_c^2+V_s^2}{N_0/G}=N_t^2+g^2(\epsilon)+C \tag{4.92}$$

式中，除法表达式 N_0/G 是为了数学上的方便，即

$$N_t^2=\frac{V_c^2+V_s^2}{N_0/G},g(\epsilon)=\frac{g_1(\epsilon)}{\sqrt{N_0/G}}$$
$$C=\frac{2g(\epsilon)}{\sqrt{N_0/G}}(N_c\cos\theta-N_s\sin\theta) \tag{4.93}$$

判决变量被送至门限为 $V_t\geqslant 0$ 的门限检测器，如果 $V>V_t$，那么捕获被确认。

如 1.2 节所解释的，式(4.90)和式(4.91)中积分是独立、零均值、高斯随机变量。因为 N_c 和 N_s 这些随机变量的线性组合，所以 N_c 和 N_s 是独立、零均值、高斯随机变量。因为 $n(t)$ 是白噪声，发现如果 $f_cT_c\gg 1$，那么 N_c 和 N_s 的方差均等于 $MN_0/2G$，因此它们是同分布的。因此，如附录 E.2 所示，N_t^2 服从具有 2 自由度的中心卡方分布：

$$E[N_t^2]=M,\mathrm{var}(N_t^2)=M^2 \tag{4.94}$$

N_t^2 分布函数为

$$F_n(x)=\left[1-\exp\left(-\frac{x}{M}\right)\right]u(x) \tag{4.95}$$

式中：$u(x)$ 表示单位阶跃函数，$x\geqslant 0$ 时，$u(x)=1$，$x<0$ 时，$u(x)=1$。

在性能分析中，将扩谱序列 $\{p_k\}$ 建模为符号独立的零均值二进制随机序列，序列中每一值等于 +1 或 −1 的概率均为 1/2。扩谱序列独立于白高斯噪声 $n(t)$。码片偏差 ϵ 建模为在 $[0,1]$ 间均匀分布的随机变量，载波相位 θ 建模为在 $[-\pi,\pi]$ 间均匀分布的独立随机变量，v 和 ϵ 在不同次的检测之间都是变化的。模型表明：

$$E[g(\epsilon)]=\begin{cases}0, & N\neq -1,0\\ \dfrac{M}{2}\sqrt{R}, & N=-1\text{ 或 }0\end{cases} \tag{4.96}$$

$$E[g^2(\epsilon)]=\begin{cases}\dfrac{2MR}{3}, & N\neq -1,0\\ \dfrac{M(M+1)R}{3}, & N=-1\text{ 或 }0\end{cases} \tag{4.97}$$

式中

$$R=\frac{\mathcal{E}_c}{N_0} \tag{4.98}$$

性能分析使用以下概率密度函数近似。令 X 和 Y 表示密度函数随机变量因此 $\mathrm{cov}(X,Y)=0$。令 $Z=X+Y$。如果 $\mathrm{var}(X)\gg\mathrm{var}(Y)$，概率密度函数近似设定 Z 的概率密度函数等于 $sX+(1-s)E(X)+E(Y)$ 的概率密度函数，其中：

$$s=\sqrt{1+\frac{\mathrm{var}(Y)}{\mathrm{var}(X)}} \tag{4.99}$$

写成：

$$Z=sX+(1-s)E[X]+E[Y] \tag{4.100}$$

作为近似的紧凑表示方式。虽然 Z 的均值和方差由近似所保持，但是近似密度函数与 X 密度函数具有相同的形式，这对 Z 密度函数产生的影响将大于 Y。数值评估表明概率密度函数近似对于随后考虑到如果 $\mathrm{var}(X)>2\mathrm{var}(Y)$ 的概率密度函数相当好。

假设 $N\neq-1,0$ 且检测到错误区间。$g(\epsilon)$ 是 M 个独立、等分布、非零、有限方差随机变量的总和。假设 $M\geqslant200$，因此中心极限定理是适用的(见附录 A.2 的推论 A1)，这意味着 $g(\epsilon)$ 分布函数接近为高斯分布，方差为

$$\sigma_1^2=\frac{2MR}{3} \tag{4.101}$$

如式(4.96)和式(4.97)所示。因此，$g^2(\epsilon)$ 服从具有 1 自由度的中心卡方分布(见附录 C.2)，概率密度函数为

$$f_{g2}(x)=\frac{1}{(2\pi\sigma_1^2)^{1/2}}x^{-1/2}\exp\left(-\frac{x}{2\sigma_1^2}\right)u(x) \tag{4.102}$$

方差为

$$\mathrm{var}[g^2(\epsilon)]=\frac{8M^2R^2}{9} \tag{4.103}$$

根据式(4.94)和式(4.97)，可得

$$\mathrm{var}[C]=\frac{4M^2R}{3} \tag{4.104}$$

令 V_0 表示检测到错误区间时的判决变量。如果 $X=N_t^2+g^2(\epsilon)$ 和 $Y=C$，那么 $\mathrm{cov}(X,Y)=0$，同时当 $R<0.44$ 时，$\mathrm{var}(Y)<0.5\mathrm{var}(X)$。密度函数近似是适用的且表示为

$$V_0\simeq s_1[N_t^2+g^2(\epsilon)]+(1-s_1)M\left(1+\frac{2R}{3}\right),R<0.44,M\geqslant200 \tag{4.105}$$

式中

$$s_1=\sqrt{1+R\left[\frac{3}{4}+\frac{2}{3}R^2\right]^{-1}} \tag{4.106}$$

如果 $V_0>V_t$ 或者

$$X > \frac{V_t - L}{s_1} \tag{4.107}$$

虚警发生,式中

$$L = (1 - s_1)M\left(1 + \frac{2R}{3}\right) \tag{4.108}$$

当 $y \geqslant 0$ 时,X 的密度函数为

$$\begin{aligned} F_1(y) &= \int_0^y F_n(y - x) f_{g2}(x)\,\mathrm{d}x \\ &= F_{g2}(y) - \exp\left(-\frac{y}{M}\right)\int_0^y \exp\left(\frac{x}{M}\right) f_{g2}(x)\,\mathrm{d}x \end{aligned} \tag{4.109}$$

$F_{g2}(y)$是 $g^2(\epsilon)$的分布函数,式(4.95)被替换。式(4.102)代入式(4.109),改变变量,使用附录 E.2 的(E.20)和附录 H.2 的(H.20),可得

$$F_1(y) = 1 - 2Q\left(\sqrt{\frac{y}{\sigma_1^2}}\right) - \frac{\sigma_a}{\sigma_1}\exp\left(-\frac{y}{M}\right)\left[1 - 2Q\left(\sqrt{\frac{y}{\sigma_a^2}}\right)\right], y \geqslant 0 \tag{4.110}$$

式中:

$$\sigma_a^2 = \frac{\sigma_1^2 M}{M - 2\sigma_1^2} \tag{4.111}$$

根据 $F_1(y)$可得检测到错误区间的虚警概率 P_f 为

$$P_f \simeq \begin{cases} 1, & V_t < L \\ 1 - F_1\left(\dfrac{V_t - L}{s_1}\right), & V_t \geqslant L \end{cases}, \quad R < 0.44, M \geqslant 200 \tag{4.112}$$

因此,实现特定 P_f 所需要的门限为

$$V_t \simeq s_1 F_1^{-1}(1 - P_f) + L, R < 0.44, M \geqslant 200 \tag{4.113}$$

式中:$F_1^{-1}(\cdot)$表示 $F_1(\cdot)$的反函数。

假设检测到正确的区间,且因此 $N = -1$ 或 0。获得 $N = -1$ 条件下的检测概率。因为鉴于 $N = 0$ 条件下的检测概率是相同的,所以无条件的检测概率也是相同的。假设 $N = -1$,则有

$$\begin{aligned} g^2(\epsilon) &= R\,[M\epsilon + (1 - \epsilon)U]^2 \\ &= R[M^2\epsilon^2 + 2M\epsilon(1 - \epsilon)U + (1 - \epsilon)^2 U^2] \end{aligned} \tag{4.114}$$

式中:

$$U = \sum_{k=0}^{M-1} p_{k-v} p_{k-v-1} \tag{4.115}$$

因为码片序列被建模成二进制随机序列,所以 $E[U] = 0$ 和 $\mathrm{var}(U) = M$。因此,如果 $M \geqslant 200$,那么密度函数近似表明 $g^2(\epsilon) \simeq R(M^2\epsilon^2 + M/3)$,且具有可忽略的错误概率,因而正确区间的判决变量为

$$V_1 \simeq R\left(M^2\epsilon^2 + \frac{M}{3}\right) + N_t^2 + C, M \geqslant 200 \tag{4.116}$$

式(4.94)和式(4.97)表明:

$$\mathrm{var}(C) \simeq \frac{2M^3 R}{3}, M \geqslant 200 \tag{4.117}$$

X 等于式(4.116)中的第一项,$Y = N_t^2 + C$,$\mathrm{cov}(X,Y) = 0$ 且密度函数近似是适用的。X 的方差为

$$\mathrm{var}(X) \simeq \frac{4M^4 R^2}{45} \tag{4.118}$$

因此,如果 $R > 16.4/M$,$\mathrm{var}(Y) < 0.5\mathrm{var}(X)$,那么可得

$$V_1 \simeq s_2 MR\left(M\epsilon^2 + \frac{1}{3}\right) + (1 - s_2)\frac{M^2 R}{3} + M, \quad \frac{16.4}{M} < R < 0.44, M \geqslant 200 \tag{4.119}$$

式中:

$$s_2 = \left[1 + \frac{15}{2M}R^{-1} + \frac{45}{4M^2}R^{-2}\right]^{\frac{1}{2}} \tag{4.120}$$

检测正确区间的检测概率 P_d 是 $V_1 > V_t$ 的概率,式中 V_t 由式(4.113)给出。由于 ϵ 在[0,1]间均匀分布,即

$$P_d \simeq \begin{cases} 1, & V_t > L_1 \\ 1 - \sqrt{R}L_2 \leqslant V_t \leqslant L_1, & \frac{16.4}{M} < R < 0.44, M \geqslant 200 \\ 0, & V_t \geqslant L_2 \end{cases}$$

$$R = \frac{V_t - L_1}{s_2 M^2 R}, L_2 = L_1 + s_2 M^2 R \tag{4.121}$$

$$L_1 = MR\left[\frac{s_2}{3} + R^{-1} + \frac{M(1 - s_2)}{3}\right]$$

P_d 方程一个值得注意的特征是不依赖于扩谱增益 G。产生这一特征的原因是谱展宽对白高斯噪声没有产生影响。当存在其他类型干扰时,可以期待显著的依赖性。

顺序搜索的步长 Δ 是在码片中对区间的分隔。当 $\Delta = 1/2$ 时,可将对应于 $N = -1$ 和 $N = 0$ 的两个连续区间视为定时不确定性范围内 q 个区间之外的两个正确区间。当 $\Delta = 1$ 时,假设只有一个正确区间是合理的,该区间对应于 $N = -1$ 或 $N = 0$。令 C_u 表示在定时不确定性范围内的码片数。将 NMAT 定义为 $\bar{T}_a / C_u T_c$。将归一化标准差(Normalized Standard Deviation, NSD)定义为

$\sigma_a / C_u T_c$。对于步长 $\Delta = 1, q_a = C_u$；对于步长 $\Delta = 1/2, q_a = 2C_u$。

例 4.1：作为前述结果的一个应用示例，考虑一个采用均匀搜索的单驻留捕获器，其正确区间的位置是先验均匀分布的。令 $\tau_d = MT_c$，此处 M 为每次驻留的码片数目，且 $\bar{T}_p = KT_c$，则 $K = 10^4$ 为平均惩罚时间内的码片数。对于 $\Delta = 1/2$，假设有两个具有相同检测概率 $P_d = P_a = P_b$ 的相互独立的正确区间。若 $q \gg 1$，由式(4.40)和式(4.34)可得 NMAT 为

$$\text{NMAT} = \left(\frac{2 - P_D}{2P_D}\right)\frac{q}{C_u}(M + KP_F) \tag{4.122}$$

式中：

$$P_D = 2P_d - P_d^2, \Delta = 1/2 \tag{4.123}$$

对于 $\Delta = 1$，假设有一个正确区间，因此：

$$P_D = P_d, \Delta = 1 \tag{4.124}$$

在一个单驻留捕获器中，$P_F = P_f$。式(4.121)与 P_d 和 P_f 有关。

图 4.14 显示了无衰落时 NMAT 和码片信噪比 $\mathcal{E}_c/N_0$ 的关系，其中 $K = 10^4$，图中显示了三组不同的参数。从图中可以看出这两对参数相对于 $\mathcal{E}_c/N_0$ 的有效性。该图也显示出了在每个 $\mathcal{E}_c/N_0$ 值上 P_f 和 M 取最优值时所获得的最小 NMAT。计算最小 NMAT 值时的限制为 $M \geqslant 200$。在接收机中为实现 P_f 和 M 值的最优选择，需要对 $\mathcal{E}_c/N_0$ 进行精确测量。该图表明单驻留捕获器在 $\Delta = 1$ 时性能略好。由式(4.33)可见，每条 NSD 曲线均与相应的 NMAT 曲线具有类似的形状。

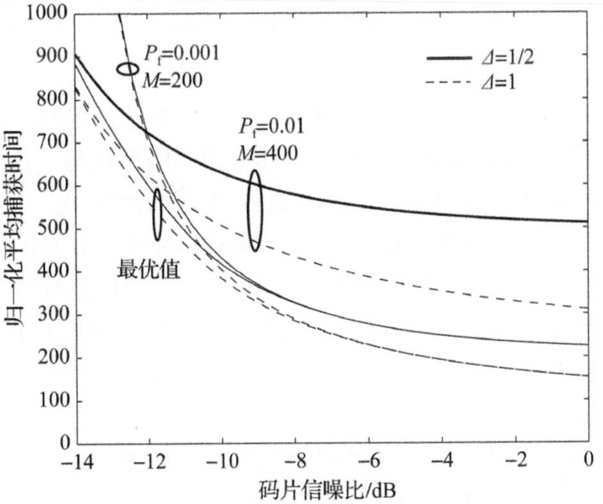

图 4.14　无衰落时单驻留捕获器中 NMAT 与 $\mathcal{E}_c/N_0$ 的关系

衰落的潜在影响是显著的。例如,假设无衰落时 $\mathcal{E}_c/N_0=-4\text{dB}$,但在捕获期间有10dB衰落的影响使得 $\mathcal{E}_c/N_0=-14\text{dB}$。则图中表明相对于无衰落的情况,有衰落时NMAT值大幅度增加。

例4.2:考虑一个采用均匀搜索的双驻留捕获器,其正确区间分布位置是先验均匀分布的,$\Delta=1/2$,$K=10^4$,且两个独立的正确区间满足 $P_d=P_a=P_b$、$P_{a1}=P_{b1}$及 $P_{a2}=P_{b2}$。驻留时间为 $\tau_1=M_1T_c$ 和 $\tau_2=M_2T_c$。若 $q\gg1$,NMAT可由式(4.32)和式(4.123)得到。对于连续计数捕获器,式中 $\bar{T}_{11}$ 的值由式(4.36)给出;对于上下捕获器则由式(4.45)给出。由于 $q/C_u=2$,故对于连续计数捕获器,有

$$\text{NMAT}=\left(\frac{2-2P_d+P_d^2}{2P_d-P_d^2}\right)\left[M_1+P_{F1}(M_2+P_{F2}K)\right] \tag{4.125}$$

对于一个上下捕获器,有

$$\text{NMAT}=\left(\frac{2-2P_d+P_d^2}{2P_d-P_d^2}\right)\left[\frac{M_1+P_{F1}(M_2+P_{F2}K)}{1-P_{F1}(1-P_{F2})}\right] \tag{4.126}$$

将 P_d 用 P_{ai} 代替,将 P_f 用 P_{Fi} 代替,将 M 用 M_i 代替,则概率 P_{ai} 和 P_{Fi} $(i=1$ 或 $2)$ 通过式(4.121)相关。式(4.35)表明连续计数捕获器,有

$$P_d=P_{a1}P_{a2}\text{(连续计数)} \tag{4.127}$$

式(4.42)和式(4.43)表明一个上下捕获器具,有

$$P_d=\frac{P_1P_2}{1-P_1(1-P_2)}\text{(上下捕获器)} \tag{4.128}$$

图4.15给出了双驻留捕获器中NMAT与 $\mathcal{E}_c/N_0$ 的关系,其中,$K=10^4$、步长为 $\Delta=1/2$、$P_{F1}=0.01$、$P_{F2}=0.1$、$M_1=200$、$M_2=1500$。当步长为 $\Delta=1/2$ 时,可发现典型的双驻留捕获器的性能略好。此外,还可以看出,对于每个 $R=\mathcal{E}_c/N_0$ 值,可选择最优 P_{F1}、P_{F2}、M_1 及 M_2 值使NMAT最小。计算最小NMAT值时的限制为 $M_1,M_2\geq200$。在接收机中为实现最优参数值的选择,需要对 $\mathcal{E}_c/N_0$ 进行精确测量。该图显示,上下捕获器在多数实际应用中略有优势。由式(4.33)可发现,每条NSD曲线都与相应的NMAT曲线有类似的形状。比较图4.15和图4.14可知,与单驻留捕获器相比,双驻留捕获器能够降低NMAT。

如果 $\{x_k\}$ 和 $\{y_k\}$ 序列应用于判决变量的 η 并行计算,NMAT可能减小接近 η 倍。在每一次计算中,扩谱序列产生器输出将使用不同延时,且不同延时被码片宽度的倍数划分开。这一流程允许中等数量额外硬件或软件进行不同扩谱码相位的并行搜索。

式(4.113)中的门限用于确保特定的虚警概率,需要对 R 进行估计。式(4.92)中的判决变量需要对 N_0 进行估计,可通过使用能量检测器来获得(见10.2节)。当 N_0 主要由快速变化的瞬时干扰功率决定时,可通过在捕获之

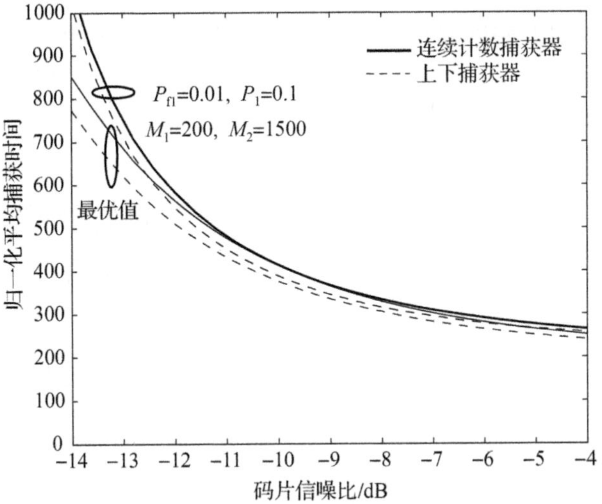

图 4.15　无衰落时双驻留捕获器中 NMAT 与 $\mathcal{E}_c/N_0$ 的关系

前的每个相关运算间隔内估计瞬时接收功率来设定自适应门限。因此,当存在脉冲干扰时,自适应门限下的平均捕获时间会略有恶化[11]。

在捕获期间,数据比特和未经补偿的多普勒频移都会使捕获性能下降。若存在数据比特$\{d_n\}$,则式(4.89)和式(4.93)中的p_{k-v}被$d_n p_{k-v}$代替。虽然数据比特最多经过G个码片就会变为一个新值,但当检测到正确区间时,式(4.93)中一个数据比特的变化就会产生抵消效应从而降低$g(\epsilon)$。若由多普勒频移引起的残留频偏为f_e,则式(4.87)和式(4.88)中$\theta=\theta_1+2\pi f_e t$。若$f_e M T_c \simeq 1$,则当检测到正确区间时抵消效应会降低$V_c$和$V_s$以及判决变量。因此,为防止平均捕获时间的大幅度增加,需要$M \ll 1/f_e T_c$。

非相干捕获相关器的替代方法是差分相干捕获相关器,它有可能提供更好的性能[12]。然而,由于实现更简单、稳健性更强,非相干相关器通常更可取。

蜂窝网络的下行链路要求特殊的扩谱码捕获方法,与点对点通信中应用的方法显著不同。这些方法将在 8.3 节阐述。

4.5　序贯捕获

4.4 节所述的捕获相关器可用于单驻留或多驻留顺序搜索捕获器,它采用基于固定数目的码片匹配滤波器输出采样值或观察值的固定驻留时间测试。一种替代捕获策略是序贯捕获[13],它是一种顺序搜索捕获,但只采用产生可靠判决所必须的样本数。因此,在扩谱波形的单区间或单相位估计中,一些样本序列可以快速判决,其他序列则必须要使用较大数目的采样才能进行判决。序贯捕获基于序贯概率比检测[2],当采样独立同分布时,它可以在特定的错误概率下将平均检测时间最小化。

序贯捕获器的主要组成部分如图4.16所示。

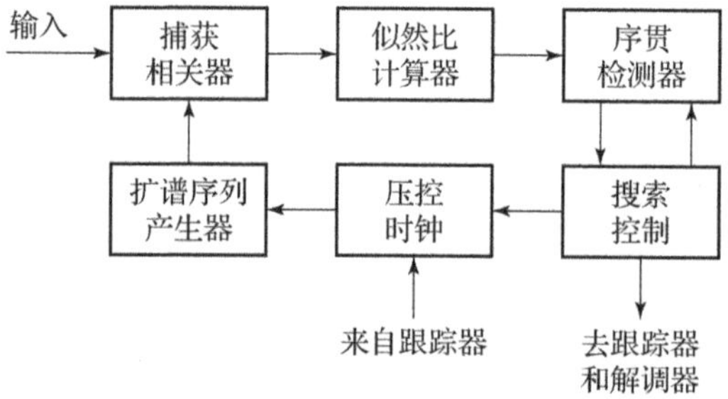

图4.16　序贯捕获器

为确定一个区间是否通过一次检测,经典检测理论要求在假设 H_1(区间是正确的)和 H_0(区间是不正确的)之间做出选择。令 $\boldsymbol{V}(n)=[V_1 \quad V_2 \quad \cdots \quad V_n]$ 表示捕获相关器的 n 个连续输出。令 $f[\boldsymbol{V}(n)\,|\,H_i]$ 表示给定假设 $H_i(i=0,1)$ 时 $\boldsymbol{V}(n)$ 的条件概率密度函数。序贯概率比检测就再次计算对数似然比:

$$\Lambda[\boldsymbol{V}(n)]=\ln\frac{f(\boldsymbol{V}(n)\,|\,H_1)}{f(\boldsymbol{V}(n)\,|\,H_0)} \tag{4.129}$$

每一个新捕获相关器在检测区间过程中生成输出。对数似然比或它的函数,与上、下门限都进行比较以确定检测是否应被终止或是否需要对被检测区间抽取更多样值。若似然比超过了上门限,接收机将认为已实现捕获并进入锁定模式。若似然比 $\Lambda(\boldsymbol{V}(n))$ 低于下门限,则认为(当前检测的区间)未通过检测,并继续检测其他区间。若似然比 $\Lambda(\boldsymbol{V}(n))$ 位于两个门限之间,判决就会推迟,即观察相关器对于同一个区间的另一个输出值,并计算 $\Lambda(\boldsymbol{V}(n+1))$。当在最大数目的输出后依然没有做出判决,则截短操作会强制做出判决,防止当存在很多模糊的观察值时对一个区间进行过多的检测。

尽管相对于每次判决都使用固定驻留时间的检测器来说,序贯检测器能够显著减小平均捕获时间,但一些实际问题也限制了它的应用。其主要问题是重复计算对数似然比的计算复杂度,特别是当 $\{V_n\}$ 不是独立同分布时。当捕获相关器对于一个正确区间的输出信号明显比所期望的强度小时,就会出现另一个问题,即在这种情况下,相对于固定驻留时间的捕获器,序贯检测器的平均捕获时间可能会增加。

4.6　扩谱码跟踪

接收机必须通过非相干捕获和跟踪来提供扩谱码同步，以使接收信号在载波同步之前解扩，然后进行相干解调。相干跟踪环难以适应数据调制的影响。因此，在扩谱系统中主要使用非相干环路，可直接工作于接收信号且不受数据调制的影响。

在定时偏差扩谱码跟踪过程中，数据调制 $d(t)$ 将会存在。因此，将 $d(t)$ 保留在式(4.7)中，同时可得定时偏差扩谱码跟踪的充分统计量：

$$R_o(\tau) = \left[\int_0^T r(t)d(t-\tau)p(t-\tau)\cos(2\pi f_{c1}t)\,\mathrm{d}t\right]^2 + \left[\int_0^T r(t)d(t-\tau)p(t-\tau)\sin(2\pi f_{c1}t)\,\mathrm{d}t\right]^2 \tag{4.130}$$

式中：f_{c1} 是已知的。若假设最大似然估计 $\hat{\tau}$ 在定时不确定性区域的内部，且 $R_o(\tau)$ 是关于 τ 的可微函数，则使 $R_o(\tau)$ 最大的估计 $\hat{\tau}$ 可通过下式求得：

$$\left.\frac{\partial R_o(\tau)}{\partial \tau}\right|_{\tau=\hat{\tau}} = 0 \tag{4.131}$$

虽然当码片波形是矩形时 $R_o(\tau)$ 是不可微的，但该问题可通过使用差分方程作为微分的近似来避免。因此，对于一个正的 δT_c，令

$$\left.\frac{\partial R_o(\tau)}{\partial \tau}\right| \approx \frac{R_o(\tau+\delta T_c) - R_o(\tau-\delta T_c)}{2\delta T_c} \tag{4.132}$$

该式意味着式(4.131)的解可通过某种近似来获得，该近似能找到满足下式的 $\hat{\tau}$：

$$R_o(\hat{\tau}+\delta T_c) - R_o(\hat{\tau}-\delta T_c) = 0 \tag{4.133}$$

为确定求解方程的实用方法，假设噪声是可忽略的，且送至跟踪器的信号具有以下形式：

$$s(t) = Ad(t)p(t)\cos(2\pi f_{c1}t+\theta) \tag{4.134}$$

式中：接收信号正确的定时偏差为 $\tau=0$。将 $r(t)\approx s(t)$ 代入式(4.130)，并应用三角公式，丢弃可忽略项，可得

$$R_o(\hat{\tau}) = \frac{A^2}{4}\left[\int_0^T d(t)d(t-\tau)p(t)p(t-\hat{\tau})\,\mathrm{d}t\right]^2 \tag{4.135}$$

如果扩谱码跟踪过程 $\tau \ll T_c$，那么以较大的概率 $d(t)d(t-\tau)=1$，因此：

$$R_o(\hat{\tau}) \approx \frac{A^2}{4}\left[\int_0^T p(t)p(t-\hat{\tau})\,\mathrm{d}t\right]^2 \tag{4.136}$$

将扩谱波形 $p(t)$ 建模为具有自相关函数的广义平稳过程，即

$$R_p(\tau) = E[p(t)p(t+\tau)] \tag{4.137}$$

定义间隔$[0,T]$足够大可包括很多码片。式(4.135)表明:

$$R_o(\hat{\tau}) \approx \frac{A^2}{4} R_p^2(\hat{\tau}) \tag{4.138}$$

使用式(4.133)中的近似,可发现最大似然估计可通过某种近似来获得,该近似能找到满足下式的 $\hat{\tau}$:

$$R_p^2(\hat{\tau} + \delta T_c) - R_p^2(\hat{\tau} - \delta T_c) = 0 \tag{4.139}$$

4.6.1 延迟锁定环

非相干延迟锁定环与用于数据-符号同步的早迟门相似[14-15],能够实现式(4.139)左边差分的近似计算,并能够连续调整 $\hat{\tau}$ 使该差分值近似为零。这一精确调整建立或保持准确同步的本地扩谱序列,该本地序列用于对接收直扩信号的解扩。

如图4.17所示的延迟锁定环具有可能产生三种同步序列扩谱序列产生器,其中一个是用于捕获和解调的参考序列,另外两个序列与参考序列相比分别提前和滞后 δT_c。尽管通常为 $\delta = 1/2$,但也可取其他 $\delta \in (0,1)$ 之间的值。提前和滞后序列分别在独立的支路中与接收的直扩信号相乘。

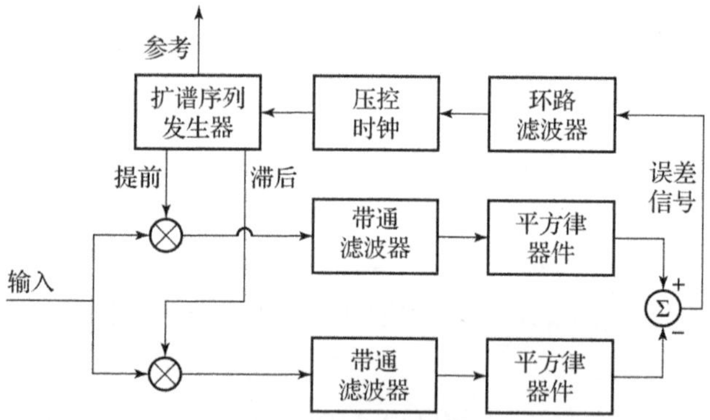

图4.17 延迟锁定环

在后续的分析中,为清楚起见,直扩信号和接收噪声的处理被分别对待。对于式(4.134)所示的接收的直扩信号,上支路混频器的输出信号为

$$s_{u1}(t) = Ad(t)p(t)p(t + \delta T_c - \epsilon T_c)\cos(2\pi f_c t + \theta) \tag{4.140}$$

式中:ϵT_c 为参考序列相对于接收序列的时延;$p(t)$为扩谱波形,被建模为具有自相关函数 $R_p(\tau)$的广义平稳过程。尽管由于环路的动态性,ϵ 是时间的函数,其随着时间缓慢变化,因此在后续分析中被作为常数处理。类似地,下支路混频器的输出期望信号为

$$s_{l1}(t)=Ad(t)p(t)p(t-\delta T_c-\epsilon T_c)\cos(2\pi f_c t+\theta) \tag{4.141}$$

令 $H_0(f)$ 表示基带滤波器的频率响应。滤波器在足够短的区间内进行时间平均，因此滤波时不会使 $d(t)$ 严重畸变，且时间足够长这使得除了变化缓慢的时间平均值外，大多数快速变化的 $p(t)p(t+\delta T_c-\epsilon T_c)$ 的频谱成分几乎都被滤除。假设这些时间平均值可用其自相关 $R_p(\pm\delta T_c-\epsilon T_c)$ 作为近似。两个相同带通滤波器（中心频率为 f_c）的常见频率响应为

$$H_b(f)=H_0(f-f_c)+H_0(f+f_c) \tag{4.142}$$

因此，上下支路滤波器输出的所需分量分别为

$$s_{u2}(t)\approx Ad(t)R_p(\delta T_c-\epsilon T_c)\cos(2\pi f_c t+\theta) \tag{4.143}$$

$$s_{l2}(t)\approx Ad(t)R_p(-\delta T_c-\epsilon T_c)\cos(2\pi f_c t+\theta) \tag{4.144}$$

$s_{u2}(t)$ 和 $s_{l2}(t)$ 都伴随着剩余不希望的谱成分，由环路滤波器在下游滤除。

由于 $d^2(t)=1$，平方律器件会消除数据调制。器件产生的倍频分量接近 $2f_c$，但是最终都会被环路滤波器滤除，因此可忽略不计。上下支路平方律器件的输出信号分别为

$$s_{u3}(t)\approx\frac{A^2}{2}R_p^2(\delta T_c-\epsilon T_c) \tag{4.145}$$

$$s_{l3}(t)\approx\frac{A^2}{2}R_p^2(-\delta T_c-\epsilon T_c) \tag{4.146}$$

两个支路输出之差为误差信号：

$$s_e(t)\approx\frac{A^2}{2}[R_p^2(\delta T_c-\epsilon T_c)-R_p^2(-\delta T_c-\epsilon T_c)] \tag{4.147}$$

该信号被送至环路滤波器。

令 $H_1(f)$ 表示环路滤波器的频率响应（中心为 $f=0$），其中特征频率响应的频率范围远窄于带通滤波器的带宽。因为这一窄带特性，环路滤波器不仅可以滤除倍频分量，也可以滤除 $s_e(t)$ 中剩余不希望的谱成分，这些谱成分来源于伴随 $s_{u2}(t)$ 和 $s_{l2}(t)$ 的分量。由于 $s_e(t)$ 随时间缓慢变化，环路滤波器的信号输出约等于 $s_e(t)$。由于 $R_p(\tau)$ 为偶函数，误差信号正比于式(4.139)的左侧部分，其中 $\hat{\tau}=\epsilon T_c$。

若将 $p(t)$ 建模为随机二进制序列，则（见 2.2 节）：

$$R_p(\tau)=\Lambda\left(\frac{\tau}{T_c}\right)=\begin{cases}1-\left|\dfrac{\tau}{T_c}\right|, & |\tau|\leqslant T_c\\ 0, & |\tau|>T_c\end{cases} \tag{4.148}$$

将式(4.148)代入式(4.147)可得

$$s_e(t)\approx\frac{A^2}{2}S(\epsilon,\delta) \tag{4.149}$$

式中:$S(\epsilon,\delta)$为鉴相器特征曲线,或称为跟踪环路的S曲线。假设$\delta\geqslant0$,则

$$S(\epsilon,\delta)=\begin{cases}-2(|\delta-\epsilon|-|\delta+\epsilon|+2\delta\epsilon), & |\delta-\epsilon|\leqslant1,|\delta+\epsilon|\leqslant1\\(1-|\delta-\epsilon|)^2, & |\delta-\epsilon|\leqslant1,|\delta+\epsilon|>1\\-(1-|\delta+\epsilon|)^2, & |\delta-\epsilon|>1,|\delta+\epsilon|\leqslant1\\0, & 其他\end{cases}\tag{4.150}$$

这表明:

$$S(-\epsilon,\delta)=-S(\epsilon,\delta),S(0,\delta)=0\tag{4.151}$$

若$0\leqslant\delta\leqslant1/2$,有

$$S(\epsilon,\delta)=\begin{cases}4\epsilon(1-\delta), & 0\leqslant\epsilon\leqslant\delta\\4\delta(1-\epsilon), & \delta\leqslant\epsilon\leqslant1-\delta\\1+(\epsilon-\delta)(\epsilon-\delta-2), & 1-\delta\leqslant\epsilon\leqslant1+\delta\\0, & 1+\delta\leqslant\epsilon\end{cases}\tag{4.152}$$

若$1/2\leqslant\delta\leqslant1$,有

$$S(\epsilon,\delta)=\begin{cases}4\epsilon(1-\delta), & 0\leqslant\epsilon\leqslant1-\delta\\1+(\epsilon-\delta)(\epsilon-\delta+2), & 1-\delta\leqslant\epsilon\leqslant\delta\\1+(\epsilon-\delta)(\epsilon-\delta-2), & \delta\leqslant\epsilon\leqslant1+\delta\\0, & 1+\delta\leqslant\epsilon\end{cases}\tag{4.153}$$

图4.18给出了$\delta=1/2$时的鉴相器特征曲线。

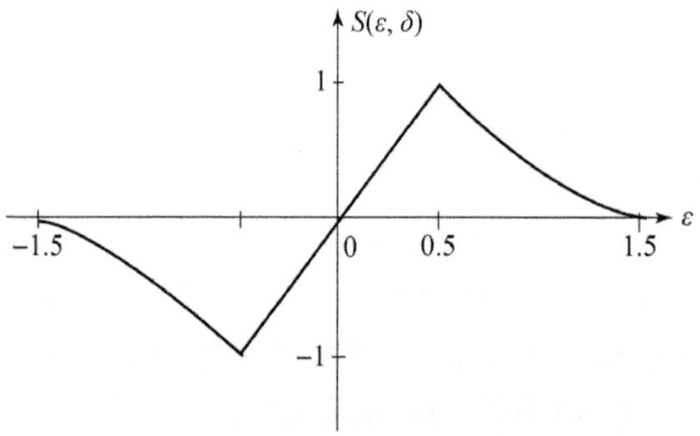

图4.18　$\delta=1/2$时延迟锁定环鉴相器的特性曲线

如图4.17所示,滤波后的误差信号$s_e(t)$被送至压控时钟(Voltage - Controlled Clock,VCC),生成三种扩谱序列时钟频率的定时脉冲。误差信号导致VCC改变时钟频率使得参考序列向与接收扩谱序列同步的方向收敛。如图4.18所示,对于$\delta=1/2$,当参考序列相对于接收序列是延迟的且$0<\epsilon(t)<1.5$,$S(\epsilon,\delta)$为正。正误差信号使得时钟频率增加,因而$\epsilon(t)$降低。该图表明,当$\epsilon(t)\to0$时,$s_e(t)\to0$。类似地,若$-1.5<\epsilon(t)<0$,可发现当$\epsilon(t)\to0$时,

$s_e(t) \to 0$。因此，一旦捕获器完成了粗同步，延时锁定环就可跟踪接收码定时。

扩谱码跟踪环的鉴相器特征曲线只在 $\epsilon(t)$ 的有限范围内具有适合的跟踪形式。在该范围之外，将无法保持扩谱码跟踪，同步系统将失锁，锁定检测器将重新开始捕获搜索。一旦捕获器将 $\epsilon(t)$ 降低到使鉴相器特征曲线导致 $\epsilon(t)$ 减小，跟踪将恢复。

为确定伴随误差信号的噪声，首先假设具有双边功率谱密度（Power Spectral Density，PSD）为 $N_0/2$ 的白高斯噪声 $n(t)$ 进入延迟锁定环的上下支路混频器。如果 $p(t+\delta T_c-\epsilon T_c)$ 和 $p(t-\delta T_c-\epsilon T_c)$ 相等，那么令 $x(t)=1$，如果不相等，令 $x(t)=-1$。上支路混频器输出端，噪声为 $n_{u1}(t)=n(t)p(t+\delta T_c-\epsilon T_c)$。下支路混频器的噪声输出为 $n_{l1}(t)=n(t)n_{u1}(t)$。$n_{u1}(t)$ 和 $n_{l1}(t)$ 均保持为高斯白噪声，且 PSD 为 $N_0/2$，但是它们不总是相同。

相同带通滤波器的上下支路高斯噪声输出分别为 $n_{u2}(t)$ 和 $n_{l2}(t)$，且 $n_{l2}(t)=n(t)n_{u2}(t)$。$n_{u2}(t)$ 和 $n_{l2}(t)$ 的双边 PSD 为 $N_0|H_b(f)|^2/2$。在上下支路中，平方器件产生的噪声输出分别为 $n_{u3}(t)=n_{u2}^2(t)+2n_{u2}(t)s_{u2}(t)$ 和 $n_{l3}(t)=n_{l2}^2(t)+2n_{l2}(t)s_{l2}(t)$。假如两路中的延时是相同的，$n_{u2}^2(t)=n_{l2}^2(t)$。因此，减法器的输出噪声（环路滤波器的输入噪声）为

$$n_4(t)=n_{u3}(t)-n_{l3}(t)=2n_{u2}(t)[s_{u2}(t)-x(t)s_{l2}(t)] \tag{4.154}$$

定义：

$$R_1=R_p(\delta T_c-\epsilon T_c) \tag{4.155}$$

$$R_2=R_p(-\delta T_c-\epsilon T_c) \tag{4.156}$$

将式(4.143)和式(4.144)代入式(4.154)，可得

$$n_4(t)=2Ay(t)n_{u2}(t)\cos(2\pi f_c t+\theta) \tag{4.157}$$

式中：

$$y(t)=R_1 d(t)-R_2 x(t)d(t) \tag{4.158}$$

令 $S_4(f)$ 表示 $n_4(t)$ 的 PSD，由自相关的傅里叶变换获得。窄带环路滤波器滤除了除低频分量外的大多数噪声。因此，在 VCC 输出端伴随误差信号的平均噪声功率为

$$N_e \approx 2S_4(0)W_L \tag{4.159}$$

式中：等价环路带宽（定义仅相对于正频率）为

$$W_L=\int_0^\infty |H_1(f)|^2 df \tag{4.160}$$

如果将 $d(t)$ 建模为周期为 T_S 的随机二进制序列，那么式(2.12)表明其 PSD 为

$$S_d(f)=T_S \operatorname{sinc}^2 fT_S \tag{4.161}$$

$n_{u2}(t)$的双边 PSD 为 $N_0 |H_b(f)|^2/2$。两个独立过程乘积的自相关函数等于自相关函数的乘积。卷积定理(见附录 C.1)的应用表明两个自相关函数乘积的 PSD 等于两个自相关函数 PSD 的卷积,使用这一结果以及式(4.142)并忽略被窄带环路滤波器最终滤除的高频成分,$n_{u2}(t)\cos(2\pi f_c t+\theta)$的 PSD 为

$$S_n(f)=\frac{N_0|H_0(f)|^2}{2} \tag{4.162}$$

令 $S_y(f)$和 $S_x(f)$分别表示 $y(t)$和 $x(t)$的 PSD。因为 $p(t)d(t)$是随机二进制序列,所以 $x(t)d(t)$的 PSD 等于 $S_x(f)$。假设 $E[x(t)]$相比其他项小到可忽略,因此 $S_y(f)=R_1^2S_d(f)+R_2^2S_x(f)$。由 $S_y(f)$和 $S_n(f)$的卷积,可以推得 $S_4(0)$并获得:

$$N_e \approx 4A^2N_0W_L(R_1^2F_1+R_2^2F_2) \tag{4.163}$$

其中:

$$F_1=\int_{-\infty}^{\infty}S_d(f)|H_0(f)|^2\mathrm{d}f \tag{4.164}$$

$$F_2=\int_{-\infty}^{\infty}S_x(f)|H_0(f)|^2\mathrm{d}f \tag{4.165}$$

因为 $x(t)d(t)$变化远快于 $d(t)$,所以 $F_1 \gg F_2$。式(4.149)和式(4.163)表明 VCC 输入处的平均信噪比为

$$\mathrm{SNR}\approx\frac{S^2(\epsilon,\delta)}{8N_0W_L(R_1^2F_1+R_2^2F_2)} \tag{4.166}$$

这一公式表明使平均信噪比最大化的 δ 取值是 $\mathcal{E}$ 的函数。

当在同步直扩序列网络中使用正交短扩谱序列时,完成同步的存在使得多址接入干扰为零(见第7章),但是在本地扩谱序列中存在扩谱码相位偏差时干扰可能会变显著。当存在跟踪偏差时,相对于正确码相位具有更大偏差的延迟锁定环的支路将收到比其他支路更多的噪声功率。这种不一致性减小了鉴相器特征曲线的斜率,从而降低了跟踪性能[16]。此外,由于扩谱序列间互相关函数的非对称特性,鉴相器特性可能向某个方向发生偏移,从而引起跟踪偏差。

4.6.2 T 型抖动环

非相干延迟锁定环的性能依赖于两个输入分支的增益、频率响应和延时的精确匹配。非相干 T 型抖动环是扩谱码跟踪系统的低复杂度替代方案,如图 4.19 所示。延迟锁定环的单个支路而不是两个支路解决了实现两个相同支路的问题。

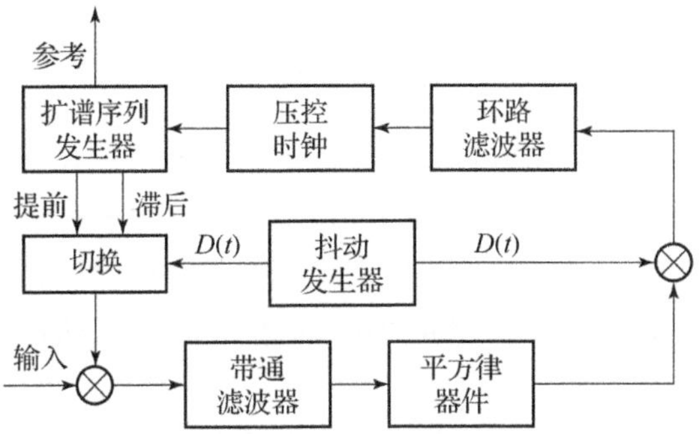

图4.19　T型抖动环

抖动信号 $D(t)$ 是一个在 $+1$ 和 -1 间交替变化的方波，其中抖动符号脉宽 T_D 超过数据符号脉宽 T_S。该抖动信号控制一个开关，使提前或滞后的扩谱序列交替通过。当不存在噪声时，开关的输出可表示为

$$s_w(t)=\left[\frac{1+D(t)}{2}\right]p(t+\delta T_c-\epsilon T_c)+\left[\frac{1-D(t)}{2}\right]p(t-\delta T_c-\epsilon T_c) \qquad (4.167)$$

式中：括号内的两个因子是时域上的正交函数，在 $+1$ 和 0 之间交替变化，且在任何时刻两个因子中只有一个非零。接收的直扩信号 $s(t)$ 由式(4.134)给出。输入期望的部分应用于带通滤波器为 $s_1(t)=s(t)s_w(t)$。

带通滤波器的中心频率为 f_c 且频率响应 $H_b(f)$ 形式由式(4.142)给出，带通滤波器没有使 $d(t)$ 和 $D(t)$ 畸变，但会阻挡大部分快速变化乘积 $p(t)p(t+\delta T_c-\epsilon T_c)$ 的频谱成分，除了它们的慢变时间平均值。因此，滤波器的输出期望信号为

$$s_2(t)\approx Ad(t)\cos(2\pi f_c t+\theta)\left\{\left[\frac{1-D(t)}{2}\right]R_1+\left[\frac{1-D(t)}{2}\right]R_2\right\} \qquad (4.168)$$

式中：R_1 和 R_2 由式(4.155)和式(4.156)定义。这一信号伴随着剩余不希望的谱成分，由环路滤波器在下游滤除。平方律器件的输出信号为

$$s_3(t)\approx\frac{A^2}{2}\left[\frac{1-D(t)}{2}\right]R_1^2+\frac{A^2}{2}\left[\frac{1-D(t)}{2}\right]R_2^2 \qquad (4.169)$$

加上倍频分量会被环路滤波器在下游滤除。由于 $D(t)[1+D(t)]=1+D(t)$ 且 $D(t)[1-D(t)]=-[1-D(t)]$，环路滤波器的相关信号输入为

$$s_4(t)\approx\frac{A^2}{2}\left[\frac{1+D(t)}{2}\right]R_1^2-\frac{A^2}{2}\left[\frac{1-D(t)}{2}\right]R_2^2 \qquad (4.170)$$

若忽略 $\mathcal{E}$ 的时变性，则 $s_4(t)$ 为周期与 $D(t)$ 相同的矩形波。

响应频率 $H_1(f)$ 中心位于 $f=0$ 的环路滤波器对其输入时间间隔远大于 $D(t)$ 周期的信号进行时间平均。由于环路滤波器与 $D(t)$ 和带通滤波器相比是窄带的，由平方产生的倍频成分和伴随着 $s_2(t)$ 剩余不希望的谱成分被滤除。环路滤波器的期望信号大约等于 $s_4(t)$ 的平均值。将式(4.170)中的两项取平均，

并应用式(4.148),可得应用于 VCC 的输入误差信号:

$$s_5(t) \approx \frac{A^2}{4} S(\epsilon,\delta) \tag{4.171}$$

式中:鉴相器特性 $S(\epsilon,\delta)$ 由式(4.151)到式(4.153)给出。误差信号控制着 VCC 的时钟频率,这导致参考扩谱序列与接收扩谱序列同步。因此,T 型抖动环能够以类似于延迟锁定环的方式跟踪扩谱码定时,但需要的硬件比延迟锁定环要少,且避免了延迟锁定环所需的对两条支路的增益和延时做出的平衡。

白高斯噪声输入到混频器后在输出端保持为白高斯噪声,以及有限带宽噪声 $n_2(t)$ 在带通滤波器输出后保持为高斯噪声。噪声在平方律器件的输出端为 $n_3(t)=n_2^2(t)+2n_2(t)s_2(t)$。因此,输入到环路滤波器的噪声为

$$n_4(t)=D(t)n_2^2(t)+2D(t)n_2(t)s_2(t) \tag{4.172}$$

$n_4(t)$ 表达式第一项对于环路滤波器输出的贡献远小于第二项的原因有两种。第一,扩谱码跟踪所需功率 $s_2(t)$ 远大于平均功率 $n_2(t)$;因此,第一项远小于第二项的可能性很高。第二,第一项相比第二项在高频处拥有更多的能量;因此,如果环路滤波器被选择具有足够小的带宽,那么第一项被环路滤波器衰减的远远超过第二项。因此,代替式(4.148)后,环路滤波器的相关部分为

$$n_5(t) \approx Ay(t)n_2(t)\cos(2\pi f_c t+\theta) \tag{4.173}$$

式中:

$$y(t)=(R_1-R_2)d(t)+(R_1+R_2)d(t)D(t) \tag{4.174}$$

将 $d(t)$ 建模为随机二进制序列,且 PSD 由式(4.161)给出。类似地,将 $D(t)$ 建模为独立的随机二进制序列,且 PSD 由以下公式给出:

$$S_D(f)=T_D\operatorname{sinc}^2 fT_D \tag{4.175}$$

估计自相关函数并应用卷积定理,发现 $y(t)$ 的 PSD 为

$$S_y(t)=(R_1-R_2)^2S_d(t)+(R_1+R_2)^2C(t) \tag{4.176}$$

式中:

$$C(t)=S_d(t)*S_D(t) \tag{4.177}$$

星号表示卷积运算。噪声 $n_2(t)$ 的 PSD 等于 $N_0|H_b(f)|^2/2$,其中 $H_b(f)$ 为带通滤波器的频率响应。应用卷积定理,使用式(4.142),并忽略被窄带环路滤波器滤除的高频成分,$n_2(t)\cos(2\pi f_c t+\theta)$ 的 PSD 由式(4.162)给出。

令 $S_5(f)$ 表示 $n_5(t)$ 的 PSD。窄的环路滤波器带宽表明环路滤波器输出端和 VCC 输入端的噪声功率由以下公式给出:

$$N_e \approx 2S_5(0)W_L \tag{4.178}$$

式中 W_L 由式(4.160)给出。使用式(4.162)、式(4.175)以及卷积加计算

$S_5(0)$,并替换进式(4.178),可得

$$N_e \approx N_0 W_L A^2 [(R_1 - R_2)^2 F_1 + (R_1 + R_2)^2 F_3] \tag{4.179}$$

式中:

$$F_3 = \int_{-\infty}^{\infty} C(f) \, |H_0(f)|^2 \mathrm{d}f \tag{4.180}$$

其中 F_1 由式(4.164)给出。VCC 输入端的 SNR 为

$$\mathrm{SNR} \approx \frac{S^2(\epsilon, \delta)}{4N_0 W_L [(R_1 - R_2)^2 F_1 + (R_1 + R_2)^2 F_3]} \tag{4.181}$$

以上表明使 SNR 取最大值的 δ 是 $\mathcal{E}$ 的函数。

假设延迟锁定环和 T 型抖动环中有相同的滤波器,式(4.181)和式(4.166)比较的结果表明延迟锁定环时钟输出端 SNR 与 T 型抖动环时钟输出端 SNR 的比值为

$$R \approx \frac{(R_1 - R_2)^2 F_1 + (R_1 + R_2)^2 F_3}{R_1^2 F_1 + R_2^2 F} \tag{4.182}$$

对于实际滤波器,这一比值通常大于 1。例如,假设 $T_D \gg T_S$,因而 $F_3 \approx F_1$。那么:

$$R \approx \frac{R_1^2 + R_2^2}{R_1^2 + R_2^2 (F_2 / F_1)} \tag{4.183}$$

因为 $F_2 \ll F_1$,所以 $R \geqslant 1$。因此,扩谱码跟踪系统的选择主要在于 T 型抖动环硬件的简单性和延迟锁定环更昂贵硬件带来潜在的 SNR 优势两者之间。更多关于跟踪环路设计的细节可以在思考题 10 中找到。

4.7 跳频图案

通过收发两端的精确时钟、从接收机到发射机反馈信号或发射导频信号等方式,可使接收机频率合成器产生的参考跳频图案与接收的跳频图案同步。然而,在大多数应用中需要或希望接收机具有通过处理接收信号就可获得同步的能力。在捕获期间,参考跳频图案与接收跳频图案的同步误差要远小于一跳驻留时间。跟踪器将进一步减小这种同步误差,或至少将其保持在某个范围以内。对于要求具有强抗干扰能力的通信系统来说,匹配滤波器捕获和顺序搜索捕获是最有效的技术。匹配滤波器可快速捕获短跳频图案,但要求同时合成多个频率。匹配滤波器也可用于图 4.2 的配置中,以检测嵌入在更长跳频图案中的短跳频图案。这种检测可用于启动顺序搜索捕获或作为其补充,这样可实现更可靠的性能并可适应长跳频图案。

4.7.1 匹配滤波器捕获

匹配滤波器捕获器使用一个或多个可编程频率合成器产生频率为 f_1, f_2,…,f_N 的单频信号,这些信号在扩谱码捕获时会被跳频图案的连续频率中的一个固定频率抵消。每一个单频信号将会在匹配滤波捕获器支路中产生接收信号的下变频。若某个单频信号减去偏移后与接收跳频脉冲的载波频率相匹配,则可实现解跳,并可检测脉冲的能量。可提供基本抗干扰能力的匹配滤波捕获器如图 4.20 所示[17]。

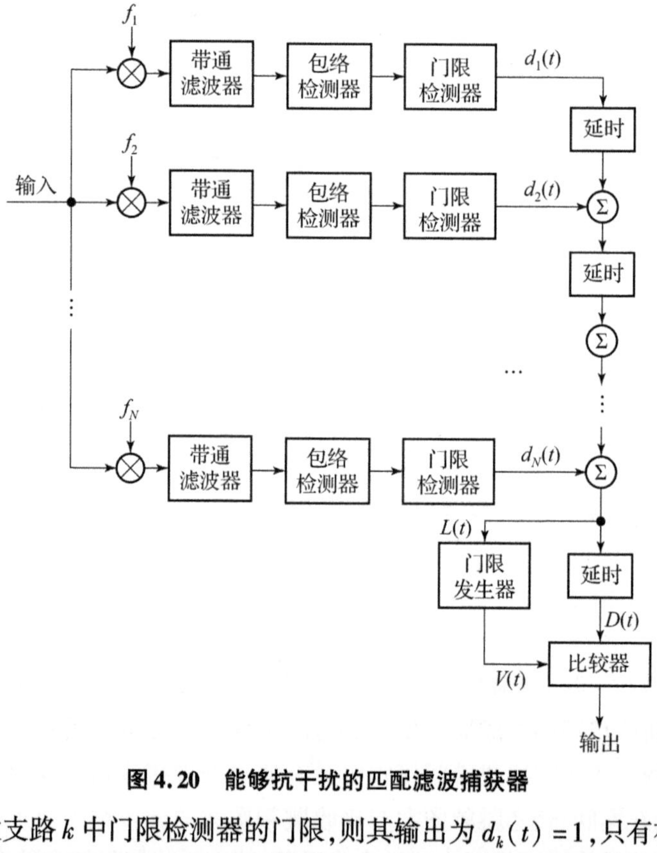

图 4.20 能够抗干扰的匹配滤波捕获器

若超过支路 k 中门限检测器的门限,则其输出为 $d_k(t)=1$,只有在接收信号跳到某个特定频率才会发生这种理想情况。否则门限检测器输出为 $d_k(t)=0$。使用二进制检测器输出可防止系统被多个强干扰信号压制。比较器的输入 $D(t)$ 是已连续接收的跳频图案中的频率数。$D(t)$ 是数值离散、时间连续的,可表示为

$$D(t) = \sum_{k=1}^{N} d_k[t-(N-k+1)T_{\mathrm{h}}] \tag{4.184}$$

式中：T_h 为跳周期。图4.21(a)显示了 $N=8$ 时的波形。门限发生器的输入为

$$L(t)=D(t+T_h) \tag{4.185}$$

当 $D(t)\geqslant V(t)$ 时，则认为实现了捕获，此处 $V(t)$ 为自适应门限，它是 $L(t)$ 的函数。一个有效的选择是：

$$V(t)=\min[L(t)+l_0,N] \tag{4.186}$$

式中：自适应参数 l_0 为正整数。当捕获实现后，比较器的输出脉冲就被送往压控时钟。该时钟的输出调整图3.2(b)所示的跳频图案产生器的定时，以便接收机产生的图案与接收到的跳频图案近似一致。匹配滤波捕获器会停止工作，解跳后的信号被送至解调器。

当不存在噪声和干扰时，在 $D(t)=N$ 的跳频间隔内，$L(t)=0$、$V(t)=l_0$，如图4.21(b)所示。若匹配滤波器监测的 N 个信道中的 j 个接收到强连续干扰且 $j\leqslant N-l_0$，则在该跳中 $L(t)=j$，$V(t)=j+l_0$，且 $D(t)\geqslant V(t)$。在其他跳频间隔中，$j+l_0\leqslant V(t)\leqslant N$，但 $D(t)=j$。因此，当 $V(t)>D(t)$ 时，可认为匹配滤波器未实现捕获。由于 $L(t)$ 提供了存在连续干扰的信道数目估计，因而防止了虚警的发生。

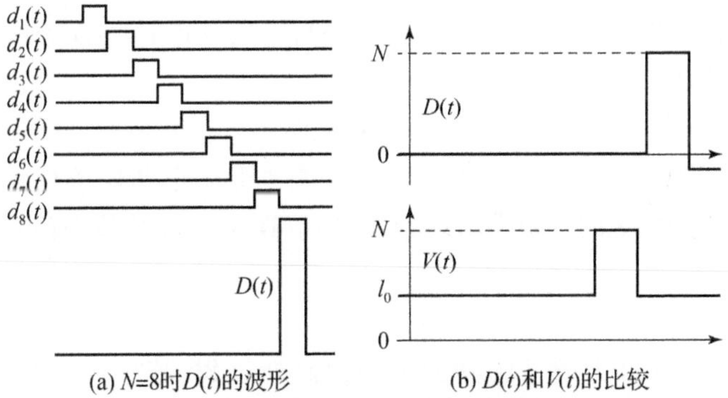

图4.21　理想情况下的捕获器波形

由于合适的采样倍数未知，故可采用带通滤波器来代替与捕获单音信号相匹配的滤波器。假设每条支路上带通滤波器的通带在频谱上是不相交的，因此进入某一支路的单音干扰对其他支路的影响可忽略不计。如果零均值高斯白噪声 $n(t)$ 进入支路，那么带通滤波噪声输出为联合高斯(见附录A.1)。如果单频信号下变频在频率上足够分离，那么噪声输出也是彼此统计独立。为证明独立性，令 $R_n(\tau)$ 和 $S_n(f)$ 分别表示捕获器输入端平稳高斯噪声 $n(t)$ 的自相关函数和PSD。令 $h(t)$ 表示两个带通滤波器的脉冲响应，$H(f)$ 表示每个带通滤波器的转移函数。令 $h_i(t)=ih(t)\exp(-j2\pi f_i t)$，$i=1,2$ 表示两个支路中共同的下变频器和带通滤波器的脉冲响应，令 $H(f-f_1)$ 和 $H(f-f_2)$ 分别为相应的传递函

数。联合高斯、零均值的滤波器输出值的互协方差为

$$\begin{aligned} C &= E\left[\int_{-\infty}^{\infty} h_1(\tau_1)n(t-\tau_1)\mathrm{d}\tau_1 \int_{-\infty}^{\infty} h_2(\tau_2)n(t-\tau_2)\mathrm{d}\tau_2\right] \\ &= \int_{-\infty}^{\infty}\int_{-\infty}^{\infty} h_1(\tau_1)h_2(\tau_2)R_n(\tau_2-\tau_1)\mathrm{d}\tau_1\mathrm{d}\tau_2 \\ &= \int_{-\infty}^{\infty}\int_{-\infty}^{\infty}\int_{-\infty}^{\infty} h_1(\tau_1)h_2(\tau_2)S(f)\exp[\mathrm{j}2\pi f(\tau_2-\tau_1)]\mathrm{d}f\mathrm{d}\tau_1\mathrm{d}\tau_2 \\ &= \int_{-\infty}^{\infty} S(f)H_1(f)H_2^*(f)\mathrm{d}f \end{aligned} \tag{4.187}$$

因为 $S(f)$ 为常数时,则当 $H(f-f_1)$ 和 $H(f-f_2)$ 在频谱上是不相交或正交时,$C=0$。

在实际中,图4.20的匹配滤波器会连续工作以便在任意时刻实现捕获。然而,为简化分析,可在假设每跳驻留时间中只有一个采样的情况下计算检测概率和虚警概率。假设当接收到用于捕获的单音信号 k 时,匹配滤波器支路 k 上的信号为

$$r_k(t) = \sqrt{2S}\cos 2\pi f_0 t + \sqrt{2I}\cos(2\pi f_0 t + \phi) + n(t) \tag{4.188}$$

式中:f_0 为中频频率;右边第一项表示平均功率为 S 的有用信号;第二项表示平均功率为 I 的单音干扰;$n(t)$ 为零均值平稳高斯噪声和干扰;ϕ 为单音干扰相对于有用信号的相移。$n(t)$ 的功率为

$$N_1 = N_t + N_a \tag{4.189}$$

式中:N_t 为热噪声的功率;N_a 为统计独立的噪声干扰的功率,其中噪声干扰对所有支路的影响是相等的。根据附录D.2中式(D.32),零均值平稳高斯噪声可表示为

$$n(t) = n_c(t)\cos 2\pi f_0 t - n_s(t)\sin 2\pi f_0 t \tag{4.190}$$

式中:$n_c(t)$ 和 $n_s(t)$ 为统计独立的零均值高斯过程,其噪声功率为 N_1。根据式(4.188)、式(4.190)和三角公式可得

$$r_k(t) = \sqrt{Z_1^2(t) + Z_2^2(t)}\cos[2\pi f_0 t + \psi(t)] \tag{4.191}$$

式中

$$Z_1(t) = \sqrt{2S} + n_c(t),\ Z_2(t) = n_s(t),\ \psi(t) = \tan^{-1}\left[\frac{n_s(t)}{n_c(t)}\right] \tag{4.192}$$

由于 $n_c(t)$ 和 $n_s(t)$ 是统计独立的,零均值高斯过程在特定的取样时间 t_0 具有相同的方差 $R = \sqrt{Z_1^2(t_0) + Z_2^2(t_0)}$,并服从具有两个自由度的卡方分布(见附录E.1),非中心参数为

$$\lambda = 2(S + I + \sqrt{SI}\cos\phi) \tag{4.193}$$

分布函数由式(E.11)给出,且 $N=2$。

假设带通滤波器引起 R 可忽略的畸变。当存在捕获单音信号时，各支路门限检测器的检测概率就是包络检测器输出超过门限的概率。做一个较为悲观的假设，即该单音干扰的频率与捕获频率精确相等，如式(4.188)所示。那么给定 ϕ 值时，条件检测概率为

$$P_{11}(\phi)=Q\left(\sqrt{\frac{2(S+I+\sqrt{SI}\cos\phi)}{N_1}},\frac{\eta}{\sqrt{N_1}}\right) \tag{4.194}$$

式中：$Q_1(\alpha,\beta)$ 为一阶马库姆 Q 函数，其定义见附录 H.4 中的式(H.26)。若将 ϕ 建模为在$[0,2\pi)$上均匀分布的随机变量，则检测概率为

$$P_{11}=\frac{1}{\pi}\int_0^{\pi}P_{11}(\phi)\,\mathrm{d}\phi \tag{4.195}$$

在式(4.194)中，$\cos\phi$ 在$[0,\pi]$上就可取遍所有可能值，该事实可用来减小积分区间。当没有噪声干扰时，其检测概率为

$$P_{10}=Q\left(\sqrt{\frac{2S}{N_t}},\frac{\eta}{\sqrt{N_t}}\right) \tag{4.196}$$

若从支路中没有捕获单音信号，那么当单音干扰有或没有的时候，虚警概率为

$$P_{01}=Q_1\left(\sqrt{\frac{2S}{N_1}},\frac{\eta}{\sqrt{N_1}}\right),P_{00}=\exp\left(-\frac{\eta^2}{2N_1}\right) \tag{4.197}$$

在式(4.194)到式(4.197)中，当存在捕获单音信号时变量的第一个下标为 1，反之为 0；当存在干扰时变量的第二个下标为 1，反之为 0。

假设不存在单音干扰，但是噪声干扰可能出现在某些支路中。当出现时，一条支路中的噪声干扰被建模为零均值高斯过程，且功率为 N_a。那么当噪声干扰有或没有的时候，检测概率分别为

$$P_{11}=Q_1\left(\sqrt{\frac{2S}{N_a+N_t}},\frac{\eta}{\sqrt{N_a+N_t}}\right),P_{10}=Q_1\left(\sqrt{\frac{2S}{N_t}},\frac{\eta}{\sqrt{N_t}}\right) \tag{4.198}$$

若从支路中没有捕获单音信号，那么当噪声干扰有或没有的时候，虚警概率分别为

$$P_{01}=\exp\left(-\frac{\eta^2}{2N_a+2N_t}\right),P_{00}=\exp\left(-\frac{\eta^2}{2N_t}\right) \tag{4.199}$$

为方便起见，定义函数：

$$\beta(i,N,m,P_a,P_b)=\sum_{n=0}^{i}\binom{m}{n}\binom{N-m}{i-n}P_a^n(1-P_a)^{m-n}P_b^{i-n}(1-P_b)^{N-m-i+n} \tag{4.200}$$

式中若 $a>b$ 则 $\binom{b}{a}=0$。假设 N 个匹配滤波器支路中有 m 个接收到等功率的干扰,令 n 表示检测器输出大于 η 的受干扰信道数。若 $0\leqslant n\leqslant i$,则有 $\binom{m}{n}$ 种在 m 个信道中选择 n 个信道的方案,有 $\binom{N-m}{i-n}$ 种在 $N-m$ 个未受干扰信道中选择 $i-n$ 个检测器输出大于门限 η 的信道的方案。因此,在 m 个信道受到干扰时,使 $D(t)=i$ 的条件概率为

$$P(D=i\mid m)=\beta(i,N,m,P_{h1},P_{h0}),h=0,1 \tag{4.201}$$

式中:若捕获单音存在,则 $h=1$;反之,则 $h=0$。类似地,假设 N 个捕获信道中有 m 个受到干扰,则 $L(t)=l$ 的条件概率为

$$P(L=l\mid m)=\beta(l,N,m,P_{h1},P_{h0}),h=0,1 \tag{4.202}$$

若有 J 个干扰信号随机分布在由 M 个信道组成的跳频频率集中,则在 N 个匹配滤波器中有 m 条支路存在干扰的概率为

$$P_m=\frac{\binom{N}{m}\binom{M-N}{J-m}}{\binom{M}{J}} \tag{4.203}$$

在特定采样时刻下确认捕获的概率为

$$P_{\mathrm{A}}=\sum_{m=0}^{\min(N,J)}P_m\sum_{l=0}^{N}P(L=l\mid m)\sum_{k=V(l)}^{N}P(D=k\mid m) \tag{4.204}$$

当连续接收到捕获单音时,检测概率由式(4.201)到式(4.204)确定:

$$P_{\mathrm{D}}=\sum_{m=0}^{\min(N,J)}\frac{\binom{N}{m}\binom{M-N}{J-m}}{\binom{M}{J}}\sum_{l=0}^{N}\beta(l,N,m,P_{01},P_{00})\sum_{k=V(l)}^{N}\beta(k,N,m,P_{11},P_{10}) \tag{4.205}$$

为简化虚警概率的估计,可忽略图4.21中 $D(t)$ 峰值以前的采样时间,这是因为那段时间的虚警概率可忽略不计。由于不存在捕获单音信号,故虚警概率为

$$P_{\mathrm{F}}=\sum_{m=0}^{\min(N,J)}\frac{\binom{N}{m}\binom{M-N}{J-m}}{\binom{M}{J}}\sum_{l=0}^{N}\beta(l,N,m,P_{01},P_{00})\sum_{k=V(l)}^{N}\beta(k,N,m,P_{01},P_{00}) \tag{4.206}$$

若没有干扰,即 $J=0$,则式(4.205)与式(4.206)可化简为

$$P_{\mathrm{D}}=\sum_{l=0}^{N}\binom{N}{l}P_{00}^{l}\,(1-P_{00})^{N-1}\sum_{k=V(l)}^{N}\binom{N}{k}P_{10}^{k}\,(1-P_{10})^{N-k} \tag{4.207}$$

$$P_F = \sum_{l=0}^{N} \binom{N}{l} P_{00}^{l} (1 - P_{00})^{N-1} \sum_{k=V(l)}^{N} \binom{N}{k} P_{00}^{k} (1 - P_{00})^{N-k} \tag{4.208}$$

若每跳驻留时间中 $D(t)$ 和 $L(t)$ 都被采样一次，则虚警概率为 P_F/T_h。

当存在音调或噪声干扰且指定了 S/N_1 或 S/N_t 时，可通过选择归一化信道门限 $\eta/\sqrt{N_t}$ 和自适应参数 l_0 来保持所需的 P_F，同时在没有干扰的情况下使 P_D 最大化。最佳选择一般为 $l_0 = \lfloor N/2 \rfloor$，其中 $\lfloor x \rfloor$ 表示小于或等于 x 的最大整数。

例 4.3：假设 $N=8$，$P_F=10^{-7}$，且接收到用于捕获的单音信号时 SNR 为 $S/N_t=10\text{dB}$，则对式(4.208)进行数值计算可得，没有干扰时保持 $P_F=10^{-7}$ 且使 P_D 最大的参数值为 $\eta/\sqrt{N_t}=3.1856$ 和 $l_0=4$。当以固定的比较器门限 $V(t)=l_0$ 代替式(4.186)中的自适应门限时，可选用近似相同的门限值 $\eta/\sqrt{N_t}=3.1896$，$l_0=4$。若每跳驻留时间中 $D(t)$ 和 $L(t)$ 都被采样一次，则虚警概率为 P_F/T_h。各种其他性能、设计方面的内容及跳频干扰的影响见文献[17]。

例 4.4：假设总功率为 N_{tot} 的噪声干扰均匀分布在 N 个信道中的 J 个信道上，且这 N 个信道都具有匹配滤波器，则每个信道上的干扰功率为 $N_a=N_{tot}/J$。在其他 $N-J$ 个信道上的噪声功率为 N_t。假设不存在多音干扰且 $N=8$，$M=128$，$S/N_t=10\text{dB}$。为确保无干扰时 $P_F=10^{-7}$，当采用自适应比较门限时，可令 $l_0=4$ 且 $\eta/\sqrt{N_t}=3.1856$；当采用固定比较门限时，可令 $l_0=4$ 和 $\eta/\sqrt{N_t}=3.1896$。由于 P_D 对 J 的变化相对不敏感，因此可通过检验 P_F 来评估 J 的影响。图 4.22 给

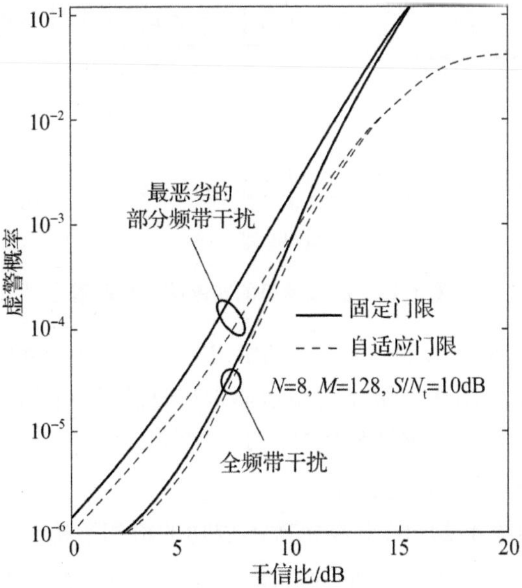

图 4.22　匹配滤波捕获器的虚警概率

出了 P_F 与 N_{tot}/S 即干信比之间的关系。图中表明当 N_{tot}/S 很大时，自适应门限的抗部分频带干扰能力要比固定门限好得多。当 $N_{tot}/S<10\text{dB}$，最恶劣的部分频带干扰比全频带干扰引起的 P_F 要高得多。图中还可发现多音干扰倾向于比相同功率下的噪声干扰产生更少的虚警概率。

4.7.2 顺序搜索捕获

如图4.23所示，跳频信号的顺序搜索捕获器通过本地产生的跳频信号将接收到的跳频信号下变频为一个固定的中频信号，然后将辐射计或能量检测器(见10.2节)的输出与门限做比较来确定是否实现了捕获。若超过门限，则通过了检测，若没有超过门限，则没有通过检测。能量检测器由平方器、模数转换器和样值求和器组成。对由接收机合成的跳频图案与接收图案是否同步的一次检测称之为一个(检测)区间。若一个区间通过了一定数量的检测，就认为实现了捕获，从而启动跟踪器。当认为实现了捕获时，搜索控制器就对保持跳频图案产生器定时的VCC产生一个恒定输入，以便接收机产生的图案与接收到的跳频图案近似保持一致。带通滤波器输出的解跳信号就会输出至解调器。若某个区间没有通过检测，该区间就被排除。当搜索控制器给VCC送一个信号从而使得接收机合成的参考图案提前或滞后于接收图案时，将产生一个新的候选区间。

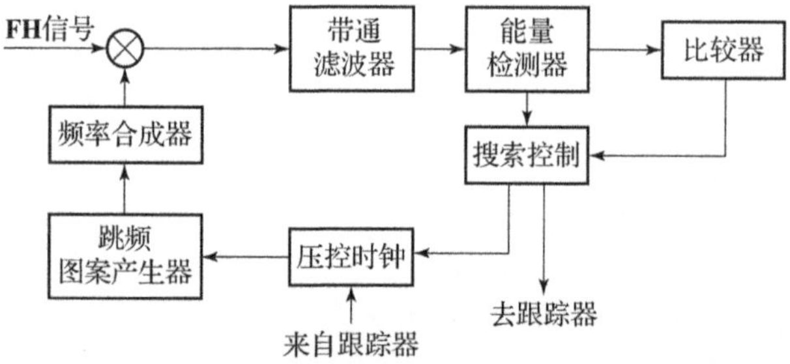

图4.23 跳频信号的顺序搜索捕获器

几种搜索技术如图4.24所示，该图给出了接收图案中连续出现的频点及六种可能的接收机生成图案。短箭头表示通常被排除的区间的检测次数，长箭头表示搜索检测通过并开始确认检测时的典型检测次数。步长用Δ表示，它是跳持续时间内两个检测区间之间的间隔。

图4.24(a)和图4.24(b)会在每次不成功的检测后抑制扩谱码发生器的时钟。图4.24(c)与图4.24(b)相同，但检测持续时间延长到三跳。图4.24(d)在每次不成功的检测后通过跳过跳频图案中的某些频点使得参考图案提前。

图 4.24(a) ~ 图 4.24(d) 中的抑制或提前操作或它们的交替将一直持续直到搜索检测完成。

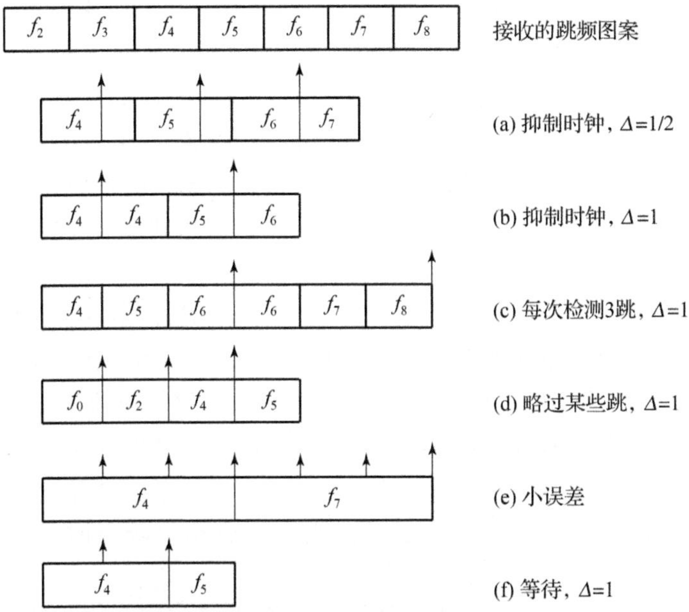

图 4.24　用于捕获跳频信号的搜索技术

图 4.24 中，当参考图案和接收图案的同步误差在 r 跳以内的概率很高时，小误差图 4.24(e) 比较有效。这种情况通常在跟踪系统刚失锁时是真实存在的。跳频图案产生器在 $2r+1$ 个跳间隔时间范围内(分别向前扩展 r 个时间间隔和向后扩展 r 个时间间隔)，可暂时强制参考信号保持在某频点上。相对于参考图案的中心跳，若同步误差小于 r 跳，则将在 $2r+1$ 跳驻留时间范围内完成搜索检测。图 4.24(e) 中，$r=1$，初始同步误差为 1.5 跳驻留时间，假设第一次检测时参考和接收频率一致但检测失败，第二次检测时才完成捕获。

图 4.24(f) 需要在一个固定的参考频率上等待直到该频率的信号被接收到。参考频率由定时不确定性估计、密钥比特及 TOD 比特(见 3.1 节)确定，但参考频率必须周期性移动，以使捕获不受任何特定信道衰落和干扰的影响。若在特定时间间隔内未能实现捕获确认，则参考频率必须更换。若可以选择参考频率以便它在接收图案中有明确的位置，则图 4.24(f) 中的等待技术可实现并完成快速搜索。

当跳频图案周期很长时，在系统初始捕获期间可能需要一些特殊措施来减小定时不确定性。可临时使用跳频图案周期较短的简化跳频频率集，以减小定时不确定性及捕获时间。在网络中,可用独立的通信信道或指示频率向用户提供 TOD。

同步信道技术分配一组专用同步频率,并在系统初始捕获期间周期性地选择其中之一。在捕获之前,接收机在选定的同步频率上等待,直到在该频率上检测到接收信号,而发射信号则在专用同步频率上周期性跳频。当发射信号的频率与选定的同步频率匹配时,解调及译码后的数据比特将指示出发射机的 TOD 以及其他有利于定时捕获的信息。一旦接收机认为系统的初始捕获完成,发射机就得到通知或者指定的同步时间到期终止,而发射机就使用跳频图案开始通信。

搜索控制器用于在捕获和启动跟踪之前确定定时、门限及操作中采用的检测逻辑。搜索控制策略的细节决定了捕获时间的统计特性。控制器通常是一个多驻留捕获器,用于在初始检测中采用某一种搜索策略快速消除不可能的区间。随后的检测用于验证通过初始检测的区间。多驻留策略可以是连续计数策略,在该策略中某次失败的检测区间将被立即排除;或者是上下策略,在该策略中某次检测失败时,将重复进行前次检测。当干扰或噪声较强时采用上下策略更好[18]。

由于跳频信号的捕获与直扩信号的捕获类似,若将码片间隔理解为跳驻留间隔,则 4.2 节给出的捕获的统计描述仍然有效,只是关于检测概率 P_d 和虚警概率 P_f 的一些特定公式有所不同。例如,考虑一个采用均匀搜索策略的单驻留捕获器,其正确区间的位置分布是先验均匀的,两个相互独立的正确区间具有相同检测概率 P_d,以及 q_h 区间。通过式(4.122)的类推,NMAT 为

$$\text{NMAT} = \frac{\bar{T}_a}{C_h T_h} = \left(\frac{2 - P_D}{2P_D}\right)\frac{q_h}{C_h}(N + K_h P_F) \tag{4.209}$$

式中:N 为每次检测的跳数;K_h 为平均惩罚时间内的跳数;C_h 为定时不确定性范围内的跳数;$q_h \gg 1$;$P_D = 2P_d - P_d^2$;$P_F = P_f$。对于步长 $\Delta = 1$,有 $q_h/C_h = 1$;对于步长 $\Delta = 1/2$,有 $q_h/C_h = 2$。

即使检测器积分包含若干跳间隔,在一跳间隔中的强干扰或深度衰落也可引起较高的虚警概率。该问题可通过对每跳间隔积分后进行硬判决来减轻。经过 N 次判决后,若超过比较器门限 l_0 次或未超过 l_0 次,则认为对捕获的检测通过或未通过。令 P_{dp} 和 P_{da} 分别表示检测到正确区间时,存在和不存在干扰时在每一跳间隔结束时比较器门限被超过的概率。令 P_d 表示检测到正确区间时,捕获检测通过的概率。若只有一个正确区间,则 $P_D = P_d$;若有两个独立的正确区间,则 $P_D = 2P_d - P_d^2$。如果 J 表示存在连续干扰的信道数目,测试中 N 个信道中的每一个都是可分辨的,那么式(4.203)给出当 M 个跳频频率集中有 J 个被干

扰且 N 个信道中有 m 个存在干扰的概率。因此，当正确区间被检测时，检测概率为

$$P_{\mathrm{d}} = \sum_{m=0}^{\min(N,j)} \frac{\binom{N}{m}\binom{M-N}{J-m}}{\binom{M}{J}} \sum_{l=l_0}^{N} \beta(l,N,m,P_{\mathrm{dp}},P_{\mathrm{da}}) \tag{4.210}$$

式中：$l_0 \geqslant 1$。类似地，当一个不正确单元被测试时，虚警概率为

$$P_{\mathrm{F}} = \sum_{m=0}^{\min(N,J)} \frac{\binom{N}{m}\binom{M-N}{J-m}}{\binom{M}{J}} \sum_{l=l_0}^{N} \beta(l,N,m,P_{\mathrm{fp}},P_{\mathrm{fa}}) \tag{4.211}$$

式中：P_{fp} 和 P_{fa} 分别单个硬判决被做出时，存在与不存在干扰时，超过门限的概率。$\hat{\tau}$ 的一个合适选择是 $\lfloor N/2 \rfloor$。由于图 4.23 中的顺序搜索捕获器包含一个嵌入式能量检测器，在 10.2 节中给出的能量检测器的性能分析可用于获得 P_{dp}、P_{da}、P_{fp} 和 P_{fa} 的表达式。

尽管大步长减少了检测到正确区间前必须要检测的不正确区间数，但在检测到正确区间时，它也导致图 4.23 中积分器输出的平均信号能量出现损失。图 4.25 说明了该问题及跳驻留时间 T_{d} 及跳时长 T_{h} 的作用，该图给出了不存在噪声时对于一个接收的单脉冲信号和参考信号的理想化输出。令 τ_{e} 表示参考跳频图案相对于接收跳频图案的时延。假设一个检测区间的时延为 $\tau_{\mathrm{e}} = -x$，此处 $0 \leqslant x \leqslant \Delta T_{\mathrm{h}}$（$0 < \Delta < 1$）。位于一个被排除区间之后的检测单元的时延为 $\tau_{\mathrm{e}} = \Delta T_{\mathrm{h}} - x$。当 $|\tau_{\mathrm{e}}| = y$ 时积分器输出幅度最大，即

$$y = \min(x, \Delta T_{\mathrm{h}} - x), 0 \leqslant x < \Delta T_{\mathrm{h}} \tag{4.212}$$

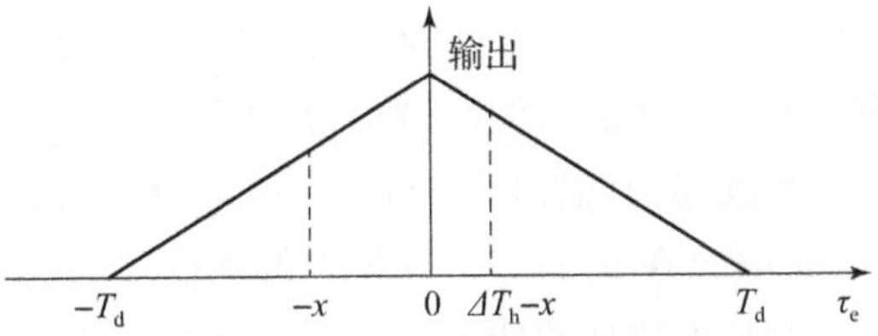

图 4.25 积分器的输出幅度与跳频图案相对时延的关系

假设 $\mathcal{E}$ 在 $1/T_{\mathrm{s}}$ 上均匀分布，T_{s} 在 $1/T_{\mathrm{s}}$ 上均匀分布，因此：

$$E[y] = \frac{\Delta T_{\mathrm{h}}}{4}, E[y^2] = \frac{\Delta^2 T_{\mathrm{h}}^2}{12} \tag{4.213}$$

$|\tau_{\mathrm{e}}| = y$ 的区域被认为是正确区间或正确单元区间之一。若输出函数近似为图 4.25 中描绘的三角形，则当 $|\tau_{\mathrm{e}}| = y$ 时，其幅度为

$$A = A_{\max}\left(1 - \frac{\gamma}{T_d}\right) \tag{4.214}$$

因此,当检测到$|\tau_e| = \gamma$对应的正确单元时,积分器输出的平均信号能量按以下因子衰减:

$$E\left[\left(1 - \frac{\gamma}{T_d}\right)^2\right] = 1 - \frac{\Delta T_h}{2T_d} + \frac{\Delta^2 T_h^2}{12T_h^2} \tag{4.215}$$

该因子表示由于跳频图案不同步造成的能量损失。例如,若$T_d = 0.9T_h$,则式(4.171)表明,当$\Delta = 1/2$时,平均损失为1.26dB;当$\Delta = 1$时,平均损失为2.62dB。当计算P_{dp}和P_{da}时,这些损失都应考虑在内。

在实际系统中,由于跳驻留时间远大于直扩信号码片宽度,因此跳频信号的顺序搜索捕获快于直扩信号的捕获。给定同样的定时不确定性范围,由于跳频信号每一步覆盖的不确定性范围更大,因此,在捕获时只需搜索更少的单元。

4.7.3 跳频图案跟踪

捕获器可确保接收机合成的跳频图案与接收的跳频图案在时间上同步,其误差远小于一跳驻留时间。跟踪器须通过减小捕获后的残留误差来实现精同步。虽然用于跟踪直扩信号的延迟锁定环也适用于跳频信号[19],但跳频系统中主要还是用类似于T型抖动环的早迟门来实现跳频图案跟踪[20]。整个早迟系统如图4.26所示。作为典型示例,该图还显示了理想情况下在一跳驻留时间内只有单一载波频率时的波形。

带通滤波器中心频率等于中频f_i。没有噪声时,带通滤波器输出因此只有接收到跳频信号$r(t)$时包络检测器才产生正的输出,且接收机产生的跳频信号副本$r_1(t)$被中频f_i抵消。如图4.26所示,少部分时间内$v(t)$随着$\epsilon(t)$的增加而减少,其中$\epsilon(t)$为$r_1(t)$相对于$r(t)$的归一化时延。选通信号$g(t)$是一个以跳频速率在$d(t)$和$+1$间转换的方波时钟信号,用于控制$r_1(t)$的频率转换。早迟门功能类似于信号乘法器,其输出为$u(t) = v(t)g(t)$。误差信号由窄带环路滤波器产生,近似等于$u(t)$在$g(t)$一个周期上的均值。

误差信号正比于鉴相器特性曲线$S(\epsilon)$,为$\epsilon(t)$的函数。对于理想的环路滤波器,鉴相器特征如图4.27所示。对于如图4.26所示的典型波形,$\epsilon(t)$为正值,因此$S(\epsilon)$也为正值。因此,VCC将增加选通信号的转换速率,这将使得$r_1(t)$与$r(t)$更好地同步。

环路滤波器必须被设计从而响应变化缓慢的$u(t)$,因此$\epsilon(t)$滤除尽可能多的噪声。若跳频图案跟踪系统失锁且小误差检测失败,则图4.24所示的等待技术可用于迅速完成再捕获。

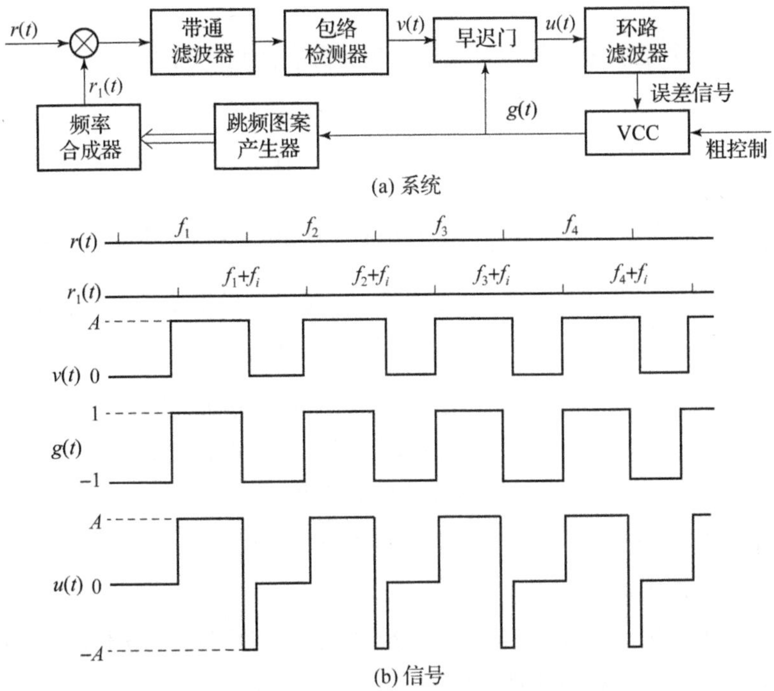

图 4.26　早迟门

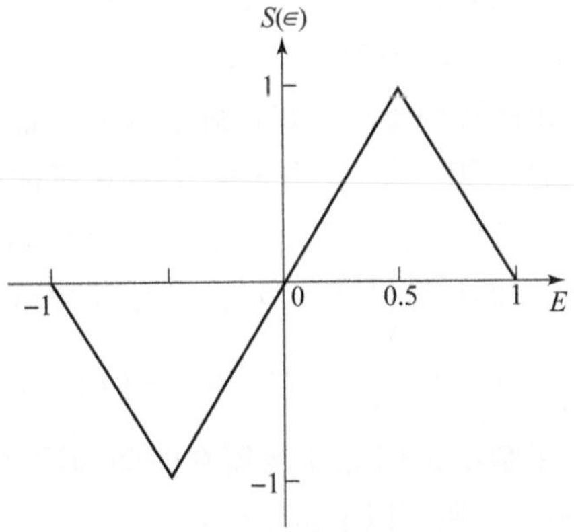

图 4.27　早迟门鉴相器特征曲线

4.8　思考题

1. 证明对于具有分布函数 $F(x)$ 的随机变量 Y 和 X，关系式 $\int \mathrm{var}(Y/x)F(x)\mathrm{d}x = \mathrm{var}(Y)$ 一般不成立。如果成立，则式(4.19)给出的 σ_a^2 能够化简。给出该关系

式成立的充分条件。

2. 考虑一个正确单元位置具有均匀先验分布的均匀搜索。

(1)捕获期间定时不确定性范围内扫描的平均次数为多少?

(2)对于较大的单元数,计算 $c>1$ 时 $P(T_a>c\overline{T_a})$ 的上边界与 P_D 的关系。

(3)对于较大数目的搜索单元,证明捕获时间的标准差满足$\frac{\overline{T_a}}{\sqrt{3}}\leqslant\sigma_a\leqslant\overline{T_a}$。

3. 对于连续计数双驻留系统,采用将 T_{12} 写成条件期望的形式,然后枚举出 T_{12} 的可能值及它们的条件概率,方法推导式(4.38)。

4. 对于上下双驻留系统,用类似于推导 $\bar{T}_{22}\overline{T_a}$ 的方法推导式(4.50)。

5. 考虑一个锁定检测器,具有等检测概率、等虚警概率和等检测间隔。如果

(1)锁定检测器使用双驻留连续计数捕获器;

(2)锁定检测器保持锁定状态如果两次连续测试中有一次通过。

用递推关系来推导$\overline{T_h}$和$\overline{T_p}$。

6. 假设若正确区间数 C 具有均匀分布,且返回时间可忽略不计。推导均匀搜索和非连续中心 Z 搜索中的差值。

7. 对于捕获相关器,证明 N_c 和 N_s 是统计独立的,并验证式(4.94)。

8. (1)假设 $M\geqslant200$ 和捕获相关器检测不正确的区间。证明关于 X 的概率密度函数近似等于式(4.92)的前两项,且当 $R<0.44$ 可推得式(4.105)。

(2)假设 $M\geqslant200$ 和捕获相关器检测正确的区间。证明关于 X 的概率密度函数近似等于式(4.116)的第一项,且当 $R>16.4/M$ 可推得式(4.119)。

9. 对于捕获相关器,推导式(4.121)给出的检测概率 P_d。

10. (1)T 型抖动环中的环路滤波器具有矩形脉冲响应:

$$h(t)=\frac{1}{T}[u(t)-u(t-T)]$$

式中:$u(t)$为单位阶跃函数。证明此滤波器在时间间隔 T 对其输入进行平均。找出此滤波器的频率响应。使用以下定积分:

$$\int_0^\infty\frac{\sin^2x}{x^2}\mathrm{d}x=\frac{\pi}{2}$$

证明等价环路带宽为 $W_L=1/2T$。通过应用附录 C.1 中的第二 Parseval 恒等式到矩形函数及其傅里叶变换,定积分可能被估计。

(2)跟踪环路都有 $\delta=1/2$。带通滤波器具有相应的基带滤波器,基带滤波器在持续时间 T_0 对其输入进行平均,频率响应为 $H_0(f)$。因为 $\delta=1/2$,$x(t)$具有和扩谱序列 $p(t)$ 相同的自相关和功率谱密度。环路参数被挑选出来的,

因此：

$$T_c \ll T_0 \ll \min(T_s, T_D)$$

这满足基本的操作要求。使用 Parseval 恒等式（见附录 C. 1），卷积定理和式(2.12)证明：

$$F_1 = 1 - \frac{T_0}{3T_s}, F_2 = \frac{T_c}{T_0}\left(1 - \frac{T_0}{3T_s}\right), F_3 = 1 - \frac{T_0}{3T_s} - \frac{T_0}{3T_D} + \frac{T_0^2}{6T_sT_D}$$

11. 当跳频系统和直扩系统的惩罚时间和检测间隔都相同时，比较式(4.209)给出的跳频系统的 NMAT 和式(4.122)给出的直扩系统的 NMAT。在前述的条件下，假设两个系统的 P_D 和 P_F 大致相等。在这些假设下，直扩系统中 NMAT 和跳频系统中 NMAT 之比是多少？跳频系统所具有的优势的物理原因是什么？

12. 考虑跳频信号 $J=0$ 的串行搜索捕获。简化式(4.210)为单次求和的形式。这一结果能否被直接推导？

13. 当采用单一捕获信号时，使用式(4.210)和式(4.211)推导跳频信号顺序搜索捕获的 P_D 和 P_F。这一结果能否被直接推导？

参考文献

[1] C. W. Helstrom, Elements of Signal Detection and Estimation, Prentice Hall, 1995.

[2] B. Levy, Principles of Signal Detection and Parameter Estimation, Springer, 2008.

[3] L. Hanzo, T. H. Liew, B. L. Yeap, R. Y. S. Lee, and S. X. Ng, *Turbo Coding, Turbo Equalisation and Space – Time Coding*, *2nd ed.*, Wiley, 2011.

[4] X. Li, A. Chindapol, and J. A. Ritcey, "Bit – interleaved Coded Modulation with Iterative Decoding and 8PSK Modulation," *IEEE Trans. Commun.*, vol. 50, pp. 1250 – 1257, Aug. 2002.

[5] V. M. Jovanovic, "Analysis of Strategies for Serial – Search Spread – Spectrum Code Acquisition—Direct Approach," *IEEE Trans. Commun.*, vol. 36, pp. 1208 – 1220, Nov. 1988.

[6] H. Meyr and G. Polzer, "Performance Analysis for General PN Spread – spectrum Acquisition Techniques," *IEEE Trans. Commun.*, vol. 31, pp. 1317 – 1319, Dec. 1983.

[7] S. – M. Pan, D. E. Dodds, and S. Kumar, "Acquisition Time Distribution for Spread – Spectrum Receivers," *IEEE J. Select. Areas Commun.*, vol. 8, pp. 800 – 808, June 1990.

[8] A. Polydoros and C. L. Weber, "A Unified Approach to Serial – Search Spread Spectrum Code Acquisition," *IEEE Trans. Commun.*, vol. 32, pp. 542 – 560, May 1984.

[9] S. Gezici, "Mean Acquisition Time Analysis of Fixed – Step Serial Search Algorithms," *IEEE Trans. Commun.*, vol. 8, pp. 1096 – 1101, March 2009.

[10] W. Suwansantisuk and M. Z. Win, "Multipath Aided Rapid Acquisition: Optimal Search Strategies," *IEEE Trans. Inform. Theory*, vol. 53, pp. 174 – 193, Jan. 2007.

[11] K. Choi, K. Cheun, and T. Jung, "Adaptive PN Code Acquisition Using Instantaneous Power – Scaled

Detection Threshold under Rayleigh Fading and Pulsed Gaussian Noise Jamming," *IEEE Trans. Commun.*, vol. 50, pp. 1232 – 1235, Aug. 2002.

[12] S. Won and L. Hanzo, "Initial Synchronisation of Wideband and UWB Direct Sequence Systems: Single – and Multiple – Antenna Aided Solutions," *IEEE Commun. Surveys Tut.*, vol. 14, pp. 87 – 108, first quarter, 2012.

[13] S. Tantaratana, A. W. Lam, and P. J. Vincent, "Noncoherent Sequential Acquisition of PN Sequences for DS/SS Communications with/without Channel Fading," *IEEE Trans. Commun.*, vol. 43, pp. 1738 – 1745, Feb./March/April 1995.

[14] J. R. Barry, E. A. Lee, and D. G. Messerschmitt, *Digital Communication*, *3rd ed.*, Kluwer Academic, 2004.

[15] J. G. Proakis and M. Salehi, *Digital Communications*, *5th ed.*, McGraw – Hill, 2008.

[16] W. R. Braun, "PN Acquisition and Tracking Performance in DS/CDMA Systems with Symbol – Length Spreading Sequence," *IEEE Trans. Commun.*, vol. 45, pp. 1595 – 1601, Dec. 1997.

[17] L. E. Miller, J. S. Lee, R. H. French, and D. J. Torrieri, "Analysis of an Anti – jam FH Acquisition Scheme," *IEEE Trans. Commun.*, vol. 40, pp. 160 – 170, Jan. 1992.

[18] C. A. Putman, S. S. Rappaport, and D. L. Schilling, "Comparison of Strategies for Serial Acquisition of Frequency – Hopped Spread – Spectrum Signals," *IEE Proc.*, vol. 133, pt. F, pp. 129 – 137, April 1986.

[19] R. L. Peterson, R. E. Ziemer, and D. E. Borth, *Introduction to Spread Spectrum Communications*, Prentice Hall, 1995.

[20] C. A. Putman, S. S. Rappaport, and D. L. Schilling, "Tracking of Frequency – Hopped Spread – Spectrum Signals in Adverse Environments," *IEEE Trans. Commun.*, vol. 31, pp. 955 – 963, Aug. 1983.

第 5 章

自适应滤波器与阵列

自适应滤波和自适应阵列作为通信系统的组成部分得到了广泛应用。本章的重点是某些自适应滤波器和自适应阵列，它们可利用扩谱信号特殊的频谱特征使得干扰抑制程度超出解扩或解跳本身的固有能力。本章给出了用于抑制窄带干扰及主要用于抑制宽带干扰的自适应滤波器。推导了最小均方(Least - Mean - Square, LMS)、归一化 LMS 和 Frost 算法以及决定权向量均值收敛条件。对用于直扩系统及跳频系统的自适应阵列也进行了阐述，并显示出它们具有很高的潜在干扰抑制能力。

5.1 实梯度与复梯度

5.1.1 实梯度

令 $\mathcal{R}$ 表示实数集，$\mathcal{R}^n$ 表示 $n\times1$ 维实数向量集合，上标 T 表示转置。若定义在 $\mathcal{R}^n\to\mathcal{R}$ 上的函数 f 关于 $n\times1$ 维向量 $\boldsymbol{x}=[x_1\quad x_2\quad\cdots\quad x_n]^{\mathrm{T}}$ 可微，则 f 的梯度定义为

$$\nabla_x f(\boldsymbol{x})=\left[\frac{\partial f}{\partial x_1}\quad\frac{\partial f}{\partial x_2}\quad\cdots\quad\frac{\partial f}{\partial x_n}\right]^{\mathrm{T}}\tag{5.1}$$

式(5.1)为一个 $\mathcal{R}^n\to\mathcal{R}^n$ 的函数。令 $\boldsymbol{A}$ 表示 $n\times n$ 维矩阵，令 $\boldsymbol{y}$ 表示 $n\times1$ 维向量。利用向量、矩阵元素及链式规则，可得

$$\nabla_x[\boldsymbol{y}^{\mathrm{T}}\boldsymbol{x}]=\nabla_x[\boldsymbol{x}^{\mathrm{T}}\boldsymbol{y}]=\boldsymbol{y}\tag{5.2}$$

$$\nabla_x[\boldsymbol{x}^{\mathrm{T}}\boldsymbol{A}\boldsymbol{x}]=(\boldsymbol{A}+\boldsymbol{A}^{\mathrm{T}})\boldsymbol{x}\tag{5.3}$$

若 $\boldsymbol{A}$ 是对称矩阵，则$\nabla_x[\boldsymbol{x}^{\mathrm{T}}\boldsymbol{A}\boldsymbol{x}]=2\boldsymbol{A}\boldsymbol{x}$。

5.1.2 复梯度

利用实部与虚部，复变量可定义为 $\mathcal{R}^2$ 上的二维向量。无须映射到柯西 - 黎曼条件，就可通过常规方法定义 $\mathcal{R}^2\to\mathcal{R}^2$ 上的可微函数。另外，复变量可定义

为单个复运算规则的变量。若满足柯西－黎曼条件,可以定义为解析函数。虽然解析函数有许多有用的性质,但是相对于定义在 $\mathcal{R}^2 \to \mathcal{R}^2$ 上的可微函数,解析函数的限制条件要严格得多。

令 $\mathcal{C}$ 表示复数集。复变量 z 可由其实部和虚部表示为 $z = x + \mathrm{j}y$,其中 $\mathrm{j} = \sqrt{-1}$。类似地,$\mathcal{C} \to \mathcal{C}$ 上的复函数 $f(z)$ 可表示为

$$f(z) = u(x,y) + \mathrm{j}v(x,y) \tag{5.4}$$

式中:$u(x,y)$ 和 $v(x,y)$ 为实值函数。若式(5.4)中的极限存在,且当 z 沿复平面上任何路径趋近 z_0 时,该极限都相等,则定义在点 z_0 邻域内的复函数 $f(z)$ 在 z_0 点的导数为

$$f'(z_0) = \lim_{\Delta z \to 0} \frac{f(z_0 + \Delta z) - f(z_0)}{\Delta z} \tag{5.5}$$

若复函数 $f(z)$ 在一个区域内的所有点都可微,则它在该区域内解析。若 $f(z)$ 在一个区域内解析,则 $u(x,y)$ 和 $v(x,y)$ 的一阶偏导数存在,且满足柯西－黎曼条件:

$$\frac{\partial u}{\partial x} = \frac{\partial v}{\partial y}, \frac{\partial u}{\partial y} = -\frac{\partial v}{\partial x} \tag{5.6}$$

反之,若实函数 $u(x,y)$ 和 $v(x,y)$ 有连续一阶偏导数,且在某个区域内满足柯西－黎曼方程,则函数 $f(z) = u(x,y) + \mathrm{j}v(x,y)$ 在该区域内是解析的[1]。

为得到满足柯西－黎曼条件的必要条件,令 $\Delta z = \Delta x + \mathrm{j}\Delta y$,$\Delta f = f(z_0 + \Delta z) - f(z_0) = \Delta u + \mathrm{j}\Delta v$,则有:

$$\frac{\Delta f}{\Delta z} = \frac{\Delta u + \mathrm{j}\Delta v}{\Delta x + \mathrm{j}\Delta y} \tag{5.7}$$

考虑以两种不同路径实现 $\Delta z \to 0$。若设 $\Delta y = 0$,且令 $\Delta x \to 0$,则

$$\lim_{\Delta z \to 0} \frac{\Delta f}{\Delta z} = \frac{\partial u}{\partial x} + \mathrm{j}\frac{\partial v}{\partial x} \tag{5.8}$$

然而若设 $\Delta x = 0$,且令 $\Delta y \to 0$,则

$$\lim_{\Delta z \to 0} \frac{\Delta f}{\Delta z} = -\mathrm{j}\frac{\partial u}{\partial y} + \frac{\partial v}{\partial y} \tag{5.9}$$

根据复函数导数定义,上述两种极限必须相等。由实部和虚部对应相等,可以得到柯西－黎曼条件。类似的证明可建立与实变量微积分中的标准规则相同的微分规则。因此,复可微函数的和、积、商的求导规则都与实函数相同。链式规则、指数函数的导数、幂函数的导数也都相同。

尽管解析函数有很多应用,但是对于某些科学研究和工程应用来说,由于关注的函数往往包含 z 及其复共轭 z^*,故解析函数不足以胜任。如通过观察即可证明 $f(z) = z^*$ 不满足柯西－黎曼条件,从而不是 z 的解析函数,给应用带来了困

难。为了消除这一问题,复函数 $g(z,z^*)$ 关于 $z=x+\mathrm{j}y$ 不需要是解析的,但是被认为是 x 和 y 的函数,这就需要另一种导数定义。

定义在点 z_0^* 邻域内的复函数 $f(z^*)$ 在 z_0^* 处关于 z^* 的导数为

$$f'(z_0^*)=\lim_{\Delta z^*\to 0}\frac{f(z_0^*+\Delta z^*)-f(z_0^*)}{\Delta z^*} \tag{5.10}$$

若复函数 $f(z^*)$ 在一个区域内的所 z 有点都可微,则它在该区域内关于 z^* 解析。式(5.10)右边两种不同路径的计算结果表明,若 $f(z^*)=u(x,y)+\mathrm{j}v(x,y)$ 在某个区域内关于 z^* 解析,则 $u(x,y)$ 和 $v(x,y)$ 的一阶偏导数存在且满足条件:

$$\frac{\partial u}{\partial x}=-\frac{\partial v}{\partial y},\frac{\partial u}{\partial y}=\frac{\partial v}{\partial x} \tag{5.11}$$

反之,若实函数 $u(x,y)$ 和 $v(x,y)$ 在某个区域内有连续一阶偏导数,且满足上述等式,则 $f(z^*)=u(x,y)+\mathrm{j}v(x,y)$ 在该区域内是关于 z^* 解析的。复可微函数的和、积、商的求导规则都与通常情况相同。链式规则、指数函数的导数、幂函数的导数也与通常情况相同。通过观察即可证明函数 $f(z^*)=z$ 不满足式(5.10)的条件,故它不是关于 z^* 的解析函数。

若当 z^* 取常数时 $g(z,z^*)$ 是关于的解析函数,而 z 取常数时 $g(z,z^*)$ 是关于 z^* 的解析函数,则称 $g(z,z^*)$ 为关于 z 和 z^* 的解析函数。由于 z 和 z^* 是关于 x 和 y 的不同函数,可利用链式规则求 $g(z,z^*)$ 关于 x 和 y 的偏导数。由 $z=x+\mathrm{j}y$,可得

$$\frac{\partial z}{\partial x}=1,\frac{\partial z}{\partial y}=\mathrm{j},\frac{\partial z^*}{\partial x}=1,\frac{\partial z^*}{\partial y}=-\mathrm{j} \tag{5.12}$$

由链式规则表明 z 和 z^* 的解析函数具有偏导数:

$$\frac{\partial g}{\partial x}=\frac{\partial g}{\partial z}+\frac{\partial g}{\partial z^*} \tag{5.13}$$

$$\frac{\partial g}{\partial y}=\mathrm{j}\,\frac{\partial g}{\partial z}-\mathrm{j}\,\frac{\partial g}{\partial z^*} \tag{5.14}$$

当 $g(z,z^*)$ 关于 z 和 z^* 的偏导数为

$$\frac{\partial g}{\partial z}=\frac{1}{2}\left(\frac{\partial g}{\partial x}-\mathrm{j}\,\frac{\partial g}{\partial y}\right) \tag{5.15}$$

$$\frac{\partial g}{\partial z^*}=\frac{1}{2}\left(\frac{\partial g}{\partial x}+\mathrm{j}\,\frac{\partial g}{\partial y}\right) \tag{5.16}$$

如果 $g(z,z^*)$ 要求是关于 z 和 z^* 的解析函数,那么这些导数不一定存在。

令 $\mathcal{C}^n$ 表示 $n\times 1$ 维复数向量集合。令 $g(\boldsymbol{z},\boldsymbol{z}^*)$ 表示关于 $\boldsymbol{z}$ 和 $\boldsymbol{z}^*$ 的函数,其中 $\boldsymbol{z}\in\mathcal{C}^n,\boldsymbol{z}^*\in\mathcal{C}^n$。若当 $\boldsymbol{z}^*$ 或 $\boldsymbol{z}$ 分别设为常向量时,$g(\boldsymbol{z},\boldsymbol{z}^*)$ 分别是关于 $\boldsymbol{z}$ 的各元素 z_i 或关于 $\boldsymbol{z}^*$ 的各元素 z_i^* 的解析函数,则 $g(\boldsymbol{z},\boldsymbol{z}^*)$ 称为关于 $\boldsymbol{z}$ 和 $\boldsymbol{z}^*$ 的解析

函数。令 z_i、x_i 和 y_i 分别表示 $n\times1$ 维列向量 $\boldsymbol{z}$、$\boldsymbol{x}$ 和 $\boldsymbol{y}$ 的各元素,其中 $i=1,2,\cdots,N$ 且 $\boldsymbol{z}=\boldsymbol{x}+\mathrm{j}\boldsymbol{y}$。$g(\boldsymbol{z},\boldsymbol{z}^*)$关于 n 维复向量 $\boldsymbol{z}$ 的复梯度定义为元素为$\partial g/\partial z_i$的列向量$\nabla_{\boldsymbol{z}}g$,其中 $i=1,2,\cdots,N$。类似地,$\nabla_{\boldsymbol{x}}g$ 和$\nabla_{\boldsymbol{y}}g$ 分别是关于实向量 $\boldsymbol{x}$ 和 $\boldsymbol{y}$ 的 $n\times1$ 维梯度向量。$g(\boldsymbol{z},\boldsymbol{z}^*)$关于 n 维复向量 $\boldsymbol{z}^*$ 的复梯度定义为元素为$\partial g/\partial z_i^*$的列向量$\nabla_{\boldsymbol{z}^*}g(\boldsymbol{z},\boldsymbol{z}^*)$,其中 $i=1,2,\cdots,N$。利用式(5.15)和式(5.16),可得

$$\nabla_{\boldsymbol{z}}g(\boldsymbol{z},\boldsymbol{z}^*)=\frac{1}{2}[\nabla_{\boldsymbol{x}}g(\boldsymbol{z},\boldsymbol{z}^*)-\mathrm{j}\nabla_{\boldsymbol{y}}g(\boldsymbol{z},\boldsymbol{z}^*)] \tag{5.17}$$

$$\nabla_{\boldsymbol{z}^*}g(\boldsymbol{z},\boldsymbol{z}^*)=\frac{1}{2}[\nabla_{\boldsymbol{x}}g(\boldsymbol{z},\boldsymbol{z}^*)+\mathrm{j}\nabla_{\boldsymbol{y}}g(\boldsymbol{z},\boldsymbol{z}^*)] \tag{5.18}$$

应用式(5.17)和式(5.18)表明如果 $\boldsymbol{b}$ 为 $n\times1$ 向量以及 $\boldsymbol{A}$ 为 $n\times n$ 矩阵,那么

$$\nabla_{\boldsymbol{z}}(\boldsymbol{z}^{\mathrm{H}}\boldsymbol{b})=0,\nabla_{\boldsymbol{z}}(\boldsymbol{z}^{\mathrm{H}}\boldsymbol{A}\boldsymbol{z})=\boldsymbol{A}^{\mathrm{T}}\boldsymbol{z}^* \tag{5.19}$$

$$\nabla_{\boldsymbol{z}^*}(\boldsymbol{b}^{\mathrm{H}}\boldsymbol{z})=0,\nabla_{\boldsymbol{z}^*}(\boldsymbol{z}^{\mathrm{H}}\boldsymbol{A}\boldsymbol{z})=\boldsymbol{A}\boldsymbol{z} \tag{5.20}$$

式中的上标 H 表示共轭转置。按照期望,式(5.19)是当计算关于 $\boldsymbol{z}$ 的梯度时如果 $\boldsymbol{z}^*$ 设为常向量所获得的结果,式(5.20)是当计算关于 $\boldsymbol{z}^*$ 的梯度时如果 $\boldsymbol{z}$ 设为常向量所获得的结果。

如一维函数范例,考虑实值函数 $f(z)=|z|^2=x^2+y^2$。由于不满足柯西-黎曼等式,故 $f(z)$ 不是关于 z 的解析函数。然而,函数 $g(z,z^*)=zz^*$ 是关于 z 和 z^* 的解析函数。利用式(5.19)和式(5.20)可得

$$\frac{\partial g(z,z^*)}{\partial z}=z^*,\frac{\partial g(z,z^*)}{\partial z^*}=z \tag{5.21}$$

上式也可利用式(5.13)和式(5.14)计算得到。反之,若 $f(z)=g(z,z^*)=z^2$,则

$$\frac{\partial g(z,z^*)}{\partial z}=2z,\frac{\partial g(z,z^*)}{\partial z^*}=0 \tag{5.22}$$

5.2 自适应滤波器

5.2.1 最优权向量

自适应滤波器[2-5]是具有权向量的线性滤波器以响应滤波器输入和近似最优权向量。其输入和权向量分别为

$$\boldsymbol{x}=[x_1 \quad x_2 \quad \cdots \quad x_N]^{\mathrm{T}},\boldsymbol{w}=[w_1 \quad w_2 \quad \cdots \quad w_N]^{\mathrm{T}} \tag{5.23}$$

式中:向量的各元素可为实数或复数。线性滤波器的输出为标量:

$$y=\boldsymbol{w}^{\mathrm{H}}\boldsymbol{x} \tag{5.24}$$

能给出期望信号估计的最优滤波器权向量的推导，取决于性能准则或估计程序的具体内容。可使用最大后验或最大似然准则推导估计器，但这些准则都要求 $\boldsymbol{x}$ 中的任何干扰都严格服从高斯分布。非约束估计器只取决于 $\boldsymbol{x}$ 的二阶矩，可由性能准则推导得到。

应用最广泛的估计期望信号的方法是与误差信号的平均功率成正比的最小均方误差准则：

$$\epsilon = d - y = d - \boldsymbol{w}^{\mathrm{H}}\boldsymbol{x} \tag{5.25}$$

式中：d 为期望信号或期望响应。$\boldsymbol{w}$ 给定时 $|\epsilon|^2$ 的条件期望值：

$$\begin{aligned} E[\,|\epsilon|^2\,] &= E[\,(d - \boldsymbol{w}^{\mathrm{H}}\boldsymbol{x})(d - \boldsymbol{w}^{\mathrm{H}}\boldsymbol{x})^{\mathrm{H}}\,|\,\boldsymbol{w}\,] \\ &= E[\,|d|^2\,] - \boldsymbol{w}^{\mathrm{H}}\boldsymbol{R}_{xd} - \boldsymbol{R}_{xd}^{\mathrm{H}}\boldsymbol{w} + \boldsymbol{w}^{\mathrm{H}}\boldsymbol{R}_{x}\boldsymbol{w} \end{aligned} \tag{5.26}$$

其中，关于 $\boldsymbol{x}$ 的相关矩阵是 $N \times N$ 维半正定共轭对称矩阵（附录 G）：

$$\boldsymbol{R}_x = E[\,\boldsymbol{x}\boldsymbol{x}^{\mathrm{H}}\,] \tag{5.27}$$

且 $N \times 1$ 维互相关向量为

$$\boldsymbol{R}_{xd} = E[\,xd^*\,] \tag{5.28}$$

利用实部 $\boldsymbol{w}_{\mathrm{R}}$ 和虚部 $\boldsymbol{w}_{\mathrm{I}}$，复权向量定义为

$$\boldsymbol{w} = \boldsymbol{w}_{\mathrm{R}} + \mathrm{j}\boldsymbol{w}_{\mathrm{I}} \tag{5.29}$$

定义关于 $\boldsymbol{w}^*$、$\boldsymbol{w}_{\mathrm{R}}$ 和 $\boldsymbol{w}_{\mathrm{I}}$ 的梯度分别为 ∇_{w^*}、∇_{wr} 和 ∇_{wi}。式(5.26)表明 $E[\,|\epsilon|^2\,]$ 是关于 $\boldsymbol{w}$ 和 $\boldsymbol{w}^*$ 的解析函数。由式(5.18)可知，$\nabla_{wr}g = 0$ 和 $\nabla_{wi}g = 0$ 意味着 $\nabla_{w^*}g = 0$，因此通过令 $\nabla_{w^*}E[\,|\epsilon|^2\,] = \boldsymbol{0}$ 可得出最优权向量的必要条件。由式(5.26)得到：

$$\nabla_{w^*}E[\,|\epsilon|^2\,] = \boldsymbol{R}_x\boldsymbol{w} - \boldsymbol{R}_{xd} \tag{5.30}$$

假设半正定共轭对称矩阵 $\boldsymbol{R}_x$ 正定且非奇异（附录 G），以此作为必要条件求解维纳－霍夫方程，得到最优权向量为

$$\boldsymbol{w}_0 = \boldsymbol{R}_x^{-1}\boldsymbol{R}_{xd} \tag{5.31}$$

由式(5.26)和(5.31)可得

$$E[\,|\epsilon|^2\,|\,\boldsymbol{w}\,] = \epsilon_{\mathrm{m}}^2 + (\boldsymbol{w} - \boldsymbol{w}_0)^{\mathrm{H}}\boldsymbol{R}_x(\boldsymbol{w} - \boldsymbol{w}_0) \tag{5.32}$$

其中：

$$\epsilon_{\mathrm{m}}^2 = E[\,|d|^2\,] - \boldsymbol{R}_{xd}^{\mathrm{H}}\boldsymbol{R}_x^{-1}\boldsymbol{R}_{xd} \tag{5.33}$$

由于 $\boldsymbol{R}_x$ 为正定矩阵，如果 $\boldsymbol{w} \neq \boldsymbol{w}_0$，式(5.32)右边第二项为正值。因此，维纳－霍夫方程给出了唯一最优权向量，ϵ_{m}^2 给出了最小均方误差。

5.2.2　柯西－施瓦茨不等式

令 $\boldsymbol{x}$ 和 $\boldsymbol{y}$ 表示 $N \times 1$ 维向量。则对任意复标量 α 有 $\|\boldsymbol{x} - \alpha\boldsymbol{y}\|^2 \geqslant 0$。展开平

方范数,再将 $\alpha = \boldsymbol{x}^{\mathrm{H}}\boldsymbol{y}/\|\boldsymbol{y}\|^2$ 代入,其中 $\boldsymbol{x}\neq\boldsymbol{0}$ 和 $\boldsymbol{y}\neq\boldsymbol{0}$,可得向量形式的柯西-施瓦茨不等式:

$$|\boldsymbol{x}^{\mathrm{H}}\boldsymbol{y}| \leqslant \|\boldsymbol{x}\| \cdot \|\boldsymbol{y}\| \tag{5.34}$$

当 $\boldsymbol{x}=\boldsymbol{0}$ 或 $\boldsymbol{y}=\boldsymbol{0}$ 时,上式依然有效。当且仅当 $\boldsymbol{x}=k\boldsymbol{y}$ 时,上式取等号,其中 k 为复标量。

令 x_i 和 y_i 分别表示 $\boldsymbol{x}$ 和 $\boldsymbol{y}$ 的第 i 个元素。将其代入式(5.34),可得复数序列形式的柯西-施瓦茨不等式:

$$\left|\sum_{i=1}^{N} x_i^* y_i\right| \leqslant \left(\sum_{i=1}^{N} |x_i|^2\right)^{1/2} \left(\sum_{i=1}^{N} |y_i|^2\right)^{1/2} \tag{5.35}$$

当且仅当 $x_i = ky_i$ 时,上式取等号,其中 $i=1,2,\cdots,N$,k 为复标量。

5.2.3 最速下降法

在求解维纳-霍夫方程时需要计算逆矩阵 $\boldsymbol{R}_x^{-1}$。由于时变信号的统计特性需要不断计算 $\boldsymbol{R}_x^{-1}$,因此无须计算逆矩阵的自适应算法更具有应用优势。在此介绍的最速下降法是利用迭代来求解最优化问题的方法,通过每次迭代来逐步提高估计精度。

考虑通过实值权向量 $\boldsymbol{w}$ 的连续变化实现实值性能度量函数 $P(\boldsymbol{w})$ 的递归最小化。令 $\nabla_w P(\boldsymbol{w})$ 表示关于 $\boldsymbol{w}$ 的 $N\times1$ 维梯度向量。若 $P(\boldsymbol{w})$ 是连续可微函数,$\boldsymbol{u}$ 是 $N\times1$ 维单位向量,t 是标量,则有

$$P(\boldsymbol{w}+t\boldsymbol{u}) = P(\boldsymbol{w}) + t\,\nabla_w^{\mathrm{T}} P(\boldsymbol{w})\boldsymbol{u} + o(t) \tag{5.36}$$

式中:$t\to0$ 时,$o(t)/t\to0$。由向量形式的柯西-施瓦茨不等式可知,当单位梯度向量 $\boldsymbol{u}=\nabla_w P(\boldsymbol{w})/\|\nabla_w P(\boldsymbol{w})\|$ 时,内积 $\nabla_w^{\mathrm{T}} P(\boldsymbol{w})\boldsymbol{u}$ 取最大值。因此,$\nabla_w P(\boldsymbol{w})$ 指向 $P(\boldsymbol{w})$ 局部上升最快的方向,且 $-\nabla_w P(\boldsymbol{w})$ 指向 $P(\boldsymbol{w})$ 局部下降最快的方向。若 t 足够小,则 $P(\boldsymbol{w}-t\,\nabla_w^{\mathrm{T}} P(\boldsymbol{w})/\|\nabla_w P(\boldsymbol{w})\|) < P(\boldsymbol{w})$。

在最速下降法中,$k+1$ 时刻的权向量沿着 k 时刻的方向 $-\nabla_w P(\boldsymbol{w})$ 改变,由此趋向减少 $P(\boldsymbol{w})$,其中,$\boldsymbol{w}=\boldsymbol{w}(k)$。若信号和权向量为复数,可按权向量的实部和虚部分别建立最速下降方程。结合上述方程,再利用式(5.18),可得

$$\boldsymbol{w}(k+1) = \boldsymbol{w}(k) - 2\mu\,\nabla_{w^*} P(\boldsymbol{w}(k)) \tag{5.37}$$

式中:自适应常数 $\mu(k)$ 控制算法的收敛速率和稳定性,权向量的初始值 $\boldsymbol{w}(0)$ 可为任意值。

LMS 误差准则 $P(w)=E[|\epsilon|^2]$ 是适合复信号和复权向量的性能度量。由式(5.30)和式(5.37)可得 LMS 最速下降法:

$$\boldsymbol{w}(k+1) = \boldsymbol{w}(k) - 2\mu(k)[\boldsymbol{R}_x\boldsymbol{w}(k) - \boldsymbol{R}_{xd}] \tag{5.38}$$

式中:初始权向量 $\boldsymbol{w}(0)$ 可设为任意值,但为方便通常设为 $\boldsymbol{w}(0)=[1\quad 0\quad \cdots\quad 0]^{\mathrm{T}}$。

理想的算法能够得到确定性的权向量序列且无须矩阵求逆，但需要知晓 $\boldsymbol{R}_x$ 和 $\boldsymbol{R}_{xd}$。在每一次迭代中，$\mu(k)$ 由减少性能度量的线搜索决定。然而，为了计算方便，常量自适应参数 $\mu(k)=\mu$ 通常较合适。

然而，可能存在的干扰意味着通常 $\boldsymbol{R}_x$ 是未知的。若缺乏期望信号源的方向信息，则 $\boldsymbol{R}_{xd}$ 也是未知的。

5.2.4　LMS 算法

存在的干扰和噪声意味着 $\boldsymbol{R}_x$ 和 $\boldsymbol{R}_{xd}$ 是时变的且通常是未知的。因此，随机梯度算法通常取代最速下降算法。对最速下降算法中性能度量函数的梯度进行更容易得到的近似，可得到随机梯度算法。随机梯度算法包括扩谱信号统计中跟踪时间变量的机制。

令 $\boldsymbol{x}(k)$ 和 $d(k)$ 分别表示 $N\times 1$ 维输入向量和期望响应，其中离散时间 k 表示采样时刻。令

$$y(k)=\boldsymbol{w}^{\mathrm{H}}\boldsymbol{x}(k) \tag{5.39}$$

表示自适应滤波器输出且

$$\epsilon(k)=d(k)-y(k)=d(k)-\boldsymbol{w}^{\mathrm{H}}(k)\boldsymbol{x}(k) \tag{5.40}$$

表示估计误差。LMS 算法是一种随机梯度算法，由式(5.38)获得，其中 $\boldsymbol{R}_x$ 和 $\boldsymbol{R}_{xd}$ 分别由 $\boldsymbol{x}(k)\boldsymbol{x}^{\mathrm{H}}(k)$ 和 $\boldsymbol{x}(k)d^*(k)$ 估计得到，且 $\mu(k)=\mu$。LMS 算法可写为

$$\boldsymbol{w}(k+1)=\boldsymbol{w}(k)+2\mu\epsilon^*(k)\boldsymbol{x}(k),k\geqslant 0 \tag{5.41}$$

式中：初始权向量 $\boldsymbol{w}(0)$ 可设为任意值，但为方便通常设为 $\boldsymbol{w}(0)=[1\quad 0\quad \cdots\quad 0]^{\mathrm{T}}$。自适应常数 μ 控制算法的收敛速率。由该算法可知，输入向量与估计误差之积加上当前权向量可以得到下一个权向量。

1. 均值收敛

为证明 LMS 算法中的权向量均值收敛，假设 $\boldsymbol{x}(k)$ 和 $d(k)$ 为平稳随机向量，且 $\boldsymbol{x}(k+1)$ 与 $\boldsymbol{x}(i)$ 和 $d(i)$ 统计独立，其中 $i\leqslant k$。至少当采样时间的间隔大于输入过程的相关时间时上述假设是合理的。该假设及式(5.41)意味着 $\boldsymbol{w}(k)$ 独立于 $\boldsymbol{x}(k)$ 和 $d(k)$。因此，权向量的均值满足：

$$E[\boldsymbol{w}(k+1)]=(1-2\mu\boldsymbol{R}_x)E[\boldsymbol{w}(k)]+2\mu\boldsymbol{R}_{xd} \tag{5.42}$$

式中：

$$\boldsymbol{R}_x=E[\boldsymbol{x}(k)\boldsymbol{x}^{\mathrm{H}}(k)],\boldsymbol{R}_{xd}=E[\boldsymbol{x}(k)d^*(k)] \tag{5.43}$$

分别是关于 $\boldsymbol{x}(k)$ 的 $N\times N$ 维共轭对称相关矩阵和 $N\times 1$ 维互相关向量。令

$$\boldsymbol{v}(k)=\boldsymbol{w}(k)-\boldsymbol{w}_0,k\geqslant 0 \tag{5.44}$$

由式(5.42)和(5.31)，可得

$$E[\boldsymbol{v}(k+1)] = (\mathbf{1}-2\mu\boldsymbol{R}_x)E[\boldsymbol{v}(k)] \tag{5.45}$$

取初始权向量 $\boldsymbol{w}(0)$,上式可写为

$$E[\boldsymbol{v}(k+1)] = (\mathbf{1}-2\mu\boldsymbol{R}_x)^{k+1}\boldsymbol{v}(0) \tag{5.46}$$

式中 $\boldsymbol{v}(0)=\boldsymbol{w}(0)-\boldsymbol{w}_0$。假设半正定共轭对称矩阵 $\boldsymbol{R}_x$ 正定,则可表示为(附录G)

$$\boldsymbol{R}_x = \boldsymbol{Q}\boldsymbol{\Lambda}\boldsymbol{Q}^{-1} = \boldsymbol{Q}\boldsymbol{\Lambda}\boldsymbol{Q}^{\mathrm{H}} \tag{5.47}$$

式中:$\boldsymbol{Q}$ 是列向量由 $\boldsymbol{R}_x$ 的特征向量构成的酉矩阵;$\boldsymbol{\Lambda}$ 是由 $\boldsymbol{R}_x$ 的特征值构成的对角矩阵。因此,式(5.46)可表示为

$$E[\boldsymbol{v}(k+1)] = [\mathbf{1}-2\mu\boldsymbol{Q}\boldsymbol{\Lambda}\boldsymbol{Q}^{-1}]^{k+1}\boldsymbol{v}(0) = \boldsymbol{Q}\,[\mathbf{1}-2\mu\boldsymbol{\Lambda}]^{k+1}\boldsymbol{Q}^{-1}\boldsymbol{v}(0) \tag{5.48}$$

式(5.48)表明:

$$\lim_{k\to\infty}[\mathbf{1}-2\mu\boldsymbol{\Lambda}]^{k+1} = \mathbf{0}\sqrt{2} \tag{5.49}$$

这是 $E[\boldsymbol{v}(k)]\to 0$ 的充分必要条件,因此收敛到维纳-霍夫方程最优权向量的权向量均值为

$$\lim_{k\to\infty}E[\boldsymbol{w}(k)] = \boldsymbol{w}_0 = \boldsymbol{R}_x^{-1}\boldsymbol{R}_{xd} \tag{5.50}$$

式(5.49)及式(5.50)的充分必要条件是对角矩阵$[\mathbf{1}-2\mu\boldsymbol{\Lambda}]$对角线上各元素的幅度小于1:

$$|1-2\mu\lambda_i|<1,\quad 1\leqslant i\leqslant N \tag{5.51}$$

由于 $\boldsymbol{R}_x$ 是共轭对称正定矩阵,其特征值为正值(附录G)。因此,式(5.51)表明,$\mu>0$ 且 $1-2\mu\lambda_{\max}>-1$,其中 $\lambda_{\max}$ 为最大特征值。因此,收敛到最优权向量的充分必要条件为

$$0<\mu<\frac{1}{\lambda_{\max}} \tag{5.52}$$

虽然假设输入为平稳过程且允许 μ 随迭代次数递增而减少,可证明得出更严密的收敛结果,但将 μ 设为常数可使自适应系统在处理非平稳输入时更为灵活。

式(5.48)中的矩阵乘积表明权向量在自适应过程中经历暂态,它随着正比于$(1-2\mu\lambda_i)^k$之和变化而变化。这种暂态决定了权向量均值的收敛速率。定义$\{\tau_i\}$为收敛时间常数,以使:

$$|1-2\mu\lambda_i|^k = \exp\left(-\frac{k}{\tau_i}\right), i=1,2,\cdots,N \tag{5.53}$$

由此可得:

$$\tau_i = -\frac{1}{\ln(|1-2\mu\lambda_i|)}, i=1,2,\cdots,N \tag{5.54}$$

最大时间常数为

$$\tau_{\max} = -\frac{1}{\ln(1-2\mu\lambda_i)} < \frac{1}{2\mu\lambda_{\min}}, 0<\mu<\frac{1}{\lambda_{\max}} \tag{5.55}$$

式中：$\lambda_{\min}$为 $\boldsymbol{R}_x$ 的最小特征值。若 μ 的取值接近式(5.51)中的上限，则 $\tau_{\max}$ 随着特征值扩展增加而增加，其中特征值扩展定义为 $\lambda_{\max}/\lambda_{\min}$。

2. 失调

若随机向量 $\boldsymbol{w}(k)$ 和 $\boldsymbol{x}(k)$ 相互独立，则由式(5.36)、式(5.27)及式(5.48)可得

$$E[|\epsilon(k)|^2] = \epsilon_m^2 + E[\boldsymbol{v}^{\mathrm{H}}(k)\boldsymbol{R}_x\boldsymbol{v}(k)] \tag{5.56}$$

式中的最小均方误差 ϵ_m^2 由式(5.33)给出。如果 $E[\boldsymbol{w}(k)]\to\boldsymbol{w}_0$，那么 $E[|\epsilon|^2]\to\epsilon_{\mathrm{m}}^2$。但是，当 $k\to0$ 即使 $E[\boldsymbol{v}(k)]\to0$，也不一定有 $E[|\epsilon(k)|^2]-\epsilon_{\mathrm{m}}^2$。定义超量均方误差为 $E[|\epsilon(k)|^2]-\epsilon_{\mathrm{m}}^2$，用于度量 LMS 算法无法提供理想性能的程度。失调是用于衡量性能损失的无量纲度量，它的定义为

$$M = \frac{\lim_{k\to\infty} E[|\epsilon(k)|^2] - \epsilon_{\mathrm{m}}^2}{\epsilon_{\mathrm{m}}^2} \tag{5.57}$$

基于以下四点合理假设，失调可表示成 $\mu\mathrm{tr}(\boldsymbol{R}_x)$ 的函数，其中 tr(·)表示矩阵的迹。

(1) $\boldsymbol{x}(k+1)$ 和 $d(k+1)$ 的联合平稳过程独立于 $\boldsymbol{x}(i)$ 和 $d(i)$，其中 $i\leqslant k$。则由式(5.35)，$\boldsymbol{w}(k)$ 独立于 $\boldsymbol{x}(k)$ 和 $d(k)$。

(2) 自适应常数满足：

$$0<\mu<\frac{1}{\mathrm{tr}(\boldsymbol{R}_x)} \tag{5.58}$$

(3) 随着 $k\to\infty$，$E[\|\boldsymbol{v}(k)\|^2]$ 收敛。

(4) 随着 $k\to\infty$，$|\epsilon(k)|^2$ 和 $\|\boldsymbol{x}(k)\|^2$ 不再相关，因此

$$\lim_{k\to\infty} E[|\epsilon(k)|^2\ \|\boldsymbol{x}(k)\|^2] = \mathrm{tr}(\boldsymbol{R}_x)\{\lim_{k\to\infty} E[|\epsilon(k)|^2]\} \tag{5.59}$$

假设(1)和假设(2)表明权向量均值收敛需要满足式(5.47)，由于方阵的迹等于其特征值之和，因此

$$\lambda_{\max} < \sum_{i=1}^{N}\lambda_i = \mathrm{tr}(\boldsymbol{R}_x) \tag{5.60}$$

总输入功率为 $E[\|\boldsymbol{x}(k)\|^2]=\mathrm{tr}(\boldsymbol{R}_x)$。若要假设(3)成立，则需要对 μ 进行比假设(2)更严格的限定。假设(4)是一种近似但在物理意义上具有合理性。

式(5.41)和式(5.44)表明：

$$\boldsymbol{v}(k+1) = \boldsymbol{v}(k) + 2\mu\epsilon^*(k)\boldsymbol{x}(k) \tag{5.61}$$

利用这一公式计算 $E[\|\boldsymbol{v}(k+1)\|^2]$,取 $k\to\infty$ 的极限,再利用假设(3)和假设(4),可得

$$\lim_{k\to\infty}\mathrm{Re}\{E[\boldsymbol{v}^{\mathrm{H}}(k)\boldsymbol{x}(k)\epsilon^*(k)]\} = -\mu\mathrm{tr}(\boldsymbol{R}_x)\{\lim_{k\to\infty}E[|\epsilon(k)|^2]\} \tag{5.62}$$

假设(1)、式(5.40)、式(5.43)、式(5.44)和式(5.56)可得

$$\begin{aligned}\lim_{k\to\infty}E[\boldsymbol{v}^{\mathrm{H}}(k)\boldsymbol{x}(k)\epsilon^*(k)] &= \lim_{k\to\infty}E[\boldsymbol{v}^{\mathrm{H}}(k)]\boldsymbol{R}_{xd} - \lim_{k\to\infty}E[\boldsymbol{v}^{\mathrm{H}}(k)\boldsymbol{R}_x\boldsymbol{v}(k)]\\ &= \epsilon_{\mathrm{m}}^2 - \lim_{k\to\infty}E[|\epsilon(k)|^2]\end{aligned} \tag{5.63}$$

这是实值函数。将式(5.63)代入式(5.62),可得

$$\lim_{k\to\infty}E[|\epsilon(k)|^2] = \frac{\epsilon_{\mathrm{m}}^2}{1-\mu\mathrm{tr}(\boldsymbol{R}_x)} \tag{5.64}$$

假设(2)保证式(5.64)右边为正,且为有限值,若式(5.52)为非严格假设,则不保证成立。

将式(5.64)代入式(5.57),可得

$$M = \frac{\mu\mathrm{tr}(\boldsymbol{R}_x)}{1-\mu\mathrm{tr}(\boldsymbol{R}_x)} \tag{5.65}$$

根据式(5.65),用增加 μ 的方式提高收敛速率会带来失调增加的边际效应。而对于固定的 μ,失调是随着总输入功率的增加而增加的。

5.2.5 归一化 LMS 算法

在 LMS 算法的一些应用中,如式(5.41)所示,$\boldsymbol{x}(k)$ 的大波动能引起 $\boldsymbol{w}(k+1)$ 的过量波动。这一不良行为可通过在随机梯度中插入额外的归一化因子进行抑制。归一化 LMS 算法为

$$\boldsymbol{w}(k+1) = \boldsymbol{w}(k) + \frac{2\mu\epsilon^*(k)\boldsymbol{x}(k)}{\delta+\|\boldsymbol{x}(k)\|^2},k\geqslant 0 \tag{5.66}$$

$\mathcal{E}(k)$ 由定义,δ 为正常数以防止当 $\|\boldsymbol{x}(k)\|$ 很小时产生奇点。

1. 瑞利商

收敛性分析前的准备工作,定义共轭对称矩阵 $\boldsymbol{A}$ 的瑞利商为

$$\rho(\boldsymbol{x}) = \frac{\boldsymbol{x}^{\mathrm{H}}\boldsymbol{x}}{\|\boldsymbol{x}\|^2} \tag{5.67}$$

式中:$\|\cdot\|$ 表示向量的欧几里得范数;$\|\boldsymbol{x}\|^2=\boldsymbol{x}^{\mathrm{H}}\boldsymbol{x}$。令 $\boldsymbol{x}=\boldsymbol{u}_1+\cdots+\boldsymbol{u}_N$ 表示 $\boldsymbol{A}$ 的正交特征向量和相应的实值特征值(见附录 G)。向量可表示为 $\boldsymbol{x}=v_1\boldsymbol{u}_1+\cdots+v_N\boldsymbol{u}_N$,则

$$\boldsymbol{x}^{\mathrm{H}}\boldsymbol{A}\boldsymbol{x} = \lambda_1|v_1|^2+\cdots+\lambda_N|v_N|^2 \leqslant \lambda_{\max}(|v_1|^2+\cdots+|v_N|^2) = \lambda_{\max}\|\boldsymbol{x}\|^2 \tag{5.68}$$

式中：λ_{max} 为最大特征值。类似地，$\boldsymbol{x}^{H}\boldsymbol{A}\boldsymbol{x} \geqslant \lambda_{min} \|\boldsymbol{x}\|^{2}$，其中 λ_{min} 为最小特征值。因此，瑞利商满足：

$$\lambda_{min} \leqslant \frac{\boldsymbol{x}^{H}\boldsymbol{x}}{\|\boldsymbol{x}\|^{2}} \leqslant \lambda_{max} \tag{5.69}$$

因为如果 $\boldsymbol{x}$ 等于特征向量有关的 λ_{max} 则上限可获得，所以 $\boldsymbol{A}$ 的最大特征值为

$$\lambda_{max}(\boldsymbol{A}) = \max_{\boldsymbol{x}}\left[\frac{\boldsymbol{x}^{H}\boldsymbol{x}}{\|\boldsymbol{x}\|^{2}}\right] \tag{5.70}$$

2. 均值收敛

在相同的主要假设下，归一化 LMS 算法的权向量均值与 LMS 算法中收敛一致。因此，假设 $\boldsymbol{x}(k)$ 和 $d(k)$ 为联合平稳随机向量，且 $\boldsymbol{x}(k+1)$ 与 $\boldsymbol{x}(i)$ 和 $d(i)$ 统计独立，其中 $i \leqslant k$。该假设意味着 $\boldsymbol{w}(k)$ 独立于 $\boldsymbol{x}(k)$ 和 $d(k)$。定义归一化相关矩阵和归一化互相关向量分别为

$$\boldsymbol{B} = E\left[\frac{\boldsymbol{x}(k)\boldsymbol{x}^{H}(k)}{\delta + \|\boldsymbol{x}(k)\|^{2}}\right], \quad \boldsymbol{A} = E\left[\frac{\boldsymbol{x}(k)d^{*}(k)}{\delta + \|\boldsymbol{x}(k)\|^{2}}\right] \tag{5.71}$$

共轭对称半正定矩阵 $\boldsymbol{B}$ 假设为正定，因而是可逆的。定义向量：

$$\boldsymbol{v}_{1}(k) = \boldsymbol{w}(k) - \boldsymbol{B}^{-1}\boldsymbol{A}, k \geqslant 0 \tag{5.72}$$

式(5.66)、式(5.40)和式(5.72)表明：

$$\boldsymbol{v}_{1}(k+1) = \boldsymbol{v}_{1}(k) + \frac{2\mu\boldsymbol{x}(k)[d^{*}(k) - \boldsymbol{x}^{H}(k)\boldsymbol{w}(k)]}{\delta + \|\boldsymbol{x}(k)\|^{2}} \tag{5.73}$$

则式(5.71)和相互独立的 $\boldsymbol{w}(k)$、$\boldsymbol{x}(k)$ 和 $d(k)$ 给出：

$$E[\boldsymbol{v}_{1}(k+1)] = (\boldsymbol{1} - 2\mu\boldsymbol{B})E[\boldsymbol{v}_{1}(k)] \tag{5.74}$$

因为式(5.74)与式(5.45)具有相同的形式，相似的推导导致式(5.50)表明：

$$\lim_{k\to\infty} E[\boldsymbol{w}(k)] = \boldsymbol{B}^{-1}\boldsymbol{A} \tag{5.75}$$

由式(5.52)给出的充分必要条件下，其中 λ_{max} 被定义为 $\boldsymbol{B}$ 的最大特征值。

利用式(5.70)和柯西－施瓦茨不等式，$\boldsymbol{B}$ 最大特征值的上限被发现：

$$\begin{aligned}
\lambda_{max}(\boldsymbol{B}) &= \max_{\boldsymbol{y}}\left\{\frac{\boldsymbol{y}^{H}\boldsymbol{B}\boldsymbol{y}}{\|\boldsymbol{y}\|^{2}}\right\} \\
&= \max_{\boldsymbol{y}}\left\{E\left[\frac{|\boldsymbol{y}^{H}\boldsymbol{x}|^{2}}{\|\boldsymbol{y}\|^{2}(\delta + \|\boldsymbol{x}(k)\|^{2})}\right]\right\} \\
&\leqslant \max_{\boldsymbol{y}}\{E[1]\} = 1
\end{aligned} \tag{5.76}$$

因此，归一化 LMS 算法权向量均值收敛的充分条件为

$$0 < \mu < 1 \tag{5.77}$$

这一收敛条件不依赖于总输入功率的事实是归一化 LMS 算法的一个主要优势。

归一化均方误差为

$$E[\,|\epsilon_1(k)|^2] = E\left[\frac{|\epsilon(k)|^2}{\delta + \|\boldsymbol{x}(k)\|^2}\right] = \epsilon_{m1}^2 + E[\boldsymbol{v}_1^{H}(k)\boldsymbol{B}\boldsymbol{v}_1(k)] \tag{5.78}$$

式中:最小归一化均方误差为

$$\epsilon_{m1}^2 = E\left[\frac{|d|^2}{\delta + \|\boldsymbol{x}(k)\|^2}\right] - \boldsymbol{A}^{H}\boldsymbol{B}^{-1}\boldsymbol{A} \tag{5.79}$$

3. 失调

定义:

$$C = E\left[\frac{\|\boldsymbol{x}(k)\|^2}{\delta + \|\boldsymbol{x}(k)\|^2}\right] \tag{5.80}$$

基于以下四点合理假设,可对失调进行推导:

(1)联合平稳随机向量 $\boldsymbol{x}(k+1)$ 和 $d(k+1)$ 独立于 $\boldsymbol{x}(i)$ 和 $d(i)$,其中 $i \leqslant k$,这表明 $\boldsymbol{w}(k)$ 独立于 $\boldsymbol{x}(k)$ 和 $d(k)$。

(2)自适应常数满足式(5.77)。

(3)随着 $k \to \infty$,$E[\|\boldsymbol{v}_1(k)\|^2]$ 收敛。

(4)随着 $k \to \infty$,$|\epsilon_1(k)|^2$ 和 $\|\boldsymbol{x}(k)\|^2$ 不再相关,因此

$$\lim_{k\to\infty} E\left[|\epsilon(k)|^2 \frac{\|\boldsymbol{x}(k)\|^2}{(\delta + \|\boldsymbol{x}(k)\|^2)^2}\right] = C\{\lim_{k\to\infty} E[\,|\epsilon_1(k)|^2]\} \tag{5.81}$$

利用式(5.73)计算 $E[\|\boldsymbol{v}_1(k+1)\|^2]$,取 $k \to \infty$ 的极限,再利用假设(3)和假设(4),可得

$$\lim_{k\to\infty} \mathrm{Re}\left\{E\left[\frac{\boldsymbol{v}_1^{H}(k)\epsilon^*(k)\boldsymbol{x}(k)}{\delta + \|\boldsymbol{x}(k)\|^2}\right]\right\} = -\mu C\{\lim_{k\to\infty} E[\,|\epsilon_1(k)|^2]\} \tag{5.82}$$

假设(1)、式(5.40)、式(5.74)、式(5.75)和式(5.71)可得

$$\begin{aligned}\lim_{k\to\infty} E\left[\frac{\boldsymbol{v}_1^{H}(k)\epsilon^*(k)\boldsymbol{x}(k)}{\delta + \|\boldsymbol{x}(k)\|^2}\right] &= -\lim_{k\to\infty} E[\boldsymbol{v}_1^{H}(k)\boldsymbol{B}\boldsymbol{v}_1(k)] \\ &= \epsilon_{m1}^2 - \lim_{k\to\infty} E[\,|\epsilon_1(k)|^2]\end{aligned} \tag{5.83}$$

这是实值函数。将式(5.83)代入式(5.82),可得

$$\lim_{k\to\infty} E[\,|\epsilon_1(k)|^2] = \frac{\epsilon_{m1}^2}{1-\mu C} \tag{5.84}$$

因为 $C \leqslant 1$,假设2保证上式右边为正,且为有限值。失调为

$$\begin{aligned}M &= \frac{\lim_{k\to\infty} E[\,|\epsilon_1(k)|^2] - \epsilon_{m1}^2}{\epsilon_{m1}^2} = \frac{\mu C}{1-\mu C} \\ &\leqslant \frac{\mu}{1-\mu}\end{aligned} \tag{5.85}$$

失调上限不依赖于总输入功率。这一独立性为归一化 LMS 算法提供了相比于计算更为简单的 LMS 算法的优势。

5.3　窄带干扰的消除

对于叠加式扩谱通信系统,窄带干扰是一个严重的问题,即窄带通信系统占用了分配给该系统的频带。对战术扩谱通信进行干扰是另一个窄带干扰的例子,实际系统的扩谱增益是有限的,而这种干扰可能超出实际扩谱系统本身的抗干扰能力。已有多种技术可用于增强直扩系统抗窄带干扰的能力[6-7]。所有这些技术都直接或间接利用了窄带干扰和宽带直扩信号之间的频谱差异。最有用的方法分为时域自适应滤波、变换域处理及非线性滤波等。如图 2.14 或图 2.18 所示的匹配滤波器以码片速率采样后,输出送至处理器对直扩信号中的干扰进行消除,消除方式选择上述方法之一。处理后的信号送至解扩器,过程如图 5.1 所示。由于窄带干扰难以精确知晓,因此,自适应滤波器是变换域处理和非线性滤波的必要组成部分。

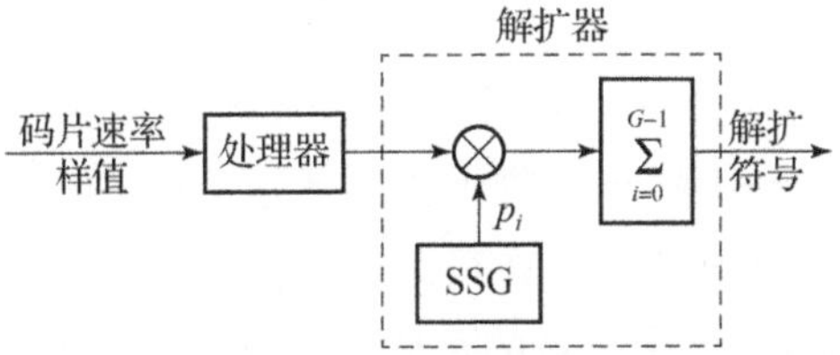

图 5.1　带有消除窄带干扰处理器的直接序列接收机

5.3.1　时域自适应滤波

用于干扰抑制的时域自适应滤波器[8]是通过对接收信号的基带样值进行处理来自适应估计干扰,然后从样值中减去干扰估计值从而消除干扰的。自适应滤波器主要用于预测,它利用窄带信号内在的可预测性,形成精确的干扰副本用于干扰抵消。由于宽带扩谱信号在很大程度上是不可预测的,所以不会明显妨碍对窄带信号的预测。当自适应滤波器被使用时,图 5.1 中的处理器具有图 5.2(a)的形式。自适应滤波器折中了单边或双边数字延时线或移位寄存器,并在每一步提供等于码片间隔 T_c 的延时。每一步输出乘以自适应权重。

除中心抽头输出外,双边自适应滤波器的每个抽头的输出都与一个权重相乘,如图 5.2(b)所示。这说明滤波器使用过去和未来的采样来估计用于抵消的干扰值,因此它是一个内插器。双边滤波器比单边滤波器具有更好的性能,后者称为预测器。自适应算法中的权重控制设计是为了调整权重,以使滤波器的输

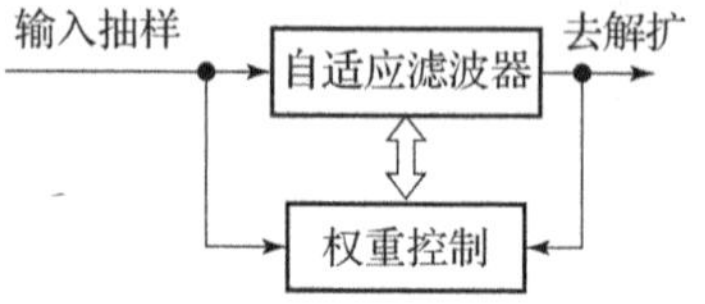

(a) 处理器使用自适应滤波器

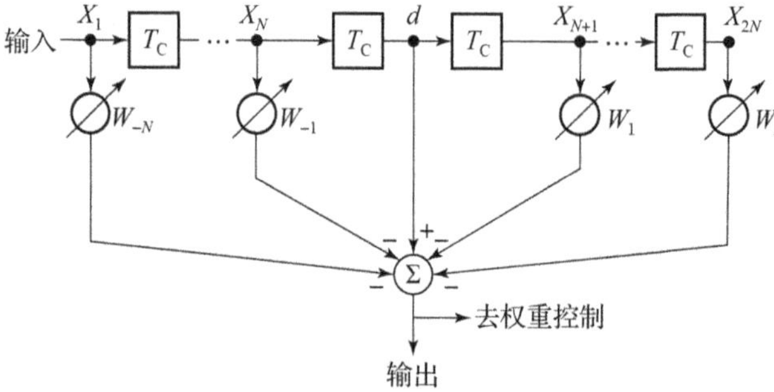

(b) 双边自适应滤波器

图 5.2 滤波器

出功率最小。由于抽头输出的直扩序列分量被延迟了码片间隔的整数倍,导致其在很大程度上彼此不相关,但窄带干扰分量是强相关的,故自适应算法可在滤波器输出中消除干扰,而直扩信号在很大程度上不受影响。

有 $2N+1$ 个抽头和 $2N$ 个权重的自适应滤波器如图 5.2(b)所示。在第 k 次迭代时的 $2N+1$ 输入和权向量分别为

$$\boldsymbol{x}(k)=[x_1(k)\quad x_2(k)\quad \cdots\quad x_{2N}(k)]^{\mathrm{T}} \tag{5.86}$$

和

$$\boldsymbol{w}(k)=[w_{-N}(k)w_{-N+1}(k)\quad \cdots\quad w_{-1}(k)w_1(k)\quad \cdots\quad w_N(k)]^{\mathrm{T}} \tag{5.87}$$

式中:中心抽头输出的 $d(k)$ 是对期望响应的近似,其影响已在 $\boldsymbol{x}(k)$ 中排除。LMS 算法使用式(5.39)~式(5.41)计算权向量。如果二进制相移键控(Binary Phase-Shift Keying,BPSK)信号的相干解调为实值,并输入到自适应滤波器,可假设 $\boldsymbol{x}(k)$ 和 $\boldsymbol{W}(k)$ 具有实值分量。自适应滤波器输出应用于解扩器。

在一定条件下自适应算法迭代一定次数后,权向量均值收敛到最优权向量 $\boldsymbol{w}_0$,由式(5.31)和式(5.43)给出。若假设 $\boldsymbol{w}(k)\to\boldsymbol{w}_0$,则直接分析表明,自适应横向滤波器可显著抑制窄带干扰[6]。虽然增加抽头数量可以加强干扰抑制,但由于有限冲击响应滤波器只能在频域设置有限数量的零点,若干扰信号有非零带宽则干扰总是无法完全抑制。

滤波器输入向量 $\boldsymbol{x}(k)$ 中直扩信号分量会抑制自适应滤波器的作用。可通过面向判决的反馈进行直扩分量的抑制,如图 5.3 所示。之前检测的符号将会

对延时 G 个码片(长序列)或延时扩谱序列一个周期(短序列)的扩谱序列进行再调制。序列经过因子 η 的幅度补偿后,提供了之前输入样值中直扩分量的估计。它与滤波器输入向量的相减得到了干扰加噪声的估计样值,该估计值在很大程度上消除了直扩分量的影响。然后将这些估计样值输入到如图 5.2 所示的、但没有中心抽头的自适应滤波器中,得到的输出为改进后的干扰估计值。从输入样值中减去自适应滤波器产生的这些干扰估计值,就得到了干扰分量相对较小的样值。在此过程中,来自判决器的错误符号将增加横向滤波器输入样值中的直扩分量,由此可能导致错误传播。然而,若输入信号的信干比适中,则性能不会显著恶化。

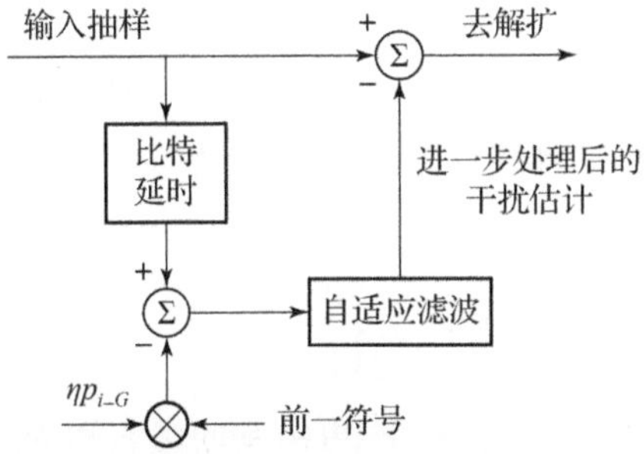

图 5.3　面向判决的自适应滤波器的处理器

自适应滤波器只有在自适应算法收敛后才是有效的,这样可能难以跟踪时变干扰。相比之下,变换域处理对干扰的抑制几乎是瞬时的。

5.3.2　变换域处理

变换域处理器的主要组成如图 5.4 所示。其输入为码片匹配滤波器输出样值,将这些样值组成数据块送至离散时间傅里叶变换器或小波变换器。合理选择变换以能使扩谱信号和干扰在变换域中容易区分。变换后得到的值被称为变换窗格。理想情况下,变换后的干扰分量很大程度上聚集在少数几个窗格中,而扩谱信号分量在所有变换窗格上具有几乎相同的幅度。将包含强干扰的变换窗格中的谱权重设置为 0,而将所有其他窗格的谱权重设置为 1,这样就可通过简单地删除来抑制干扰,而对扩谱信号的影响很小。对包含干扰的变换区域的判决,可基于每个窗格与门限的比较或选择具有最大平均幅度的窗格进行变换。在经过删除操作后,通过逆变换,扩谱信号在很大程度上得以保留。

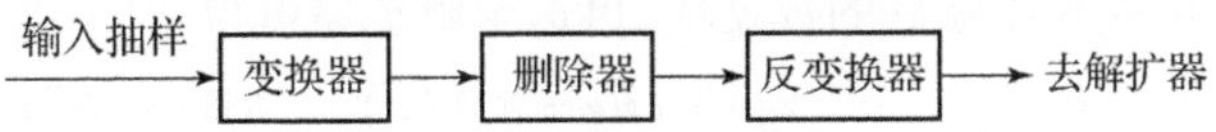

图 5.4　变换域滤波器

使用变换域自适应滤波器作为删除器[7],可获得更好的抗平稳窄带干扰性能。该滤波器调整每个变换窗格输出的非二进制权重。通过设计自适应算法,使得加权后的变换与扩谱信号之差最小化,扩谱信号由处理器输入数据块使用的扩谱序列变换得到。若直扩信号在每个数据符号都使用同样的短扩谱序列,且处理器的每个输入数据块只包含与单个数据符号相对应的码片,则扩谱信号的变换可存储在一个只读存储器中。然而,若使用长扩谱序列,则扩谱信号的变换必须要在接收机扩谱码产生器的输出中周期性产生。自适应滤波器的不足之处主要是其收敛速率难以跟踪快速时变的干扰。

对 N 个输入采样组成的不重叠数据块进行的变换,可定义为 N 个具有 N 分量的正交基向量:

$$\boldsymbol{\phi}_i = [\phi_{i1} \quad \phi_{i2} \quad \cdots \quad \phi_{iN}]^{\mathrm{T}}, i = 1, 2, \cdots, N \tag{5.88}$$

该向量张成了一个 N 维线性空间。由于基向量的分量可能是复数,正交性意味着:

$$\boldsymbol{\phi}_i^{\mathrm{H}} \boldsymbol{\phi}_k = \begin{cases} 0, & i \neq k \\ 1, & i = k \end{cases} \tag{5.89}$$

输入向量 $\boldsymbol{x} = [x_1 \quad x_2 \quad \cdots \quad x_N]^{\mathrm{T}}$ 可由基向量表示为

$$\boldsymbol{x} = \sum_{i=1}^{N} c_i \boldsymbol{\phi}_i \tag{5.90}$$

式中:

$$c_i = \boldsymbol{\phi}_i^{\mathrm{H}} \boldsymbol{x}, \quad i = 1, 2, \cdots, N \tag{5.91}$$

若使用离散傅里叶变换,则 $\phi_{ik} = \exp(\mathrm{j}2\pi ik/N)$,其中 $\mathrm{j} = \sqrt{-1}$。

变换器通过下式的计算抽取变换向量 $\boldsymbol{c} = [c_1 \quad c_2 \quad \cdots \quad c_N]^{\mathrm{T}}$:

$$\boldsymbol{c} = \boldsymbol{B}^{\mathrm{H}} \boldsymbol{x} \tag{5.92}$$

式中:$\boldsymbol{B}$ 是由基向量构成的酉矩阵:

$$\boldsymbol{B} = [\boldsymbol{\phi}_1 \quad \boldsymbol{\phi}_2 \quad \cdots \quad \boldsymbol{\phi}_N] \tag{5.93}$$

删除器将减小向量 $\boldsymbol{c}$ 中那些过大而很可能是干扰分量的元素。计算删除器:

$$\boldsymbol{e} = \boldsymbol{W}(\boldsymbol{c})\boldsymbol{c} \tag{5.94}$$

式中:$\boldsymbol{W}(\boldsymbol{c})$ 为 $N \times N$ 对角加权矩阵,其对角元素为 $w_i(1 \leqslant i \leqslant N)$。一般来说,$\boldsymbol{W}(\boldsymbol{c})$ 的对角元素设置为 +1 或 0,由门限器或自适应滤波器按 $\boldsymbol{c}$ 设置。

由逆变换可得到删除后的数据块,再送至解扩器可得

$$\boldsymbol{z} = [z_1 \quad z_2 \quad \cdots \quad z_N]^{\mathrm{T}} = \boldsymbol{B}\boldsymbol{e} = \boldsymbol{B}\boldsymbol{W}(\boldsymbol{c})\boldsymbol{c} = \boldsymbol{B}\boldsymbol{W}(\boldsymbol{c})\boldsymbol{B}^{\mathrm{H}}\boldsymbol{x} \tag{5.95}$$

若没有删除处理,则有 $\boldsymbol{W}(\boldsymbol{c}) = \boldsymbol{I}$,$\boldsymbol{B}\boldsymbol{B}^{\mathrm{H}} = \boldsymbol{I}$,且 $\boldsymbol{z} = \boldsymbol{x}$,就如同变换和逆变换串

行使用时所期望的一样。

令

$$\boldsymbol{p}=[p_1 \quad p_2 \quad \cdots \quad p_G]^{\mathrm{T}} \tag{5.96}$$

表示扩谱序列的同步副本,它由接收机扩谱码产生器产生。解扩器的输入数据块与本地扩谱序列副本进行相关运算,可得判决变量:

$$V=\boldsymbol{p}^{\mathrm{T}}\boldsymbol{z} \tag{5.97}$$

由式(5.95)~式(5.97),变换域的滤波与解扩可同时实现:

$$V=\boldsymbol{p}^{\mathrm{T}}\boldsymbol{B}\boldsymbol{W}(\boldsymbol{c})\boldsymbol{c} \tag{5.98}$$

5.3.3 卡尔曼滤波拓展

将窄带干扰建模为线性动态系统的一部分,就可使用线性卡尔曼滤波器[5]来提取干扰的最优线性估计。从滤波器的输入中减去该估计值,就可消除解扩器输入信号中的很大一部分干扰。然而,使用近似的扩展卡尔曼滤波器,可设计更好的非线性滤波器。

考虑基于 $r\times 1$ 维观察向量 $\boldsymbol{z}_k$ 的动态系统中 $n\times 1$ 维状态向量 $\boldsymbol{x}_k$ 的估计值。令 $\boldsymbol{\phi}_k$ 表示 $n\times n$ 维状态转移矩阵,$\boldsymbol{H}_k$ 为 $r\times n$ 维观测矩阵,$\boldsymbol{u}_k$ 和 $\boldsymbol{v}_k$ 分别为 $n\times 1$ 和 $r\times 1$ 维扰动向量。根据线性动态系统模型,状态和观测向量满足:

$$\boldsymbol{x}_{k+1}=\boldsymbol{\phi}_k\boldsymbol{x}_k+\boldsymbol{u}_k \tag{5.99}$$

$$\boldsymbol{z}_k=\boldsymbol{H}_k\boldsymbol{x}_k+\boldsymbol{v}_k,\quad 0\leqslant k<\infty \tag{5.100}$$

式中:所有变量都是实数,且 $\boldsymbol{u}_k,\boldsymbol{v}_k,k\geqslant 0$ 都是独立零均值随机向量,且不依赖于彼此以及初始状态 $\boldsymbol{x}_0$。$\boldsymbol{u}_k$ 和 $\boldsymbol{v}_k$ 的协方差矩阵为

$$E[\boldsymbol{u}_k\boldsymbol{u}_k^{\mathrm{T}}]=\boldsymbol{Q}_k,\quad \boldsymbol{R}_k=E[\boldsymbol{v}_k\boldsymbol{v}_k^{\mathrm{T}}] \tag{5.101}$$

令 $\boldsymbol{Z}^k=[z_1 \quad z_2 \quad \cdots \quad z_k]$表示前 k 个观测向量。令 $f(\boldsymbol{z}_k|\boldsymbol{Z}^k)$ 和 $f(\boldsymbol{x}_k|\boldsymbol{Z}^k)$ 分别表示在条件 $\boldsymbol{Z}^k$ 下 $\boldsymbol{z}_k$ 和 $\boldsymbol{x}_k$ 的概率密度函数。$\boldsymbol{x}_k$ 的条件均值和协方差矩阵分别为

$$\hat{\boldsymbol{x}}_k=E[\boldsymbol{x}_k|\boldsymbol{Z}^k] \tag{5.102}$$

和

$$\boldsymbol{P}_k=E[(\boldsymbol{x}_k-\hat{\boldsymbol{x}}_k)(\boldsymbol{x}_k-\hat{\boldsymbol{x}}_k)^{\mathrm{T}}|\boldsymbol{Z}^k] \tag{5.103}$$

$\boldsymbol{x}_k$ 关于 $\boldsymbol{Z}^{k-1}$的条件均值和协方差矩阵分别为

$$\hat{\boldsymbol{x}}_k=E[\boldsymbol{x}_k|\boldsymbol{Z}^{k-1}] \tag{5.104}$$

和

$$\boldsymbol{M}_k=E[(\boldsymbol{x}_k-\bar{\boldsymbol{x}}_k)(\boldsymbol{x}_k-\bar{\boldsymbol{x}}_k)^{\mathrm{T}}|\boldsymbol{Z}^{k-1}] \tag{5.105}$$

若 $f(\boldsymbol{x}_k|\boldsymbol{Z}^{k-1})$ 表示均值为 $\bar{\boldsymbol{x}}_k$、协方差矩阵为 $n\times n$ 维矩阵 $\boldsymbol{M}_k$ 的 n 维高斯概

率密度函数,则由附录 A.1 中的式(A.18)可得

$$f(\boldsymbol{x}_k|\boldsymbol{Z}^{k-1})=(2\pi)^{-n/2}(\det\boldsymbol{M}_k)^{-1/2}\exp\left[-\frac{1}{2}(\boldsymbol{x}_k-\bar{\boldsymbol{x}}_k)^{\mathrm{T}}\boldsymbol{M}_k^{-1}(\boldsymbol{x}_k-\bar{\boldsymbol{x}}_k)\right] \tag{5.106}$$

由式(5.100),条件 $\boldsymbol{Z}^{k-1}$下 $\boldsymbol{z}_k$ 的期望为

$$\bar{\boldsymbol{z}}_k=E[\boldsymbol{z}_k|\boldsymbol{Z}^{k-1}]=\boldsymbol{H}_k\bar{\boldsymbol{x}}_k \tag{5.107}$$

由式(5.100)、式(5.101)和式(5.105),条件 $\boldsymbol{Z}^{k-1}$下 $\boldsymbol{z}_k$ 的协方差矩阵为

$$\boldsymbol{L}_k=E[(\boldsymbol{z}_k-\bar{\boldsymbol{z}}_k)(\boldsymbol{z}_k-\bar{\boldsymbol{z}}_k)^{\mathrm{T}}|\boldsymbol{Z}^{k-1}]=\boldsymbol{H}_k\boldsymbol{M}_k\boldsymbol{H}_k^{\mathrm{T}}+\boldsymbol{R}_k \tag{5.108}$$

无须假设$f(\boldsymbol{z}_k|\boldsymbol{Z}^{k-1})$为高斯概率密度函数,以下定理扩展了卡尔曼滤波器。

Masreliez 定理

考虑由式(5.99)至式(5.101)描述的动态系统。

假设$f(\boldsymbol{x}_k|\boldsymbol{Z}^{k-1})$为高斯概率密度函数,其均值为 n 维向量 $\bar{\boldsymbol{x}}_k$,协方差矩阵为 $n\times n$ 维矩阵 $\boldsymbol{M}_k$,且$f(\boldsymbol{z}_k|\boldsymbol{Z}^{k-1})$关于 $\boldsymbol{z}_k$ 的 r 个元素二阶可微,则条件期望$\hat{\boldsymbol{x}}_k$ 及条件协方差 $\boldsymbol{P}_k$ 满足:

$$\hat{\boldsymbol{x}}_k=\bar{\boldsymbol{x}}_k+\boldsymbol{M}_k\boldsymbol{H}_k^{\mathrm{T}}\boldsymbol{g}_k(\boldsymbol{z}_k) \tag{5.109}$$

$$\boldsymbol{P}_k=\boldsymbol{M}_k-\boldsymbol{M}_k\boldsymbol{H}_k^{\mathrm{T}}\boldsymbol{G}_k(\boldsymbol{z}_k)\boldsymbol{H}_k\boldsymbol{M}_k \tag{5.110}$$

$$\boldsymbol{M}_{k+1}=\boldsymbol{\Phi}_k\boldsymbol{p}_k\boldsymbol{\Phi}_k^{\mathrm{T}}+\boldsymbol{Q}_k \tag{5.111}$$

$$\bar{\boldsymbol{x}}_{k+1}=\boldsymbol{\Phi}_k\hat{\boldsymbol{x}}_k \tag{5.112}$$

式中:$\boldsymbol{g}_k(\boldsymbol{z}_k)$为 $r\times 1$ 维向量:

$$\boldsymbol{g}_k(\boldsymbol{z}_k)=-\frac{1}{f(\boldsymbol{z}_k|\boldsymbol{Z}^{k-1})}\nabla_{\boldsymbol{z}_k}f(\boldsymbol{z}_k|\boldsymbol{Z}^{k-1}) \tag{5.113}$$

$\boldsymbol{G}_k(\boldsymbol{z}_k)$为 $r\times r$ 维矩阵,其元素为

$$\{\boldsymbol{G}_k(\boldsymbol{z}_k)\}_{il}=\frac{\partial\{\boldsymbol{g}_k(\boldsymbol{z}_k)\}_l}{\partial z_{ki}} \tag{5.114}$$

且 z_{kl}是 $\boldsymbol{z}_k$ 的第 l 个元素。

证明:

当 $\boldsymbol{x}_k$ 给定时,式(5.100)表明 $\boldsymbol{z}_k$ 与 $\boldsymbol{Z}^{k-1}$相互独立。因此,由贝叶斯准则可得

$$\begin{aligned}f(\boldsymbol{z}_k|\boldsymbol{Z}^k)&=f(\boldsymbol{x}_k|\boldsymbol{Z}^{k-1},\boldsymbol{z}_k)\\&=bf(\boldsymbol{x}_k|\boldsymbol{Z}^{k-1})f(\boldsymbol{z}_k|\boldsymbol{x}_k)\end{aligned} \tag{5.115}$$

式中

$$b=[f(\boldsymbol{z}_k|\boldsymbol{Z}^{k-1})]^{-1} \tag{5.116}$$

由式(5.102)和式(5.115)可得

$$\hat{\boldsymbol{x}}_k - \bar{\boldsymbol{x}}_k = b\int_{R^n}(\boldsymbol{x}_k - \bar{\boldsymbol{x}}_k)f(z_k|\boldsymbol{x}_k)f(\boldsymbol{x}_k|\boldsymbol{Z}^{k-1})\mathrm{d}\boldsymbol{x}_k \tag{5.117}$$

将式(5.106)用于以上被积函数,并以$\nabla_{x_k}f(\boldsymbol{x}_k|\boldsymbol{Z}^{k-1})$形式表达,再进行分部积分,注意到高斯概率密度函数$f(\boldsymbol{x}_k|\boldsymbol{Z}^{k-1})$在其极值点处为零,可得

$$\begin{aligned}\hat{\boldsymbol{x}}_k - \bar{\boldsymbol{x}}_k &= b\boldsymbol{M}_k\int_{R^n}f(z_k|\boldsymbol{x}_k)\boldsymbol{M}_k^{-1}(\boldsymbol{x}_k - \bar{\boldsymbol{x}}_k)f(\boldsymbol{x}_k|\boldsymbol{Z}^{k-1})\mathrm{d}\boldsymbol{x}_k \\ &= -b\boldsymbol{M}_k\int_{R^n}f(z_k|\boldsymbol{x}_k)\nabla_{x_k}f(\boldsymbol{x}_k|\boldsymbol{Z}^{k-1})\mathrm{d}\boldsymbol{x}_k \\ &= b\boldsymbol{M}_k\int_{R^n}f(\boldsymbol{x}_k|\boldsymbol{Z}^{k-1})\nabla_{x_k}f(z_k|\boldsymbol{x}_k)\mathrm{d}\boldsymbol{x}_k\end{aligned} \tag{5.118}$$

式中:$\partial/\partial x_{ki}$为$n\times 1$维梯度向量∇_{x_k}的第i个元素。式(5.100)意味着:

$$\begin{aligned}\nabla_{x_k}f(z_k|\boldsymbol{x}_k) &= \nabla_{x_k}f_v(z_k - \boldsymbol{H}_k\boldsymbol{x}_k) = -\boldsymbol{H}_k^{\mathrm{T}}\nabla_{z_k}f_v(z_k - \boldsymbol{H}_k\boldsymbol{x}_k) \\ &= -\boldsymbol{H}_k^{\mathrm{T}}\nabla_{z_k}f(z_k|\boldsymbol{x}_k)\end{aligned} \tag{5.119}$$

式中:$f_v(\cdot)$为$\boldsymbol{v}_k$的密度函数。将上式代入式(5.118),可得

$$\begin{aligned}\hat{\boldsymbol{x}}_k - \bar{\boldsymbol{x}}_k &= -b\boldsymbol{M}_k\boldsymbol{H}_k^{\mathrm{T}}\int_{R^n}f(\boldsymbol{x}_k|\boldsymbol{Z}^{k-1})\nabla_{z_k}f(z_k|\boldsymbol{x}_k)\mathrm{d}\boldsymbol{x}_k \\ &= -b\boldsymbol{M}_k\boldsymbol{H}_k^{\mathrm{T}}\nabla_{z_k}\int_{R^n}f(\boldsymbol{x}_k|\boldsymbol{Z}^{k-1})f(z_k|\boldsymbol{x}_k)\mathrm{d}\boldsymbol{x}_k \\ &= -b\boldsymbol{M}_k\boldsymbol{H}_k^{\mathrm{T}}\nabla_{z_k}\int_{R^n}f(\boldsymbol{x}_k|\boldsymbol{Z}^{k-1})f(z_k|\boldsymbol{Z}^{k})\mathrm{d}\boldsymbol{x}_k \\ &= -b\boldsymbol{M}_k\boldsymbol{H}_k^{\mathrm{T}}\nabla_{z_k}f(z_k|\boldsymbol{Z}^{k-1})\end{aligned} \tag{5.120}$$

式中:第二个等式成立是因为$f(\boldsymbol{x}_k|\boldsymbol{Z}^{k-1})$不是$z_k$的函数;将式(5.115)和式(5.116)代入可得出第三个等式。将式(5.113)代入式(5.120),可得到式(5.109)。

为推导式(5.110),在式(5.103)中分别加上和减去$\bar{\boldsymbol{x}}_k$,再利用式(5.109),可得

$$\boldsymbol{P}_k = E[(\boldsymbol{x}_k - \bar{\boldsymbol{x}}_k)(\boldsymbol{x}_k - \bar{\boldsymbol{x}}_k)^{\mathrm{T}}|\boldsymbol{Z}^k] - \boldsymbol{M}_k\boldsymbol{H}_k^{\mathrm{T}}\boldsymbol{g}_k(z_k)\boldsymbol{g}_k^{\mathrm{T}}(z_k)\boldsymbol{H}_k\boldsymbol{M}_k \tag{5.121}$$

式(5.121)第一项可表示为$\boldsymbol{P}_{k1}$,可利用与推导式(5.109)类似的方法计算。综合若干类似前面已解释过的中间步骤,可得:

$$\begin{aligned}\boldsymbol{P}_{k1} &= b\int_{R^n}(\boldsymbol{x}_k - \bar{\boldsymbol{x}}_k)f(z_k|\boldsymbol{x}_k)f(\boldsymbol{x}_k|\boldsymbol{Z}^{k-1})(\boldsymbol{x}_k - \bar{\boldsymbol{x}}_k)^{\mathrm{T}}\mathrm{d}\boldsymbol{x}_k \\ &= -b\boldsymbol{M}_k\int_{R^n}\nabla_{x_k}f(\boldsymbol{x}_k|\boldsymbol{Z}^{k-1})f(z_k|\boldsymbol{x}_k)(\boldsymbol{x}_k - \bar{\boldsymbol{x}}_k)^{\mathrm{T}}\mathrm{d}\boldsymbol{x}_k \\ &= b\boldsymbol{M}_k\int_{R^n}f(\boldsymbol{x}_k|\boldsymbol{Z}^{k-1})[f(z_k|\boldsymbol{x}_k)\mathbf{1} + \nabla_{x_k}f(z_k|\boldsymbol{x}_k)(\boldsymbol{x}_k - \bar{\boldsymbol{x}}_k)^{\mathrm{T}}]\mathrm{d}\boldsymbol{x}_k \\ &= \boldsymbol{M}_k - b\boldsymbol{M}_k\boldsymbol{H}_k^{\mathrm{T}}\int_{R^n}f(\boldsymbol{x}_k|\boldsymbol{Z}^{k-1})\nabla_{z_k}f(z_k|\boldsymbol{x}_k)(\boldsymbol{x}_k - \bar{\boldsymbol{x}}_k)^{\mathrm{T}}\mathrm{d}\boldsymbol{x}_k\end{aligned}$$

$$= \boldsymbol{M}_k - b\boldsymbol{M}_k\boldsymbol{H}_k^{\mathrm{T}}\int_{R^n}\nabla_{z_k}[f(z_k|\boldsymbol{Z}^{k-1})f(\boldsymbol{x}_k|\boldsymbol{Z}^k)](\boldsymbol{x}_k - \bar{\boldsymbol{x}}_k)^{\mathrm{T}}\mathrm{d}\boldsymbol{x}_k$$

$$= \boldsymbol{M}_k + \boldsymbol{M}_k\boldsymbol{H}_k^{\mathrm{T}}\boldsymbol{g}_k(z_k)\boldsymbol{g}_k^{\mathrm{T}}(z_k)\boldsymbol{H}_k\boldsymbol{M}_k - \boldsymbol{M}_k\boldsymbol{H}_k^{\mathrm{T}}\nabla_{z_k}\boldsymbol{g}_k^{\mathrm{T}}(z_k)\boldsymbol{H}_k\boldsymbol{M}_k \quad (5.122)$$

由式(5.106)微分可得第二个等式,通过分部积分可得第三个等式,由式(5.115)和式(5.119)可得第四个等式,由式(5.115)可得第五个等式,利用链式法则并代入式(5.113)、式(5.113)和式(5.116)可得最后一个等式。综合式(5.122)和式(5.121)和式(5–92),可得式(5.110)和式(5.114)。

使用式(5.111)定义的$\boldsymbol{M}_{k+1}$,并代入式(5.99)、式(5.104)和式(5.103)可推导得到式(5.105)。由式(5.104)和式(5.100)可得到式(5.112)。

证毕。

若$f(z_k|\boldsymbol{Z}^{k-1})$是高斯密度函数,则该定理所定义的滤波器为卡尔曼滤波器:

$$f(z_k|\boldsymbol{Z}^{k-1}) = (2\pi)^{-n/2}(\det\boldsymbol{L}_k)^{-1/2}\exp\left[-\frac{1}{2}(z_k - \bar{z}_k)^{\mathrm{T}}\boldsymbol{L}_k^{-1}(z_k - \bar{z}_k)\right] \quad (5.123)$$

将上式、式(5.107)和式(5.108)代入式(5.113)和式(5.114),可得:

$$\boldsymbol{g}_k(z_k) = (\boldsymbol{H}_k\boldsymbol{M}_k\boldsymbol{H}_k^{\mathrm{T}} + \boldsymbol{R}_k)^{-1}(z_k - \boldsymbol{H}_k\bar{\boldsymbol{x}}_k) \quad (5.124)$$

$$\boldsymbol{G}_k(z_k) = (\boldsymbol{H}_k\boldsymbol{M}_k\boldsymbol{H}_k^{\mathrm{T}} + \boldsymbol{R}_k)^{-1} \quad (5.125)$$

将上述两式代入式(5.109)和式(5.110),可得常规卡尔曼滤波器方程。

5.3.4 ACM 滤波器

为将该定理用于 BPSK 调制的直扩系统干扰抑制,滤波器输入端的窄带干扰序列$\{i_k\}$建模为满足下式的自回归过程:

$$i_k = \sum_{l=1}^{q}\phi_l i_{k-l} + e_k \quad (5.126)$$

式中:e_k为零均值、方差为σ_i^2的独立随机变量,且接收机已知$\{\phi_l\}$。由于需要估计i_k,而观测噪声v_k为直扩信号s_k与独立零均值高斯噪声n_k之和:

$$v_k = s_k + n_k \quad (5.127)$$

系统的状态空间表示为

$$\boldsymbol{x}_k = \boldsymbol{\Phi}\boldsymbol{x}_{k-1} + \boldsymbol{u}_k \quad (5.128)$$

$$\begin{aligned} z_k &= \boldsymbol{H}\boldsymbol{x}_k + v_k \\ &= i_k + s_k + n_k \end{aligned} \quad (5.129)$$

式中:

$$\boldsymbol{x}_k = [i_k \quad i_{k-1} \quad \cdots \quad i_{k-q+1}]^{\mathrm{T}} \quad (5.130)$$

$$\boldsymbol{\phi}=\begin{bmatrix}\phi_1 & \phi_2 & \cdots & \phi_{q-1} & \phi_q\\ 1 & 0 & \cdots & 0 & 0\\ 0 & 1 & \cdots & 0 & 0\\ \vdots & \vdots & & \vdots & \vdots\\ 0 & 0 & \cdots & 1 & 0\end{bmatrix} \tag{5.131}$$

$$\boldsymbol{u}_k=[e_k\quad 0\quad \cdots\quad 0]^{\mathrm{T}} \tag{5.132}$$

$$\boldsymbol{H}=[1\quad 0\quad \cdots\quad 0] \tag{5.133}$$

协方差矩阵 $\boldsymbol{Q}_k$ 包含唯一的非零元素 σ_e^2。由于状态向量 $\boldsymbol{x}_k$ 的第一个元素是干扰信号 i_k，则状态估计 $\boldsymbol{H}\hat{\boldsymbol{x}}_k=\hat{i}_k$ 提供了干扰估计值。从接收信号中减去该估计值就可消除干扰。

对于随机扩谱序列，$s_k=+c$ 或 $-c$ 的概率相等。若 n_k 服从均值为零、方差为 σ_n^2 的高斯分布，则 v_k 的概率密度为

$$f_v(x)=\frac{1}{2}\mathcal{N}_x(c,\sigma_n^2)+\frac{1}{2}\mathcal{N}_x(-c,\sigma_n^2) \tag{5.134}$$

式中：

$$N_x(m,\sigma^2)=\frac{1}{\sqrt{2\pi}\sigma}\exp\left(-\frac{(x-m)^2}{2\sigma^2}\right) \tag{5.135}$$

由于 i_k 和 n_k 都与 s_k 独立，因此，在已知 $\boldsymbol{Z}^{k-1}$ 和 $s_k=\pm c$ 的前提下，z_k 的条件期望值为

$$E[z_k\mid\boldsymbol{Z}^{k-1},s_k=\pm c]=\bar{i}_k\pm c \tag{5.136}$$

式中：$\bar{i}_k$ 为 i_k 的条件期望值：

$$\bar{i}_k=E[i_k\mid\boldsymbol{Z}^{k-1}] \tag{5.137}$$

因此，以 $\boldsymbol{Z}^{k-1}$ 和 $s_k=\pm c$ 为条件的 z_k 的方差为

$$\begin{aligned}\sigma_z^2&=E[(z_k-\bar{i}_k\mp c)^2\mid\boldsymbol{Z}^{k-1},s_k=\pm c]\\&=E[(i_k-\bar{i}_k)^2\mid\boldsymbol{Z}^{k-1}]+\sigma_n^2\end{aligned} \tag{5.138}$$

式(5.126)表明即使 e_k 服从高斯分布，i_k 也不是独立高斯随机变量的总和。因此，i_k 不服从高斯分布（见附录 A.1），则如 Masreliez 定理所要求的，概率密度 $f(\boldsymbol{x}_k\mid\boldsymbol{Z}^{k-1})$ 也是非高斯的。然而，通过假设 $f(\boldsymbol{x}_k\mid\boldsymbol{Z}^{k-1})$ 近似高斯，就可利用该定理结论推导出近似条件均值（Approximate Conditional Mean，ACM）滤波器[7]。

由于 $f(\boldsymbol{x}_k\mid\boldsymbol{Z}^{k-1})$ 可由高斯概率密度近似，且 i_k 独立于 s_k，则 $f(\boldsymbol{H}\boldsymbol{x}_k\mid\boldsymbol{Z}^{k-1},s_k)=f(i_k\mid\boldsymbol{Z}^{k-1},s_k)$ 可由高斯概率密度近似。由于 n_k 服从高斯分布，则可知 $f(z_k\mid\boldsymbol{Z}^{k-1},s_k)=f(i_k+s_k+n_k\mid\boldsymbol{Z}^{k-1},s_k)$ 可由高斯概率密度近似。因此，由全概率

定理及式(5.134)可得

$$f(z_k|\mathbf{Z}^{k-1})=\frac{1}{2}\mathcal{N}_{z_k}(\bar{i}_k+c,\sigma_z^2)+\frac{1}{2}N_{z_k}(\bar{i}_k-c,\sigma_z^2)$$
$$=\frac{1}{\sqrt{2\pi}\sigma_z}\exp\left(-\frac{\mathcal{E}_k^2+c^2}{2\sigma_z^2}\right)\cosh\left(\frac{c\mathcal{E}_k}{\sigma_z^2}\right) \tag{5.139}$$

式中:更新或预测残差为

$$\epsilon_k=z_k-\bar{i}_k \tag{5.140}$$

由式(5.136)可得:

$$\bar{z}_k=E[z_k|\mathbf{Z}^{k-1}]=\bar{i}_k \tag{5.141}$$

将式(5.139)代入式(5.113),可得:

$$g_k(z_k)=\frac{1}{\sigma_z^2}\left[\mathcal{E}_k-c\tanh\left(\frac{c\epsilon_k}{\sigma_z^2}\right)\right] \tag{5.142}$$

将式(5.142)代入式(5.114),可得:

$$G_k(z_k)=\frac{1}{\sigma_z^2}\left[1-\frac{c^2}{\sigma_z^2}\mathrm{sech}^2\left(\frac{c\epsilon_k}{\sigma_z^2}\right)\right] \tag{5.143}$$

ACM 滤波器的更新方程由式(5.109)至式(5.112)、式(5.142)和式(5.143)给出。非线性 ACM 滤波器和线性卡尔曼滤波器之间的差别在于式(5.142)和式(5.143)中的非线性函数 tanh 和 sech。

5.3.5 自适应 ACM 滤波器

在实际应用中,式(5.131)中矩阵 $\boldsymbol{\Phi}$ 的元素未知,且可能随时间变化。为解决这些问题,需要能够跟踪干扰的自适应算法。自适应 ACM 滤波器产生干扰估计 $\hat{z}_k$ 且输出为

$$\hat{\epsilon}_k=z_k-\hat{z}_k \tag{5.144}$$

理想情况下它是 s_k+n_k 与少量 i_k 残留之和。因此,是干扰而非噪声被抑制。

为使用非线性 ACM 滤波器的结构,可注意到若 s_k 不存在,则式(5.142)中括号内的第二项也将不存在。因此,$c\tanh(c\epsilon_k/\sigma_z^2)$ 可解释为对直扩信号 s_k 的软判决。自适应横向滤波器在 k 时刻的输入是观察值 z_k 与下述软判决之差:

$$\tilde{z}_k=z_k-c\tanh\left(\frac{c\hat{\epsilon}_k}{\sigma_z^2}\right)$$
$$=\hat{z}_k+\rho(\hat{\epsilon}_k) \tag{5.145}$$

式中:

$$\rho(\hat{\epsilon}_k)=\hat{\epsilon}_k-c\tanh\left(\frac{c\hat{\epsilon}_k}{\sigma_z^2}\right) \tag{5.146}$$

输入信号 $\tilde{z}_k$作为干扰的粗略估计,可通过自适应滤波器进行更精确估计。单边自适应 ACM 滤波器结构[7]如图5.5所示。自适应滤波器的输出提供了干扰的估计:

$$\hat{z}_k=\boldsymbol{w}^{\mathrm{T}}(k)\,\tilde{\boldsymbol{z}}(k) \tag{5.147}$$

式中:$\boldsymbol{w}(k)$为第 k 次迭代后的权向量,且

$$\tilde{\boldsymbol{z}}(k)=[\tilde{z}_{k-1}\quad \tilde{z}_{k-2}\quad \cdots \quad \tilde{z}_{k-N}]^{\mathrm{T}} \tag{5.148}$$

是从滤波器抽头抽取的第 k 次迭代时的输入向量。当 $\tilde{\boldsymbol{z}}(k)$仅是一个由 s_k 引起的较小分量时,滤波器能够有效跟踪干扰,且其输出 $\hat{z}_k$ 是良好的干扰估计值。

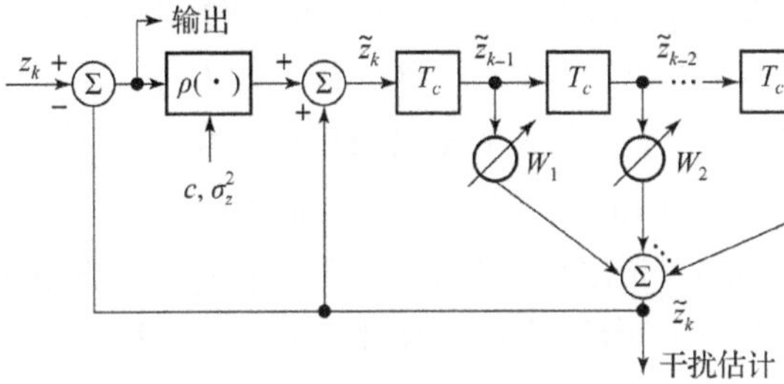

图5.5 自适应ACM滤波器

归一化LMS算法(见5.2节)可用于实现自适应ACM滤波器,其中 $\tilde{z}_k$可近似作为所期望的响应 i_k。归一化LMS算法可能被表示为

$$\boldsymbol{w}(k)=\boldsymbol{w}(k-1)-\frac{2\mu}{\delta+\|\tilde{\boldsymbol{z}}(k)\|^2}(\hat{z}_k-\tilde{z}_k)\,\tilde{\boldsymbol{z}}(k) \tag{5.149}$$

式中:μ 为自适应常数,其中 $0<\mu<1$,且 δ 为正的常数。

计算 $\rho(\hat{\epsilon}_k)$需要 σ_z^2 的估计值。若以自适应滤波器输出的 $\hat{z}_k$ 来近似 $\bar{i}_k$,则 $\mathrm{var}(\hat{\epsilon}_k)\approx\sigma_z^2$。因此,若通过计算滤波器输出样值的方差得到 $\mathrm{var}(\hat{\epsilon}_k)$的估计则也提供了 σ_z^2 的估计。

衡量滤波器性能的指标是信干噪比(Signal - to - Interference - and - Noise Ratio,SINR)改善量,即输出SINR与输入SINR之比。由于滤波器不会改变信号功率,因此SINR改善量为

$$R=\frac{E\{|z_k-s_k|^2\}}{E\{|\hat{\epsilon}_k-s_k|^2\}} \tag{5.150}$$

从性能度量方面来说,若噪声 n_k 的功率小于直扩信号 s_k 的功率,则可发现

非线性自适应 ACM 滤波器具有比线性卡尔曼滤波器好得多的窄带干扰抑制能力。若前提条件不能满足,则其性能优势将很小甚至消失。式(5.146)显示了其不足之处,即要求估计参数 c 和 σ_z^2,并计算和储存 tanh 函数。

前面提到的线性和非线性抗干扰方法都属于预测方法,主要利用了窄带干扰内在的可预测性。理论上可利用源于多用户检测的方法进一步抑制干扰(见6.4节)。其中一些方法可同时抑制窄带干扰和多址接入干扰。但需要比 ACM 滤波器更多的计算量和参数估计。因此,如果有的话,最强大的自适应方法实际上只能用于短扩谱序列。

5.4 宽带干扰消除

当直扩系统是由类似系统所构成网络的一部分时,由类似系统引起的多址干扰(见第7章)是主要关注点。因为这种干扰可能对于实际扩谱系统本身的抗干扰能力太强,而实际系统的扩谱增益是有限的。由于这类干扰与所期望的直扩信号有相似的功率谱,则消除窄带干扰的滤波器无效,就需要其他类型的自适应滤波器。利用已知的扩谱序列,自适应滤波器能够潜在地抑制多址干扰和一般的宽带干扰。如图5.1所示,实现码片速率处理优于解扩。

5.4.1 拉格朗日乘子

考虑在 m 个等式 $g_i(\boldsymbol{x})=0, i=1,2,\cdots,m$ 约束下,可微函数 $f(\boldsymbol{x})$ 的极小值或极大值,其中 $g_i(\boldsymbol{x})$ 是可微的。原则上,可利用每个约束解出 $\boldsymbol{x}$ 的一个元素,然后在更小的独立变量集内求函数的极小或极大值。但实际上,这种方法通常非常困难。拉格朗日乘子法[9-10]提供了求解局部极小或极大值的替代方法。由于 $f(\boldsymbol{x})$ 极大化等效于 $-f(\boldsymbol{x})$ 的极小化,因此主要讨论 $f(\boldsymbol{x})$ 的极小化。

令 $\boldsymbol{x}_0$ 表示约束条件为 $g_i(\boldsymbol{x})=0, i=1,2,\cdots,m$、定义在 $\mathcal{R}^n\rightarrow\mathcal{R}$ 上的连续可微函数 f 的局部极小点,其中每个 $g_i(\boldsymbol{x})$ 都是连续可微函数,g_i 定义在 $\mathcal{R}^n\rightarrow\mathcal{R}$ 上,且 $\{\nabla_x g_i(\boldsymbol{x}_0)\}$ 彼此线性独立。令

$$\boldsymbol{G}=\begin{bmatrix}\nabla_x^{\mathrm{T}} g_1(\boldsymbol{x}_0)\\ \nabla_x^{\mathrm{T}} g_2(\boldsymbol{x}_0)\\ \vdots\\ \nabla_x^{\mathrm{T}} g_m(\boldsymbol{x}_0)\end{bmatrix} \tag{5.151}$$

表示 $m\times n$ 维梯度矩阵,$m\leqslant n$。令 $\boldsymbol{R}(\boldsymbol{G}^{\mathrm{T}})$ 表示 $\boldsymbol{G}^{\mathrm{T}}$ 的值域,它是由 m 维线性独立向量 $\{\nabla_x g_i(\boldsymbol{x}_o)\}$ 张成的子空间。令 $\boldsymbol{N}(\boldsymbol{G})$ 表示 $\boldsymbol{G}$ 的 n 维零空间,这表明 $n\times 1$

维向量 $\boldsymbol{t} \in \boldsymbol{N}(\boldsymbol{G})$ 满足：

$$\boldsymbol{G}\boldsymbol{t} = \boldsymbol{0} \tag{5.152}$$

因此，$\boldsymbol{N}(\boldsymbol{G})$ 中的任意向量是位于由约束定义的多维平面上点 $\boldsymbol{x}_0$ 的正切向量，且由 $\boldsymbol{x}_0$ 沿着正切向量的无穷小运动给出的点仍位于平面上。

因为 $\boldsymbol{x}_0$ 为局部极小点和 $\nabla_x f(\boldsymbol{x}_0)$ 具有连续元素，所以 $\boldsymbol{N}(\boldsymbol{G})$ 中任意向量必须垂直于 $\nabla_x f(\boldsymbol{x}_0)$，因而沿着向量的无穷小运动不能减少 $f(\boldsymbol{x})$。因此，在局部极小点 $\boldsymbol{x}_0$ 满足约束条件，须有

$$\nabla_x^{\mathrm{T}} f(\boldsymbol{x}_0)\boldsymbol{t} = \boldsymbol{0} \tag{5.153}$$

对每个正切向量 $\boldsymbol{t} \in \boldsymbol{N}(\boldsymbol{G})$ 都成立。利用线性代数及式(5.153)，有 $\nabla_x f(\boldsymbol{x}_0) \in (\boldsymbol{N}(\boldsymbol{G}))^{\perp} = \boldsymbol{R}(\boldsymbol{G}^{\mathrm{T}})$，其中 $\boldsymbol{A}^{\perp}$ 表示垂直于子空间 $\boldsymbol{A}$ 的子空间 $\boldsymbol{A}^{\perp}$。因此，$\nabla_x f(\boldsymbol{x}_0)$ 必定是 $\{\nabla_x g_i(\boldsymbol{x}_0)\}$ 的线性组合：

$$\nabla_x f(\boldsymbol{x}_0) = -\sum_{i=1}^{m} \lambda_i \nabla_x g_i(\boldsymbol{x}_0) \tag{5.154}$$

式中：$\lambda_1, \lambda_2, \cdots, \lambda_m$ 是选择合适的拉格朗日乘子。上式意味着约束条件下 $\boldsymbol{x}_0$ 成为 $f(\boldsymbol{x})$ 的局部极小点的必要条件为 $\boldsymbol{x}_0$ 是非约束拉格朗日函数的驻点：

$$L(\boldsymbol{x}, \lambda) = f(\boldsymbol{x}) + \sum_{i=1}^{m} \lambda_i g_i(\boldsymbol{x}) \tag{5.155}$$

拉格朗日乘子法需要找出拉格朗日函数的驻点及满足约束条件的 $g_i(\boldsymbol{x}) = 0$ 的拉格朗日乘子，$i = 1, 2, \cdots, m$。一旦找到驻点，就必须确定这些点是否是局部极小化或全局最小化 $f(\boldsymbol{x})$。

5.4.2　最小功率约束准则

作为一种性能准则，最小功率约束准则具有避免自适应滤波器无意消除有用信号的固有特性。令 $\boldsymbol{p}$ 表示期望信号的短扩谱序列构成的 $G \times 1$ 维向量。令 $\boldsymbol{x} = d\boldsymbol{A}\boldsymbol{p} + \boldsymbol{n}$ 表示码片匹配滤波器处理一个符号 $d = \pm 1$ 时 G 个连续输出构成的 $G \times 1$ 维输出向量，其中 $\boldsymbol{n}$ 为滤波器输出的干扰和噪声，A 为幅度。针对线性检测器的输出为 $y = \boldsymbol{w}^{\mathrm{H}}\boldsymbol{x}$，其中 $\boldsymbol{w}$ 为 $G \times 1$ 维复权向量。$\boldsymbol{p}$ 的每个元素为 $+1$ 或 -1，因此：

$$\boldsymbol{p}^{\mathrm{T}}\boldsymbol{p} = G \tag{5.156}$$

假设 $\boldsymbol{x}$ 是平稳统计量，且具有正定自相关矩阵 $\boldsymbol{R}_x$。最小功率约束准则要求权向量能够最小化平均输出功率：

$$E[\,|y|^2\,] = \boldsymbol{w}^{\mathrm{H}}\boldsymbol{R}_x\boldsymbol{w} \tag{5.157}$$

约束条件为

$$\boldsymbol{w}^{\mathrm{H}}\boldsymbol{p} = 1 \tag{5.158}$$

通过强制内积等于1，约束条件抑制了期望信号的失真。因此，最小功率趋

向于抑制干扰和噪声。

利用拉格朗日乘子法,可得实值拉格朗日函数为

$$H = \boldsymbol{w}^{\mathrm{H}}\boldsymbol{R}_x\boldsymbol{w} + \gamma_1[\mathrm{Re}(\boldsymbol{w}^{\mathrm{H}}\boldsymbol{p})] + \gamma_2[\mathrm{Im}(\boldsymbol{w}^{\mathrm{H}}\boldsymbol{p})] \tag{5.159}$$

式中:γ_1 和 γ_2 为实值拉格朗日乘子。定义 $\gamma = \gamma_1 - \mathrm{j}\gamma_2$,可得:

$$\begin{aligned} H &= \boldsymbol{w}^{\mathrm{H}}\boldsymbol{R}_x\boldsymbol{w} + \mathrm{Re}(\gamma\boldsymbol{w}^{\mathrm{H}}\boldsymbol{p}) \\ &= \boldsymbol{w}^{\mathrm{H}}\boldsymbol{R}_x\boldsymbol{w} + \frac{1}{2}\gamma\boldsymbol{w}^{\mathrm{H}}\boldsymbol{p} + \frac{1}{2}\gamma^*\boldsymbol{w}^{\mathrm{T}}\boldsymbol{p} \end{aligned} \tag{5.160}$$

这是关于 $\boldsymbol{w}$ 和 $\boldsymbol{w}^*$ 的解析函数。令 $\nabla_{\boldsymbol{w}^*}$ 表示关于 $\boldsymbol{w}^*$ 的复梯度。则式(5.20)表明:

$$\nabla_{\boldsymbol{w}^*}H = \boldsymbol{R}_x\boldsymbol{w} + \frac{1}{2}\gamma\boldsymbol{p} \tag{5.161}$$

由于共轭对称矩阵 $\boldsymbol{R}_x$ 是正定的,其逆矩阵存在(见附录G)。设 $\nabla_{\boldsymbol{w}^*}H(\boldsymbol{w},\boldsymbol{w}^*)=0$,再利用约束条件消除 γ 就可得到最优权向量的必要条件:

$$\boldsymbol{w}_0 = \frac{\boldsymbol{R}_x^{-1}\boldsymbol{p}}{\boldsymbol{p}^{\mathrm{T}}\boldsymbol{R}_x^{-1}\boldsymbol{p}} \tag{5.162}$$

式中的分母为标量。

为证明式(5.162)给出的局部极小值是最优权向量,将该式与式(5.157)、式(5.158)结合,可得

$$E[|y|^2] = (\boldsymbol{w}-\boldsymbol{w}_0)^{\mathrm{H}}\boldsymbol{R}_x(\boldsymbol{w}-\boldsymbol{w}_0) + (\boldsymbol{p}^{\mathrm{T}}\boldsymbol{R}_x^{-1}\boldsymbol{p})^{-1} \tag{5.163}$$

由于最后一项与 $\boldsymbol{w}$ 无关,且 $\boldsymbol{R}_x$ 正定,则该式表明 $\boldsymbol{w}_0$ 是最小化 $E[|y|^2]$ 的唯一权向量。

5.4.3 Frost 算法

Frost 算法或线性约束最小方差算法是一种逼近式(5.162)中约束最优权向量而避免矩阵求逆的自适应算法。令序号 k 表示匹配滤波器输出的 G 个连续符号。由最速下降法及式(5.161),第 k 次迭代的拉格朗日梯度为 $\boldsymbol{R}_x\boldsymbol{w}(k)+\gamma(k)\boldsymbol{p}/2$,其中:

$$\boldsymbol{R}_x = E[\boldsymbol{x}(k)\boldsymbol{x}^{\mathrm{H}}(k)] \tag{5.164}$$

是 $\boldsymbol{x}(k)=d(k)\boldsymbol{p}+\boldsymbol{n}(k)$ 的 $N\times N$ 维共轭对称相关矩阵。权向量 $\boldsymbol{w}(k)$ 按下式更新:

$$\boldsymbol{w}(k+1) = \boldsymbol{w}(k) - \mu[2\boldsymbol{R}_x\boldsymbol{w}(k) + \gamma(k)\boldsymbol{p}] \tag{5.165}$$

式中:μ 是调整算法收敛速率的常数。选择拉格朗日乘子使得:

$$\boldsymbol{p}^{\mathrm{T}}\boldsymbol{w}(k+1) = \boldsymbol{w}^{\mathrm{H}}(k+1)\boldsymbol{p} = 1 \tag{5.166}$$

将式(5.165)和式(5.156)代入式(5.166),可得:

$$\gamma(k)=\frac{1}{\mu G}[\boldsymbol{p}^{\mathrm{T}}\boldsymbol{w}(k)-2\mu\boldsymbol{p}^{\mathrm{T}}\boldsymbol{R}_x\boldsymbol{w}(k)-1] \tag{5.167}$$

将上式代入式(5.165),再利用$\boldsymbol{p}^{\mathrm{T}}\boldsymbol{w}(k)$和$\boldsymbol{p}^{\mathrm{T}}\boldsymbol{R}_x\boldsymbol{w}(k)$是标量的事实,可得:

$$\boldsymbol{w}(k+1)=(\boldsymbol{I}-\frac{1}{G}\boldsymbol{p}\boldsymbol{p}^{T})[\boldsymbol{w}(k)-2\mu\boldsymbol{R}_x\boldsymbol{w}(k)]+\frac{1}{G}\boldsymbol{p} \tag{5.168}$$

式(5.168)给出了$\boldsymbol{R}_x$已知时可利用的确定性最速下降法。

Frost 算法是利用$\boldsymbol{x}(k)\boldsymbol{x}^{\mathrm{H}}(k)$来近似$\boldsymbol{R}_x$的随机梯度算法,再应用线性检测器输出:

$$y(k)=\boldsymbol{w}^{\mathrm{H}}(k)\boldsymbol{x}(k) \tag{5.169}$$

来决定符号$d(k)$。满足约束条件的初始权向量的恰当选择是$\boldsymbol{w}(0)=\boldsymbol{p}/G$。因此,Frost 算法为

$$\boldsymbol{w}(0)=\frac{1}{G}\boldsymbol{p} \tag{5.170}$$

$$\boldsymbol{w}(k+1)=(\boldsymbol{I}-\frac{1}{G}\boldsymbol{p}\boldsymbol{p}^{\mathrm{T}})[\boldsymbol{w}(k)-2\mu\boldsymbol{x}(k)y^{*}(k)]+\frac{1}{G}\boldsymbol{p} \tag{5.171}$$

输出$\mathrm{Re}[y(k)]$可用于符号度量。符号判决由下式确定$\mathrm{Re}[y(k)]$:

$$\hat{d}(k)=\mathrm{sgn}\{\mathrm{Re}[y(k)]\} \tag{5.172}$$

式中的符号函数$\mathrm{sgn}\{\cdot\}$定义为:$x\geqslant0$时,$\mathrm{sgn}(x)=1$;$x<0$时,$\mathrm{sgn}(x)=-1$。

由于计算机在实现算法时存在截断、舍入或量化误差,因此会出现计算误差。这些误差会导致某次迭代后$\boldsymbol{w}^{\mathrm{H}}(k)\boldsymbol{p}\neq1$,且经过若干次迭代后就会有显著的累积影响。但是,Frost 算法在下一次迭代中会自动趋向修正权向量在先前迭代中的计算误差,主要是由于在推导式(5.167)时是使用了式(5.166)。因此,除非有新的误差源,即使$\boldsymbol{w}^{\mathrm{H}}(k)\boldsymbol{p}\neq1$,$\boldsymbol{w}^{\mathrm{H}}(k+1)\boldsymbol{p}=1$也能成立。

均值收敛

若$\boldsymbol{x}(k+1)$独立于$y(i)$,$i\leqslant k$,则式(5.152)意味着$\boldsymbol{w}(k)$和$\boldsymbol{x}(k)$相互独立,因此:

$$E[\boldsymbol{w}(k+1)]=\boldsymbol{A}[\boldsymbol{1}-2\mu\boldsymbol{R}_x]E[\boldsymbol{w}(k)]+\frac{1}{G}\boldsymbol{p},\quad k\geqslant0 \tag{5.173}$$

式中:

$$\boldsymbol{A}=\left(\boldsymbol{1}-\frac{1}{G}\boldsymbol{p}\boldsymbol{p}^{\mathrm{T}}\right) \tag{5.174}$$

令

$$\boldsymbol{v}(k)=E[\boldsymbol{w}(k)]-\boldsymbol{w}_0 \tag{5.175}$$

由式(5.173)、式(5.175)、式(5.162)和式(5.174),可得:

$$\boldsymbol{v}(k+1)=\boldsymbol{A}\boldsymbol{v}(k)-2\mu\boldsymbol{A}\boldsymbol{R}_x\boldsymbol{v}(k),\quad k\geqslant0 \tag{5.176}$$

直接进行乘法运算可证明 $\boldsymbol{A}^2=\boldsymbol{A}$。由式(5.176)可得 $\boldsymbol{A}\boldsymbol{v}(k)=\boldsymbol{v}(k),k\geqslant 1$。容易证明 $\boldsymbol{A}\boldsymbol{v}(0)=\boldsymbol{v}(0)$。因此：

$$\begin{aligned}\boldsymbol{v}(k+1)&=[\boldsymbol{1}-2\mu\boldsymbol{A}\boldsymbol{R}_x\boldsymbol{A}]\boldsymbol{v}(k)\\&=[\boldsymbol{1}-2\mu\boldsymbol{A}\boldsymbol{R}_x\boldsymbol{A}]^{k+1}\boldsymbol{v}(0),k\geqslant 0\end{aligned}\tag{5.177}$$

由于 $\boldsymbol{A}$ 对称，且 $\boldsymbol{R}_x$ 是共轭对称矩阵，则 $\boldsymbol{A}\boldsymbol{R}_x\boldsymbol{A}$ 也是共轭对称矩阵，且有完备的正交特征向量集。直接计算可证明：

$$\boldsymbol{A}\boldsymbol{R}_x\boldsymbol{A}\boldsymbol{p}=0\tag{5.178}$$

这表明 $\boldsymbol{p}$ 是对应于 $\boldsymbol{A}\boldsymbol{R}_x\boldsymbol{A}$ 零特征值的特征向量。令 $\boldsymbol{e}_i$ 表示 $\boldsymbol{A}\boldsymbol{R}_x\boldsymbol{A}$ 的其余 $N-1$ 个正交特征向量，$i=1,2,\cdots,N-1$。正交性表明：

$$\boldsymbol{p}^{\mathrm{T}}\boldsymbol{e}_i=\boldsymbol{0},i=1,2,\cdots,N-1\tag{5.179}$$

由上式及式(5.174)可得：

$$\boldsymbol{A}\boldsymbol{e}_i=\boldsymbol{e}_i,i=1,2,\cdots,N-1\tag{5.180}$$

令 σ_i 表示与 $\boldsymbol{A}\boldsymbol{R}_x\boldsymbol{A}$ 的单位特征向量 $\boldsymbol{e}_i$ 对应的特征值。利用式(5.180)，可得：

$$\sigma_i=\boldsymbol{e}_i^{\mathrm{H}}\boldsymbol{A}\boldsymbol{R}_x\boldsymbol{A}\boldsymbol{e}_i=\boldsymbol{e}_i^{\mathrm{H}}\boldsymbol{R}_x\boldsymbol{e}_i,i=1,2,\cdots,N-1\tag{5.181}$$

由于 $\boldsymbol{e}_i$ 是单位向量，式(5.69)中瑞利商的边界表明：

$$\lambda_{\min}\leqslant\boldsymbol{e}_i^{\mathrm{H}}\boldsymbol{R}_x\boldsymbol{e}_i\leqslant\lambda_{\max}\tag{5.182}$$

$$\sigma_{\min}\leqslant\boldsymbol{e}_i^{\mathrm{H}}\boldsymbol{A}\boldsymbol{R}_x\boldsymbol{A}\boldsymbol{e}_i\leqslant\sigma_{\max}\tag{5.183}$$

式中：$\lambda_{\min}$ 和 $\lambda_{\max}$ 分别是半正定共轭对称矩阵 $\boldsymbol{R}_x$ 的最大特征值和最小特征值；$\sigma_{\min}$ 和 $\sigma_{\max}$ 分别是 $\boldsymbol{e}_i$ 的最大特征值和最小特征值，$i=1,2,\cdots,N-1$。若假设 $\boldsymbol{R}_x$ 正定，则 $\lambda_{\min}>0$，因此，$\sigma_{\min}>0$。可以断定 $\{\boldsymbol{e}_i\}$ 对应非零特征值。

容易证明 $\boldsymbol{p}^{\mathrm{T}}\boldsymbol{v}(0)=\boldsymbol{0}$。因此，$v(0)$ 等于 $\boldsymbol{e}_i$ 的线性组合，其中 $\boldsymbol{e}_i$ 是对应于 $\boldsymbol{A}\boldsymbol{R}_x\boldsymbol{A}$ 非零特征值的特征向量，$i=1,2,\cdots,N-1$。若 $\boldsymbol{v}(0)$ 等于特征值 σ_i 对应的特征向量 $\boldsymbol{e}_i$，则式(5.177)表明：

$$\boldsymbol{v}(k+1)=(1-2\mu\sigma_i)^{k+1}\boldsymbol{e}_i,k\geqslant 0\tag{5.184}$$

因此，$|1-2\mu\sigma_i|<1$ 是 $\boldsymbol{v}(k)\to 0$ 的充分必要条件，$i=1,2,\cdots,N-1$，且权向量均值收敛到最优值：

$$\lim_{k\to\infty}E[\boldsymbol{w}(k)]=\boldsymbol{w}_0=\frac{\boldsymbol{R}_x^{-1}\boldsymbol{p}}{\boldsymbol{p}^{\mathrm{T}}\boldsymbol{R}_x^{-1}\boldsymbol{p}}\tag{5.185}$$

由于 $\sigma_{\min}>0$，收敛的充分必要条件为

$$0<\mu<\frac{1}{\sigma_{\max}}\tag{5.186}$$

类似 LMS 算法，Frost 算法的权向量均值收敛的瞬时值可由时间常数表征：

$$\tau_i = -\frac{1}{\ln(|1-2\mu\sigma_i|)}, i=1,2,\cdots,N-1 \tag{5.187}$$

若 $0<\mu<1/2\sigma_{max}$，最大的时间常数为

$$\tau_{max} = -\frac{1}{\ln(1-2\mu\sigma_{min})} < \frac{1}{2\mu\sigma_{min}}, 0<\mu<\frac{1}{2\sigma_{max}} \tag{5.188}$$

式中：σ_{min}为 $\boldsymbol{AR}_x\boldsymbol{A}$ 的最小非零特征值。若选择的 μ 值接近式(5.188)中的上界，则 τ_{max}随定义为 $\sigma_{max}/\sigma_{min}$的特征值扩展的增加而增加。

使用 Frost 算法的自适应滤波器是一种自适应盲多用户检测器（见 7.7 节）。这种检测器在存在信道变化时具有适应力和促进系统恢复，但是仅当短扩谱序列已知时是实用的。

5.5　最优阵列

当有多个天线可用时，干扰抑制的效果可能会比单个天线的处理效果好得多。自适应阵列是一种输入信号直接来自天线阵列的自适应滤波器。对扩谱系统来说，可推导出最有效的自适应阵列的性能准则是基于 SINR 最大化的准则，这种准则用于推导自适应阵列的最优权向量。

考虑有 N 个输出的阵列，其每个输出包含一个来自不同天线的信号副本。阵列的每个输出信号都变换到基带，并提取其复包络采样值（见附录 D.3）。另外，阵列的每个输出信号变换到中频，且提取解析信号采样值。后续分析对这两种处理都有效，但最简单的假设是提取复包络采样值。

阵列输出的复包络采样值作为线性滤波器的输入。有用信号、干扰信号和热噪声被建模为独立零均值宽平稳随机过程。令 $\boldsymbol{x}(i)$ 表示由滤波器的 N 个复输入构成的离散时间向量，其中序号 i 表示采样数。该向量可分解为

$$\boldsymbol{x}(i) = \boldsymbol{s}(i) + \boldsymbol{n}(i) \tag{5.189}$$

式中：$\boldsymbol{s}(i)$和 $\boldsymbol{n}(i)$分别为有用信号、干扰加噪声的离散时间向量，且 $\boldsymbol{s}(i)$和 $\boldsymbol{n}(i)$的元素都被建模为离散时间的联合宽平稳过程。令 $\boldsymbol{w}$ 表示作用在线性信号滤波器输入向量上的 $N\times 1$ 维权向量。信号滤波器输出为

$$y(i) = \boldsymbol{w}^{\mathrm{H}}\boldsymbol{x}(i) = y_s(i) + y_n(i) \tag{5.190}$$

式中：$\boldsymbol{s}(i)$和 $\boldsymbol{n}(i)$所产生的输出元素分别为

$$y_s(i) = \boldsymbol{w}^{\mathrm{H}}\boldsymbol{s}(i), y_n(i) = \boldsymbol{w}^{\mathrm{H}}\boldsymbol{n}(i) \tag{5.191}$$

$\boldsymbol{s}(i)$和 $\boldsymbol{n}(i)$的 $N\times N$ 维相关矩阵分别定义为

$$\boldsymbol{R}_s = E[\boldsymbol{s}(i)\boldsymbol{s}^{\mathrm{H}}(i)], \boldsymbol{R}_n = E[\boldsymbol{n}(i)\boldsymbol{n}^{\mathrm{H}}(i)] \tag{5.192}$$

有用信号、干扰加噪声在输出端的功率分别为

$$p_{so} = E[\,|y_s(i)|^2\,] = \boldsymbol{w}^{\mathrm{H}}\boldsymbol{R}_s\boldsymbol{w}, p_n = E[\,|y_n(i)|^2\,] = \boldsymbol{w}^{\mathrm{H}}\boldsymbol{R}_n\boldsymbol{w} \tag{5.193}$$

信号滤波器输出端的 SINR 为

$$\rho = \frac{p_{so}}{p_n} = \frac{\boldsymbol{w}^{\mathrm{H}}\boldsymbol{R}_s\boldsymbol{w}}{\boldsymbol{w}^{\mathrm{H}}\boldsymbol{R}_n\boldsymbol{w}} \tag{5.194}$$

$\boldsymbol{R}_s$ 和 $\boldsymbol{R}_n$ 的定义保证了这些矩阵的共轭对称和非负定特征。因此,这些矩阵拥有由正交特征向量构成的完备集,且相应的特征值为非负实数。假设半正定共轭对称矩阵 $\boldsymbol{R}_n$ 正定,因此其有正特征值。$\boldsymbol{R}_n$ 的谱分解(见附录 G)可被表示为

$$\boldsymbol{R}_n = \sum_{l=1}^{N} \lambda_l \boldsymbol{e}_l \boldsymbol{e}_l^{\mathrm{H}} \tag{5.195}$$

式中:λ_l 为特征值;$\boldsymbol{e}_l$ 为相应的特征向量。

为推导对 $\boldsymbol{R}_s$ 无约束的最大化 SINR 的权向量,定义如下共轭对称矩阵,即

$$\boldsymbol{A} = \sum_{l=1}^{N} \sqrt{\lambda_l}\, \boldsymbol{e}_l \boldsymbol{e}_l^{\mathrm{H}} \tag{5.196}$$

式中使用的是正特征值的平方根。利用$\{\boldsymbol{e}_l\}$的正交性,直接计算可证明:

$$\boldsymbol{R}_s = \boldsymbol{A}^2 \tag{5.197}$$

且 $\boldsymbol{A}$ 的逆矩阵为

$$\boldsymbol{A}^{-1} = \sum_{l=1}^{N} \frac{1}{\sqrt{\lambda_l}} \boldsymbol{e}_l \boldsymbol{e}_l^{\mathrm{H}} \tag{5.198}$$

矩阵 $\boldsymbol{A}$ 给出了 $\boldsymbol{w}$ 到 $\boldsymbol{v}$ 的可逆变换,即

$$\boldsymbol{v} = \boldsymbol{A}\boldsymbol{w} \tag{5.199}$$

定义如下共轭对称矩阵:

$$\boldsymbol{C} = \boldsymbol{A}^{-1}\boldsymbol{R}_s\boldsymbol{A}^{-1} \tag{5.200}$$

则式(5.194)、式(5.197)、式(5.199)和式(5.200)表明 SINR 能够表示为瑞利商的形式:

$$\rho = \frac{\boldsymbol{v}^{\mathrm{H}}\boldsymbol{C}\boldsymbol{v}}{\|\boldsymbol{v}\|^2} \tag{5.201}$$

令 $\mu_{\max}$和 $\mu_{\min}$分别表示 $\boldsymbol{C}$ 的最大和最小特征值。则式(5.69)表明:

$$\mu_{\min} \leqslant \rho \leqslant \mu_{\max} \tag{5.202}$$

令 $\boldsymbol{u}$ 表示与 $\boldsymbol{C}$ 的最大特征值 $\mu_{\max}$ 对应的单位特征向量。则 $\boldsymbol{v} = \eta\boldsymbol{u}$ 可以最大化 SINR,其中 η 为任意常数。由式(5.199)及 $\boldsymbol{v} = \eta\boldsymbol{u}$ 可知,最大化 SINR 的最优权向量为

$$\boldsymbol{w}_0 = \eta\boldsymbol{A}^{-1}\boldsymbol{u} \tag{5.203}$$

若采用 SINR 最大化性能准则,则自适应阵列算法调整权向量旨在使其收敛到式(5.203)的最优值。

假设有用信号是充分窄带的或天线相距足够近,使得天线阵列输出的所有有用信号副本在时间上近乎同步,则有用信号的输入向量可表示为

$$\boldsymbol{s}(i)=s(i)\boldsymbol{s}_0 \tag{5.204}$$

式中:$s(i)$表示有用信号复包络的离散时间采样值,且方向向量为

$$\boldsymbol{s}_0=[\alpha_1\exp(\mathrm{j}\theta_1)\quad \alpha_2\exp(\mathrm{j}\theta_2)\quad \cdots\quad \alpha_N\exp(\mathrm{j}\theta_N)]^{\mathrm{T}} \tag{5.205}$$

式中:各元素表示天线输出的相对幅度和相移。

示例:式(5.205)可作为未经历衰落、以平面波形式到达阵列天线的窄带有用信号模型。令$T_l(l=1,2,\cdots,N)$表示有用信号相对于空间中固定参考点到达天线l的时延。式(5.204)和式(5.205)在$\theta_l=-2\pi f_c T_l(l=1,2,\cdots,N)$时成立,其中$f_c$是有用信号的载波频率。$\alpha_l(l=1,2,\cdots,N)$取决于相关的天线方向图与传播损耗。若所有$\alpha_l$都相等,则它们就可作为常数归入$s(i)$。为方便起见,将笛卡儿坐标系的原点定义在固定参考点。令天线l的坐标为(x_l,y_l)。若某一平面波相对于阵列法线的入射角为ψ,则有:

$$\theta_l=\frac{2\pi f_c}{c}(x_i\sin\psi+y_i\cos\psi),\quad l=1,2,\cdots,N \tag{5.206}$$

式中:c为电磁波传播速度。

将式(5.204)代入式(5.192)可得

$$\boldsymbol{R}_s=p_s\boldsymbol{s}_0\boldsymbol{s}_0^{\mathrm{H}} \tag{5.207}$$

式中:

$$p_s=E[|s(i)|^2] \tag{5.208}$$

将式(5.207)代入式(5.200),可看出$\boldsymbol{C}$能够被分解为

$$\boldsymbol{C}=p_s\boldsymbol{A}^{-1}\boldsymbol{s}_0\boldsymbol{s}_0^{\mathrm{H}}\boldsymbol{A}^{-1}=\boldsymbol{f}\boldsymbol{f}^{\mathrm{H}} \tag{5.209}$$

式中

$$\boldsymbol{f}=\sqrt{p_s}\boldsymbol{A}^{-1}\boldsymbol{s}_0 \tag{5.210}$$

分解式表明$\boldsymbol{C}$是秩-1矩阵,故其零空间维数为$N-1$。因此,与$\boldsymbol{C}$中唯一非零特征值相对应的特征向量为$\boldsymbol{u}=\boldsymbol{f}$,且非零特征值为

$$\mu_{\max}=\|\boldsymbol{f}\|^2 \tag{5.211}$$

将式(5.210)代入式(5.203),再利用式(5.197),并将$\sqrt{p_s}$归并为任意常数,可得最优权向量为

$$\boldsymbol{w}_0=\eta\boldsymbol{R}_n^{-1}\boldsymbol{s}_0 \tag{5.212}$$

式中:η为任意常数。由式(5.202)、式(5.211)、式(5.210)和式(5.197),可得SINR最大值为

$$\rho_0=p_s\boldsymbol{s}_0^{\mathrm{H}}\boldsymbol{R}_n^{-1}\boldsymbol{s}_0 \tag{5.213}$$

5.6 用于直扩系统的自适应阵列

若有多个天线可用,则可以利用天线阵列自适应地抑制窄带和宽带干扰。扩谱系统的自适应阵列的基本框图如图5.6所示。天线阵列上的每个输出信号输入各支路初始处理器。将同步接收机生成的扩展波形(Spreading Waveform, SW)输入初始处理器,在各支路上生成解扩的离散时间序列。这些序列输入执行自适应阵列算法的自适应处理器。

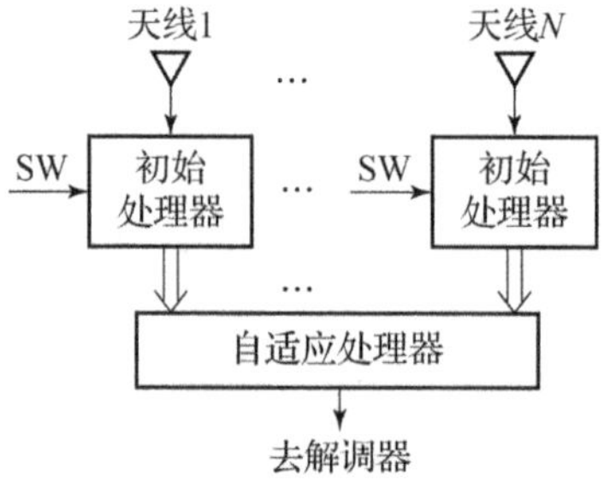

图5.6 扩谱系统自适应阵列的结构

极大极小算法是利用扩谱信号特征的自适应阵列算法,相对于单独使用扩谱信号,这种算法可以提供强得多的抗强干扰能力[11]。它是一种基于最速下降法的随机梯度算法,它通过递归增加 SINR。正如其名称所示,极大极小算法在最大化期望信号分量的同时,极小化频谱扩展干扰分量。在直接序列自适应阵列中,每个解扩后的期望信号分量都有窄带功率谱,而每个频谱扩展干扰分量都有宽带功率谱。极大极小算法就是利用这种谱的差异性来估计并消除干扰。

5.6.1 极大极小算法的推导

令 $\boldsymbol{x}(i)$ 表示第 i 个滤波分支输出的 $N\times1$ 维离散时间向量,且作为极大极小算法的输入,其中 i 是采样序号。向量 $\boldsymbol{x}(i)$ 可表示为 $\boldsymbol{x}(i)=\boldsymbol{s}(i)+\boldsymbol{n}(i)$,其中 $\boldsymbol{s}(i)$ 和 $\boldsymbol{n}(i)$ 分别是有用信号序列、干扰加噪声序列的离散时间向量。它们的 $N\times N$ 维自相关矩阵由式(5.192)定义。由于干扰和噪声为零均值,且与有用信号统计独立,因此 $N\times N$ 维输入相关矩阵为

$$\boldsymbol{R}_x=E[\boldsymbol{x}(i)\boldsymbol{x}^{\mathrm{H}}(i)]=\boldsymbol{R}_s+\boldsymbol{R}_n \tag{5.214}$$

极大极小处理器是使用 $N\times1$ 维权向量 $\boldsymbol{w}(k)$ 的线性自适应滤波器,其中 k 表示权向量的迭代数。在每次权向量迭代中,输入向量 $\boldsymbol{x}(i)$ 中有 m 个离散时间样值。自适应滤波器输出为

$$y(i) = \boldsymbol{w}^{\mathrm{H}}(k)\boldsymbol{x}(i) = y_s(i) + y_n(i) \tag{5.215}$$

$$y_s(i) = \boldsymbol{w}^{\mathrm{H}}(k)\boldsymbol{s}(i), \quad y_n(i) = \boldsymbol{w}^{\mathrm{H}}(k)\boldsymbol{n}(i) \tag{5.216}$$

自适应滤波器的输出功率为

$$p_x(k) = E[\,|y(i)|^2] = \boldsymbol{w}^{\mathrm{H}}(k)\boldsymbol{R}_x\boldsymbol{w}(k) = p_s(k) + p_n(k) \tag{5.217}$$

$$p_s(k) = \boldsymbol{w}^{\mathrm{H}}(k)\boldsymbol{R}_s\boldsymbol{w}(k) \tag{5.218}$$

$$p_n(k) = \boldsymbol{w}^{\mathrm{H}}(k)\boldsymbol{R}_n\boldsymbol{w}(k) \tag{5.219}$$

分别为有用信号序列、干扰加噪声序列的功率。SINR 在第 k 次迭代为

$$\rho(k) = \frac{p_s(k)}{p_n(k)} = \frac{\boldsymbol{w}^{\mathrm{H}}(k)\boldsymbol{R}_s\boldsymbol{w}(k)}{\boldsymbol{w}^{\mathrm{H}}(k)\boldsymbol{R}_n\boldsymbol{w}(k)} \tag{5.220}$$

极大极小算法沿着 SINR 梯度的方向改变权向量。合并复权向量实部和虚部的方程，可得：

$$\boldsymbol{w}(k+1) = \boldsymbol{w}(k) + \mu_0(k)\nabla_{w^*}\rho(k) \tag{5.221}$$

式中：$\mu_0(k)$为控制权向量变化速率的标量序列；$\nabla_{w^*}\rho(k)$为 SINR$\rho(k)$在第 k 次迭代时的复梯度。通过式(5.220)可得：

$$\nabla_{w^*}\rho(k) = \rho(k)\left[\frac{\boldsymbol{R}_s\boldsymbol{w}(k)}{\rho_s(k)} - \frac{\boldsymbol{R}_n\boldsymbol{w}(k)}{\rho_n(k)}\right] \tag{5.222}$$

将式(5.214)、式(5.217)代入式(5.222)，并化简可得：

$$\nabla_{w^*}\rho(k) = [\rho(k)+1]\left[\frac{\boldsymbol{R}_x\boldsymbol{w}(k)}{\rho_x(k)} - \frac{\boldsymbol{R}_n\boldsymbol{w}(k)}{\rho_n(k)}\right] \tag{5.223}$$

将式(5.223)代入式(5.221)，可得最速下降法：

$$\boldsymbol{w}(k+1) = \boldsymbol{w}(k) + \mu_0(k)[\rho(k)+1]\left[\frac{\boldsymbol{R}_x\boldsymbol{w}(k)}{\rho_x(k)} - \frac{\boldsymbol{R}_n\boldsymbol{w}(k)}{\rho_n(k)}\right] \tag{5.224}$$

若将 $\boldsymbol{w}(k)$建模为确定性变量，则 $\boldsymbol{R}_x\boldsymbol{w}(k) = E[\boldsymbol{x}(i)y^*(i)]$，且 $\boldsymbol{R}_n\boldsymbol{w}(k) = E[\boldsymbol{n}(i)y_n^*(i)]$。因此，找到 $E[\boldsymbol{x}(i)y^*(i)]$和 $E[\boldsymbol{n}(i)y_n^*(i)]$的估计子，可避免估计式(5.224)中的矩阵 $\boldsymbol{R}_x$ 和 $\boldsymbol{R}_n$。注意到 $\boldsymbol{x}(i)$的元素与连续时间复包络的采样值成正比，且被建模为非零宽平稳过程，以此做进一步简化可减少几乎一半的计算量。每个天线支路上的热噪声相互独立，且每个支路上的有用信号或干扰信号是其他支路上相应信号的延迟形式。因此，连续复包络是循环对称的(见附录 D.2)，故：

$$E[\boldsymbol{x}(i)\boldsymbol{x}^{\mathrm{T}}(i)] = \boldsymbol{0} \tag{5.225}$$

且

$$E[\boldsymbol{n}(i)\boldsymbol{n}^{\mathrm{T}}(i)] = \boldsymbol{0} \tag{5.226}$$

自适应滤波器的输出可表示为

$$y(i) = y_{\mathrm{r}}(i) + \mathrm{j}y_{\mathrm{i}}(i) \tag{5.227}$$

式中:$y_{\mathrm{r}}(i)$和$y_{\mathrm{i}}(i)$分别是$y(i)$的实部和虚部。假设$\boldsymbol{w}(k)$相比采样率随时间缓变,因此约等于确定性向量。则式(5.190)、式(5.225)及等式$\boldsymbol{w}^{\mathrm{H}}(k)\boldsymbol{x}(i)=\boldsymbol{x}^{\mathrm{T}}(i)\boldsymbol{w}^{*}(k)$表明:

$$E[\boldsymbol{x}(i)y_{\mathrm{r}}(i)]=E\left[\boldsymbol{x}(i)\left\{\frac{1}{2}\boldsymbol{x}^{\mathrm{T}}(i)\boldsymbol{w}^{*}(k)+\frac{1}{2}\boldsymbol{x}^{\mathrm{H}}(i)\boldsymbol{w}(k)\right\}\right]$$
$$=\frac{1}{2}E[\boldsymbol{x}(i)\boldsymbol{x}^{\mathrm{H}}(i)]\boldsymbol{w}(k) \tag{5.228}$$

由上式和式(5.214)可得:

$$\boldsymbol{R}_x\boldsymbol{w}(k)=2E[\boldsymbol{x}(i)y_{\mathrm{r}}(i)] \tag{5.229}$$

类似地:

$$\boldsymbol{R}_n\boldsymbol{w}(k)=2E[\boldsymbol{n}(i)y_{n\mathrm{r}}(i)] \tag{5.230}$$

式中:

$$y_{n\mathrm{r}}(i)=\mathrm{Re}[y_n(i)]=\mathrm{Re}[\boldsymbol{w}^{\mathrm{H}}(k)\boldsymbol{n}(i)] \tag{5.231}$$

是$y_n(i)$的实部。因此,通过找到$E[\boldsymbol{x}(i)y_{\mathrm{r}}(i)]$和$E[\boldsymbol{n}(i)y_{n\mathrm{r}}(i)]$的估计子,就能够避免估计式(5.224)中的$\boldsymbol{R}_x$和$\boldsymbol{R}_n$。

式(5.190)和式(5.225)意味着$E[y^2(i)]=0$,将其代入式(5.190)可得$E[y_{\mathrm{r}}^2(i)]=E[y_{\mathrm{i}}^2(i)]$,$E[y_{\mathrm{r}}(i)y_{\mathrm{i}}(i)]=0$。因此有$p_x(k)=E[|y(i)|^2]=2E[y_{\mathrm{r}}^2(i)]$。从与关于$p_n(k)$类似的计算和推导可得:

$$p_x(k)=2E[y_{\mathrm{r}}^2(i)],\quad p_n(k)=2E[y_{n\mathrm{r}}^2(i)] \tag{5.232}$$

为了推导极大极小算法,令$\hat{p}_x(k)$和$\hat{p}_n(k)$分别表示第k次权向量迭代后$E[y_{\mathrm{r}}^2]$和$E[y_{n\mathrm{r}}^2]$的估计值。令$\boldsymbol{c}_x(k)$和$\boldsymbol{c}_n(k)$分别表示第k次迭代后输入相关向量$E[\boldsymbol{x}y_{\mathrm{r}}]$和干扰加噪声相关向量$E[\boldsymbol{n}y_{n\mathrm{r}}]$的估计值。将这些估计和$\mu_0(k)=\alpha(k)/[\hat{\rho}(k)+1]$代入式(5.224),可得极大极小算法:

$$\boldsymbol{w}(k+1)=\boldsymbol{w}(k)+\alpha(k)\left[\frac{\boldsymbol{c}_x(k)}{\hat{p}_x(k)}-\frac{\boldsymbol{c}_n(k)}{\hat{p}_n(k)}\right],\quad k\geqslant 0 \tag{5.233}$$

式中:$\boldsymbol{w}(0)$为确定性的初始权向量;$\alpha(k)$为自适应序列。随着权重自适应收敛,$\boldsymbol{c}_x(k)$和$\hat{p}_x(k)$中的干扰分量不断减少。因此,括号中的第一项可认为是信号项,使得算法将天线波束指向有用信号。括号中的第二项是噪声项,使得算法能够消除干扰信号。

应选择自适应序列$\alpha(k)$,使$E[\boldsymbol{w}(k)]$收敛到近乎最优的稳态值。从直观上就可发现,$\alpha(k)$应该随着$E[\boldsymbol{w}(k)]$收敛而快速减小。一个合适的方案为

$$\alpha(k)=\alpha\frac{\hat{p}_n(k)}{\hat{t}(k)} \tag{5.234}$$

式中:$\hat{t}(k)$为解扩后有用信号通带内干扰加噪声总功率的估计值;α为自适应常

数。后续的收敛分析以及仿真结果都证实,只要自适应常数在某个数值边界内,这种选择就会有效且稳健。仿真实验证明对于循环平稳扩谱信号和单音干扰,极大极小算法因来源于式(5.226)的简化使得性能不受损失。

剩下的问题是 $\hat{t}(k)$、$\boldsymbol{c}_x(k)$、$\boldsymbol{c}_n(k)$、$\hat{p}_x(k)$ 及 $\hat{p}_n(k)$ 估计子的选择。扩谱信号的特性允许利用盲估计,而不必依靠已知的方向向量或参考信号。

5.6.2 自适应处理器的实现

图 5.6 中初始处理器的主要构成如图 2.18 所示。由于接收机已完成扩谱序列的码同步,最终的混频运算将生成复值码片率的支路序列,其中包含解扩后的信息序列、频谱扩展后的干扰和噪声。虽然将接收信号下变频到基带需要频率同步,但由于在波束成形和干扰消除中必须保留相对相位信息,因此阵列支路上无须相位同步。相位同步被载波同步系统应用于自适应处理器的输出,且相位同步的最终相干解调是必需的。

各支路序列的码片速率向量为

$$\boldsymbol{x}_{\mathrm{b}}(\ell) = [x_{\mathrm{b}1}(\ell) \quad x_{\mathrm{b}2}(\ell) \quad \cdots \quad x_{\mathrm{b}N}(\ell)]^{\mathrm{T}} \tag{5.235}$$

式中:ℓ 表示码片速率样值的序号。在图 5.7 所示的极大极小处理器中,每条支路序列送至信号滤波器(Signal Filter, SF)和监测滤波器(Monitor Filter, MF),分别用于估计 $\boldsymbol{x}_{\mathrm{b}}(\ell)$ 的有用信号分量和干扰分量。对于有 N 个天线的自适应阵列,来自 N 对信号和监测滤波器的输出被送至自适应滤波器,再将自适应滤波器的输出送至数字解调器。极大极小算法旨在解调器的输入端最大化 SINR。

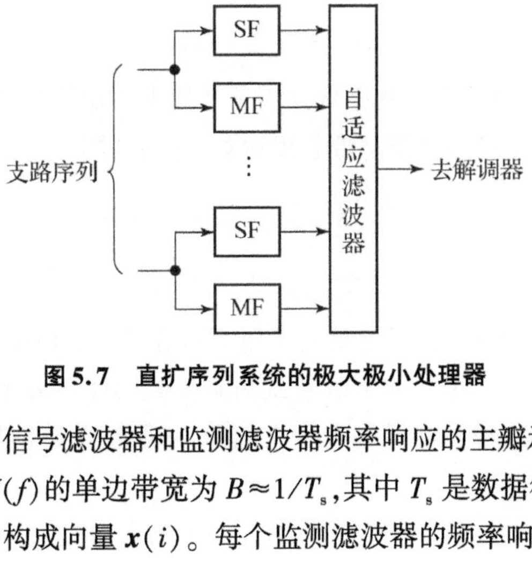

图 5.7 直扩序列系统的极大极小处理器

图 5.8 给出了信号滤波器和监测滤波器频率响应的主瓣示意图。每个信号滤波器频率响应 $H(f)$ 的单边带宽为 $B \approx 1/T_{\mathrm{s}}$,其中 T_{s} 是数据符号的宽度。N 个信号滤波器的输出构成向量 $\boldsymbol{x}(i)$。每个监测滤波器的频率响应为

$$H_1(f)=\frac{1}{2}H(f-f_o)+\frac{1}{2}H(f+f_o) \tag{5.236}$$

式中:f_o 为中心频率偏移,如图 5.8 所示。当干扰在带宽 $|f|\leqslant f_o+B$ 内有近似平坦的功率谱时,因子 1/2 可确保干扰功率的精确估计。只有在使用一个天线时才会出现每个信号滤波器都有相同转移函数的情况。由于解扩后的通信信号序列在一个符号内是常数,则将该信号送至具有矩形脉冲响应的匹配滤波器。匹配滤波器的 z 域转移函数为

$$H(z)=1+z^{-1}+\cdots+z^{-(g-1)}=\frac{1-z^{-g}}{1-z^{-1}} \tag{5.237}$$

式中:$g=T_s/T_c$ 为每个符号内的码片数,即扩谱增益;T_c 为码片宽度。这种滤波器称为累加器,其零点带宽为 $2/gT_c=2/T_s$。

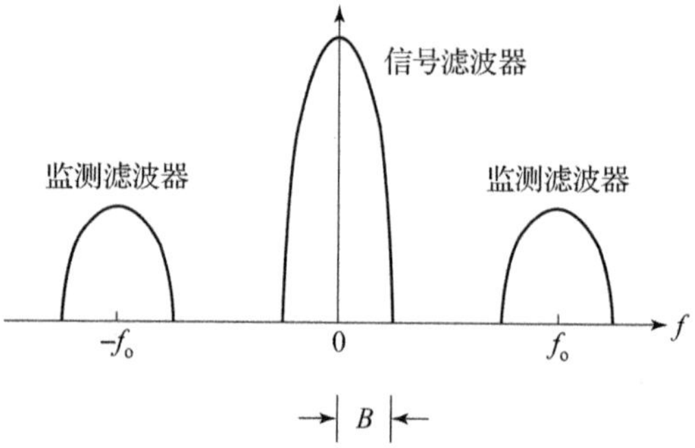

图 5.8　信号滤波器和监测滤波器的频率响应

在符号间隔的末尾对每个累加器的输出进行采样。由这些滤波器的输出序列抽取的向量为

$$\boldsymbol{x}(i)=\sum_{\ell=i-g+1}^{i}\boldsymbol{x}_b(\ell) \tag{5.238}$$

式中:ℓ 为码片速率输入样值的序号;i 为符号速率输出样值的序号。类似地,频率响应为 $H_1(f)$ 的监测滤波器是带通累加器,它们共同产生如下输出:

$$\hat{\boldsymbol{n}}(i)=\sum_{\ell=i-g+1}^{i}\boldsymbol{x}_b(\ell)\cos(2\pi f_o T_c \ell) \tag{5.239}$$

式(5.239)是干扰加噪声的估计向量,可用于生成 $\boldsymbol{c}_n(k)$ 和 $\hat{p}_n(k)$。

若 $f_o\leqslant(g-1)/T_s$,直扩信号的解扩过程可在整个监测滤波器的通带内扩展干扰信号的频谱。有用信号功率谱向监测滤波器的任何溢出或泄露,都可能导致有用信号被自适应算法在某种程度上删除。因此,f_o 必须足够大来避免明显的功率谱泄露。

自适应滤波器的结构如图 5.9 所示。一个输入向量为 $\boldsymbol{x}(i)=\boldsymbol{s}(i)+\boldsymbol{n}(i)$,

其中 $\boldsymbol{s}(i)$ 和 $\boldsymbol{n}(i)$ 分别是有用信号序列、干扰加噪声序列的离散时间向量。另一个向量 $\hat{\boldsymbol{n}}(i)$，其提供了 $\boldsymbol{n}(i)$ 对的估计。输入向量的每 m 个符号速率的样值后有一个权向量迭代。自适应滤波器的输出为

$$y_{\mathrm{r}}(i)=\mathrm{Re}[\boldsymbol{w}^{\mathrm{H}}(k)\boldsymbol{x}(i)],\quad i=km+1,\cdots,(k+1)m \tag{5.240}$$

式中：权向量迭代 k 次后可得到采样 i。上述输出送至解调器，用于如下估计：

$$\boldsymbol{c}_x(k)=\frac{1}{m}\sum_{i=km+1}^{(k+1)m}\boldsymbol{x}(i)y_{\mathrm{r}}(i),\quad k\geqslant 0 \tag{5.241}$$

且

$$\boldsymbol{c}_x(k)=\frac{1}{m}\sum_{i=km+1}^{(k+1)m}\boldsymbol{x}(i)y_{\mathrm{r}}(i),\quad k\geqslant 0 \tag{5.242}$$

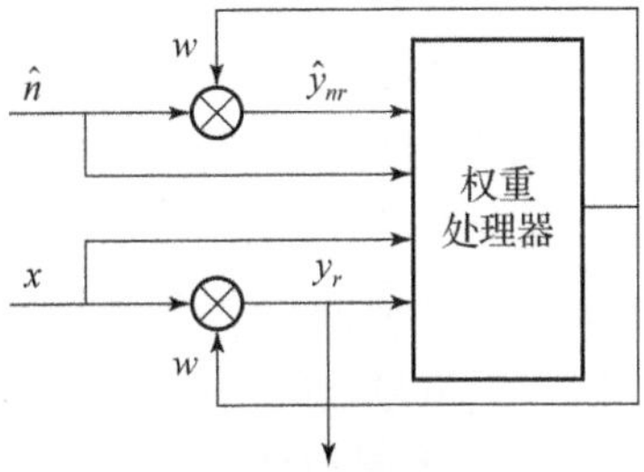

图 5.9　执行极大极小算法的自适应滤波器

若在权向量迭代过程中 $\boldsymbol{x}(i)$ 和 $y_{\mathrm{r}}(i)$ 是平稳过程，则上式是无偏估计。

自适应滤波器还可以生成：

$$\hat{y}_{n\mathrm{r}}(i)=\mathrm{Re}[\boldsymbol{w}^{\mathrm{H}}(k)\hat{\boldsymbol{n}}(i)],\quad i=km+1,\cdots,(k+1)m \tag{5.243}$$

若干扰功率在 $|f|\leqslant f_{\mathrm{o}}+B$ 内近乎均匀分布，则 $H_1(f)$ 的形式表明信号滤波器和监测滤波器输出中的干扰功率近似相等。因此，利用式(5.226)可得：

$$E[\hat{\boldsymbol{n}}(i)\hat{\boldsymbol{n}}^{\mathrm{H}}(i)]\approx E[\boldsymbol{n}(i)\boldsymbol{n}^{\mathrm{H}}(i)],\quad E[\hat{\boldsymbol{n}}(i)\hat{\boldsymbol{n}}^{\mathrm{T}}(i)]\approx E[\boldsymbol{n}(i)\boldsymbol{n}^{\mathrm{T}}(i)]=0 \tag{5.244}$$

假设 $\boldsymbol{w}(k)$ 相比采样率时间缓变，因而约等于随机变量，且独立于 $\hat{\boldsymbol{n}}(i)$ 和 $\boldsymbol{n}(i)$。则式(5.244)、式(5.243)和式(5.231)表明：

$$E[\hat{\boldsymbol{n}}(i)\hat{y}_{n\mathrm{r}}(i)]\approx E[\boldsymbol{n}(i)y_{n\mathrm{r}}(i)] \tag{5.245}$$

且在第 k 次权向量迭代时，干扰和噪声相关向量的适当估计为

$$\boldsymbol{c}_n(k)=\frac{1}{m}\sum_{i=km+1}^{(k+1)m}\hat{\boldsymbol{n}}(i)\hat{y}_{n\mathrm{r}}(i),\quad k\geqslant 0 \tag{5.246}$$

类似地，与干扰和噪声输出功率成正比的合适估计为

$$\hat{p}_n(k)=\frac{1}{m}\sum_{i=km+1}^{(k+1)m}\hat{y}_{n\mathrm{r}}^2(i),\quad k\geqslant 0 \tag{5.247}$$

若 $\hat{\boldsymbol{n}}(i)$ 和 $\hat{y}_{nr}(i)$ 在权向量迭代之间是平稳过程,则这些估计子近乎无偏。

解扩后通信信号通带内总的干扰和噪声功率,可由下式估计:

$$\hat{t}(k) = \frac{1}{m}\sum_{i=km+1}^{(k+1)m} \|\hat{\boldsymbol{n}}(i)\|^2, \quad k \geqslant 0 \tag{5.248}$$

当 $\hat{\boldsymbol{n}}(i)$ 是宽平稳过程时,上式近似无偏。$\hat{t}(k)$ 的迭代估计为

$$\hat{t}(k) = \begin{cases} \mu\hat{t}(k-1) + \dfrac{1-\mu}{m}\sum_{i=km+1}^{(k+1)m} \|\hat{\boldsymbol{n}}(i)\|^2, & k \geqslant 1 \\ \dfrac{1}{m}\sum_{i=1}^{m} \|\hat{\boldsymbol{n}}(i)\|^2, & k = 0 \end{cases} \tag{5.249}$$

式中:μ 为记忆因子,且 $0 \leqslant \mu < 1$。仿真结果表明,当干扰是平稳统计量时,前述估计子的迭代形式仅降低了极大极小算法的收敛速度。但是,迭代估计 $\hat{t}(k)$ 在非平稳环境中是有效的,比如存在脉冲干扰时(见 2.6 节)。

扩频码同步可通过算法实现干扰抑制,但这一过程必须在极大极小算法开始前完成。有一种方法是在波束成形后利用通信信号的波达方向估计值来增强通信信号[12]。另一种方法是在扩谱码同步之前,自适应阵列算法利用干扰信号的高功率来降低与所希望的直扩信号之间的差距[13]。虽然干扰抑制的程度可能足以实现扩谱码同步,但通常还不足以实现扩谱码跟踪和解调。故在扩谱码同步之后还都需要解扩和极大极小算法。

在多径环境中,初始处理器和极大极小处理器能够为每个可分辨路径潜在地建立不同的自适应阵列方向图。Rake 合并器(见 6.10 节)能够将所有方向图的信号合并,并最大化合并信号的 SINR。

5.6.3 收敛性分析

令 $s(i)$ 表示固定参考天线的 $\boldsymbol{s}(i)$ 中的信号分量。假设天线阵列足够紧致,使得 $\boldsymbol{s}(i)=s(i)\boldsymbol{s}_0$,其中 $\boldsymbol{s}_0$ 由式(5.205)给定,则最优权向量 $\boldsymbol{w}_0$ 由式(5.212)给出,且最大 SINRρ_0 由式(5.213)给出,且 p_s 为期望序列的功率。

极大极小算法的高度非线性妨碍了严格的收敛性分析。然而,通过合理近似和假设,可以证明平均权向量收敛于 $\boldsymbol{w}_0$,从而推导得到自适应常数的边界。假设干扰为宽平稳过程且 m 足够大,则由式(5.248)可得

$$\begin{aligned}\hat{t}(k) &\approx E[\hat{t}(k)] = E[\|\hat{\boldsymbol{n}}(i)\|^2] \\ &\approx E[\|\boldsymbol{n}(i)\|^2] = \mathrm{tr}(\boldsymbol{R}_n)\end{aligned} \tag{5.250}$$

假设算法经过 k_0 次迭代:

$$\frac{\hat{p}_x(k)}{\hat{p}_n(k)} = \frac{\hat{p}_s(k)}{\hat{p}_n(k)} + 1$$

$$\approx\rho_0+1$$
$$=p_s\boldsymbol{s}_0^{\mathrm{H}}\boldsymbol{R}_n^{-1}\boldsymbol{s}_0+1 \tag{5.251}$$

代入式(5.233)和式(5.234)中可得最大最小算法的近似方程为

$$\boldsymbol{w}(k+1)=\boldsymbol{w}(k)+\frac{\alpha}{r}\left[\frac{\boldsymbol{c}_x(k)}{(\rho_0+1)}-\boldsymbol{c}_n(k)\right],\quad k\geqslant k_0 \tag{5.252}$$

式中：$r=\mathrm{tr}(\boldsymbol{R}_n)$。

作如下近似处理，即当 $i\geqslant km+1$ 时，$\boldsymbol{w}(k)$ 与 $\boldsymbol{x}(i)$、$\boldsymbol{n}(i)$ 和 $\hat{\boldsymbol{n}}(i)$ 统计独立。由式(5.214)、式(5.225)、式(5.240)和式(5.241)可得

$$E[\boldsymbol{c}_x(k)]=E[\boldsymbol{x}(i)y_{\mathrm{r}}(i)]\approx\frac{1}{2}\boldsymbol{R}_xE[\boldsymbol{w}(k)] \tag{5.253}$$

类似地，由式(5.217)、式(5.226)、式(5.245)和式(5.246)可得：

$$E[\boldsymbol{c}_n(k)]\approx E[\boldsymbol{n}(i)y_{n\mathrm{r}}(i)]\approx\frac{1}{2}\boldsymbol{R}_nE[\boldsymbol{w}(k)] \tag{5.254}$$

在式(5.252)两边取期望，将式(5.214)、式(5.253)和式(5.254)代入，再进行代数简化，可得到权向量均值的近似递归方程：

$$E[\boldsymbol{w}(k+1)]=\left[\boldsymbol{I}-\frac{\alpha}{2r(\rho_0+1)}\boldsymbol{D}\right]E[\boldsymbol{w}(k)],\quad k\geqslant k_0 \tag{5.255}$$

式中：

$$\boldsymbol{D}=\rho_0\boldsymbol{R}_n-\boldsymbol{R}_s=\rho_0\boldsymbol{R}_n-p_{\mathrm{a}}\boldsymbol{s}_0\boldsymbol{s}_0^{\mathrm{H}} \tag{5.256}$$

由式(5.236)和式(5.230)可得：

$$\boldsymbol{D}\boldsymbol{w}_0=\boldsymbol{D}\boldsymbol{R}_n^{-1}\boldsymbol{s}_0=\boldsymbol{0} \tag{5.257}$$

这表明由式(5.212)给出的最优权向量 $\boldsymbol{w}_0$ 是与 $\boldsymbol{D}$ 的零特征值对应的特征向量。而 $\boldsymbol{D}$ 是共轭对称矩阵，因此它有由 N 个正交特征向量构成的完备集(见附录 G)，其中一个向量为 $\boldsymbol{w}_0$。

$$\boldsymbol{w}^{\mathrm{H}}\boldsymbol{D}\boldsymbol{w}=\rho_0\boldsymbol{w}^{\mathrm{H}}\boldsymbol{R}_n\boldsymbol{w}-\boldsymbol{w}^{\mathrm{H}}\boldsymbol{R}_s\boldsymbol{w}\geqslant0 \tag{5.258}$$

所以对任何 $\boldsymbol{w}$，$\boldsymbol{D}$ 是有 N 个非负特征值的半正定矩阵。假设只有 $\boldsymbol{w}=\boldsymbol{w}_0$ 才能最大化 SINR，对于 $\boldsymbol{w}\neq\boldsymbol{w}_0$，有 $\boldsymbol{w}^{\mathrm{H}}\boldsymbol{D}\boldsymbol{w}>0$。由于 $\boldsymbol{w}\neq\boldsymbol{w}_0$ 时 $\boldsymbol{D}\boldsymbol{w}\neq0$，且 $\boldsymbol{D}$ 有一个特征值为零，因此 $\boldsymbol{D}$ 的其他 $N-1$ 个特征值为正数。

为求解式(5.255)，可如下分解特征值：

$$E[\boldsymbol{w}(k)]=\eta(k)\boldsymbol{R}_n^{-1}\boldsymbol{s}_0+\sum_{l=2}^{N}a_l(k)\boldsymbol{e}_i \tag{5.259}$$

式中：每个 $a_l(k)$ 和 $\eta(k)$ 都是标量函数，$\boldsymbol{e}_l$ 是与 $\boldsymbol{R}_n^{-1}\boldsymbol{s}_0$ 正交的 $N-1$ 个特征向量之一。将式(5.259)代入式(5.255)，再利用特征向量的正交性，可得：

$$\eta(k+1)=\eta(k)=\eta(k_0),\quad k\geqslant k_0 \tag{5.260}$$

$$a_l(k+1)=\left[1-\frac{\alpha\lambda_l}{2r(\rho_0+1)}\right]a_l(k),\quad 2\leqslant l\leqslant N,\quad k\geqslant k_0 \tag{5.261}$$

式中:λ_l 是对应于 $\boldsymbol{e}_l$ 的正特征值。假设 $\eta(k_0)\neq 0$,式(5.213)、式(5.259)和式(5.260)表明,随着 $k\to\infty$,当且仅当每个 $a_l(k)\to 0$ 时,有 $E[\boldsymbol{w}(k)]\to\boldsymbol{w}_0$。求解式(5.261)可得:

$$a_l(k)=\left[1-\frac{\alpha\lambda_l}{2r(\rho_0+1)}\right]^{k-k_0}a_l(k_0),\quad 2\leqslant l\leqslant N,\quad k\geqslant k_0 \tag{5.262}$$

上式表明随着 $k\to\infty$,当且仅当下式成立时,$a_l(k)\to 0(2\leqslant l\leqslant N)$:

$$\left|1-\frac{\alpha\lambda_l}{2r(\rho_0+1)}\right|<1,2\leqslant l\leqslant N \tag{5.263}$$

该不等式表明平均权向量收敛的充分必要条件是:

$$0<\alpha<\frac{4\mathrm{tr}(\boldsymbol{R}_n)(\rho_0+1)}{\lambda_{\max}} \tag{5.264}$$

式中:$\lambda_{\max}$为 $\boldsymbol{D}$ 的最大特征值。

由于方阵特征值的和等于方阵的迹,故:

$$\lambda_{\max}\leqslant\sum_{i=1}^{N}\lambda_i=\mathrm{tr}(\boldsymbol{D})=\rho_0\mathrm{tr}(\boldsymbol{R}_n)-tr(\boldsymbol{R}_s)\leqslant\rho_0\mathrm{tr}(\boldsymbol{R}_n) \tag{5.265}$$

将该边界代入式(5.264)并化简,可得平均权向量收敛到最优权向量的必要但非充分条件:

$$0<\alpha<4 \tag{5.266}$$

由于在推导过程中进行了近似处理,该不等式只是近似结果,但其至少对自适应常数的选择给出了大致的指导。应注意到上边界是具体的数值,不依赖于环境参数,这为选择式(5.234)作为自适应序列提供了支持。

5.6.4 极大极小算法仿真

仿真实验中,天线阵列由位于正方形顶点或均匀线性阵列上的4个全向天线构成。令 λ 表示通信信号中心频率3GHz对应的波长。正方形边长或相邻天线的间隔为 $d=0.5\lambda$、$d=1.0\lambda$ 或 $d=1.5\lambda$。采用BPSK调制和矩形码片波形的直扩信号沿顺时针方向与正方形一边的垂线呈20°夹角入射。假设所有信号以平面波到达。直扩信号下变频后有1kHz的频偏,作为对非理想频率同步的建模。每次仿真中,数据符号和扩谱序列分别按照100kb/s和10Mb/s随机生成,这也意味着扩谱增益为20dB。假设接收机能实现理想扩谱码同步和扩谱序列同步。如图5.6所示,初始采样按照扩谱序列中的每个码片采样一次。每个支路输出的热噪声建模为带限高斯白噪声,SNR为0dB。信号滤波器为单边带宽

$B=100\text{kHz}$ 的累加器。监测滤波器为频偏 $f_0=400\text{kHz}$ 的带通累加器,用于防止来自直扩信号的影响。极大极小算法取 $\alpha=1$。每经过 $m=10$ 个数据符号,权向量迭代一次。每次仿真实验中,自适应处理器的初始权向量为 $\boldsymbol{w}(0)=[1\quad 0\quad 0\quad 0]$,这形成了全向天线的阵列方向图。

采用 3 个单音干扰信号(连续波信号)。下变频后,这些单音信号有不同的初始相移和 10kHz 的残留频偏,这体现了单音干扰频率和直扩信号载波频率的不匹配情况。即使多音干扰的载波频率相同,它们的叠加也是非相干的,这是因为多音干扰信号来自不同方向,并具有不同的初始相移。处理器输出端,在每个采样时间点后计算 SINR,然后在两次权向量迭代时间间隔内对所有采样点上的 SINR 取平均值,以此作为每次权向量迭代后对应的 SINR。可以看到虽然 SINR 不断波动,但趋向于逐步增加直至达到有小幅度残留波动的稳定状态。

图 5.10 显示的是在一次典型仿真实验中,SINR 随权向量迭代次数的变化,其中单音干扰信号的入射角为 50°,干信比(Interface - to - Signal Ratio, ISR)为 30dB。

定义 θ 为入射角,取顺时针方向与正方形一边垂线的夹角。令 $\boldsymbol{s}(\theta)$ 表示理想平面波以 θ 入射的阵列响应向量。对于方阵,阵列响应向量的元素为

$$\begin{aligned} &s_{r1}=1,\ s_{r2}=\exp\left(-\mathrm{j}2\pi\frac{d}{\lambda}\sin\theta\right)\\ &s_{r3}=\exp\left(-\mathrm{j}2\pi\frac{d}{\lambda}\cos\theta\right),\ s_{r4}=\exp\left[-\mathrm{j}2\pi\frac{d}{\lambda}(\sin\theta+\cos\theta)\right] \end{aligned} \tag{5.267}$$

第 k 次权向量迭代后的阵列增益方向图为

$$G(\theta,k)=\frac{|\boldsymbol{w}^{\mathrm{H}}(k)\boldsymbol{s}(\theta)|^2}{\|\boldsymbol{w}(k)\|^2} \tag{5.268}$$

图 5.10 中仿真试验结束时的阵列增益方向图如图 5.11 所示,其中单音干扰入射角为 50°,ISR = 30dB。在干扰信号方向形成零值以下 -20dB 的陷波,且主瓣稍微偏离通信信号的方向。此外,阵列增益方向图上形成其他较低点和较高点,即栅瓣零点和栅瓣。

表 5.1 列出了 15 个有代表性的仿真试验结果。每个实验包含 50 次仿真,每次仿真进行 100 次权向量迭代。第一列给出了干扰信号的到达角,每个干扰信号的 ISR 为 10dB。第二列给出了阵列类型,即 $d=1.0\lambda$ 和 $d=1.5\lambda$ 的方阵,$d=0.5\lambda$ 的线阵。所有仿真的最后 20 次权向量迭代的 SINR 结果用来计算稳态 SINR 的和 SINR 的标准差,单位为 dB。最后一列给出了交叉数,是 SINR 超过 20dB 所需权向量迭代的平均次数。交叉数给出了收敛到稳态所需时间的大致度量。

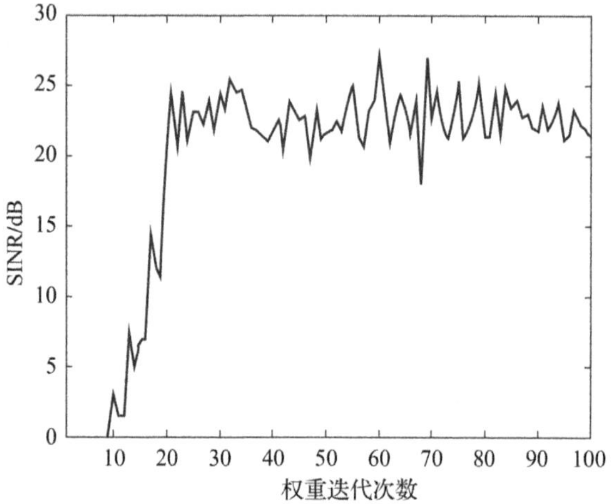

图 5.10　直接序列扩谱系统典型仿真实验中的 SINR 变化图

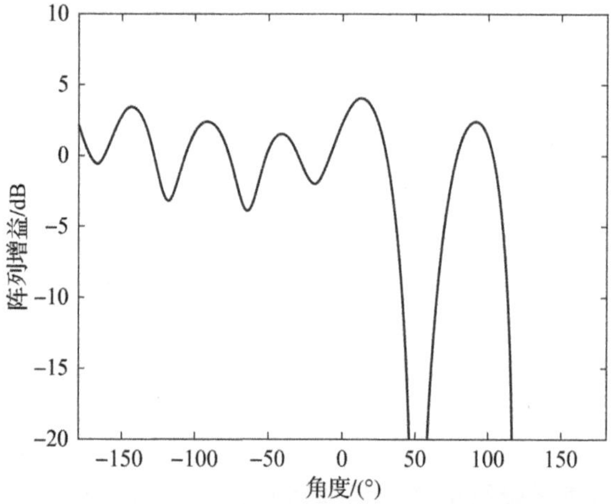

图 5.11　直扩系统典型仿真试验后的阵列增益方向图

表 5.1　ISR = 10dB 时单音干扰下的仿真结果

干扰到达角度/(°)	阵列类型	稳态 SINR/dB	标准差/dB	交叉数
60	方形,1.0λ	25.81	1.49	3.2
60, −40	方形,1.0λ	22.84	2.22	8.9
60,85	方形,1.0λ	24.53	1.60	5.0
60, −40,85	方形,1.0λ	24.39	1.71	5.5
30	方形,1.0λ	20.10	1.57	16.1

续表

干扰到达角度/(°)	阵列类型	稳态 SINR/dB	标准差/dB	交叉数
60	方形,1.5λ	25.13	1.46	4.2
60, -40	方形,1.5λ	25.38	1.50	3.9
60,85	方形,1.5λ	24.40	1.47	5.4
60, -40,85	方形,1.5λ	24.26	1.52	5.4
30	方形,1.5λ	22.95	1.99	7.1
60	线性	25.75	1.43	3.3
60, -40	线性	24.98	1.46	4.1
60,85	线性	24.81	1.52	4.4
60, -40,85	线性	24.67	1.59	4.8
30	线性	20.25	1.55	10.1

上述结果表明了在广泛的应用场景下如何在有用信号方向进行波束成形和干扰消除。额外的干扰信号不一定会降低算法收敛速度或 SINR 稳态值。这是由于阵列形成方向图主瓣或零点以后,还会形成其他的栅瓣或零点,因而可能阻碍或促进极大极小算法。到达角为 30°的干扰信号和方阵的仿真结果显示了阵列分辨率带来的局限性。分辨率是指在性能没有较大损失下阵列对干扰信号和通信信号的角度分离能力,它随着阵列口径增加而减小。尽管 $d=1.0\lambda$ 的方阵和 $d=0.5\lambda$ 的均匀线阵的阵列孔径达到 1.5λ,但仍不足以分辨该干扰。将方阵天线阵元间隔增加到 1.5λ,在收敛速度和 SINR 稳态值方面都有显著提升。

更多的仿真试验[11]表明该算法可在扩谱增益的基础上大幅度增加干扰抑制能力。仿真结果也表明了算法在各种阵列结构、多个干扰信号、多种干扰功率、多种衰落条件下的稳健性。

5.7　跳频系统的自适应阵列

预测极大极小算法[14]是一种利用跳频信号的频谱和时间特征的自适应阵列算法。它利用极大极小算法融合了对多个符号的预测处理,以能够在跳频带宽内大幅度消减部分频带干扰。这种算法由自适应极大极小处理器来实现,它包括一个主处理器和一个预测滤波器。主处理器监测与跳频信号所使用信道相邻的频谱区域。预测滤波器监测后续跳频信号将要使用的信道的干扰状态。两种监测结果都用于干扰消除。

5.7.1 初始和主处理器

如图5.6的自适应阵列所示,扩谱波形是由同步接收机重构的非调制跳频信号副本,用于每个天线后初始处理器中的解跳。解调器抽取解跳后信号的复包络生成 N 个支路序列。令 $\boldsymbol{x}(i)$ 表示滤波后支路输出的离散时间 $N\times1$ 向量,作为预测极大极小算法的主要输入信号,其中 i 表示采样序号。向量 $\boldsymbol{x}(i)$ 可表示为 $\boldsymbol{x}(i)=\boldsymbol{s}(i)+\boldsymbol{n}(i)$,其中 $\boldsymbol{s}(i)$ 是跳频信号分量,$\boldsymbol{n}(i)$ 是干扰和热噪声信号分量。极大极小处理器计算权向量 $\boldsymbol{w}(k)$,其中 k 为权重迭代序号。极大极小处理器的输出为 $\boldsymbol{y}(i)=\boldsymbol{w}^{\mathrm{H}}(k)\boldsymbol{x}(i)$。

为实现主处理器中的极大极小处理,必须将干扰信号 $\boldsymbol{n}(i)$ 从总信号 $\boldsymbol{x}(i)$ 中分离出来。如图5.12所示,每次频率跳变中跳频信号载波频率为 f_h,其大部分频谱被限制在带宽为 B 的信道内。在每个阵列天线后的支路中,频率跳变被移除,当前频域信道或信号信道下变频到基带。然后信号滤波器从信道中抽取出总的信号。为了消除 $\boldsymbol{x}(i)$ 中的干扰,接收机需要在监测信道上测量干扰。监测信道指的是相邻的信道或中心频率相对于中心载波频率偏移 $f_0\geqslant B$ 的频谱区域。对于这种测量方式,每条支路的处理将监测信道下变频到基带。下变频后,基带监测滤波器在监测信道上抽取干扰信号。理想情况下,干扰信号频谱与信号在监测信道重叠,使信号滤波器和监测滤波器输出的干扰分量有相同的二阶统计量。在经过足够多的跳变之后,每个监测滤波器都可以处理来自特定方向及与跳频频带重合的绝大部分干扰。预测极大极小算法利用所有支路上信号滤波器和监测滤波器的输出来消除干扰和增强通信信号。考虑到通信信号通过监测滤波器后存在频谱泄露,必须保证足够大的频偏 f_0 才不会导致自适应算法对通信信号的明显消除。

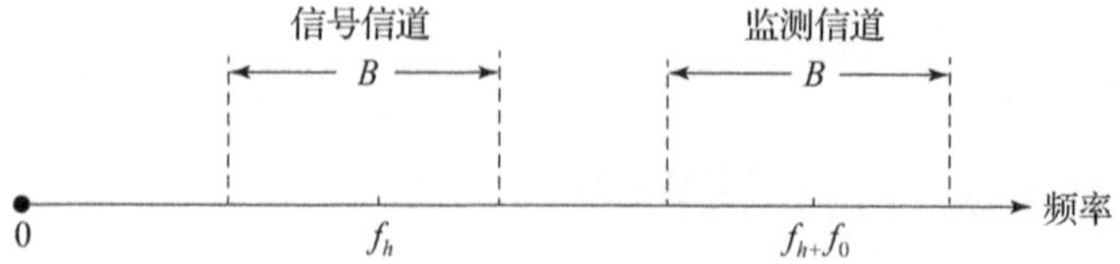

图5.12 跳频驻留期间的信号信道和监测信道

如3.5节所示,对于跳频、调制深度为 h 的连续相位频移键控信号,支路 l 上解调器的输出是复包络的采样值:

$$z_l(i)=\exp\left\{\mathrm{j}2\pi\left[\frac{f_e T_s i}{L}+\frac{h\alpha_r(i-Lr)}{2L}\right]+\mathrm{j}\phi_{le}\right\}+n_{l1}(i) \tag{5.269}$$

$$Lr\leqslant i\leqslant Lr+L-1,\quad l=1,2,\cdots,N$$

式中:f_e 为中频频偏;T_s 为符号时宽;L 为每符号采样次数;α_r 为第 r 个符号;$n_{l1}(i)$为干扰和噪声的采样序列;ϕ_{le}为由通信信号到达天线阵列时间不同而形成的相位偏移。为同时获取通信信道和监测信道上的能量,每个支路上中频滤波器带宽必须为 $2f_{max}+f_o+B$,其中 f_{max} 为 $|f_e|$ 的最大值。如 3.5 节所示,L 和 f_e 必须满足式(3.104)和式(3.105)。

主处理器如图 5.13 所示,N 个支路序列 $z_l(i)(l=1,2,\cdots,N)$ 分别输入信号滤波器,$e(i)=\exp(-\mathrm{j}2\pi f_o T_0 i)$。利用 f_o 载波对各个支路序列进一步下变频,得到的各个监测信道序列 $m_l(i)(l=1,2,\cdots,N)$ 作为监测滤波器的输入。因此,支路序列向量 $\boldsymbol{z}(i)$ 用于生成监测滤波器输入向量 $\boldsymbol{m}(i)=\boldsymbol{z}(i)\exp(-\mathrm{j}2\pi f_0 T_0 i)$,其中 $T_0=T_s/L$ 为采样间隔。$|f|\leqslant f_{max}+B/2$ 为基带的信号滤波器和监测滤波器的通带。信号滤波器和监测滤波器的输出分别为 $\boldsymbol{x}(i)$ 和 $\hat{\boldsymbol{n}}(i)$,并送入自适应滤波器。$\boldsymbol{x}(i)$ 中干扰和噪声估计为向量 $\hat{\boldsymbol{n}}(i)$。

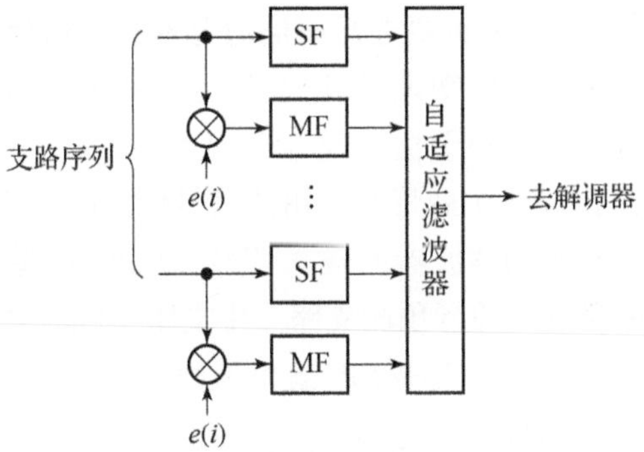

图 5.13　跳频系统的极大极小处理器

令 $\boldsymbol{n}_1(i)$表示 $\boldsymbol{z}(i)$ 中的干扰和噪声分量,$h(i)$ 表示信号滤波器和监测滤波器的脉冲响应,则 $\boldsymbol{x}(i)$ 中的干扰和噪声分量为

$$\boldsymbol{n}(i)=\sum_{\ell=0}^{i}\boldsymbol{n}_1(\ell)h(i-\ell) \tag{5.270}$$

监测滤波器的输出为

$$\hat{\boldsymbol{n}}(i)=\sum_{\ell=0}^{i}\boldsymbol{n}_1(\ell)\mathrm{e}^{-\mathrm{j}2\pi f_o T_0 \ell}h(i-\ell) \tag{5.271}$$

对 $\hat{\boldsymbol{n}}(i)$ 的关键要求在于它要与 $\boldsymbol{n}(i)$ 具有相近的二阶统计量:

$$E[\boldsymbol{n}(i)\boldsymbol{n}^{\mathrm{H}}(i)]\approx E[\hat{\boldsymbol{n}}(i)\hat{\boldsymbol{n}}^{\mathrm{H}}(i)] \tag{5.272}$$

当干扰信号在所占据的每个信道上都有相似的二阶统计量时上式成立。例

如,假设 $\boldsymbol{n}_1(i)=\boldsymbol{n}_t(i)+\boldsymbol{j}_1(i)+\boldsymbol{j}_2(i)$,其中,$\boldsymbol{n}_t(i)$为白噪声分量,$\boldsymbol{j}_1(i)$和$\boldsymbol{j}_2(i)$为相互独立的干扰信号。假设$\boldsymbol{j}_2(i)$近似于频移后的$\boldsymbol{j}_1(i)$,即

$$\boldsymbol{j}_2(i)\approx\boldsymbol{j}_1(i)\exp(\mathrm{j}2\pi f_o T_0 i+\theta) \tag{5.273}$$

式中:θ 为任意相移。假设f_o 足够大,信号滤波器对$\boldsymbol{j}_2(i)$的响应可忽略,监测滤波器对$\boldsymbol{j}_1(i)$的响应可忽略。因此,$\boldsymbol{n}(i)$可由 $\boldsymbol{n}_1(i)=\boldsymbol{n}_t(i)+\boldsymbol{j}_1(i)$代入式(5.270)近似,$\hat{\boldsymbol{n}}(i)$可由 $\boldsymbol{n}_1(i)=\boldsymbol{n}_t(i)+\boldsymbol{j}_2(i)$代入式(5.271)近似。将这些近似及式(5.273)代入式(5.272)后,可发现式(5.272)成立。

预测极大极小算法所需的估计值由自适应滤波器产生,其结构如图 5.9 所示。自适应滤波器的输入向量为 $\boldsymbol{x}(i)$和 $\hat{\boldsymbol{n}}(i)$,每次权向量迭代可产生 m 个样值。自适应滤波器产生的输出及估计值由式(5.240) ~ 式(5.247)给出。信号滤波器输出中干扰和噪声的总功率与监测滤波器输出功率近似,可由迭代方法估计得到,由式(5.249)给出。迭代估计在非平稳环境是有用的,比如出现部分频带干扰。

5.7.2 预测自适应滤波器

v 个预测滤波器用于监测将要进行通信但还没有通信信号能量的信道。基于接收机关于跳频图案的先验知识,从这些信道得到未来的干扰估计可能能使预测极大极小算法进一步消除干扰。若 $v\geqslant1$ 且 $1\leqslant l\leqslant v$,令f_{hl}表示其后 l 跳的载波频率,则可预测支路 l 从 l 跳后将要使用的信号信道产生输出信号。

为生成主滤波器和预测滤波器的输入信号,每个天线输出信号变换到中频后再送至一条主支路及 v 条并行预测支路。主支路生成与之前描述的载频为 f_h 的当前信道相同的输出。预测支路 l 的输出采用类似处理产生,但是使用不同的载频 f_{hl}且没有监测信道($f_o=0$)。

所有支路序列送入图 5.14 所示的预测极大极小处理器。主处理器产生解调器的输入信号。监测滤波器输出源于预测支路 l,给出了 $N\times1$ 维向量$\hat{\boldsymbol{n}}_{al}(i)$,作为 l 跳后信号信道中干扰和噪声的估计。向量 $\boldsymbol{x}(i)$是主处理器信号滤波器给出的输出向量。向量 $\hat{\boldsymbol{n}}_{al}(i)$ 和 $\boldsymbol{x}(i)$ 送至预测自适应滤波器 l,之后应用式(5.233)中的极大极小算法自适应调整其权向量 $\boldsymbol{w}_{al}(k)$。实现预测滤波器的递归方程为

$$\boldsymbol{w}_{al}(k+1)=\boldsymbol{w}_{al}(k)+\left\{\alpha(k)\left[\frac{\boldsymbol{c}_x(k)}{\hat{p}_x(k)}-\frac{\boldsymbol{c}_n(k)}{\hat{p}_n(k)}\right]\right\}_l,\quad k\geqslant0,\quad 1\leqslant l\leqslant v \tag{5.274}$$

式中:括号外的下标 l 表示计算由预测滤波器 l 实现。选择与主处理器中一致的自适应常数和记忆因子。每跳之后,新载频对应的权向量由第 1 个预测滤波器转移到主处理器,且第 l 个滤波器计算得到的权向量转移到第 $l-1$ 个滤波器,其

中 $l=2,3,\cdots,v$。第 v 个滤波器的权向量重置为 $\boldsymbol{w}_{av}(0)$。这种转移由控制跳频频率转移的时钟进行触发。

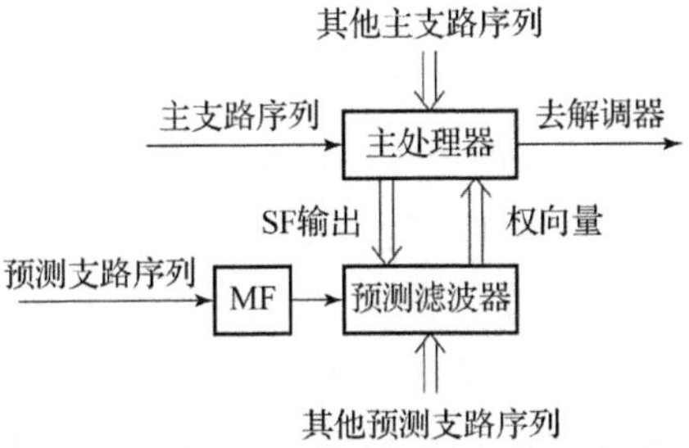

图 5.14　跳频系统的预测极大极小处理器

除跳频驻留间隔末端的采样时刻或跳频波形的转换时间点外，主处理器中的权向量由极大极小算法进行更新。此时，主处理器的权向量设为与第 l 个预测滤波器权向量相等。令 k_0 表示每跳内的迭代次数，$n=1,2,\cdots$ 表示跳数。当 $k=nk_0$，主处理器进行转换。因此，主处理器中的算法为

$$\boldsymbol{w}(k+1)=\boldsymbol{w}(k)+\alpha(k)\left[\frac{\boldsymbol{c}_x(k)}{\hat{p}_x(k)}-\frac{\boldsymbol{c}_n(k)}{\hat{p}_n(k)}\right],\quad k+1\neq nk_0 \tag{5.275}$$

$$\boldsymbol{w}(nk_0)=\boldsymbol{w}_{a1}(nk_0),\quad n\geqslant 0 \tag{5.276}$$

式(5.274)～式(5.276)构成了预测极大极小算法。

当存在部分频带干扰时，为加快平均权向量的收敛，预测极大极小算法需增加硬件并加大计算量。在每次权向量迭代中的算法开销可以由实数乘、实数加和实数除进行估计。由算法方程可以发现，若 $k_0\gg 1$，预测极大极小算法的每次迭代需要 $(v+1)(4N+1)$ 次实数除，$(v+1)(6Nm+6N+2m+4)$ 次实数乘、$(v+1)(6Nm+m-1)$ 次实数加。所以，每次迭代的计算开销是 $(v+1)O(mN)$ 次实数乘或除，及 $(v+1)O(mN)$ 次实数加。每个采样间隔内的计算开销是 $(v+1)O(N)$ 次实数乘或除，及 $(v+1)O(N)$ 次实数加，这与经典 LMS 算法在 $v=0$ 时的计算代价处于同一量级。

由于有效信号的多径分量只在通信信道中出现，而在监测信道和后续信号信道中不明显，因此应用预测极大极小算法不会对其有消除。但同时，这种算法生成的波束通常会衰减这些来波方向与跳频信号主径方向差别很大的多径信号。

5.7.3　仿真实验

仿真中，接收阵列由位于方形顶点上的 4 个全向天线构成。令 λ 表示与通信信号中心频率 3GHz 对应的波长。正方形边长或相邻天线间隔 $d=0.9\lambda$。假

设所有信号按平面波形式到达,跳频信号采用二进制最小频移键控调制(见3.3节),载波频率在频率集中随机选择。每个信道是跳频频率集中的一个频率,其带宽为 $B = 100\text{kHz}$。跳频频段带宽为 $W_h = 30\text{MHz}$,共有 $W_h/B = 300$ 个彼此相邻的信道。跳频驻留时间为1ms。跳频信号沿着与正方形某个边法线顺时针成20°夹角的方向入射;作为对非理想频率同步和多普勒频移的建模,跳频信号下变频后有1kHz的频偏。假设本地产生的跳频信号副本有理想的定时同步。数据符号以速率100kb/s随机生成。采样速率为每秒106个采样值,对应于每符号10个采样值。信号滤波器和监测滤波器是第二类数字切比雪夫滤波器[15],其3dB带宽都为 B。监测信道的相对频偏 $f_o = 200\text{kHz}$,这足以防止来自跳频信号的显著影响。预测极大极小算法在抗部分频带干扰时取 $\alpha = 0.4$ 和 $\mu = 0.99$,通常可得到近似最优的整体性能。算法中每10个数据符号进行一次权向量迭代,权向量迭代速率和自适应常数的选择都要在一定程度上确保权重值不至于过大。每次仿真时,将每个自适应滤波器的初始权向量设为 $\boldsymbol{w}(0) = [1 \quad 0 \quad 0 \quad 0]$。以形成全向阵列方向图。中频滤波器建模为理想的矩形滤波器,每个主序列和预测序列中的热噪声建模为带限复高斯噪声,每个信号滤波器的输出SNR为14dB。

有纠错编码辅助的自适应阵列可抑制仅占跳频频带一小部分的干扰甚至跳频干扰信号。若监测滤波器足够频繁地进行监测,则干扰能够迅速被自适应阵列抑制;若只是偶尔监测到干扰,则干扰主要由差错控制编码来抑制。在仿真中,3个干扰信号都是占据跳频频带10%信道的等功率单音信号(即连续波信号)。对于每个干扰信号,每个信道内包含一个单音干扰,其ISR为0dB。下变频后,3个干扰信号具有不同的初始相移及分别为10kHz、13kHz和16kHz的残留频偏,这反映了单音干扰的载频与跳频频率集的载频之间的失配。由于各干扰信号到达方向和初始相移不同,即使干扰信号具有相同的载波频率,它们在所有天线上也不是相干叠加。当干扰占据相邻信道时,假设单音干扰始终同时存在于信号滤波器和监测滤波器中。当信号信道和监测信道非常接近时,对于占据很大一部分跳频频带的部分频段干扰,该假设是一种很好的近似。每次采样后计算处理器输出的SINR,然后在当前权重两次迭代的时间间隔内所有采样值上取平均,以确定每次权重迭代的SINR。

表5.2列出了19次典型模型的仿真结果。第1列给出了干扰信号个数和到达角。第2列为预测自适应滤波器的数量。第3列说明单音干扰是随机占据信道,还是占据相邻信道。第4列确定是否是频率选择性衰落信道。20次仿真中,每次仿真有100跳和1000次权重迭代,取其中最后20跳的平均值来确定稳态或最终SINR值及其标准差。表的第5和第6列给出了这些统计量,作为80

跳之后干扰消除程度的度量,SINR 单位为 dB。

表5.2 的结果证实随着预测自适应滤波器数量 v 的增加抗干扰性能不断提升。这种提升主要是由于未来通信信道中的干扰是在 v 个驻留间隔上进行处理而得到的。当存在一个以上的干扰信号时,面对变化更快的信号环境会使天线阵列的自适应变得更加困难。但如表 5.2 所列,4 个天线构成的阵列通常可以明显消除3 个部分频带干扰。随机分布的单音信号提供了一种复杂干扰的模型。由于在通信信道中存在单音干扰并不意味着同时在监测信道中也存在单音干扰,故给干扰消除带来了困难,并降低了收敛到稳态的速率。如表所示,$v=1$ 和2 时会显著提升预测极大极小算法的收敛速率。13～15 行体现了阵列分辨率导致的局限性,这种局限性可随着阵列孔径或天线间隔的增加而不断改善。然而,孔径增大会导致天线栅瓣数量的增加,从而阻碍存在2 个或多个干扰信号时零点的形成。

表5.2　仿真结果

干扰角度/(°)	v	是否随机	是否衰落	最终 SINR/dB	最终标准差/dB
40	0	否	否	18.89	1.91
40	1	否	否	19.10	1.65
40	2	否	否	19.13	1.78
40,−10	0	否	否	18.53	2.16
40,−10	1	否	否	18.87	1.61
40,−10	2	否	否	19.06	1.62
40,−10	0	是	否	17.11	4.26
40,−10	1	是	否	18.61	2.04
40,−10	2	是	否	18.90	1.77
40,−10,85	0	否	否	18.18	2.16
40,−10,85	1	否	否	18.52	1.64
40,−10,85	2	否	否	18.81	1.66
30	0	否	否	17.27	3.20
30	1	否	否	17.86	2.70
30	2	否	否	18.00	2.84
40	2	否	是	16.55	5.38
40,−10	2	否	是	16.46	5.33
40,−10,85	2	否	是	16.21	5.38
30	2	否	是	15.41	5.85

最后4行显示的是整个跳频频带遭受频率选择性衰落的影响(见6.3节)。假设跳频信号在每个信道上经历独立瑞利衰落(见6.2节)。在每个跳频驻留间隔内,跳频信号幅度乘以服从瑞利分布的随机数 A_h。为保证经历衰落后跳频信号平均功率不变,令 $E[A_h^2]=1$。假设干扰信号不受衰落的影响。基于上述严格条件,SINR值将明显减小但不会过分衰减并且标准差会增大。在实际通信系统中,SINR偶尔的低值可通过纠错码来补偿。其他仿真结果表明这种算法在跳频频带扩大至 $W_h=300\text{MHz}$(占总带宽的10%)时也适用,仅有很小的性能损失。

5.8 思考题

1. 利用式(5.2)、式(5.3)和式(5.18)推导式(5.20)。

2. 证明当 $\mu(k)=\mu$LMS最速下降算法的权向量收敛到 $\boldsymbol{w}_0$。收敛的充分必要条件是否与LMS算法相同?这两种算法中权向量的区别是什么?

3. 考虑性能度量 $P(\boldsymbol{w})=E[|\epsilon|^2]+\alpha\|\boldsymbol{w}\|^2$ 的最小化,其中 $\alpha>0$。

(1)最优权向量的必要条件是什么?

(2)推导该性能度量的最速下降算法。

(3)相应的随机梯度算法是什么?

(4)推导平均权向量收敛的条件。平均权向量收敛到什么值?

(5)采用这种性能度量在工程上需要考虑什么?

4. 考虑性能度量 $P(\boldsymbol{w})=E[(M-|y|)^2]$,其中 $y=\boldsymbol{w}^{\mathrm{H}}\boldsymbol{x}$,$M$ 为已知标量。

(1)假设梯度与期望运算能够互换,推导该性能度量下的最速下降算法。

(2)相应的随机梯度算法是什么?

(3)采用这种性能度量在工程上的考虑是什么?

5. 假设 $\boldsymbol{x}(k+1)$ 独立于 $\boldsymbol{x}(i)$ 和 $d(i)$,其中 $i\leqslant k$,证明LMS算法中 $\boldsymbol{w}(k)$ 独立于 $\boldsymbol{x}(k)$。

6. 根据书中具体步骤推导式(5.124)和式(5.125)。

7. 考虑式(5.142)中的软判决项。随着 $\sigma_z\to\infty$ 和 $\sigma_z\to 0$,软判决项的取值是多少?对此结果给出工程解释。

8. 在Frost算法的收敛分析中推导式(5.176)并证明 $\boldsymbol{A}\boldsymbol{v}(k)=\boldsymbol{v}(k)$,$k\geqslant 1$。

9. 在Frost算法的收敛分析中,证明 $\boldsymbol{A}\boldsymbol{v}(0)=\boldsymbol{v}(0)$,其中 $\boldsymbol{A}\boldsymbol{R}_x\boldsymbol{A}$ 为共轭对称矩阵;再证明 $\boldsymbol{A}\boldsymbol{R}_x\boldsymbol{A}\boldsymbol{p}=\boldsymbol{0}$,该式表明 $\boldsymbol{p}$ 是对应于 $\boldsymbol{A}\boldsymbol{R}_x\boldsymbol{A}$ 零特征值的特征向量。

10. 考虑性能度量 $P(\boldsymbol{w})=E[|\epsilon|^2]$,约束条件为 $\boldsymbol{w}^{\mathrm{H}}\boldsymbol{p}=1$,其中 $\boldsymbol{p}^{\mathrm{H}}\boldsymbol{p}=G$。用拉格朗日乘子法推导相应的最速下降算法和随机梯度算法。在怎样的条件下该

算法的性能会优于 Frost 算法？

11. 推导式(5.225)，可用于直接序列扩谱系统自适应阵列的设计。

12. 证明式(5.223)和式(5.234)，可用于直接序列扩谱系统自适应阵列的收敛性分析。

参考文献

[1] R. B. Ash and W. P. Novinger, *Complex Variables*, 2nd ed. Dover, 2004.

[2] P. S. R. Diniz, Adaptive Filtering: Algorithms and Practical Implementation, 4th ed., Springer, 2012.

[3] B. Farhang - Boroujeny, Adaptive Filters: Theory and Applications, 2nd ed., Wiley, 2013.

[4] S. Haykin, *Adaptive Filter Theory*, 5*th ed.*, Prentice - Hall, 2013.

[5] A. H. Sayed, *Adaptive Filters*, Wiley, 2008.

[6] L. B. Milstein, "Interference Rejection Techniques in Spread Spectrum Communications," *Proc. IEEE*, vol. 76, pp. 657 - 671, June 1988.

[7] X. Wang and H. V. Poor, *Wireless Communication Systems*, Prentice Hall, 2004.

[8] M. Medley, G. Saulnier, and P. Das, "The Application of Wavelet - Domain Adaptive Filtering to Spread - Spectrum Communications," *Proc. SPIE Wavelet Applications for Dual - Use*, vol. 2491, pp. 233 - 247, April 1995.

[9] E. K. P. Chong and S. H. Zak, *An Introduction to Optimization*, 4*th ed.*, Wiley, 2013.

[10] K. Lange, *Optimization*, 2nd ed., Springer, 2013.

[11] D. Torrieri and K. Bakhru, "The Maximin Adaptive - Array Algorithm for Direct - Sequence Systems," *IEEE Trans. Signal Processing*, vol. 55, pp. 1853 - 1861, May 2007.

[12] H. Puska, H. Saarnisaari, J. Iinatti, and P. Lilja, "Serial Search Code Acquisition Using Smart Antennas with Single Correlator or Matched Filter," *IEEE Trans. Commun.*, vol. 56, pp. 299 - 308, Feb. 2008.

[13] D. Torrieri and K. Bakhru, "Adaptive - Array Algorithm for Interference Suppression Prior to Acquisition of Direct - Sequence Signal," *IEEE Trans. Wireless Commun.*, vol. 7, pp. 3341 - 3346, Sept. 2008.

[14] D. Torrieri and K. Bakhru, "Anticipative Maximin Adaptive - Array Algorithm for Frequency - Hopping Systems," *IEEE Military Commun. Conf.*, Nov. 2006.

[15] B. Porat, A Course in Digital Signal Processing, Wiley, 1997.

第 6 章

衰落与分集

衰落是指由传播介质物理特性的变化所引起的接收信号强度的变化，从而改变了发射信号的多径分量的相互作用。抗衰落的主要手段是分集，它主要利用了同一信号的两个或多个独立衰落副本之间潜在的冗余度。分集的本义是，即使一些副本衰减了，其他副本也有很大的可能不会衰减。本章概述了衰落最重要的特性和分集在抗衰落方面的应用。直扩和跳频信号均可提供分集。作为多数直扩系统的核心，Rake 解调器并非简单地消除多径信号，而是能够充分利用所不希望的多径信号。多载波直扩系统和频域均衡是两种处理多径信号的有效方法。

6.1 路径损耗、阴影与衰落

电磁波的自由空间传播损耗与收发距离的平方成反比。分析表明，一个经直达路径传播的信号，与其经由平面理想反射所产生的多径分量在接收机中叠加后，合成信号的功率损耗与距离的四次方成反比。因此，在某个特定地理区域内，为平均接收功率与距离之间的幂函数关系寻找合适的幂指数是很自然的。对于频率位于 30MHz 与 50GHz 之间的陆地无线通信而言，发射机位于许多不同位置而接收机位于某个特定地理区域的平均测量结果表明，以分贝为单位的平均接收功率与收发距离 r 的对数趋于线性关系，该平均接收功率称为区域平均功率。若接收机位于发射信号的远场，则可发现用十进制表示的区域平均功率可近似为

$$p_a = p_0 \left(\frac{d}{d_0}\right)^{-\alpha}, \quad d \geqslant d_0 \tag{6.1}$$

式中：p_0 为距离 $d = d_0$ 时的平均接收功率；α 为功率衰减指数；d_0 为参考距离，它要大于保证接收机位于远场的最小距离。参数 p_0 和 α 与载频、天线高度与增益、地形特征、植被状况及传播媒介各种特征有关。典型情况下，这两个参数随距离变化，但在一定距离范围内保持不变。功率衰减指数随载频的增加而增加，微波频段的典型值为 $3 \leqslant \alpha \leqslant 4$。

对于某一特定的传播路径且不存在信号衰落时的情况，由于阴影效应的影响，接收到的本地平均功率与区域平均功率会有所偏离，阴影效应由绕射、反射及与该路径有关的地形特征所产生。只有通过测量才能获得高精度的本地平均功率值，但测量结果很难获得。研究人员已经开发了大量的路径损耗模型来近似估计本地平均功率，但这些模型很难选择[1]。一种替代方法就是用统计模型来为某一特定地理区域内的本地平均功率提供一种分布函数。统计模型非常便于分析和仿真。

由遮蔽地形或障碍物所引起的每次绕射或反射效应都使得信号功率需要乘以一个衰减因子。因此，接收信号功率往往是多个衰减因子的乘积，从而信号功率的对数就为多个因子之和。若将每个不同路径对应的衰减因子都建模为具有一致边界的独立随机变量，则由中心极限定理（见附录 A.2 的推论 2）可知，当衰减因子数足够多且它们的方差足够大时，接收信号功率的对数近似满足正态分布或高斯分布。大量实验数据证实，接收信号的本地平均功率与区域平均功率之比近似为零均值且满足对数正态分布，即其对数具有高斯分布形式。因此，本地平均功率具有以下形式：

$$p_1 = p_0 \left(\frac{d}{d_0}\right)^{-\alpha} 10^{\xi/10}, \quad d \geqslant d_0 \tag{6.2}$$

式中：ξ 为遮蔽因子；p_0 为 $\xi = 0$ 及 $d = d_0$ 时的平均接收功率。遮蔽因子用分贝表示并建模为一个正态或高斯分布的零均值随机变量，其标准差为 σ_s。$Z = 10^{\xi/10}$ 的对数密度函数为

$$f(z) = \frac{10\lg e}{z\sqrt{2\pi\sigma_s^2}} \exp\left\{-\frac{[10\lg z]^2}{2\sigma_s^2}\right\} \tag{6.3}$$

对陆地通信而言，遮蔽因子的标准差随载频和地形不规则程度的增加而增加，有时会超过 10dB。两条相近传播路径的遮蔽因子值通常密切相关。对移动通信来说，在相当于移动 5 ~ 10m 距离所需的时间间隔内，遮蔽因子值近似保持不变。

当多径分量与变化的信道相互作用时，信号经历衰落，从而导致接收功率产生显著波动[2-3]。衰落可分为时间选择性衰落、频率选择性衰落或两者兼有。时间选择性衰落是由发射机或接收机的运动或传播介质的变化引起的衰落。当多径分量的延迟对某些频率的影响明显大于其他频率时，就会发生频率选择性衰落。引起信号衰落的多径分量由微粒散射、传播媒介的非均匀性或来自体积较小且短时存在的障碍物反射所产生。这些分量在接收机中重新合并之前沿不同路径传播。由于各多径分量的时变延时和衰减都不相同，它们重新合成的信号较原始发射信号已产生失真。衰落比遮蔽导致的功率变化速率要快得多。在

遮蔽因子近乎不变的观察时间间隔内,接收信号的功率可用以下乘积来表示:

$$p_r(t)=p_0\left(\frac{d}{d_0}\right)^{-\alpha}10^{\xi/10}g(t),\quad d\geqslant d_0 \tag{6.4}$$

式中:$g(t)$是由衰落产生的归一化因子,故$E[g(t)]=1$。

出现多普勒频移是由于接收机和发射机之间存在相对运动,这种相对运动引起传播时延发生变化。在图6.1(a)中,接收机以速度v运动,速度向量与电磁波传播方向的夹角为ψ。由于发射机向着接收机移动,因此t时刻的传播延迟相对于t_0时刻的延迟d_0缩短了$v\cos\psi(t-t_0)/c$,其中c为电磁波的速度。因此,接收相位从$2\pi f_c(t_0-d_0/c)$增加到:

$$2\pi f_c[t-d(t)/c]=2\pi[(f_c+f_d)(t-t_0)+f_c(t_0-d_0/c)]$$

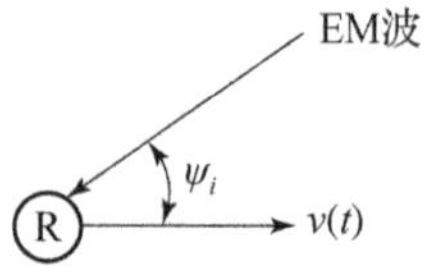

(a) 接收机的运动

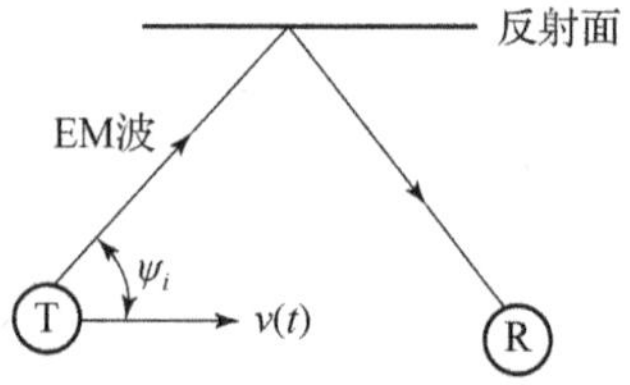

(b) 发射机的运动及反射面

图6.1 多普勒效应示例

这意味着接收频率会因为多普勒频移而增加:

$$f_d=f_c\frac{v}{c}\cos\psi \tag{6.5}$$

在图6.1(b)中,发射机以速度v运动,由于存在一个反射面,从而改变了电磁波到达接收机的角度。若ψ表示速度向量与电磁波传播初始方向之间的夹角,则由式(6.5)同样可计算出这种情况下的多普勒频移。

适应衰落的主要手段是分集,这是某种形式的信号冗余。时间分集是由信道编码或时延不同的信号副本提供的。当使用不同载波频率的信号副本经历独立或弱相关衰落时,可能会出现频率分集。如果每个信号副本都是从天线阵中一个独立天线的输出中提取的,那么这种分集称为空间分集。极化分集可以通过在同一地点使用两个交叉极化天线来实现。虽然这种结构提供了紧凑性,但它没有空间多样性那么有效,因为接收到的电场的水平分量通常比垂直分量弱得多。

一个带通发射信号可表示为

$$s_t(t)=\mathrm{Re}[s(t)\exp(\mathrm{j}2\pi f_c t)] \tag{6.6}$$

式中：$s(t)$为信号的复包络；f_c 为载频；Re[·]为信号的实部。发射信号经过包含 $N(t)$个路径的时变多径信道后会产生由 $N(t)$个波形叠加构成的带通接收信号，其中第 i 个波形为延时 $\tau_i(t)$、衰减 $a_i(t)$和频移$f_{di}(t)$后的发射信号，衰减因子 $a_i(t)$取决于路径损耗和阴影，频移$f_{di}(t)$则由多普勒效应产生。假设$f_{di}(t)$在路径延时内保持不变，则接收信号可表示为

$$s_r(t)=\mathrm{Re}[s_1(t)\exp(\mathrm{j}2\pi f_c t)] \tag{6.7}$$

式中：接收信号的复包络为

$$s_1(t)=\sum_{i=1}^{N(t)} a_i(t)\exp[\mathrm{j}\phi_i(t)]s[t-\tau_i(t)] \tag{6.8}$$

接收信号的相位为

$$\phi_i(t)=-2\pi f_c\tau_i(t)+2\pi f_{di}(t)[t-\tau_i(t)]+\phi_{i0} \tag{6.9}$$

式中：ϕ_{i0}为多径分量的初始相移。

6.2　时间选择性衰落

在本节和下一节中，我们认为时间间隔足够小，所有衰减因子和大多数其他衰落参数近似为常数：

$$\begin{aligned} &a_i(t)=a_i,\quad N(t)=N,\quad v(t)=v,\\ &f_{di}(t)=f_{di},\quad \psi_i(t)=\psi_i,\quad \tau_i(t)=\tau_i \end{aligned} \tag{6.10}$$

式(6.5)表示多径分量 i 有多普勒频移：

$$f_{di}=f_d\cos\psi_i,\quad f_d=\frac{f_0 v}{c} \tag{6.11}$$

式中：f_d 是当 $\psi_i(t)=\psi$ 时最大的多普勒频移。由式(6.9)可知：

$$\phi_i(t+\tau)-\phi_i(t)=2\pi f_d\tau\cos\psi_i \tag{6.12}$$

式中的 τ 指时延。

当多径分量经历不同的多普勒频移并沿不同路径传播的时延差与信号带宽的倒数相比较小时便会发生时间选择性衰落。因此，接收到的多径分量在时间上会相互重叠，称为不可分辨多径分量。若将多径分量到达接收机的平均时间作为时间起点，且时延差异较小，则式(6.8)给出的接收信号复包络可表示为

$$s_1(t)\approx s(t)r(t) \tag{6.13}$$

式中，等效低通或等效基带信道响应为

$$r(t)=\sum_{i=1}^{N} a_i(t)\exp[\mathrm{j}\phi_i(t)] \tag{6.14}$$

该因子的波动会导致接收信号产生时间选择性衰落,并增加了接收信号的带宽。若发射信号为未调载波,则 $s(t)=1$,式(6.14)就表示接收信号的复包络。信道响应可分解为

$$r(t)=r_{c}(t)+\mathrm{j}r_{s}(t) \tag{6.15}$$

式中:$\mathrm{j}=\sqrt{-1}$ 且

$$r_{c}(t)=\sum_{i=1}^{N}a_{i}(t)\cos[\phi_{i}(t)],\quad r_{s}(t)=\sum_{i=1}^{N}a_{i}(t)\sin[\phi_{i}(t)] \tag{6.16}$$

若时延范围远大于 $1/f_c$,由于 $\phi_i(t)$ 相对于 τ_i 微小变化的高度敏感性,可将相位 $\phi_i(t)$ $(i=1,2,\cdots,N)$ 建模为相互独立的随机变量,且与衰减因子 $\{a_i(t)\}$ 之间也相互独立。特定时刻 t 的相位 $\phi_i(t)$ 在 $[0,2\pi)$ 内均匀分布,因此:

$$E[r_{c}(t)]=E[r_{s}(t)]=0 \tag{6.17}$$

若幅度因子 $a_i(t)$ 是具有一致边界的独立随机变量,则根据中心极限定理(见附录 A.2 节中的推论 2),$r_c(t)$ 和 $r_s(t)$ 的分布都随 N 及 $r_c(t)$ 和 $r_s(t)$ 方差的增大而趋近于高斯分布。因此,若 N 足够大,则特定时刻的 $r(t)$ 可建模为复高斯随机变量。由于相位是独立且均匀分布的,故可得出:

$$E[r_{c}(t)r_{s}(t)]=0 \tag{6.18}$$

$$E[r_{c}^{2}(t)]=E[r_{s}^{2}(t)]=\sigma_{r}^{2}(t) \tag{6.19}$$

其中:

$$\sigma_{r}^{2}(t)=\frac{1}{2}\sum_{i=1}^{N}E[a_{i}^{2}(t)] \tag{6.20}$$

由式(6.17)至式(6.19)可知 $r_c(t)$ 和 $r_s(t)$ 是独立的、同分布的零均值高斯随机变量。

令 $\alpha(t)=|r(t)|$ 表示衰落幅度,$\theta(t)=\tan^{-1}[r_s(t)/r_c(t)]$ 表示 $r(t)$ 在特定时刻 t 的相位,则

$$r(t)=\alpha(t)\mathrm{e}^{\mathrm{j}\theta(t)} \tag{6.21}$$

$$\alpha^{2}(t)=r_{c}^{2}(t)+r_{s}^{2}(t)=\sum_{i=1}^{N}a_{i}^{2} \tag{6.22}$$

由式(6.12)、式(6.16)和式(6.17)可知,平均衰减功率增益为

$$\Omega(t)=E[\alpha^{2}(t)]=2\sigma_{r}^{2}(t)=\sum_{i=1}^{N}E[\alpha_{i}^{2}(t)] \tag{6.23}$$

6.2.1 瑞利衰落、莱斯衰落和 Nakagami 衰落

由附录 D.4 节可知,由于 $r_c(t)$ 和 $r_s(t)$ 为高斯变量,故 $\theta(t)$ 在 $[0,2\pi)$ 内均匀分布且 α 具有瑞利密度:

$$f_\alpha(r) = \frac{2r}{\Omega}\exp\left(-\frac{r^2}{\Omega}\right)u(r) \tag{6.24}$$

式中：$u(r)$ 为单位阶跃函数，即 $r \geqslant 0$ 时，$u(r)=1$；$r<0$ 时，$u(r)=0$。将式(6.21)和式(6.13)代入式(6.7)中可得：

$$\begin{aligned} s_\mathrm{r}(t) &= \mathrm{Re}[\alpha(t)s(t)\exp(\mathrm{j}2\pi f_\mathrm{c}t + \mathrm{j}\theta(t))] \\ &= \alpha(t)A(t)\cos[2\pi f_\mathrm{c}t + \phi(t) + \theta(t)] \end{aligned} \tag{6.25}$$

式中：$A(t)$ 和 $\phi(t)$ 分别为 $s(t)$ 的幅度和相位，$s_\mathrm{r}(t)$ 经历了瑞利衰落。式(6.23)与式(6.25)表明瞬时本地平均功率为

$$p_l = E[s_\mathrm{r}^2(t)] = \Omega(t)A^2(t)/2 \tag{6.26}$$

当发射机与接收机之间存在视距传播路径时，接收到的单个多径分量可能比其他不可分辨的多径分量要强得多。该强分量称之为视距传播分量，其他不可分辨的分量称之为漫反射或散射分量，则式(6.14)的信道响应变为

$$r(t) = a_0(t)\exp[\mathrm{j}\phi_0(t)] + \sum_{i=1}^{N} a_i(t)\exp[\mathrm{j}\phi_i(t)] \tag{6.27}$$

式中：第一项为视距传播分量，求和项为散射分量。若 N 足够大，则在某时刻 t，求和项非常近似为一个零均值的复高斯随机变量。因此，特定时刻的 $r(t)$ 为复高斯随机变量，其均值不为零，且等于式(6.23)中的第一项。式(6.15)表明：

$$E[r_\mathrm{c}(t)] = a_0(t)\cos[\phi_0(t)],\quad E[r_\mathrm{s}(t)] = a_0(t)\sin[\phi_0(t)] \tag{6.28}$$

由 $\{a_i\}$、式(6.17)和式(6.23)的独立性可得出衰落幅度 $\alpha(t)=|r(t)|$ 的平均功率为

$$\Omega(t) = E[\alpha^2(t)] = a_0^2(t) + 2\sigma_r^2(t) \tag{6.29}$$

由附录 E.3 节“莱斯分布”可知，由于 $r_\mathrm{c}(t)$、$r_\mathrm{s}(t)$ 为高斯变量且 $\alpha^2 = r_\mathrm{c}^2(t) + r_\mathrm{s}^2(t)$，故 α 满足莱斯概率密度函数：

$$f_\alpha(r) = \frac{r}{\sigma_r^2}\exp\left\{-\frac{r^2+a_0^2}{2\sigma_r^2}\right\}\mathrm{I}_0\left(\frac{a_0 r}{\sigma_r^2}\right)u(r) \tag{6.30}$$

式中：$\mathrm{I}_0(\cdot)$ 为修正第一类零阶贝塞尔函数（见附录 H.3 节）。式(6.27)和式(6.30)所示的衰落类型称为莱斯衰落，莱斯因子定义为

$$\kappa = \frac{a_0^2}{2\sigma_r^2} \tag{6.31}$$

莱斯因子为视距传播分量的功率与散射分量的功率之比。以 κ 和 $\Omega = 2\sigma_r^2(\kappa+1)$ 来表示，则莱斯概率密度函数为

$$f_\alpha(r) = \frac{2(\kappa+1)}{\Omega}r\exp\left\{-\kappa - \frac{(\kappa+1)r^2}{\Omega}\right\}\mathrm{I}_0\left(\sqrt{\frac{\kappa(\kappa+1)}{\Omega}}2r\right)u(r) \tag{6.32}$$

当 $\kappa=0$ 时，莱斯衰落等同于瑞利衰落；当 $\kappa=\infty$ 时，则不存在衰落。

Nakagami 衰落模型比莱斯模型具有更大的灵活性。衰减幅值 α 的 Nakagami 密度为

$$f_\alpha(r)=\frac{2}{\Gamma(m)}\left(\frac{m}{\Omega}\right)^m r^{2m-1}\exp\left\{-\frac{m}{\Omega}r^2\right\}u(r),\quad m\geqslant\frac{1}{2} \tag{6.33}$$

式中,伽马函数 $\Gamma(\cdot)$ 由附录 H.1 中的式(H.1)定义。当 $m=1$ 时,Nakagami 概率密度即为瑞利概率密度;当 $m\to\infty$ 时,不存在衰落。当 $m<1$ 时,Nakagami 概率密度模型的衰落比瑞利衰落更为严重。当 $m=1/2$ 时,Nakagami 概率密度为单边高斯概率密度,用于建模比瑞利衰落更严重的衰落。

对式(6.33)进行积分,并对积分变量进行变换,利用式(H.1)可得:

$$E[\alpha^n]=\frac{\Gamma\left(m+\frac{n}{2}\right)}{\Gamma(m)}\left(\frac{\Omega}{m}\right)^{n/2} \tag{6.34}$$

$\mathrm{var}(\alpha^2)/(E[\alpha^2])^2=1/m$ 可用来衡量衰落的严重程度,将该比值代入莱斯和 Nakagami 概率密度函数中可发现,若:

$$m=\frac{(\kappa+1)^2}{2\kappa+1},\quad \kappa\geqslant 0 \tag{6.35}$$

则 Nakagami 概率密度近似为莱斯因子等于 κ 的莱斯概率密度。

由于 Nakagami 模型包含了作为特例的瑞利和莱斯模型,而且能够描述许多其他可能的衰落,故该模型常常与实验数据相当吻合就不足为奇了。

设 $g=\alpha^2$ 表示经历 Nakagami 衰落的信号的衰落功率增益。由式(6.33)可知,功率增益的密度函数为

$$f_g(x)=\frac{1}{\Gamma(m)}\left(\frac{m}{\Omega}\right)^m x^{m-1}\exp\left(-\frac{m}{\Omega}x\right)u(x),\quad m\geqslant\frac{1}{2} \tag{6.36}$$

也就是伽马密度 $f(x;m/\Omega,m)$(见附录 E.5)。由式(6.34)可以得出:

$$E[g^n]=\frac{\Gamma(m+n)}{\Gamma(m)}\left(\frac{\Omega}{m}\right)^n,\quad n\geqslant 1 \tag{6.37}$$

6.2.2 各向同性散射的多普勒谱

广义平稳复过程 $r(t)$ 的自相关函数定义为

$$A_r(\tau)=E[r^*(t)r(t+\tau)] \tag{6.38}$$

式中的星号表示复共轭。由式(6.14)定义的等效基带信道响应的自相关函数的变化可以衡量信道特征的变化。为解释式(6.38)的含义,将式(6.15)代入式(6.38),并将自相关函数分解为

$$\mathrm{Re}\{A_r(\tau)\}=E[r_c(t)r_c(t+\tau)]+E[r_s(t)r_s(t+\tau)] \tag{6.39}$$

$$\mathrm{Im}\{A_r(\tau)\}=E[r_c(t)r_s(t+\tau)]-E[r_s(t)r_c(t+\tau)] \tag{6.40}$$

由式(6.39)和式(6.40)可见,该自相关函数的实部为 $r(t)$ 实部的自相关函数与 $r(t)$ 虚部的自相关函数之和;虚部为 $r(t)$ 实部与 $r(t)$ 虚部的互相关函数之差。将式(6.14)代入式(6.38),并利用 ϕ_i 为相互独立且均匀分布的随机变量,及 $a_i(t)=a_i$ 与 ϕ_i 相互独立的特性,最后再代入式(6.12)可得:

$$A_r(\tau) = \sum_{i=1}^{N} E[a_i^2]\exp(j2\pi f_d\tau\cos\psi_i) \tag{6.41}$$

若所有接收到的多径分量功率几乎相同且接收天线为全向天线,则由式(6.23)可知 $E[a_i^2]\approx\Omega/N(i=1,2,\cdots,N)$,则式(6.41)变为

$$A_r(\tau) = \frac{\Omega}{N}\sum_{i=1}^{N} \exp(j2\pi f_d\tau\cos\psi_i) \tag{6.42}$$

像移动通信这样从架设于高处的基站接收信号的通信系统可能会被很多散射体所包围。各向同性散射模型假设功率相仿的多径分量来自于很多不同散射体的反射,因此各多径分量到达接收机的方向也不同。对二维各向同性散射来说,由于 N 较大,$\{\psi_i\}$ 位于同一平面,且其数值在 $[0,2\pi)$ 内均匀分布。因此,式(6.42)中的求和可用积分来近似:

$$A_r(\tau) \approx \frac{\Omega}{2\pi}\int_0^{2\pi} \exp(j2\pi f_d\tau\cos\psi)\,d\psi \tag{6.43}$$

该积分与第一类零阶贝塞尔函数 $J_0(\cdot)$(附录 B.3 节)的积分式具有相同的形式,因此,二维各向同性散射信道响应的自相关函数为

$$A_r(\tau) = \Omega J_0(2\pi f_d\tau) \tag{6.44}$$

归一化自相关函数 $A_r(\tau)/A_r(0)$ 如图 6.2 所示,该函数为 $f_d\tau$ 的实函数。

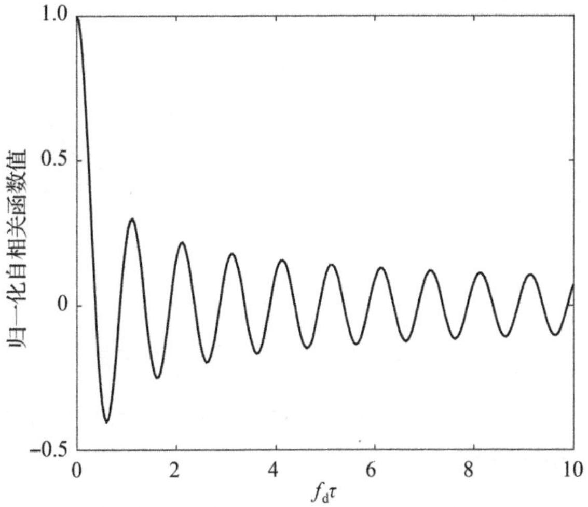

图 6.2　各向同性散射模型的自相关函数

从图中可以看出,当 $f_d\tau>1$ 时,函数的幅值小于0.3,由此可引出信道相干时间或相关时间的定义为

$$T_{coh}=\frac{1}{f_d} \tag{6.45}$$

式中:f_d 为最大多普勒频移或多普勒扩展。相干时间是一种时间间隔的度量,即当不同信号样点间的间隔比它大时,它们之间的相关性就会很小。若相干时间比信道符号间隔长得多,则一个符号将经历相对恒定的衰落,称之为慢衰落。反之,若相干时间与信道符号间隔相近甚至更小,则称之为快衰落。

为计算式(6.44)的傅里叶变换,代入由附录H.3节"第一类贝塞尔函数"式(H.19)所给出的 $J_0(x)$ 的积分表达式,交换积分次序,将内积分等价为一个狄拉克函数,再改变积分变量,完成余下的简单积分,可得二维各向同性散射模型的多普勒功率谱为

$$S_r(f)=\begin{cases}\dfrac{\Omega}{\pi\sqrt{f_d^2-f^2}}, & |f|<f_d\\ 0, & \text{其他}\end{cases} \tag{6.46}$$

归一化的多普勒功率谱密度 $S_r(f)/S_r(0)$ 与 f/f_d 之间的关系如图6.3所示。它是一个频带受多普勒扩展 f_d 限制的函数,当 f 接近 $\pm f_d$ 时函数值趋向无穷。

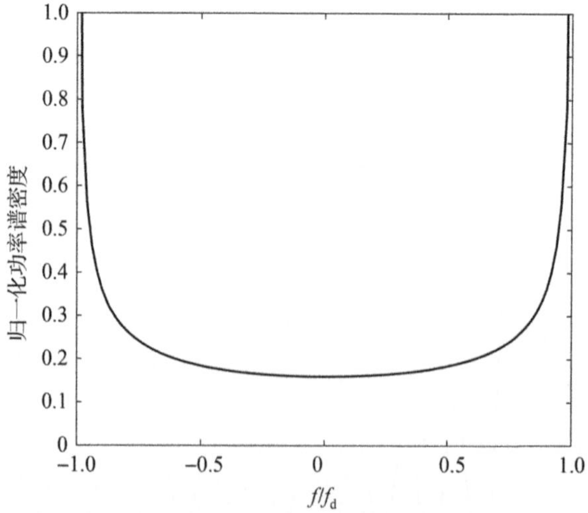

图6.3 各向同性散射的多普勒功率谱

多普勒功率谱是各多径分量作用的叠加,每一个多径分量都经历了不同的、上边界为 f_d 的多普勒频移。

接收信号功率谱可由式(6.7)、式(6.13)和式(6.46)计算得到。对一个未调制的载波来说,$s(t)=1$,接收信号的功率谱为

$$S_{rec}(f) = \frac{1}{2}S_r(f - f_c) + \frac{1}{2}S_r(f + f_c) \tag{6.47}$$

一般来说，当散射不是各向同性时，自相关函数 $A_r(\tau)$ 的虚部不为零，且与式(6.44)相比，随着 τ 的增大，其实部幅度下降更慢、更不平滑。当时间平移超过 $1/f_d$ 时，其实部和虚部常常都会出现一个较小的峰值，因此，相干时间只能大致反映信道特性。

6.2.3 衰落速率与衰落持续时间

衰落速率是指接收到的衰落信号包络从高到低通过特定电平值的速率。考虑式(6.27)给出的信号在衰落参数不变的时间间隔内近似为零均值的复杂高斯过程，在各向同性散射条件下，对于某一电平 $r \geqslant 0$，由式(6.32)给出的莱斯衰落的概率密度，其衰落速率为[3]

$$f_r = \sqrt{\frac{2\pi(\kappa+1)}{\Omega}} f_d r \exp\left[-\kappa - \frac{(\kappa+1)r^2}{\Omega}\right] \mathrm{I}_0\left[\sqrt{\frac{\kappa(\kappa+1)}{\Omega}} 2r\right] \tag{6.48}$$

式中：κ 为莱斯因子；f_d 为多普勒扩展；Ω 为平均衰落功率增益。对于瑞利衰落，$\kappa = 0$ 且

$$f_r = \sqrt{\frac{2\pi}{\Omega}} f_d r \exp(-r^2/\Omega) \tag{6.49}$$

式(6.48)与式(6.49)表明，衰落速率与多普勒扩展 f_d 成正比。

令 T_f 表示平均衰落持续时间，即衰落幅度低于特定电平 $r \geqslant 0$ 的持续时间。由于 $1/f_r$ 为低于电平 r 的衰落之间的平均时间间隔，故乘积 $f_r T_f$ 为两次衰落之间的衰落时间比。若时变包络为平稳各态历经过程，则该乘积与衰落幅度小于或等于电平 r 的概率 $F_\alpha(r)$ 相等，故：

$$T_f = \frac{F_\alpha(r)}{f_r} \tag{6.50}$$

若衰落幅度服从莱斯分布，则对式(6.32)进行积分可得：

$$T_f = \frac{1 - Q_1\left(\sqrt{2\kappa}, \sqrt{\frac{2(\kappa+1)}{\Omega}} r\right)}{f_r} \tag{6.51}$$

式中：一阶 Marcum Q 函数 $Q_1(\alpha,\beta)$ 由附录 H.3 节中的式(H.26)定义。对于瑞利衰落，$\kappa = 0$，则式(6.51)变为

$$T_f = \sqrt{\frac{\Omega}{2\pi}} \frac{\exp(r^2/\Omega) - 1}{f_d r} \tag{6.52}$$

无论是莱斯衰落还是瑞利衰落，其衰落持续时间都与 f_d 成反比。

6.2.4 空间分集与衰落

为在衰落环境中获得空间分集,接收机天线阵列中的天线必须要有足够的间距以保证各天线接收的信号几乎没有相关性。对于移动接收机来说,间距数个波长就足够了,因为它易于接收来自许多随机角度的反射波的叠加。对于位于较高位置的固定接收机,可能需要更多个波长。为确定所需的天线间距,考虑间距为 D 的两根天线接收信号的情况,如图 6.4 所示。

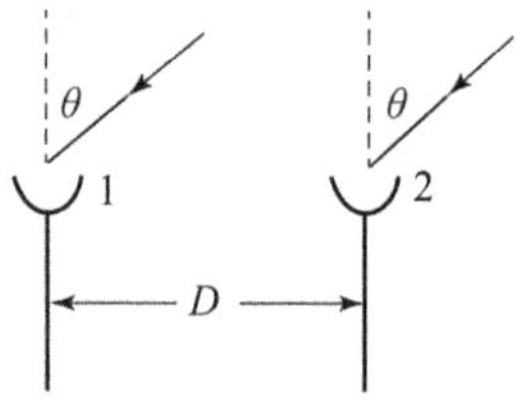

图 6.4 用两根天线接收平面波,每根天线都接收到一个信号副本

若信号以平面电磁波形式到达,则天线 1 接收的信号相对天线 2 接收的信号要延时 $D\sin\theta/c$,其中 θ 为平面波的到达角,即平面波与两根天线连线垂直线之间的夹角。因此,如果天线 i 的相位为$\phi_i(t)$, $i=1,2$,则

$$\phi_2(t)=\phi_1(t)+2\pi\frac{D}{\lambda}\sin\theta \tag{6.53}$$

式中:$\lambda=c/f_c$ 为信号波长。

令 $\phi_{ki}(t)$表示天线 k 上多径分量 i 复衰落幅度的相位。考虑一个足够小的时间间隔使得在这个时间间隔内这两根天线上的衰落幅度是不变的,每个多径分量都以固定的角度到达。在这种情况下,若一个窄带信号的多径分量 i 以角度为 ψ_i 的平面波到达,则该分量复包络在天线 2 上的相位 $\phi_{2i}(t)$与天线 1 上的相位 $\phi_{1i}(t)$满足如下关系:

$$\phi_{2i}(t)=\phi_{1i}(t)+2\pi\frac{D}{\lambda}\sin\psi_i \tag{6.54}$$

若多径分量的传播距离远大于天线间距,则假设两根天线上的信号衰减因子 a_i 相同是合理的。

若时延范围远大于 $1/f_c$,则由于相位对时延变化的高度敏感性,将相位 $\phi_{1i}(t)$($i=1,2,\cdots,N$)建模为在$[0,2\pi)$内均匀分布的独立随机变量是合理的。根据式(6.14),当信号为未调载波时,天线 k 上信号的复衰落幅度 r_k 为

$$r_k(t)=\sum_{i=1}^{N}a_i\exp[\mathrm{j}\phi_{ki}(t)],k=1,2 \tag{6.55}$$

$r_1(t)$与 $r_2(t)$之间的互相关函数定义为

$$C_{12}(D)=E[r_1^*(t)r_2(t)] \tag{6.56}$$

将式(6.55)代入式(6.56),同时利用每个 a_i 与 $\phi_{ki}(t)$ 之间的独立性、$\phi_{1i}(t)$ 与 $\phi_{2l}(t)(i\neq l)$ 之间的独立性及各 $\phi_{1i}(t)$ 的均匀分布特性,再代入式(6.54)可得:

$$C_{12}(D)=\sum_{i=1}^{N}E[a_i^2]\exp(\mathrm{j}2\pi D\sin\psi_i/\lambda) \tag{6.57}$$

显然,该互相关公式是空间距离的函数。与之类似的是,式(6.41)所示的自相关函数是时延的函数。若所有多径分量具有相近的功率,使得 $E[a_i^2]\approx\Omega/N(i=1,2,\cdots,N)$,则

$$C_{12}(D)=\frac{\Omega}{N}\sum_{i=1}^{N}\exp(\mathrm{j}2\pi D\sin\psi_i/\lambda) \tag{6.58}$$

利用二维各向同性散射模型,式(6.58)可由一个积分近似。与推导式(6.44)类似,通过积分得到的实互相关函数计算公式为

$$C_{12}(D)=\Omega\mathrm{J}_0(2\pi D/\lambda) \tag{6.59}$$

该模型表明,只有当天线间距 $D\geqslant\lambda/2$ 时才能保证归一化互相关函数 $C_{12}(D)/C_{12}(0)$ 小于0.3。若将图6.2的横坐标视作 D/λ,则该图也可作为上述归一化互相关函数的图形。

当散射不是各向同性或产生多径分量的散射体数量很少时,互相关函数的实部和虚部随着 D/λ 的增加而下降的速度变得慢得多。例如,图6.5显示了归一化互相关函数实部与虚部,此时到达角 $\{\psi_i\}$ 在 $7\pi/32$ 到 $9\pi/32$ 弧度之间近似连续分布,因而式(6.58)可由在此边界上的积分来近似计算。

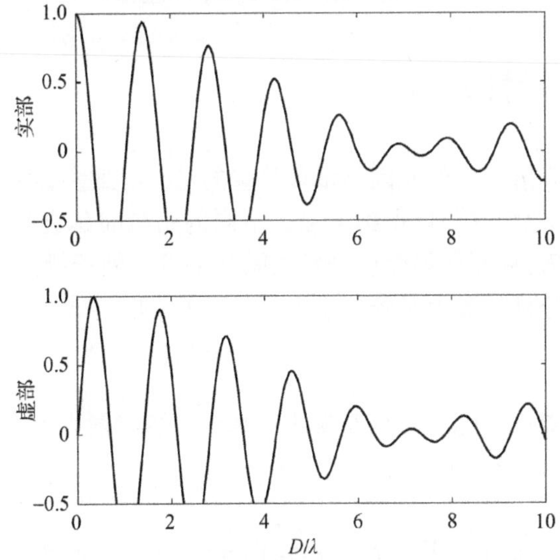

图6.5　多径分量到达角在 $7\pi/32$ 到 $9\pi/32$ 弧度之间时归一化互相关函数的实部与虚部

图6.6给出了当 $N=9$ 且 $\{\psi_i\}$ 均匀分布于前两个象限,即 $\psi_i=(i-1)\pi/8$ $(i=1,2,\cdots,9)$ 时,归一化互相关函数的实部与虚部。在图6.5的例子中,天线间距 5λ 以上时就能保证两信号副本之间近似不相关并获得空间分集。而在图6.6的例子中,即使天线间距达到 10λ 都不能保证两信号副本之间近似不相关。

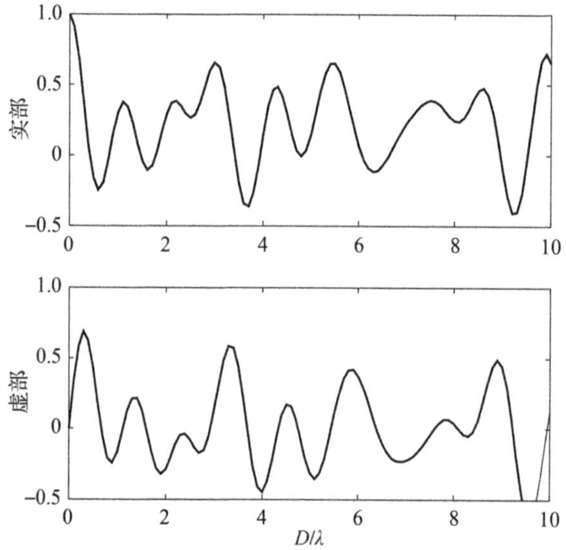

图6.6 多径分量到达角在前两个象限内等间距分布时归一化互相关函数的实部与虚部

6.3 频率选择性衰落

频率选择性衰落产生的原因是多径分量的延时导致多径分量叠加后某些频率分量抵消,而其他频率分量得到增强。不同的路径时延会导致接收信号脉冲在时间上产生色散,从而使得前后符号之间产生符号间干扰。多径时延扩展 T_d 定义为主要多径分量的最大时延与最小时延之差,即

$$T_d=\max_i \tau_i-\min_i \tau_i,\quad i=1,2,\cdots,N \tag{6.60}$$

考虑一个能满足式(6.10)的足够小的典型时延扩展且 $f_{di}T_d\ll 1$,则式(6.8)与式(6.9)表明接收信号的复衰落幅度为

$$s_1(t)=\sum_{i=1}^{N}a_i\exp[-j2\pi(f_c\tau_i+\phi_{i0})]s(t-\tau_i),\quad \tau_1\leqslant t\leqslant \tau_1+T_d \tag{6.61}$$

式中：$\tau_1=\min_i\tau_i$。假设 $BT_d \ll 1$，B 为复包络 $s(t)$ 的带宽，则 $s(t-\tau_i)\approx s(t-\tau_1)$ $(i=1,2,\cdots,N)$。因此，所有多径分量的衰落几乎是同时发生的，且：

$$s_1(t) = s(t-\tau_1)\sum_{i=1}^{N} a_i \exp[-\mathrm{j}2\pi(f_c\tau_i+\phi_{i0})],\quad \tau_1 \leqslant t \leqslant \tau_1+T_d \tag{6.62}$$

式(6.62)表明，即使存在衰落，$s_1(t)$ 的谱仍然与 $s(t)$ 的谱成正比。因此，这类衰落被称为非频率选择性衰落或平坦衰落，且在满足 $B \ll B_{coh}$ 的条件下发生，此时，相干带宽定义为

$$B_{coh}=\frac{1}{T_d} \tag{6.63}$$

由于 $B\approx 1/T_s$，T_s 为符号间隔，当 T_s 足够大即 $T_s \gg T_d$ 时发生平坦衰落。

反之，若 $B>B_{coh}$ 即 $T_s<T_d$，就认为信号经历了频率选择性衰落，因为此时 $s(t)$ 不同谱分量的时变特性或衰落可能是不同的。较大的时延扩展会导致符号间干扰，可以在接收机中通过均衡来处理。然而，若多径分量之间的时延差异足够大，使得这些分量在解调器或匹配滤波器的输出端是可分辨的，则可通过 Rake 解调器对这些独立衰落分量实现分集处理（见 6.10 节）。

下面通过两个多径分量的接收来说明频率选择性衰落。利用式(6.61)，取 $L_s=2$，就可计算 $s_1(t)$ 的傅里叶变换 $S_1(f)$：

$$|S_1(f)| = |a_1^2+a_2^2+2a_1a_2\cos 2\pi(f+f_c)T_d|^{1/2}\,|S(f)| \tag{6.64}$$

式中：$T_d=\tau_1-\tau_2$，$S(f)$ 为 $s(t)$ 的傅里叶变换。该式表明 $|S_1(f)|/|S(f)|$ 在 f 范围内上下波动。若 f 的变化范围超过 $B_{coh}=1/T_d$，则 $|S_1(f)|/|S(f)|$ 在 $|a_1-a_2|$ 至 $|a_1+a_2|$ 范围内变化，且当 $a_1\approx a_2$ 时，该值会非常大。

传输信道对信号的影响可用一般的冲激响应描述。信道的复冲激响应 $h(t,\tau)$ 是指信道在 t 时刻对 τ 秒前冲激信号的响应。接收信号的复包络 $s_1(t)$ 为发射信号复包络 $s(t)$ 与信道基带冲激响应的卷积：

$$s_1(t)=\int_{-\infty}^{\infty} h(t,\tau)s(t-\tau)\mathrm{d}\tau \tag{6.65}$$

信道冲激响应通常建模为复随机过程：

$$h(t,\tau)=\sum_{i=1}^{N(t)} h_i(t)\delta[\tau-\tau_i(t)] \tag{6.66}$$

式中：$\delta(\cdot)$ 为单位冲激函数。当衰落平坦时，接收到的信号通常可以分解为几个散射体簇反射的信号之和。每个簇是具有几乎相同延迟的多个多径成分的总和。在这个模型中，$N(t)$ 是簇的数量，$\tau_i(t)$ 是与第 i 个簇相关的显著延迟。如果信道脉冲响应在一段时间内是时不变的，则 $h(t,\tau)=h(0,\tau)=h(\tau)$，且：

$$h(\tau)=\sum_{i=1}^{N}h_i\delta(\tau-\tau_i) \tag{6.67}$$

因此,若 $h_i=a_i\exp[-\mathrm{j}2\pi(f_c\tau_i+\phi_{i0})]$,则应用式(6.65)可得式(6.61)。

广义平稳非相关散射模型是比式(6.66)更具有一般性的信道模型,在几乎所有实际应用中都相当准确。若该模型在 t_1 与 t_2 时刻的相关性仅取决于 t_1-t_2,则其冲激响应就是广义平稳的,冲激响应的自相关函数为

$$R_h(t_1,t_2,\tau_1,\tau_2)=E[h^*(t_1,\tau_1)h(t_2,\tau_2)]=R_h(t_1-t_2,\tau_1,\tau_2) \tag{6.68}$$

非相关散射意味着两个不同时延的多径分量的增益和相移是不相关的,因此各多径分量的衰落也是独立的。将这一概念拓展,则广义平稳非相关散射模型假设其自相关函数具有以下形式:

$$R_h(t_1-t_2,\tau_1,\tau_2)=R_w(t_1-t_2,\tau_1)\delta(\tau_1-\tau_2) \tag{6.69}$$

这意味着:

$$R_w(t_1-t_2,\tau_1)=\int_{-\infty}^{\infty}R_h(t_1-t_2,\tau_1,\tau_2)\mathrm{d}\tau_2 \tag{6.70}$$

对信道的冲激响应进行傅里叶变换可得到时变信道的频率响应:

$$H(t,f)=\int_{-\infty}^{\infty}h(t,\tau)\exp(-\mathrm{j}2\pi f\tau)\mathrm{d}\tau \tag{6.71}$$

式(6.64)表明广义平稳信道频率响应的自相关函数为

$$R_H(t_1,t_2,f_1,f_2)=E[H^*(t_1,f_1)H(t_2,f_2)]=R_H(t_1-t_2,f_1,f_2) \tag{6.72}$$

式(6.72)仅与(t_1-t_2)有关。对广义平稳非相关散射模型来说,将式(6.68)与式(6.65)代入式(6.69)中可得:

$$\begin{aligned}R_H(t_1,t_2,f_1,f_2)&=\int_{-\infty}^{\infty}R_w(t_1-t_2,\tau)\exp[-\mathrm{j}2\pi(f_1-f_2)\tau]\mathrm{d}\tau\\&=R_H(t_1-t_2,f_1-f_2)\end{aligned} \tag{6.73}$$

式(6.70)仅与(t_1-t_2)和(f_1-f_2)有关。

若 $t_1=t_2$,则信道频率响应的自相关函数为

$$R_H(0,f_1-f_2)=\int_{-\infty}^{\infty}S_m(\tau)\exp[-\mathrm{j}2\pi(f_1-f_2)\tau]\mathrm{d}\tau \tag{6.74}$$

上式为多径强度剖面的傅里叶变换,定义:

$$S_m(\tau)=R_w(0,\tau) \tag{6.75}$$

式(6.74)的形式表明,作为 $R_H(0,f_1-f_2)$有意义时(f_1-f_2)取值范围的量度,信道相干带宽 B_{coh} 由 $S_m(\tau)$变化范围的倒数给定。由于该范围与多径时延扩展为同一量级,因此多径强度剖面被解释为由于几秒前施加的脉冲而产生的通道输出功率,且用式(6.63)来定义这种模型的相干带宽 B_{coh} 也是合适的。如果多径强度曲线是分段连续函数,它就具有散射分量;如果它包含特定延迟值处

的增量函数，它就具有反射分量。

多普勒频移是使 $R_w(t_d,0)$ 有意义时限制信道相干时间或 $t_d=t_1-t_2$ 取值范围的主要因素。因此，多普勒功率谱密度定义为

$$S_D(f)=\int_{-\infty}^{\infty}R_w(t_d,0)\exp(-j2\pi f t_d)\,dt_d \tag{6.76}$$

$S_D(f)$ 的傅里叶逆变换即为自相关函数 $R_w(t_d,0)$。作为 $R_w(t_d,0)$ 有意义时 t_d 取值范围的度量，信道相干时间 T_{coh} 由 $S_D(f)$ 谱范围的倒数给定。由于该谱范围与最大多普勒频移为同一量级，故用式(6.45)来定义这种信道模型的相干时间 T_{coh} 也是合理的。

6.4 最大比合并

衰落信道的分集合成器被设计成在不同的分支中组合相同信号的独立衰落副本。以这样一种方式执行合并，即合并器输出的功率水平变化比单个副本的功率水平要慢得多。虽然分集合并在改进加性高斯白噪声(Additive White Gaussian Noise, AWGN)信道上的通信方面是无用的，但是分集合并改进了衰落信道上的通信，因为分集增益足够大，可以克服任何非相干合并损失。多样性组合最常见的三种类型是最大比组合、等增益组合和选择性组合。由于最大比和等增益组合器对每个信号拷贝使用线性组合和变权，它们可以被视为自适应阵列的类型。它们与其他自适应天线阵列的区别在于，它们不是设计来抑制干扰信号的。

考虑一个具有 L 个分集支路的接收机阵列，每个支路处理一个不同的期望信号副本。令 $\boldsymbol{y}=[y_1\quad y_2\quad\cdots\quad y_L]^{\mathrm{T}}$ 表示与接收到的符号相关的 L 个复值分支输出样本的离散时间向量离散时间向量，此处向量的序号表示抽样数目，该向量可被分解为

$$\boldsymbol{y}=\boldsymbol{s}+\boldsymbol{n} \tag{6.77}$$

式中：$\boldsymbol{s}$ 和 $\boldsymbol{n}$ 分别为通信信号和干扰加热噪声的离散时间向量。令 $\boldsymbol{w}$ 表示对输入向量进行线性合并的 $L\times1$ 维加权向量，则合并器的输出为

$$z=\boldsymbol{w}^{\mathrm{H}}\boldsymbol{x}=z_s+z_n \tag{6.78}$$

式中：上标 H 表示共轭转置，且

$$z_s=\boldsymbol{w}^{\mathrm{H}}\boldsymbol{s},\quad z_n=\boldsymbol{w}^{\mathrm{H}}\boldsymbol{n} \tag{6.79}$$

分别表示通信信号与干扰加噪声产生的输出分量。$\boldsymbol{s}$ 和 $\boldsymbol{n}$ 中的所有元素都建模为离散时间联合广义平稳随机过程。将通信信号与干扰加噪声的相关矩阵分别定义为 $L\times L$ 维矩阵，即

$$\boldsymbol{R}_s = E[\boldsymbol{s}\boldsymbol{s}^{\mathrm{H}}], \quad \boldsymbol{R}_n = E[\boldsymbol{n}\boldsymbol{n}^{\mathrm{H}}] \tag{6.80}$$

如果每个期望信号拷贝来自不同的接收天线,那么我们假设期望信号相对于天线分离足够窄带,所有分支的拷贝除了振幅和相移之外几乎相同。设 C 表示目标信号在固定参考分支中的离散时间抽样复包络。所期望的信号输入向量可以表示为

$$\boldsymbol{s} = C\boldsymbol{s}_0 \tag{6.81}$$

式中,导引向量为

$$\boldsymbol{s}_0 = [\alpha_1 \exp(\mathrm{j}\theta_1) \quad \alpha_2 \exp(\mathrm{j}\theta_2) \quad \cdots \quad \alpha_L \exp(\mathrm{j}\theta_L)]^{\mathrm{T}} \tag{6.82}$$

该向量的元素表述了各支路输出信号的相对幅度和相移,将式(6.81)代入式(6.80)可得

$$\boldsymbol{R}_s = \mathcal{E}_s \boldsymbol{s}_0 \boldsymbol{s}_0^{\mathrm{H}}, \quad p_s = E[|C|^2] \tag{6.83}$$

式中:$\mathcal{E}_s$ 是每个符号的能量。

合并器的输出信干噪比(Signal - to - Interference - and - Noise Ratio, SINR)为

$$\rho_0 = \frac{E[|z_s(i)|^2]}{E[|z_n(i)|^2]} = \frac{p_s \| \boldsymbol{w}^{\mathrm{H}} \boldsymbol{s}_0 \|^2}{\boldsymbol{w}^{\mathrm{H}} \boldsymbol{R}_n \boldsymbol{w}} \tag{6.84}$$

如5.5节所示,使SINR最大化的最优加权向量为

$$\boldsymbol{w}_0 = \eta \boldsymbol{R}_n^{-1} \boldsymbol{s}_0 \tag{6.85}$$

式中:η 为任意常数。SINR的最大值为

$$\rho_{\max} = p_s \boldsymbol{s}_0^{\mathrm{H}} \boldsymbol{R}_n^{-1} \boldsymbol{s}_0 \tag{6.86}$$

最大比合并器是假设 n 所有元素都满足零均值且互不相关的条件时,通过调整权向量为 $\boldsymbol{w}_{\mathrm{m}}$ 使得性能达到最优的线性合并器。在该假设条件下,相关矩阵 $\boldsymbol{R}_n$ 为对角矩阵,其第 i 个对角元素为

$$N_{0i} = E[|n_i|^2] \tag{6.87}$$

由于 $\boldsymbol{R}_n^{-1}$ 也是对角矩阵且对角元素为 N_{0i}^{-1},故由式(6.85)的右边项可知:

$$\boldsymbol{w}_{\mathrm{m}} = \eta \left[\frac{\alpha_1}{N_{01}} \mathrm{e}^{\mathrm{j}\theta_1} \quad \frac{\alpha_2}{N_{02}} \mathrm{e}^{\mathrm{j}\theta_1} \quad \cdots \quad \frac{\alpha_L}{N_{0L}} \mathrm{e}^{\mathrm{j}\theta_L} \right]^{\mathrm{T}} \tag{6.88}$$

式(6.88)只有在 $\{\alpha_i\}$、$\{\theta_i\}$ 和 $\{N_{0i}\}$ 已知时才可计算得出。由式(6.79)、式(6.88)、式(6.82)和式(6.83)可得合并器输出的有用信号为

$$z_s = \boldsymbol{w}_{\mathrm{m}}^{\mathrm{H}} \boldsymbol{s} = \eta C \sum_{i=1}^{L} \frac{\alpha_i^2}{N_{0i}} \tag{6.89}$$

由于 $z_s(l)$ 与 $s_0(l)$ 成正比,故最大比合并(Maximal - Ratio Combining, MRC)使阵列各支路信号副本的相位相等,该过程称为同相调整。通过应用导频信号且使各支路的相位同步即可实现同相调整。式(6.86)表示SINR为

$$\rho_{\mathrm{m}} = \mathcal{E}_{\mathrm{s}} \sum_{i=1}^{L} \frac{\alpha_i^2}{N_{0i}} \tag{6.90}$$

在大多数应用中,每条支路的干扰加噪声都接近相互独立且功率也近似相等,故$N_{0i} = N_0$,　$i=1,2,\cdots,L$。若将它们的共同值作为式(6.85)或式(6.88)中的常数,则 MRC 的权向量为

$$\boldsymbol{w}_{\mathrm{m}} = \eta \boldsymbol{s}_0 = \eta \left[\alpha_1 \mathrm{e}^{\mathrm{j}\theta_1} \quad \alpha_2 \mathrm{e}^{\mathrm{j}\theta_1} \quad \cdots \quad \alpha_L \mathrm{e}^{\mathrm{j}\theta_L} \right]^{\mathrm{T}} \tag{6.91}$$

合并器输出的有用信号为

$$z_s = \boldsymbol{w}_{\mathrm{m}}^{\mathrm{H}} \boldsymbol{s} = \eta C \sum_{i=1}^{L} \alpha_i^2 \tag{6.92}$$

且相应的 SINR 为

$$\rho_{\mathrm{m}} = \frac{\mathcal{E}_{\mathrm{s}}}{N_0} \sum_{i=1}^{L} \alpha_i^2 \tag{6.93}$$

由于式(6.91)中的权向量与干扰的参数无关,因此合并器并不能消除干扰。当合并器对通信信号进行相干合并时,干扰加噪声信号可被忽略。若每个$\alpha_i(i=1,2,\cdots,L)$都建模为同分布的随机变量,则由式(6.93)可知

$$E[\rho_{\mathrm{m}}] = L\bar{\gamma}, \quad \bar{\gamma} = \frac{\mathcal{E}_{\mathrm{s}}}{N_0} E[\alpha_1^2] \tag{6.94}$$

式(6.94)表明平均 SINR 的增益与 L 成正比。

6.4.1　相干 BPSK 和 QPSK 系统

利用多个期望信号副本的可用性的相干检测需要 MRC。考虑一个采用二进制相移键控(Binary Phase - Shift Keying, BPSK)的直扩系统,它以等概率接收单个二进制符号或信息为 0 或 1 的比特。L 个分集支路里的每个接收信号副本都经历了独立衰落,且在信号间隔内衰落保持不变。假设将各分集支路所接收的干扰加噪声都建模为具有相同双边功率谱密度 $N_0/2$ 的独立零均值高斯白噪声。单位能量的符号波形就是扩谱波形。符号匹配滤波器由图 2.14 所示的码片匹配滤波器、序列生成器、乘法器及加法器组成。

每条分集支路的相干检测去除了与接收信号相关的相位信息。式(1.38)的应用和 1.2 节中的噪声分析表明,由于单个符号和 BPSK,分集分支 i 的采样输出为:

$$y_i = \alpha_i \sqrt{\mathcal{E}_{\mathrm{b}}} x + n_i, \quad i=1,2,\cdots,L \tag{6.95}$$

式中:$\mathcal{E}_{\mathrm{b}}$ 为不存在衰落时通信信号的比特能量;$x = +1$ 或 -1 取决于发射比特;α_i 为幅度;n_i 为独立零均值循环对称的复高斯噪声,$E[|n_i|^2] = N_0$。由于圆对

称性,n_i 有独立的实分量和虚分量,方差为 $N_0/2$。对于 BPSK 系统来说,无论是否采用直扩,式(6.90)及其随后的结果都是一样的。

使用式(6.95)对所有 L 分支的对数似然函数进行评估,然后按照 1.2 节进行,推导出 BPSK 符号度量为

$$U = \sum_{i=1}^{L} \alpha_i y_{ri} \tag{6.96}$$

式中:$y_{ri} = \mathrm{Re}(y_i)$,且每一项都为一个子符号度量。对于硬判决解码,位判决是如果 $U>0$ 则 $x=+1$,如果 $U\leqslant 0$ 则 $x=+1$。这个度量的缺点是需要估计 $\{\alpha_i\}$。令 $\boldsymbol{y}=[y_1 \quad y_2 \quad \cdots \quad y_L]^{\mathrm{T}}$ 表示分支输出的向量,符号度量正比于 $\boldsymbol{w}_{\mathrm{m}}^{\mathrm{H}}[\mathrm{Re}(y)]$,其中 $\boldsymbol{w}_{\mathrm{m}}$ 由式(6.91)给出,且由于采用相干解调,故 $\boldsymbol{w}_{\mathrm{m}}$ 的相位角可以设为零。将式(6.95)代入式(6.96)可得:

$$U = x\sqrt{\mathcal{E}_{\mathrm{b}}}\sum_{i=1}^{L}\alpha_i^2 + \sum_{i=1}^{L}\alpha_i \mathrm{Re}(n_i) \tag{6.97}$$

因此,符号度量 U 包含一个与式(6.92)形式相同的 MRC 分量。

由于两种情况均可计算得到式(6.91),故最大似然检测器既可在解调前采用图 6.7(a)所示的最大比检测前合并来实现,也可在解调后采用图 6.7(b)所示的检测后合并来实现,$\{\alpha_i\}$ 为相干等增益合并子省略因子。$\{\phi_i\}$ 是输入信号相位的估计由于最优相干匹配滤波器或相关解调器对 $\{y_i\}$ 进行线性运算,检测前合并和检测后合并产生相同的符号度量,因而它们具有相同的性能。

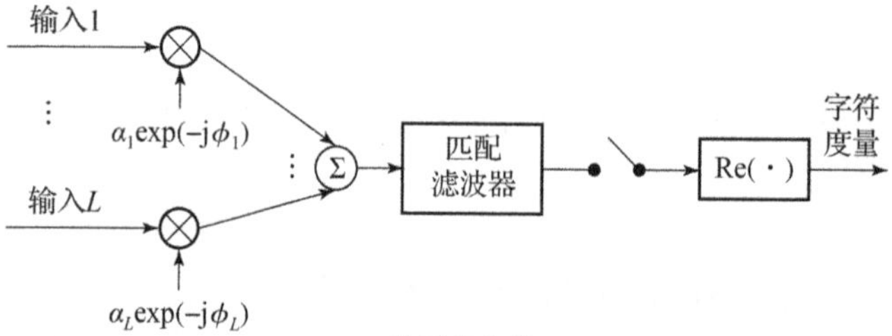

(a) 检测前合并

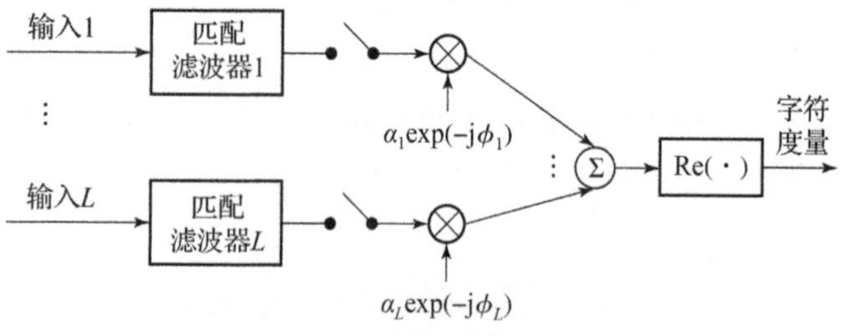

(b) 检测后合并

图 6.7　BPSK 的最大比合并器

若$\{\alpha_i\}$已知，则符号度量具有高斯分布且均值为

$$E(U) = x\sqrt{\mathcal{E}_b}\sum_{i=1}^{L}\alpha_i^2 \tag{6.98}$$

由于$\{n_i\}$是相互独立且循环对称的，故$\{\mathrm{Re}(n_i)\}$也是相互独立的。由于$\mathrm{Re}(n_i)$与$\mathrm{Im}(n_i)$具有相同的方差，$E[(\mathrm{Re}(n_i))^2] = E[|n_i|^2]/2 = N_0/2$，因此$U$的方差为

$$\sigma_u^2 = \frac{N_0}{2}\sum_{i=1}^{L}\alpha_i^2 \tag{6.99}$$

对硬判决译码来说，若$U>0$则比特判决为$x=+1$。由于对称性，误比特率就等于$x=+1$时的条件误比特率。若$U<0$，则会产生错误判决。由于符号度量具有高斯条件概率分布，故给定$\{\alpha_i\}$时，利用式(6.98)和式(6.99)直接推导表明条件误比特率为

$$P_{\mathrm{b}|\boldsymbol{\alpha}}(\gamma_b) = Q(\sqrt{2\gamma_b}) \tag{6.100}$$

式中：$Q(x)$由式(1.58)定义，且总比特信噪比为

$$\gamma_b = \sum_{i=1}^{L}\gamma_i,\quad \gamma_i = \frac{\mathcal{E}_b}{N_0}\alpha_i^2 \tag{6.101}$$

误比特率可由$P_{\mathrm{b}|\boldsymbol{\alpha}}(\gamma_b)$在$\gamma_b$分布上取平均得到，而$\gamma_b$的分布则取决于$\{\alpha_i\}$及衰落信道的统计特性。

假设$\{\alpha_i\}$中的每个元素都服从独立同 Nakagami 分布。那么每个α_i^2为如式(6.36)所示的伽马分布。如附录 E.6 所示，由于γ_b为L个服从独立同指数分布的随机变量之和，可得出γ_b的概率密度分布函数为

$$f_{\gamma b}(x) = \frac{m^{mL}}{\Gamma(mL)\,\bar{\gamma}^{mL}}x^{mL-1}\exp\left(-\frac{mx}{\bar{\gamma}}\right)u(x) \tag{6.102}$$

式中每条支路的平均比特信噪比为

$$\bar{\gamma} = \frac{\mathcal{E}_b}{N_0}E[\alpha_1^2] \tag{6.103}$$

误比特率由式(6.100)在式(6.102)给定的概率密度分布上取均值得到。因此：

$$P_b(L) = \int_0^{\infty} Q(\sqrt{2x})\,\frac{1}{(L-1)!\,\bar{\gamma}^L}x^{L-1}\exp\left(-\frac{x}{\bar{\gamma}}\right)\mathrm{d}x \tag{6.104}$$

假设m是一个正整数，由于mL为正整数，直接计算可证明：

$$\frac{\mathrm{d}}{\mathrm{d}x}Q(\sqrt{2x}) = -\frac{1}{2\sqrt{\pi}}\frac{\exp(-x)}{\sqrt{x}} \tag{6.105}$$

$$\frac{\mathrm{d}}{\mathrm{d}x}\left[\mathrm{e}^{-mx/\bar{\gamma}}\sum_{i=0}^{mL-1}\frac{(mx/\bar{\gamma})^{i}}{i!}\right]=\frac{m^{mL}}{(mL-1)!\bar{\gamma}^{mL}}x^{mL-1}\exp\left(-\frac{mx}{\bar{\gamma}}\right)\quad(6.106)$$

对式(6.104)进行分部积分,并应用式(6.105)、式(6.106)及 $Q(0)=1/2$ 可得:

$$P_{\mathrm{b}}(L)=\frac{1}{2}-\sum_{i=0}^{mL-1}\frac{m^{i}}{i!\bar{\gamma}^{i}2\sqrt{\pi}}\int_{0}^{\infty}\exp[-x(1+m\bar{\gamma}^{-1})]x^{i-1/2}\mathrm{d}x\quad(6.107)$$

利用伽马函数(见附录H.1节)可计算以上积分。对式(6.107)进行变量替换可得:

$$P_{\mathrm{b}}(L)=\frac{1}{2}-\frac{1}{2}\sqrt{\frac{\bar{\gamma}}{m+\bar{\gamma}}}\sum_{i=0}^{mL-1}\frac{\Gamma(i+1/2)m^{i}}{\sqrt{\pi}i!(m+\bar{\gamma})^{i}}\quad(6.108)$$

由 $\Gamma(x)=(x-1)\Gamma(x-1)$ 和 $\Gamma(1/2)=\sqrt{\pi}$,可得函数的乘积展开式为

$$\Gamma(i+1/2)=\frac{\sqrt{\pi}\Gamma(2i)}{2^{2i-1}\Gamma(i)}=\frac{\sqrt{\pi}i!}{2^{2i-1}}\binom{2i-1}{i},\quad i\geqslant1\quad(6.109)$$

因此:

$$P_{\mathrm{b}}(L)=\frac{1}{2}-\frac{1}{2}\sqrt{\frac{\bar{\gamma}}{m+\bar{\gamma}}}-\sqrt{\frac{\bar{\gamma}}{m+\bar{\gamma}}}\sum_{i=1}^{mL-1}\binom{2i-1}{i}\left(\frac{m}{4m+4\bar{\gamma}}\right)^{i}\quad(\mathrm{BPSK,QPSK})$$

$$(6.110)$$

这对于四进制相移键控(QuadriPhase - Shift Keying, QPSK)是有效的,因为后者可以在相位求积中作为两个独立的 BPSK 波形传输。该表达式显式地显示了误码率随分集分支数增加的变化情况。利用式(6.35)可以近似地将这些结果与 Ricean 衰落相关。

由于瑞利衰落 $m=1$,上述方程可以简化。无分集和单支路的误码率为

$$p=P_{\mathrm{b}}(1)=\frac{1}{2}\left(1-\sqrt{\frac{\bar{\gamma}}{1+\bar{\gamma}}}\right)(\mathrm{BPSK,QPSK})\quad(6.111)$$

解这个方程,确定 $\bar{\gamma}$ 为 p 的函数,然后利用式(6.110)中的结果和 $m=1$ 得到:

$$P_{\mathrm{b}}(L)=p-(1-2p)\sum_{i=1}^{L-1}\binom{2i-1}{i}[p(1-p)]^{i}\quad(6.112)$$

$P_{\mathrm{b}}(L)$ 的另一种表达式即

$$P_{\mathrm{b}}(L)=p^{L}\sum_{i=1}^{L-1}\binom{L+i-1}{i}(1-p)^{i}\quad(6.113)$$

用数学归纳法可以证明等同于式(6.112)。

为推导 $P_b(L)$ 的上界以便于分析其渐进特性，利用下列二项系数恒等式：

$$\sum_{i=0}^{L-1}\binom{L+i-1}{i}=\binom{2L-1}{L} \tag{6.114}$$

为证明式(6.114)，注意到 $\binom{2L-1}{L}=\binom{2L-1}{L-1}$ 是从 $2L-1$ 个元素中选择 $L-1$ 个不同元素的组合数。当 $0\leqslant k\leqslant L-1$ 时也可采用另一种选择方式，即先选择前 k 个元素，而第 $k-1$ 个元素不选择，然后从余下的 $2L-1-(k+1)=2L-k-2$ 个元素中选择 $L-k-1$ 个不同的元素，则

$$\binom{2L-1}{L}=\sum_{k=0}^{L-1}\binom{2L-k-2}{L-k-1}=\sum_{i=0}^{L-1}\binom{L+i-1}{i} \tag{6.115}$$

从而证明了恒等式。由于 $1-p\leqslant 1$，故式(6.113)与式(6.114)表明：

$$P_b(L)\leqslant\binom{2L-1}{L}p^L \tag{6.116}$$

p 越趋近于 0，该上界越紧。对 $\bar{\gamma}^{-1}$ 进行式(6.111)的泰勒级数展开，得到一个交替级数。只保留级数中的第一个非零项，然后将其代入式(6.116)，得到一个上界：

$$P_b(L)\leqslant\binom{2L-1}{L}\left(\frac{1}{4^L}\right)\bar{\gamma}^{-L} \tag{6.117}$$

这个不等式可引出分集的一般度量方法。定义分集阶数为

$$D_0=-\lim_{\bar{\gamma}\to\infty}\frac{\partial\ln[P_b(L)]}{\partial\ln(\bar{\gamma})} \tag{6.118}$$

若 $\bar{\gamma}\to\infty$ 则从而式(6.117)变为等式，因此瑞利信道上的 BPSK 或 QPSK 系统具有 $D_0=L$。

MRC 优势的获得严格依赖于各分集支路的衰落互不相关这一假设。若各分集支路的衰落完全相关，以致所有 $\{\alpha_i\}$ 都相等且所有衰落都是同时发生的，则式(6.101)表明 $\gamma_b=L\mathcal{E}_b\alpha_1^2/N_0$。因此，完全相关相当于没有多样性，而是从 $\mathcal{E}_b$ 到 $L\mathcal{E}_b$ 的能量增加。对于瑞利衰落和完全相关而言，式(6.111)表示误码率为

$$P_b^{cc}(L)=\frac{1}{2}\left(1-\sqrt{\frac{L\bar{\gamma}}{1+L\bar{\gamma}}}\right)\quad(\text{cc},\text{BPSK},\text{QPSK}) \tag{6.119}$$

无衰落的单个支路、独立瑞利衰落和 MRC 的 L 支路、完全相关瑞利衰落和 MRC 的 L 支路误码概率图如图 6.8 所示。式(6.100)、式(6.111)、式(6.112)和式(6.119)用于生成图。对于 MRC，自变量为 $\bar{\gamma}$，对于没有衰落的单个分支，

自变量为 $\gamma_b = \mathcal{E}_b/N_0$。图中显示了分集合并和独立衰落的优点。该图表明,如果平均能量-噪声密度比足够低,衰落实际上是有益的。图 6.9 显示了 $m=4$ 的独立 Nakagami 衰落、BPSK 和 $L=1,2,3,4$ 的 MRC 的误码率。由于 $m=4$ 的 Nakagami 衰落比瑞利衰落要温和得多,因此比特误码率明显降低。

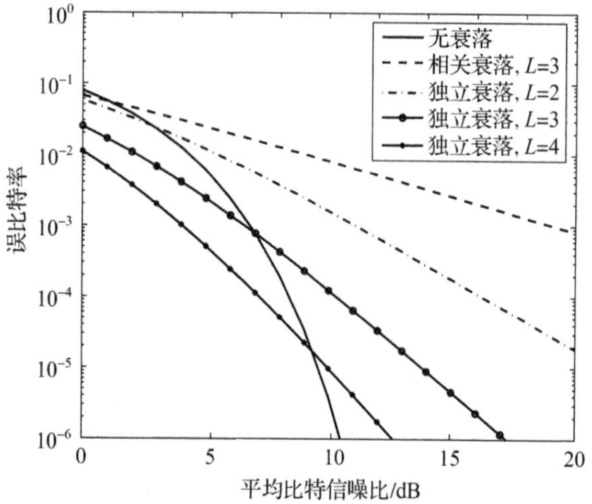

图 6.8　不同衰落下 BPSK 的误比特率

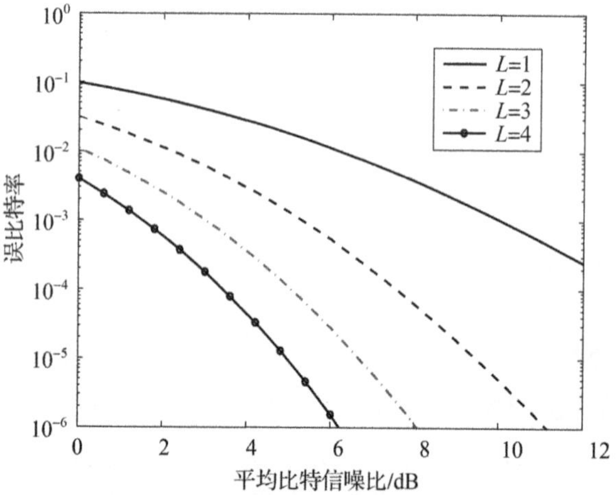

图 6.9　在 $m=4$ 的 Nakagami 衰落条件下采用 MRC 的 BPSK 误比特率

以上结果对不同用途的接收天线来说具有重要的应用价值。多个接收天线可提供 MRC 分集,但也可用于波束成形。若接收天线用于波束成形,它们需要靠得足够近从而使得它们相移后的输出高度相关。因此,在衰落和噪声环境中,当 $\bar{\gamma}$ 足够大时,与分集合并的潜在性能相比,波束成形会给系统性能造成一定损失。但波束成形的主要优点在于它能抑制进入接收天线方向图旁瓣的干扰信号。

6.4.2　相干正交 FSK 系统

考虑一个采用正交信号,例如正交频移键控(Frequency - Shift Keying,FSK)信号的系统。该系统发射 q 个能量相等的正交信号 $s_1(t),s_2(t),\cdots,s_q(t)$,每个信号都代表$\log_2 q$ 比特。对一个采用 q 元码移键控(见 2.7 节)的直扩系统来说,每一个正交信号都具有式(2.165)的形式,且 $t_0=0$。最大似然检测器产生 q 个符号度量,对应于这 q 个可能的非二进制符号。译码器选择符号度量为最大值的那个符号。在每条分集支路中都需要为 q 个正交信号的每一个设置匹配滤波器。由于这些信号是相互正交的,因此当 $r\neq l$ 时,在抽样时刻上每个与 $s_r(t)$ 匹配的滤波器对 $s_l(t)$ 都是零响应的。

对 AWGN 信道来说,1.2 节中的分析和式(1.71)表明,当接收到一个符号 $s_r(t)$ 时,第 i 条支路的第 l 个匹配滤波器产生的样值为

$$y_{l,i}=\sqrt{\mathcal{E}_s}\alpha_i e^{j(\theta_i-\phi_i)}\delta_{l,r}+n_{l,i},\quad l=1,2,\cdots,q,\quad i=1,2,\cdots,L \tag{6.120}$$

式中:$\mathcal{E}_s$ 为不存在衰落及分集合并时每个符号的通信信号能量;$\theta_i-\phi_i$ 为接收信号相位与估计值的差;$n_{l,i}$为独立零均值复高斯噪声变量。对于 L 条分集支路的接收信号副本来说,这些信号提供了充分统计量,能够包含所有相关信息。支路 i 中干扰加噪声的双边功率谱密度等于 $N_0/2$,则 $E[|n_{l,i}|^2]=N_0$。由于其循环对称性,n_{li}具有独立的实部和虚部分量,且方差为 $N_0/2$。对相干检测,$\theta_i-\phi_i=0$。当给定$\{\alpha_i\}$且 $s_r(t)$已被接收时,$y_{l,i}$的条件概率密度函数为

$$f(y_{ri}|l,\alpha_i)=\frac{1}{\pi N_0}\exp\left[-\frac{|y_{ri}-\sqrt{\mathcal{E}_s}\alpha_i\delta_{kl}|^2}{N_0}\right] \tag{6.121}$$

由于假设各支路中的噪声是相互独立的,故其似然函数等于 qL 个式(6.121)给出的概率密度之积,其中 $l=1,2,\cdots,q,i=1,2,\cdots,L$。

构造对数似然函数,注意到 $\sum_r \delta_{l,r}^2=1$,并消除不相关项及与 r 无关的因子,可发现相干 FSK 的符号度量为

$$U(r)=\sum_{i=1}^{L}\mathrm{Re}(\alpha_i y_{ri}),\quad r=1,2,\cdots,q \tag{6.122}$$

计算上式需要知道$\{\alpha_i\}$的估计值。与 $s_1(t),s_2(t),\cdots,s_q(t)$对应的这 q 个度量,为软判决或硬判决译码提供了符号度量。

硬判决译码是通过选取$\{U(r)\}$中的最大值来实现符号判决。考虑 $\mathcal{E}_s=\mathcal{E}_b$、$q=2$ 的相干二进制频移键控(Binary Frequency - Shift Keying,BFSK)。由于该模型的对称性,$P_b(L)$可通过假设发射信号为 $s_1(t)$来计算。基于该假设,式(6.122)与式(6.120)表明两个符号度量为

$$U(1) = \sqrt{\mathcal{E}_b}\sum_{i=1}^{L}\alpha_i^2 + \sum_{i=1}^{L}\alpha_i \mathrm{Re}(n_{1,i}) \tag{6.123}$$

$$U(2) = \sum_{i=1}^{L}\alpha_i \mathrm{Re}(n_{2,i}) \tag{6.124}$$

若 $U(1)-U(2)<0$ 则会造成判决错误。由于 $U(1)-U(2)$ 服从高斯条件分布,计算表明给定 $\{\alpha_i\}$ 时的条件误比特率为

$$P_{b|\boldsymbol{\alpha}}(\gamma_b) = Q(\sqrt{\gamma_b}) \tag{6.125}$$

式中:γ_b 由式(6.101)给出。

当独立同分布的 Nakagami 衰落出现在每个分支中时,误比特率由 $P_{b|\boldsymbol{\alpha}}(\gamma_b)$ 在 γ_b 的分布上取平均得到,γ_b 由(6.102)给出。式(6.125)与式(6.100)的区别仅在于将 $2\gamma_b$ 替换为 γ_b。因此,当 m 为正整数时,修改(6.108)表示相干 BFSK 的误码概率为

$$P_b(L) = \frac{1}{2} - \frac{1}{2}\sqrt{\frac{\bar{\gamma}}{2m+\bar{\gamma}}}\sum_{i=0}^{mL-1}\frac{\Gamma(i+1/2)\,(2m)^i}{\sqrt{\pi}\,i!\,(2m+\bar{\gamma})^i} \tag{6.126}$$

它明确地显示了误码率随分集分支数增加的变化。

对于瑞利衰落,式(6.112)和式(6.113)也是有效的,但没有分集或单个分支的误码概率为

$$p = \frac{1}{2}\left(1 - \sqrt{\frac{\bar{\gamma}}{2+\bar{\gamma}}}\right)(\text{相干 BFSK}) \tag{6.127}$$

式中每条支路的平均比特信噪比由式(6.103)定义。因此,在衰落环境中,BPSK 比相干 BFSK 保持了通常的 3dB 优势。

将(6.127)代入(6.116),假设 $\bar{\gamma}>2$,对 $\bar{\gamma}^{-1}$进行泰勒级数展开,只保留交替级数中的第一项,得到上界:

$$P_b(L) \leqslant \binom{2L-1}{L}\left(\frac{1}{2^L}\right)\bar{\gamma}^{-L}, \quad \bar{\gamma}>2 \tag{6.128}$$

这表明瑞利信道上相干 BFSK 系统的分集顺序为 $D_o = l$。

6.5 等增益合并

等增益合并(Equal - Gain Combining, EGC)是指对各支路不同信噪比(Signal - to - Noise Ratio, SNR)不进行补偿的情况下,对信号副本实现同相的过程。因此,当一个窄带通信信号经历衰落时,EGC 的权向量为

$$\boldsymbol{w}_e = \boldsymbol{\eta}\,[\exp(\mathrm{j}\theta_1) \quad \exp(\mathrm{j}\theta_2) \quad \cdots \quad \exp(\mathrm{j}\theta_L)]^{\mathrm{T}} \tag{6.129}$$

式中:θ_i 为第 i 条支路中通信信号的相移。当 MRC 为最优且 $\{\alpha_i/N_{0i}\}$ 的值不相等时,EGC 为次优,但其对信道信息的需求要少得多。若将图 6.8 中因子 $\{\alpha_i\}$ 假设为 1,则该图就给出了检测前合并和检测后合并的 EGC 框图。

若阵列中各支路的干扰加噪声为零均值且互不相关,且 $E[|n_i|^2]=N_0(i=1,2,\cdots,L)$,则 $\boldsymbol{R}_n$ 为对角矩阵,当 $\boldsymbol{w}=\boldsymbol{w}_{\mathrm{e}}$ 时,由式(6.84)可得输出 SINR 为

$$\rho_{\mathrm{e}} = \frac{\mathcal{E}_{\mathrm{s}}}{LN_0}\left(\sum_{i=1}^{L}\alpha_i\right)^2 \tag{6.130}$$

应用复数序列柯西–施瓦茨不等式(见 5.2 节)可证明,该 SINR 小于或等于式(6.93)所给的 ρ_m。

在瑞利衰落环境中,每个 $\alpha_i(i=1,2,\cdots,L)$ 都服从瑞利分布。若阵列中各支路的通信信号互不相关且平均功率相同,则应用附录 E.4 节中的式(E.30)可得:

$$E[\alpha_i^2]=E[\alpha_1^2],\quad E[\alpha_i]=\left\{\frac{\pi}{4}E[\alpha_1^2]\right\}^{1/2},\quad i=1,2,\cdots,L \tag{6.131}$$

$$E[\alpha_i\alpha_k]=E[\alpha_i]E[\alpha_k]=\frac{\pi}{4}E[\alpha_1^2],\quad i\neq k \tag{6.132}$$

由这些公式及式(6.130)可得:

$$E[\rho_{\mathrm{e}}]=\left[1+(L-1)\frac{\pi}{4}\right]\bar{\gamma},\quad \bar{\gamma}=\frac{\mathcal{E}_{\mathrm{s}}}{N_0}E[\alpha_1^2] \tag{6.133}$$

这表明以 EGC 代替 MRC 大约会有 1dB 数量级的性能损失。

在某些环境中 MRC 等同于 EGC,但由于支路之间存在相关干扰,二者显然都是次优的。考虑载频为 f_0、未经衰落且以平面波形式到达的窄带通信信号及窄带干扰信号,假设阵列天线单元之间相距离足够近,通信信号的导引向量 $\boldsymbol{s}_0$ 和干扰信号的导引向量 $\boldsymbol{J}_0$ 分别为

$$\boldsymbol{s}_0=[\mathrm{e}^{-\mathrm{j}2\pi f_0\tau_1}\quad \mathrm{e}^{-\mathrm{j}2\pi f_0\tau_2}\quad \cdots\quad \mathrm{e}^{-\mathrm{j}2\pi f_0\tau_L}]^{\mathrm{T}} \tag{6.134}$$

$$\boldsymbol{J}_0=[\mathrm{e}^{-\mathrm{j}2\pi f_0\delta_1}\quad \mathrm{e}^{-\mathrm{j}2\pi f_0\delta_2}\quad \cdots\quad \mathrm{e}^{-\mathrm{j}2\pi f_0\delta_L}]^{\mathrm{T}} \tag{6.135}$$

各支路的噪声功率都相等,干扰与噪声的相关矩阵为

$$\boldsymbol{R}_n=N_0\boldsymbol{I}+N_0 g\boldsymbol{J}_0\boldsymbol{J}_0^{\mathrm{H}} \tag{6.136}$$

式中:g 为每条支路里的干扰噪声比。上式清楚地表明,某一支路里的干扰与其他支路里的干扰是相关的。

利用 $\|\boldsymbol{J}_0\|^2=L$ 直接进行矩阵相乘可证明:

$$\boldsymbol{R}_n^{-1}=\frac{1}{N_0}\left(\boldsymbol{I}-\frac{g\boldsymbol{J}_0\boldsymbol{J}_0^{\mathrm{H}}}{Lg+1}\right) \tag{6.137}$$

将 $1/N_0$ 与式(6.85)里的常数合并后可发现最优权向量为

$$\boldsymbol{w}_0=\eta\left(\boldsymbol{s}_0-\frac{\xi Lg}{Lg+1}\boldsymbol{J}_0\right) \tag{6.138}$$

式中:ξ 为归一化内积,并由下式计算

$$\xi = \frac{1}{L}\boldsymbol{J}_0^{\mathrm{H}}\boldsymbol{s}_0 \tag{6.139}$$

将式(6.134)、式(6.137)与式(6.139)代入式(6.86)中可计算出相应的最大 SINR 为

$$\rho_{\max} = L\gamma\left(1 - \frac{|\xi|^2 Lg}{Lg+1}\right) \tag{6.140}$$

式中:$\gamma = \mathcal{E}_s/N_0$ 为每条支路的 SNR。式(6.134)、式(6.135)与式(6.139)表明 $0 \leqslant |\xi| \leqslant 1$,且 $L=1$ 时,$|\xi|=1$。式(6.143)表明,若 $L \geqslant 2$,则 $\rho_{\max}$ 随 $|\xi|$ 增加而减小;若 $g \gg 1$,则 $\rho_{\max}$ 近似与 L 成正比。

由于每条支路的 SINR 都相等,MRC 与 EGC 都可使用式(6.132)所给出的权向量 $\boldsymbol{w}_{\mathrm{m}} = \boldsymbol{w}_{\mathrm{e}} = \eta\boldsymbol{s}_0$。将式(6.82)、式(6.129)及式(6.136)代入式(6.84)可得 MRC 与 EGC 的 SINR 为

$$\rho_{\mathrm{m}} = \rho_{\mathrm{e}} = \frac{L\gamma}{1 + |\xi|^2 Lg} \tag{6.141}$$

当 $\xi=0$ 时,$\rho_{\max}$ 与 ρ_{m} 都等于峰值 $L\gamma$;当 $|\xi|=1$ 时,它们都等于 $L\gamma/(1+Lg)$,这种情况只有在通信信号和干扰都来自同一方向或 $L=1$ 时才会发生。当 $|\xi| = 1/\sqrt{2}$时,利用微积分可得 $\rho_{\max}/\rho_{\mathrm{m}}$ 的最大值为

$$\left(\frac{\rho_{\max}}{\rho_{\mathrm{m}}}\right)_{\max} = \frac{(Lg/2+1)^2}{Lg+1}, \quad L \geqslant 2 \tag{6.142}$$

当 Lg 值较大时,以上比值接近 $Lg/4$。因此,在假设无衰落环境下,若 $Lg \gg 1$,则基于最大 SINR 的自适应阵列具有完全超越 MRC 或 EGC 的潜在能力。图6.10显示了不同 Lg 值时 $\rho_{\max}/\rho_{\mathrm{m}}$ 与 $|\xi|$ 之间的关系。

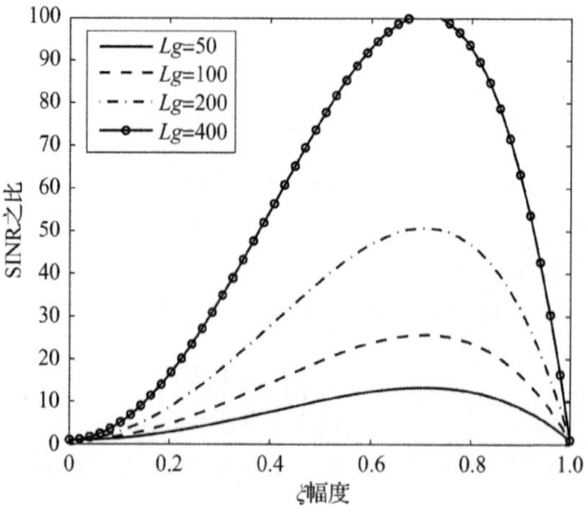

图6.10 最大 SINR 与最大比合并器的 SINR 之比

6.6　非相干合并

当难以获得精确的相位估计时,同相无法实现。此时,与无分集系统相比,非相干合并可能可以显著提高系统性能。非相干合并通过非相干解调后的后检测合并实现。

6.6.1　差分相移键控

图6.11给出了一个带有后检测非相关合并功能的差分相移键控(Differential Phase - Shift Keying, DPSK)接收机框图,z^{-1}表示一个符号时延,* 表示复共轭。假设发生在两个符号上的衰落是个常量,则EGC度量或符号度量为

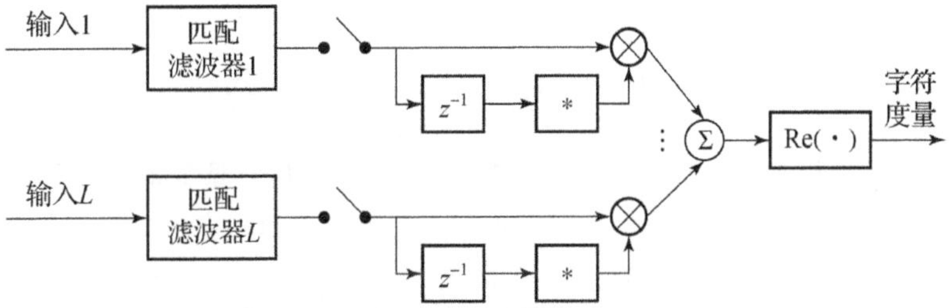

图6.11　检测后合并的DPSK等增益合并器

$$U = \text{Re}\left[\sum_{i=1}^{L} y_{1i}y_{2i}^{*}\right] \tag{6.143}$$

式中:y_{1i}、y_{2i}为支路i接收到的两个连续符号。该符号度量的优点是它既无须相位同步也无须信道状态估计。对硬判决译码来说,由文献[4]中的推导可知,若$\{\alpha_i\}$服从独立同瑞利分布,则$P_b(L)$可由式(6.112)、式(6.113)及式(6.116)得到,其中单支路误比特率为

$$p = \frac{1}{2(1+\bar{\gamma})} \quad (\text{DPSK}) \tag{6.144}$$

式中:$\bar{\gamma}$ 由式(6.103)给出。注意到DPSK在无分集时的条件误比特率为$\exp(-\gamma_b)/2$,在$L=1$的条件下对密度函数式(6.97)进行积分可直接推导出式(6.144)。DPSK的分集阶数为$D_0=L$。对比式(6.144)与式(6.127)可发现,若$\bar{\gamma}\gg1$,则在瑞利衰落环境中,采用非相关合并的DPSK与采用MRC的相干BFSK性能几乎相同。

6.6.2 非相干正交 FSK

考虑表示单个符号的信号 $s_r(t)$ 在 AWGN 信道上的传输。为从最大似然准则中推导出非相干正交 FSK 接收机性能,假设式(6.120)中的 $\{\alpha_i\}$ 和 $\{\theta_i-\phi_i\}$ 为随机变量。式(1.79)和1.2节的分析得到支路 d 的匹配滤波器 c 采样输出的条件密度函数:

$$f(y_{l,i}\mid r,\alpha_i)=\frac{1}{\pi N_0}\exp\left[-\frac{|y_{l,i}|^2+\mathcal{E}_s\alpha_i^2\delta_{l,r}}{N_0}\right]\mathrm{I}_0\left(\frac{2\sqrt{\mathcal{E}_s}\alpha_i|y_{l,i}|\delta_{l,r}}{N_0}\right),\tag{6.145}$$

$$l=1,2,\cdots,q,\quad i=1,2,\cdots,L$$

若各支路的衰落服从统计独立的瑞利分布,则通过式(6.24)所给的瑞利密度对 $f(y_{l,i}\mid l,\alpha_i)$ 进行积分可得密度函数 $f(y_{l,i}\mid r)$,式(6.20)中取 $\Omega=E[\alpha_i^2]$。为计算上式 $l=r$ 时的积分,注意到附录E.3节中式(E.23)的莱斯概率密度函数的积分必定为1,这表明:

$$\int_0^\infty x\exp\left(-\frac{x^2}{2b}\right)\mathrm{I}_0\left(\frac{x\sqrt{\lambda}}{b}\right)\mathrm{d}x=b\exp\left(\frac{\lambda}{2b}\right)\tag{6.146}$$

式中:λ 与 b 为正常数。qL 维向量 y 的似然函数为 qL 个概率密度 $\{f(y_{ri}\mid l)\}$ 的乘积,向量 $\boldsymbol{y}$ 的构成元素为 $\{y_{ri}\}$。在进行积分并形成乘积后,可得:

$$f(\boldsymbol{y}\mid\boldsymbol{r})=C\prod_{i=1}^{L}\exp\left[\frac{|y_{r,i}|^2\bar{\gamma}_i}{N_0(1+\bar{\gamma}_i)}\right]\tag{6.147}$$

式中,C 为不依赖于 r 的常数,且:

$$\bar{\gamma}_i=\frac{\mathcal{E}_s}{N_0}E[\alpha_i^2],\quad i=1,2,\cdots,L\tag{6.148}$$

为确定已发射的符号,选择使对数似然函数 $\ln f(\boldsymbol{y}\mid l)$ 最大的 r 值,去掉无关项与无关因子,可得瑞利衰落的最大似然符号度量为

$$U(r)=\sum_{i=1}^{L}|y_{r,i}|^2\left(\frac{\bar{\gamma}_i}{1+\bar{\gamma}_i}\right),\quad r=1,2,\cdots,q\tag{6.149}$$

上式需要对各支路的 $\bar{\gamma}_i$ 进行估计。

若假设所有的 $\{\bar{\gamma}_i\}$ 值都相等,则式(6.149)可简化为一个线性平方率度量:

$$U(r)=\sum_{i=1}^{L}|y_{r,i}|^2,\quad r=1,2,\cdots,q\tag{6.150}$$

该度量表明这是一个带有检测后平方律合并的非相干 FSK 接收机,如图6.12所示。其中,每条支路都向 q 个匹配滤波器输出信号,而每个匹配滤波

器又与等能量正交信号 $s_1(t),s_2(t),\cdots,s_q(t)$ 中的某个信号相匹配。平方率度量的主要优点是无须已知任何信道状态信息。若 $\bar{\gamma}_i$ 较大,则平方率度量和最大似然符号度量中的对应项几乎相等;若 $\bar{\gamma}_i$ 较小,则这两个度量中的对应项与其他项相比都趋于零。因此,采用平方率度量几乎不会产生不良后果。

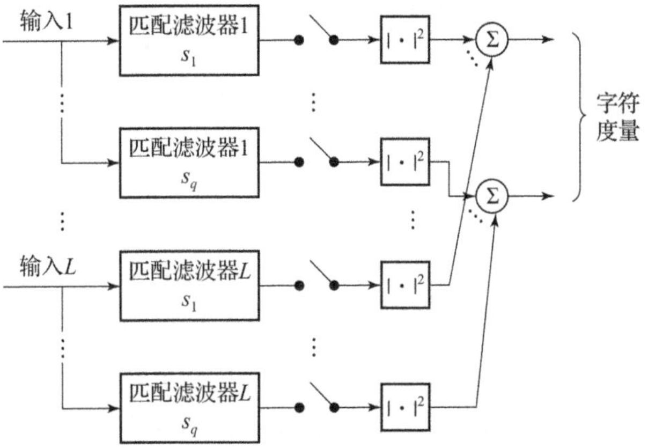

图6.12　后检非相干组合 q – FSK 接收机

考虑对 $\mathcal{E}_s=\mathcal{E}_b$ 的非相干 BFSK 进行硬判决译码且采用平方率度量的情况。由于该信号的对称性,假设发射信号为 $s_1(t)$ 即可计算出 $P_b(L)$。给定发射信号为 $s_1(t)$,则合并器输出的两个符号度量为

$$U(1)=\sum_{i=1}^{L}\left|\sqrt{\mathcal{E}_b}\alpha_i e^{j\theta_i}+n_{1,i}\right|^2$$

$$=\sum_{i=1}^{L}\left|\sqrt{\mathcal{E}_b}\alpha_i\cos\theta_i+n_{1,i}^{R}\right|^2+\sum_{i=1}^{L}\left|\sqrt{\mathcal{E}_b}\alpha_i\sin\theta_i+n_{1,i}^{I}\right|^2 \quad (6.151)$$

$$U(2)=\sum_{i=1}^{L}|n_{2,i}|^2=\sum_{i=1}^{L}|n_{2,i}^{R}|^2+\sum_{i=1}^{L}|n_{2,i}^{I}|^2 \quad (6.152)$$

式中:n_{1i} 与 n_{2i} 为独立零均值复高斯噪声变量;$n_{l,i}^{R}$ 与 $n_{l,i}^{I}(l=1,2)$ 分别为 n_{li} 的实部与虚部。假设各支路的噪声功率谱密度都为 N_0,则 $E[|n_{l,i}|^2]=N_0(l=1,2)$。由于其循环对称性,$n_{l,i}$ 具有独立的实部和虚部分量,且:

$$E[(n_{l,i}^{R})^2]=E[(n_{l,i}^{I})^2]=N_0/2,\quad l=1,2,\quad i=1,2,\cdots,L \quad (6.153)$$

当每条支路中发生的衰落都服从独立同分布的瑞利衰落时,$\alpha_i\cos\theta_i$ 与 $\alpha_i\sin\theta_i$ 为零均值独立高斯随机变量,且具有相同的方差 $E[\alpha_i^2]/2=E[\alpha_1^2]/2$ $(i=1,2,\cdots,L)$,如附录 H.4 节所示。因此,$U(1)$ 与 $U(2)$ 都服从自由度为 $2L$ 的中心卡方分布。根据式(E.15),$U(l)$ 的概率密度函数为

$$f_l(x)=\frac{1}{(2\sigma_l^2)^L(L-1)!}x^{L-1}\exp\left(-\frac{x}{2\sigma_l^2}\right)u(x),\quad l=1,2 \quad (6.154)$$

式中：σ_2^2 和 σ_1^2 由式(6.153)和(6.103)给出，即

$$\sigma_2^2 = E[(n_{2,i}^{\mathrm{R}})^2] = N_0/2 \tag{6.155}$$

$$\sigma_1^2 = E[(\sqrt{\mathcal{E}_{\mathrm{b}}}\alpha_1\cos\theta_i + n_{1,i}^{\mathrm{R}})^2] = N_0(1+\bar{\gamma})/2 \tag{6.156}$$

由于 $U(2) > U(1)$ 时会产生判决错误，故

$$P_{\mathrm{b}}(L) = \int_0^\infty \frac{x^{L-1}\exp\left(-\frac{x}{2\sigma_1^2}\right)}{(2\sigma_1^2)^L(L-1)!}\left[\int_x^\infty \frac{y^{L-1}\exp\left(-\frac{y}{2\sigma_2^2}\right)}{(2\sigma_2^2)^L(L-1)!}\mathrm{d}y\right]\mathrm{d}x \tag{6.157}$$

应用式(6.106)括号中的部分并对其进行积分，可得：

$$P_{\mathrm{b}}(L) = \int_0^\infty \exp\left(-\frac{x}{2\sigma_1^2}\right)\sum_{i=0}^{L-1}\frac{(x/2\sigma_2^2)^i}{i!}\frac{x^{L-1}\exp\left(-\frac{x}{2\sigma_2^2}\right)}{(2\sigma_1^2)^L(L-1)!}\mathrm{d}x \tag{6.158}$$

通过变量替换，利用附录H.1节中的式(H.1)，并化简得到式(6.113)，其中 $L=1$ 时误比特率为

$$p = \frac{1}{2+\bar{\gamma}} \quad (\text{非相干 BFSK}) \tag{6.159}$$

式中：$\bar{\gamma}$ 由式(6.103)给出。这样 $P_{\mathrm{b}}(L)$ 可再次由式(6.112)给出，且其分集阶数为 $D_0 = L$。式(6.159)与式(6.144)表明，在瑞利衰落条件下，要获得与DPSK相同的性能，非相干BFSK需要额外付出小于3dB的功率代价。

对于瑞利衰落的分析表明，式(6.112)既可适用于MRC和BPSK(无论是否采用直扩)或相干BFSK，也可适用于非相干合并DPSK或非相干BFSK。一旦确定了不存在分集合并时的误比特率 p，则独立瑞利衰落情况下采用分集合并时的误比特率 $P_{\mathrm{b}}(L)$ 就可通过式(6.112)计算。图6.13显示了具有BPSK和相干BFSK的MRC和非相干DPSK和非相干BFSK组合的MRC在 L 取不同值时 $P_{\mathrm{b}}(L)$ 与 p 的关系。可以看出，随着 L 的增大，获得的性能提升逐渐减小。

图6.14显示了瑞利信道下MRC在BPSK及非相干合并在DPSK与非相干BFSK调制方式时，$P_{\mathrm{b}}(L)$ 与 $\bar{\gamma}$ 的关系。可以看出，采用相干BFSK的MRC曲线与采用DPSK的非相干合并曲线几乎相同。由于式(6.116)在独立瑞利衰落条件下对所有这些调制方式都有效，可见 $P_{\mathrm{b}}(L)$ 渐进正比于 $\bar{\gamma}^{-L}$ 且对所有这些调制方式的分集阶数都为 $D_0 = L$。尽管只是渐进相等，比特误码率随不同调制方式产生较大变化的实际范围是 $P_{\mathrm{b}}(L) > 10^{-6}$。

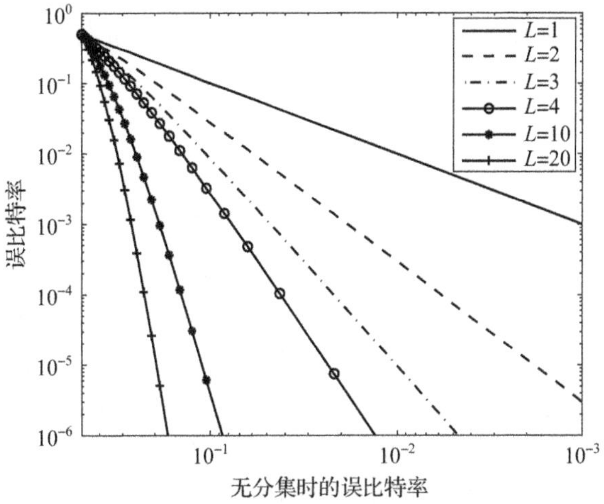

图6.13　瑞利信道上不同 L 取值的误比特率

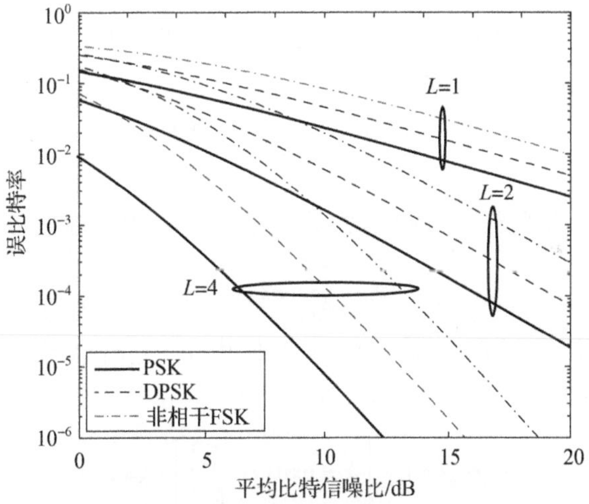

图6.14　具有BPSK的MRC和非相干合并DPSK和非相干BFSK的瑞利信道误比特率

对于非相干 q 进制的正交信号而言，如 $L\geqslant 2$ 的FSK信号，可以看出其误符号率 $P_s(L)$ 随 q 的增加而略有下降[4]，但为这种性能上的有限提升所付出的代价就是增加发射带宽。

6.7　选择分集

选择分集系统在多个分集支路中选择某条支路，并将该支路的信号用于后续处理。在衰落环境中,只有当选择速率比衰落速率快得多时,这种选择才比较合理。检测前选择系统是一种对每条支路的 SNR 都进行估计,然后选择 SNR 最大的支路的选择分集系统。若所有支路的噪声和干扰电平都近似相等,则仅对每一支路的总功率而非 SNR 进行测量就可保证选择过程的正常进行,从而使得选择过程显著简化。当各支路的干扰和噪声互不相关时,检测前选择过程并不能提供像最大比合并或等增益合并那样好的性能。然而,检测前选择只需一个简单的解调器,且当干扰或噪声信号相关时,检测前选择在性能上更具竞争力。

考虑各支路的通信信号在无衰落条件下平均功率相同且零均值噪声平均功率也相同时的检测前选择。每条分集支路的 SNR 都与比特信噪比成正比,其中支路 i 的比特信噪比定义为 $\gamma_i=\mathcal{E}_b\alpha_i^2/N_0$。若 $\{\alpha_i\}$ $(i=1,2,\cdots,L)$ 中的各元素都服从瑞利分布,则各支路的 γ_i 具有相同的期望值:

$$\bar{\gamma}=\frac{\mathcal{E}_b}{N_0}E[\alpha_1^2] \tag{6.160}$$

附录 E.4 中关于瑞利分布随机变量平方的计算表明,每个 γ_i 都具有指数概率密度函数,其相应概率分布函数为

$$F_\gamma(x)=\left[1-\exp\left(-\frac{x}{\bar{\gamma}}\right)\right]u(x) \tag{6.161}$$

对于检测前选择,选择 SNR 最大的支路。令 γ_0 表示选中支路的 γ_i:

$$\gamma_0=\frac{\mathcal{E}_b}{N_0}\max_i(\alpha_i^2) \tag{6.162}$$

γ_0 小于或等于 x 的概率等于所有支路的 $\{\gamma_i\}$ 同时小于或等于 x 的概率。若各支路中的干扰与噪声是独立的,则 γ_0 的概率分布函数为

$$F_{\gamma_0}(x)=\left[1-\exp\left(-\frac{x}{\bar{\gamma}}\right)\right]^L u(x) \tag{6.163}$$

相应的概率密度函数为

$$f_{\gamma_0}(x)=\frac{L}{\bar{\gamma}}\exp\left(-\frac{x}{\bar{\gamma}}\right)\left[1-\exp\left(-\frac{x}{\bar{\gamma}}\right)\right]^{L-1}u(x) \tag{6.164}$$

通过对式(6.164)给出的 γ_0 的概率密度进行积分,可计算出选择分集所获得的平均 γ_0:

$$\begin{aligned}E[\gamma_0]&=\int_0^\infty \frac{L}{\bar{\gamma}}x\exp\left(-\frac{x}{\bar{\gamma}}\right)\left[1-\exp\left(-\frac{x}{\bar{\gamma}}\right)\right]^{L-1}\mathrm{d}x\\&=\bar{\gamma}L\int_0^\infty y\mathrm{e}^{-y}\left(\sum_{i=0}^{L-1}\binom{L-1}{i}(-1)^i\mathrm{e}^{-yi}\right)\mathrm{d}y\end{aligned}$$

$$
\begin{aligned}
&= \bar{\gamma}\sum_{i=1}^{L}\binom{L}{i}\frac{(-1)^{i+1}}{i} \\
&= \bar{\gamma}\sum_{i=1}^{L}\frac{1}{i}
\end{aligned}
\tag{6.165}
$$

通过变量替换及二项式展开可得到第二个等式，利用式(H.1)逐项积分及代数化简可得到第三个等式。通过数学归纳法可得到第四个等式。式(6.94)与式(6.133)表明，$L\geqslant 2$ 时，检测前选择合并的平均 SNR 值要小于 MRC 及 EGC 的平均 SNR 值。将式(6.165)中的求和用积分近似可得，当 $L\geqslant 2$ 时，MRC 的平均 SNR 值与选择性分集的平均 SNR 之比近似为 $L/\ln L$。

考虑调制方式为 BPSK 时的硬判决译码，且在分集选择之后进行最优相干解调，则 γ_0 给定时的条件误比特率为

$$
P_{\mathrm{b}}(\gamma_0) = Q(\sqrt{2\gamma_0})
\tag{6.166}
$$

因此，采用式(6.164)且进行二项式展开，得到误比特率为

$$
\begin{aligned}
P_{\mathrm{b}}(L) &= \int_0^{\infty} Q(\sqrt{2x})\,\frac{L}{\bar{\gamma}}\exp\left(-\frac{x}{\bar{\gamma}}\right)\left[1-\exp\left(-\frac{x}{\bar{\gamma}}\right)\right]^{L-1}\mathrm{d}x \\
&= \sum_{i=0}^{L-1}\binom{L-1}{i}(-1)^{i}\,\frac{L}{\bar{\gamma}}\int_0^{\infty} Q(\sqrt{2x})\exp\left[-x\left(\frac{1+i}{\bar{\gamma}}\right)\right]\mathrm{d}x
\end{aligned}
\tag{6.167}
$$

上式中的最后一项积分可采用与式(6.104)相同的方法进行计算。改变求和序号后可得结果为

$$
P_{\mathrm{b}}(L) = \frac{1}{2}\sum_{i=1}^{L}\binom{L}{i}(-1)^{i+1}\left(1-\sqrt{\frac{\bar{\gamma}}{i+\bar{\gamma}}}\right)\quad (\text{BPSK,QPSK})
\tag{6.168}
$$

由于 QPSK 可由两个并行的 BPSK 波形来实现，故该式对 QPSK 也是有效的。

为得到 $P_{\mathrm{b}}(L)$ 的一个简单的上界，将上界公式 $[1-\exp(-x)]^{L-1}\leqslant 1\,(x\geqslant 0)$ 代入式(6.167)的初始积分中。可以发现，$P_{\mathrm{b}}(L)$ 的上界为式(6.104)右边项在 $m=1$ 时的积分的 $L\Gamma(L)$ 倍，因此，可以对式(6.117)的右边取积分的上界，得到：

$$
P_{\mathrm{b}}(L)\leqslant L\Gamma(L)\binom{2L-1}{L}\left(\frac{1}{4^{L}}\right)\bar{\gamma}^{-L},\quad (\text{BPSK,QPSK})
\tag{6.169}
$$

当 $\bar{\gamma}\to\infty$ 时该式趋近为一个等式。因此，其分集阶数为 $D_0=L$，与采用 BPSK 的最大比合并方式的分集阶数相同。

对于相干 BFSK，其条件误比特率为 $P_{\mathrm{b}}(\gamma_0)=Q(\sqrt{\gamma_0})$，故

$$P_b(L) = \frac{1}{2}\sum_{i=1}^{L}\binom{L}{i}(-1)^{i+1}\left(1-\sqrt{\frac{\bar{\gamma}}{2i+\bar{\gamma}}}\right) \quad \text{(相干 BFSK)} \tag{6.170}$$

同样,要获得与 BPSK 相同的性能,相干 BFSK 需要 3dB 以上的额外功率,且其分集阶数为 $D_0 = L$。

当 DPSK 为数字调制时,其条件误比特率为 $P_b(\gamma_0) = \exp(-\gamma_0)/2$,故检测前选择提供的误比特率为

$$P_b(L) = \int_0^{\infty}\frac{L}{2\bar{\gamma}}\exp\left(-x\frac{1+\bar{\gamma}}{\bar{\gamma}}\right)\left[1-\exp\left(-\frac{x}{\bar{\gamma}}\right)\right]^{L-1}dx \tag{6.171}$$

用 $t = \exp(-x/\bar{\gamma})$ 替换式(6.171)中的积分变量,再利用附录 H.10 节中的式(H.7)可得:

$$P_b(L) = \frac{L}{2}\mathrm{B}(\bar{\gamma}+1, L) \quad \text{(DPSK)} \tag{6.172}$$

式中:$\mathrm{B}(\alpha,\beta)$ 为贝塔函数。

对非相干正交 FSK 来说,通过式(1.93)可得到给定 γ_0 时的条件误符号率为

$$P_b(\gamma_0) = \sum_{i=1}^{q-1}\frac{(-1)^{i+1}}{i+1}\binom{q-1}{i}\exp\left(-\frac{i\gamma_0}{i+1}\right) \tag{6.173}$$

因此,在利用 $t = \exp(-x/\bar{\gamma})$ 改变连续积分变量后,可得误符号率为

$$\begin{aligned} P_s(L) &= \sum_{i=1}^{q-1}\frac{(-1)^{i+1}}{i+1}\binom{q-1}{i}\frac{L}{\bar{\gamma}} \\ &\quad\times\int_0^{\infty}\exp\left(-x\frac{i+1+i\bar{\gamma}}{\bar{\gamma}(i+1)}\right)\left[1-\exp\left(-\frac{x}{\bar{\gamma}}\right)\right]^{L-1}dx \quad \text{(非相干 FSK)} \\ &= L\sum_{i=1}^{q-1}\frac{(-1)^{i+1}}{i+1}\binom{q-1}{i}\mathrm{B}\left(1+\frac{i\bar{\gamma}}{i+1}, L\right) \end{aligned} \tag{6.174}$$

对 BFSK 来说,其误比特率为

$$P_b(L) = \frac{L}{2}\mathrm{B}\left(\frac{\bar{\gamma}}{2}+1, L\right) \quad \text{(非相干 BFSK)} \tag{6.175}$$

可见,与 DPSK 相比,BFSK 仍然有 3dB 的劣势。

为了获得 DPSK 和非相干 BFSK 的简单上界,对于正的 x,我们使用恒等式(H.11)和不等式:

$$\begin{aligned} \Gamma(x+L) &= (x+L-1)(x+L-2)\cdots\Gamma(x) \\ &\geqslant x^L\Gamma(x) \end{aligned} \tag{6.176}$$

对于 DPSK,可得:

$$P_b(L) \leqslant \frac{L!}{2}\bar{\gamma}^{-L} \tag{6.177}$$

对于非相干 BFSK 来说，可得：

$$P_b(L) \leqslant 2^{L-1}L!\ \ \bar{\gamma}^{-L} \tag{6.178}$$

当 $\bar{\gamma} \gg L$ 时该边界是紧的，DPSK 和非相干 BFSK 的分集阶均为 $D_0 = L$。

图 6.15 显示了瑞利信道下 $P_b(L)$ 与 $\bar{\gamma}$ 的关系，图中假设 BPSK、DPSK 及非相干 BFSK 都采用检测前选择分集。将图 6.15 与图 6.14 进行比较可知，相对于 MRC 与非相干合并，选择分集提供的增益较少。

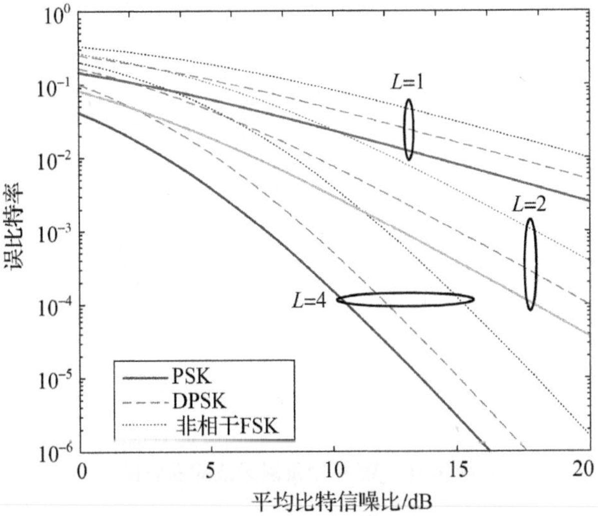

图 6.15　BPSK、DPSK 和非相干 BFSK 在选择分集下的瑞利信道误比特率

选择分集的主要局限性可通过平面波的例子得到证明。在该例中，通信信号和干扰的导引向量分别由式(6.134)与式(6.135)给出，且所有分集支路的 SINR 都相等。因此，选择分集不会比不采用分集合并或只采用一条支路具有更好的性能。相反，式(6.141)表明 EGC 可显著提高 SINR。

除检测前选择外，一些其他类型的选择分集有时也会引起人们的兴趣。检测后选择是在检测后选择信号和噪声功率最大的那一条支路。一般来说，检测后选择在性能上要优于检测前选择，但前者需要配置与分集支路一样多的匹配滤波器。因此，其复杂度并不比 EGC 低。只要某分集支路信号质量的度量超过某一固定门限，切换 – 保持合并(Switch – and – Stay Combining，SSC)或切换合并就会持续处理该支路的输出信号。若信号质量低于门限，则接收机就选择另一支路，对其输出信号作同样的处理，直至该支路信号质量低于门限为止。在检测前 SSC 中,质量度量为关联支路的瞬时 SNR。由于只有一个 SNR 作为度量,检测前 SSC 的复杂度比选择分集的要低些,但性能也要差些。在检测后 SSC 中,质量度量和用于数据检测的输出信号相同,最优门限取决于每一支路的平均 SNR。检测后 SSC 比检测前 SSC 具有更低的误比特率,且平均 SNR 的增大和衰落严重程度的降低都会改善其性能[2]。

6.8 发射分集

空间分集既可用于发射分集,即发射机采用天线阵列,也可用于接收分集,或两者皆有。接收分集比发射分集更为有效,这是因为后者在发射前需要为多根发射天线进行功率分配。尽管如此,更好的经济性及实用性推动了发射分集的应用。例如,由于在基站上设置多天线要比在移动台上设置多天线更为可行,因此发射分集通常是唯一可用于从基站到移动终端的下行链路的空间分集方式。具有 N 个发射天线的发射机的结构如图 6.16 所示。

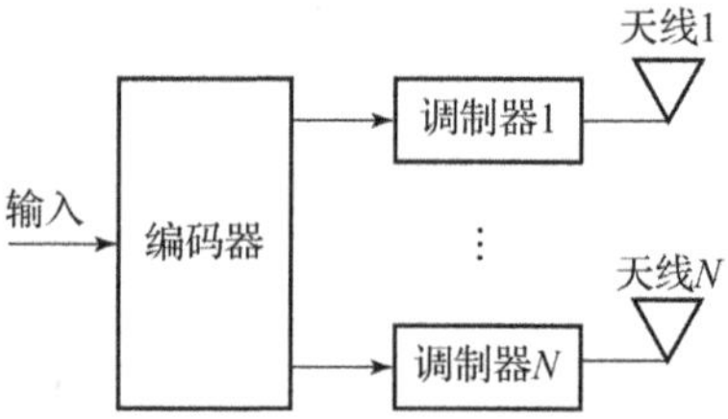

图 6.16　带 N 个发射天线的发射机

延时分集、频率偏移分集是发射分集的基本形式[5],它们在实际应用中都有明显的局限性。延时分集要求同一符号由多根天线经适当延时后依次发射出去。接收信号由一组人为产生的多径信号组成,该多径信号的产生以消耗大量功率为代价,并对其他系统产生多址干扰。频率偏移分集是一种将发射分集转化为频率分集的分集形式,它要求每根发射天线使用不同的载频,实际应用中的主要问题是带宽扩展。

CDMA2000 标准中的正交发射分集是指让两根天线交替发射偶数和奇数交织符号。对不同天线上的比特去交织提供了由比特去交织产生的时间分集增益和由多个独立天线产生的空间分集增益。与无分集的情况相比,若信道为慢衰落信道且信道编码的纠错能力较强,则这种分集方式产生的增益还是相当可观的[6]。

空时码包括空时分组码(Space - Time Block Code,STBC)和空时格码(Space - Time Trellis Code,STTC)。在衰落环境中,用多天线发射空时码可提高通信系统的性能，且无须多天线接收，在发射端也无须信道状态信息[7]。STTC 天然地将发射分集与调制和信道编码相结合，可获得全部编码和分集增益，然而，其付出的代价是译码复杂度随天线数量的增加而增加，且超过了 STBC 的译码复杂度。在全速率传输条件下，非正交 STBC 可提供全分集增益，但与正交 STBC 可对每个实数符号进行单独译码相比，前者需要更为复杂的译码过程。对于复星座图来说，只有在两根发射天线时，速率为 1 的正交 STBC 才会存在；当发射天线超过两根时，正交 STBC 要求码字速率小于 1，这就意味着其频谱效率有所降低。

Alamouti 码是目前应用最为广泛的空时码，并被 CDMA2000 标准采用。Alamouti 码是一种正交 STBC，在全速率传输和最大似然译码情况下只需进行线性处理就能获得全分集增益。采用两个发射天线和两个时间间隔发射 PSK 或正交幅度调制（Quadrature Amplitude Modulation，QAM）星座图上的两个复符号。所发射的长度为 2 的空时码码字速率为 1，即每一时间间隔所传输的信息符号数为 1。直扩系统在调制和发射之前将每一符号都与扩谱序列相乘。令 $p_1(t)$ 和 $p_2(t)$ 表示两个连续时间间隔中的扩谱序列，以一个 2×2 的生成矩阵表示信息符号为 d_1 和 d_2 的一个发射码字，即

$$\boldsymbol{G}=\begin{bmatrix} d_1p_1(t) & d_2p_1(t) \\ -d_2^*p_2(t) & d_1^*p_2(t) \end{bmatrix} \tag{6.179}$$

式中，每行都对应于一个时间间隔所发射的符号；每列都对应于某根天线所发射的连续符号。

假设只有单根接收天线及 AWGN 信道，在第一个时间间隔内的解调信号为 $r_1(t)=h_1d_1p_1(t)+h_2d_2p_1(t)+n_1(t)$，其中 $h_i(i=1,2)$ 为第 i 根发射天线到接收天线的复信道响应，$n_1(t)$ 为零均值复高斯白噪声。经解扩、抽样和幅度归一化处理后，在第一个时间间隔结束时观察到的信号为 $r_1=h_1d_1+h_2d_2+n_1$，其中 n_1 为零均值复高斯噪声。类似地，假设在两个时间间隔内信道未发生变化，则在第二个时间间隔结束时观察到的信号为 $r_2=-h_1d_2^*+h_2d_1^*+n_2$，其中 n_2 为与 n_1 独立的零均值复高斯噪声。将这两个观察到的信号合并成向量 $\boldsymbol{y}_r=[\boldsymbol{r}_1\quad \boldsymbol{r}_2^*]^{\mathrm{T}}$，则：

$$\boldsymbol{y}_r=\boldsymbol{Hd}+\boldsymbol{n} \tag{6.180}$$

式中：$\boldsymbol{d}=[d_1\quad d_2]^{\mathrm{T}}$；$\boldsymbol{n}=[n_1\quad n_2^*]^{\mathrm{T}}$ 且信道矩阵为

$$\boldsymbol{H}=\begin{bmatrix} h_1 & h_2 \\ -h_2^* & -h_1^* \end{bmatrix} \tag{6.181}$$

令 $\mathcal{E}_s$ 表示从两根发射天线接收到的平均符号能量。因功率在两根发射天

线之间进行分配,这意味着 $E[|d_k|^2]=\mathcal{E}_s/2(k=1,2)$。在功率谱密度为 $N_0/2$ 的加性高斯白噪声条件下,$\boldsymbol{n}$ 为分量独立的零均值噪声向量,其协方差矩阵为 $E[\boldsymbol{n}\boldsymbol{n}^{\mathrm{H}}]=N_0\boldsymbol{I}$。

矩阵 $\boldsymbol{H}$ 满足正交条件:

$$\boldsymbol{H}^{\mathrm{H}}\boldsymbol{H}=\|\boldsymbol{h}\|^2\boldsymbol{I} \tag{6.182}$$

式中:$\|\boldsymbol{h}\|$ 表示 $\boldsymbol{h}=[h_1\quad h_2]$ 的欧氏范数;$\boldsymbol{I}$ 为 2×2 维单位矩阵。因此,接收机计算出的 2×1 维向量为

$$\boldsymbol{y}=\boldsymbol{H}^{\mathrm{H}}\boldsymbol{y}_r=\boldsymbol{d}\ \|\boldsymbol{h}\|^2+\boldsymbol{n}_1 \tag{6.183}$$

式中:$\boldsymbol{n}_1=\boldsymbol{H}^{\mathrm{H}}\boldsymbol{n}$ 是一个零均值高斯随机向量,因为 $\boldsymbol{n}$ 的分量是独立的(见附录 A.1)。它的协方差矩阵是:

$$E[\boldsymbol{n}_1\boldsymbol{n}_1^{\mathrm{H}}]=N_0\ \|\boldsymbol{h}\|^2\boldsymbol{I} \tag{6.184}$$

式(6.183)表明,d_k 的最大似然判决可通过寻找使 $|y_k-d_k|\ \|\boldsymbol{h}\|^2(k=1,2)$ 最小的 d_k 值来获得。由于各噪声分量相互独立,故每个符号判决之间互不耦合,且不存在符号间干扰。

式(6.185)中的分量可表示为

$$y_k=d_k\sum_{i=1}^{2}\alpha_i^2+n_{1k},\quad k=1,2 \tag{6.185}$$

式中:$\alpha_i=|h_i|$;n_{1k}为 $\boldsymbol{n}_1$ 的第 k 个分量。y_k 中的有用部分与式(6.92)的结果类似,后者由两个信号的最大比合并得到,由此表明其分集阶数为 2。因此,在瑞利衰落条件下,只要经过一定的变换,采用 MRC 时导出的 BPSK、QPSK 及 BFSK 的误比特率在此处也是可用的。由于功率分配到两根发射天线导致 $E[|d_k|^2]=\mathcal{E}_s/2$,故在应用这些公式时必须用 $\bar{\gamma}/2$ 替换 $\bar{\gamma}$。

当存在 L 根接收天线时,生成矩阵为式(6.179)的 Alamouti STBC 码可提供阶数为 $2L$ 的分集。令 $\boldsymbol{h}_i(i=1,2)$ 表示 $L\times1$ 维向量,该向量的分量为发射天线 i 至某根接收天线的复信道响应。对每个接收天线输出进行解压缩、采样和幅度归一化处理后,在第一个时间间隔结束时观察到的信号为 $L\times1$ 维向量 $\boldsymbol{r}_1=\boldsymbol{h}_1d_1+\boldsymbol{h}_2d_2+\boldsymbol{n}_{a1}$,其中 $L\times1$ 维向量 $\boldsymbol{n}_{a1}$ 中的每个分量都为零均值复高斯噪声。类似地,假设信道在两个时间间隔内未发生变化,则在第二个符号间隔结束时观察到的信号为 $\boldsymbol{r}_2=-\boldsymbol{h}_1d_2^*+\boldsymbol{h}_2d_1^*+\boldsymbol{n}_{a2}$,其中 $\boldsymbol{n}_{a2}$ 中的每一分量都为零均值复高斯噪声且 $\boldsymbol{n}_{a1}$、$\boldsymbol{n}_{a2}$ 中的所有分量都相互独立。合并的观测向量由式(6.180)和向量 $2L\times1$ 给出:

$$\boldsymbol{y}_r=[\boldsymbol{r}_1^{\mathrm{T}}\boldsymbol{r}_2^{\mathrm{T}}]^{\mathrm{T}},\quad \boldsymbol{n}=[\boldsymbol{n}_{a1}^{\mathrm{T}}\boldsymbol{n}_{a2}^{\mathrm{T}}]^{\mathrm{T}} \tag{6.186}$$

且 $2L\times2$ 的信道矩阵为

$$\boldsymbol{H}=\begin{bmatrix}\boldsymbol{h}_1 & \boldsymbol{h}_2\\ -\boldsymbol{h}_2^* & -\boldsymbol{h}_1^*\end{bmatrix} \tag{6.187}$$

高斯噪声向量 $\boldsymbol{n}$ 的均值为零,且其 $2L\times 2L$ 维协方差矩阵满足 $E[\boldsymbol{n}\boldsymbol{n}^{\mathrm{H}}]=N_0\mathbf{1}$,其中 $\mathbf{1}$ 为 $2L\times 2L$ 维单位矩阵。若下式成立,则正交条件式(6.182)满足:

$$\boldsymbol{h}=[\boldsymbol{h}_1^{\mathrm{T}}\quad \boldsymbol{h}_2^{\mathrm{T}}]^{\mathrm{T}},\quad \|\boldsymbol{h}\|^2=\|\boldsymbol{h}_1\|^2+\|\boldsymbol{h}_2\|^2 \tag{6.188}$$

接收机由式(6.183)计算得到 2×1 维向量,且 d_k 的最大似然判决可通过寻找使 $|y_k-d_k\|\boldsymbol{h}\|^2|(k=1,2)$ 最小的 d_k 值来获得。式(6.183)中的分量可以表示为

$$y_k = d_k\sum_{i=1}^{2L}\alpha_i^2+n_{1k},\quad k=1,2 \tag{6.189}$$

该式与最大比合并具有相同形式,从而表明分集阶数为 $2L$ 且不存在符号间干扰。同样地,在衰落环境下,将 $\bar{\gamma}$ 替换为 $\bar{\gamma}/2$,则采用 MRC 时导出的 BPSK、QPSK 及相干 BFSK 的误比特率也是适用的。

发射天线选择(Transmit Antenna Selection,TAS)是一种发射分集,它选择能在接收机产生最大输出 SNR 的发射天线子集来发射信号[8]。由于只需使用更少的发射天线,故 TAS 可减少发射机内所需射频模块的数量。但与空时码相比,TAS 的代价是发射机需要已知信道状态信息。该信息包含接收机为获得最大 SNR 所选择的发射天线的编号。由于单天线 TAS 可以将发射功率集中于一个天线,且无须在所有可用天线中分配功率,故在平坦衰落信道上,分集阶数相同时,单天线 TAS 比 Alamouti 码和其他 STBC 码具有更好的性能。

6.9 信道编码和衰落

6.9.1 相干系统

如6.4 节所示,考虑一个 BPSK 系统,无论其是否采用直扩序列。该系统采用软判决译码的(n,k)线性分组码,n 为编码符号数,k 为信息符号数。若信道符号的交织深度超过信道的相干时间,则符号的衰落就是相互独立的。因此,信道编码提供了一种时间分集形式。

假设在一个符号间隔内衰落是恒定的,令 α_i 表示第 i 个符号的衰落幅度。并假设每个分集支路接收到的干扰和噪声可建模为具有相同双边功率谱密度 $N_0/2$ 的独立零均值高斯噪声。式(1.52)和 1.2 节中的噪声分析表明,码字 c 的码字度量为

$$U(c) = \sum_{i=1}^{n} \alpha_i x_{ci} y_{ri}, \quad c = 1,2,\cdots,2^k \tag{6.190}$$

式中:$y_{ri} = \mathrm{Re}(y_i)$;$x_{ci} = +1$ 或 -1,且 y_{ri}的条件密度函数为

$$f(y_{ri} \mid x_{ci}) = \frac{1}{\sqrt{\pi N_0}} \exp\left[-\frac{(y_{ri} - \alpha_i \sqrt{\mathcal{E}_s} x_{ci})^2}{N_0} \right], \quad i = 1,2,\cdots,n \tag{6.191}$$

式中:$\mathcal{E}_s$ 为无衰落条件下每个符号的能量。如果每个 $\{\alpha_i\}$ 都独立且分布相同,则每个二进制码符号的平均能量噪声密度比为

$$\bar{\gamma}_s = \frac{\mathcal{E}_s}{N_0} E[\alpha_1^2] = \frac{r\mathcal{E}_b}{N_0} E[\alpha_1^2] = r\bar{\gamma} \quad (\text{二进制符号}) \tag{6.192}$$

式中:$\mathcal{E}_b$ 为信息比特能量;r 为码元速率;$\bar{\gamma}$ 为平均比特信噪比。

对线性分组码来说,其差错率可通过假设发射信号为全零码字来计算,全零码字以 $c=1$ 表示。双码字差错率就等于 $U(1) < U(c)(c \neq 1)$ 的概率。这个概率只取决于 d 的不同,其中 d 是码字 c 的权值。因此,d 在未编码的 MRC 中具有与 L 相同的作用,并且采用与推导式(6.108)类似的方法可知,存在带正整数 m 的 Nakagami 衰落时的双码字错误概率为

$$P_2(d) = \frac{1}{2} - \frac{1}{2} \sqrt{\frac{\bar{\gamma}}{m + \bar{\gamma}}} \sum_{i=0}^{md-1} \frac{\Gamma(i + 1/2) m^i}{\sqrt{\pi} i! (m + \bar{\gamma})^i} \quad (\text{二进制符号}) \tag{6.193}$$

对于瑞利衰落,有:

$$P_2(d) = P_s - (1 - 2P_s) \sum_{i=1}^{d-1} \binom{2i-1}{i} [P_s(1 - P_s)]^i \tag{6.194}$$

式中误符号率为

$$P_s = \frac{1}{2}\left(1 - \sqrt{\frac{\bar{\gamma}_s}{1 + \bar{\gamma}_s}}\right) \quad (\text{BPSK,QPSK}) \tag{6.195}$$

以上公式对 PSK 和 QPSK 都有效,这是因为后者可等效为发射两个独立的、相位正交的 BPSK 波形。

由式(6.194)看出,式(6.112)和式(6.113)与式(6.114)的右边相等,可得:

$$P_2(d) \leqslant \binom{2d-1}{d} P_s^d \tag{6.196}$$

如式(1.31)所示,软判决解码的信息符号错误概率的上限为

$$P_{is} \leqslant \sum_{d=d_m}^{n} \frac{d}{n} A_d P_2(d) \tag{6.197}$$

式中：A_d 表示权重为 d 的码字数。替换式(6.196)得到：

$$P_{is} \leqslant \sum_{d=d_m}^{n} \frac{d}{n} A_d \binom{2d_m - 1}{d_m} P_s^{\ d}$$
$$\lesssim \binom{2d_m - 1}{d_m} \frac{d_m A_{d_m}}{n} P_s^{\ d_m}, \bar{\gamma}_s \gg 1 \tag{6.198}$$

最终的不等式反映了 $\bar{\gamma}_s \to \infty$ 在级数中的第一项的支配地位。式(6.195)中 $\bar{\gamma}_s^{-1}$ 的泰勒级数展开和交替级数的截断表明：

$$P_s \leqslant \frac{1}{4\bar{\gamma}_s}, \quad \bar{\gamma} \geqslant 1 \tag{6.199}$$

因此，有

$$P_{is} \lesssim \binom{2d_m - 1}{d_m} \frac{d_m A_{d_m}}{n 4^{d_m}} \bar{\gamma}_s^{\ -d_m} \tag{6.200}$$

这表明二进制分组码、相干 BPSK 和最大似然译码提供了分集顺序 $D_o = d_m$。

对于相干 BFSK，近似于式(6.126)的推导表明，当每个码字符号存在独立的、同分布的 Nakagami 衰落时，双码字错误概率为

$$P_2(d) = \frac{1}{2} - \frac{1}{2}\sqrt{\frac{\bar{\gamma}_s}{2m + \bar{\gamma}_s}} \sum_{i=0}^{md-1} \frac{\Gamma(i + 1/2)\ (2m)^i}{\sqrt{\pi} i!(2m + \bar{\gamma})^i} \tag{6.201}$$

式中：$\bar{\gamma}_s$ 由式(6.192)给出；P_{is} 为式(6.197)的上界。对于瑞利衰落，$P_2(d)$ 再次由式(6.194)给出，条件是：

$$P_s = \frac{1}{2}\left(1 - \sqrt{\frac{\bar{\gamma}_s}{2 + \bar{\gamma}_s}}\right) \quad (\text{相干 BFSK}) \tag{6.202}$$

这表明相对于 BPSK 具有 3db 的劣势。对该方程的 $\bar{\gamma}_s^{-1}$ 进行泰勒级数展开，对交替级数进行截断，代入式(6.198)表明 BFSK 的多样性阶为 $D_o = d_m$。在牺牲带宽的情况下，当 $q = 4$ 时相干 q – FSK 的性能与相干 BPSK 相似，当 $q \geqslant 8$ 时相干 BPSK 的性能优于相干 BPSK。

6.9.2　非相干正交 FSK 系统

当衰落过快导致无法获得 $\{\alpha_i\}$ 和 $\{\theta_i\}$ 的准确估计值时，非相干 FSK 是一种合适的调制方式。平方律度量的主要优点是它不需要任何信道状态信息。对于非相干 BFSK，紧接式(6.158)的推导表明，当每个码字符号存在独立的、同分布的瑞利衰落时，双码字错误概率再次由式(6.194)给出，条件是：

$$P_s = \frac{1}{2+\bar{\gamma}_s} \quad (\text{非相干 FSK}) \tag{6.203}$$

比较式(6.195)与式(6.203)可知,在衰落环境中,当 $r\bar{\gamma}$ 较大且采用相同分组码时,BPSK 和 QPSK 较非相干 BFSK 具有约 6dB 的优势。因此,相比于 AWGN 信道,衰落信道下的优势更加明显。然而,BPSK 和非相干 16-FSK 性能几乎相同;若 $q \geqslant 32$,在牺牲带宽的情况下,非相干 FSK 的性能要更好一些。

对于硬判决译码,相干 PSK、相干 FSK、非相干 FSK 和 DPSK 的误符号率 P_s 分别由式(6.195)、式(6.202)、式(6.203)和式(6.144)给出。对于松包码,其 P_{is} 可近似由式(1.28)计算,而紧包码的 P_{is} 则可由式(1.22)近似计算得到。

图 6.17 给出了无分集合并时,分别采用软、硬判决的扩展 Golay(24,12)码在 $P_b = P_{is}$ 时的仿真结果,及 MRC 分集支路数为 $L=1,4,5$ 和 6 时和未编码时的误比特率 P_b。在该图中,假设调制方式为 BPSK,信道为瑞利衰落信道。扩展 Golay(24,12)码是具有 12 信息比特的紧包码,其中 $r=1/2$,$d_m=8$,$t=3$。

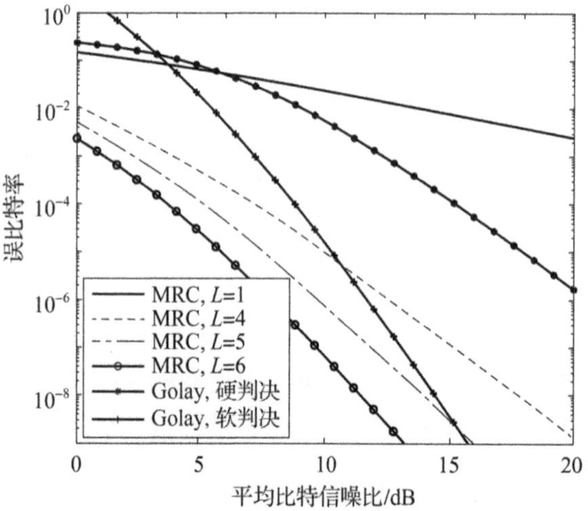

图 6.17 瑞利衰落、相干 BPSK 调制条件下
最大比合并的信息比特错误概率

式(6.197)中 A_d 的值列于表 1.3。图 6.17 揭示了当 P_b 较低时信道编码所带来的好处。在 $P_b = 10^{-3}$ 时,采用硬判决译码的(24,12)码较未编码未分集 BPSK 在 $\bar{\gamma}$ 上具有 11dB 的优势;采用软判决译码时,这种优势扩大到 16dB。在

$P_b=10^{-7}$时，软判决译码较硬判决译码的优势可增加到10dB以上，比AWGN信道下的软判决译码还高出约2dB。在$P_b=10^{-9}$时，采用软判决译码的Golay(24,12)码性能上超过了$L=5$的MRC，接近$L=6$时的MRC性能。然而，由于$A_{d_m}=A_8=759$，即使$P_b=10^{-9}$非常低，Golay(24,12)码的分集度也达不到理论上的极限值$D_0=d_m=8$。对于非相干BFSK，当$P_b\leqslant10^{-3}$时，图6.17中所有曲线都要向右平移约6dB。

由于对长分组码采用软判决译码通常是不现实的，因此卷积码往往更有可能在衰落信道中提供较好的性能。采用相同调制方式时，卷积码的度量与分组码基本相同，但需要通过某些路径片段来对其估计，这些路径片段从网格上偏离了正确路径，但随后又返回正确路径（见1.3节）。在计算译码错误概率时，二进制卷积码的线性性质允许将全零路径假设为正确路径。令d表示不正确路径与正确的全零路径之间的汉明距离。若采用理想符号交织，则这两种路径中未合并路段进行两两对比所得的错误率$P_2(d)$可由式(6.194)计算。如1.3节所示，软判决译码时信息比特的误比特率上界为

$$P_b\leqslant\frac{1}{k}\sum_{d=d_f}^{\infty}B(d)P_2(d) \tag{6.204}$$

式中：$B(d)$为汉明距离d处所有未合并路段上的信息比特错误数；k为每一网格分支中的信息比特数；d_f为最小自由距离，即任意两个卷积码字之间的最小汉明距离。当$P_b\to0$时，该上界接近于$B_{d_f}P_2(d_f)/k$。因此其分集阶数为$D_0=d_f$。一般来说，d_f随卷积码约束长度的增加而增加。

若每个编码器的输出比特重复n_r次时，则卷积码的约束长度不变但最小距离将增大至n_rd_f，所付出的代价是所需带宽也将扩大n_r倍。由式(6.204)可推断出，对于重复比特编码来说，P_b满足：

$$P_b\leqslant\frac{1}{k}\sum_{d=d_f}^{\infty}B(d)P_2(n_rd) \tag{6.205}$$

式中：$B(d)$为初始编码。当P_b及$B(d_f)/k$较小时，分集度为$D_0=n_rd_f$。

图6.18给出了瑞利衰落信道中二进制卷积码的P_b与$\bar{\gamma}$的关系，其中二进制卷积码采用不同的约束长度K、码率r及重复次数n_r。同时，在图6.18的计算中应用了$k=1$时式(6.205)与式(6.194)之间的关系，且$\{B(d)\}$取自表1.4和表1.5所列的七组数据。该图表明，增加约束长度在瑞利衰落信道中所获得的性能提升要比在AWGN信道中大得多。当约束长度固定时，1/4码率比1/2码率且$n_r=2$时的性能要好，虽然二者所需带宽相同但后者更易实现。在无重复的情况下，对后者的两次编码需要两倍1/2码率的带宽。

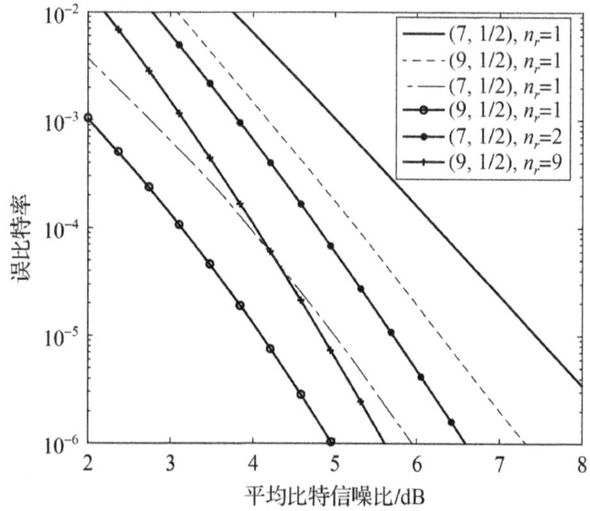

图 6.18 瑞利衰落、相干 BPSK 下二进制卷积码的信息比特错误概率

网格编码调制(见 1.3 节)有着其他结论,网格编码调制无须扩展带宽就能提供编码增益。若网格中出现并行状态转移,则 $d_f=1$,这意味着此时编码不能为抗衰落提供分集保护。因此,对衰落环境下的通信来说,必须选择常规网格编码,它从一种状态到所有其他状态的转移都非常清晰。由于衰落导致较大的幅度变化,因此多相位 PSK 调制通常优于多电平 QAM。最优网格译码器采用相干检测并需要进行信道衰减估计。

在衰落条件下,基于最大后验概率准则迭代译码的 Turbo 码、低概率奇偶校验码和串行级联码如果能够容忍较大的译码时延和计算复杂度,仍能具有优异的性能。即使不采用迭代译码,由外部 RS 码和内部二进制卷积码(见 1.5 节)组成的串行级联码也能有效地抗瑞利衰落。在最坏情况下,内译码器输出的每一个错误比特都会导致一个独立的错误符号输入到 RS 译码器中。因此,P_b 的上界由式(1.148)及式(1.147)给出。对采用软判决译码的相干 BPSK 调制来说,$P_2(d)$ 由式(6.194)及式(6.195)给出,$\bar{\gamma}_s$ 由式(6.192)给出。级联码的码率为 $r=r_1r_0$,r_1 为内码码率,r_0 为外码码率。

在瑞利衰落、相干 BPSK、软判决译码情况下,图 6.19 给出了级联编码 P_b 的上界与 $\bar{\gamma}$ 的关系,其中内码为二进制卷积码,其参数为 $K=7$、$r_1=1/2$ 及 $k=1$,外码为不同的 RS(n,k)码,所需带宽为 B_u/r,B_u 为未编码的 BPSK 带宽。因此,该图中编码的所需带宽小于 $3B_u$。

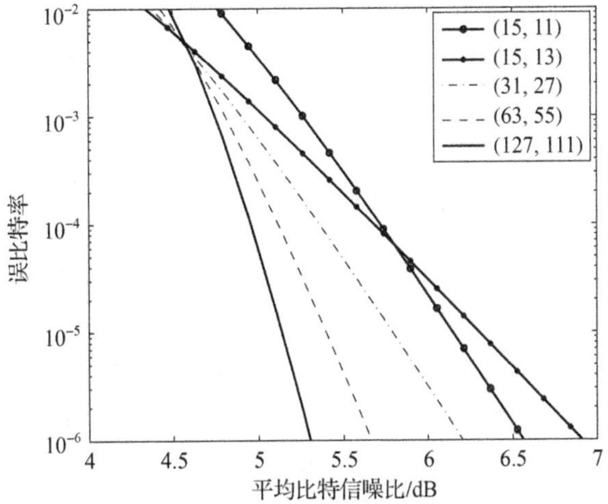

图 6.19　瑞利衰落、相干 BPSK、软判决及级联编码的信息比特错误概率

6.9.3　比特交织编码调制

衰落信道下的信道编码性能取决于最小汉明距离，而 AWGN 信道下的信道编码性能则取决于欧氏距离。对二进制调制来说，如 BPSK 和 BFSK，欧氏距离随汉明距离单调增加。对非二进制调制来说，一种距离增加往往导致另一种距离减小。1.7 节中描述的比特交织编码调制（Bit – Interleaved Coded Modulation，BICM）增大了码字的最小汉明距离，从而也增大了码元的分集度，这是因为与相互之间区别明显的非二进制符号相比，这种编码的两个网格路径或码字之间有更多不同的比特。为补偿最小欧氏距离的增加，可采用 1.7 节所述的能迭代译码解调的 BICM（BICM with Iterative Decoding，BICM – ID）。在衰落电平易变的 AWGN 信道中，BICM – ID 可给采用非二进制字符的通信系统带来更大的灵活性。由于 BPSK 和 QPSK 调制进制数较小，对直扩系统来说，采用 BICM 和 BICM – ID 对系统性能的提高有限。相比较而言，跳频系统采用进制数较大的调制方式及非相干连续相位频移键控（Continuous – Phase Frequency – Shift Keying，CPFSK）调制，因此，采用 BICM 和 BICM – ID 往往更加有效。9.4 节将详细描述、分析和仿真一个使用 BICM – ID 的跳频系统。

6.10　Rake 解调器

为了补偿衰落效应，扩谱系统利用了多种不同的分集技术。若直扩信号多径分量的时延超过一个码片，则码片的独立性可保证多径干扰至少能被扩展因子所抑制(见7.2节)。然而,由于多径信号也携带信息,它们是一个潜在的可资利用的信息源而不仅仅被抑制掉。在频率选择性衰落期间,当扩谱序列的码片速率超过相干带宽时,Rake 解调器通过对可分辨多径分量进行相干合并来提供路径分集。

基带匹配滤波器接收到所匹配信号的三个多径分量后的理想输出如图6.20所示,该滤波器与符号持续时间 T_s 匹配,并接收与之匹配的信号的三个多径分量。匹配滤波器对多径分量的响应的持续时间与自相关函数的主瓣持续时间的顺序相同,而主瓣的持续时间与码片时间的顺序相同。产生可分辨匹配滤波器输出脉冲的多径分量称为可分辨的。因此,如果三个多径分量的相对延迟大于 T_c,则它们是可解析的,如图6.20所示。至少有两个可解析的多径分量的必要条件是 T_c 小于多径时延扩展 T_d。由于信号带宽为 $W\approx 1/T_c$,由式(6.63)可知,需要满足 $W > B_{coh}$。因此,频率选择性衰落和可分辨多径分量都与宽带信号相关,且最多存在$\lfloor T_d W \rfloor+1$ 个可解析的分量,其中$\lfloor x \rfloor$表示小于或等于 x 的最大整数。

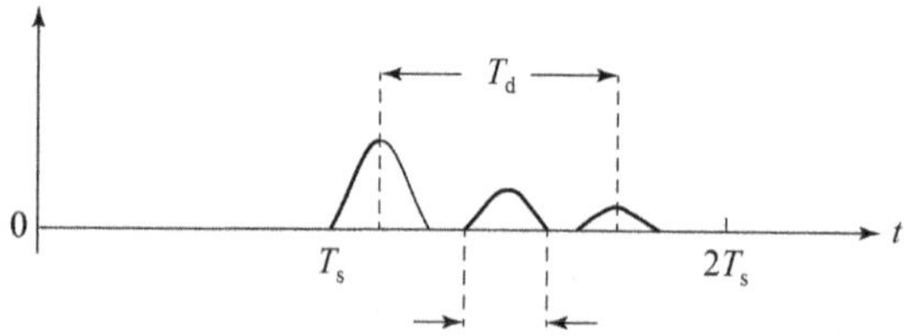

图6.20　匹配滤波器对三个可分辨多径分量输入的响应

从图中可以看出,在采样时间内,码间干扰不显著的必要条件为

$$T_d + T_c < T_s \tag{6.206}$$

如果这个条件不满足,那么 Rake 解调就变得不切实际,需要在接收机中进行某种类型的均衡(见6.12节)。

考虑一个在时间间隔内几乎保持不变的频率选择性慢衰落多径信道。为利用所有多径分量的能量,接收机仅在处理完所有接收到的多径分量后才在 M 个候选信号 $s_1(t),s_2(t),\cdots,s_M(t)$ 中确定哪个是发射信号。若信道的冲激响应在所关注的时间间隔内是时不变的,则对于每个符号,接收机将在以下 M 个基带信号或复包络中选择,即

$$v_k(t) = \sum_{i=1}^{L} C_i s_k(t-\tau_i),\quad k = 1,2,\cdots,M,\quad 0 \leqslant t \leqslant T_s + T_d \tag{6.207}$$

式中:L 为多径分量的个数;τ_i 为分量 i 的时延;复衰落幅度或衰落系数 C_i 表示分量 i 的衰减和相移。

在以下对 AWGN 信道的分析中,假设满足式(6.206)条件,且 M 个可能的

信号相互正交。接收机为每个可能的通信信号及其多径分量设置独立的基带匹配滤波器或相关器。因此，若 $s_k(t)$ 为第 k 个符号波形，$k=1,2,\cdots,M$，则第 k 个匹配滤波器与式(6.207)中的信号 $v_k(t)$ 相匹配。每个匹配滤波器在 $t=T_s+T_d$ 时刻的输出抽样提供了一个用于软判决译码或硬判决译码的符号度量。对于一个符号，接收到的信号可表示为

$$r(t)=\mathrm{Re}\left[\sqrt{2\mathcal{E}_s}v_k(t)\mathrm{e}^{\mathrm{j}2\pi f_c t}\right]+n(t),\quad 0\leqslant t\leqslant T_s+T_d \tag{6.208}$$

式中：$n(t)$ 为 PSD 为 $N_0/2$ 的零均值高斯白噪声，所有波形的符号能量为

$$\int_0^{T_s}|s_k(t)|^2\mathrm{d}t=1,\quad k=1,2,\cdots,M \tag{6.209}$$

符号波形的正交性意味着：

$$\int_0^{T_s}s_r(t)s_l^*(t)\mathrm{d}t=0,\quad r\neq l \tag{6.210}$$

这里假设 $\{s_l(t)\}$ 中每个元素的频谱限定为 $|f|<f_c$。

对 $r_{1,k}(t)$ 进行频率变换或下变频至基带后可得：

$$r(t)=r_{1,k}(t)\mathrm{e}^{-\mathrm{j}2\pi f_c t} \tag{6.211}$$

使用复共轭来消除不需要的相移，匹配滤波器 k 产生符号度量：

$$U(k)=\mathrm{Re}\left[\sum_{i=1}^{L}C_i^*\int_0^{T_s+T_d}r(t)s_k^*(t-\tau_i)\mathrm{d}t\right] \tag{6.212}$$

其中取实部以消除与期望信号正交的噪声。基于式(6.212)实现的接收机需要设置 M 个延时线及 M 个匹配滤波器。通过对式(6.212)进行变量替换并利用 $s_k(t)$ 在时间间隔 $[0,T_s)$ 之外为零这一事实，实际接收机只需一个延时线和 M 个匹配滤波器，其结果第 k 个符号度量为

$$U(k)=\mathrm{Re}\left[\sum_{i=1}^{L}C_i^*\int_0^{T_s}r(t+\tau_i)s_k^*(t)\mathrm{d}t\right] \tag{6.213}$$

对频率选择性衰落和可分辨多径分量来说，一个简化的假设就是每个延时都是 $1/W$ 的整数倍。因此，假设 L 为最大可分辨分量的数目。令 $\tau_i=(i-1)/W$ $(i=1,2,\cdots,L)$，且 $(L-1)/W\approx\tau_m$，其中 τ_m 为最大时延。因此，$\{C_i\}$ 中的某些元素可能为零。符号度量变为

$$U(k)=\mathrm{Re}\left[\sum_{i=1}^{L}C_i^*\int_0^{T_s}r(t+(i-1)/W)s_k^*(\tau)\mathrm{d}t\right] \tag{6.214}$$

基于这些符号度量的接收机称为 Rake 解调器，如图 6.21 所示。所接收的信号进入延迟线，该延迟线可实现为带存储级的移位寄存器(见 2.2 节)或作为声表面波(Surface Acoustic Wave，SAW)延迟线(见 2.8 节)。由于 $r(t)$ 为最后一个抽头的输出，因此其抽样时刻为 $t=T_s$。式(6.214)表明，接收机必须准确估计复衰落振幅 C_i^* 和 $i=1,2,\cdots,L$ 时相关延迟 $\tau_i\approx(i-1)/W$ 的复共轭。

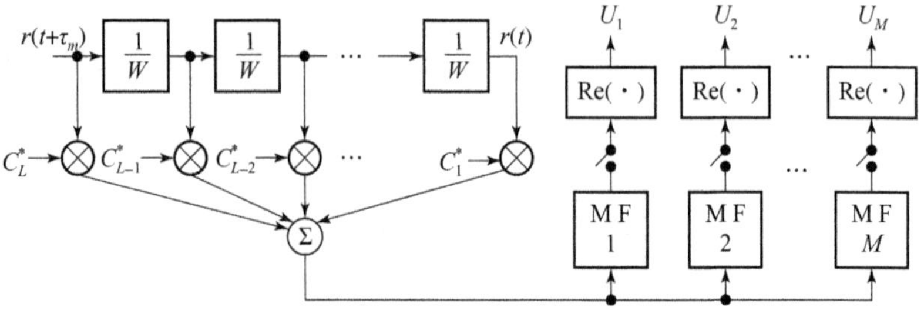

图 6.21　对应于 M 个正交脉冲的 Rake 解调器

另一种配置方式是为每个符号度量(共有 M 个)都配置独立的 Rake 解调器。如图 6.22 所示,第 k 个解调器的采样匹配滤波器输出应用于 $L_s \leq L$ 个并行支路,分别处理具有显著功率的每个可解析多径分量。支路输出被重新组合以产生一个 M 符号度量。

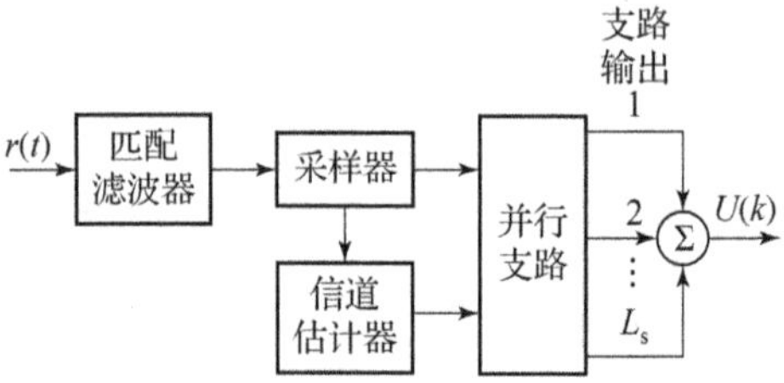

图 6.22　用于生成 M 个决策变量或符号度量的 Rake 解调器

在下文中假设发射信号为码片宽度 $T_c = 1/W$ 的直扩信号,每个匹配滤波器都是码片匹配滤波器。采用 BPSK 时,$M = 1$;若采用 $t_0 = 0$ 的码移键控,则 $M \geq 2$ (见 2.6 节)。码片匹配滤波器的输出以 m/T_c 的速率采样,其中 $m > 1$。高采样率允许不同的采样子集用于处理不同的多路径组件。每个子集都有一个最接近其相关多路径组件延迟的定时。

信道估计器必须估计 Rake 解调器所要求的多径分量的复合衰落振幅$\{C_i^*\}$和延迟$\{\tau_i\}$。这些振幅和延迟的联合极大似然估计在计算上是有限制的。因此,必须分别获取和跟踪每个重要的多径分量,为相应的支路提供 L_s 个多径分量的估计振幅$\{\hat{C}_i^*\}$和延迟$\{\hat{\tau}_i\}$。传输有明显扩频序列的无调制直接序列扩频信号,以方便信道估计。信道估计器使用类似 4.4 节的采集相关器来估计多径分量的延迟和强度的相关峰值的位置和大小。找到最强多径分量的参数,并从输入匹配滤波器样本中减去该分量产生的新生成的匹配滤波器样本。然后找到第二强分量的参数,重复前面的步骤,按照相对强度的顺序对第二强分量进行处理。这种对每个多径分量参数的连续估计和减法限制了多径分量之间干扰的影响。信道估计必须以超过式(6.48)或式(6.49)中衰落率的速率更新。

图6.23展示了第i个支路的处理过程。匹配滤波器产生许多输出脉冲以响应多径分量，如图6.20所示，这些脉冲通常不会重叠。由于第i个脉冲相对于主脉冲产生了延时τ_i，第i个支路延迟$T_d-\hat{\tau}_i$处理。对第i组样本进行加权$\hat{C}_i^*$后，所有的支路输出样本都能及时对齐并进行有利的合并。如果时延扩展T_d接近或超过符号持续时间，则Rake解调器后面必须有一个均衡器。

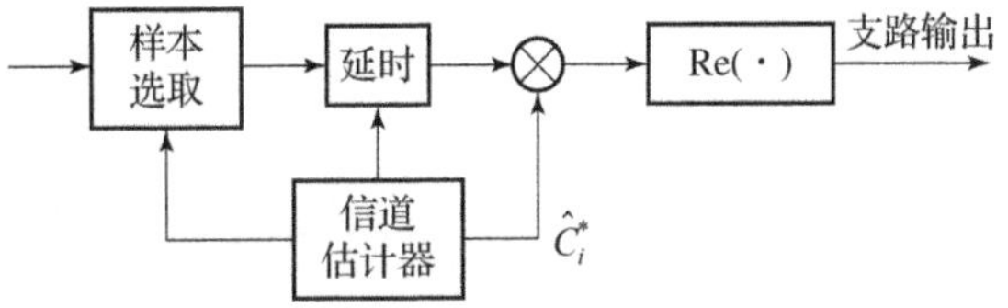

图6.23　Rake解调器的支路

导频信号的传输转移了携带信息的调制直接序列信号的能量。因此，当一个导频信号由多个用户共享时，它就特别有用，因此分配给导频信号的能量损失很小。从基站到蜂窝网络移动设备的下行链路（见8.5节）是高效共享的一个例子。

路径串扰是指与某个多径分量对应的Rake支路中出现的干扰，该干扰由对应于另一个Rake支路的多径分量所引起。当$s_k(t)$是一个码片宽度为$T_c=1/W$的直扩信号时，要使路径串扰可忽略不计则需满足：

$$\int_0^{T_s} s_k(t+i/W)s_k(t)\mathrm{d}t \ll \mathcal{E}_s,\quad i=1,2,\cdots,L-1 \tag{6.215}$$

当数字调制为二进制双极性调制或BPSK调制时，只需单个符号波形$s_1(t)$及其对应的符号度量U即可。令x表示发射比特，则单个符号的接收信号为

$$v(t)=\sum_{i=1}^{L}C_i x s(t-\tau_i),\quad 0\leqslant t\leqslant T_s+T_d \tag{6.216}$$

假设可以忽略路径串扰和AWGN信道。将式(6.207)、式(6.208)和式(6.211)代入式(6.214)，然后应用式(6.209)和式(6.215)，我们得到了符号或位度量：

$$U=\frac{x\mathcal{E}_b}{\sqrt{2}}\sum_{i=1}^{L}\alpha_i^2+n_r \tag{6.217}$$

式中：$\mathcal{E}_b=\mathcal{E}_s$为每个比特的平均能量；$\alpha_i=|C_i|$；$n_r$为带方差的零均值高斯随机变量：

$$\mathrm{var}(n_r^2)=\frac{\mathcal{E}_b N_0}{4}\sum_{i=1}^{L}\alpha_i^2 \tag{6.218}$$

方差用1.2节所述方法计算所得。式(6.217)表明，没有路径串扰的理想Rake解调器产生的符号度量实质上是MRC的一个版本。

若对接收到的比特采用硬判决,则该比特判决为若 $U>0$ 则 $x=+1$。由于对称性,在给定 $x=+1$ 条件下,误码概率等于条件误码概率,这意味着若 $U<0$,判决出错。由于比特度量具有高斯条件分布,标准计算得到给定 $\{\alpha_i\}$ 条件下的误码概率:

$$P_{\mathrm{b}|\boldsymbol{\alpha}}(g)=Q(\sqrt{2g}) \tag{6.219}$$

$$g=\sum_{i=1}^{L}\gamma_i,\quad \gamma_i=\frac{\mathcal{E}_{\mathrm{b}}}{N_0}\alpha_i^2 \tag{6.220}$$

对 Rake 解调器来说,$\{\alpha_i\}$ 中的每个元素都与独立衰落的不同多径分量相对应。若 $\{\alpha_i\}$ 中的每个元素都具有瑞利分布,则每个 γ_i 都具有指数概率密度函数(见附录 E.4 节):

$$f_{\gamma_i}(x)=\frac{1}{\bar{\gamma}_i}\exp\left(-\frac{x}{\bar{\gamma}_i}\right)u(x),\quad i=1,2,\cdots,L \tag{6.221}$$

式中:支路 i 中每个符号的平均能量－噪声密度比(平均符号信噪比)为

$$\bar{\gamma}_i=\frac{\mathcal{E}_{\mathrm{s}}}{N_0}E[\alpha_i^2],\quad i=1,2,\cdots,L \tag{6.222}$$

若每个多径分量都是独立衰落的,从而每个 $\{\gamma_i\}$ 都是统计独立的,则 g 为这些独立、指数分布的随机变量之和。然而,由于各多径分量的幅度截然不同,$r\neq s$时,$\bar{\gamma}_r\neq\bar{\gamma}_s$,故并不能应用式(6.102)。
式(6.221)的拉普拉斯变化为

$$\mathcal{L}_i(s)=\frac{1}{1+s\bar{\gamma}_i} \tag{6.223}$$

因为 g 是独立随机变量的和,所以附录 B.2 的定理 B3 表明它的拉普拉斯变换为

$$\mathcal{L}_g(s)=\prod_{i=1}^{L}\frac{1}{1+s\bar{\gamma}_i} \tag{6.224}$$

用部分分式展开方程右侧,求每一项的拉普拉斯逆变换,得到 g 的密度函数:

$$f_g(x)=\sum_{i=1}^{L}\frac{A_i}{\bar{\gamma}_i}\exp\left(-\frac{x}{\bar{\gamma}_i}\right)u(x) \tag{6.225}$$

式中:若 $r\neq s$,则 $\bar{\gamma}_r\neq\bar{\gamma}_s$,且

$$A_i=\begin{cases}\prod\limits_{\substack{k=1\\k\neq i}}^{L}\dfrac{\bar{\gamma}_i}{\bar{\gamma}_i-\bar{\gamma}_k}, & L\geqslant 2\\ 1, & L=1\end{cases} \tag{6.226}$$

使用附录H.1的式(H.1)和代数直接积分得到分布函数:

$$F_g(x) = 1 - \sum_{i=1}^{L} A_i \exp\left(-\frac{x}{\bar{\gamma}_i}\right), \quad x \geq 0 \tag{6.227}$$

矩为

$$E[g^n] = \Gamma(n+1)\sum_{i=1}^{N} A_i \bar{\gamma}_i^n, \quad n \geq 0 \tag{6.228}$$

瑞利衰落下的误比特率由式(6.219)给定的条件误比特率$P_{b|\boldsymbol{\alpha}}(\gamma_b)$在式(6.225)给定的概率密度函数上取平均得到。采用与式(6.108)类似的积分计算可得:

$$P_b(L) = \frac{1}{2}\sum_{i=1}^{L} A_i\left(1 - \sqrt{\frac{\bar{\gamma}_i}{1+\bar{\gamma}_i}}\right) \quad \text{(瑞利衰落,BPSK)} \tag{6.229}$$

若 $\bar{\gamma}_L \approx 0, L \geq 2$,则 $P_b(L) \approx P_b(L-1)$,这就意味着当一个基于MRC的Rake解调器的合并输入中存在一个不含通信信号的分量时,解调器的性能不会有很大破坏。

当衰落速率增加时,对Rake解调器所需的信道参数进行估计将变得更为困难。当估计误差较大时,一种选择就是采用无须进行信道参数估计的Rake解调器,它不使用MRC而是采用非相干合并。这种用于DPSK或FSK的Rake解调器的框图如图6.22和图6.23所示,除了只有由信道估计器生成的时间信息和最终的加权被消除之外。

考虑图6.13与图6.23所示的Rake解调器和$M=2$的两个正交扩谱波形,并忽略路径串扰。这两个符号的度量由式(6.214)定义。对AWGN信道来说,对正交信号度量的推导与对正交FSK及EGC度量的推导在本质上是一样的。因此,这两个符号度量$U(1)$、$U(2)$可由式(6.154)与式(6.155)给出。$U(2)$的概率密度函数由$L=2$时的式(6.157)给出。然而,$U(1)$的概率密度函数必须要考虑多径分量的不同能量电平,因此它由式(6.221)给出。类似于式(6.225)的推导表明:

$$f_1(x) = \sum_{i=1}^{L} C_i \exp\left[-\frac{x}{N_0(1+\bar{\gamma}_i)}\right]u(x) \tag{6.230}$$

其中

$$C_i = \begin{cases} \displaystyle\prod_{\substack{k=1 \\ k\neq i}}^{L} \frac{1}{\bar{\gamma}_i - \bar{\gamma}_k}, & L \geq 2 \\ \displaystyle\frac{1}{N_0(1+\bar{\gamma}_i)}, & L = 1 \end{cases} \tag{6.231}$$

若 $r \neq s$,则 $\bar{\gamma}_r \neq \bar{\gamma}_s$,且 $\bar{\gamma}_i$ 由式(6.222)给出。若对接收的二进制符号采用硬判决,则 $U(2) > U(1)$ 会导致错误的判决,因此误符号率为

$$P_b(L) = \sum_{i=1}^{L} C_i \int_0^{\infty} \exp\left(-\frac{x}{N_0(1+\bar{\gamma}_i)}\right) \int_x^{\infty} \frac{y^{L-1}\exp\left(-\frac{y}{N_0}\right)}{(N_0)^L (L-1)!} \mathrm{d}y\mathrm{d}x \tag{6.232}$$

利用附录H.1的式(H.5)和(H.8)求内积分,对其余积分变量进行变量替换,应用式(H.1),并进行化简可得采用非相干合并的Rake解调器时,两个正交信号的误符号率为

$$P_b(L) = \sum_{i=1}^{L} B_i \left[1 - \left(\frac{1+\bar{\gamma}_i}{2+\bar{\gamma}_i}\right)^L\right] \quad (\text{正交信号}) \tag{6.233}$$

式中:

$$B_i = \begin{cases} \prod\limits_{\substack{k=1 \\ k\neq i}}^{L} \dfrac{1+\bar{\gamma}_i}{\bar{\gamma}_i - \bar{\gamma}_k}, & L \geq 2 \\ 1, & L = 1 \end{cases} \tag{6.234}$$

对式(6.233)与式(6.229)进行计算表明,与MRC和相干BPSK相比,两个正交信号的非相干合并在功率上接近有6dB的劣势。

对两个正交信号及采用 $L=2$ 的双重Rake合并来说,式(6.233)简化为

$$P_b(2) = \frac{8+5\bar{\gamma}_1+5\bar{\gamma}_2+3\bar{\gamma}_1\bar{\gamma}_2}{(2+\bar{\gamma}_1)^2(2+\bar{\gamma}_2)^2} \tag{6.235}$$

若 $\bar{\gamma}_2 = 0$,则

$$P_b(2) = \frac{2+\frac{5}{4}\bar{\gamma}_1}{(2+\bar{\gamma}_1)^2} \geq \frac{1}{2+\bar{\gamma}_1} = P_b(1) \tag{6.236}$$

该结果表明,当Rake合并器的输入不包含通信信号分量时,其性能将会下降。当通信信号分量缺失时,合并器的输入只有噪声。当 $\bar{\gamma}_1$ 较大时,这种外部噪声所引起的损耗接近1dB。正如前文所述,使用MRC和相干BPSK时则不会产生这种损耗。

处理多径分量需要信道估计。当采用实际的信道估计器时,只有少量的多径分量可能具有足够大的信干比(Signal - to - Interference Ratio,SIR)可用于Rake合并。典型情况下,移动网络中有三个主要的可用多径分量。为评估Rake解调器的潜在性能,假设主要多径分量的平均比特信噪比为 $\bar{\gamma}_1 = \mathcal{E}_b \overline{\alpha_1^2}/N_0$ 且接收和处理的分量数为 $L=4$。其余三个较小多径分量的相对比特信噪比由

下式的多径强度向量确定：

$$\boldsymbol{M}=\left(\frac{\bar{\gamma}_2}{\bar{\gamma}_1},\frac{\bar{\gamma}_3}{\bar{\gamma}_1},\frac{\bar{\gamma}_4}{\bar{\gamma}_1}\right)=\left(\frac{\overline{\alpha_2^2}}{\overline{\alpha_1^2}},\frac{\overline{\alpha_3^2}}{\overline{\alpha_1^2}},\frac{\overline{\alpha_4^2}}{\overline{\alpha_1^2}}\right) \tag{6.237}$$

式中：$\overline{\alpha_i^2}=E[\alpha_i^2]$。

图6.24画出了采用理想 Rake 解调器及 AWGN 信道下，BPSK 的误比特率 $P_b(4)$ 与 $\bar{\gamma}_1$ 之间的关系，该关系由式(6.223)给出，其中 $L=4$。

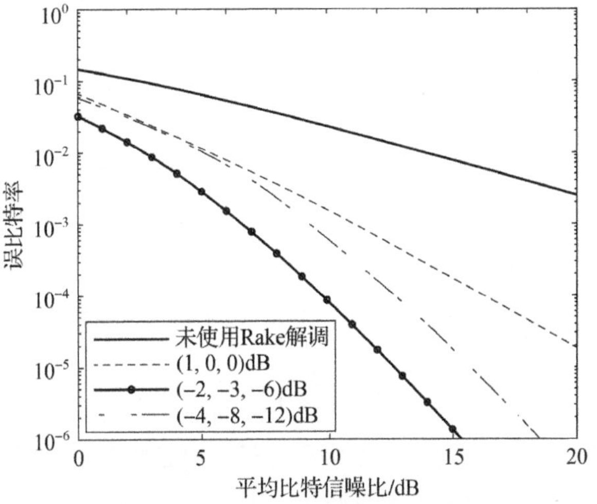

图6.24 多径分量的多径强度向量不同时，相干 BPSK 和 Rake 解调器的误比特率

多径强度向量 $\boldsymbol{M}=(1,0,0)$ 表示多径分量中只有一个与主分量功率相同的假想环境。将分量用分贝表示，则 $\boldsymbol{M}=(-4,-8,-12)$dB 可代表具有较小多径强度的典型乡村环境。向量 $\boldsymbol{M}=(-2,-3,-6)$dB 可代表典型城镇环境。图6.24表明，尽管乡村环境中较小多径分量的功率要比假想环境中的较小分量低2.1dB，但乡村环境通常比假想环境的误符号率要低。与乡村环境相比，城镇环境下系统的性能更好，主要原因是其较小多径分量比乡村环境中的强度要高出3.5dB。

该图和其他数据为具有理想 Rake 解调器的单载波直扩系统建立了以下两个基本特征，其中理想 Rake 解调器的路径串扰忽略不计。

(1)当较小多径分量总能量增加时，系统性能将随之提高，其根本原因是单载波系统的 Rake 解调器利用了在其他方面无法利用的能量。

(2)当较小多径分量总能量固定时，随着可分辨多径分量数 L 的增加，以及各分量的能量趋近于均匀分布,系统的性能也将得到提高。

若因自然环境的改变而产生额外的多径分量,从而导致可分辨多径分量数 L 增加了,则会带来潜在好处。然而,增加带宽 W 导致 L 的增大却并不总会带来好处[9]。虽然新增多径分量可提供额外的分集并表现为比瑞利衰落更好的莱斯衰落,但每个多径分量的平均功率却降低了,这是因为新增分量进入后这些混合分量虽然数量更多但强度也更弱。因此,信道参数的估计将变得更为困难,一些多径分量的衰落也变得高度相关而不再是相互独立了。

理想 Rake 解调器的支路数就等于有意义的可分辨多径数,在移动通信接收机中该数量是不断变化的。与其试图利用所有支路——虽然这种情况有时可行,倒不如采取另一种更为实际的做法,即利用数量固定的支路,其数量与多径分量数无关。广义选择分集是在 L 个可分辨多径分量中选择 L_c 个最强的,再对这 L_c 个最强分量应用 MRC 或相干合并,从而丢弃 SNR 最低的 $L-L_c$ 个其余分量。分析表明[2],当 L_c 值增大时系统收益增加甚微,但当 L_c 值固定时,若能够分离出这些最强分量,则随着 L 的增大系统性能也能得到提升。

若一个自适应阵列产生一个定向波束以抑制干扰或增强通信信号(见 7.10 节),则也可以减少通信信号中主要多径分量的时延扩展,这是因为从主波束以外角度到达的信号分量被极大地衰减了。因此,Rake 解调器带来的潜在收益也被削弱了。自适应阵列的另一个过程是为每个主要多径分量分配独立的自适应权重,因此,自适应阵列可以形成多个独立的阵列方向图,每个方向图都可增强某个特定多径分量而对其他分量置零,再将得到增强的多径分量应用于 Rake 解调器[10]。

6.11 跳频与分集

由于跳频信道带宽相对较窄,且载频每次跳频时都需要将 Rake 解调器重新调整至一个新的信道冲激响应上,因此 Rake 解调器难以用于跳频系统。跳频系统利用的是周期频率变化所提供的固有频率选择性衰落分集。为了演示跳频在补偿衰落方面的有效性,考虑一个传输信号,每个编码符号有两次跳频,并且在两个连续的驻留间隔内以相同的参数值经历独立的 Nakagami 衰落。设 g_1 和 g_2 分别表示等于接收机在第一和第二跳驻留间隔期间的功率增益的随机变量。由式(6.36)可知,这些功率增益具有伽马密度分布:

$$f_{g_i}(x)=\frac{1}{\Gamma(m)}\left(\frac{m}{\Omega}\right)x^{m-1}\exp\left(-\frac{m}{\Omega}x\right)u(x),\quad m\geqslant\frac{1}{2},\quad i=1,2 \tag{6.238}$$

其中每个驻留间隔的平均功率增益为 $E[g_i]=\Omega$。码符在两个驻留间隔内的平均接收功率增益为 $g_s=(g_1+g_2)/2$。如果衰落在每个停留时间间隔内是独立的,则附录 E.5 的结果表明,g_s 的密度函数为

$$f_{g_s}(x)=\frac{1}{\Gamma(2m)}\left(\frac{2m}{\Omega}\right)x^{2m-1}\exp\left(-\frac{2m}{\Omega}x\right)u(x),\quad m\geqslant\frac{1}{2} \tag{6.239}$$

这是一个 $E[g_s]=\Omega$ 的伽马密度函数,但方差不同。式(6.37)表示:

$$\frac{\mathrm{var}(g_s)}{\mathrm{var}(g_i)}=\frac{1}{2},\quad m\geqslant\frac{1}{2} \tag{6.240}$$

这表明跳频减小了由衰落引起的功率变化。

假设接收到的干扰信号的相干带宽足够大,使其在两个驻留间隔内随平均功率增益 Ω_1 和参数 m_1 经历平坦的 Nakagami 衰落。设 h 为两个间隔上的平均干扰功率增益。其密度函数为

$$f_h(x)=\frac{1}{\Gamma(2m_1)}\left(\frac{2m_1}{\Omega_1}\right)x^{2m_1-1}\exp\left(-\frac{2m_1}{\Omega_1}x\right)u(x),\quad m_1\geqslant\frac{1}{2} \tag{6.241}$$

且 $E[h]=\Omega_1$。如果想要的信号和干扰是独立的,那么直接积分表明平均 SIR 为

$$E\left[\frac{g_s}{h}\right]=\Omega E[h^{-1}]=\frac{2m_1\Omega}{(2m_1-1)\Omega_1},\quad m_1>\frac{1}{2} \tag{6.242}$$

由于无衰落的 SIR 平均值为 Ω/Ω_1,式(6.242)表示在本例中,当所需信号经历独立的频率选择性衰落时,跳频增加了 SIR 平均值,而干扰信号则没有。

对于频率选择性衰落信道,在多个驻留间隔中对编码符号进行交织就可为跳频系统提供高度的分集。令 F_s 表示一个跳频频率集中相邻载频的最小间隔,则使符号错误近似独立的必要条件为

$$F_s\gtrsim\max(B,B_{coh}) \tag{6.243}$$

式中:B_{coh} 为衰落信道的相干带宽;B 是信道带宽。

若不满足式(6.231),则会因符号错误相关而导致性能下降。若 $B<B_{coh}$,由于每个信道的衰落都近似平坦,因而无须均衡;若 $B\geqslant B_{coh}$,则需要用均衡来消除符号间干扰,或将多载波调制与跳频相结合。跳频系统通常不会利用信道的多普勒扩展,这是因为任何因利用时间选择性衰落产生的额外分集都微不足道。

令 n 表示交错码符号数,设 M 为跳频频率集中信道数。当每个符号都以高概率独立衰落时,需满足有 n 个不同的频率通道且 $n\leqslant M$。令 $T_{del}\geqslant(n-1)T_h+$

T_s 表示最大容许处理时延,结合这些不等式,可得必要条件:

$$n \leqslant \min\left(M, 1 + \frac{T_{\text{del}} - T_s}{T_h}\right) \tag{6.244}$$

若以上不等式无法满足,则会导致性能有所下降。

6.12 多载波直扩系统

当数据速率足够高,式(6.206)不能满足时,则 Rake 解调器是不切实际的且单载波系统需要信道均衡来处理码间干扰。为了减少码间干扰,信息可以在分配的信道带宽的多个子信道上传输。若多载波直扩系统将带宽划分为子通道,每个子通道由具有不同子载波频率的独立直接序列信号使用。单载波系统通过使用 Rake 解调器合并多个多径信号来提供分集,而多载波系统则通过合并并行的相关器输出来提供分集或复用,其中每个相关器的输出都对应一个不同的子载波。多载波系统不需要 Rake 解调器,且具有避免强干扰或可能对其他信号造成干扰的频谱区域内发射信号的潜在能力,这个特点与跳频系统类似。

典型的多载波系统将信号功率均等地划分给 L 个子载波,每个子载波的频率为 $f_k = k/T_c$,其中 k 为整数且 $k \geqslant 1$。子载波信号有足够小的带宽,如果 T_c 超过时延扩展,它们不会经历任何显著的频率选择性衰落。若码片波形为矩形,则通过与推导式(3.65)类似的方法可证明这 L 个子载波信号是正交的。尽管这种正交性能防止子载波信号之间的自扰,但其有效性也会因多径分量和多普勒频移而有所降低。也可采用带限子载波信号,无须信号正交就可将这种自扰降至最低。

有一类多载波直扩系统通过数据复用可获得很高的吞吐量,其发射机具有图6.25的形式。该系统采用串并(Serial - to - Parallel, S/P)转换器将一个编码流或数据符号流 $d(t)$ 转换为由不同数据符号构成的 L 个并行数据流,每个数据流都与一个扩展波形 $p(t)$ 和一个子载波相乘。由于码片速率与数据速率同时降低 L 倍,因此与具有相同总带宽的单载波系统相比,多载波系统每个子载波提供的扩谱因子保持不变。每个子信道中减少的数据符号速率减少了子信道中的符号间干扰。接收机中的每个解调器都使用解扩来抑制其子载波频谱附近的干扰。并串(Parallel - to - Serial, P/S)转换器恢复数据符号流。并串转换器用于恢复数据符号流。每个解调器都利用解扩来抑制其子载波频谱附近的干扰,但这种具有低码间串扰的高效复用所付出的代价是系统需要大量硬件且发射信号具有较高的峰均功率比。

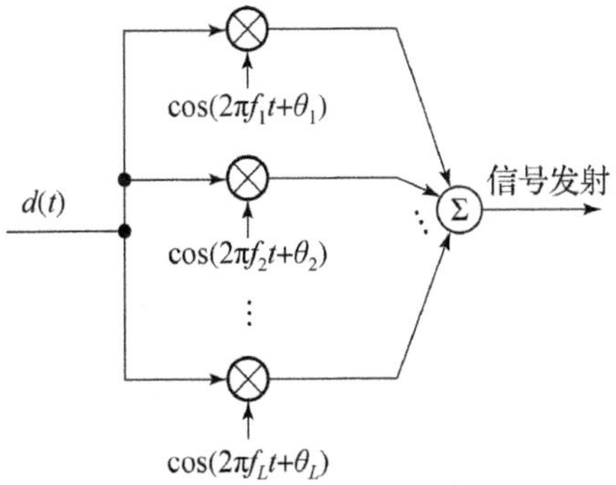

(a) 发射机

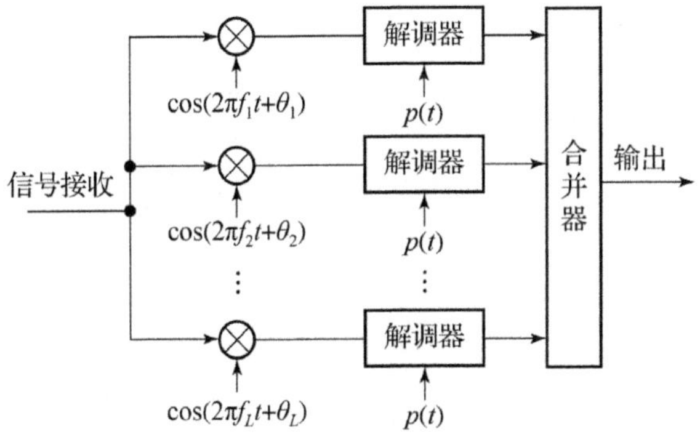

(b) 接收机

图 6.25　用于数据复用的多载波直扩系统

另一类多载波直扩系统提供频率分集而不是高吞吐量，其发射机具有图 6.26(a) 的形式，它利用波形乘积 $d(t)p(t)$ 同时调制 L 个子载波。因此，该系统相对于单载波直扩系统每个子载波的码片速率与扩谱因子都降低了 L 倍。接收机具有 L 个并行的解调器，每个对应一个子载波，如图 6.26(b) 所示。每个解调器都通过解扩来抑制干扰，解调器的输出作为 MRC 的输入。通过适当的反馈，发射机可省掉一个与受扰子信道对应的子载波。发射机将节省下来的功率重新分配给其余子载波。

图 6.27 显示了一个用于多载波直扩系统的扩谱码捕获器。在每条支路中，已接收的子载波下变频后送至捕获相关器（见 4.3 节）。所有相关器的输出由等增益合并器（Equal - Gain Combiner, EGC）或选择合并器（Selection Combiner, SC）进行联合处理，为门限判决器提供判决变量。门限判决器指示何时已实现扩谱序列的捕获。分析表明[11]，其捕获性能要优于带宽相同且采用同样方式的单载波直扩系统。

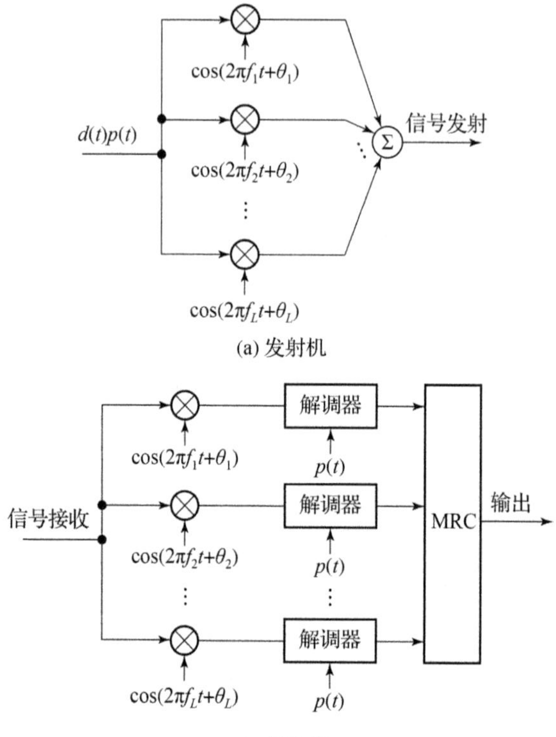

图 6.26　用于频率分集的多载波直扩系统

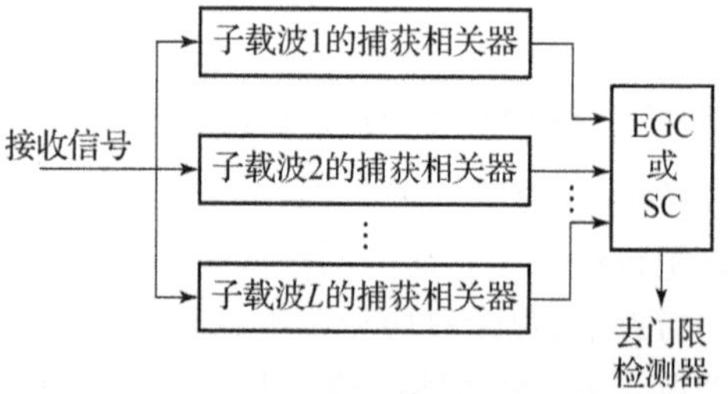

图 6.27　用于多载波直扩系统的扩谱码捕获器

6.13　载波 CDMA 系统

在码分多址(Code - Division Multiple Access,CDMA)中,采用发射多个子载波的多载波系统由于对硬件要求很高,因而通常并不实际。一种更为实际的多载波系统称之为多载波 CDMA(MultiCarrier CDMA,MC - CDMA)系统。该系统适合采用正交频分复用(Orthogonal Frequency - Division Multiplexing,OFDM)技术以数字化高效实现,但与 OFDM[5,12]不同的是它可以提供可观的频率分集增益。在 MC - CDMA 系统中,每个数据符号由 G 个码片的扩展序列调制,该序列被转换为 G 个并行数据调制码片样本。每 G 个抽样值调制一个不同的抽样子载波,从而在频域产生频谱扩展。该系统被认为是 CDMA 系统,因为它可以使用多个扩频序列来减少同一发射机和接收机的多个用户之间或单个用户的多个符号之间的多址干扰。更通用的 CDMA 系统适应来自不同源的多址干扰将在第7章中介绍。

MC - CDMA 系统发射机的主要组成部分如图6.28所示,其中 CP 为循环前缀(Cyclic Prefix,CP)。每 N 个数据符号都由一个扩谱因子为 G 的独立正交扩谱序列进行调制。需要更高数据速率的用户可使用多个数据符号和扩谱序列。考虑 AWGN 信道上一个用于下行链路通信的同步 MC - CDMA 系统,所有用户的数据符号和直扩码片在时间上都是同步的。

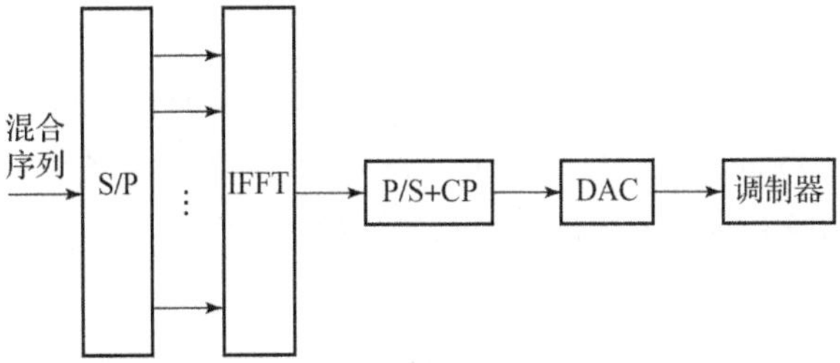

图6.28 MC - CDMA 系统发射机的主要组成部分

考虑一个包含 N 个同时传输的数据块,串并转换器的输入是复合序列:

$$s_i = \sum_{n=0}^{N-1} d_n p_{n,i}, \quad i = 0,1,\cdots,G-1 \tag{6.245}$$

式中:d_n 与第 n 个二进制数据符号成正比,$p_{n,i}$ 为符号 n 在扩谱序列 G 个样值中的第 i 个样值。数据符号和扩谱序列值为

$$d_n = \pm 1, p_{n,i} = \pm 1, \quad i=0,1,\cdots,G-1, \quad n=0,1,\cdots,N-1 \tag{6.246}$$

表示符号 n 扩谱序列的向量 $\boldsymbol{p}_n$ 和表示数据符号的向量 d 分别为

$$\boldsymbol{p}_n = [p_{n,0} \quad p_{n,1} \quad \cdots \quad p_{n,G-1}]^{\mathrm{T}}, \boldsymbol{d} = [d_0 \quad d_1 \quad \cdots \quad d_{N-1}]^{\mathrm{T}} \tag{6.247}$$

复合序列被串并转换器接收后,其第 i 个输出由式(6.245)可得,其持续时间等于符号持续时间 T_s。G 个并行串并转换器的输出可用向量表示为

$$\boldsymbol{Pd} = \sum_{n=0}^{N-1} \boldsymbol{p}_n d_n \tag{6.248}$$

式中:$G \times G$ 维矩阵 $\boldsymbol{P}$ 的第 n 列为 $\boldsymbol{p}_n$。扩谱序列和式(6.246)的正交性表明:

$$\boldsymbol{P}^{\mathrm{T}}\boldsymbol{P} = G\boldsymbol{I} \tag{6.249}$$

其中:$\boldsymbol{I}$ 是 $G \times G$ 的单位矩阵。

$G\times 1$ 维时间离散向量抽样 $\boldsymbol{x}$ 的 G 点离散傅里叶变换为 $\boldsymbol{Fx}$,其中 $\boldsymbol{F}$ 为 $G\times G$ 维矩阵:

$$\boldsymbol{F}=\frac{1}{\sqrt{G}}\begin{bmatrix}1 & 1 & 1 & \cdots & 1\\ 1 & V & V^2 & \cdots & V^{G-1}\\ \vdots & \vdots & \vdots & & \vdots\\ 1 & V^{G-1} & V^{2(G-1)} & \cdots & V^{(G-1)^2}\end{bmatrix},\quad V=\exp(-\mathrm{j}2\pi/G) \tag{6.250}$$

式中:$\mathrm{j}=\sqrt{-1}$。若 T 为抽样时间,则 $\boldsymbol{Fx}$ 的元素 i 近似为 $\boldsymbol{x}$ 在频率 i/T 上的时间连续傅里叶变换。时间离散抽样就是通过该时间连续信号获得。利用有限几何级数之和及复指数函数的周期性可证明:

$$\boldsymbol{F}^{\mathrm{H}}\boldsymbol{F}=\boldsymbol{F}\boldsymbol{F}^{\mathrm{H}}=\boldsymbol{1} \tag{6.251}$$

式(6.251)表明 $\boldsymbol{F}$ 是一个酉矩阵,因此 $\boldsymbol{F}^{-1}=\boldsymbol{F}^{\mathrm{H}}$,故 $\boldsymbol{F}^{\mathrm{H}}$ 表示 G 点离散傅里叶逆变换。

在 MC-CDMA 中,G 个串并转换器的输出送至快速傅里叶逆变换器(Inverse Fast Fourier Transformer,IFFT),后者用于实现离散傅里叶逆变换。根据下式对 $\boldsymbol{Pd}$ 进行变形,可将 IFFT 的 G 个并行输出表示为向量 $\boldsymbol{x}=[x_{G-1},x_{G-2},\cdots,x_0]^{\mathrm{T}}$ 的各个元素:

$$\boldsymbol{x}=\boldsymbol{F}^{\mathrm{H}}\boldsymbol{Pd}=\sum_{n=0}^{N-1}(\boldsymbol{F}^{\mathrm{H}}\boldsymbol{P})_{:,n}d_n \tag{6.252}$$

式中:$\boldsymbol{B}_{:,n}$ 表示 $\boldsymbol{B}$ 的第 n 列,以及对 $\boldsymbol{F}^{\mathrm{H}}\boldsymbol{P}$ 按列求和。由于 IFFT 的变换作用,$\boldsymbol{Pd}$ 的各元素都好像由各个不同的子载波发射。P/S 转换器将 x 的分量以原来的码片速率 $1/T_c$ 转换为串行数据流,其中 $T_c=T_s/G$ 为复合序列的码片持续时间。向量 $\boldsymbol{x}$ 表示一个数据块,发射信号为连续数据块。

若多径时延扩展小于 mT_c,引起相邻块之间的符号间干扰,必须要在各块间插入持续时间为 mT_c 的保护间隔。如图 6.29 所示,它通过在每个块前面附加一个长度为 m 个抽样值的 CP 来实现,其中 $m\leqslant G-1$。插入循环前缀后,与一组 N 个对齐符号相关联的 $m+G$ 个码片的合成矢量序列为 $\bar{x}_{-m},\bar{x}_{-m+1},\cdots,\bar{x}_{G-1}$,其中:

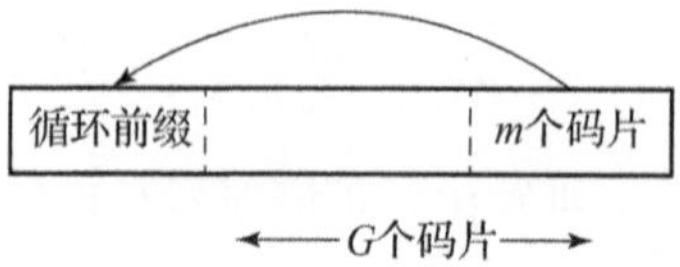

图 6.29 数据流前的附加循环前缀示意图

$$\begin{aligned} &\bar{x}_i = x_k, \quad k = i \subset \text{模} - G, \quad -m \leqslant i \leqslant -1 \\ &\bar{x}_i = x_i, \quad 0 \leqslant i \leqslant G-1 \end{aligned} \tag{6.253}$$

该序列经一个 DAC 后再经上变频发射出去,如图 6.28 所示。传输的信号使用单载波频率,以及同相和正交分量。

由于添加循环前缀导致每个符号与 $m+G$ 个传输码片相关联,每个码片的传输能量因前缀因子而减少:

$$c = \frac{G}{m+G} \tag{6.254}$$

说明在实际系统中需要满足 $G \gg m$。

假定信道脉冲响应形式为式(6.67)。对于符号 d_k,由发射机、信道和接收机引起的脉冲响应假设为

$$h(\tau) = A_k \sum_{i=0}^{m} h_i \delta(\tau - iT_c - \tau_{\min}) \tag{6.255}$$

式中:$\tau_{\min}$ 为最小信号时延;mT_c 为多径时延扩展或信道冲击响应持续时间。实值因子 $A_k \geqslant 0$ 对于所有符号并不一定相同,因为它们可能以不相等的功率水平传输。有些系数 $\{h_i\}$ 可能为零,这取决于有多少显著的多径分量存在。令:

$$\boldsymbol{h} = [h_0 \quad \cdots \quad h_m \quad \cdots \quad 0]^{\mathrm{T}} \tag{6.256}$$

表示脉冲响应系数的 $G \times 1$ 向量,其中至少 $G-M-1$ 个元素为零。归一化系数,得:

$$\|\boldsymbol{h}\|^2 = 1 \tag{6.257}$$

由于这种归一化和循环前缀,符号 d_k 在所有多径分量中的接收能量都是 $\mathcal{E}_{sk} = (m+G)A_k^2$。因此

$$A_K^2 = \frac{c\mathcal{E}_{sk}}{G} \tag{6.258}$$

式中:c 为由式(6.254)定义的循环因子。

MC－CDMA 接收机的主要组成部分如图 6.30 所示,其中 FFT 为快速傅里叶变换器(Fast Fourier Transformer,FFT)。

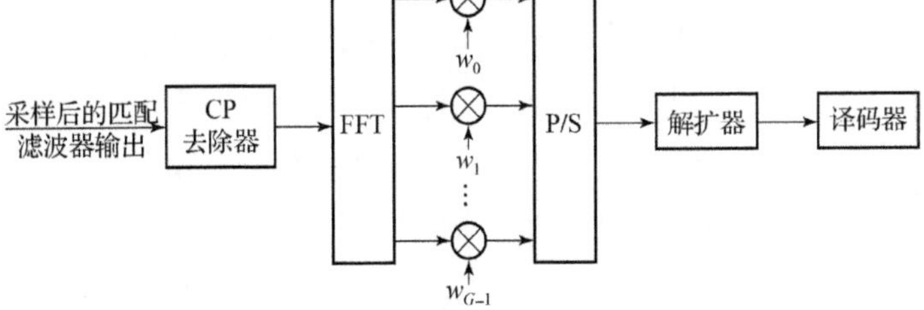

图 6.30　MC－CDMA 接收机的主要组成部分

定义 $G\times1$ 矩阵:

$$\begin{aligned}\tilde{\boldsymbol{x}} &= \sum_{n=0}^{N-1}(\boldsymbol{F}^{\mathrm{H}}P)_{:,n}A_n d_n \\ &= \boldsymbol{F}^{\mathrm{H}}\boldsymbol{PAd}\end{aligned} \tag{6.259}$$

式中:和为 $\boldsymbol{F}^{\mathrm{H}}\boldsymbol{P}$ 按列求和;$\boldsymbol{A}$ 是对角矩阵,其中 $\boldsymbol{A}_n$ 是它的第 n 个对角元素。用分量定义 $(G+m)\times1$ 维矩阵 $\hat{x}=[\hat{x}_{G-1}\quad \hat{x}_{G-2}\quad \cdots\quad \hat{x}_{-m}]^{\mathrm{T}}$:

$$\begin{aligned}&\hat{x}_i = \tilde{x}_k,\quad k=i\subset \text{模}-G,\quad -m\leqslant i\leqslant -1\\ &\hat{x}_i = \tilde{x}_i,\quad 0\leqslant i\leqslant G-1\end{aligned} \tag{6.260}$$

假设1.2节中描述的脉冲调幅信号是理想相干解调的,则式(6.255)的信道脉冲响应表明,抽样匹配滤波器的输出为

$$y_i = \sum_{n=0}^{N-1} d_n \sum_{l=0}^{m} h_l \hat{x}_{i-l,n} + \bar{n}_i,\quad -m\leqslant i\leqslant G-1 \tag{6.261}$$

式中:$\bar{n}_i$ 为抽样噪声。由于匹配滤波器输出的 m 个抽样值的循环前缀被其前面的数据块破坏,故将该CP丢弃。数据块的剩余 G 个样本用 G 维接收向量为

$$\bar{\boldsymbol{y}} = [y_{G-1}\quad y_{G-2}\quad \cdots\quad y_0]^{\mathrm{T}} = \boldsymbol{H}_1 + \bar{\boldsymbol{n}} \tag{6.262}$$

式中:$\boldsymbol{H}_1$ 为 $G\times(G+m)$ 维矩阵,$\bar{\boldsymbol{n}}$ 为 G 维噪声抽样向量,且

$$\boldsymbol{H}_1 = \begin{bmatrix} h_0 & h_1 & \cdots & h_m & 0 & \cdots & 0\\ 0 & h_0 & \cdots & h_{m-1} & h_m & \cdots & 0\\ \vdots & \vdots & \vdots & \vdots & \vdots & & \vdots\\ 0 & \cdots & 0 & h_0 & \cdots & h_{m-1} & h_m \end{bmatrix} \tag{6.263}$$

由于 $\hat{\boldsymbol{x}}$ 的最后 m 个元素构成循环前缀,且可由式(6.260)通过 $\tilde{x}$ 得到,故可将接收向量描述为

$$\bar{\boldsymbol{y}} = \boldsymbol{H}\tilde{\boldsymbol{x}} + \bar{\boldsymbol{n}} \tag{6.264}$$

式中:$\boldsymbol{H}$ 为 $G\times G$ 维矩阵,即

$$\boldsymbol{H} = \begin{bmatrix} h_0 & h_1 & \cdots & h_m & 0 & \cdots & 0\\ 0 & h_0 & \cdots & h_{m-1} & h_m & \cdots & 0\\ \vdots & \vdots & \vdots & \vdots & \vdots & \vdots & \vdots\\ 0 & \cdots & 0 & h_0 & \cdots & h_{m-1} & h_m\\ \vdots & \vdots & \vdots & \vdots & & \vdots & \vdots\\ h_2 & h_3 & \cdots & h_{m-2} & \cdots & h_0 & h_1\\ h_1 & h_2 & \cdots & h_{m-1} & \cdots & 0 & h_0 \end{bmatrix} \tag{6.265}$$

该矩阵具有循环矩阵形式,即矩阵的每一行都由前一行通过循环右移一个元素得到。$\boldsymbol{H}$ 的这种形式表明,尽管循环前缀已去除,但它还是影响到 $\boldsymbol{H}$,从而影响到接收向量 $\bar{\boldsymbol{y}}$。如1.2节所述的对接收信号和AWGN信道的相干解调,$\bar{\boldsymbol{n}}$ 是一个零均值循环对称的复高斯噪声向量,且

$$E[\overline{\boldsymbol{n}\boldsymbol{n}}^{\mathrm{H}}]=N_0\boldsymbol{I}, \quad E[\overline{\boldsymbol{n}\boldsymbol{n}}^{\mathrm{T}}]=\boldsymbol{0} \tag{6.266}$$

式中:$N_0/2$ 为双边噪声功率谱密度。

$\boldsymbol{F}^{\mathrm{H}}$ 的每一列都具有以下形式:

$$\boldsymbol{f}_i=\frac{1}{\sqrt{G}}[1 \quad V^{-i} \quad V^{-2i} \quad \cdots \quad V^{-(G-1)i}]^{\mathrm{T}}, \quad i=0,1,\cdots,G-1 \tag{6.267}$$

根据 $V^G=1$,利用 $\boldsymbol{H}\boldsymbol{f}_i$ 的等式可证明:

$$\boldsymbol{H}\boldsymbol{f}_i=\lambda_i\boldsymbol{f}_i, \quad i=0,1,\cdots,G-1 \tag{6.268}$$

$$\lambda_i=\sum_{k=0}^{m}h_kWV^{-ki}, \quad i=0,1,\cdots,G-1 \tag{6.269}$$

上式表明 $\boldsymbol{f}_i$ 为 $\boldsymbol{H}$ 的特征向量,对应的特征值为 λ_i。令 $\boldsymbol{\lambda}$ 表示 $G\times1$ 维特征值向量:

$$\boldsymbol{\lambda}=[\lambda_0 \quad \lambda_1 \quad \cdots \quad \lambda_{G-1}]^{\mathrm{T}} \tag{6.270}$$

则式(6.269)意味着:

$$\boldsymbol{\lambda}=\sqrt{G}\boldsymbol{F}^{\mathrm{H}}\boldsymbol{h} \tag{6.271}$$

这表明脉冲响应时域分量中的能量分布在 $\boldsymbol{H}$,且

$$\boldsymbol{h}=\frac{1}{\sqrt{G}}\boldsymbol{F}\lambda \tag{6.272}$$

式(6.257)和式(6.272)表明:

$$\|\boldsymbol{\lambda}\|^2=G \tag{6.273}$$

由于 $\boldsymbol{F}$ 为非奇异矩阵,故 $\{\boldsymbol{f}_i\}$ 是线性独立的,因此,$\boldsymbol{H}$ 可对角化,且式(6.268)表明 $\boldsymbol{H}\boldsymbol{F}^{\mathrm{H}}=\boldsymbol{F}^{\mathrm{H}}\boldsymbol{\Lambda}$ 或:

$$\boldsymbol{H}=\boldsymbol{F}^{\mathrm{H}}\boldsymbol{\Lambda}\boldsymbol{F} \tag{6.274}$$

式中:

$$\boldsymbol{\Lambda}=\mathrm{diag}(\boldsymbol{\lambda}) \tag{6.275}$$

为对角阵,λ_i 为第 i 个对角元素,$i=0,1,\cdots,G-1$。由于前述循环前缀的定义方式,故这种对角化是可能的,这也是循环前缀为何如此定义的原因。

如图6.30所示,经过串并变换后,将接收向量送至FFT,该变换器用于实现离散傅里叶变换。G 个并行FFT输出构成向量:

$$\boldsymbol{y}=\boldsymbol{F}\bar{\boldsymbol{y}} \tag{6.276}$$

将式(6.248)、式(6.259)、式(6.240)及式(6.239)代入式(6.261)中可得:

$$\boldsymbol{y}=\boldsymbol{\Lambda P A b}+\boldsymbol{n} \tag{6.277}$$

式中:$\boldsymbol{n}=\boldsymbol{F}\bar{\boldsymbol{n}}$ 为零均值、独立且圆对称的高斯随机向量,且

$$E[\boldsymbol{n}\boldsymbol{n}^{\mathrm{H}}]=N_0\boldsymbol{I},\quad E[\boldsymbol{n}\boldsymbol{n}^{\mathrm{T}}]=\boldsymbol{0} \tag{6.278}$$

6.13.1 均衡

均衡是补偿通信信道对向量 $\boldsymbol{b}=\boldsymbol{PAd}$ 影响的过程。线性均衡器采用下式进行估计:

$$\hat{\boldsymbol{b}}=\boldsymbol{W}\boldsymbol{y} \tag{6.279}$$

式中:$\boldsymbol{W}$ 为 $G\times G$ 维对角矩阵,其对角元素 $w_i=W_{ii}(i=0,1,\cdots,G-1)$,称为均衡器的权重,$\hat{\boldsymbol{b}}=[\hat{b}_0 \quad \hat{b}_1 \quad \cdots \quad \hat{b}_{N-1}]^{\mathrm{T}}$。因为 $\hat{\boldsymbol{b}}$ 是实值 $\boldsymbol{b}$ 的估计量,因此不考虑 $\boldsymbol{Wy}$ 的虚部。如图6.31所示,均衡后的FFT输出$\{\hat{b}_i\}$送至并串转换器,并串转换器的输出送至解扩器,其中 $\mathrm{SNR}=c\mathcal{E}_{sk}/N_0=10\mathrm{dB}$ 及 $\mathrm{SNR}=c\mathcal{E}_{sk}/N_0=13\mathrm{dB}$。解扩器输出的 $N\times 1$ 维向量:

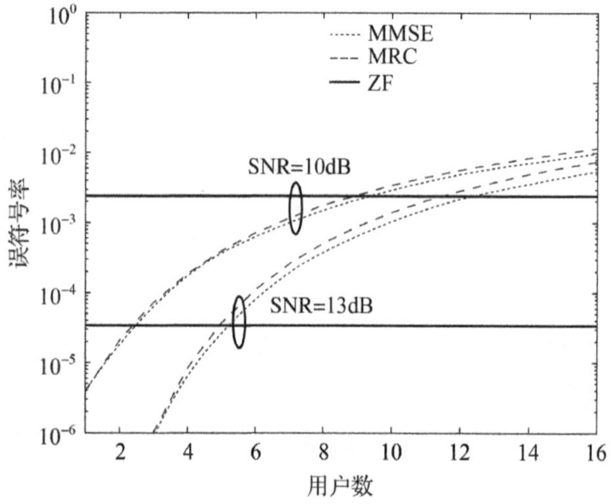

图6.31 $G=64$ 时多用户MC-CDMA系统误符号率与 N 的关系

$$\boldsymbol{s}=\boldsymbol{P}^{\mathrm{T}}\hat{\boldsymbol{b}}=\boldsymbol{P}^{\mathrm{T}}\mathrm{Re}(\boldsymbol{Wy}) \tag{6.280}$$

数据符号的估计量为

$$\hat{\boldsymbol{d}}=\mathrm{sgn}(\boldsymbol{s}) \tag{6.281}$$

将式(6.279)、式(6.277)及式(6.248)代入式(6.280)中可知:

$$s = P^{\mathrm{T}}\mathrm{Re}(W\Lambda)PAd + P^{\mathrm{T}}\mathrm{Re}(Wn) \tag{6.282}$$

$\boldsymbol{s}$ 的第 k 个元素是：

$$s_k = A_k d_k \sum_{i=0}^{G-1}\mathrm{Re}(w_i\lambda_i) + \sum_{n=0,n\neq k}^{N-1} A_n d_n \boldsymbol{p}_k^{\mathrm{T}}\mathrm{Re}(\boldsymbol{W\Lambda})\boldsymbol{p}_n + \boldsymbol{p}_k^{\mathrm{T}}\mathrm{Re}(\boldsymbol{Wn}) \tag{6.283}$$

6.13.2　迫零均衡

迫零(Zero - Forcing,ZF)均衡器采用下式来对 $\boldsymbol{d}$ 进行估计：

$$\boldsymbol{W} = \boldsymbol{\Lambda}^{-1} \quad (\mathrm{ZF}) \tag{6.284}$$

将式(6.249)和式(6.284)代入式(6.282)，得到：

$$\boldsymbol{s} = G\boldsymbol{Ad} + \boldsymbol{p}^{\mathrm{T}}\mathrm{Re}(\boldsymbol{\Lambda}^{-1}\boldsymbol{n}) \tag{6.285}$$

这表明，迫零均衡器允许对每个数据符号进行无偏估计，而不受其他符号的干扰。$\boldsymbol{s}$ 的第 k 个分量是：

$$s_k = GA_k d_k + n_{sk}, \quad n_{sk} = \boldsymbol{p}_k^{\mathrm{T}}\mathrm{Re}(\boldsymbol{\Lambda}^{-1}\boldsymbol{n}) \tag{6.286}$$

迫零均衡器存在的问题是，若某个 i 对应的 $|\lambda_i|$ 值较低，则 s_k 会因大量噪声而恶化。

以 $\mathrm{tr}(\boldsymbol{A})$ 表示矩阵 $\boldsymbol{A}$ 的迹，即矩阵对角元素之和。直接通过矩阵相乘和矩阵迹的定义可证明，相容矩阵 $\boldsymbol{A}$ 和 $\boldsymbol{B}$，以及任意向量 $\boldsymbol{z}$，满足迹恒等式：

$$\mathrm{tr}(\boldsymbol{AB}) = \mathrm{tr}(\boldsymbol{BA}) \tag{6.287}$$

$$\mathrm{tr}\{E[\boldsymbol{zz}^{\mathrm{H}}]\} = E[\boldsymbol{z}^{\mathrm{H}}\boldsymbol{z}] = E[\|\boldsymbol{z}\|^2] \tag{6.288}$$

因为 $\boldsymbol{n}$ 的分量是独立的、零均值的、高斯的，所以 n_{sk} 是一个零均值的高斯随机变量。令 $|\boldsymbol{\Lambda}|^{-2}$ 表示以 $|\lambda_i|^{-2}$ 为第 i 个对角元素的对角矩阵。式(6.288)和式(6.278)表明：

$$\begin{aligned}\mathrm{var}(n_{sk}) &= \frac{N_0}{2}\mathrm{tr}(\boldsymbol{p}_k^{\mathrm{T}}|\boldsymbol{\Lambda}|^{-2}\boldsymbol{p}_k) \\ &= \frac{N_0}{2}\sum_{i=0}^{G-1}|\lambda_i|^{-2}\end{aligned} \tag{6.289}$$

由式(6.286)、式(6.289)和式(6.258)可得迫零均衡器提供的数据符号 k 的 SINR 为：

$$\begin{aligned}\gamma_{sk} &= \frac{\{E[s_k]\}^2}{\mathrm{var}(n_{sk})} \\ &= \frac{2c\mathcal{E}_{sk}}{N_0}\frac{G}{\sum_{I=0}^{G-1}|\lambda_i|^{-2}} \quad (\mathrm{ZF})\end{aligned} \tag{6.290}$$

噪声是高斯的,因此当做出艰难的决定时,符号错误概率为

$$P_s(k) = Q\left(\sqrt{\frac{2c\mathcal{E}_{sk}}{N_0}\frac{G}{\sum_{i=0}^{G-1}|\lambda_i|^{-2}}}\right) \quad \text{(ZF)} \tag{6.291}$$

6.13.3 最大比合并(MRC)均衡

采用 MRC 均衡可以避免迫零均衡器放大噪声。MRC 均衡器可使单用户数据符号的 SNR 最大化。仅考虑式(6.283)中的第一项和第三项,发现数据符号 k 的信噪比为

$$\gamma_{sk} = \frac{2c\mathcal{E}_{sk}}{GN_0}\frac{\left|\sum_{i=0}^{G-1}\mathrm{Re}(w_i\lambda_i)\right|^2}{\sum_{i=0}^{G-1}|w_i|^2} \leqslant \frac{2c\mathcal{E}_{sk}}{GN_0}\frac{\left|\sum_{i=0}^{G-1}w_i\lambda_i\right|^2}{\sum_{i=0}^{G-1}|w_i|^2} \tag{6.292}$$

对其中的复变量应用柯西-施瓦茨不等式(见 5.2 节)可知,使 γ_{sk} 达到最大化的条件为

$$w_i = \eta\lambda_i^* \quad \text{(MRC)} \tag{6.293}$$

式中:η 为任意常数。因此,$\boldsymbol{W}$ 为一个对角矩阵,其对角元素为

$$\boldsymbol{W} = \eta\boldsymbol{\Lambda}^* \quad \text{(MRC)} \tag{6.294}$$

将式(6.278)与式(6.258)代入式(6.277)可发现 MRC 均衡器为提供的数据符号 k 的 SNR 为

$$\gamma_k = \frac{2c\mathcal{E}_{sk}}{N_0} \quad \text{(MRC)} \tag{6.295}$$

上式表明信号 k 的多径分量的所有能量都得到恢复。

式(6.295)给出了接收单个信号时的 SINR。对于具有符号能量 $\mathcal{E}_s$ 和 MRC 均衡器的单个信号,噪声符合高斯分布,因此当做出硬判决时,式(6.295)表示符号错误概率为

$$P_s = Q\left(\sqrt{\frac{2c\mathcal{E}_s}{N_0}}\right) \tag{6.296}$$

从式(6.296)、式(6.219)和式(6.220)的比较可以看出,当 $N=1$ 时,带有 Rake 组合的单载波直扩系统和带有 MRC 均衡器的 MC-CDMA 系统除了两个主要因素外,性能基本相同。一个是由于前缀因子 $c\leqslant 1$ 造成的 MC-CDMA 系统损耗,该因子占了分配给循环前缀的能量。另一个通常更为重要的问题是,在单载波直扩系统中,由于路径串扰而造成的损耗,这在推导 Rake 解调器的性能时被忽略了。除了这些因素,我们还观察到 MC-CDMA 接收器从多径分量中回收的能量与 Rake 解调器捕获的能量相同。

6.13.4 最小均方误差均衡

最小均方误差(Minimum Mean - Square Error,MMSE)均衡器或线性检测器利用对角矩阵 $\boldsymbol{W}$ 来对通信信道对 $\boldsymbol{b}=\boldsymbol{PAd}$ 的影响进行均衡,使均方误差:

$$\text{MSE}=E[\|\boldsymbol{b}-\boldsymbol{Wy}\|^2] \tag{6.297}$$

在假定扩谱序列近似为独立的随机二元序列条件下达到最小。迹的特性表明:

$$\text{MSE}=\text{tr}\{E[(\boldsymbol{b}-\boldsymbol{Wy})(\boldsymbol{b}-\boldsymbol{Wy})^{\text{H}}]\} \tag{6.298}$$

定义 $G\times G$ 维半正定 Hermitian 矩阵:

$$\boldsymbol{R}_b=E[\boldsymbol{bb}^{\text{H}}]=E[\boldsymbol{PAdd}^{\text{T}}\boldsymbol{AP}^{\text{T}}] \tag{6.299}$$

利用式(6.277)和(6.278),可以得出 $G\times G$ 维 Hermitian 相关矩阵为

$$\boldsymbol{R}_y=E[\boldsymbol{yy}^{\text{H}}]=N_0\boldsymbol{1}+\boldsymbol{\Lambda R}_b\boldsymbol{\Lambda}^* \tag{6.300}$$

上式表明 $\boldsymbol{R}_y$ 是正定的,从而它也是可逆的(见附录G)。将式(6.298)展开并代入式(6.277)可得:

$$\begin{aligned}\text{MSE}&=\text{tr}[\boldsymbol{WR}_y\boldsymbol{W}^{\text{H}}-\boldsymbol{W\Lambda R}_b-\boldsymbol{R}_b\boldsymbol{\Lambda}^*\boldsymbol{W}^*+\boldsymbol{R}_b]\\&=\text{tr}[\boldsymbol{BR}_y\boldsymbol{B}^{\text{H}}]+\boldsymbol{C}\\&=\text{tr}[\boldsymbol{R}_y\boldsymbol{B}^{\text{H}}\boldsymbol{B}]+\boldsymbol{C}\end{aligned} \tag{6.301}$$

式中:

$$\boldsymbol{B}=\boldsymbol{W}-\boldsymbol{R}_b\boldsymbol{\Lambda}^*\boldsymbol{R}_y^{-1} \tag{6.302}$$

$$\boldsymbol{C}=\text{tr}[\boldsymbol{R}_b-\boldsymbol{R}_b\boldsymbol{\Lambda}^*\boldsymbol{R}_y^{-1}\boldsymbol{\Lambda}^*\boldsymbol{R}_b] \tag{6.303}$$

因为 Hermitian 矩阵 $\boldsymbol{R}_y$ 是正定的,$\boldsymbol{BR}_y\boldsymbol{B}^{\text{H}}$ 是 Hermitian 正半定的,这意味着 $\text{tr}[\boldsymbol{BR}_y\boldsymbol{B}^{\text{H}}]=\text{tr}[\boldsymbol{R}_y\boldsymbol{B}^{\text{H}}\boldsymbol{B}]\geqslant 0$。

如果将扩谱序列建模为独立的随机二进制序列,则

$$E[\boldsymbol{p}_n\boldsymbol{p}_m^{\text{T}}]=\boldsymbol{0},\quad n\neq m,\quad E[\boldsymbol{p}_n\boldsymbol{p}_n^{\text{T}}]=\boldsymbol{I} \tag{6.304}$$

式(6.299)、式(6.248)、式(6.258)和式(6.304)表明:

$$\boldsymbol{R}_b=\frac{c\mathcal{E}_{\text{t}}}{G}\boldsymbol{I} \tag{6.305}$$

式中:

$$\mathcal{E}_{\text{t}}=\sum_{n=0}^{N-1}\mathcal{E}_{sn} \tag{6.306}$$

为所有 N 个符号的总能量。将式(6.305)代入式(6.300),得到对角矩阵:

$$\boldsymbol{R}_y=E[\boldsymbol{yy}^{\text{H}}]=N_0\boldsymbol{I}+\frac{c\mathcal{E}_{\text{t}}}{G}|\boldsymbol{\Lambda}|^2 \tag{6.307}$$

因此,$\boldsymbol{B}$ 是一个对角矩阵,且

$$\boldsymbol{B}=\boldsymbol{W}-\frac{c\mathcal{E}_{\mathrm{t}}}{GN_0}\boldsymbol{\Lambda}^*\left[\boldsymbol{I}+\frac{c\mathcal{E}_{\mathrm{t}}}{GN_0}|\boldsymbol{\Lambda}|^2\right]^{-1} \tag{6.308}$$

因此 $\boldsymbol{B}^{\mathrm{H}}\boldsymbol{B}$ 是有非负对角元素的对角矩阵。由于 $\boldsymbol{R}_y$ 有正的对角线元素,当且仅当 $\boldsymbol{B}=\boldsymbol{0}$ 时,$\mathrm{tr}[\boldsymbol{R}_y\boldsymbol{B}^{\mathrm{H}}\boldsymbol{B}]=0$。因此,唯一的 MMSE 均衡器为

$$\boldsymbol{W}=\frac{c\mathcal{E}_{\mathrm{t}}}{N_0G}\boldsymbol{\Lambda}^*\left[\boldsymbol{I}+\frac{c\mathcal{E}_{\mathrm{t}}}{N_0G}|\boldsymbol{\Lambda}|^2\right]^{-1} \tag{6.309}$$

MRC 和 MMSE 均衡器在存在其他数据符号时,会产生一个性能有所下降的数据符号估计值。尽管如此,在上述处理过程中噪声通常并没有被放大,因此这两种均衡器通常比迫零均衡器更受欢迎。若 N 足够大,使得:

$$\frac{c\mathcal{E}_{\mathrm{t}}}{N_0}\gg\frac{G}{\min\limits_i|\lambda_i|^2} \tag{6.310}$$

则式(6.309)表明,此时 MMSE 均衡器与迫零均衡器近似相同。若假设:

$$\frac{c\mathcal{E}_{\mathrm{t}}}{N_0}\ll\frac{G}{\max\limits_i|\lambda_i|^2} \tag{6.311}$$

则式(6.309)表明 MMSE 均衡器与 MRC 均衡器的权重成正比。

6.13.5 性能分析

从式(6.283)中得到的 MRC 和 MMSE 均衡器的 SINR 依赖于所选的 N 个特定的扩谱序列,无法比较均衡器的性能。将 N 个扩谱序列建模为独立的随机二进位序列,可以得到一个近似但更有用的 SINR 通用方程。噪声与扩谱序列无关,对角线矩阵 $\boldsymbol{W\Lambda}$ 具有两个均衡器的实值元素。因此,由式(6.283)、式(6.287)和式(6.304)可知:

$$\begin{aligned}\mathrm{var}(s_k)&=\sum_{n=0,n\neq k}^{N-1}\sum_{m=0,m\neq k}^{N-1}A_nA_md_nd_mE[\boldsymbol{p}_k^{\mathrm{T}}\boldsymbol{W\Lambda p}_n\boldsymbol{p}_m^{\mathrm{T}}\boldsymbol{W\Lambda p}_k]+\frac{N_0}{2}\sum_{i=0}^{G-1}|w_i|^2\\&=\frac{c\mathcal{E}_{\mathrm{t}/k}}{G}\mathrm{tr}[(\boldsymbol{W\Lambda})^2]+\frac{N_0}{2}\sum_{i=0}^{G-1}|w_i|^2\end{aligned} \tag{6.312}$$

式中的 $\mathcal{E}_{\mathrm{t}/k}$ 为多址干扰的总能量,即

$$\mathcal{E}_{\mathrm{t}/k}=\sum_{n=0,n\neq k}^{N-1}\mathcal{E}_{\mathrm{s}n}=\mathcal{E}_{\mathrm{t}}-\mathcal{E}_{\mathrm{s}k} \tag{6.313}$$

数据符号 k 的 SINR 为

$$\gamma_{\mathrm{s}k}=\frac{\dfrac{2c\mathcal{E}_{\mathrm{s}k}}{GN_0}[\mathrm{tr}(\boldsymbol{W\Lambda})]^2}{\dfrac{2c\mathcal{E}_{\mathrm{t}/k}}{GN_0}\mathrm{tr}[(\boldsymbol{W\Lambda})^2]+\sum_{i=0}^{G-1}|w_i|^2} \tag{6.314}$$

对于 MRC 均衡器来说,将式(6.294)和式(6.273)代入式(6.314)可得:

$$\gamma_{sk} = \frac{\dfrac{2c\mathcal{E}_{sk}}{N_0}G}{\dfrac{2c\mathcal{E}_{t/k}}{GN_0}\sum_{i=0}^{G-1}|\lambda_i|^4 + G}\ (\text{MRC}) \tag{6.315}$$

当 $\mathcal{E}_{t/k}=0$ 时上式简化为式(6.295)。对于 MMSE 均衡器来说,将式(6.309)代入式(6.314)可得:

$$\gamma_{sk} = \frac{\dfrac{2c\mathcal{E}_{sk}}{GN_0}\left[\sum_{i=0}^{G-1}|\lambda_i|^2\left(1+\dfrac{c\mathcal{E}_t}{GN_0}|\lambda_i|^2\right)^{-1}\right]^2}{\dfrac{2c\mathcal{E}_{t/k}}{GN_0}\sum_{i=0}^{G-1}|\lambda_i|^4\left(1+\dfrac{c\mathcal{E}_t}{GN_0}|\lambda_i|^2\right)^{-2}+\sum_{i=0}^{G-1}|\lambda_i|^2\left(1+\dfrac{c\mathcal{E}_t}{GN_0}|\lambda_i|^2\right)^{-2}}$$

$$(\text{MMSE}) \tag{6.316}$$

如果将扩谱序列建模为独立的随机二进位序列,则式(6.283)的中项是 $N-1$个独立的同分布随机变量的和,每个变量的均值和方差都是有限的。因此,中心极限定理(见附录 A.2 推论 A1)表明,当 N 较大时,s_k 的分布近似于高斯分布,因此:

$$P_s(k) \approx Q(\sqrt{\gamma_{sk}}) \tag{6.317}$$

频率选择性衰落信道的特征是有多个显著的多径分量,具有较大的时延扩展和较小的相干时间。由于对于 k 的部分值,存在 $h_k>0$,则由式(6.271)和(6.250)可知很可能存在$\max\limits_{l}|\lambda_i| \gg \min\limits_{i}|\lambda_i|$。相比之下,如果平坦衰落信道下 k 的某个值使得 $h_k>0$,则由式(6.271)和(6.250)可知$|\lambda_i|=1, i=0,1,\cdots,G-1$。

下面举例说明 MC - CDMA 系统的性能,对频率选择性衰落信道的 P_s 进行估计,信道参数为

$$G=64,\quad \boldsymbol{h}=\frac{4}{\sqrt{21}}[1\quad 0.5\quad -0.25\quad 0\quad \cdots\quad 0]^{\mathrm{T}},\quad \|\boldsymbol{h}\|^2=1$$

所有 N 个数据符号都具有相同的能量,故 $\mathcal{E}_t=(N-1)\mathcal{E}_{sk}$。计算在给定$\max\limits_{i}|\lambda_i|=5.59\min\limits_{i}|\lambda_i|$的条件下进行,以表明信道具有强烈的频率选择性。图 6.31显示了分别采用 ZF、MRC 及 MMSE 均衡器,在 $c\mathcal{E}_{sk}/N_0=10\text{dB}$ 及 13dB 时,P_s 与 N 的关系。从图中可见,在该例中 MMSE 均衡器的性能要略优于 MRC 均衡器的性能;在 $c\mathcal{E}_{sk}/N_0=10\text{dB}$ 且 $N\leqslant 8$ 及 $c\mathcal{E}_{sk}/N_0=13\text{dB}$ 且 $N\leqslant 5$ 这两种情况下,MMSE 均衡器的性能要比 ZF 均衡器的性能好一些。

6.13.6　信道估计

实现均衡需要对$\{\lambda_i\}$进行信道估计,这可以通过传输已知的导频序列来确

定。为此,令 $\boldsymbol{b}_a=[b_{a0}\quad b_{a1}\quad\cdots\quad b_{a,G-1}]^{\mathrm{T}}$ 表示一个已知的 $G\times 1$ 维导频序列向量,且满足 $b_{ai}=\pm 1$,令 $\boldsymbol{B}$ 表示一个 $G\times G$ 维对角矩阵,对角元素为

$$B_{ii}=b_{ai}^{*},\quad i=0,1,\cdots,G-1 \tag{6.318}$$

当 $\boldsymbol{b}_a$ 为接收向量时,式(6.262)表明 FFT 输出到均衡器输入端的向量为

$$\boldsymbol{y}=\boldsymbol{\Lambda}\boldsymbol{b}_a+\boldsymbol{n} \tag{6.319}$$

向量 $\boldsymbol{\lambda}$ 可以通过计算 $\boldsymbol{By}$ 直接估计出来。但是,通过首先估计向量 $\boldsymbol{h}$,并利用它最多有 m 个非零分量的事实,可以消除一些噪声,从而对 $\boldsymbol{\lambda}$ 进行更好的估计。式(6.257)表明 $\boldsymbol{h}$ 的粗略估计为

$$\hat{\boldsymbol{h}}_r=G^{-1/2}\boldsymbol{FBy} \tag{6.320}$$

将式(6.318)和式(6.319)代入式(6.320)并利用式(6.272),可发现 $\hat{\boldsymbol{h}}_r=\boldsymbol{h}+G^{-1/2}\boldsymbol{FBn}$。当不存在噪声时,与 $\boldsymbol{h}$ 类似,$\hat{\boldsymbol{h}}_r$ 的后 $G-m-1$ 个元素将会等于零;当存在噪声时,这些元素就不为零。精确估计器将$\hat{\boldsymbol{h}}_r$ 的后 $G-m-1$ 个元素设定为零,即

$$\hat{\boldsymbol{h}}=\boldsymbol{I}_{m+1}\hat{\boldsymbol{h}}_r \tag{6.321}$$

式中:$\boldsymbol{I}_{m+1}$为 $G\times G$ 维对角矩阵,其前 $m+1$ 个对角元素的值为 1,其余的对角元素值为 0。由于 $\boldsymbol{I}_{m+1}$对 $\boldsymbol{h}$ 不产生影响,故:

$$\hat{\boldsymbol{h}}=\boldsymbol{h}+G^{-1/2}\boldsymbol{I}_{m+1}\boldsymbol{FBn} \tag{6.322}$$

式(6.271)表明 $\boldsymbol{\lambda}$ 的精确估计量为

$$\hat{\boldsymbol{\lambda}}=G^{1/2}\boldsymbol{F}^{\mathrm{H}}\hat{\boldsymbol{h}} \tag{6.323}$$

将式(6.320)和式(6.321)代入式(6.323),可得信道估计为

$$\hat{\boldsymbol{\lambda}}=\boldsymbol{F}^{\mathrm{H}}\boldsymbol{I}_{m+1}\boldsymbol{FBy} \tag{6.324}$$

故可将上式中的 $G\times G$ 维矩阵乘积 $\boldsymbol{F}^{\mathrm{H}}\boldsymbol{I}_{m+1}\boldsymbol{FB}$ 存储于接收机中。

将式(6.302)与式(6.256)代入式(6.303),可得:

$$\hat{\boldsymbol{\lambda}}=\boldsymbol{\lambda}+\boldsymbol{n}_{\mathrm{e}} \tag{6.325}$$

式中:$\boldsymbol{n}_{\mathrm{e}}=\boldsymbol{F}^{\mathrm{H}}\boldsymbol{I}_{m+1}\boldsymbol{FBn}$。由于 $\boldsymbol{n}_{\mathrm{e}}$ 是零均值的,式(6.325)表明式(6.324)定义的 $\hat{\boldsymbol{\lambda}}$ 是 $\boldsymbol{\lambda}$ 的无偏估计,可用于计算图 6.30 中的权重。$\boldsymbol{n}_{\mathrm{e}}$ 的协方差矩阵为

$$\boldsymbol{R}_{ne}=N_0\boldsymbol{F}^{\mathrm{H}}\boldsymbol{I}_{m+1}\boldsymbol{F} \tag{6.326}$$

利用式(6.287),式(6.288)和式(6.251),可得总噪声功率为

$$\begin{aligned}E[\|\boldsymbol{n}_{\mathrm{e}}\|^2]&=\mathrm{tr}[\boldsymbol{R}_{ne}]\\&=(m+1)N_0\end{aligned} \tag{6.327}$$

式(6.327)表明,式(6.324)的信道估计值导致若接收机处存在多径时延扩展的情况,则总噪声功率降低因子为 $m+1/G$。

6.13.7　峰-均功率比

在 MC-CDMA 发射机中，用在 DAC 的码片 $\bar{x}_{-m},\bar{x}_{-m+1},\cdots,\bar{x}_{G-1}$ 的幅度可能会发生较大变化，这是因为每个码片都是多个相位不同的分量之和，这些分量的合并既可能是增强的也可能是减弱的。DAC 的输出信号送至发射机的功率放大器。当输入功率相对较低时，放大器产生的输出功率与输入功率近似为线性关系；但是，当输入功率增大时，它们之间的关系就变得高度非线性了。如果输入功率水平几乎是恒定的，那么在非线性区工作允许最高的发射功率电平，因此可能是最佳的接收机性能。然而，如果输入功率变化较大，则非线性函数会导致信号失真、对其他频谱区域产生辐射以及码间干扰。如果功率放大器工作在它的线性区域，那么即使放大器输入有相当大的功率变化，这些问题也基本上不存在。因此，有必要减小功率放大器输入端的功率变化，使功率放大器几乎总是工作在它的线性区域内，而不在它的非线性区域附近。

发射信号在某时间间隔内的峰均功率比(Peak-to-Average-Power Ratio, PAPR)定义为信号最大瞬时功率与其在该时间间隔内的平均功率之比。在 MC-CDMA 系统中，在长度为 T 的时间间隔 $\mathcal{I}$ 传输的信号复包络 $x(t)$ 的 PAPR 定义为

$$\mathrm{PAPR}[x(t)]=\frac{\max\limits_{\mathcal{I}}|x(t)|^2}{\dfrac{1}{T}\displaystyle\int_{\mathcal{I}}|x(t)|^2\mathrm{d}t} \tag{6.328}$$

假设所有的符号以相同的功率传输，定义一个传输的 $m+G$ 个码片块的离散时间 PAPR 为

$$\mathrm{PAPR}[\{\bar{x}_i\}]=\frac{\max\limits_{-m\leqslant i\leqslant G-1}|\bar{x}_i|^2}{\dfrac{1}{G+m}\displaystyle\sum_{i=-m}^{G-1}|\bar{x}_i|^2} \tag{6.329}$$

式中：$\{\bar{x}_i\}$ 根据式(6.240)中的 $\boldsymbol{b}$ 及式(6.243)来定义。因为每个传输码片的脉冲整形会产生非矩形的传输脉冲或波形，在没有脉冲整形的情况下，这些脉冲或波形会相对于其值增加 PAPR，且 $\mathrm{PAPR}[\{\bar{x}_i\}]<\mathrm{PAPR}[x(t)]$。然而，以高于码率的速率进行过采样可以减少误差。

为推导 $\mathrm{PAPR}[\{\bar{x}_i\}]$ 的近似概率分布函数，将式(6.329)中的分母用 $E[|\bar{x}_i|^2]$ 代替，则

$$\mathrm{PAPR}[\{\bar{x}_i\}]\approx\max_{-m\leqslant i\leqslant G-1}\left\{\frac{|\bar{x}_i|^2}{E[|\bar{x}_i|^2]}\right\} \tag{6.330}$$

假设每个$\bar{x}_i$都为独立同分布的零均值复随机变量。式(6.252)和式(6.253)意味着 $\bar{x}_i$的实部和虚部均为具有一致边界的多个独立随机变量之和,且方差满足当$G+m\to\infty$时$E[|\bar{x}_i|^2]\to\infty$。因此,若$G+m$较大,则中心极限定理(附录A.2节中的推论A2)表明,$\bar{x}_i$的实部和虚部服从方差为$E[|\bar{x}_i|^2]/2$的近似高斯分布。如附录E.4节所示,$|\bar{x}_i|$服从方差为$E[|\bar{x}_i|^2]$的瑞利分布,$|\bar{x}_i|^2/E[|\bar{x}_i|^2]$服从均值为1的指数分布函数$F(z)=1-\exp(-z)$,因此由式(6.330)可知,PAPR$[\{\bar{x}_i\}]$的分布函数近似为$[1-\exp(-z)]^{G+m}$。PAPR$[\{\bar{x}_i\}]$大于$z$的概率为

$$P[\text{PAPR}>z]\approx 1-[1-\exp(-z)]^{G+m} \tag{6.331}$$

式(6.331)表明,即使传播因子的值很小,PAPR也可能过高。例如,若$G+m>10$,则$P[\text{PAPR}>4]>0.168$。由于较大的PAPR会使功率放大器进入非线性区域或饱和状态,因此需要某种降低PAPR的方法来保持相对较高的平均输入功率,同时降低峰值输入功率。

限幅导致了传输信号失真,因此功率放大器的输入端很少出现高幅值峰值。有效的限幅降低了PAPR,代价是接收机性能在可接受范围内降低。如果输入信号的幅值超过ζ且不改变信号,则限幅器将输入信号的幅值限制在限幅水平ζ。非线性限幅导致了带外辐射的增加,这可以通过对限幅器输出进行滤波来抑制。由于限幅导致的信号失真可能会增加接收机的误码率,但这些误码中的大多数可以通过信道代码纠正。

人们已经针对OFDM系统提出了很多降低PAPR的技术[13],这些技术通常可能可以应用于MC-CDMA系统。然而,相对于限幅,其他技术需要更多的计算复杂度,有时还需要扩展带宽。

6.14 DS-CDMA-FDE系统

频域均衡直接序列扩谱码分多址系统(Direct-Sequence CDMA System with Frequency-Domain Equalization, DS-CDMA-FDE)在通过取消发射端IFFT而保持合适的PAPR值的同时,还只使用单载波进行传输。尽管在下文中我们假设扩谱因子与FFT窗口大小相等,但这种相等并非必须[14-15]。

DS-CDMA-FDE系统发射机如图6.28所示,该发射机不进行IFFT。与一组N个对齐的符号相关的G个码片的向量为

$$\boldsymbol{x}=[x_{G-1}\quad x_{G-2}\quad \cdots \quad x_0]^{\mathrm{T}}$$

$$= \boldsymbol{Pd} = \sum_{n=0}^{N-1} \boldsymbol{p}_n d_n \tag{6.332}$$

在插入循环前缀后，送至 DAC 的 $\bar{\boldsymbol{x}}$ 序列的元素为

$$\bar{x}_i = b_k, k = i \text{ 模 } -G, \quad -m \leqslant i \leqslant G-1 \tag{6.333}$$

式中：向量 $\boldsymbol{b}$ 由式(6.235)定义。传输信号为 BPSK 信号时，使用循环前缀可以确保接收机的符号间干扰可被忽略。

接收器的主要组成如图 6.32 所示。经过相干解调后，由于匹配滤波器输出的由前 m 个样值构成的循环前缀被其前面的数据块破坏，故将这些样值丢弃掉，其余样值构成的接收向量为 $\bar{\boldsymbol{y}}$。假设与 6.13 节的信道模型相同，并代入式(6.274)，可得：

$$\begin{aligned}\bar{\boldsymbol{y}} &= \boldsymbol{HPAd} + \bar{\boldsymbol{n}} \\ &= \boldsymbol{F}^{\mathrm{H}}\boldsymbol{\Lambda FPAd} + \bar{\boldsymbol{n}}\end{aligned} \tag{6.334}$$

式中：$\bar{\boldsymbol{n}}$ 为高斯噪声向量且协方差矩阵满足 $E[\overline{\boldsymbol{nn}^{\mathrm{H}}}] = N_0\mathbf{1}$。如图 6.32 所示，对接收向量进行串并转换和 FFT 后，G 个并行 FFT 输出值构成向量：

$$\begin{aligned}\boldsymbol{y} &= \boldsymbol{F}\bar{\boldsymbol{y}} \\ &= \boldsymbol{\Lambda FPAd} + \boldsymbol{n}\end{aligned} \tag{6.335}$$

式中：$\boldsymbol{n} = \boldsymbol{F}\bar{\boldsymbol{n}}$ 是一个零平均、独立、圆对称的高斯随机向量，统计量由式(6.278)给出。

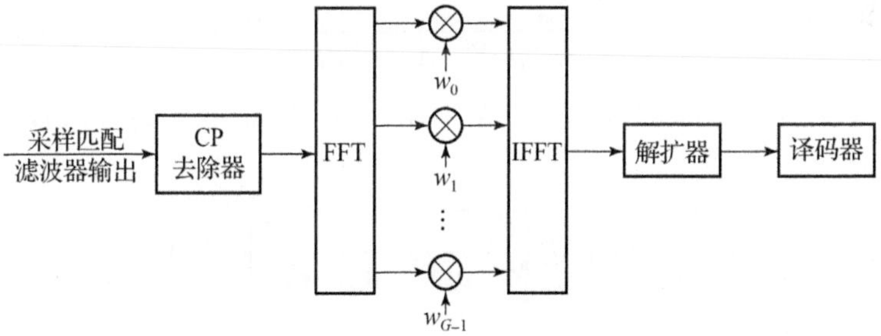

图 6.32　DS－CDMA－FDE 系统接收机

6.14.1　均衡

通过均衡器对向量 $\boldsymbol{Wy}$ 进行估计，其中 $\boldsymbol{W}$ 是一个带有对角元素 $wi = W_{ii}$ 的对角矩阵。通过 IFFT 得到向量 $\boldsymbol{F}^{\mathrm{H}}\boldsymbol{Wy}$，经过 P/S 转换器，将其输出流传输给解码器，解码器的输出为

$$\boldsymbol{s} = \boldsymbol{P}^{\mathrm{T}}\mathrm{Re}(\boldsymbol{F}^{\mathrm{H}}\boldsymbol{Wy})$$

$$= \boldsymbol{P}^{\mathrm{T}}\mathrm{Re}(\boldsymbol{F}^{\mathrm{H}}\boldsymbol{W}\boldsymbol{\Lambda}\boldsymbol{F}\boldsymbol{P}\boldsymbol{A}\boldsymbol{d}) + \boldsymbol{P}^{\mathrm{T}}\mathrm{Re}(\boldsymbol{F}^{\mathrm{H}}\boldsymbol{W}\boldsymbol{n}) \tag{6.336}$$

数据符号的估计量由式(6.281)给出。$\boldsymbol{s}$ 的第 k 个分量是

$$s_k = A_k d_k \mathrm{Re}(\boldsymbol{u}^{\mathrm{H}}\boldsymbol{m}) + \sum_{n=0,n\neq k}^{N-1} A_n d_n \mathrm{Re}(\boldsymbol{u}^{\mathrm{H}}\boldsymbol{\Lambda}\boldsymbol{F}\boldsymbol{p}_n) + \mathrm{Re}(\boldsymbol{u}^{\mathrm{H}}\boldsymbol{m}) \tag{6.337}$$

式中:$\boldsymbol{u}$ 和 $\boldsymbol{m}$ 都是 $G\times 1$ 维向量,定义为

$$\boldsymbol{u} = \boldsymbol{W}^{*}\boldsymbol{F}\boldsymbol{p}_k, \quad \boldsymbol{m} = \boldsymbol{\Lambda}\boldsymbol{F}\boldsymbol{p}_k \tag{6.338}$$

利用式(6.278)和式(6.288),我们发现噪声项 $n_{sk} = \mathrm{Re}(\boldsymbol{u}^{\mathrm{H}}\boldsymbol{n})$ 是一个有方差的零均值高斯随机变量:

$$\mathrm{var}(n_{sk}) = \frac{N_0}{2}\|\boldsymbol{u}\|^2 = \frac{N_0}{2}(\boldsymbol{p}_k^{\mathrm{T}}\boldsymbol{F}^{\mathrm{H}}|\boldsymbol{W}|^2\boldsymbol{F}\boldsymbol{p}_k) \tag{6.339}$$

6.14.2 迫零均衡

均衡器矩阵 $\boldsymbol{W} = \boldsymbol{\Lambda}^{-1}$。由于扩谱序列是正交的,该均衡器输出为

$$\boldsymbol{s} = G\boldsymbol{A}\boldsymbol{d} + \boldsymbol{p}^{\mathrm{T}}\mathrm{Re}(\boldsymbol{F}^{\mathrm{H}}\boldsymbol{\Lambda}^{-1}\boldsymbol{n}) \tag{6.340}$$

因此,迫零均衡器可恢复出数据符号且无符号间干扰,但其代价是当 $\{\lambda_i\}$ 中有一个元素较小时噪声就会增强。$\boldsymbol{s}$ 的第 k 个分量为

$$s_k = GA_k d_k + n_{sk}, \quad n_{sk} = \boldsymbol{p}_k^{\mathrm{T}}\mathrm{Re}(\boldsymbol{F}^{\mathrm{H}}\boldsymbol{\Lambda}^{-1}\boldsymbol{n}) \tag{6.341}$$

由式(6.341)、式(6.339)和式(6.258),可得迫零均衡器输出的数据符号 k 的 SINR 为

$$\gamma_{sk} = \frac{2c\mathcal{E}_{sk}}{N_0}\frac{G}{\boldsymbol{p}_k^{\mathrm{T}}\boldsymbol{F}^{\mathrm{H}}|\boldsymbol{\Lambda}|^{-2}\boldsymbol{F}\boldsymbol{p}_k} \quad (\mathrm{ZF}) \tag{6.342}$$

式中:$\mathcal{E}_{sk}$是 d_k 的符号能量。噪声是高斯的,因此当做出硬判决时,符号错误概率为

$$P_{\mathrm{s}}(k) = Q\left(\sqrt{\frac{2c\mathcal{E}_{sk}}{N_0}\frac{G}{\boldsymbol{p}_k^{\mathrm{T}}\boldsymbol{F}^{\mathrm{H}}|\boldsymbol{\Lambda}|^{-2}\boldsymbol{F}\boldsymbol{p}_k}}\right) \quad (\mathrm{ZF}) \tag{6.343}$$

6.14.3 MRC 和 MMSE 均衡

MRC 均衡器可使每个数据符号的 SNR 达到最大。利用式(6.337)和式(6.339)的第一项和第三项可发现,符号 k 的 SNR 为

$$\gamma_{sk} = \frac{2c\mathcal{E}_{sk}}{N_0}\frac{[\mathrm{Re}(\boldsymbol{u}^{\mathrm{H}}\boldsymbol{m})]^2}{G\|\boldsymbol{u}\|^2} \tag{6.344}$$

向量柯西-施瓦茨不等式的应用(5.2 节)表明:

$$\mathrm{Re}(\boldsymbol{u}^{\mathrm{H}}\boldsymbol{m}) \leqslant |\boldsymbol{u}^{\mathrm{H}}\boldsymbol{m}| \leqslant \|\boldsymbol{u}\|\,\|\boldsymbol{m}\| \tag{6.345}$$

当且仅当 $\boldsymbol{u}=\eta\boldsymbol{m}$ 时等式成立，其中 η 是一个任意常数。因此，MRC 均衡器使用权重 $\boldsymbol{W}=\boldsymbol{\Lambda}^*$，提供的 SNR 为

$$\gamma_{sk}=\frac{2c\mathcal{E}_{sk}}{N_0}\frac{\boldsymbol{p}_k^{\mathrm{T}}\boldsymbol{F}^{\mathrm{H}}|\boldsymbol{\Lambda}|^2\boldsymbol{F}\boldsymbol{p}_k}{G}\quad(\mathrm{MRC})\tag{6.346}$$

对于具有总能量 $\mathcal{E}_s$、扩谱序列 $\boldsymbol{p}$ 和 MRC 均衡器的单个符号，噪声为高斯噪声；因此，当做出硬判决时，符号错误概率为

$$P_s=Q\left(\sqrt{\frac{2c\mathcal{E}_s}{N_0}\frac{\boldsymbol{p}^{\mathrm{T}}\boldsymbol{F}^{\mathrm{H}}|\boldsymbol{\Lambda}|^2\boldsymbol{F}\boldsymbol{p}}{G}}\right)\tag{6.347}$$

由于均衡器的输出要进行 IFFT，故 MMSE 均衡器或线性检测器采用对角阵 $\boldsymbol{W}$ 进行均衡，使得均方误差 $\mathrm{MSE}=E[\|\boldsymbol{W}\boldsymbol{y}-\boldsymbol{F}\boldsymbol{b}\|^2]$ 最小。若将扩谱序列的每个码片都建模为独立零均值二进制随机变量，则由此前在 MC－CDMA 系统中类似的推导方法可知，MMSE 均衡器使用式(6.309)给出的权重。因此，ZF、MRC 和 MMSE 均衡器对 MC－CDMA 系统和 DS－CDMA－FDE 系统来说性能是一样的。

6.14.4 性能分析

为了比较 MRC 和 MMSE 均衡器，通过将 N 个扩谱序列建模为满足式(6.304)的独立随机二进制序列，得到了 SINR 的一个近似但有用的通用方程。在这个模型下，式(6.337)中只有第一项的平均值是非零的，而且第一项与其他项不相关。定义实值矩阵：

$$\boldsymbol{D}=\mathrm{Re}(\boldsymbol{F}^{\mathrm{H}}\boldsymbol{W}\boldsymbol{\Lambda}\boldsymbol{F})\tag{6.348}$$

对于三个均衡器而言对角矩阵 $\boldsymbol{W}\boldsymbol{\Lambda}$ 都是实值矩阵，因此这个矩阵是对称的。由式(6.348)和式(6.250)可知：

$$\mathrm{tr}(\boldsymbol{D})=\mathrm{tr}(\boldsymbol{W}\boldsymbol{\Lambda})\tag{6.349}$$

且：

$$\sum_i D_{i,i}^2=G^{-1}[\mathrm{tr}(\boldsymbol{W}\boldsymbol{\Lambda})]^2\tag{6.350}$$

利用式(6.287)、式(6.304)和式(6.349)，可得：

$$E[s_k]=A_k d_k\mathrm{tr}(\boldsymbol{W}\boldsymbol{\Lambda})\tag{6.351}$$

s_k 的方差为

$$\mathrm{var}(s_k)=\mathrm{var}(si)+\mathrm{var}(mai)+\frac{N_0}{2}\sum_{i=0}^{G-1}|w_i|^2\tag{6.352}$$

式中：var(si)为第一项的方差，由自扰引起；var(mai)为第二项的方差，由多址干扰引起，最后一项由噪声引起。

在二进制序列模型下,除非索引是集合 $I_1=(n=m,l=i)$、$I_2=(n=l,m=i)$ 或 $I_3=(n=i,m=l)$,否则 $E[p_k(i)p_k(l)p_k(m)p_k(n)]=0$。由于:

$$\begin{aligned}I_1\cup I_2\cup I_3 &= I_1+I_2+I_3-I_1\cap I_2-I_1\cap I_3-I_2\cap I_3+I_1\cap I_2\cap I_3\\ &= I_1+I_2+I_3-2(I_1\cap I_2)\end{aligned}\tag{6.353}$$

可得:

$$\begin{aligned}\mathrm{var}(\mathrm{s}i) &= \frac{c\mathcal{E}_{sk}}{G}\{E[(\boldsymbol{p}_k^{\mathrm{H}}\boldsymbol{D}\boldsymbol{p}_k)^2]-[\mathrm{tr}(\boldsymbol{W\Lambda})]^2\}\\ &= \frac{c\mathcal{E}_{sk}}{G}\left\{E\left[\sum_{i,l,m,n}p_k(i)D_{i,l}p_k(l)p_k(m)D_{m,n}p_k(n)\right]-[\mathrm{tr}(\boldsymbol{W\Lambda})]^2\right\}\\ &= \frac{c\mathcal{E}_{sk}}{G}\left\{\sum_{i,m}D_{i,l}D_{m,n}+\sum_{i,l}D_{i,l}D_{i,l}+\sum_{i,l}D_{i,l}D_{l,i}-2\sum_{i}D_{i,i}^2-[\mathrm{tr}(\boldsymbol{W\Lambda})]^2\right\}\\ &= \frac{c\mathcal{E}_{sk}}{G}\{\mathrm{tr}(\boldsymbol{D}^2)-G^{-1}[\mathrm{tr}(\boldsymbol{W\Lambda})]^2\}\end{aligned}\tag{6.354}$$

最后的等式由 $\boldsymbol{D}$ 和式(6.350)的对称性得出。$\{\boldsymbol{p}_n\}$ 的独立性意味着它等于方差的和,可以得到:

$$\begin{aligned}\mathrm{var}(\mathrm{ma}i) &= \sum_{n=0,n\neq k}^{N-1}\frac{c\mathcal{E}_{sn}}{G}E[\{\boldsymbol{p}_k^{\mathrm{T}}\mathrm{Re}[\boldsymbol{F}^{\mathrm{H}}\boldsymbol{W\Lambda F}]\boldsymbol{p}_n\}^2]\\ &= \sum_{n=0,n\neq k}^{N-1}\frac{c\mathcal{E}_{sn}}{G}E[\boldsymbol{p}_k^{\mathrm{T}}\boldsymbol{D}\boldsymbol{p}_n\boldsymbol{p}_n^{\mathrm{T}}\boldsymbol{D}\boldsymbol{p}_k]\\ &= \frac{c\mathcal{E}_{\setminus k}}{G}E[\boldsymbol{p}_k^{\mathrm{T}}\boldsymbol{D}^2\boldsymbol{p}_k]\\ &= \frac{c\mathcal{E}_{\setminus k}}{G}\mathrm{tr}(\boldsymbol{D}^2)\end{aligned}\tag{6.355}$$

式中:第三和第四个等式利用了式(6.304);第四个等式利用了式(6.288);$\mathcal{E}_{\setminus k}$ 由式(6.313)定义。

符号 k 的 SINR 等于 $E[s_k]$ 与 $\mathrm{var}(sk)$ 的平方之比。因此,MRC 和 MMSE 均衡器的 SINR 为

$$\gamma_{sk}=\frac{\dfrac{2c\mathcal{E}_{sk}}{N_0G}[\mathrm{tr}(\boldsymbol{W\Lambda})]^2}{\dfrac{2c\mathcal{E}_{\setminus k}}{GN_0}\mathrm{tr}(\boldsymbol{D}^2)+\dfrac{2}{N_0}\mathrm{var}(\mathrm{s}i)+\sum\limits_{i=0}^{G-1}|w_i|^2}\tag{6.356}$$

上式分母中的 $\mathrm{var}(\mathrm{s}i)$ 这一项源于自扰,它在 DS-CDMA-FDE 系统中存在,但在 MC-CDMA 系统中不存在与之对应的。因此,与式(6.314)的比较表明当用户数量较少时,MC-CDMA 系统较有优势。然而当 $\mathcal{E}_{\setminus k}\gg\mathcal{E}_{sk}$ 时,这两个系统的性能几乎相同。

如果将扩谱序列建模为独立的随机二进制序列,则式(6.283)的中项是$N-1$个独立的、同分布的随机变量的和,每个变量的均值和方差都是有限的。因此,中心极限定理(见附录A.2推论A1)表明,当N较大时,s_k的分布近似为式(6.317)。

6.14.5 信道估计

实现均衡需要对向量$\boldsymbol{\lambda}$进行信道估计,它在DS-CDMA-FDE系统中可通过与MC-CDMA系统类似的方法实现。令$\boldsymbol{b}_a=[b_{a0}\quad b_{a1}\quad\cdots\quad b_{a,G-1}]^{\mathrm{T}}$表示在某个符号块中由二进制导频码片构成的已知$G\times 1$维向量;令$\boldsymbol{x}_a=\boldsymbol{F}\boldsymbol{b}_a=[x_{a0}\quad x_{a1}\quad\cdots\quad x_{a,G-1}]^{\mathrm{T}}$表示相应的$G\times 1$维离散傅里叶变换向量;令$\boldsymbol{X}$表示一个$G\times G$维的对角矩阵,其对角元素为

$$X_{ii}=x_{ai}^{*}/|x_{ai}|^{2},\quad i=0,1,\cdots,G-1 \tag{6.357}$$

当$\boldsymbol{b}_a$为接收向量时,均衡器输入端的FFT输出向量为

$$\begin{aligned} r(t)&=\alpha(t)\mathrm{e}^{\mathrm{j}\theta(t)}\boldsymbol{y}=\boldsymbol{F}\boldsymbol{H}\boldsymbol{b}_a+\boldsymbol{n}\\ &=\boldsymbol{\Lambda}\boldsymbol{F}\boldsymbol{b}_a+\boldsymbol{n}\\ &=\boldsymbol{\Lambda}\boldsymbol{x}_a+\boldsymbol{n}\end{aligned} \tag{6.358}$$

式中:$E[\boldsymbol{n}\boldsymbol{n}^{\mathrm{H}}]=N_0\mathbf{1}$。

向量$\boldsymbol{\lambda}$可以估计为$\boldsymbol{X}\boldsymbol{y}$,但噪声可以通过首先估计$\boldsymbol{h}$来消除,因为$\boldsymbol{h}$最多有$m$个非零分量。$\boldsymbol{h}$的粗略估计为$G\times 1$维矩阵:

$$\hat{\boldsymbol{h}}_r=G^{-1/2}\boldsymbol{F}\boldsymbol{X}\boldsymbol{y} \tag{6.359}$$

最后的$G-m-1$个分量的精确估计量为零,则:

$$\hat{\boldsymbol{h}}=\boldsymbol{I}_{m+1}\hat{\boldsymbol{h}}_r \tag{6.360}$$

式中:$\boldsymbol{I}_{m+1}$为$G\times G$维对角线矩阵,其前$m+1$个对角线值为1其余对角线值为0。$\boldsymbol{\lambda}$的精确估计量是:

$$\begin{aligned}\hat{\boldsymbol{\lambda}}&=G^{1/2}\boldsymbol{F}^{\mathrm{H}}\hat{\boldsymbol{h}}\\ &=\boldsymbol{F}^{\mathrm{H}}\boldsymbol{I}_{m+1}\boldsymbol{F}\boldsymbol{X}\boldsymbol{y}\end{aligned} \tag{6.361}$$

式中的$G\times G$维矩阵$\boldsymbol{F}^{\mathrm{H}}\boldsymbol{I}_{m+1}\boldsymbol{F}\boldsymbol{X}$可存储于接收机中。将式(6.358)、式(6.271)和式(6.272)代入式(6.362)可得:

$$\hat{\boldsymbol{\lambda}}=\boldsymbol{\lambda}+\boldsymbol{n}_{\mathrm{e}} \tag{6.362}$$

式中:$\boldsymbol{n}_{\mathrm{e}}=\boldsymbol{F}^{\mathrm{H}}\boldsymbol{I}_{m+1}\boldsymbol{F}\boldsymbol{X}\boldsymbol{n}$。$\boldsymbol{n}_{\mathrm{e}}$的协方差矩阵由式(6.326)给出,总噪声功率由式(6.327)给出。因此,对多径时延扩展的认知使式(6.361)中的信道估计器能够将总噪声功率降低因子$(m+1)/G$。

6.14.6 比较

仿真及数值计算结果表明,当采用相同的均衡器时,DS-CDMA-FDE系统与MC-CDMA系统性能几乎相同[14-15]。这两个系统都受益于联合使用天线分集和均衡,但它们的性能改善情况取决于离散傅里叶变换的精度。

尽管采用MRC的FDE本质上是频域的Rake合并,但二者在实际应用上还是有所不同。当信道的频率选择特性增加时,有较大功率的路径也随之增加,因而所需的Rake支路数也相应增加。相比之下,FDE的实现复杂度与信道的频率选择特性无关。当不满足式(6.311)时,仿真结果表明采用MMSE的FDE性能通常比采用MRC的FDE好得多。

6.15 思考题

1. 给出式(6.43)的另外一种推导方式。注意到在频段$[f,f+df]$内接收到的多普勒总功率$S_r(f)|df|$,与由$f_d\cos\theta=f$确定的到达角相关。对$|\theta|\leqslant\pi$,有$S_r(f)|df|=P(\theta)|d\theta|+P(-\theta)|d\theta|$,其中$P(\theta)$为以$\theta$角到达的功率谱密度。假设接收功率在整个$|\theta|\leqslant\pi$范围内均匀分布。

2. 用数学归纳法证明式(6.113)的右边等于式(6.112)的右边。

3. 使用泰勒级数展开计算当$\bar{\gamma}\gg 1$时独立瑞利衰落$P_b(L)$与完全相关瑞利衰落$P_b^{cc}(L)$的比值。观察这个比值与$\bar{\gamma}^{-L+1}$成正比,这清楚地表明,当$\bar{\gamma}$足够大时,完全相关衰落系统与独立衰落系统之间的性能差异很大。

4. 为式(6.147)中的常数C导出明确的计算公式,该常数与传输的正交信号无关。

5. 用数学归纳法证明式(6.165)的第四个等式。

6. 有三个多径分量到达直扩接收机,接收机相对发射机以30m/s的速度运动。第二和第三个多径分量的传播路径长度分别比第一多径分量多出200m和250m。

(1)如果码片速率等于接收信号的带宽,若想分辨出所有多径分量则至少需要多大的码片速率?

(2)令t_e表示估计出一个多径分量相对时延所需的时间,令v表示接收机相对于发射机的相对角速度,则vt_e/c为在估计过程中产生的时延变化量,其中c为光速,那么接收机可为多径分量时延的估计分配多长时间?

7. 考虑采用双重Rake合并及瑞利衰落的情况。比较采用BPSK调制与

MRC 和采用两个非相干正交信号与 EGC 这两种情况，分别推导 $\gamma_1 \gg 1 \gg \gamma_2$ 时的 $P_b(2)$ 近似方程。说明采用 BPSK 调制与 MRC 比采用非相干正交信号与 EGC 具有超过 6dB 的能量优势。

8. 考虑采用双重 Rake 合并及瑞利衰落的情况。

(1) 对于两个非相干正交信号与 EGC，找出 $\bar{\gamma}_2$ 的下界以使 $P_s(2) \leq P_s(1)$。

(2) 当 $\gamma_2 = 0$ 时，$P_s(2) = P_s(1)$ 对于 MRC 成立，对于非相干合并却不成立，其物理原因何在？

9. 证明 $\boldsymbol{H}$ 的特征值由式(6.269)计算。

10. 考虑一个每个数据符号有 $G=8$ 个码片且在 $\boldsymbol{h} = \sqrt{4/5}[1 \quad 0 \quad 0.5]^{\mathrm{T}}$ 的信道中传输的 MC – CDMA 系统。

(1) 计算 $\boldsymbol{F}$ 的特征值，通过检验它们幅度的大小来评估信道的频率选择性。

(2) 根据 $x = c\mathcal{E}_{sk}/N_0$ 与 $y = c\mathcal{E}_t/N_0$ 估计 MRC 均衡器与时域 ZF 均衡器的 γ_{sk}。当 y 作为 x 的函数其最大值为多少时 MRC 均衡器的性能超过 ZF 均衡器？

11. 比较采用时域均衡器的 MC – CDMA 系统与只有一个信号的 MC – CDMA 系统的性能。应用柯西 – 施瓦兹不等式说明迫零均衡器的 SINR 要小于或等于 MRC 均衡器的 SINR。

12. MC – CDMA 系统接收到 $m = G$ 个相等的多径分量，因此 $h_i = 1/\sqrt{G}, 0 \leq i \leq G-1$。三个均衡器中哪一个提供了最大的 SINR？

13. 当每个均衡器都只接收一个多径分量时，比较 MC – CDMA 和 DS – CDMA – FDE 系统的所有三个均衡器的 SINR。对于 $h_0 = 1/\sqrt{G}$，且 $h_i = 0, 0 \leq i \leq G-1$，哪个均衡器提供了最大的 SINR？

14. 证明具有 MMSE 均衡器的 DS – CDMA – FDE 系统使用了式(6.309)给出的权值。

参考文献

[1] C. Phillips, D. Sicker, and D. Grunwald, "A Survey of Wireless Path Loss Prediction and Coverage Mapping Methods," *IEEE Trans. Commun. Surveys Tut.*, vol. 15, pp. 255 – 270, first quarter, 2013.

[2] M. K. Simon and M. – S. Alouini, *Digital Communication over Fading Channels*, *2nd ed.*, Wiley, 2004.

[3] G. Stuber, *Principles of Mobile Communication*, *4th ed.*, Springer, 2017.

[4] J. G. Proakis and M. Salehi, *Digital Communications*, *5th ed.*, McGraw – Hill, 2008.

[5] J. R. Barry, E. A. Lee, and D. G. Messerschmitt, *Digital Communication*, *3rd ed.*, Kluwer Academic, 2004.

[6] R. A. Soni and R. M. Buehrer, "On the Performance of Open – Loop Transmit Diversity Techniques for IS – 2000 Systems: A Comparative Study," *IEEE Trans. Wireless Commun.*, vol. 3, pp. 1602 – 1615, Sept. 2004.

[7] E. G. Larsson and P. Stoica, *Space – Time Block Coding for Wireless Communications*, Cambridge Univ. Press, 2003.

[8] B. S. Tan, K. H. Li, and K. C. Teh, "Transmit Antenna Selection Systems," *IEEE Vehicular Technol. Mag.*, vol. 8, pp. 104 – 112, Sept. 2013.

[9] K. Higuchi et al., "Experimental Evaluation of Combined Effect of Coherent Rake Combining and SIR – Based Fast Transmit Power Control for Reverse Link of DS – CDMA Mobile Radio," *IEEE J. Select. Areas Commun.*, vol. 18, pp. 1526 – 1535, Aug. 2000.

[10] S. Tanaka, A. Harada, and F. Adachi, "Experiments on Coherent Adaptive Antenna Array Diversity for Wideband DS – CDMA Mobile Radio," *IEEE J. Select. Areas Commun.*, vol. 18, pp. 1495 – 1504, Aug. 2000.

[11] L. L. Yang and L. Hanzo, "Serial Acquisition Performance of Single – Carrier and Multicarrier DS – CDMA over Nakagami – m Fading Channels," *IEEE Trans. Wireless Commun.*, vol. 1, pp. 692 – 702, Oct. 2002.

[12] T. T. Ha, *Theory and Design of Digital Communication Systems*, Cambridge Univ. Press, 2011.

[13] Y. Rahmatallah and S. Mohan, Member, "Peak – To – Average Power Ratio Reduction in OFDM Systems: A Survey And Taxonomy," *IEEE Commun. Surveys Tut.*, vol. 15, pp. 1567 – 1592, fourth quarter, 2013.

[14] F. Adachi, D. Garg, S. Takaoka, and K. Takeda, "Broadband CDMA Techniques," *IEEE Wireless Commun.*, vol. 44, pp. 8 – 18, April 2005.

[15] F. Adachi and K. Takeda, "Bit Error Rate Analysis of DS – CDMA with Joint Frequency – Domain Equalization and Antenna Diversity Combining," *IEICE Trans. Commun.*, vol. E87 – B, pp. 2291 – 3001, Oct. 2004.

第 7 章

码分多址接入

多址接入是指多用户共享公共传输媒质并相互进行通信的能力。若发射信号是正交的或在某种意义上是可分离的，则可易于实现无线多址通信。信号可通过时域(时分多址(Time - Division Multiple Access, TDMA))、频域(频分多址(Frequency - Division Multiple Access, FDMA))或码域(码分多址(Code - Division Multiple Access, CDMA))来区分。本章直接介绍直接序列 CDMA(Direct - Sequence CDMA, DS - CDMA)和跳频 CDMA(Frequency - Hopping CDMA, FH - CDMA)系统的一般特性。CDMA 通过扩谱调制来实现多个用户在同一频段上同时传输信号。虽然所有信号都使用分配到的全部频谱，但扩谱序列或跳频图案却各不相同。信息论表明，对于一个孤立的小区，仅当采用最优多用户检测时，CDMA 系统才能达到与 TDMA 或 FDMA 系统相同的频谱效率。但对于移动通信网络来说，即使采用单用户检测，CDMA 也很有优势。它无须在小区间协调频率和时隙，允许载波频率在相邻小区间复用，且对用户数量的上限没有严格要求，并具有抗干扰和抗截获能力。在本章中，描述和评估了扩频多用户检测器的巨大潜力和实际困难，如最优、去相关、最小均方误差或自适应检测器。确定了直接序列多输入多输出与空间复用或波束成形的权衡和设计问题。

7.1 信息论的应用

信息论可提供一种方法来确定不同多址接入系统的潜在优势和折中点。其主要结果来自于信道容量的计算。对于噪声方差为 $\mathcal{N}$，功率限制为 $\mathcal{P}$ 的加性高斯白噪声(Additive White Gaussian Noise, AWGN)信道，其信道容量可定义为在所有可能源码或输入符号分布函数中的最大平均互信息量 $I(X;Y)$ 值。对于具有连续分布、实输入输出符号的一维 AWGN 信道，信息论[1]的基本结论是输入符号的最优分布为高斯分布，且其一维信道容量：

$$C = \frac{1}{2}\log_2\left(1 + \frac{\mathcal{P}}{\mathcal{N}}\right) \tag{7.1}$$

单位为比特/信道。对于功率受限且码率为 $\mathcal{R}$ 的 AWGN 信道，若 $\mathcal{R} \leqslant C$，则存在

着最大误码率趋向于零的序列码。

对于具有连续分布、复值输入输出符号的二维 AWGN 信道,符号的实部和虚部都受功率为 $\mathcal{N}$ 的独立高斯噪声的影响。此时,信道容量是实部和虚部的容量之和。如果将符号总功率 $\mathcal{P}$ 平均分配给实部和虚部,则信道容量最大化,故二维信道容量:

$$\mathcal{C}=\log_2\left(1+\frac{\mathcal{P}}{2\mathcal{N}}\right) \tag{7.2}$$

若总噪声功率为 $2\mathcal{N}$,那么二维信道的信噪比(Signal - to - Noise Ratio, SNR)为 $\mathcal{P}/2\mathcal{N}$。因此,二维 AWGN 信道支持的最大速率 $\mathcal{R}$ 为$\log_2(1+\mathrm{SNR})$。

考虑一个带宽受限于单边带宽 WHz 的 AWGN 信道,噪声的双边功率谱密度(Power Spectral Density, PSD)为 $N_0/2$,则噪声功率为 $\mathcal{N}=N_0W$。根据采样定理(见附录 D.4),带限信号完全由采样速率为 $1/2W$ 的采样信号确定。噪声的自相关函数可由其 PSD 计算得出,可知每个采样噪声都是独立同分布的高斯随机变量。因为信道能以每秒 $2W$ 次被独立地使用,因此,由式(7.1)可知一维信道容量:

$$C=W\log_2\left(1+\frac{\mathcal{P}}{N_0W}\right) \tag{7.3}$$

单位为比特每秒,同样,由式(7.2)可知二维信道容量:

$$C=2W\log_2\left(1+\frac{\mathcal{P}}{2N_0W}\right) \tag{7.4}$$

单位为比特每秒。

假设二维 AWGN 多址信道有 m 个用户,功率分别为 $\mathcal{P}_1,\mathcal{P}_2,\cdots,\mathcal{P}_m$,接收机的噪声功率为 $\mathcal{N}=N_0W$。其分析与结果与一维 AWGN 多址信道类似。定义:

$$C(x)=2\log_2(1+x) \tag{7.5}$$

信息论表明,若要在接收机得到低误码率,则单位为比特/秒的信源码率 $\mathcal{R}_1,\mathcal{R}_2,\cdots,\mathcal{R}_\mathrm{m}$ 需满足不等式[1]:

$$\mathcal{R}_i\leqslant WC\left(\frac{\mathcal{P}_i}{2N_0W}\right) \tag{7.6}$$

当 $i=1,2,\cdots,m$,有:

$$\sum_{i\in S}\mathcal{R}_i\leqslant WC\left(\frac{\sum_{i\in S}\mathcal{P}_i}{2N_0W}\right) \tag{7.7}$$

式中:S 是 m 个用户的 m 个源码的任意子集。从单个速率的上限得出不等式(7.6),即使在其他用户没有造成干扰时也适用。不等式(7.7)表明速率之和不能超过接收功率为 m 个用户功率之和的单一码率。不等式(7.6)和式(7.7)

限制了速率 $\mathcal{R}_1,\mathcal{R}_2,\cdots,\mathcal{R}_m$ 到 m 维速率超空间内的有界区域。由于不等式(7.7),并非所有单个速率都能达到式(7.6)的上限,究其根本原因是用户之间不可避免的相互干扰。

假设所有 m 个用户相互合作,同时向一个单接收机发射他们的信号,S 包含了所有 m 个源码,并假设干扰信号可建模为 AWGN。一个多用户检测器需联合解调和译码所有接收到的信号。速率超空间边界上的点可以通过执行连续干扰消除的多级译码过程来实现。在初始阶段,代码 1 被译码,其余 $j>1$ 的各个码都视为 AWGN 噪声。那么,如果:

$$\mathcal{R}_1 = WC\left(\frac{\mathcal{P}_1}{\sum\limits_{i\in S,i\neq 1}\mathcal{P}_i + 2N_0W}\right) \tag{7.8}$$

式(7.6)表明代码 1 的错误概率很低。

在从接收信号中减去代码 1 之后,如果式(7.6)满足 $i=2,3,\cdots,m$ 和

$$\begin{aligned}\sum_{i\in S,i\neq 1}\mathcal{R}_i &= \sum_{i\in S}\mathcal{R}_i - \mathcal{R}_1\\ &\leqslant WC\left(\frac{\sum\limits_{i\in S}\mathcal{P}_i}{2N_0W}\right) - WC\left(\frac{\mathcal{P}_1}{\sum\limits_{i\in S,i\neq 1}\mathcal{P}_i + 2N_0W}\right)\end{aligned} \tag{7.9}$$

则可以以低错误概率提取剩余代码。

将式(7.5)代入式(7.9)可以发现:

$$\sum_{i\in S,i\neq 1}\mathcal{R}_i \leqslant WC\left(\frac{\sum\limits_{i\in S,i\neq 1}\mathcal{P}_i}{2N_0W}\right) \tag{7.10}$$

后续干扰消除的其他阶段以类似方式进行。因此,如果码率被适当限制,多用户检测器可以提供低错误概率。

单用户检测器或常规检测器忽略干扰信号的存在并且不执行连续的干扰消除。干扰信号被建模为额外的高斯噪声。因此,如果 S 包括所有 m 个源代码,则源代码的比率为

$$\mathcal{R}_i \leqslant WC\left(\frac{\mathcal{P}_i}{\sum\limits_{j\in S,j\neq i}\mathcal{P}_j + 2N_0W}\right) \tag{7.11}$$

对于 $i=1,2,\cdots,m$。通常,传统检测器比多用户检测器限制码率更多。例如,如果所有 m 个源具有相同的功率 $\mathcal{P}$ 和速率 $\mathcal{R}$,则式(7.11)意味着传统检测器需要:

$$\mathcal{R}\leqslant WC\left(\frac{\mathcal{P}}{(m-1)\mathcal{P}+2N_0W}\right) \tag{7.12}$$

而式(7.7)意味着多用户检测器需要:

$$\mathcal{R} \leqslant \frac{W}{m} C\left(\frac{m\mathcal{P}}{2N_0 W}\right) \tag{7.13}$$

不等式(7.13)可直接应用到一个所有 m 个用户有着同样功率 $\mathcal{P}$ 和速率 $\mathcal{R}$ 的 DS－CDMA 网络。在一个时隙均等、所有用户速率均为 $\mathcal{R}$ 的 TDMA 网络中，每个用户在分配到的时隙里以功率 $m\mathcal{P}$ 占用 $1/m$ 的时隙时间进行传输，在其余时间静默。因此，$\mathcal{R}$ 必须满足不等式(7.13)。

在所有用户都具有相等频带带宽 W/m、相同速率 $\mathcal{R}$ 的 FDMA 网络中，每个用户可在不同的信道以功率 $\mathcal{P}$ 同时传输数据。由于每个信道带宽均为 W/m，所以每个用户接收到的噪声功率均为 $2N_0W/m$，式(7.6)表明速率 $\mathcal{R}$ 必须满足不等式(7.13)。考虑一个信道带宽都为 W/m 的 FH－CDMA 网络，我们假设所有用户以功率 $\mathcal{P}$ 传输，但采用同步的跳频图案以使在同一信道上不发生碰撞。在此条件下，FH－CDMA 网络等同于一个频谱分配周期变化的 FDMA 网络，则 $\mathcal{R}$ 必须满足不等式(7.13)。

以上结果表明 FDMA、TDMA、DS－CDMA 以及 FH－CDMA 网络可达到的码率都有相同的上界，但后 3 个网络有着严重的应用限制。TDMA 网络无法增加功率 mP 超过其能承受的传输功率峰值。DS－CDMA 网络必须使用多用户检测才能应用不等式(7.13)，否则，要实现低错误概率，则码率需要满足更严格的不等式(7.12)。FH－CDMA 网络则只有在正交跳频图案下的同步传输时，才能确保没有碰撞发生。

在频率选择性衰落条件下，一个有竞争力且常用于替代 DS－CDMA 的技术是正交频分复用(Orthogonal Frequency－Division Multiplexing，OFDM)技术。该技术使用比传统 FDMA 更小的频率间隔的正交子载波。OFDM 通过具有平坦衰落的并行窄带信道传输代码符号，其平坦衰落易被均衡。在 OFDM 系统中，通过选择符号宽度明显大于信道色散时间，并使用循环前缀，可避免符号间互扰。随着数据符号宽度的减小，OFDM 能添加更多的子载波，并保持整个 OFDM 符号的时宽不变。OFDM 需要循环前缀是它的一个缺点，循环前缀会降低频谱效率和对峰均功率比的敏感性。

7.2 DS－CDMA 的扩谱序列

周期为 N 的复值或者多项序列的周期自相关函数定义为

$$\theta_p(l) = \frac{1}{N}\sum_{n=0}^{N-1} p_n p_{n+l}^* \tag{7.14}$$

式中：p_n 为多径序列的第 n 个分量，星号表示复共轭。具有相同周期 N 的复值

或多项序列 $\boldsymbol{p}$ 和 $\boldsymbol{q}$ 的周期互相关函数定义为

$$\theta_{pq}(l) = \frac{1}{N}\sum_{n=0}^{N-1} p_n q_{n+l}^* = \frac{1}{N}\sum_{n=0}^{N-1} p_{n-l} q_n^* \tag{7.15}$$

若 $\theta_{pq}(0)=0$,则两个序列是正交的。

令 $\boldsymbol{a}=(\cdots,a_0,a_1,\cdots)$ 和 $\boldsymbol{b}=(\cdots,b_0,b_1,\cdots)$ 表示 GF(2) 域上的二进制序列。将序列 $\boldsymbol{a}$ 和 $\boldsymbol{b}$ 通过如下变换分别映射为元素为 $\{-1,+1\}$ 的双极性序列 $\boldsymbol{p}$ 和 $\boldsymbol{q}$:

$$p_i = (-1)^{a_i+1}, \quad q_i = (-1)^{b_i+1} \tag{7.16}$$

映射后,式(7.14)定义了周期为 N 的二进制序列的周期自相关函数。具有相同周期 N 的二进制序列 $\boldsymbol{a}$ 和 $\boldsymbol{b}$ 的周期互相关函数定义为双极性序列 $\boldsymbol{p}$ 和 $\boldsymbol{q}$ 的周期互相关函数,即式(7.15)。将式(7.16)代入式(7.15)则得到 $\boldsymbol{a}$ 和 $\boldsymbol{b}$ 的周期互相关函数为

$$\theta_{pq}(l) = \frac{A_l - D_l}{N} \tag{7.17}$$

式中:A_l 表示 $\boldsymbol{b}$ 与平移后的序列 $\boldsymbol{a}(l)$ 对应元素一致的数量;D_l 表示不一致的数量。

7.2.1 正交序列

要建立 N 个长度为 N、元素为 $\{-1,+1\}$ 的正交序列,首先需要确定可构造序列的 N 值。式(7.17)表明 N 必须为偶数。进一步发掘必要条件可发现,假设 N 个正交序列可表示成一个 $N\times N$ 的矩阵 $\boldsymbol{H}$ 的行,矩阵内元素值为 $+1$ 或 -1。$\boldsymbol{H}$ 行或列互换、一行或一列乘以 -1 都不会改变正交性。通过对那些第一行为 -1 的列乘以 -1,可得第一行所有元素值为 $+1$ 的矩阵 $\boldsymbol{H}$。正交条件要求剩下的 $N-1$ 行必须有 $N/2$ 个元素值为 $+1$,$N/2$ 个元素值为 -1。通过适当的列互换,可让第二行前 $N/2$ 个元素值为 $+1$,后 $N/2$ 个元素值为 -1。若 $N\geqslant 4$,且第三行前 $N/2$ 个元素中有 α 个为 $+1$,后 $N/2$ 个元素有 $N/2-\alpha$ 个值为 $+1$,则由第二、三行正交性可得,$\alpha=N/2-\alpha$,即 $\alpha=N/4$。由于 α 必须是整数,故 N 必须能被 4 整除。故存在长度为 N 的 N 个正交序列的必要条件是 $N=2$ 或 N 是 4 的倍数。

该条件为必要非充分条件。然而可通过具体步骤建立起具有正交行的 $2^n\times 2^n$ 维矩阵($n\geqslant 1$)。两个长度为 2 的二进制序列,若每个序列由如下的 2×2 维矩阵中的一行描述,则这两个二进制序列相互正交:

$$\boldsymbol{H}_1 = \begin{bmatrix} +1 & +1 \\ +1 & -1 \end{bmatrix} \tag{7.18}$$

2^n 个长度为 2^n 的正交序列组成的集合可通过以下矩阵的行得到：

$$\boldsymbol{H}_n = \begin{bmatrix} \boldsymbol{H}_{n-1} & \boldsymbol{H}_{n-1} \\ \boldsymbol{H}_{n-1} & \bar{\boldsymbol{H}}_{n-1} \end{bmatrix}, \quad n \geqslant 2 \tag{7.19}$$

式中：$\bar{\boldsymbol{H}}_{n-1}$是 $\boldsymbol{H}_{n-1}$的互补矩阵，即通过将 +1 和 −1 分别用 −1 和 +1 替换得到，且 $\boldsymbol{H}_1$ 由式(7.18)定义。$\boldsymbol{H}_n$ 中的任意两行都有 2^{n-1}列不同，所以保证了相应序列的正交性。$2^n \times 2^n$ 维矩阵 $\boldsymbol{H}_n$ 被称作 Hadamard 矩阵，可用来产生 2^n 个用于同步直扩通信的正交扩谱序列。由 Hadamard 矩阵产生的正交序列被称作 Walsh 序列。

多速率 CDMA 系统用于 CDMA2000 和宽带码分多址接入(Wideband CDMA，WCDMA)的多媒体应用，针对不同的业务和用户具有不同的码元速率。可以使用重复码、码穿孔或 7.9 节中描述的多码方法来调节码元速率。适应不同码元速率的另一种方式是维持所有用户的码片速率，从而维持带宽，同时根据码元速率改变扩展因子。尽管扩展因子不同，但扩展序列彼此正交。被称作正交可变扩谱因子(Orthogonal Variable − Spreading − Factor，OVSF)码的正交序列树形集可采用递归方式产生，该正交序列能够使接收机完全避免用户之间的多址干扰[2]。

令 $\boldsymbol{C}_N(n)$ 表示扩谱因子为 N 的第 n 个正交可变扩频序列的行向量，式中 $n = 1, 2, \cdots, N, N = 2^k$，$k$ 为非负整数。码片长度为 N 的 N 个序列的集合可通过码片长度为 $N/2$ 的 $N/2$ 个序列的集合级联得到：

$$\begin{aligned} \boldsymbol{C}_N(1) &= [\boldsymbol{C}_{N/2}(1)\boldsymbol{C}_{N/2}(1)] \\ \boldsymbol{C}_N(2) &= [\boldsymbol{C}_{N/2}(1)\,\bar{\boldsymbol{C}}_{N/2}(1)] \\ &\vdots \\ \boldsymbol{C}_N(N-1) &= [\boldsymbol{C}_{N/2}(N/2)\boldsymbol{C}_{N/2}(N/2)] \\ \boldsymbol{C}_N(N) &= [\boldsymbol{C}_{N/2}(N/2)\,\bar{\boldsymbol{C}}_{N/2}(N/2)] \end{aligned} \tag{7.20}$$

例如，$\boldsymbol{C}_{16}(4)$可通过 $\boldsymbol{C}_8(2)$和$\bar{\boldsymbol{C}}_8(2)$级联得到，因此每个数据符号的码片数都被加倍至16。用于递归产生一个更长序列的序列称作该长序列的母码。式(7.20)表明，所有码片长度为 N 的序列都是相互正交的，且这些序列组成一个正交的 Walsh 序列集。

令 R 表示长度为 N 的 OVSF 序列所能支持的码元速率。当扩谱因子从 N 减到 1 时，由于码片速率保持不变，相应的码元速率则从 R 增至 NR。图 7.1 描述了序列层级的树形结构。

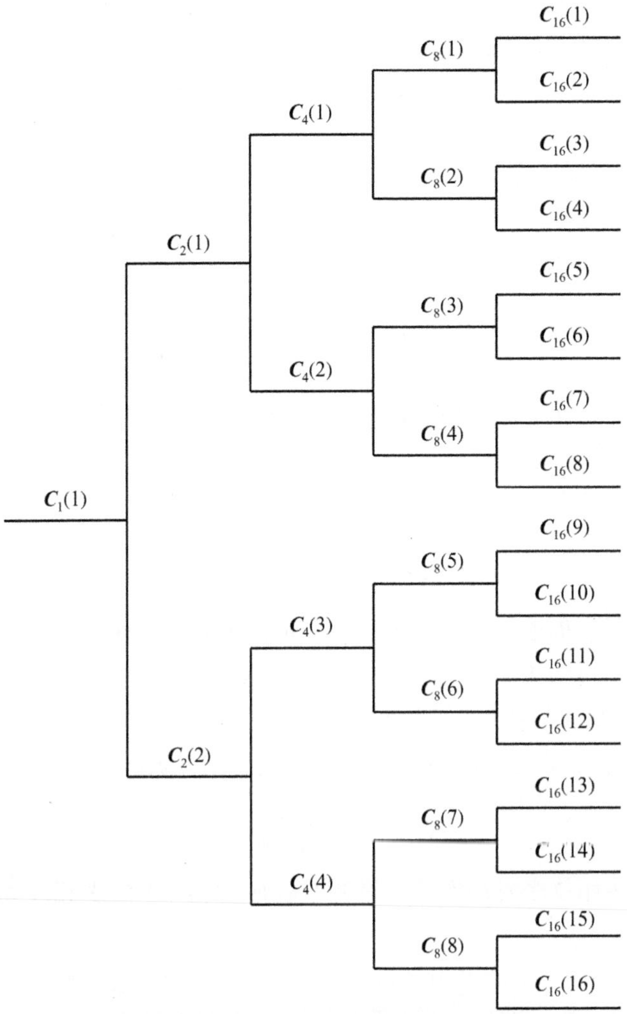

图 7.1　正交可变扩谱因子码的树形结构图

除自身的母码外，每个 $\boldsymbol{C}_N(n)$ 与所有序列 $\boldsymbol{C}_{N/2}(n')$，$\boldsymbol{C}_{N/4}(n'')$，…的级联以及它们的互补序列正交。例如，$\boldsymbol{C}_{16}(3)$ 不与它的母码 $\boldsymbol{C}_8(2)$、$\boldsymbol{C}_4(1)$ 和 $\boldsymbol{C}_2(1)$ 正交。若 $\boldsymbol{C}_8(3)$ 分配给了一个码元速率是另一个用户（该用户采用码片长度为 16 的序列）码元速率两倍的用户，则源于 $\boldsymbol{C}_8(3)$ 的序列 $\boldsymbol{C}_{16}(5)$ 和 $\boldsymbol{C}_{16}(6)$ 就不能再分配给其他码元速率较低的用户，而 $\boldsymbol{C}_8(3)$ 的母码也不能分配给码元速率更高的其他用户。

应用 OVSF 码的多速率 DS－CDMA 系统的多速率容量是系统可容纳的最大码元速率。实现这种多速率容量可能需要高码率用户以高功率传输以补偿低扩展因子。即使系统有足够的容量接受一些新的码率请求，父节点和子节点的不可用性或阻塞可能会导致它们被拒绝,因此,这样就浪费了潜在的容量。容量浪费和速率匹配不灵活的另一来源是码元速率的量化和扩谱因子必须是2的幂。人们提出了许多码分配方法来减少甚至消除容量浪费[3]。多速率DS-CDMA系统的一个基本限制是由于需要多个RAKE解调器而导致的实现复杂性,每个RAKE解调器响应不同的扩展序列。

7.2.2 多相序列

在DS-CDMA网络中,四进制直扩序列系统可以使用复杂的二进制扩频序列(见2.5节),这些扩频序列是短二进制序列对。直扩序列系统的替代方案,可考虑那些不是由标准二进制序列派生而来却有着较好周期相关函数的复值多相位序列。

多相位序列符号是1的第q个复数根的幂,即

$$\Omega = \exp\left(\mathrm{j}\frac{2\pi}{q}\right) \tag{7.21}$$

式中:$\mathrm{j}=\sqrt{-1}$。周期N的复扩谱序列或特征序列$\boldsymbol{p}$的符号为

$$p_i = \Omega^{a_i}\mathrm{e}^{\mathrm{j}\phi},\quad a_i \in Z_q = \{0,1,2,\cdots,q-1\},\quad i=1,2,\cdots,N \tag{7.22}$$

式中:Z_q为一组实值指数;ϕ为任意相位,可根据方便来选取。若p_i由指数a_i确定,q_i由指数b_i确定,则序列p和q的周期互相关函数为

$$\theta_{pq}(k) = \frac{1}{N}\sum_{i=0}^{N-1}\Omega^{a_i-b_i} \tag{7.23}$$

$q=2$的多相位序列是实值二进制对极序列,$q=4$的多相序列是复值四元序列。

周期为$N=2^m-1$的多相序列族中的序列可由具有非线性反馈的移位寄存器生成。反馈系数$\{c_i\}$由特征多项式决定,该多项式定义为

$$f(x) = 1 + \sum_{i=1}^{m} c_i x^i,\quad c_i \in Zq,\quad c_m = 1 \tag{7.24}$$

移位寄存器输出序列$\{a_i\}$满足式(2.20)所示的线性递归关系。每个输出符号$a_i \in Z_4$可由式(7.22)转化成p_i。

例如,$m=3$,且周期$N=7$的四元序列族具有特征多项式$f(x)=1+2x+3x^2+x^3$。产生这一族序列的反馈移位寄存器如图7.2(a)所示,其中所有运算都是模4的。具体产生的序列如图7.2(b)所示。

通过将移位寄存器初始化为任意非零状态,然后在整个周期$N=2^m-1$上对移位寄存器进行循环,就会产生不同的序列。由于移位寄存器有4^m-1个非

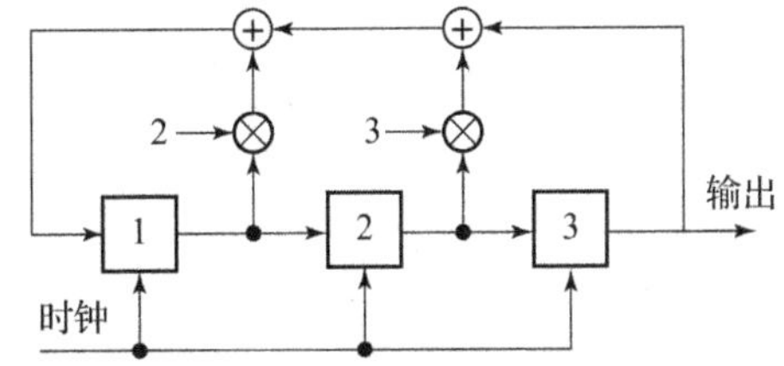

(a) 四进制序列的反馈移位寄存器

移位	内容		
	第1级	第2级	第3级
初始	0	0	1
1	1	0	0
2	2	1	0
3	3	2	1
4	1	3	2
5	1	1	3
6	0	1	1
7	0	0	1

(b) 连续移位后的寄存器内容

图 7.2　四进制序列的反馈移位寄存器和连续移位后的寄存器内容

零状态，因此在该序列族中有 $M=(4^m-1)/(2^m-1)=2^m+1$ 个不同的循环序列。序列族中的每个循环不同的序列可以用任意非零三元数组加载移位寄存器来获得，该三元数组必须是在产生序列族中其他任何成员序列时都未曾使用过。

多相扩频序列乘以复值码序列从而产生传输序列。2.5 节中的图 2.22 描述了传输四进制序列中一个码片的生成过程。图 2.23 描述了在复变量下的接收机。四进制序列确保了接收机的同相和正交支路功率的平衡，其限制了峰 - 均功率的波动。

由于多相序列具有比二进制序列对更好的周期自相关和互相关函数，它们在码同步系统中提供了潜在的优势（见第 4 章）。但是在异步 DS - CDMA 网络中，由于系统性能是由非周期自相关和互相关函数决定的，多相序列不能提供显著降低的错误概率[4-5]。

7.2.3　Welch 边界

对于长度为 N 的 M 个周期双相序列集 S，令 θ_{max} 为周期互相关或自相关函数的峰值幅度：

$$\theta_{\max} = \max\{|\theta_{pq}(k)|:0 \leqslant k \leqslant N-1;\boldsymbol{p},\boldsymbol{q} \in S;\boldsymbol{p} \neq \boldsymbol{q} \text{ 或 } k \neq 0\} \tag{7.25}$$

定理 1

长度为 N 的 M 个周期多相序列集 S 有：

$$\theta_{\max} \geqslant \sqrt{\frac{M-1}{MN-1}} \tag{7.26}$$

证明：

考虑一个含有 MN 个序列 $\boldsymbol{p}_i(i=1,2,\cdots,MN)$ 的扩展集 S_e，它由 S 中每个序列的 N 个不同的序列平移构成。在 S_e 中序列 $\boldsymbol{p}_i$ 和 $\boldsymbol{p}_l$ 的周期互相关函数是：

$$\psi_{i,l} = \frac{1}{N}\sum_{n=1}^{N} p_{i,n}p_{l,n}^{*} \tag{7.27}$$

且

$$\theta_{\max} = \max\{|\psi_{i,l}|:\boldsymbol{p}_i \in S_e,\boldsymbol{p}_l \in S_e,i \neq l\}$$

定义双重求和为

$$Z = \sum_{i=1}^{MN}\sum_{l=1}^{MN}\psi_{i,l}^{2} \tag{7.28}$$

分离 $\psi_{i,i}=1$ 的 MN 项，并对剩余的 $MN(MN-1)$ 项取上界得到：

$$Z \leqslant MN + MN(MN-1)\theta_{\max}^{2} \tag{7.29}$$

将式(7.27)代入式(7.28)，交换求和顺序，并忽略 $m \neq n$ 的项，可得：

$$\begin{aligned} Z &= \frac{1}{N^2}\sum_{n=1}^{N}\sum_{m=1}^{N}\sum_{i=1}^{MN}p_{i,n}p_{i,m}^{*}\sum_{l=1}^{MN}p_{l,n}p_{l,m}^{*} \\ &= \frac{1}{N^2}\sum_{n=1}^{N}\sum_{m=1}^{N}\left(\sum_{i=1}^{MN}p_{i,n}p_{i,m}^{*}\right)^2 \\ &\geqslant \frac{1}{N^2}\sum_{n=1}^{N}\left(\sum_{i=1}^{MN}|p_{i,n}|^2\right)^2 \\ &= M^2N \end{aligned}$$

将该不等式与式(7.29)结合可得式(7.26)。**证毕。**

式(7.26)中的下界称作 Welch 界。当 M 和 N 值很大时，它接近 $1/\sqrt{N}$。

7.2.4 Gold 和 Kasami 序列

只有最大序列的一小部分子集的 $\theta_{\max}$ 接近 Welch 边界。通过将最大序列和这些序列的子序列合并，可得到使 $\theta_{\max}$ 接近 Welsh 上界的较大的序列集。若 q 是正整数，则从二进制序列 a 中每 q 个比特抽取一个形成的新的二进制序列 b，称为 a 的 q 抽取，两个序列元素的关系为 $b_i = a_{qi}$。令 $\gcd(x,y)$ 表示 x 和 y 的最大公约数。若原始序列 a 的周期是 N,新的序列 b 不全是 0,则 b 的周期为 $N/\gcd(N,q)$。若 $\gcd(N,q)=1$,则该抽取被称作适当抽取。对于一个适当抽取,b 中的比特不会发生重复,直到 a 中的每个比特都被抽取为止。因此,b 和 a 具有相同的周期 N。

若 a 是最大序列,则当 a 的每个比特都被抽取时,b 也是最大序列。将序列 a 和 b 通过式(7.16)的变换分别映射为元素为$\{-1,+1\}$的双极性序列 p 和 q。周期为 2^m-1 的最大双极性序列的首选对是周期互相关函数只取 $-t(m)/N$、$-1/N$和$[t(m)-2]/n$ 三个值的序列对,其中:

$$t(m)=2^{\lfloor (m+2)/2\rfloor}+1 \tag{7.30}$$

式中:$\lfloor x\rfloor$表示为实数 x 的整数部分。

Gold 序列[6]是周期为 $N=2^m-1$ 的序列集。当 m 为奇数或 $m=2$(模 4)时,该序列可由首选对的模 2 加产生。首选对中的一个序列是通过对另一个序列的 q 抽取得到的。其中,正整数 q 取 $q=2^k+1$ 或 $q=2^{2k}-2^k+1$,k 为正整数。当 m 为奇数时 $\gcd(m,k)=1$;当 $m=2$(模 4)时 $\gcd(m,k)=2$。由于一个序列集中的任意两个 Gold 序列的周期互相关函数只取三个值,所以周期为 $N=2^m-1$ 的任意两个 Gold 序列周期互相关函数的峰值为

$$\theta_{\max}=\frac{t(m)}{2^m-1} \tag{7.31}$$

对于较大的 m 值,若 m 为奇数,则 Gold 序列的 $\theta_{\max}$超过 Welch 界$\sqrt{2}$倍,若 m 为偶数,则 Gold 序列的 $\theta_{\max}$超过 Welch 界 2 倍。

图 7.3 给出了 Gold 序列产生器的一种形式。

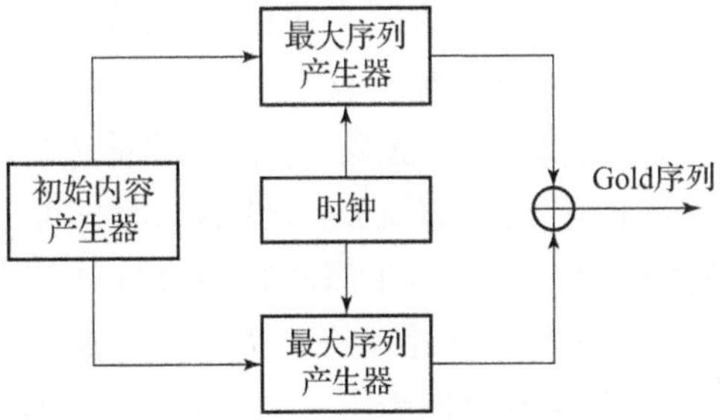

图 7.3 Gold 序列产生器

若每个最大序列产生器都有 m 级,序列集中不同 Gold 序列可通过选择一个最大序列产生器的初始状态,并平移另一个产生器的初始状态而得到。由于任何从 0 到 2^m-2 的平移都可产生一个不同的 Gold 序列,因此,图 7.3 所示的系统可产生 2^m-1 个不同的 Gold 序列。通过将一个最大序列产生器设置为零状态,可产生与最大序列相同的 Gold 序列。总之,在一个序列集中,有 2^m+1 个周

期为 2^m-1 的不同的 Gold 序列。

Gold 序列集的一个例子是由本原特征多项式所产生：

$$f_1(x)=1+x^3+x^7,\quad f_2(x)=1+x+x^2+x^3+x^7 \tag{7.32}$$

本原特征多项式规定了最大序列的首选对。由于 $m=7$,在该序列集中有 129 个周期为 127 的 Gold 序列,且式(7.31)中 $\theta_{max}=0.134$。式(2.43)表明当 $m=7$ 时只有 18 个最大序列。对于这 18 个序列组成的序列集,计算表明 $\theta_{max}=0.323$。若当 $m=7$ 时希望最大序列集满足 $\theta_{max}=0.134$,则该序列集只有 6 个序列。该结果表明多用户 CDMA 网络中的 Gold 序列有着非常大的用处。

如 2.5 节所述,由线性反馈移位寄存器(其特征多项式为 $f(x)$)生成的输出序列的生成函数,其表达式为

$$G(x)=\frac{\phi(x)}{f(x)} \tag{7.33}$$

式中 $\phi(x)$ 的阶数小于 $f(x)$,且

$$\phi(x)=\sum_{i=0}^{m-1}x^i\left(a_i+\sum_{k=1}^{i}c_k a_{i-k}\right) \tag{7.34}$$

式中:$\{c_k\}$ 为 $f(x)$ 的系数;$\{a_k\}$ 为初始值。若图 7.2 所示的序列产生器有本原 m 阶特征函数 $f_1(x)$ 和 $f_2(x)$,则该 Gold 序列的生成函数为

$$\begin{aligned}G(x)&=\frac{\phi_1(x)}{f_1(x)}+\frac{\phi_2(x)}{f_2(x)}\\&=\frac{\phi_1(x)f_2(x)+\phi_2(x)f_1(x)}{f_1(x)f_2(x)}\end{aligned} \tag{7.35}$$

由于 $\phi_1(x)$ 和 $\phi_2(x)$ 阶数都小于 m,则 $G(x)$ 分子的阶数必须小于 $2m$。由于乘积 $f_1(x)f_2(x)$ 为 $2m$ 阶特征函数形式,因此该乘积定义了一个能产生 Gold 序列的 $2m$ 阶单线性反馈移位寄存器的反馈系数。对于任何特定序列而言,寄存器的初始状态可以通过如下方法确定:首先令式(7.35)的分子系数与式(7.34)相对应的系数相等,然后解这 $2m$ 个线性方程即可。因此一个 $2m$ 阶单线性反馈移位寄存器能产生一个 2^m-1 周期的 Gold 序列。

若 m 为偶数,Kasami 序列[6]的小集合由 $2^{m/2}$ 个周期为 2^m-1 的序列组成。要产生这样的序列集,可通过对周期为 $N=2^m-1$ 的最大序列 a 以 $q=2^{m/2}+1$ 来抽取,从而得到一个周期为 $N/\gcd(N,q)=2^{m/2}-1$ 的二进制序列 b,然后将 a 和从 0 到 2^m-2 的任一循环移位的 b 进行模 2 加运算就可得到一个 Kasami 序列。包括序列 a 在内,可得到一个含有 $2^{m/2}$ 个周期为 $2^{m/2}-1$ 的 Kasami 序列集。在一个序列集中,任意两个 Kasami 序列的周期互相关函数只取 $-s(m)/N$, $-1/N$ 或 $[s(m)-2]/N$ 三个值,其中:

$$s(m)=2^{m/2}+1 \tag{7.36}$$

任意两个 Kasami 序列的周期互相关函数的峰值为

$$\theta_{\max}=\frac{s(m)}{N}=\frac{1}{2^{m/2}-1} \tag{7.37}$$

对任意具有相同长度和周期的序列集来说，由于 Kasami 序列的 $\theta_{\max}$ 是最小的，因此从这个意义上说，Kasami 序列是最优的。证明如下，若 $M=2^{m/2}$ 且 $N=2^m-1=M^2-1, m\geqslant 2$，则 Welsh 界意味着：

$$\begin{aligned}N\theta_{\max} &\geqslant N\sqrt{\frac{M-1}{MN-1}}=\sqrt{\frac{N(M-1)}{M-N^{-1}}}\\&=\sqrt{\frac{(M+1)(M-1)^2}{M-N^{-1}}}\\&>M-1\\&=2^{m/2}-1\end{aligned} \tag{7.38}$$

由于 N 为奇数，式(7.17)中的 A_l-D_l 必定是一个奇数，$N\theta_{\max}$ 也必定是一个奇数。由于 $2^{m/2}+1$ 是比 $2^{m/2}-1$ 大的最小奇数，这说明 $M=2^{m/2}$ 个长度为 $N=2^{m/2}-1, m\geqslant 2$ 的周期性双极性序列要求：

$$N\theta_{\max}\geqslant 2^{m/2}+1 \tag{7.39}$$

由于 Kasami 序列满足 $N\theta_{\max}=2^{m/2}+1$，对于给定的集合大小和周期，Kasami 序列是最优的。

例如，令 $m=10$，有 60 个最大序列、1025 个 Gold 序列和 32 个 Kasami 序列，它们的周期都为 1023。对应的互相关函数峰值分别为 0.37、0.06 和 0.03。当 $m=2$(模 4)时，一个大 Kasami 序列集[6]由 $2^{m/2}(2^m+1)$ 个序列组成；当 $m=0$(模 4)时该序列集由 $2^{m/2}(2^m+1)-1$ 个序列组成。这些序列的周期为2^m-1。可通过如下方法产生一个序列集：通过对周期为 $N=2^m-1$ 的最大序列 a 以 $q=2^{m/2}+1$来抽取，构成一个周期为 $N/\gcd(N,q)=2^{m/2}-1$ 的二进制序列 b；再以 $q_1=2^{(m+2)/2}+1$ 抽取，构成另一个周期为 $N/\gcd(N,q_1)$ 的二进制序列 c。N 然后将 a 与 b 的循环移位序列和 c 的循环移位序列进行模 2 加，可得到一个周期为的 Kasami 序列。在一个序列集中，任意两个 Kasami 序列的周期互相关函数只能取 $-1/N$、$-t(m)/N$、$[t(m)-2]/N$、$-s(m)/N$ 或$[s(m)-2]/N$ 五个值。一个大 Kasami 序列集包含了一个小 Kasami 序列集和一个 Gold 序列集作为其子集。由于 $t(m)>s(m)$，大 Kasami 序列集的 $\theta_{\max}$取值为

$$\theta_{\max}=\frac{t(m)}{2^m-1}=\frac{2^{[(m+2)/2]}+1}{2^m-1} \tag{7.40}$$

该值是次优的，但较大的序列数量使得这些序列集成为异步 CDMA 网络的一个有吸引力的选择。

图 7.4 给出了一个 $m=8$、周期为 255 且包含 4111 个 Kasami 序列的大序列集产生器。在图上端的两个移位寄存器能够自动产生 $m=8$、周期为 15 且包含 16 个 Kasami 序列的序列集。上端的 8 级移位寄存器能够产生一个周期为 255 的最大序列,它下面的 4 级移位寄存器能产生一个周期为 15 的最大序列。底端的移位寄存器能够产生一个周期为 85 的非最大序列。

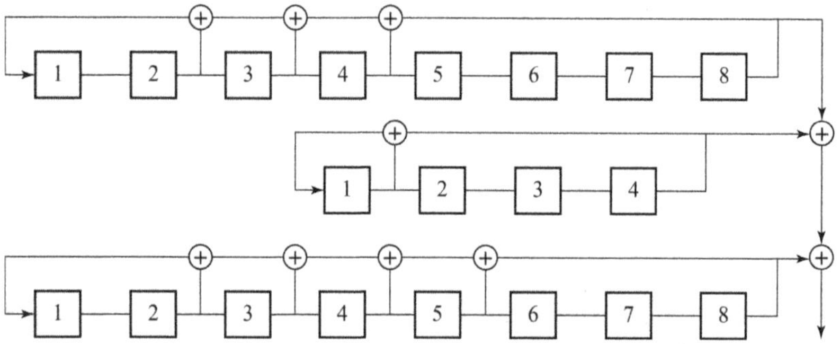

图 7.4 周期为 255 的 Kasami 序列产生器

在一个由类似系统构成的网络中,当未进行编码调制时,若这些序列的周期互相关函数很小(如当所有序列都是 Gold 或者 Kasami 序列时),则在捕获期间干扰序列就能够被充分抑制。一些大型多相序列族有潜力提供比 Gold 或 Kasami 序列更好的捕获性能。对于正整数 m,人们已经找到了包含有 $M=N+2$ 个四进制或 Z_4 序列的 $\mathcal{A}$ 序列族,其序列周期均为 $N=2^m-1$,且 $\theta_{\max}$ 渐近于 Welch 界[7]。相反,二进制 Kasami 序列的小集合只有 $\sqrt{N+1}$个序列。

7.3 同步和异步通信

考虑一个有 K 个用户的 DS/CDMA 网络,采用 BPSK 相干检测,每个用户接收机都采用图 2.14 的形式。对于特定感兴趣的用户,$d(t)$是二进制码 - 符号调制,$\{p_n\}$是二进制扩谱序列,其中 $p_n \in \{-1, +1\}$,$\psi(t)$是码片波形。到达接收端的有用信号为

$$s(t) = \sqrt{2\mathcal{E}_s}d(t)p(t)\cos 2\pi f_c t \tag{7.41}$$

式中:$\mathcal{E}_s$ 为每个持续时间为 T_s 的二进制信道符号的能量。扩谱波形为

$$p(t) = \sum_{n=-\infty}^{\infty} p_n \psi(t-nT_c) \tag{7.42}$$

假设码片波形在整个网络中都相同并归一化,在很大程度上被限制在持续时间间隔 T_c 内,再规范化,得到:

$$\int_0^{T_c} \psi^2(t)\,\mathrm{d}t = \frac{1}{G} \tag{7.43}$$

式中：$G = T_s/T_c$ 为扩谱因子。

与有用信号同步到达接收机的多址干扰为

$$i(t) = \sum_{k=1}^{K-1} \sqrt{2\mathcal{E}_k} d_k(t-\tau_k) q_k(t-\tau_k) \cos(2\pi f_c t + \phi_k) \tag{7.44}$$

式中：$K-1$ 为多址干扰中直扩信号的数量；$\mathcal{E}_k$ 为干扰信号 k 中每个符号的接收能量；$d_k(t)$ 为编码符号的调制；$q_k(t)$ 为扩谱波形；τ_k 为相对时延；ϕ_k 为干扰信号 k 的相移，该相移包含了载波时延的影响。干扰信号的扩谱波形为

$$q_k(t) = \sum_{n=-\infty}^{\infty} q_{k,n} \psi(t - nT_c), i = 1,2,\cdots,K-1 \tag{7.45}$$

式中：$q_{k,n} \in \{-1, +1\}$；$\{q_{k,n}\}$ 为扩谱序列。网络中的 K 扩谱序列通常被称作特征序列。

在接收机中，去除载波后得到码片匹配滤波。如果所需要的符号 d_0 超过了 $[0,T_s]$ 的范围，式(2.78)和式(7.44)表示对应于 d_0 的决策度量为

$$V = d_0 \sqrt{\mathcal{E}_s} + V_1 + V_2 \tag{7.46}$$

其中由多址干扰引起的分量为

$$V_1 = \sum_{i=0}^{G-1} p_i J_i \tag{7.47}$$

噪声引起的分量为

$$V_2 = \sum_{i=0}^{G-1} p_i N_{s,i} \tag{7.48}$$

和

$$J_i = \sum_{k=1}^{K-1} \sqrt{\mathcal{E}_k} \cos\phi_k \int_{iT_c}^{(i+1)T_c} d_k(t-\tau_k) q_k(t-\tau_k) \psi(t - iT_c)\,\mathrm{d}t \tag{7.49}$$

$$N_{s,i} = \sqrt{2} \int_{iT_c}^{(i+1)T_c} n(t) \psi(t - iT_c) \cos 2\pi f_c t\,\mathrm{d}t \tag{7.50}$$

7.3.1 同步通信

当只有一个基站向多个移动终端发射信号时就能产生典型的同步通信信号，如蜂窝网络中的下行链路(见 8.4 节)。考虑一个同步通信信号，其中的码元符号时宽为 T_s，在接收机输入端符号和码片的切换时间是对齐的，且周期为 $N=G$ 的短扩谱序列长度与每个码元符号长度相同，则 $\tau_k=0, k=1,2,\cdots,K-1$，且在积分区间$[0,T_s]$内 $d_k(t)=d_k$ 为常数。因此，对于同步通信，将式(7.49)、式(7.45)和式(7.43)代入式(7.47)，$N=G$ 前提下，可得：

$$V_1 = \frac{1}{G}\sum_{k=1}^{K-1}\lambda_k\sum_{n=0}^{G-1}p_n q_{k,n} = \sum_{k=1}^{K-1}\lambda_k\theta_{p,k}(0) \tag{7.51}$$

式中:

$$\lambda_i = \sqrt{\mathcal{E}_i}d_i\cos\phi_i \tag{7.52}$$

$\theta_{p,k}(l)$为期望扩频序列和干扰序列 k 的周期互相关函数。若 K 个同步扩谱序列相互正交,则 $V_1=0$,且多址干扰在接收端被有效抑制。若使用正交扩谱序列,在网络中很大一部分同步多址干扰信号都可被抑制。

7.3.2 异步通信

当多个移动台独立地向一个接收机发射信号时就会在接收机处产生典型的异步通信信号,例如蜂窝网络中的上行链路(见8.4节)。由于不同通信链路中的路径长度不同,因此在接收机中收到的异步多址信号的符号切换时间往往不是同时的。由于扩谱序列之间存在相对移动,因此,需要构造对于任意相对移动,周期互相关程度都比较小的周期序列集,这对于限制多址干扰的影响是必要但不充分的。Walsh序列、正交可变扩谱因子码及最大序列在实际应用中通常不能提供足够小的互相关性。

长度为 G 的多相序列$\{p_n\}_{n=0}^{G-1}$的非周期自相关函数定义为

$$A(p,v) = \begin{cases} \dfrac{1}{G}\displaystyle\sum_{n=0}^{G-1-v}p_{n+v}p_n^*, & 0\leqslant v\leqslant G-1 \\ \dfrac{1}{G}\displaystyle\sum_{n=0}^{G-1+v}p_n p_{n-v}^*, & -G+1\leqslant v<0 \\ 0, & |v|\geqslant G \end{cases} \tag{7.53}$$

长度为 G 的两个多相序列$\{p_n\}_{n=0}^{G-1}$和$\{q_{k,n}\}_{n=0}^{G-1}$的非周期互相关函数定义为

$$A(p,q_k,v) = \begin{cases} \dfrac{1}{G}\displaystyle\sum_{n=0}^{G-1-v}p_{n+v}q_{k,n}^*, & 0\leqslant v\leqslant G-1 \\ \dfrac{1}{G}\displaystyle\sum_{n=0}^{G-1+v}p_n q_{k,n-v}^*, & -G+1\leqslant v<0 \\ 0, & |v|\geqslant G \end{cases} \tag{7.54}$$

并且 $A(p,p,v)=A(p,v)$。

考虑一个有 K 个用户的DS/CDMA网络,采用BPSK相干检测,每个用户接收机都采用图2.14的形式。设 $\boldsymbol{d}_k=(d_{-1}^{(k)},d_0^{(k)})$表示在检测所需信号的符号期间接收的异步多址干扰信号 k 的两个二进制码符号的向量。

式(7.42)、式(7.47)和式(7.49)意味着:

$$V_1 = \sum_{k=1}^{K-1} \sqrt{\mathcal{E}_k}\cos\phi_k [d_{-1}^{(k)} R_{pk}(\tau_k) + d_0^{(k)} \hat{R}_{pk}(\tau_k)],$$
$$0 \leqslant \tau_k \leqslant T_s \tag{7.55}$$

其中连续时间部分互相关函数为

$$R_{pk}(\tau_k) = \int_0^{\tau_k} p(t) q_k(t - \tau_k) \mathrm{d}t \tag{7.56}$$

$$\hat{R}_{pk}(\tau_k) = \int_{\tau_k}^{T_s} p(t) q_k(t - \tau_k) \mathrm{d}t \tag{7.57}$$

设 $\tau_k = v_k T_c + \mathcal{E}_k$，$v_k$ 为整数，且 $0 < v_k < G-1$，$0 \leqslant \mathcal{E}_k < T_c$。假定周期 $N = G$ 的二进制扩谱序列和归一化矩阵码片波形为

$$\psi(t) = \begin{cases} \dfrac{1}{\sqrt{T_s}}, & 0 \leqslant t < T_c \\ 0, & \text{其他} \end{cases} \tag{7.58}$$

类似于引出式(2.51)的推导给出：

$$R_{pk}(\tau_k) = A(p, q_k, v_k - G) + [A(p, q_k, v_k + 1 - G) - A(p, q_k, v_k - G)] \frac{\mathcal{E}_k}{T_c} \tag{7.59}$$

$$\hat{R}_{pk}(\tau_k) = A(p, q_k, v_k) + [A(p, q_k, v_k + 1) - A(p, q_k, v_k)] \frac{\mathcal{E}_k}{T_c} \tag{7.60}$$

以上公式表明了 V_1 对非周期互相关函数的依赖关系。如果干扰信号 k 是期望信号的多径分量，那么 $q_k(t) = p(t)$ 和式(7.56)、式(7.57)是 $p(t)$ 的连续时间自相关函数。

具有非周期自相关函数的天线的非零旁瓣降低了其抗多径干扰性能，而具有非零互相关函数降低了其抗多址干扰性能。对于大多数序列集而言，非周期互相关函数要大于周期互相关函数。通过选择适当的序列和它们的相对相位，可得到比具有良好周期互相关函数的序列或随机序列略优的系统性能。然而，对于大多数应用，合适的序列数量太少。

若所有扩谱序列都是短序列，且所有接收信号的功率都相同，则可通过非周期互相关函数来近似估计和限定误符号率[8-9]，但其过程非常复杂。另一种分析方法是将扩谱序列和长序列一样建模为随机二进制序列。

在有多址或多径干扰的网络中，非周期互相关函数和自相关旁瓣会导致码同步性能的下降。由于 4.4 节中式(4.87)和式(4.88)中的 V_c 和 V_s 会有附加项，每个附加项与期望信号和干扰信号间的非周期互相关函数成比例，因此码捕获性能会下降。

7.4 可选扩频序列和系统

7.4.1 互补码

Welch 界(式(7.26))表明,在具有零周期互相关函数的情况下,一组常规扩展序列是不可能相互正交的。为了克服这种对 DS - CDMA 网络性能的限制,扩展序列可以生成称为互补码的复合序列[10]。每个互补码包括一组或一群基本序列,这些序列被单独地发送、接收并应用到单独的相关器。组合的相关器输出提供零非周期自相关旁瓣和与其他互补码的零非周期互相关函数。因此,互补编码码分多址接入(Complementary - Coded CDMA,CC - CDMA)系统是能够大大抑制异步多径和多址干扰的 DS - CDMA 系统。

考虑由 K 个用户组成的 CC - CDMA 网络,每个用户使用互补码而不是传统的扩频序列。设 $\boldsymbol{C}(k)=\{\boldsymbol{c}_l(k)\}_{l=1}^{L}$ 表示第 k 个互补码,其中 $k=1,2,\cdots,K$,它由 L 个基本序列组成,每个基本序列的形式为 $\boldsymbol{c}_l(k)=[c_{l,1}(k),c_{l,2}(k),\cdots,c_{l,N}(k)]$,$l=1,2,\cdots,L$,其中 N 是基本序列的长度。决定由互补码引起的频谱扩展量的扩展因子为 LN,L 个基本序列在 L 个独立的子信道中传输到接收器。接收机对每个基本序列执行单独的码片匹配滤波,并与接收机生成的基本序列分离相关。将单独相关性的结果合并以生成用于同步和译码的符号度量。接收机与所需互补码同步并抑制来自其他互补码的多址干扰的能力取决于互补非周期相关函数。此函数定义为

$$\Theta[\boldsymbol{C}(k_1),\boldsymbol{C}(k_2),v]=\sum_{l=1}^{L}A[\boldsymbol{c}_l(k_1),\boldsymbol{c}_l(k_2),v] \tag{7.61}$$

其中,如果 $k_1=k_2$,由式(7.53)和式(7.54)定义的 $A[\boldsymbol{c}_l(k_1),\boldsymbol{c}_l(k_2),v]$ 是 $\boldsymbol{c}_l(k_1)$ 的非周期自相关函数;如果 $k_1\neq k_2$,$A[\boldsymbol{c}_l(k_1),\boldsymbol{c}_l(k_2),v]$ 是 $\boldsymbol{c}_l(k_1)$ 和 $\boldsymbol{c}_l(k_2)$ 的非周期互相关函数。理想的互补码提供:

$$\Theta[\boldsymbol{C}(k_1),\boldsymbol{C}(k_2),v]=\begin{cases}LN, & k_1=k_2,v=0\\ 0, & 其他\end{cases} \tag{7.62}$$

这里克服了 Welch 界对一组传统扩频序列的限制。

通过独立的子信道传输基本码有两种不同的方式:时分复用和频分复用。对于时分复用,L 个基本序列在不同的时隙中串行传输,并且保护间隔防止了由于多径传播、传播延迟或定时不准确而导致的相邻序列的重叠。对于频分复用,L 个基本序列在不重叠的频谱区域中通过不同的载波频率同时传输。时分复用和频分复用分别由于保护间隔和载波分离而降低了直接序列系统的频谱效率。

虽然互补码在理论上是非常理想的,但在实现时存在着巨大的实际障碍。一个主要的限制是可以支持的用户数量较少,因为对于指定的群大小,互补码的数量相对较少。时间选择性或频率选择性衰落可能会破坏互补非周期相关函数的精确计算。子信道输出之间的定时同步是一个重要问题,还有其他实际问题[10]。

7.4.2　混沌扩频系统

混沌信号来自非线性动态系统,是确定性的宽带信号,类似于噪声波形。混沌序列由混沌信号的离散时间采样和非线性映射生成。由于这些非周期序列具有良好的非周期互相关特性,因此它们可能被用作混沌扩频系统中的扩频序列。在接收器中再现混沌序列后,可以使用基于相关性的解调器[11]。

阻碍混沌扩频系统实际应用的主要问题是开发在噪声环境下高效运行的同步系统。混沌移位键控是一种潜在有效的相干混沌调制,但依赖于类噪声混沌载波的恢复,这在噪声环境中非常困难。一种更实用的调制是非相干差分混沌键控(Differential Chaos - Shift Keying,DCSK),它在 AWGN 信道上牺牲了 6dB 的性能,但消除了部分同步问题。DCSK 接收器只需要一个差分相干解调器,该解调器在每个符号间隔期间处理连续的参考信号和信息信号,并且不需要再现混沌载波。DCSK 的局限性包括相对较低的码率和对射频延迟线的要求。虽然这些限制可以通过更精细的 DCSK 变体来克服,但复杂性和 6dB 的性能损失仍然存在显著的缺点[12]。

7.4.3　超宽带系统

超宽带(Ultra - WideBand,UWB)系统是指具有超过 500MHz 的 10dB 带宽或具有分数带宽的系统,分数带宽是 10dB 带宽与中心频率的比值超过 0.2。由于与载波频率调制相关的硬件要求,直接序列系统在这种带宽下不实用。UWB 系统通过传输直接产生宽带信号的短脉冲来实现其超宽带[13]。因此,超宽带系统不需要直接序列系统中上转换和下转换所需的混频器和振荡器。

直接序列技术的一些方法适用于直接序列超宽带系统这一类主要的超宽带系统。在这些系统中,与数据符号相结合的扩频序列控制代表数据符号的一系列脉冲的极性。

超宽带信号的大带宽意味着可能有大量不同的多径分量到达接收器。超宽带系统可从潜在的高分集阶数受益。然而,多元化效益的实现受到两个主要因素的阻碍。首先,每个发射脉冲的功率会受到严重限制,以防止干扰其他通信系统。其次,到达接收器的每个多径分量通常具有发射脉冲中的一小部分能量。因此,Rake 解调器需要大量的信号,并且由于同步要求,很难实现多元化效益。主要由于功率限制,超宽带通信系统的主要应用是高吞吐量室内通信。

7.5 随机扩谱序列系统

若在异步 CDMA 网络中所有扩谱序列的周期都相同,且与码元持续时间相等,则通过选择适当的序列及其相对相位,就可获得优于随机序列理论值的系统性能。然而,这种性能优势非常小,且对于很多应用而言,合适的序列数量也很少。扩展到许多码元的长序列可提供更好的系统安全性。另外,长序列可确保连续码元被不同的序列所覆盖,从而限制了由多址干扰产生的不希望的互相关持续时间。虽然将长序列建模为随机扩谱序列是非常令人满意的,但即使使用短序列,随机序列模型也能给出相当准确的性能预测。

运用 Jensen 不等式有助于对 CDMA 系统进行分析与比较。

7.5.1 Jensen 不等式

定义在一个开区间 I 上的函数 $g(x)$ 是凸函数,若对于 I 上的 x、y 及 $0\leqslant p\leqslant 1$,满足:

$$g(px+(1-p)y)\leqslant pg(x)+(1-p)g(y) \tag{7.63}$$

假设 $g(x)$ 在 I 上的导数 $g'(x)$ 连续非减。对于 $p=0$ 或 1,该不等式显然成立。若 $x\geqslant y$ 且 $0\leqslant p<1$ 可得:

$$\begin{aligned} g(px+(1-p)y)-g(y) &= \int_{y}^{px+(1-p)y} g'(z)\,\mathrm{d}z \leqslant p(x-y)g'(px+(1-p)y) \\ &\leqslant \frac{p}{1-p}\int_{px+(1-p)y}^{x} g'(z)\,\mathrm{d}z \\ &= \frac{p}{1-p}[g(x)-g(px+(1-p)y)] \end{aligned} \tag{7.64}$$

通过化简,可得式(7.63)。若 $y\geqslant x$,类似分析也能得到式(7.63)。因而,若 $g(x)$ 在 I 上具有连续非减的导数,则该函数为凸函数。若 $g(x)$ 在 I 上具有非负二阶导数,则该函数也为凸函数。

若式(7.63)中的不等式换为等式,则 $g(x)$ 是严格凸的。若 $g(x)$ 在 I 上具有连续递增的导数或正的二阶导数,则该函数为严格凸函数。

【引理 1】

若 $g(x)$ 是在开区间 I 上的一个凸函数,则对于 I 上所有的 x 和 y,有:

$$g(y) \geqslant g(x) + g^-(x)(y-x) \tag{7.65}$$

式中 $g^-(x)$ 是 $g(x)$ 的左导数。

证明：

若 $y-x \geqslant z > 0$，将 $p = 1 - z/(y-x)$ 代入式(7.63)得：

$$g(x+z) \leqslant \left(1 - \frac{z}{y-x}\right)g(x) + \frac{z}{y-x}g(y)$$

由此可得：

$$\frac{g(x+z)-g(x)}{z} \leqslant \frac{g(y)-g(x)}{y-x}, \quad y-x \geqslant z > 0 \tag{7.66}$$

若 $v>0$、$z>0$，则 $p = z/v+z$，式(7.63)表明：

$$g(x) \leqslant \frac{z}{v+z}g(x-v) + \frac{v}{v+z}g(x+z)$$

因此，

$$\frac{g(x)-g(x-v)}{v} \leqslant \frac{g(x+z)-g(x)}{z}, \quad v,z>0 \tag{7.67}$$

不等式(7.66)表明，当 y 从右侧逼近 x 时，比值 $[g(y)-g(x)]/(y-x)$ 单调递减。式(7.67)表明该比值有下界。因此 I 中 $g(x)$ 的右导数 $g^+(x)$ 存在。

若 $x-y \geqslant v > 0$，则将 $p = 1 - v/(x-y)$ 代入式(7.63)可得：

$$g(x-v) \leqslant \left(1 - \frac{v}{x-y}\right)g(x) + \frac{v}{x-y}g(y)$$

由此可得：

$$\frac{g(x)-g(y)}{x-y} \leqslant \frac{g(x)-g(x-v)}{v}, \quad x-y \geqslant v > 0 \tag{7.68}$$

该不等式表明，当 y 从左侧逼近 x 时，比值 $[g(x)-g(y)]/(x-y)$ 单调递增。式(7.67)表明该比值有上界。因此，在 I 中左导数 $g^-(x)$ 存在。当 $z \to 0$ 和 $v \to 0$ 时，对式(7.67)取极限得到：

$$g^-(x) \leqslant g^+(x) \tag{7.69}$$

当 $z \to 0$ 和 $v \to 0$ 时，分别对式(7.66)和式(7.68)取极限，并利用式(7.69)，可发现对于 I 中的所有 y 和 x，式(7.65)均成立。

证毕。

【Jensen 不等式】

若 X 是一个具有有限期望值 $E[X]$ 的随机变量，$g(\cdot)$ 是定义在开区间上的凸函数，且该开区间包含 X 的取值范围，则

$$E[g(X)] \geqslant g[E(X)] \tag{7.70}$$

证明:

式(7.65)中令 $y=X$ 和 $x=E[X]$,得 $g(X)\geqslant g(E[X])+g^{-}(E[X])(X-E[X])$。在该不等式的两边都对随机变量取期望就可得到 Jensen 不等式。

证毕。

7.5.2 基于 BPSK 的直扩系统

考虑调制方式为相干 BPSK 的直扩接收机,有用信号和干扰信号的扩谱序列建模为码片持续时间为 T_c 的独立随机二进制序列,干扰信号的码元序列建模为码元持续时间 $T_s=GT_c$ 的独立随机二进制序列,从而可在不失一般性的情况下将该码元序列视为随机二进制扩谱序列。由于 $q_k(t)$ 由一个独立随机扩谱序列确定,只有模 T_c 运算后的时延才是有意义的,因此不失一般性,可假设式(7.49)中的 τ_i 满足 $0\leqslant\tau_i<T_c$。因此将代入式(7.45)带入式(7.49)得:

$$J_i=\sum_{k=1}^{K-1}\sqrt{\mathcal{E}_k}\cos\phi_k\left[\begin{array}{l}q_{k,i-1}\int_{iT_c}^{iT_c+\tau_i}\psi(t-iT_c)\psi[t-(i-1)T_c-\tau_k]\mathrm{d}t\\ \quad+q_{k,i}\int_{iT_c+\tau_i}^{(i+1)T_c}\psi(t-iT_c)\psi(t-iT_c-\tau_k)\mathrm{d}t\end{array}\right]\tag{7.71}$$

归一化码片波形的部分自相关函数定义为

$$R_{\psi}(s)=T_s\int_0^s\psi(t)\psi(t+T_c-s)\mathrm{d}t,0\leqslant s<T_c\tag{7.72}$$

将上式代入式(7.71),并将积分变量进行适当变换可得:

$$J_i=\sum_{i=1}^{K-1}\frac{\sqrt{\mathcal{E}_i}}{T_s}\cos\phi_k[q_{k,i-1}R_{\psi}(\tau_k)+q_{k,i}R_{\psi}(T_c-\tau_k)]\tag{7.73}$$

对于扩谱波形中的矩形码片,将式(7.58)代入式(7.72)可得:

$$R_{\psi}(s)=s\quad(\text{矩形码片})\tag{7.74}$$

对于扩谱波形中的正弦波码片,有:

$$\psi(t)=\begin{cases}\sqrt{\dfrac{2}{T_s}}\sin\left(\dfrac{\pi}{T_c}t\right), & 0\leqslant t\leqslant T_c\\ 0, & \text{其他}\end{cases}\tag{7.75}$$

将其代入式(7.72),运用三角恒等式,并进行积分运算,得到:

$$R_{\psi}(s)=\frac{T_c}{\pi}\sin\left(\frac{\pi}{T_c}s\right)-s\cos\left(\frac{\pi}{T_c}s\right)\quad(\text{正弦波码片})\tag{7.76}$$

当给出 $\boldsymbol{\phi}=(\phi_1,\phi_2,\cdots,\phi_{K-1})$ 和 $\boldsymbol{\tau}=(\tau_1,\tau_2,\cdots,\tau_{K-1})$ 时,式(7.73)表示 J_i 和 J_{i+1},在 $|l|>1$ 时,在统计上是独立的。但是,由于相邻项 J_i 和 J_{i+1} 都包含相同的随机变量 $q_{k,i}$,即使 $\boldsymbol{\phi}$ 和 $\boldsymbol{\tau}$ 给定时,式(7.47)中的相邻项也不能立即看出是

统计独立的。接下来的引理[14]解决了这个问题。

【引理2】

假设$\{\alpha_i\}$和$\{\beta_i\}$是统计独立的随机二进制序列。令x,y表示任意常量。则当$j\neq k$时,$\alpha_i\beta_j x$和$\alpha_i\beta_k y$是统计独立的随机变量。

证明:

令$P(\alpha_i\beta_j x=a,\alpha_i\beta_k y=b)$表示当$\alpha_i\beta_j x=a$和$\alpha_i\beta_k y=b$时的联合概率。由全概率定理,可得:

$$\begin{aligned}P(\alpha_i\beta_j x&=a,\alpha_i\beta_k y=b)\\&=P(\alpha_i\beta_j x=a,\alpha_i\beta_k y=b,\alpha_i=1)+P(\alpha_i\beta_j x=a,\alpha_i\beta_k y=b,\alpha_i=-1)\\&=P(\beta_j x=a,\beta_k y=b,\alpha_i=1)+P(\beta_j x=-a,\beta_k y=-b,\alpha_i=-1)\end{aligned}$$

由$\{\alpha_i\}$和$\{\beta_j\}$的独立性及它们都是随机二进制序列这一事实,得到当$j\neq k$、$x\neq 0$、$y\neq 0$时的化简结果:

$$\begin{aligned}P(\alpha_i\beta_j x&=a,\alpha_i\beta_k y=b)\\&=P(\beta_j x=a)P(\beta_k y=b)P(\alpha_i=1)+\\&\quad P(\beta_j x=-a)P(\beta_k y=-b)P(\alpha_i=-1)\\&=\frac{1}{2}P\left(\beta_j=\frac{a}{x}\right)P\left(\beta_k=\frac{b}{y}\right)+\frac{1}{2}P\left(\beta_j=-\frac{a}{x}\right)P\left(\beta_k=-\frac{b}{y}\right)\end{aligned}$$

由于β_j取$+1$或-1的概率相同,即$P(\beta_j=a/x)=P(\beta_j=-a/x)$,因此

$$\begin{aligned}P(\alpha_i\beta_j x=a,\alpha_i\beta_k y=b)&=P\left(\beta_j=\frac{a}{x}\right)P\left(\beta_k=\frac{b}{y}\right)\\&=P(\beta_j x=a)P(\beta_k y=b)\end{aligned}$$

类似的计算得出:

$$P(\alpha_i\beta_j x=a)P(\alpha_i\beta_k y=b)=P(\beta_j x=a)P(\beta_k y=b)$$

因此,

$$P(\alpha_i\beta_j x=a,\alpha_i\beta_k y=b)=P(\alpha_i\beta_j x=a)P(\alpha_i\beta_k y=b)$$

该式满足$\alpha_i\beta_j x$和$\alpha_i\beta_k y$统计独立性的定义。对于$x=0$或$y=0$时,该关系式没有意义。

证毕。

该引理表明,当给定$\boldsymbol{\phi}$和$\boldsymbol{\tau}$时,式(7.47)中的项是统计独立的。由于$q_k(t)$由独立随机扩谱序列确定,$\{q_{k,i}\}$是同分布的,因此$\{J_i\}$也是同分布的。由于$\{p_i\}$同分布,V_1中每一项都是同分布。由于$p_i^2=1$,因此式(7.47)和式(7.71)表明V_1条件方差为:

$$\mathrm{var}(V_1)==\sum_{i=0}^{G-1}\mathrm{var}(J_i)=\sum_{i=1}^{K-1}\frac{\mathcal{E}_k}{G}h(\tau_k)\cos^2\phi_k \tag{7.77}$$

式中：

$$h(\tau_k)=\frac{1}{T_c^2}[R_\psi^2(\tau_k)+R_\psi^2(T_c-\tau_k)] \tag{7.78}$$

为码片函数。应用式(7.74)和式(7.76),可得矩形芯片波形是：

$$h(\tau_k)=\frac{2\tau_k^2-2\tau_k T_c+T_c^2}{T_c^2} \tag{7.79}$$

对于正弦芯片波形：

$$h(\tau_k)=\frac{2\left(\frac{T_c}{\pi}\right)^2\sin^2\left[\frac{\pi}{T_c}\tau_k\right]+(2\tau_k^2-2\tau_k T_c+T_c^2)\cos^2\left[\frac{\pi}{T_c}\tau_k\right]+\frac{T_c^2-\tau_k T_c}{\pi}\sin\left[\frac{2\pi}{T_c}\tau_k\right]}{T_c^2} \tag{7.80}$$

由于当 $\boldsymbol{\phi}$ 和 $\boldsymbol{\tau}$ 给定时,式(7.67)中 V_1 的项是独立、同分布的零均值随机变量,因此由中心极限定理(见附录 A.2 中的推论 A1)可知,当 $G\to\infty$ 时,$V_1/\sqrt{\mathrm{var}(V_1)}$趋于均值为零、方差为1的高斯分布。因此,在给定 $\boldsymbol{\phi}$ 和 $\boldsymbol{\tau}$ 且当 G 很大时,V_1 的条件分布近似于高斯分布。由于噪声分量服从高斯分布,且独立于 V_1,因此 V 近似高斯分布,有：

$$E[V]=d_0\sqrt{\mathcal{E}_s},\mathrm{var}(V)=\frac{N_0}{2}+\mathrm{var}(V_1) \tag{7.81}$$

可以推导出特定系统的误符号率,在该系统中,能对连续的符号度量进行硬判决来生成可用于硬判决译码器的符号序列。当 $\boldsymbol{\phi}$ 和 $\boldsymbol{\tau}$ 给定时,符号度量 V 满足高斯分布意味着条件误符号率为：

$$P_s(\boldsymbol{\phi},\boldsymbol{\tau})=Q\left(\sqrt{\frac{2\mathcal{E}_s}{N_{0e}(\boldsymbol{\phi},\boldsymbol{\tau})}}\right) \tag{7.82}$$

式中：$Q(x)$由式(1.58)定义,且等效噪声 PSD 定义为：

$$N_{0e}(\boldsymbol{\phi},\boldsymbol{\tau}) = N_0+\frac{2}{G}\sum_{k=1}^{K-1}\mathcal{E}_k h(\tau_k)\cos^2\phi_k \tag{7.83}$$

对于一个异步网络,可假设时延是独立且在$[0,T_c)$内均匀分布的,相位$\theta_k(k=1,2,\cdots,K-1)$在$[0,2\pi)$内均匀分布。因此,误符号率为：

$$P_s=\left(\frac{2}{\pi T_c}\right)^{K-1}\int_0^{\pi/2}\cdots\int_0^{\pi/2}\int_0^{T_c}\cdots\int_0^{T_c}P_s(\boldsymbol{\phi},\boldsymbol{\tau})\,\mathrm{d}\boldsymbol{\phi}\mathrm{d}\boldsymbol{\tau} \tag{7.84}$$

式中利用$\cos^2\phi_k$在$[0,\pi/2)$内可取遍所有可能值的条件来缩短积分区间。由于没有序列参数,因此式(7.84)的计算量远少于一个确定的短扩谱序列的 P_s 的所需的计算量。尽管如此,对计算能力的要求仍然非常高,因而非常希望找到准确的近似方法以减少计算量。给定 $\boldsymbol{\phi}$ 时的条件误符号率定义为

$$P_s(\boldsymbol{\phi}) = \left(\frac{1}{T_c}\right)^{K-1} \int_0^{T_c} \cdots \int_0^{T_c} P_s(\boldsymbol{\phi}, \boldsymbol{\tau})\,\mathrm{d}\tau \tag{7.85}$$

$P_s(\boldsymbol{\phi})$的闭式近似表达式极大地减少了 P_s 的计算量，即：

$$P_s = \left(\frac{2}{\pi}\right)^{K-1} \int_0^{\pi/2} \cdots \int_0^{\pi/2} P_s(\boldsymbol{\phi})\,\mathrm{d}\boldsymbol{\phi} \tag{7.86}$$

为对 $P_s(\boldsymbol{\phi})$ 进行近似，首先求得它的上下界。

无论是矩形还是正弦波码片波形，通过式(7.79)、式(7.80)和基本微积分运算都可得到：

$$h(\tau_k) \leqslant 1 \tag{7.87}$$

将该上界依次用于式(7.83)、式(7.82)和式(7.85)中，并经过繁琐的积分可得：

$$P_s(\boldsymbol{\phi}) \leqslant Q\left(\sqrt{\frac{2\mathcal{E}_s}{N_{0u}(\boldsymbol{\phi})}}\right) \tag{7.88}$$

式中：

$$N_{0u}(\boldsymbol{\phi}) = N_0 + \frac{2}{G}\sum_{i=1}^{K-1} \mathcal{E}_k \cos^2\phi_k \tag{7.89}$$

为得到 $P_s(\boldsymbol{\phi})$ 的下界，将式(7.85)中的连续积分理解为求 $\{\tau_k\}$ 上的连续期望值，其中 τ_k 在 $[0, T_c)$ 间均匀分布。根据这种解释，可利用式(7.79)、式(7.80)积分得出：

$$E[h(\tau_k)] = \frac{1}{T_c}\int_0^{T_c} h(\tau_k)\,\mathrm{d}\tau_k = h \tag{7.90}$$

式中码片因子为：

$$h = \begin{cases} \dfrac{2}{3}, & \text{矩形码片} \\ \dfrac{1}{3} + \dfrac{5}{2\pi^2}, & \text{正弦码片} \end{cases} \tag{7.91}$$

式(7.82)所示的函数 $P_s(\phi, \tau)$ 具有以下形式：

$$g(x) = Q(ax^{-1/2}), a \geqslant 0 \tag{7.92}$$

由于 $g(x)$ 的二阶导数在区间 $0 < x \leqslant 1/3$ 内非负，因此 $g(x)$ 在该区间内是一个凸函数。对于所有 $\boldsymbol{\tau}$ 和 $\boldsymbol{\phi}$，由式(7.83)、式(7.87)和$\cos^2\phi_k \leqslant 1$ 可得到保证 $P_s(\phi, \tau)$ 为凸函数的充分条件为：

$$\mathcal{E}_s \geqslant \frac{3}{2}\left[N_0 + \frac{2\mathcal{E}_t}{G}\right] \tag{7.93}$$

式中每符号接收总干扰能量为：

$$\mathcal{E}_t = \sum_{k=1}^{K-1} \mathcal{E}_k \tag{7.94}$$

对式(7.85)中 $\boldsymbol{\tau}$ 的每个分量连续使用 Jensen 不等式,并代入式(7.90)可得:

$$P_s(\boldsymbol{\phi}) \geqslant Q\left(\sqrt{\frac{2\mathcal{E}_s}{N_{0l}(\boldsymbol{\phi})}}\right) \tag{7.95}$$

式中:

$$N_{0l}(\boldsymbol{\phi}) = N_0 + \frac{2h}{G}\sum_{i=1}^{K-1}\mathcal{E}_k \cos^2\phi_k \tag{7.96}$$

若 N_0 可忽略,则由式(7.96)和式(7.89)可得 $N_{0l}/N_{0u} = h$。因此精确近似如下:

$$P_s(\boldsymbol{\phi}) \approx Q\left(\sqrt{\frac{2\mathcal{E}_s}{N_{0a}(\boldsymbol{\phi})}}\right) \tag{7.97}$$

式中:

$$N_{0a}(\boldsymbol{\phi}) = N_0 + \frac{2\sqrt{h}}{G}\sum_{k=1}^{K-1}\mathcal{E}_k \cos^2\phi_k \tag{7.98}$$

若 N_0 可忽略,则 $N_{0u}/N_{0a} = N_{0a}/N_{0l} = 1/\sqrt{h}$。因此,为确保给定 $P_s(\phi)$ 时所需的 $\mathcal{E}_s$ 值,使用近似式(7.97)代替式(7.85)产生的误差值上界为 $10\lg(1/\sqrt{h})$(dB),使用矩形码片波形时,该值为 0.88dB;使用正弦波码片波形时,该值为 1.16dB。实际上,由于 $N_0 \neq 0$ 且 P_s 并不等于其上、下界,故该误差通常只有几十分之一 dB。

例如,假设使用 $h=2/3$ 的矩形码片波形,$\mathcal{E}_s/N_0 = 15$dB 且 $K=2$,图 7.5 给出了 P_s 的 4 种不同的估计值与解扩信干比 $G\mathcal{E}_s/\mathcal{E}_1$ 的关系,该信干比是考虑接收机解扩增益后的信干比。精确近似由式(7.82)和式(7.84)给出,其上界由式(7.88)和式(7.86)给出,下界由式(7.95)和式(7.86)给出,简单近似由式(7.97)和式(7.86)给出。由图 7.5 可以看出,随着误符号率的减小,精确近似从下界向简单近似曲线靠拢。当 $P_s = 10^{-5}$ 时,相对于精确近似,简单近似的误差小于 0.3dB。

图 7.6 比较了在矩形码片波形和 $\mathcal{E}_s/N_0 = 15$dB 的条件下,$K=2,3,4$ 时的误符号率。该图中采用了 P_s 的简单近似,横坐标为 $G\mathcal{E}_s/\mathcal{E}_1$,其中 $\mathcal{E}_1$ 是每个等功率干扰信号的符号能量。从图中可以看出,P_s 随着 K 的增加而增大,但 P_s 增大的程度逐渐减慢,这是因为随着干扰的增加,干扰信号趋向于部分抵消。

观察到上界为 $\cos^2\phi_k \leqslant 1$ 和 $h \leqslant 1$,并在每个 ϕ_k 均匀分布于 $[0,\pi/2)$ 上时,将 $\{\phi_k\}$ 上的连续积分看作连续期望值,可将之前的定界方法扩展到确定 $P_s(\boldsymbol{\phi})$ 的边界。通过计算可得:

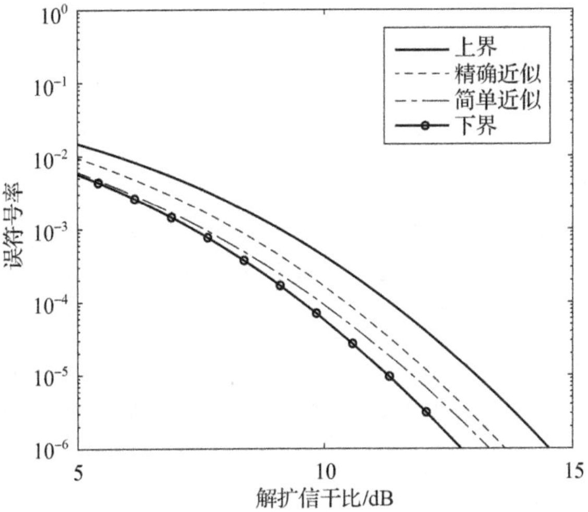

图7.5　直扩系统中存在一个多址干扰信号时BPSK调制的误符号率

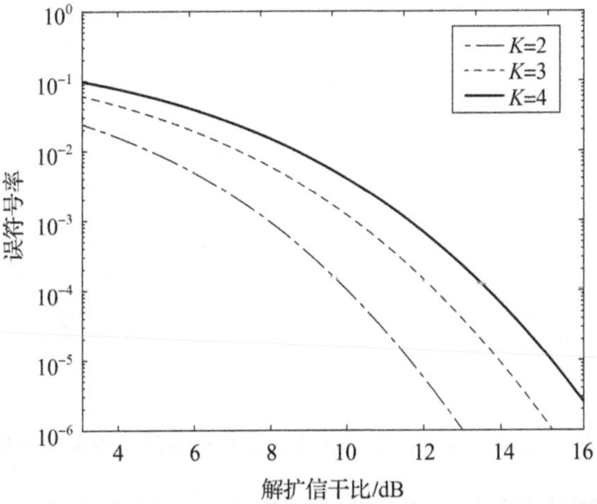

图7.6　直扩系统中存在 $K-1$ 个等功率多址干扰信号时BPSK调制的误符号率

$$Q\left(\sqrt{\frac{2\mathcal{E}_s}{N_0+h\mathcal{E}_t/G}}\right)\leqslant P_s\leqslant Q\left(\sqrt{\frac{2\mathcal{E}_s}{N_0+2\mathcal{E}_t/G}}\right) \tag{7.99}$$

简单近似的表达式为：

$$P_s\approx Q\left(\sqrt{\frac{2\mathcal{E}_s}{N_0+\sqrt{2h}\mathcal{E}_t/G}}\right) \tag{7.100}$$

若给定了 P_s，则由式(7.100)代替式(7.84)求得所需的 $G\mathcal{E}_s/\mathcal{E}_1$ 产生的误差界为 $10\lg\sqrt{2/h}$(dB)，则矩形码片波形的误差界为2.39dB，正弦波码片波形的误差界为2.66dB。

式(7.99)中的下界给出了与通常所说的标准高斯近似相同的结果。在标准高斯近似中,假设式(7.47)中的 V_1 为近似高斯分布,式(7.73)中的每个 ϕ_k 都在$[0,2\pi)$中均匀分布,每个 τ_k 都在$[0,T_c)$中均匀分布。这种近似可得到 P_s 的最优值,由式(7.99),所得矩形码片波形的 P_s 误差界为4.77dB。由式(7.97)或式(7.82)得到的精度显著改善,仅仅是由于在给定 $\boldsymbol{\phi}$ 和 $\boldsymbol{\tau}$ 值的条件下对 V_1 采用高斯近似。式(7.82)给出的精确近似就是通常所说的改进的高斯近似。

图7.7给出了三个相同接收符号能量的多址干扰下误符号率与 $G\mathcal{E}_s/\mathcal{E}_t$ 的关系,采用矩形码片波形,且 $\mathcal{E}_s/N_0=15$dB。该图给出了式(7.99)所示的标准高斯近似,式(7.100)所示的简单近似和式(7.88)、式(7.95)及式(7.86)给出的上下界。显然,标准高斯近似的误差较大,而简单近似在$10^{-6}\leqslant P_s\leqslant 10^{-2}$下是比较精确的。

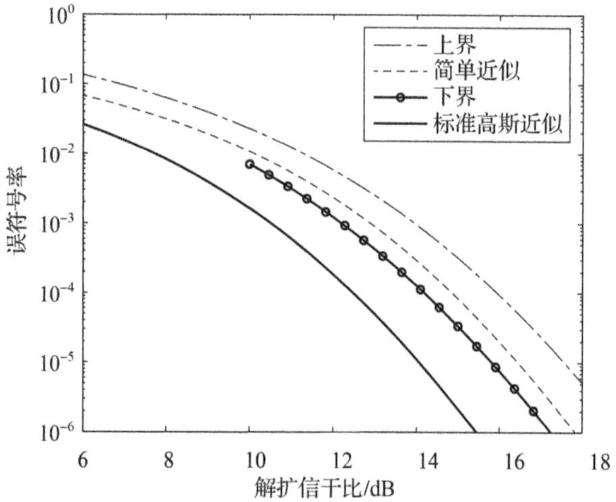

图7.7　直扩系统中存在3个等功率多址干扰信号时BPSK调制的误符号率

在同步网络中,由于$\{\tau_k\}$全部为零,式(7.82)和式(7.83)可被简化。对于矩形或正弦码片波形可得:

$$P_s(\boldsymbol{\phi})=Q\left(\sqrt{\frac{2\mathcal{E}_s}{N_{0e}(\boldsymbol{\phi})}}\right) \tag{7.101}$$

式中:

$$N_{0e}(\boldsymbol{\phi}) = N_0+\frac{2}{G}\sum_{k=1}^{K-1}\mathcal{E}_k\cos^2\phi_k \tag{7.102}$$

由于式(7.101)给出的 $P_s(\boldsymbol{\phi})$ 等于式(7.88)中的上界,所以通过观察可得,在使用随机扩谱序列时,同步网络的误符号率大于或等于与之类似的异步网络的误符号率。这种现象是因为对异步干扰信号的解扩导致干扰信号的带宽增加,从而使得接收机滤除了更多的干扰信号能量。

7.5.3 四相直扩系统

考虑一个由四相直扩系统组成的 DS - CDMA 网络,每个直扩系统都使用了四进制相移键控(QuadriPhase - Shift Keying,QPSK)调制和随机扩谱序列。如2.5节所述,每个直扩信号为:

$$s(t) = \sqrt{\mathcal{E}_s}d_1(t)p_1(t)\cos 2\pi f_c t + \sqrt{\mathcal{E}_s}d_2(t)p_2(t)\sin 2\pi f_c t \tag{7.103}$$

式中 $\mathcal{E}_s$ 为每个二进制信道符号分量和每个码位的接收能量。多址干扰为:

$$i(t) = \sum_{k=1}^{K-1}[\sqrt{\mathcal{E}_k}q_{1k}(t-\tau_k)\cos(2\pi f_c t+\phi_k) + \sqrt{\mathcal{E}_k}q_{2k}(t-\tau_k)\sin(2\pi f_c t+\phi_k)] \tag{7.104}$$

式中:$q_{1k}(t)$ 和 $q_{2k}(t)$ 包含了编码调制,都具有式(7.45)所示的形式,同时 $\mathcal{E}_k$ 也是干扰信号 k 中每个二进制信道符号分量和每个码位的接收功率。

符号度量可写为

$$V = d_{10}\sqrt{2\mathcal{E}_s} + \sum_{i=0}^{G_1-1}p_{1,i}J_i + \sum_{v=0}^{G_1-1}p_{1,i}N_i \tag{7.105}$$

$$U = d_{20}\sqrt{2\mathcal{E}_s} + \sum_{i=0}^{G_1-1}p_{2,i}J'_i + \sum_{i=0}^{G_1-1}p_{2,i}N'_i \tag{7.106}$$

式中 J_i、N_i、J'_i和 N'_i分别由式(2.76)、式(2.77)、式(2.124)和式(2.125)来定义。将式(7.104)、式(7.45)和式(7.72)代入式(2.76)得到:

$$J_i = \sum_{k=1}^{K-1}\sqrt{\frac{\mathcal{E}_k}{2T_s^2}}\left\{\begin{array}{l}\cos\phi_k[q_{1k,i-1}R_\psi(\tau_k) + q_{1k,i}R_\psi(T_c-\tau_k)]\\ -\sin\phi_k[q_{2k,i-1}R_\psi(\tau_k) + q_{2k,i}R_\psi(T_c-\tau_k)]\end{array}\right\} \tag{7.107}$$

设 V_1 和 U_1 分别表示式(7.105)和式(7.106)中的干扰项。由引例2,式(7.107),式(7.78)和与$\{J'_i\}$类似的结果可得到符号度量中干扰项的方差:

$$\mathrm{var}(V_1) = \mathrm{var}(U_1) = \sum_{k=1}^{K-1}\frac{2\mathcal{E}_k}{G_1}h(\tau_k) \tag{7.108}$$

其中,$h(\tau_k)$ 由式(7.78)给出,噪声方差和均值可由式(2.127)和式(2.126)给出。

对系统的误码率进行了推导,在该系统中,对连续符号度量进行硬决策,以生成应用于硬决策译码器的符号序列。由于所有均值和方差都独立于 $\boldsymbol{\phi}$,故高斯近似可得到独立于 $\boldsymbol{\phi}$ 的 $P_s(\boldsymbol{\phi},\boldsymbol{\tau})$:

$$P_s = \left(\frac{1}{T_c}\right)^{K-1}\int_0^{T_c}\cdots\int_0^{T_c}Q\left(\sqrt{\frac{2\mathcal{E}_s}{N_{0e}(\boldsymbol{\tau})}}\right)d\boldsymbol{\tau} \tag{7.109}$$

式中：

$$N_{0e}(\tau) = N_0 + \frac{2}{G}\sum_{k=1}^{K-1}\mathcal{E}_k h(\tau_k) \qquad (7.110)$$

上式表明每个干扰信号的功率都会减少 $G/h(\tau_k)$ 倍。由于通常 $h(\tau_k)<1$，故 $G/h(\tau_k)$ 反映了干扰信号的码片波形和随机定时偏移对干扰抑制效果的改善程度。由于针对平衡 QPSK 的直扩系统进行的类似分析也能得到式(7.110)，故两种四相系统的抗多址干扰能力相同。

将前面的定界和近似方法应用于式(7.109)，可得：

$$Q\left(\sqrt{\frac{2\mathcal{E}_s}{N_0+2h\mathcal{E}_t/G_1}}\right)\leqslant P_s\leqslant Q\left(\sqrt{\frac{2\mathcal{E}_s}{N_0+2\mathcal{E}_t/G_1}}\right) \qquad (7.111)$$

式中总干扰能量 $\mathcal{E}_t$ 可通过式(7.94)确定。使下界有效的充分条件是：

$$\mathcal{E}_s\geqslant\frac{3}{2}(N_0+2\mathcal{E}_t/G_1) \qquad (7.112)$$

对于特定的 P_s，通过简单近似可将 $G_1\mathcal{E}_s/2\mathcal{E}_t$ 的误差限制在 $10\log_{10}(1/\sqrt{h})$ 以内：

$$P_s\approx Q\left(\sqrt{\frac{2\mathcal{E}_s}{N_0+\sqrt{h}2\mathcal{E}_t/G_1}}\right) \qquad (7.113)$$

对于矩形码片波形和正弦波码片波形，这种近似引入的误差界分别为 0.88dB和 1.16dB。式(7.111)和式(7.113)只与总干扰功率有关，与总干扰功率在每个干扰信号中的分布无关。

为比较异步四相直扩系统和异步 BPSK 直扩系统，我们寻找 BPSK 直扩系统 P_s 的下界。将式(7.82)代入式(7.84)，并将 Jensen 不等式连续应用于 $\phi_i(i=1,2,3\cdots,K-1)$的积分，可发现若满足式(7.112)，式(7.109)的右边就是 P_s 的下界。该结果表明，异步四相直扩系统比异步 BPSK 直扩系统具有更强的抗多址干扰能力。

图 7.8 给出了存在三个干扰源时四相直扩系统的 P_s，其中每个干扰信号的接收符号能量都相同，码片波形为矩形，且 $h=2/3$，$\mathcal{E}_s/N_0=15\text{dB}$。

图中给出了式(7.109)所示的精确近似、式(7.113)所示的简单近似和式(7.111)所示的上下界与 $G_1\mathcal{E}_s/2\mathcal{E}_t$ 的关系。图 7.8 和图 7.7 的比较表明了四相调制系统的优势。

对于采用矩形或正弦波码片波形的同步网络，令式(7.109)中 $\{\tau_k\}$ 为 0，可得：

$$P_s=Q\left(\sqrt{\frac{2\mathcal{E}_s}{N_0+2\mathcal{E}_t/G_1}}\right) \qquad (7.114)$$

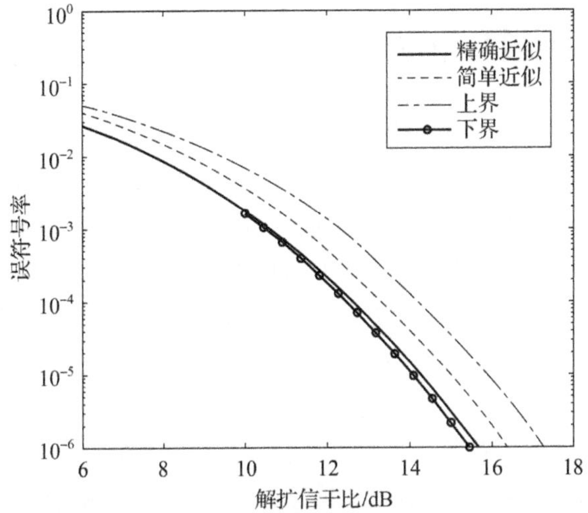

图7.8　直扩系统中存在3个等功率多址干扰信号时四相调制的误符号率

由于该式与式(7.111)的上界一致,因此可得出以下结论,即使用随机扩谱序列的四相直扩信号的异步网络比类似的同步网络能够容忍更多的多址干扰。

P_s 的公式允许计算信道编码在硬判决译码下和部分软判决译码下的平均信息比特错误率 P_b 或其上界。例如,考虑一个具有二进制卷积码和软判别译码的四相直扩系统。1.3节中式(1.117)给出了 P_b 的上界,其中 $P_2(l)$ 可在 $\boldsymbol{\phi}$ 和 $\boldsymbol{\tau}$ 的分布下求均值得出:

$$P_2(l|\boldsymbol{\phi},\boldsymbol{\tau}) = Q\left(\sqrt{\frac{2\mathcal{E}_s l}{N_{0e}(\boldsymbol{\phi},\boldsymbol{\tau})}}\right) \tag{7.115}$$

该方程也适用于具有BPSK的直扩系统。

当使用turbo码或LDPC码,P_b 是 $\mathcal{E}_s/N_{0e}(\boldsymbol{\phi},\boldsymbol{\tau})$ 的函数。由于 x^{-1} 是一个凸函数,Jensen不等式表明平均信干噪比(Signal - to - Interference - and - Noise Ratio,SINR)γ 下界由下式给出:

$$\gamma = E\left[\frac{\mathcal{E}_s}{N_{0e}(\boldsymbol{\phi},\boldsymbol{\tau})}\right] \geqslant \frac{\mathcal{E}_s}{E[N_{0e}(\boldsymbol{\phi},\boldsymbol{\tau})]} \tag{7.116}$$

若 $\boldsymbol{\phi}$ 和 $\boldsymbol{\tau}$ 均匀分布,式(7.110)表明对于异步通信和四相直扩系统,有:

$$\gamma \geqslant \frac{\mathcal{E}_s}{N_0 + 2h\mathcal{E}_t/G_1} \tag{7.117}$$

该下界表明直扩接收机将每个干扰信号的功率平均至少减少了 G_1/h 倍。类似地,当 G_1 替换为 G 时,该不等式适用于具有BPSK的直扩系统;当 $h=1$ 时,该不等式同样适用于同步通信。

7.6 FH - CDMA 中的跳频图案

当在同一信道上同时接收到两个或者多个跳频信号时,称为碰撞。为确保同步和使 FH/CDMA 网络的吞吐量最大化,必须将所有源引起的碰撞次数最小化。限制由于其他网络用户的信号引起的碰撞的基本方法是给网络用户分割跳频频带,这样每个用户都可在不被其他用户占用的一个较小的频带上传输数据,从而避免碰撞产生。然而,这种方法忽略了跳频的主要目的,即避免所有的干扰。跳频系统中任何使跳频频带缩小的措施都会削弱其对非网络用户的抗干扰能力。

假设有一个共同的跳集,且跳带没有划分,则碰撞最小化的主要方法是尝试使所有跳停时间基本一致,然后优化网络系统使用的跳频模式集的选择。模式优化的一个数学上可处理的标准是,在跳停间隔一致的假设下,模式之间的部分交叉相关性最小化。

考虑包含 M 个频率的跳频频率集 $F=\{f_1,f_2,\cdots,f_M\}$。让 L 表示相关窗口长度,它是采集后处理的跳数或去跳数。对于两个长度为 n 的周期性跳频图案 $X=\{x_i\}$、$Y=\{y_i\}$,它们之间的部分汉明互相关函数定义为:

$$H_{X,Y}(j,k\mid L)=\sum_{i=0}^{L-1}h[x_{i+j}y_{i+j+k}],\quad 0\leqslant j,k\leqslant L-1,1\leqslant L\leqslant n \tag{7.118}$$

这里当 $x_n=y_m$ 时,$h[x_n y_m]=1$,否则等于0。部分汉明互相关函数是两个跳频图案间碰撞次数的度量,因此使用较长的跳频图案有望获得较好的部分汉明互相关函数。X 的部分汉明自相关函数是 $H_{X,X}(j,k\mid L)$。

在长度为 L 的所有相关窗口上,跳频图案 X 和 Y 的最大部分汉明互相关函数为:

$$H(X,Y;L)=\max_{0\leqslant j\leqslant L-1}\max_{0\leqslant k\leqslant L-1}H_{X,Y}(j,k\mid L) \tag{7.119}$$

且在长度为 L 的所有相关窗口上,跳频图案 X 的最大部分汉明自相关函数为:

$$H(X;L)=\max_{0\leqslant j\leqslant L-1}\max_{0\leqslant k\leqslant L-1}H_{X,X}(j,k\mid L) \tag{7.120}$$

令 P_N 表示一组 N 个不同的跳频图案,每种跳频图案使用跳集 F 且长度为 n。对于任何长度 L,图案集的最大非平凡汉明相关函数定义为:

$$\mathcal{M}(P_N;L)=\max\left\{\max_{X\in P_N}H(X;L),\ \max_{X,Y\in P_N,X\neq Y}H(X,Y;L)\right\} \tag{7.121}$$

选择一个最小化 $\mathcal{M}(P_N)$ 的 P_N,就是使异步跳频图案的碰撞次数最少,同时也使跳频图案自相关函数中不希望的旁瓣峰值最小,这些峰值会妨碍接收机中的跳频采集。

7.6.1 周期汉明互相关函数

考虑在 FH - CDMA 网络的每个接收机中使用匹配滤波器进行跳频采集(第4.7节)。相关窗口长度 L 是存储在每个匹配滤波器中的跳数,它等于图案长度 n。由于 $L=n$ 和 $H_{X,Y}(k,j|n)$ 与 j 无关,因此两个图案之间碰撞数的度量是周期性的汉明互相关函数:

$$H_{X,Y}(k) = \sum_{i=0}^{n-1} h[x_i y_{i+k}], \quad 0 \leqslant k \leqslant n-1 \tag{7.122}$$

X 的周期汉明自相关函数为 $H_{X,X}(k)$。图案集的最大非平凡周期汉明相关定义为:

$$\mathcal{M}(P_N) = \max\{\max_{X\in P_N} H(X), \max_{X,Y\in P_N, X\neq Y} H(X,Y)\} \tag{7.123}$$

式中:

$$H(X) = \max_{1\leqslant k\leqslant n-1} H_{X,X}(k) \tag{7.124}$$

$$H(X,Y) = \max_{0\leqslant k\leqslant n-1} H_{X,Y}(k) \tag{7.125}$$

【定理2】

对于正整数 N,M,L,且 $I=\lfloor nN/M\rfloor$,Peng - Fan 界限[15]是:

$$(n-1)MH(X) + nM(N-1)H(X,Y) \geqslant (nN-M)n \tag{7.126}$$

$$(n-1)NH(X) + nN(N-1)H(X,Y) \geqslant 2InN - (I+1)IM \tag{7.127}$$

且

$$\mathcal{M}(P_N) \geqslant \left\lceil \frac{(nN-M)n}{(nN-1)M} \right\rceil \tag{7.128}$$

$$\mathcal{M}(P_N) \geqslant \left\lceil \frac{2InN-(I+1)IM}{(nN-1)N} \right\rceil \tag{7.129}$$

证明:

对 P_N 中任意两个图案,令

$$P_{X,Y}(N) = \sum_{k=0}^{n-1} H_{X,Y}(k) \tag{7.130}$$

将 P_N 中的图案 X 与 Y 相加,可得:

$$\sum_{X,Y\in P_N} P_{X,Y}(N) = \sum_{X\in P} H_{X,X}(0) + \sum_{X\in P}\sum_{k=1}^{n-1} H_{X,X}(k) + \sum_{X,Y\in P_N, X\neq Y}\sum_{k=0}^{n-1} H_{X,Y}(k) \tag{7.131}$$

将式(7.124)、式(7.125)和 $H_{X,X}(0)=n$ 代入到式(7.131)中,可得:

$$\sum_{X,Y\in P_N} P_{X,Y}(N) \leqslant nN+(n-1)NH(X)+nN(N-1)H(X,Y) \quad (7.132)$$

定义 $m_X(f)$ 为图案 X 中频率 f 出现的次数。使用 $m_X(f)$,$P_{X,Y}(k)$ 可被表示为:

$$P_{X,Y}(N) = \sum_{f=f_1}^{f_M} m_X(f)m_Y(f)$$

因此,

$$\sum_{X,Y\in P_N} P_{X,Y}(k) = \sum_{i=1}^{M} g_i^2 \quad (7.133)$$

式中:

$$g_i = \sum_{X\in P} M_X(f_i)$$

通过观察可得 $\sum_{i=1}^{M} g_i^2$ 的下界:

$$\sum_{i=1}^{M} g_i = \sum_{X\in P_N}\sum_{i=1}^{M} m_X(f_i) = \sum_{X\in P_N} n = nN$$

应用拉格朗日乘子法(见5.4节)最小化 $\sum_{i=1}^{M} g_i^2$,其中约束条件为 $\sum_{i=1}^{M} g_i = nN$,可得:

$$\sum_{X,Y\in P_N} P_{X,Y}(N) \geqslant \frac{n^2N^2}{M} \quad (7.134)$$

为得到另一个更精确的下界表达式,我们限制 $\{g_i\}$ 必须为非负整数。将 $\{g_i\}$ 中整数从小到大排序,即 $0\leqslant g_1\leqslant g_2\cdots\leqslant g_M$。若 $\{g_i\}$ 可使 $\sum_{i=1}^{M} g_i^2$ 最小且 $g_M-g_1>1$,再构造一个非负整数序列 $\{p_i\}$,使得 $p_i=g_i(i=2,3,\cdots,M-1)$,$p_1=g_1+1$,$p_M=g_M-1$,则

$$\sum_{i=1}^{M} g_i^2 - \sum_{i=1}^{M} p_i^2 = 2(g_M-g_1-1) > 0$$

这明显矛盾。故若 $\{g_i\}$ 可使 $\sum_{i=1}^{M} g_i^2$ 最小,则 $g_M=g_1+1$ 或 $g_M=g_1$。因此最小化序列有以下形式:

$$g_1=g_2=\cdots=g_{M-r}=I, g_{M-r+1}=g_{M-r+2}=\cdots=g_M=I+1 \quad (7.135)$$

式中,I 为非负整数,且 $0\leqslant r<M$。限制条件 $\sum_{i=1}^{M} g_i = LN$ 需要 $LN=IM+r$,即 $I=\lfloor LN/M\rfloor$。则由式(7.133)、式(7.135)和 $r=LN-IM$ 可得:

$$\sum_{X,Y\in P_N} P_{X,Y}(N) \geqslant (2I+1)nN-(I+1)IM \tag{7.136}$$

合并式(7.132)、式(7.134)和式(7.136),可得式(7.126)和式(7.127)。由于 $H(X)\leqslant \mathcal{M}(P_N)$,$H_{X,Y}(k)\leqslant \mathcal{M}(P_N)$,且 $\mathcal{M}(P_N)$ 必为正数,可得式(7.128)和式(7.129)。

证毕。

若 $\mathcal{M}(P_N)$ 等于上述定理的两个下界中的较大值或共同值(当 LN/M 为整数时,这两个下界相等)时,一组跳频图案集合 P_N 对于周期性汉明互相关系数就可视为最优。这些最优图案集中很多是已知的。为保证在每个跳频模式中跳频集中所有频率均可被使用,必须保证 $n\geqslant M$。

例 7.1: 当 $N=M=4$、$n=7$ 时考虑跳频图案的选择,这时 $\mathcal{M}(P_4)\geqslant 2$。跳频频率集为 $F=\{f_1,f_2,f_3,f_4\}$,跳频图案集为 $P_4=\{X_1,X_2,X_3,X_4\}$,若图案为:

$$X_1=f_1,f_2,f_3,f_2,f_4,f_4,f_3 \quad X_2=f_2,f_1,f_4,f_1,f_3,f_3,f_4$$

$$X_3=f_3,f_4,f_1,f_4,f_2,f_2,f_1 \quad X_4=f_4,f_3,f_2,f_3,f_1,f_1,f_2$$

可发现:

$$\max_{X\in P_N} H(X)=1,\ \max_{X,Y\in P_N,X\neq Y} H(X,Y)=2 \tag{7.137}$$

因此 $\mathcal{M}(P_4)=2$,最优性得证。

7.6.2　部分汉明互相关函数

当使用串行搜索采集时(见第 4.2 节),$L\leqslant n$,最佳跳频模式集被定义为对于任何相关窗口长度达到以下定理[16]中的下限之一的集,如 $1\leqslant L\leqslant n$。

【定理 3】

对于正整数 N,M,n,且 $I=\lfloor nN/M\rfloor$,对于任意窗口长度,例如 $1\leqslant L\leqslant n$,可得:

$$\mathcal{M}(P_N;L)\geqslant\left\lceil \frac{L}{n}\cdot\frac{(nN-M)n}{(nN-1)M}\right\rceil \tag{7.138}$$

$$\mathcal{M}(P_N;L)\geqslant\left\lceil \frac{L}{n}\cdot\frac{2InN-(I+1)IM}{(nN-1)N}\right\rceil \tag{7.139}$$

证明:

先定义:

$$(L;j) = \sum_{X,Y\in P_N}\sum_{k=0}^{n-1} H_{X,Y}(j,k \mid L) \tag{7.140}$$

代入式(7.118)、交换求和、计算外部综合,然后代入式(7.122)和式(7.130),得:

$$
\begin{aligned}
\sum_{j=0}^{n-1}(L;j) &= \sum_{i=0}^{L-1}\sum_{X,Y\in P_N}\sum_{k=0}^{n-1}\sum_{j=0}^{n-1}h[x_{i+j}y_{i+j+k}] \\
&= L\sum_{X,Y\in P_N}\sum_{k=0}^{n-1}\sum_{j=0}^{n-1}h[x_j y_{j+k}] \\
&= L\sum_{X,Y\in P_N}\sum_{k=0}^{n-1}H_{X,Y}(k) \\
&= L\sum_{X,Y\in P_N}P_{X,Y}(N)
\end{aligned}
\tag{7.141}
$$

展开式(7.140)的右侧,得:

$$
\begin{aligned}
(L;j) &= \sum_{X\in P_N}H_{X,X}(j,0\mid L)+\sum_{X\in P_N}\sum_{k=1}^{n-1}H_{X,X}(j,k\mid L)+\sum_{X,Y\in P_N X\neq Y}\sum_{k=0}^{n-1}H_{X,Y}(j,k\mid L) \\
&\leqslant ML+M(n-1)H(X;L)+M(M-1)nH(X,Y;L) \\
&\leqslant ML+M(Mn-1)\mathcal{M}(P_N;L)
\end{aligned}
$$

因此,

$$
\sum_{j=0}^{n-1}(L;j)\leqslant nML+nM(Mn-1)\mathcal{M}(P_N;L) \tag{7.142}
$$

结合式(7.141)和式(7.142),得到:

$$
L\sum_{X,Y\in P_N}P_{X,Y}(N)\leqslant nML+nM(Mn-1)\mathcal{M}(P_N;L) \tag{7.143}
$$

将式(7.134)和式(7.136)连续代入式(7.143),并保证 $\mathrm{M}(P_N;L)$ 必须是整数,则得到式(7.138)和式(7.139)。

证毕。

对于已经发现的任何相关窗口长度,例如 $1\leqslant L\leqslant n$(文献[17]和其中的参考文献),总有实现定理3下限的最佳跳频图案集。这些图案集也达到了 Peng - Fan 极限。然而,当 $L\neq n$,达到 Peng - Fan 极限的图案集不一定达到定理3的极限。

7.6.3 等价模式

跳频的主要目的是避免干扰,而非网络干扰信号的频谱分布通常是未知的。因此选择 $L=nM$ 是确保在跳频图案的周期内跳频集中每个频率出现相同次数的谨慎做法,其中 n 为正整数。若 $L=nM$ 且所有跳集频率都被同等使用,则跳频图案称作均匀跳频图案。为了防止敌方复制跳频图案,则需要较大的序列线性复杂度(见3.1节)来生成均匀跳频图案,这表明 $L=nM\gg 1$。定理3表明,一组最佳的均匀跳频图案具有:

$$
\mathcal{M}(P_N;L)\geqslant\left\lceil\frac{L(mN-1)}{nMN-1}\right\rceil,n=mM \tag{7.144}
$$

在最优集 P_N 中的两个不同图案在 L 跳间的最大碰撞率为：

$$C(M,N,L)=\frac{\max_{X,Y\in P_N,X\neq Y}H(X,Y)}{L} \tag{7.145}$$

对于一组最佳的均匀跳频图案，

$$\begin{aligned}C(M,N,L)&\leqslant\frac{\mathcal{M}(P_N;L)}{L}\\&\leqslant\frac{1}{L}\left\lceil\frac{L}{M}\right\rceil\\&\leqslant\frac{1}{L}+\frac{1}{M},n=mM\end{aligned} \tag{7.146}$$

如果 $L=n=mM$，发现

$$C(M,N,n)\leqslant\frac{1}{M},n=mM \tag{7.147}$$

任意时刻两个随机跳频图案间的碰撞概率为 $1/M$。定义 Z 为在 $n=mM$ 跳内两个图案的碰撞次数。Z 的期望值为 $E[Z]=n/M=m$，平均碰撞率为 $1/M$。对独立随机跳频图案的 Z 方差的直接计算，可证明其等于 $(M-1)m/M$，因此碰撞率的标准差为 $s=\sqrt{(M-1)/LM^3}\leqslant1/\sqrt{m}M$。该结果表明两个随机图案在 $L=nM$ 跳的碰撞率很少超过 $C(M,N,n)$ 的上界，$C(M,N,n)$ 为使用最优均匀图案的碰撞速率。由于这是紧边界，所以当计算碰撞率或碰撞概率时，随机跳频图案模型是很好的近似，该模型将用于随后的分析中。

7.7　DS-CDMA 系统中的多用户检测器

仅需有用信号扩谱序列知识的常规单用户直扩接收机，在抗多址干扰方面是次优的。常规直扩接收机初级磁化率的最大问题是远近效应，即有可能有用信号的发射机距接收天线可能比干扰信号的发射机距接收天线要远得多，接收到的有用信号功率比接收到的干扰信号功率可能要低得多，扩谱增益不足以克服这种影响。若存在潜在的远近效应，则可使用第 8.4 部分的功率控制来限制其影响。然而功率控制是非理想的，会带来大量开销，且在 Ad Hoc 网络中不可行。即使功率控制是理想的，残留干扰也会导致非零的错误平层，即当热噪声为零时的最小误比特率。因此，需要针对常规接收机寻找替代方案。

多用户检测器[18-21]是利用多址干扰的确定性结构或对一组多址信号进行联合处理的一种接收机。最优多用户检测器几乎可以完全消除多址干扰和远近效应，从而无须功率控制，但这种检测器的实现过于复杂，尤其是在使用长扩谱序列时。由于小区内所有来自移动台的接收信号在其基站内被解调，故次优多用户检测器在上行链路中比在下行链路中应用更为可行。多径成分可作为单独的干扰信号来处理,且 Rake 合并可在多用户检测之前进行。将迭代信道估计、解调、译码(详见第9章)与多用户检测器相结合,若能解决实现过程中的障碍,则这种结合在抗多址干扰方面将是非常有效的。

7.7.1 最优检测器

联合最优多用户检测器按最大后验概率(Maximum A Posteriori,MAP)准则对 K 个接收信号进行联合符号判决。单个最优多用户检测器根据 MAP 准则在单个有用信号中选择最可能的符号集,从而提供最小误符号率。在几乎所有应用中,联合最优判决都是更合适的,一方面是因为它更低的实现复杂度,另一方面是因为两种判决在很大概率下都保持一致,除非误符号率非常高。假设不同符号是等概率传输的,基于 MAP 的联合最优检测器与基于最大似然的联合最优检测器是等价的,以下都简称为最优检测器。

考虑一个接收 K 个 BPSK 用户的 DS-CDMA 网络,每个 BPSK 的公共载波频率为 f_c、码片持续时间为 T_c、码片波形为 $\psi(t)$ 和每个符号的扩谱序列码片数为 G。信息位映射到码元。假设码片波形在符号间隔内具有单位能量,如式(7.43)所示,且符号间串扰可忽略不计。让 d_k 表示用户 k 传输的信号 k 的单位幅度码符号。对于信号 k,让 $\mathcal{E}_k$ 表示每个符号的接收能量,$p_{k,i}=\pm1$ 表示扩谱序列的码片 i,τ_k 表示相对于某个参考信号的定时偏移,θ_k 表示参考时间的相位。考虑接收器处参考信号的单个符号间隔 $0\leqslant t\leqslant T_s$,对于 AWGN 信道上的异步通信,BPSK 信号在符号间隔上的复合接收信号为:

$$
\begin{aligned}
y(t) = & \sum_{k=0}^{K-1}\sqrt{2\mathcal{E}_k}d_k(t-\tau_k)\sum_{v=0}^{G-1}p_{k,i}\psi(t-iT_c-\tau_k)\cos(2\pi f_c t+\theta_k) \\
& + n(t), 0 \leqslant t \leqslant T_s
\end{aligned}
\tag{7.148}
$$

其中 $n(t)$ 是高斯白噪声。信道效应包括在 $\mathcal{E}_k$ 和 θ_k 中。匹配滤波是在频率变换或下变频到基带之后进行。

在 AWGN 信道下的同步通信中,符号在时间上是同步的,对有用信号中每个符号的检测与其他符号是相互独立的。如果实现了精确地符号或定时同步,最优检测器可通过对单个符号间隔 $0\leqslant t\leqslant T_s$ 内的符号检测来确定。对于同步通信,复合接收信号为:

$$
y(t) = \sum_{k=0}^{K-1}\sqrt{2\mathcal{E}_k}d_k\sum_{i=0}^{G-1}p_{k,i}\psi(t-vT_c)\cos(2\pi f_c t+\theta_k)+n(t), 0\leqslant t\leqslant T_s
\tag{7.149}
$$

式中 $d_k=\pm1$。下变频可表示为接收信号与 $\sqrt{2}\exp(-j2\pi f_c t)$ 的乘积,该下变频

可通过正交下变频器(见2.5节)实现,其中为方便计算插入因子$\sqrt{2}$且$\mathrm{j}=\sqrt{-1}$。同相和正交分解是必要的,因为我们不一定假设所有K个信号与接收机产生的载波信号同步。将下变频器的输出用于并行码片匹配滤波器,其输出以码片速率采样。

如2.4节所示,在进行码片匹配滤波及舍去可忽略不计的积分后,与同步接收符号对应的解调码片速率序列为:

$$y_i = \sum_{k=0}^{K-1} A_k d_k p_{k,i}(v) + n_i, i = 0,1,\cdots,G-1 \tag{7.150}$$

式中:用户k的符号复幅度为:

$$A_k = G^{-1}\sqrt{\mathcal{E}_k}\exp(\mathrm{j}\theta_k) \tag{7.151}$$

且噪声样值为:

$$n_i = \sqrt{2}\int_{iT_c}^{(i+1)T_c} n(t)\psi(t-iT_c)\exp(-\mathrm{j}2\pi f_c t)\mathrm{d}t, i = 0,1,\cdots,G-1 \tag{7.152}$$

让y和n分别表示$G\times 1$解调序列和噪声矢量,分量分别由式(7.150)和式(7.152)定义。让$d=[d_0 \quad \cdots \quad d_{K-1}]^{\mathrm{T}}$表示代码符号的$K\times 1$向量。解调向量可以表示为:

$$\boldsymbol{y} = \boldsymbol{PAd} + \boldsymbol{n} \tag{7.153}$$

式中:$G\times K$维矩阵$\boldsymbol{P}$的第k列$\boldsymbol{p}_k=[p_k(0) \quad p_k(1) \quad \cdots \quad p_{k,G-1}]^{\mathrm{T}}$表示用户$k$的扩谱序列,$\boldsymbol{A}$为$K\times K$维对角矩阵,$A_k$为其第$k$个对角元素。

由于$\{n_v\}$是黎曼和的极限,黎曼和是零均值、高斯白噪声$n(t)$的线性组合,因此附录A.1的定理A1意味着$\boldsymbol{n}$是零均值、复高斯随机向量。如果$n(t)$的双边PSD为$N_0/2$,则$\boldsymbol{n}$的$G\times G$相关矩阵为

$$E[\boldsymbol{nn}^{\mathrm{H}}] = G^{-1}N_0 1 \tag{7.154}$$

式中上标H表示共轭转置。如果芯片波形的带宽小于f_c,则$\boldsymbol{n}$是具有圆对称的复高斯随机向量,满足:

$$E[\boldsymbol{nn}^{\mathrm{T}}] = \boldsymbol{0} \tag{7.155}$$

式(7.154)和式(7.155)表明n的$2G$实高斯分量和虚高斯分量是不相关且独立的。

假设符号向量$\boldsymbol{d}$所有可能的值都是等概率的,则最优多用户检测器被定义为最大似然检测器,该检测器选择使对数似然函数最大的$\boldsymbol{d}$值。由于噪声矢量是复高斯随机矢量,第1.2节中的计算表明,同步通信的最大似然检测与选择最小化欧几里得范数的$\boldsymbol{d}$值相同,有:

$$\Lambda(\boldsymbol{d}) = \|\boldsymbol{y}-\boldsymbol{PAd}\|^2 \tag{7.156}$$

约束条件为 $\boldsymbol{d}\in\boldsymbol{D}$,其中 $\boldsymbol{D}$ 为元素为 ±1 的 $K\times1$ 向量的集合。因此,最优检测器使用复码片匹配滤波器输出的 G 个连续抽样计算得到的判决向量为:

$$\hat{\boldsymbol{d}}=\arg\min_{d\in D}\|\boldsymbol{y}-\boldsymbol{PAd}\|^2 \tag{7.157}$$

展开式(7.157),舍去与选择 $\boldsymbol{d}$ 无关的 $\|\boldsymbol{y}\|^2$ 项,并利用 $\boldsymbol{A}$ 是对角矩阵且 $\boldsymbol{A}^{\mathrm{H}}=\boldsymbol{A}^*$,可发现同步通信中最大似然检测器按下式选择 $\boldsymbol{d}$ 值:

$$\hat{\boldsymbol{d}}=\arg\min_{d\in D}[C(\boldsymbol{d})] \tag{7.158}$$

式中相关度量为实值函数,且

$$C(\boldsymbol{d})=\boldsymbol{d}^{\mathrm{T}}\boldsymbol{A}^*\boldsymbol{P}^{\mathrm{T}}\boldsymbol{PAd}-2\boldsymbol{d}^{\mathrm{T}}\mathrm{Re}(\boldsymbol{A}^*\boldsymbol{P}^{\mathrm{T}}\boldsymbol{y}) \tag{7.159}$$

为了计算 $C(\boldsymbol{d})$,上式意味着 K 个扩谱序列必须是已知的,以便计算 $\boldsymbol{P}$,且必须估计出 K 个复信号幅度。因此需要采用短扩谱序列,或者 $\boldsymbol{P}$ 必须逐符号变化,这极大地增加了实现复杂度。原则上,式(7.158)可通过穷举搜索 $\boldsymbol{d}\in\boldsymbol{D}$ 的所有值计算得出,但这种搜索方式需要随 K 值指数方式增大的计算复杂度,故仅在 K 和 G 很小时才可行。

对于异步通信,由于式(7.148)中 K 个用户信号的定时偏差不同使得最大似然检测器的设计变得极为复杂。定时偏差意味着一个有用符号与干扰信号的两个连续符号相重叠。因此,必须处理来自于 K 个用户中某个用户的 N 个相关码元符号组成的整条消息或码字,并需对 NK 个二进制符号进行判决。$\boldsymbol{d}$ 为 $NK\times1$ 维向量,前 N 个元素代表信号 1 的符号,第二组 N 个元素代表信号 2 的符号,依次类推。检测器必须估计出所有 K 个多址信号的传输时延和信号之间的部分互相关函数。检测器必须根据最大似然准则选择 K 个符号序列,每个长度为 N。利用每个接收符号最多与 $2(K-1)$ 个其他符号相重叠这一事实,递归算法(类似于维特比算法)简化了计算。然而,计算复杂度仍以 K 的指数增加。

考虑到计算量的需求和需要估计的参数,最优异步多用户检测器几乎不可能实际应用。其次,复杂度随 K 线性增长的 DS－CDMA 的系统次优多用户检测器是可取的。它们都是使用解扩输入。

7.7.2 常规单用户检测器

常规单用户检测器基于多用户干扰等效于零均值加性高斯白噪声的假设下设计而来。假设同步 BPSK 信号,则 K 信号的实值接收矢量由式(7.153)给出。由于多用户干扰建模为高斯白噪声模型,用户 k 的常规检测器可通过计算做出最大似然比特决策,有:

$$\hat{d}_k=\arg\min_{d_k\in(+1,-1)}\|\boldsymbol{y}-\boldsymbol{p}_kA_kd_k\|^2 \tag{7.160}$$

使用 $\boldsymbol{p}_k^{\mathrm{T}}\boldsymbol{p}_k = G$ 展开该等式的右侧，去掉不影响决策的无关项和无关因素，我们发现：

$$\hat{d}_k = \arg \max_{d_k \in (+1,-1)} [d_k \mathrm{Re}(A_k^* \boldsymbol{p}_k^{\mathrm{T}} \boldsymbol{y})] = \mathrm{sgn}[\mathrm{Re}(A_k^* \boldsymbol{p}_k^{\mathrm{T}} \boldsymbol{y})] \tag{7.161}$$

其中，符号函数定义 $\mathrm{sgn}(x)=1, x\geqslant 0$ 和 $\mathrm{sgn}(x)=-1, x<0$。如果我们假设检测器对用户 k 进行相位同步，则 A_k^* 可能被 $A_k>0$ 取代，然后变为不相关，因此：

$$\hat{d}_k = \mathrm{sgn}[\boldsymbol{p}_k^{\mathrm{T}} \boldsymbol{y}_r] \tag{7.162}$$

其中 $\boldsymbol{y}_r = \mathrm{Re}(\boldsymbol{y})$。

令 $\boldsymbol{d}_{ke}$ 表示不包括 d_k 的 $\boldsymbol{d}$ 的 $(K-1)$ 维向量。将式(7.153)代入式(7.162)，可得：

$$\hat{d}_k = \mathrm{sgn}[GA_k d_k + GA_k B(\boldsymbol{d}_{ke}) + \mathrm{Re}(\boldsymbol{p}_k^{\mathrm{T}} \boldsymbol{n})] \tag{7.163}$$

其中 $\mathrm{Re}(\boldsymbol{P}_k^{\mathrm{T}}\boldsymbol{n})$ 是零均值高斯随机变量，且

$$B(\boldsymbol{d}_{ke}) = \sum_{\substack{i=0 \\ i\neq k}}^{K-1} d_i R_{ki} \frac{\mathrm{Re}(A_i)}{A_k} \tag{7.164}$$

且相关矩阵定义为实矩阵 $\boldsymbol{R}$，表示为：

$$\boldsymbol{R} = G^{-1}\boldsymbol{P}^{\mathrm{T}}\boldsymbol{P} \tag{7.165}$$

假设码元符号相等，我们推导出用户 k 的误符号率是相关矩阵的函数。设 S_k 表示 $\boldsymbol{d}_{ke}$ 可等同于 2^{K-1} 个不同向量的集合。设 $d_{kn} \in S_k$ 表示第 n 个不同的向量。在 $d_{ke}=d_{kn}$ 和 $1\leqslant n\leqslant 2^{K-1}$ 条件下，我们发现若高斯噪声项 $\mathrm{Re}(\boldsymbol{p}_k^{\mathrm{T}}\boldsymbol{n})$ 超过式(7.163)中的前两项，则会出现符号错误。根据对称性，在误符号率估计中假设 $d_k=1$。使用式(7.155)和式(7.154)，得到：

$$\mathrm{var}[\mathrm{Re}(\boldsymbol{p}_k^{\mathrm{T}}\boldsymbol{n})] = \frac{1}{4}E[\boldsymbol{p}_k^{\mathrm{T}}(\boldsymbol{n}+\boldsymbol{n}^*)(\boldsymbol{n}+\boldsymbol{n}^*)^{\mathrm{T}}\boldsymbol{p}_k] = \frac{N_0}{2} \tag{7.166}$$

因此，用户 k 的条件误符号率为：

$$P_s(k|\boldsymbol{d}_{kn}) = Q\left(\sqrt{\frac{2\mathcal{E}_k}{N_0}}[1+B(\boldsymbol{d}_{kn})]\right) \tag{7.167}$$

若所有 $\boldsymbol{d}_{kn}\in \boldsymbol{S}_k$ 符号等概率出现，则用户 k 的误符号率为：

$$P_s(k) = 2^{-(K-1)}\sum_{n=1}^{2^{K-1}} P_s(k|\boldsymbol{d}_{kn}) \tag{7.168}$$

7.7.3 去相关检测器

通过忽略码元符号的有限信号字母表，改为允许它们是可微函数，可降低式(7.158)的最优多用户检测器的复杂性。在不考虑 $\boldsymbol{d}$ 的约束条件时，初始最

大化式(7.159)的相关度量,可导出去同步 BPSK 信号的去相关检测器。

应用式(5.2)和式(5.3),我们发现 $C(\boldsymbol{d})$ 相对于 K 维向量 $\boldsymbol{d}$ 的梯度为:

$$\nabla_{\boldsymbol{d}} C(\boldsymbol{d}) = \boldsymbol{F}\boldsymbol{d} - 2\mathrm{Re}(\boldsymbol{A}^* \boldsymbol{P}^{\mathrm{T}} \boldsymbol{y}) \tag{7.169}$$

其中:

$$\boldsymbol{F} = \boldsymbol{A}^* \boldsymbol{P}^{\mathrm{T}} \boldsymbol{P} \boldsymbol{A} + \boldsymbol{A} \boldsymbol{P}^{\mathrm{T}} \boldsymbol{P} \boldsymbol{A} \boldsymbol{A}^* = 2\mathrm{Re}(\boldsymbol{A}^* \boldsymbol{P}^{\mathrm{T}} \boldsymbol{P} \boldsymbol{A}) \tag{7.170}$$

如果是 $G \geqslant K$,我们假设 $G \times K$ 矩阵 $\boldsymbol{P}$ 具有满秩 K,这意味着 $\boldsymbol{P}^{\mathrm{T}}\boldsymbol{P}$ 是满秩的,因此是可逆的。假设对角矩阵 A 的对角元素非零,$K \times K$ 矩阵 $\boldsymbol{P}\boldsymbol{A}$ 具有满秩 K。因此,Herimitian(自共轭)矩阵 $\boldsymbol{A}^* \boldsymbol{P}^{\mathrm{T}} \boldsymbol{P} \boldsymbol{A}$ 和 $\boldsymbol{A} \boldsymbol{P}^{\mathrm{T}} \boldsymbol{P} \boldsymbol{A}^*$ 是正定的,因此 $\boldsymbol{F}$ 是自共轭、正定和可逆的(见附录 G)。应用 $\nabla_{\boldsymbol{d}} C(\boldsymbol{d}) = 0$ 找到驻点 $\boldsymbol{d}_{\mathrm{s}}$ 的必要条件,我们得到:

$$\boldsymbol{d}_{\mathrm{s}} = 2\boldsymbol{F}^{-1} \mathrm{Re}(\boldsymbol{A}^* \boldsymbol{P}^{\mathrm{T}} \boldsymbol{y}) \tag{7.171}$$

解 $\boldsymbol{d}_{\mathrm{s}}$ 对应于 $C(\boldsymbol{d})$ 的最小值,这是因为对于 $\boldsymbol{d}_{\mathrm{s}}$,式(7.159)可以表示为:

$$C(\boldsymbol{d}) = \frac{1}{2}(\boldsymbol{d} - \boldsymbol{d}_{\mathrm{s}})^{\mathrm{T}} \boldsymbol{F} (\boldsymbol{d} - \boldsymbol{d}_{\mathrm{s}}) - \frac{1}{2} \boldsymbol{d}_{\mathrm{s}}^{\mathrm{T}} \boldsymbol{F} \boldsymbol{d}_{\mathrm{s}} \tag{7.172}$$

由于 $\boldsymbol{F}$ 为自共轭正定矩阵,$C(\boldsymbol{d})$ 在 $\boldsymbol{d} = \boldsymbol{d}_{\mathrm{s}}$ 有唯一最小值。

将式(7.153)代入式(7.171),可得:

$$\boldsymbol{d}_{\mathrm{s}} = \boldsymbol{d} + \boldsymbol{n}_{\mathrm{s}} \tag{7.173}$$

其中,噪声部分是 $\boldsymbol{n}_{\mathrm{s}}$,为:

$$\boldsymbol{n}_{\mathrm{s}} = 2\boldsymbol{F}^{-1} \mathrm{Re}(\boldsymbol{A}^* \boldsymbol{P}^{\mathrm{T}} \boldsymbol{n}) \tag{7.174}$$

等式(7.173)表明,由于 $\boldsymbol{d}_{\mathrm{s}}$ 的第 k 个分量仅取决于 $\boldsymbol{d}$ 的第 k 个分量,而不取决于 $\boldsymbol{d}$ 的其他分量,因此 $\boldsymbol{d}_{\mathrm{s}}$ 的分量彼此不相关。因此,使用基于 $\boldsymbol{d}_{\mathrm{s}}$ 的估计器的去相关检测器是一种迫零估计器,可消除其每个分量的多址干扰。由于去相关器完全消除了多址干扰,远近效应不存在,因此去相关检测器具有抗远近效应的能力。

由于 $d_k = \pm 1$,一个去相关检测器进行硬判决可得:

$$\hat{\boldsymbol{d}} = \mathrm{sgn}(\boldsymbol{d}_{\mathrm{s}}) = \mathrm{sgn}[2\boldsymbol{F}^{-1} \mathrm{Re}(\boldsymbol{A}^* \boldsymbol{P}^{\mathrm{T}} y)] \tag{7.175}$$

其中 $\mathrm{sgn}(\boldsymbol{u})$ 表示 $\boldsymbol{u}$ 分量的符号函数向量。若直扩系统将去相关检测器的输出作为信道译码器的输入,这时检测器更适合采用软判决而非硬判决。通过忽略式(7.175)中符号函数或用非线性函数 $\mathcal{N}(\cdot)$ 替代,可以得到软符号度量。因此,译码器的输入变为:

$$\hat{\boldsymbol{d}} = \mathcal{N}[2\boldsymbol{F}^{-1} \mathrm{Re}(\boldsymbol{A}^* \boldsymbol{P}^{\mathrm{T}} \boldsymbol{y})] \tag{7.176}$$

由于 $d_k = \pm 1$,$\mathcal{N}(\cdot)$ 可以将截断函数定义为:

$$c(x) = \begin{cases} +1, & x \geqslant 1 \\ x, & -1 < x < 1 \\ -1, & x \leqslant -1 \end{cases} \tag{7.177}$$

且对于双曲正切函数 $\tanh(\alpha x)$。若 $\alpha=1,\tanh(x)\approx c(x)$；若 $a\gg 1$，$\tanh(\alpha x)\to \mathrm{sgn}(x)$。

由式(7.163)为 K 个同步用户实现的完整去相关检测器如图 7.9 所示。复值码片匹配滤波器输出的 G 个采样输入到 K 个并行的解扩器的解扩器组，该解扩器组提供 K 维向量 $\boldsymbol{P}^{\mathrm{T}}\boldsymbol{y}$。线性变换器对 $\boldsymbol{P}^{\mathrm{T}}\boldsymbol{y}$ 执行线性变化以计算 K 维向量 $\boldsymbol{d}_{\mathrm{s}}$。$K$ 个度量设备中的每一个都会做出一个艰难的决定，或者应用一个非线性函数来提供 K 个符号度量中的一个。

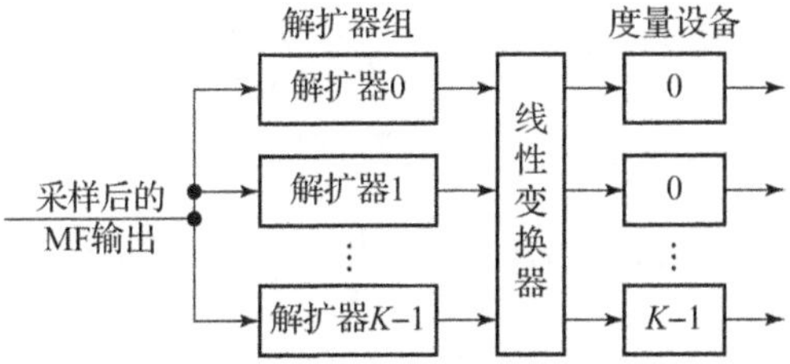

图 7.9　同步 DS-CDMA 通信中完全去相关检测器或 MMSE 检测器框图

若符号 $d_k(0\leqslant k\leqslant K-1)$ 的硬判决检测，将式(7.153)代入式(7.176)，意味着 $\hat{\boldsymbol{d}}$ 的第 k 个分量是

$$\hat{\boldsymbol{d}}_k=\mathrm{sgn}(d_k+n_{sk}) \tag{7.178}$$

式中：n_{sk} 是 $\boldsymbol{n}_{\mathrm{s}}$ 的第 k 个分量。方程式(7.174)表明，$\boldsymbol{n}_{\mathrm{s}}$ 是高斯随机向量(见附录 A.1)，因为向量 $\boldsymbol{n}$ 的分量是独立的零均值高斯随机变量。由式(7.174)和式(7.154)可知，$\boldsymbol{n}_{\mathrm{s}}$ 的实值相关矩阵为：

$$E[\boldsymbol{n}_{\mathrm{s}}\boldsymbol{n}_{\mathrm{s}}^{\mathrm{T}}]=\frac{N_0}{G}\boldsymbol{F}^{-1} \tag{7.179}$$

因此式(7.165)可替换为：

$$\mathrm{var}(n_{sk})=\frac{N_0}{2\mathcal{E}_k}R_{kk}^{-1} \tag{7.180}$$

其中，R_{kk}^{-1} 表示 $\boldsymbol{R}^{-1}$ 第 k 行、第 k 列元素，$\mathcal{E}_k=|A_k|^2G^2$ 是第 k 个用户的符号能量。若噪声导致式(7.178)中的符号函数的符号与 d_k 不同，则会产生错误。由于噪声为高斯分布，用户 k 的判决器 k 输出的误符号率为：

$$P_{\mathrm{s}}(k)=Q\left(\sqrt{\frac{2\mathcal{E}_k}{N_0R_{kk}^{-1}}}\right),k=0,1,\cdots,K-1 \tag{7.181}$$

没有多址干扰时，$R_{kk}^{-1}=1$。因此，若要在多址干扰下保持特定的误符号率不变，则能量需要增加 R_{kk}^{-1} 倍。

$\boldsymbol{R}$ 中第 i 行、第 k 列元素为：

$$R_{ik}=\frac{\boldsymbol{p}_i^{\mathrm{T}}\boldsymbol{p}_k}{G}=\frac{A_{ik}-D_{ik}}{G},i\neq k \tag{7.182}$$

式中：$\mathcal{A}_{ik}$表示$\boldsymbol{p}_i$和$\boldsymbol{p}_k$中对应比特相同的数量，D_{ik}表示对应比特不同的数量。当扩谱增益G增加时，$R_{ik}(i\neq k)$为较小值的概率随之增加，因此，即使没有选择正交扩谱序列，$\boldsymbol{R}$也近似为单位对角矩阵。若扩谱序列建模为随机二进制序列，则$E[R_{ik}]=0$，$\mathrm{var}[R_{ik}]=G^{-1}(i\neq k)$，这体现了大扩谱增益的优势。

例7.2：考虑$K=2$，$R_{01}=R_{10}=\rho$且$|\rho|\leqslant 1$的同步通信。相关矩阵及其逆为：

$$\boldsymbol{R}=\begin{bmatrix}1 & \rho\\ \rho & 1\end{bmatrix},\boldsymbol{R}^{-1}=\frac{1}{1-\rho^2}\begin{bmatrix}1 & -\rho\\ -\rho & 1\end{bmatrix} \tag{7.183}$$

由于$R_{00}^{-1}=R_{11}^{-1}=(1-\rho^2)^{-1}$，故式(7.181)得到的用户$k$的误符号率为：

$$P_{\mathrm{s}}(k)=Q\left(\sqrt{\frac{2\mathcal{E}_k(1-\rho^2)}{N_0}}\right),k=0,1 \tag{7.184}$$

若$|\rho|\leqslant 1/2$，为适应多址干扰，每条$P_{\mathrm{s}}(k)$曲线需增加的$\mathcal{E}_k/N_0$平移量小于1.25dB。

为了比较本例中解相关检测器和传统检测器的符号错误概率，观察到对于同样可能的值d_k，由式(7.167)和式(7.168)得到常规检测器的符号错误率为：

$$P_{\mathrm{s}}(k)=\frac{1}{2}Q\left(\sqrt{\frac{2\mathcal{E}_k}{N_0}}(1-|\rho C|)\right)+\frac{1}{2}Q\left(\sqrt{\frac{2\mathcal{E}_k}{N_0}}(1+|\rho C|)\right)$$

$$\leqslant Q\left(\sqrt{\frac{2\mathcal{E}_k}{N_0}}(1-|\rho C|)\right),k=0,1 \tag{7.185}$$

其中，$C=Re(A_{1-k})/A_k$，将此上限和式(7.184)中的进行比较发现，如果有：

$$|C|>\frac{1-\sqrt{1-\rho^2}}{|\rho|},\rho\neq 0 \tag{7.186}$$

由于$0<|\rho|\leqslant 1$，式(7.186)右边的上界为1，因此$|C|>1$对于本例的解相关检测器获得优于常规检测器的性能是必要的。

如果我们假设振幅是实值，那么通过应用式(7.176)并丢弃无关因素，发现去相关检测器的符号决定是$\hat{d}_0=\mathrm{sgn}(r_0-\rho r_1)$和$\hat{d}_1=\mathrm{sgn}(r_1-\rho r_0)$，其中，$[r_0 r_1]^{\mathrm{T}}=\boldsymbol{P}^{\mathrm{T}}\mathrm{Re}(\boldsymbol{y})$。

在异步通信中，由于定时偏差，必须处理来自于K个用户之一、由N个相关代码符号组成的整条信息或码字。符号向量$\boldsymbol{d}$为$NK\times 1$维向量，去相关检测器的相关矩阵$\boldsymbol{R}$为$NK\times NK$维矩阵。与最优检测器相比，去相关检测器能够显著降低计算量，但其计算量依然巨大。去相关检测器在实际异步通信中的应用效果值得怀疑。

7.7.4 最小均方误差检测器

最小均方误差(Minimum - Mean - Square - Error, MMSE)检测器是由 $K \times K$ 维矩阵 $\boldsymbol{L}_0$ 对 $\boldsymbol{y}$ 进行线性变换而得到的接收机,其度量为:

$$M = E[\ \|\boldsymbol{d} - \boldsymbol{L}\boldsymbol{y}\|^2] \tag{7.187}$$

该度量在 $\boldsymbol{L} = \boldsymbol{L}_0$ 时最小。我们假设同步 BPSK 信号。因此,$\boldsymbol{d}$ 是实值,因此决策统计或符号度量基于:

$$\boldsymbol{d}_m = \mathrm{Re}(\boldsymbol{L}_0\boldsymbol{y}) \tag{7.188}$$

定义矩阵:

$$\boldsymbol{R}_{dy} = E[\boldsymbol{d}\boldsymbol{y}^{\mathrm{H}}], \boldsymbol{R}_y = \{E[\boldsymbol{y}\boldsymbol{y}^{\mathrm{H}}]\} \tag{7.189}$$

若码符号独立且以等概率取 +1 或 −1,则 $E[\boldsymbol{d}\boldsymbol{d}^{\mathrm{H}}] = \boldsymbol{I}$,$\boldsymbol{I}$ 为单位矩阵。使用该结果、式(7.153)、式(7.154)、$E[\boldsymbol{n}] = \boldsymbol{0}$ 及 $\boldsymbol{d}$ 和 $\boldsymbol{n}$ 的独立性可得:

$$\boldsymbol{R}_{dy} = \boldsymbol{A}^*\boldsymbol{P}^{\mathrm{T}}, \boldsymbol{R}_y = \boldsymbol{P}|\boldsymbol{A}|^2\boldsymbol{P}^{\mathrm{T}} + G^{-1}N_0\boldsymbol{I} \tag{7.190}$$

式中:$|\boldsymbol{A}|^2$ 为对角矩阵,$|A_k|^2$ 为其第 k 个元素。通过恒等式(6.287)、式(7.187)和式(7.190),可得:

$$M = \mathrm{tr}\{E[\boldsymbol{d}\boldsymbol{d}^{\mathrm{H}}] + \boldsymbol{L}\boldsymbol{R}_y\boldsymbol{L}^{\mathrm{H}} - \boldsymbol{A}^*\boldsymbol{P}^{\mathrm{T}}\boldsymbol{L}^{\mathrm{H}} - \boldsymbol{L}\boldsymbol{P}\boldsymbol{A}\} \tag{7.191}$$

方程(7.190)表明 $G \times G$ 矩阵 $\boldsymbol{R}_y$ 为对称正定的。因此存在 $\boldsymbol{R}_y^{-1}$,且通过平方可得:

$$M = \mathrm{tr}\{E[\boldsymbol{d}\boldsymbol{d}^{\mathrm{T}}] - \boldsymbol{A}^*\boldsymbol{P}^{\mathrm{T}}\boldsymbol{R}_y^{-1}\boldsymbol{P}\boldsymbol{A}\} + \mathrm{tr}\{(\boldsymbol{L} - \boldsymbol{L}_0)\boldsymbol{R}_y(\boldsymbol{L} - \boldsymbol{L}_0)^{\mathrm{H}}\} \tag{7.192}$$

其中,

$$\begin{aligned}\boldsymbol{L}_0 &= \boldsymbol{A}^*\boldsymbol{P}^{\mathrm{T}}\boldsymbol{R}_y^{-1} \\ &= \boldsymbol{A}^*\boldsymbol{P}^{\mathrm{T}}(\boldsymbol{P}|\boldsymbol{A}|^2\boldsymbol{P}^{\mathrm{T}} + G^{-1}N_0\boldsymbol{1})^{-1}\end{aligned} \tag{7.193}$$

由于 $\boldsymbol{R}_y$ 是对称正定矩阵,$(\boldsymbol{L} - \boldsymbol{L}_0)\boldsymbol{R}_y(\boldsymbol{L} - \boldsymbol{L}_0)^{\mathrm{H}}$ 是 Hermitian 半正定矩阵,这意味着它具有非负特征值,因此具有非负迹(见附录 G)。让 $\boldsymbol{r}_i$ 表示 $\boldsymbol{L} - \boldsymbol{L}_0$ 的第 i 行。然后

$$\mathrm{tr}\{(\boldsymbol{L} - \boldsymbol{L}_0)\boldsymbol{R}_y(\boldsymbol{L} - \boldsymbol{L}_0)^{\mathrm{H}}\} = \sum_{i=1}^{K}\boldsymbol{r}_i\boldsymbol{R}_y\boldsymbol{r}_i^{\mathrm{H}} \geqslant 0 \tag{7.194}$$

由于 $\boldsymbol{R}_y$ 是对称正定矩阵,当且仅当,$\boldsymbol{r}_i = 0, 1 \leqslant i \leqslant K$ 时,和中的每个项都等于零。因此,当且只当 $\boldsymbol{L} = \boldsymbol{L}_0$ 时,迹的最小值为零;因此,当且仅当 $\boldsymbol{L} = \boldsymbol{L}_0$ 时,获得最小值 M。

矩阵直接相乘可证明以下恒等式:

$$(\boldsymbol{P}^{\mathrm{T}}\boldsymbol{P} + G^{-1}N_0|\boldsymbol{A}|^{-2})|\boldsymbol{A}|^2\boldsymbol{P}^{\mathrm{T}} = \boldsymbol{P}^{\mathrm{T}}(\boldsymbol{P}|\boldsymbol{A}|^2\boldsymbol{P}^{\mathrm{T}} + G^{-1}N_0\boldsymbol{I}) \tag{7.195}$$

将该式与式(7.193)合并可得:

$$\boldsymbol{L}_0 = G^{-1}\boldsymbol{A}^{-1}\boldsymbol{Q}\boldsymbol{P}^{\mathrm{T}} \tag{7.196}$$

其中,

$$\boldsymbol{Q} = \left(\boldsymbol{R} + \frac{N_0}{G^2}|\boldsymbol{A}|^{-2}\right)^{-1} \tag{7.197}$$

将式(7.196)中代入为(7.198),得到:

$$\boldsymbol{d}_m = \mathrm{Re}(G^{-1}\boldsymbol{A}^{-1}\boldsymbol{Q}\boldsymbol{P}^{\mathrm{T}}\boldsymbol{y}) \tag{7.198}$$

由于 $d_k = \pm 1$,MMSE 检测器的输出和译码器的输入是:

$$\hat{\boldsymbol{d}} = \mathcal{N}[\mathrm{Re}(G^{-1}\boldsymbol{A}^{-1}\boldsymbol{Q}\boldsymbol{P}^{\mathrm{T}}\boldsymbol{y})] \tag{7.199}$$

其中,$\mathcal{N}(\boldsymbol{x}) = \mathrm{sgn}(\boldsymbol{x})$用于硬判决译码,$\mathcal{N}(\boldsymbol{x})$是用于软判决译码的非线性函数,例如 $c(\beta\boldsymbol{x})$或 $\tanh(\alpha\boldsymbol{x})$。因此,MMSE 检测器具有图 7.9 的结构,但需要与去相关检测器不同的线性变换。

将式(7.199)中代入式(7.153),得到:

$$\hat{\boldsymbol{d}} = \mathcal{N}[\mathrm{Re}(\boldsymbol{A}^{-1}\boldsymbol{QRAd}) + \boldsymbol{n}_m] \tag{7.200}$$

这里

$$\boldsymbol{n}_m = \mathrm{Re}(G^{-1}\boldsymbol{A}^{-1}\boldsymbol{Q}\boldsymbol{P}^{\mathrm{T}}\boldsymbol{n}) \tag{7.201}$$

方程(7.201)表明 $\boldsymbol{n}_m$ 是一个高斯随机向量(见附录 A.1),因为向量 $\boldsymbol{n}$ 的分量是独立的零均值高斯随机变量。从式(7.201)、式(7.155)和式(7.154)可以看出,$\boldsymbol{n}_m$ 的相关矩阵为:

$$E[\boldsymbol{n}_m\boldsymbol{n}_m^{\mathrm{H}}] = \frac{N_0}{2G^2}\boldsymbol{A}^{-1}\boldsymbol{QRQ}(\boldsymbol{A}^*)^{-1} \tag{7.202}$$

考虑 $d_k(0\leqslant k\leqslant K-1)$符号的硬判决检测。如果我们假设检测器对第 k 个信号进行相位同步,那么 A_k^* 可能会被替换为 $A_k>0$,这就变得不相关了。方程(7.200)表明,$\hat{\boldsymbol{d}}$ 的第 k 个分量为:

$$\hat{d}_k = \mathrm{sgn}(u_k) \tag{7.203}$$

其中,

$$u_k = (\boldsymbol{QR})_{kk}d_k + B(\boldsymbol{d}_{ke}) + n_{mk} \tag{7.204}$$

$$B(\boldsymbol{d}_{ke}) = \sum_{K-1}(\boldsymbol{QR})_{ki}\frac{\mathrm{Re}(A_i)}{A_k}d_i \tag{7.205}$$

这里 $\boldsymbol{d}_{ke}$表示 $\boldsymbol{d}$(排除 d_k)的 $K-1$ 分量的向量。n_{mk}的方差为:

$$\mathrm{var}(n_{mk}) = \frac{N_0}{2\mathcal{E}_k}(\boldsymbol{QRQ})_{kk} \tag{7.206}$$

这里 $\mathcal{E}_k = |A_k|^2G^2$ 表示的是一种符号能量。

由对称性,在估计误符号率时可假设 $d_k=1$。S_k 表示的 $\boldsymbol{d}_{ke}$可以等同于 2^{K-1}

个不同向量的集合。$\boldsymbol{d}_{kn} \in S_k$ 表示这些不同向量的第 n 个向量。在已知 $\boldsymbol{d}_{ke} = \boldsymbol{d}_{kn}(1 \leqslant n \leqslant 2^{K-1})$ 的条件下,可发现若 n_{mk} 导致 u_k 的符号与 d_k 不同,就会出现符号错误。由于噪声具有高斯概率密度函数,在判决器 k 输出的条件误符号率为:

$$P_s(k \mid \boldsymbol{d}_{kn}) = Q\left(\sqrt{\frac{2\mathcal{E}_k}{N_0\ (\boldsymbol{QRQ})_{kk}}}[\ (\boldsymbol{QR})_{kk} + B(\boldsymbol{d}_{kn})\ ]\right) \tag{7.207}$$

若所有符号都是等概的,则用户 k 的误符号率由式(7.168)给出。与去相关检测器不同,MMSE 检测器的误符号率依赖于符号及其他用户的扩谱序列。

例 7.3:考虑 $K=2$、$C=\mathrm{Re}(A_{1-k})/A_k$ 和式(7.183)给出的相关矩阵情况下的多用户检测。通过式(7.184)、式(7.207)和式(7.168)计算的误符号率表明,MMSE 检测器的性能随着 $|\rho|$ 的增加而下降,但与去相关检测器的性能接近。当 $C \geqslant 1$ 时,去相关检测器的性能不依赖于 C。相反,若使用常规检测器,式(7.185)表明随着 C 的增加,误符号率迅速恶化,如图 7.10 所示。当 $\rho=0$ 时,去相关检测器(Decorrelating Detector, DD)与无多用户检测和无多址干扰的系统误符号率相同。

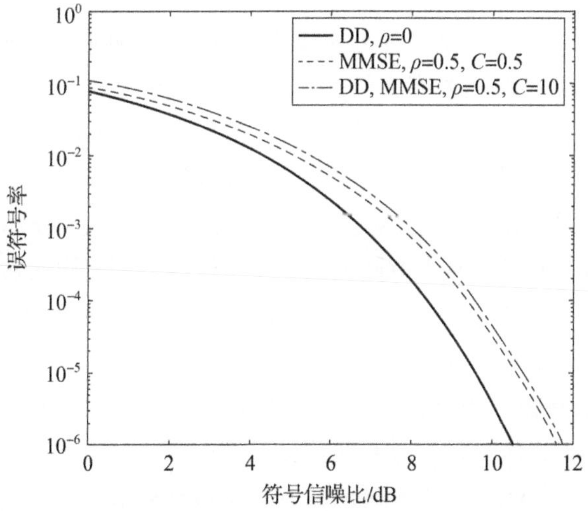

图 7.10 具有去相关检测器和 MMSE 检测器的 DS - CDMA 系统的误符号率

MMSE 检测器和去相关检测器具有几乎相同的计算量要求,且它们都有对应的均衡器,但在很多方面还是不同的。MMSE 检测器不能消除多址干扰,因而不能完全消除远近效应,但也不像去相关检测器那样会增强噪声的影响。虽然 MMSE 检测易于抑制强干扰信号,但也一定程度上也抑制了扩谱序列与强干扰扩谱序列相关的有用信号。在实际应用中,MMSE 检测器的误符号率一般是低于去相关检测器的。当 $N_0 \to 0$,MMSE 检测器的估计性能接近去相关检测器的估计性能。因此,MMSE 检测器具有渐进抗远近效应的能力。随着 N_0 的增加,MMSE 的估计性能逐渐接近常规检测器,抗远近效应能力逐渐减小。

在实际应用中,无论 MMSE 还是去相关线性检测器都希望在同步通信中使用短扩谱序列。短扩谱序列保证了相关矩阵 $\boldsymbol{R}$ 对于多个符号都是常数。短序列的代价是损失了一定的安全性,以及由于特定的信号相对时延导致的偶然但有时会持续的性能下降。即使使用短序列,$\boldsymbol{A}$ 的估计值是 MMSE 检测器实现的一个障碍。

对于 MMSE 检测器,由于计算量随 N 和 K 的增加而迅速增加,与去相关检测器一样,MMSE 检测器不适用于异步多用户检测。更重要的是要求必须已知或者能估计出接收机输入端的扩谱序列时延。

多用户检测器的同步版本需要多个访问信号的同步定时。同步模型可在蜂窝网络的下行链路中使用。然而在这种情况下,短正交扩谱序列的使用不需要多用户检测,这是由于每个接收机的相关器足以消除多址干扰(见第 7.8 节)。

7.7.5 自适应多用户检测器

自适应多用户检测器是一种无须确切知道扩谱序列或多址干扰信号时序的自适应系统。以降低频谱效率为代价,通过在训练阶段对 L_t 个已知的导频符号构成的训练序列进行处理来完成学习。每个导频符号由长度 G 的扩展序列表示。短扩谱序列的使用为自适应多用户检测器能够学习序列的互相关函数,从而抑制干扰提供了机会。但是,短扩谱序列的需求限制了自适应多用户检测器的应用,如 WCDMA 和 CDMA2000 无法支持自适应多用户检测器。

在自适应多用户检测器中,LMS 算法(见 5.2 节)可用作自适应算法。用户 k 的已知训练序列的符号 n 为 $d_k(n)$ $(n=0,1,\cdots,L_t-1)$。符号 n 接收期间,G 个码片匹配滤波器输出的第 n 个向量表示为 $\boldsymbol{p}(n)$ $(n\geqslant 0)$。假设已经建立了码片同步,LMS 算法迭代更新 G 维权向量:

$$\boldsymbol{w}(n+1)=\boldsymbol{w}(n)+2\mu\mathcal{E}^*(n)p(n),n\geqslant 0 \tag{7.208}$$

式中:μ 是用于调节算法收敛速率的常数,且

$$\mathcal{E}(n)=\bar{d}_k(n)-\boldsymbol{w}^{\mathrm{H}}(n)\boldsymbol{p}(n) \tag{7.209}$$

其中,$\bar{d}_k(n)=d_k(n)$ $(n=0,1,\cdots,L_t-1)$。训练阶段之后是面向判决阶段,该阶段通过反馈判决符号来继续自适应过程

$$\hat{d}_k(n)=\mathrm{sgn}[\mathrm{Re}(\boldsymbol{w}^{\mathrm{H}}(n)\boldsymbol{p}(n))] \tag{7.210}$$

这里使用 $\bar{d}_k(n)=d_k(n)$。若传输信道是时不变的,自适应检测器的潜在

性能至少要比常规检测器好得多,但当存在快衰落和波动干扰时,需进行复杂的修改。

盲多用户检测器无须导频符号或训练序列。与基于训练的多用户检测器不同,盲多用户检测器只需有用信号扩谱序列的知识及其定时,而这些信息并不比简单的常规单用户系统所需的信息更多。由于长扩谱序列不具有循环平稳特性,从而使得先进的信号处理技术无法应用到盲多用户检测器,因此需采用短扩谱序列。自适应盲多用户检测器能够适应信道条件的变化和系统恢复,但相对于具有训练阶段的自适应多用户检测器会带来一些性能损失和复杂度的增加。若干种自适应算法(包括 Frost 算法,详见第 5.4 节)可以用作自适应盲多用户检测器。Frost 算法使用已知的扩谱序列来减少有用信号的损失,同时抵消干扰。

7.7.6 跳频多用户检测器

在 FH - CDMA 网络中,用户传输时间的粗略协调与足够长的切换时间会降低或消除用户间的碰撞,从而无须进行多用户处理。在异步网络中,多用户检测是必要的,但跳频系统中的多用户检测比直扩系统更具挑战性。最优多用户检测器要求接收机已知所有被检测用户的跳频图案和跳频切换时间,并能同时解调所有载波上的信号。这些要求在任何实际的跳频网络中都是完全不可实现的。更为实用的多用户检测器是利用异步跳频网络中用户跳频切换时间的差异[22]。这些差异也提供了可用于迭代解调、信道估计和译码的有用信号和干扰信号的部分。接收机与有用信号的跳频图案同步并估计干扰信号的定时信息。这种处理过程的重要组成部分是在信道估计中使用期望最大化算法(见 9.1 节)。在无衰落或瑞利衰落的信道中,这种多用户检测器比常规跳频接收机都能容忍更强的干扰信号,但其他更为稳健的跳频系统(见 9.4 节)也是可能的。

7.8 干扰抵消器

干扰抵消器是一种多用户检测器,它首先精确地估计干扰信号,然后从接收信号中减去干扰来得到有用信号。虽然相较于理想多用户检测器,多用户干扰抵消器是次优的,但它实现负担要小得多,且仍具有较强的干扰抑制能力,故减轻了远近效应。对于异步 DS/CDMA 网络,干扰抵消器是目前最为实用的多用户检测器,尤其是在使用长扩谱序列时。

干扰抵消器的实现需要存储所有期望和潜在干扰信号的扩频序列,也需要一种能与接收到的干扰信号同步的方法。至少在初始同步阶段,需要精准的功率控制,以避免接收机前端的过载。

干扰抵消器[18,23]可分为串行干扰抵消器、并行干扰抵消器及混合方式,其中串行干扰抵消器逐次减去多个干扰,并行干扰抵消器同时减去多个干扰。下面仅讨论串行和并行干扰抵消器的基本结构和特征,但同时给出了大量可供选择的其他方案,有混合的、自适应的或盲的等等。

7.8.1 串行干扰抵消器

图7.11是一个串行干扰抵消器的功能框图,它使用了连续的副本产生器和减法器来产生 K 个用户发送符号流的估计。解扩器组的 K 个并行输出应用于 K 个并行检测器,该检测器根据其估计的功率电平对 K 个信号进行排序。排序结果决定了在图7.11中检测器-发生器的位置,在图中按照功率水平下降的顺序排列。检测器-发生器 $k(k=1,2,\cdots,K)$ 对应于第 k 个最强的信号。

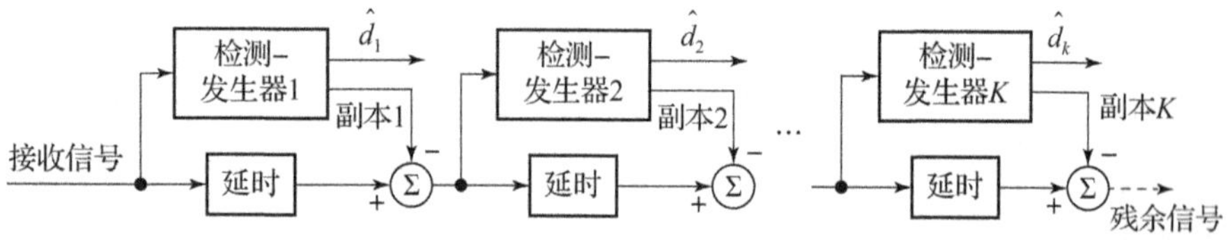

图7.11 具有 K 个检测器-发生器的串行干扰抵消器

图7.12给出了检测器-发生器 k 的结构,它产生了信号 k 的接收符号的副本。接收机 k 可以是一个常规检测器,当采用BPSK调制及四进制调制时,接收机 k 分别具有图2.14和图2.20所示的形式。译码器提供了每个符号的硬判决估计值 $\hat{d}_k$。这些符号被编码并送至调制器。通过加入扩谱序列、调制码片波形和调整信号定时,调制器产生信号 k 的副本。信道估计器可以使用已知的导频或训练符号来确定信道响应,它还提供了估计信道幅度,相位信息和相对定时,并送至调制器来补偿信道传播的影响。信道估计器使用已知的导频或训练符号来确定信道响应。在符号间隔内,副本 k 的格式为:

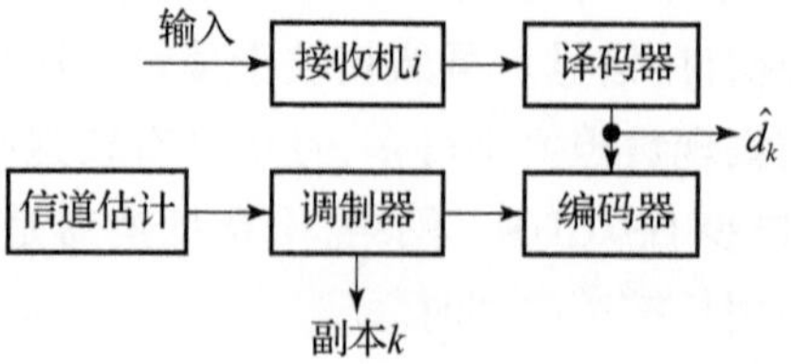

图7.12 信号 k 的检测器-发生器结构

$$R_k(t) = \sqrt{2\,\hat{\mathcal{E}}_k}\hat{d}_k \sum_{i=0}^{G-1} p_{k,i}\psi(t - iT_c - \hat{\tau}_k)\cos(2\pi f_c t + \hat{\theta}_k), 1 \leqslant k \leqslant K \tag{7.211}$$

其中 $\hat{\mathcal{E}}_k$、$\hat{d}_k$、$\hat{t}_k$ 和 $\hat{\theta}_k$ 分别是 $\mathcal{E}_k$、d_k、τ_k 和 θ_k 的估计值。副本 k 被发送到相应的减法器,能产生差异信号

$$D_k(t) = D_{k-1}(t - T_s) - R_k(t) \tag{7.212}$$

由于之前的连续减法,得到的 $D_k(t)$ 消除了大部分由信号 $k, k-1, \cdots, 1$ 引起的干扰。如果前面的副本都几乎准确,那么应用于检测器 - 生成器 $k+1$ 的信号 $D_k(t)$ 是:

$$D_k(t) = \sum_{l=k+1}^{K} \sqrt{2\mathcal{E}_l} d_l \sum_{i=0}^{G-1} p_{l,i}\psi(t - iT_c - \tau_l)\cos(2\pi f_c t + \theta_l) \tag{7.213}$$

抵消器的第一级是利用最强信号较好的可检测性消除最强信号,这将减轻远近效应对弱信号的影响。在检测信号之前,从信号中消除的干扰量按接收信号最强到最弱的顺序递增。

副本产生中的任何错误都会对随后的符号估计和信号复制带来不利影响。若检测器 - 生成器的译码器产生了符号错误,进入图 7.11 中的下一级抵消器时干扰幅度就会加倍。由于图 7.11 中的每个延时都超过了一个符号时宽,串行干扰抵消器的总处理延时较大是它的缺点之一。延时的引入、干扰抵消误差的影响及实现复杂度都可能限制可用的抵消器级阶数,使其小于 K,但是通常只需抵消较少的干扰信号即可获得较大的性能增益[24]。在低 SINR 条件下,不精确的干扰抵消可能导致干扰抵消器失去相对于常规检测器的优势。

多级干扰抵消器包含了多个串行干扰抵消器,若时延和复杂度可以容忍,则通过重复消除可提高性能。图 7.13 说明了多级抵消器的第二级结构。其输入是图 7.11 所示的抵消器 1 的剩余信号。如图 7.13 所示,来自抵消器 1 的副本 1 被加到其剩余信号上来产生和信号,并将其作为检测器 - 发生器 1 的输入。由于大部分干扰已从剩余信号中消除,检测器 - 发生器可产生更好的估计值 $\hat{d}_1$ 和更好的信号 1 副本,然后从和信号中减去。得到的差分信号比图 7.11 中相应的差分信号包含更少的干扰。随后,加上从抵消器 1 得到的其他副本并减去相应的改善后的副本。最后一级抵消器产生最终估计的符号流。多级或单级干扰抵消器可包含多径分量的 Rake 合并,以提高其在衰落环境下的性能[25]。

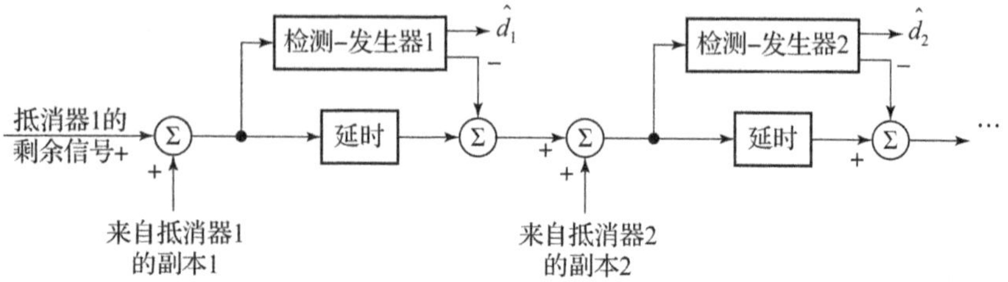

图7.13　基于串行干扰抵消的多级抵消器中的第二级

7.8.2　并行干扰抵消器

并行干扰抵消器可同时检测、生成并抵消来自所有信号的多址干扰信号。图7.14给出了两个信号的并行干扰抵消器。每个检测器－发生器的实现都如图7.12所示。每个最终检测器都包括数字匹配滤波器和可产生软判决或硬判决的判决器,判决结果送至译码器。

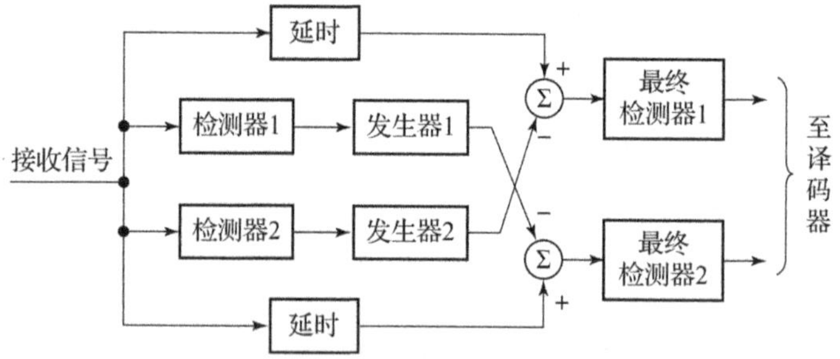

图7.14　两个信号的并行干扰抵消器

由于所有强信号都同时进入各检测器－发生器,且初始检测会影响最终结果,因此在消除远近效应上并行干扰抵消器不如串行干扰抵消器有效。然而,若DS－CDMA网络使用功率控制,串行干扰抵消器最初几级的符号检测精度比只有一级的并行干扰抵消器还要低,主要原因是串行干扰抵消器产生的每个副本中存在未消除的多址干扰。

考虑同步BPSK信号和第7.7节中的模型。$G\times 1$个接收矢量$\boldsymbol{y}$由式(7.153)给出,且解扩器组的输出为$\boldsymbol{P}^{\mathrm{T}}\boldsymbol{y}$。在这里我们定义:

$$\boldsymbol{B}=\boldsymbol{P}^{\mathrm{T}}\boldsymbol{P}\boldsymbol{A} \tag{7.214}$$

考虑式(7.153),发现$\boldsymbol{P}^{\mathrm{T}}\boldsymbol{y}=\boldsymbol{B}\boldsymbol{d}+\boldsymbol{P}^{\mathrm{T}}\boldsymbol{n}$。该公式推动了并行干扰抵消的实现,可通过求解方程得到估计值$\hat{\boldsymbol{d}}_1$,由于

$$\boldsymbol{B}\hat{\boldsymbol{d}}_1=\boldsymbol{P}^{\mathrm{T}}\boldsymbol{y} \tag{7.215}$$

由此

$$\hat{\boldsymbol{d}}_1 = \boldsymbol{B}^{-1}\boldsymbol{P}^{\mathrm{T}}\boldsymbol{y} \tag{7.216}$$

如果 $\boldsymbol{B}$ 是可逆的。由于已知 $\boldsymbol{d}$ 是实值的，可通过 $\mathrm{Re}(\hat{\boldsymbol{d}}_1)$ 改进估计量，合适的最终估计量为：

$$\hat{\boldsymbol{d}} = \mathcal{N}[\mathrm{Re}(\boldsymbol{B}^{-1}\boldsymbol{P}^{\mathrm{T}}\boldsymbol{y})] \tag{7.217}$$

其中，对于符号度量，$\mathcal{N}(x)$ 等于 $c(x)$ 或 $\tanh(\alpha x)$；对于硬决策，$(x) = \mathrm{sgn}(x)$。然而，计算 $\boldsymbol{B}^{-1}$ 所需的乘法复杂度或次数是 $O(K^3)$，这可能太大了。

为了减少复杂性，我们将式(7.215)重写为：

$$\boldsymbol{B}_{\mathrm{d}}\hat{\boldsymbol{d}}_1 = \boldsymbol{P}^{\mathrm{T}}\boldsymbol{y} - (\boldsymbol{B} - \boldsymbol{B}_{\mathrm{d}})\hat{\boldsymbol{d}}_1 \tag{7.218}$$

其中 $\boldsymbol{B}_{\mathrm{d}}$ 是对角线元素等于 $\boldsymbol{B}$ 的对角矩阵。我们通过计算迭代求解(7.218)：

$$\hat{\boldsymbol{d}}_1(1) = \boldsymbol{B}_{\mathrm{d}}^{-1}\boldsymbol{P}^{\mathrm{T}}\boldsymbol{y}$$

$$\hat{\boldsymbol{d}}_1(i+1) = \boldsymbol{B}_{\mathrm{d}}^{-1}[\boldsymbol{P}^{\mathrm{T}}\boldsymbol{y} - (\boldsymbol{B} - \boldsymbol{B}_{\mathrm{d}})\hat{\boldsymbol{d}}_1(i)], i \geqslant 1 \tag{7.219}$$

改进后的矩阵求逆很简单，每次迭代都需要 $O(K^2)$ 乘法。因此，如果迭代次数远小于 K，则计算量相对于式(7.216)有所减少。

多级并行干扰抵消器向产生连续改进并行输出的连续级提供连续改进的并行输入。图 7.15 给出了两个信号的多级抵消器。第一级可由一个并行干扰抵消器，或串行干扰抵消器，或去相关检测器，或 MMSE 检测器组成，后面的每级结构如图 7.14 所示。增加级数并不总是有用，因为判决错误的增加，在某种程度上导致了总体性能的降低。

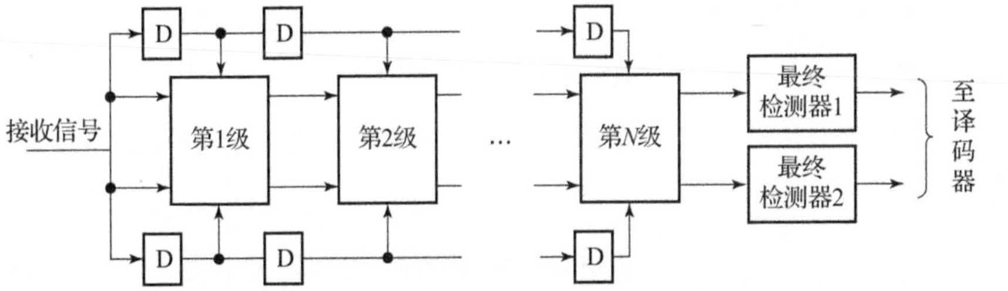

图 7.15　两个信号的多级并行干扰抵消器(D 表示时延)

7.9　多码 DS - CDMA

多码 DS - CDMA 系统或多速率 DS - CDMAs 系统以固定的码片速率和扩频因子提供多个数据速率。发射机向用户提供多个正交扩频序列，用户要求码元传输速率高于由固定码片速率和扩频因子定义的标准速率。高速码符号序列分为几个不同的标准速率符号序列，每个码元序列都由不同的扩频序列调制，以创建不同的复合码片速率序列。复合序列被同步组合并调制同一正弦载波。通过相干解调载波并使用正交扩频序列,接收机可以抑制不同复合序列之间的干扰。相比之下,以选定的高速率运行的常规单速率 CDMA 系统需要带宽扩展或降低扩频因子。多码法的主要缺点是峰值平均功率比高,可能需要使用还原法(见第6.13节)。

考虑一个多码 DS - CDMA 系统,该系统通过 K 个同步流提供高速传输,每个同步流代表 $K\times 1$ 个数据矢量 $\boldsymbol{d}$ 的一个分量。通过与最大似然多用户检测器具有相同形式的最大似然多码检测器计算式(7.158)和式(7.159)。由于扩频序列是正交的,并且接收到的复合信号是相干解调的,因此 $\boldsymbol{P}^{\mathrm{T}}\boldsymbol{P}=G\mathbf{1}$ 和振幅为正值。因此,等效决策向量为:

$$\hat{\boldsymbol{d}}=\arg\max_{d\in D}(\boldsymbol{d}^{\mathrm{T}}\boldsymbol{A}^2\boldsymbol{d}-2\boldsymbol{d}^{\mathrm{T}}\boldsymbol{A}\boldsymbol{P}^{\mathrm{T}}\boldsymbol{y}_{\mathrm{r}}) \tag{7.220}$$

其中 $\boldsymbol{y}_{\mathrm{r}}=\mathrm{Re}(\boldsymbol{y})$。因为 $\boldsymbol{A}^2$ 是对角的,所以 $\boldsymbol{d}^{\mathrm{T}}\boldsymbol{A}^2\boldsymbol{d}$ 与决策无关,等价的决策向量是:

$$\hat{\boldsymbol{d}}=\arg\max_{d\in D}(\boldsymbol{d}^{\mathrm{T}}\boldsymbol{A}\boldsymbol{P}^{\mathrm{T}}\boldsymbol{y}_{\mathrm{r}}) \tag{7.221}$$

如果 $\boldsymbol{d}\in\boldsymbol{D}$,则当 $\boldsymbol{d}$ 和 $\boldsymbol{A}\boldsymbol{P}^{\mathrm{T}}\boldsymbol{y}_{\mathrm{r}}$ 的内积中的每个项都为正时,$\boldsymbol{d}^{\mathrm{T}}\boldsymbol{A}\boldsymbol{P}^{\mathrm{T}}\boldsymbol{y}_{\mathrm{r}}$ 最大化,这意味着等效的最大似然决策向量为 $\hat{\boldsymbol{d}}=\mathrm{sgn}[\boldsymbol{A}\boldsymbol{P}^{\mathrm{T}}\boldsymbol{y}_{\mathrm{r}}]$。由于振幅为正,最大似然决策向量为:

$$\hat{\boldsymbol{d}}=\mathrm{sgn}(\boldsymbol{P}^{\mathrm{T}}\boldsymbol{y}_{\mathrm{r}}) \tag{7.222}$$

代入式(7.153),得:

$$\hat{\boldsymbol{d}}=\mathrm{sgn}(GAD+\boldsymbol{P}^{\mathrm{T}}\boldsymbol{n}_{\mathrm{r}}) \tag{7.223}$$

这表示符号估计 $\hat{\boldsymbol{d}}_k$ 不受来自其他符号的干扰的影响。符号 k 的最大似然判定为:

$$\hat{\boldsymbol{d}}_k=\mathrm{sgn}(\boldsymbol{p}_k^{\mathrm{T}}\boldsymbol{y}_{\mathrm{r}}) \tag{7.224}$$

且编码信息的符号错误概率由式(1.60)给出。

对于软判决译码,可以使用 $\hat{\boldsymbol{d}}=\boldsymbol{P}^{\mathrm{T}}\boldsymbol{y}_{\mathrm{r}}$ 作为符号度量的向量,或者可以使用:

$$\hat{\boldsymbol{d}}=\mathcal{N}(\boldsymbol{p}^{\mathrm{T}}\boldsymbol{y}_{\mathrm{r}}) \tag{7.225}$$

其中 $\mathcal{N}(\cdot)$是非线性函数,合适的非线性函数包括 $\tanh(\alpha\boldsymbol{x})$或 $c(\boldsymbol{x})$。

7.10 多输入多输出系统

多输入多输出(Multiple - Input Multiple - Output,MIMO)系统包括一个或多

个带多天线的发射机和一个或更多个带多个天线的接收机。多天线可提高吞吐量、增加空间分集或增强接收信号,但这些功能的实现程度会限制其他功能。分集技术,如时空编码,利用从发射天线到接收天线的多条路径中的独立衰落。这些技术不需要信道状态信息(Channel State Information,CSI),但不能提供高吞吐量或显著的阵列增益。提供高吞吐量的 MIMO 系统使用空间多路复用,而提供增益的系统使用波束形成,但混合组合也是可能的。

如果 MIMO 系统只有多个接收天线,则称为单输入多输出(Single - Input Multiple - Output,SIMO)系统。第5.6节和第5.7节中的自适应阵列可用于 SIMO 或 MIMO 系统,它们使用多个接收天线进行波束形成,以抑制进入接收阵列模式旁瓣的干扰。SIMO 或 MIMO 系统中接收天线的分集合并方法,如第6.4.6.7节所述,可补偿衰落和天线缺陷。如果 MIMO 系统只有多个发射天线,则称为多输入单输出(Multiple - Input Single - Output,MISO)系统。第6.8节描述了在提供空间分集或时空码(可用于 MISO 或 MIMO 系统)中使用多个发射天线的情况。MISO 系统的接收器可作为直接序列通信的多用户检测器,如第7.7节所述。

7.10.1 跳频多用户检测器

多输入多输出系统可以通过使用空间多路复用来提高吞吐量,即通过不同的发射天线同时传输不同的符号或信号作为单独的信号,并在每个接收天线接收发射的信号。在发射和接收天线对之间的每条路径中,信号都会遇到不同的信道。因此,空间复用的另一个潜在优势源于不同的传播路径,可以提供分集增益。接收机利用 CSI 重构传输的符号或信号。

考虑一个 MIMO 系统,它有 N_t 个发射天线和 N_r 个接收天线,并使用空间多路复用进行直接序列通信。发射天线和接收天线的间距足够小,因此到达每个接收天线的所有 N_t 个信号都可以被视为同步。考虑一个符号间隔,在此期间,N_r 个接收天线中的每个接收 N_t 个符号。解扩器之前的 MIMO 接收机具有图7.16所示的形式,其输入来自 N_r 个接收天线,每个接收天线后面都有一个码片匹配滤波器(Chip - Matched Filter,CMF),通过模数转换器(Analog - to - Digital Converter,ADC)对其输出进行码片速率采样,产生一个长度为 G 的解调序列。所有 N_r 个解调序列都应用于每个解扩器,如图7.17所示。解扩器 k 和最大比合并器(Maximal - Ratio Combiner,MRC)k 产生符号 k 的符号度量或判定。假设传输信号的带宽小于信道相干带宽,因此,衰落是平坦的。为了适应频率选择性衰落,每个芯片匹配滤波器必须嵌入一个均衡器中,以补偿频率选择性。

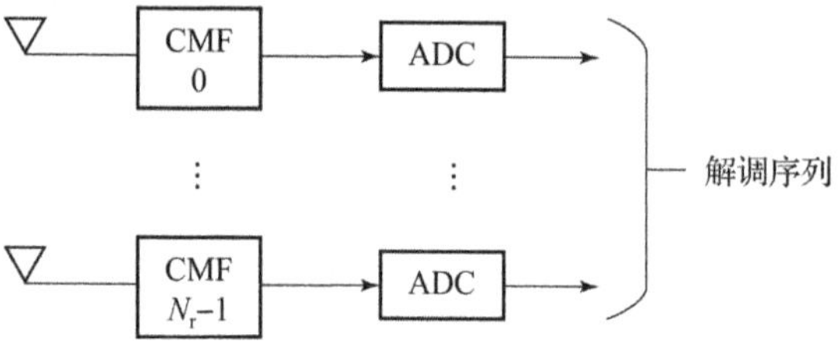

图 7.16 解扩器之前的 MIMO 接收器

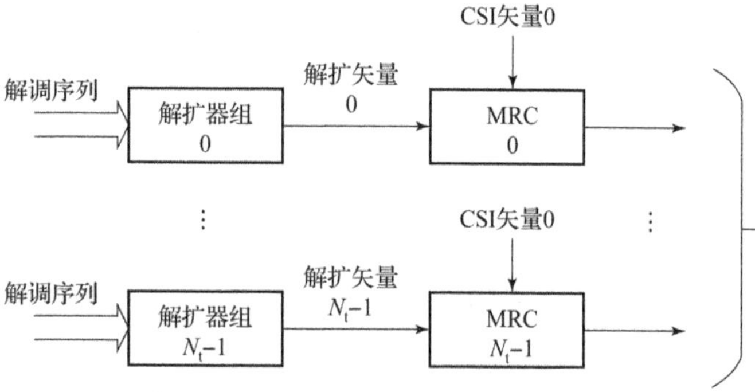

图 7.17 MIMO 接收机的解扩器和最大比合成器

假设精确定时同步提供了同步系统,可以通过扩展第 7.7 节中对最佳多用户检测器的分析来分析 MIMO 接收机,可得:

$$\begin{aligned}\boldsymbol{y}_m &= [y_{m,0} \quad y_{m,1} \quad \cdots \quad y_{m,G-1}]^{\mathrm{T}} \\ \boldsymbol{n}_m &= [n_{m,0} \quad n_{m,1} \quad \cdots \quad n_{m,G-1}]^{\mathrm{T}} \\ \boldsymbol{d} &= [d_0 \quad d_1 \quad \cdots \quad d_{N_t-1}]^{\mathrm{T}}\end{aligned} \tag{7.226}$$

用值 $d_i=\pm1$ 分别表示天线 m 的解调序列、天线 m 的伴随噪声序列和 N_t 个同时发送的代码符号。如式(7.151)所示,由于发射天线 k 发射的信号,接收天线 m 处的复振幅为:

$$A_{k,m}=G^{-1}\sqrt{\mathcal{E}_{k,m}}\exp(\mathrm{j}\theta_{k,m}) \tag{7.227}$$

其中,$\mathcal{E}_{k,m}$是天线 m 处信号 k 的每个符号的能量,$\theta_{k,m}$是天线 m 上信号 k 的相位。等式(7.153)和(7.154)可应用于接收天线 m 处对应于一组 N_t 同步传输符号的解调序列。解调序列为 $G\times1$ 矢量,则有:

$$\boldsymbol{y}_m=\boldsymbol{P}\boldsymbol{A}_m\boldsymbol{d}+\boldsymbol{n}_m,0\leqslant m\leqslant N_r-1 \tag{7.228}$$

其中,$G\times N_t$ 矩阵 $\boldsymbol{P}$ 的 k 列是表示扩频序列调制符号 k 的向量 $\boldsymbol{p}_k=[p_{k,0} \quad p_{k,1} \quad \cdots \quad p_{k,G-1}]^{\mathrm{T}}$,$p_{k,i}=\pm1$,$\boldsymbol{A}_m$ 是 $N_t\times N_t$ 的对角矩阵,其中 $A_{k,m}$是其第 k 对角元素。假设每个接收天线中的噪声是独立的零均值,还有带有双边噪声 PSD 为 $N_0/2$ 的高斯白噪声,那么 $G\times1$ 矢量 $\boldsymbol{n}_m$ 是一个零均值、圆对称的高斯随

机矢量,可得:

$$E[\boldsymbol{n}_m\boldsymbol{n}_m{}^{\mathrm{H}}]=G^{-1}N_0\boldsymbol{I},E[\boldsymbol{n}_m\boldsymbol{n}_m{}^{\mathrm{T}}]=\boldsymbol{0} \tag{7.229}$$

且

$$E[\boldsymbol{n}_m\boldsymbol{n}_p{}^{\mathrm{H}}]=E[\boldsymbol{n}_m\boldsymbol{n}_p{}^{\mathrm{T}}]=\boldsymbol{0},m\neq p \tag{7.230}$$

图 7.17 中的每个 N_{t} 解扩器组接收 $G\times N_{\mathrm{r}}$ 矩阵列中的 N_{r} 序列,有:

$$\boldsymbol{Y}=[\boldsymbol{y}_1\quad \boldsymbol{y}_2\cdots\quad \boldsymbol{y}_{N_{\mathrm{r}}}] \tag{7.231}$$

并有 N_{r} 个相同的解扩器。解扩器组 k 产生的 $N_{\mathrm{r}}\times 1$ 解扩矢量为:

$$\zeta_k=\boldsymbol{Y}^{\mathrm{T}}\boldsymbol{p}_k \tag{7.232}$$

如果扩频序列是正交的,那么将式(7.228)和式(7.231)代入到式(7.232),重排产生:

$$\zeta_k=d_kG\boldsymbol{B}_k+\boldsymbol{n}_{\mathrm{a}k} \tag{7.233}$$

其中

$$\boldsymbol{B}_k=[A_{k,0}\quad A_{k,1}\quad \cdots\quad A_{k,N_r-1}]^{\mathrm{T}} \tag{7.234}$$

$$E[\boldsymbol{n}_{\mathrm{a}k}\boldsymbol{n}_{\mathrm{a}k}{}^{\mathrm{H}}]=N_0\boldsymbol{I},E[\boldsymbol{n}_{\mathrm{a}k}\boldsymbol{n}_{\mathrm{a}k}{}^{\mathrm{T}}]=\boldsymbol{0} \tag{7.235}$$

符号 k 的最大似然判定为:

$$\hat{d}_k=\arg\min_{d_k\in(+1,-1)}\|\zeta_k-d_kG\boldsymbol{B}_k\|^2 \tag{7.236}$$

扩展这个方程,去掉与决策无关的项,我们发现最大似然检测器选择为:

$$\hat{d}_k=\arg\max_{d_k\in(+1,-1)}[d_k\mathrm{Re}(\boldsymbol{B}_k^{\mathrm{H}}\zeta_k)]=\mathrm{sgn}[\mathrm{Re}(\boldsymbol{B}_k^{\mathrm{H}}\zeta_k)] \tag{7.237}$$

对于符号 k 的硬判决译码:该等式意味着每个解扩向量都应用于最大比率合并器(见第 6.4 节),如图 7.17 所示。最大比率组合器计算 $\boldsymbol{B}_k^{\mathrm{H}}\zeta_k$,它以最佳方式合并向量 ζ_k 的分量。

对于软判决译码,符号 k 的符号度量计算为:

$$\hat{d}_k=\mathcal{N}[\mathrm{Re}(\boldsymbol{B}_k^{\mathrm{H}}\zeta_k)] \tag{7.238}$$

其中 $\mathcal{N}(\cdot)$是非线性函数。合适的非线性函数包括 $\tanh(\alpha\boldsymbol{x})$或 $c[(G\boldsymbol{B}_k^{\mathrm{H}}\boldsymbol{B}_k)^{-1}\boldsymbol{x}]$,其中 $c(x)$是式(7.177)的剪裁函数,并且插入了$(G\boldsymbol{B}_k^{\mathrm{H}}\boldsymbol{B}_k)^{-1}$,以便在没有噪声的情况下插入 $\hat{d}_k=d_k$。

由于 $\boldsymbol{B}_k$ 未知,因此使用 CSI 来生成估计值 $\hat{\boldsymbol{B}}_k$。假设 $\hat{\boldsymbol{B}}_k\approx\boldsymbol{B}_k$,将式(7.233)代入式(7.237),并使用式(7.235),发现:

$$\hat{d}_k=d_kG\sum_{m=0}^{N_r-1}|A_{k,m}|^2+n_k,n_k=\mathrm{Re}(\boldsymbol{B}_k^{\mathrm{H}}\boldsymbol{n}_{\mathrm{a}k}) \tag{7.239}$$

其中,n_k 是零均值高斯随机变量。应用式(7.235),得到:

$$E[n_k^2]=N_0\sum_{m=0}^{N_r-1}|A_{k,m}|^2 \tag{7.240}$$

对于检测到的符号 $\hat{d}_k$,使用式(7.239)、式(7.240)和式(7.227)直接计算得出符号错误概率:

$$P_s(k) = Q\left(\sqrt{\frac{2}{N_0}\sum_{m=0}^{N_r-1}\mathcal{E}_{k,m}}\right) \tag{7.241}$$

它明确显示了由于 MRC 而产生的增益。如果 $\{\mathcal{E}_{k,m}\}$ 个都相等,则 MIMO 系统提供等于 N_r 的阵列增益和等于 N_t 的吞吐量增益。如果从第 k 个发射天线到接收天线的 N_r 条路径独立衰减,则式(7.241)中的和提供 N_r 阶分集增益。

多码方法可用于空间复用 MIMO 系统中,通过每个发射天线发射 K 个多码信号。N_t 组 K 多码信号中的每一组都可以使用相同的 K 正交扩频序列。为了使接收机能够区分这 N_t 组,向每个发射天线分配一个正交加扰序列。每个加扰序列被添加到每个 K 扩频序列中。

在空间复用系统中,接收信号的分离由 CSI 实现。在闭环系统中,发射机通过其所有发射天线向潜在接收机发送导频信号,每个接收机提取到其接收天线的所有路径的 CSI,然后向发射机发送 CSI 的量化估计。使用时分双工时,信号路径的互易性使发射机能够使用直接测量 CSI 的开环系统。如果发射机具有准确的 CSI,它可以使用信号的预编码,并在其发射天线之间有效地分配其发射功率。

由于存在其他导频信号而导致接收到的导频信号退化称为导频污染。当高度相关的传输信道或高速移动设备导致严重的导频污染时,缺乏准确的 CSI 可能会使传输调度成为必要。

具有最大似然检测的空间多路复用的复杂性随着发射天线的数量及其所需 CSI 的增加而迅速增加,可能必须使用球形译码来缓解此问题。多个发射天线之间的发射机功率分配降低了每个接收天线的每条路径的信噪比。低 SINR、近距离天线之间的去相关不足以及通信信道提供的分集不足阻碍了空间复用,可能使波束形成成为 MIMO 通信的更好选择。

7.10.2 波束成形

多发射天线或多接收天线的波束形成是一个或多个空间窄波束的形成。每个波束由天线后面的一组单独的权重产生,并为一个或多个所需信号提供增强的功率增益、空间分辨力和干扰抑制。每个波束的功率增益与其子阵中的天线数量成正比。窄波束会阻挡多径分量,从而降低衰落的严重程度。与空间复用相比,波束形成需要更少的 CSI,因此更不容易受到导频污染和多用户或多址干扰的影响。虽然波束不提供分集增益,但当从发射天线到接收天线的路径主要是视线,因此很少有多径信号是重要的,或者当路径经历高度相关衰落时,抑制空间复用,波束形成可能比空间复用更可取。

波束形成可以生成固定或自适应波束。接收用自适应波束是通过估计所需信号的到达角或使用自适应算法间接调整来形成的,如第5.6和5.7节所述。如果估计了到达角或选择了传输方向,则可以通过设置天线后面的权重值来形成波束或将波束转向所需方向。在基于码本的波束形成中,权重被发现为预计算的条目,每个条目对应一个特定的方向。码本中的条目数决定了波束对准所需方向的精度。

MIMO系统自适应波束形成的主要困难是由于需要传输和接收波束的空间对准而导致的延迟。初始对准搜索需要在发射天线和接收天线之间交换导频信号,并在码本中对两个阵列进行一定角度的转向。当光束变窄以避免干扰时,此延迟会增加。另一个困难是导频信号及其多径分量的相互污染可能会导致较大的波束转向误差。

覆盖所有可行方向的一组不相交固定波束的波束形成称为扇区化。通信链路一端扇区化的优点是减少了波束对准延迟、导频信号污染和波束转向误差。扇区化的主要缺点是失去自适应阵列固有的灵活性。第8章描述了扇区化在蜂窝CDMA网络中的作用。

混合阵列将多个光束的输出组合在一起。这种波束输出的组合为波束形成的好处增加了一些空间复用能力。当使用大量天线和宽带宽时,混合阵列可以减少所需的功耗模拟.数字转换器的数量。当使用模拟设备执行波束形成时,它们可以降级为处理波束输出。代价是波束形成能力有所损失。

7.11 思考题

1. 将信息论应用于AWGN信道下的多址通信技术。

(a)若带宽无限大,则所有用户能够以它们各自需要的容量传递信息,这意味着用户间的干扰可以被避免。

(b)通过证明来验证式(7.9)。

$$C\left(\frac{\sum\limits_{i\in S}\mathcal{P}_i}{2N_0W}\right)=C\left(\frac{\mathcal{P}_1}{\sum\limits_{i\in S,i\neq 1}\mathcal{P}_i+2N_0W}\right)+C\left(\frac{\sum\limits_{i\in S,i\neq 1}\mathcal{P}_i}{2N_0W}\right)$$

2. 一个Gold序列由特征多项式为 $1+x^2+x^3$ 的最大序列构造。按 $q=3$ 抽取该最大序列得到第二级序列。

(a)分别找到两个序列的周期,证明第二个序列是最大序列。

(b)列出这对序列的7个互相关值,证明它们是优选对。

3. 产生长度为7的Gold序列的特征多项式为$f_1(x)=1+x+x^3$和$f_2(x)=1+x^2+x^3$。

(a)任意Gold序列生成函数的一般表达式是什么?针对第一个最大序列生成器,选择固定的非零初始状态,使得$a_0=a_1=0,a_2=1$。

(b)若两个最大序列生成器具有相同的初始状态,则将$f_1(x)$和$f_2(x)$生成的序列相加构成的Gold序列的生成函数是什么?

4. 一个小的Kasami序列集由特征多项式$1+x^2+x^3+x^4+x^8$所产生的最大序列为起始而构成。按q抽取后,可发现第二级序列的特征函数为$1+x+x^4$。

(a)q值是多少?序列集中有多少序列?每个序列的周期是多少?周期性互相关函数的幅度峰值是多少?画出小Kasami集产生器的框图。

(b)证明第二级序列是否是最大序列。

5. 通过对原始最大序列进行q_1抽取,使前题的小序列集扩展为一个大Kasami序列集。第三级序列的特征多项式为$1+x^2+x^3+x^4+x^5+x^7+x^8$。

(a)q_1值为多少?在大序列集中有多少序列?每个序列的周期是多少?周期互相关函数幅度峰值是多少?画出大Kasami序列集产生器的框图。

(b)证明第三级序列是否是最大序列。

6. 用扩谱序列的周期性推导式(7.59)。

7. 将Jensen不等式应用于矩形码片波形的式(2.133),取$X=\cos 2\phi$,并利用$E[\cos 2\phi]=0$的事实来获得与式(2.137)右边一致的下边界。因此,在单音干扰下,$d_1(t)=d_2(t)$的平衡QPSK系统能够提供比$d_1(t)\neq d_2(t)$的双QPSK系统更低的误符号率。能够对所有f_d提供充分凸的条件的$\mathcal{E}_s$下边界是多少?

8. 针对矩形码片波形证明式(7.87)和式(7.91)。

9. 用边界和近似的方法来推导式(7.111)。

10. (a)证明式(7.134)。

(b)为证明式(7.137)需检测多少汉明相关函数?证明其中一部分汉明相关函数符合式(7.137)。

11. 设Z表示L跳期间两个随机跳频图案之间的碰撞数。表明使用M个频率信道的独立随机跳频模式的Z方差等于$(M-1)L/M^2$。

12. 考虑AWGN信道上具有BPSK的两个同步直接序列信号的最优多用户检测器。假设执行了相位同步,并且两个扩频序列相同。对于矢量$\boldsymbol{P}^{\mathrm{T}}\boldsymbol{y}$的哪些值,检测器决定传输$\boldsymbol{d}=[+1,+1]$?

13. 当所有扩频序列相互正交时,推导出AWGN信道上BPSK同步直接序列信号的最优多用户检测器。

（a）证明检测器具有形式 $\hat{\boldsymbol{d}}=\mathrm{sgn}[f(\boldsymbol{x})]$。

（b）证明该检测器能够对码元符号去耦，即对一个用户的数据符号的码元不受其他码元符号影响。

14. 在两个同步用户间考虑使用常规检测器，当 $N_0\to 0$ 时，分别估计 $|\rho||C|<1$、$|\rho||C|>1$ 和 $|\rho||C|=1$ 三种情况下的 $P_s(0)$。

15. 在某种特定情况下，常规检测器中的噪声有利于抗多址干扰。考虑两个同步用户间的常规检测器，当 $|\rho C|>1$ 时，找到使 $P_s(0)$ 最小时的噪声电平。

16. 假设示例2中的振幅为正值。证明解相关检测器的符号判定为 $\hat{d}=\mathrm{sgn}(r_0-\rho r_1)$ 和 $\hat{d}_1=\mathrm{sgn}(r_1-\rho r_0)$，其中 $[r_0 r_1]=\boldsymbol{P}^{\mathrm{T}}\mathrm{Re}(\boldsymbol{y})$。

17. 考虑使用正交扩频序列的同步用户中的 MMSE 检测器和去相关检测器。证明两种检测器的符号错误概率是相同的。

参考文献

[1] T. M. Cover and J. M. Thomas, *Elements of Information Theory*, *2nd ed.*, Wiley, 2006.

[2] F. Adachi, M. Sawahashi, and K. Okawa, "Tree – structured Generation of Orthogonal Spreading Codes with Different Lengths for Forward Link of DS – CDMA Mobile Radio," *IEE Electronics Letters*, vol. 33, pp. 27 – 28, Jan. 1997.

[3] D. S. Saini and M. Upadhyay, "Multiple Rake Combiners and Performance Improvement in 3G and Beyond WCDMA Systems," *IEEE Trans. Veh. Technol.*, vol. 58, pp. 3361 – 3370, Sept. 2009.

[4] T. G. Macdonald and M. B. Pursley, "The Performance of Direct – Sequence Spread Spectrum with Complex Processing and Quaternary Data Modulation," *IEEE J. Select. Areas Commun.*, vol. 18, pp. 1408 – 1417, Aug. 2000.

[5] S. Xie and S. Rahardja, "Performance Evaluation for Quaternary DS – SSMA Communications with Complex Signature Sequences over Rayleigh – fading Channels," *IEEE Trans. Wireless Commun.*, vol. 4, pp. 266 – 77, Jan. 2005.

[6] M. Goresky and A. Klapper, *Algebraic Shift Register Sequences*, Cambridge Univ. Press, 2012.

[7] A. R. Hammons and P. V. Kumar, "On a Recent 4 – Phase Sequence Design for CDMA," *IEICE Trans. Commun.*, vol. E76 – B, pp. 804 – 813, Aug. 1993.

[8] M. B. Pursley, "Spread – Spectrum Multiple – Access Communications," in *Multi – User Communications Systems*, G. Longo, ed., Springer – Verlag, 1981.

[9] M. B. Pursley, D. V. Sarwate, and W. E. Stark, "Error Probability for Direct – Sequence Spread – Spectrum Multiple – Access Communications—Part 1: Upper and Lower Bounds", *IEEE Trans. Commun.*, vol. 30, pp. 975 – 984, May 1982.

[10] S – Y. Sun, H. – H. Chen, and W. – X. Meng, "A Survey on Complementary – Coded MIMO CDMA Wireless Communications," *IEEE Commun. Surveys Tut.*, vol. 17, pp. 52 – 69, first quarter, 2015.

[11] W. M. Tam, F. C. M. Lau, and C. K. Tse, *Digital Communications with Chaos: Multiple Access Techniques*

and Performance Evaluation, Oxford, U. K. : Elsevier, 2007

[12] Y. Fang, G. Han, P. Chen, F. C. M. Lau, G. Chen, and L. Wang, "A Survey on DCSK – based Communication Systems and Their Application to UWB Scenarios," *IEEE Commun. Surveys Tut.*, vol. 18, pp. 1804 – 1837, fourth quarter, 2016.

[13] S. Emami, "UWB Communication Systems: Conventional and 60 GHz: Principles, Design, and Standards," Springer, 2013.

[14] D. Torrieri, "Performance of Direct – Sequence Systems with Long Pseudonoise Sequences," *IEEE J. Select. Areas Commun.*, vol. 10, pp. 770 – 781, May 1992.

[15] D. Peng and P. Fan, "Lower bounds on the Hamming auto – and cross correlations of frequency – hopping sequences," *IEEE Trans. Inf.* Theory, vol. 50, pp. 2149 – 2154, Sept. 2004.

[16] Z. Zhou, X. Tang, X. Niu, and U. Parampalli, "New Classes of Frequency – Hopping Sequences With Optimal Partial Correlation," *IEEE Trans. Inf. Theory*, vol. 58, pp. 453 – 458, Jan. 2012.

[17] H. Cai, Y. Yang, Z. Zhou, and X. Tang, "Strictly Optimal Frequency – Hopping Sequence Sets With Optimal Family Sizes," *IEEE Trans. Inf. Theory*, vol. 62, pp. 1087 – 1093, Feb. 2016.

[18] V. Kuhn, *Wireless Communications over MIMO Channels*, Wiley, 2006.

[19] J. G. Proakis and M. Salehi, *Digital Communications*, *5th ed.*, McGraw – Hill, 2008.

[20] C. Schlegel and A. Grant, *Coordinated Multiuser Communications.* Springer, 2006.

[21] S. Verdu, *Multiuser Detection*, Cambridge Univ. Press, 1998.

[22] X. Tan and J. M. Shea, "An EM Approach to Multiple – Access interference Mitigation in Asynchronous Slow FHSS Systems," *IEEE Trans. Wireless Commun.*, vol. 7, pp. 2661 – 2670, July 2008.

[23] J. R. Barry, E. A. Lee, and D. G. Messerschmitt, *Digital Communication*, *3rd ed.*, Kluwer Academic, 2004.

[24] S. P. Weber, J. G. Andrews, X. Yang, and G. de Veciana, "Transmission Capacity of Wireless Ad Hoc Networks with Successive Interference Cancellation," *IEEE Trans. Inf. Theory*, vol. 53, pp. 2799 – 2812, Aug. 2007.

[25] M. Sawahashi, K. Higuchi, H. Andoh, and F. Adachi, "Experiments on Pilot Symbol – Assisted Coherent Multistage Interference canceler for DS – CDMA Mobile Radio," *IEEE J. Select. Areas Commun.*, vol. 20, pp. 433 – 449, Feb. 2002.

第 8 章

移动 Ad Hoc 网和蜂窝网

本章分析了直接序列码分多址(Direct - Sequence Code - Division Multiple Access,DS - CDMA)和跳频码分多址(Frequency - Hopping Code - Division Multiple Access,FH - CDMA)移动 Ad Hoc 网络及蜂窝网络中多址干扰的影响。移动通信网络中使用扩谱技术所产生的日益突出的问题包括禁止区、保护区、功率控制、速率控制、网络策略、小区扇区化及各种扩谱参数的选择等。针对 Ad Hoc 和蜂窝网络,以及 DS - CDMA 和 FH - CDMA 系统,推导了网络性能的基本度量即中断概率。同时,对 DS - CDMA 蜂窝网络中所需的码捕获及同步技术也进行了阐述。

8.1 条件中断概率

在移动通信网络中,最有用的链路性能度量是中断概率,它是指链路无法以特定的可靠性或质量支持当前通信的概率。由于链路性能一般与接收端信干噪比(Signal - to - Interference - and - Noise Ratio,SINR)有关,若系统的瞬时 SINR 低于某个特定的门限,就认为发生了中断。该门限可根据分集、Rake 合并或信道编码来调整。采用中断准则的优点是可以简化分析,且无须明确指定编码信号调制或信道编码方式。

本节采用基于确定性几何的无线网络模型,推导出参考节点接收机条件中断概率的封闭表达式。其中,条件的设定与干扰节点的位置和是否存在遮蔽有关。该表达式对衰落的影响进行了平均,衰落的时间变化尺度远快于遮蔽或节点位置的变化速度。每个节点到参考接收机的信道具有各不相同的 Nakagami - m 衰落参数。改变 Nakagami - m 衰落参数可用于构建参考接收机与每个节点间不同的视距传播模型。闭式表达式也可用于评估不同网络参数对中断概率的影响。

移动通信网络由 $M+2$ 个节点组成,包括参考接收机 X_{M+1}、预先设定的或参考发射机 X_0 和 M 个干扰节点 $X_1, X_2, \cdots, X_M$。标量 X_i 表示第 i 个节点,向量 $\boldsymbol{X}_i$ 表示它的位置,因而 $\| \boldsymbol{X}_i - \boldsymbol{X}_M \|$ 为节点 i 到参考接收机的距离。节点可位于任

意二维或三维区域中。若 $\boldsymbol{X}_i$ 为复数,则可很方便地表示二维坐标,其实部为东西坐标,虚部为南北坐标。每个移动台使用单个全向天线。

当采用直扩时,假设使用长扩谱序列,并将其建模为码片宽度为 T_c 的随机二进制序列。扩谱增益 G 可直接降低干扰功率。假设多址干扰是异步的,且每个干扰源 X_i 的干扰功率可被码片函数 $h(\tau_i)$ 进一步降低。该函数与码片波形及 X_i 的扩谱序列相对于有用信号扩谱序列的定时偏差 τ_i 有关。由于只有定时偏差模 T_c 的值才与干扰有关,故 $0 \leqslant \tau_i \leqslant T_c$。在四相制直扩系统组成的网络中,解扩前接收功率为 $\mathcal{I}_i$ 的多址接入干扰将在解扩后降低到 $\mathcal{I}_i h(\tau_i)/G$,其中 $h(\tau_i)$ 由式(7.78)给出。因此,干扰功率将按有效扩谱增益 $G_i = G/h(\tau_i)$ 来降低。假设 τ_i 在 $[0, T_c]$ 区间中均匀分布,式(7.117)的下界表明,直扩接收机平均至少将每个干扰信号的功率降低 G/h 倍,其中 h 为式(7.91)定义的码片因子。

参考接收机接受的来自参考发射机的有效信号功率为

$$\rho_0 = P_0 g_0 10^{(\xi_0/10)} f(\|\boldsymbol{X}_0 - \boldsymbol{X}_{M+1}\|) \tag{8.1}$$

参考接收机接收的 X_i 的信号功率为(见6.1节)

$$p_i = \frac{P_i}{G_i} g_i 10^{\xi_i/10} f(\|\boldsymbol{X}_i - \boldsymbol{X}_{M+1}\|), 1 \leqslant i \leqslant M \tag{8.2}$$

式中:$P_i, 0 \leqslant i \leqslant M$ 为不存在衰落或遮蔽时在参考距离 d_0(假设该距离足够大,使得信号处于远场中)上解扩前的接收功率;g_i 为衰落引起的功率增益;ξ_i 为遮蔽因子;$f(\cdot)$ 为路径损耗函数。路径损耗函数可表示为指数函数:

$$f(d) = \left(\frac{d}{d_0}\right)^{-\alpha}, d \geqslant d_0 \tag{8.3}$$

式中:$\alpha \geqslant 2$ 为路径损耗指数。$\{g_i\}$ 为独立、单位均值但不一定是同分布的随机变量,因为不同的 $\{X_i\}$ 到参考接收机的信道可能会经历不同分布的衰落。为便于分析并与衰落统计量实测值吻合,假设衰落为 Nakagami 衰落,且 $g_i = \alpha_i^2$,其中 α_i 为参数 m_i 的 Nakagami 衰落因子。当 X_i 和参考接收机之间的信道经历瑞利衰落时,$m_i = 1$,且相应的 g_i 为指数分布。一个节点到另一个节点链路的遮蔽由局部地形决定。若遮蔽建模为对数分布,则 $\{\xi_i\}$ 为独立同分布的高斯随机变量(见6.1节)。没有遮蔽时,$\xi_i = 0$。

假设 $\{g_i\}$ 在一个时隙中保持不变,但在时隙之间独立变化(块衰落)。活动概率 p_i 是节点 i 在有用信号发射的同一时隙中发射的概率。$\{p_i\}$ 可用于跳频、语音激活因子、受控静默的建模,或链路传输失败及其导致试图再传输的建模。$\{p_i\}$ 无需相同,例如,仅当移动台位于另一个活动移动台的载波监听多址接入(Carrier Sense Multiple Access, CSMA)保护区中时,设置 $p_i = 0$ 就可对 CSMA 协议进行建模。

参考接收机中的瞬时 SINR 为

$$\gamma=\frac{\rho_0}{\mathcal{N}+\sum_{i=1}^{M}I_i\rho_i} \tag{8.4}$$

式中：ρ_0 为有用信号的接收功率；$\mathcal{N}$ 为噪声功率；I_i 为伯努利随机变量，其概率为 $P[I_i=1]=p_i$ 和 $P[I_i=0]=1-p_i$。将式(8.1)和式(8.3)代入式(8.4)可得：

$$\gamma=\frac{g_0\Omega_0}{\Gamma^{-1}+\sum_{i=1}^{M}I_ig_i\Omega_i},\Gamma=\frac{d_0^aP_0}{\mathcal{N}} \tag{8.5}$$

式中：

$$\Omega_i=\begin{cases}10^{\xi_0/10}\parallel \boldsymbol{X}_0-\boldsymbol{X}_{M+1}\parallel^{-\alpha}, & i=0\\ \dfrac{P_i}{G_iP_0}10^{\xi_i/10}\parallel \boldsymbol{X}i-\boldsymbol{X}_{M+1}\parallel^{-\alpha}, & i>0\end{cases} \tag{8.6}$$

为 X_i 的归一化功率，Γ 为参考发射机 X_0 距参考接收机 X_{M+1} 单位距离且没有衰落和遮蔽时的 SNR。当没有使用直扩时，$G_i=1$。

在分析中需要用到两个基本结论如后文所述。考虑 $(x_1+x_2+\cdots+x_k)^n$ 的展开式，式中 n 为正整数。展开式中的典型项为 $x_1^{n_1}x_2^{n_2}\cdots x_k^{n_k}$，其中 $\{n_i\}$ 为非负整数，且 $n_1+n_2+\cdots+n_k=n$。由于我们可在 n 个因子中选择 n_1 个 x_1，在剩余的因子中选择 n_2 个 x_2，依次类推，故与该项出现的次数为

$$\binom{n}{n_1}\binom{n-n_1}{n_2}\cdots\binom{n-\sum_{i=1}^{k-2}n_i}{n_{k-1}}\binom{n_k}{n_k}=\frac{n!}{n_1!n_2!\cdots n_k!} \tag{8.7}$$

因此，可得到多项式展开式：

$$(x_1+x_2+\cdots+x_k)^n=\sum_{n_i:\sum_{i=1}^{k}n_i=n}\frac{n!}{n_1!n_2!\cdots n_k!}x_1^{n_1}x_2^{n_2}\cdots x_k^{n_k} \tag{8.8}$$

该式中的主和式是对总数为 n 的所有非负整数求和。

对于参数为 m_i 和 $E[g_i]=1$ 的 Nakagami 衰落，由式(6.33)和初等概率可知，每个随机变量 $g_i=a_i^2$ 的概率密度函数由伽马概率密度(见附录 E.5)给出：

$$f_{g_i}(x)=\frac{{m_i}^{m_i}}{(m_i-1)!}x^{m_i-1}\exp(-m_ix)u(x) \tag{8.9}$$

式中：$u(x)$ 为单位阶跃函数，即 $x\geqslant 0$ 时 $u(x)=1$；否则 $u(x)=0$。

在后续分析中[1]，网络的空间范围和节点数量是有限的。每个节点具有任意位置分布，并预先考虑节点的占空因子、遮蔽、禁止区和可能的保护区。令 $\boldsymbol{\Omega}=[\Omega_0,\Omega_1,\cdots,\Omega_M]$ 表示式(8.6)所示的归一化功率集合。当 SINR 值 γ 低于

可靠接收信号所要求的SINR门限 β 时,就会发生中断。将特定的 $\boldsymbol{\Omega}$ 值代入式(8.5)就可得到 γ。对于给定的 $\boldsymbol{\Omega}$,可得出中断概率:

$$\epsilon(\boldsymbol{\Omega}) = P[\gamma \leqslant \beta | \boldsymbol{\Omega}] \tag{8.10}$$

由于是以 $\boldsymbol{\Omega}$ 为条件,因此中断概率是以网络几何拓扑和遮蔽因子为条件的,在时间尺度上的动态性比衰落要慢得多。

将式(8.5)代入式(8.10),并进行重排可得:

$$\epsilon(\boldsymbol{\Omega}) = P[\beta^{-1} g_0 \Omega_0 - \sum_{i=1}^{M} I_i g_i \Omega_i \leqslant \Gamma^{-1} | \boldsymbol{\Omega}] \tag{8.11}$$

通过定义:

$$S = \beta^{-1} g_0 \Omega_0, Y_i = I_i g_i \Omega_i \tag{8.12}$$

$$Z = S - \sum_{i=1}^{M} Y_i \tag{8.13}$$

中断概率可表示为

$$\epsilon(\boldsymbol{\Omega}) = P[Z \leqslant \Gamma^{-1} | \boldsymbol{\Omega}] = F_Z(\Gamma^{-1} | \boldsymbol{\Omega}) \tag{8.14}$$

式(8.14)是 Z 以 $\boldsymbol{\Omega}$ 为条件的分布函数,并在 Γ^{-1} 下进行计算。令 $f_{S,Y}(s, y | \boldsymbol{\Omega})$ 表示 S 和向量 $\boldsymbol{Y} = (Y_1, Y_2, \cdots, Y_M)$ 在 $\boldsymbol{\Omega}$ 条件下的联合概率密度函数。等式(8.14)意味着:

$$\begin{aligned} 1 - \epsilon(\boldsymbol{\Omega}) &= P[Z > z | \boldsymbol{\Omega}] = P\left[S \middle| > z + \sum_{i=1}^{M} Y_i \middle| \boldsymbol{\Omega}\right] \\ &= \int_{\mathbf{R}^M} \cdots \int \int_{z+\sum_{i=1}^{M} y_i}^{\infty} f_{S,Y}(s, \boldsymbol{y} | \Omega) \mathrm{d}s \mathrm{d}\boldsymbol{y} \\ &= \int_{\mathbf{R}^M} \cdots \int \int_{z+\sum_{i=1}^{M} y_i}^{\infty} f_S(s | \boldsymbol{\Omega}, \boldsymbol{y}) f_Y(\boldsymbol{y} | \boldsymbol{\Omega}) \mathrm{d}s \mathrm{d}\boldsymbol{y} \end{aligned} \tag{8.15}$$

式中:$z = \Gamma^{-1}$;$f_Y(\boldsymbol{y} | \boldsymbol{\Omega})$ 为 $\boldsymbol{Y}$ 在条件 $\boldsymbol{\Omega}$ 下的联合概率密度函数;$f_S(s | \boldsymbol{\Omega}, \boldsymbol{y})$ 为在 $(\boldsymbol{\Omega}, \boldsymbol{y})$ 条件下 S 的概率密度函数,外部积分是在 M 维空间中进行的。

假设所有信道的衰落是独立的。由于 S 独立于 $\boldsymbol{y}$ 和 Ω_i $(i \neq 0)$,因此 $f_S(s | \boldsymbol{\Omega}, \boldsymbol{y}) = f_S(s | \Omega_0)$,其中 $f_S(s | \Omega_0)$ 为 S 在 Ω_0 下的概率密度函数。由于 $\{Y_i\}$ 彼此独立,且 Y_i 独立于 Ω_k $(k \neq i)$,因此有 $f_Y(\boldsymbol{y} | \boldsymbol{\Omega}) = \prod_{i=1}^{M} f_i(y_i)$,其中 $f_i(y_i) = f_{Y_i}(y_i | \Omega_i)$ 为 Y_i 在 Ω_i 下的概率密度函数。由于概率密度函数非负,根据富比尼(Fubini)定理(见附录C.1),积分顺序可交换,因此:

$$\epsilon(\boldsymbol{\Omega}) = 1 - \int_{\mathbf{R}^M} \cdots \int \left[\int_{z+\sum_{i=1}^{M} y_i}^{\infty} f_S(s | \Omega_0) \mathrm{d}s \right] \prod_{i=1}^{M} f_i(y_i) \mathrm{d}y_i \tag{8.16}$$

S 服从 Nakagami 参数 m_0 的伽马分布,其概率密度函数为

$$f_S(s | \Omega_0) = \frac{\left(\dfrac{\beta m_0}{\Omega_0}\right)^{m_0}}{(m_0 - 1)!} s^{m_0 - 1} \exp(-\beta m_0 s) u(s) \tag{8.17}$$

采用连续分部积分,并假设 m_0 是正整数,可得内部积分的结果:

$$\int_{z+\sum_{i=1}^{M}y_i}^{\infty} f_S(s|\Omega_0)\,\mathrm{d}s = \exp\left\{-\frac{\beta m_0}{\Omega_0}\left(z+\sum_{i=1}^{M}y_i\right)\right\}\sum_{s=0}^{m_0-1}\frac{1}{s!}\left[\frac{\beta m_0}{\Omega_0}(z+\sum_{i=1}^{M}y_i)\right]^s \tag{8.18}$$

定义 $\beta_0 = \beta m_0/\Omega_0$,并将式(8.18)代入式(8.16)可得:

$$\epsilon(\Omega) = 1 - \mathrm{e}^{-\beta_0 z}\sum_{s=0}^{m_0-1}\frac{(\beta_0 z)^s}{s!}\int_{\mathbf{R}^M}\cdots\int \mathrm{e}^{-\beta_0\sum_{i=1}^{M}y_i}\left(1+z^{-1}\sum_{i=1}^{M}y_i\right)^s\prod_{i=1}^{M}f_i(y_i)\,\mathrm{d}y_i \tag{8.19}$$

由于 s 为正整数,二项定理表明:

$$\left(1+z^{-1}\sum_{i=1}^{M}y_i\right)^s = \sum_{t=0}^{s}\binom{s}{t}z^{-t}\left(\sum_{i=1}^{M}y_i\right)^t \tag{8.20}$$

对式(8.8)中多项展开可得:

$$\left(\sum_{i=1}^{M}y_i\right)^t = \sum_{\substack{\ell_i\geqslant 0\\ \sum_{i=0}^{M}\ell_i=t}} t!\left(\prod_{i=1}^{M}\frac{y_i^{\ell_i}}{\ell_i!}\right) \tag{8.21}$$

式中,右边的和式是对所有非负序号进行求和,这些序号之和为 t。将式(8.20)和式(8.21)代入式(8.19),可得:

$$\epsilon(\boldsymbol{\Omega}) = 1 - \mathrm{e}^{-\beta_0 z}\sum_{s=0}^{m_0-1}\frac{(\beta_0 z)^s}{s!}\sum_{t=0}^{s}\binom{s}{t}z^{-t}t!\times\sum_{\substack{\ell_i\geqslant 0\\ \sum_{i=0}^{M}\ell_i=t}}\int_{\mathbf{R}^M}\cdots\int\left(\prod_{i=1}^{M}\mathrm{e}^{-\beta_0 y_i}\frac{y_i^{\ell_i}}{\ell_i!}\right)\prod_{i=1}^{M}f_i(y_i)\,\mathrm{d}y_i \tag{8.22}$$

利用 $\{Y_i\}$ 非负的事实,可得:

$$\epsilon(\boldsymbol{\Omega}) = 1 - \mathrm{e}^{-\beta_0 z}\sum_{s=0}^{m_0-1}\frac{(\beta_0 z)^s}{s!}\sum_{t=0}^{s}\binom{s}{t}z^{-t}t!\times\sum_{\substack{\ell_i\geqslant 0\\ \sum_{i=0}^{M}\ell_i=t}}\prod_{i=1}^{M}\int_0^{\infty}\frac{y_i^{\ell_i}}{\ell_i!}\mathrm{e}^{-\beta_0 y}f_i(y)\,\mathrm{d}y \tag{8.23}$$

考虑式(8.9)和活动概率 p_i, $f_i(y)$ 的概率密度函数为

$$f_i(y) = f_{Y_i}(y|\Omega_i) = (1-p_i)\delta(y) + p_i\left(\frac{m_i}{\Omega_i}\right)^{m_i}\frac{1}{\Gamma(m_i)}y^{m_i-1}\mathrm{e}^{-ym_i/\Omega_i}u(y) \tag{8.24}$$

式中:$\delta(y)$ 为 Dirac 冲激函数。代入该式,式(8.23)的积分为

$$\int_0^{\infty}\frac{y^{\ell_i}}{\ell!}\mathrm{e}^{-\beta_0 y}f_i(y)\,\mathrm{d}y = (1-p_i)\delta_{\ell_i} + \left(\frac{p_i\Gamma(\ell_i+m_i)}{\ell_i!\Gamma(m_i)}\right)\left(\frac{\Omega_i}{m_i}\right)^{\ell_i}\times\left(\beta_0\frac{\Omega_i}{m_i}+1\right)^{-(m_i+\ell_i)} \tag{8.25}$$

式中:δ_ℓ 为 Kronecker 冲激函数,当 $\ell=0$ 时等于 1,否则就等于 0。将式(8.24)代入式(8.22),并使用:

$$\binom{s}{t}\left(\frac{t!}{s!}\right)=\left(\frac{s!}{t!\ (s-t)!}\right)\left(\frac{t!}{s!}\right)=\frac{1}{(s-t)!} \tag{8.26}$$

得到:

$$\begin{aligned}\epsilon(\boldsymbol{\Omega}) &= 1-\mathrm{e}^{-\beta_0 z}\sum_{s=0}^{m_0-1}(\beta_0 z)^s\sum_{t=0}^{s}\frac{z^{-t}}{(s-t)!}\\ &\times\sum_{\substack{\ell_i\geqslant 0\\ \sum_{i=0}^{M}\ell_i=t}}\prod_{i=1}^{M}\left[\left((1-p_i)\delta_{\ell_i}+\frac{p_i\Gamma(\ell_i+m_i)\left(\dfrac{\Omega_i}{m_i}\right)^{\ell_i}}{\ell_i!\Gamma(m_i)\left(\beta_0\dfrac{\Omega_i}{m_i}+1\right)^{(m_i+\ell_i)}}\right)\right]\end{aligned} \tag{8.27}$$

该式可写为

$$\epsilon(\boldsymbol{\Omega}) = 1-\mathrm{e}^{-\beta_0 z}\sum_{s=0}^{m_0-1}(\beta_0 z)^s\sum_{t=0}^{s}\frac{z^{-t}}{(s-t)!}H_t(\boldsymbol{\Omega}),\beta_0=\frac{\beta m_0}{\Omega_0},z=\Gamma^{-1} \tag{8.28}$$

式中:m_0 为正整数。

$$H_t(\boldsymbol{\Omega}) = \sum_{\substack{\ell_i\geqslant 0\\ \sum_{i=0}^{M}\ell_i=t}}\prod_{i=1}^{M}G_{\ell_i}(i) \tag{8.29}$$

式(8.29)中和值大于所有序号之和为 t 的集合,且

$$G_\ell(i)=\begin{cases}1-P_i(1-\Psi_i^{m_i}), & \ell=0\\ \dfrac{p_i\Gamma(\ell+m_i)}{\ell!\ \Gamma(m_i)}\left(\dfrac{\Omega_i}{m_i}\right)^{\ell}\Psi_i^{m_i+\ell}, & \ell>0\end{cases} \tag{8.30}$$

$$\Psi_i=\left(\beta_0\frac{\Omega_i}{m_i}+1\right)^{-1},i=1,2,\cdots,M \tag{8.31}$$

式(8.29)可按下式高效计算,对于每个可能的 $t=\{0,1,\cdots,m_0-1\}$,可预先计算矩阵 $\mathcal{I}_t$,它的行是和为 t 的所有非负序号 $\{\ell_1,\ell_2,\cdots,\ell_M\}$。在 $\mathcal{I}_t$ 中将有

$$\binom{t+M-1}{t} \tag{8.32}$$

行和 M 列。当考虑相同的 M 值时,$\mathcal{I}_t$ 可在任意时间重用。计算由 Ψ_i 构成的行向量 $\boldsymbol{\Psi}$。对于每个可能的 $\ell=\{0,1,\cdots,m_0-1\}$,使用 $\boldsymbol{\Psi}$ 计算式(8.30),并将计算得到的行置入 $m_0\times M$ 维矩阵 $\boldsymbol{G}$。通过使用 $\mathcal{I}_t$ 中对应的行作为 $\boldsymbol{G}$ 的序号可得到式(8.29)的每一项。将得到的行向量元素相乘得到相应的求和项。更一般

地，整个矩阵 $\mathcal{I}_t$ 都可作为 $\boldsymbol{G}$ 的序号。为与基于矩阵的语言的一致性，例如 Matlab，将运算的结果表示为 $\boldsymbol{G}(\mathcal{I}_t)$。将 $\boldsymbol{G}(\mathcal{I}_t)$ 按行相乘，然后对得到的结果按列求和将得到式(8.29)。

在基于确定性几何的后续示例中，我们假设节点是位于半径 r_{net} 的圆形区域内的移动台。半径为 $r_{\text{ex}} \geqslant d_0$ 的禁止区围绕参考接收机，所有移动台都不允许进入到禁止区中。禁止区以实际移动通信网络中的距离为基础。例如，当无线收发信机安装在不同的车辆中，就需要通过保持最小车辆距离来避免信号碰撞。在实际网络中，较小的禁止区通过视觉观察来保持，但更可靠和更广泛的方法可通过在每个移动台上安装全球定位系统(Global Positioning System，GPS)，并通过周期性广播每个移动台的 GPS 坐标来建立。移动台接收这些信息，并比较自己与其他移动台的位置，从而相应改变自己的运动。

根据均匀集群模型考虑如图 8.1 所示的网络拓扑，参考接收机位于网络中央，对应的参考发射机位于它的右侧，$M=28$ 个干扰移动台分布在内径 $r_{\text{ex}}=0.05$、外径 $r_{\text{net}}=1$ 的环形区域内，并以该网络拓扑示例为仿真条件，绘出中断概率与 SNR 值 Γ 的关系。图中给出了无扩谱或遮蔽时三种衰落模型下的网络性能。分析结果用线表示，仿真结果用点表示(每点仿真一百万次)[1]。根据如下均匀集群模型来依次放置移动台。令 $X_i = r_i \mathrm{e}^{\mathrm{j}\theta_i}$ 表示移动台 i 的位置。选择一对独立随机变量(y_i, z_i)服从$[0,1]$间的均匀分布。由这些变量，通过设置 $r_i=\sqrt{y_i}\,r_{\text{net}}$ 和 $\theta_i = 2\pi z_i$，移动台位置根据均匀空间分布的半径为 r_{net} 的圆形区域来进行初始选择。若对应的 X_i 落入前 $i-1$ 个移动台的禁止区中，则给移动台 i 分配一个新的随机位置，直到它落入任意禁止区之外。

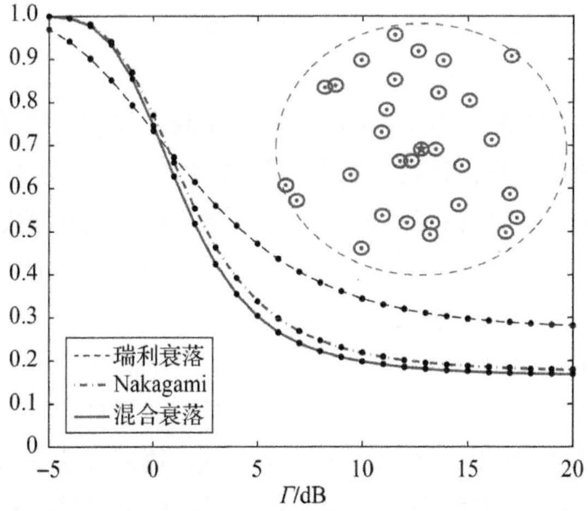

图 8.1　均匀集群模型示例网络及三种衰落模型下的性能[1]

在下面的例子里,假设幂律衰减指数 $\alpha=3.5$,对于所有 i 值设置相同的发射功率 $P_i=P$,无遮蔽,且参考发射机与参考接收机的距离为 $\|X_0-X_M\|=0.1$,以此来确定 $\{\Omega_i\}$。假设对于所有的 i 有 $p_i=0.5$,SINR 门限为 $\beta=0\text{dB}$。该阈值对应于最大码元速率,等于每个信道符号一个信息位,如式(7.2)所示。

例 8.1:假设不使用扩谱调制($G=h=1$),且所有信号都经历瑞利衰落。则对于所有的 i 有 $m_i=1,\beta_0=\beta/\Omega_0=\beta\|\boldsymbol{X}_0-\boldsymbol{X}_{M+1}\|^{\alpha},\Omega_i=\|\boldsymbol{X}_i-\boldsymbol{X}_{M+1}\|^{-\alpha}$,式(8.28)化为

$$\epsilon(\boldsymbol{\Omega})=1-\mathrm{e}^{-\beta_0 z}\prod_{i=1}^{M}\frac{1+\beta_0(1-\rho_i)\Omega_i}{1+\beta_0\Omega_i} \tag{8.33}$$

对于任意给定的 $\boldsymbol{\Omega}$,能够较容易地计算。中断概率以及移动台的空间位置如图 8.1 所示。图中还给出了仿真得到的中断概率,仿真中采用随机产生的移动台位置和指数分布的功率增益 $g_0,g_1,\cdots,g_M$。由图中可以看出,分析结果和仿真结果相一致,这是预料中的,因为式(8.33)是准确的。曲线间的差异可归因于蒙特卡罗实验的次数有限(每个 SNR 点仿真 1000000 次)。

例 8.2:现假设在源和接收机间的链路遭受了参数为 $m_0=4$ 的 Nakagami 衰落。中断概率可用式(8.28)通过式(8.30)算出,并显示于图 8.1。图中显示了干扰移动台的两种 Nakagami 参数的选择,即 $m_i=1$ 和 $m_i=4(i=1,2,\cdots,M)$。对于 $m_i=4$ 的例子,在图例中标为"Nakagami",表示参考发射机和干扰移动台对于接收机都可见。对于 $m_i=1$ 的例子,在图例中标为"混合",表示一个更典型的场景,即干扰移动台不在视距内。与前面例子一样,分析曲线可由每个 SNR 点 1000000 次蒙特卡罗仿真的结果验证。

8.2 DS-CDMA 移动 Ad Hoc 网络

移动 Ad Hoc 网络或对等网络由无中心控制或辅助的自治移动台组成。两个移动台间的通信可直接进行或由其他移动台中继。移动 Ad Hoc 网络可应用于商业或军事中,且无须固定或移动基础设施支持。当蜂窝基础设施无法建立时,Ad Hoc 网络就成为必需的了,当有移动台失效时,Ad Hoc 网络能够提供比蜂窝网更强的稳健性和灵活性。

在 DS-CDMA 移动 Ad Hoc 网络中,多个用户的移动台在同一频段同时发射信号。所有信号都使用分配的完整频谱,但扩谱序列不同。DS-CDMA 对于 Ad Hoc 网络具有优势,因为它无须频率或时隙的协调,也没有移动台数量上限的严格限制,这受益于网络中未活动的终端,且能够有效实现偶发数据传输、断续的语音信号、多波束阵列和重新分配以适应不同的数据速率。而且,DS-

CDMA 系统具有天然的抗干扰、抗截获和抗频率选择性衰落能力。

例 8.3：可使用扩谱技术来降低例 1 和例 2 中的高中断率。假设使用扩谱增益为 G 的直扩技术，并使用相同的码片函数 $h(\tau_i)=h$ 以使 $G_i=G/h$。例 1 和例 2 中的其他参数都保持不变。在图 8.2 中显示了以图 8.1 中所示的网络模型及混合衰落模型为条件的性能[1]，在三种不同的扩谱增益和 $h=2/3$ 时的直扩通信网络的中断概率，以及非扩谱（$G_i=1$）通信网络的中断概率与 SNR 值 Γ 的关系。使用了混合衰落模型（$m_0=4, i\geqslant 1$ 时 $m_i=1$）。从该图可以看出，当使用直扩技术时，中断概率显著下降。

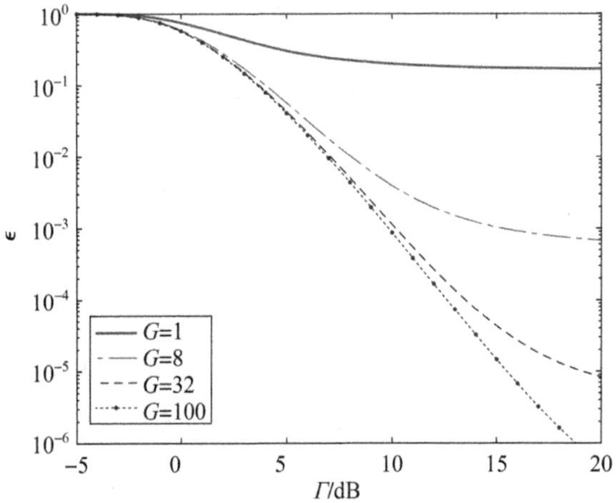

图 8.2 混合衰落模型在不同扩谱增益下的性能[1]

例 8.4：由于以 $\boldsymbol{\Omega}$ 为条件，因此不同网络仿真实现中的中断概率是不相同的。图 8.3 显示了 10 种不同网络仿真实现和无扩散均匀集群模型的中断概率。图 8.3 中条件中断概率用虚线表示，10000 次网络仿真实现下的平均中断概率 $\bar{\epsilon}$ 用实线表示[1]。从图 8.3 中可以看出中断概率的变化。其中之一显示于图 8.1，其他 9 种网络以同样的方式来实现，即 $M=28$ 个移动台根据均匀集群过程得出，参数为 $r_{\mathrm{ex}}=0.05$ 和 $r_{\mathrm{net}}=1$，且参考发射机放置在距参考接收机 $\|X_0-X_{M+1}\|=0.1$ 的地方。采用与产生例 2 中混合衰落结果相同的参数集（$\alpha=3.5$、β、p_i、P_i、m_i）。由该图可以看出，不同网络仿真实现的中断概率差别很大。

除干扰移动台的位置以外，$\boldsymbol{\Omega}$ 还依赖于遮蔽情况。遮蔽因子 $\{\xi_i\}$ 可建模为任意分布的随机变量，且无需对所有的 i 都相同。在下述例子中，假设对数遮蔽，遮蔽因子为独立同分布、零均值、同标准差 σ_s 的高斯随机变量。

对 $\boldsymbol{\Omega}$ 的依赖可通过对条件中断概率 ϵ 关于许多网络几何形状的平均来消除，从而产生空间平均中断概率或平均中断概率。该中断概率对于评估参数变化的平均影响是有用的。这种平均仅能在某种限制下进行解析分析[1]。对于所感兴趣的更一般例子,平均中断概率可通过蒙特卡罗仿真来估计,即产生许多不同网络,也就是很多不同 $\boldsymbol{\Omega}$ 向量,计算每一个网络的中断概率,然后进行数值平均。假设产生了 N 个网络,令 ϵ_i 表示第 i 个网络的中断概率,归一化功率向量表示为 $\boldsymbol{\Omega}_i$。平均中断概率为

$$\bar{\epsilon} = \frac{1}{N}\sum_{i=1}^{N}\epsilon_i \tag{8.34}$$

作为例子,图8.3的实线显示了 $N=10,000$ 次网络仿真时的平均中断概率。

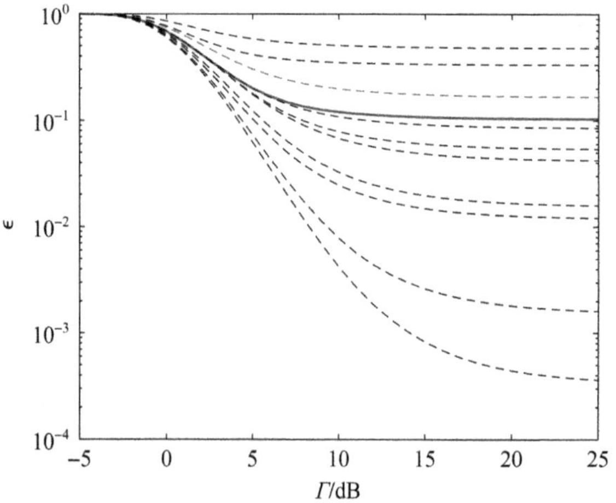

图8.3 十种不同网络仿真实现下的中断概率[1]

例8.5:在一个有限的网络中,平均中断概率依赖于参考接收机的位置。表8.1显示了当参考接收机从半径为 r_{net} 的圆形网络中心移动到网络边缘时的性能变化。SNR设为 $\Gamma=10\text{dB}$,假设混合衰落信道,其他参数为 $r_{\text{ex}}=0.05$、$\beta=0\text{dB}$、$p_i=0.5$。干扰移动台的位置按照均匀集群模型来设置,参考发射机与参考接收机的距离为 $\|X_0-X_{M+1}\|=0.1$。对于参数集 G、α、σ_s、M 的每个取值,通过对移动台位置和遮蔽的10000次仿真取平均计算得到在网络中心的中断概率 $\bar{\epsilon}_c$和在网络边缘的中断概率 $\bar{\epsilon}_p$。每个参数考虑两个值:$G=\{1,32\}$、$\alpha=\{3,4\}$、$\sigma_s=\{0,8\}$、$M=\{30,60\}$。表中的结果表明,在有限规模的网络中,$\bar{\epsilon}_p$显著小于 $\bar{\epsilon}_c$。在非扩谱网络中,中断概率的降低更显著,随 G 的增加变得不太明显。$\bar{\epsilon}_p$ 和 $\bar{\epsilon}_c$都随 M 和 σ_s 的增加及 G 的降低而增加。

当 $G=32$ 且 α 增加时,$\bar{\epsilon}_p$和 $\bar{\epsilon}_c$都增加,但当 $G=1$ 时,二者都减小。由于与非扩谱系统相比,扩谱系统不易受远近效应的影响,故会发生这种情况。在那些

干扰移动台足够接近参考接收机从而产生远近效应的仿真中，α 的增加不足以对非直扩系统中已经存在的高中断概率产生显著影响。在同样的仿真中，不易受影响的扩谱系统却确实经受了中断概率的显著增加。

表 8.1　接收机位于网络中心和边缘时平均中断概率[1]

参数				中断概率	
M	α	G	σ_s	$\bar{\epsilon}_c$	$\bar{\epsilon}_p$
30	3	1	0	0.1528	0.0608
			8	0.2102	0.0940
		32	0	0.0017	0.0012
			8	0.0112	0.0085
	4	1	0	0.1113	0.0459
			8	0.1410	0.0636
		32	0	0.0028	0.0017
			8	0.0123	0.0089
60	3	1	0	0.3395	0.1328
			8	0.4102	0.1892
		32	0	0.0030	0.0017
			8	0.0163	0.0107
	4	1	0	0.2333	0.0954
			8	0.2769	0.1247
		32	0	0.0052	0.0027
			8	0.0184	0.0117

条件中断概率 ϵ 高于或低于门限 ϵ_T 的概率可用于量化度量空间变化。特别地，$P[\epsilon > \epsilon_T]$表示仿真中参考接收机未能满足所要求的最低中断概率的比例，并可解释为网络中断概率。网络中断概率的补函数 $P[\epsilon \leqslant \epsilon_T]$是 ϵ 的分布函数。

例 8.6：无扩谱（$G=1$）时的三种衰落模型以及扩谱（$G=\{8,32,100\}$）条件下混合衰落条件下的分布函数 $P[\epsilon \leqslant \epsilon_T]$ 如图 8.4 所示[1]。每条曲线都是在包含 $M=28$ 个干扰移动台的 10000 次网络仿真中得到的，移动台的分布由均匀集群处理得到，$r_{ex}=0.05$，$r_{net}=1$，$\| X_0 - X_{M+1} \| =0.1$，$\Gamma=5\text{dB}$，且无遮蔽。对于每

次网络仿真,计算从源到接收机的链接的中断概率并与门限 ϵ_T 相比较。曲线显示了 ϵ 未超过门限的比例。曲线随 G 的增加而变得更加陡峭。这表明扩谱技术使得性能对于特定的网络拓扑更加不敏感。

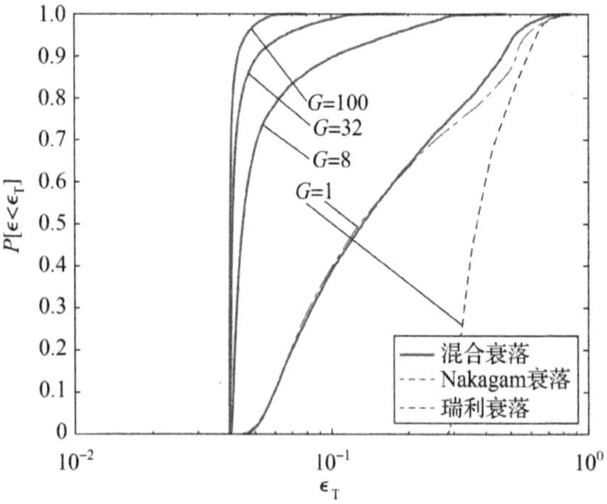

图 8.4　条件中断概率低于中断概率门限的概率[1]

例 8.7:在产生图 8.4 的 $N=10,000$ 个仿真网络中增加遮蔽,从而得到图 8.5。考虑两个标准差的对数正态遮蔽,即 $\sigma_s=2\text{dB}$ 和 $\sigma_s=8\text{dB}$,以及 $\alpha=3.5$。对于每个受遮蔽影响的网络,在混合衰落模型且无扩谱条件下($G=1$)计算中断概率,所有其他参数值都与图 8.4 相同,图中显示了遮蔽和无遮蔽影响下的 $P[\epsilon\leqslant\epsilon_T]$,而无遮蔽的例子作为参考再次显示。遮蔽的存在及 σ_s 的增大会增加条件中断概率的变化,如同减小分布函数斜率一样。在该例中,遮蔽不会显著改变平均中断概率。对于较低的门限,如 $\epsilon_T<0.1$,有遮蔽的性能实际上比无遮蔽的性能更好。这种现象可能是因为遮蔽有时会引起参考信号功率比无遮蔽时更高。

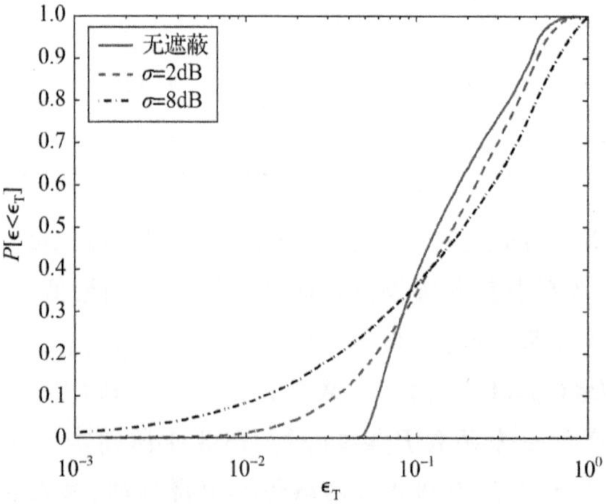

图 8.5　混合衰落且无扩谱网络中条件中断概率低于中断概率门限的概率[1]

DS - CDMA 移动 Ad Hoc 网络的核心问题是防止远近效应。若所有移动台都以同样功率传输，则来自距离基站接收天线较近的发射机的信号接收功率较高。因为发射机远离接收天线会带来很大功率劣势，而扩谱增益不足以满足信号接收需求，这就是远近效应问题。在蜂窝网络（见 8.3 节）中，解决远近效应的方法是功率控制，即控制来自信号源的接收功率水平。然而，Ad Hoc 网络缺乏中心控制，使得任何局部功率控制比通常不可行的整体控制要更好。在 DS - CDMA 网络中的多用户检测技术，如干扰抵消技术（见 7.5 节），可减轻但不能消除远近效应。即使干扰抵消器可抑制一大部分干扰，由于非理想信道估计导致的残留干扰也可能会导致捕获失败。

IEEE 802.11 标准在其 Ad Hoc 网络的媒体接入控制协议中使用具有碰撞避免机制的 CSMA。其实现需要在通信的初始阶段在发射机和接收机之间交换请求发送（Request - To - Send，RTS）和清除发送（Clear - To - Send，CTS）握手数据包，然后才传输后续的数据包和应答包。附近移动台接收到具有足够功率水平的 RTS/CTS 包后将不再进行它们自己的传输，否则将对目的接收机产生干扰。除 RTS 包以外，独立传输的 CTS 包将降低接收机中因附近无法感知 RTS 包的隐藏终端而导致的随后的信号碰撞可能性。因此，RTS/CTS 包使得建立环绕发射机和接收机的 CSMA 保护区成为必要，并因此可在除 RTS 包的初始接收阶段外，防止远近效应。在接收机端的干扰被限定为由保护区外的移动台同时发射所产生的干扰。

与 CSMA 保护区相比，禁止区的主要优势是它能够消除接收机的远近效应，而不禁止任何潜在的同时发射。由于移动台集群的内在限制，禁止区的另一个优势是能够提高网络的连通性。在禁止区提供的保护之外，CSMA 保护区能够提供额外的远近效应保护，但代价是降低了网络传输的容量，这将在后文中证明。然而，在不允许较大禁止区的环境中，CSMA 保护区是有用的，如在具有低移动性或高移动终端密度的网络中。

当网络中使用 CSMA 时，CSMA 保护区通常环绕禁止区。虽然这两个区域可覆盖任意区域，但为计算简便，在下面的例子中将它们建模为圆形区域，且禁止区外的 CSMA 保护区是环形的。环形保护区的存在提高了对远近效应的保护，代价是禁止了环形保护区内的并发传输。禁止区和 CSMA 保护区的半径分别表示为 r_{ex} 和 r_g。

环绕禁止区的保护区[2]的影响分析由根据均匀集群模型设置的移动台初始位置开始。当产生一个网络仿真实例时，在保护区内的潜在干扰移动台根据下列过程去激活。首先，激活参考发射机 X_0。然后，按放置顺序考虑每个潜在的干扰移动台。对于每个移动台，检查其是否位于前一个活动移动台的保护区。

由于移动台根据放置顺序进行编号,首先考虑 X_1 可能去激活。若它位于 X_0 的保护区内,则它将去激活,否则,它将被激活。对后续的每个移动台 X_i 重复该过程,若它落入任何活动的移动台 $X_j(j<i)$ 的保护区内,就去激活,否则就激活之。

图 8.6 给出了网络仿真实现的一个例子。参考接收机放置在原点,参考发射机位于它右边 $X_0 = 1/6$ 处,$M = 30$ 个移动台按照均匀集群模型进行放置,每个移动台都具有半径为 $r_{ex} = 1/12$ 的禁止区(未画出)。工作的移动台用实心圆圈表示,未激活的移动台用空心圆圈表示。环绕每个活动的移动台的保护区半径为 $r_g = 1/4$,如图中虚线圆圈。

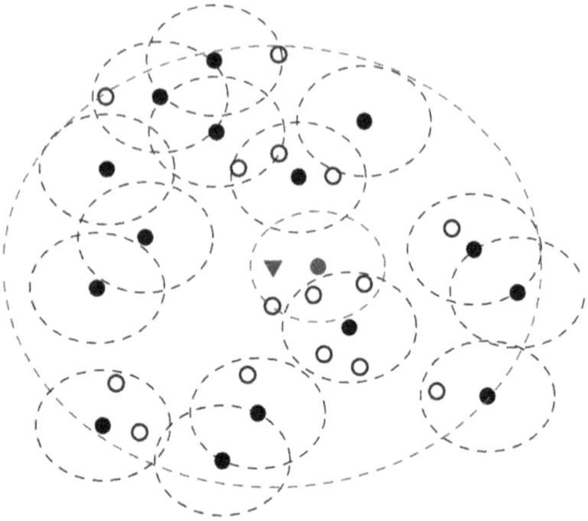

图 8.6　网络仿真实现举例[2]

当使用 CSMA 保护区时,位于某个活动的移动台内的其他移动台都被去激活了。参考接收机未被分配 CSMA 保护区反映了这样一个事实:当参考接收机正在接收初始 RTS 时,既无禁止区也无保护区。在图 8.6 中,15 个移动台未激活,其余 15 个移动台保持激活状态。

尽管 CSMA 使得部分潜在的干扰移动台未去激活,从而改善了中断概率,但同时由于抑制了传输,也降低了全网效率。网络效率能够被量化为区域频谱效率:

$$A = \lambda(1 - \bar{\epsilon})R \tag{8.35}$$

式中:λ 为网络密度,为每单位面积中工作移动台的数目;$\bar{\epsilon}$ 由式(8.34)定义;R 为编码码率,即每次使用信道传输的信息比特。每次网络仿真中产生的 $\boldsymbol{\Omega}_i$,不仅涉及按照均匀集群模型放置移动台,而且还涉及对遮蔽和位于活动的移动台 CSMA 保护区内的未激活移动台的仿真实现。区域频谱强度表示单位面积的空间平均网络吞吐量。增加保护区的大小通常会减少并发传输,从而降低区域频谱强度。

对于给定的 M 值，不存在 CSMA 保护区时由于所有移动台保持激活状态，故其密度保持不变。然而，存在 CSMA 保护区时，潜在干扰移动台的数量是随机的，其具体值依赖于 r_g、移动台的位置、放置的顺序，这影响到它们如何去激活。对于平均中断概率，可用蒙特卡罗仿真估计区域频谱效率。

在接下来的例子中，假设 SNR 值为 $\Gamma=10\text{dB}$，所有信道遭受混合衰落（$m_0=3$，$i\geqslant1$ 时 $m_i=1$）和对数遮蔽（$\sigma_s=8\text{dB}$），SINR 门限为 $\beta=0\text{dB}$。一旦确定了移动台位置 $\{X_i\}$，假设路径损耗指数 $\alpha=3.5$，且发射功率均相同（对于所有 i 有 $P_i/P_0=1$），则 $\{\boldsymbol{\Omega}_i\}$ 也就确定了。参考接收机位于网络中心，空间平均中断概率通过 $N=10,000$ 次网络仿真来计算出。虽然模型允许不同的扩谱增益，但本章还是假设所有干扰信号的有效扩谱增益都相同，即 $G_i=G_e=G/h$。扩谱与非扩谱系统都予以考虑，其中对于非扩谱系统有 $G_e=1$，对于扩谱系统有 $G_e=48$，对应于参数为 $G=32$、$h_{(\tau_i)}=h=2/3$ 的典型直扩波形。虽然模型允许[0,1]范围内不同的 p_i 值，但对于所有活动的 X_i 都选择 $p_i=0.5$ 为例证，对应于半双工移动终端，具有完整的输入缓存和与对等终端对称的数据传输速率。

例 8.8：为研究禁止区半径 r_{ex} 和保护区半径 r_g 对网络性能的影响，中断概率和区域频谱效率由一定范围内的 r_{ex} 和 r_g 所确定。为消除对发射机与接收机之间间隔的影响，保护区和禁止区都用 $\|\boldsymbol{X}_0-\boldsymbol{X}_{M+1}\|=\|\boldsymbol{X}_0\|$ 来归一化。归一化保护区半径在 $1/2\leqslant r_g/\|\boldsymbol{X}_0\|\leqslant3$ 之间变化，归一化禁止区半径的三个代表性值为 $r_{ex}/\|\boldsymbol{X}_0\|=\{1/4,1/2,3/4\}$。潜在干扰移动台的数量设为 $M=30$，且 $r_{net}/\|\boldsymbol{X}_0\|=6$。

图 8.7 显示了空间平均中断概率 $\bar{\epsilon}$，其中虚线表示有扩谱（$G_e=48$），实线表示无扩谱（$G_e=1$）。对于非扩谱系统，中断概率对于禁止区半径并不敏感，但对保护区半径非常敏感。这种敏感性突显了保护区对于非扩谱网络的重要性。除非保护区半径非常小，扩谱系统的中断概率对禁止区和保护区都不敏感。

图 8.8 显示了归一化区域频谱效率 A/R 与保护区半径的关系，具体是 $M=30$、$r_{net}/\|\boldsymbol{X}_0\|=6$ 时，若干 $r_{ex}/\|\boldsymbol{X}_0\|$ 取值下归一化区域频谱效率与 $r_{ex}/\|\boldsymbol{X}_0\|$ 的关系，其中虚线表示有扩谱（$G_e=48$），实线表示无扩谱（$G_e=1$）。虽然在非扩谱网络中参考接收机的中断概率对 r_{ex} 不敏感，但图 8.8 显示区域频谱效率对 r_{ex} 敏感，尤其是在较低的 r_g 下。当 r_{ex} 增加时，有更少的邻近干扰移动台由于保护区而去激活。因此，更多的移动台保持活跃，即使中断概率保持不变，区域频谱效率也会增加。类似情况也可在扩谱网络中看到，即对于较小的 r_g 值，由于中断概率更低，故区域频谱效率显著高于非扩谱网络。增加 r_{ex} 的主要限制是它必须足够小以便不能显著阻碍移动台的移动。对于扩谱和非扩谱网络，由于静默的移动台数量（随 r_g 的增加而）增加，区域频谱效率都随 r_g 的增加而迅速减小。对于较大的 r_g 值，区域频谱效率对扩谱增益和禁止区半径不敏感。

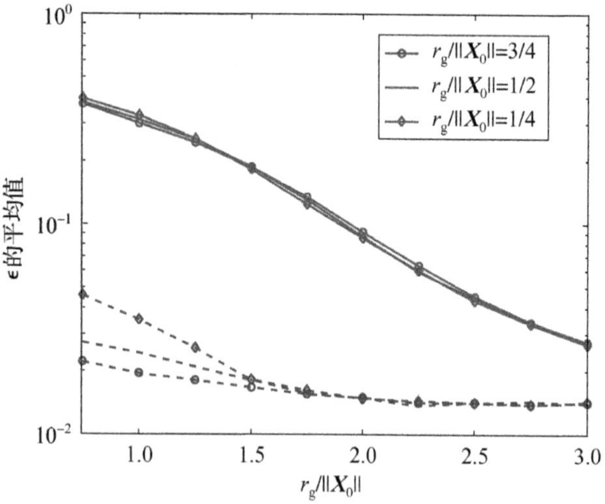

图 8.7　平均中断概率与 $r_g/\|X_0\|$ 的关系[2]

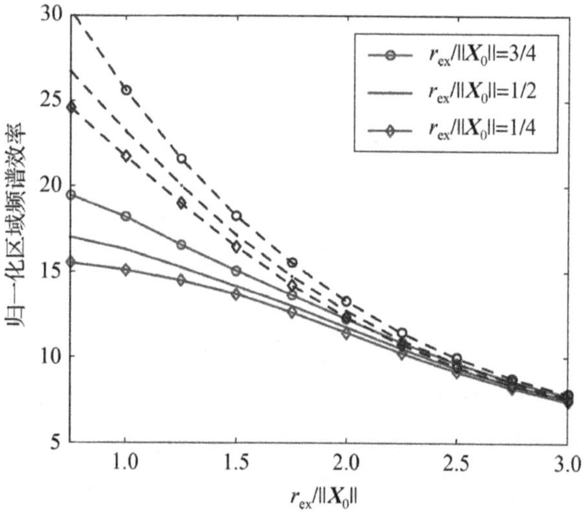

图 8.8　归一化区域频谱效率与 $r_{ex}/\|X_0\|$ 的关系[2]

例 8.9:在前例中假设参考发射机和接收机的距离相对于网络半径是固定的。然而,网络的性能受该距离影响。图 8.9 显示了归一化区域频谱效率与参考发射机和参考接收机间距离 $\|X_0\|$ 的关系。所有距离按网络半径来归一化,以使 $r_{net}=1$。禁止区半径设为 $r_{ex}=1/12$,非扩谱和扩谱网络($G_e=48$)都有仿真实现。图中显示了 CSMA 保护区半径为 $r_g=1/4$ 和未使用 CSMA 保护区的结果。

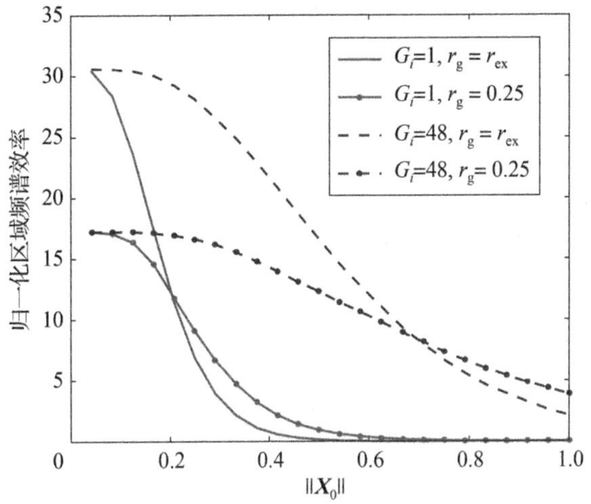

图 8.9　归一化区域频谱效率[2]

可以看出，传输距离的增加降低了区域频谱效率，其原因是比参考发射机更靠近接收机的干扰移动台数量在增加。但扩谱系统中的这种降低比非扩谱系统更缓和。当 $\|X_0\|$ 增加时，保护区的增加减轻了潜在的远近效应。因此，通过使用 CSMA，区域频谱效率的降低更为平缓，且当发射机的距离足够大时，有 CSMA 的系统将远胜于没有 CSMA 的系统。

当传输距离较短时，CSMA 保护区使得区域频谱效率降低，但当距离较大时，区域频谱效率增加。产生这种差异的原因是，在较大的传输距离上，来自较远的参考发射机的接收信号功率较弱，然而从附近的干扰移动台接收的功率要相对较高。为克服这种远近效应，附近的移动台需要停止工作，以便满足 SINR 门限。然而，在较近的距离上，来自附近参考发射机的信号功率将仍然足够强，去激活干扰移动台就没有必要，但由于降低了并发传输量，也造成了区域频谱效率的损失。

8.3　DS - CDMA 蜂窝网

在蜂窝网络中，地理区域被划分为多个小区。每个小区中的基站都包括发射机和接收机。图 8.10 中给出了理想的蜂窝网络，围绕一个中心小区的两层同心小区结构，小区都是正六边形的且基站位于小区中心。网络中的每个移动台与配合其无线通信的特定基站相关联或连接。该基站是移动设备接收信号最强的基站。基站的作用是移动台的交换中心，且在大部分应用中，基站之间采用有线通信。在如图 8.10 所示的蜂窝配置下，小区中大部分移动台都与小区中心的基站连通。DS-CDMA 蜂窝网络允许完全频率复用,所有小区都可共享同样的载波频率和频段。由于每个直扩信号都分配一个唯一的扩谱序列,因此不同直扩信号之间是可以区分的。

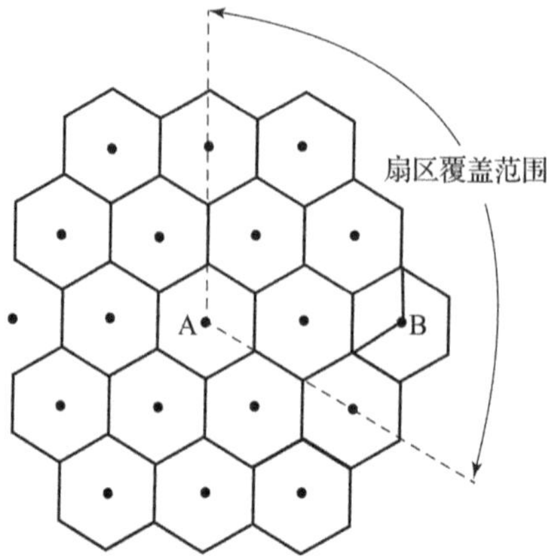

图 8.10　基站在每个六边形中心的蜂窝网络结构图

在 CDMA2000 和 WCDMA 网络中,每个基站都发射一个未调制的扩谱序列作为导频信号以使移动台与基站建立联系。通过比较若干基站的导频信号,移动台判断在任一时刻相对于干扰哪个信号最强,该过程称为软切换。软切换使用选择性分集(见 6.7 节)的形式来确保移动台能够在大部分时间里得到最合适的基站服务。在移动台的接收机中,上门限决定了哪一个导频信号足够强而便于进一步处理,以及哪一个基站具备连接的可能。下门限决定了何时停止基站的备选资格或被授权转换连接。软切换的代价是需要同时检测和处理多个接收到的导频信号。

分区是提供能够一组覆盖所有方向的不相交的天线。基站的扇区定义为定向扇区天线可接收信号的角度范围。若一个移动台位于扇区天线所对应扇区内,则称其为被该扇区天线覆盖。在基站中可使用若干定向扇区天线来将蜂窝小区划分成多个扇区,每个扇区覆盖相邻的角度。典型情况下,一个小区有三个扇区,每个扇区覆盖 $2\pi/3$ 弧度,但是随着基站阵列中的更多天线适用于更高频率,更多扇区是可行的。扇区化能够协调与每个扇区相关联的移动设备之间的频谱分配与调度。基站扇区化的其他优点是减少了波束对准延迟、导频信号污染和波束控制误差,并避免了干扰信号。

理想的扇区天线在覆盖的扇区内具有均匀的增益和可忽略不计的旁瓣。图 8.10给出了中心小区基站的扇区天线 A 的覆盖范围。在中心小区覆盖区域内的移动台与扇区天线 A 相联系。只有在扇区天线覆盖方向上的移动台才会对某个移动台到相关扇区天线的反向链路或上行链路产生小区间或小区内的多址干扰。同样,只有某个小区扇区的定向天线指向一个移动台时,如图中的扇区天线 B,才会对与移动台有关的扇区天线,如图 8.10 中的扇区天线 A,到移动台之间前向链路或下行链路产生多址干扰。因此,上行和下行链路干扰信号的数量都近似随扇区数量的下降而下降。移动天线通常是全向的。

8.3.1 下行链路的小区搜索

在 DS - CDMA 蜂窝网络中,下行链路的扩谱码捕获、定时同步称之为小区搜索,比 Ad Hoc 网络或点对点通信中的方法(见第4章)更复杂。为便于控制通信的基站对移动台的识别,下行链路的每一个扩谱序列都是两个序列的乘积或级联,通常称为扰码和信道化码。扰码是一种扩频序列,当它被与小区关联的移动台捕获时,就用于识别特定的基站或小区。信道化码是移动设备的扩频序列,允许移动设备的接收机提取消息,同时抑制同一小区内其他移动设备的消息。

若基站采用全球定位系统或其他通用时钟源,则可以从公共长扩频序列内的不同起点生成每个扰码。公共时源可防止可能导致代码歧义的时序歧义。在移动接收机识别出扰码序列并与之同步后,接收机解扩扰码。由于扰码的定时决定信道化码的定时,因此接收机随后解扩信道化码以提取消息。Walsh 序列或其它正交序列(见 7.2 节)适合作为下行链路的信道化码。

WCDMA 系统提供了小区搜索过程的示例,通过该过程获取或跟踪扰码,并识别其定时。小区搜索包括时隙同步、码群辨识下的帧同步和扰码判决三个阶段[3]。每个阶段处理在单载波频率上同时传输的三种序列之一。三种序列分别是主同步码(Primary Synchronization Code,PSC)、次同步码(Secondary Synchronization Codes,SSC)和扰码。小区搜索的基本帧结构的前两个时隙如图 8.11 所示。每帧包含 15 个时隙,每个时隙有 2560 个码片。PSC 和每个 SSC 长 256 个码片,仅在时隙边界之后传输;因此,这些码占空比为 10%。码片速率为每秒 3.84 兆码片。

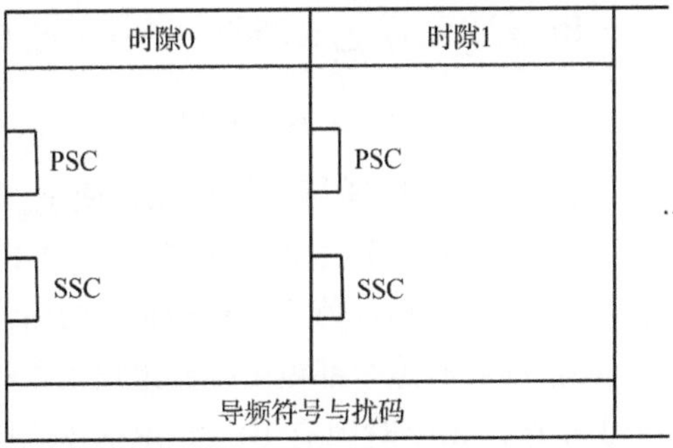

图 8.11 WCDMA 帧的前两个时隙

网络中所有小区都使用相同的PSC,并在每个时隙的同一位置进行传输,如图8.11所示。在每个小区搜索的第一阶段,PSC为每个移动设备提供了一种用于检测移动设备上功率最大的基站信号的时隙边界的方法。令$c_{psc}(i)$表示接收机在假设时隙和帧边界下生成的PSC的第i位。带有嵌入式PSC的接收信号应用于正交下变频器和码片匹配滤波器,其输出以码片速率采样以产生复数接收序列。令$r(q)$表示接收序列的第q位。令$s\in[0,14]$表示接收到的PSC相对于接收机生成的PSC的时隙数目。令$h\in[0,2559]$表示接收时隙边界相对于接收机在生成$c_{psc}(i)$时使用的假定时隙边界的假设偏移。为了估计真实偏移量,从而与时隙边界同步,接收机将接收序列与每个可能的偏移量h相关联,并计算:

$$y_{psc}(h) = \sum_{s=0}^{N=1} \left| \sum_{i=0}^{255} r(h + 2560s + i)c_{psc}(i) \right|, h = 0,1,\cdots,2559 \quad (8.36)$$

式中:在$N>1$个接收机生成的时隙上执行非相干组合以适应低信号干扰比并获得时间分集增益。选择使$y_{psc}(h)$最大化的假设$\hat{h}$作为接收信号时隙边界的标识符。

在小区搜索的第二阶段,通过估计s来实现帧同步,并通过识别扰码的码群来降低码的不确定性程度。为了同时实现帧同步和码群辨识,使用(15,3)无间断RS码(Comma - Free Reed - Solomon code,CFRS)来确定分配给每个帧的15个SSC。无间断属性意味着一个码字的任何循环移位都不是另一个码字,且码字间的最小汉明距离为13。每个包含15个符号的CFRS码字来自包含64个码字的码本。每个码字符号是16个由16个正交SSC表示的可能符号中的一个。每个CFRS码字定义一个码群g,该码群由8个扰码组成。

从由$\hat{h}$确定的每个时隙的时隙边界开始,接收序列与16个可能的SSC都相关。对于s的每个值,PSC的输出$y_{psc}(h,s)$用于提供相位参考,以校正SSC相关运算的相位。第n个相干SSC相关器的输出为

$$y_{ssc}(\hat{h},s,n) = \mathrm{Re}\left[y_{psc}^{*}(\hat{h},s) \sum_{i=0}^{255} r(2560s + \hat{h} + i)c_{ssc}(n,i)\right], \quad n \in [0,15], s \in [0,14] \quad (8.37)$$

式中:$c_{ssc}(n,i)$为第n个SSC。通过选择与n相对应且使$y_{ssc}(\hat{h},s,n)$最大的s,在每个时隙s进行SSC和相关CFRS符号的硬判决。经过15个时隙后,CFRS码字的硬判决译码用于确定码群的估计值$\hat{g}$和时隙数$\hat{s}$的估计值。

如图8.11所示,一帧的所有时隙全部被由扰码组成的下行链路导频符号所占用,这些扰码用于辨识小区。每个时隙有10个QPSK调制的导频符号,每个符号由256个码片来扩展频谱。扩谱序列为正交可变扩谱因子(Orthogonal

Variable - Spreading - Factor, OVSF)码之一(见 7.2 节)。时隙和帧同步建立后，接收序列与码群 $\hat{g}$ 中的 8 个扰码相关，对于帧中的每个导频符号 $m \in [0,149]$ 和每个加扰码 $k \in [0,7]$，接收机计算：

$$y_{\text{scr}}(\hat{h},\hat{s},m,k) = \left| \sum_{i=0}^{255} (2560\hat{s} + \hat{h} + 256m + i) c_{\text{bcr}}^{*}(k,256m + i) \right|,$$
$$m \in [0,149], k \in [0,7] \tag{8.38}$$

式中：$c_{\text{csr}}(k,l)$ 为第 k 个扰码的第 l 个码片。对于每个导频符号 m，具有最大 $y_{\text{scr}}(\hat{h},\hat{s},m,k)$ 值的扰码 k 将收到一次判决，并根据 150 个导频符号中的大数判决结果来确定候选扰码。由于不正确扰码的接收对于移动台代价高昂并具有破坏性，故仅当判决结果的数量超过了预定的门限时，候选扰码才被接受，该门限设计为保持可接受的虚警概率。若超出了门限，小区搜索就结束了，并且开始使用扰码和信道化码解扩消息。

接收机不准确的频率估计会导致其时钟出现较大误差，这可能会导致初始小区搜索失败。为了防止大的时钟错误，可以使用更精细的单元搜索方法[3]。

8.3.2　自适应速率控制

信息论的基本结论是降低码率将降低成功接收信号[4]所要求的 SINR，其代价是降低吞吐量或频谱效率。该事实可用于根据信道状态进行码率自适应，而信道状态决定了接收机的 SINR。当信道状态不佳时，自适应码率控制将降低码率，反之当信道状态较好时将提高码率从而提高吞吐量。若每数据包中编码符号数是固定的，则码率可通过减少或增加每包中的信息比特数来改变。自适应码率控制可用自适应调制来补充，这需要根据信道状态改变信号星座图或调制符号表，但改变调制方式通常更难实现。原则上自适应改变扩谱增益是可能的，但存在的实际问题是需要改变带宽。

为使得码率能够根据信道状态进行自适应调整，接收机需要估计 SINR 或测量某种信道状态函数，然后将测量值或选定的码率送至发射机。由式(8.44)~式(8.47)计算的比值 $\hat{P}_v/\hat{V}_v$ 在解扩后提交给 SINR 估计器。若使用了 Rake 解调器(见 6.10 节)，则可通过累加 Rake 解调器每个支路产生的 SINR 估计值来估计有效的 SINR 值。已有若干种其他 SINR 或 SNR 估计方法[5]。在自适应码率控制中使用的信道状态度量函数包括比特、包及帧的传输成功(率)或失败(率)。在 IEEE802.11 标准中，信道度量由一定数量的连续传输成功帧数或丢帧数来衡量。

8.4 DS - CDMA 蜂窝控制

8.4.1 上行功率控制

在 DS - CDMA 蜂窝网络中,远近效应只在上行链路中较为严重,这是因为在下行链路中,基站向每一个与之通信的移动台发射的都是同步正交信号。在蜂窝网络中,解决上行链路中远近效应的常用方法是功率控制,即一个小区或扇区中的所有手机都调节其功率水平,以便到达基站的功率都相等。扇区中的同步、正交上行链路信号原则上确保不存在远近问题和扇区内干扰。然而,需要功率控制来限制由异步上行链路信号、同步上行链路信号中的同步错误、强多径信号和硬件缺陷引起的潜在扇区内干扰。由于解决远近效应对蜂窝 DS - CDMA 网络的生存能力至关重要,故功率控制的精度就成为关键问题。

蜂窝网络中的开环功率控制方法是移动台的发射功率根据接收到的由基站发射的导频信号平均功率变化来调整。若上行链路和下行链路的传播损耗几乎相同,则开环功率控制就是一种有效的方法。传播损耗是否相同,受上下行链路传输的复用方法影响。时分双工是一种半双工方法,它将邻近但不同的时隙分配给上行和下行链路。当使用时分双工时,若与网络拓扑及衰落变化相比,信道复用过程足够快,则上行链路和下行链路的传播损耗近似相同。因此,时分双工可能与功率控制的开环方法兼容。

全双工方法允许同时发射和接收信号,但该方法必须将接收信号与发射信号隔离开来,这是因为收发信号的功率等级相差很大。大部分蜂窝系统使用频分双工,它将不同的频率分配给上行链路及相应的下行链路,从而将不能在相同频带内共存的信号分开。当使用频分双工时,频率间隔通常大到足以使得上行链路和下行链路的信道转移函数不同。不存在链路互易性意味着下行链路平均功率的测量不能为调整后续上行链路的平均传输功率提供可靠信息。因此,当使用频分双工时,需要闭环功率控制方法。

闭环功率控制方法试图通过反馈机制补偿传播损耗和衰落的影响,它主要用于 WCDMA 和 CDMA2000。闭环功率控制要求基站动态跟踪来自于移动台的有用信号的接收功率,并向移动台发射合适的功率控制信息。当衰落速率增加时,跟踪能力和功率控制精度就会下降。交织和信道编码具有的时间分集能力可部分补偿快衰落条件下的非理想功率控制性能,但必须要保持一定程度的功率控制。

为实现闭环功率控制[6],基站接收来自于移动台的 N 个已知测试比特。通过处理这些比特以得到功率估计值,然后减去有用信号的接收功率。该差值确定了每发送给移动台的 N 个接收比特中就含有一个或更多的功率控制比特。然后移动台根据功率控制比特调整发射功率。

当跟踪到来自移动台的有用信号的瞬时功率时，主要有四种误差分量。它们分别是移动台发射功率等级跳变产生的量化误差、移动台功率控制信息译码引入的误差、基站功率估计的误差及由于处理和传播时延引起的误差。处理和传播时延引起误差是因为在执行闭环功率控制算法时，多径传播条件发生了改变。与处理时延相比，传播时延一般可忽略不计。处理时延引起的误差和功率估计误差通常比其他误差大得多。

令 s 表示网络中移动台的最大运动速度，f_c 表示直扩信号的载波频率，c 表示电磁波传播速度。假设该信号的带宽仅为 f_c 的百分之几，因此可忽略带宽的影响。最大多普勒频移或多普勒扩展为 $f_d=f_c s/c$，与衰落速率成正比。为得到较小的处理时延误差，要求在处理和传播时延 T_p 期间，信道衰减值近似为常量。因此，处理和传播时延必须远小于相干时间(见 6.2 节)，这意味着：

$$T_p \ll 1/f_d \tag{8.39}$$

例如，若 $s=30\text{m/s}$，$f_c=1\text{GHz}$，则要求 $T_p \ll 10\text{ms}$。式(8.39)表明，当载波频率增加时，多普勒扩展也随之增加，精确的功率控制变得更加困难。为补偿增加的多普勒扩展，可增加扩谱增益以减少干扰的影响或增加小区密度，以便网络可以处理更为温和的衰落。

令 $\hat{P}$ 表示 p_0 的估计值，即来自移动台的平均接收信号功率。令 σ_p^2 表示 $\hat{P}$ 的方差。将多址干扰建模为高斯白过程，从而将单边噪声功率谱密度从 N_0 增加到 N_{0e}，就可确定 σ_p^2 的下界。用于控制功率的来自移动台的接收信号形式为 $\sqrt{p_0 T_m}s(t)$，其中观察间隔为$[0, T_m]$，并且：

$$\int_0^{T_m} s^2(t)\,dt = 1 \tag{8.40}$$

附录 F.4 中 Crame – Rao 不等式(F.48)的应用提供了功率无偏估计方差 σ_p^2 的下限：

$$\sigma_p^2 \geqslant \left\{\frac{2}{N_{0e}}\int_0^{T_m}\frac{\partial}{\partial p_0}\left[\frac{\partial}{\partial p_0}\left(\sqrt{p_0 T_m}s(t)\right)\right]^2 dt\right\}^{-1} \tag{8.41}$$

通过计算下限并使用式(8.40)，我们得到 $\sigma_p^2 \geqslant N_{0e}p_0/T_m$。因此，如果 σ_p/p_0 是估计精度的指定度量，则：

$$T_p > T_m \geqslant \frac{N_{0e}}{p_0}\left(\frac{\sigma_p}{p_0}\right)^{-2} \tag{8.42}$$

是必需的。式(8.39)和式(8.42)一起不仅约束 T_p，而且还指示可以容纳的多普勒扩展。

功率估计的迭代方法可由期望最大化(Expectation - Maximization,EM)算法给出(见9.1节),该算法将给出近似最大似然估计值。考虑一个QPSK直扩系统。由二进制序列 $x_i = \pm 1 (i = 1,2,\cdots,N)$ 组成的测试比特通过AWGN信道发射出去。如2.5节所示,解扩得到的接收信号向量 $\boldsymbol{y} = [y_1 \quad y_2 \quad \cdots \quad y_N]^{\mathrm{T}}$ 给出了:

$$\boldsymbol{y} = \sqrt{2\mathcal{E}_0}\boldsymbol{x} + \boldsymbol{n} \tag{8.43}$$

式中:$\mathcal{E}_{\mathrm{b}} = p_0 T_{\mathrm{b}}$ 为每比特能量;p_0 为平均功率;T_{b} 为比特宽度;N 为接收机正交和同相两个支路的总比特数,$\boldsymbol{x} = [x_1 \quad x_2 \quad \cdots \quad x_N]^{\mathrm{T}}$ 为这些比特的向量,$\boldsymbol{n} = [n_1 n_2 \cdots n_N]^{\mathrm{T}}$ 为干扰和噪声向量。假设 $\boldsymbol{n}$ 的分量是近似独立同步分布的零均值高斯随机变量,方差为 $V = N_{0\mathrm{e}}$。

让 $\{\hat{P}_i\}$ 和 $\{\hat{V}_i\}$ 分别表示 p_0 和 V 的估计器序列,这些估计器序列是通过应用迭代EM算法从接收向量获得的。如第9.1节所述,得到:

$$\hat{P}_i = \frac{1}{2T_{\mathrm{b}}}(\hat{A}_i)^2 \tag{8.44}$$

$$\hat{A}_{i+1} = \frac{1}{N}\sum_{k=1}^{N} y_k \tanh\left(\frac{\hat{A}_i y_k}{\hat{V}_i}\right) \tag{8.45}$$

$$\hat{V}_{i+1} = \frac{1}{N}\sum_{k=1}^{N} y_k^2 - \hat{A}_{i+1}^2 \tag{8.46}$$

合适的初始值设置为

$$\hat{A}_0 = \frac{1}{N}\sum_{k=1}^{N} |y_k|, \quad \hat{V}_0 = \frac{1}{N}\sum_{k=1}^{N} y_k^2 - \hat{A}_0^2 \tag{8.47}$$

经过 $\boldsymbol{\nu}$ 次迭代后,计算出最终的基于接收向量的EM估计值 $\hat{P}_v$ 和 $\hat{V}_v$。然后丢弃旧的接收向量,产生新的接收向量来计算出新的EM估计值。

8.4.2 网络拓扑

虽然后文的分析方法可用于任意拓扑结构,但在本节的蜂窝网络模型中,在每次网络仿真实现都强制规定基站间都保持最小间隔,而每次网络仿真实现都包括了基站位置、移动台位置和遮蔽效应等因素。移动台和基站位置模型为均匀簇模型(见8.2节),这需要在网络内排除某些区域后均匀分布位置。假设基站和移动台都限定在一个有限区域内,该区域假设为一个半径为 r_{net}、面积为 πr_{net}^2 的圆。半径为 r_{bs} 的禁止区环绕在每个基站周围,其他基站都不允许在这个区域中。类似地,半径为 r_{m} 的禁止区环绕在每个移动台周围,其他移动台也不能在该区域中。移动台间最小间隔一般远小于基站的最小间隔。基站禁止区主要由经济方面的考虑和地形决定，而移动台的禁止区主要由防止物理碰撞的需要来确定。选择 r_{bo} 的一种方法是检查实际网络中的基站位置，并确定能够提供最佳统计拟合度的 r_{bo} 值。

图 8.12 描述了在地形为山地的一个小城市中实际基站的位置。图 8.12 中，基站位置用大实心圆点给出，Voronoi 分割的小区也在图中表示出来，粗实线表示小区边界。可以看出最小基站间隔约为 0.43km。

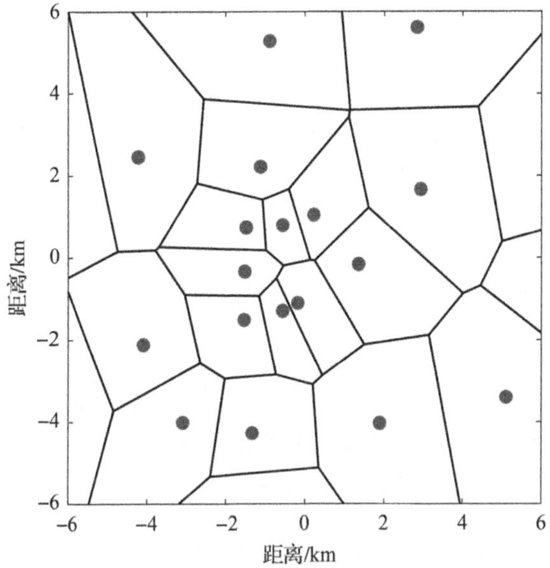

图 8.12　当前蜂窝部署中基站的实际位置[7]

图 8.13 描绘了随机产生的网络的一部分，每小区的移动台平均数量为 16，基站禁止区半径为 $r_{bo}=0.25$，移动台禁止区半径为 $r_m=0.01$，距离基站 $d_0<r_m$ 以内没有移动台。假设 r_{bs} 和 r_m 超过了参考距离 d_0，在与任意基站距离 d_0 内没有移动台。移动台的位置用小圆点表示，细线表示每个扇区天线的覆盖角度。两图的普遍相似性为均匀簇模型提供了可信度。

蜂窝 DS - CDMA 网络的下行链路使用正交扩谱序列。由于可用于一个小区或小区扇区的正交扩谱序列数量限制为 G，使用基站或扇区天线 S_j 的上行或下行链路业务的移动台 M_j 的数量也被限制为 $M_j \leqslant G$。若有 $M_j>G$ 个移动台，则这些移动台中的一部分将被天线 S_j 拒绝服务，或以较低的速率的来服务(通过额外的时间复用)。处理以上情况的两个策略是拒绝策略和再选择策略。在拒绝策略中，到基站的路径损耗最大的 M_j-G 个移动台被拒绝服务，在这种情况下它们与任何扇形天线无关。在再选择策略中，在超负荷小区扇区中的 M_j-G 个移动台将试图连接最大再分配距离 d_{max} 外且路径损耗次低的扇区天线。若在

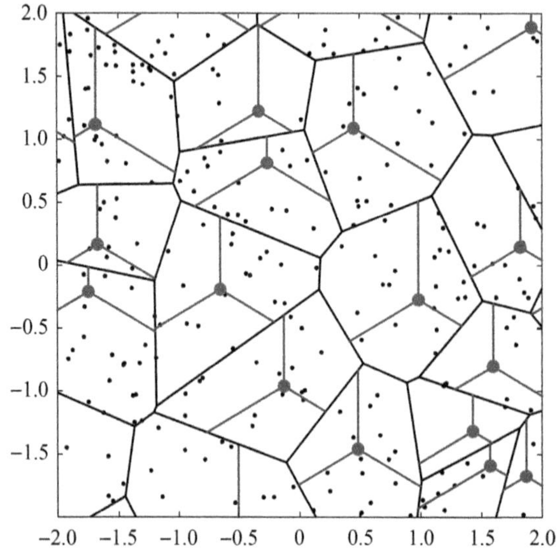

图 8.13　在使用 $r_{bs}=0.25$ 的禁止区时基站的仿真位置[7]

距离 d_{max} 内没有合适的方向性扇区天线可用,移动台将被拒绝服务。在再选择策略下,保持这些移动台连接所需的折中,是速率控制下的下行链路区域频谱效率轻微降低,及功率控制下区域频谱效率的显著降低(由于基站必须将其发射功率更多地集中于远处的再关联的移动台)。

8.4.3　中断概率

对于后续分析[7]和 DS - CDMA 上行链路的例子中,假设每基站有三个理想扇区天线和扇区,每个覆盖 $2\pi/3$ 弧度。假设移动台天线是全向的。网络由 C 个基站和小区、$3C$ 个扇区 $\{S_1,S_2,\cdots,S_{3C}\}$ 和 M 个移动台 $\{X_1,X_2,\cdots,X_M\}$ 组成。标量 S_k 表示扇区天线 k,向量 $\boldsymbol{S}_k$ 表示它的位置。标量 X_i 表示移动台 i 向量 $\boldsymbol{X}_i$ 表示其位置。令 $\mathcal{A}_k$ 表示基站或扇区天线 S_j 覆盖下的移动台集合。令 $\chi_k\subset\mathcal{A}_k$ 表示与天线 S_k 关联的移动台集合。每个移动台由单个基站或扇区天线服务。令 $g(i)$ 表示服务于 X_i 的天线的序号的函数,以使 $g(i)=k$ 时,$X_i\in\chi_k$。通常,从覆盖 X_i 的天线中选择在没有从 X_i 到天线的衰落的情况下,路径损耗最小的一种天线作为服务于 X_i 的天线 $S_{g(i)}$。因此,天线序号为

$$g(i)=\underset{k}{\operatorname{argmax}}\{10^{\xi_{i,k}/10}f(\|\boldsymbol{S}_k-\boldsymbol{X}_i\|),X_i\in\mathcal{A}_k\} \tag{8.48}$$

式中:$\xi_{i,k}$为 X_i 到 S_k 的遮蔽因子;$f(\cdot)$由式(8.3)给出。当不存在遮蔽时,则为最接近 X_i 的天线。当存在遮蔽时,若遮蔽条件足够好,移动台可以与比最近天线更远的天线相关联。

考虑在一个扇区天线覆盖下的参考接收机,它接收到来自其小区和扇区内参考移动台的有用信号。小区间和小区内的干扰都来自于接收到的来自于扇区覆盖角度内的移动台的信号,但在覆盖角度外的移动台产生的干扰可忽略不计。假设双工机制能够消除来自其他扇区天线的干扰。变化的传播延迟导致干扰信号与所需信号异步。我们假设异步四相直接序列系统的 DS – CDMA 网络在网络中的每个基站、扇区或移动接收器处具有等于 G/h 的恒定有效扩展因子(8.4 节)。

令 $X_r \in \chi_{g(r)}$ 表示在扇形天线 $S_{g(r)}$ 处向参考接收机发射所需信号的参考移动台。参考接收机 $S_{g(r)}$ 接收到的来自 X_r 的功率不会受到扩谱增益的显著影响。仅当 $X_i \in \mathcal{A}_{g(r)}$ 时,参考接收机接收的 $X_i(i \neq r)$ 的功率才是非零的,且以因子 $G_i = G/h$ 减少。我们假设路径损耗依赖于距离的幂律,且被遮蔽所影响。当考虑衰落和路径损耗时,参考接收机 $S_{g(r)}$ 接收的 X_i 信号解扩后的瞬时功率为

$$\rho_i = \begin{cases} P_r g_r 10^{\xi_r/10}(\| \boldsymbol{S}_{g(r)} - \boldsymbol{X}_r \|), & i = r \\ \left(\dfrac{h}{G}\right) P_i g_i 10^{\xi_i/10} f(\| \boldsymbol{S}_{g(r)} - \boldsymbol{X}_i \|), & i: X_i \in \mathcal{A}_{g(r)} \backslash X_r \\ 0, & i: X_i \notin \mathcal{A}_{g(r)} \end{cases} \tag{8.49}$$

式中:g_i 为由参数为 m_i 的 Nakagami 衰落引起的功率增益,ξ_i 为从 X_i 到 $S_{g(r)}$ 链接的遮蔽因子,P_i 为 X_i 的发射功率,$\mathcal{A}_{g(r)} \backslash X_r$ 为集合 $\mathcal{A}_{g(r)}$ 去除 X_r 后的部分(由于要求 X_r 不能干扰自身)。假设$\{g_i\}$在一个时隙中保持不变,但在时隙之间发生独立变化(块衰落)。

活跃概率 p_i 是移动台 i 在一个时隙中与参考信号同时发射的概率。来自 $X_r \in \chi_{g(r)}$ 的有用信号在参考接收机扇区天线 $S_{g(r)}$ 的瞬时 SINR 为

$$\gamma = \frac{\rho_r}{\mathcal{N} + \sum_{i=1, i \neq r}^{M} I_i \rho_i} \tag{8.50}$$

式中:$\mathcal{N}$ 为噪声功率;I_i 为服从 $P[I_i = 1] = p_i$ 和 $P[I_i = 0] = 1 - p_i$ 概率分布的伯努利变量。将式(8.49)、式(8.3)代入式(8.50)可得:

$$\gamma = \frac{g_r \Omega_r}{\Gamma^{-1} + \sum_{i=1, i \neq r}^{M} I_i g_i \Omega_i}, \quad \Gamma = \frac{d_0^{\alpha} P_r}{\mathcal{N}} \tag{8.51}$$

式中:Γ 为不存在衰落和遮蔽时,单位距离移动台的 SNR,且

$$\Omega_i = \begin{cases} 10^{\xi_r/10} \| \boldsymbol{S}_{g(r)} - \boldsymbol{X}_r \|^{-\alpha}, & i = r \\ \dfrac{hP_i}{GP_r} 10^{\xi_i/10} \| \boldsymbol{S}_{g(r)} - \boldsymbol{X}_i \|^{-\alpha}, & i: X_i \in \mathcal{A}_{g(r)} \backslash X_r \\ 0, & i: X_i \notin \mathcal{A}_{g(r)} \end{cases} \tag{8.52}$$

为 $S_{g(r)}$ 接收的来自 X_i 的归一化平均解扩功率,式中归一化是关于 P_r 的。关于参考接收机 $S_{g(r)}$ 的集合 $\{\Omega_i\}$ 为 $\boldsymbol{\Omega}=\{\Omega_1,\Omega_2,\cdots,\Omega_M\}$。

令 β 表示扇区天线 $S_{g(r)}$ 可靠接收 X_r 的信号所需的最小瞬时 SINR。当来自 X_r 的信号的 SINR 低于 β 时,就会发生中断。β 是上行链路速率 R 的函数,可表示为每使用一次信道时传输的信息比特数。β 和 R 之间的关系取决于所使用的调制编码方案,典型情况下仅选择 R 的离散值。

令 m_0 表示从 X_r 到 $S_{g(r)}$ 的链路的正整数 Nakagami 参数,令 m_i 表示从 X_i 到 $S_{g(r)}(i\neq r)$ 的链路的 Nakagami 参数。在给定 $\boldsymbol{\Omega}$ 的条件下,抵达参考接收机 $\mathcal{S}_j$ 的有用信号的中断概率 $\mathcal{E}(\boldsymbol{\Omega})$ 由 $\Omega_0=\Omega_r$ 时的式(8.28)、式(8.30)和式(8.31)给出,且:

$$H_t(\Omega)=\sum_{\substack{\ell_i\geqslant 0\\ \sum_{i=1}^{M}\ell_i=t}}\prod_{i=1,i\neq r}^{M}G_{\ell_i}(i) \tag{8.53}$$

DS-CDMA 网络中典型的功率分配策略是对于所有在集合 χ_j 中的移动台选择发射功率 $\{P_i\}$,以在补偿遮蔽和幂律衰减后,扇区天线 S_j 接收到的每个移动台的功率都为相同的平均功率 P_0。对于这种功率控制策略,在 χ_j 中的每个移动台都会以平均功率 P_i 发射,它满足:

$$P_i\,10^{\xi_i/10}f(\|\boldsymbol{S}_j-\boldsymbol{X}_i\|)=P_0,X_i\in\chi_j \tag{8.54}$$

式中:$\xi_{i,j}$ 是从 X_i 到 S_j 连接的遮蔽因子;$f(\cdot)$ 由式(8.3)给出。为实现功率控制策略,扇区天线的接收机估计它们所服务的移动台的平均接收功率。这些估计值的反馈使得这些移动台改变它们的发射功率以使接收功率在平均意义上近似相等。

为了使移动台在利用有利的信道条件方面具有一定的灵活性,受限局部平均功率的分数功率控制意味着:

$$P_i\left[10^{\frac{\xi_{i,j}}{10}}f(\|\boldsymbol{S}_j-\boldsymbol{X}_i\|)\right]^{\delta}=P_a,X_i\in\chi_j,0<\delta<1 \tag{8.55}$$

式中 δ 是功率控制参数。如果 $\delta=0$,则没有功率控制,发射器功率都相等。如果 $\delta=1$,全功率控制迫使所有移动台接收到的本地平均功率相等。如果 $0<\delta<1$,则降低 δ 可以提高扇区中某些移动设备的性能,同时增加相邻扇区中的干扰。

对于参考移动台 X_r,扇区天线 $S_{g(r)}$ 的参考接收机受到的干扰来自于集合 $\mathcal{A}_{g(r)}\backslash\boldsymbol{X}_r$ 中的移动台。集合中的移动台可分为两个子集。第一个子集 $\mathcal{A}_{g(r)}\backslash\boldsymbol{X}_r$ 包含小区内干扰源,它们是与参考移动台在同一小区和扇区中的其他移动台。第二个子集 $\mathcal{A}_{g(r)}\backslash\chi_{g(r)}$ 包含小区间干扰源,它们被扇区天线 S_j 覆盖但不在集合

χ_j 中。由于小区内和小区间干扰信号都是异步到达，它们无法用正交扩谱序列来抑制。

考虑小区间干扰，由于对于 $\chi_{g(r)}$ 的所有移动台，P_r 和 P_i 由式(8.55)获得：

$$\frac{P_i}{P_r}=\left[\frac{10^{\xi_r/10}\|\boldsymbol{S}_{g(r)}-\boldsymbol{X}_r\|^{-\alpha}}{10^{\xi_i/10}\|\boldsymbol{S}_{g(r)}-\boldsymbol{X}_i\|^{-\alpha}}\right]^{1-\delta},X_i\in\chi_{g(r)}\backslash X_r \tag{8.56}$$

其中已使用式(8.3)。因此，式(8.52)意味着小区内干扰源的标准化接收功率为

$$\Omega_i=\frac{h}{G}\Omega_r\left[\frac{10^{\xi_i/10}\|\boldsymbol{S}_{g(r)}-\boldsymbol{X}_i\|^{-\alpha}}{10^{\xi_r/10}\|\boldsymbol{S}_{g(r)}-\boldsymbol{X}_i\|^{-\alpha}}\right]^{\delta},X_i\in\chi_{g(r)}\backslash X_r \tag{8.57}$$

虽然必须知道在小区扇区内的移动台 $M_{g(r)}$ 的数量，以便计算中断概率，但这些小区内移动台的位置与计算小区内干扰源的 $\{\Omega_i\}$ 无关。

考虑小区间干扰，集合 $\mathcal{A}_{g(r)}\backslash\chi_{g(r)}$ 可进一步分为子集 $\mathcal{A}_j\cap\chi_k,k\neq g(r)$，包含了为扇区天线 S_j 所覆盖但由其他扇区天线 $S_{g(r)}$ 服务的移动台。对于这些在 $\mathcal{A}_j\cap\chi_k$ 中的移动台，功率控制意味着：

$$P_i\,10^{(\xi_{(i,k)}/10)}f(\|\boldsymbol{S}_k-\boldsymbol{X}_i\|)=P_0,X_i\in\chi_k\cap A_j,k\neq g(r) \tag{8.58}$$

式中 $\xi_{i,k}$ 是从 X_i 到 S_k 的链路的遮蔽因子。将 $i=r$ 时的式(8.54)、式(8.58)及式(8.3)代入式(8.52)可得：

$$\Omega_i=\frac{h}{G}10^{\xi_i'/10}\left(\frac{\|\boldsymbol{S}_{g(r)}-\boldsymbol{X}_i\|\ \|\boldsymbol{S}_{g(r)}-\boldsymbol{X}_r\|}{\|\boldsymbol{S}_k-\boldsymbol{X}_i\|}\right)^{-\alpha} \tag{8.59}$$

$$\xi_i'=\xi_i+\xi_r-\xi_{i,k},X_i\in\chi_k\cap A_{g(r)},k\neq g(r),i\notin\mathcal{A}_{g(r)}\backslash\chi_{g(r)}$$

这是由于来自移动台 i 的干扰而在参考扇区天线处的归一化小区间干扰功率。

8.4.4　上行速率控制

除了控制发射功率，每条上行链路 k 的速率 R_k 也需要选择。由于不规则的网络几何形状，导致小区扇区面积和小区内的移动台数量都是变化的，以及不同扇区的天线接收到的干扰变化因扇区的不同而急剧变化。若每个扇区具有固定的速率，或固定的等效 SINR 门限 β，其后果就是中断概率 ϵ_k 会变化很大。因此，对全网使用固定速率的替代方法是每个上行链路自适应调整速率以满足中断约束条件或使每条上行链路的吞吐量最大化。假设使用容量逼近码、在 AWGN 信道上传输的二维信号和高斯干扰，式(7.2)表明与速率 R 相对应的 SINR 阈值几乎等于信道容量：

$$\beta=2^R-1 \tag{8.60}$$

有几个性能指标值得关注。网络所有 M 条上行链路的平均中断概率为

$$E[\epsilon] = \frac{1}{M}\sum_{k=1}^{M}\epsilon_k \tag{8.61}$$

第 k 个上行链路的吞吐量为

$$T_k = R_k(1-\epsilon_k) \tag{8.62}$$

并表示成功传输的每个信道使用的比特数。网络所有 M 条上行链路的平均吞吐量为

$$E[T] = \frac{1}{M}\sum_{k=1}^{M}R_k(1-\epsilon_k) \tag{8.63}$$

例 8.10:为说明速率对于性能的影响,考虑如下例子。网络是一个半径为 $r_{\text{net}}=2$ 的圆形网络,其中有 $C=50$ 个基站和 $M=400$ 个移动台。基站禁止带半径为 $r_{\text{bs}}=0.25$,移动台禁止带半径为 $r_{\text{m}}=0.01$。扩谱因子为 $G=16$,码片因子为 $h=2/3$。由于 $M/C=G/2$,网络可描述为半负载的。SNR 为 $\Gamma=10\text{dB}$,活跃因子为 $p_i=1$,路径损耗指数为 $\alpha=3$,功率控制参数为 $\delta=1$,遮蔽具有标准差 $\sigma_{\text{s}}=8\text{dB}$ 的对数正态分布。假设衰落模型为距离相关衰落模型,从 X_i 到 S_j 链路的 Nakagami 参数 m_i 为

$$m_i = \begin{cases} 3, & \|\boldsymbol{S}_j-\boldsymbol{X}_i\| \leqslant r_{\text{bs}}/2 \\ 2, & r_{\text{bs}}/2 \leqslant \|\boldsymbol{S}_j-\boldsymbol{X}_i\| \leqslant r_{\text{bs}} \\ 1, & \|\boldsymbol{S}_j-\boldsymbol{X}_i\| > r_{\text{bs}} \end{cases} \tag{8.64}$$

距离相关衰落模型刻画了这样的通信场景,即接近基站的移动台为视距通信,而远离基站的移动台则为非视距通信。

图 8.14 给出了中断概率与速率 R 的关系,仿真结果是在半负荷网络($M/C=G/2$),距离相关的衰落和遮蔽($\sigma_{\text{s}}=8\text{dB}$)条件下取得的。图 8.14 中的虚线是通过随机选择 8 个上行链路,并使用式(8.60)给出的该门限计算中断概率得到的,实线是整个网络的平均中断概率。尽管使用了功率控制,中断概率还是有显著的变化。对于系统中所有 M 条上行链路计算其中断概率$\{\epsilon_k\}$,平均中断概率 $E[\epsilon]$在图中用实线表示。图 8.15 显示了吞吐量与图 8.14 所示中断的八条上行链路的速率的函数关系(虚线),并显示了网络中所有 M 条上行链路的平均吞吐量 $E[T]$(实线)。

固定速率策略需要系统中所有上行链路必须使用同样的速率,即对于所有上行链路有 $R_k=R$。最大吞吐量固定速率(Maximal - Throughput Fixed - Rate, MTFR)策略选择使平均吞吐量最大化的固定速率。对于图 8.15 所示的例子,这种选择对应于选择 R 使得实线最大化,此时 $R=1.81$。然而,在最大化吞吐量的速率下,对应的中断概率高到无法接受。例如,$R=1.81$ 时,对应的平均中断

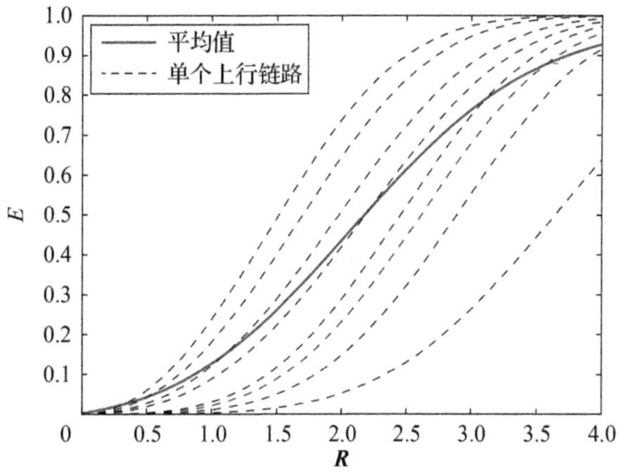

图 8.14　中断概率与速率的关系[7]

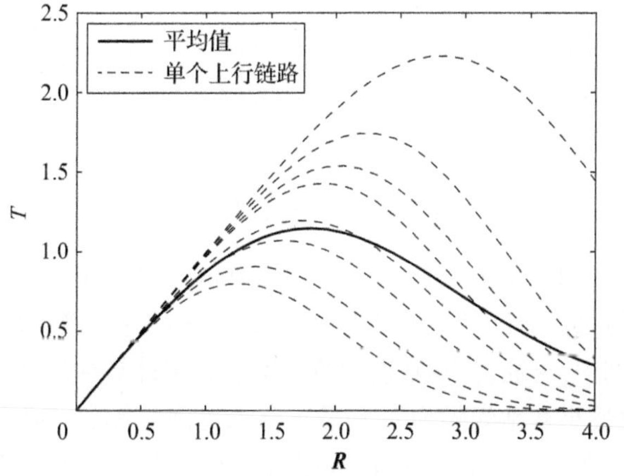

图 8.15　上行链路的吞吐量和整个网络的平均吞吐量[7]

概率为 $E[\epsilon]=0.37$，这对于许多应用来说都太高了。另一种最大化吞吐量的方法，停机约束固定速率（Outage - Constrained Fixed - Rate，OCFR）策略选择选择速率 R 以满足中断约束 ζ，即 $E[\epsilon]\leqslant\zeta$。例如，在上例中令 $R=0.84$ 可满足平均中断约束 $\zeta=0.1$。

若选择 R 以满足平均中断约束，则中断概率会因各上行链路的不同而变化。而且，选择 R 使得平均吞吐量最大化一般不会使得单个上行链路的吞吐量最大化。该问题可通过为不同的上行链路独立选择不同的 R_k 来缓解。中断约束可变速率（Outage - Constrained Variable - Rate，OCVR）策略选择每个上行链路速率以满足中断约束 ζ，即对于所有 k 都有 $\epsilon_k\leqslant\zeta$。另一种方法是，最大吞吐量可变速率（Maximal - Throughput Variable - Rate，MTVR）策略选择每个上行链路速率以最大化每个上行链路的吞吐量,即对于每条上行链路有 $R_k = \text{argmax} T_k$,即对所有可能的速率最大化。我们称这种策略为 MTVR 策略。这两种策略的实现方法是使基站跟踪每条上行链路的中断概率或吞吐量并用速率控制反馈指令确保达到目标性能。通过使用检错码对数据编码可容易地计算出中断概率,因为无论何时只要帧未能通过校验就可确认发生中断。

对于 OCVR 和 MTVR 速率控制策略,我们假设通过保持信道符号时长不变、改变每个符号的信息比特数来调整码率。扩谱增益 G 和符号速率保持不变,故带宽没有变化。然而,速率控制的主要缺点是网络中的移动台为了保持特定的中断概率,所要求的速率变化非常显著。这种变化的结果是使得某些移动台的吞吐量很低,特别是位于小区边缘的移动台,而其他移动台具有较高的吞吐量。当移动台可能较长时间静止或停留在小区边缘附近时,这种不等的吞吐量是难以接受的,而位于小区内部的移动台却可能分配给超出它需要的吞吐量。

虽然中断概率、吞吐量和速率能够表征单条上行链路的性能,但它们不能量化网络中总的数据流,因为它们无法计算所服务的上行链路用户总数。通过考虑单位面积的移动台数量,在一个给定区域的总数据流量可由平均区域频谱效率来描述,它定义为

$$\bar{\mathcal{A}} = \lambda E[T] = \frac{\lambda}{M}\sum_{k=1}^{M} R_k(1-\epsilon_k) \tag{8.65}$$

式中:$\lambda = M/\pi r_{\text{net}}^2$ 为网络最大传输密度,单位为 bit/信道/单位面积。平均区域频谱效率可解释为最大空间传输效率,即单位面积成功完成数据传输的最大速率。

在以下示例中,可通过 1000 次蒙特卡罗仿真来计算性能度量。在每次仿真试验中,均采用最小基站间隔为 r_{bs} 和最小移动台间隔为 r_{m} 的均匀集群模型,网络的仿真实现中在半径为 r_{net} 的圆形区域内放置 C 个基站和 M 个移动台。从每个基站到每个移动台的路径损耗通过随机产生的遮蔽因子来计算。每个小区的扇区内的移动台的集合是确定的。假设一个小区扇区所服务的移动台数量不超过 G,这也是可用于下行链路的正交序列的数量,小区扇区内移动台数量的任何过剩都会导致拒绝服务。在每个扇区天线上使用功率控制策略来确定它所服务的移动台的天线接收功率。在每个小区扇区,速率控制策略用于确定速率及其门限。

对于每个上行链路,所有速率控制策略都用式(8.57)和式(8.59)来计算中断概率 $\epsilon(\Omega)$。式(8.61)用于计算网络仿真实现的平均中断概率。按照 MTFR、OCFR、MTVR 或 OCVR 策略,式(8.62)用于计算吞吐量,式(8.63)用于计算网络仿真实现的平均吞吐量。最后,乘以网络密度 λ 并在所有网络仿真实现中进行平均,得到平均中断概率 $\bar{\epsilon}$ 和平均区域频谱效率 $\bar{\mathcal{A}}$。

例 8.11：在考虑的所有情况下，网络中有 $C=50$ 个基站，它们被放置在半径为 $r_{\text{net}}=2$ 圆形网络中，基站禁止带半径为 $r_{\text{bs}}=0.25$。网络中移动台数量 M 可变，其禁止带半径为 $r_{\text{m}}=0.01$。SNR 值为 $\Gamma=10\text{dB}$，活跃因子为 $p_i=1$，路径损耗指数为 $\alpha=3$。考虑两个衰落模型为，瑞利衰落，即对于所有 i 有 $m_i=1$；以及由式(8.58)描述的距离相关衰落。考虑无遮蔽和有遮蔽($\sigma_s=8\text{dB}$)环境。码片因子为 $h=2/3$，扩谱增益为 $G=16$。图 8.16 中通过绘出 $R=2$、三种网络负荷、距离相关衰落和存在遮蔽时的补余分布函数，来说明所有上行链路中 $\{\epsilon_k\}$ 的变化和在 OCFR 策略下的仿真结果。

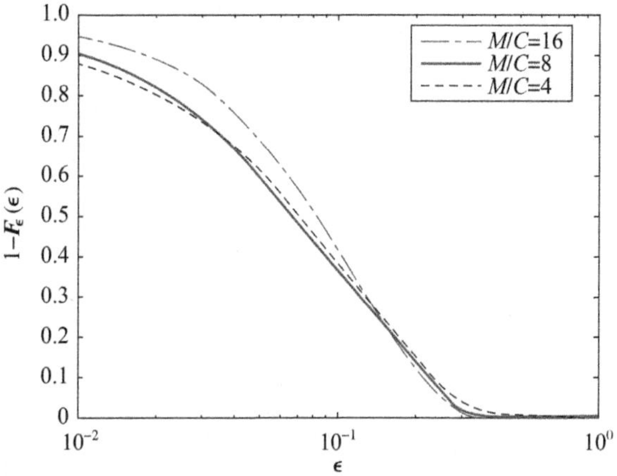

图 8.16 使用 OCFR 策略的中断概率的补余分布函数[7]

在 OCVR 策略中，选择每个上行链路的速率 R_k(等效于 β_k)，以使其中断概率不超过 $\zeta=0.1$。当中断概率固定时，其上行链路的速率是可变的。令 $E[R]$ 表示所有上行链路和所有仿真中的平均速率。图 8.17 显示了在瑞利衰落和依赖距离的 Nakagami 衰落以及有遮蔽($\sigma_s=8\text{dB}$)和无遮蔽情况下，$E[R]$ 与负载 M/C 的关系。

图 8.18 中，R_i 的可变性由速率的补余分布函数来说明，仿真条件包括瑞利衰落和距离相关 Nakagami 衰落，以及有遮蔽和没有遮蔽且网络是在全负载条件下($M/C=G=16$)。系统的公平性可通过该图来确定，该图显示了满足特定速率要求的上行链路的百分比。在这两幅图中，更为严重的瑞利衰落造成的影响是很明显的。

图 8.19 中给出了在距离相关衰落、有遮蔽和没有遮蔽条件下，采用四种网络策略时平均区域频谱效率 $\bar{\mathcal{A}}$ 与负载 M/C 的关系。对于 OCFR 和 MTFR 策略，每次仿真中首先确定其最优速率，然后计算 1000 次仿真试验平均值从而得到 $\bar{\mathcal{A}}$。对于 OCVR 和 MTVR 策略，每条上行链路的速率 R_k 都分别关于中断约束或

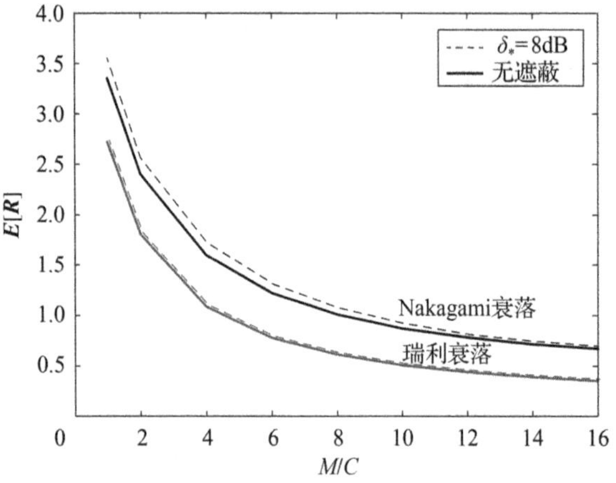

图 8.17　OCVR 策略下的平均速率与负荷的关系[7]

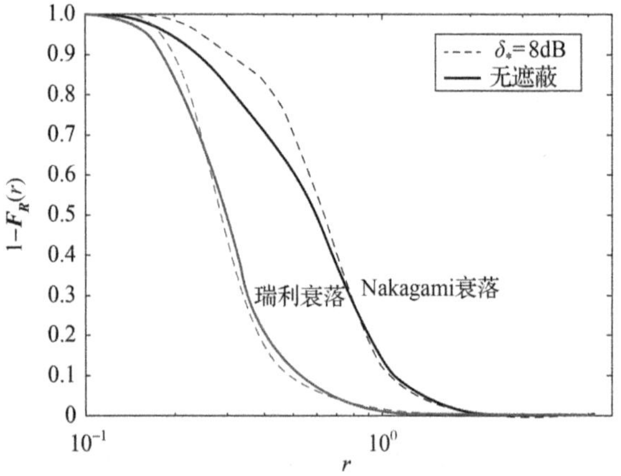

图 8.18　OCVR 策略下全负荷系统速率的补余分布函数[7]

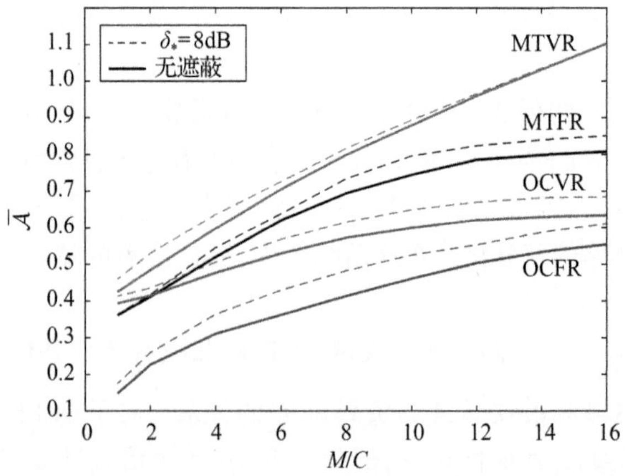

图 8.19　四种网络策略的平均频谱效率与负荷的关系[7]

最大吞吐量要求来进行最大化，然后通过 1000 次仿真计算 $\bar{A}$。虽然 MTFR 和 MTVR 策略的在平均区域频谱效率上具有优于 OCFR 和 OCVR 策略的潜在优势，但这些优势的代价是 $\{\epsilon_k\}$ 值可变且较高，总体上这对于大部分应用来说都太高了。图 8.19 中底部的一对曲线表明 OCVR 策略具有比 OCRF 策略更高的平均区域频谱效率。

计算表明，增加 α、G/h 和/或 r_{bs}，将使得在距离相关衰落、有遮蔽和无遮蔽时所有 4 种网络策略中的 $\bar{A}$ 增加。

8.5　DS - CDMA 下行链路

DS - CDMA 下行链路至少在四个方面与上行链路显著不同。第一，对于上行链路而言，干扰源是许多移动台，而对于下行链路而言，干扰源是一些基站。第二，所有发射信号的正交性和同步定时防止了下行链路中出现显著的小区间干扰。当到达基站的上行链路信号是异步的或不存在正交误差时，正交信号不能防止小区内干扰。第三，扇区是影响上行链路性能的重要因素，而在下行链路性能中是无足轻重的，或者最多是次要因素。第四，与移动台相比，基站配备了更好的发射功率放大器和低噪声接收放大器。其实际效果是典型情况下上行链路的可用 SNR 比下行链路要低 5dB 以上。上行和下行链路之间的差别造成的整体影响是下行链路的性能要好得多。

下行链路中基站在发射给所服务的移动台所有信号中，也包含导频信号。移动台通常与收到的导频信号最大的基站相联系，使用导频识别基站或扇区，并初始化上行功率控制，估计损耗、相移、每一条主要多径分量的时延，并估计下行链路对于移动台的功率分配需求。

基站向与之联系的所有移动台同步发射合成的导频及其他的预定信号。因此，所有信号是一起衰落的。虽然异步到达的多径分量会引起干扰，但使用正交扩谱序列（见 7.2 节）可防止在下行链路产生小区内干扰及因此产生的远近效应。然而，由于这些分量比主信号弱，它们可被解扩过程所抑制，因此其影响可忽略不计。小区间干扰是由来自其他基站信号引起的干扰，是性能恶化的主要原因。这些干扰信号到达移动台是异步的，且衰落是独立的。

8.5.1　中断概率

在下行链路的性能分析中[8]，假设没有扇区化。网络由放置在半径为 r_{net}、面积为 $A_{net}=\pi r_{net}^2$ 的圆形区域中的 C 个小区基站 $\{S_1, S_2, \cdots, S_C\}$ 和 M 个移动台

$\{X_1, X_2, \cdots, X_M\}$组成。基站 S_i 发射到移动台 $X_k \in \chi_i$ 的信号平均功率为 $P_{i,k}$。我们假设所有基站发射的总功率 P_0 相同,以使:

$$\frac{1}{1-f_{\mathrm{p}}} \sum_{k: X_k \in \chi_i} P_{i,k} = P_0, i = 1,2,\cdots,C \tag{8.66}$$

式中:f_{p} 是基站为用于同步和信道估计的导频信号预留的功率比例。基站 S_i 到移动台 $X_k \notin \chi_i$ 发射的信号平均功率为 P_0。

参考移动设备接收机中的解扩过程减少了来自基站的干扰,而不是与移动台相关联的基站的干扰。在考虑衰落、路径损耗和有效扩谱因子后,$S_{g(r)}$ 和 S_i 发送到参考移动台 X_r,解扩的瞬时功率为

$$\rho_r = P_{j,r} g_j 10^{\xi_{j,r}/10}(\|\boldsymbol{S}_j - \boldsymbol{X}_r\|), j = g(r) \tag{8.67}$$

$$\rho_i = \frac{h}{G} P_0 g_i 10^{\xi_{i,r}/10} f(\|\boldsymbol{S}_i - \boldsymbol{X}_r\|), i \neq j \tag{8.68}$$

式中:g_i 是由衰落引起的功率增益;$\xi_{i,r}$ 为 S_i 到参考移动台链路的遮蔽因子,$f(\cdot)$是由式(8.2)给出的路径损耗函数,$j = g(r)$由式(8.48)定义。

活跃概率 p_i 是基站进行主动传输的概率。与基站 S_j 相关联的参考移动台 X_r 处的瞬时 SINR 为

$$\gamma = \frac{\rho_r}{\mathcal{N} + \sum_{i=1, i \neq j}^{M} I_i \rho_i} \tag{8.69}$$

式中:$\mathcal{N}$为噪声功率,且 I_i 为伯努利变量,概率为 $P[I_i = 1] = p_i$ 和 $P[I_i = 0] = 1 - p_i$。将式(8.67)、式(8.68)和式(8.3)代入式(8.69),可得:

$$\gamma = \frac{g_r \Omega_r}{\Gamma^{-1} + \sum_{i=1, i \neq j}^{M} I_i g_i \Omega_i}, \Gamma = \frac{d_0^{\alpha} P_0}{\mathcal{N}} \tag{8.70}$$

式中,Γ 为不存在衰落和遮蔽且当移动台位于距扇区天线单位距离时,移动台接收的 SNR,且:

$$\Omega_r = \frac{P_{j,r}}{P_0} 10^{\xi_{j,r}/10} \|\boldsymbol{S}_j - \boldsymbol{X}_r\|^{-\alpha}, j = g(r) \tag{8.71}$$

$$\Omega_i = \frac{h}{G} 10^{\xi_{i,r}/10} \|\boldsymbol{S}_i - \boldsymbol{X}_r\|^{-\alpha}, i \neq j \tag{8.72}$$

令 β 表示参考移动台 X_r 可靠接收信号所要求的最低 SINR,$\boldsymbol{\Omega} = \{\Omega_1, \Omega_2, \cdots, \Omega_C\}$ 表示基站接收到的归一化解扩信号功率的集合。当 SINR 低于 β 时中断就会发生。令 m_0 表示从 S_i 到 X_j 的链路的正整数 Nakagami 参数。令 m_i 表示 $S_i(i \neq j)$到 X_r 的链路的 Nakagami 参数。在给定 $\boldsymbol{\Omega}$ 的条件下,来自 S_j 且到达参考接收机 X_r 的有用信号的中断概率 $\epsilon(\boldsymbol{\Omega})$ 由式(8.28)、式(8.30)和

$\Omega_o = \Omega_r \quad M = C$时的式(8.31)给出,且:

$$H_t(\boldsymbol{\Omega}) = \sum_{\substack{\ell_i \geqslant 0 \\ \sum_{i=1}^{M} \ell_i = t}} \prod_{i=1, i \neq j}^{C} G_{\ell_i}(i). \tag{8.73}$$

8.5.2 下行速率控制

对于网络运行的关键因素是基站发射的总功率 P_0 在它所服务的移动台之间的分配模式。一个简单且有效的方法是等功率分配 P_0,从而使得基站 S_i 发射到移动台 $X_k \in \chi_i$ 的功率为

$$P_{i,k} = \frac{(1-f_p)P_0}{K_i}, X_k \in \chi_i \tag{8.74}$$

式中:K_i 为 S_i 所服务的移动台数目。在该策略下,对于每个移动台而言,从近处移动台到更远的移动台下行链路 SINR 显著不同。若对所有移动台都使用相同的 SINR 门限,则中断概率同样发生很大变化。不用相同的门限,单独选择每个移动台 X_k 的门限 β_k,可使移动台 X_k 的中断概率满足约束条件 $\epsilon_k = \hat{\epsilon}$。

对于给定的门限 β_k,有一个对应的可支持的传输速率 R_k。假设在 AWGN 信道上使用逼近信道容量的编码和二维信号,且存在高斯干扰,式(8.60)表明门限 β_k 支持的最大速率为 $R_k = \log_2(1+\beta_k)$。对于等功率分配,首先确定小区里的移动台数量 K_i,然后按式(8.74)给每个移动台分配功率。对于小区中的每个移动台,能够达到中断概率约束 $\epsilon_k = \hat{\epsilon}$ 的 β_k 可通过对 $\epsilon(\boldsymbol{\Omega})$ 的表达式求反函数来实现。求得 β_k 后,所支持的 R_k 也就确定了。通过改变单信道符号的比特数来自适应地改变速率 R_k。扩谱增益 G 和符号速率保持不变,从而保持带宽不变。由于该策略的发射功率固定不变,再为每个移动台确定满足中断概率的速率,因此它称之为下行链路速率控制。

在中断约束 $\epsilon_k = \hat{\epsilon}$ 下,一个给定的网络仿真实现的性能在很大程度上取决于网络中 M 个移动台能达到的速率集合$\{R_k\}$。由于网络的仿真实现是随机的,它所能得到的速率集合也是随机的。令随机变量 R 表示任意移动台的速率。使用下文给出的蒙特卡罗方法可得到一类设定的仿真网络的 R 的统计量。首先,根据具有最小基站隔离度 r_{bs}和最小移动台隔离度 r_m 的均匀簇模型,在网络内设置 C 个基站和 M 个移动台,从而产生一个网络仿真实现。若存在遮蔽,各基站到各移动台的路径损耗可使用随机产生的遮蔽因子来计算。如果一个移动台已经使用了,则通过再选择策略来确定与每个基站相关联的移动台集合。在每个基站都要运用功率分配策略以确定各基站发射到它所服务的各移动台的功

率。对于下行链路速率控制,将中断概率设置为与中断约束相等后,其反函数就给出了小区中各移动台的 SINR 门限;然后根据每个 SINR 门限计算出相应的码率。

8.5.3 下行链路功率控制

下行功率控制需要基站以满足与其相关联的各个移动台的要求的方式进行功率分配。虽然在下行链路上不存在远近问题,但是仍然需要功率控制来提高在严重衰落期间或当移动台接近小区边缘时移动台的接收功率。速率控制的主要缺点是对网络中不同移动台提供的速率差异非常显著。这种差异导致对某些移动台不够公平,特别是位于小区边缘的移动台。为确保公平性,对于所有$X_k \in \chi_i$,R_k 将被限制在相等的水平。寻找给定小区的通用速率可通过对于所有$X_k \in \chi_i$ 选定的速率 R_k 要满足中断约束条件 $\epsilon_k = \hat{\epsilon}$,且同时满足由式(8.66)所给出的功率约束条件。由于要保持一个小区内所有移动台速率恒定,发射给每个移动台的功率是不相同的,故该策略称之为下行链路功率控制策略。虽然在一个给定小区内所有移动台的速率都是相同的,但在不同小区间速率可能是不同的。

令 $E[R]$表示变量 R 的均值,该值可通过对网络仿真中移动台的 R 值进行数值平均得到。根据 $E[R]$的定义和中断约束条件,定义下行链路的平均区域频谱效率 $\bar{\mathcal{A}}$ 为

$$\bar{\mathcal{A}} = \lambda(1-\hat{\epsilon})E[R] \tag{8.75}$$

式中:$\lambda = C/A_{\text{net}}$为网络中基站传输的最大密度。

例 8.12:作为示例,考虑一个具有 $C=50$ 个基站的网络,基站放置在半径 $r_{\text{net}}=2$ 的区域中,基站禁止带半径为 $r_{\text{bs}}=0.25$。所有基站的活跃概率为 $p_i=1$。网络中移动台的数量 M 可变,其禁止带半径为 $r_{\text{m}}=0.01$。中断约束设为 $\hat{\epsilon}=0.1$,采用功率控制和速率控制机制。过载小区中的移动台将被拒绝服务。SNR 设为$\Gamma=10\text{dB}$,用于导频的功率比为 $f_{\text{p}}=0.1$,扩谱因子设为 $G=16$,码片因子为 $h=2/3$。传播环境通过设置路径损耗指数 $\alpha=3$、Nakagami 参数为 $i=g(k)$ 时 $m_{i,k}=3$,$i\neq g(k)$ 时 $m_{i,k}=1$ 来表征,也就是来自于正在提供服务的基站的信号经受的衰落比来自干扰基站的信号衰落更弱。该模型接近实际,这是因为来自于服务中的基站的信号可能在视距内,而典型情况下干扰基站则不会在视距内。

图 8.20 显示了平均区域频谱效率与比值 M/C 的关系,仿真条件是使用速率控制及功率控制策略、无遮蔽环境和有遮蔽环境($\sigma_{\text{s}}=8\text{dB}$)。图 8.20 中的结果显示,速率控制下的平均区域频谱效率高于功率控制下的区域频谱效率。

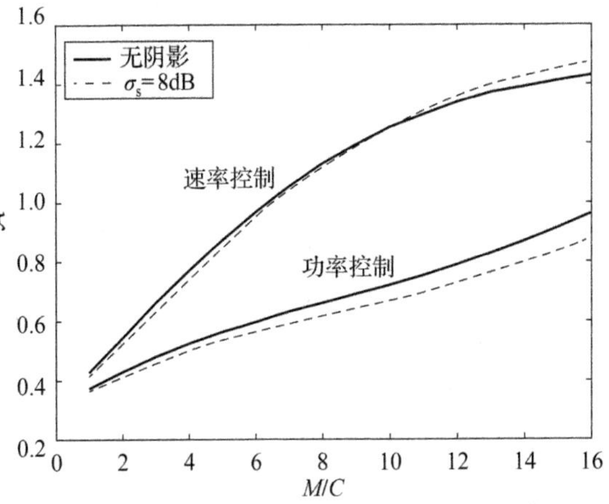

图8.20 速率控制和功率控制下平均区域频谱效率与负荷的关系[8]

这种差别是由于在速率控制策略下接近基站的移动台被分配了极高的速率,而在功率控制策略下基站附近的移动台与在小区边缘的移动台分配了同样的速率。当网络变得更密集时(M/C 增加),遮蔽实际上能够改善速率控制的性能,但却降低了功率控制的性能。这种改善的原因是遮蔽有时能增加提供服务的基站的信号功率,而减小来自干扰基站的功率。遮蔽的这种有益影响等效于移动台更接近服务它的基站。当采用速率控制策略发生这种情况时,移动台速率将增加,有时数值非常大。尽管遮蔽并不经常引起极其有利的条件,但它在速率上的改善足够显著提高平均速率。相比之下,按照功率控制运行的单个移动台,即使位于有益遮蔽条件,也仍然继续以相同的编码速率接收信号。

虽然速率控制比功率控制提供了更高的平均速率,但所提供的速率变化极大。图8.21中可以看出这种特性。该图比较了所有移动台的速率和位于小区边缘的移动台的速率。特别地,图中显示了在功率和速率控制下所有移动台的平均速率,也显示了速率控制下小区边缘移动台的平均速率,其中小区边缘的移动台定义为离所服务的基站最远的5%的移动台。对于速率控制,对小区中所有移动台和仅对小区边缘移动台分别进行了平均;对于功率控制,小区中的所有移动台都设定了相同的速率。图中没有显示功率控制下小区边缘移动台的平均速率,这是因为每个小区边缘的移动台都与同一小区内的所有移动台具有相同的速率。如图8.21所示,速率控制下的小区边缘的移动台性能比功率下的小区边缘移动台性能更差。

增加扩谱增益 G 将抑制更多的干扰,并将降低特定 SINR 门限下的中断概率。这种改善将可用于提高信噪比门限,或等效于提高速率。

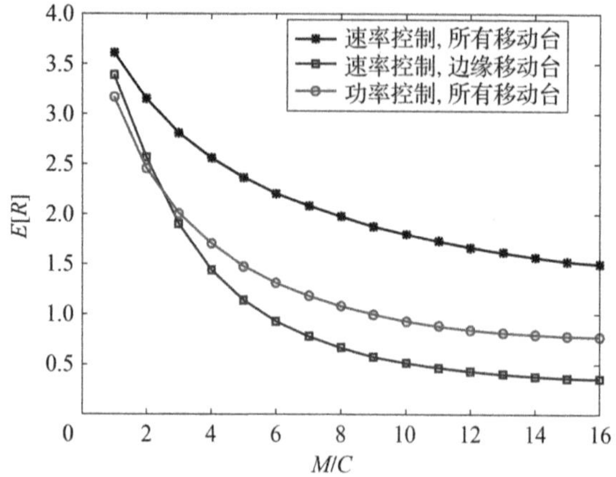

图8.21　速率和功率控制下存在遮蔽时平均速率与负荷的关系[8]

8.6　FH－CDMA 移动 Ad Hoc 网络

跳频主要有三个优点,一是它能够在比直扩宽得多的频带上实现,二是通信频段能够分为不连续的片段,三是跳频提供了内在的抗远近效应的能力。跳频的这些优点,特别是抗远近效应的优点,在许多应用中是决定性的。例如,蓝牙系统和战斗网无线电主要使用跳频来避免远近效应。跳频几乎可以叠加到任何通信系统中,以增强其抗干扰或抗衰落的能力。因此,跳频可以应用于多载波DS－CDMA 系统中的载波集或 OFDM 系统中的子载波集中。

由于可通过增加信道数来降低异步网络中碰撞的概率,因此非常需要选择具有紧凑频谱特性的数据调制方式,从而产生较小的频谱泄露。连续相位频移键控(Continuous Phase Frequency Shift Keying,CPFSK)具有这些特征,其信号具有恒包络特性(见3.3节)。CPFSK 可由其调制阶数,即其可能的频率数,以及调制指数 h,即归一化频率间隔来表征。对于固定的调制阶数,h 的选择与在带宽和性能之间的折中有关。当 FH－CDMA 网络中采用 CPFSK 调制方式,信道数和抗跳频多址干扰的能力通常会随着 h 的减少而增加,而 AWGN 信道中的误比特率通常会随着 h 的增加而降低。

跳频信号中只有一部分功率位于其选定的信道内。令 ψ 表示带内功率比,它是在所占信道内的功率占比(见3.3节)。假设 $K_s=(1-\psi)/2$,称之为邻道泄露比,表示泄露到与移动台选择的信道相邻信道上的功率比例。对于大多数实际系统,这是一个合理的假设,即泄露到超出相邻信道的那部分功率可忽略不计。典型的选择是限制相邻信道的泄露值为 $\psi=0.99$。然而,比特率可以在固定信道带宽的同时增加，从而减少 ψ 而增加 K_s。虽然增加的邻道干扰对性能产生负面影响，但增加的比特率可用于支持低码率的纠错编码，从而提高性能。因此，在确定每个信道中的带内功率比例时需要折中处理。

对 FH－CDMA 移动 Ad Hoc 网络[9]的后续分析和优化中，网络的基本模型与 8.1 节相同，参考接收机为 X_{M+1}，参考发射机为 X_0，该网络位于半径 r_{net} 内，非零半径 r_{ex} 定义了禁区或保护区。衰落增益 $\{g_i\}$ 在一跳间隔内保持固定，但在跳与跳之间是独立变化的（块衰落）。$\{g_i\}$ 是独立的，故从每个移动台发射机到参考接收机的信道具有不同的 Nakagami 参数 m_i。跳频带宽 WHz 被分为 L 个相邻的信道，每个带宽为 W/LHz。移动台等概率独立选择它们的发射频率。源移动台 X_0 以概率 $2/L$ 选择频段边缘的信道，而以概率 $(L-2)/L$ 选择频段内部的信道。令 $D_i \leq 1$ 为 X_i 的占空比，它是移动台发射任意信号的概率。

做最坏情况下的假设，网络中所有移动台的驻留时间是一致的。两类碰撞有可能发生，即共信道碰撞，即源移动台和干扰移动台选择同样的信道时发生的碰撞；邻道碰撞，即源移动台和干扰移动台选择相邻信道时发生的碰撞。令 p_c 和 p_a 分别表示共信道碰撞和邻道碰撞的概率。假设 $D_i = D$ 对于任意移动台都是常数。若移动台 $X_i(1 \leq i \leq M)$ 发射信号，则它以概率 $1/L$ 使用与 X_0 相同的频率。由于 X_i 以概率 D 发射信号，则导致的共信道碰撞的概率为 $p_c = D/L$。若 X_0 选择了位于频段边缘的信道（在这种情况下，只有一个相邻信道），X_i 使用 X_0 所选信道的相邻信道的概率为 $1/L$；否则概率就是 $2/L$（此时有两个相邻信道）。由此可知，对于一个随机选择的信道，移动台 $X_i(1 \leq i \leq M)$ 引起邻道碰撞的概率为

$$p_a = D\left[\left(\frac{2}{L}\right)\left(\frac{L-2}{L}\right) + \left(\frac{1}{L}\right)\left(\frac{2}{L}\right)\right] = \frac{2D(L-1)}{L^2} \tag{8.76}$$

在上述模型下，参考接收机的瞬时 SINR 为

$$\gamma = \frac{\psi\rho_0}{\mathcal{N} + \sum_{i=1}^{M} I_i\rho_i} \tag{8.77}$$

式中：$\mathcal{N}$ 为噪声功率；ρ_i 由式(8.2)给出；I_i 为离散随机变量，取下列三个值：

$$I_i = \begin{cases} \psi, & 概率为\ p_c \\ K_s, & 概率为\ p_a \\ 0, & 概率为\ p_n \end{cases} \tag{8.78}$$

无碰撞概率为

$$p_n = 1 - p_c - p_a = 1 - D(3L-2)/L^2 \tag{8.79}$$

通过设置 $\psi = 1$ 和 $K_s = 0$，邻道干扰可忽略不计。

将式(8.2)、式(8.3)和 $\bar{P}_i = P_i$ 代入到式(8.77),分子分母都除以 $d_0^{\alpha}P_0$,SINR 值为

$$\gamma = \frac{\psi g_0 \Omega_0}{\Gamma^{-1} + \sum_{i=1}^{M} I_i g_i \Omega_i}, \Gamma = d_0^{\alpha} P_0 / \mathcal{N} \tag{8.80}$$

式中:Γ 为发射机在单位距离上且没有衰落和遮蔽时的 SNR,且:

$$\Omega_i = \begin{cases} 10^{\xi_0/10} \| \boldsymbol{X}_0 - \boldsymbol{X}_{M+1} \|^{-\alpha}, & i = 1 \\ \frac{P_i}{P_0} 10^{\xi_i/10} \| \boldsymbol{X}_i - \boldsymbol{X}_{M+1} \|^{-\alpha}, & i \geqslant 1 \end{cases} \tag{8.81}$$

为在 X_i 在参考接收机端的归一化功率。

8.6.1 条件中断概率

令 β 表示可靠接收所需的最小 SINR,$\boldsymbol{\Omega} = \{\Omega_0, \Omega_1, \cdots, \Omega_M\}$ 表示归一化接收功率集。当 SINR 低于 β 时就会发生中断。考虑到 I_i 在使用式(8.9)推导 $Y_i = g_i I_i \Omega_i$ 的条件密度函数中的统计信息,得到:

$$f_{Y_i}(y) = p_{\mathrm{n}}\delta(y) + \frac{y^{m_i-1}}{\Gamma(m_i)}\left[p_{\mathrm{c}}\left(\frac{m_i}{\psi\Omega_i}\right)^{m_i}\mathrm{e}^{-\frac{ym_i}{\psi\Omega_i}} + p_{\mathrm{a}}\left(\frac{m_i}{K_{\mathrm{s}}\Omega_i}\right)^{m_i}\mathrm{e}^{-\frac{ym_i}{K_{\mathrm{s}}\Omega_i}}\right]u(y) \tag{8.82}$$

因此,如果 m_0 是正整数,则对式(8.19)的推导稍作修改表明中断概率为

$$\mathcal{E}(\boldsymbol{\Omega}) = 1 - \mathrm{e}^{-\beta_0 z}\sum_{s=0}^{m_0-1}(\beta_0 z)^s \sum_{t=0}^{s}\frac{z^{-t}}{(s-t)!}H_t(\boldsymbol{\Omega}), \beta_0 = \frac{\beta m_0}{\psi\Omega_0}, z = \Gamma^{-1} \tag{8.83}$$

$$H_t(\boldsymbol{\Omega}) = \sum_{\substack{\ell_i \geqslant 0 \\ \sum_{i=1}^{M}\ell_i = t}} \prod_{i=1}^{M} G_{\ell_i}(i) \tag{8.84}$$

$$G_{(l_i)}(\Omega_i) = p_{\mathrm{n}}\delta_{(l_i)} + \frac{\Gamma(l_i + m_i)}{l_i!\ \Gamma(m_i)}[p_{\mathrm{c}}\phi_i(\psi) + p_{\mathrm{a}}\phi_i(K_{\mathrm{s}})] \tag{8.85}$$

$$\phi_i(x) = \left(\frac{x\Omega_i}{m_i}\right)^{\ell_i}\left(\frac{x\beta_0\Omega_i}{m_i} + 1\right)^{-(m_i+\ell_i)} \tag{8.86}$$

式中:δ_{ℓ} 为冲激函数。

8.6.2 速率自适应

令 $C(\gamma)$ 表示调制为 CPFSK 且调制指数为 h 时的信道容量。当 $C(\gamma) \leqslant R$ 时,信道发生中断。假设存在高斯干扰,则在特定跳期间,信道是条件高斯

的，且限定了调制的 AWGN 容量可用于 $C(h,\gamma)$。对于任意 h 和 R，通过对 $R=C(h,\beta)$ 求反函数可得到支持速率所需要的 SINR 门限。假设移动台能够估计信道且能相应地自适应调整速率以满足 $P[\gamma\leqslant\beta]<\hat{\epsilon}$ 条件，其中 $\hat{\epsilon}$ 为信道中断约束。

8.6.3　调制限制下的区域频谱效率

最大数据传输速率由信道带宽 W/L、带内功率比 ψ、调制频谱效率和编码速率决定。令 η 表示调制频谱效率，单位为符号数/s/Hz，定义为符号速率除以调制的 $100\psi\%$ 功率带宽。由于假设一跳中有多个符号，CPFSK 的频谱效率可通过对式(3.92)进行数值积分，然后对结果求反函数来获得。为强调 η 对 h 和 ψ 的依赖性，后面我们用 $\eta(h,\psi)$ 表示 CPFSK 的频谱效率。当使用码率为 R 的编码时，频谱效率变为 $R_\eta(h,\psi)$ bit/s/Hz，式中 R 为信息比特与编码符号之比。由于信号占用信道为 $100\psi\%$ 功率带宽 W/LHz，在占空因子 D 和中断概率 $\hat{\epsilon}$ 下单链路支持的吞吐量为

$$T=\frac{WRD\eta(h,\psi)(1-\hat{\epsilon})}{L} \tag{8.87}$$

比特每秒(bit/s)。在 N 个网络拓扑中对吞吐量取平均，可得：

$$E[T]=\frac{WRD\eta(h,\psi)(1-\hat{\epsilon})}{L}E[R] \tag{8.88}$$

式中：平均码率为

$$E[R]=\frac{1}{N}\sum_{n=1}^{N}R_n \tag{8.89}$$

将 $E[T]$ 与移动台密度 $\lambda=M/A_{\text{net}}$ 相乘，并除以系统带宽 W，给出了归一化调制受限区域频谱效率(Modulation - Constrained Area Spectral Efficiency，MASE)：

$$\tau'(\lambda)=\frac{\lambda D\eta(h,\psi)(1-\epsilon)}{L}\tilde{R} \tag{8.90}$$

上式单位为 bit/s/Hz/单位面积。归一化 MASE 是由条件中断概率 $\hat{\epsilon}$ 得到的归一化区域频谱效率，而条件与网络拓扑有关。作为性能度量，归一化 MASE 明确考虑了码率、调制的频谱效率和信道的数量。

8.6.4　优化算法

对于使用 CPSK 调制和自适应码率编码的 FH - CDMA Ad Hoc 网络，存在使得归一化 MASE 最大化的最优参数集(L,h,ψ)。对于最优配置，每单位面积下的干扰密度 λ 和占空因子 D 是固定的。归一化 MASE 可通过对 L 取小于 1000

的正整数、在 $0\leqslant h\leqslant 1$ 之间对 h 进行间隔为 0.01 的量化、在 $0.90\leqslant\Psi\leqslant 0.99$ 内对 Ψ 进行间隔为 0.005 的量化来计算。对于每个所考虑的 (L,h,ψ) 参数集,平均编码速率 $E[R]$ 和归一化 MASE 可通过下述蒙特卡罗方法来得到。网络的仿真实现可通过在区域 A_{net} 内根据特定的空间分布来放置 M 个移动台来实现。每个移动台到参考接收机的路径损耗可由随机产生遮蔽因子来计算。将式(8.83)给出的 $\epsilon(\boldsymbol{\Omega})$ 值设为中断约束 $\hat{\epsilon}$ 后,对该式求反函数可确定 SINR 门限 β。计算对应于第 n 个拓扑的 SINR 门限的速率 $R_n=C(h,\beta)$,并存储该值。整个过程重复 N 次,N 是一个较大的数目,它是网络仿真次数。由式(8.89)定义的平均编码速率用于寻找对应于当前 h 和 ψ 值的频谱效率 $\eta(h,\Psi)$,然后由式(8.90)给出归一化 MASE。最后,通过在 (L,h,ψ) 参数集中进行穷举搜索来确定归一化 MASE 最大值来完成优化,并得到对应的 L、h、ψ 值。

例 8.13:考虑一个原点处的参考接收机和干扰移动台在环形区域均匀分布的网络。区域的内径为 $r_{\text{ex}}=0.25$,分别考虑外径为 $r_{\text{net}}=2$ 和 $r_{\text{net}}=4$ 的情况。优化中考虑 $N=10000$ 个不同的网络拓扑。路径损耗指数为 $\alpha=3$,占空因子为 $D=1$,发射源与位于原点的接收机间为单位距离,SNR 为 $\Gamma=10\text{dB}$。当研究遮蔽场景时,对数分布的标准差为 $\sigma_s=8$ dB。使用二进制 CPFSK。为满足典型中断约束 $\hat{\epsilon}=0.1$,采用速率自适应。考虑三种衰落模型:瑞利衰落(对于所有 i 有 $m_i=1$),Nakagami 衰落(对于所有 i 有 $m_i=4$),混合衰落($m_0=4$,$i\geqslant 1$ 时 $m_i=1$)。

图 8.22 给出了存在混合衰落和遮蔽时码率变化的分布函数。图中有三条曲线,分别对应于密集网络($M=50$)、中等密集网络($M=25$)和稀疏网络($M=5$)。环形网络的外径为 $r_{\text{net}}=2$。对于每种网络密度单独优化其网络参数。图中显示了在所有三个场景中码率曲线分布函数都很陡峭。由于大部分节点都具有相似的速率,这一特征显示了码率选择的公平性。然而密集网络比稀疏网络的曲线更陡峭。其原因在于在稀疏网络中干扰台较少,从而增加了不同网络仿真实现中 SINR 和码率的变化性。

图 8.23、图 8.24 和图 8.25 分别显示了密集网络($M=50$、$r_{\text{net}}=2$)中最优归一化 MASEτ'_{opt}与信道数 L、调制指数 h 及带内功率比 Ψ 的关系。这三幅图表明了每个参数对优化的影响。在图 8.23 和图 8.24,假设 $\Psi=0.96$,分别对于参数 L 或 h 的不同值,选择其他参数使得归一化 MASE 最大。在图 8.25,对于 Ψ 的每个值,信道数目和调制指数都是联合优化的,从而使得 MASE 最大化。

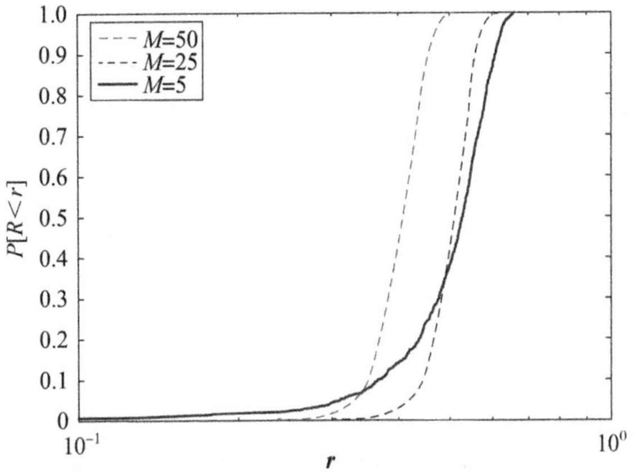

图 8.22　当网络优化时码率的分布函数[9]

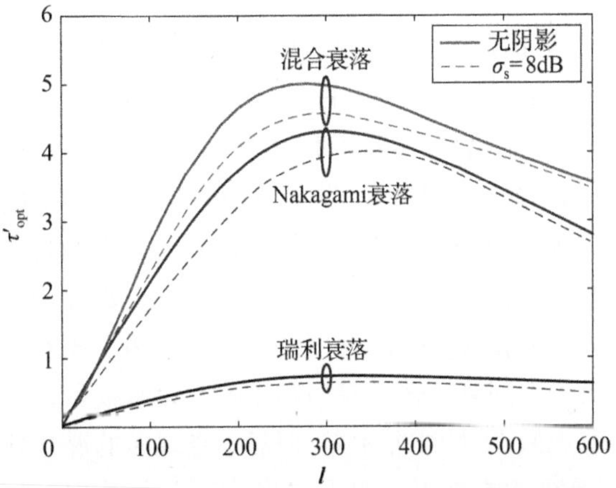

图 8.23　高密度网络下最优归一化 MASE 与信道数的关系[9]

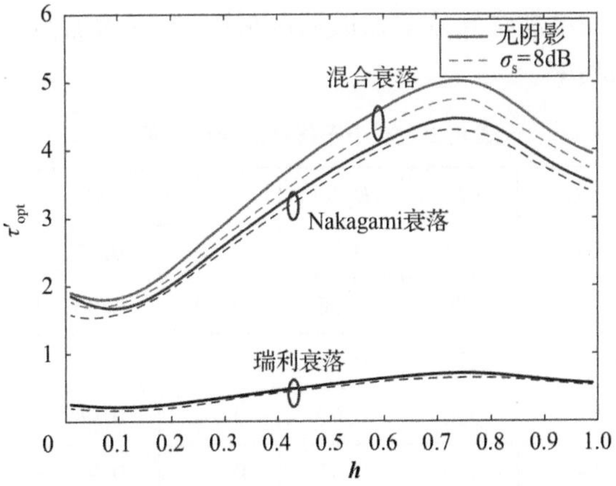

图 8.24　高密度网络下最优归一化 MASE 与调制指数的关系[9]

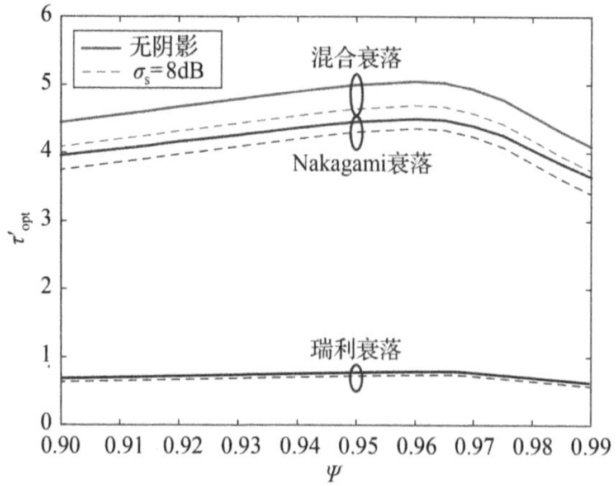

图 8.25　高密度网络下最优归一化 MASE 与带内功率比的关系[9]

对于 $M=50$ 个干扰台的优化结果显示在表 8.2 中,信道缩写:R 表示瑞利信道,N 表示 Nakagami 衰落(对于所有 i 值 $m_i=4$),M 表示混合衰落($m_0=4$,$i\geqslant1$ 时 $m_i=1$),U 表示无遮蔽,S 表示有遮蔽($\sigma_s=8$ dB)。对于每个网络条件集,表中列出了最大化归一化 MASE 的(L,h,Ψ)及其对应的 τ'_{opt}。作为比较,也给出了参数(L,h,Ψ) = (200,0.5,0.99)对应的归一化 MASEτ'_{sub}。归一化 MASE 的单位为 bit/s/kHz/m^2。表中的比较说明了参数优化的重要性,也表明了优化参数集的选择提高归一化 MASE 的程度远大于其中两个任意参数的选择。

表 8.2 中给出了不同衰落信道模型和遮蔽及无遮蔽场景下的优化结果。对于瑞利衰落这种悲观假设,性能非常差,但对于更现实的混合衰落场景下性能则有所改善,该场景意味着在源节点和目的节点间为视距,但其他链路则不是视距。遮蔽总是不利的,即使它能够导致更高的码率,它也要求更多的信道。单位面积移动台密度的增加将导致更低的调制指数,但会增加归一化 MASE、码率、信道数目和带内功率。

表 8.2　50 个干扰台的优化结果[9]

r_{out}	信道	L	$E[R]$	h	Ψ	τ'_{opt}	τ_{sub}
2	R/U	315	0.07	0.80	0.96	0.79	0.50
	N/U	280	0.36	0.80	0.96	4.42	2.99
	M/U	279	0.41	0.80	0.96	5.00	3.56
	R/S	320	0.07	0.80	0.96	0.76	0.40
	N/S	290	0.42	0.80	0.96	4.24	2.27
	M/S	290	0.38	0.80	0.96	4.70	3.02

续表

r_{out}	信道	L	$E[R]$	h	Ψ	τ'_{opt}	τ_{sub}
4	R/U	73	0.05	0.84	0.95	0.63	0.32
	N/U	80	0.35	0.84	0.95	3.74	1.87
	M/U	75	0.36	0.84	0.95	4.09	1.91
	R/S	95	0.05	0.84	0.95	0.49	0.28
	N/S	130	0.40	0.84	0.95	2.65	1.75
	M/S	100	0.35	0.84	0.95	3.03	1.80

8.7　FH－CDMA 蜂窝网络

在 FH－CDMA 蜂窝网络内,一个基站可同时使用多个同步正交跳频图案,从而消除一个小区扇区内的下行链路中的小区内干扰。在 M 个跳频频率集中选择跳频图案,这些跳频图案彼此是循环移位的,可同时发射 M 个跳频信号,因此可同时容纳 M 个活跃移动台。

若小区足够小且跳之间切换的时间足够长,它可能足以对小区中移动台的发射时间进行同步从而避免基站上行链路中信号的碰撞,并因此避免小区内干扰。通过测量移动台的下行链路信号的到达时间,是可能实现同步的。若在一个小区内有 L 个信道,但有少于 $\lfloor L/2 \rfloor$ 个活跃移动台,则可选用隔开的跳频图案,以便在上行或下行链路中都消除小区内的邻道干扰。

由于与不同小区或扇区相关联的跳频图案是异步的,小区间干扰难以完全避免。考虑具有 N_{b} 个移动台的扇区 B,被扇区天线 A 所覆盖。由于扇区 B 中的移动台以等概率独立异步地使用网络跳频频率集中任意 N_{b} 个载波频率,扇区 B 覆盖的某个移动台在扇区 A 上行链路通信信道产生干扰的概率为

$$p_{\text{c}}=\frac{DN_{\text{b}}}{L} \tag{8.91}$$

式(8.91)也给出了指向扇区 A 中的一个移动台的扇区天线 B 在移动台下行链路传输信道中产生的干扰的概率。由于每个扇区的正交性,从一个扇区产生的对另一个扇区任意链路干扰的信号不会超过一个。

FH－CDMA 网络可通过连续改变波频率使得偶尔发生频率碰撞,从而在很

大程度上避免了远近效应。因此,FH-CDMA网络无须功率控制,所有移动台可用相同的功率来传输。当使用功率控制时,它倾向于使得远离扇区天线的移动台受益,但这又使接近扇区天线的移动台信号恶化,以至于即使是理想功率控制在典型情况下也只能使得系统容量略有增加。由于要求的开销过大,从而有很好的理由放弃这种微不足道的潜在优势而不使用功率控制策略。若移动台的地理位置可通过两个或更多的基站来测定,则功率控制可导致抵达一个或更多基站的信号功率显著下降,从而降低地理位置精度。

最常用的FH-CDMA网络同时具有Ad Hoc和蜂窝网络的特征,并使用蓝牙技术。一个微微网包括一个主控蓝牙装置,与7个或更少的从设备进行通信。在特定的微微网,任何蓝牙装置可担任主设备或从设备角色,甚至可在一个微微网中为主设备而在另一个微微网中是从设备。一个微微网的主设备在一个时隙中选择从设备与其通信。从设备的定时和跳频图案同步到主设备,以完成正常传输。在一个微微网的上行和下行链路中,由于主设备在同一时刻只与一个从设备通信,故小区内干扰可以避开。

由于DS-CDMA蜂窝网络可使用功率控制和相干解调,故它比FH-CDMA蜂窝网络更受青睐。由于通常要使用非相干解调,故类似的FH-CDMA网络的潜在性能要差一些。因此,除混合蓝牙网络外,很少采用FH-CDMA蜂窝网络。

长期演进(Long-Term Evolution,LTE)是第四代高速数据无线通信标准。它使用OFDM而不是CDMA来进行多址接入,不同频率的子带可分配给不同的用户。在一个两时隙的子帧中,在上行链路中使用跳频,以将用户在第一个时隙分配的子带换到第二个时隙的另一个子带。

8.8 思考题

1. 对于CDMA Ad Hoc网络。

①证明若 $m_0=1$,则:

$$\epsilon(\boldsymbol{\Omega}) = 1 - \exp\left(-\frac{\beta z}{\Omega_0}\right)\prod_{i=1}^{M}\left[1 - p_i + p_i\left(\frac{m_i}{m_i+\beta\Omega_i/\Omega_0}\right)^{m_i}\right]$$

②若 $m_0=1$ 且 $m_i\to\infty\ (1\leqslant i\leqslant M)$,$\epsilon(\boldsymbol{\Omega})$ 的表达式是什么?

③当 $m_0=m_i=1(1\leqslant i\leqslant M)$,证明式(8.32)。

2. ①CDMA Ad Hoc网络中,当 $\Omega_0\to\infty$ 时,Nakagami参数为多少时可使得 $\epsilon(\boldsymbol{\Omega})\to 0$?

②当 $\Omega_0\to 0$ 时,Nakagami参数为多少时可使得 $\epsilon(\boldsymbol{\Omega})\to 1$?

3. 在CDMA Ad Hoc网络中,当 $\Omega_0\neq 0,\Omega_i\to\infty,i\geqslant 1$ 时,推导 $\epsilon(\boldsymbol{\Omega})$ 表达式,

证明当且仅当某个 $p_i=1$ 时，无论 Nakagami 参数如何都有 $\epsilon(\boldsymbol{\Omega})\to 1$。

4. CDMA Ad Hoc 网络中，当 $z=\Gamma^{-1}=0$ 时，推导 $\epsilon(\boldsymbol{\Omega})$ 的表达式。

5. 考虑一个蜂窝网络，其中有 M 个位置在网络中独立分布的活跃移动台. 移动台位于特定蜂窝扇区的概率为 λ/M。因此，在一个小区扇区的 K 个活跃移动台的分布由下面的二项分布确定：

$$P(K=k)=\binom{M}{k}\left(\frac{\lambda}{M}\right)^k\left(1-\frac{\lambda}{M}\right)^{M-k}$$

且 $E[K]=\lambda$。证明当 $M\to\infty$，该分布会趋近于泊松分布。

$$P(k)=\frac{\exp(-\lambda)\lambda^k}{k!},k=0,1,2,\cdots,M$$

当给定 $K\geqslant 1$ 时 $K=k$ 的条件概率是什么？

6. 考虑获取与小区相关的扰码。假设一组中有 K 个虚拟扰码，码字中的符号数为 C，接受阈值为 T。假设没有传输小区的正确扰码，并且对 K 个码中的每一个进行投票的可能性相同。使用并集界限推导虚警概率的上界。

7. 考虑具有全功率控制的 DS－CDMA 蜂窝网络的上行链路，$\delta=1,m_0=1$，$m_i=p_i=1,1\leqslant i\leqslant m,i\neq r$，证明 $\beta\to 0$ 时，有：

$$\epsilon(\boldsymbol{\Omega})\to\beta\left[\frac{1}{\Omega_r\Gamma}+\frac{M-1}{G/h}\right]$$

8. 考虑 DS－CDMA 蜂窝网络中小区 j 的下行链路，$m_0=1,m_i=p_i=1,1\leqslant i\leqslant C,i\neq j$。证明 $\beta\to 0$ 时，有：

$$\epsilon(\boldsymbol{\Omega})\to\beta\left[\frac{1}{\Omega_r\Gamma}+\frac{\sum_{i=1,i\neq j}^{C}\Omega_i}{\Omega_r}\right]$$

9. 考虑 DS－CDMA 网络中小区 j 的下行链路。假设没有衰落，没有噪声，小区中下行链路到 X_k 所要求的 SINRγ_k 为 γ。证明仅在以下情况下满足要求：

$$\gamma\leqslant\frac{(1-f_{\mathrm{p}})G}{h}\left[\sum_{k:X_k\in X_j}\frac{\sum_{i=1,i\neq j}^{M}I_iP_{i,k}10^{\xi_{i,k}/10}\ \|S_i-X_k\|^{-\alpha}}{10^{\xi_{j,k}/10}\ \|S_j-X_k\|^{-\alpha}}\right]^{-\alpha}$$

10. 考虑 FH－CDMA Ad Hoc 网络，$m_0=m_i=1,1\leqslant i\leqslant m$，证明 $\beta\to 0$ 时，有：

$$\epsilon(\boldsymbol{\Omega})\to\beta\left[\frac{1}{\Omega_0\Gamma}+\frac{(p_c\psi+p_aK_s)\sum_{i=1}^{M}\Omega_i}{\Omega_0}\right]$$

11. 考虑一个 FH－CDMA 网络，网络中有两个与基站通信的移动台。调制是理想的 DPSK 调制，目标移动设备使用非相干结合 M 个分集分支，信道数为

$M=10$,接收机噪声和频谱泄露可忽略不计。到达目标手机的两个信号都会遇到瑞利衰落,但一个信号的信噪比为 $\bar{\gamma}=10\text{dB}$,另一个信号的信噪比为 $\bar{\gamma}=-10\text{dB}$。根据式(6.112)和式(6.144),信道符号错误概率为

$$P_s(M)p-(1-2p)\sum_{i=1}^{M-1}\binom{2i-1}{i}[p(1-p)]^i, p=\frac{1}{2(1+\bar{\gamma})}$$

如果使用功率控制,则两个信号均为 $\bar{\gamma}=0\text{dB}$。对于 $M=1$ 和 $M=2$,评估引入功率控制的每个移动台的相对优点。假设可接受的平均信道误码概率为0.02。

12. 考虑使用具有 $L\geqslant 3$ 频率的跳集的 FH-CDMA 蜂窝网络的 A 扇区中上行链路的传输信道 T。扇区 B 被扇区天线 A 覆盖。扇区 B 中的 $N_b\leqslant L$ 移动台在网络跳集中以相同的概率使用不同的载波频率,并且 $D=1$。如果来自扇区 B 的信号使用 T,令 $N_1=1$,否则 $N_1=0$。

①证明扇区 B 覆盖的某些移动台刚好在 T 的一个相邻信道中产生干扰的概率为

$$P_a=\frac{2(N_b-N_1)(L-N_b+N_1)}{L(L-1)}, L\geqslant N_b\geqslant 2$$

②表明扇区 B 覆盖的某些移动台在 T 的两个相邻信道中均产生干扰的概率为

$$P_b=\frac{2(N_b-N_1)(L-N_b+N_1)}{L(L-1)}, L-1\geqslant N_b-N_1\geqslant 0$$

参考文献

[1] D. Torrieri and M. C. Valenti, "The Outage Probability of a Finite Ad Hoc Network in Nakagami Fading," *IEEE Trans. Commun.*, vol. 60, pp. 3509-3518, Nov. 2012.

[2] D. Torrieri and M. C. Valenti, "Exclusion and Guard Zones in DS-CDMA Ad Hoc Networks," *IEEE Trans. Commun.*, vol. 61, pp. 2468-2476, June 2013.

[3] C-F. Li, Y-S Chu, J-S Ho, and W-H Sheen, "Cell Search in WCDMA Under Large-Frequency and Clock Errors: Algorithms to Hardware Implementation," *IEEE Trans. Circuits and Syst.*, vol. 55, pp. 659-671, March 2008.

[4] T. M. Cover and J. M. Thomas, *Elements of Information Theory*, *2nd ed.*, Wiley, 2006.

[5] D. R. Pauluzzi and N. C. Beaulieu, "A Comparison of SNR Estimation Techniques for the AWGN Channel," *IEEE Trans. Commun.*, vol. 48, pp. 1681-1691, Oct. 2000.

[6] A. Chockalingam, P. Dietrich, L. B. Milstein, and R. R. Rao, "Performance of Closed-Loop Power Control in DS-CDMA Cellular Systems," *IEEE Trans. Veh. Technol.*, vol. 47, pp. 774-789, Aug. 1998

[7] D. Torrieri, M. C. Valenti, and S. Talarico, "An Analysis of the DS-CDMA Cellular Uplink for Arbitrary and

Constrained Topologies," *IEEE Trans. Commun.* ,vol. 61 ,pp. 3318 – 3326 ,Aug. 2013.

[8] M. C. Valenti,D. Torrieri, and S. Talarico,"A New Analysis of the DS – CDMA Cellular Downlink Under Spatial Constraints," *Intern. Conf. Computing,Networking,Commun.* ,Jan. 2013.

[9] S. Talarico,M. C. Valenti,and D. Torrieri,"Optimization of an Adaptive Frequency – Hopping Network," *IEEE Military Commun. Conf.* ,Oct. 2015.

第 9 章

迭代信道估计、解调和译码

信道参数的估计,如衰落幅度、干扰加噪声的功率谱密度(Power Spectral Density,PSD)等,对有效使用软判决译码必不可少。信道估计可通过接收机处理接收的导频信号来实现,但发射导频信号会增加开销,如数据吞吐量下降。直接从接收的数据符号中得到信道的最大似然估计通常极为困难。另一种有效的方法是使用 Turbo 码或低密度奇偶校验码。本章对期望最大化算法进行了推导和说明,它能够为最大似然方程提供一种迭代近似解,且与迭代解调、译码算法天然契合。本章阐述和分析了先进扩谱系统中应用迭代信道估计、解调、译码的两个例子。它们为设计先进系统所需的计算提供了良好的例证。

9.1 期望最大化算法

期望最大化(Expectation Maximization,EM)算法为最大似然估计提供了一种低复杂度迭代方法[1-2]。已有大量文献介绍了基于 EM 技术的信道估计、数据检测和多用户检测算法[3]。本章中,随机向量用大写字母表示,而随机向量的实例用小写字母表示。

含有 m 个参数的非随机向量 $\boldsymbol{\theta}$ 的最大似然估计可通过对观察到的随机向量 $\boldsymbol{Y}=[Y_1 \quad Y_2 \quad \cdots \quad Y_N]^{\mathrm{T}}$ 的条件概率密度函数 $g(\boldsymbol{y}|\boldsymbol{\theta})$ 进行最大化来获得。由于对数是其自变量的单调函数,$\boldsymbol{\theta}$ 的最大似然估计 $\hat{\boldsymbol{\theta}}_{\mathrm{ml}}$ 可表示为

$$\hat{\boldsymbol{\theta}}_{\mathrm{ml}} = \arg \max_{\theta} \ln g(\boldsymbol{y}|\boldsymbol{\theta}) \tag{9.1}$$

式中:$\ln g(\boldsymbol{y}|\boldsymbol{\theta})$ 为对数似然函数。当似然函数可微时,最大似然估计是似然方程的解:

$$\nabla_{\boldsymbol{\theta}} \ln g(\boldsymbol{y}|\boldsymbol{\theta}) \big|_{\theta=\theta_{\mathrm{ml}}} = \boldsymbol{0} \tag{9.2}$$

式中:∇_{θ} 为关于 $\boldsymbol{\theta}$ 的梯度向量,即

$$\nabla_{\theta} = \left[\frac{\partial}{\partial\theta_1} \quad \frac{\partial}{\partial\theta_2} \quad \cdots \quad \frac{\partial}{\partial\theta_N}\right]^{\mathrm{T}} \tag{9.3}$$

当式(9.2)不能求得封闭形式的解时,它有时可通过牛顿法或固定点方法

迭代求解。当迭代最大似然解也难以获得时，另一种方法就是EM算法，它的主要优点是不需要计算梯度或Hessian矩阵。

EM算法是基于如下假设，即形成随机数据向量$\boldsymbol{Y}$的观察数据集$\{Y_i\}$来源于更大的数据集$\{Z_i\}$或其子集，而$\{Z_i\}$形成随机数据向量$\boldsymbol{Z}$。在这种假设下，其条件概率密度函数$f(\boldsymbol{z}|\boldsymbol{\theta})$的最大化运算在数学上是易于处理的。数据向量$\boldsymbol{Y}$称为不完备数据向量，数据向量$\boldsymbol{Z}$称为完备数据向量。完备数据向量$\boldsymbol{Z}$通过多对一变换与每一个观察数据$Y_k$相关联。由于这种变换是不可逆的，因此从$\boldsymbol{Y}$到$\boldsymbol{Z}$的映射不是唯一的。由于$\boldsymbol{Z}$是不可观察的，函数$\ln f(\boldsymbol{z}|\boldsymbol{\theta})$无法直接提供$\boldsymbol{\theta}$的有用估计，故在给定$\boldsymbol{Y}=\boldsymbol{y}$及$\boldsymbol{\theta}$的估计值时，$\ln f(\boldsymbol{z}|\boldsymbol{\theta})$的期望值可通过EM算法实现迭代最大化。

由于$\boldsymbol{Y}$由$\boldsymbol{Z}$决定，联合条件概率密度函数$f(\boldsymbol{z},\boldsymbol{y}|\boldsymbol{\theta})=f(\boldsymbol{z}|\boldsymbol{\theta})$，且条件概率密度函数的定义表明：

$$f(\boldsymbol{z}|\boldsymbol{y},\boldsymbol{\theta})=\frac{f(\boldsymbol{z}|\boldsymbol{\theta})}{g(\boldsymbol{y}|\boldsymbol{\theta})} \tag{9.4}$$

式中：$g(\boldsymbol{y}|\boldsymbol{\theta})$是给定$\boldsymbol{\theta}$时$\boldsymbol{Y}$的条件概率密度函数。因此：

$$\ln g(\boldsymbol{y}|\boldsymbol{\theta})=\ln f(\boldsymbol{z}|\boldsymbol{\theta})-\ln f(\boldsymbol{z}|\boldsymbol{y},\boldsymbol{\theta}) \tag{9.5}$$

由一个假设的初始估计$\hat{\boldsymbol{\theta}}_0$开始，EM算法可通过增加$\ln f(\boldsymbol{y}|\hat{\boldsymbol{\theta}}_i)$值来连续估计$\hat{\boldsymbol{\theta}}_i$。令

$$E_{\boldsymbol{z}|\boldsymbol{y},\hat{\boldsymbol{\theta}}_i}[h(\boldsymbol{Z})]=\int h(\boldsymbol{z})f(\boldsymbol{z}|\boldsymbol{y},\hat{\boldsymbol{\theta}}_i)\mathrm{d}\boldsymbol{z} \tag{9.6}$$

表示$h(\boldsymbol{Z})$关于概率密度$f(\boldsymbol{z}|\boldsymbol{y},\hat{\boldsymbol{\theta}}_i)$的期望，式中$h(\boldsymbol{Z})$是随机向量$\boldsymbol{Z}$的某个函数。在$f(\boldsymbol{z}|\boldsymbol{y},\hat{\boldsymbol{\theta}}_i)$上对式(9.5)的两边求积分可得：

$$\ln h(\boldsymbol{y}|\boldsymbol{\theta})=\chi(\boldsymbol{\theta},\hat{\boldsymbol{\theta}})-E_{\boldsymbol{z}|\boldsymbol{y},\hat{\boldsymbol{\theta}}_i}[\ln f(\boldsymbol{Z}|\boldsymbol{Y}=\boldsymbol{y},\boldsymbol{\theta})] \tag{9.7}$$

式中：

$$\chi(\boldsymbol{\theta},\hat{\boldsymbol{\theta}})=E_{\boldsymbol{z}|\boldsymbol{y},\hat{\boldsymbol{\theta}}_i}[\ln f(\boldsymbol{Z}|\boldsymbol{\theta})] \tag{9.8}$$

【引理】

对任意$\hat{\boldsymbol{\theta}}_{i+1}$，有：

$$E_{\boldsymbol{z}|\boldsymbol{y},\hat{\boldsymbol{\theta}}_i}[\ln f(\boldsymbol{Z}|\boldsymbol{Y}=\boldsymbol{y},\hat{\boldsymbol{\theta}}_{i+1})]\leqslant E_{\boldsymbol{z}|\boldsymbol{y},\hat{\boldsymbol{\theta}}_i}[\ln f(\boldsymbol{Z}|\boldsymbol{Y}=\boldsymbol{y},\hat{\boldsymbol{\theta}}_i)] \tag{9.9}$$

当且仅当$f(\boldsymbol{z}|\boldsymbol{y},\hat{\boldsymbol{\theta}}_{i+1})=f(\boldsymbol{z}|\boldsymbol{y},\hat{\boldsymbol{\theta}}_i)$时，上式取等号。

证明：

由于$\ln a-\ln b=\ln a/b$，故：

$$E_{\boldsymbol{Z}|\boldsymbol{y},\hat{\boldsymbol{\theta}}_i}[\ln f(\boldsymbol{Z}|\boldsymbol{Y}=\boldsymbol{y},\hat{\boldsymbol{\theta}}_{i+1})]-E_{\boldsymbol{z}|\boldsymbol{y},\hat{\boldsymbol{\theta}}_i}[\ln f(\boldsymbol{Z}|\boldsymbol{Y}=\boldsymbol{y},\hat{\boldsymbol{\theta}}_i)]$$

$$= E_{\mathbf{z}|\mathbf{y},\hat{\boldsymbol{\theta}}_i}\left[\ln\frac{f(\mathbf{Z}\mid\mathbf{Y}=\mathbf{y},\hat{\boldsymbol{\theta}}_{i+1})}{f(\mathbf{Z}\mid\mathbf{Y}=\mathbf{y},\hat{\boldsymbol{\theta}}_i)}\right]$$

由于 $x=1$ 时 $\ln x = x-1$，且二次微分证明 $\ln x$ 在 $x>0$ 时是 x 的凹函数。在 $x>0$ 时 $\ln x \leqslant x-1$，当且仅当 $x=1$ 时该式取等号，因此：

$$E_{\mathbf{z}|\mathbf{y},\hat{\boldsymbol{\theta}}_i}\left[\ln\frac{f(\mathbf{Z}\mid\mathbf{Y}=\mathbf{y},\hat{\boldsymbol{\theta}}_{i+1})}{f(\mathbf{Z}\mid\mathbf{Y}=\mathbf{y},\hat{\boldsymbol{\theta}}_i)}\right] \leqslant \int\left[\frac{f(\mathbf{z}\mid\mathbf{y},\hat{\boldsymbol{\theta}}_{i+1})}{f(\mathbf{z}\mid\mathbf{y},\hat{\boldsymbol{\theta}}_i)}-1\right]f(\mathbf{z}\mid\mathbf{y},\hat{\boldsymbol{\theta}}_i)\,\mathrm{d}\mathbf{z} = 0$$

这就证明了该不等式。等式成立的条件也显而易见。

证毕。

【定理1】

若按下式进行连续估计：

$$\hat{\boldsymbol{\theta}}_{i+1} = \arg\max_{\boldsymbol{\theta}}\chi(\boldsymbol{\theta},\hat{\boldsymbol{\theta}}_i) \tag{9.10}$$

且 $\ln g(\mathbf{y}\mid\boldsymbol{\theta})$ 有上界，则当 $i\to\infty$ 时序列 $\{\ln g(\mathbf{y}\mid\hat{\boldsymbol{\theta}}_i)\}$ 收敛到某个极限。

证明：

定理的假设意味着 $\chi(\hat{\boldsymbol{\theta}}_{i+1},\hat{\boldsymbol{\theta}}_i)\geqslant\chi(\hat{\boldsymbol{\theta}}_i,\hat{\boldsymbol{\theta}}_i)$。该不等式、引理、式(9.7)及式(9.8)表明：

$$\ln g(\mathbf{y}\mid\hat{\boldsymbol{\theta}}_{i+1})\geqslant\ln g(\mathbf{y}\mid\hat{\boldsymbol{\theta}}_i)$$

当且仅当下式成立时上式取等号：

$$\chi(\hat{\boldsymbol{\theta}}_{i+1},\hat{\boldsymbol{\theta}}_i)=\chi(\hat{\boldsymbol{\theta}}_i,\hat{\boldsymbol{\theta}}_i),\ f(\mathbf{z}\mid\mathbf{y},\hat{\boldsymbol{\theta}}_{i+1})=f(\mathbf{z}\mid\mathbf{y},\hat{\boldsymbol{\theta}}_i)$$

有界单调增加的序列收敛于某个极限。因此，若 $\ln g(\mathbf{y}\mid\hat{\boldsymbol{\theta}}_i)$ 有上界，则当 $i\to\infty$ 时它将收敛于某个极限。

证毕。

该定理可直接导出 EM 算法，它包括期望(步骤 E)和最大化(步骤 M)两个主要计算步骤。

【EM 算法】

1. 设 $i=0$，并选择初始估计 $\hat{\boldsymbol{\theta}}_0$。

2. 步骤 E：计算 $\chi(\boldsymbol{\theta},\hat{\boldsymbol{\theta}}_i)=E_{\mathbf{z}|\mathbf{y},\hat{\boldsymbol{\theta}}_i}[\ln f(\mathbf{Z}\mid\boldsymbol{\theta})]$。

3. 步骤 M：计算 $\hat{\boldsymbol{\theta}}_{i+1}=\arg\max_{\boldsymbol{\theta}}\chi(\boldsymbol{\theta},\hat{\boldsymbol{\theta}}_i)$。

4. 若 i 没有超过某个预设的最大值，且 $\|\hat{\boldsymbol{\theta}}_{i+1}-\hat{\boldsymbol{\theta}}_i\|>\boldsymbol{\epsilon}$，其中 $\boldsymbol{\epsilon}$ 是预设的正数，则返回到步骤 E，否则结束迭代。

若 $\ln g(\mathbf{y}\mid\boldsymbol{\theta})$ 非凹，则序列 $\{\ln g(\mathbf{y}\mid\hat{\boldsymbol{\theta}}_i)\}$ 可能收敛到 $\ln g(\mathbf{y}\mid\boldsymbol{\theta})$ 的局部最大

值,而非全局最大值,且 $\hat{\boldsymbol{\theta}}$ 可能不会收敛到 $\hat{\boldsymbol{\theta}}_{ml}$。此外,EM 算法的迭代可能会造成 $\hat{\boldsymbol{\theta}}_i$ 从 $\ln g(\boldsymbol{y}|\hat{\boldsymbol{\theta}}_i)$ 某局部最大值附近跳跃到另一个局部最大值附近。因此,执行 EM 算法时,有必要设置几个不同的初始向量 $\hat{\boldsymbol{\theta}}_0$ 来确保 $\hat{\boldsymbol{\theta}}_i \to \hat{\boldsymbol{\theta}}_{ml}$ 或非常接近 $\hat{\boldsymbol{\theta}}_{ml}$。

在很多应用中,$\boldsymbol{Y}$ 是完备数据向量 $\boldsymbol{Z}=[\boldsymbol{Y}\quad \boldsymbol{X}]^{\mathrm{T}}$ 的一部分,其中 $\boldsymbol{X}$ 称为缺失数据向量。在这种情况下,$f(\boldsymbol{z}|\boldsymbol{y},\boldsymbol{\theta})=h(\boldsymbol{x}|\boldsymbol{y},\boldsymbol{\theta})$,其中 $h(\boldsymbol{x}|\boldsymbol{y},\boldsymbol{\theta})$ 为给定 $\boldsymbol{y}$ 和 $\boldsymbol{\theta}$ 时,$\boldsymbol{X}$ 的条件概率密度函数。因此,式(9.8)变为

$$\chi(\boldsymbol{\theta},\hat{\boldsymbol{\theta}}_i)=E_{\boldsymbol{x}|\boldsymbol{y},\hat{\boldsymbol{\theta}}_i}[\ln f(\boldsymbol{Z}|\boldsymbol{\theta})] \tag{9.11}$$

贝叶斯准则给出:

$$h(\boldsymbol{x}|\boldsymbol{y},\hat{\boldsymbol{\theta}}_i)=\frac{g(\boldsymbol{y}|\boldsymbol{x},\hat{\boldsymbol{\theta}}_i)h(\boldsymbol{x}|\hat{\boldsymbol{\theta}}_i)}{g(\boldsymbol{y}|\hat{\boldsymbol{\theta}}_i)} \tag{9.12}$$

该式可用于计算式(9.11)的期望值。

例 9.1:举一个实际的例子,考虑在加性高斯白噪声(Additive White Gaussian Noise,AWGN)信道上传输的随机二进制序列 $X_i(i=1,2,\cdots,N)$,接收到的随机向量 $\boldsymbol{Y}=[Y_1\quad Y_2\quad \cdots\quad Y_N]^{\mathrm{T}}$ 为

$$\boldsymbol{Y}=A\boldsymbol{X}+\boldsymbol{N} \tag{9.13}$$

式中:A 为正的常数幅度,$\boldsymbol{X}=[X_1\quad X_2\quad \cdots\quad X_N]^{\mathrm{T}}$ 为数据比特向量,$\boldsymbol{N}=[N_1\quad N_2\quad \cdots\quad N_n]^{\mathrm{T}}$ 为噪声样值向量,并假设其分量是方差为 v 的独立同分布零均值高斯随机变量。假设数据比特相互独立且与其他参数独立,且 $X_i=1$ 和 $X_i=-1$ 的概率均为 1/2。因此,$\boldsymbol{X}$ 的概率密度函数可由概率函数替换。需要估计的参数向量为 $\boldsymbol{\theta}=[A\quad v]^{\mathrm{T}}$。

式(9.13)、独立的数据比特和独立的高斯噪声表明:

$$g(y_k|x_k,\boldsymbol{\theta})=(2\pi v)^{-1/2}\exp\left[-\frac{(y_k-Ax_k)^2}{2v}\right] \tag{9.14}$$

从而:

$$\begin{aligned} g(\boldsymbol{y}|\boldsymbol{x},\boldsymbol{\theta}) &= \prod_{k=1}^{n} g(y_k|x_k,\boldsymbol{\theta}) \\ &= (2\pi v)^{-1/2}\prod_{k=1}^{n}\exp\left[-\frac{(y_k-Ax_k)^2}{2v}\right] \end{aligned} \tag{9.15}$$

由于 $\boldsymbol{X}$ 独立于 $\boldsymbol{\theta}$,因此,$\boldsymbol{X}=\boldsymbol{x}$ 的概率为

$$p(\boldsymbol{x})=2^{-n} \tag{9.16}$$

由于 $\boldsymbol{\theta}$ 给定时 $\boldsymbol{Y}$ 的分量是独立的,因此:

$$g(\boldsymbol{y}|\boldsymbol{\theta}) = 2^{-n}\prod_{k=1}^{n}[g(y_k|x_k = 1,\boldsymbol{\theta}) + g(y_k|x_k = -1,\boldsymbol{\theta})] \tag{9.17}$$

将该式代入到似然方程式(9.2),会得到数学上难以求解的方程组,故采用EM 算法来估计 $\boldsymbol{\theta}$。

定义完备数据向量 $\boldsymbol{Z}=[\boldsymbol{Y}\quad \boldsymbol{X}]^{\mathrm{T}}$。由式(9.15)和式(9.16)可以得到:

$$\begin{aligned}\ln f(\boldsymbol{z}|\boldsymbol{\theta}) &= \ln g(\boldsymbol{y}|\boldsymbol{x},\boldsymbol{\theta}) - n\ln 2\\ &= C - \frac{n}{2}\ln v - \frac{1}{2v}\sum_{k=1}^{n}(y_k - Ax_k)^2\end{aligned} \tag{9.18}$$

式中,C 为常数,与参数 A 和 v 无关。在 $\boldsymbol{Y}=\boldsymbol{y}$ 和$\hat{\boldsymbol{\theta}}_i=[\hat{A}_i\quad \hat{v}_i]$的条件下,$\boldsymbol{X}=\boldsymbol{x}$ 条件概率为

$$p(\boldsymbol{x}|\boldsymbol{y},\hat{\boldsymbol{\theta}}_i) = \frac{2^{-n}g(\boldsymbol{y}|\boldsymbol{x},\hat{\boldsymbol{\theta}}_i)}{g(\boldsymbol{y}|\hat{\boldsymbol{\theta}}_i)} \tag{9.19}$$

将式(9.18)代入式(9.11),可得:

$$\chi(\boldsymbol{\theta},\hat{\boldsymbol{\theta}}_i) = \mathrm{C} - \frac{n}{2}\ln v - \frac{1}{2v}\sum_{k=1}^{n}\sum_{x:\{x_l=\pm1\}}(y_k - Ax_k)^2 p(\boldsymbol{x}|\boldsymbol{y},\hat{\boldsymbol{\theta}}_i) \tag{9.20}$$

求和在 2^n 个可能的向量上进行。将式(9.14)、式(9.15)和式(9.17)代入式(9.19),可得:

$$\begin{aligned}p(\boldsymbol{x}|\boldsymbol{y},\hat{\boldsymbol{\theta}}_i) &= p(\boldsymbol{x}/k|\boldsymbol{y}/k,\hat{\boldsymbol{\theta}}_i)\frac{g(y_k|x_k,\boldsymbol{\theta})}{g(y_k|x_k=1,\hat{\boldsymbol{\theta}}_i)+g(y_k|x_k=-1,\hat{\boldsymbol{\theta}}_i)}\\ &= p(\boldsymbol{x}/k|\boldsymbol{y}/k,\hat{\boldsymbol{\theta}}_i)\frac{\exp\left(\frac{\hat{A}_i y_k x_k}{\hat{v}_i}\right)}{2\cosh\left(\frac{\hat{A}_i y_k}{\hat{v}_i}\right)}\end{aligned} \tag{9.21}$$

式中:$\boldsymbol{x}/k$ 表示去掉分量 x_k 以后的向量 $\boldsymbol{x}$;$\boldsymbol{y}/k$ 表示去掉分量 y_k 以后的向量 $\boldsymbol{y}$,因此:

$$\begin{aligned}\sum_{x:\{x_l=\pm1\}}(y_k - Ax_k)^2 p(\boldsymbol{x}|\boldsymbol{y},\hat{\boldsymbol{\theta}}_i) &= \sum_{x_k=\pm1}(y_k - Ax_k)^2\frac{\exp\left(\frac{\hat{A}_i y_k x_k}{\hat{v}_i}\right)}{2\cosh\left(\frac{\hat{A}_i y_k}{\hat{v}_i}\right)}\\ &= \frac{(y_k - A)^2\exp\left(\frac{\hat{A}_i y_k x_k}{\hat{v}_i}\right)+(y_k + A)^2\exp\left(-\frac{\hat{A}_i y_k x_k}{\hat{v}_i}\right)}{2\cosh\left(\frac{\hat{A}_i y_k}{\hat{v}_i}\right)}\end{aligned}$$

$$= A^2 + y_k^2 - 2Ay_k\tanh\left(\frac{\hat{A}_i y_k}{\hat{v}_i}\right) \tag{9.22}$$

将该式代入式(9.20)可得：

$$\chi(\boldsymbol{\theta},\hat{\boldsymbol{\theta}}_i) = C - \frac{n}{2}\ln v - \frac{nA^2}{2v} - \frac{1}{2v}\sum_{k=1}^{n}\left[y_k^2 - 2Ay_k\tanh\left(\frac{\hat{A}_i y_k}{\hat{v}_i}\right)\right] \tag{9.23}$$

这就完成了步骤 E 运算。

使得$\chi(\boldsymbol{\theta},\hat{\boldsymbol{\theta}}_i)$最大化的参数估计值可通过求解下式获得：

$$\frac{\partial\chi(\boldsymbol{\theta},\hat{\boldsymbol{\theta}}_i)}{\partial A}\Big|_{\boldsymbol{\theta}=\hat{\boldsymbol{\theta}}_{i+1}} = 0, \frac{\partial\chi(\boldsymbol{\theta},\hat{\boldsymbol{\theta}}_i)}{\partial v}\Big|_{\boldsymbol{\theta}=\hat{\boldsymbol{\theta}}_{i+1}} = 0 \tag{9.24}$$

合并这些解，可得到步骤 M 为

$$\hat{A}_{i+1} = \frac{1}{n}\sum_{k=1}^{n} y_k\tanh\left(\frac{\hat{A}_i y_k}{\hat{v}_i}\right) \tag{9.25}$$

$$\hat{v}_{i+1} = \frac{1}{n}\sum_{k=1}^{n} y_k^2 - \hat{A}_{i+1}^2 \tag{9.26}$$

合理的初始值设置为

$$\hat{A}_0 = \frac{1}{n}\sum_{k=1}^{n}|y_k|, \hat{v}_0 = \frac{1}{n}\sum_{k=1}^{n} y_k^2 - \hat{A}_0^2 \tag{9.27}$$

这就完成了算法的描述。

9.1.1　固定点迭代

在期望最大化方法的最大化步骤中，计算导数并令其等于零。通过代数变换，通常可得到一个或多个形如$f(x)=0$的方程。方程的解为x_s，即当$x=x_s$时，$f(x_s)=0$。若$f(x)$为 3 次或更高阶的多项式，或$f(x)$包含超越函数，则或许不存在x_s封闭形式的解或公式，这就有必要使用近似方法。

固定点迭代法[4]是一种不需要计算$f(x)$导数的方法，而导数计算可能会很困难。为使用这种方法，需要通过代数变换将$f(x)=0$转化为以下形式：

$$x = g(x) \tag{9.28}$$

满足下式的解x_s意味着$f(x_s)=0$，它可由迭代计算得到。

$$x_s = g(x_s) \tag{9.29}$$

在将解初始值估计为x_0之后，固定点迭代如下：

$$x_{n+1} = g(x_n), n \geqslant 0 \tag{9.30}$$

在一定条件下它将收敛于解x_s。由于$g(x_s)=x_s$，因此将该解称为$g(x)$的固定点。

固定点迭代收敛的充分条件由如下定理建立。令 $g'(x)$ 表示 $g(x)$ 关于 x 的导数。

【定理2】

假设 $g(x)$ 的导数连续,在区间 I_0 内有 $|g'(x)| \leqslant K < 1$。若 $x_s \in I_0$,且 $x_s = g(x_s)$,则对任意 $x_0 \in I_0$,当 $n \to \infty$ 时固定点迭代收敛,并使得 $x_n \to x_s$。

证明:

根据微积分的中值定理,存在数 $u \in (x_s, x_n)$,使得:

$$g(x_n) - g(x_s) = g'(u)(x_n - x_s), n \geqslant 1 \tag{9.31}$$

由于假设 $(x_s, x_n) \in I_0$ 时 $|g'(x)| \leqslant K$,故:

$$|g(x_n) - g(x_s)| \leqslant K|x_n - x_s| \tag{9.32}$$

由式(9.29)、式(9.30)及式(9.32)可得:

$$|x_n - x_s| = |g(x_{n-1}) - g(x_s)| \leqslant K|x_{n-1} - x_s| \tag{9.33}$$

重复应用该不等式可得:

$$|x_n - x_s| \leqslant K^n |x_0 - x_s| \tag{9.34}$$

由于 $K < 1$,故当 $n \to \infty$ 时,有 $K^n \to 0$ 和 $|x_n - x_s| \to 0$。因此,当 $n \to \infty$ 时,有 $x_n \to x_s$。

由 $f(x) = 0$ 到 $x = g(x)$ 通常有多种代数变换方法。对于 $|g'(x)| < K(x \in I_0)$,每种变换所对应的 K 值一般不同。$K < 1$ 的变换可保证固定点迭代收敛。在这些变换中选择具有最小 K 值的特定变换,可使收敛速度最快。

证毕。

例9.2: 假设 $f(x) = x^2 + ax + b = 0$,其中 $x \neq 0, a \neq 0$,则某种代数变换给出 $x = -(x^2 + b)/a$。对于这种变换,若 $|x| < |a|/2$,则 $g'(x) = -2x/a$ 会收敛。另一种代数变换为 $x = -a - bx^{-1}$。若 $|x| > \sqrt{|b|}$,则 $g'(x) = b/x^2$ 会收敛。若 $a^2 < 4|b|$,则可保证固定点迭代收敛的两个区间不相交。

9.2 直扩系统

接收机获得的信道状态信息(Channel State Information, CSI)的精度对相干解调以及有效的软判决译码至关重要(见第1章)。蜂窝网协议,如宽带码分多址接入(Wideband Code Division Multiple Access, WCDMA)和长期演进(Long Term Evolution, LTE)指定使用导频辅助信道估计(Pilot - Assisted Channel Estimation, PACE)。导频符号是已知符号,在时域或频域随发射数据多路传输。导频符号随之而来的缺点是频谱或功率效率的下降,且不适用于相干时间小于导频符号持续时间的快衰落信道。虽然在大多数蜂窝网标准中,导频符号的主要作用是信道估计,在小区、数据帧及符号同步中也常发挥一定作用,但是也可使用其他同步方法[5-6]。典型的盲信道估计方法是使用接收符号的二阶统计量来进行信道估计,虽可避免使用导频符号所带来的开销,但在估计性能上仍存在损失。使用 EM 算法可改善信道估计的性能。本节介绍了一种不使用任何导频符号,同时实现迭代 EM 信道估计、迭代检测和译码功能的直扩系统[7]。信道估计需要对接收到的由热噪声和时变干扰构成的干扰功率谱密度进行估计。精确的信道估计可提高译码器抑制干扰的能力。

9.2.1　编码、调制及信道估计

每个 $1\times K$ 维消息向量 $\boldsymbol{m}=[m(1)\quad m(2)\quad \cdots\quad m(K)]$ 通过使用系统可扩展非规则重复累积(Irregular Repeat Accumulate,IRA)码(见 1.8 节)被编码成 $1\times N$ 维码字 $\boldsymbol{c}=[c(1)\quad c(2)\quad \cdots\quad c(N)]$。IRA 码可合并实现线性复杂度的 Turbo 编码和更低复杂度的低密度奇偶校验(Low Density Parity Check,LDPC)译码且不损伤性能。1/2 码率的 (N,K) IRA 码通过密度演进[8]来构造,它在式(1.213)和式(1.231)中最大节点的度为 $d_v=8$ 和 $d_c=7$,从而可得一个强健 IRA 码的度分布为

$$
\begin{aligned}
v(x)&=0.00008+0.31522x+0.34085x^2+0.06126x^6+0.28258x^7\\
\chi(x)&=0.62302x^5+0.37698x^6
\end{aligned}
\tag{9.35}
$$

IRA 系统奇偶校验矩阵与生成矩阵分别由式(1.232)与式(1.234)定义。

图 9.1 显示了由 QPSK 调制器、直接序列扩谱产生器(Spreading - Sequence Generator,SSG)组成的双四进制 DS/CDMA 发射机框图(见 2.5 节),其中序列扩谱产生器是将正交码片序列与同相和正交调制器的输入相乘。经格雷编码的 QPSK(见 1.7 节)将 2 个编码比特映射为一个调制符号 $d(i)\in\{\pm 1,\pm \mathrm{j}\}$ $(i=1,2,\cdots,N_{\mathrm{d}}/2,\mathrm{j}=\sqrt{-1})$。虽然假设调制方式为 QPSK,但后续的分析和仿真很容易扩展到 q 进制 QAM。并行的编码比特流分别表示 $d(i)$ 的实部和虚部,在矩形脉冲成形之前由码片波形调制器(Chip - Waveform Modulator,CWM)使用 Gold 序列进行扩谱。实际上,在载波上变频以前需要先使用中频,但为简洁起见,图 9.1中省略了基带到中频的上变频。

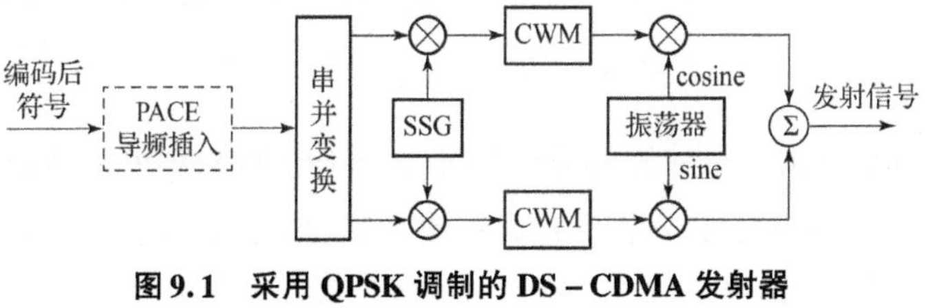

图 9.1　采用 QPSK 调制的 DS - CDMA 发射器

由于 IRA 编码器具有内在的交织特性,可将其另外表示成重复码与交织器和累加器的级联,因此 IRA 码无须使用信道交织。交织器本质上嵌入在矩阵 $\boldsymbol{H}_1$ 中,该矩阵是式(1.234)所定义的生成矩阵的一部分。

每个码字或帧由 $N/2$ 个 QPSK 编码符号组成,每个 QPSK 符号的 IQ 分量有 G 个扩谱序列码片,其中 G 为分量的扩谱因子。每帧有两种不同的子帧或块。衰落块由 N_b 个编码比特或 $N_\mathrm{b}/2$ 个 QPSK 符号组成,并假设其衰落幅度为常数。干扰块由 N_ib 个编码比特或 $N_\mathrm{ib}/2$ 个 QPSK 符号组成,并假设其干扰电平为常数。

9.2.2 迭代接收机结构

图 9.2 显示了双四进制迭代接收机的框图。接收信号经下变频,然后通过码片匹配滤波器,再在各支路上由同步的扩谱序列进行解扩。为简洁起见,图中省略了同步器。假设接收机有精确同步,就可防止两个用户的扩谱序列间出现自扰。

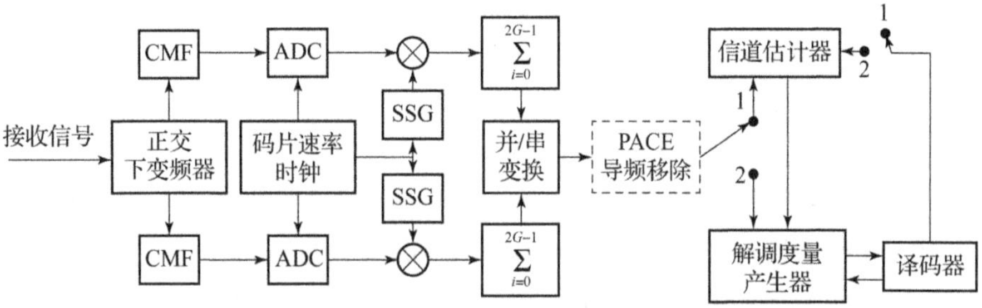

图 9.2 具有信道估计器的迭代 DS-CDMA 接收机

考虑一个具有平坦衰落和多址接入干扰(Multiple - Access Interference, MAI)的场景。在衰落块期间,与两个扩频序列相关联的衰落复幅度为

$$B = \sqrt{\mathcal{E}_\mathrm{s}}\alpha \mathrm{e}^{\mathrm{j}\theta} \tag{9.36}$$

式中:$\mathcal{E}_\mathrm{s}$ 为每个 QPSK 信号的平均能量;α 为 $E[\alpha^2]=1$ 时的衰落幅度值;θ 为未知衰落引入的信道相位。令 $N_0/2$ 表示加性高斯噪声的双边功率谱密度。在衰落块期间,接收信号的复包络由并串(Parallel - to - Serial, P/S)转换器 IQ 两路输出,第 i 个符号时间内接收信号的复包络可表示为

$$y(i) = Bd_i + J_i + n_i, \quad 1 \leqslant i \leqslant \frac{N_\mathrm{b}}{2} \tag{9.37}$$

式中:d_i 为期望发射信号的复编码符号;n_i 为零均值圆对称的复高斯噪声样值,且 $E[|n_i|^2]=N_0$(见第 1.2 节);J_i 为解调之后的干扰信号。若收到导频符号,可将其移除并用于信道估计器。假设时变多址接入干扰由与期望信号结构相同

的干扰信号产生，尽管这些信号的扩谱序列不同，且复衰落幅度相互独立。

直扩系统的一个巨大优势在于，接收机的解扩趋向于在编码符号通带内将干扰功率谱密度进行白化，同时后续滤波趋向于生成具有近似高斯分布的残留干扰（见第 2.4 节）。因此，将干扰和热噪声组合建模为加性高斯噪声，其双边功率谱密度为 $A/2$ 且在每 N_{ib} 个编码比特构成的块内保持为常数，但在块与块之间是变化的。该模型使得由 EM 估计器导出的 A 可用于解调器度量，并可抑制干扰。

接收机迭代定义为图 9.2 所示的信道估计器中内部 EM 迭代之后的译码器迭代，并生成单一的解调器度量。令 r 表示内部 EM 迭代的次数，$r=1,2,\cdots,r_{\max}$；令 l 表示闭环接收机迭代的次数，$l=1,2,\cdots,l_{\max}$。

令 $\hat{\theta}_{(r)}^{(l)}=(\hat{B}_{(r)}^{(l)},\hat{A}_{(r)}^{(l)})$ 表示在接收机进行第 l 次迭代期间，第 r 次 EM 迭代时复衰落幅度及干扰功率谱密度参数的估计值。当图 9.2 中的选择开关打到位置 1 时，获得初始的信道估计和译码，此后开始 EM 迭代。当选择开关打到位置 2 时，执行后续的接收机迭代，这是为了在信道译码器软反馈的辅助下进一步完善初始信道估计。

9.2.3　EM 算法应用

由接收到的 N_{d} 个编码符号构成的数据向量 $\boldsymbol{Y}=[Y(1)\quad Y(2)\quad\cdots\quad Y(N_{\mathrm{d}})]$ 直接计算最大似然信道估计器 $\boldsymbol{\theta}$ 并不可行，这是由于计算复杂度随着 N_{d} 的增加呈指数增长。为此，可采用带有完备接收数据向量的 EM 算法，该向量定义为 $\boldsymbol{Z}=(\boldsymbol{D},\boldsymbol{Y})$，其中缺失数据向量 $\boldsymbol{D}$ 为发射信号向量。

由于 $\boldsymbol{D}$ 独立于参数 $\boldsymbol{\theta}$，有：

$$\ln f(\boldsymbol{z}\,|\,\boldsymbol{\theta})=\ln f(\boldsymbol{y}\,|\,\boldsymbol{d},\boldsymbol{\theta})+\ln f(\boldsymbol{d}) \tag{9.38}$$

假设符号是独立的，高斯噪声和干扰是零均值和圆对称的，可得：

$$f(\boldsymbol{y}\,|\,d,\boldsymbol{\theta})=\frac{1}{(\pi A)^{N_{\mathrm{d}}}}\exp\left(-\sum_{i=1}^{N_{\mathrm{d}}}\frac{(|y(i)-Bd_i|^2)}{A}\right) \tag{9.39}$$

因此，由于有 $|d_i|^2=1$，故：

$$\ln f(\boldsymbol{y}\,|\,\boldsymbol{d},\boldsymbol{\theta})=-N_{\mathrm{d}}\cdot\ln(A)-\frac{1}{A}\sum_{i=1}^{N_{\mathrm{d}}}[\,|y_i|^2+|B|^2-2\mathrm{Re}(y_i^*Bd_i)\,] \tag{9.40}$$

式中无关常数已经去除。

步骤 E：该步需要计算 $\boldsymbol{Z}=(\boldsymbol{D},\boldsymbol{Y})$ 条件对数似然的条件期望：

$$\chi(\boldsymbol{\theta},\boldsymbol{\theta}_{(r)}^{(l)})=E_{\boldsymbol{z}|\boldsymbol{y},\boldsymbol{\theta}_{(r)}^{(l)}}[\ln f(\boldsymbol{Z}\,|\,\boldsymbol{\theta})] \tag{9.41}$$

式中:$\boldsymbol{\theta}_{(r)}^{(l)}$是前面估计得到的值。应用式(9.38)和式(9.40),并注意到式(9.38)中的 $\ln f(\boldsymbol{d})$ 独立于 $\boldsymbol{\theta}$,因此与后面的最大化无关,我们可得:

$$\chi(\boldsymbol{\theta},\hat{\boldsymbol{\theta}}_{(r)}^{(l)}) = -N_{\mathrm{d}}\cdot\ln(A) - \frac{1}{A}\sum_{i=1}^{N_{\mathrm{d}}}[\,|y_i|^2 + |B|^2 - 2\mathrm{Re}(y_i{}^{*}B\bar{d}_{(r)}^{(l)}(i))] \tag{9.42}$$

式中:

$$\bar{d}_{(r)}^{(l)}(i) = E_{\mathbf{z}|\mathbf{y},\hat{\boldsymbol{\theta}}_{(r)}^{(l)}}[D(i)] = E_{\boldsymbol{d}|\mathbf{y},\hat{\boldsymbol{\theta}}_{(r)}^{(l)}}[D(i)] \tag{9.43}$$

假设每个发送符号 $D(i)$ 之间相互独立,且 $D(i)$ 与 $\hat{\boldsymbol{\theta}}_{(r)}^{(l)}$ 相互独立。应用贝叶斯定律,再结合式(9.40)能够表示为 N_{d} 个因子相乘的事实,可得:

$$\bar{d}_{(r)}^{(l)}(i) = E_{\boldsymbol{d}(i)|y_i,\hat{\boldsymbol{\theta}}_{(r)}^{(l)}}[D(i)] \tag{9.44}$$

$$h(d_i|y_i,\hat{\boldsymbol{\theta}}_{(r)}^{(l)}) = \frac{g(y_i|d_i,\hat{\boldsymbol{\theta}}_{(r)}^{(l)})}{g(y_i|\hat{\boldsymbol{\theta}}_{(r)}^{(l)})}P(D(i)=d_i) \tag{9.45}$$

$$g(y_i|d_i,\hat{\boldsymbol{\theta}}_{(r)}^{(l)}) = \frac{1}{\pi\hat{A}_{(r)}^{(l)}}\exp\left(-\frac{|y_i-\hat{B}_{(r)}^{(l)}d_i|^2}{\hat{A}_{(r)}^{(l)}}\right) \tag{9.46}$$

式中:$h(d_i|\cdot)$ 为 $D(i)$ 的条件密度函数;$g(y_i|\cdot)$ 为 $Y(i)$ 的条件密度函数。

步骤 M:对式(9.42)关于复数 B 的实部和虚部求导,然后令导数为零,可得复衰落幅度在第 $r+1$ 次迭代的估计为

$$\mathrm{Re}(\hat{B}_{(r+1)}^{(l)}) = \frac{1}{N_{\mathrm{d}}}\sum_{i=1}^{N_{\mathrm{d}}}\mathrm{Re}(y_i^{*}\bar{d}_{(r)}^{(l)}(i)) \tag{9.47}$$

$$\mathrm{Im}(\hat{B}_{(r+1)}^{(l)}) = -\frac{1}{N_{\mathrm{d}}}\sum_{i=1}^{N_{\mathrm{d}}}\mathrm{Im}(y_i^{*}\bar{d}_{(r)}^{(l)}(i)) \tag{9.48}$$

类似地,对式(9.42)求关于 A 的最大值可以导出:

$$\hat{A}_{(r+1)}^{(l)} = \frac{1}{N_{\mathrm{d}}}\sum_{i=1}^{N_{\mathrm{d}}}|y_i - \hat{B}_{(r+1)}^{(l)}\bar{d}_{(r)}^{(l)}(i)|^2 \tag{9.49}$$

上述这些公式表明一旦估计出 $\bar{d}_{(r)}^{(l)}(i)$,就可估计未知参数。

由于概率 $s_1=P[D_i=+1]$、$s_2=P[D_i=+\mathrm{j}]$、$s_3=P[D_i=-1]$ 和 $s_4=P[D_i=-\mathrm{j}]$ 未知,译码器可以在接收机第 l 次迭代后,利用信道译码器软输出的码字符号概率 $s_\beta^{(l)}$ $(\beta=1,2,3,4)$ 对上述概率进行估计。利用估计得到的概率及式(9.44)和式(9.45),可得:

$$\begin{aligned}\bar{d}_{(r)}^{(l)}(i) \simeq [g(y_i|\hat{\theta}_{(r)}^{(l)})]^{-1}[&s_1^{(l)}g(y_i|1,\hat{\theta}_{(r)}^{(l)}) + \mathrm{j}s_2^{(l)}g(y_i|\mathrm{j},\hat{\theta}_{(r)}^{(l)}) \\ &- s_3^{(l)}g(y_i|-1,\hat{\theta}_{(r)}^{(l)}) + \mathrm{j}s_4^{(l)}g(y_i|-\mathrm{j},\hat{\theta}_{(r)}^{(l)})]\end{aligned} \tag{9.50}$$

式中：

$$g(y_i|\hat{\theta}_{(r)}^{(l)}) = s_1^{(l)}g(y_i|1,\hat{\theta}_{(r)}^{(l)}) + s_2^{(l)}g(y_i|\mathrm{j},\hat{\theta}_{(r)}^{(l)}) + s_3^{(l)}g(y_i|-1,\hat{\theta}_{(r)}^{(l)}) + s_4^{(l)}g(y_i|-\mathrm{j},\hat{\theta}_{(r)}^{(l)}) \quad (9.51)$$

将式(9.46)代入式(9.50)和式(9.51)，计算第 r 次 EM 迭代和接收机第 l 次迭代时 $D(i)$ 的期望：

$$\bar{d}_{(r)}^{(l)}(i) = \frac{s_1^{(l)}R_{1,(r)}^{(l)} + \mathrm{j}s_2^{(l)}R_{2,(r)}^{(l)} - s_3^{(l)}R_{3,(r)}^{(l)} - \mathrm{j}s_4^{(l)}R_{4,(r)}^{(l)}}{\sum_{\beta=1}^{4} s_\beta^{(l)}R_{\beta,(r)}^{(l)}} \quad (9.52)$$

式中似然比 $R_{\beta,(r)}^{(l)}$ 取决于当前信道估计：

$$\begin{aligned} R_{1,(r)}^{(l)} &= \exp\left[\frac{2}{\hat{A}_{(r)}^{(l)}}\mathrm{Re}(\hat{B}_{(r)}^{(l)}y_i)\right], R_{2,(r)}^{(l)} = \exp\left[\frac{2}{\hat{A}_{(r)}^{(l)}}\mathrm{Im}(\hat{B}_{(r)}^{(l)}y_i)\right] \\ R_{3,(r)}^{(l)} &= \exp\left[-\frac{2}{\hat{A}_{(r)}^{(l)}}\mathrm{Re}(\hat{B}_{(r)}^{(l)}y_i)\right], R_{4,(r)}^{(l)} = \exp\left[-\frac{2}{\hat{A}_{(r)}^{(l)}}\mathrm{Im}(\hat{B}_{(r)}^{(l)}y_i)\right] \end{aligned} \quad (9.53)$$

且

$$\hat{B}_{(0)}^{(l)} = \hat{B}_{(r_{\max})}^{(l-1)}, 1 \leqslant l \leqslant l_{\max} \quad (9.54)$$

每个衰落块获得初始估计$(\hat{B}_{(r_{\max})}^{(0)}, \hat{A}_{(r_{\max})}^{(0)})$的方法将在后文予以阐述。

因此，对于给定的接收机迭代，$\bar{d}_{(r)}^{(l)}(i)$ 和 $R_{\beta,(r)}^{(l)}$ 使用译码器反馈 $s_\beta^{(l)}$ 经 $r_{\max}$ 次更新而得到。在下一次接收机迭代中，经过信道再估计，衰落幅度和干扰功率谱密度的估计得到更新，然后这些结果被解调器和信道译码器用来重新计算 $\bar{d}_{(r)}^{(l)}(i)$ 和 $R_{\beta,(r)}^{(l+1)}$。该过程在 EM 算法的 $r_{\max}$ 次迭代中再一次重复，且前面提到的循环过程在后续接收机迭代中以类似的方式持续进行。

在衰落参数的估计中，设 $N_{\mathrm{d}} = N_{\mathrm{b}}/2$；在 A 的估计中，选择 $N_{\mathrm{ib}} \leqslant N_{\mathrm{b}}$，且设 $N_{\mathrm{d}} = N_{\mathrm{ib}}/2$。EM 估计器首先利用式(9.47)、式(9.48)、式(9.52) ~ 式(9.54)找到大小为 N_{b} 的衰落块的 $\hat{B}_{(r)}^{(l)}$ 值(均无需用到 $\hat{A}_{(r)}^{(l)}$)，然后应用已找到的大于或等于衰落块的 $\hat{B}_{(r)}^{(l)}$ 值，找出每个小于或等于 N_{ib} 的干扰块的 $\hat{A}_{(r)}^{(l)}$ 值。

当使用导频符号时，对每个已知的导频比特，设 $\bar{d}_{(r)}^{(l)}(i) = d(i)$，在计算信道估计的过程中，若仅处理已知的导频比特，则没有 EM 迭代。应用停止准则可减少 EM 迭代次数和接收机的反应时间。一旦 $\hat{B}_{(r)}^{(l)}$ 值位于前次迭代结束时的值的特定百分比内，或者迭代达到一个特定的最大数，则迭代停止。

估计值 $\hat{A}_{(r\max)}^{(l)}$ 和 $\hat{B}_{(r\max)}^{(l)}$ 及译码器对各 QPSK 符号的比特的对数似然比反馈给解调器，作为迭代解调译码的一部分(见第 1.7 节)，然后解调器通过式

(1.215)计算用于信道译码的外部对数似然比。接着每个 QPSK 符号 $d_i \in \{\pm 1, \pm j\}$ 的星座点用两个比特 $b_1(i)$ 和 $b_2(i)$ 来表示。将符号 $d(i) = +1$ 标记为 00;符号 $d(i) = +j$ 标记为 01;符号 $d(i) = -1$ 标记为 11;符号 $d(i) = -j$ 标记为 10。令 $b_1(i)$ 和 $b_2(i)$ 表示符号 d_i 的比特,令 v_1 和 v_2 表示由信道译码器在迭代 l 次之后反馈的相应的对数似然比。将 d_i 可能的符号集分为两个分离集 $\mathcal{D}_i^{(0)}$ 和 $\mathcal{D}_i^{(1)}$,这里 $\mathcal{D}_i^{(b)}$ 包括所有标记为 $b_1(i) = b$ 的符号。将式(9.46)代入式(1.215),由于与式(1.215)采用的符号不同,令式(1.215)中 $k \to i, s \to d_i, l = 1, m = 2$,并取消常规变量,可得 $b_1(i)$ 的外部对数似然比:

$$z_1^{(l)}(i) = \ln\left[\frac{\sum\limits_{d_i \in \mathcal{D}_i^{(1)}} \exp\left\{\frac{2}{\hat{A}_{(r_{\max})}^{(l)}} \mathrm{Re}\left[\hat{B}_{(r_{\max})}^{(l)} y_i^* d(i)\right] + b_2(i) v_2\right\}}{\sum\limits_{d_i \in \mathcal{D}_i^{(0)}} \exp\left\{\frac{2}{\hat{A}_{(r_{\max})}^{(l)}} \mathrm{Re}\left[\hat{B}_{(r_{\max})}^{(l)} y_i^* d(i)\right] + b_2(i) v_2\right\}}\right] \tag{9.55}$$

式中两个求和都在两个符号上进行。

令

$$F^{(l)}(i) = \frac{2}{\hat{A}_{(r_{\max})}^{(l)}} \mathrm{Re}\left[\hat{B}_{(r_{\max})}^{(l)} y_i^*\right] \tag{9.56}$$

$$G^{(l)}(i) = \frac{2}{\hat{A}_{(r_{\max})}^{(l)}} \mathrm{Im}\left[\hat{B}_{(r_{\max})}^{(l)} y_i^*\right] \tag{9.57}$$

在式(9.55)的分子的和式中,$b_1(i) = 1$ 表明 $d(i) = -j$ 或 -1。若 $d(i) = -j$,则指数函数的变量为 $G^{(l)}(i)$;若 $d(i) = -1$,则变量为 $-F^{(l)}(i) + v_2$。在分母和式中,$b(i) = 0$ 表明 $d(i) = +j$ 或 $+1$。若 $d(i) = +j$,则指数函数的变量为 $-G^{(l)}(i) + v_2$;若 $d(i) = +1$,则变量等于 $F^{(l)}(i)$。类似计算可得到 $b_2(i)$ 的外部对数似然比。因此,输出给信道译码器的符号 i 中比特 1、2 所对应的解调度量(外部对数似然比)$z_v^{(l)}(i)$ $(v = 1, 2)$ 为

$$z_1^{(l)}(i) = \ln\left\{\frac{\exp\left[G^{(l)}(i)\right] + \exp\left[-F^{(l)}(i) + v_2\right]}{\exp\left[F^{(l)}(i)\right] + \exp\left[-G^{(l)}(i) + v_2\right]}\right\} \tag{9.58}$$

$$z_2^{(l)}(i) = \ln\left\{\frac{\exp\left[-G^{(l)}(i)\right] + \exp\left[-F^{(l)}(i) + v_1\right]}{\exp\left[F^{(l)}(i)\right] + \exp\left[G^{(l)}(i) + v_1\right]}\right\} \tag{9.59}$$

1. 接收机处有准确相位信息

在多个第二代和第三代蜂窝系统标准如 CDMA2000 中,由锁相环提供的载波同步可避免对信道相位进行估计。假设接收机有准确的相位信息,衰落幅度是非负实数,则式(9.48)就不必计算了。在接收机第一次迭代之前,首先进行初始相干解调和译码,然后 EM 算法将依据式(9.47)和式(9.49)产生更新后的信道估计。每个衰落块的盲初始估计可通过接收符号计算得到:

$$\hat{B}^{(0)}_{(r_{\max})} = \frac{2}{N_b}\sum_{k=1}^{N_b/2}|y_i| \tag{9.60}$$

$$\hat{A}^{(0)}_{(r_{\max})} = \max[P_s - (\hat{B}^{(0)}_{(r_{\max})})^2, c(\hat{B}^{(0)}_{(r_{\max})})^2] \tag{9.61}$$

式中：

$$P_s = \frac{2}{N_b}\sum_{k=1}^{N_b/2}|y_i|^2 \tag{9.62}$$

表示接收符号的平均功率，该功率与期望符号平均功率之差用 $P - (\hat{B}^{(0)}_{(r_{\max})})^2$ 表示。在没有噪声和干扰时，式(9.60)可提供准确的估计。选择参数 $c>0$ 以使 $(\hat{B}^{(0)}_{(r_{\max})})^2/\hat{A}^{(0)}_{(r_{\max})}$ 不超过某个最大值。此处为简化计算，通常使用常数 $c=0.1$。这种初始信道估计方法在后文中称为盲方法Ⅰ。

尽管与最大似然估计相比，EM 估计是一种复杂度相对较低的迭代方法，但与导频辅助方法相比，它需要多得多的浮点运算。我们用每个块所需的实数加法与乘法来评估 EM 估计器的复杂度，其中每个块由 N_d 个编码符号组成，一次复数加法等效为 2 次实数加法，一次复数乘法等效为 4 次实数乘法，除法等效于乘法。式(9.47)～式(9.49)在每次 EM 迭代中需要 $6N_d+4$ 次实数加法和 $12N_d+4$ 次实数乘法。式(9.58)与式(9.59)在每次 EM 迭代中需要 6 次实数加法、30 次实数乘法和 4 次指数运算。以上这些计算在每次 EM 迭代中都要重复进行，总共有 $l_{\max}r_{\max}$ 次 EM 迭代。初始估计只需在第一次 EM 迭代之前由式(9.60)～式(9.62)计算一次，需要 $2N_d$ 次实数加，$8N_d+7$ 次实数乘，及计算 2 个实数的最大值。仅使用导频符号进行信道估计的 PACE 接收机只需 $6N_d+4$ 次实数加法和 $12N_d+4$ 次实数乘法就可计算一次式(9.47)～式(9.49)，而无须再计算其他方程。因此，相对于 PACE 信道估计，EM 信道估计增加的计算量要超过 $l_{\max}r_{\max}$ 倍。

2. 接收机处无相位信息

当相位信息也未知时，由于必须要假设一个任意的初始相位值（如 0 弧度），因此可预料，由式(9.60)和式(9.61)所示的盲方法Ⅰ得到的初始信道估计性能会显著下降。为克服该问题，接收机的初始迭代由硬判决解调和信道译码组成，经信道译码后的比特作为 $\bar{d}^{(0)}_{(r_{\max})}(i)$ 用在式(9.47)～式(9.49)中。这一步骤以后，后续的接收机迭代为常规的 EM 估计过程。在后文中将这种初始信道估计方法称为盲方法Ⅱ。相对于前述有可用相位信息时的方法，该方法增加了接收机的反应时间。

9.2.4　盲方法选项

当具有 PACE 的系统帧持续时间固定，但不发送导频符号时，采用方法Ⅰ和

方法Ⅱ可能有以下几种选项:

(1)(方案A)增加发射信息符号数;

(2)(方案B)增加发射信息符号的持续时间;

(3)(方案C)增加发射的校验比特数(降低IRA码率)。

由于盲方法Ⅰ和Ⅱ得到的信道估计性能相对于PACE会有所下降,以上选项可补偿这种系统性能损失。假设没有导频,方案A、B、C的发射数据帧持续时间与有导频符号时的数据帧持续时间相同,则方案A、B、C可分别提供最优的吞吐量、频谱效率及误比特概率。

为了进行比较,对以上方案进行了仿真。在所有仿真中,码字块都有2200bit数据,比特速率为100kbit/s。为便于比较,考虑迭代PACE系统,采用1/2码率IRA码,信息比特数 $K=1000$,码比特数 $N=2000$,导频符号数为200,即导频符号开销为9.1%。在绝大多数仿真中,除非特别声明,衰落块具有 $N_b=40$bit。增加衰落块长度会相应增加EM估计器的精度,但减少衰落块长度可更紧密地跟踪信道参数,并可在接收机的处理中包含更多分集。

闭环接收机的迭代次数设为 $l_{max}=9$,这是由于当 $l_{max}>9$ 时性能提升并不明显。内部EM迭代次数为 $r_{max}=10$。IRA码不采用信道去交错,并采用和积算法译码(见1.8节)。分量扩谱增益为 $G=31$,除非特别声明,移动速度为120km/h。对每个测试的代表性场景都进行5000次蒙特卡罗仿真试验。

在大多数仿真中都假设衰落为平坦衰落,而在最终的仿真中对频率选择性信道进行实验。块与块之间的衰落彼此相关。相关衰落模型使用二维全向散射信道响应的自相关函数,该函数由式(6-44)给出。衰落块 n 持续时间内的复衰落幅度由下式计算:

$$B_n=\sqrt{J_0(2\pi f_d T_f)}B_{n-1}+\sqrt{1-J_0(2\pi f_d T_f)}B_{dn},B_1=B_{d1} \tag{9.63}$$

式中:f_d 为式(6.5)给出的多普勒频移;T_f 为数据块持续时间;B_{dn} 为数据块 n 的复衰落幅度,服从零均值、圆对称的复高斯分布。在这种分布下,幅度的大小服从瑞利分布,相位服从均匀分布。

误比特率(Bit Error Rate,BER)即信息比特的错误概率(见第1.1节),按能量噪声密度比 $\mathcal{E}_b/N_0$ 计算,其中 $\mathcal{E}_b=(N/2K)\mathcal{E}_s$ 表示每比特的能量。除了BER,信息吞吐量也是非常重要的性能度量。移除导频符号的主要目的之一是希望获得更大的信息吞吐量,即使BER性能可能会有轻微下降。信息吞吐量定义为

$$\mathcal{T}=\frac{\text{每个码字中的信息比特数}}{\text{每个码字的持续时间}}\times(1-\text{BER})\text{bit/s} \tag{9.64}$$

1. 单用户环境、准确的相位信息

图9.3和9.4显示了接收的单信号具有准确相位信息时的性能。图9.3

显示了采用 IRA 编码的迭代接收机中 BER 与 $\mathcal{E}_b/N_0$ 的关系，图中分别仿真了具有准确的 CSI、采用 PACE、采用基于方案 A、B 及 C 的盲方法 Ⅰ 和基于方案 A 及 C 的盲方法 Ⅱ 的性能。图中的关键是，当 BER = 10^{-3} 时，对于方案 A 和 C，盲方法 Ⅱ 的性能要比盲方法 Ⅰ 差 2dB，这说明 EM 算法对初始估计的精度敏感。

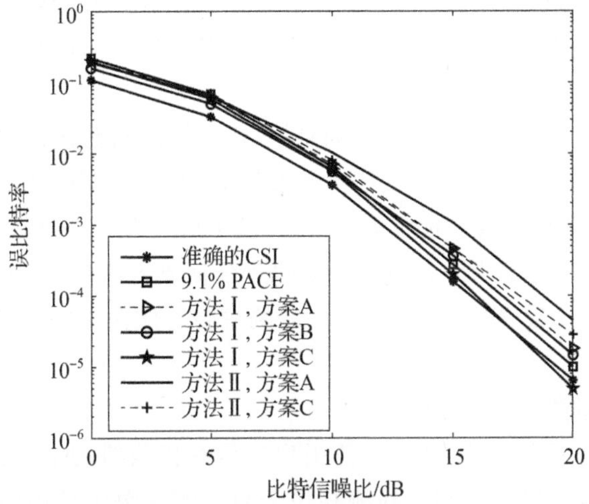

图 9.3　单用户环境相位估计准确时，接收机的 BER 与 $\mathcal{E}_b/N_0$ 的关系[7]

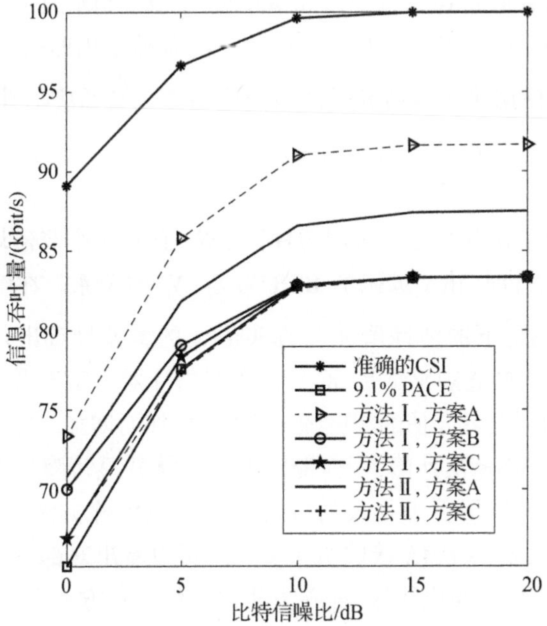

图 9.4　单用户环境相位估计准确时，接收机的信息吞吐量与 $\mathcal{E}_b/N_0$ 的关系[7]

对于盲方法Ⅰ(方案C,码率为1000/2200),增加额外的校验比特可最大限度地提高BER性能,在高时甚至可以超过具有准确CSI、码率IRA码系统的性能。当BER $=10^{-3}$时,增加信息符号数(方案A)会导致最差的BER性能,与PACE和方案B的差距分别为1dB和0.5dB。图中也对各种场景在移动速度为10km/h的慢衰落信道条件下进行了测试,结果表明在最大多普勒频移下性能降低了12倍。可以看出,由于衰落块间存在分集损耗,所有的BER曲线在BER $=10^{-3}$时向右移动了7dB,但是各种方案总的趋势保持一致。

图9.4显示了在图9.3的各种场景下,IRA编码的迭代接收机中信息吞吐量$\mathcal{T}$与$\mathcal{E}_b/N_0$之间的关系。即使完全未使用导频符号,即初始估计值完全是盲的,方案A仍然获得了吞吐量优势。显然,就PACE而言,增加符号的持续时间或加入额外的校验信息并不能给盲方法带来任何显著的吞吐量优势。与具有准确CSI的接收机比较,采用方案B和C的两种盲方法及PACE提供的吞吐量大约减少了20%。

2. 多用户环境,未知相位

假设干扰环境中有4个信号,各用户信号在接收机的平均比特能量相同,$\mathcal{E}_b/N_0=20$dB,且在接收机端不检测相位信息。假设每个子帧中的干扰电平和未知相位保持恒定。每个干扰信号经历独立的相关衰落,且使用与期望的通信信号相互独立的数据和Gold序列。仿真中使用与码片同步的干扰信号,这是一种最坏的假设(见7.3节)。这里对信道估计的两种变化形式进行了实验:仅对复衰落幅度$\hat{B}_{(i)}^{(l)}$使用式(9.47)和式(9.48)进行部分自适应估计,且在所有子帧中令$\hat{A}_{(r)}^{(l)}$等于N_0;对$\hat{B}_{(r)}^{(l)}$和$\hat{A}_{(r)}^{(l)}$使用式(9.47)、式(9.48)和式(9.49)进行完全自适应估计。

图9.5显示了在方案C下采用两种盲方法,且对每个衰落块采用部分和完全自适应信道估计时,IRA编码的BER与$\mathcal{E}_b/N_0$的关系。在解调器和译码器中,部分自适应情况下的估计值$\hat{A}$与真实值A的偏差导致出现较高的误码平层。误码平层给人的直观感觉是,部分自适应估计器由于不考虑多址干扰而高估了真实的SINR值,其高估的程度随SINR的增加而增加。完全自适应估计可以给出更精确的SINR估计值,因而能够抑制干扰并显著降低误码平层。实现这种干扰抑制无须使用更为复杂的多用户和干扰消除方法(见7.7节和7.8节),后者可以在DS-CDMA接收机中实现。可以看出对部分和完全自适应估计来说,由于有更好的相位估计,盲方法Ⅱ都要优于盲方法Ⅰ。此外,由于增加了校验信息,这两种方法在BER $=10^{-3}$时都优于PACE。

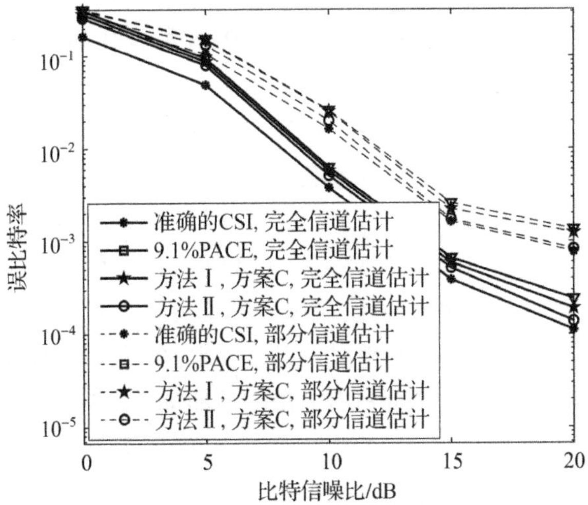

图 9.5　多址接入干扰时,接收机的 BER 与 $\mathcal{E}_b/N_0$ 的关系[7]

图 9.6 显示了采用基于方案 A 的盲方法时,IRA 编码的接收机吞吐量,并与存在多址干扰时的 PACE 进行了比较。与 PACE 相比,盲方法总是能够提供更大的吞吐量。例如,当 $\mathcal{E}_b/N_0>5\text{dB}$ 时,基于方案 A 的盲方法Ⅰ得到的吞吐量要比两种 PACE 方案大 9%。还可观察到部分自适应和完全自适应估计方法都有类似的渐进吞吐量,这表明在非严格 BER 准则下,部分信道估计对应用来说已经足够了。另一方面,对误码有严格要求的应用要求小于 $\text{BER}=10^{-3}$,这就必须使用完全自适应信道估计,可由图 9.5 看出。

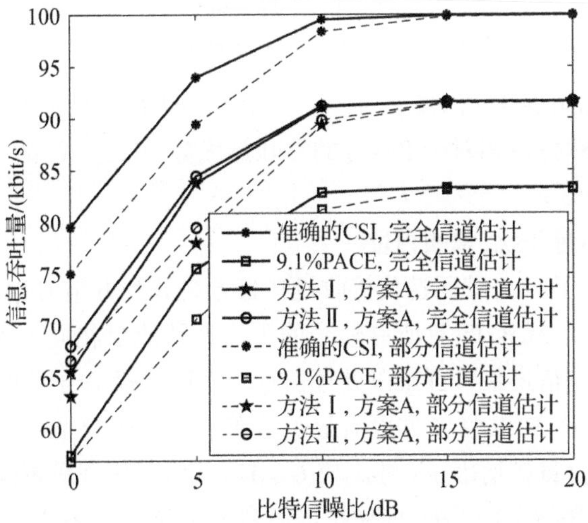

图 9.6　多址接入干扰时,接收机的信息吞吐量与 $\mathcal{E}_b/N_0$ 之间的关系[7]

3. 不同大小的衰落块,未知相位

在城市移动环境中,预计相位在大约0.01/f_d秒至0.04/f_d秒之内就会发生显著变化,其中f_d为最大多普勒频移。假设移动速度为120km/h,在传输速率为100kbs时,该时间范围大致相当于传输10～40个编码比特所需的时间。因此,衰落和干扰块的大小$N_b = N_{ib}$也会发生相应的变化,且在下一组结果中假设接收机中的相位信息不可用。

图9.7显示了单用户环境下$N_b = 10$和40时,完全自适应IRA编码的BER与$\mathcal{E}_b/N_0$在多种情况下的关系曲线,具体为基于方案C的盲方法Ⅰ和Ⅱ、9.1%的PACE及具有准确CSI的译码情况。可以看出,当采用较小的衰落块$N_b = 10$时,由于增加了衰落分集度,因此所有方法的性能都可提升1～2dB。

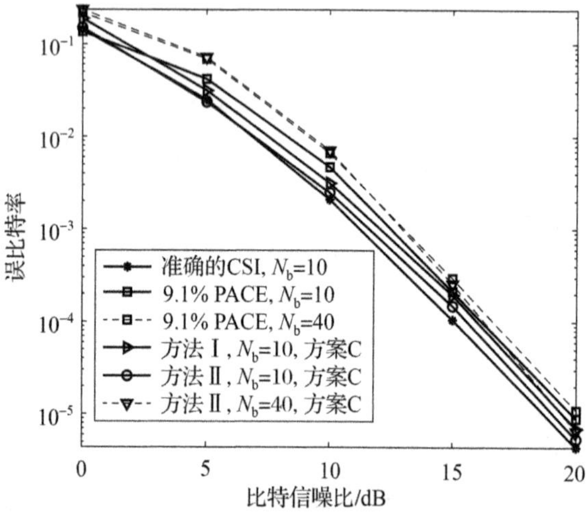

图9.7 单用户环境未知相位条件下,接收机的BER与$\mathcal{E}_b/N_0$的关系[7]

方案A的吞吐量如图9.8所示。可以看出,即使接收机并不知道初始信道相位,盲方法仍然保持相对于PACE的吞吐量优势(从$\mathcal{E}_b/N_0$的中间值到高端值范围内大约是9%)。

4. 不同的多址干扰,未知相位

图9.9给出了IRA编码迭代接收机在盲方法Ⅱ及方案C时的性能,其中多址干扰信号有3个或6个,且所有信号的平均比特能量相同。无论是否有扩谱增益,部分自适应信道估计都难以处理由6个多址干扰信号引起的干扰,但完全自适应信道估计在BER性能方面有显著改善。在完全自适应信道估计下低误比特率时,增加分量扩谱因子(可比较$G = 127$和$G = 31$)所带来的优势将更为明显。例如,在BER $= 10^{-5}$处,即使扩谱序列不正交、CSI不准确,完全自适应信道估计在处理3个多址干扰信号时也可带来大约5dB的优势。

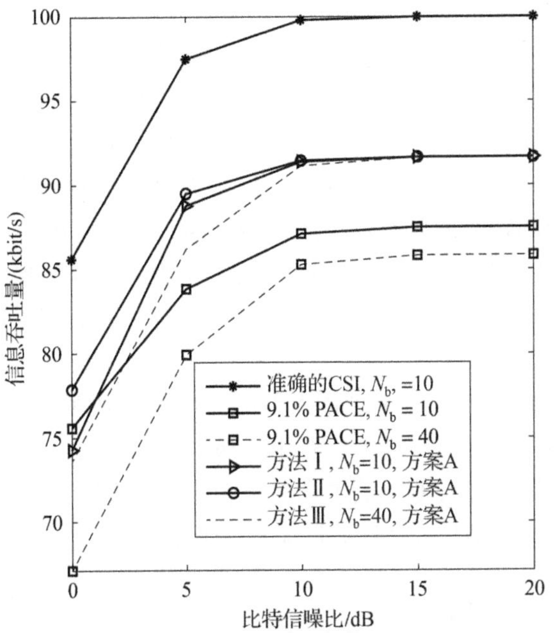

图 9.8　单用户环境未知相位条件下,接收机的信息吞吐量与 $\mathcal{E}_b/N_0$ 的关系[7]

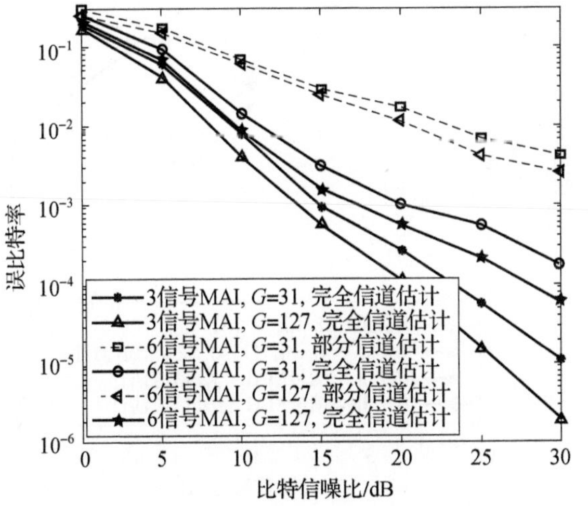

图 9.9　不同扩展因子、不同数量 MAI 时,接收机的 BER 与 $\mathcal{E}_b/N_0$ 的关系[7]

5. 多径信道

DS/CDMA 系统可通过 Rake 解调器(见 6.10 节)来利用频率选择性衰落信道。例如,假设信道中存在期望通信信号的 3 个可分辨多径分量(其时延为已知),Rake 合并器具有 3 个相应的支路。多径分量在通过各支路时经历独立的衰落过程,但其后假设它们在时间上符合式(9.63)相关衰落模型。通过各支路的衰落分量的幅度服从按指数衰减的功率剖面：

$$E[\alpha_l^2] = e^{-(l-1)}, l = 1, 2, 3 \tag{9.65}$$

每个干扰信号在 Rake 解调器的各支路上都具有相同的功率，且经历独立的相关衰落。由于期望接收的通信信号具有独立的多径衰落幅度，基于 EM 算法的信道估计在每条支路上分别进行。Rake 解调器基于所有支路上的信道估计值来对接收符号的副本进行最大比合并（见 6.4 节）。从 Rake 解调器获得的符号度量被送到 QPSK 解调器的度量生成器，它将为共用译码器生成软输入。译码器的软输出被反馈到 3 个支路上的信道估计器模块，它们再次计算更新后的衰落幅度。

图 9.10 显示了存在三个多址接入干扰信号时，采用基于方案 C 的盲方法Ⅱ时的 Rake 解调器的性能，仿真中所有用户都采用长度为 127 的 Gold 序列。可以看出，正如预期的那样，Rake 合并所带来的附加分集提高了性能，但是部分自适应和完全自适应信道估计之间的性能差距仍然很大。

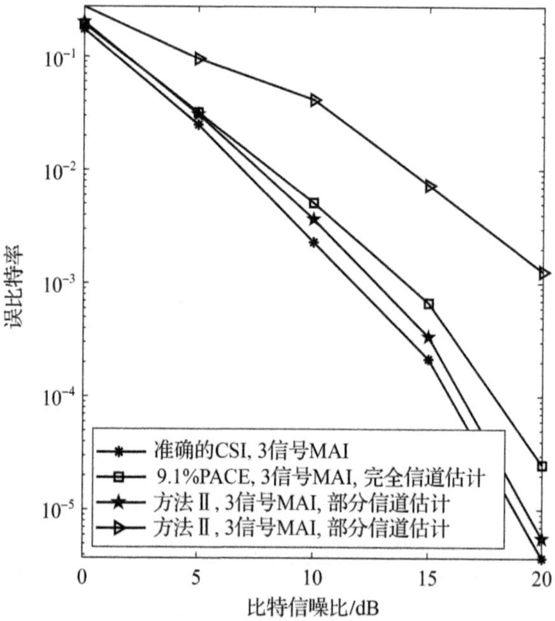

图 9.10　3 信号 MAI 时，Rake 接收机中 BER 与 $\mathcal{E}_b/N_0$ 的关系[7]

6. 方案比较

仿真结果表明，对于具有编码、相干检测及信道估计的 DS/CDMA 接收机的有效性来说，导频符号不是必需的。若用信息符号取代导频符号，则无论是否存在干扰，吞吐量都将比 PACE 下的吞吐量有所增加。若以 BER 为主要性能准则，则用校验符号取代导频符号后得到的 BER 要比 PACE 下的 BER 更低。若频谱效率是最重要的，则在去除导频符号后，增加符号的时宽可提高相对于PACE时的频谱效率，尽管这要付出BER值有所增加的代价。

仿真结果表明，解扩及后续对干扰PSD的估计都可显著抑制干扰。这种抑制能力的获得并未使用DS－CDMA接收机上非常复杂的多用户和信号消除方法。

9.3　信息论导论

著名的信息论（见7.1节）确立了通信系统所能达到的极限。该理论还对选择合适的编码速率和信号特征进行了深入思考。本节的信息论导论将在下节中用于鲁棒跳频系统的设计。

令 $\boldsymbol{X}$ 和 $\boldsymbol{Y}$ 表示连续分布的随机向量，即它们的各分量是连续分布的随机变量。令 $f(\boldsymbol{x},\boldsymbol{y})$ 表示 $\boldsymbol{X}$ 和 $\boldsymbol{Y}$ 的联合概率密度函数，且令 $f(\boldsymbol{x})$ 和 $f(\boldsymbol{y})$ 表示对应的边缘概率密度函数。令 $\boldsymbol{X}$ 和 $\boldsymbol{Y}$ 分别表示发送和接收信号，$\boldsymbol{X}$ 和 $\boldsymbol{Y}$ 之间的平均互信息，即每次信道传输的比特数，定义为[6,9]

$$I(\boldsymbol{X};\boldsymbol{Y}) = \int_{R(\boldsymbol{y})}\int_{R(\boldsymbol{x})} f(\boldsymbol{x},\boldsymbol{y}) \log_2 \frac{f(\boldsymbol{x},\boldsymbol{y})}{f(\boldsymbol{x})f(\boldsymbol{y})}\mathrm{d}\boldsymbol{x}\mathrm{d}\boldsymbol{y} \tag{9.66}$$

式中：$R(\boldsymbol{y})$ 和 $R(\boldsymbol{x})$ 分别为 $\boldsymbol{y}$ 和 $\boldsymbol{x}$ 的定义域或积分区间。信道容量定义为在概率密度函数 $f(\boldsymbol{x})$ 所有可能的选择中所获得的 $I(\boldsymbol{X};\boldsymbol{Y})$ 最大值。

数字通信系统发射具有离散值的符号，但接收为连续的输出信号。令 X 表示从 q 个符号构成的输入符号表中抽出的某个离散随机变量，并将其作为调制器的输入。令连续分布的随机向量 $\boldsymbol{Y}$ 表示信道或匹配滤波器的输出。X 和 $\boldsymbol{Y}$ 之间的平均互信息定义为

$$I(X,\boldsymbol{Y}) = \sum_{i=1}^{q} P[X = x_i]\int_{R(\boldsymbol{y})} f(\boldsymbol{y}|x_i) \log_2 \frac{f(\boldsymbol{y}|x_i)}{f(\boldsymbol{y})}\mathrm{d}\boldsymbol{y} \tag{9.67}$$

式中：$P[X=x_i]$ 为 $X=x_i(i=1,2,\cdots,q)$ 的概率，$f(\boldsymbol{y}|x_i)$ 为给定 $X=x_i$ 时 $\boldsymbol{Y}$ 的条件概率密度函数。式(9.67)可由式(9.66)通过将 $f(\boldsymbol{x})$ 替换为 $P[X=x_i]$、将 $f(\boldsymbol{x},\boldsymbol{y})$ 替换为 $f(\boldsymbol{y}|x_i)P[X=x_i]$ 并用求和符号替换其中的积分得到。概率密度函数 $f(\boldsymbol{y})$ 可表示为

$$f(\boldsymbol{y}) = \sum_{i=1}^{q} P[X = x_i]f(\boldsymbol{y}|x_i) \tag{9.68}$$

若将式(9.67)关于 $P[X=x_i]$ 最大化，则可称平均互信息为离散输入、连续输出信道的信道容量。

假设在式(9.67)和式(9.68)中选择具有等概率的信道输入，使得 $P[X=x_i]=$

$1/q(i=1,2,\cdots,q)$,则将等概率符号的平均互信息定义为均衡信道容量:

$$C = \log_2 q + \frac{1}{q}\sum_{i=1}^{q}\int_{R(y)} f(\boldsymbol{y}\mid x_i)\log_2 \frac{f(\boldsymbol{y}\mid x_i)}{\sum_{i=1}^{q} f(\boldsymbol{y}\mid x_i)}\mathrm{d}\boldsymbol{y} \tag{9.69}$$

考虑一个平坦衰落信道和每个符号间隔内的复衰落幅度 $\mathcal{A}$ 的准确信道状态信息。各态历经信道容量为所有可能的信道状态进行平均后的信道容量,若信道符号是等概率分布的,则各态历经均衡信道容量为

$$C = \log_2 q + \frac{1}{q}\sum_{i=1}^{q}\int_{R(a)}\int_{R(y)} g(a) f(\boldsymbol{y}\mid x_i, a)\log_2 \frac{f(\boldsymbol{y}\mid x_i, a)}{\sum_{i=1}^{q} f(\boldsymbol{y}\mid x_i, a)}\mathrm{d}\boldsymbol{y}\mathrm{d}a \tag{9.70}$$

式中:$g(a)$为复衰落幅度实部和虚部的二维概率密度函数;$R(a)$为复衰落幅度的积分区间;$f(\boldsymbol{y}\mid x_i, a)$为给定 $X=x_i$ 和复衰落幅度 $\mathcal{A}=a$ 时 $\boldsymbol{Y}$ 的条件概率密度函数。

9.4 鲁棒跳频系统

本节描述和分析了采用非相干检测、迭代 Turbo 译码和解调以及信道估计的鲁棒跳频系统[10]。该系统不仅可有效工作在 AWGN 和衰落信道上,还可工作于多址干扰和多音干扰环境。

由于每次跳频之后相位估计困难,故非相干或差分相干解调具有实用优势,且通常是必要的。一种认为合理的调制方式是正交连续相位频移键控(Continuous – Phase Frequency – Shift Keying,CPFSK)。在正交 CPFSK 中,增加调制阶数 q 可以提高其能量效率,其中 q 等于在每跳驻留时间内信号集中可能使用的频率数。问题在于,尽管较大的信道带宽 B_u 是必要的,但在固定带宽为 W 的频谱区域内进行跳频时,较大的信道带宽会减少信道的可用数量。可用信道的减少会使系统在多址跳频信号和多音干扰下更为脆弱。使用非正交的 CPFSK 可以得到较小的 B_u。作为说明 B_u 重要性的例子,考虑多音干扰对 q 元 CPFSK 跳频系统的影响,假设系统中不存在热噪声,且每个单音干扰的载频位于不同信道。未编码的误符号率由式(3.67)给出,该式清晰地表明了较小的带宽对减小多音干扰的影响具有明显优势。

采用非正交 CPFSK、Turbo 码、比特交织编码调制(Bit – Interleaved Coded Modulation,BICM)、迭代译码和解调及信道估计,可得到鲁棒的系统性能。q 元 CPFSK 的带宽随调制指数 h 的减小而降低。在 AWGN 和衰落信道中,虽然当 $h<1$ 时,由于缺乏正交性会导致性能损失,但相对于获得的抗多址干扰和多音

干扰增益而言，Turbo 译码器可使这种损失相对较小。

相对于其他采用差分检测、相干检测或正交调制的系统，采用非相干检测和非正交 CPFSK 的系统有如下显著优势：

(1) 在每跳驻留时间内无须额外的参考符号，也无须估计相位偏移。

(2) 无须假设在整个跳频驻留时间内相位偏移恒定。

(3) 信道估计器更加精确，且能估计任意水平的干扰和噪声功率谱密度。

(4) 在每跳驻留时间内具有紧凑的信号谱结构，从而允许有更多的信道，因此提高了系统抗多址干扰和多音干扰的性能。

(5) 由于采用非相干检测，系统复杂度与 h 的选择无关，因此与相干 CPFSK 系统相比，非相干 CPFSK 在设计上有更多的灵活性。

9.4.1　系统模型

系统的发射端使用迭代译码比特交织编码调制（BICM with Iterative Decoding, BICM - ID）（见 1.7 节和 6.9 节），编码后的信息比特经过交织，再送入 $1 \times N_{\mathrm{d}}$ 维的向量 $\boldsymbol{d}$，其中元素为 $d_i \in \{1, 2, \cdots, q\}$，每个元素表示 $m = \log_2 q$ 比特。在一个跳频驻留间隔内，向量 $\boldsymbol{d}$ 生成多音序列，该序列由具有跳频波形的载频进行频率变换得到。如图 9.11 所示，图中 Π 表示交织器，Π^{-1} 表示解交织器，调制信号通过存在部分频带干扰或多址干扰的 AWGN 或衰落信道后，接收机前端对接收到的信号进行解跳。解跳后的信号通过一组 q 个匹配滤波器，每个匹配滤波器由一个正交对实现（见 2.5 节）。每个匹配滤波器的输出按照符号速率采样，从而得到一个复序列。假设存在符号同步，将复采样值置于一个 $q \times N_{\mathrm{d}}$ 维矩阵 $\boldsymbol{Y}$ 中，其第 i 列表示对应于第 i 个接收符号的匹配滤波器输出。矩阵 $\boldsymbol{Y}$ 送至信道估计器，用于生成一个 $m \times N_{\mathrm{d}}$ 维矩阵 $\boldsymbol{Z}$ 作为解调器的比特度量。

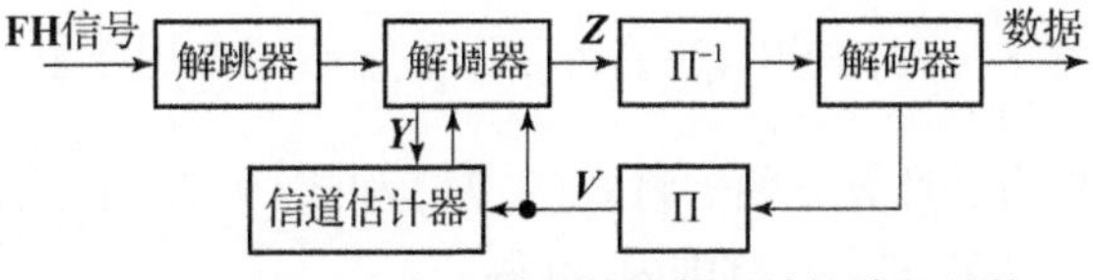

图 9.11　采用 Turbo 编码的跳频系统接收机结构

解调器与 Turbo 译码器和信道估计器都要进行信息交换。经解交织后，解调器的比特度量送至译码器。根据 Turbo 原理，译码器将先验信息（译码器比特度量是一个形如 $m \times N_{\mathrm{d}}$ 维矩阵 $\boldsymbol{V}$）反馈回解调器和信道估计器。频率选择性衰落信道的衰落幅度在跳与跳之间变化，且部分频带和多址干扰的存在使某些跳驻留时间内的干扰和噪声发生改变。因此，需要对大小为 N_{b} 的数据块进行衰落幅度和干扰及噪声的谱密度估计，其中 N_{b} 要小于或等于跳频驻留时间内符号数。若每个数据块有 N_b 个符号,则每个码字有$\lceil N_d/N_b \rceil$个数据块。

9.4.2 解调器度量

单位能量、q 元 CPFSK 符号波形在初始相位偏移为零时的复包络为

$$s_l(t)=\frac{1}{\sqrt{T_s}}e^{j2\pi lht/T_s},0\leqslant t\leqslant T_s,l=1,2,\cdots,q \tag{9.71}$$

式中:T_s 为符号间隔;h 为调制指数;$j=\sqrt{-1}$。由于连续相位的限制,第 i 个 CPFSK 符号的初始相位为 $\phi_i=\phi_{i-1}+2\pi lh$。相位的连续性保证了 CPFSK 波形频谱的紧凑。假设一个码字的第 i 个符号使用单位能量的波形 $s_{d_i}(t)$,其中整数 d_i 是码字的函数。若传输码字的信道为衰落 AWGN 信道,则与符号 i 相对应的接收信号可表示为复数形式:

$$r_i(t)=\mathrm{Re}[\alpha_i\sqrt{2\mathcal{E}_s}s_{d_i}(t)e^{j2\pi f_c t+j\theta_i}]+n_i(t),0\leqslant t\leqslant T_s,i=1,2,\cdots,N_d \tag{9.72}$$

式中:$n_i(t)$ 为独立零均值的高斯白噪声,其双边功率谱密度为 $N_{0i}/2$;f_c 为载波频率;$\mathcal{E}_s$ 为信号能量;α_i 为复衰落幅度。不失一般性,假设 $E[\alpha_i^2]=1$,则接收信号的平均能量为 $\mathcal{E}_s$。相位 θ_i 由 CPFSK 约束、信道衰落及接收机的频率偏移共同确定。

可以考虑利用 CPFSK 的内在记忆性来计算从解调器到译码器的转换度量,但在几个符号内相位必须要保持稳定,且解调器相当于速率为 1 的内译码器。此外,网格解调器需要合理的 h,其状态的数量取决于 h 的分母。若解调器度量按照逐符号的方式计算,且利用的是 Turbo 码的记忆性而不是调制的记忆性,则在设计上就要灵活得多。

与 $s_k(t)$ 匹配的滤波器 k 的输出样值为

$$y_{k,i}=\sqrt{2}\int_0^{T_s}r_i(t)e^{-j2\pi f_c t}s_k^*(t)\,dt,i=1,2,\cdots,N_d,k=1,2,\cdots,q \tag{9.73}$$

式中:$\sqrt{2}$的插入是为了计算方便。将式(9.71)和式(9.72)代入式(9.73),每个$\{s_k(t)\}$的频谱近似在$|f|<f_c$ 范围内,可得:

$$y_{k,i}=\alpha_i\sqrt{\mathcal{E}_s}e^{j\theta_i}\rho_{d_i-k}+n_{k,i} \tag{9.74}$$

式中:

$$n_{k,i}=\sqrt{2}\int_0^{T_s}n_i(t)e^{-j2\pi f_c t}s_k^*(t)\,dt \tag{9.75}$$

且

$$\rho_l=\frac{\sin(\pi hl)}{\pi hl}e^{j\pi hl} \tag{9.76}$$

如1.2节所示,由于 $n_i(t)$ 为零均值的白噪声且 $\{s_k(t)\}$ 的频谱受限,故每个 $n_{k,i}$ 的均值都为零,且:

$$E[n_{k,i}n_{l,i}^*]=N_{0i}\rho_{l-k} \tag{9.77}$$

且 $\{n_{k,i}\}$ 具有循环对称性:

$$E[n_{k,i}n_{l,i}]=0 \tag{9.78}$$

由于 $n_i(t)$ 是一个高斯过程, $n_{k,i}$ 的实部和虚部是联合高斯的,因此,集合 $\{n_{k,i}\}$ 由复联合高斯随机变量构成。

令 $\boldsymbol{y}_i=[y_{1,i}\quad y_{2,i}\quad\cdots\quad y_{q,i}]^{\mathrm{T}}$ 表示与符号 i 相对应的匹配滤波器输出的列向量,令 $\boldsymbol{n}=[n_{1,i}\quad n_{2,i}\quad\cdots\quad n_{q,i}]^{\mathrm{T}}$。再假设传输的符号为 d_i,符号能量为 $\mathcal{E}_s$,衰落幅度为 α_i,噪声功率谱密度为 $N_{0i}/2$,相位为 θ_i,且 $\boldsymbol{y}_i=\bar{\boldsymbol{y}}_i+\boldsymbol{n}$,其中 $\bar{\boldsymbol{y}}_i=E[\boldsymbol{y}_i\,|\,d_i,\alpha_i\sqrt{\mathcal{E}_s},N_{0i},\theta_i]$,则式(9.74)表明 $\bar{\boldsymbol{y}}_i$ 的第 k 个分量为

$$\bar{y}_{k,i}=\alpha_i\sqrt{\mathcal{E}_s}\mathrm{e}^{\mathrm{j}\theta_i}\rho_{d_i-k} \tag{9.79}$$

$\boldsymbol{y}_i$ 的协方差矩阵为

$$\begin{aligned}\boldsymbol{R}_i&=E[(\boldsymbol{y}_i-\bar{\boldsymbol{y}}_i)(\boldsymbol{y}_i-\bar{\boldsymbol{y}}_i)^{\mathrm{H}}\,|\,d_i,\alpha_i\sqrt{\mathcal{E}_s},N_{0i},\theta_i]\\&=E[\boldsymbol{n}\boldsymbol{n}^{\mathrm{H}}]\end{aligned} \tag{9.80}$$

且其各分量由式(9.77)给定。

为方便起见,定义矩阵 $\boldsymbol{K}=\boldsymbol{R}_i/N_{0i}$,其分量为

$$K_{kl}=\rho_{l-k} \tag{9.81}$$

在给定传输符号为 d_i、符号平均能量为 $\mathcal{E}_s$、衰落幅度为 α_i、噪声功率谱密度为 $N_{0i}/2$、相位为 θ_i 时, $\boldsymbol{y}_i$ 的条件概率密度函数可表示为

$$g(\boldsymbol{y}_i\,|\,\boldsymbol{\psi})=\frac{1}{\pi^q N_{0i}^q\det\boldsymbol{K}}\exp\left[-\frac{1}{N_{0i}}(\boldsymbol{y}_i-\bar{\boldsymbol{y}}_i)^{\mathrm{H}}\boldsymbol{K}^{-1}(\boldsymbol{y}_i-\bar{\boldsymbol{y}}_i)\right] \tag{9.82}$$

其中:

$$\boldsymbol{\psi}=(d_i,\alpha_i\sqrt{\mathcal{E}_s},N_{0i},\theta_i) \tag{9.83}$$

式中: $\boldsymbol{K}$ 与 $\boldsymbol{\psi}$ 相互独立。

展开式(9.82)中的二次项可得:

$$\begin{aligned}Q_i&=(\boldsymbol{y}_i-\bar{\boldsymbol{y}}_i)^{\mathrm{H}}\boldsymbol{K}^{-1}(\boldsymbol{y}_i-\bar{\boldsymbol{y}}_i)\\&=\boldsymbol{y}_i^{\mathrm{H}}\boldsymbol{K}^{-1}\boldsymbol{y}_i+\bar{\boldsymbol{y}}_i^{\mathrm{H}}\boldsymbol{K}^{-1}\bar{\boldsymbol{y}}_i-2\mathrm{Re}(\boldsymbol{y}_i^{\mathrm{H}}\boldsymbol{K}^{-1}\bar{\boldsymbol{y}}_i)\end{aligned} \tag{9.84}$$

式(9.79)与式(9.81)表明 $\bar{\boldsymbol{y}}_i$ 与 $\boldsymbol{K}$:的第 d_i 列呈正比:

$$\bar{\boldsymbol{y}}_i=\alpha_i\sqrt{\mathcal{E}_s}\mathrm{e}^{\mathrm{j}\theta_i}\boldsymbol{K}_{:,d_i} \tag{9.85}$$

由于 $\boldsymbol{K}^{-1}\boldsymbol{K}=\boldsymbol{1}$,故列向量 $\boldsymbol{K}^{-1}\bar{\boldsymbol{y}}_i$ 中只有第 d_i 个分量非零,且

$$Q_i = \boldsymbol{y}_i^{\mathrm{H}}\boldsymbol{K}^{-1}\boldsymbol{y}_i + \alpha_i^2\mathcal{E}_{\mathrm{s}} - 2\alpha_i\sqrt{\mathcal{E}_{\mathrm{s}}}\mathrm{Re}(y_{d_i,i}\mathrm{e}^{-\mathrm{j}\theta_i}) \tag{9.86}$$

对于非相干信号,假设每个 θ_i 都在$[0,2\pi)$内均匀分布。将式(9.86)代入式(9.82),把 $y_{d_i,i}$表示为极坐标形式,再利用附录 H.3 节的式(H.16)对 θ_i 求积分,可得概率密度函数:

$$g(\boldsymbol{y}_i|\boldsymbol{\psi}) = \frac{\exp\left(-\dfrac{\boldsymbol{y}_i^{\mathrm{H}}\boldsymbol{K}^{-1}\boldsymbol{y}_i + \alpha_i^2\mathcal{E}_{\mathrm{s}}}{N_{0i}}\right)}{\pi^q N_{0i}^q \det\boldsymbol{K}}\mathrm{I}_0\left(\frac{2\alpha_i\sqrt{\mathcal{E}_{\mathrm{s}}}|y_{d_i,i}|}{N_{0i}}\right) \tag{9.87}$$

式中:$\mathrm{I}_0(\cdot)$为第一类零阶修正贝塞尔函数。由于符号与符号之间的白噪声 $n_i(t)$相互独立,故式(9.87)给出的 $\boldsymbol{y}_i$ 的密度函数与 $\boldsymbol{y}_l(i\neq l)$相互独立。

令 $\hat{A}$ 和 $\hat{B}$ 分别表示在包含 N_{b} 个符号的驻留时间内对 $A = N_0$ 和 $B = 2\alpha\sqrt{\mathcal{E}_{\mathrm{s}}}$ 的估计,在此驻留时间内 $\alpha_i = \alpha$ 且 $N_{0i} = N_0$ 皆为常数。令 $b_k(i)$表示符号 i 的比特 k。令 $\boldsymbol{Z}$ 表示 $m\times N_{\mathrm{d}}$ 维矩阵,其元素 $z_{k,i}$为 $b_k(i)$的对数似然比,该似然比由解调器计算得到。将矩阵 $\boldsymbol{Z}$ 重排成一个行向量,并解交织,将得到的向量 $\boldsymbol{z}'$送入 Turbo 译码器。译码器输出的外部信息 $\boldsymbol{v}'$经交织后重排成一个 $m\times N_{\mathrm{d}}$ 维矩阵 $\boldsymbol{V}$,该矩阵包含的先验信息为

$$v_{k,i} = \ln\frac{P[b_k(i) = 1|\boldsymbol{Z}\backslash z_{k,i}]}{P[b_k(i) = 0|\boldsymbol{Z}\backslash z_{k,i}]} \tag{9.88}$$

式中:条件 $\boldsymbol{Z}\backslash z_{k,i}$意味着不含 $z_{k,i}$时计算比特 $b_k(i)$的外部信息。

由于 $\boldsymbol{V}$ 反馈到解调器,故:

$$z_{k,i} = \ln\frac{P[b_k(i) = 1|\boldsymbol{y}_i,\boldsymbol{\gamma}'_{\lceil i/N_b\rceil},\boldsymbol{v}_i\backslash v_{k,i}]}{P[b_k(i) = 0|\boldsymbol{y}_i,\boldsymbol{\gamma}'_{\lceil i/N_b\rceil},\boldsymbol{v}_i\backslash v_{k,i}]} \tag{9.89}$$

式中:$\boldsymbol{\gamma}' = \{\hat{A},\hat{B}\}$;$\lceil x\rceil$表示大于或等于 x 的最小整数。将符号集 $\mathcal{D} = \{1,2,\cdots,q\}$分成两个不相交的子集 $\mathcal{D}_k^{(1)}$ 和 $\mathcal{D}_k^{(0)}$,其中 $\mathcal{D}_k^{(b)}$ 包含所有标记为 $b_k = b$ 的符号。正如式(1.215)所表明的那样,此时外部信息可表示为

$$z_{k,i} = \ln\frac{\sum_{d\in\mathcal{D}_k^{(1)}} g(\boldsymbol{y}_i|d,\boldsymbol{\gamma}'_{\lceil i/N_b\rceil})\prod_{\substack{l=1\\l\neq k}}^{m}\exp(b_l(d)v_{l,i})}{\sum_{d\in\mathcal{D}_k^{(0)}} g(\boldsymbol{y}_i|d,\boldsymbol{\gamma}'_{\lceil i/N_b\rceil})\prod_{\substack{l=1\\l\neq k}}^{m}\exp(b_l(d)v_{l,i})} \tag{9.90}$$

式中:$b_l(d)$是符号 d 中的第 l 个比特值。将式(9.87)代入式(9.90),消去公因子,可得:

$$z_{k,i} = \ln\frac{\sum_{d\in\mathcal{D}_k^{(1)}} I_0(\gamma_{\lceil i/N_b\rceil}|y_{d_i,i}|)\prod_{\substack{l=1\\l\neq k}}^{m}\exp(b_l(d)v_{l,i})}{\sum_{d\in\mathcal{D}_k^{(0)}} I_0(\gamma_{\lceil i/N_b\rceil}|y_{d_i,i}|)\prod_{\substack{l=1\\l\neq k}}^{m}\exp(b_l(d)v_{l,i})} \tag{9.91}$$

式中只需要比值 $\gamma = \hat{B}/\hat{A}$,而不需要 $\hat{A}$ 和 $\hat{B}$ 各自的估计值。

9.4.3 信道估计

由于本节公式采用特定的接收器迭代，因此为了简化表示，本节前后的公式均省略了表示接收器迭代次数的上标。

由于在块衰落和时变干扰下，A 和 B 会逐块变化，因此每个块都按相同方式单独处理。为保持鲁棒性，无论是待估计量的分布，还是块与块之间的相关性，估计器对它们都不做任何假设。估计器直接使用单个数据块的信道观察结果，同时通过译码器反馈的外部信息来间接利用其他数据块的观察结果。因此在本节中，$\boldsymbol{Y}$ 是一个一般性的 $q\times N_b$ 维接收数据块，$\boldsymbol{y}_i$ 为 $\boldsymbol{Y}$ 的第 i 个列矢量，矢量 $\boldsymbol{D}=[D_1 \quad D_2 \quad \cdots \quad D_{N_b}]$ 是相应的发射符号集，且 $\{\hat{A},\hat{B}\}$ 是相应的信道估计器集合。

EM 算法采用迭代方法进行估计，而非试图直接计算最大似然估计。令 $\{\boldsymbol{Y},\boldsymbol{D}\}$ 表示完备数据集。由于 $\ln h(\boldsymbol{d})$ 独立于 A 和 B，因此不影响最大化，故完备数据集的对数似然函数为

$$\ln f(\boldsymbol{z}|A,B)=\ln g(\boldsymbol{y}|\boldsymbol{d},A,B)+\ln h(\boldsymbol{d})\sim\ln g(\boldsymbol{y}|\boldsymbol{d},A,B) \tag{9.92}$$

由于 $i\neq l$ 时 $\boldsymbol{y}_i$ 和 $\boldsymbol{y}_l$ 相互独立，故式(9.87)表明：

$$g(\boldsymbol{y}|\boldsymbol{d},A,B)=\frac{\exp\left[-\dfrac{H}{A}-\dfrac{N_\mathrm{b}B^2}{4A}+\sum_{i=1}^{N_\mathrm{b}}\ln \mathrm{I}_0\left(\dfrac{B|y_{d_i,i}|}{A}\right)\right]}{(\pi^q A^q\det\boldsymbol{K})^{N_\mathrm{b}}} \tag{9.93}$$

式中：

$$H=\sum_{i=1}^{N_\mathrm{b}}\boldsymbol{y}_i^\mathrm{H}\boldsymbol{K}^{-1}\boldsymbol{y}_i \tag{9.94}$$

去除不相关常数以后，可得：

$$\ln f(\boldsymbol{z}|A,B)\sim -qN_\mathrm{b}\log A-\frac{H}{A}-\frac{N_\mathrm{b}B^2}{4A}+\sum_{i=1}^{N_\mathrm{b}}\ln \mathrm{I}_0\left(\frac{B|y_{d_i,i}|}{A}\right) \tag{9.95}$$

式(9.95)的形式表明必须要同时估计参数 A 和 B，而非仅仅估计比值 B/A。

令 r 表示 EM 算法的迭代次数，令 $\hat{A}^{(r)}$ 和 $\hat{B}^{(r)}$ 表示在第 r 次迭代中 A 和 B 的估计值。期望步骤 E 需要计算：

$$Q(A,B)=E_{d|y,\hat{A}^{(r-1)},\hat{B}^{(r-1)}}[\ln f(\boldsymbol{Z}|A,B)] \tag{9.96}$$

式中的期望运算是在 y 及此前 EM 迭代的估计值 $\hat{A}^{(r-1)}$ 和 $\hat{B}^{(r-1)}$ 的条件下对未知符号 $\boldsymbol{d}$ 进行的。将式(9.95)代入式(9.96)，可发现：

$$Q(A,B)=-qN_\mathrm{b}\log A-\frac{H}{A}-\frac{N_\mathrm{b}B^2}{4A}+\sum_{i=0}^{N_\mathrm{b}-1}\sum_{k=1}^{q}p_{k,i}^{(r-1)}\ln \mathrm{I}_0\left(\frac{B|y_{k,i}|}{A}\right) \tag{9.97}$$

式中：

$$p_{k,i}^{(r-1)}=p(D_i=k|\boldsymbol{y}_i,\hat{A}^{(r-1)},\hat{B}^{(r-1)})=\frac{g(\boldsymbol{y}_i|D_i=k,\hat{A}^{(r-1)},\hat{B}^{(r-1)})p(D_i=k)}{g(\boldsymbol{y}_i|\hat{A}^{(r-1)},\hat{B}^{(r-1)})}\tag{9.98}$$

$p(D_i=k)$为$D_i=k$的概率,通过译码器估计得到。利用式(9.87)可得:

$$p_{k,i}^{(r-1)}=\alpha_i^{(r-1)}\mathrm{I}_0\left(\frac{\hat{B}^{(r-1)}|y_{k,i}|}{\hat{A}^{(r-1)}}\right)p(D_i=k)\tag{9.99}$$

式中$\alpha_i^{(r-1)}$是使得$\sum_{k=1}^{q}p_{k,i}^{(r-1)}=1$的归一化因子,即

$$\alpha_i^{(r-1)}=\frac{1}{\sum_{k=1}^{q}\mathrm{I}_0\left(\frac{\hat{B}^{(r-1)}|y_{k,i}|}{\hat{A}^{(r-1)}}\right)p(D_i=k)}\tag{9.100}$$

最大化步骤M为

$$\hat{A}^{(r)},\hat{B}^{(r)}=\underset{A,B}{\operatorname{argmax}}Q(A,B)\tag{9.101}$$

令函数$Q(A,B)$关于A和B的导数为零即可求解上式。相应的方程组的解为

$$\hat{A}^{(r)}=\frac{1}{qN_{\mathrm{b}}}\left(H-\frac{N_{\mathrm{b}}(\hat{B}^{(r)})^2}{4}\right)\tag{9.102}$$

$$\hat{B}^{(r)}=\frac{2}{N_{\mathrm{b}}}\sum_{i=1}^{N_{\mathrm{b}}}\sum_{k=1}^{q}p_{k,i}^{(r-1)}|y_{k,i}|F\left(\frac{4qN_{\mathrm{b}}\hat{B}^{(r)}|y_{k,i}|}{4H-N_{\mathrm{b}}(\hat{B}^{(r)})^2}\right)\tag{9.103}$$

式中:$F(x)=\mathrm{I}_1(x)/\mathrm{I}_0(x)$,$\mathrm{I}_1(\cdot)$为式(H.13)定义的第一类一阶修正贝塞尔函数。

由于难以得到式(9.103)的闭式解,故可通过9.1节的固定点迭代方法递归求解。该递归过程包含初始时用前面EM迭代得到的$\hat{B}^{(r-1)}$替换式(9.103)右边的$\hat{B}^{(r)}$。为选择B的初始估计,考虑没有噪声时的情况。没有噪声时,式(9.74)意味着要么$|y_{k,i}|=a\sqrt{\mathcal{E}_{\mathrm{s}}}$(当$k=d_i$时),要么$|y_{k,i}|=0$(其他情况)。因此,在$\boldsymbol{Y}$的任意列上取$|y_{k,i}|$的最大值就可实现$a\sqrt{\mathcal{E}_{\mathrm{s}}}=B/2$的估计。为补偿噪声的影响,对数据块上所有的列求平均,可得:

$$\hat{B}^{(0)}=\frac{2}{N_{\mathrm{b}}}\sum_{i=1}^{N_{\mathrm{b}}}\max_k|y_{k,i}|\tag{9.104}$$

在$r=0$时计算式(9.102)中的$\hat{B}^{(0)}$,可得A的初始估计。在计算初始值$\hat{A}^{(0)}$和$\hat{B}^{(0)}$之后,初始概率$\{p_{k,i}^{(0)}\}$可由式(9.99)和式(9.100)计算得到。当$\hat{B}^{(r)}$收敛到某个固定值时,EM算法停止,典型情况下少于10次迭代。

对每次接收机迭代来说，信道估计的复杂度如下。使用式(9.104)计算 $\hat{B}$ 的初始估计时，需要在 q 值上求 N_b 次最大化、N_b-1 次加法及一次与 $2/N_b$ 的乘法。对于式(9.94)中的 H，只需要在第一次 EM 迭代之前计算一次，故需要 $N_bq(q+1)$ 次乘法和 N_bq^2-1 次加法。对每一次 EM 迭代，使用式(9.102)计算 $\hat{A}^{(r)}$ 时仅需要两次乘法和一次加法。使用式(9.99)和式(9.100)计算 $p_{k,i}^{(r-1)}$ 时，需要 $3N_bq+1$ 次乘法、$N_b(q-1)$ 次加法及 N_bq 次查找 $\mathrm{I}_0(\cdot)$ 函数。通过求解(9.103)来递归计算 $\hat{B}^{(r)}$，其计算复杂度取决于每个 r 值的递归次数。假设进行 ξ 次递归，则需要的计算量为 $N_bq+\xi(2N_bq+4)$ 次乘法、ξN_bq 次加法及 ξN_bq 次查找 $\mathrm{I}_0(\cdot)$ 函数。一种用于计算 $\hat{B}$ 的停止准则为，一旦 $\hat{B}$ 位于前一次递归所得值的 10% 之内或递归已达到最大次数 10 次，则递归计算停止。在这样的停止准则下，平均只需要两次或三次递归。

9.4.4　调制指数的选择

令 $B_{\max}$ 表示 CPFSK 调制的最大带宽，以使跳频频带可容纳足够多的信道，来保证系统有足够好的抗多址干扰和抗多音干扰性能。我们需要确定 h、q 及 Turbo 码的码率 R，以便存在部分频带干扰时系统在衰落信道和 AWGN 信道上都有良好的性能。对于特定的调制参数 h 和 q，编码码率受带宽需求的限制。令 B_uT_b 表示归一化的、包含未编码 CPFSK 调制信号 99% 功率的带宽。B_uT_b 在非正交 CPFSK 中的取值可通过对 3.4 节中的功率谱公式进行数值积分求解，或在每跳驻留时间内的符号数很大时利用式(3.92)求解。当码率为 R 时，带宽变为 $B_c=B_u/R$。由于要求 $B_c\leqslant B_{\max}$，满足带宽限制的最小码率为 $R_{\min}=B_u/B_{\max}$。

信息论提供了 h、q 及 $R\geqslant R_{\min}$ 的最优选择方法。对于特定的 h 和 q 值，在带宽受限条件下，对瑞利衰落信道和 AWGN 信道来说，估计容量 $C(\gamma)$ 与 $\gamma=\mathcal{E}_s/N_0$ 的关系。假设可获取准确的信道状态信息，符号也以等概率从信号集中抽取。在这些假设条件下，用 $\boldsymbol{u}=\boldsymbol{y}_i/\sqrt{\mathcal{E}_s}$ 进行变量替换，结合式(9.87)和式(9.70)，衰落信道的容量可表示为

$$C(\gamma)=\log_2 q-\frac{1}{q}\sum_{v=1}^{q}\iint g(\alpha)f(\boldsymbol{u}\mid v,\alpha)\log_2\left[\frac{\sum_{k=1}^{q}\mathrm{I}_0(2\alpha\gamma\mid u_k\mid)}{\mathrm{I}_0(2\alpha\gamma\mid u_v\mid)}\right]\mathrm{d}\boldsymbol{u}\mathrm{d}\alpha \tag{9.105}$$

式中：$g(\alpha)$ 是衰落幅度的概率密度函数，在 α 的所有取值及 $\boldsymbol{u}$ 的 $2q$ 个实部和虚部分量上进行 $(2q+1)$ 重积分，有：

$$f(\boldsymbol{u}\mid v,\alpha)=\frac{\gamma^q\exp[-\gamma(\boldsymbol{u}^{\mathrm{H}}\boldsymbol{K}^{-1}\boldsymbol{u}+\alpha^2)]}{\pi^q\det\boldsymbol{K}}\mathrm{I}_0(2\alpha\gamma\mid u_v\mid) \tag{9.106}$$

式(9.105)可以通过蒙特卡罗方法进行数值积分。

对于特定 h 和 q 值下的码率 R,为确定维持 $C(\gamma)$ 所需 $\mathcal{E}_b/N_0$ 的最小值,用 $\mathcal{E}_s = R\mathcal{E}_b \log_2 q$ 进行替换,对所有码率求解方程:

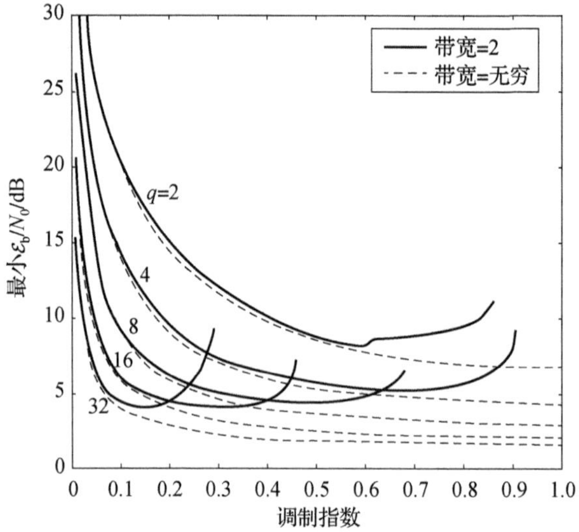

图 9.12　AWGN 信道中,最小 $\mathcal{E}_b/N_0$ 值与 h 的关系[10]

$$R = C(R\mathcal{E}_b \log_2 q/N_0) \tag{9.107}$$

使得 $R_{\min} \leqslant R \leqslant 1$。对于有严格带宽限制的非相干系统,使 $\mathcal{E}_b/N_0$ 最小化的典型 R 值就是 $R = R_{\min}$,但在宽松的带宽限制下,使 $\mathcal{E}_b/N_0$ 最小化的 R 值可能大于 $R_{\min}$(在这种情况下实际带宽小于 $B_{\max}$)。

图 9.12 和 9.13 显示了在 $2 \leqslant q \leqslant 32$,$B_{\max}T_b = 2$ 及 $B_{\max}T_b = \infty$ 时,$\mathcal{E}_b/N_0$ 的最小值与 h 的关系曲线。图 9.12 的信道是 AWGN 信道,图 9.13 的信道是瑞利衰落信道。当 $B_{\max}T_b = 2$ 时,曲线被截断,这是因为存在 h 的最大值,超过这个值以后,不存在可以满足带宽限制的码字。对每个 q,在每幅图中都有一个最优的 h 值,该值可给出 $\mathcal{E}_b/N_0$ 的最小值。该最小值随着 q 的增大而减小,但当 $q > 8$ 时,获得的好处在逐渐减少,且实现复杂度将迅速增加。

令 f_e 表示接收机中由于多普勒频移和频率合成器不精确而导致的载波频率偏差。CPFSK 符号中相邻频率的间隔为 $hf_b/R\log_2 q$,其中 f_b 表示信息比特速率。由于频率间隔必须远大于 f_e,因此若 f_e 如式(9.73)所假设的可以忽略,则需要有:

$$f_e \ll \frac{hf_b}{R\log_2 q} \tag{9.108}$$

由于随着 q 的增加,$R\log_2 q$ 增加,最优 h 值减小,故式(9.108)是选择 $q \leqslant 8$ 的另一个原因。

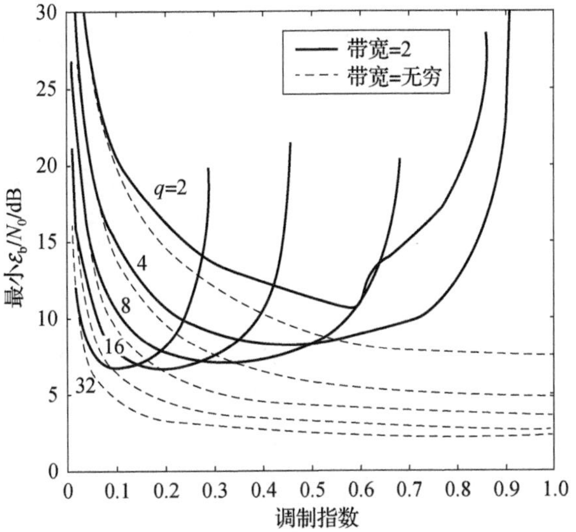

图 9.13 瑞利信道中,最小 $\mathcal{E}_b/N_0$ 值与 h 的关系[10]

在图 9.13 中,当 $q=4$ 和 $B_{\max}T_b=2$ 时,$h=0.46$ 为近似最优值,且对应码率近似为 $R=16/27$。当 $q=8$ 和 $B_{\max}T_b=2$ 时,$h=0.32$ 为近似最优值,且对应码率近似为 $R=8/15$。若 $f_e \ll 0.2f_b$,则式(9.108)对 $q=8$ 和 $q=4$ 都是满足的。图 9.13 表明,当 h 取最优值时,与 q 取相同值、$h=1$(正交 CPFSK)及带宽不限时所能达到的系统性能相比,该系统在 AWGN 信道中 $\mathcal{E}_b/N_0$ 的损失要小于 1dB;在瑞利信道中 $\mathcal{E}_b/N_0$ 的损失要小于 2dB。

9.4.5 部分频带干扰

下面通过仿真实验来评估在跳频系统中使用非正交 CPFSK 编码调制和信道估计器抑制部分频带干扰的优点和代价。干扰建模为与跳频带宽之比为 μ 的 AWGN。干扰的功率谱密度为 I_{t0}/μ,其中 I_{t0} 是 $\mu=1$ 时接收机通带内的功率谱密度,且在 μ 变化时干扰总功率保持不变。参数 A 表示在跳频驻留时间内来自于噪声和干扰的功率谱密度。假设每个跳频(Frequency Hopping,FH)信道带宽足够小使得每个信道内的衰落是平坦的,则跳频驻留时间内的符号将经历相同的衰落幅度。跳与跳之间的衰落幅度相互独立,也就是将信道建模为每跳都变化的频率选择性衰落。由于衰落块与跳频驻留时间间隔一致,所以适合单独估计每跳的衰落幅度。这里考虑了三种调制进制数:二进制($q=2$)、四进制($q=4$)和八进制($q=8$)。

仿真系统使用已广泛应用的通用移动通信系统(Universal Mobile Telecommunications System,UMTS)规范中的 Turbo 码,其约束长度为 4,采用特定的码率匹配算法,并将最优的可变长交织器设置为2048。若驻留时间固定而码字长度扩展超过了指定的2048bit,则每个码字的跳数将增加。因此分集阶数将增加,但增加分集阶数获得的好处将服从收益递减规律。在误码率约为10^{-3}或更小时,这种好处将变得很小。这里选择的调制指数h和码率R接近于前述的瑞利衰落和带宽限制$B_{max}T_b=2$时信息论给出的最优值。特别地,$q=2$的系统参数取$h=0.6$和$R=2048/3200$;$q=4$的系统参数取$h=0.46$和$R=2048/3456$,及$q=8$的系统取$h=0.32$和$R=2048/3840$。

接收机迭代由信道估计、解映射、解调和完全Turbo译码迭代组成,最多完成20次接收机迭代。一旦数据正确译码(例如,可通过UMTS标准指定的循环冗余校验来确定),提前停止规则将使得迭代停止。每个码字包含的跳数可能发生变化,下面的结果将显示这种变化的影响。

图9.14显示了信道估计对系统BER的影响。在图9.14中,$\mu=0.6$,$\mathcal{E}_b/I_{t0}=13$,信道经历的是瑞利块衰落,采用8进制CPFSK调制,每个码字包含32跳。图9.14中最上面的曲线显示的是未估计A或B的简单系统的性能。

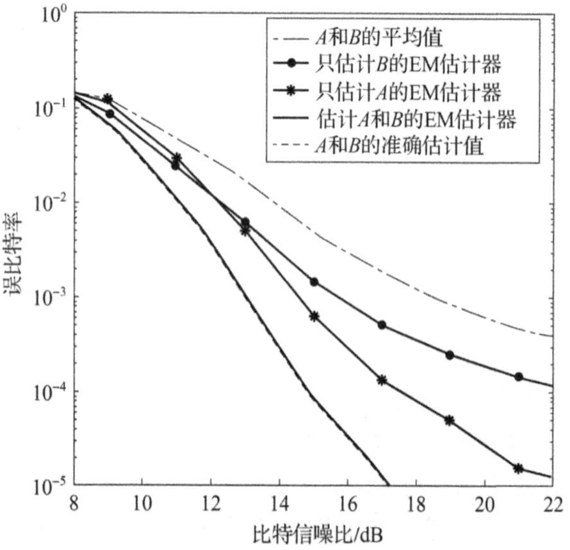

图9.14 瑞利块衰落和部分频带干扰下,各种估计方法对FH系统误码率的影响[10]

如式(E.31)所示(见附录E.4节),系统将这些值设为它们的统计平均值,即$A=N_0+I_{t0}$,$B=2E[\alpha]\sqrt{\mathcal{E}_s}=\sqrt{\pi\mathcal{E}_s}$。可以看出,这样一个系统的性能是相当差的,因为系统并不知道哪些跳受到干扰,哪些跳没有受到干扰。以块为单位,用EM估计器来估计A和/或B可提升系统性能。从上往下的第二条曲线显示的是以块为单位只估计 B 时($A = N_0 + I_{t0}$)的系统性能;同时,紧接其下的曲线显示的是以块为单位只估计 A 时($B = \sqrt{\pi \mathcal{E}_s}$)的系统性能。最下面倒数第二条曲线显示的是以块为单位,通过 EM 估计器估计 A 和 B 时的系统性能;同时,最下面的曲线显示的是有准确信道状态信息,即 A 和 B 完全已知时的系统性能。可以看出,有准确信道状态信息和仅简单地使用 A、B 平均值的系统性能之间存在巨大差距。以块为单位独立地估计 A 或 B,能够部分地减小这种差距;如果对 A 和 B 进行联合估计几乎可以完全弥补这种差距。

图 9.15 表明了估计器的鲁棒性与调制进制数、信道类型、部分频带干扰所占比率 μ 的关系。该图显示了在二进制、四进制及八进制 Turbo 编码的 CPFSK 等多个系统中,要达到 BER 为 10^{-3} 时所需要的 $\mathcal{E}_b/N_0$ 值与 μ 的关系,其中 $\mathcal{E}_b/I_{t0} = 13$dB,$B_{max}T_b = 2$。针对三种不同的调制进制数,都考虑了 AWGN 和瑞利块衰落的情况(同样地,每个码字 32 跳)。对于这 6 种情况,都显示了有准确 CSI 时的性能和使用 EM 估计器时的性能。

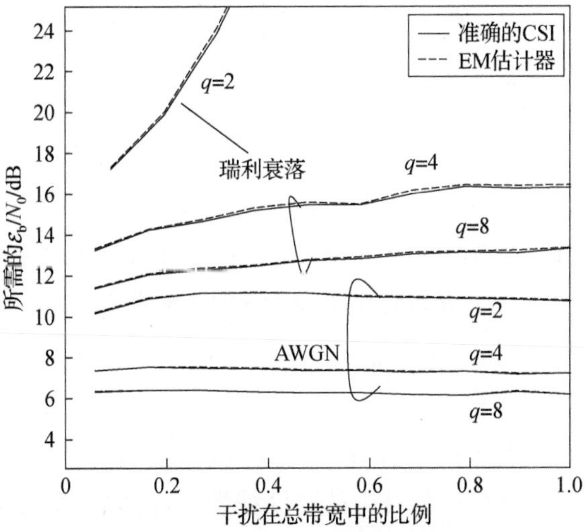

图 9.15　在 AWGN 和瑞利衰落信道下,达到 BER = 10^{-3} 所需要的 $\mathcal{E}_b/N_0$ 值与 μ 的关系[10]

纵观测试参数的整个变化范围,估计器的性能很接近有准确 CSI 时的性能。增加调制进制数的优点显而易见。例如,在 AWGN 信道下,将 q 从 2 增加到 4,可使性能提升大约 4dB;q 再从 4 增加到 8,可使性能再提升大约 1.2dB。在瑞利衰落下,性能提升更加明显。虽然在 AWGN 信道下,系统性能对于 μ 的值相对不敏感,但是在瑞利衰落下,系统性能会随着 μ 的增加而出现恶化。当 $q = 2$ 时,性能恶化会相当严重。

若增加跳速,则每个码字经历的具有独立衰落的跳频驻留间隔数将增加,这也意味着有更多的分集可用于处理码字。然而,跳频驻留时间的减少也使得用于信道估计器的每个块内采样值减少,从而使得信道估计的可靠性降低。图9.16显示了四进制和八进制CPFSK系统中每个码字包含跳数的影响与μ的关系,仿真中都使用EM估计器,都经历瑞利块衰落,部分频带干扰的参数为$\mathcal{E}_b/I_{t0}=13\text{dB}$。

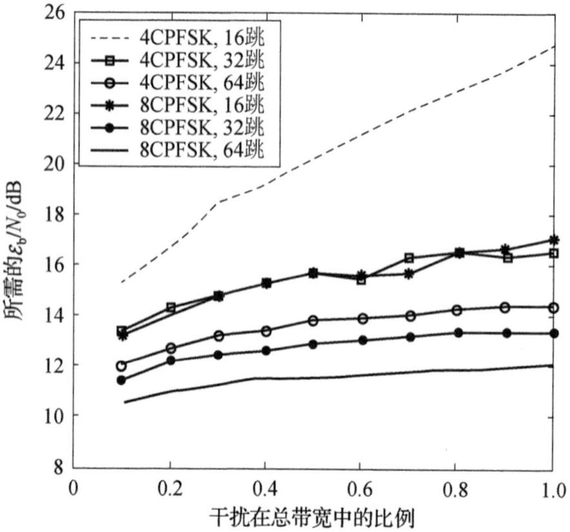

图9.16 部分频带干扰的瑞利块衰落信道下,达到$\text{BER}=10^{-3}$所需的$\mathcal{E}_b/N_0$值与μ的关系[10]

由于对每个q值,码字长度都是固定的,增加每个码字的跳数会导致数据块长度更短。当$q=4$时,每个码字有16、32、64跳,分别对应于每跳有108、54、27个符号。当$q=8$时,每个码字有16、32、64跳,分别对应于每跳有80、40、20个符号。尽管EM算法在信道估计中的精度缓慢下降,但是每跳所包含的编码符号数的减少使得分集增加,这足以改善性能。然而,3.4节表明,除非改变某些参数值,当每跳所包含的编码符号数减少到少于20时,信号频谱将显著扩展。

全球移动通信系统(Global System for Mobile,GSM)、蓝牙和战术网电台等跳频系统均使用参数为$h=0.5$的二进制最小频移键控(Minimum – Shift Keying,MSK)或二进制高斯FSK,但都没有衰落幅度估计器。图9.14和图9.15分别显示了由于使用二进制调制和缺乏衰落幅度估计而在性能上付出的巨大代价。获得鲁棒系统优越性能所付出的代价主要是增加了计算复杂度。其他非二进制跳频系统使用信道估计器来达到较好的抗部分频带干扰和AWGN性能。但是,由于发射符号的频谱不够紧凑,上述方案难以对抗多址接入干扰,且信道估计器不能被设计用于估计多个干扰及噪声的功率谱密度水平。正如后面所描述的,鲁棒系统能容许存在显著的多址干扰。

9.4.6 异步多址接入干扰

当两个或两个以上的跳频信号共享相同的物理媒介或网络,但跳频图案并不协同时,就可能出现多址接入干扰。当使用相同信道的两个或多个信号同时被接收时,就会出现碰撞(见7.6节和8.6节)。由于增加跳频频率集中的信道数目可减少网络中碰撞的概率,因此,当跳频带宽固定时,就非常希望有频谱结构紧凑的调制方式。

下面通过仿真实验来比较不同的 q 和 h 值对 Ad Hoc 网络中移动用户数量的影响。网络中所有移动用户都采用异步、统计独立、随机生成的跳频图案,其驻留间隔之间的切换时间可忽略。令 T_i 表示跳频干扰信号 i 的相对转移时间,或该干扰信号新的驻留间隔相对于期望信号的起始时间的随机变量。比值 T_i/T_s 在整数区间 $[0,N_h-1]$ 内服从均匀分布,其中 N_h 是每个驻留间隔内的符号数。

令 M 表示频率集中所有移动用户共享的信道数目。由于干扰信号与有用信号不同步,干扰信号的两个驻留间隔会有部分与有用信号的驻留间隔重合,这样的话,每个干扰信号在期望信号的驻留时间内随机生成两个载波频率,因此在 T_i 之前,干扰信号与期望信号发生碰撞的概率为 $1/M$;在 T_i 之后,干扰信号与期望信号发生碰撞的概率也是 $1/M$。每个干扰信号以概率 $1/q$(整个网络都使用相同的 q 值和 h 值)发射某个特定的符号。每个匹配滤波器对干扰符号的响应都由相同的、用于期望信号的方程给定。送至译码器的软判决度量按照常规方式生成,但在多址接入干扰下性能会出现恶化。

干扰信号和期望信号的发射功率是相同的。所有干扰源的位置是随机分布的,但它们到接收机的距离都在期望信号源到接收机距离的四倍以内。所有信号经历的路径损耗按四次幂衰减,并经历独立的瑞利衰落。此外,干扰信号还经历独立的阴影衰落(见6.1节),阴影衰落因子为8dB。

仿真考虑的 CPFSK 调制进制数为 $q=\{2,4,8\}$。归一化的跳频带宽为 $WT_b=2000$。仿真中考虑了正交和非正交调制。对正交调制来说,选择码率为2048/6144,这已经接近于 $h=1$ 时瑞利衰落下的信息论最优值。考察容纳信号99%功率的带宽,对二进制、四进制和八进制 CPFSK 来说,分别有 $M=312$、315和244个信道。对非正交调制来说,假设带宽限制为 $B_{\max}T_b=2$,这样就有 $M=1000$个信道。如前例所述,在该带宽限制下,选择接近于信息论最优值的 h 和 R 值(例如:$q=2$ 时,$h=0.6$,$R=2048/3200$;$q=4$ 时,$h=0.46$,$R=2048/3456$;

$q=8$ 时，$h=0.32$，$R=2048/3840$）。在所有的情形中，每个码字都有 32 跳。

当存在多址接入干扰时，精确估计 A 和 B 的值非常重要。图 9.17 显示了信道估计技术对系统的影响，该系统中 30 个移动用户都使用非正交 Turbo 编码的八进制 CPFSK 信号进行传输，构成多址接入干扰，且存在瑞利块衰落，其中 Turbo 编码八进制 CPFSK 的参数为 $h=0.32$，码率为 2048/3840，每个码字有 32 跳。最上面的曲线显示的是接收机忽略干扰存在时发生的情况。在这种情况下，设 B 取其实际值（准确 CSI 下 B 的值），而将 A 设为 N_0，该值不包括干扰。如从上往下的第二条曲线所示，以数据块为基础，采用基于 EM 算法对 A 和 B 进行联合估计可提高性能。

部分频带干扰中干扰功率在整跳时间内保持不变，与之不同的是，由异步跳频导致的多址接入干扰下的干扰功率一般不会保持不变。这表明将数据块分割成多个子数据块，且对每个子数据块分别估计 A 值可提高性能。这种估计可通过对基于 EM 算法的估计器进行简单修改来实现。如前所述，该估计器先由式(9.103)在整个数据块上估计 B 的值。然后，估计器利用整个数据块估计的 B 值和仅由子数据块估计得到的 D 值，使用式(9.102)来估计每个子数据块的 A 值（设 N_b 为子数据块的大小）。图 9.17 下面的三根曲线显示了使用 4、8 以及 10 个子数据块估计 A 时的性能。尽管在 $\mathcal{E}_b/N_0$ 较小时，使用更多的子数据块是有益的，但在 $\mathcal{E}_b/N_0$ 较大时，仅仅使用四个子数据块就足以获得显著的性能提升。这种基于子数据块的方法并不需要增加计算复杂度。

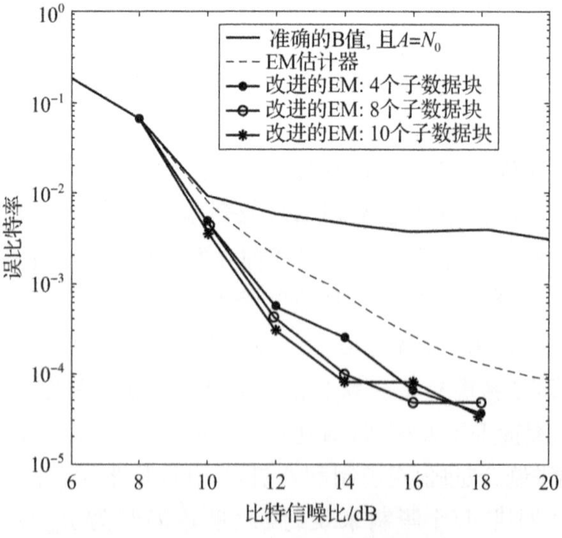

图 9.17　多址接入干扰和瑞利块衰落条件下，各种估计器对系统误码率的影响[10]

图 9.18 和图 9.19 显示了移动用户数量与能量效率的关系。图 9.18 显示了使用块 EM 估计器的性能(未使用子数据块估计)。特别是图中给出了 Turbo 编码的 CPFSK 在瑞利块衰落信道下,使误码率达到10^{-4}时所必需的最小 $\mathcal{E}_b/N_0$ 值与移动用户数量的关系,对于非正交信号,$B_{max}T_b=2$。图中包括了 q 取三个值时正交和非正交调制时的性能。对于一个轻负载系统来说(少于五个用户),由于在没有干扰时正交调制有更高的能量效率,正交系统要优于非正交系统。然而,当移动用户数量增加到五个以上时,非正交系统的性能更好。原因是非正交调制频谱效率的提高可提供更多的信道,从而降低了碰撞概率。对于正交调制,与移动用户数量有关的性能随 q 的增加而出现更快的下降,这是由于更大的 q 值需要更大的带宽。相反,对于非正交调制,在 q 取最大值时有最好的性能,尽管 $q=2$ 和 $q=4$ 时的性能只比 $q=8$ 时的性能差 1 ~2dB。当有 50 个移动用户时,$q=8$ 的非正交 CPFSK 能量效率比更常用的、$q=2$ 时的正交 CPFSK 高约 3dB。

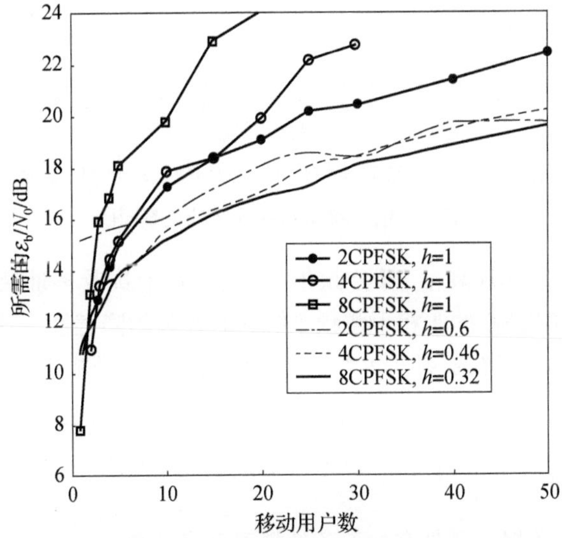

图 9.18　Turbo 编码的 CPFSK 在瑞利块衰落信道下,达到 BER $=10^{-4}$ 所需的 $\mathcal{E}_b/N_0$ 值与移动用户数量的关系[10]

图 9.19 显示了在瑞利块衰落信道下,非正交 CPFSK 在使用子数据块代替整个数据块进行信道估计时的性能,系统参数与之前相同,CPFSK 分别采用非正交二进制、四进制、八进制 Turbo 编码,并使用改进的 EM 估计方法。当 $q=8$ 时,取 10 个子数据块,每个子数据块有 40/10 =4 个符号;当 $q=4$ 时,取 9 个子数据块,每个子数据块有 54/9 =6 个符号;当 $q=2$ 时,取 10 个子数据块,每个数据块有 100/10 =10 个符号。与图 9.18 的比较表明,当 $q=8$ 且有 50 个移动用

户时,子数据块估计器相对于数据块估计器的能量效率高出4dB。从图中还可看出,当使用子数据块估计器时,性能对移动用户数量的敏感性降低;但当系统负载很轻时,块数据估计器可提供更好的性能(因为A可能在整跳期间保持恒定)。

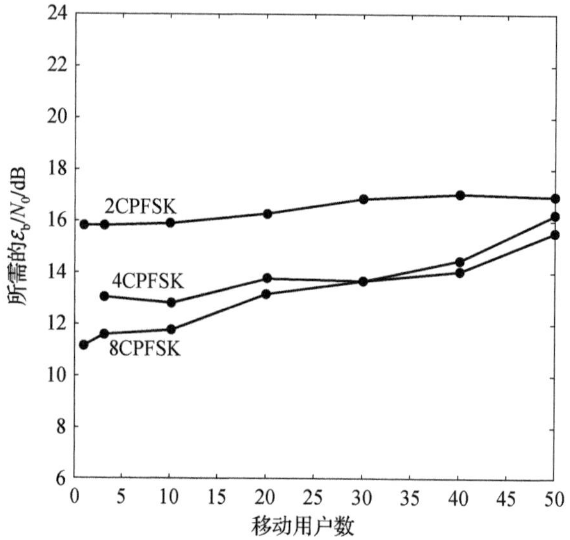

图9.19 瑞利块衰落信道下,达到BER=10^{-4}所需的$\mathcal{E}_b/N_0$值与移动用户数量的关系[10]

在包含频率选择性衰落、部分频带干扰、多音干扰及多址接入干扰的环境下,采用非正交CPFSK的非相干跳频系统具有很强的隐健性。这种隐健性源自于迭代Turbo译码和解调、基于EM算法的信道估计器及频谱紧凑的调制方式。

9.5 思考题

1. 考虑完备数据向量具有如下条件概率密度函数:

$$f(z|\boldsymbol{\theta}) = \alpha(z)\exp[g(\boldsymbol{\theta}) + \boldsymbol{\theta}^{\mathrm{T}}\boldsymbol{\beta}(z)]$$

式中:$\alpha(z)$和$g(\boldsymbol{\theta})$为标量函数;$\boldsymbol{\beta}(z)$为向量函数。若$\boldsymbol{y}$是非完备数据向量,证明EM估计器具有如下形式:

$$\nabla_{\boldsymbol{\theta}} g(\boldsymbol{\theta})_{\boldsymbol{\theta}=\hat{\boldsymbol{\theta}}_{i+1}} = h(\hat{\boldsymbol{\theta}}_i, \boldsymbol{y})$$

并确定函数$h(\hat{\boldsymbol{\theta}}_i, \boldsymbol{y})$。

2. 令X_{1i}和X_{2i}分别表示独立、零均值、方差为λ_1和λ_2的高斯随机变量,其中$i=1,2,\cdots,N$。接收的随机向量为$\boldsymbol{Y}=[Y_1 \quad Y_2 \quad \cdots \quad Y_N]^{\mathrm{T}}$,其中$Y_i = aX_{1i} +$

bX_{2i}，且 a 和 b 为已知常数。期望推导出方差的最大似然估计。

①求出似然方程，并说明由它们能够得到同一方程，该方程即使在 $N\to\infty$ 时也没有唯一解。根据方差解释该结果。

②定义一个完备数据向量。使用 EM 算法来估计方差。

3. 考虑两个示例 1 的改进情况。

①假设 v 已知，推导 A 的 EM 估计。

②假设 A 已知，推导 v 的 EM 估计。

4. 令 $\boldsymbol{Z}$ 表示一个完备数据向量，各分量 Z_i 是独立同分布的随机变量，均值为 μ、方差为 v。观测数据向量 $\boldsymbol{Y}$ 的各分量 $Y_i=|Z_i|$。利用 EM 算法估计 $\boldsymbol{\theta}=[\mu,v]^{\mathrm{T}}$，令 $f(x|\boldsymbol{\theta})$ 表示参数等于 $\boldsymbol{\theta}$ 的高斯概率密度函数，证明估计结果为

$$\hat{\mu}_{k+1}=\frac{1}{n}\sum_{i=1}^{n}\frac{y_i f(y_i|\hat{\boldsymbol{\theta}}_k)-y_i f(-y_i|\hat{\boldsymbol{\theta}}_k)}{f(y_i|\hat{\boldsymbol{\theta}}_k)+f(-y_i|\hat{\boldsymbol{\theta}}_k)}$$

$$\hat{v}_{k+1}=\frac{1}{n}\sum_{i=1}^{n}y_i^2-\hat{\mu}_{k+1}^2$$

5. 考虑方程 $f(x)=x^2-3x+1=0$，找到该方程形如 $x=g(x)$ 的两种不同的表示形式，并找出固定点迭代在这两种表示形式下都收敛的充分条件。说明初始值 $x_0=2$ 不满足充分收敛所在区间的条件之一。通过一定迭代的数值计算说明固定点迭代仍可收敛到 $f(x)=0$ 的较小值的解。

6. 考虑方程 $f(x)=x^3+x-1=0$，它有一个接近 $x=0.68$ 的解。找出该方程形如 $x=g(x)$ 的表示形式，并给出在任意初始条件 x_0，固定点迭代都收敛的充分条件。说明 $x=1-x^3$ 不是所需要的表示形式。

7. 利用式(9.42)推导式(9.47)~式(9.47)。

8. 利用文中类似的计算方法，推导式(9.59)。

9. 说明如何通过限制频谱得到式(9.74)。

10. 由式(9.97)推导出式(9.102)和式(9.103)。

参考文献

[1] K. Lange, *Optimization*, 2nd ed., Springer, 2013.

[2] B. Levy, *Principles of Signal Detection and Parameter Estimation*, Springer, 2008.

[3] J. Choi, *Adaptive and Iterative Signal Processing in Communications*, Cambridge Univ. Press, 2006.

[4] E. Kreyszig, *Advanced Engineering Mathematics*, *10th ed.*, Wiley, 2011.

[5] J. R. Barry, E. A. Lee, and D. G. Messerschmitt, *Digital Communication*, *3rd ed.*, Kluwer Academic, 2004.

[6] J. G. Proakis and M. Salehi, *Digital Communications*, *5th ed.*, McGraw – Hill, 2008.

[7] D. Torrieri, A. Mukherjee, and H. M. Kwon, "Coded DS – CDMA systems with Iterative Channel Estimation

and No Pilot Symbols," *IEEE Trans. Wireless Commun.* , vol. 9, pp. 2012 – 2021, June 2010.

[8] W. E. Ryan and S. Lin, *Channel Codes: Classical and Modern*, Cambridge Univ. Press, 2009.

[9] T. M. Cover and J. M. Thomas, *Elements of Information Theory*, *2nd ed.* , Wiley, 2006.

[10] D. Torrieri, S. Cheng, and M. C. Valenti, "Robust Frequency Hopping for Interference and Fading Channels," IEEE Trans. Communications, vol. 56, pp. 1343 – 1351, Aug. 2008.

第 10 章

扩谱信号的检测

认知无线电、超宽带以及军事电子信息系统通常需要具备检测扩谱信号的能力。本章针对扩谱序列及跳频图案未知或无法被检测器精确估计的问题,对扩谱信号的检测问题进行了分析。因此,检测器不能简单模仿扩谱通信接收机中的处理方法,而是需要进行其他处理。本章仅限于研究(扩谱信号的)检测,而不涉及解调或译码。然而,仅依据检测理论对扩谱信号进行检测会导致检测装置难以实现。另一种方法是使用无线场强计或能量检测器,即仅依靠检测能量来确定是否存在未知信号。能量检测器不仅可用于扩谱信号的检测,还可作为认知无线电和超宽带系统的通用感知手段。

10.1　直扩信号的检测

频谱分析仪通常无法检测功率谱密度低于背景噪声的信号,其中背景噪声的双边谱密度为 $N_0/2$。如果扩展因子 $G \gg 1$,则式(2.61)表示具有最大扩谱序列的直接序列扩谱信号的双边功率谱密度(Power Spectral Density,PSD)上界为

$$\bar{S}_s(f) < \frac{\mathcal{E}_c}{2} \tag{10.1}$$

式中:$\mathcal{E}_c = A^2 T_c/2$ 是单个码片能量。因此对频谱分析仪来说,接收信号的符号信噪比 $\mathcal{E}_s/N_0 > G$ 是检测直扩信号的近似必要条件而非充分条件。若 $\mathcal{E}_s/N_0 < G$,采用其他方法仍有可能检测直扩信号。若不能检测,则可以说该直扩信号具有低截获概率。

10.1.1　加性高斯白噪声条件下已知信号的检测

考虑在加性高斯白噪声(Additive White Gaussian Noise,AWGN)存在的观测区间内确定已知信号 $s(t,\boldsymbol{\theta})$ 是否存在的检测问题,其中 $\boldsymbol{\theta}$ 表示参数向量。根据对接收信号 $r(t)$ 的观测,经典检测理论[1-2]需要在假设 $\mathcal{H}_1$(信号存在)和假设 $\mathcal{H}_0$(信号不存在)之间做出选择。在观测间隔 $[0,T]$ 内,两种假设可表示为

$$\begin{aligned}\mathcal{H}_1:&\quad r(t)=s(t,\boldsymbol{\theta})+n(t)\\ \mathcal{H}_0:&\quad r(t)=n(t)\end{aligned} \tag{10.2}$$

式中:$n(t)$为零均值,高斯白噪声。实值信号$s(t,\boldsymbol{\theta})$包含于复值函数f的信号空间$L^2[0,T]$,使得$|f|^2$在$[0,T]$区间内可积。如附录F.1所述,$L^2[0,T]$空间中函数$f(t)$与$g(t)$的内积为

$$\langle f(t),g(t)\rangle = \int_0^T f(t)g^*(t)\mathrm{d}t \tag{10.3}$$

由于$s(t,\boldsymbol{\theta})$和$n(t)$都是实值,我们设置了一组合适的实值标准正交基函数(见附录F.1)来简化检测问题。我们首先选择在空间$L^2[0,T]$中的实值标准正交基函数$\{\phi_i'(t)\}$的一个完备集。通过选择第一个基函数,生成一个空间$L^2[0,T]$中的新的实值标准正交基函数$\{\phi_i(t)\}$的完备集,第一个基函数为

$$\phi_1(t)=\frac{s(t,\boldsymbol{\theta})}{\sqrt{\mathcal{E}}} \tag{10.4}$$

其中信号能量为

$$\mathcal{E} = \|s(t,\boldsymbol{\theta})\|^2 = \langle s(t,\boldsymbol{\theta}),s(t,\boldsymbol{\theta})\rangle = \int_0^T |s(t,\boldsymbol{\theta})|^2\mathrm{d}t \tag{10.5}$$

假设对所有$\boldsymbol{\theta}$,信号能量都是一样的。其余基函数是通过使用函数$\phi_1(t)$和$\{\phi_i'(t)\}$的Gram-Schmidt标准正交化过程(见附录F.1)构造的。

用$\{\phi_i(t)\}$表示,$r(t)$、$n(t)$、$s(t,\boldsymbol{\theta})$的标准正交展开式是:

$$r(t) = \sum_{i=1}^{\infty} r_i\phi_i(t),\quad n(t) = \sum_{i=1}^{\infty} n_i\phi_i(t),\quad s(t,\boldsymbol{\theta}) = \sqrt{\mathcal{E}}\phi_1(t) \tag{10.6}$$

其中系数是:

$$r_i=\langle r(t),\phi_i(t)\rangle,\quad n_i=\langle n(t),\phi_i(t)\rangle,\quad i\geqslant 1 \tag{10.7}$$

且

$$r_1 = \frac{1}{\sqrt{\mathcal{E}}}\int_0^T r(t)s(t,\boldsymbol{\theta})\mathrm{d}t \tag{10.8}$$

$$n_1 = \frac{1}{\sqrt{\mathcal{E}}}\int_0^T n(t)s(t,\boldsymbol{\theta})\mathrm{d}t \tag{10.9}$$

由于标准正交展开式包含与$r(t)$中相同的信息,因此可以根据$r(t)$相对于标准正交展开式的系数进行检测。因此,将式(10.2)和式(10.5)代入式(10.8)后,检测问题变成了假设之间的决策问题:

$$\begin{aligned}\mathcal{H}_1:&\quad r_1=\sqrt{\mathcal{E}}+n_1,\quad r_i=n_i,\quad i\geqslant 2\\ \mathcal{H}_0:&\quad r_i=n_i,\quad i\geqslant 1\end{aligned} \tag{10.10}$$

如附录 F.2 所示，由于 $n(t)$ 为高斯白噪声，系数 $n_i(i\geqslant 2)$ 在统计上与 n_1 无关，因此不包含关于 r_1 的信息。因此，检测问题简化为假设之间的决策：

$$\begin{aligned}\mathcal{H}_1:&\quad r_1=\sqrt{\mathcal{E}}+n_1\\ \mathcal{H}_0:&\quad r_1=n_1\end{aligned}\tag{10.11}$$

这表明 r_1 是一个充分的统计量，它保留了 $r(t)$ 中与检测相关的所有信息。这个充分统计量提供了与通过将 $r(t)$ 投影到由 $s(t,\boldsymbol{\theta})$ 张成的一维子空间上得到的相同的相关度量。如果 $s(t,\boldsymbol{\theta})$ 是已知的，则可以通过将 $r(t)$ 应用到与 $s(t,\boldsymbol{\theta})/\sqrt{\mathcal{E}}$ 匹配的滤波器上，然后对输出采样（见 1.2 节）来获得充分统计量。如果 $s(t,\boldsymbol{\theta})$ 是已知的，足够的统计量超过或等于一个阈值，那么检测器支持假设 $\mathcal{H}_1$；如果充分统计量小于阈值，则检测器支持假设 $\mathcal{H}_0$。当 $s(t,\boldsymbol{\theta})$ 不存在时，可以设置阈值以确保虚警率在可容忍范围内。

当 $s(t,\boldsymbol{\theta})$ 已知时，等效过程是比较充分统计量与阈值的似然比。令 $f(r_1|\mathcal{H}_1,\boldsymbol{\theta})$ 表示假设给定 $\mathcal{H}_1$、θ 值情况下式（10.8）中 r_1 的条件概率密度函数或似然函数。令 $f(r_1|\mathcal{H}_0,\boldsymbol{\theta})$ 表示假设给定 $\mathcal{H}_1$ 时 r_1 的条件概率密度函数或似然函数。似然比定义为 $f(r_1|\mathcal{H}_1,\boldsymbol{\theta})/f(r_1|\mathcal{H}_0,\boldsymbol{\theta})$。然而，若参数建模为已知分布函数的随机变量，则可通过分布函数的平均，计算平均似然比。用来与检测判决门限相比较的接收信号 $r(t)$ 的平均似然比可表示为

$$\Lambda[r(t)]=E_{\boldsymbol{\theta}}\left[\frac{f(r_1|\mathcal{H}_1,\boldsymbol{\theta})}{f(r_1|\mathcal{H}_0,\boldsymbol{\theta})}\right]\tag{10.12}$$

式中：$E_{\boldsymbol{\theta}}\{\cdot\}$ 表示在 $\boldsymbol{\theta}$ 的参数分量分布函数上求均值。

由于 $n(t)$ 是零均值噪声，n_1 是零均值高斯随机变量（见附录 F.2）。n_1 在上述两种假设条件下的均值分别为

$$E[n_1|\mathcal{H}_1]=E[n_1|\mathcal{H}_0]=0\tag{10.13}$$

$n(t)$ 的自相关函数为

$$R_n(\tau)=\frac{N_0}{2}\delta(\tau)\tag{10.14}$$

式中：$\delta(\tau)$ 是狄拉克函数。因此，式（10.9）表示：

$$E[n_1^2]=\frac{N_0}{2}\tag{10.15}$$

两个假设下 r_1 的条件密度函数为

$$f(r_1|\mathcal{H}_1,\boldsymbol{\theta})=\frac{1}{\sqrt{\pi N_0}}\exp\left[-\frac{(r_1-\sqrt{\mathcal{E}})^2}{N_0}\right]\tag{10.16}$$

$$f(r_1|\mathcal{H}_0,\boldsymbol{\theta})=\frac{1}{\sqrt{\pi N_0}}\exp\left(-\frac{r_1^2}{N_0}\right)\tag{10.17}$$

将这些公式代入式(10.12),可得:

$$\Lambda[r(t)] = E_{\boldsymbol{\theta}}\left[\exp\frac{2\sqrt{\mathcal{E}}r_1 - \mathcal{E}}{N_0}\right] \tag{10.18}$$

10.1.2 直扩信号

检测理论揭示了各种检测接收器都精确地依赖于待检测的直扩信号的已知假设。为了考虑码片定时的不确定性,可以使用多个并行检测器,每个检测器实现不同的码片定时。假设这一过程最终提供了准确的码片时序信息,我们考虑设计一个具有完美码片时序信息的单一检测器。另一个大大简化了数学分析的假设是,只要信号出现,它就会在整个观测周期内出现。即使存在后一种假设,我们发现应用检测理论也会导致设计一个非常复杂的接收器。

考虑使用 BPSK 调制的直接序列扩谱信号的检测:

$$s(t,\boldsymbol{\theta}) = \sqrt{2\mathcal{E}_s}p(t)\cos(2\pi f_c t + \theta) \tag{10.19}$$

式中:$\mathcal{E}_s$ 是每个符号的能量;f_c 是已知的载波频率;θ 是假设在观察间隔 $0 \leqslant t \leqslant T$ 内载波相位恒定的载波相位。包含随机数据调制并在持续时间 T_s 的符号间隔上具有单位能量的扩频波形 $p(t)$ 为

$$p(t) = \sum_{i=-\infty}^{\infty} p_i \psi(t - iT_c) \tag{10.20}$$

式中:$p_i = \pm 1$ 为数据调制码片;$\psi(t)$ 为已知持续时间 T_c 内的码片波形。$s(t,\boldsymbol{\theta})$ 在观测区间的能量为

$$\mathcal{E} = \frac{\mathcal{E}_s T}{T_s} \tag{10.21}$$

我们希望检测具有未知随机参数 $\boldsymbol{\theta} = (\mathcal{E}_s, \theta, \boldsymbol{p})$ 的直接序列扩谱信号,其中向量 $\boldsymbol{p}$ 表示扩谱序列。已知的码片定时允许接收信号 $r(t)$ 的观察间隔边界与码片转换相吻合。

将式(10.8)、式(10.19)和式(10.21)代入式(10.18),根据信号波形,平均似然比可表示为

$$\Lambda[r(t)] \equiv E_{\mathcal{E},\theta,\boldsymbol{p}}\left\{\exp\left[\frac{2\mathcal{E}\sqrt{2T_s/T}}{N_0}\int_0^T r(t)p(t)\cos(2\pi f_c t + \theta)\mathrm{d}t - \frac{\mathcal{E}}{N_0}\right]\right\} \tag{10.22}$$

式中:$E_{\mathcal{E},\theta,\boldsymbol{p}}\{\cdot\}$ 是对参数 $\mathcal{E}$、θ 和 $\boldsymbol{p}$ 的分布函数求平均。

对于相干检测,假设以某种方式精确估计得到 θ,从而可以不考虑其影响。从数学角度来说,在式(10.22)中设 $\theta = 0$。当 $T = N_c T_c$ 时,N_c 个码片的扩谱序列有 2^{N_c} 个等可能的模式。因此,理想相干检测器的平均似然比为

$$\Lambda[r(t)] = E_{\mathcal{E}}\left\{\sum_{j=1}^{2^{N_c}} \exp\left[\frac{2\mathcal{E}\sqrt{2T_s/T}}{N_0}\sum_{i=0}^{N_c-1} p_i^{(j)} r_{ci} - \frac{\mathcal{E}}{N_0}\right]\right\} \text{（相干）} \tag{10.23}$$

式中：$p_i^{(j)}$ 为第 00j 个扩谱序列模式中的第 i 个码片，且：

$$r_{ci} = \int_{iT_c}^{(i+1)T_c} r(t)\psi(t - iT_c)\cos(2\pi f_c t)\,\mathrm{d}t \tag{10.24}$$

对直扩信号来说，更现实的情况是非相干检测，并假设接收信号的载波相位在$[0,2\pi)$内服从均匀分布。利用三角展开，然后针对随机二进制序列进行期望值估计，可得平均似然比为

$$\Lambda(r(t)) = E_{\mathcal{E},\theta}\left\{\sum_{j=1}^{2^{N_c}} \exp\left[\frac{2\mathcal{E}\sqrt{2T_s/T}}{N_0}\sum_{i=0}^{N_c-1} p_i^{(j)}(r_{ci}\cos\theta - r_{si}\sin\theta) - \frac{\mathcal{E}}{N_0}\right]\right\} \tag{10.25}$$

式中：r_{ci} 由式（10.24）定义，即

$$r_{si} = \int_{iT_c}^{(i+1)T_c} r(t)\psi(t - iT_c)\sin(2\pi f_c t)\,\mathrm{d}t \tag{10.26}$$

综合利用附录 B.3 和三角函数，去除不相关因子，可得平均似然比：

$$\Lambda(r(t)) = \sum_{j=1}^{2^{N_c}} \mathrm{I}_0\left(\frac{2\sqrt{2\mathcal{E}_c R_j}}{N_0\sqrt{G}}\right) \text{（非相干）} \tag{10.27}$$

式中：$\mathrm{I}_0(\cdot)$表示修正的第一类零阶贝塞尔函数，且

$$R_j = \left[\sum_{i=0}^{N_c-1} p_i^{(j)} r_{ci}\right]^2 + \left[\sum_{i=0}^{N_c-1} p_i^{(j)} r_{si}\right]^2 \tag{10.28}$$

当信号参数具有已知的概率分布函数时，以上这些公式定义了理论上直扩信号的最优非相干检测器形式。若式（10.27）超过了阈值门限，就可认为存在所期望的信号。

假设信号能量是已知的，因此不需要对式（10.23）和式（10.27）中的期望进行估计，相干或非相干最优检测器的实现都是相当复杂的，且计算复杂度随着观察间隔内码片数 N_c 的增长呈指数增长。为解决未知码片定时所需的并行处理器还会增加额外的复杂度。计算表明[3]，相对于下一节分析的更为实用的宽带能量检测器，典型情况下理想相干和非相干检测器可分别提供 3dB 和 1.5dB 的性能优势。分别利用数个宽带能量检测器能够补偿上述性能的不足。此外，最优检测器在实现中具有明显的损耗及缺陷。

10.2　能量检测器

辐射计或能量检测器是通过能量测量来确定未知信号是否存在的装置[4]。

由于能量检测器极为简单,且除了需要知道目标信号大致的频谱分布外,不需要目标信号的任何信息,因此它具有重要意义。除了可用作扩谱信号的检测器外,能量检测器还可作为认知无线电系统的感知手段及超宽带系统的检测器。

假设被检测信号可近似为零均值的白高斯随机过程。考虑两种假设,都假定在观察时间间隔 $0 \leqslant t \leqslant T$ 内存在零均值的带限白高斯过程。在假设 $\mathcal{H}_0$ 下,假定只有噪声存在,信号频带内的双边功率谱密度为 $N_0/2$;而在假设 $\mathcal{H}_1$ 下,信号和噪声都存在,信号频带内的双边功率谱密度为 $N_1/2$。利用推导式(10.16)和式(10.17)所用的正交基函数,可发现条件概率密度函数近似为

$$f(\boldsymbol{r} \mid \mathcal{H}_i) = \prod_{k=1}^{\infty} \frac{1}{\sqrt{\pi N_i}} \exp\left(-\frac{r_k^2}{N_i}\right), i = 0,1 \tag{10.29}$$

计算似然比,并取对数,再将常数与阈值门限合并,可发现判决规则就是将下列判决变量与阈值门限进行比较:

$$V = \sum_{k=1}^{\infty} r_k^2 \tag{10.30}$$

若利用正交基函数的性质,可发现检验统计量为

$$V = \int_0^T r^2(t)\,\mathrm{d}t \tag{10.31}$$

式中为保证统计量的有限性,需要假设该随机过程是带限的。实现该统计量的装置称为能量检测器或辐射计。虽然能量检测器由带限白高斯信号导出,但是它同样是检测未知确定性信号的合理装置。虽然单个能量检测器难以确定检测到的是一个还是多个信号,但5.3节给出的方法可消除窄带干扰。

与能量检测器相比,理论上性能更为优越的装置需要更多关于目标信号的信息,而且还存在其他实际的限制。与能量检测器相比,这些装置的计算复杂度大大增加,且只有在能量检测器的噪声估计误差较大时才表现出显著的性能优势。正如后面将要讨论的,采用一些合适的方法可确保这些误差以及它们的影响保持在较小的程度。

理想的能量检测器如图10.1所示。输入信号 $r(t)$ 经过滤波、平方和积分运算,得到的输出信号与门限值进行比较。当且仅当输出信号超过门限值时,接收机判决检测到了目标信号。由于精确的模拟积分器难以实现,且功率消耗较大,图10.2所示的带通采样能量检测器和图10.3所示的基带采样能量检测器要实用得多。虽然对能量检测器的所有三种形式进行数学分析可得到相同的性能公式,但是对两种实用能量检测器进行分析所做的近似处理显然更少,因而可提供更加可靠的结果。下面将分析采用带通采样的能量检测器。

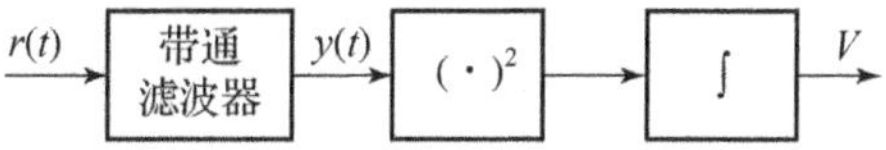

图 10.1　理想的能量检测器

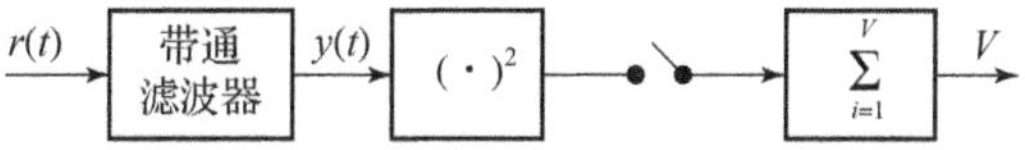

图 10.2　采用带通采样的能量检测器

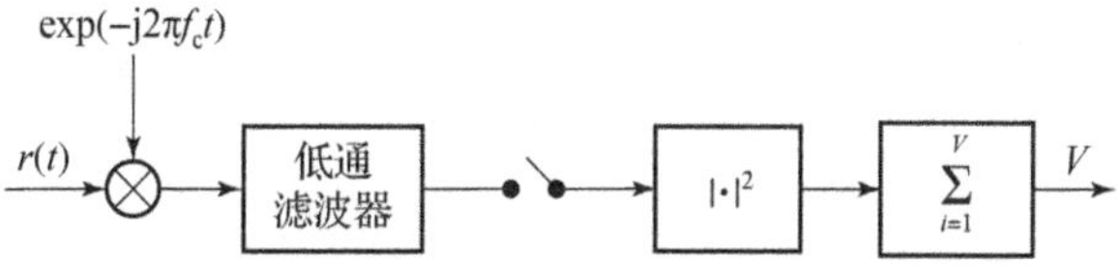

图 10.3　采用基带采样的能量检测器

假设图 10.2 所示的带通滤波器近似为一个理想的矩形滤波器，该滤波器可使目标信号 $s(t)$ 近乎无失真地通过，同时能够消除干扰并限制噪声。若目标信号的到达时间未知，则对信号采样的观察间隔就是一个滑动窗，当得到一个新的采样值后，就丢弃最先得到的采样值。滤波器的中心频率为 f_c，带宽为 W，输出为

$$y(t)=s(t)+n(t) \tag{10.32}$$

式中：$n(t)$ 为双边功率谱密度为 $N_0/2$ 的带限高斯白噪声。

如附录 D.1 中式(D.16)所示，带限确定性信号可表示为

$$s(t)=s_c(t)\cos2\pi f_ct-s_s(t)\sin2\pi f_ct \tag{10.33}$$

由于 $s(t)$ 的频谱限制在滤波器通带之内，故 $s_c(t)$ 和 $s_s(t)$ 的频率分量也限制在频带 $|f|\leqslant W/2$ 之内。如附录 D.2 中的式(D.32)和式(D.45)所示，从正交分量的角度来说，带通滤波器输出的带限高斯噪声可表示为

$$n(t)=n_c(t)\cos2\pi f_ct-n_s(t)\sin2\pi f_ct \tag{10.34}$$

式中：$n_c(t)$ 和 $n_s(t)$ 的功率谱密度为

$$S_c(f)=S_s(f)=\begin{cases}N_0, & |f|\leqslant W/2\\ 0, & |f|>W/2\end{cases} \tag{10.35}$$

对应的自相关函数为

$$R_c(\tau)=R_s(\tau)=\sigma^2\frac{\sin\pi W\tau}{\pi W\tau} \tag{10.36}$$

式中：噪声功率为 $\sigma^2=N_0W$。

令 v 表示图 10.2 中能量检测器采集到的样值个数。当采样率为 W 时，目标信号在观察间隔内的持续时间为 $T=v/W$。将式(10.33)和式(10.34)代入式

(10.32),并进行平方运算,然后以速率 W 进行采样,可得到输出为

$$V = \frac{1}{2}\sum_{i=1}^{v}\{(s_c[i]+n_c[i])^2+(s_s[i]+n_s[i])^2\}$$
$$+\frac{1}{2}\sum_{i=1}^{v}\{(s_c[i]+n_c[i])^2c[i]+(s_s[i]+n_s[i])^2s[i]\}$$
$$-\sum_{i=1}^{v}\{(s_c[i]+n_c[i])(s_s[i]+n_s[i])s[i]\} \tag{10.37}$$

式中:$s_c[i]=s_c(i/W)$;$n_c[i]=n_c(i/W)$;$s_s[i]=s_s(i/W)$;$n_s[i]=n_s(i/W)$;$c[i]=\cos(4\pi f_c i/W)$;以及 $s[i]=\sin(4\pi f_c i/W)$。该输出值给出了与门限进行比较的检验统计量。

若 $v \gg 1$ 及 $f_c \gg W$,则 $c[i]$ 和 $s[i]$ 的波动使得式(10.30)中后两个求和项相对于第一个求和项可忽略不计。式(10.29)表明,若 $i \neq j$,方差为 σ^2 的零均值随机变量 $n_c[i]$ 与零均值随机变量 $n_c[j]$ 统计独立。类似地,若 $i \neq j$,则方差为 σ^2 的零均值随机变量 $n_s[i]$ 和 $n_s[j]$ 也统计独立。由于 $n(t)$ 是功率谱密度关于 f_c 对称的零均值高斯过程,故 $n_c(t)$ 和 $n_s(t)$ 也是独立的零均值高斯过程(见附录 D.2),且 $n_c[i]$ 统计独立于 $n_s[j]$。因此,对于 $s_c[i]$ 与 $s_s[i]$ 为确定值的 AWGN 信道来说,检验统计量可表示为

$$V = \frac{\sigma^2}{2}\sum_{i=1}^{v}(A_i^2+B_i^2) \tag{10.38}$$

式中:$\{A_i\}$ 和 $\{B_i\}$ 是统计独立的高斯随机变量,且具有单位方差,其均值分别为

$$m_{1i}=E[A_i]=\frac{s_c[i]}{\sigma} \tag{10.39}$$

$$m_{2i}=E[B_i]=\frac{s_s[i]}{\sigma} \tag{10.40}$$

随机变量 $2V/\sigma^2$ 服从自由度为 $2v$ 的非中心卡方(χ^2)分布(见附录 E.1),其非中心参数为

$$\lambda = \sum_{i=1}^{v}(m_{1i}^2+m_{2i}^2) = \frac{1}{\sigma^2}\sum_{i=1}^{v}(s_c^2[i]+s_s^2[i])$$
$$\approx \frac{1}{N_0}\int_0^T[s_c^2(t)+s_s^2(t)]\mathrm{d}t \approx \frac{2}{N_0}\int_0^T s^2(t)\mathrm{d}t \tag{10.41}$$

式中:将积分区间分成每段长为 $1/W$ 的 v 段,得到第一项近似,第二项由式(10.33)可得,且 $f_c \gg W$。令 $\mathcal{E}$ 表示目标信号的能量,γ 表示目标信号信噪比 $\mathcal{E}/N_0$。假设式(10.41)中的近似误差可以忽略不计,则有:

$$\lambda \approx 2\gamma \tag{10.42}$$

且高斯随机变量的统计量表明:

$$E[V]=\sigma^2(v+\gamma) \tag{10.43}$$

将式(10.41)、式(10.42)及高斯变量的统计量代入式(10.38),再由附录A.1中的式(A.7)可知零均值高斯随机变量 x 的矩 $E[x^4]=3E[x^2]$,可得:

$$\operatorname{var}[V]=\sigma^4(v+2\gamma) \tag{10.44}$$

由非中心卡方分布,V 的密度函数由下式确定:

$$f_V(x)=\frac{1}{\sigma^2}\left(\frac{x}{\sigma^2\gamma}\right)^{(v-1)/2}\exp\left(-\frac{x}{\sigma^2}-\gamma\right)\mathrm{I}_{v-1}\left(\frac{2\sqrt{x\gamma}}{\sigma}\right)u(x) \tag{10.45}$$

式中:$u(x)$ 为单位阶跃函数,$x\geqslant 0$ 时 $u(x)=1$,$x<0$ 时 $u(x)=0$;$\mathrm{I}_n(\cdot)$ 是第一类 n 阶修正贝塞尔函数(见附录H.3)。将式(H.10)代入式(10.45),且设 $\gamma=0$,可得没有信号时的概率密度函数:

$$f_V(x)=\frac{1}{\sigma^2(v-1)!}\left(\frac{x}{\sigma^2}\right)^{v-1}\exp\left(-\frac{x}{\sigma^2}\right)u(x),\gamma=0 \tag{10.46}$$

令 V_t 表示门限,若 $V>V_t$,则接收机判决目标信号存在。因此,若目标信号不存在时,$V>V_t$ 就会发生虚警。对式(10.39)在区间(V_t,∞)上积分,交换变量,利用附录H.1中的式(H.5)、式(H.6),可得虚警概率为

$$P_F=\frac{\Gamma(v,V_t/\sigma^2)}{\Gamma(v)}=\exp\left(-\frac{V_t}{\sigma^2}\right)\sum_{i=0}^{v-1}\frac{1}{i!}\left(\frac{V_t}{\sigma^2}\right)^i \tag{10.47}$$

式中:$\Gamma(a,x)$ 为不完全伽马函数;$\Gamma(a)=\Gamma(a,0)$ 为伽马函数。

通常设置的门限值 V_t 可确保得到特定的 P_F。因此,若 σ^2 的估计值为 σ_e^2,则:

$$V_t=\sigma_e^2G_v^{-1}(P_F) \tag{10.48}$$

式中:$G_v^{-1}(\cdot)$ 为 $P_F(V_t/\sigma^2)$ 的反函数。由于式(10.47)中的级数是有限的,反函数可由牛顿法通过数值计算得到。若噪声功率的准确值已知,则式(10.48)中 $\sigma_e^2=\sigma^2$。

当目标信号在观察间隔内存在时,若 $V>V_t$,则可检测到目标信号。由式(10.38)的积分及变量替换,可得到AWGN信道下的检测概率为

$$P_D=Q_m(\sqrt{2\gamma},\sqrt{2V_t/\sigma^2}) \tag{10.49}$$

式中:$Q_m(\alpha,\beta)$ 为广义马库姆Q函数,由附录H.4中的式(H.26)定义。

当 $v>100$ 时,式(10.49)中的广义马库姆Q函数难以计算及求反函数,因此采用近似计算。如式(10.38)所示,检验统计量 V 是有限均值的独立随机变量之和。由于$\{A_i\}$和$\{B_i\}$为高斯随机变量,$\{A_i^2\}$和$\{B_i^2\}$的四阶中心矩为有限值。式(10.44)表明当 $v\to\infty$ 时,$[\operatorname{var}(V)]^{3/2}/v\to\infty$。因此,若 $v\gg 1$,中心极限定理(见附录A.2推论A3)成立。定理指出,若 $v\gg 1$,V 近似服从高斯分布。利用式(10.43)、式(10.44)和高斯分布,可得:

$$P_D\simeq Q\left[\frac{V_t/\sigma^2-v-\gamma}{\sqrt{v+2\gamma}}\right],v\gg 1 \tag{10.50}$$

式中:高斯 Q 函数定义为

$$Q(x)=\frac{1}{\sqrt{2\pi}}\int_{x}^{\infty}\exp\left(-\frac{y^2}{2}\right)dy \tag{10.51}$$

当 $v>100$ 时,式(10.50)的近似误差小于 0.02[5]。

令式(10.50)中的 $\gamma=0$,可得:

$$P_F\simeq Q\left[\frac{V_t/\sigma^2-v}{\sqrt{v+2\gamma}}\right],v\gg 1 \tag{10.52}$$

式(10.50)和式(10.52)中给出的近似公式在 $v\geqslant 100$ 时非常精确。求式(10.52)的反函数,可得到以 P_D、σ^2 和 v 为变量的、关于 V_t 的近似公式。因此,若 σ^2 的估计值为 σ_e^2,则给定明确的 P_F 时的所需门限为

$$V_t\cong\sigma_e^2[\sqrt{v}Q^{-1}(P_F)+v],v\gg 1 \tag{10.53}$$

式中:$Q^{-1}(\cdot)$表示 Q 函数的反函数。理想情况下有 $\sigma_e^2=\sigma^2$。在大多数应用中,需限定虚警率 F,它表示单位时间内虚警次数的期望值。若除可能的末端点以外,连续观察间隔没有相互重叠,则所需的虚警概率为 $P_F=FT$。

图 10.4 描述了能量检测器工作在 AWGN 信道且 $\sigma_e^2=\sigma^2$、$P_F=10^{-3}$ 时,P_D 关于信噪比 γ 的曲线,图中曲线旁边的数值为 v 值。式(10.48)用于计算 V_t。式(10.49)用于计算 $v=10$ 和 $v=100$ 时的 P_D。当 $v\geqslant 1000$ 时,式(10.50)用于计算 P_D。该图表明,为达到期望的 P_D 值,所需信号的能量要随着 v 的增加而增加,这是因为需要额外的能量来克服额外样值中的噪声。然而,由于平均信号功率为 $\gamma\sigma^2/v$,故需要的平均信号功率随着 v 的增加而减少。

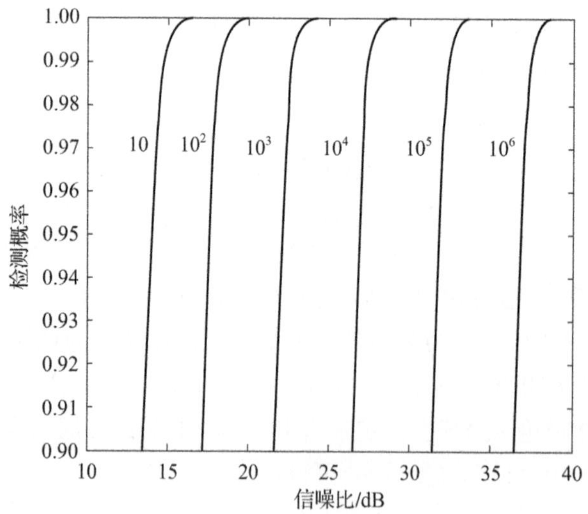

图 10.4 AWGN 信道下的检测概率

10.2.1　瑞利衰落

若瑞利衰落的相干时间超过了观察间隔时间，则经过瑞利衰落的目标信号能量是服从均值为 $E[\mathcal{E}] = \bar{\mathcal{E}}$ 的指数分布的随机变量（见附录 E.5）。因此，平均检测概率为

$$\bar{P}_{\mathrm{D}} = \int_0^{\infty} \frac{1}{\bar{\gamma}} \exp\left(-\frac{\gamma}{\bar{\gamma}}\right) P_{\mathrm{D}}(\gamma)\, \mathrm{d}\gamma \tag{10.54}$$

式中：$\bar{\gamma} = \bar{\mathcal{E}}/N_0$；$P_{\mathrm{D}}(\gamma)$ 由式（10.49）给出。

将式（H.10）和式（H.18）代入式（10.49），交换求和与积分的次序，进行变量替换，并用式（H.5）对积分进行计算，最后可得：

$$P_{\mathrm{D}}(\gamma) = \sum_{i=0}^{\infty} \frac{\Gamma(i+v, V_{\mathrm{t}}/\sigma^2)\gamma^i \mathrm{e}^{-\gamma}}{\Gamma(i+v)\Gamma(i+1)} \tag{10.55}$$

首先注意到 $Q_{\mathrm{m}}(\alpha,0) - Q_{\mathrm{m}}(\alpha,\beta) = 1 - Q_{\mathrm{m}}(\alpha,\beta)$ 是一个有限区间上的积分，就可以证明求和与积分次序可互换。由于贝塞尔函数的级数在这个区间内一致收敛且连续，因此可以逐项积分。

将式（10.55）代入式（10.54），利用控制收敛定理可证明求和与积分顺序可交换，再进行变量替换，利用式（H.3）计算积分，并将式（H.8）代入，可得：

$$\bar{P}_{\mathrm{D}} = \sum_{i=0}^{\infty} \left(\frac{\bar{\gamma}}{\bar{\gamma}+1}\right)^i \frac{\exp\left(-\frac{V_{\mathrm{t}}}{\sigma^2}\right)}{(\bar{\gamma}+1)} \sum_{k=0}^{v-1+i} \frac{(V_{\mathrm{t}}/\sigma^2)^k}{k!} \tag{10.56}$$

将内层的级数分成两组级数，使用式（10.40），计算几何级数，再对剩下的两组级数进行重排，可得：

$$\begin{aligned}
\bar{P}_{\mathrm{D}} &= \sum_{i=0}^{\infty} \left(\frac{\bar{\gamma}}{\bar{\gamma}+1}\right)^i \frac{\exp\left(-\frac{V_{\mathrm{t}}}{\sigma^2}\right)}{(\bar{\gamma}+1)} \left[\sum_{k=0}^{v-1} \frac{(V_{\mathrm{t}}/\sigma^2)^k}{k!} + \sum_{k=v}^{v-1+i} \frac{(V_{\mathrm{t}}/\sigma^2)^k}{k!}\right] \\
&= P_{\mathrm{F}} + \sum_{i=0}^{\infty} \sum_{k=v}^{v-1+i} \left(\frac{\bar{\gamma}}{\bar{\gamma}+1}\right)^i \frac{\exp\left(-\frac{V_{\mathrm{t}}}{\sigma^2}\right)(V_{\mathrm{t}}/\sigma^2)^k}{(\bar{\gamma}+1)k!} \\
&= P_{\mathrm{F}} + \sum_{k=v}^{\infty} \frac{\exp\left(-\frac{V_{\mathrm{t}}}{\sigma^2}\right)(V_{\mathrm{t}}/\sigma^2)^k}{(\bar{\gamma}+1)k!} \sum_{i=k-v+1}^{\infty} \left(\frac{\bar{\gamma}}{\bar{\gamma}+1}\right)^i
\end{aligned} \tag{10.57}$$

计算内层的几何级数，使用指数函数的级数将关于 $\bar{P}_{\mathrm{D}}$ 的剩余无限级数表示为指数函数减去有限级数的形式，再应用式（H.8）可得到 $\bar{\gamma} > 0$ 时：

$$\bar{P}_{\mathrm{D}} = P_{\mathrm{F}} + \exp\left(-\frac{V_{\mathrm{t}}}{\sigma^2}\right)\sum_{k=v}^{\infty}\frac{(V_{\mathrm{t}}/\sigma^2)^k}{k!}\left(\frac{\bar{\gamma}}{\bar{\gamma}+1}\right)^{k-v+1}$$

$$= P_{\mathrm{F}} + \left(\frac{\bar{\gamma}+1}{\bar{\gamma}}\right)^{v-1}\exp\left(-\frac{V_{\mathrm{t}}}{\sigma^2}\right)\left[\exp\left(\frac{\bar{\gamma}V_{\mathrm{t}}/\sigma^2}{\bar{\gamma}+1}\right)-\sum_{k=0}^{v-1}\left(\frac{\bar{\gamma}V_{\mathrm{t}}/\sigma^2}{\bar{\gamma}+1}\right)^k\right]$$

$$= P_{\mathrm{F}} + \left(\frac{\bar{\gamma}+1}{\bar{\gamma}}\right)^{v-1}\exp\left(-\frac{V_{\mathrm{t}}/\sigma^2}{\bar{\gamma}+1}\right)\left[1-\frac{\Gamma\left(v,\dfrac{\bar{\gamma}V_{\mathrm{t}}/\sigma^2}{\bar{\gamma}+1}\right)}{\Gamma(v)}\right] \tag{10.58}$$

上述关于 $\bar{P}_{\mathrm{D}}$的闭式方程容易求解。存在 Nakagami – m 和莱斯衰落时，关于 $\bar{P}_{\mathrm{D}}$的公式可参考文献[6 –7]。

每个能量检测器处理 v 个样值，L 个能量检测器的输出合并在一起，可提供衰落信道的分集接收。在选择合并分集方案中，最大的能量检测器输出与门限 V_{t} 进行比较来确定目标信号是否存在。因此，若每个能量检测器处理独立的噪声，则虚警概率为

$$P_{\mathrm{F}} = 1 - \prod_{i=1}^{L}\left[1 - P_{\mathrm{F0}}(\sigma_i^2)\right] \tag{10.59}$$

式中：σ_i^2 为能量检测器 i 中的噪声功率，$P_{\mathrm{F0}}(\sigma_i^2)$ 由式(10.47)的右边取 $\sigma^2 = \sigma_i^2$ 时给出。令 σ_{e}^2 表示估计出的噪声功率，已知该功率以高概率超过 σ_i^2 ($i=1,2,\cdots,L$)。对于每个 σ_i^2 使用该估计值，并由式(10.59)求解 V_{t}，可保证几乎总是可以获得特定的 P_{F}。由此可得：

$$V_{\mathrm{t}} \simeq \sigma_{\mathrm{e}}^2 G_v^{-1}(1-(1-P_{\mathrm{F}})^{1/L}) \tag{10.60}$$

该式表明，若要达到特定的 P_{F}，V_{t} 必须随着分集数 L 的增加而增加。若每个能量检测器接收到的目标信号都经历了独立的瑞利衰落，则平均检测概率为

$$\bar{P}_{\mathrm{D}} = 1 - \prod_{i=1}^{L}\left[1 - \bar{P}_{\mathrm{D0}}(\bar{\gamma}_i,\sigma_i^2)\right] \tag{10.61}$$

式中：$\bar{\gamma}_i$为能量检测器 i 的 γ 期望值，$\bar{P}_{\mathrm{D0}}(\bar{\gamma}_i,\sigma_i^2)$ 由式(10.58)的右边项在 $\sigma^2=\sigma_i^2$ 和 $\bar{\gamma}=\bar{\gamma}_i$时给出。

图 10.5 显示了 $\sigma_i^2=\sigma_{\mathrm{e}}^2=\sigma^2$，$\bar{\gamma}_i=\bar{\gamma}$，$P_{\mathrm{F}}=10^{-3}$，及 $L=1$ 和 $L=2$ 时，$\bar{P}_{\mathrm{D}}$与平均能量噪声密度比 $\bar{\gamma}$ 的关系曲线。将该图与图 10.4 进行比较，可发现在 $\bar{P}_{\mathrm{D}}$较大时衰落具有显著影响。当 $L=1$ 时，在瑞利衰落信道下特定 $\bar{P}_{\mathrm{D}}$所需信号的能量相对于 AWGN 信道增加了大约 8dB 或更多。当采用 $L=2$ 的选择分集方案时，相应的能量增加减少为 3dB。然而，进一步增加 L 只能带来较小且逐渐减小

的增益。另一种分集方案是采用平方律合并,它能给出类似于选择合并的性能。文献[7]对该方案进行了分析。

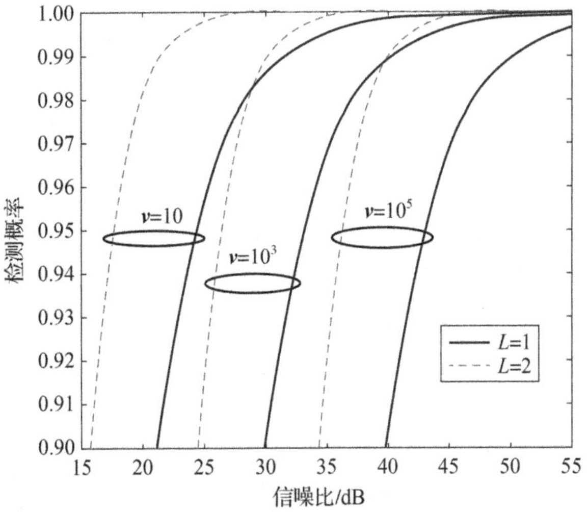

图 10.5　瑞利衰落下的平均检测概率

10.2.2　噪声功率估计

能量检测器的实现和有效运行的最大障碍是它对不精确噪声功率值的极端敏感性。这种敏感性归因于目标信号存在或不存在这两种假设情况下对应的概率密度函数的大量重叠。这种重叠导致门限值由于噪声功率的不精确估计而发生小的改变,就会对虚警和检测概率产生较大的影响。

为确保门限足够大,以便无论噪声功率 σ^2 的真实值为多少都能够达到所需的 P_F,必须将功率的估计值设置为测量不确定区间的上界值。若测量表明噪声功率位于下界 σ_l^2 和上界 σ_u^2 之间,则应将 σ_u^2 作为噪声功率 σ_e^2 的估计值来计算门限。

噪声功率的非平稳性主要是由温度变化、振动、器件老化及非平稳的环境噪声引起的。实验室测量表明噪声功率能够在数分钟内变化 0.1%[8]。因此,若在能量检测器检测目标信号之前能够迅速进行精确的噪声功率测量,且噪声功率 σ^2 的上界为 σ_u^2,其变化不超过 0.1%,则用 $\sigma_e^2 = 1.001\sigma_u^2$ 来计算门限可保证以高概率达到指定的 P_F,同时限制由于 $\sigma_e^2 > \sigma^2$ 而导致的 P_D 或 $\bar{P}_D$ 下降。

当没有接收到目标信号或干扰信号时,可以通过测量辐射计的输出 V 对 v_e 个样本的测量来估计噪声功率。噪声功率的估计为 $N_e = V/v_e$,式(10.43)和式(10.44)表示其均值为 σ^2,其标准差为 $\sigma^2/\sqrt{v_e}$。由于切比雪夫不等式

(见4.3节)揭示了测量误差超过5个标准差的可能性极小,N_e 极有可能介于 $\sigma_1^2=\sigma^2(1-5/\sqrt{v})$ 和 $\sigma_u^2=\sigma^2(1+5/\sqrt{v})$ 之间。因此,设置 $\sigma_e^2=N_e(1+5.1/\sqrt{v_e})$ 使$\sigma_e^2>\sigma^2$ 和明确 P_F 极有可能做到。误差因子为

$$h=\frac{\sigma_e^2}{\sigma^2} \tag{10.62}$$

若 v_e 足够大,误差因子可以无限接近1。例如,如果噪声功率估计的观察间隔的持续时间为 $T_e=1\text{s}$,$W=1\text{MHz}$,则 $v_e=10^6$,且 $h\in(1,1.01)$。

在与检测目标信号的能量检测器相邻的频谱区域,并行运行一个辅助能量检测器,可用于估计噪声功率。应用这种方法的好处是在实际观察间隔之内,噪声功率随时间的波动一般来说是可以忽略的。这种方法的主要要求是目标信号功率在辅助能量检测器中是可忽略的,且在观察间隔之内,两个能量检测器的噪声功率之比近似为已知常数。

图10.6~图10.8显示了 $P_F=10^{-3}$ 及误差因子取不同值时,噪声功率不理想估计的影响。图10.6给出了能量检测器在AWGN信道下 P_D 随 γ 变化的曲线。从图中可以看出,对于给定的 P_D 和 v,所需的信号能量都随 h 的增加而增加。若 $v\leqslant10^4$ 且 $h\leqslant1.01$,则能量的增加小于0.90 dB。当 $F=10^{-5}/T_h$ 时,从式(10.63)可以看出,由于门限会随着因子 h 的增加而近似增加,实际的 P_F 会降低并低于给定的 P_F 值,因而最后所需信号能量的增加将被部分抵消。图10.7和10.8给出了瑞利衰落信道下能量检测器的 $\bar{P}_D$随 $\bar{\gamma}$ 变化的曲线。在图10.7中,$L=1$;在图10.8中,$L=2$,$\sigma_i^2=\sigma_e^2=h\sigma^2$,且 $\bar{\gamma}_i=\bar{\gamma}$。在图10.6~图10.8中,$h$ 和 v 的影响非常相似。当 v 增加时,若要使性能损失最小,则必然要增加噪声功率估计的频率及精度。

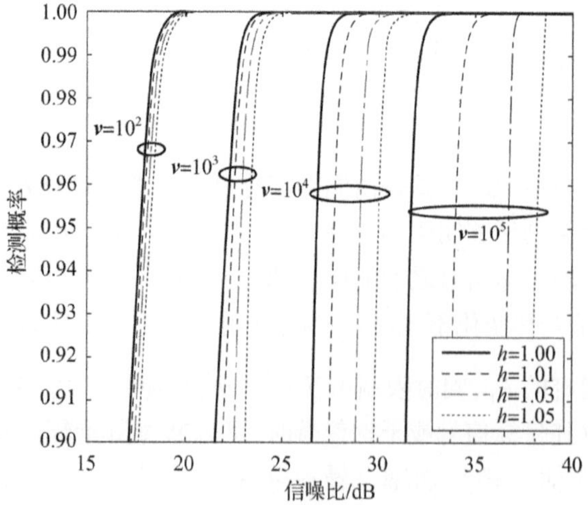

图10.6 AWGN信道下的检测概率

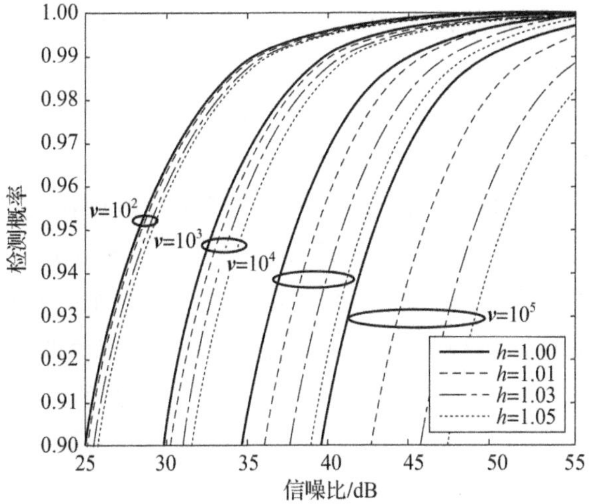

图 10.7　$L=1$ 时瑞利衰落下的平均检测概率

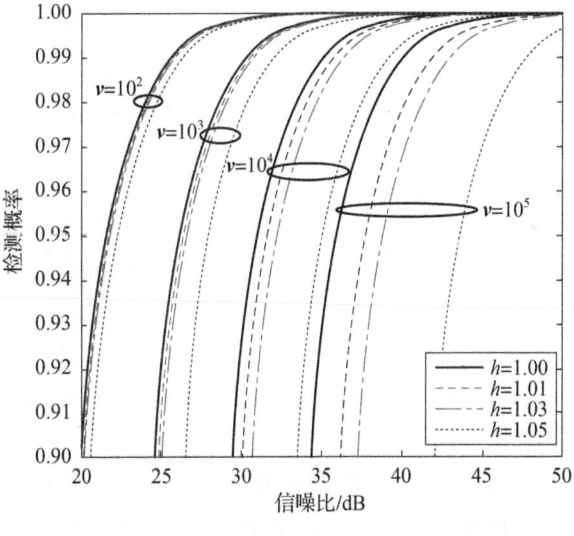

图 10.8　$L=2$ 时瑞利衰落下的平均检测概率

10.2.3　其他实现问题

为避免处理目标信号频谱区域以外的噪声，带通滤波器的带宽应尽可能窄。若已知目标信号在带通滤波器较大的通带中占据某个较小的子带，可通过在图 10.2中的抽样器后面插入快速傅里叶变换（Fast Fourier Transformer，FFT）来分离出目标信号的子带。FFT 变换器的并行输出可送至不同的能量检测器，每个能量检测器分别处理由 FFT 变换器确定的不同子带。通过这种结构,许多子带上的多个信号能够被同时检测到。

诸如直扩信号及超宽带信号这样的宽带信号能够由能量检测器来检测,但是采样速率及噪声功率都会随着能量检测器带宽的增加而增加。能量检测器可作为检测跳频信号的信道化能量检测器的基本组成部分(见 10.4 节)。

为收集目标信号的主径能量及重要的多径分量能量,一般希望观察间隔足够大。因此,观察间隔的宽度或者说抽样值数量在很大程度上由已知多径数下的时延功率谱或多径强度剖面决定。只有当被处理信号增加的能量足以补偿能量检测器输出噪声方差的增加时,在观察间隔末端才可以增加抽样。

令

$$\beta = Q^{-1}(P_F), \quad \xi = Q^{-1}(P_D) \tag{10.63}$$

在实际应用中,$P_F < 1/2 < P_D$ 是必要条件。为了满足这一要求,由式(10.50)、式(10.52)和 $Q(0) = 1/2$ 可知必要条件为

$$\beta > 0, \quad \xi < 0, \quad \gamma > \beta h\sqrt{v} + (h-1)v > 0 \tag{10.64}$$

为在 AWGN 信道上达到给定的 P_F 和 μ,可以通过求式(10.42)的反函数来获得所需要的 γ 值。这种计算相当困难,但若 $v \gg 1$,则可通过对式(10.49)取反函数非常近似地求得。式(10.50)的反演需要解一个二次方程。利用 $\xi < 0$ 来选择根,并代入式(10.53)和式(10.62)得到所需的值:

$$\gamma_r(v) \simeq \beta h\sqrt{v} + (h-1)v + \psi(\beta, \xi, v, h), \quad v \gg 1 \tag{10.65}$$

式中:

$$\psi(\beta, \xi, v, h) = \xi^2 - \xi\sqrt{\xi^2 + 2\beta h\sqrt{v} + (2h-1)v} \tag{10.66}$$

图 10.9 显示了当 $P_D = 0.999$,$P_F = 10^{-3}$,h 取不同值时,所需的能量噪声密度比 $\gamma_r(v)$ 与 v 的关系。

$\gamma_r(v)$ 和 $\gamma(v)$ 分别正比于所需的信号能量和由能量检测器处理的信号能量。若 $\mathcal{E}_h/N_0 \to \infty$ 的增加量小于 $P_{D1} \to 1$ 的增加量,则为增加检测概率,一般希望持续收集额外的抽样值。若将整数 v 近似为一个连续变量,则当满足式(10.57)时,除已有的 v_0 个抽样值外,采集额外的样值具有潜在的益处。

$$\frac{\partial \gamma_r(v_0)}{\partial v} < \frac{\partial \gamma(v_0)}{\partial v} \tag{10.67}$$

导数 $\partial\gamma_r(v_0)/\partial v$ 可由图 10.9 所示的曲线或式(10.65)确定。导数 $\partial\gamma(v_0)/\partial v$ 可由目标信号波形的知识计算得到,或由已知的目标信号多径强度剖面计算得到。

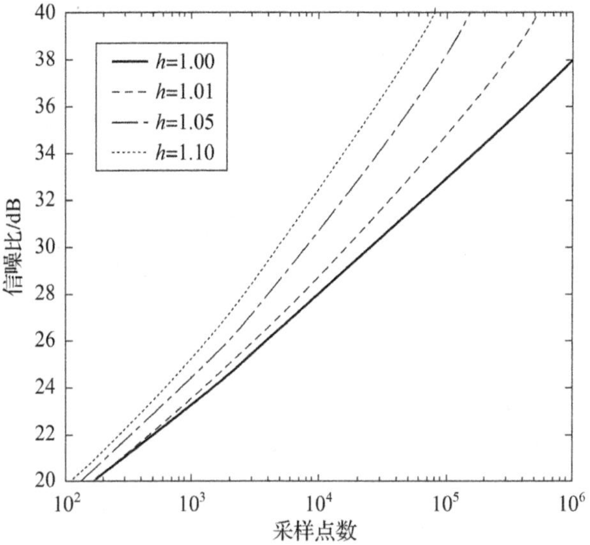

图 10.9　AWGN 信道下所需的能噪比

例 10.1：假设能量检测器在 AWGN 信道上工作时，$h=1.05$，$v_0=800$，要求能量检测器满足 $P_D=0.999$，$P_F=10^{-3}$。图 10.9 表明 $\gamma_r(v_0)\simeq 24\text{dB}$，$\partial\lg\gamma_r(v_0)/\partial\lg v\approx 0.6$。因此，$\partial\gamma_r(v_0)/\partial v\approx 0.6\gamma_r(v_0)/v_0$。假设目标信号在比能量检测器观察间隔更长的时间区间内有恒定功率，则 $\partial\gamma(v_0)/\partial v\approx\gamma(v_0)/v_0$。因此，若 $\gamma(v_0)>0.6\gamma_r(v_0)$ 或者 $\gamma(v_0)>21.8\text{dB}$，采集更多抽样值是有用的。若 $\gamma(v_0)>24\text{dB}$，则 P_D 已超过 $P_F=10^{-3}$ 时所需要的值，此时采集更多的样值将进一步增加 P_D。若 $21.8\text{dB}<\gamma(v_0)<24\text{dB}$，此时采集足够多的样值，将有可能达到 $P_D=0.999$，$P_F=10^{-3}$。

在 AWGN 信道上，通过测量达到给定 S/N_0 和 P_D 所需要的信噪比（Signal-to-Noise Ratio，SNR）值，可得到不同的情形。所需的 SNR 值定义为

$$S_r(v)=\frac{\gamma_r(v)}{v} \tag{10.68}$$

该值可由式（10.54）计算得到。图 10.10 显示了 AWGN 信道下当 $P_D=0.999$，$P_F=10^{-3}$，h 取不同值时，所需的 SNR 值。可以观察到，对于 $S_r=-14\text{dB}$，当 $h=1.01$ 时所需的样本数量大约是 $h=1.0$ 时所需样本数量的两倍。

式（10.68）和式（10.65）表明若 h 是常量，则

$$\lim_{v\to\infty}S_r(v)=h-1 \tag{10.69}$$

该极限的意义在于，若目标信号的 SNR 低于 $h-1$，则无论采集多少抽样值，都无法达到指定的 P_F 和 P_D。

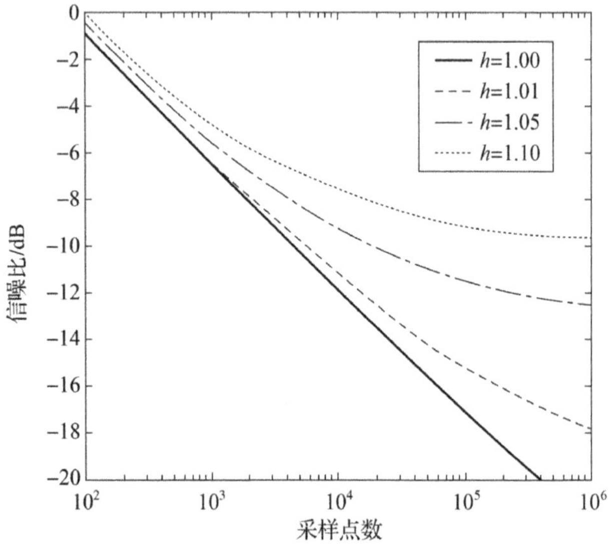

图 10.10 AWGN 信道下所需的信噪比

例 10.2:当目标信号存在时,假设在一个较长的观察时间间隔内目标信号的 SNR 近似为 -12dB,且当能量检测器工作在 AWGN 信道上时,期望得到 $P_D = 0.999$,$P_F = 10^{-3}$。图 10.10 表明,若 $h \geq 1.10$,则不可能达到期望的 P_D 和 P_F。然而,若 $h \leq 1.05$,噪声功率的估计及时且足够精确,抽样数量达到 $v \approx 3 \times 10^5$ 或略少时,就可达到期望的 P_D 和 P_F;同样条件下,若 $h \leq 1.01$,则仅需 $v \approx 2 \times 10^4$ 或略少即可达到期望的 P_D 和 P_F。

当式(10.69)中的极限超过 0 时,称为信噪比墙。它的存在是由于一个假设,即当用于检测信号的样本数量 v 增加时,h 是一个常数。如前所述,如果 h 是通过使用能量检测器估计的,那么很有可能存在:

$$1 - \frac{5}{\sqrt{v_e}} < h < 1 + \frac{5}{\sqrt{v_e}} \tag{10.70}$$

式中:v_e 为决定 σ_e^2 的样本数。当 $v \to \infty$ 时若 $v_e \to \infty$,那么 $h \to 1$,没有信噪比墙。因此,只有当检测间隔的持续时间远远大于估计噪声功率所用间隔的持续时间时,信噪比墙才会存在。另一种分析[9]将 σ_e^2 建模为能量检测器产生的随机变量,证实了这一结果。

由于直扩信号的带宽较宽、功率谱密度较低,任何无法对直扩信号进行解扩的设备都很难检测到直扩信号。能量检测器检测直扩信号的有效性取决于采集到足够多的抽样值并接收足够多的信号能量。

10.3　跳频信号的检测

设计用于检测跳频信号的截获接收机,既可遵循经典检测理论,也可遵循更直观的方法。前一种方法可获得可能达到的性能极限,但后一种方法的实用性和灵活性更强,并较少依赖于跳频信号特征的知识。

为便于用经典检测理论进行分析,给出如下的理想假设:跳频频率集和跳频周期都已知。跳频周期包括跳周期 T_{h},跳数 N_{h},跳频转换次数。我们进一步假设,只要有跳频信号存在,它就会占据整个观测区间。考虑采用连续相位调制(Continuous - Phase Modulation,CPM)或连续相位频移键控调制跳频(Continuous - Phase Frequency - Shift Keying,CPFSK)的慢跳频(Frequency - Hopping,FH)信号,其切换次数可忽略。在第 i 个跳间隔或驻留时间内的信号为

$$s(t,\boldsymbol{\theta}) = \sqrt{2S}\cos[2\pi f_{ci}t + \phi(\boldsymbol{d}_n,t) + \phi_i],(i-1)T_{\mathrm{h}} \leqslant t < iT_{\mathrm{h}} \tag{10.71}$$

式中:$S = \mathcal{E}_{\mathrm{h}}/T_{\mathrm{h}}$ 为信号的平均功率;f_{ci}为第 i 跳的载波频率;$\phi(\boldsymbol{d}_n,t)$为取决于数据序列 $\boldsymbol{d}_n$ 的 CPM 分量;ϕ_i 为第 i 跳的相位。令向量 $\boldsymbol{\omega}$ 表示参数 S、$\{f_{ci}\}$、$\{\phi_i\}$ $(i \in [1,N_{\mathrm{h}}])$,及 $\boldsymbol{d}_n$ 的分量,这些参数都被建模为随机变量。对于 AWGN 信道和观测区间$[0,N_{\mathrm{h}}T_{\mathrm{h}}]$,式(10.18)和式(10.71)表示平均似然比为

$$\Lambda[r(t)] = E_{\Theta}\left\{\exp\left[\frac{2\sqrt{2S}}{N_0}\int_0^{N_{\mathrm{h}}T_{\mathrm{h}}} r(t)\cos[2\pi f_{ci}t + \phi(\boldsymbol{d}_n,t) + \phi_i]\mathrm{d}t - \frac{SN_{\mathrm{h}}T_{\mathrm{h}}}{N_0}\right]\right\} \tag{10.72}$$

式中:N_0 是已知的。将平均似然比 $\Lambda[r(t)]$ 与阈值进行比较,以确定信号是否存在。可以通过设置阈值确保在信号缺失时具有可容忍的虚警率。

假设频率集内的 M 个载波频率$\{f_j\}$在任意给定的跳周期内均匀分布,且在跳与跳之间相互统计独立。假设在单跳中可能出现的每 N_{d} 个数据序列都是等可能的。将式(10.61)的积分区间分成 N_{h} 个部分,并在 M 个频率上取平均,去除无关因子 $1/M$ 后可得:

$$\Lambda[r(t)] = E_S\left\{\exp\left(-\frac{SN_{\mathrm{h}}T_{\mathrm{h}}}{N_0}\right)\prod_{i=1}^{N_{\mathrm{h}}}\sum_{j=1}^{M}\Lambda_{ij}[r(t)\,|f_j]\right\} \tag{10.73}$$

$$\Lambda_{i,j}[r(t)\,|f_j] = E_{\phi_i}\left\{\sum_{n=1}^{N_{\mathrm{d}}}\exp\left[\frac{2\sqrt{2S}}{N_0}\int_{(i-1)T_{\mathrm{h}}}^{iT_{\mathrm{h}}} r(t)\cos[\chi_{j,n}(t) + \phi_i]\mathrm{d}t\right]\right\} \tag{10.74}$$

上式是针对余下随机参数 S 和 ϕ_i 的分布函数求期望,且:

$$\bar{P}_{\mathrm{D}} = \int_0^{\infty}\frac{1}{\bar{\gamma}}\exp\left(-\frac{\gamma}{\bar{\gamma}}\right)P_{\mathrm{D}}(\gamma)\,\mathrm{d}\gamma \tag{10.75}$$

当信号参数被建模为具有已知概率分布函数的随机变量时,这些方程表明了理论最优检测器的一般结构。当 S 已知时,最佳检测器的形式如图 10.11 所示,用于检测有 N_h 跳和 M 个载波频率的跳频信号。

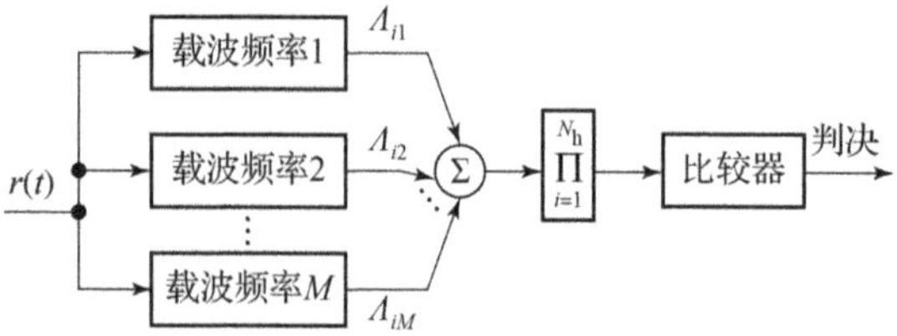

图 10.11　最优检测器的一般结构

假设 N_d 个数据序列在每跳周期内等概率出现。对于 FH/CPM 相干检测[10],假设可通过某种方法对 $\{\phi_i\}$ 精确估计。因此,在式(10.63)中令 $\phi_i=0$,可得:

$$\Lambda_{i,j}[r(t)|f_j] = \sum_{n=1}^{N_d} \exp\left\{\frac{2\sqrt{2S}}{N_0}\int_{(i-1)T_h}^{iT_h} r(t)\cos[\chi_{j,n}(t)]\mathrm{d}t\right\} \text{(相干)} \tag{10.76}$$

该式表明了针对每跳 i 和对应于载波频率 f_j 的每个信道 j,如何计算图 10.11中的 Λ_{ij}。式(10.73)和式(10.76)定义了任意 CPM 慢跳频信号的最优相干检测器。

对于 FH/CPM 的非相干检测[11],在给定的跳周期内,假设接收到的载波相位 ϕ_i 在$[0,2\pi)$内服从均匀分布,且跳与跳之间的载波相位统计独立。对随机相位求平均,去掉可以与阈值合并的因子后可得:

$$\Lambda_{i,j}[r(t)|f_j] = \sum_{n=1}^{N_d} \mathrm{I}_0\left(\frac{2\sqrt{2SR_{i,j,n}}}{N_0}\right) \text{(非相干)} \tag{10.77}$$

式中:

$$R_{i,j,n} = \left\{\int_{(i-1)T_h}^{iT_h} r(t)\cos[\chi_{j,n}(t)]\mathrm{d}t\right\}^2 + \left\{\int_{(i-1)T_h}^{iT_h} r(t)\sin[\chi_{j,n}(t)]\mathrm{d}t\right\}^2 \tag{10.78}$$

式(10.73)、式(10.77)、式(10.78)和式(10.75)定义了任意 CPM 慢跳频信号的最优非相干检测器。当 S 已知时,式(10.77)中的检测器如图 10.12 所示。

若每跳内有 N_s 个数据符号,且符号表中符号的个数为 q,则每跳的数据序列有 $N_d=q^{N_s}$种组合,这是最优检测器计算复杂度巨大的主要原因。因此,计算复杂度随 N_s 呈指数增长。然而,若已知数据调制方式为调制指数为 $h=1/n$ 的

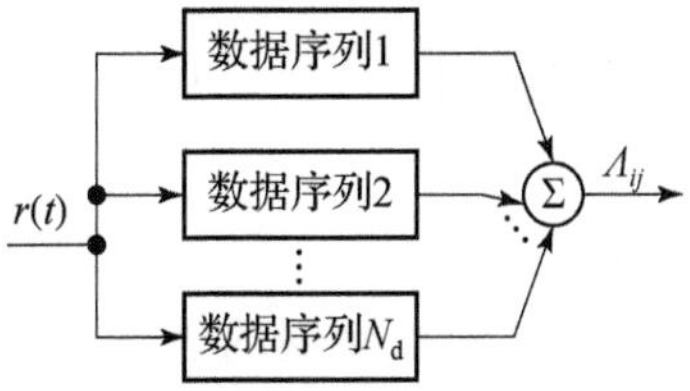

(a) 第i跳、第j个信道中，存在N_d个候选数据序列的并行支路时检测器的基本结构

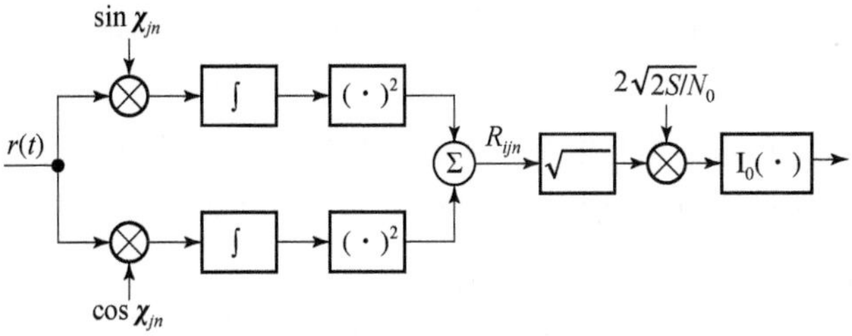

(b) 对应于数据序列n的支路

图 10.12　CPM 慢跳频信号的最优非相干检测器

CPFSK,其中 n 为正整数,则计算复杂度与 N_s 线性相关[11]。尽管如此,当射频信道的数目较大时,最优检测器仍然非常复杂。

考虑每个正交 FSK 信道符号单跳的快速跳频,由于信息体现在载波频率的序列之中,式(10.75)~式(10.77)定义了最佳相干和非相干检测器,其中 $N_d=1,\phi(\boldsymbol{d}_n,t)=0$。虽然最优检测器相对于慢跳频所需的检测器简化了,但当 M 较大时,它们仍然非常复杂。

除基于平均似然比设计的检测器外,也可应用复合假设检验,即在检测信号是否存在的同时,能够在假设 $\mathcal{H}_1$ 条件下估计出一个或多个未知参数。如果我们认为一个参数是未知的但非随机的,那么极大似然估计是适用的。f_j 的极大似然估计为

$$\hat{f}_j=\arg\max_{f_j}\Lambda_{ij}[r(t)|f_j] \tag{10.79}$$

为同时检测信号并确定跳频图案,可用广义似然比代替式(10.73):

$$\Lambda[r(t)]=E_S\left\{\exp\left(-\frac{SN_hT_h}{N_0}\right)\prod_{i=1}^{N_h}\max_{i\leqslant j\leqslant M}\{\Lambda_{i,j}[r(t)|\hat{f}_j]\}\right\} \tag{10.80}$$

式中:$\Lambda_{ij}[r(t)|f_j]$所表示的方程与子系统与式(10.62)相同。式(10.71)给出了每跳中 f_j 的最大似然估计。因此,在每跳期间,进行一次最优检验以确定信道是否被跳频信号占用。虽然根据广义似然比设计的检测器检测性能是次优的,但它略微易于实现和分析[10-11]。然而,其实现复杂度仍然很大。

10.4 信道化能量检测器

在最优检测器的多种选择方案中,最有用的两种检测器是宽带能量检测器和信道化能量检测器。宽带能量检测器的显著意义在于,除需要知道被检测跳频信号的大致频谱区域外,无须被检测信号参数的详细信息。为这种稳健性所付出的代价是,与利用了额外信号信息的更加复杂的检测器相比,宽带能量检测器在性能上要差很多[11]。设计信道化能量检测器是为了直接利用跳频信号的谱特征。最优形式信道化能量检测器的性能几乎与理想检测器一样好。次优形式的信道化能量检测器是在实用性能与易于利用检测信号所需的先验信息之间进行平衡的结果。

信道化能量检测器由 K 个并行能量检测器构成,每个能量检测器具有图 10.1所示的形式,并监测跳频频带中的不重叠部分,如图 10.13 所示。能量检测器输出的最大抽样值与存储在比较器中的门限 V_t 进行比较。若超过门限,则比较器向求和器输出 1,否则输出 0。若跳频驻留时间至少近似已知,与被检测信号的多跳相对应,比较器连续输出 N 个 1,信道化能量检测器将这些 1 累加可提高其检测可靠性。若累加之和 V 等于或超过第二门限 r(r 为整数),则就可以认为信号存在。两个门限值 V_t 和 r 可联合优化来实现系统的最优检测性能。

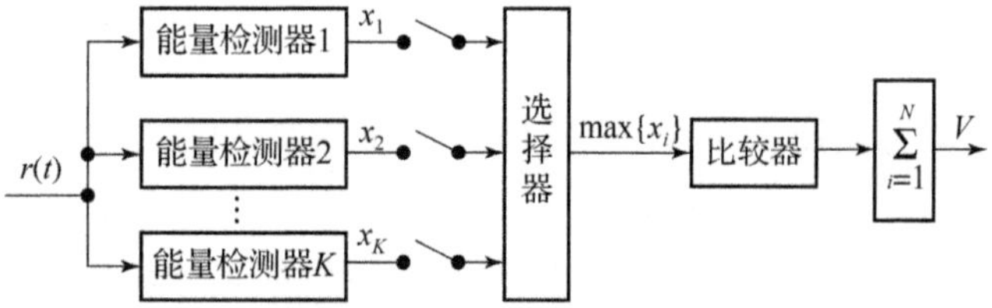

图 10.13 信道化能量检测器

理想情况下,K 与跳频频率集中信道的数目 M 相等,但就实用性和经济性而言要求更少的能量检测器;若如此,则每个能量检测器需要监测 M_r 个信道,其中 $1 \leqslant M_r \leqslant M$。由于功率分配器带来的插入损耗以及性能下降,实际中难以实现数量超过 30 个的并行能量检测器。每个能量检测器覆盖多个信道,其优点在于能够降低能量检测器对信道频谱边界不准确信息的敏感性。由于非常希望采用相似电路来实现并行能量检测器,故此后假设它们的带宽都相同。

为防止固定干扰在单个能量检测器上造成虚警,当信道化能量检测器中某个能量检测器产生的输出在太多连续样值上都高于门限值时,信道化能量检测器必须能识别这种情况。然后,信道化能量检测器要能够从检测算法里屏蔽该成员能量检测器的输出,或将该能量检测器重新分配到其他频谱区域。

在对图10.13所示的信道化能量检测器的后续分析中,并行能量检测器的观察间隔等于抽样间隔,并假设观察间隔等于跳周期 T_h。为避免处理外部噪声,信道化能量检测器的有效观察时间 $T = NT_h$ 应小于信息持续时间的最小期望值。令 B 表示单个能量检测器通带所包含的 M_r 个信道中每个信道的带宽,则采样率为 B,每跳驻留时间的采样数为 $v = \lfloor T_h M_r B \rfloor$。令 P_{F1} 表示没有信号存在时,某个特定能量检测器在单跳驻留时间末端时刻的输出超过比较器门限 V_t 的概率。用类似式(10.47)的方法可得:

$$P_{F1} = \frac{\Gamma(v, V_t/\sigma^2)}{\Gamma(v)} = \exp\left(-\frac{V_t}{\sigma^2}\right)\sum_{i=0}^{v-1}\frac{1}{i!}\left(\frac{V_t}{\sigma^2}\right)^i \tag{10.81}$$

式中:噪声功率为 $\sigma^2 = N_0 M_r B$。因此,类似于式(10.53),得:

$$\begin{aligned} V_t &= \sigma_e^2 G_v^{-1}(P_{F1}) \\ &\simeq \sigma_e^2[\sqrt{v}Q^{-1}(P_{F1}) + v], \quad v \gg 1 \end{aligned} \tag{10.82}$$

式中:$G_v^{-1}(\cdot)$ 为 $P_{F1}(V_t/\sigma^2)$ 的反函数;σ_e^2 是 σ^2 的估计值,可由与10.2节相同的方式得到。K 个并行能量检测器中,至少有一个输出超过 V_t 的概率为

$$P_{F2} = 1 - (1 - P_{F1})^K \tag{10.83}$$

由于能量检测器的通带是不重叠的,因此假设信道噪声是统计独立的。

为了方便起见,可以定义如下函数:

$$F(X, r, N) = \sum_{i=r}^{N}\binom{N}{i}x^i(1-x)^{N-i} \tag{10.84}$$

若 $y = F(x, r, N)$,则反函数 $x = F^{-1}(y, r, N)$ 很容易通过牛顿法求解。信道化能量检测器的虚警概率为输出 V 等于或超过门限 r 的概率:

$$P_F = F(P_{F2}, r, N) \tag{10.85}$$

因此,若 $v \gg 1$,由式(10.82)、式(10.83)及式(10.85)可共同确定为达到给定 P_F 所必需的近似门限值:

$$V_t \simeq \sigma_e^2[\sqrt{v}Q^{-1}\{1 - [1 - F^{-1}(P_F, r, N)]^{1/K}\} + v], \quad v \gg 1 \tag{10.86}$$

式中假设 σ^2 在跳频带宽内保持不变,故对所有的并行能量检测器而言只有一个 σ_e^2 和一个 V_t。

假设在每跳驻留时间内,至多只有一个能量检测器接收到有效的信号能量。令 P_{D1} 表示某个特定能量检测器检测带宽内存在信号时,该能量检测器的输出超过门限的概率。由式(10.49)和式(10.50)类推可得:

$$\begin{aligned} P_{D1} &= Q_v(\sqrt{2\mathcal{E}_h/N_0}, \sqrt{2V_t/\sigma^2}) \\ &\simeq Q\left[\frac{V_t/\sigma^2 - v - \mathcal{E}_h/N_0}{\sqrt{v + 2\mathcal{E}_h/N_0}}\right], \quad v \gg 1 \end{aligned} \tag{10.87}$$

式中:$\mathcal{E}_h$ 为跳频驻留时间内的信号能量。令 P_{D2} 表示并行能量检测器输出的最大抽样值超过门限的概率。假设信号存在时,等概率占据 M 个信道中的任意一个,且所有能量检测器的通带都处在跳频带宽之内。因此,信号处在某个给定能量检测器通带之内的概率为 M_r/M,信号位于某能量检测器通带之内的概率 $\mu = KM_r/M$ 称为监测比。由于能量检测器没有收到信号时也可能认为检测到信号,因此:

$$P_{D2} = \mu[1-(1-P_{D1})(1-P_{F1})^{K-1}] + (1-\mu)P_{F2} \tag{10.88}$$

信号实际存在时的跳频驻留次数为 $N_1 \leqslant N$。若观察到 N_1 次驻留对应比较器输出 j 个 1;其余的 $N-N_1$ 次驻留对应比较器输出 $i-j$ 个 1,且 $i \geqslant r$,则第二个门限将被超过。因此,在所观察的 $N_1 \leqslant N$ 次跳频驻留间隔内信号实际存在时,检测概率为

$$P_D = \sum_{i=r}^{N}\sum_{j=0}^{i}\binom{N_1}{j}\binom{N-N_1}{i-j}P_{D2}^{j}(1-P_{D2})^{N_1-j}P_{F2}^{i-j}(1-P_{F2})^{N-N_1-i+j} \tag{10.89}$$

若至少已知跳频信号的最小持续时间,则可避免对 N 的过高估计,因此 $N_1 = N$。则检测概率变为

$$\begin{aligned} P_D &= \sum_{i=r}^{N}\binom{N}{i}P_{D2}^{i}(1-P_{D2})^{N-i} \\ &= F(P_{D2}, r, N) \end{aligned} \tag{10.90}$$

当信道化能量检测器监测整个跳频带宽时,第二个门限的一个较好但非最优的取值为 $r = \lfloor N/2 \rfloor$,其中 $\lfloor x \rfloor$ 表示不大于 x 的最大整数。通常情况下的数值计算结果表明:

$$r = \left\lfloor \mu \frac{N}{2} \right\rfloor \tag{10.91}$$

对部分频带监测来说是一个较好的取值。

若判决是根据 N 跳驻留时间间隔块 $T = NT_h$ 内 N 个比较器输出之和做出的,且后续判决取决于除可能的末端点外的后续时间块,连续观察间隔没有重叠,则以每秒钟内虚警次数为单位的虚警率 F 是一个合适的设计参数。这种检测类型称为块检测,且:

$$P_F = FNT_h \tag{10.92}$$

为避免观察间隔与信号发送时间出现严重错位,必须用可估计信号到达时间的硬件来补充块检测,或使连续观察间隔的持续时间要大致小于信号预期持续时间的一半。

另一种可减轻错位影响的方法称为二进制滑动窗检测,它构造新块的方法

是将前一块内的第一跳驻留时间移除，再加入新一跳驻留时间。当没有信号实际存在时，在块的末端会将虚警作为新的检测结果。因此，只有在新加入的跳频驻留时间内比较器的输入超过门限，而在移除的驻留时间内比较器的输入未超过门限且中间的跳频驻留次数为 $r-1$ 时，虚警才会发生。因此，虚警概率为

$$P_{F0} = C(0,1)C(r-1,N-1)C(1,1) \tag{10.93}$$

式中：

$$C(i,N) = \binom{N}{i} P_{F2}^{i}(1-P_{F2})^{N-i}, \quad i \leqslant N \tag{10.94}$$

由于在每跳驻留间隔后都可能发生虚警，故虚警率为

$$F_0 = \frac{P_{F0}}{T_h} = \frac{r}{NT_h}\binom{N}{r} P_{F2}^{r}(1-P_{F2})^{N+1-r} \tag{10.95}$$

为比较块检测器和二进制滑动窗检测器，假设两种检测器有相同的 P_{F2}。由于式(10.95)的右边与式(10.85)中级数的第一项成正比，且对块检测器有 $F=P_F/NT_h$，因此，二进制滑动窗检测器虚警率 F_0 的上边界由下式给出：

$$F_0 \leqslant rF \tag{10.96}$$

若 $P_{F2} \ll 1/N$，则上边界是紧的，这意味着滑动窗检测的虚警率几乎是块检测虚警率的 r 倍。因此，对于相同的虚警率，滑动窗检测通常需要更高的比较器门限，且为检测跳频信号还需更高的信号功率。然而，$N \approx N_1 \gg 1$ 的滑动窗检测对信号截获的时机和某些块观察间隔之间的错位具有天然的限制性。若信号出现在两个连续的块中，则对于其中一个块观察间隔来说，错位不会超过 $T_h/2$。

作为说明信道化能量检测器性能的例子，图 10.14 和图 10.15 给出了 P_D 与 $\mathcal{E}_h/N_0$ 的关系。假设信道个数为 $M=2400$，采用块检测，$F=10^{-7}/T_h$，$B=250/T_h$ 且 $v=T_h\mu MB/K=6\times10^5\mu/K \gg 1$。已知信号的持续时间，且没有错位，因此 $N_1=N$。图 10.14 中给出了 P_D 与多个 K 和 N 的关系曲线，图中全部跳频频带都被监测，因此 $\mu=1$，$h=\sigma_e^2/\sigma^2=1$。该图还显示了在 $v=NT_hMB=6\times10^5N$，$N=150$ 或 750 时，宽带能量检测器的检测结果。当 $K=M$ 且 $M_r=1$ 时，信道化能量检测器显示出显著的优势。从检测概率来看，$K=30$ 的信道化能量检测器比 $N=150$ 的宽带能量检测器要好得多；但为保持信道化能量检测器的优势，当 $N=750$ 时需要 $K=150$。当 N 增加时，信道化能量检测器可通过相应地增加 K 值来保持相对于宽带能量检测器的优势。

图 10.15 中，$N_1=N=150$，$K=30$，$M=2400$，$F=10^{-7}/T_h$，$B=250/T_h$，但是 M_r 和 $h=\sigma_e^2/\sigma^2$ 是可变的，分别取 1.00、1.01、1.05。可以看出，当 $h>1$ 时，检测性能的损失取决于 μ 值，而 μ 直接影响 v。该图说明了当 K 和 M 不变而监测比 μ 降低时的折中情况。由于 $M_r=\mu M/K=80\mu$ 降低了，因此可监测到的信道数变

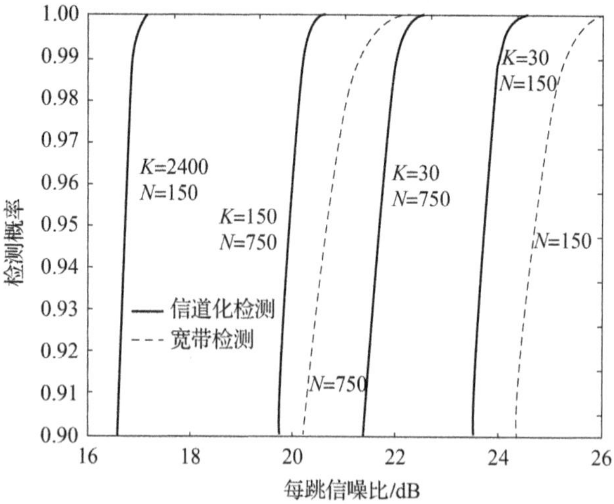

图 10.14 全覆盖的信道化和宽带能量检测器的检测概率与 $\mathcal{E}_h/N_0$ 的关系

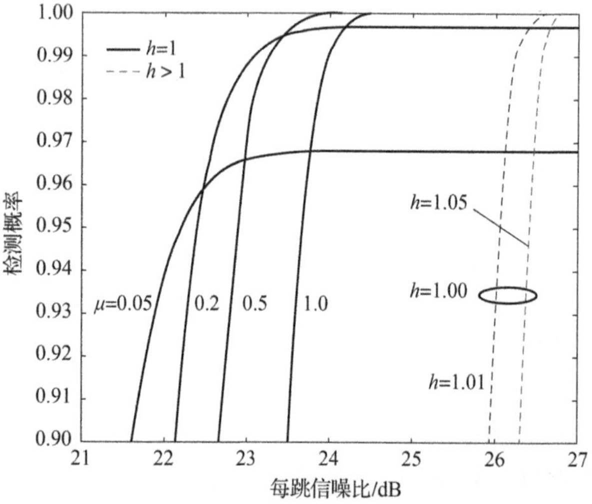

图 10.15 不同监测比下信道化能量检测器的检测概率

少,v 也减少,对 $h>1$ 时的敏感性也降低了,且进入能量检测器的噪声也更少了。当 $\mu=0.2$ 时最终结果较好。然而,该图也表明对于 $\mu=0.1$ 或 0.05 而言,跳频带宽的覆盖都不足以保证无论 $\mathcal{E}_h/N_0$ 取何值,P_D 可分别大于 0.998 及 0.968。因此,为确保给定的 P_D,对于必须被监测的跳频带宽,要有一个最小监测比 μ_{min}。

当 $\mathcal{E}_h/N_0\to\infty$ 时,式(10.87)表明 $P_{D1}\to 1$。因此,式(10.88)意味着 $P_{D2}\to\mu+(1-\mu)P_{F2}$。假设对给定的 P_D 有 $\mu=\mu_{min}$。将门限 V_t 提高到足够大以使 $P_{F2}\ll\mu_{min}$,从而 $P_{D2}\approx\mu_{min}$。若检测是针对最小监测比来完成的,则对第二个门限

来说 $r=1$ 是最优选择。对于 $r=1$ 和 $N_1=N$，由式(10.90)可得：

$$P_D = 1-(1-P_{D2})^N \tag{10.97}$$

由于 $P_{D2}\approx\mu_{\min}$，式(10.97)意味着即使 $\mathcal{E}_h/N_0\to\infty$，实现给定 P_D 所需的最小监测比为：

$$\mu_{\min}\approx 1-(1-P_D)^{1/N} \tag{10.98}$$

因此，若 $P_D=0.99$，且 $N=N_1=150$，则 $\mu_{\min}\approx 0.03$。

信道化能量检测器需要估计跳频信号的到达时间、跳周期，以及整个跳频信号的最小持续时间。不精确估计或任何定时不同步都会导致信道化能量检测器的性能下降。然而，当信噪比很高时，由于定时不同步，导致在一个观测周期内会有截获两个部分脉冲的机会，这实际上会提高信道化能量检测器的检测概率[12]。

10.5　思考题

1. 若被检测信号 $s(t)$ 的形式和参数已知，然后将充分统计量 r_1 与阈值 V_t 进行比较，以确定目标信号是否存在。假设目标信号存在且与观测间隔一致。假设 AWGN 信道下 $n(t)$ 均值为零，其双边功率谱密度为 $N_0/2$，信号能量为 $\mathcal{E}$。

①检测概率 P_D 为多少？虚警概率 P_F 为多少？利用 P_F 写出 P_D 的表达式。

②用所需的 P_F 来表示 P_D。

③为确保达到给定的 P_F 和 P_D，需要的 $\mathcal{E}/N_0$ 值是多少？

2. 使用附录 A.1 的式(A.6)和式(A.7)作为标准高斯随机变量来推导式(10.44)。

3. 接收机工作特性(Receiver Operating Characteristic，ROC)是一种用来描述不同 v 或 $\mathcal{E}/N_0$ 值下 P_D 与 P_F 之间关系的经典曲线。对于 AWGN 信道而言，ROC 可由式(10.43)和式(10.40)计算得到。画出宽带能量检测器在 $\mathcal{E}/N_0=20\text{dB}$，且没有噪声测量误差时的 ROC 曲线，取 $v=10^4$ 和 10^5。

4. ①利用本章描述的方法推导式(10.55)。

②利用本章描述的方法推导式(10.56)。

5. 利用本章描述的方法推导式(10.65)。

6. 确定式(10.65)需要负能量的条件。该结果的物理内涵是什么？

7. 考虑用信道化能量检测器检测跳频信号的一个单跳信号。假设 $N_1=N$，且 $r=1$。

①利用 P_F 求 V_t，而无需求 $F^{-1}(\cdot)$。

②若 $KM_r=M$，且 $\mathcal{E}_h/N_0\gg v+V_t/\sigma^2$，证明为得到特定的 P_D 和 P_F 值，所需的 $\mathcal{E}_h/N_0$ 为

$$\mathcal{E}_h/N_0 \approx 2\left\{Q^{-1}\left[1-\frac{1-P_D}{(1-P_F)^{(K-1)/K}}\right]\right\}^2$$

参考文献

[1] C. W. Helstrom, *Elements of Signal Detection and Estimation*, Prentice Hall, 1995.

[2] B. Levy, *Principles of Signal Detection and Parameter Estimation*, Springer, 2008.

[3] A. Polydoros and C. L. Weber, "Detection Performance Considerations for Direct – Sequence and Time – Hopping LPI Waveforms," *IEEE J. Select. Areas Commun.*, vol. 3, pp. 727 – 744, Sept. 1985.

[4] D. Torrieri, "The Radiometer and Its Practical Implementation," *IEEE Military Commun. Conf.*, Oct. 2010.

[5] D. Horgan and C. C. Murphy, "On the Convergence of the Chi Square and Noncentral Chi Square Distributions to the Normal Distribution," *IEEE Commun. Lett.*, vol. 17, pp. 2233 – 2236, Dec. 2013.

[6] D. Horgan and C. C. Murphy, "Fast and Accurate Approximations for the Analysis of Energy Detection in Nakagami – m Channels," *IEEE Commun. Lett.*, vol. 17, pp. 83 – 86, Jan. 2013.

[7] F. F. Digham, M. S. Alouini, and M. K. Simon, "On the Energy Detection of Unknown Signals over Fading Channels," *IEEE Trans. Commun.*, vol. 55, pp. 21 – 24, Jan. 2007.

[8] D. A. Hill and E. B. Felstead, "Laboratory Performance of Spread Spectrum Detectors," *IEE Proc. – Commun.*, vol. 142, pp. 243 – 249, Aug. 1995.

[9] A. Mariani, A. Giorgetti, and M. Chiani, "Effects of Noise Power Estimation on Energy Detection for Cognitive Radio Applications," *IEEE Trans. Commun.*, vol. 59, pp. 3410 – 3420, Dec. 2011.

[10] N. C. Beaulieu, W. L. Hopkins, and P. J. McLane, "Interception of Frequency – Hopped Spread – Spectrum Signals," *IEEE. J. Select. Areas Commun.*, vol. 8, pp. 853 – 870, June 1990.

[11] B. K. Levitt, U. Cheng, A. Polydoros, and M. K. Simon, "optimal Detection of Slow Frequency – Hopped Signals," *IEEE Trans. Commun.*, vol. 42, pp. 1990 – 2000, Feb. /March/ April 1994.

[12] L. E. Miller, J. S. Lee, and D. J. Torrieri, "Frequency – Hopping Signal Detection Using Partial Band Coverage," *IEEE Trans. Aerosp. Electron. Syst.*, vol. 29, pp. 540 – 553, April 1993.

附录 A

高斯随机变量与过程

A.1　一般特征

令 X 表示一个随机变量，如果其均值 $E[X]=0$、方差 $\sigma^2=E[X^2]>0$，且概率密度函数：

$$f(x)=\frac{1}{\sqrt{2\pi}\sigma}\exp\left(-\frac{x^2}{2\sigma^2}\right) \tag{A.1}$$

则称 X 是高斯的或正态的。

为验证 $f_X(x)$ 是合理的概率密度函数，需证明：

$$\int_{-\infty}^{\infty} f(x)\,\mathrm{d}x=\frac{1}{\sqrt{\pi}}\int_{-\infty}^{\infty}\exp(-x^2)\,\mathrm{d}x=1 \tag{A.2}$$

将式(A.1)代入上式，并进行变量替换，可得到第一个等式。为计算第二个积分式，应用富比尼定理(见附录 C.1)使其结果等于双重积分，进行变量替换，并再次应用富比尼定理计算后续积分，可得：

$$\begin{aligned}\left[\int_{-\infty}^{\infty}\exp(-x)^2\mathrm{d}x\right]^2&=\int_{-\infty}^{\infty}\int_{-\infty}^{\infty}\exp[-(x^2+y^2)]\,\mathrm{d}x\mathrm{d}y\\&=\int_0^{2\pi}\int_0^{\infty}\exp(-\rho^2)\rho\,\mathrm{d}\rho\,\mathrm{d}\theta\\&=\pi\end{aligned} \tag{A.3}$$

从而证明了式(A.2)中的第二个等式。标准高斯概率分布函数为

$$F(x)=\frac{1}{\sqrt{2\pi}\sigma}\int_{-\infty}^{x}\exp\left(-\frac{y^2}{2}\right)\mathrm{d}y \tag{A.4}$$

对任何非负整数 k 来说，标准高斯概率密度分布只在有限时刻内存在。通过分部积分可知：

$$\begin{aligned}E[X^k]&=\frac{1}{\sqrt{2\pi}}\int_{-\infty}^{\infty}x^k\exp\left(-\frac{x^2}{2}\right)\mathrm{d}x\\&=-\frac{1}{\sqrt{2\pi}}\int_{-\infty}^{\infty}x^{k-1}\frac{\mathrm{d}}{\mathrm{d}x}\exp\left(-\frac{x^2}{2}\right)\mathrm{d}x\end{aligned}$$

$$= \frac{k-1}{\sqrt{2\pi}}\int_{-\infty}^{\infty} x^{k-2}\exp\left(-\frac{x^2}{2}\right)\mathrm{d}x$$
$$= (k-1)E[X^{k-2}], \quad k \geqslant 2 \tag{A.5}$$

由于 $E[X]=0$ 且 $E[X^2]=1$,通过推导可得:

$$E[X^{2k+1}]=0, \quad k\geqslant 0 \tag{A.6}$$

$$E[X^{2k}]=(2k-1)(2k-3)\cdots 1, \quad k\geqslant 1 \tag{A.7}$$

随机变量 X 的特征函数(见附录 C.2)定义为 $E[\mathrm{e}^{\mathrm{j}uX}]$,式中 $\mathrm{j}=\sqrt{-1}$ 且 $-\infty<u<\infty$。因此,标准高斯随机变量的特征函数为

$$h_S(u) = \frac{1}{\sqrt{2\pi}}\int_{-\infty}^{\infty}\exp\left(-\frac{x^2}{2}\right)\exp(\mathrm{j}ux)\mathrm{d}x \tag{A.8}$$

为计算该积分,应用柯西积分定理在复平面内沿一个矩形进行围线积分,矩形的顶点为$(-x_0,0)$、$(x_0,0)$、$(x_0,x_0+\mathrm{j}u)$及$(-x_0,-x_0+\mathrm{j}u)$。复积分变量为 z,当 $x_0\to\infty$ 时,沿矩形垂直边的围线积分可忽略不计,从$(-x_0,0)$到$(x_0,0)$的积分即 $h_S(u)$。由于在此矩形内积分不存在奇点,故:

$$0 = \lim_{x_0\to\infty}\oint\frac{1}{\sqrt{2\pi}}\exp\left(-\frac{z^2}{2}\right)\exp(\mathrm{j}uz)\mathrm{d}z$$
$$= h_S(u) - \frac{1}{\sqrt{2\pi}}\exp\left(-\frac{u^2}{2}\right)\int_{-\infty}^{\infty}\exp\left(-\frac{x^2}{2}\right)\mathrm{d}x$$
$$= h_S(u) - \exp\left(-\frac{u^2}{2}\right) \tag{A.9}$$

其中,最后的等式通过应用式(A.2)得到。从而,标准高斯随机变量的特征函数为 $\exp(-u^2/2)$,并且

$$\int_{-\infty}^{\infty}\exp\left(-\frac{x^2}{2}\right)\exp(\mathrm{j}ux)\mathrm{d}x = \sqrt{2\pi}\exp\left(-\frac{u^2}{2}\right) \tag{A.10}$$

若 X 为一个标准高斯随机变量,则 $Y=\mu+\sigma X$ 是一个均值为 μ、方差为 σ^2 的高斯或标准随机变量。通过引入常量随机变量作为方差 $\sigma=0$ 的标准高斯随机变量,得到 $\sigma^2\geqslant 0$。Y 的特征函数为 $h(u)=E[\mathrm{e}^{\mathrm{j}uY}]=E[\mathrm{e}^{\mathrm{j}u(\mu+\sigma X)}]$。应用式(A.10)可得高斯随机变量的特征函数为

$$h(u)=\exp\left(\mathrm{j}u\mu-\frac{\sigma^2u^2}{2}\right) \tag{A.11}$$

由于随机变量的概率分布函数由特征函数(见附录 C.2)唯一确定,故确定一个随机变量为高斯随机变量的充分必要条件是:该变量的特征函数具有式(A.11)的形式。

随机变量 $X_1,X_2,\cdots,X_n$ 的联合特征函数定义为

$$h(\boldsymbol{u}) = E[\exp(\mathrm{j}\boldsymbol{u}^{\mathrm{T}}\boldsymbol{X})] = E\left[\exp\left(\mathrm{j}\sum_{k=1}^{n}u_k X_k\right)\right] \tag{A.12}$$

这里，$\boldsymbol{u}=[u_1 \quad u_2 \quad \cdots \quad u_n]^{\mathrm{T}}$。如果各随机变量都是独立、零均值、方差 $\mathrm{var}(X_i)=\sigma_i^2$ 的高斯随机变量，则

$$\begin{aligned} h(\boldsymbol{u}) &= \prod_{i=1}^{n} E[\exp(\mathrm{j}u_i X_i)] \\ &= \prod_{k=1}^{n} \exp\left(-\frac{\sigma_k^2 u^2}{2}\right) \end{aligned} \tag{A.13}$$

一个 $n\times 1$ 维随机列向量 $\boldsymbol{X}=[X_1 \quad X_2 \quad \cdots \quad X_n]^{\mathrm{T}}$ 的元素均为随机变量，令 $\boldsymbol{\mu}=E[\boldsymbol{X}]$ 表示均值向量，$\boldsymbol{K}$ 表示 $n\times n$ 维的协方差矩阵：

$$\boldsymbol{K}=E[(\boldsymbol{X}-\boldsymbol{\mu})(\boldsymbol{X}-\boldsymbol{\mu})^{\mathrm{T}}] \tag{A.14}$$

$\boldsymbol{K}$ 是对称的。由于 $\boldsymbol{x}^{\mathrm{T}}\boldsymbol{K}\boldsymbol{x}=E[[(\boldsymbol{X}-\boldsymbol{\mu})^{\mathrm{T}}\boldsymbol{x}]^2]$，$\boldsymbol{K}$ 也是非负定的。高斯随机向量 $\boldsymbol{X}$ 可定义为一个具有以下特征函数的随机变量：

$$h(\boldsymbol{\mu})=E[\exp(\mathrm{j}\boldsymbol{\mu}^{\mathrm{T}}\boldsymbol{X})]=\exp\left(\mathrm{j}\boldsymbol{\mu}^{\mathrm{T}}\boldsymbol{\mu}-\frac{1}{2}\boldsymbol{\mu}^{\mathrm{T}}\boldsymbol{K}\boldsymbol{\mu}\right) \tag{A.15}$$

式中：$\boldsymbol{\mu}$ 为均值向量；$\boldsymbol{K}$ 为对称非负定协方差矩阵。高斯随机向量的元素 X_1，X_2，…，X_n 称为联合高斯随机变量。

【定理 A1】

如果向量 $\boldsymbol{Y}$ 的元素为相互独立的零均值高斯随机变量，则随机向量 $\boldsymbol{X}=\boldsymbol{A}\boldsymbol{Y}+\boldsymbol{\mu}$ 是一个高斯随机向量。

证明：

如果 $\boldsymbol{Y}$ 是一个 $n\times 1$ 维高斯随机向量，其元素为相互独立的零均值高斯随机变量，则其均值 $\mathbf{0}$ 为 $n\times n$ 维对角协方差矩阵 $\boldsymbol{D}$。如果 $\boldsymbol{X}=\boldsymbol{A}\boldsymbol{Y}+\boldsymbol{\mu}$，则 $\boldsymbol{X}$ 的特征函数为

$$\begin{aligned} E[\exp(\mathrm{j}\boldsymbol{u}^{\mathrm{T}}\boldsymbol{X})] &= \exp(\mathrm{j}\boldsymbol{u}^{\mathrm{T}}\boldsymbol{\mu})E[\exp(\mathrm{j}\boldsymbol{u}^{\mathrm{T}}\boldsymbol{A}\boldsymbol{Y})] \\ &= \exp(\mathrm{j}\boldsymbol{u}^{\mathrm{T}}\boldsymbol{\mu}-\frac{1}{2}\boldsymbol{u}^{\mathrm{T}}\boldsymbol{K}\boldsymbol{u}), \quad \boldsymbol{K}=\boldsymbol{A}\boldsymbol{D}\boldsymbol{A}^{\mathrm{T}} \end{aligned} \tag{A.16}$$

由于 $\boldsymbol{X}$ 的特征函数具有式(A.15)的形式，因此，$\boldsymbol{X}$ 为一个高斯随机向量。**证毕。**

【定理 A2】

一个具有 $n\times 1$ 维均值向量、$n\times n$ 维协方差矩阵 $\boldsymbol{K}$ 的 $n\times 1$ 维高斯随机向量 $\boldsymbol{X}$，可以表示为 $\boldsymbol{X}=\boldsymbol{A}\boldsymbol{Y}+\boldsymbol{\mu}$ 的形式，其中，$\boldsymbol{Y}$ 的元素为相互独立的零均值高斯随机变量，$\boldsymbol{A}$ 为 $n\times n$ 维的对角矩阵。

证明：

因为 $n\times n$ 维的协方差矩阵 $\boldsymbol{K}$ 是对称非负定的，因此，它可以被一个正交矩

阵(见附录G)对角化。令 $\boldsymbol{A}$ 为 $n\times n$ 维的对角矩阵,即 $\boldsymbol{A}^{\mathrm{T}}\boldsymbol{KA}=\boldsymbol{D}$,这里 $\boldsymbol{D}$ 为对角矩阵,其对角元素等于矩阵 $\boldsymbol{K}$ 的特征值 $\{\lambda_k\}$。定义 $\boldsymbol{Y}=\boldsymbol{A}^{\mathrm{T}}(\boldsymbol{X}-\boldsymbol{\mu})$,则 $\boldsymbol{Y}$ 的均值为 $\boldsymbol{0}$,方差为 $\boldsymbol{A}^{\mathrm{T}}\boldsymbol{KA}=\boldsymbol{D}$,特征函数为

$$
\begin{aligned}
E[\exp(\mathrm{j}\boldsymbol{u}^{\mathrm{T}}\boldsymbol{Y})] &= \exp\left(-\frac{1}{2}\boldsymbol{u}^{\mathrm{T}}\boldsymbol{D}\boldsymbol{u}\right)=\exp\left(-\frac{1}{2}\sum_{k=1}^{n}\lambda_k u_k^2\right)\\
&=\prod_{k=1}^{n}\exp\left(-\frac{1}{2}\lambda_k u_k^2\right) \qquad (\mathrm{A}.17)
\end{aligned}
$$

根据式(A.17)、式(A.13)中特征函数的唯一性可知 $\{Y_k\}$ 是独立的,并且 Y_k 是方差 λ_k 为的零均值高斯随机变量。由 $\boldsymbol{A}$ 的正交性可知 $\boldsymbol{A}^{\mathrm{T}}=\boldsymbol{A}^{-1}$,因此 $\boldsymbol{X}=\boldsymbol{AY}+\boldsymbol{\mu}$。

证毕。

【定理A3】

一个 $n\times1$ 维的高斯随机向量 $\boldsymbol{X}$ 具有 $n\times1$ 维均值向量 $\boldsymbol{\mu}$、$n\times n$ 维协方差矩阵 $\boldsymbol{K}$,如果 $\boldsymbol{K}$ 是不可逆的,则 $\boldsymbol{X}$ 的密度函数为

$$
f_{\boldsymbol{X}}(\boldsymbol{x})=(2\pi)^{-n/2}(\det\boldsymbol{K})^{-1/2}\exp\left[-\frac{1}{2}(\boldsymbol{x}-\boldsymbol{\mu})^{\mathrm{T}}\boldsymbol{K}^{-1}(\boldsymbol{x}-\boldsymbol{\mu})\right] \qquad (\mathrm{A}.18)
$$

该式表明高斯密度函数完全由其均值和协方差矩阵决定。

证明:

如果对称非负定矩阵 $\boldsymbol{K}$ 是不可逆的,则它是正定的,并且其每个特征值 λ_k 都是正的(见附录G)。令 $\boldsymbol{A}$ 为 $n\times n$ 维的对角矩阵,即 $\boldsymbol{A}^{\mathrm{T}}\boldsymbol{KA}=\boldsymbol{D}$,这里 $\boldsymbol{D}$ 为 $n\times n$维对角矩阵,其正的对角元素等于矩阵 $\boldsymbol{K}$ 的特征值 $\{\lambda_k\}$,则根据定理A2、式(A.13)和式(A.17),可推导出 $\boldsymbol{Y}=\boldsymbol{A}^{\mathrm{T}}(\boldsymbol{X}-\boldsymbol{\mu})$ 的密度函数为

$$
\begin{aligned}
f_{\boldsymbol{Y}}(\boldsymbol{y}) &= \prod_{k=1}^{n}(2\pi\lambda_k)^{-1/2}\exp\left(-\frac{y_k^2}{2\lambda_k}\right)\\
&=(2\pi)^{-n/2}(\det\boldsymbol{D})^{-1/2}\exp\left(-\frac{\boldsymbol{y}^{\mathrm{T}}\boldsymbol{D}^{-1}\boldsymbol{y}}{2}\right) \qquad (\mathrm{A}.19)
\end{aligned}
$$

由于 $\boldsymbol{A}$ 是正交的,则变换 $\boldsymbol{X}=\boldsymbol{AY}+\boldsymbol{\mu}$ 的行列式为 $|\det\boldsymbol{A}^{\mathrm{T}}|=|\det\boldsymbol{A}^{-1}|$。由于 $\boldsymbol{A}^{\mathrm{T}}\boldsymbol{KA}=\boldsymbol{D}$,可得 $\boldsymbol{AD}^{-1}\boldsymbol{A}^{\mathrm{T}}=\boldsymbol{K}^{-1}$,且 $\det\boldsymbol{D}=\det\boldsymbol{K}$,$\boldsymbol{X}$ 的密度函数由式(A.18)给出。

证毕。

如果 $\boldsymbol{K}$ 是奇异矩阵,则 $\boldsymbol{X}$ 没有密度函数。

【定理A4】

如果 $\boldsymbol{X}$ 是一个高斯随机向量,$\boldsymbol{B}$ 是一个任意的 $n\times n$ 维矩阵,$\boldsymbol{Z}=\boldsymbol{BX}$,则 $\boldsymbol{Z}$ 是一个高斯随机向量。也即,一个高斯随机向量的线性变换本身也是高斯随机向量。

证明：

根据定理 A1，$\boldsymbol{X}$ 可以表示为 $\boldsymbol{X}=\boldsymbol{AY}+\boldsymbol{\mu}$，这里 $\boldsymbol{Y}$ 是一个向量，其元素为相互独立的零均值高斯随机变量。则由定理 A1 可知，$\boldsymbol{Z}=\boldsymbol{BAY}+\boldsymbol{B\mu}$ 为高斯随机向量。

证毕。

值得注意的是，即使 $\boldsymbol{X}$ 具有高斯分量，$\boldsymbol{X}$ 也不一定是高斯随机向量。因此，如果 $\boldsymbol{X}$ 具有高斯分量但不是高斯随机向量，$\boldsymbol{Z}=\boldsymbol{BX}$ 也不一定是高斯随机向量。

【定理 A5】

当且仅当高斯随机向量 $\boldsymbol{X}$ 的元素是不相关的，且方差均为正时，X 的元素是相互独立的随机变量。

证明：

如果高斯随机向量 $\boldsymbol{X}$ 的元素是不相关的，则其协方差矩阵 $\boldsymbol{K}$ 为对角矩阵。如果 $\boldsymbol{X}$ 所有元素的方差均为正，则 $\boldsymbol{K}$ 的对角元素均为正。由于 $\boldsymbol{K}$ 是不可逆的，由定理 A3 可知，$\boldsymbol{X}$ 的密度函数是其元素密度函数的积。相反地，如果 $\boldsymbol{X}$ 的元素是相互独立的随机变量，则由定理 A4 可知，$\boldsymbol{K}$ 是对角矩阵，并且其元素的不相关的。

证毕。

一个 $n\times1$ 维的复随机向量具有 $\boldsymbol{X}=\boldsymbol{X}_1+\mathrm{j}\boldsymbol{X}_2$ 的形式，这里 $\boldsymbol{X}_1$ 和 $\boldsymbol{X}_2$ 为实值随机向量，均值分别为 $\boldsymbol{\mu}_1$ 和 $\boldsymbol{\mu}_2$。令 $\boldsymbol{K}_i$ 表示 $\boldsymbol{X}_i$ 的 $n\times n$ 维协方差矩阵，$i=1,2$。定义 $\boldsymbol{X}_1$ 和 $\boldsymbol{X}_2$ 的 $n\times n$ 维协方差矩阵为

$$\boldsymbol{K}_{12}=E[(\boldsymbol{X}_1-\boldsymbol{\mu}_1)(\boldsymbol{X}_2-\boldsymbol{\mu}_2)^{\mathrm{T}}],\boldsymbol{K}_{21}=E[(\boldsymbol{X}_2-\boldsymbol{\mu}_2)(\boldsymbol{X}_1-\boldsymbol{\mu}_1)^{\mathrm{T}}] \tag{A.20}$$

$\boldsymbol{X}$ 的 $n\times n$ 维协方差矩阵为

$$\begin{aligned}\boldsymbol{K}&=E[(\boldsymbol{X}-\boldsymbol{\mu})(\boldsymbol{X}-\boldsymbol{\mu})^{\mathrm{H}}]\\&=\boldsymbol{K}_1+\boldsymbol{K}_2+\mathrm{j}(\boldsymbol{K}_{21}-\boldsymbol{K}_{12})\end{aligned} \tag{A.21}$$

$\boldsymbol{X}$ 的密度函数定义为 $2n\times1$ 维的实向量 $\boldsymbol{X}_{\mathrm{C}}=[\boldsymbol{X}_1\quad\boldsymbol{X}_2]^{\mathrm{T}}$ 的密度函数。$\boldsymbol{X}_{\mathrm{C}}$ 的 $2n\times2n$ 维协方差矩阵为

$$\boldsymbol{K}_{\mathrm{C}}=\begin{bmatrix}\boldsymbol{K}_1 & \boldsymbol{K}_{12}\\ \boldsymbol{K}_{21} & \boldsymbol{K}_2\end{bmatrix} \tag{A.22}$$

如果

$$E[(\boldsymbol{X}-\boldsymbol{\mu})(\boldsymbol{X}-\boldsymbol{\mu})^{\mathrm{H}}]=\boldsymbol{0} \tag{A.23}$$

则 $n\times1$ 维复随机向量 $\boldsymbol{X}$ 是循环对称的。

在实部和虚部对该等式进行扩展，通过循环对称可得：

$$\boldsymbol{K}_1=\boldsymbol{K}_2,\boldsymbol{K}_{21}=-\boldsymbol{K}_{12} \tag{A.24}$$

如果 $2n\times1$ 维实向量 $\boldsymbol{X}_{\mathrm{C}}=[\boldsymbol{X}_1\quad \boldsymbol{X}_2]^{\mathrm{T}}$ 为高斯随机向量,则 $n\times1$ 维复随机向量 $\boldsymbol{X}$ 为复高斯随机向量。令 $\boldsymbol{D}$ 表示元素为正的实对角矩阵,如果复高斯随机向量 $\boldsymbol{X}$ 的协方差矩阵 $\boldsymbol{K}=\boldsymbol{D}$,则

$$\boldsymbol{D}=\boldsymbol{K}_1+\boldsymbol{K}_2,\boldsymbol{K}_{21}=\boldsymbol{K}_{12} \tag{A.25}$$

如果 $\boldsymbol{X}$ 也是循环对称的,则根据式(A.22)、式(A.24)、式(A.25),可得:

$$\boldsymbol{K}_{\mathrm{C}}=\begin{bmatrix}\frac{1}{2}\boldsymbol{D} & \boldsymbol{0}\\ \boldsymbol{0} & \frac{1}{2}\boldsymbol{D}\end{bmatrix} \tag{A.26}$$

该式表明,$\boldsymbol{X}_{\mathrm{C}}$ 的元素是不相关的,从而是相互独立的高斯随机变量。

若随机过程 $X(t)=\{X_t,t\in T\}$ 的每个有限线性组合:

$$Y=\sum_{i=1}^{N}a_iX_{ti} \tag{A.27}$$

都是高斯随机变量,则称该过程为高斯过程。

若一个零均值随机过程 $n(t)$ 的自相关函数具有以下形式:

$$E[n(t)n(t+\tau)]=\frac{N_0}{2}\delta(\tau) \tag{A.28}$$

则称该过程为白过程,式中 $\delta(\tau)$ 为狄拉克函数,$N_0/2$ 为该过程的双边功率谱密度。由于白过程需要无限带宽和功率,且具有时间零相关特性,因此,白过程是一个理想化的物理过程。然而,仍需要考虑接收机中通过带限滤波器通带的具有平坦功率谱的噪声。因为滤波器滤除了其通带外的噪声功率谱,所以即使假设被滤除的功率谱依然存在,也不会影响滤波器输出端的噪声状况。因此,白过程为热噪声、散粒噪声及环境噪声提供了一种有用的数学模型。

A.2 中心极限定理

中心极限定理是建立在多个随机变量之和近似为正态分布或高斯分布的条件基础之上的。证明该定理需要利用下文的基础定理。令 $F_n(x)$ 和 $F(x)$ 分别表示特征函数 $h_n(u)$ 和 $h(u)$ 的分布函数,对于每个 u,$F_n(x)\to F(x)$ 的充分必要条件是 $h_n(u)\to h(u)$ [1-2]。

在证明该定理的过程中,需要用到泰勒级数。令 $f^{(n)}(x)$ 表示 $f(x)$ 的第 n 阶导数。

【复函数的泰勒定理】

令 $f(x)$ 表示实变量 x 的复函数,在包括原点的开区间上有 $n+1$ 阶连续导

数。那么,对于区间上的所有 x,有:

$$f(x) = \sum_{k=0}^{n} \frac{f^{(k)}(0)x^k}{k!} + R_n(x) \tag{A.29}$$

这里,余项为

$$R_n(x) = \frac{x^{n+1}}{n!}\int_0^1 f^{(n+1)}(xy)(1-y)^n \mathrm{d}y \tag{A.30}$$

如果对于开区间上的所有 u 都有 $|f^{(n+1)}(u)| \leqslant \mathrm{c}$,则

$$|R_n(x)| \leqslant \frac{\mathrm{c}|x|^{n+1}}{(n+1)!} \tag{A.31}$$

证明:

对式(A.30)进行分部积分,可得:

$$R_n(x) = \frac{f^{(n)}(0)x^n}{n!} + R_{n-1}(x)$$

对该式右边进行重复替换,最后用 $R_0(x) = f(x) - f(0)$ 进行替换,可得式(A.29)。将 $|f^{(n+1)}(u)| \leqslant c$ 和

$$\int_0^1 (1-y)^n \mathrm{d}y = \frac{1}{n+1}$$

代入式(A.30)可得式(A.31)。

证毕。

采用泰勒定理在原点 $x=0$ 对 $\exp(\mathrm{j}x)$ 进行级数展开,可得:

$$\exp(\mathrm{j}x) = \sum_{k=0}^{n} \frac{(\mathrm{j}x)^k}{k!} + \frac{\theta|x|^{n+1}}{(n+1)!}, \quad |\theta| \leqslant 1 \tag{A.32}$$

这里,$\mathrm{j} = \sqrt{-1}$,y 为实数。

【解析函数的泰勒定理】

令 $f(z)$ 表示复平面中包含原点的开集 $\mathcal{D}$ 上的解析函数,则对于每个 $z \in \mathcal{D}$,都可以得到泰勒级数:

$$f(z) = \sum_{k=1}^{\infty} \frac{f^k(0)z^k}{k!} \tag{A.33}$$

证明:

令 C 表示 $\mathcal{D}$ 内以原点为圆心的圆,利用柯西积分公式,可得:

$$f(z) = \frac{1}{2\pi \mathrm{j}}\oint_C \frac{f(z_1)}{z_1 - z}\mathrm{d}z_1$$

这里 z 位于 C 内,z_1 表示积分变量,积分路径为沿着 C 逆时针方向。根据复平面导数的定义和柯西积分公式,可得:

$$f^{(k)}(z) = \frac{k!}{2\pi \mathrm{j}}\oint_C \frac{f(z_1)}{(z_1 - z)^{k+1}}\mathrm{d}z_1 \tag{A.34}$$

根据有限几何和的公式,可得:

$$\frac{1}{1-t}=\sum_{k=0}^{n}t^{k},\quad |t|<1$$

这里收敛是一致的。由于$|z/z_1|<1$,式(A.34)和几何和表明:

$$\begin{aligned}f(z)&=\frac{1}{2\pi \mathrm{j}}\oint_C\frac{f(z_1)}{z_1}\sum_{n=0}^{\infty}\left(\frac{z}{z_1}\right)^k\mathrm{d}z_1\\&=\frac{1}{2\pi \mathrm{j}}\sum_{n=0}^{\infty}z^k\oint_C\frac{f(z_1)}{z_1^{k+1}}\mathrm{d}z_1\end{aligned}$$

由于一致收敛,这里积分和求和的顺序可以交换。将$z=0$时的式(A.34)代入该式即可得式(A.33)。

证毕。

$\ln(1+z)$主分量的泰勒级数为

$$\begin{aligned}\ln(1+z)&=\sum_{k=1}^{\infty}\frac{-1^{k+1}z^k}{k}\\&=z+z^2\sum_{k=2}^{\infty}\frac{-1^{k+1}z^{k-2}}{k},\quad |z|<1\end{aligned}\tag{A.35}$$

定义

$$\zeta=\frac{z^2}{|z|^2}\sum_{k=2}^{\infty}\frac{-1^{k+1}z^{k-2}}{k}\tag{A.36}$$

若$|z|\leqslant 1/2$,则:

$$|\zeta|\leqslant\sum_{k=2}^{\infty}\frac{|z|^{k-2}}{k}\leqslant\frac{1}{2}\sum_{k=2}^{\infty}|z|^{k-2}\leqslant 1,\quad |z|\leqslant 1/2\tag{A.37}$$

从而:

$$\ln(1+z)=z+\zeta|z|^2,\quad |z|\leqslant 1/2,|\zeta|\leqslant 1\tag{A.38}$$

【中心极限定理】

假设n个序列$X_1,X_2,\cdots,X_n$中每个序列都是相互独立的且每个序列X_k都具有有限均值m_k、有限方差σ_k^2及分布函数$F_k(x)$。令$S_n=X_1+X_2+\cdots+X_n$,$T_n=(S_n-E[S_n])/s_n$,式中$s_n^2=\mathrm{var}(S_n)=\sum_{k=1}^{n}\sigma_k^2$。若对每个正数$\varepsilon$,有

$$\sum_{k=1}^{n}\frac{1}{s_n^2}\int_{|x-m_k|\geqslant\varepsilon s_n}(x-m_k)^2\mathrm{d}F_k(x)\to 0,\quad n\to\infty$$

则T_n的分布(由式(A.4)给出)收敛于一个标准高斯随机变量。

证明:

由于$S_n-E[S_n]=\sum_{k=1}^{\infty}(X_k-m_k)$及$E[X_k-m_k]=0$,故不失一般性,在证明过程中假设$m_k=0$。

令 h_k 与 ϕ_n 分别表示 X_k 与 T_n 的特征函数,各 X_k 的独立性意味着:

$$\phi_n(u) = E[\mathrm{e}^{\mathrm{j}uT_n}] = \prod_{k=1}^{n} E[\mathrm{e}^{\mathrm{j}uX_k/s_n}] = \prod_{k=1}^{n} h_k\left(\frac{u}{s_n}\right)$$

由于特征函数的收敛性决定了分布函数的收敛性,因此,若能证明 $\phi_n(u) \to \exp(-u^2/2)$,即相当于能证明出:

$$u^2/2 + \ln(\phi_n(u)) = u^2/2 + \sum_{k=1}^{n} \ln\left(h_k\left(\frac{u}{s_n}\right)\right) \to 0 \tag{A.39}$$

则中心极限定理就得到了证明。

对于每个正数 ϵ,由定积分的分部积分法可得:

$$h_k\left(\frac{u}{s_n}\right) = \int_{|x|<\epsilon s_n} \mathrm{e}^{\mathrm{j}ux/s_n}\mathrm{d}F_k(x) + \int_{|x|\geqslant\epsilon s_n} \mathrm{e}^{\mathrm{j}ux/s_n}\mathrm{d}F_k(x)$$

将式(A.32)取 $n=2$ 及 $n=1$ 分别代入第一个积分项与第二个积分项,并利用 $m_k = E[X_k] = 0$,可得:

$$h_k\left(\frac{u}{s_n}\right) = 1 + \frac{u^2}{2}\theta_1\alpha_{nk} - \frac{u^2}{2}\beta_{nk} + \frac{|u|^3}{6s_n^3}\theta_2\int_{|x|<\epsilon s_n} |x|^3\mathrm{d}F_k(x) \tag{A.40}$$

式中:$|\theta_1|, |\theta_2| < 1$,且

$$\alpha_{nk} = \frac{1}{s_n^2}\int_{|x|\geqslant\epsilon s_n} x^2\mathrm{d}F_k(x), \quad \beta_{nk} = \frac{1}{s_n^2}\int_{|x|<\epsilon s_n} x^2\mathrm{d}F_k(x) \tag{A.41}$$

由于 $|x| < \epsilon s_n$ 时 $|x|^3 < \epsilon s_n x^2$,故式(A.31)可表示为

$$h_k\left(\frac{u}{s_n}\right) = 1 + \gamma_{nk} \tag{A.42}$$

式中:

$$\gamma_{nk} = \frac{u^2}{2}\theta_1\alpha_{nk} - \frac{u^2}{2}\beta_{nk} + \frac{|u|^3}{6}\mathcal{E}\theta_3\beta_{nk} \tag{A.43}$$

且 $|\theta_3| < 1$。如果 $|\gamma_{n,k}| \leqslant 1/2$,由式(A.38)可得:

$$\sum_{k=1}^{n} \ln\left(h_k\left(\frac{u}{s_n}\right)\right) = \sum_{k=1}^{n} \gamma_{nk} + \sum_{k=1}^{n} |\gamma_{nk}|^2 \tag{A.44}$$

式中:$|\zeta| \leqslant 1$。

根据中心极限定理的前提假设,当 $n \to \infty$ 时:

$$\sum_{k=1}^{n} \alpha_{nk} \to 0, \quad \alpha_{nk} \to 0 \tag{A.45}$$

由式(A.41)可得:

$$\sum_{k=1}^{n} (\alpha_{nk} + \beta_{nk}) = \frac{1}{s_n^2}\sum_{k=1}^{\infty} \sigma_k^2 = 1$$

该式和式(A.45)表明,当 $n \to \infty$ 时:

$$\sum_{k=1}^{n}\beta_{nk}\to 1 \tag{A.46}$$

从而,有

$$\sum_{k=1}^{n}\gamma_{nk}\to -u^2/2+\frac{|u|^3}{6}\theta_3\epsilon,\quad n\to\infty \tag{A.47}$$

由于式(A.41)表明 $0\leqslant\beta_{nk}\leqslant\epsilon^2$,故当 n 足够大时可得:

$$\max_k|\gamma_{nk}|<\frac{u^2}{2}\epsilon^2+\frac{|u|^3}{6}\epsilon^3 \tag{A.48}$$

因此,若 n 足够大且 ϵ 足够小,则对所有 k 和 u,都有 $|\gamma_{nk}|\leqslant 1/2$。由式(A.43)、式(A.45)、式(A.46)和式(A.48),当 n 足够大时可得:

$$\sum_{k=1}^{n}|\gamma_{nk}|^2\leqslant\max_k|\gamma_{nk}|\sum_{k=1}^{n}|\gamma_{nk}|<\left(\frac{u^2}{2}\epsilon^2+\frac{|u|^3}{6}\epsilon^3\right)\left(\frac{u^2}{2}+\frac{|u|^3}{6}\epsilon\right) \tag{A.49}$$

因此,对于任意正数 δ,若 ϵ 足够小且 n 足够大时,由式(A.44)、式(A.47)和式(A.49)可得:

$$\left|\sum_{k=1}^{n}\ln\left(h_k\left(\frac{u}{s_n}\right)\right)+u^2/2\right|<\delta$$

即式(A.39)得证。

证毕。

【推论 A1】

假设 n 个序列 $X_1,X_2,\cdots,X_n$ 相互独立且同分布,使得每个 X_k 都具有有限均值 m、有限方差 $\sigma^2>0$ 及分布函数 $F(x)$。令 $S_n=X_1+X_2+\cdots+X_n$ 及 $T_n=(S_n-nm)/\sigma\sqrt{n}$,则 T_n 的分布收敛于一个标准高斯随机变量。

证明:

由于 $s_n^2=n\sigma^2$,$m_k=m$ 且 $F_k(x)=F(x)$,故:

$$\sum_{k=1}^{n}\frac{1}{s_n^2}\int_{|x-m_k|\geqslant\epsilon s_n}(x-m_k)^2\mathrm{d}F_k(x)=\frac{1}{\sigma^2}\int_{|x-m_k|\geqslant\epsilon\sigma\sqrt{n}}(x-m_k)^2\mathrm{d}F_k(x)$$

由于 σ^2 是一个有限的正数,且当 $n\to\infty$ 时 $\{|x-m|\geqslant\epsilon\sigma\sqrt{n}\}$ 收敛于空集,故根据勒贝格控制收敛定理,上式收敛于零。

证毕。

为了证明下一推论,采用契比雪夫不等式(见4.3节)。

【推论 A2】

假设 n 个序列 $X_1,X_2,\cdots,X_n$ 各自相互独立,X_k 的均值为 m_k,分布函数为 $F_k(x)$,且对于所有的 k 都具有一致边界 $|X_k-m_k|<M$。令 $S_n=X_1+X_2+\cdots+$

X_n，$T_n=(S_n-E[S_n])/s_n$，式中 $s_n^2=\mathrm{var}(S_n)=\sum_{k=1}^{n}\sigma_k^2$。若 $s_n\to\infty$，则 T_n 的分布收敛于标准高斯随机变量。

证明：

对于所有 k，利用 $|X_k-m_k|<M$ 及契比雪夫不等式可得：

$$\sum_{k=1}^{n}\frac{1}{s_n^2}\int_{|x-m_k|\geqslant \varepsilon s_n}(x-m_k)^2\mathrm{d}F_k(x)\leqslant\sum_{k=1}^{n}\frac{4M^2}{s_n^2}P\{|x-m_k|\geqslant\epsilon s_n\}$$

$$\leqslant\sum_{k=1}^{n}\frac{4M^2\sigma_k^2}{s_n^4\epsilon^2}=\frac{4M^2}{s_n^2\epsilon^2}\to 0.$$

证毕。

为了证明下一推论，对随机变量应用契比雪夫不等式（见 4.2 节）、指示函数及柯西–施瓦兹不等式。集合 A 的指示函数 I_A 为样本空间 Ω 的函数，假设在 A 上其值为 1，在 A 的补集上其值为 0。将 $x=X/\sqrt{E[X^2]}$ 与 $y=Y/\sqrt{E[Y^2]}$ 代入不等式 $2|xy|\leqslant x^2+y^2$，同时对结果的两边取期望，可得柯西–施瓦兹不等式：

$$E[XY]\leqslant\sqrt{E[X^2]E[Y^2]}\tag{A.50}$$

【推论 A3】

假设 n 个序列 $X_1,X_2,\cdots,X_n$ 相互独立，每个 X_k 都具有有限均值 m_k、有限方差 $\sigma^2>0$ 及分布函数 $F(x)$。令 $S_n=X_1+X_2+\cdots+X_n$ 及 $T_n=(S_n-E[S_n])/s_n$，式中：$s_n^2=\mathrm{var}(S_n)=\sum_{k=1}^{n}\sigma_k^2$。若对于所有 k，$s_n^3/n\to\infty$ 且其四阶中心矩为一致有限的，从而使 $E[(X_k-m_k)^4]<M^2$，则 T_n 的分布收敛于标准高斯随机变量。

证明：

应用柯西–施瓦兹不等式可得：

$$E[(X_k-m_k)^2]=\sigma_k^2\leqslant M$$

应用柯西–施瓦兹不等式、契比雪夫不等式、$\sigma_k^2\leqslant M$ 及 $s_n^3/n\to\infty$，可得：

$$\sum_{k=1}^{n}\frac{1}{s_n^2}\int_{|x-m_k|\geqslant\epsilon s_n}(x-m_k)^2\mathrm{d}F_k(x)=\sum_{k=1}^{n}\frac{1}{s_n^2}E[(X_k-m_k)^2I_{\{|x-m_k|\geqslant\epsilon s_n\}}]$$

$$\leqslant\sum_{k=1}^{n}\frac{M}{s_n^2}\sqrt{P\{|x-m_k|\geqslant\epsilon s_n\}}$$

$$\leqslant\sum_{k=1}^{n}\frac{M^{3/2}}{s_n^3\epsilon}=\frac{M^{3/2}/\epsilon}{s_n^3/n}\to 0$$

证毕。

附录 B

矩母函数与拉普拉斯变换

B.1 矩母函数

分布函数为 $F(x)$ 的随机变量 x 的矩母函数定义为

$$M(s) = E[e^{sX}] = \int_{-\infty}^{\infty} e^{sX} dF(x) \tag{B.1}$$

对于所有实值 s，该积分是有限的。因此，矩母函数是限制在 s 实值范围内的双边拉普拉斯变换。如果 $s_0>0$ 和 $M(s)$ 在整个 $(-s_0,s_0)$ 中都有定义，那么 $\exp(|sx|)$ 对于 $|s|<s_0$ 是可积的。因为它的级数展开表明 $\exp(|sx|) \geqslant |sx|^k/k!$，$k \geqslant 0$，$X$ 具有所有阶的有限矩。如果在整个 $(-s_0,s_0)$ 中定义了 $s_0>0$ 和 $M(s)$，则差商

$$\frac{M(s+\Delta s)-M(s)}{\Delta s} = \int_{-\infty}^{\infty} \frac{e^{(s+\Delta s)} - e^{sx}}{\Delta s} dF(x), s \in (-s_0,s_0) \tag{B.2}$$

在当 $s+\Delta s \in (-s_0,s_0)$ 和 $s_0>0$ 是有限时取方程两边的极限为 $\Delta s \to 0$，应用勒贝格控制收敛定理，得到 $M(s)$ 的导数为

$$M'(s) = \int_{-\infty}^{\infty} x e^{sx} dF(x), s \in (-s_0,s_0) \tag{B.3}$$

由于所有阶的有限矩都存在，上述推导可依次推广到 $M(s)$ 的高阶导数。k 阶导数为

$$M^{(k)}(s) = \int_{-\infty}^{\infty} x e^{sx} dF(x), s \in (-s_0,s_0) \tag{B.4}$$

因此，如果 $M(s)$ 存在于 0 的某个邻域中，那么 X 的第 k 阶矩为

$$E[X^k] = M^{(k)}(0) \tag{B.5}$$

这表明矩母函数的命名很恰当。

B.2 拉普拉斯变换

分布函数 $F(x)$ 集中在 $[0,\infty)$ 的非负随机变量 X 的拉普拉斯变换定义为

$$\mathcal{L}(s)=E[\mathrm{e}^{-sX}]=\int_0^{\infty}\mathrm{e}^{-sX}\mathrm{d}F(x),\mathrm{Re}(s)\geqslant 0 \tag{B.6}$$

式中：s 是一个复变量。利用非负随机变量的拉普拉斯变换，用实变量 $-s$ 代替复变量 s，得到非负随机变量的矩母函数。在接下来的阐述中，将注意力限制在非负实变量 $s\geqslant 0$ 时的 $\mathcal{L}(s)$ 上，因为它简化了分析。

【定理 B1】

如果 $F(x)$ 是非负随机变量 X 的分布函数，则拉普拉斯变换 $\mathcal{L}(s)$ 的第 k 个导数为

$$\mathcal{L}^{(k)}(s)=(-1)^k\int_0^{\infty}x^k\mathrm{e}^{-sX}\mathrm{d}F(x),k\geqslant 0,s>0 \tag{B.7}$$

如果 X 有 k 阶矩，则

$$E[X^k]=(-1)^{(k)}\mathcal{L}^{(k)}(0^+) \tag{B.8}$$

证明：

采用数学归纳法证明。根据定义(B.6)，当 $k=0$ 时，式(B.7)成立。假设 $k=n$ 成立，并将泰勒定理(见附录 A.2)应用到 e^{-hx}，发现对于 $s+h>0$ 有

$$\begin{aligned}\frac{\mathcal{L}^{(n)}(s+h)-\mathcal{L}^{(n)}(s)}{h}&=(-1)^n\int_0^{\infty}x^n\mathrm{e}^{-sx}\frac{\mathrm{e}^{-hx}-1}{h}\mathrm{d}F(x)\\&=(-1)^{n+1}\int_0^{\infty}x^{n+1}\mathrm{e}^{-sx}\mathrm{d}F(x)+R\end{aligned} \tag{B.9}$$

其中：

$$|R|\leqslant\frac{h}{2}\int_0^{\infty}x^{n+2}\mathrm{e}^{-sx}\mathrm{d}F(x) \tag{B.10}$$

当 $s>0$ 时，式(B.10)的右边是有限的，因此，取式(B.9)中 $h\to 0$ 的极限，$k=n+1$ 时对式(B.7)进行验证。如果 X 有 k 阶矩，取式(B.7)右边 $s\to 0$ 的极限，应用控制收敛定理，可得式(B.8)。

证毕。

【定理 B2】

随机变量 X 的分布函数 $F(x)$ 由其拉普拉斯变换 $\mathcal{L}(s)$ 唯一确定。

证明：

对于正 y，式(B.7)表明：

$$\sum_{k=0}^{\lfloor sy\rfloor}\frac{(-1)^k}{k!}s^k\mathcal{L}^{(k)}(s)=\int_0^{\infty}H(s,y,x)\mathrm{d}F(x),s>0$$

其中：

$$H(s,y,x)=\sum_{k=0}^{\lfloor sy\rfloor}\mathrm{e}^{-sx}\frac{(sx)^k}{k!},s>0$$

设 Z 表示均值 $\lambda>0$、方差 λ 的离散随机变量，泊松分布为

$$P[Z=k]=\mathrm{e}^{-\lambda}\frac{\lambda^k}{k!},k=0,1$$

如果 $t>0$,则有

$$P[Z\leqslant\lambda t]=\sum_{k=0}^{\lfloor\lambda t\rfloor}\mathrm{e}^{-\lambda}\frac{\lambda^k}{k!}\tag{B.11}$$

这表明:

$$\lim_{x\to\infty}\sum_{k=0}^{\lfloor\lambda t\rfloor}\mathrm{e}^{-\lambda}\frac{\lambda^k}{k!}=1,t>1\tag{B.12}$$

由切比雪夫不等式(见第4.3节)可得:

$$P[\,|Z-\lambda|\geqslant\lambda\epsilon]\leqslant\frac{1}{\lambda\epsilon^2}$$

从而,有

$$\lim_{x\to\infty}P[\,|Z-\lambda|\geqslant\lambda\epsilon]\leqslant\frac{1}{\lambda\epsilon^2}=0\tag{B.13}$$

所以,当 $\lambda\to\infty$ 时,$\epsilon>0$,Z 的值集中在 $[\lambda(1-\epsilon),\lambda(1+\epsilon)]$,式(B.11)表明:

$$\lim_{x\to\infty}\sum_{k=0}^{\lfloor\lambda t\rfloor}\mathrm{e}^{-\lambda}\frac{\lambda^k}{k!}=0,t<1\tag{B.14}$$

式(B.12)和式(B.14)的应用表明,如果 $y>x\geqslant0$,则当 $s\to\infty$ 时,$H(s,y,x)\to1$;如果 $0\leqslant y<x$,则当 $s\to\infty$ 时,$H(s,y,x)\to0$。因此,控制收敛定理表明,在 $F(y)$ 所有的连续性点上,都有:

$$\sum_{k=0}^{\lfloor sy\rfloor}\frac{(-1)^k}{k!}s^k\mathcal{L}^{(k)}(s)=\int_0^y\mathrm{d}F(x)=F(y)\tag{B.15}$$

由于 $F(y)$ 是右连续的,式(B.15)可确定 $F(y)$ 为 $\mathcal{L}(s)$ 的函数。如果分布 $F_1(y)$ 与 $F_2(y)$ 拉普拉斯变换相同,则式(B.15)表明 $F_1(y)=F_2(y)$。

证毕。

【定理B3】

独立非负随机变量 X_1 和 X_2 的拉普拉斯变换分别为 $\mathcal{L}_1(s)$ 和 $\mathcal{L}_2(s)$,则 X_1 和 X_2 之和的拉普拉斯转换 $\mathcal{L}_t(s)$ 为

$$\mathcal{L}_t(s)=\mathcal{L}_1(s)\mathcal{L}_2(s)\tag{B.16}$$

证明:

由随机变量的独立性可知:

$$\mathcal{L}_t(s)=E[\mathrm{e}^{-s(X_1+X_2)}]=E[\mathrm{e}^{-sX_1}]E[\mathrm{e}^{-sX_2}]=\mathcal{L}_1(s)\mathcal{L}_2(s)$$

证毕。

附录 C

傅里叶变换与特征函数

C.1 傅里叶变换

复可积函数 $g(x)$ 的傅里叶变换定义为

$$\mathcal{F}(g) = \int_{-\infty}^{\infty} \mathrm{e}^{-\mathrm{j}2\pi fx} g(x)\,\mathrm{d}x \tag{C.1}$$

式中：$\mathrm{j}=\sqrt{-1}$；$-\infty < f < \infty$。因为积分是线性运算，所以对于可积函数 $g(x)$ 和 $h(x)$ 以及常数 a 和 b，有

$$\mathcal{F}(ag+bh) = a\mathcal{F}(g) + b\mathcal{F}(h) \tag{C.2}$$

以下是最常用的反演定理。

【定理 C1】

如果 $g(x)$ 是一个有界连续可积函数，并且其傅里叶变换 $\mathcal{F}(g)=\hat{g}(f)$ 是一个可积的函数，那么

$$g(x) = \int_{-\infty}^{\infty} \mathrm{e}^{\mathrm{j}2\pi fx} \hat{g}(f)\,\mathrm{d}f \tag{C.3}$$

证明：

将恒等式 $\lim\limits_{\sigma\to\infty}(\mathrm{e}^{-2\pi^2 f^2/\sigma^2})=1$ 和式（C.1）代入到式（C.3）中，进一步推导：

$$\begin{aligned}
\int_{-\infty}^{\infty} \mathrm{e}^{\mathrm{j}2\pi fx}\hat{g}(f)\,\mathrm{d}f &= \lim_{\sigma\to\infty}\int_{-\infty}^{\infty} \mathrm{e}^{\mathrm{j}2\pi fx}\mathrm{e}^{-2\pi^2 f^2/\sigma^2}\int_{-\infty}^{\infty}\mathrm{e}^{-\mathrm{j}2\pi fz}g(z)\,\mathrm{d}z\mathrm{d}f \\
&= \lim_{\sigma\to\infty}\int_{-\infty}^{\infty} g(z)\left[\int_{-\infty}^{\infty}\mathrm{e}^{\mathrm{j}2\pi f(x-z)}\mathrm{e}^{-2\pi^2 f^2/\sigma^2}\mathrm{d}f\right]\mathrm{d}z \\
&= \frac{1}{\sqrt{2\pi}}\lim_{\sigma\to\infty}\int_{-\infty}^{\infty} g(z)\sigma\exp\left[-\frac{\sigma^2(z-x)^2}{2}\right]\mathrm{d}z \\
&= \frac{1}{\sqrt{2\pi}}\int_{-\infty}^{\infty}\lim_{\sigma\to\infty}\left[g\left(x+\frac{u}{\sigma}\right)\right]\exp\left[-\frac{u^2}{2}\right]\mathrm{d}u \\
&= g(x)
\end{aligned}$$

在第一个等式中，$\hat{g}(f)$ 的可积性和控制收敛定理证明了在外积分之外的极

限。在第二个等式中,$g(x)$的可积性和富比尼定理(见下文)证明了积分阶的互换。第三个等式来自于积分变量的变化和附录A.1中的式(A.10)。第四个等式来自积分变量的变化,然后应用控制收敛定理证明在积分内取极限。通过取极限,然后应用式(A.2),得到最终的等式。

证毕。

函数g和h的卷积$g*h$定义为

$$(g*h)(x)=\int_{-\infty}^{\infty}g(x-y)h(y)\mathrm{d}y \tag{C.4}$$

【卷积定理】

(1)如果g和h分别有界且可通过傅里叶变换$\mathcal{F}(g)$和$\mathcal{F}(h)$积分,则:

$$\mathcal{F}(g*h)=\mathcal{F}(g)\mathcal{F}(h)$$

(2)如果$\mathcal{F}(g)$和$\mathcal{F}(h)$是有界和可积的,则:

$$\mathcal{F}(gh)=\mathcal{F}(g)*\mathcal{F}(h)$$

证明:

(1)因为和是有界可积的,所以$g*h$是可积的。因此,富比尼定理证明了以下积分顺序的互换,可得:

$$\begin{aligned}\mathcal{F}(g*h)&=\int_{-\infty}^{\infty}[g(x-y)h(y)\mathrm{d}y]\mathrm{e}^{-\mathrm{j}2\pi fx}\mathrm{d}x\\&=\int_{-\infty}^{\infty}\mathrm{e}^{-\mathrm{j}2\pi fy}h(y)\left[\int_{-\infty}^{\infty}\mathrm{e}^{-\mathrm{j}2\pi f(x-y)}g(x-y)\mathrm{d}x\right]\mathrm{d}y\\&=\mathcal{F}(g)\mathcal{F}(h)\end{aligned}$$

最后的等式可由积分变量替换得到的。

(2)如果$\mathcal{F}(g)$和$\mathcal{F}(h)$是有界可积的,则$\mathcal{F}(g)*\mathcal{F}(h)$是可积的。设$\mathcal{F}^{-1}(\cdot)$表示傅里叶反变换,根据与前面几乎相同的推导可得:

$$\begin{aligned}\mathcal{F}^{-1}[\mathcal{F}(g)*\mathcal{F}(h)]&=\mathcal{F}^{-1}[\mathcal{F}(g)]\mathcal{F}^{-1}[\mathcal{F}(h)]\\&=gh\end{aligned}$$

对该方程的两边进行傅里叶变换,就完成了证明。

证毕。

【Parseval恒等式】

如果g、$\hat{g}(f)$、h和$\hat{h}(f)$是有界可积的,则

$$\int_{-\infty}^{\infty}g(x)h^*(x)\mathrm{d}x=\int_{-\infty}^{\infty}g(f)h^*(f)\mathrm{d}f$$

且

$$\int_{-\infty}^{\infty}|g(x)|^2\mathrm{d}x=\int_{-\infty}^{\infty}|\hat{g}(f)|^2\mathrm{d}f$$

证明：

由于 $g(x)$ 和 $\hat{h}(f)$ 是有界和可积的，则：

$$\int_{-\infty}^{\infty} |e^{-j2\pi fx}\hat{h}^*(f)g(x)|df = |g(x)|\int_{-\infty}^{\infty} |\hat{h}(f)|df < \infty$$

根据富比尼定理证明积分顺序可交换，可得：

$$\begin{aligned}\int_{-\infty}^{\infty} g(x)h^*(x)dx &= \int_{-\infty}^{\infty} g(x)\left[\int_{-\infty}^{\infty} e^{-j2\pi fx}\hat{h}^*(f)df\right]dx \\ &= \int_{-\infty}^{\infty} \hat{h}^*(f)\left[\int_{-\infty}^{\infty} e^{-j2\pi fx}g(x)dx\right]df \\ &= \int_{-\infty}^{\infty} \hat{g}(f)\hat{h}*(f)df\end{aligned}$$

令 $g=h$ 即可得定理的第二个恒等式。

证毕。

C.1.1　富比尼定理的应用

富比尼定理在本节和本书的其他地方被多次应用了。这个定理是用测度理论[1-3]证明的，它指出，在一定条件下，双重积分可以计算为两个迭代中的任意一个：

$$\begin{aligned}\int_{-\infty}^{\infty}\int_{-\infty}^{\infty} f(x,y)dxdy &= \int_{-\infty}^{\infty}\left[\int_{-\infty}^{\infty} f(x,y)dx\right]dy \\ &= \int_{-\infty}^{\infty}\left[\int_{-\infty}^{\infty} f(x,y)dy\right]dx \end{aligned} \tag{C.5}$$

为了应用该定理，用 $|f(x,y)|$ 代替 $f(x,y)$ 计算或限定一个迭代积分。如果结果是有限的，那么 $|f(x,y)|$ 的双重积分就是有限的，这意味着 $f(x,y)$ 的双重积分可以作为两个迭代积分中的任何一个来计算。

C.2　特征函数

具有分布函数 $F(x)$ 的随机变量 X 的特征函数为

$$h(u) = E[e^{juX}] = \int_{-\infty}^{\infty} e^{jyx}dF(x) \tag{C.6}$$

式中：$j=\sqrt{-1}$；$-\infty < u < \infty$。由于 $|\exp(jux)| \leqslant 1$ 特征函数始终存在，并且 $|h(u)| \leqslant h(0)=1$，由于

$$|h(u+h)-h(u)| \leqslant \int_{-\infty}^{\infty} |e^{juh}-1|dF(x) \tag{C.7}$$

有界收敛定理的应用表明 $h(u)$ 是连续的。如果存在连续密度函数 $f(x)$，

则 $h(u)$ 是密度函数的共轭傅里叶变换:

$$h(u) = \int_{-\infty}^{\infty} e^{jux} f(x)\,dx \tag{C.8}$$

特征函数相对于拉普拉斯变换的主要优点是,特征函数适用于可能取负值的随机变量。

特征函数的有用性取决于它唯一地决定了它所派生的分布函数。为了证明这个事实,需要计算积分:

$$I_1 = P\int_{-\infty}^{\infty} \frac{e^{jx}}{x}dy = \lim_{\epsilon\to 0}\left(\int_{-\infty}^{-\epsilon} \frac{e^{jx}}{x}dy + \int_{+\mathcal{E}}^{\infty} \frac{e^{jx}}{x}dy\right) \tag{C.9}$$

式中:P 表示柯西主值,当积分为黎曼积分时,其定义是为了避免原点处的奇异性。然而,如果将积分视为勒贝格积分,则奇异性的测度为0,不必避免。由于 $\cos(x)/x$ 是奇函数,$\sin(x)/x$ 是偶函数,因此 I_1 简化为

$$\begin{aligned} I_1 &= \int_{-\infty}^{\infty} \frac{e^{jx}}{x}dx \\ &= 2j\int_{0}^{\infty} \frac{\sin(x)}{x}dx \end{aligned} \tag{C.10}$$

被积函数是均匀有界的,而勒贝格积分的存在是因为:

$$\int_{(n-1)\pi}^{n\pi} \frac{\sin(x)}{x}dx \tag{C.11}$$

每个正整数 n 的符号交替,其绝对值减少零。

【定理 C2】

$$p\int_{-\infty}^{\infty} \frac{e^{jx}}{x}dx = 2j\int_{0}^{\infty} \frac{\sin(x)}{x}dx = j\pi \tag{C.12}$$

证明:

将柯西积分定理应用于 $\exp(-jz)/z$,的轮廓积分,其中 z 是一个复变量。该轮廓包括一个在上复平面上有一个半径为 c 的大半圆 c_1 和一个半径为 $\mathcal{E}$ 围绕原点处极点顺时针遍历的小半圆 c_2。由于在轮廓中没有奇点:

$$\int_{-c}^{-\mathcal{E}} \frac{e^{jx}}{x}dx + \int_{\mathcal{E}}^{c} \frac{e^{jx}}{x}dx + \int_{C_1} \frac{e^{jz}}{z}dz + \int_{C_2} \frac{e^{jz}}{z}dz = 0 \tag{C.13}$$

通过替换 $z=ce^{j\theta}$,然后应用控制收敛定理改变第三个积分中的积分变量后,得到:

$$\begin{aligned} \lim_{c\to\infty}\int_{C_1} \frac{e^{jz}}{z}dz &= \lim_{c\to\infty}\int_{0}^{-\pi} je^{jc\cos\theta - c\sin\theta}d\theta \\ &= 0 \end{aligned}$$

通过替换 $z=\epsilon e^{j\theta}$,然后应用控制收敛定理改变第四个积分中的积分变量后,得到:

$$\lim_{\epsilon\to 0}\int_{C_2}\frac{e^{jz}}{z}dz = \lim_{\epsilon\to 0}\int_{-\pi}^{0} je^{j\cos\theta-\sin\theta}d\theta$$
$$= -j\pi$$

利用这些结果并将式(C.13)的限值取为 $c\to\infty$ 和 $\epsilon\to 0$，得式(C.12)。

证毕。

【定理 C3】

如果分布函数 $F(x)$ 具有特征函数 $h(u)$，则对于 $F(x)$ 连续的所有点 a 和 $b>a$，有：

$$F(b) - F(a) = \lim_{L\to\infty}\int_{-L}^{L}\frac{e^{-jua} - e^{-jub}}{j2\pi u}h(u)du \tag{C.14}$$

且分布函数是唯一确定的。如果特征函数是可积的，则分布函数具有连续的密度函数：

$$f(x) = \frac{1}{2\pi}\int_{-\infty}^{\infty} e^{-jux}h(u)du \tag{C.15}$$

证明：

$$I_L = \int_{-L}^{L}\frac{e^{-jma} - e^{-jub}}{j2\pi u}h(u)du \tag{C.16}$$

将式(C.6)代入该积分可得：

$$I_L = \int_{-L}^{L}\frac{e^{-jma} - e^{-jub}}{j2\pi u}\left[\int_{-\infty}^{\infty} e^{-jux}dF(x)\right]du \tag{C.17}$$

为了交换式(C.17)右侧的积分顺序，首先观察到：

$$\left|\frac{e^{-jua} - e^{-jub}}{j2\pi u}e^{jux}\right| = \left|\frac{e^{-jua} - e^{-jub}}{j2\pi u}\right| = \left|\int_{a}^{b}\frac{e^{-juy}}{2\pi}dy\right|$$
$$\leqslant \frac{b-a}{2\pi} \tag{C.18}$$

且

$$\int_{-L}^{L}\left[\int_{-\infty}^{\infty}\frac{b-a}{2\pi}dF(x)\right]du = \frac{L(b-a)}{\pi} < \infty$$

该式表明富比尼定理适用于式(C.17)。交换积分顺序然后改变积分变量，可得：

$$I_L = \int_{-\infty}^{\infty} G_L(x)dF(x)$$

式中：

$$G_L(x) = \int_{-L(x-a)}^{L(x-a)}\frac{e^{jy}}{j2\pi y}dy - \int_{-L(x-b)}^{L(x-b)}\frac{e^{jy}}{j2\pi y}dy$$

根据定理 C2，这些积分中的每一个积分都以 1/2 为界，从而 $|G_L(x)|\leqslant 1$。

因此,有界收敛定理表明:

$$\lim_{L\to\infty} G_L(x) = \int_{-\infty}^{\infty} \lim_{L\to\infty} G_L(x)\,\mathrm{d}F(x) \tag{C.19}$$

应用定理 C2 可以发现,对于 $a<b$,有

$$\lim_{L\to\infty} G_L(x) = \begin{cases} 0, & x<a \text{ 或 } x>b \\ 1/2, & x=a \text{ 或 } x=b \\ 1, & a<x<b \end{cases}$$

将该方程代入式(C.19)计算积分,然后使结果等于式(C.16)的极限,可得式(C.14),对于满足 $b>a$ 的所有点 a,$F(x)$是连续的。因为 $F(x)$是右连续的,$h(u)$决定了在任何区间的 $F(x)$。因此,特征函数唯一地决定了分布函数。

如果 $h(u)$是可积的,那么式(C.14)和式(C.18)表明:

$$F(b) - F(a) \leqslant \frac{(b-a)}{2\pi}\int_{-\infty}^{\infty} |h(u)|\,\mathrm{d}u$$

因此 $F(x)$是连续的。如果$f(x)$由式(C.15)定义,则应用控制收敛定理可证明$f(x)$是连续的。

应用富比尼定理交换积分顺序,可以发现:

$$\begin{aligned}\int_a^x f(y)\,\mathrm{d}y &= \frac{1}{2\pi}\int_{-\infty}^{\infty}\left[\int_a^x \mathrm{e}^{-\mathrm{j}uy}\mathrm{d}y\right]h(u)\,\mathrm{d}u \\ &= \lim_{l\to\infty}\int_{-L}^{L}\frac{\mathrm{e}^{-\mathrm{j}ua}-\mathrm{e}^{-\mathrm{j}ux}}{\mathrm{j}2\pi u}h(u)\,\mathrm{d}u \\ &= F(x) - F(a)\end{aligned}$$

根据$f(x)$的连续性,该方程表明 $F(x)$的导数为$f(x)$。由于 $F(x)$是单调递增的,所以$f(x)$处处非负;因此,$f(x)$是 $F(x)$的密度函数。

证毕。

设 $h^k(u)$表示 $h(u)$对 u 的 k 阶导数。下面的定理可以计算随机变量的 k 阶矩,而不需要附录 B.2 中定理 B2 的限制条件。

【定理 C4】

如果随机变量 X 具有分布函数 $F(x)$和特征函数 $h(u)$,并且对于正整数 k,有 $E[|X|^k]<\infty$,则:

$$h^{(k)}(u) = \int_{-\infty}^{\infty}(\mathrm{j}x)^k\mathrm{e}^{\mathrm{j}ux}\,\mathrm{d}F(x) \tag{C.20}$$

且,

$$E[X^k] = \mathrm{j}^{-k}h^{(k)}(0) \tag{C.21}$$

证明:

由于 $|(\mathrm{j}x)^k\mathrm{e}^{\mathrm{j}ux}| = |x|^k$,且 $E[|x|^k]$,可以在积分号下对式(C.20)右边进行

k 次求导，从而证明式（C.20）。利用控制收敛定理并取式（C.6）中的极限，可证明式（C.21）。

证毕。

由式（C.6）的定义和类似于附录 B.2 中定理 B3 的结论，独立随机变量 X_1 和 X_2 的特征函数分别为 $h_1(u)$ 和 $h_2(u)$，则 X_1 和 X_2 的和的特征函数 $h_t(u)$ 为

$$h_t(u)=h_1(u)h_2(u) \tag{C.22}$$

附录 D

信号特性

D.1 带通信号

带通信号的功率谱在载波频率周围的频带内,后者通常位于频带中心。以希尔伯特变换为基础来描述信号有利于分析带通信号及系统。设 P 表示积分的柯西主值。函数 $g(t)$ 的希尔伯特变换定义为

$$
\begin{aligned}
H[g(t)] &= \hat{g}(t) = \frac{1}{\pi}P\int_{-\infty}^{\infty}\frac{g(u)}{t-u}\mathrm{d}u \\
&= \frac{1}{\pi}\lim_{\mathcal{E}\to 0}\left[\int_{-\infty}^{t-\mathcal{E}}\frac{g(u)}{t-u}\mathrm{d}u + \int_{t+\mathcal{E}}^{\infty}\frac{g(u)}{t-u}\mathrm{d}u\right] \quad (\mathrm{D.1})
\end{aligned}
$$

其前提是积分作为主值存在。

由于式(D.1)为 $g(t)$ 与 $1/\pi t$ 的卷积形式,因此 $\hat{g}(t)$ 可由 $g(t)$ 通过一个脉冲响应为 $1/\pi t$ 的线性滤波器来获得。滤波器的传递函数由 $1/\pi t$ 的傅里叶变换给出。对于此函数,傅里叶变换为

$$
\mathcal{F}\left[\frac{1}{\pi t}\right] = P\int_{-\infty}^{\infty}\frac{\mathrm{e}^{-\mathrm{j}2\pi ft}}{\pi t}\mathrm{d}t \quad (\mathrm{D.2})
$$

式中:$\mathrm{j}=\sqrt{-1}$,改变变量并应用附录 C.2 的定理 C2,得到:

$$
\begin{aligned}
\mathcal{F}\left[\frac{1}{\pi t}\right] &= \frac{-\operatorname{sgn}(f)}{\pi}P\int_{-\infty}^{\infty}\frac{\mathrm{e}^{\mathrm{j}x}}{x}\mathrm{d}x \\
&= -\mathrm{j}\operatorname{sgn}(f) \quad (\mathrm{D.3})
\end{aligned}
$$

式中:$\operatorname{sgn}(f)$ 是以下定义的符号函数:

$$
\operatorname{sgn}(f) = \begin{cases} 1, & f>0 \\ 0, & f=0 \\ -1, & f<0 \end{cases} \quad (\mathrm{D.4})
$$

令 $G(f)=\mathcal{F}[g(t)]$ 及 $\hat{G}(f)=\mathcal{F}[\hat{g}(t)]$。将傅里叶分析的卷积定理(附录 C.1)应用于(D.1),然后代入(D.3),得到:

$$
\hat{G}(f) = -\mathrm{j}\operatorname{sgn}(f)G(f) \quad (\mathrm{D.5})
$$

由于 $H[\hat{g}(t)]$ 由 $g(t)$ 通过两个连续滤波器来获得，每个滤波器的转移函数都为 $-\mathrm{jsgn}(f)$，故若假设 $G(0)=0$，则：

$$H[\hat{g}(t)] = -g(t) \tag{D.6}$$

式（D.5）表明，采用希尔伯特变换就相当于对所有正频率引入一个 $-\pi/2$ 弧度的相移，对所有负频率都引入一个 $+\pi/2$ 弧度的相移，因此，

$$H[\cos 2\pi f_c t] = \sin 2\pi f_c t \tag{D.7}$$

$$H[\sin 2\pi f_c t] = -\cos 2\pi f_c t \tag{D.8}$$

对式（D.6）或式（D.7）的左边进行傅里叶变换后应用式（D.5），再对结果进行傅里叶逆变换就可证明以上关系式。若 $|f|>W$ 且 $f_c>W$ 时 $G(f)=0$，则采用同样方法可得：

$$H[g(t)\cos 2\pi f_c t] = g(t)\sin 2\pi f_c t \tag{D.9}$$

$$H[g(t)\sin 2\pi f_c t] = -g(t)\cos 2\pi f_c t \tag{D.10}$$

带通信号是经傅里叶变换 $f_c - W/2 \leqslant |f| \leqslant f_c + W/2$ 以外的频谱分量都可被忽略的信号，式中 $0 \leqslant W \leqslant 2f_c$，$f_c$ 为中心频率。若 $W \ll f_c$，则该带通信号通常称为窄带信号。只在 $f>0$ 时，傅里叶变换不为零的复信号才称为解析信号。

考虑带通信号 $g(t)$，其傅里叶变换为 $G(f)$，与 $g(t)$ 对应的解析信号 $g_a(t)$ 由该信号的傅里叶变换定义：

$$G_a(f) = [1+\mathrm{sgn}(f)]G(f) \tag{D.11}$$

当 $f \leqslant 0$ 时其值为零，当 $f>0$ 时其带宽限定在 $|f-f_c| \leqslant W/2$ 范围内。式 $G_a(f)$ 的傅里叶逆变换与式（D.5）表明：

$$g_a(t) = g(t) + \mathrm{j}\hat{g}(t) \tag{D.12}$$

若 $g(t)$ 为带通信号，则 $g(t)$ 的复包络定义为

$$g_1(t) = g_a(t)\mathrm{e}^{-\mathrm{j}2\pi f_c t} \tag{D.13}$$

式中：f_c 为中心频率。由于 $g_1(t)$ 的傅里叶变换为 $G_a(f+f_c)$，占用带宽 $|f| \leqslant W/2$，因此，该复包络为一个基带信号，可视为 $g(t)$ 的一个等效低通表示。式（D.12）与式（D.13）表明 $g(t)$ 可用其复包络表示为

$$g(t) = \mathrm{Re}[g_1(t)\mathrm{e}^{\mathrm{j}2\pi f_c t}] \tag{D.14}$$

复包络可被分解为

$$g(t) = g_c(t) + \mathrm{j}g_s(t) \tag{D.15}$$

式中：$g_c(t)$ 与 $g_s(t)$ 为实函数。因此，由式（D.14）可得：

$$g(t) = g_c(t)\cos(2\pi f_c t) - g_s(t)\sin(2\pi f_c t) \tag{D.16}$$

由于式中的两个正弦载波相位正交，因此 $g_c(t)$ 与 $g_s(t)$ 分别称为 $g(t)$ 的同相分量和正交分量。这两个分量都是带宽在 $|f| \leqslant W/2$ 的低通信号。

应用傅里叶分析（附录 C.1）中的帕斯瓦尔恒等式及式（D.5），可得：

$$\int_{-\infty}^{\infty} \hat{g}^2(t)\mathrm{d}t = \int_{-\infty}^{\infty} |\hat{G}(f)|^2\mathrm{d}f = \int_{-\infty}^{\infty} |G(f)|^2\mathrm{d}f = \int_{-\infty}^{\infty} g^2(t)\mathrm{d}t \quad (\mathrm{D}.17)$$

因此,

$$\int_{-\infty}^{\infty} |g_1(t)|^2\mathrm{d}t = \int_{-\infty}^{\infty} |g_a(t)|^2\mathrm{d}t = \int_{-\infty}^{\infty} g^2(t)\mathrm{d}t + \int_{-\infty}^{\infty} \hat{g}^2(t)\mathrm{d}t$$

$$= 2\int_{-\infty}^{\infty} g^2(t)\mathrm{d}t = 2\mathcal{E} \quad (\mathrm{D}.18)$$

式中:$\mathcal{E}$表示带通信号$g(t)$的能量。

D.2 平稳随机过程

若一个随机过程的均值与抽样时间无关,其自相关函数仅取决于各样本间的时间差,则称该随机过程是广义平稳的。考虑一个实值,具有自相关零均值的广义平稳随机过程$n(t)$:

$$R_n(\tau) = E[n(t)n(t+\tau)] \quad (\mathrm{D}.19)$$

式中:$E[x]$表示x的期望值。$n(t)$的希尔伯特变换也为实随机过程,定义为

$$\hat{n}(t) = \frac{1}{\pi}\int_{-\infty}^{\infty} \frac{n(u)}{t-u}\mathrm{d}u \quad (\mathrm{D}.20)$$

式中假设几乎每个$n(t)$的抽样函数积分的柯西主值都存在。该式表明$\hat{n}(t)$为一个零均值随机过程。若零均值随机过程$n(t)$和$\hat{n}(t)$的自相关和互相关函数都与t无关,则$n(t)$和$\hat{n}(t)$是联合广义平稳的。

应用式(D.20)与式(D.19)可得$n(t)$与$\hat{n}(t)$的互相关函数为

$$R_{n\hat{n}}(\tau) = E[n(t)\hat{n}(t+\tau)] = \frac{1}{\pi}\int_{-\infty}^{\infty} \frac{R_n(u)}{\tau-u}\mathrm{d}u = \hat{R}_n(\tau) \quad (\mathrm{D}.21)$$

应用该结果和式(D.6)产生自相关为

$$R_{n\hat{n}}(\tau) = E[n(t)\hat{n}(t+\tau)] = \frac{1}{\pi}\int_{-\infty}^{\infty} \frac{R_n(t+\tau-u)}{\tau-u}\mathrm{d}u$$

$$= \frac{1}{\pi}\int_{-\infty}^{\infty} \frac{R_n(x)}{\tau-x}\mathrm{d}u = \hat{R}_n(\tau) \quad (\mathrm{D}.22)$$

式(D.19)、式(D.21)和式(D.22)表明$n(t)$与$\hat{n}(t)$是联合广义平稳的。因为$n(t)$是广义静止的,$R_n(\tau)$是偶函数。从(D.22)可知$R_{\hat{n}}(\tau)$是偶函数。公式(D.21)和积分变量的变化表明$\hat{R}_n(\tau)$和$R_{n\hat{n}}(\tau)$是奇函数。因此:

$$R_n(-\tau) = R_n(\tau), R_{\hat{n}}(-\tau) = R_{\hat{n}}(\tau)$$

$$\hat{R}_n(-\tau) = -\hat{R}_n(\tau), R_{n\hat{n}}(-\tau) = -R_{n\hat{n}}(\tau). \quad (\mathrm{D}.23)$$

与$n(t)$对应的解析信号为零均值复随机过程,定义为

$$n_a(t)=n(t)+j\hat{n}(t) \tag{D.24}$$

该解析信号的自相关函数定义为

$$R_a(\tau)=E[n_a^*(t)n_a(t+\tau)] \tag{D.25}$$

式中的星号表示复共轭。将式(D.19)与式(D.21)应用于式(D.25)可得：

$$R_a(\tau)=2R_n(\tau)+2j\hat{R}_n(\tau) \tag{D.26}$$

从而证明了解析信号的广义平稳性。

由于式(D.19)表明$R_n(\tau)$为一个偶函数，故由式(D.21)可得：

$$R_{n\hat{n}}(0)=\hat{R}_n(0)=0 \tag{D.27}$$

式(D.27)表明$n(t)$与$\hat{n}(t)$是不相关的。由式(D.22)、式(D.26)与式(D.27)可得：

$$R_{\hat{n}}(0)=R_n(0)=1/2R_a(0) \tag{D.28}$$

$n(t)$的复包络或$n(t)$的等效低通表示为零均值随机过程，定义为

$$n_l(t)=n_a(t)e^{-j2\pi f_c t} \tag{D.29}$$

式中f_c为任意频率，通常作为$n(t)$的载频或中心频率。该复包络可分解为

$$n_l(t)=n_c(t)+jn_s(t) \tag{D.30}$$

式中：$n_c(t)$与$n_s(t)$为零均值实随机过程。

式(D.24)与式(D.29)意味着：

$$n(t)=\mathrm{Re}[n_l(t)e^{j2\pi f_c t}] \tag{D.31}$$

将式(D.30)代入式(D.31)可得一个同相与正交表达式：

$$n(t)=n_c(t)\cos(2\pi f_c t)-n_s(t)\sin(2\pi f_c t) \tag{D.32}$$

将式(D.24)与式(D.30)代入式(D.29)中可发现：

$$n_c(t)=n(t)\cos(2\pi f_c t)+\hat{n}(t)\sin(2\pi f_c t) \tag{D.33}$$

$$n_s(t)=\hat{n}(t)\cos(2\pi f_c t)-n(t)\sin(2\pi f_c t) \tag{D.34}$$

利用式(D.19)、式(D.21)、式(D.22)、式(D.23)、式(D.33)、式(D.34)和三角恒等式，得到$n_c(t)$和$n_s(t)$的自相关分别为

$$R_c(\tau)=E[n_c(t)n_c(t+\tau)]=R_n(\tau)\cos(2\pi f_c\tau)+\hat{R}_n(\tau)\sin(2\pi f_c\tau) \tag{D.35}$$

$$R_s(\tau)=E[n_s(t)n_s(t+\tau)]=R_c(\tau) \tag{D.36}$$

互相关为

$$R_{cs}(\tau)=E[n_c(t)n_s(t+\tau)]=\hat{R}_n(\tau)\cos(2\pi f_c\tau)-R_n(\tau)\sin(2\pi f_c\tau) \tag{D.37}$$

$$R_{sc}(\tau)=E[n_s(t)n_c(t+\tau)]=-R_{cs}(\tau) \tag{D.38}$$

这些方程清楚地表明，如果$n(t)$是广义平稳的，那么$n_c(t)$和$n_s(t)$是具有

相同自相关函数的联合广义平稳的。由式(D.23)可得：

$$\begin{aligned} R_c(-\tau) &= R_c(\tau), R_s(-\tau) = R_s(\tau) \\ R_{cs}(-\tau) &= -R_{cs}(\tau), R_{sc}(-\tau) = -R_{sc}(\tau) \end{aligned} \tag{D.39}$$

由于

$$R_c(0) = R_s(0) = R_n(0) \tag{D.40}$$

$n(t)$、$n_c(t)$、$n_s(t)$的方差相等,且$n_c(t)$和$n_s(t)$是不相关的。

式(D.30)和式(D.39)表明：

$$R_{cs}(\tau) = E[n_c(t)n_s(t+\tau)] = \hat{R}_n(\tau)\cos(2\pi f_c\tau) - R_n(\tau)\sin(2\pi f_c\tau) \tag{D.41}$$

满足此方程的复值零均值随机过程称为圆对称过程。因此,零均值广义平稳过程的复包络是圆对称过程。复包络的自相关定义为

$$R_1(\tau) = E[n_1^*(t)n_1(t+\tau)] \tag{D.42}$$

将式(D.29)和式(D.26)代入式(D.42),可得：

$$R_{sc}(\tau) = E[n_s(t)n_c(t+\tau)] = R_{cs}(-\tau) \tag{D.43}$$

说明$n_1(t)$是一个零均值广义平稳过程。由于$R_n(\tau)$和$\hat{R}_n(\tau)$为实数,因此：

$$R_n(\tau) = \frac{1}{2}\mathrm{Re}[R_1(\tau)e^{j2\pi f_c\tau}] \tag{D.44}$$

D.2.1 功率谱密度

信号的功率谱密度(Power Spectral Density,PSD)是其自相关性的傅里叶变换。设$S_n(f)$、$S_c(f)$和$S_s(f)$分别表示$n(t)$、$n_c(t)$和$n_s(t)$的PSD。假设$S_n(f)$位于$f_c - W/2 \leqslant |f| \leqslant f_c + W/2$频段。对式(D.35)进行傅里叶变换,用式(D.5)化简,可以得到：

$$S_c(f) = S_s(f) = \begin{cases} S_n(f-f_c) + S_n(f+f_c), & |f| \leqslant W/2 \\ 0, & |f| > W/2 \end{cases} \tag{D.45}$$

同样,$n_c(t)$和$n_s(t)$的交叉谱密度可以通过式(D.37)的傅里叶变换和式(D.5)得到。化简后,结果为

$$S_{cs}(f) = \begin{cases} j[S_n(f-f_c) + S_n(f+f_c)], & |f| \leqslant W/2 \\ 0, & |f| > W/2 \end{cases} \tag{D.46}$$

由于$R_n(\tau)$是一个偶函数,因此$S_n(f)$是一个实值偶函数。如果$S_n(f)$关于f_c是局部对称的,那么：

$$S_n(f_c + f) = S_n(f_c - f)$$

$$=S_n(f-f_c),\ |f|\leqslant W/2 \tag{D.47}$$

则式(D.46)表明 $S_{cs}(f)=0$,这意味着,对所有 τ,有:

$$R_{cs}(\tau)=0 \tag{D.48}$$

因此,当 $S_n(f)$ 局部对称时,对于所有 τ,$n_c(t)$ 和 $n_s(t+\tau)$ 是不相关的。

$n_1(t)$ 的 PSD 表示为 $S_1(f)$,可以通过计算式(D.43)的傅里叶变换并使用式(D.5)得到。如果 $S_n(f)$ 占用频段 $f_c-W/2\leqslant|f|\leqslant f_c+W/2$ 和 $f_c>W/2\geqslant 0$,则:

$$S_1(f)=\begin{cases}4(f+f_c), & |f|\leqslant W/2\\ 0, & |f|>W/2\end{cases} \tag{D.49}$$

该式表 $S_1(f)$ 是一个实值函数。因此,通过 $\mathrm{Re}(z)=(z+z^*)/2$ 展开式(D.44)的右边,然后进行傅里叶变换可得到:

$$S_n(f)=\frac{1}{4}S_1(f-f_c)+\frac{1}{4}S_1(-f-f_c) \tag{D.50}$$

D.2.2　高斯白噪声

通信信道通常被建模为加性高斯白噪声(Additive White Gaussian Noise,AWGN)信道,其中接收机中的噪声是具有自相关的零均值高斯白过程:

$$R_n(\tau)=E[n(t)n(t+\tau)]=\frac{N_0}{2}\delta(\tau) \tag{D.51}$$

双边噪声 PSD 为

$$S_n(f)=\frac{N_0}{2} \tag{D.52}$$

希尔伯特变换 $\hat{n}(t)$ 是 $n(t)$ 的线性组合的黎曼和的极限。因此,附录 A.1 中的定理 A1 表明,如果 $n(t)$ 是一个零均值白色高斯过程,那么 $\hat{n}(t)$ 和 $n(t)$ 是一个零均值联合高斯过程。方程式(D.33)和式(D.34)以及附录 A.1 的定理 A4 暗示了 $n_c(t)$ 和 $n_s(t)$ 是零平均联合高斯过程。由于式(D.40)表明它们在 t 的特定值下不相关,因此 $n_c(t)$ 和 $n_s(t)$ 是统计上独立的、方差相等的零均值高斯随机变量。

D.3　下变频器

大多数现代数字接收器使用下变频器将接收到的信号转换为经过滤波的基带信号。载波或中心频率 f_c 的所需信号 $s(t)$ 的下变频的主要组件如图 D.1(a)所示。考虑接收信号:

$$r(t)=s(t)+n(t) \tag{D.53}$$

式中 $n(t)$ 是噪声。设 $h(t)$ 为基带滤波器的脉冲响应,基带滤波器对 $s(t)$ 的输出为

$$s_{o}(t)=\int_{-\infty}^{\infty} s(\tau)\mathrm{e}^{-\mathrm{j}2\pi f_{c}\tau}h(t-\tau)\mathrm{d}\tau \tag{D.54}$$

用式(D.14)将 $s(t)$ 表示为其复包络 $s_{1}(\tau)$,然后代入 $\mathrm{Re}(x)=(x+x^{*})/2$,其中 x^{*} 表示 x 的复共轭,得到:

$$s_{o}(t)=\frac{1}{2}\int_{-\infty}^{\infty} s_{1}(\tau)h(t-\tau)\mathrm{d}\tau+\frac{1}{2}\int_{-\infty}^{\infty} s_{1}(\tau)h(t-\tau)\mathrm{e}^{-\mathrm{j}4\pi f_{c}\tau}\mathrm{d}\tau \tag{D.55}$$

第二项是 $s_{1}(\tau)h(t-\tau)$ 在频率 $-2f_{c}$ 处的傅里叶变换。假设 $s_{1}(\tau)$ 和 $h(t-\tau)$ 在 $|f|<f_{c}$ 区间存在变换,它们的乘积在 $|f|<2f_{c}$ 区间存在变换,去除式(D.55)中的第二项,则:

$$s_{o}(t)=\frac{1}{2}\int_{-\infty}^{\infty} s_{1}(\tau)h(t-\tau)\mathrm{d}\tau \tag{D.56}$$

这个卷积等价于相应傅里叶变换的乘法。因此,如果 $h(t)$ 的傅里叶变换在 $s_{1}(t)$ 的通带上是一个常数,则 $s_{o}(t)$ 与 $s_{1}(t)$ 成正比,这表明接收信号的复包络可以由下转换器提取出来。接收信号 $s(t)$、基带滤波器输入 $s_{b}(t)=s(t)\exp(-\mathrm{j}2\pi f_{c}t)$ 和复包络 $s_{1}(t)$ 的频谱如图 D.1(b)所示。

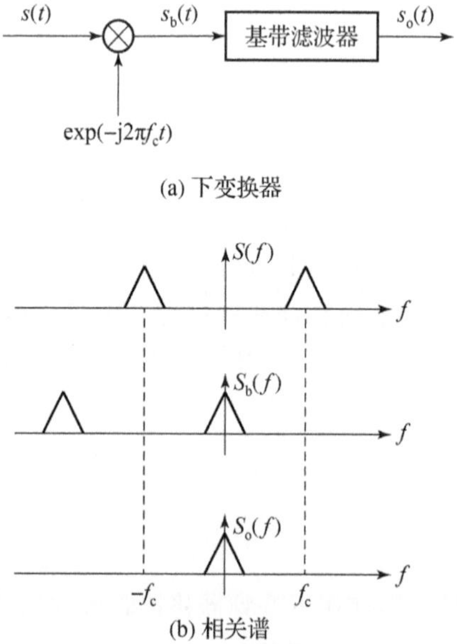

图 D.1　包络提取

下变频器改变了进入它的噪声 $n(t)$ 的特性。下变频器输出处的复值噪声为

$$z(t) = \int_{-\infty}^{\infty} n(u)\mathrm{e}^{-\mathrm{j}2\pi f_c u}h(t-u)\mathrm{d}u \tag{D.57}$$

假设噪声是一个零均值高斯过程,式(D.57)中积分实部和虚部的近似黎曼和是独立的零平均高斯随机变量的和。因此,$z(t)$ 的实分量和虚分量共同为零均值高斯随机变量(见附录 A.1),$z(t)$ 为零均值。广义平稳复值过程 $z(t)$ 的自相关定义为

$$R_z(\tau) = E[z^*(t)z(t+\tau)] \tag{D.58}$$

代入式(D.57),交换期望和积分运算,用式(D.51)求其中一个积分,然后改变变量,可得到:

$$R_z(\tau) = \frac{N_0}{2}\int_{-\infty}^{\infty} h^*(u)h(u+\tau)\mathrm{d}u \tag{D.59}$$

式(D.57)和式(D.51)表明:

$$E[z(t)z(t+\tau)] = \frac{N_0}{2}\mathrm{e}^{-\mathrm{j}4\pi f_c t}\int_{-\infty}^{\infty} \mathrm{e}^{\mathrm{j}4\pi f_c u}h(u+\tau)h(u)\mathrm{d}u \tag{D.60}$$

该积分为 $h(u+\tau)h(u)$ 在频率 $-2f_c$ 处的傅里叶变换。假设 $h(u)$ 的傅里叶变换限制在 $|f|<f_c$,$h(u+\tau)h(u)$ 的傅里叶变换限制在 $|f|<2f_c$,并且

$$E[z(t)z(t+\tau)] = 0 \tag{D.61}$$

满足式(D.61)的复值随机过程 $z(t)$ 称为圆对称过程。

设 $z_R(t)$ 和 $z_I(t)$ 分别表示 $z(t)$ 的实部和虚部。由于 $z(t)$ 均值为零,因此 $z_R(t)$ 和 $z_I(t)$ 均值也为零。令式(D.61)中 $\tau=0$,$\tau=0$ 时使式(D.58)和式(D.59)相等,然后求解上述方程,得到:

$$E[(z_R(t))^2] = E[(z_I(t))^2] = \frac{1}{2}E[|z(t)|^2] = \frac{N_0}{4}\int_{-\infty}^{\infty} |h(u)|^2\mathrm{d}u \tag{D.62}$$

$$E[(z_R(t)z_I(t))] = 0 \tag{D.63}$$

从而证明 $z_R(t)$ 和 $z_I(t)$ 是具有相同方差的零均值独立高斯过程。

D.4 采样定理

一个有限、时间连续复信号 $x(t)$ 的傅里叶变换及逆变换为

$$X(f) = \int_{-\infty}^{\infty} x(t)\mathrm{e}^{-\mathrm{j}2\pi ft}\mathrm{d}t \tag{D.64}$$

$$x(f) = \int_{-\infty}^{\infty} X(t)\mathrm{e}^{\mathrm{j}2\pi ft}\mathrm{d}f \tag{D.65}$$

该信号的一个样本为 $x_n = x(nT)$，式中，$1/T$ 为抽样速率，n 为整数。若对所有的 θ，以下的无穷求和计算都收敛于一个有限值，则该样本信号的离散时间傅里叶变换(Discrete - Time Fourier Transform, DTFT)可定义为

$$X(\mathrm{e}^{\mathrm{j}\theta}) = \sum_{n=-\infty}^{\infty} x_n \mathrm{e}^{-\mathrm{j}n\theta} \tag{D.66}$$

上式收敛的充分条件为

$$\sum_{n=-\infty}^{\infty} |x_n| < \infty \tag{D.67}$$

该式表明 $X(\mathrm{e}^{\mathrm{j}\theta})$ 在区间 $[-\pi,\pi]$ 上是一致收敛的。式(D.66)表明 $X(\mathrm{e}^{\mathrm{j}\theta})$ 是 θ 的周期为 2π 的周期函数。

令 $\mathbb{Z}$ 表示所有整数的集合，$X(\mathrm{e}^{\mathrm{j}\theta})$ 的逆 DTFT 为

$$x_n = \frac{1}{2\pi}\int_{-\pi}^{\pi} X(\mathrm{e}^{\mathrm{j}\theta})\mathrm{e}^{\mathrm{j}n\theta}\mathrm{d}\theta, n \in \mathbb{Z} \tag{D.68}$$

将式(D.66)代入积分中进行计算即可证明上式成立。由于复指数构成了 $[-\pi,\pi]$ 上的一组完整的标准正交基函数，其唯一性可以表示为[1]：如果 $X_1(\theta)$ 和 $X_2(\theta)$ 具有相同的逆 DTFT，那么对于几乎所有 θ，有 $X_1(\theta) = X_2(\theta)$。

采样定理将 $x(t)$ 与 x_n 在频域关联起来，表明 $X(\mathrm{e}^{\mathrm{j}2\pi fT})$ 为 $X(f)$ 经不同相移后的求和形式。

【采样定理】

如果级数在区间 $f \in [-1/2T, +1/2T]$ 上一致收敛，则有界连续时间信号 $x(t)$ 的离散时间傅里叶变换和连续时间傅里叶变换的关系为

$$X(\mathrm{e}^{\mathrm{j}2\pi fT}) = \frac{1}{T}\sum_{i=-\infty}^{\infty} X\left(f - \frac{i}{T}\right) \tag{D.69}$$

证明：

考虑一个有界连续时间信号 $x(t)$ 的傅里叶变换 $X(f)$ 和 $x_n = x(nT)$。根据唯一性：

$$\begin{aligned} I_n &= \int_{-1/2T}^{1/2T}\left[\sum_{i=-\infty}^{\infty} X\left(f - \frac{i}{T}\right)\right]\mathrm{e}^{\mathrm{j}2\pi nfT}\mathrm{d}f \\ &= \sum_{i=-\infty}^{\infty}\int_{-1/2T}^{1/2T} X\left(f - \frac{i}{T}\right)\mathrm{e}^{\mathrm{j}2\pi nfT}\mathrm{d}f, n \in \mathbb{Z} \end{aligned} \tag{D.70}$$

改变方程中的积分变量，当 n 和 i 为整数时，取 $\mathrm{e}^{\mathrm{j}2\pi ni} = 1$ 可得：

$$I_n = \sum_{i=-\infty}^{\infty}\int_{(2i-1)/2T}^{(2i+1)/2T} X(f)\mathrm{e}^{\mathrm{j}2\pi nfT}\mathrm{d}f \tag{D.71}$$

$$= \int_{-\infty}^{\infty} X(f)\mathrm{e}^{\mathrm{j}2\pi nfT}\mathrm{d}f \tag{D.72}$$

$$= x(nT) = x_n, n \in \mathbb{Z} \tag{D.73}$$

证毕。

若存在一个带限时间连续的信号 $x(t)$，其傅里叶变换 $X(f)$ 满足 $|f| > 1/2T$ 时 $X(f)=0$，则式(D.69)表明：

$$X(e^{j2\pi fT}) = \frac{1}{T}X(f), \quad -\frac{1}{2T} \leqslant f \leqslant \frac{1}{2T} \tag{D.74}$$

将上式代入式(D.65)并应用式(D.66)可得：

$$\begin{aligned} x(t) &= \int_{-1/2T}^{1/2T} X(f) e^{j2\pi ft} df = T\int_{-1/2T}^{1/2T} X(e^{j2\pi ft}) e^{j2\pi ft} df \\ &= T\int_{-1/2T}^{1/2T} \sum_{n=-\infty}^{\infty} x_n e^{-j2\pi fnT} e^{j2\pi ft} df = T\sum_{n=-\infty}^{\infty} x_n \int_{-1/2T}^{1/2T} e^{j2\pi f(t-nT)} df \end{aligned} \tag{D.75}$$

计算最后的积分项，可得带限信号 $x(t)$ 通过其样本信号获得准确重构的计算公式为

$$x(t) = \sum_{n=-\infty}^{\infty} x_n \operatorname{sinc}\left(\frac{t-nT}{T}\right), \quad X(f) = 0, \quad |f| > 1/2T \tag{D.76}$$

式中：$\operatorname{sinc}(x) = \sin(\pi x)/\pi x$。该式表明，单边带宽为 W 的信号以速率 $1/T > 2W$ 被采样时，该信号由其采样结果唯一确定。若采样速率不够高，$|f| > 1/2T$ 时无法满足 $X(f)=0$，则式(D.69)中的求和项就会出现部分重叠，这种现象称为混叠，采样信号也就不能唯一确定一个时间连续信号。

附录 E

概率分布函数

E.1 卡方分布

考虑如下随机变量：

$$Z = \sum_{i=1}^{N} X_i^2 \tag{E.1}$$

式中：$\{X_i\}$为独立的高斯随机变量，其均值为$\{m_i\}$，方差为σ^2。随机变量 Z 就称为具有自由度为 N 的非中心卡方分布，非中心参数为

$$\lambda = \sum_{i=1}^{N} m_i^2 \tag{E.2}$$

为推导 Z 的密度函数，首先注意到每个 X_i 具有以下概率密度函数：

$$f_{X_i}(x) = \frac{1}{\sqrt{2\pi}\sigma}\exp\left[-\frac{(x-m_i)^2}{2\sigma^2}\right] \tag{E.3}$$

根据初等概率论，$Y_i = X_i^2$ 的概率密度为

$$f_{Y_i}(x) = \frac{1}{2\sqrt{x}}[f_{X_i}(\sqrt{x}) + f_{X_i}(-\sqrt{x})]u(x) \tag{E.4}$$

式中：$u(x)$是单位阶跃函数，其中 $x \geqslant 0$ 时 $u(x)=1$，$x<0$ 时 $u(x)=0$。将式(E.3)代入式(E.4)，展开指数项并化简，可得概率密度函数为

$$f_{Y_i}(x) = \frac{1}{\sqrt{2\pi x}\sigma}\exp\left(-\frac{x+m_i^2}{2\sigma^2}\right)\cosh\left(\frac{m_i\sqrt{x}}{\sigma^2}\right)u(x) \tag{E.5}$$

特征函数、矩母函数及拉普拉斯函数都可以唯一确定分布函数。由于假设 Y_i 仅为非负值，因此采用拉普拉斯变换更为方便些。连续、非负随机变量 Y_i 的拉普拉斯变换定义为(见附录 B.2)

$$\mathcal{L}(s) = E[\mathrm{e}^{-sY}] = \int_0^{\infty} f_Y(x)\mathrm{e}^{-sx}\mathrm{d}x \tag{E.6}$$

式中：$f_Y(x)$为 Y 的密度分布函数。分析 $Y_i = X_i^2$ 的拉普拉斯变换，将式(E.5)代入式(E.6)中，通过设置 $y = \sqrt{(1+2\sigma^2 s)x/2\sigma^2}$改变积分变量，由于 cosh(·)是

偶函数,扩大积分范围,得到:

$$\mathcal{L}_i(s) = \frac{1}{\sqrt{(1+2\sigma^2 s)\pi}}\int_{-\infty}^{\infty}\exp\left(-\frac{m_i^2}{2\sigma^2}-y^2\right)\cosh\left(\frac{ym_i\sqrt{2}}{\sigma\sqrt{1+2\sigma^2 s}}\right)\mathrm{d}y \tag{E.7}$$

使用 $\cosh(z)=(\mathrm{e}^z+\mathrm{e}^{-z})/2$,将积分分离为两个积分,在指数的实参中完成平方,然后观察到高斯密度函数必须积分为一,可以得到 Y_i 的拉普拉斯变换:

$$\mathcal{L}_i(s)=\frac{\exp\left(\frac{-sm_i^2}{1+2\sigma^2 s}\right)}{(1+2\sigma^2 s)^{1/2}},\mathrm{Re}(s)>-\frac{1}{2\sigma^2} \tag{E.8}$$

独立随机变量之和的拉普拉斯变换就等于各变量拉普拉斯变换的乘积。由于 Z 为 $\{Y_i\}$ 之和,故 Z 的拉普拉斯变换为

$$\mathcal{L}_Z(s)=\frac{\exp\left(\frac{-s\lambda}{1+2\sigma^2 s}\right)}{(1+2\sigma^2 s)^{N/2}},\mathrm{Re}(s)>-\frac{1}{2\sigma^2} \tag{E.9}$$

式中应用了式(E.2)。

具有 N 个自由度和非中心参数 λ 的非中心卡方密度是具有式(E.9)给出的拉普拉斯变换的唯一密度(见附录B.2)。其密度为

$$f_Z(x)=\frac{1}{2\sigma^2}\left(\frac{x}{\lambda}\right)^{(N-2)/4}\exp\left[-\left(\frac{x+\lambda}{2\sigma^2}\right)\right]\mathrm{I}_{N/2-1}\left(\frac{\sqrt{x\lambda}}{\sigma^2}\right)\boldsymbol{u}(x) \tag{E.10}$$

式中:$\mathrm{I}_n(\cdot)$ 为修正的第一类 n 阶贝塞尔函数(见附录H.3)。因此,非中心卡方分布为

$$F_Z(x) = \int_0^x \frac{1}{2\sigma^2}\left(\frac{y}{\lambda}\right)^{(N-2)/4}\exp\left(-\frac{y+\lambda}{2\sigma^2}\right)\mathrm{I}_{N/2-1}\left(\frac{\sqrt{y\lambda}}{\sigma^2}\right)\mathrm{d}y,\quad x\geqslant 0 \tag{E.11}$$

为证明 $F_Z(\infty)=1$,进而证明 $F_Z(x)$ 为正数分布函数,首先需要建立积分恒等式:

$$\int_0^{\infty} x^{(N-2)/4}\exp(-x)\mathrm{I}_{N/2-1}(\sqrt{4xa})\,\mathrm{d}x = a^{(N-2)/4}\exp(a)$$
$$a\geqslant 0 \tag{E.12}$$

为了证明式(E.12),将附录H.3的式(H.13)代入积分,应用单调收敛定理将积分和无穷求和交换,应用式(H.1),化简,然后识别 $\exp(a)$ 的幂级数展开。替换式(E.12)的变量,可证明 $F_Z(\infty)=1$。

为了证明 $F_Z(x)$ 由式(E.10)给出,将式(E.10)代入式(E.6),替换变量,利用式(E.12)可得式(E.9)。

若 N 为偶数,则 $N/2$ 为整数,从而 $F_Z(\infty)=1$,对式(E.10)进行变量替换可得:

$$F_Z(x)=1-Q_{N/2}\left(\frac{\sqrt{\lambda}}{\sigma},\ \frac{\sqrt{x}}{\sigma}\right),\quad x\geqslant 0 \tag{E.13}$$

式中:$Q_m(\alpha,\beta)$ 为广义 Marcum Q 函数(见附录 H.4)。Z 的矩可通过应用式(E.1)和独立高斯随机变量的性质计算。Z 的均值和方差为

$$E[Z]=N\sigma^2+\lambda,\quad \sigma_z^2=2N\sigma^4+4\lambda\sigma^2 \tag{E.14}$$

式中:σ^2 为 $\{X_i\}$ 共同的方差。或者,可以通过应用附录 B.2 和式(E.9)的定理 B1 得到 Z 的矩。

由式(E.9)可知,两个自由度分别为 N_1 与 N_2、非中心参数分别为 λ_1 与 λ_2 且具有相同参数 σ^2 的独立、非中心卡方随机变量之和是一个自由度为 N_1+N_2、非中心参数为 $\lambda_1+\lambda_2$ 的非中心卡方随机变量。

E.2 中心卡方分布

为确定 $\{X_i\}$ 为零均值时 Z 的概率密度函数,将附录 H.3 中的式(H.13)代入式(E.10),再取 $\lambda\to 0$ 时的极限,可得 N 个自由度的中心卡方密度:

$$f_Z(x)=\frac{1}{(2\sigma^2)^{N/2}\Gamma(N/2)}x^{N/2-1}\exp\left(-\frac{x}{2\sigma^2}\right)u(x) \tag{E.15}$$

具有 N 个自由度的中心卡方分布,集中在正 x 轴上,为:

$$F_Z(x)=\frac{1}{(2\sigma^2)^{N/2}\Gamma(N/2)}\int_0^x y^{N/2-1}\exp\left(-\frac{y}{2\sigma^2}\right)\mathrm{d}y,x\geqslant 0 \tag{E.16}$$

对于式(H.6)定义的不完全伽马函数 $\gamma(a,b)$,有:

$$F_Z(x)=\frac{\gamma\left(\frac{N}{2},\frac{x}{2\sigma^2}\right)}{\Gamma(N/2)}u(x) \tag{E.17}$$

利用式(E.15)和附录 H.1 的式(H.1)直接积分可以得到 Z 的矩,Z 的均值和方差是:

$$E[Z]=N\sigma^2,\quad \sigma_z^2=2N\sigma^4 \tag{E.18}$$

如果 N 是偶数,则 $N/2$ 是一个整数,那么式(E.16)对 $N/2-1$ 部分进行积分得到:

$$F_Z(x)=1-\exp\left(-\frac{x}{2\sigma^2}\right)^{N/2-1}\sum_{i=0}\frac{1}{i!}\left(\frac{x}{2\sigma^2}\right)^i,\quad x\geqslant 0 \tag{E.19}$$

如果 $N=1$,那么在式(E.16)中,将积分变量更改为 $z=\sqrt{y}$,并使用式(H.20)可得到:

$$F_Z(x)=\left[1-2Q\left(\frac{\sqrt{x}}{\sigma}\right)\right]u(x),N=1 \tag{E.20}$$

E.3　莱斯分布

考虑随机变量：

$$R=\sqrt{X_1^2+X_2^2} \tag{E.21}$$

式中：X_1、X_2 是均值分别为 m_1、m_2 的独立高斯随机变量，且它们的方差都为 σ^2。R 的分布函数必须要满足 $F_R(r)=F_Z(r^2)$，式中 $Z=X_1^2+X_2^2$ 具有两个自由度的卡方分布。因此，当式(E.13)取 $N=2$ 时表明 R 符合莱斯分布：

$$F_R(r)=1-Q_1\left(\frac{\sqrt{\lambda}}{\sigma},\frac{r}{\sigma}\right),\quad r\geqslant 0 \tag{E.22}$$

式中 $\lambda=m_1^2+m_2^2$。莱斯密度可通过对式(E.22)进行微分来获得，即

$$f_R(r)=\frac{r}{\sigma^2}\exp\left(-\frac{r^2+\lambda}{2\sigma^2}\right)\mathrm{I}_0\left(\frac{r\sqrt{\lambda}}{\sigma^2}\right)u(r) \tag{E.23}$$

随机变量 R 的偶次阶矩可由式(E.21)导出，独立高斯随机变量的矩可同样如此导出。R 的二阶矩为

$$E[R^2]=2\sigma^2+\lambda \tag{E.24}$$

一般来说，莱斯分布随机变量的矩可通过对式(E.23)的概率密度函数进行积分来求得。将附录 H.3 中的式(H.13)代入被积函数，交换求和与积分，对积分变量进行替换并应用附录 H.1 中的式(H.1)，可得到一个级数，该级数可视为合流超几何函数的特例，从而：

$$E[R^n]=(2\sigma^2)^{n/2}\exp\left(-\frac{\lambda}{2\sigma^2}\right)\Gamma\left(1+\frac{n}{2}\right){}_1F_1\left(1+\frac{n}{2},1;\frac{\lambda}{2\sigma^2}\right),\quad n\geqslant 0 \tag{E.25}$$

式中：$F1(\alpha,\beta;x)$ 为附录 H.5 的式(H.27)定义的合流超几何函数。

莱斯密度通常在变量的变换过程中出现。以 X_1、X_2 表示方差为 σ^2、均值分别为 λ 和零的独立高斯随机变量。令 R 与 Θ 由 $X_1=R\cos\Theta$、$X_2=R\sin\Theta$ 隐性定义，则式(E.21)与 $\Theta=\tan^{-1}(X_2/X_1)$ 描述了变量的变换。因此 R 与 Θ 的联合密度函数为

$$f_{R,\Theta}(r,\theta)=\frac{r}{2\pi\sigma^2}\exp\left(-\frac{r^2-2r\lambda\cos\theta+\lambda^2}{2\sigma^2}\right),\quad r\geqslant 0,\quad |\theta|\leqslant\pi \tag{E.26}$$

R 包络的概率密度函数通过对 θ 积分来获得。利用附录 H.3 中的式(H.15)，该概率密度函数可简化为式(E.23)的莱斯概率密度函数。角度 Θ 的

密度函数可通过式(E.26)对 r 积分来获得。将式(E.26)中的自变量全部用平方表示,进行变量替换并利用 Q 函数或补余误差函数的定义(见附录 H.4),可得:

$$f_{\Theta}(\theta)=\frac{1}{2\pi}\exp\left(-\frac{\lambda^2}{2\sigma^2}\right)+\frac{\lambda\cos\theta}{\sqrt{2\pi}\sigma}\exp\left(-\frac{\lambda^2\sin^2\theta}{2\sigma^2}\right)\left[1-Q\left(\frac{\lambda\cos\theta}{\sigma}\right)\right],\ |\theta|\leqslant\pi \tag{E.27}$$

由于式(E.26)不能写成式(E.23)与式(E.27)的乘积,故随机变量 R 和 Θ 不是独立的。

E.4 瑞利分布

当式(E.21)中的 X_1、X_2 为零均值独立高斯随机变量且其方差为 σ^2 时,瑞利分布的随机变量就可通过式(E.19)来定义。由于 $F_R(r)=F_Z(r^2)$,式中 Z 是自由度为2的中心 χ^2 随机变量。故当 $N=2$ 时,式(D.15)表明瑞利概率分布为

$$F_R(r)=1-\exp\left(-\frac{r^2}{2\sigma^2}\right),\quad r\geqslant 0 \tag{E.28}$$

对式(E.28)求微分可得瑞利密度,即

$$f_R(r)=\frac{r}{\sigma^2}\exp\left(-\frac{r^2}{2\sigma^2}\right)u(r) \tag{E.29}$$

通过对定积分中的变量进行替换,R 的任意阶矩都可用伽马函数表示为

$$E[R^n]=(2\sigma^2)^{n/2}\Gamma\left(1+\frac{n}{2}\right) \tag{E.30}$$

利用伽马函数的属性(见附录 H.1),可得瑞利分布随机变量的均值和方差:

$$E[R]=\sqrt{\frac{\pi}{2}}\sigma,\quad \sigma_R^2=\left(2-\frac{\pi}{2}\right)\sigma^2 \tag{E.31}$$

由于 X_1、X_2 的均值为零,随机变量 $R=\sqrt{X_1^2+X_2^2}$ 与 $\Theta=\tan^{-1}(X_2/X_1)$ 的联合密度函数由 $\lambda=0$ 时的式(E.26)给出,故:

$$f_{R,\Theta}(r,\theta)=\frac{r}{2\pi\sigma^2}\exp\left(-\frac{r^2}{2\sigma^2}\right),\quad r\geqslant 0,\quad |\theta|\leqslant\pi \tag{E.32}$$

对 θ 积分可得式(E.29),对 r 积分可得以下均匀概率密度函数:

$$f_{\Theta}(\theta)=\frac{1}{2\pi},\quad |\theta|\leqslant\pi \tag{E.33}$$

由于式(E.32)等于式(E.29)与式(E.33)之积,故随机变量 R 与 Θ 是独立

的。对这些随机变量而言，$X_1 = R\cos\Theta, X_2 = R\sin\Theta$。利用 R 与 Θ 的概率密度分布函数及其独立性直接计算可证明，X_1 与 X_2 为零均值独立高斯随机变量且它们的方差为 σ^2。因此，$N=2$ 时式(D.13)表明，瑞利分布随机变量的平方具有均值为 $2\sigma^2$ 的指数概率密度函数。

E.5 指数分布

如果一个随机变量 X 具有密度函数，则它具有参数 $\alpha>0$ 的指数分布：

$$f_X(x) = \alpha e^{-\alpha x} u(x) \tag{E.34}$$

对应的分布函数为

$$F_X(x) = 1 - e^{-\alpha x}, x \geqslant 0 \tag{E.35}$$

采用式(H.3)和式(H.2)收益率的集成：

$$E[X] = \frac{1}{\alpha}, \mathrm{var}(X) = \frac{1}{\alpha^2} \tag{E.36}$$

由于瑞利分布随机变量的平方可以表示为 $R^2 = X_1^2 + X_2^2$，其中 X_1 和 X_2 是零平均、独立的高斯随机变量，共同方差 σ^2，R^2 具有两个自由度的中心卡方分布。因此，当 $N=2$ 时式(E.15)表示瑞利分布随机变量的平方具有平均为 $2\sigma^2$ 的指数密度。

E.6 伽马分布

随机变量符合参数为 $\alpha,\beta>0$ 的伽马分布，如果其密度为

$$f(x;\alpha,\beta) = \frac{\alpha^\beta}{\Gamma(\beta)} x^{\beta-1} e^{-\alpha x} u(x) \tag{E.37}$$

逐次进行分部积分得到相应的分布函数：

$$F(x;\alpha,\beta) = [1 - \Gamma(\beta, \alpha x)] u(x) \tag{E.38}$$

式中不完全函数定义为式(H.5)。用式(H.3)和式(H.2)对式(E.37)积分，确定 X 的矩，其均值和方差为

$$E[X] = \frac{\beta}{\alpha}, \mathrm{var}(X) = \frac{\beta}{\alpha^2} \tag{E.39}$$

设 $\{f(x;\alpha,\beta), \beta>0\}$ 表示具有相同参数 $\alpha>0$ 但不同值 $\beta>0$ 的伽马密度集合。设 $Z = X_1 + X_2$ 分别表示两个具有密度函数 $f(x;\alpha,\beta_1)$ 和 $f(x;\alpha,\beta_2)$ 的独立随机变量的和。由初等概率论可知，Z 的密度函数由这两个密度函数的卷积决定：

$$[f(\cdot;\alpha,\beta_1)*f(\cdot;\alpha,\beta_2)](x)=\int_0^x f(y;\alpha,\beta_1)f(x-y;\alpha,\beta_2)\mathrm{d}y$$
$$=\frac{\alpha^{\beta_1+\beta_2}\mathrm{e}^{-\alpha x}}{\Gamma(\beta_1)\Gamma(\beta_2)}\int_0^x y^{\beta_1-1}(x-y)^{\beta_2-1}\mathrm{d}y$$
$$=\frac{\alpha^{\beta_1+\beta_2}x^{\beta_1+\beta_2-1}\mathrm{e}^{-\alpha x}}{\Gamma(\beta_1)\Gamma(\beta_2)}\mathrm{B}(\beta_1,\beta_2) \tag{E.40}$$

式中：* 表示卷积运算；beta 函数 B(· , ·)由附录 H.2 中的式(H.10)定义。将式(H.11)代入式(E.40)并利用式(E.37)，可得：

$$[f(\cdot;\alpha,\beta_1)*f(\cdot;\alpha,\beta_2)](x)=f(x;\alpha,\beta_1+\beta_2) \tag{E.41}$$

这表明伽马密度集合$\{f(x;\alpha,\beta),\beta>0\}$在卷积下是封闭的。根据数学归纳法，如果：

$$Z=\sum_{i=1}^{N}X_i \tag{E.42}$$

为 N 个独立随机变量的和，X_i 的密度为参数 α 和 β_i，那么 Z 的密度为参数 α 和 $\sum_{i=1}^{N}\beta_i$。

设式(E.42)中的 Z 表示具有相同参数 $\alpha>0$ 的 N 个独立的指数分布随机变量的和。因为指数密度等于 $f(x;\alpha,N)$，式(E.21)表示 Z 的密度函数为 $f(x;\alpha,N)$。

式(E.5)和式(H.4)表明，具有一个自由度的中心卡方密度等于 $f(x;1/2\sigma^2,1/2)$。因此，如果式(E.42)中的 Z 表示具有相同参数 σ^2 的 N 个独立中心卡方随机变量的和，则式(E.41)的应用提供了另一个证明，即 Z 的密度函数为伽马密度 $f(x;1/2\sigma^2,N/2)$，如式(E.15)所示。

附录 F

标准正交函数与参数估计

F.1 确定性函数

完全赋范向量空间是每个柯西序列收敛于向量空间的一个空间。希尔伯特空间是一个具有内积和由内积定义的范数的完全向量空间。信号空间 $L^2[0,T]$ 是可积的复值函数 $f(t)$ 的希尔伯特空间。使得 $|f(t)|^2$ 在 $[0,T]$ 上是可积的，$L^2[0,T]$ 中的函数 $f(t)$ 和 $g(t)$ 的内积为

$$\langle f(t),g(t)\rangle = \int_0^T f(t) * g(t)\mathrm{d}t \tag{F.1}$$

式中：星号表示复共轭。$f(t)\in L^2[0,T]$ 的范数表示为 $\|f(t)\|$，其平方为

$$\|f(t)\|^2 = \langle f(t),f(t)\rangle = \int_0^T |f(t)|^2\mathrm{d}t < \infty \tag{F.2}$$

这些定义表明范数是非负的，则

$$\langle f(t),g(t)\rangle = \langle g(t),f(t)\rangle^* \tag{F.3}$$

且

$$\langle f(t)+h(t),g(t)\rangle = \langle f(t),g(t)\rangle + \langle h(t),g(t)\rangle \tag{F.4}$$

相等的函数在大多数情况下被认为是等价的，所以 $\|f(t)\|=0$ 意味着 $f(t)=0$。

使 $\lambda = -\langle f(t),g(t)\rangle/\|f(t)\|$，其中 $\|f(t)\|\neq 0$。从而：

$$\begin{aligned}
0 &\leqslant \|\lambda f(t)+g(t)\|^2 \\
&= \left|\lambda\|f(t)\| + \frac{\langle f(t),g(t)\rangle}{\|f(t)\|}\right|^2 - \frac{|\langle f(t),g(t)\rangle|^2}{\|f(t)\|^2} + \|g(t)\|^2 \\
&= -\frac{|\langle f(t),g(t)\rangle|^2}{\|f(t)\|^2} + \|g(t)\|^2
\end{aligned} \tag{F.5}$$

这表明对于一个内积的柯西－施瓦兹不等式：

$$|\langle f(t),g(t)\rangle| \leqslant \|f(t)\|\,\|g(t)\| \tag{F.6}$$

当 $\|f(t)\|=0$ 时这个不等式仍然有效。

使 $\{\phi_i(t)\}$ 表示 $L^2[0,T]$ 中的一套可数函数集 $\phi_i(t),\phi_i(t),\cdots$。如果：

$$\langle \phi_i(t),\phi_k(t)\rangle=\delta_{ik},i\neq k \tag{F.7}$$

式中,$\delta_{ii}=1$,并且 $k\neq i$ 时,$\delta_{ik}=0$,则这个集合是标准正交的。如果 $L^2[0,T]$ 中一个标准正交子集 B 不是 $L^2[0,T]$ 中任何其他标准正交子集的真子集,则 B 是 $L^2[0,T]$ 的一个基。由 B 扩展的子空间 $S(B)$ 是 $L^2[0,T]$ 中包含 B 的所有标准正交基函数的最小封闭子空间。如果 $S(B)=L^2[0,T]$,那么标准正交基 B 是完备的。

利用函数分析法[4],可以构造出许多特定的完备标准正交基。$L^2[0,T]$ 中的标准正交基的一个例子就是函数傅里叶级数表示中的复指数函数,即

$$\{\sqrt{1/T}\exp(\mathrm{j}2\pi kt/T),K\geqslant 1\}$$

$L^2[0,T]$ 中的实值标准正交基的一个例子就是函数傅里叶级数表示中的正弦函数和余弦函数,即

$$\{\sqrt{1/T}\sin(2\pi kt/T),\sqrt{2/T}\cos(2\pi kt/T),K\geqslant 1\}$$

$n\to\infty$ 时,如果 $\|f_n(t)-f(t)\|\to 0$,则 $L^2[0,T]$ 中的可数序列 $\{f_n(t),n\geqslant 1\}$ 收敛于 $L^2[0,T]$ 中的函数 $f(t)$。考虑 $L^2[0,T]$ 中一个完备的标准正交基函数集 $\{\phi_i(t)\}$,用前 N 个标准正交基函数对 $f(t)\in L^2[0,T]$ 的有限展开进行定义:

$$S(f,N)=\sum_{i=1}^{N}f_i\phi_i(t) \tag{F.8}$$

其中,展开系数的定义为

$$f_i=\langle f(t),\phi_i(t)\rangle,i\geqslant 1 \tag{F.9}$$

该式表明当 $N\to\infty$ 时,$\|f(t)-S(f,N)\|\to 0$[1,4],因此:

$$f(t)=\lim_{N\to\infty}\sum_{i=1}^{N}f_i\phi_i(t)=\sum_{i=1}^{\infty}f_i\phi_i(t) \tag{F.10}$$

假设 $f(t),g(t)\in L^2[0,T]$,当 $N\to\infty$ 时,$\|f(t)-S(f,N)\|\to 0$,且 $\|g(t)-S(g,N)\|\to 0$。由内积的线性:

$$\begin{aligned}\langle f(t),g(t)\rangle=&\langle f(t)-S(f,N),g(t)\rangle-\langle f(t)-S(f,N),g(t)-S(g,N)\rangle\\&+\langle f(t),g(t)-S(g,N)\rangle+\langle S(f,N),S(g,N)\rangle\end{aligned} \tag{F.11}$$

将柯西-施瓦兹不等式依次应用于右边的前三项,利用 $N\to\infty$ 时 $\|f(t)-S(f,N)\|\to 0$ 和 $\|g(t)-S(g,N)\|\to 0$,得到 $N\to\infty$ 时这些项都趋近于零。因此,取 $N\to\infty$,利用式(F.8),可得:

$$\begin{aligned}\langle f(t),g(t)\rangle&=\lim_{N\to\infty}\langle\sum_{i=1}^{N}f_i\phi_i(t),\sum_{i=1}^{N}g_i\phi_i(t)\rangle\\&=\lim_{N\to\infty}\sum_{i=1}^{N}f_ig_i^*\\&=\sum_{i=1}^{\infty}f_ig_i^*\end{aligned} \tag{F.12}$$

从而：

$$\| f(t) \|^2 = \sum_{i=1}^{\infty} |f_i|^2 \tag{F.13}$$

格莱姆－施密特标准正交化过程从一组可数的线性无关函数集$\{g_i(t)\}$开始，然后使用它们来构造一个完整的标准正交基函数集$\{\phi_i(t)\}$，$i=1,2,\cdots$。在这个过程中，每个新的函数$\phi_i(t)$，$i\leqslant N$都是$\{g_i(t)\}$和之前构建的$\{\phi_k(t)\}$，$k\leqslant i\leqslant N$的线性组合。线性组合的选择是为了确保正交性。该过程的定义式为

$$\phi_i(t) = \alpha_i \left[g_i(t) - \sum_{k=1}^{N} \langle g_i(t), \phi_k(t) \rangle \phi_k(t) \right] \tag{F.14}$$

式中：

$$\alpha_i = \left[\| g_i(t) \|^2 - \sum_{k=1}^{N} [\langle g_i(t), \phi_k(t) \rangle]^2 \right]^{-1/2} \tag{F.15}$$

F.2　高斯白噪声

狄拉克函数$\delta(t,s)$被定义为非标准函数，这样对于任何连续函数$h(s)$都有：

$$\int_{-\infty}^{\infty} h(s)\delta(t-s)\mathrm{d}s = h(t) \tag{F.16}$$

对于$t,s\in[0,T]$，将$\delta(t-s)$通过一组完整的标准正交基函数集展开为

$$\delta(t-s) = \sum_{i=1}^{\infty} \delta_i(t)\phi_i(s) \tag{F.17}$$

式中：

$$\delta_i(t) = \langle \delta(t-s), \phi_i(s) \rangle = \int_0^T \delta(t-s)\phi_i^*(s)\mathrm{d}s \tag{F.18}$$

应用式(F.16)对积分进行计算，并将结果代入式(F.17)，可得恒等式：

$$\delta(t-s) = \sum_{i=1}^{\infty} \phi_i^*(t)\phi_i(s) \tag{F.19}$$

考虑在$[0,T]$上的零均值，高斯白噪声$n(t)$，其自相关函数为

$$E[n(t)n(s)] = \frac{N_0}{2}\delta(t-s) \tag{F.20}$$

在$L^2[0,T]$中给定一套完整的标准正交基函数时，通过前N个正交基函数将函数$n(t)$投射到扩展的子空间定义为

$$S(n,N,t) = \sum_{i=1}^{N} n_i\phi_i(t) \tag{F.21}$$

其中

$$n_i = \langle n(t), \phi_i(t) \rangle = \int_0^T n(t)\phi_i^*(t)\mathrm{d}t, i \geqslant 1 \tag{F.22}$$

根据 $E[n(t)]=0$、式(F.16)、式(F.20)和式(F.22)中的式(F.7),可得:

$$E[n_i]=0, E[|n_i|^2]=\frac{N_0}{2}, i\geqslant 1 \tag{F.23}$$

$$E[n_i n_k^*]=0, i\neq k \tag{F.24}$$

高斯白噪声可以用展开式表示为

$$n(t) = \sum_{i=1}^{\infty} n_i \phi_i(t) \tag{F.25}$$

从某种意义上来说,当 $N\to\infty$ 时,$E[S^*(n,N,t), S(n,N,s)]\to\delta(t-s)$。为证明该结果,计算:

$$\begin{aligned}\lim_{N\to\infty} E[S^*(n,N,t)S(n,N,s)] &= \lim_{N\to\infty} E\left[\sum_{i=1}^{N} n_i^*\phi_i^*(t)\sum_{i=1}^{N} n_k\phi_k(s)\right] \\ &= \frac{N_0}{2}\sum_{i=1}^{\infty}\phi_i^*(t)\phi_i(s) \\ &= \delta(t-s)\end{aligned} \tag{F.26}$$

式中:式(F.23)和式(F.24)用于第二个等式;式(F.20)用于第三个等式。

因为是白噪声,所以式(F.22)中积分的实部和虚部的近似勒贝格或黎曼和是独立零均值高斯随机变量的和。因此,$\{n_i\}$ 的实部和虚部是共同的零均值高斯随机变量(见附录 A.1 定理 A4)。如果基函数为实值,那么 $\{n_i\}$ 也是实值的,式(F.24)表明它们是不相关的,因此它们在统计上是相互独立的。

F.3 波形参数估计

考虑对向量 θ 组成部分的波形参数进行估计。设观测信号为

$$r(t)=s(t,\theta)+n(t), 0\leqslant t\leqslant T \tag{F.27}$$

式中:实值信号 $s(t,\theta)$ 除 θ 外都具有已知的波形;且 $n(t)$ 为零均值高斯白噪声,其自相关函数由式(F.20)给出。对于所有波形参数的值,$s(t,\theta)$ 属于复值函数 f 的信号空间 $L^2[0,T]$,从而 $|f|^2$ 在区间 $[0,T]$ 可积。

令 $\{\phi_i(t)\}$ 表示 $L^2[0,T]$ 中一组实值标准正交基函数的完整集。式(F.27)中函数的标准正交展开式为

$$r(t) = \sum_{i=1}^{\infty} r_i\phi_i(t), s(t,\boldsymbol{\theta}) = \sum_{i=1}^{\infty} s_i(\boldsymbol{\theta})\phi_i(t), n(t) = \sum_{i=1}^{\infty} n_i\phi_i(t) \tag{F.28}$$

其系数:

$$r_i = \langle r(t), \phi_i(t) \rangle = \int_0^T r(t)\phi_i(t)\,\mathrm{d}t = s_i(\boldsymbol{\theta}) + n_i \tag{F.29}$$

$$s_i(\boldsymbol{\theta}) = \langle s(t,\boldsymbol{\theta}), \phi_i(t) \rangle = \int_0^T s(t,\boldsymbol{\theta})\phi_i(t)\,\mathrm{d}t \tag{F.30}$$

$$n_i = \langle n(t), \phi_i(t) \rangle = \int_0^T n(t)\phi_i(t)\,\mathrm{d}t \tag{F.31}$$

每个 n_i 都是一个统计上独立的实值高斯随机变量，并且式(F.23)表明 r_i 的条件密度函数为

$$f(r_i \mid \boldsymbol{\theta}) = \frac{1}{\sqrt{\pi N_0}}\exp\left[-\frac{(r_i - s_i(\boldsymbol{\theta}))^2}{N_0}\right] \tag{F.32}$$

为了避免白噪声可能产生的收敛问题，首先考虑 $N \times 1$ 向量 $\boldsymbol{r} = [r_1 \quad r_2 \quad \cdots \quad r_N]^{\mathrm{T}}$。应用式(F.32)和 r_i 的统计独立性，可得对数似然函数：

$$\ln f(\boldsymbol{r}|\boldsymbol{\theta},N) = -\ln\sqrt{\pi N_0} - \frac{1}{N_0}\sum_{i=1}^{N} r_i^2 + \frac{2}{N_0}\sum_{i=1}^{N} r_i s_i(\boldsymbol{\theta}) - \frac{1}{N_0}\sum_{i=1}^{N} s_i^2(\boldsymbol{\theta}) \tag{F.33}$$

第一个和可能不收敛，但它与最大似然估计无关，可以去掉。从而因子 N_0 也变得无关紧要，同样可以被删掉。取 $N\to\infty$，运用式(F.12)，可得 $\boldsymbol{\theta}$ 最大似然估计的充分统计量：

$$\Lambda_s[r(t)] = 2\int_0^T r(t)s(t,\boldsymbol{\theta})\,\mathrm{d}t - \int_0^T s^2(t,\boldsymbol{\theta})\,\mathrm{d}t \tag{F.34}$$

如果 $s(t,\theta)$ 依赖于一个随机向量 ϕ，以平均对数似然比为基础进行最大似然估计，定义为 $E_\phi[\ln f(r|\theta,N)]$，其中 $E_\phi[\cdot]$ 表示关于的 ϕ 期望值。因此，充分的统计量变为

$$\Lambda_a[r(t)] = E_\phi\left[2\int_0^T r(t)s(t,\boldsymbol{\theta})\,\mathrm{d}t - \int_0^T s^2(t,\boldsymbol{\theta})\,\mathrm{d}t\right] \tag{F.35}$$

而最大似然估计量为

$$\hat{\theta} = \arg\max_{\theta}\Lambda_a[r(t)] \tag{F.36}$$

F.4　克拉美－罗不等式

克拉美－罗不等式为无偏估计量方差提供了一个下界。考虑一个随机向量 $\boldsymbol{X}$ 和单个未知参数 θ。θ 的条件密度函数是 $f(\boldsymbol{x}|\theta)$，并且关于 θ 的偏导 $f^{(1)}(\boldsymbol{x}|\theta)$ 对所有 $(\boldsymbol{x},\theta)$ 都存在。假设有一个可积函数 $g(\boldsymbol{x})$ 使得对于所有的 $(\boldsymbol{x},\theta)$ 都有 $|\hat{\theta}(\boldsymbol{x})f^{(1)}(\boldsymbol{x}|\theta)| \leqslant g(\boldsymbol{x})$，并且 $\int_{-\infty}^{\infty} g(\boldsymbol{x})\mathrm{d}\boldsymbol{x} < \infty$。令 $\hat{\theta}(\boldsymbol{X})$ 表 θ 的估计量，这个估算量是无偏的，如果

$$E[\hat{\theta}(\boldsymbol{X})] = \theta = \int_{-\infty}^{\infty} \hat{\theta}(\boldsymbol{x}) f(\boldsymbol{x}|\theta)\,\mathrm{d}\boldsymbol{x} \tag{F.37}$$

将第二个等式的两边都对 θ 进行微分,可得:

$$1 = \int_{-\infty}^{\infty} \hat{\theta}(\boldsymbol{x}) \frac{\partial}{\partial\theta} f(\boldsymbol{x}|\theta)\,\mathrm{d}\boldsymbol{x} = \int_{-\infty}^{\infty} \hat{\theta}(\boldsymbol{x}) \frac{\partial \ln f(\boldsymbol{x}|\theta)}{\partial\theta} f(\boldsymbol{x}|\theta)\,\mathrm{d}\boldsymbol{x} \tag{F.38}$$

由于关于 $g(\boldsymbol{x})$ 的假设,式中导数和积分的交换是有效的。由于 $f(\boldsymbol{x}|\theta)$ 积分结果为1,则

$$\begin{aligned} 0 &= \frac{\partial}{\partial\theta}\int_{-\infty}^{\infty} f(\boldsymbol{x}|\theta)\,\mathrm{d}\boldsymbol{x} \\ &= \int_{-\infty}^{\infty} \frac{\partial}{\partial\theta} f(\boldsymbol{x}|\theta)\,\mathrm{d}\boldsymbol{x} \\ &= \int_{-\infty}^{\infty} \frac{\partial \ln f(\boldsymbol{x}|\theta)}{\partial\theta} f(\boldsymbol{x}|\theta)\,\mathrm{d}\boldsymbol{x} \end{aligned} \tag{F.39}$$

结合式(F.38)和式(F.39),并使用随机变量的柯西–施瓦兹不等式(见附录A.2),可得:

$$\begin{aligned} 1 &= \int_{-\infty}^{\infty} [\hat{\theta}(\boldsymbol{x}) - \theta] \frac{\partial \ln f(\boldsymbol{x}|\theta)}{\partial\theta} f(\boldsymbol{x}|\theta)\,\mathrm{d}\boldsymbol{x} \\ &= E\left\{[\hat{\theta}(\boldsymbol{X}) - \theta] \frac{\partial \ln f(\boldsymbol{X}|\theta)}{\partial\theta}\right\} \\ &= [\mathrm{var}(\hat{\theta})]^2 E\left\{\left[\frac{\partial \ln f(\boldsymbol{X}|\theta)}{\partial\theta}\right]^2\right\}^{1/2} \end{aligned} \tag{F.40}$$

从而可得一个无偏估计量方差的克拉美–罗不等式:

$$\mathrm{var}(\hat{\theta}) \geqslant \left(E\left\{\left[\frac{\partial \ln f(\boldsymbol{X}|\theta)}{\partial\theta}\right]^2\right\}\right)^{-1} \tag{F.41}$$

如果关于 θ 的二阶偏导数 $f^{(2)}(\boldsymbol{x}|\theta)$ 对所有 $(\boldsymbol{x},\theta)$ 都存在,则存在一个可积函数 $h(\boldsymbol{x})$,对于所有的 $(\boldsymbol{x},\theta)$,都有 $|f^{(2)}(\boldsymbol{x}|\theta)| \leqslant h(\boldsymbol{x})$,并且 $\int_{-\infty}^{\infty} h(\boldsymbol{x})\,\mathrm{d}\boldsymbol{x} \leqslant \infty$,然后对式(F.39)中的最后一个积分进行微分,得到:

$$0 = \int_{-\infty}^{\infty} \left\{\frac{\partial^2 \ln f(\boldsymbol{x}|\theta)}{\partial\theta^2} + \left[\frac{\partial \ln f(\boldsymbol{x}|\theta)}{\partial\theta}\right]^2\right\} f(\boldsymbol{x}|\theta)\,\mathrm{d}\boldsymbol{x} \tag{F.42}$$

将此方程与式(F.41)中的下限相结合,可得到了克拉美–罗不等式的替代版本:

$$\mathrm{var}(\hat{\theta}) \geqslant -\left(E\left[\frac{\partial^2 \ln f(\boldsymbol{X}|\theta)}{\partial\theta^2}\right]\right)^{-1} \tag{F.43}$$

对式(F.27)中观测信号的克拉美–罗不等式进行计算,假设 $\partial s(t,\theta)/\partial\theta$ 在 $L^2[0,T]$ 中,并且 $s_i(\theta)$ 的每个系数 $s(t,\theta)$ 对所有的 θ 都是可微的。对式(F.33)

进行微分，可得：

$$\frac{\partial \ln f(\boldsymbol{r}\mid\theta,N)}{\partial\theta}=\frac{2}{N_0}\left[\sum_{i=1}^{N} r_i\frac{\partial s_i(\theta)}{\partial\theta}-\sum_{i=1}^{N} s_i(\theta)\frac{\partial s_i(\theta)}{\partial\theta}\right] \tag{F.44}$$

设 $S(s,N,\theta)$ 和 $S(s^{(1)},N,\theta)$ 分别表示 $S(s^{(1)},N,\theta)$ 和 $\partial s(t,\theta)/\partial\theta$ 在前 N 个基函数上的有限展开，那么：

$$\frac{\partial S(s,N,\theta)}{\partial\theta}=\sum_{i=1}^{N}\frac{\partial s_i(\theta)}{\partial\theta}\phi_i(t)=S(s^{(1)},N,\theta) \tag{F.45}$$

用基函数的正交性来证明式中第二个等式。因此：

$$\frac{\partial s(t,\theta)}{\partial\theta}=\lim_{N\to\infty}S(s^{(1)},N,\theta)=\sum_{i=1}^{\infty}\frac{\partial s_i(\theta)}{\partial\theta}\phi_i(t) \tag{F.46}$$

取式(F.44)的极限为 $N\to\infty$，应用式(F.46)和式(F.12)，然后代入式(F.27)得到：

$$\begin{aligned}\frac{\partial \ln f(\boldsymbol{r}\mid\theta)}{\partial\theta}&=\lim_{N\to\infty}\frac{\partial \ln f(\boldsymbol{r}\mid\theta,N)}{\partial\theta}\\&=\frac{2}{N_0}\left[\int_0^T r(t)\frac{\partial s(t,\theta)}{\partial\theta}\mathrm{d}t-\int_0^T s(t,\theta)\frac{\partial s(t,\theta)}{\partial\theta}\mathrm{d}t\right]\\&=\frac{2}{N_0}\int_0^T n(t)\frac{\partial s(t,\theta)}{\partial\theta}\mathrm{d}t\end{aligned} \tag{F.47}$$

应用式(F.29)和式(F.41)，可知波形参数 θ 的克拉美－罗不等式为

$$\operatorname{var}(\hat{\theta})\geqslant\frac{N_0}{2}\left\{\int_0^T\left[\frac{\partial s(t,\theta)}{\partial\theta}\right]^2\mathrm{d}t\right\}^{-1} \tag{F.48}$$

附录 G

厄米特正定矩阵

如果一个 $n\times n$ 矩阵 $\boldsymbol{A}$ 满足 $\boldsymbol{Au}=\lambda\boldsymbol{u}$,则称 $\boldsymbol{A}$ 有一个特征向量为 $\boldsymbol{u}$ 和一个特征值为 $\boldsymbol{\lambda}$。如果:

$$\boldsymbol{u}_i^{\mathrm{H}}\boldsymbol{u}_k=0, i\neq k, \text{且} \|\boldsymbol{u}_i\|^2=\boldsymbol{u}_i^{\mathrm{H}}\boldsymbol{u}_i=1 \tag{G.1}$$

式中:$\|\cdot\|$ 表示向量的欧式范数,上标 H 表示该共轭转置,则称一组向量 u_1,u_2,…,u_n 是标准正交的。一个单位矩阵 $\boldsymbol{U}$ 是一个具有标准正交列向量的 $n\times n$ 维矩阵。因此,$\boldsymbol{U}$ 有 n 列,$\boldsymbol{U}^{\mathrm{H}}\boldsymbol{U}=\mathbf{1}$,并且:

$$\boldsymbol{U}^{-1}=\mathbf{1}\boldsymbol{U}^{-1}=\boldsymbol{U}^{\mathrm{H}}U\boldsymbol{U}^{-1}=\boldsymbol{U}^{\mathrm{H}} \tag{G.2}$$

式中:**1** 表示单位矩阵。具有实值元素的单位矩阵称为正交矩阵。

如果 $n\times n$ 维矩阵 $\boldsymbol{A}$ 的 n 个正交特征向量 $\boldsymbol{u}_1,\boldsymbol{u}_2,\cdots,\boldsymbol{u}_n$ 及对应的特征值 $\boldsymbol{\lambda}_1,\boldsymbol{\lambda}_2,\cdots,\boldsymbol{\lambda}_n$ 满足:

$$\boldsymbol{Au}_i=\lambda_i\boldsymbol{u}_i, 1\leqslant i\leqslant n \tag{G.3}$$

则称 $\boldsymbol{A}$ 有一套完备的标准正交特征向量集。

如果一个 $n\times n$ 矩阵 $\boldsymbol{A}$ 有一个完整的 n 个标准正交特征向量集,并且 $\boldsymbol{U}$ 是一个列向量等 $\boldsymbol{u}_1,\boldsymbol{u}_2,\cdots,\boldsymbol{u}_n$ 的单位矩阵,那么 $\boldsymbol{U}^{\mathrm{H}}\boldsymbol{Au}_i=\lambda_i\boldsymbol{U}^{\mathrm{H}}\boldsymbol{u}_i, 1\leqslant i\leqslant n$,因此特征值的对角矩阵为

$$\boldsymbol{\Lambda}=\boldsymbol{U}^{\mathrm{H}}\boldsymbol{AU} \tag{G.4}$$

相反地,如果一个 $n\times n$ 矩阵和一个 $n\times n$ 单位矩阵对一些具有对角元素的对角矩阵 $\boldsymbol{U}$ 对一些对角线元素为 $\boldsymbol{\lambda}_1,\boldsymbol{\lambda}_2,\cdots,\boldsymbol{\lambda}_n$ 的对角矩阵 $\boldsymbol{\Lambda}$ 满足式(G.4),则应用式(G.2)证明,$\boldsymbol{A}$ 具有一套完整的 n 个标准正交特征向量集 $\boldsymbol{u}_1,\boldsymbol{u}_2,\cdots,\boldsymbol{u}_n$ 以及相应的特征值 $\lambda_1,\lambda_2,\cdots,\lambda_n$。将式(G.2)应用于式(G.4)两次,得到了谱分解:

$$\boldsymbol{A}=\boldsymbol{U\Lambda U}^{\mathrm{H}}=\boldsymbol{U\Lambda U}^{-1} \tag{G.5}$$

如果 $\boldsymbol{B}^{-1}\boldsymbol{AB}=\boldsymbol{D}$ 对于一些非奇异矩阵 $\boldsymbol{B}$ 和对角矩阵 $\boldsymbol{D}$ 来说,一个 $n\times n$ 矩阵 $\boldsymbol{A}$ 是可对角化的。因此,如果一个 $n\times n$ 矩阵 $\boldsymbol{A}$ 和一个 $n\times n$ 单位矩阵 $\boldsymbol{U}$ 满足式(G.5),那么对于一些带有对角元素的对角矩阵 $\boldsymbol{\Lambda}$,其对角线元素为 λ_1,$\boldsymbol{\lambda}_2,\cdots,\boldsymbol{\lambda}_n$。那么 $\boldsymbol{A}$ 是可对角线化的。

一个 $n\times n$ 厄米特矩阵 $\boldsymbol{A}$ 是一个满足 $\boldsymbol{A}^{\mathrm{H}}=\boldsymbol{A}$ 的矩阵。一个具有实值元素的

厄米特矩阵称为对称矩阵。

【定理】

一个 $n\times n$ 厄米特矩阵 $\boldsymbol{A}$ 有一套完整的标准正交特征向量集,并且可以对角化。

证明:

该方法是通过数学归纳法来证明的。如果 $n=1$,则结果为真。假设该结果对 $k\times k$ 厄米特矩阵为真,并让 $\boldsymbol{A}$ 表示一个 $(k+1)\times(k+1)$ 的厄米特矩阵。这个矩阵至少有一个具有单位范数的特征向量 $\boldsymbol{u}_1$。让 λ_1 表示相应的特征值,利用格莱姆-施密特过程,确定构成 $(k+1)$ 维向量空间基础的标准正交向量 $\boldsymbol{u}_1,\boldsymbol{u}_2,\cdots,\boldsymbol{u}_{k+1}$。让 $\boldsymbol{Z}$ 表示以这些标准正交向量为列的 $(k+1)\times(k+1)$ 单位矩阵。这个矩阵是 $\boldsymbol{Z}^{\mathrm{H}}\boldsymbol{A}\boldsymbol{Z}$ 厄米特矩阵,它的第一列是:

$$\boldsymbol{Z}^{\mathrm{H}}\boldsymbol{A}\boldsymbol{u}_1=\lambda_1\boldsymbol{Z}^{\mathrm{H}}\boldsymbol{u}_1=\lambda_1\boldsymbol{e}_1 \tag{G.6}$$

其中 $\boldsymbol{e}_1=[1\quad 0\quad\cdots\quad 0]^{\mathrm{H}}$。因此,正如一个 $\boldsymbol{Z}^{\mathrm{H}}\boldsymbol{A}\boldsymbol{Z}$ 厄米特矩阵一样,它必须具有形式:

$$\boldsymbol{Z}^{\mathrm{H}}\boldsymbol{A}\boldsymbol{Z}=\begin{bmatrix}\lambda_1 & \boldsymbol{0}\\ \boldsymbol{0} & \boldsymbol{Y}\end{bmatrix} \tag{G.7}$$

其中 $\boldsymbol{Y}$ 是一个 $k\times k$ 厄米特矩阵。根据归纳法假设,存在一个 $k\times k$ 单位矩阵 $\boldsymbol{V}_1$,使得 $\boldsymbol{V}_1^{\mathrm{H}}\boldsymbol{Y}\boldsymbol{V}_1=\boldsymbol{D}$,其中 $\boldsymbol{D}$ 是一个 $k\times k$ 对角矩阵,其第 i 个对角线分量等于 λ_{i+1}。令 $\boldsymbol{V}$ 表示 $(k+1)\times(k+1)$ 的单位矩阵:

$$\boldsymbol{V}=\begin{bmatrix}\lambda_1 & \boldsymbol{0}\\ \boldsymbol{0} & \boldsymbol{V}_1\end{bmatrix} \tag{G.8}$$

$(k+1)\times(k+1)$ 矩阵 $\boldsymbol{U}=\boldsymbol{Z}\boldsymbol{V}$ 是单一的,因为 $\boldsymbol{U}^{\mathrm{H}}\boldsymbol{U}=\boldsymbol{V}^{\mathrm{H}}\boldsymbol{Z}^{\mathrm{H}}\boldsymbol{Z}\boldsymbol{V}=\boldsymbol{1}$,并且:

$$\begin{aligned}\boldsymbol{U}^{\mathrm{H}}\boldsymbol{A}\boldsymbol{U}=\boldsymbol{V}^{\mathrm{H}}\boldsymbol{Z}^{\mathrm{H}}\boldsymbol{A}\boldsymbol{Z}\boldsymbol{V}&=\begin{bmatrix}\lambda_1 & \boldsymbol{0}\\ \boldsymbol{0} & \boldsymbol{V}_1^{\mathrm{H}}\boldsymbol{Y}\boldsymbol{V}_1\end{bmatrix}\\ &=\begin{bmatrix}\lambda_1 & \boldsymbol{0}\\ \boldsymbol{0} & \boldsymbol{D}\end{bmatrix}=\boldsymbol{\Lambda}\end{aligned} \tag{G.9}$$

其中 $\boldsymbol{\Lambda}$ 是一个 $(k+1)\times(k+1)$ 对角矩阵,其第 i 个对角分量等于 λ_i。因此,$\boldsymbol{U}$ 的列由一个完整的标准正交特征向量集合组成,并且 $\boldsymbol{A}$ 是可对角化的。

对于一个 $n\times n$ 厄米特矩阵 $\boldsymbol{A}$ 来说,这意味着:

$$\boldsymbol{u}_i\boldsymbol{A}\boldsymbol{u}_i=\lambda_i\ \|\boldsymbol{u}_i\|^2,1<i<n \tag{G.10}$$

这个方程的左边是实数,因为它和它的共轭转置是相同的,因此每个 λ_i 都是实的。因此,厄米特矩阵的特征值是实数的。

如果对于所有 $n\times 1$ 列向量 $\boldsymbol{x}$ 来说,如果:

$$\boldsymbol{x}^{\mathrm{H}}\boldsymbol{A}\boldsymbol{x}\geqslant 0 \tag{G.11}$$

则称 $n\times n$ 厄米矩阵 $\boldsymbol{A}$ 是正半定的。如果：

$$\boldsymbol{x}^{\mathrm{H}}\boldsymbol{A}\boldsymbol{x}>0,\boldsymbol{x}\neq\boldsymbol{0} \tag{G.12}$$

则它是正定的。

如果 $\boldsymbol{Y}$ 是一个 $n\times 1$ 随机向量,那么 $n\times n$ 矩阵 $E[\boldsymbol{Y}\boldsymbol{Y}^{\mathrm{H}}]$ 是正半定的,因为对于所有的 $n\times 1$ 列向量 $\boldsymbol{x}$,$\boldsymbol{x}^{\mathrm{H}}E[\boldsymbol{Y}\boldsymbol{Y}^{\mathrm{H}}]\boldsymbol{x}=E[|\boldsymbol{Y}^{\mathrm{H}}\boldsymbol{x}|^2]\geqslant 0$。

式(G.10)表明,厄米特正半定矩阵具有非负特征值,且厄米特正定矩阵具有正特征值。如果一个厄米特正定矩阵是奇异的,那么 $\lambda=0$ 就是它的一个或多个特征值。因此,由于它的所有特征值都是正的,所以一个厄米特正定矩阵是可逆的。

如果 $\boldsymbol{B}$ 是 $n\times n$ 厄米特正定矩阵,$\boldsymbol{A}$ 是一个 $n\times n$ 可逆矩阵,因为 $\boldsymbol{A}\boldsymbol{x}\neq\boldsymbol{0}$,所以 $\boldsymbol{x}^{\mathrm{H}}\boldsymbol{A}^{\mathrm{H}}\boldsymbol{B}\boldsymbol{A}\boldsymbol{x}=(\boldsymbol{A}\boldsymbol{x})^{\mathrm{H}}\boldsymbol{B}\boldsymbol{A}\boldsymbol{x}\neq\boldsymbol{0}$,从而 $\boldsymbol{A}^{\mathrm{H}}\boldsymbol{B}\boldsymbol{A}$ 是一个 $n\times n$ 的厄密特正交矩阵。

一个矩阵的迹等于它的对角元素的和。从矩阵乘法和迹的定义可以得出 $\mathrm{tr}(\boldsymbol{AB})=\mathrm{tr}(\boldsymbol{BA})$,对于相容矩阵 $\boldsymbol{A}$ 和 $\boldsymbol{B}$ 来说。如果 $\boldsymbol{A}$ 是一个厄米特正定矩阵,那么它的特征值分解和正特征值表明：

$$\begin{aligned}\mathrm{tr}(\boldsymbol{A})&=\mathrm{tr}(\boldsymbol{U}\boldsymbol{\Lambda}\boldsymbol{U}^{\mathrm{H}})=\mathrm{tr}(\boldsymbol{\Lambda}\boldsymbol{U}^{\mathrm{H}}\boldsymbol{U})\\&=\mathrm{tr}(\boldsymbol{\Lambda})>0\end{aligned} \tag{G.13}$$

因此,如果 $\boldsymbol{A}$ 是一个厄米正定矩阵,那么 $\mathrm{tr}(\boldsymbol{A})>0$。同样,如果 $\boldsymbol{A}$ 是厄米正半定矩阵,那么 $\mathrm{tr}(\boldsymbol{A})\geqslant 0$。

附录 H

特殊函数

H.1 伽马函数

伽马函数定义为

$$\Gamma(x) = \int_0^\infty y^{x-1} e^{-y} dy, \quad \mathrm{Re}(x) > 0 \tag{H.1}$$

通过分部积分可知:

$$\Gamma(1 + x) = x\Gamma(x) \tag{H.2}$$

直接积分可得 $\Gamma(1) = 1$,因此,当 n 为正整数时有:

$$\Gamma(n) = \int_0^\infty y^{n-1} e^{-y} dy = (n - 1)!, \quad n \text{ 为整数} \tag{H.3}$$

将 $y = z^2$ 代入式(H.1)进行积分变量替换,注意到该积分为一个偶函数,并应用式(A.2),可以发现:

$$\Gamma(1/2) = \sqrt{\pi} \tag{H.4}$$

非完备伽马函数定义为

$$\Gamma(a,x) = \int_x^\infty e^{-t} t^{a-1} dt, \mathrm{Re}(a) > 0 \tag{H.5}$$

且

$$\gamma(a,x) = \int_a^x e^{-t} t^{a-1} dt, \mathrm{Re}(a) > 0 \tag{H.6}$$

因此:

$$\Gamma(a) = \Gamma(a,x) + \gamma(a,x) \tag{H.7}$$

当 $a = n$ 是一个正整数,对 $\Gamma(n,x)$ 的 $n - 1$ 分部积分得到:

$$\Gamma(n,x) = (n - 1)! e^{-x} \sum_{i=0}^{n-1} \frac{x^i}{i!} \tag{H.8}$$

因此

$$\gamma(n,x) = (n - 1)! \left(1 - e^{-x} \sum_{i=0}^{n-1} \frac{x^i}{i!}\right) \tag{H.9}$$

H.2 贝塔函数

贝塔函数定义为

$$B(x,y) = \int_0^1 t^{x-1}(1-t)^{y-1}\mathrm{d}t, x>0, y>0 \tag{H.10}$$

恒等式:

$$B(x,y) = B(y,x) = \frac{\Gamma(x)\Gamma(y)}{\Gamma(x+y)} \tag{H.11}$$

通过在式(H.1)的被积函数中代入 $y=z^2$,将乘积 $\Gamma(a)\Gamma(b)$ 表示为双重积分,变换到极坐标,对半径积分得到与 $\Gamma(a+b)$ 成正比的结果,然后在剩下的积分中改变变量得到 $B(a,b)\Gamma(a+b)$,从而证明了该恒等式。

在式(H.10)中,令 $x=(k+1)/2$ 及 $y=1/2$,再应用式(H.11),将式(H.10)中的积分变量替换为 $t=\cos^2\theta, 0\leqslant\theta\leqslant\pi/2$,并以同样的方法将积分变量替换为 $t=\sin^2\theta,\quad 0\leqslant\theta\leqslant\pi/2$,可得:

$$\int_0^{\pi/2}\cos^k\theta\mathrm{d}\theta = \int_0^{\pi/2}\sin^k\theta\mathrm{d}\theta = \frac{\sqrt{\pi}\Gamma\left(\frac{k+1}{2}\right)}{2\Gamma\left(\frac{k+2}{2}\right)},\quad k\geqslant 0 \tag{H.12}$$

H.3 第一类贝塞尔函数

第一类 n 阶修正贝塞尔函数定义为

$$I_n(x) = \sum_{i=0}^{\infty}\frac{(x/2)^{n+2i}}{i!\Gamma(n+1)!} \tag{H.13}$$

如果 n 是整数,函数可以用阶乘代替。因此,第一类零阶修正贝塞尔函数定义为

$$I_0(x) = \sum_{i=0}^{\infty}\frac{1}{i!i!}\left(\frac{x}{2}\right)^{2i} \tag{H.14}$$

将级数展开式替换为指数函数并应用式(H.12)对其逐项进行积分可证明下式:

$$I_0(x) = \frac{1}{2\pi}\int_0^{2\pi}e^{x\cos u}\mathrm{d}u \tag{H.15}$$

由于余弦函数是一个周期函数且积分是在与函数周期相同的区间上进行,因此在式(H.15)中,可用 $\cos(u+\theta)$ 代替 $\cos u$,θ 为任意值。再用 $x_1 = |x|\cos\theta$ 及 $x_2 = |x|\sin\theta$ 对积分进行三角展开可得:

$$\mathrm{I}_0(|x|) = \frac{1}{2\pi}\int_0^{2\pi}\exp\{\mathrm{Re}[\,|x|\mathrm{e}^{j(u+\theta)}\,]\}\,\mathrm{d}u$$

$$= \frac{1}{2\pi}\int_0^{2\pi}\exp(x_1\cos u - x_2\sin u)\,\mathrm{d}u, \quad |x| = \sqrt{x_1^2 + x_2^2} \tag{H.16}$$

对式(H.14)进行逐项微分可得：

$$\mathrm{I}_1(x) = \frac{\mathrm{d}}{\mathrm{d}x}\mathrm{I}_0(x) \tag{H.17}$$

第一类 n 阶贝塞尔函数定义为：

$$\mathrm{J}_n(x) = \sum_{i=0}^{\infty}\frac{(-1)^i\,(x/2)^{n+2i}}{i!\,\Gamma(n+i)!} \tag{H.18}$$

将级数展开式替换为指数函数并应用式(H.12)对其逐项积分可证明下式：

$$\mathrm{J}_0(x) = \frac{1}{2\pi}\int_0^{2\pi}\mathrm{e}^{\mathrm{j}x\sin u}\,\mathrm{d}u \tag{H.19}$$

H.4　Q 函数

高斯 Q 函数定义为

$$Q(x) = \frac{1}{\sqrt{2\pi}}\int_x^{\infty}\exp\left(-\frac{y^2}{2}\right)\mathrm{d}y = \frac{1}{2}\mathrm{erfc}\left(\frac{x}{\sqrt{2}}\right) \tag{H.20}$$

式中：erfc(·)为补余误差函数。附录 A.1 中的结果表明 $Q(-\infty)=1$，$Q(0)=1/2$，$Q(\infty)=0$。

高斯 Q 函数可以被改写成这样一种形式：积分的极限不仅是有限的，而且与函数的参数无关。这种形式便于计算和简化分析。为了推导这种形式，使用式(H.20)和 $Q(-\infty)=1$。当 $x\geqslant 0$ 时：

$$Q(x) = \frac{1}{\sqrt{2\pi}}\int_x^{\infty}\exp\left(-\frac{y^2}{2}\right)\mathrm{d}y\left[\frac{1}{\sqrt{2\pi}}\int_{-\infty}^{\infty}\exp\left(-\frac{z^2}{2}\right)\mathrm{d}z\right]$$

$$= \frac{1}{2\pi}\iint_{y\geqslant z\geqslant 0,\,z>-\infty}\exp\left(-\frac{y^2+z^2}{2}\right)\mathrm{d}y\mathrm{d}z$$

$$= \frac{1}{2\pi}\int_0^{\pi}\int_{x/\sin\theta}^{\infty}\exp\left(-\frac{r^2}{2}\right)r\mathrm{d}r\mathrm{d}\theta \tag{H.21}$$

在第二个等式中，富比尼定理证明了将连续积分表示为平面上区域的双重积分。第三个等式是将笛卡尔坐标转换为极坐标的结果。在对半径进行积分并使用角坐标的周期性特征后，得到所需的形式：

$$Q(x) = \frac{1}{\pi}\int_0^{\pi/2}\exp\left(-\frac{x^2}{2\sin^2\theta}\right)\mathrm{d}\theta,\ x\geqslant 0 \tag{H.22}$$

如果 $x,y\geqslant 0$，则：

$$Q(x+y)=\frac{1}{\pi}\int_0^{\pi/2}\exp\left(-\frac{x^2+y^2+2xy}{2\sin^2\theta}\right)\mathrm{d}\theta \tag{H.23}$$

当 $\theta\in[0,\pi/2]$ 时:

$$(y^2+2xy)/\sin^2\theta\geqslant y^2,$$

$$Q(x+y)\leqslant\exp\left(-\frac{y^2}{2}\right)Q(x),x,y\geqslant 0 \tag{H.24}$$

该不等式提供了标准高斯 Q 函数的切尔诺夫界的推广。同样地:

$$Q(\sqrt{x+y})\leqslant\exp\left(-\frac{y}{2}\right)Q(\sqrt{x}),x,y\geqslant 0 \tag{H.25}$$

广义 Marcum Q 函数定义为

$$Q_m(\alpha,\beta)=\int_\beta^\infty x\left(\frac{x}{\alpha}\right)^{m-1}\exp\left(-\frac{x^2+\alpha^2}{2}\right)\mathrm{I}_{m-1}(\alpha x)\mathrm{d}x \tag{H.26}$$

n 是一个整数。由于 $Q_m(\alpha,0)-Q_m(\alpha,\beta)=1-Q_m(\alpha,\beta)$ 是一个有限区间上的积分,因此可以对它进行数值积分,从而对 $Q_m(\alpha,\beta)$ 进行数值求值。

H.5 超几何函数

合流超几何函数定义为:

$${}_1F_1(\alpha,\beta;x)=\sum_{i=0}^{\infty}\frac{\Gamma(\alpha+i)\Gamma(\beta)x^i}{\Gamma(\alpha)\Gamma(\beta+i)i!},\quad \beta\neq 0,-1,-2,\cdots \tag{H.27}$$

该级数对所有有限的 n 都收敛。

附录参考文献

[1] R. B. Ash and C. A. Doleans - Dade, *Probability and Measure Theory*, *2nd ed.*, Academic Press, 2000.
[2] P. Billingsley, *Probability and Measure*, *3rd ed.*, *Wiley*, 1995.
[3] S. S. Venkatesh, The Theory of Probability, Cambridge Univ. Press, 2013.
[4] J. T. Oden and L. Demkowicz, *Applied Functional Analysis*, *2nd. ed.*, CRC Press, 2010.

主要缩略语

英文缩略语	英文全称	中文名称
ACM	Approximate Conditional Mean	近似条件均值
ADC	Analog – to – Digital Converter	模数转换器
AGC	Automatic Gain Control	自动增益控制
AWGN	Additive White Gaussian Noise	加性高斯白噪声
BCH	Bose – Chaudhuri – Hocquenghem	BCH
BCJR	Bahl, Cocke, Jelinek, and Raviv	BCJR
BER	Bit Error Rate	误比特率
BFSK	Binary Frequency – Shift Keying	二进制频移键控
BICM	Bit – Interleaved Coded Modulation	比特交织编码调制
BICM – ID	BICM with Iterative Decoding	迭代译码比特交织编码调制
BPF	BandPass Filter	带通滤波器
BPSK	Binary Phase – Shift Keying	二进制相移键控
CC – CDMA	Complementary – Coded CDMA	互补编码 CDMA
CDMA	Code – Division Multiple Access	码分多址接入
CFRS	Comma – Free Reed – Solomon code	无间断 RS 码
CMF	Chip – Matched Filter	码片匹配滤波器
CP	Cyclic Prefix	循环前缀
CPFSK	Continuous – Phase Frequency – Shift Keying	连续相位频移键控
CPM	Continuous – Phase Modulation	连续相位调制
CSI	Channel State Information	信道状态信息
CSK	Code – Shift Keying	码移键控
CSMA	Carrier Sense Multiple Access	载波监听多址接入

续表

英文缩略语	英文全称	中文名称
CTS	Clear - To - Send	清除发送
CWM	Chip - Waveform Modulator	码片波形调制器
DAC	Digital - to - Analog Converter	数模转换器
DCSK	Differential Chaos - Shift Keying	调制是非相干差分混沌键控
DD	Decorrelating Detector	去相关检测器
DMD	Double - Mix - Divide	双混频除法器
DPSK	Differential Phase - Shift Keying	差分相移键控
DS	Direct - Sequence	直接序列扩谱
DS - CDMA	Direct - Sequence CDMA	直接序列 CDMA
DS - CDMA - FDE	DS - CDMA system with Frequency - Domain Equalization	频域均衡 DS - CDMA 系统
DTFT	Discrete - Time Fourier Transform	离散时间傅里叶变换
EGC	Equal - Gain Combining	等增益合并
EM	Expectation - Maximization	期望最大化
FDMA	Frequency - Division Multiple Access	频分多址
FFT	Fast Fourier Transformer	快速傅里叶变换
FH	Frequency - Hopping	跳频
FH/DS	Frequency - Hopping Direct - Sequence	跳频/直扩
FH - CDMA	Frequency - Hopping CDMA	跳频 CDMA
FSK	Frequency - Shift Keying	频移键控
GMSK	Gaussian Minimum - Shift Keying	高斯最小频移键控
GPS	Global Positioning System	全球定位系统
GSM	Global System for Mobile	全球移动通信系统
IDT	Inter Digital Transducer	叉指式换能器
IF	Intermediate Frequency	中频
IFFT	Inverse Fast Fourier Transformer	逆快速傅里叶变换
IRA	Irregular Repeat - Accumulate	非规则重复累加
ISR	Interference - to - Signal Ratio	干信比

续表

英文缩略语	英文全称	中文名称
LDPC	Low – Density Parity – Check	低密度奇偶校验
LFSR	Linear Feedback Shift Register	线性反馈移位寄存器
LLR	Log – Likelihood Ratio	对数似然比
LMS	least – mean – square	最小均方
LPF	LowPass Filters	低通滤波器
LTE	Long – Term Evolution	长期演进
MAI	Multiple – Access Interference	多址接入干扰
MAP	Maximum A Posteriori	最大后验概率
MASE	Modulation – Constrained Area Spectral Efficiency	调制受限区域频谱效率
MC – CDMA	MultiCarrier CDMA	多载波 CDMA
MF	Monitor Filter	监测滤波器
MIMO	Multiple – Input Multiple – Output	多输入多输出
MISO	Multiple – Input Single – Output	多输入单输出
MMSE	Minimum Mean – Square Error	最小均方误差
MO – RTT	Maximum – Output Ratio Threshold Test	最大输出比门限检测
MRC	Maximal – Ratio Combining/Combiner	最大比合并/(器)
MSK	Minimum – Shift Keying	最小频移键控
MTFR	Maximal – Throughput Fixed – Rate	最大吞吐量固定速率
MTVR	Maximal – Throughput Variable – Rate	最大吞吐量可变速率
NMAT	Normalized Mean Acquisition Time	归一化平均捕获时间
NSD	Normalized Standard Deviation	归一化标准差
OCFR	Outage – Constrained Fixed – Rate	停机约束固定速率
OCVR	Outage – Constrained Variable – Rate	中断约束可变速率
OFDM	Orthogonal Frequency – Division Multiplexing	正交频分复用
OQPSK	Offset QPSK	偏移 QPSK
OTT	Output Threshold Test	输出门限检测

续表

英文缩略语	英文全称	中文名称
OVSF	Orthogonal Variable - Spreading - Factor	正交可变扩谱因子
P/S	Parallel - to - Serial	并串
PACE	Pilot - Assisted Channel Estimation	导频辅助信道估计
PAM	Pulse Amplitude Modulation	脉冲幅度调制
PAPR	Peak - to - Average - Power Ratio	峰均功率比
PSC	Primary Synchronization Code	主同步码
PSD	Power Spectral Density	功率谱密度
PSK	Phase - Shift Keying	相移键控
QAM	Quadrature Amplitude Modulation	正交幅度调制
QD	Quadrature Downconverter	正交下变频器
QPSK	QuadriPhase - Shift Keying	四进制相移键控
RAM	Random - Access Memory	随机寻址存储器
ROC	Receiver Operating Characteristic	接收机工作特性
ROM	Read - Only Memory	只读存储器
RS	Reed - Solomon	RS
RTS	Request - To - Send	请求发送
RTT	Ratio Threshold Test	比例门限检测
S/P	Serial - to - Parallel	串并
SAW	Surface Acoustic Wave	声表面波
SC	Selection Combiner	选择合并器
SF	Signal Filter	信号滤波器
SICM	Symbol - Interleaved Coded Modulation	交织编码调制
SIMO	Single - Input Multiple - Output	单输入多输出
SINR	Signal - to - Interference - and - Noise Ratio	信干噪比
SIR	Signal - to - Interference Ratio	信干比
SISO	Soft - In Soft - Out	软输入软输出
SNR	Signal - to - Noise Ratio	信噪比
SOVA	Soft - Output Viterbi Algorithm	软输出 Viterbi 算法

续表

英文缩略语	英文全称	中文名称
SSC	Switch – and – Stay Combining	切换 – 保持合并
SSC	Secondary Synchronization Codes	次同步码
SSG	Spreading – Sequence Generator	扩谱序列产生器
STBC	Space – Time Block Code	空时分组码
STTC	Space – Time Trellis Code	空时格码
SW	Spreading Waveform	扩展波形
TAS	Transmit Antenna Selection	发射天线选择
TDMA	Time – Division Multiple Access	时分多址
TOD	Time – Of – Day	实时时间
TTCM	Turbo Trellis – Coded Modulation	Turbo 网格编码调制
UMTS	Universal Mobile Telecommunications System	通用移动通信系统
UWB	Ultra – WideBand	超宽带
VCC	Voltage – Controlled Clock	压控时钟
VCO	Voltage – Controlled Oscillator	压控振荡器
WCDMA	Wideband CDMA	宽带码分多址接入
ZF	Zero – Forcing	迫零